剑桥科学史

第四卷

18 世纪科学

　　这一卷为一般读者和专业人士提供 18 世纪科学发展的详尽和全面的概述,探讨 17 世纪的"科学革命"以及主要的新增长点,尤其是实验科学的含意。这本书既是一本叙事性的书,也是一本解释性的书,还可以当成参考工具书来用。其主要关注的是西方科学,也谈到了一些传统文明中的科学和殖民地的科学。所包含的范围,既有对科学本身认知维度的分析,也有对其更广泛的社会、经济和文化意义的解释,两者兼顾。撰稿者大都是各自研究领域的世界领军人物,他们既叙述了有关问题当前的不同研究成果以及方法论上的争论,也给出了他们自己的观点。

　　罗伊·波特(1946～2002),伦敦大学学院韦尔科姆基金会(Wellcome Trust)医学史中心医学社会史荣休教授,毕业于剑桥大学。他是 200 多本书和众多文章的作者,其中包括《社会医生:托马斯·贝多斯与启蒙运动晚期英国的疾病生意》(*Doctor of Society: Thomas Beddoes and the Sick Trade in Late Enlightenment England*, 1991)、《伦敦:社会史》(*London: A Social History*, 1994)、《"人类的最大利益":人类医学史》("*The Greatest Benefit to Mankind": A Medical History of Humanity*, 1997)以及《身体政治:英国的疾病、死亡与医生(1650～1900)》(*Bodies Politic: Disease, Death and Doctors in Britain, 1650—1900*, 2001)。合著《贝特莱姆皇家医院史》(*The History of Bethlem*, 1997)。

第四卷译校者

主译

方在庆

译校者（以姓氏笔画为序）

王君　王跃　王秋涛　卜毓麟　方轻　方在庆　乐爱国
邢滔滔　曲蓉　仲霞　任密林　刘芳　刘钝　刘燕
刘建军　刘树勇　关洪　池琴　纪志刚　李昂　李志红
杨燕　吴玉辉　宋岘　张藜　张丹　陈巍　陈昕晔
陈珂珂　陈雪洁　陈朝勇　周广刚　周志娟　郑京华　孟彦文
赵振江　秦克诚　秦海波　徐凤先　徐国强　郭金海　陶笑虹
黄荣光　崔家岭　阎夏　阎晓星　程路明　楼彩云　甄橙
谯伟　黎那

方在庆，1963年生，湖北天门人。1983年毕业于吉林大学物理系，获理学学士学位。1986年毕业于吉林大学哲学系，获硕士学位，1991年在武汉大学获哲学博士学位。曾在浙江大学、清华大学、德国慕尼黑大学任教。曾为美国麻省理工学院"杰出访问学者"。在奥地利、德国、英国、美国的几所高校做过访问研究。现为中国科学院自然科学史研究所研究员。主要研究方向为科学史、科学哲学以及科学文化，尤其关注德国的科学、历史与文化之间的关系。著有《科技发展与文化背景》、《德国：科技与教育发展》、《爱因斯坦画传——一个真实的爱因斯坦》和《爱因斯坦、德国科学与文化》等书。译有《进步及其问题》、《罗伯特·密立根的足迹——一个杰出科学家的生活侧影》、《上帝难以捉摸——爱因斯坦的科学与生活》(《爱因斯坦传》)、《爱因斯坦晚年文集》、《爱因斯坦·毕加索——空间、时间和动人心魄之美》以及《爱因斯坦的恩怨史——德国科学的兴衰》等，另外发表论文40多篇。

剑桥科学史

总主编

戴维·C.林德博格

罗纳德·L.南博斯

第一卷

《古代科学》(*Ancient Science*)

亚历山大·琼斯和利巴·沙亚·陶布主编

第二卷

《中世纪科学》(*Medieval Science*)

戴维·C.林德博格和迈克尔·H.尚克主编

第三卷

《现代早期科学》(*Early Modern Science*)

凯瑟琳·帕克和洛兰·达斯顿主编

第四卷

《18世纪科学》(*Eighteenth-Century Science*)

罗伊·波特主编

第五卷

《现代物理科学与数学科学》(*The Modern Physical and Mathematical Sciences*)

玛丽·乔·奈主编

第六卷

《现代生物科学和地球科学》(*The Modern Biological and Earth Sciences*)

彼得·J.鲍勒和约翰·V.皮克斯通主编

第七卷

《现代社会科学》(*The Modern Social Sciences*)

西奥多·M.波特和多萝西·罗斯主编

第八卷

《国家和国际与境下的现代科学》(*Modern Science in National and International Context*)

戴维·N.利文斯通和罗纳德·L.南博斯主编

戴维·C.林德博格是美国威斯康星－麦迪逊大学科学史希尔戴尔讲座荣誉教授。他撰写和主编过 12 本关于中世纪科学史和现代早期科学史的著作,其中包括《西方科学的起源》(*The Beginnings of Western Science*, 1992)。之前,他和罗纳德·L.南博斯共同编辑了《上帝和自然:基督教遭遇科学的历史论文集》(*God and Nature: Historical Essays on the Encounter between Christianity and Science*, 1986),以及《科学与基督教传统:12 个典型例子》(*Science and the Christian Tradition: Twelve Case Histories*, 2003)。作为美国艺术与科学院的院士,他获得了科学史学会的萨顿奖章,同时他也是该学会的前任会长(1994～1995)。

罗纳德·L.南博斯是美国威斯康星－麦迪逊大学科学史和医学史希尔戴尔和 W.科尔曼讲座教授,自 1974 年以来一直在该校任教。他是美国科学史和医学史方面的专家,已撰写或编辑了至少 24 部著作,其中包括《创世论者》(*The Creationists*, 1992)和《达尔文主义进入美国》(*Darwinism Comes to America*, 1998)。他是美国艺术与科学院的院士和科学史杂志中的旗舰刊物《爱西斯》(*Isis*)的前任主编,并且曾担任美国教会史学会会长(1999～2000)和科学史学会会长(2000～2001)。

剑桥科学史

第四卷

18 世纪科学

（第 2 版）

主编

［英］罗伊·波特（Roy Porter）

方在庆　主译

中原出版传媒集团
中原传媒股份公司

大象出版社

·郑州·

图书在版编目（CIP）数据

18 世纪科学 /（英）波特（Porter, R.）主编；方在
庆主译. — 2 版. — 郑州：大象出版社，2021. 6
（剑桥科学史；第四卷）
ISBN 978-7-5711-1053-6

Ⅰ. ①1… Ⅱ. ①波… ②方… Ⅲ. ①自然科学史-世
界-18 世纪 Ⅳ. ①N091

中国版本图书馆 CIP 数据核字（2021）第 094908 号

版权声明

著作权合同登记号：图字 16-2004-37

剑桥科学史 · 第四卷

18 世纪科学

18 SHIJI KEXUE

[英] 罗伊·波特　主编
方在庆　主译

出 版 人　汪林中
责任编辑　刘东蓬　徐清琪　李　爽
责任校对　钟　骄
书籍设计　美　霖

出版发行　大象出版社（郑州市郑东新区祥盛街 27 号　邮政编码 450016）
　　　　　发行科　0371-63863551　总编室　0371-65597936
网　　址　www.daxiang.cn
印　　刷　洛阳和众印刷有限公司
经　　销　各地新华书店经销
开　　本　787 mm×1092 mm　1/16
印　　张　53
字　　数　1459 千字
版　　次　2021 年 6 月第 2 版　2021 年 6 月第 1 次印刷
定　　价　498.00 元
若发现印、装质量问题，影响阅读，请与承印厂联系调换。
印厂地址　洛阳市高新区丰华路三号
邮政编码　471003　　　　　电话　0379-64606268

罗伊·波特，伦敦大学学院韦尔科姆基金会（Wellcome Trust）医学史中心医学社会史荣休教授，不幸在2002年3月3日去世。很遗憾，他未能看到这一卷的出版。他在医学史、科学史和启蒙运动方面有众多著述，并产生了重要和深远的影响。他的离世让那些有机会接触到他的敏捷智力、充沛精力的科学史家和其他人深感悲哀。

目 录

插图目录

撰稿人简介

劳伦斯·布罗克利斯是牛津大学莫德林学院(Magdalen College)现代史专业的研究员(Fellow)和导师,牛津大学现代史专业的高级讲师。他发表的文章广泛涉及近代法国早期的教育、科学和医学,他也是《大学史》(*History of Universities*)杂志的第二编辑。他的著作包括《17世纪和18世纪的法国高等教育:一种文化史》(*French Higher Education in the Seventeenth and Eighteenth Centuries: A Cultural History*, 1987)以及与人合著的《近代早期法国的医学界》(*The Medical World of Early Modern France*, 1997)。他目前正在写一本关于普罗旺斯地区启蒙运动的书。

托马斯·H.布罗曼是美国威斯康星-麦迪逊大学的科学史及医学史副教授,是《德意志学院医学的转型(1750～1820)》(*The Transformation of German Academic Medicine, 1750—1820*, 1996)一书的作者。目前正研究18世纪德意志期刊出版史。

约翰·赫德利·布鲁克是牛津大学科学与宗教安德烈亚斯·伊德雷厄斯(Andreas Idreos)教授及伊恩·拉姆齐(Ian Ramsey)中心主任。曾任《英国科学史杂志》(*British Journal for the History of Science*)主编,1996～1998年担任英国科学史学会主席。其著作《科学与宗教:一些历史的观点》(*Science and Religion: Some Historical Perspectives*, 1991)被授予科学史学会的沃森·戴维斯(Watson Davis)奖以及作为科学与宗教领域杰出著作的坦普尔顿(Templeton)奖。他的研究兴趣也包括化学史,他最近一本著作题为《思考物质》(*Thinking About Matter*, 1995)。1995年,他与杰弗里·坎托(Geoffrey Cantor)教授一起,在格拉斯哥大学做了吉福德(Gifford)系列讲座,并以《重构自然:科学与宗教的交战》(*Reconstructing Nature: The Engagement of Science and Religion*, 1998)为名出版。

豪尔赫·卡尼萨雷斯·埃斯格拉是纽约州立大学布法罗分校的历史学副教授。他是获得了多种奖项的《怎样书写新大陆的历史:18世纪大西洋世界的历史、认识论和认同》(*How to Write the History of the New World: Histories, Epistemologies, and Identities in the Eighteenth-Century Atlantic World*, 2001)一书的作者。

威廉·克拉克目前执教于剑桥大学科学史与科学哲学系。他主要研究近代早期德意志的科学与学术,与让·戈林斯基和西蒙·谢弗合编了《科学在启蒙后的欧洲》(*The Sciences in Enlightened Europe*, 1999)。

罗格·库特是英国诺威奇市东安格利亚大学医学史韦尔科姆小组(Wellcome Unit)的主任。是《大众科学的文化意义》(*The Cultural Meaning of Popular Science*, 1984)和《和平与战争时期的外科学与社会》(*Surgery and Society in Peace and War*, 1993)的作者,也编辑了关于儿童保健史、替代医学、历史上的意外事件、战争与医学等方面的书籍,最近刚编辑了关于 20 世纪医学的书。在有关大众文化中的科学方面,发表了很多文章。

冯克是伦敦大学东方与非洲研究学院当代中国研究所主任,医学史高级讲师。他在与近代中国科学直接相关的文化史主题方面发表了大量著作和文章,包括《近代中国之种族观念》(*The Discourse of Race in Modern China*, 1992)和《中国的性、文化和现代性》(*Sex, Culture and Modernity in China*, 1995)。他最近的专著题为《有缺陷的受孕:中国的医学科学、先天缺陷及优生学》(*Imperfect Conceptions: Medical Science, Birth Defects and Eugenics in China*, 1998)。他目前致力于民国时期的科学、犯罪及惩罚的研究。

帕特丽夏·法拉是剑桥大学科学史与科学哲学系的副讲师和剑桥大学卡莱尔学院(Clare College)的研究员。新近出版了《感应吸引力:18 世纪英国的磁实践、信仰及象征意义》(*Sympathetic Attractions: Magnetic Practices, Beliefs, and Symbolism in Eighteenth-Century England*, 1996)。她曾出版了一本关于计算机的书(1982),与人合编了论文集《变化中的世界》(*The Changing World*, 1996)和《记忆》(*Memory*, 1998)。其新著《牛顿:天才的形成》(*Newton: The Making of Genius*),讨论了不断变化的天才概念,以及牛顿怎样于 17 世纪末开始成为一个科学英雄和民族英雄。

玛丽·菲塞尔是位于巴尔的摩的约翰斯·霍普金斯大学的医学史副教授。她是《18 世纪布里斯托尔的患者、权威和穷人》(*Patients, Power, and the Poor in Eighteenth-Century Bristol*, 1991)一书的作者,著有大量关于科学史、医学史和地方史的文章。她目前即将完成关于 18 世纪女性与大众医学著作的研究,并参与了一个关于害虫(vermin)的文化诠释的新项目。

布赖恩·J.福特是开放大学(Open University)的皇家文艺研究员(Royal Literary Fellow),兼任加的夫大学的研究员、大学管理处成员。有多本著作问世,其中之一是《科学的形象:科学插图史》(*Images of Science: A History of Scientific Illustration*, 1993)。福特是生物研究所的研究员,在那里他主持历史网络(History Network),并且是林奈学会(Linnean Society)会员及其所属的科学仪器荣誉检查员。他是一名受欢迎的广播电视演讲者及播音员,居住在剑桥郡。

罗伯特·福克斯是牛津大学科学史教授。他的研究兴趣包括 18 世纪及 19 世纪的物理科学史、现代欧洲技术、科学和工业三者间的关系,以及 19 世纪法国科学的社会与文化史。

克雷格·弗雷泽在多伦多大学科技史和科技哲学研究所讲授与数学史有关的所有课程。他的研究集中于 18 世纪和 19 世纪分析史和力学史,尤其着重于变分法(calculus of variations)以及精确科学的概念基础。他也对现代宇宙学史感兴趣,特别是 1915～1950 年间理论宇宙学与观测宇宙学之间的关系。

约翰·加斯科因在悉尼、普林斯顿和剑桥大学受过教育,1980 年始,在新南威尔士大学教书。著有《启蒙时代的剑桥:从复辟时代到法国革命的科学、宗教和政治》(*Cambridge in the Age of the Enlightenment: Science, Religion and Politics from the Restoration to the French Revolution, 1989*),以及一部关于约瑟夫·班克斯及其智力环境和政治环境的 2 卷本著作(1994 和 1998)。

让·戈林斯基是新罕布什尔大学历史系和人文计划的教授。他著有《作为大众文化的科学:英国的化学和启蒙(1760～1820)》(*Science as Public Culture: Chemistry and Enlightenment in Britain, 1760—1820, 1992*)和《自然知识的制造:建构主义与科学史》(*Making Natural Knowledge: Constructivism and the History of Science, 1998*)。他与威廉·克拉克和西蒙·谢弗合编了《科学在启蒙的欧洲》,目前他正在撰写 18 世纪天气的文化史。

R. W. 霍姆在墨尔本大学学习物理学,后改学科学史与科学哲学,最终在印第安那大学获得科学史和科学哲学博士学位。他从 1975 年起成为墨尔本大学科学史和科学哲学教授。在 18 世纪物理学史方面发文颇多,最近则侧重于澳大利亚的科学史。

罗布·艾利夫在剑桥大学获得科学史博士学位,目前在伦敦帝国学院科学、技术和医学史中心担任高级讲师。发表了大量关于 1500～1800 年间科学史的文章,目前是牛顿计划(Newton Project)的主编和《科学史》(*History of Science*)杂志的编辑。

伊恩·英克斯特是诺丁汉特伦特大学(Nottingham Trent University)国际史的研究教授,也是台湾佛光大学欧洲研究所的欧洲史终身访问教授。其近著包括《历史上的科学与技术》(*Science and Technology in History, 1991*),《聪明的城市》(*Clever City, 1991*),《工业化过程中英国的科学文化和城市化》(*Scientific Culture and Urbanisation in Industrialising Britain, 1997*),《技术和工业化》(*Technology and Industrialisation, 1998*),《日本的工业化(1603～2000)》(*Japanese Industrialisation 1603—2000, 2000*)。

阿德里安·约翰斯是芝加哥大学历史学副教授。著有《书的本质：印刷和形成中的知识》(*The Nature of the Book: Print and Knowledge in the Making*, 1998)。

夏洛特·克隆克是沃里克大学艺术史系的研究员。她著有《科学和对自然的理解：18 世纪末到 19 世纪初的英国景观艺术》(*Science and the Perception of Nature: British Landscape Art in the Late Eighteenth and Early Nineteenth Centuries*, 1996)，目前她正在撰写一本有关欧洲艺术博物馆及其观众方面的书。

迪帕克·库马尔在新德里尼赫鲁大学扎基尔·侯赛因(Zakir Husain)教育研究中心讲授教育史。著有《科学与英国对印度的统治(1857～1905)》(*Science and the Raj 1857—1905*, 1995)，合著有《技术与英国对印度的统治》(*Technology and the Raj*, 1995)。

詹姆斯·麦克莱伦三世是美国新泽西州霍博肯的史蒂文斯工学院(Stevens Institute of Technology)的科学史教授。他的研究兴趣集中在 18 世纪欧洲的，特别是法国的科学机构、科学出版及 18 世纪的科学与法国殖民地公司。

中山茂是日本神奈川大学的科学、技术与社会中心教授。他在哈佛大学获科学史专业博士学位(1959)。其著作包括《战后日本的科学、技术和社会》(*Science, Technology and Society in Postwar Japan*, 1991)，《日本天文学史》(*A History of Japanese Astronomy*, 1969)，《中国、日本和西方的学术和科学传统》(*Academic and Scientific Traditions in China, Japan, and the West*, 1984)。

理查德·奥尔森于 1967 年在哈佛大学获得科学史博士学位。现任加州哈维·马德(Harvey Mudd)学院人文学院历史学教授和威拉德·W. 基思(Willard W. Keith)研究员。近著包括《社会科学的出现(1642～1792)》(*The Emergence of the Social Sciences: 1642—1792*, 1993)，以及《被神化的科学与被藐视的科学》(*Science Deified and Science Defied*, 1982 和 1990)的前两卷。目前他正致力于第 3 卷，该卷集中于 19 世纪的科学主义。

罗伊·波特(1946～2002)曾任伦敦大学学院(University College London)的韦尔科姆基金会(Wellcome Trust)医学史中心的医学社会史荣休教授。近期著作包括《社会医生：托马斯·贝多斯和启蒙运动晚期英国的疾病生意》(*Doctor of Society: Thomas Beddoes and the Sick Trade in Late Enlightenment England*, 1991)、《伦敦：社会史》(*London: A Social History*, 1994)、《"人类的最大利益"：人类医学史》(*"The Greatest Benefit to Mankind": A Medical History of Humanity*, 1997)、《启蒙运动：英国和现代世界的创造》(*Enlightenment: Britain and the Creation of the Modern World*, 2000)以及《身体政治：英国的疾病、死亡与医生(1650～1900)》(*Bodies Politic: Disease, Death and Doctors in Britain, 1650—1900*, 2001)。合著有《贝特莱姆皇家医院史》(*The History of Bethlem*, 1997)。其研究兴趣包括 18 世纪的医学、精神病学史以及庸医史。

罗达·拉帕波特是瓦萨(Vassar)学院历史学荣休教授,她撰有许多关于 18 世纪地质学方面的文章,著有《当地质学家成为历史学家时(1665～1750)》(*When Geologists Were Historians, 1665—1750*, 1997)。

彼得·汉斯·莱尔是加州大学洛杉矶分校(UCLA)的历史学教授,兼任该校 17 世纪及 18 世纪研究中心主任和威廉·安德鲁斯·克拉克(William Andrews Clark)纪念图书馆馆长。他的文章涉及 18 世纪德意志知识史、历史著作史,以及科学与人文学科史。除此之外,他还著有《德意志启蒙运动和历史主义的兴起》(*The German Enlightenment and the Rise of Historicism*, 1975),编辑或合编了《启蒙与历史:18 世纪德意志历史科学研究》(*Aufklärung und Geschichte: Studien zur deutschen Geschichtswissenschaft im 18. Jahrhundert*)、《启蒙运动百科全书》(*The Encyclopedia of the Enlightenment*, 1996)和《帝国的视野:航海、植物学与自然的表现》(*Visions of Empire: Voyages, Botany, and Representations of Nature*, 1996)。曾从富布莱特委员会、马普学会历史研究所、柏林高等研究院和古根海姆基金会获得过奖学金。

雪莉·A. 罗是康涅狄格大学历史学教授。她著有《物质、生命和生殖:18 世纪胚胎学与哈勒－沃尔夫之争》(*Matter, Life, and Generation: Eighteenth-Century Embryology and the Haller-Wolff Debate*, 1981),编有《阿尔布莱希特·冯·哈勒的自然哲学》(*The Natural Philosophy of Albrecht von Haller*, 1981),与雷纳托·G. 马佐利尼合著了《科学反对异端:博内与尼达姆通讯集(1760～1780)》(*Science Against the Unbelievers: The Correspondence of Bonnet and Needham, 1760—1780*, 1986)。目前即将完成关于 18 世纪生物唯物主义及其社会/政治背景的著作。

乔治·S. 鲁索曾长期工作于加州大学洛杉矶分校,现任位于莱斯特的德蒙特福特(De Montfort)大学的英语研究教授,他与玛乔丽·霍普·尼科尔森合著《伴随终生的疾病:亚历山大·蒲柏与科学》(*This Long Disease My Life: Alexander Pope and the Sciences*, 1968),编辑了《有机形式:一个观念的历程》(*Organic Form: The Life of an Idea*, 1972)、《戈德史密斯:批判的遗产》(*Goldsmith: The Critical Heritage*, 1974)、《约翰·希尔爵士的信件和秘文集》(*The Letters and Private Papers of Sir John Hill*, 1981),以及关于启蒙运动知识的三部曲,它们分别名为:《危险的启蒙:前现代与后现代话语——性与历史卷》(*Perilous Enlightenment: Pre-and Post-Modern Discourses — Sexual, Historical*, 1991)、《启蒙运动的岔口:前现代与后现代话语——人类学卷》(*Enlightenment Crossings: Pre- and Post-Modern Discourses—Anthropological*, 1991)、《启蒙运动的边界:前现代与后现代话语——医学与科学卷》(*Enlightenment Borders: Pre- and Post-Modern Discourses — Medical,*

Scientific, 1991）。

埃米莉·萨维奇－史密斯是牛津大学东方研究所的资深副研究员。她发表了大量有关伊斯兰世界的医学和占卜实践以及天球仪和制图方面的研究文章。她最近的著作是与弗朗西斯·麦迪逊合著的 2 卷本的《科学、工具和魔法》（*Science, Tools & Magic*）（《纳赛尔·D. 哈利利伊斯兰艺术收藏（十二）》[The Nasser D. Khalili Collection of Islamic Art，XII，1997]）。

XXVI

隆达·席宾格是宾夕法尼亚州立大学科学史埃德温·E. 斯帕克斯（Edwin E. Sparks）教授。她著有《心智无性吗？现代科学起源中的女性》（*The Mind Has No Sex? Women in the Origins of Modern Science*, 1989），获奖著作有《自然之躯：近代科学形成中的性别》（*Nature's Body: Gender in the Making of Modern Science*, 1993）、《女性主义改变了科学吗？》（*Has Feminism Changed Science?*, 1999），她也是《女性主义与身体》（*Feminism and the Body*, 2000）的编者。目前的研究是探索在欧洲的科学发现航行中的性别。

史蒂文·夏平在加州大学圣地亚哥分校社会学系和"科学研究"项目中心任教。著有《真理的社会史：17 世纪英格兰的文明与科学》（*A Social History of Truth: Civility and Science in Seventeenth-Century England*, 1994）以及《科学革命》（*The Scientific Revolution*, 1996）。他与人合编了《科学的化身：自然知识的历史体现》（*Science Incarnate: Historical Embodiments of Natural Knowledge*, 1998）。

拉里·斯图尔特在加拿大萨斯喀彻温大学（University of Saskatchewan）教授科学史。著有《公众科学的兴起：牛顿时代英国的修辞学、技术和自然哲学（1660～1750）》（*The Rise of Public Science: Rhetoric, Technology and Natural Philosophy in Newtonian Britain, 1660—1750*, 1992）。

杰勒德·L'E. 特纳理学博士（D. Sc）、文学博士（D. Litt）是伦敦帝国学院科学仪器史访问教授。他是利华休姆（Leverhulme）荣休研究员。其著作包括《科学仪器和实验哲学（1550～1850）》（*Scientific Instruments and Experimental Philosophy 1550—1850*, 1991）和《19 世纪科学的实践：泰勒博物馆的教学与研究仪器》（*The Practice of Science in the Nineteenth Century: Teaching and Research Apparatus in the Teyler Museum*, 1996）。

柯蒂斯·威尔逊 1948～1966 年和 1973～1988 年间在马里兰州安纳波利斯的圣约翰学院任导师；1958～1962 年和 1973～1977 年任该学院院长。1966～1973 年，在加州大学圣地亚哥分校历史系任客座副教授，继而任教授。有多本天文学史著作，其中之一是《从开普勒到牛顿的天文学：历史研究》（*Astronomy from Kepler to Newton: Historical Studies*, 1989），在与勒内·唐东合编的上、下 2 卷本《从文艺复兴到天体物理学兴起的行星天文学》（*Planetary Astronomy from the Renaissance to the Rise of Astrophysics*）

中撰写了一些章节（Part A，1989；Part B，1995）。

　　保罗·伍德是加拿大维多利亚大学历史系的教员和人文学科中心主任。其研究主要集中于苏格兰启蒙运动的知识环境。他的近著有《托马斯·里德论造物：与生命科学有关的论文》（*Thomas Reid on the Animate Creation: Papers Relating to the Life Sciences, 1995*），这也是苏格兰常识哲学家托马斯·里德迄今尚未出版的关于博物学、哲学和唯物主义的手稿的一个版本。目前正在为托马斯·里德的爱丁堡版编辑《里德通讯集》。

　　理查德·约是澳大利亚布里斯班的格里菲思大学科学史与科学哲学高级讲师，他在悉尼大学学习历史学和心理学，并在那里获得了有关 19 世纪英国自然神学和哲学的博士学位。他最近出版了《定义科学：威廉·惠威尔、自然知识和英国维多利亚时代初期的公开辩论》（*Defining Science: William Whewell, Natural Knowledge and Public Debate in Early Victorian Britain, 1993*）以及《百科全书的梦想：科学词典和启蒙运动的文化》（*Encyclopaedic Visions: Scientific Dictionaries and Enlightenment Culture, 2001*）。

　　　　　　　　　　　　　　　　　　　　（徐国强　译　方在庆　校）

总主编前言

1993年，亚历克斯·霍尔兹曼，剑桥大学出版社的前任科学史编辑，请求我们提供一份科学史编写计划，这部科学史将列入近一个世纪以前从阿克顿勋爵出版十四卷本的《剑桥近代史》(*Cambridge Modern History*, 1902～1912)开始的著名剑桥史系列。因为深信有必要出版一部综合的科学史并相信时机良好，我们接受了这一请求。

虽然对我们称之为"科学"的事业发展的思考可以追溯到古代，但是直到完全进入20世纪，作为专门的学术领域的科学史学科才出现。1912年，一位比其他任何个人对科学史的制度化贡献都多的科学家和史学家、比利时的乔治·萨顿(1884～1956)，开始出版《爱西斯》(*Isis*)，这是一份有关科学史及其文化影响的国际评论杂志。12年后，他帮助创建了科学史学会，该学会在20世纪末已吸收了大约4000个个人会员和机构成员。1941年，威斯康星大学建立了科学史系，这也是世界范围内出现的众多类似计划中的第一个。

自萨顿时代以来，科学史学家已经写出了有一座小型图书馆规模的专论和文集，但他们一般都回避撰写和编纂通史。一定程度上受剑桥史系列的鼓舞，萨顿本人计划编写一部八卷本的科学史著作，但他仅完成了开头两卷，结束于基督教的诞生(1952, 1959)。他的三卷本的鸿篇巨制《科学史导论》(*Introduction to the History of Science*, 1927～1948)，与其说是历史叙述，不如说是参考书目的汇集，并且未超出中世纪的范围。距《剑桥科学史》(*The Cambridge History of Science*)最近的科学史著作，是由勒内·塔顿主编的三卷(四本)的《科学通史》(*Histoire générale des sciences*, 1957～1964)，其英译本标题为 *General History of the Sciences*(1963～1964)。由于该书编纂恰在20世纪末科学史的繁荣期前，塔顿的这套书很快就过时了。20世纪90年代罗伊·波特开始主编那本非常实用的《丰塔纳科学史》(*Fontana History of Science*)(在美国出版时名为《诺顿科学史》)，该书分为几卷，但每卷只针对单一学科，并且都由一位作者撰写。

《剑桥科学史》共分八卷，前四卷按照从古代到18世纪的年代顺序安排，后四卷按主题编写，涵盖了19世纪和20世纪。来自欧洲和北美的一些杰出学者组成的丛书编纂委员会，分工主编了这八卷：

　　第一卷：《古代科学》（*Ancient Science*），主编：亚历山大·琼斯，多伦多大学；利巴·沙亚·陶布。

　　第二卷：《中世纪科学》（*Medieval Science*），主编：戴维·C. 林德博格和迈克尔·H. 尚克，威斯康星－麦迪逊大学。

　　第三卷：《现代早期科学》（*Early Modern Science*），主编：凯瑟琳·帕克，哈佛大学；洛兰·达斯顿，马克斯·普朗克科学史研究所，柏林。

　　第四卷：《18 世纪科学》（*Eighteenth-Century Science*），主编：罗伊·波特，已故，伦敦大学学院维康信托医学史中心。

　　第五卷：《现代物理科学与数学科学》（*The Modern Physical and Mathematical Sciences*），主编：玛丽·乔·奈，俄勒冈州立大学。

　　第六卷：《现代生物科学和地球科学》（*The Modern Biological and Earth Sciences*），主编：彼得·J. 鲍勒，贝尔法斯特女王大学；约翰·V. 皮克斯通，曼彻斯特大学。

　　第七卷：《现代社会科学》（*The Modern Social Sciences*），主编：西奥多·M. 波特，加利福尼亚大学洛杉矶分校；多萝西·罗斯，约翰斯·霍普金斯大学。

　　第八卷：《国家和国际与境下的现代科学》（*Modern Science in National and International Context*），主编：戴维·N. 利文斯通，贝尔法斯特女王大学；罗纳德·L. 南博斯，威斯康星－麦迪逊大学。

　　我们共同的目标是提供一个权威的、紧跟时代发展的关于科学的记述（从最早的美索不达米亚和埃及文字社会到 21 世纪初期），使即便是非专业的读者也感到它富有吸引力。《剑桥科学史》的论文由来自有人居住的每一块大陆的顶级专家写成，"勘定关于自然与社会的系统研究，不管这些研究被称作什么（"科学"一词直到 19 世纪初期才获得了它现在拥有的含义）"。这些撰稿者反思了科学史不断扩展的方法和论题的领域，探讨了非西方的和西方的科学、应用科学和纯科学、大众科学和精英科学、科学实践和科学理论、文化背景和思想内容，以及科学知识的传播、接受和生产。乔治·萨顿不大会认可这种合作编写科学史的努力，而我们希望我们已经写出了他所希望的科学史。

戴维·C. 林德博格

罗纳德·L. 南博斯

1

导　言[*]

罗伊·波特

　　1784 年,伊曼纽尔·康德提出一个问题:"什么是启蒙(Was ist Aufklärung)?"从那时起,人们就一直激烈地争论着这个问题。[1] 因此,当我们今天进一步提出"启蒙**科学**是什么?"这一问题时,也将面临同样的不确定性,这并不奇怪,但是对这一问题的论争却呈现出一种不同的氛围。

　　对启蒙运动的各种研究以生动的色彩恰当地描绘了这一"理性时代",同时也反映了不同流派的观点:有人称赞它为现代自由的温床,也有人指责它为独裁主义与异化的毒源。[2] 相比而言,人们通常是以柔和的色调来描摹 18 世纪的科学的。对于多数历史学家来说,这个时期缺乏以往的英雄品质——布鲁诺的殉道,伽利略与罗马教廷激烈的冲突,"科学革命"带来的"新天文学"和"新哲学",以及像笛卡儿、牛顿或莱布

* 　为方便读者查找,脚注中的参考文献保留了原文,紧随在译名后的括号中。在不影响读者理解的情况下,省略了原文章名的双引号,用正体表示;书名、期刊杂志名,用斜体表示。——责编
〔1〕　James Schmidt 编,《什么是启蒙? 18 世纪的答案与 20 世纪的问题》(*What Is Enlightenment? Eighteenth Century Answer and Twentieth Century Questions*, Berkeley, University of California Press, 1996)。
〔2〕　热衷于启蒙研究的人包括 Peter Gay,他在其《启蒙:一种阐释》卷二《自由的科学》(*The Enlightenment: An Interpretation*, vol. II: *The Science of Freedom*, London: Weidenfeld and Nicolson,1970)中赞扬了那些拥护科学的**启蒙哲学家**,"哲学家们拿起新科学,将其作为一种不可抵抗的力量,并将其引入他们的辩论中,他们自认为有着完好的方法、进步、成功与未来"(第 128 页)。Eric Hobsbawm 最近写道,"我相信,在我们和加速滑向的黑暗之间存在的少数事情之一,就是从 18 世纪启蒙运动继承来的一系列价值观",《论历史》(*On History*, London: Weidenfeld and Nicolson,1997),第 265 页。
　　　怀疑启蒙的有 Lester G. Crocker,《一个危机的时代:18 世纪法国思想中的人与世界》(*An Age of Crisis: Man and World in Eighteenth Century French Thought*, Baltimore, MD: Johns Hopkins University Press, 1959);J. L. Talmon,《极权主义民主的出现》(*The Rise of Totalitarian Democracy*, Boston: Beacon Press, 1952);以及 Max Horkheimer 与 Theodor T. Adorno,《启蒙辩证法》(*Dialectic of Enlightenment*,　New York: Herder and Herder, 1972)。这些人都认为启蒙运动的理性中暗含了法西斯主义与极权主义。

尼茨那种卓越的天才。[3]那个英雄时代之后,18 世纪被人们指责为,是处在沉闷中的,是"第一次"与"第二次"科学革命高峰之间的低谷,是达尔文的争论风暴和令人震惊的 19 世纪物理学突破前的暂息。充其量也只是栖在巨人肩膀上的矮子。斯蒂芬·梅森评判道:"18 世纪上半叶在科学思想史上是异常暗淡的时期。"H. T. 普莱奇认为,这个时代被打上"暗淡"的标签,部分是由于它的"野心勃勃的图谋"和"难以突破的精致与规矩的外壳"。[4] 威廉·莱法纽用"英国医学不为人知的半个世纪"来描述 1700 年后的时代,而另一位医学史家菲尔丁·H.加里森将整个世纪概括为"理论和体系的时代",充斥着对万事万物进行毫无结果的归类的狂热。在这之后,幸运地跟着一个带来"科学有组织地发展的开端"的时代。[5]

　　有了这样的评判,对于用诸如"巩固"之类低调的词来形容 18 世纪的自然科学就不足为怪了。鲁珀特·霍尔承认,"当牛顿[1727 年]死后科学革命最富创新的阶段就终结了"。他还强调:"它的吸收与消化还是不完全的。"这就是留给 18 世纪要完成的"基本"任务。[6]

　　然而,在谈到从积极意义上看待这一"完善"工作时,劳伦斯·布罗克利斯在本卷(第 3 章)中主张:"如果'科学革命'被看做是一个更长的文化时期,其中伽利略/牛顿式的研究自然界的数学与现象学方法成为欧美精英阶层思维方式的一部分,则可以说

[3] 17 世纪发展的戏剧性场面当然是用"科学革命"这一术语来记载的,虽然"科学革命"是现今常常遭到挑战的一个新造的词,但是它们的"革命"性质是由许多启蒙运动中的评论者所表达的,尤其是丰特内勒。见 I. Bernard Cohen,《科学中的革命》(*Revolution in Science*, Cambridge, MA: Harvard University Press, 1985);Cohen,《科学革命概念的 18 世纪起源》(The Eighteenth-Century Origins of the Concept of Scientific Revolution),《思想史杂志》(*Journal of the History of Ideas*),37(1976),第 257 页～第 288 页;H. Floris Cohen,《科学革命:历史编史学研究》(*The Scientific Revolution: A Historiographical Inquiry*, Chicago: University of Chicago Press, 1994);John Henry,《科学革命与近代科学的起源》(*The Scientific Revolution and the Origins of Modern Science*, London: Macmillan, 1997);David C. Lindberg,《从培根到巴特菲尔特的科学革命的概念:一个初步框架》(Conceptions of the Scientific Revolution from Bacon to Butterfield: A Preliminary Sketch),见 David C. Lindberg 和 Robert S. Westman 编,《重估科学革命》(*Reappraisals of the Scientific Revolution*, Cambridge University Press, 1990),第 1 页～第 26 页;Roy Porter 和 Mikuláš Teich 编,《国家背景下的科学革命》(*The Scientific Revolution in National Context*, Cambridge University Press, 1992);John A. Schuster,《科学革命》(The Scientific Revolution),见 R. C. Olby、G. N. Cantor、J. R. R. Christie 和 M. J. S. Hodge 编,《近代科学史手册》(*Companion to the History of Modern Science*, London: Routledge, 1990),第 217 页～第 243 页。从一个更具哲学意味的观点来看,库恩(T. S. Kuhn)的著作《科学革命的结构》(*The Structure of Scientific Revolutions*, Chicago: University of Chicago Press, 1962),更有激发意义。Michael Fores,《科学与"新石器时代悖论"》(Science and the "Neolithic Paradox"),《科学史》(*History of Science*),21(1983),第 141 页～第 163 页;还有他的《马背上的牛顿:"技术"与"现代性"的编史学评论》(Newton on a horse: A Critique of the Historiographies of "Technology" and "Modernity"),见《科学史》,23(1985),第 351 页～第 378 页,他抨击了科学革命的"神秘"。Steven Shapin 的《科学革命》(*The Scientific Revolution*, Chicago: University of Chicago Press, 1996)是一本非常好的参考文献述评的著作。它一开始就具有煽动性地说:"根本不存在科学革命这回事,而本书却要来讨论它。"(第 1 页)
[4] S. F. Mason,《科学思想的主流》(*Main Currents in Scientific Thought*, London: Routledge, 1956),第 223 页;H. T. Pledge,《1500 年以来的科学》(*Science since 1500*, London: HMSO, 1939),第 101 页。
[5] Fielding H. Garrison,《医学史导论》(*An Introduction to the History of Medicine*, Philadelphia: Saunders, 1917),第 303 页;W. R. Lefanu,《英国医学不为人知的半个世纪(1700～1750)》(The Lost Half Century in English Medicine, 1700—1750),《医学史通报》(*Bulletin of the History of Medicine*),66(1972),第 319 页～第 348 页。作为更正,参见 Thomas Broman 所撰的本卷第 20 章以及 W. F. Bynum 的《健康、疾病与医疗保健》(Health, Disease and Medical Care),载于 G. S. Rousseau 和 Roy Porter 编,《知识的酝酿》(*The Ferment of Knowledge*, Cambridge University Press, 1980),第 211 页～第 254 页。
[6] A. R. Hall,《科学革命(1500～1800)》(*The Scientific Revolution, 1500—1800*, London: Longman, 1954),第 iii 页。

这一'革命'就是发生在 **18 世纪**（1750 年后主要是在非英语世界）。"[7]玛格丽特·雅各布用类似的方式描绘这个世纪为"科学知识成为西方文化不可缺少的部分"的时代，或者说，科学知识成为"公众知识"的时代。[8]"吸收"与"消化"也许是对 18 世纪科学的非常恰当的描述，尤其当这两个词是用来突出转变过程，而不是为乏味作辩解时，情形更是如此。科学融入现代性的问题至少与开普勒或哈维的辉煌而具创新性的飞跃一样重大，它当然给历史学家提出了需费力解释的难题。[9]

总而言之，重要的是谈到"消化"和"巩固"时，并不应该传递出这样一种错误的理解，即到 1700 年，近代科学的所有重大突破都已完成，留下的不过是修修补补的事情，或者按库恩式的说法，这些事情成了常规科学在已建立好的范式内的任务。[10] 我们不能小视在 1700 年这些科学仍然处于初期的情况，尽管它们都是与牛顿、惠更斯、莱布尼茨还有其他数学物理学先驱紧密联系在一起的；我们也不要忘记在 18 世纪初时莱布尼茨还有 16 年寿命，牛顿还有 27 年，牛顿的《光学》（*Optics*）还没有出版呢。上帝也许说过"让牛顿出现吧，一切灿然光明"，但是到 1700 年牛顿所发射的光线更像黎明前的第一束光线，而不是中午炫目的光线。虽然西蒙·谢弗注意到，到 19 世纪时，"已可能把牛顿主义看成物理科学的常识"，[11]但如果应用于 18 世纪，这将是一个时间误置的（anachronistic）判断。尽管牛顿常常因"使机械哲学变得完美而受到颂扬"，但是史蒂文·夏平却坚持认为，事情完全不是这样的。[12]这位卢卡斯教授（Lucasian Professor）遗留下来的问题与解决的一样多。如柯蒂斯·威尔逊讨论天文学与宇宙学（本卷第 14 章）所表明的，18 世纪天体物理学仍然在观察、计算，理论上也有显著的革新。[13]

也许，更值得注意的，往往也是相互交织在一起的问题，是同时代的数学进展。对于许多欧洲的同事来说，牛顿的方法看上去与期望相距甚远，当英国数学家由于因循

---

[7]　黑体字部分为作者自加。参见 John Henry，《科学革命与近代科学的起源》，第 96 页，关于 18 世纪，用同样的语调写道："有可能得出这样的结论：现在以这种方式看待自然哲学，并且敢于希望用它来制定社会运转的秩序，这本身就表明，一场重新整理知识的革命确实已经发生了。科学革命是完整的。"

[8]　Margaret C. Jacob，《科学革命的文化意义》（*The Culture Meaning of the Scientific Revolution*，New York: Knopf，1988），第 3 页；"公众知识"见 Larry Stewart，《公众科学的兴起：牛顿时代英国的修辞学、技术和自然哲学（1660～1750）》（*The Rise of Public Science: Rhetoric, Technology and Natural Philosophy in Newtonian Britain, 1660—1750*，Cambridge University Press，1992）。

[9]　有重要影响的是 Steven Shapin 和 Simon Schaffer 的《利维坦与空气泵》（*Leviathan and the Air Pump*，Princeton, NJ: Princeton University Press，1985）。这本书举出并且试图通过具体个案的研究来解决一个在 Shapin 的《真理的社会史：17 世纪英格兰的文明与科学》（*A Social History of Truth: Civility and Science in Seventeenth-Century England*，Chicago: University of Chicago Press，1994）中要回答的重要问题，即新科学是怎样建立其真理地位的。

[10]　T. S. Kuhn，《科学革命的结构》。有关科学的地理—文化传播，参见例如 Henry Guerlac，《牛顿在欧洲大陆》（*Newton on the Continent*，Ithaca, NY: Cornell University Press，1981）；Guerlac，《雕像矗立的地方，18 世纪对牛顿忠诚的分歧》（*Where the Statue Stood, Divergent Loyalties to Newton in the Eighteenth Century*），载于 Earl R. Wasserman 编，《18 世纪的方方面面》（*Aspects of Eighteenth Century*，Baltimore, MD: Johns Hopkins University Press，1965），第 317 页～第 334 页；A. Rupert Hall，《牛顿在法国：一种新观点》（*Newton in France: A New View*），《科学史》，13（1975），第 233 页～第 250 页。

[11]　Simon Schaffer，《牛顿主义》（*Newtonianism*），见 Olby 等人编，《近代科学史手册》，第 610 页～第 626 页，特别是第 611 页。关于蒲柏引语（the Pope quotation）的注释，见 Steven Shapin，《科学的社会用途》（*Social Uses of Science*），载于 Rousseau 和 Porter 编，《知识的酝酿》，第 93 页～第 142 页，特别是第 95 页。

[12]　Shapin，《科学革命》，第 157 页。

[13]　也可参见 J. D. North，《丰塔纳天文学与宇宙学史》（*The Fontana History of Astronomy and Cosmology*，London: Fontana，1994）。

守旧而受阻于笨拙的牛顿"流数"程序时,伯努利兄弟、莫佩尔蒂、欧拉、克莱罗、达朗贝尔、拉格朗日、拉普拉斯和其他欧洲大陆的数学家都取得了辉煌的进步,他们当中许多人与柏林科学院、圣彼得堡科学院和巴黎科学院有着紧密的联系。革新的分析技法刺激了数学在许多问题上的运用,这些问题包括刚体的运动、振动、流体力学、张力;守恒定律得到发展,从而形成了宇宙理论,新宇宙理论与牛顿所支持的有神干预的宇宙论背道而驰,而向拉普拉斯的星云假说发展。在对有关活力论(vis viva)的争论以及理性力学所取得的进步进行了考察之后,约翰·亨利最近表明:"18世纪数学的发展也许应该更多地归功于莱布尼茨和伯努利兄弟,而不是英国数学家权威牛顿,他对英国数学的控制似乎是导致英国数学显著衰退的原因。"[14]

此外,18世纪数学所取得的进步绝非限于数学内部和数学技巧上的成就,对单纯数学成就的讨论是克雷格·弗雷泽撰写的本卷(第13章)的核心内容。在《百科全书》(Encyclopédie)的"初论"(Preliminary Discourse)中,让·达朗贝尔声称数学是所有自然科学的基础:

> 在检验我们地球上的物体时,数学知识有很多用处(决不少于它在天文学上的运用),我们观察到的这些物体之间具有内在联系,一种或多或少我们都能够把握的联系。这种知识或者这种联系的发现几乎是我们可能达到的唯一目标。因此也是我们应该为自己提出的唯一目标。[15]

为了证实玛格丽特·雅各布所宣称的在18世纪"科学知识成为西方文化不可缺少的一部分",历史学家强调渗入到人们日常生活的"计算的精神"。[16]这包括从人寿保险到赌博,以及其他急切需要概率决定的情况。

这些还不是全部。正如多年前赫伯特·巴特菲尔德出名的有争议的章节标题"化学中迟到的科学革命"所标示的那样,一个最具创新性的领域(新的实验操作、实用性的发现以及理论上的概念重构)便是化学。让·戈林斯基在本卷的文章(第16章)中强调了这一不同寻常的认识的重大意义,即空气不是均衡的物态,而是各种不同化学组分的气体的混合。根据这一点,他重新评估了巴特菲尔德的主张,即拉瓦锡式的化

---

[14] Henry,《科学革命与近代科学的起源》,第94页。

[15] 引自 Thomas L. Hankins,《科学与启蒙运动》(Science and the Enlightenment, Cambridge University Press, 1985),第46页～第47页。

[16] 对于计算的精神和它在概率领域的运用,见 Gerd Gigerenzer、Zeno Swijtink、Theodore Porter、Lorraine Daston、John Beatty 和 Lorenz Krüger,《偶然性的帝国》(The Empire of Chance, Cambridge University Press, 1989); Ian Hacking,《概率的出现》(The Emergence of Probability, Cambridge University Press, 1975); Hacking,《驯服偶然性》(The Taming of Chance, Cambridge University Press, 1990); Lorraine Daston,《启蒙运动中的经典概率》(Classical Probability in the Enlightenment, Princeton, NJ: Princeton University Press, 1988); Daston,《风险的驯化:数学概率与保险(1650～1830)》(The Domestication of Risk: Mathematical Probability and Insurance 1650—1830),载于 Lorenz Krüger、Lorraine Daston 和 M. Heidelberger 编,《概率的革命》(The Probabilistic Revolution, Ann Arbor: University of Michigan Press, 1987),第237页～第260页; Tore Frängsmyr、J. L. Heilbron 和 Robin E. Rider 编,《18世纪的定量精神》(Quantifying Spirit in the 18th Century, Berkeley: University of California Press, 1990)。

学（Lavoisierian chemistry）构成了 17 世纪"科学革命"的最后一章。[17]

同时，新的专业正在形成，因此，到 19 世纪初，正如罗达·拉帕波特（在第 18 章）和雪莉·罗（在第 17 章）所指出的，像"地质学"、"生物学"之类的术语已经被创造出来了，并且很快成为刚独立的学科领域的标准符号。物理学能够进行实验的方面都取得了显著进步，仅列出最显著的磁学、电学、光学、流体力学、气体力学、对火、热以及其他稀薄或不可测的流体的研究、气象学、材料强度、流体静力学和湿度测定。正如罗德·霍姆（在第 15 章）强调的，人们对于磁学和电学的认识在 1700 年到 1800 年间发生了根本的转变。传统的、亚里士多德式的将物理学首先当做哲学分支的观点不再那么有道理了：到 1800 年，真正的物理学则意味着实验物理学。[18]

甚至在已经研究得很好的调查领域中（如博物学）也能看到显著的转变。例如，就是在这个时期，在林奈所发展的新的持久的分类系统下，植物的性特征学作为植物学思想的基础而首先被完全建立起来。与布丰（间接地）和与伊拉斯谟·达尔文、拉马克（明确地）有联系的最初的进化理论被提出来了。[19] 生命理论学家们正发现，那种静态的、等级森严的存在之链（Chain of Being）已不再具有说服力，生命需要在一个更加动态的框架和一个更为广阔的时间范围内被概念化——坚持这一事实，并不是辉格主义的（解释），或是以所谓的"查尔斯·达尔文的先行者"[20]为荣。简言之，在 18 世纪期间无论怎样看，科学的理论或实践都没有停顿，我们所称的新知识（取决于我们所接受的哲学与社会学）的"发现"、"发明"或"建构"也并不缺少。[21]

然而，如果认为 18 世纪的科学仅仅是关于它的概念上的革新值得研究，那就错了。这种观点又使我们回到"巩固"的观念上。逐渐地，不平衡地，但也许是不屈不挠地，有关自然知识的研究成果以及使用有关自然术语的话语方式在文化、意识形态和社会上扮演越来越显著的角色。自然哲学家和历史学家声称，他们的地位不亚于教士和人文学者。科学中的男士们（如隆达·席宾格在本卷第 8 章中引证的，也有一些女士）获得进入文坛（Republic of Letters）的权利，并在进程中改变它的面貌。[22] 此外，像

〔17〕 Herbert Butterfield，《近代科学的起源（1300 ～ 1800）》（*The Origins of Modern Science, 1300—1800*, London: Bell, 1949）。关于"被延迟的科学革命"，见 William H. Brock，《丰塔纳化学史》（*The Fontana History of Chemistry*, London: Fontana, 1992），第 86 页："拉瓦锡将化学结构概念与实验综合起来，这项工作给人印象深刻，其程度绝不亚于牛顿一个世纪前对物理学的改造。"关于"革命的"化学的一种不同的观念，见 Archibald Clow 和 Nan L. Clow，《化学革命：对社会技术的贡献》（*The Chemical Revolution: A Contribution to Social Technology*, London: Batchworth Press, 1952）。

〔18〕 根据最近的研究，例如 Patricia Fara，《感应吸引力：18 世纪英格兰磁学的实践、信念与象征意义》（*Sympathetic Attractions: Magnetic Practices, Beliefs and Symbolism in Eighteenth-Century England*, Princeton, NJ: Princeton University Press, 1996）。

〔19〕 Jacques Roger，《生命世界》（The Living World），载于 Rousseau 和 Porter 编，《知识的酝酿》，第 255 页～第 284 页；Maureen McNeil，《在科学的旗帜下：伊拉斯谟·达尔文及其时代》（*Under the Banner of Science: Erasmus Darwin and His Age*, Manchester: Manchester University Press, 1987）。

〔20〕 Bentley Glass、Owsei Temkin 和 William L. Straus 编，《达尔文的先行者们（1745 ～ 1859）》（*Forerunners of Darwin, 1745—1859*, Baltimore, MD: Johns Hopkins University Press, 1968）。

〔21〕 关于科学"知识"的讨论，见 Helge Kragh，《科学编史学导论》（*An Introduction to the Historiography of Science*, Cambridge University Press, 1987）。

〔22〕 Anne Goldgar，《粗鲁的学问：文坛中的操行和共同体（1680 ～1750）》（*Impolite Learning: Conduct and Community in the Republic of Letters 1680—1750*, New Haven, CT: Yale University Press, 1995）。

罗伯特·福克斯(在第 5 章)和罗布·艾利夫(在第 26 章)证实的,政府越来越多地雇用专家担任行政官员、勘探者、政府部门和军事部门的工程师、宣传者、自然资源的管理者。科学首先被当成通过统计学(Statistik:国家信息)和政治算术来为"开明的专制政治"提供知识的基础;科学专家将会做培根式的知识与力量联姻的中间人。历史学家回顾时,他们也许会将这种发展各自解释为进步,或从另一方面解释为社会管理行为。但是,不管从两种解释中的哪一种来看,自然知识在旧体制(ancien régime)的最后几年在公众中的地位都是提高的,它将不同的价值和观念调和起来。尽管极为虔诚的约瑟夫·普里斯特利和**启蒙哲学家**孔多塞在哲学上忠于根本不同的信念,在法国大革命期间,他们都盼望一个由科学发现与科学理性来改变社会的未来,其中,不仅仅以物质的改进为标志,而是以在地球上的一个新天地中人类的完善为标志。[23]

科学越来越具权威性,这一点得到明证,正如 G. S. 鲁索在第 33 章中讨论在浪漫主义反对科学的激战中文人的表现那样。安妮女王时代的反科学讽刺作品——嘲笑学者盯着望远镜,误把苍蝇当成月亮上的大象,这些作品给人的印象是,在 1700 年左右,人文学者还不能觉察到科学的"威胁"。确实,不止我们已经看到的亚历山大·蒲柏,许多文人都对科学进步表现出过度的恭维。詹姆斯·汤姆逊唱道:

> 牛顿啊,完美的智慧
>
> 上帝将他借给人类
>
> 从极其简单的法则中
>
> 勾勒出他那无限的工作

人文学者在传播新科学的崇高真理上是很杰出的。例如,在 1686 年,贝尔纳·德·丰特内勒出版了他的著名对话《论世界的多样性》(*On The Plurality of Worlds*)——法国第一部面向普通大众的寓教于乐的著作。可以说这个人在为他所赞美的自然科学从文化上取代基督教而铺路。

形成鲜明对比的是,在 18 世纪末期,威廉·布莱克对培根、洛克和牛顿三个亡魂的恶毒攻击中还是有一些新东西的。这些新东西也存在于查尔斯·兰姆对牛顿的健康"和对数学的困惑"的臭名昭著的祝酒词中,这也存在于歌德的系统理论中,他痛惜牛顿主义中的机械决定论,并以微妙的方式取代之。浪漫主义评论家们认为,力学正

[23] 关于政府聘用的专家,见 Ken Alder,《将革命工程化:武器与法国启蒙运动(1763～1815)》(*Engineering the Revolution: Arms and Enlightenment in France, 1763—1815*, Princeton, NJ: Princeton University Press, 1997)。关于功利主义与进步的关系,见 David Spadafora,《18 世纪英国的进步理念》(*The Idea of Progress in Eighteenth Century Britain*, New Haven, CT: Yale University Press, 1990); Sidney Pollard,《进步的理念:历史与社会》(*The Idea of Progress: History and Society*, London: Watts, 1968); Keith Michael Backer,《孔多塞:从自然哲学到社会数学》(*Condorcet: From Natural Philosophy to Social Mathematics*, Chicago: University of Chicago Press, 1975)。

在转变为一个真正的弗兰肯斯坦(Frankenstein)式的怪物。[24]

也许能说明 18 世纪科学之"巩固"这一过程的最有效指标便是科学在稳定制度形式上的表现。在先前,自然知识很少有固定的专家讲坛,更没有专用于自然知识的讲坛。大多数专家不得不在法庭、教会或大学里找到个人的适当位置。当某些人(如帕拉塞尔苏斯)生活很拮据时,有些人(如第谷·布拉赫)却能够累积自己的私人财富。正如布罗克利斯在这里所展示的,虽然有些教育基金对科学和医学研究有少量的赞助,但是在传统大学体系下自然科学不可能占有优势。因为它的基本目标是培养牧师,尽管后来又增补了培养绅士与政府公务员的目标。不管怎么样,虽然洪堡式的改革使各所大学在 19 世纪得以复苏,但是在 18 世纪初,这些大学基本上是墨守陈规。[25]

在 18 世纪期间,传统上对科学建制性支持的不确定性降低了。如福克斯所展示的,许多欧洲的统治者为了实用和声望的目的,通过诸如法国王家科学院这样的官方团体来开展为学者制定政府支持计划的活动。科学院为研究人员设立了一批长久的有政府基金支持的职位,特别是在巴黎、圣彼得堡和柏林。这些科学院可以看做是集中科学研究的早期引擎。另外,科学学会如泉涌般的出现,国家的和地方的、正式的和非正式的、实用的和非实用的、封闭的和对外开放的,不一而足。詹姆斯·麦克莱伦三世在第 4 章的论述中提到,到 18 世纪末,从波士顿到布鲁塞尔,从特隆赫姆到曼海姆出现了差不多 100 个这样的学会。通过这样的发展,他坚信,18 世纪"在欧洲科学组织和制度史上构成了一个独特的时期",巩固了先前详细讨论过的"在 18 世纪科学的进取心重新坚定了"的观点。[26]

在传播自然科学时,这些科学院的头面人物还扮演其他角色,例如他们在沙龙这一更大的圈子里同样发挥作用。在法国,这最初是由于丰特内勒的作用,从 1699 年到 1741 年,他是法国科学院的终身干事,还有伏尔泰,他向法国读者普及了牛顿理论。《观众》(Spectator)的创始人之一约瑟夫·艾迪生写道:

[24]　参见本卷(第 33 章)Rousseau 的文章,还有 Gillian Beer,《科学与文学》(Science and Literature),见 Obly 等编,《近代科学史手册》,第 783 页～第 798 页;Andrew Cunningham 和 Nicholas Jardine 编,《浪漫主义与科学》(Romanticism and the Sciences, Cambridge University Press, 1990);Marjorie Hope Nicolson,《牛顿需要缪斯:牛顿的〈光学〉与 18 世纪的诗人》(Newton Demands the Muse: Newton's "Opticks" and the Eighteenth-Century Poets, Princeton, NJ: Princeton University Press, 1946);Nicolson,《科学与想象》(Science and Imagination, Ithaca, NY: Cornell University Press, 1956);Joseph M. Levine,《〈圣经〉之战:安妮女王时代的历史与文学》(The Battle of the Books: History and Literature in the Augustan Age, Ithaca, NY: Cornell University Press, 1992)。Thomson 转引自 Colin Russell,《英国和欧洲的科学与社会变化(1700 ～ 1900)》(Science and Social Change in Britain and Europe, 1700—1900, New York: St. Martin's Press, 1983),第 16 页。

[25]　Laurence Brockliss,《17 世纪和 18 世纪法国的高等教育:一种文化史》(French Higher Education in the Seventeenth and Eighteenth Centuries: A Cultural History, Oxford: Clarendon Press, 1987);H. de Ridder-Symoens 编,《欧洲大学史》卷二《近代早期欧洲的大学(1500 ～ 1800)》(A History of the University in Europe, vol. 2: Universities in Early Europe, 1500—1800, Cambridge University Press, 1996);John Gascoigne,《启蒙运动时期的剑桥:从王政复辟时代到法国革命时期的科学、宗教与政治》(Cambridge in the Age of the Enlightenment: Science, Religion and Politics from the Restoration to the French Revolution, Cambridge University Press, 1989);Roger Emerson,《欧洲近代早期的科学组织及其追求》(The Organization of Science and Its Pursuit in Early Modern Europe),见 Olby 及其他人编,《近代科学史手册》,第 960 页～第 979 页。

[26]　也可参见 James E. McClellan III,《重组的科学:18 世纪的科学学会》(Science Reorganized: Scientific Societies in the Eighteenth Century, New York: Columbia University Press, 1985)。

　　　　传说苏格拉底把哲学从天堂带到人间;而我要让人们这样来说我,是我把哲学带出密室和图书馆,带出学校和学院,使它来到俱乐部和集会、茶桌和咖啡屋。[27]

　　伴随着艾迪生式的道德与社会哲学,科学也正在潜入杰出人物的社交界。

　　如果说在于尔根·哈贝马斯所称的"公共领域"内,即在社团和沙龙里、在系列讲座和博物馆里,科学观念广为流传的话,那么它在人们头脑中同样大行其道,在人们摄取的精神食粮中成为一种意识形态的力量和竞相追求的成分。[28] 怎样最好地解释科学超越自身范围?有关此问题的争议在历史学家中蔓延(在第 6 章中,玛丽·菲塞尔和罗格·库特对此进行了评价),"传播"、"缓慢渗透(trickle down)"和"社会控制"的解释模式被提出来,并且依次受到激烈的批评(这里的"煎鸡蛋"[fried-egg]范例是最初被攻击的目标)。[29]

　　"供需"模式显然富于争议,但至少有一个好处,就是认识到在欧洲发达地区,在人们的思想中一种类似市场的东西出现了。消费者可以购买他们所选择的任何科学的东西,这些东西既可以是化学表演、显微镜,也可以是像阿尔加洛蒂写的《写给女士的牛顿学说》(Newtonianism for the Ladies)之类的畅销书等等。科学的倡导者有义务调节他们的商品,使其适应市场:不这样做,结果会是不幸的;杰勒德·特纳报道的科学仪器行业在市场沉浮中破产的事例可以佐证(第 22 章)。

　　拉里·斯图尔特(第 35 章)和罗布·艾利夫以互补的方式追溯了在探险与殖民化过程中实实在在的科学帝国的兴起,并且由此而对其日益增长的在意识形态上的领导

[27]　载于 D. F. Bond 编,5 卷本《观众》(The Spectator, Oxford: Clarendon Press, 1965),第 1 卷,第 44 页。关于丰特内勒,见 Herbert Butterfield,《近代科学的起源(1300～1800)》(London: Bell, 1949, 1950),第 144 页。关于大众文化范围内的科学,见 Thomas Broman,《哈贝马斯的公众领域与"启蒙运动中的科学"》(The Habermasian Public Sphere and "Science in the Enlightenment"),《科学史》,36(1998),第 123 页~第 149 页,以及 J. Habermas,《公众领域的结构转变:中产阶级社会的范畴研究》(The Structural Transformation of the Public Sphere: An Inquiry into a Category of Bourgeois Society, Cambridge, MA: MIT Press, 1989)。关于公众科学的有价值的著作有 Simon Schaffer,《18 世纪的自然哲学与公开展示》(Natural Philosophy and Public Spectacle in the Eighteenth Century),《科学史》,21(1983),第 1 页~第 43 页;Schaffer,《消费热情:商品世界的电学展示主持人和保守党的神秘主义者》(The Consuming Flame: Electrical Showmen and Tory Mystics in the World of Goods),载于 John Brewer 和 Roy Porter 编,《17 世纪和 18 世纪的消费与商品世界》(Consumption and the World of Goods in the 17th and 18th Centuries, London: Routledge, 1993),第 489 页~第 526 页。关于伏尔泰,参见 F. M. Voltaire,《英国通信》(Letters Concerning the English Nation, London: Printed for C. Davis and A. Lyon, 1733)。

[28]　Jan Golinski,《作为公众文化的科学:英国的化学与启蒙运动(1760～1820)》(Science as Public Culture: Chemistry and Enlightenment in Britain, 1760—1820, Cambridge University Press, 1992);Stewart,《公众科学的兴起》;Larry Stewart,《英国的工业与企业:从科学革命到工业革命(1640～1790)》(Industry and Enterprise in Britain: From the Scientific to the Industrial Revolution 1640—1790, London: Athlone Press, 1995)。

[29]　细节见 Roger Cooter 和 Stephen Pumfrey,《私人领域与公众场所:关于科学普及史和大众文化中的科学的反思》(Separate Spheres and Public Places: Reflections on the History of Science Popularization and Science in Popular Culture),《科学史》,32(1994),第 237 页~第 267 页。

权提出了更深刻的见解。[30]"因此,对牛顿自然哲学的力量的理解扩展到学院外或者克兰街(Crane Court)*[即英国王家学会]外,甚至超出了舰队街乐器制作者的亚文化群。"斯图尔特在别处讨论科学的扩张诉求时争论道:

> ……在启蒙的英国,社会流动性和理性的交流是建立在对具体的、实际的和有趣事物的推论上的。从《观众》可以很容易看出,咖啡屋中的像约瑟夫·艾迪生和理查德·斯蒂尔这样的人努力迫使"哲学走出密室、图书馆、学校和学院"。相比之下,自然科学得到了更加广泛的社会认可,而如果单纯依靠识字来推广科学却不见得有如此效果;咖啡屋的自由可能是一个原因,另一个原因是日渐盛行的金钱崇拜,这二者同样明显。[31]

在启蒙运动的计划中,关于哲学、诗文、宗教和政治的话语挪用了培根、笛卡儿、伽利略、伽桑狄,特别是牛顿的科学方法和模式。有牛顿式的诗歌,有牛顿式的政府学说,有微粒式社会模型、政治经济模型以及心灵和情感模型,这些都是由杂志传播或者通过从纽卡斯尔到那不勒斯的地方性集会传播的。虽然像 J. C. D. 克拉克一类的修正主义历史学家最近质疑自然科学对时代意识的重要性,但是 E. P. 汤普森的主张无疑更加中肯,"英国的资产阶级与科学革命……显然远非好朋友那么简单";这同样适用于荷兰共和国、德意志诸公国、意大利诸公爵领地、瑞士诸州郡中的科学与上流社会的关系。[32]

　　毫无疑问,虽然启蒙运动所包含的内容远远超过对自然科学的理解,但是如果没有新哲学所传递的人类支配自然的力量的冲动,启蒙运动将是不可想象的。对于那些**哲学家**来说,科学研究是新的和最好的扫帚,它能够扫除神秘与蒙昧主义,去除教会的

---

[30]　Larry Stewart,《牛顿时期英格兰的公开演讲与私人赞助》(Public Lectures and Private Patronage in Newtonian England),《爱西斯》(Isis),77(1986),第 47 页~第 58 页;Stewart,《推销牛顿:18 世纪早期英格兰的科学与技术》(The Selling of Newton: Science and Technology in Early Eighteenth-Century England),《英国研究杂志》(Journal of British Studies),25(1986),第 179 页~第 192 页。科学在意识形态上的运用尤其为 Margaret C. Jacob 所强调,《牛顿主义者与英国革命(1689～1720)》(The Neutonians and the English Revolution 1689—1720, Hassocks, Sussex: Harvester Press, 1976),第 18 页:

　　　　这种被以前的评论家所忽略的对牛顿主义在 17 世纪晚期的胜利所做出的社会解释强调指出:对英国国教的思想领袖来说,[牛顿学说]作为他们可能被称之为"世界政治活动"的构想的基础是有作用的。牛顿的宇宙是有序的、神导的、在数学上是有章可循的,它为一个稳定的、繁荣的政体提供了一个模型,这个模型是由人的自身的利益统治的。

　　　　人类帝国统治自然的思想,对于理解 18 世纪科学至关重要,这一思想由 Paula Firdlen 的标题很好地表达出来:《拥有自然:近代早期意大利的博物馆、收藏和科学文化》(Possessing Nature: Museums, Collecting, and Scientific Culture in Early Modern Italy. Berkeley: University of California Press, 1994)。也可参见 James A. Secord,《幼儿园里的牛顿:汤姆·泰勒斯科普与陀螺和球的哲学(1761～1838)》(Newton in the Nursery: Tom Telescope and the Philosophy of Tops and Balls, 1761—1838),《科学史》,23(1985),第 127 页~第 151 页。

＊　　从 1710～1782 年英国王家学会的正式会址。——校者

[31]　Stewart,《公众科学的兴起》,第 xxxi 页~第 xxxii 页。

[32]　E. P. Thompson,《英国人的怪癖》(The Peculiarities of the English),载于他的《理论的贫乏及其他论文》(The Poverty of Theory and Other Essays, London: Merlin Press, 1978),第 35 页~第 91 页,尤其是第 60 页。与之对照的有 J. C. D. Clark,《革命与反抗:17 世纪和 18 世纪英格兰的国家与社会》(Revolution and Rebellion: State and Society in England in the Seventeenth and Eighteenth Centuries, Cambridge University Press, 1986)。

　　　　关于科学与**启蒙哲学家**,见 Hankins 的《科学与启蒙运动》和 Dorinda Outram 的《启蒙运动》(The Enlightenment, Cambridge University Press, 1995);Colm Kiernan 的《18 世纪法国的启蒙运动与科学》(Enlightenment and Science in Eighteenth-Century France),第 2 版[《对伏尔泰与 18 世纪的研究》(Studies on Voltaire and the Eighteenth Century, 59, Genève, 1968)],虽然给人以启发,但却采用了一个现在看上去非常过时的洛夫乔伊式的"思想史"方法。

11

繁文缛节,以及使得大众饱受贫穷、饥饿和压迫的"封建"制度——对于这些,人们只要翻看 28 卷本的《百科全书》中的任何一卷就会明白。的确,像理查德·约在第 10 章强调的,也许在百科全书计划背后,最初的念头就是传播科学知识。此类信息日益快速的增长引起了对新百科全书和更新版本百科全书的需求,或者至少是提供基本理论。查尔斯·兰姆逗趣地承认,他是"世界其他地方背后的一整部百科全书",这种说法并非只是简单道出了自己无知的**程度**,而是说明他所知道的东西实在太**过时**了。[33]

诚然,科学和启蒙运动的倡导者不会得到他们所预料的那种尊重。自然科学总是在意识形态上以精美包装的形式出现,彼得·汉斯·莱尔在第 2 章对科学与启蒙运动的讨论中,用历史图解的形式很好地证明了这一点。当"科学"的话语权在破坏着虔诚者、穷人、平民、妇女以及边缘人群的信仰和行为方式的时候,可能正是它促进精英文化发展的时候。[34] 在某种情况下,科学(确切地说是"社会科学",一个由杜尔哥、孔多塞和他们周围的人所普及的用语)宣称,信仰巫术只不过是迷信罢了;在其他情况下,它宣扬白人优越论或者宣扬女性神经系统具有歇斯底里的倾向。正如理查德·奥尔森在第 19 章讨论人类科学的基础时所强调的,新的技术(如统计列举、生物政治的调查)(statiscal enumeration, biopolitical surveys)运用到具体的"社会用途"上,[35]标志出所宣称的以物理学为基础的权威。科学的武器也不只对"进步"才有用。马尔萨斯"牧师"在他的《人口论》(*Essay on the Principle of Population*, 1798)中确信,他可以用一些数据表和简单的方程式来推翻法国革命者的愚蠢的完美主义。[36]

12

正是牛顿自己,在《光学》(1704)中敢于说,通过自然哲学的完美,"道德哲学的界限也被扩大了"。在这个断言的影响下产生了一些声名显著的计划;不仅大卫·休谟,而且其他许多学者都渴望成为"道德科学上的牛顿"。因此,到 18 世纪 90 年代,对法

[33] Lamb 转引自 Richard Yeo,《百科全书的梦想:科学词典和启蒙文化》(*Encyclopaedic Visions: Scientific Dictionaries and Enlightenment Culture*, Cambridge University Press, 2001)。

[34] 在下面的文章和著作中,Margaret Jacob 强调了 1788～1789 年"光荣革命"之后,社会政治秩序中占统治地位的牛顿主义意识形态。Margaret Jacob,《科学革命的文化意义》(*The Cultural Meaning of the Scientific Revolution*);Jacob,《西方科学的政治(1640～1990)》(*The Politics of Western Science, 1640—1990*, Atlantic Highlands, NJ: Humanities Press International, 1994);Jacob,《对于西方科学从波义耳和牛顿到后现代主义者的意识形态意义的思考》(Reflections on the Ideological Meaning of Western Science from Boyle and Newton to the Postmodernists),《科学史》,101(1995),第 333 页～第 357 页;Jacob,《激进的启蒙运动:泛神论者、共济会会员和共和党人》(*The Radical Enlightenment: Pantheists, Freemasons and Republicans*. London: Allen & Unwin, 1981)。

[35] Steven Shapin,《科学的社会用途》(Social Uses of Science),载于 Rousseau 和 Porter 编,《知识的酝酿》,第 93 页～第 142 页。

[36] 关于概率,见注释16。关于政治理论中的科学,见 I. Bernard Cohen,《科学与开国元勋们:托马斯·杰弗逊、本杰明·富兰克林、约翰·亚当斯和詹姆斯·麦迪逊的政治思想中的科学》(*Science and the Founding Fathers: Science in the Political Thought of Thomas Jefferson, Benjamin Franklin, John Adams and James Madison*, New York: W. W. Norton, 1995);Dorinda Outram,《科学与政治意识形态(1790～1848)》(Science and Political Ideology, 1790—1848),载于 Obly 等编,《近代科学史手册》。关于政治算术,见 Andrea Rusnock,《生物政治学:启蒙运动中政治算学》(Biopolitics: Political Arithmetic in the Enlightenment),载于 William Clark、Jan Golinski 和 Simon Schaffer 编,《科学在启蒙的欧洲》(*The Science in the Enlightened Europe*, Chicago: University of Chicago Press, 1999)。关于社会科学,见 Richard Olson,《社会科学的出现(1642～1792)》(*The Emergence of the Social Sciences, 1642—1792*, New York: Twayne, 1993)。关于马尔萨斯,见 Roy Porter,《18 世纪 90 年代:"纯洁喜悦的梦想"》(The 1790s: "Visions of Unsullied Bliss"),载于 Asa Briggs 和 Daniel Snowman 编,《世纪末:一种结局的变化感》(*Fins de Siècles: The Changing Sense of an Ending*, New Haven, CT: Yale University Press, 1996),第 125 页～第 156 页。

国革命中可恶的暴行感到后怕的埃德蒙·伯克痛惜道："骑士时代已经一去不复返了，诡辩者、经济学家、算术家的时代来临了；欧洲的辉煌永远暗淡了。"他这样说是不足为奇的。[37]

近期一些有关启蒙时期科学的重要著作就描述了这些经济学家和算术家的出现，并研究了将科学人员作为一种学科权威和管理权威的现象。在一系列著作中，米歇尔·福柯分析了科学理性，常常因人口和环境的管理，在建立新的政权和技术中所扮演的角色。[38] 在女性主义者看来，机械科学的模型和隐喻使她们屈从于男性主导的教条。[39] E.P.汤普森揭示了新的政治经济学怎样被用来使传统的"道德经济"不被人信任，[40]许多研究探索了自然知识如何被用来取代大众知识和民间知识。[41]

然而科学的潜力以及它在意识形态上的运用（或"滥用"）不应被夸大，并且我们必须谨慎，还不能过早提出科学霸权说；毕竟直到 19 世纪，英语中才出现"科学家"（scientist）这个词。[42] 如约翰·布鲁克（在第 32 章）以及其他许多作者在本卷中所强调的，认为对自然的考察和对上帝的思考之间存在着不可逾越的鸿沟是完全不合时宜的，就像过分简单地假定存在一个从宗教宇宙向自然宇宙的转变一样，前者是由人性化的上帝所介入、后者则是完全由自然法则来支配的。[43] 对历史学家来说，其挑战不在于提供任何诸如目的论和进化论的读物，而是解释科学事业发展与阻力的不均衡，毕竟法国大革命关闭了科学院（雅各宾党人幸灾乐祸地说，"共和国不需要**学者**"），并将两位最重要的科学家——化学家拉瓦锡和天文学家弗朗西斯·巴伊斩首，还把科学的最重要的代言人孔多塞迫害致死。换句话说，科学不是威严地跨在铁骑上的未来精神，而是一种具有各种用途的资源，敌对的成分不比友善的成分少。因此，如果说有一样东西能够概括这一时期的学术特征以及本书的基调，那就是把科学纳入语境时所需

[37] Edmund Burke,《关于法国革命的思考》(*Reflections on the Revolution in France*, 1790)。

[38] Michel Foucault,《力量/知识：访谈选和其他作品（1972 ～ 1977）》(*Power/Knowledge: Selected Interviews and Other Writings 1972—1977*, Brighton: Harvester Press, 1977); Foucault,《纪律与惩罚：监狱的诞生》(*Discipline and Punish: The Birth of the Prison*, Harmondsworth: Penguin, 1979)。

[39] Carolyn Merchant,《自然之死：妇女、生态学与科学革命》(*The Death of Nature: Women, Ecology and the Scientific Revolution*, San Francisco: Harper and Row, 1980); Brian Easlea,《科学与性虐待：男性统治与妇女和自然的对峙》(*Science and Sexual Oppression: Patriarchy's Confrontation with Woman and Nature*, London: Weidenfeld and Nicoson, 1981); J. R. R Christie,《女性主义与科学史》(Feminism and the History of Science),载于 Obly 等编,《近代科学史手册》,第 100 页～第 109 页;L. J. Jordanova,《关于性的幻想：18 世纪和 20 世纪之间科学与医学中的性别的形象》(*Sexual Visions: Images of Gender in Science and Medicine Between the 18th and the 20th Centuries*, Madison: University of Wisconsin Press, 1989); Sandra Harding 与 Jean F. O'Barr 编,《性与科学研究》(*Sex and Scientific Inquiry*, Chicago: University of Chicago Press, 1987)。

[40] E. P. Thompson,《英国大众的道德经济》(The Moral Economy of the English Crowd),《过去与现在》(*Past and Present*), 1(1971),第 76 页～第 136 页。

[41] 例如,可参见 Patrick Curry,《预言与力量：近代早期英格兰的占星术》(*Prophecy and Power: Astrology in Early Modern England*, Cambridge: Polity Press, 1989)。

[42] Sydney Ross,《**科学家**—词的历程》(Scientists: The Story of a Word),《科学史年鉴》(*Annals of Science*),18(1962),第 65 页～第 85 页。

[43] John Hedley Brooke,《科学与宗教》(Science and Religion),载于 Obly 等编,《近代科学史手册》,第 763 页～第 782 页;Brooke,《科学与知识的世俗化：关于 18 世纪一些转变的不同观点》(Science and the Secularisation of Knowledge: Perspectives on Some Eighteenth-Century Transformations),《观察》(*Nuncius*),4(1989),第 43 页～第 65 页;Brooke,《科学与宗教：一些历史的观点》(*Science and Religion: Some Historical Perspectives*, Cambridge University Press, 1991)。

的敏锐性。史蒂文·夏平在 20 年前断言道,除非将科学在所应用的背景下来阐释,否则将会被误解:这是一个有幸受到注意的教训。[44]

必须强调的是,"科学"从来没有呈现过统一战线。然而,许多**学者**在他们的宣传中喜欢展现出科学是对自然真理公正的、世界性的和自由的追求,实际上是另外一回事。科学界的主要人物也许会声称,"科学是从未有战争的",[45]但是一般科学工作者也像其他职业的工作者一样形成派系;敌对阵营在各个领域交锋着(牛顿学派对莱布尼茨学派、水成论的地质学家对火成论的地质学家),并且经常由于宗教、语言,以及爱国的热诚,裂痕有所加剧。保密、嫉妒和竞争常常引发优先权的争论、对发现和发明的所有权的激烈斗争,以及其他对科学资产的占有。[46] 本书中由让·戈林斯基和雪莉·罗所记载的化学和生命科学的战线主要是由于对国家的忠诚而形成的。[47]

如帕特丽夏·法拉在第 21 章所展示的,在关于特定科学的合法化和管辖范围,对伪科学、哗众取宠者、骗术,以及反常事物的排斥和驱逐等方面,也有同样激烈的定位之争。[48] 像查尔斯·吉利斯皮很久以前所观察到的,在 18 世纪,在确认数学物理学必须为真正科学提供模板的信徒和科学浪漫主义者(例如狄德罗)——或后来的自然哲学家——之间进行了深刻的斗争,后者鼓吹更具整体的、活力论的和主观的自然。[49]

要特别指出的是,牛顿学说形成了统一的形而上学观念,所有科学都在牛顿学说的羽翼下得到庇护(谢弗将之戏称为"所谓的单纯的'牛顿主义'一贯性的神话"),[50]

[44] 有关法国大革命时期的科学,见 Charles C. Gillispie,《旧体制末期法国的科学与政体》(*Science and Polity in France at the End of the Old Regime*, Princeton, NJ: Princeton University Press, 1980); Dorinda Outram,《职业的磨难:巴黎科学院与恐怖时期(1793 ~ 1795)》(The Ordeal of Vocation: The Paris Academy of Sciences and the Terror, 1793—95),《科学史》,21(1983),第 251 页~第 273 页;Shapin,《科学的社会用途》,载于 Rousseau 和 Porter 编,《知识的酝酿》,第 93 页~第 142 页,尤其是第 95 页。
[45] Sir Gavin de Beer,《各门科学之间从来没有战争》(*The Sciences Were Never at War*, London: Thomas Nelson and Sons, 1960); A. R. Hall,《论战的哲学家:牛顿与莱布尼茨之间的争论》(*Philosophers at War: The Quarrel Between Newton and Leibniz*, Cambridge University Press, 1980)。
[46] 关于"科学资产",见 Rob Iliffe,《"在仓库里":早期王家学会的隐私权、财产权以及优先权》("In the Warehouse": Privacy, Property and Priority in the Early Royal Society),《科学史》,30(1992),第 29 页~第 62 页。
[47] 关于化学,也可参见 C. E. Perrin,《改革的革命:化学革命和 18 世纪科学变化的概念》(Revolution of Reform: The Chemical Revolution and Eighteenth Century Concepts of Scientific Change),《科学史》,25(1987),第 395 页~第 423 页;关于生命科学,见 Jacques Roger,《18 世纪法国生命科学思想》(*Les sciences de la vie dans la pensée française du XVIIIè siècle*, Paris: A. Colin, 1971); Roger,《活的世界》(The Living World),载于 Rousseau 和 Porter 编,《知识的酝酿》,第 255 页~第 284 页。
[48] 也可参见 Gloria Flaherty 的《非常规科学:文艺复兴思想在 18 世纪的残存》(The Non-Normal Sciences: Survivals of Renaissance Thought in the Eighteenth Century),载于 Christopher Fox、Roy Porter 和 Robert Wokler 编,《创造人文科学:18 世纪的学术领域》(*Inventing Human Science: Eighteenth-Century Domains*, Berkeley: University of California Press, 1995),第 271 页~第 291 页;Robert Darnton,《催眠术与法国启蒙运动的终结》(*Mesmerism and the End of the Enlightenment in France*, Cambridge, MA: Harvard University Press, 1968)。
[49] Charles C. Gillispie,《客观性的边缘:科学思想史上的一篇论文》(*The Edge of Objectivity: An Essay in the History of Scientific Ideas*, Princeton, NJ: Princeton University Press, 1960),第 187 页以后及第 192 页以后。
[50] Simon Schaffer,《自然哲学》(Natural Philosophy),载于 Rousseau 和 Porter 编,《知识的酝酿》,第 55 页~第 91 页,尤其是第 58 页。

这种观点在下面的章节里受到不断的攻击。[51] 约翰·加斯科因（在第 12 章）坚持认为，关于自然有许多不同的哲学。虽然很多人渴望成为道德科学上的牛顿，并且建立明确的科学方法的梦想具有很强的吸引力，但是保罗·伍德（第 34 章）坚信，对一门精神科学，或一门具有人性的科学而言，存在许多相互竞争的模式，决非都是牛顿学说的。"牛顿的影响被夸大了"，他总结道，"并且他的著作以如此不同的方式被解读，以至于在道德科学中难以辨认出一个统一的牛顿学说的传统"。

　　理解 18 世纪自然科学问题的核心在于，那些被认为是构成科学的知识种类问题。在近代早期的研究中，传播的典型术语是"自然哲学"——正像牛顿的《自然哲学的数学原理》(*Principia mathematica philosophiae naturalis*, 1687)，这被看做实体与哲学之间调和的概念体系，并且蕴涵着"将自然等同于自然的上帝"。"自然哲学"这一术语与其体现的理想被广泛传开。但是近来由安德鲁·坎宁安提出的挑战性的观点的确有值得怀疑的理由，即自然哲学所建立的框架到 19 世纪仍起着支配作用——他由此推论，从现代角度去看待 18 世纪的所有"科学"是不合时宜的。[52] 本卷所引征的许多证据表明，专门科学的分裂与敌对已经削弱了任何真正的统一自然哲学的观念。"那么"，加斯科因断言道（不是强调自然哲学的恢复，而是强调它的崩溃）：

　　　　整个 18 世纪见证了这样的转变，从自然哲学作为哲学的一个分支到系列科学学科的开端，这些系列科学学科大大削弱了自然哲学传统上以此为基础的统一自然观念的假设。

　　最后，关于本书的目的、意图和范围，有必要说几句话。没有一种单一的"自然的"方式像本卷那样切取知识的蛋糕，这也是 18 世纪百科全书编撰者所面临的困境，一个有趣的两难困境。在与同事商讨之后，我才履行编辑的权力，并以清楚的传统方法选定了所划分的细目，以各独立学科如化学、天文学、医学、数学等作为章节。这种划分

[51] 对一致的牛顿传统的肯定，见 R. E. Schofield，《机械论与唯物主义：理性时代英国的自然哲学》(*Mechanism and Materialism: British Natural Philosophy in an Age of Reason*, Princeton, NJ: Princeton University Press, 1970)；Arnold Thackray，《原子与动力：关于牛顿的物质理论与化学发展的论文》(*Atoms and Powers: An Essay on Newtonian Matter Theory and the Development of Chemistry*, Cambridge, MA: Harvard University Press, 1977)；P. M. Heimann 和 J. E. McGuire，《牛顿的力和洛克的能力：18 世纪思想中的物质概念》(Newtonian Forces and Lockean Powers: Concepts of Matter in Eighteenth-Century Thought)，《物理科学史研究》(*Historical Studies in the Physical Sciences*)，3 (1971)，第 233 页～第 306 页；Heimann，《牛顿自然哲学与科学革命》(Newtonian Natural Philosophy and the Scientific Revolution)，《科学史》，11 (1973)，第 1 页～第 7 页；Heimann，《"自然是一个永不停歇的工人"：牛顿的以太以及 18 世纪的自然哲学》("Nature Is a Perpetual Worker": Newton's Aether and Eighteenth-Century Natural Philosophy)，《炼金术史和化学史学会期刊》(*Ambix*)，20 (1973)，第 1 页～第 25 页；Heimann，《唯意志论与上帝的无所不在：18 世纪思想中的自然的概念》(Voluntarism and Immanence: Conceptions of Nature in Eighteenth-Century Thought)，《思想史杂志》，39 (1978)，第 271 页～第 283 页；Peter Harman，《形而上学与自然哲学》(*Metaphysics and Natural Philosophy*, Brighton: Harvester Press, 1982)。
[52] Andrew Cunningham，《弄清游戏的本质：关于科学本身与科学发明的一些琐见》(Getting the Game Right: Some Plain Words on the Identity and Invention of Science)，《科学史与科学哲学研究》(*Studies in History and Philosophy of Science*)，19 (1988)，第 365 页～第 389 页；Brooke，《科学与宗教》。

已由理查德·约启蒙运动的"知识地图"[53]证实是并不过时的。我之所以选择这种划分法主要是因为我相信(这里我赞同老百科全书的编辑们的观点),这种划分法比起合乎 20 世纪 90 年代后期学术时尚的标新立异式的论题化带给读者和学生更加长久的便利。

对最好的近代思想提供批判性综合,是本卷的目的,也是整部剑桥科学史系列的目的。正如人们对一个一流学者所组成的团队所期望的那样,下面的章节中有大量的原创;但是主要的目的不是随着思辨的风筝飞扬,或使人改宗。相反,它的重点在于,在基于基本信息的情况下,提供不偏不倚的解释,因此本书可兼做文献资料。

没有必要为讲述 18 世纪的科学故事而辩护,大约 20 年前,苏珊·坎农抱怨我们甚至对基本东西也是无知的:

> 18 世纪的科学史与思想史,几乎无一可信。那一时期科学的"确切"历史的数量少得可怜……以至于只能从光学中的牛顿跳到光学中的杨……对于我那些试图研究 18 世纪的朋友们来说,告诉他们,他们的劳动仍没有达到一个 19 世纪历史学家从他们所建立的稳定的平台自信地迈出步伐的起点时,那并非责怪的意思。[54]

从那时起,研究者们便勤奋工作,但是他们的大部分研究成果是出现在学术期刊和专业的专题文章里,这些出版物通常很贵并且限量发行。因此,本卷的首要任务就是综合、消化近几十年的研究成果:将其解释,并精炼成一种学生和非专业人士(也包括该领域的专业人士)所易于接受的形式。希望那种"稳定的平台"将最终建成。

虽然这似乎令人惊讶,但这是一个新颖的尝试。关于 18 世纪科学的有分量的一般性描述已经出现很长时间了。由勒内·唐东编纂的 1958 年法语版并于 7 年后译成英语的《近代科学的开端:从 1450 年到 1800 年》(*The Beginnings of Modern Science: From 1450 to 1800*)是最近的一本包括 18 世纪这一重要部分的概括性版本。但是那本书本质上是汇集本,并且从现在看来,它的解释是非常过时的,主要是由于其中渗透了实证主义的偏见,我们在书中可以读到:"18 世纪科学为唯理主义的兴起和大多数神学糟粕之被抛弃负有责任。"[55]一个例外受到欢迎的是托马斯·汉金斯的《科学与启蒙运动》(*Science and the Enlightenment*, 1985),但是那本著作太简短了。[56] 关于 18 世纪的这种缺少现代内容的读本,在某种程度上可被看做古怪的历史分期的偶然副产品。鲁

[53]　关于同时代的知识地图,见 Richard Yeo,《阅读百科全书:英国艺术与科学词典中的科学与知识结构(1730 ～ 1850)》(Reading Encyclopedias: Science and the Organization of Knowledge in British Dictionaries of Arts and Sciences, 1730—1850),《爱西斯》,82(1991),第 24 页～第 49 页;Yeo,《天才、方法与道德:牛顿在英国的形象(1760 ～ 1860)》(Genius, Method and Mortality: Images of Newton in British, 1760—1860),《背景中的科学》(Science in Context), 2(1988),第 257 页～第 284 页。

[54]　Susan Faye Cannon,《文化中的科学:维多利亚时代早期》(Science in Culture: The Early Victorian Period, New York: Science History Publications, 1978),第 133 页～第 134 页。

[55]　René Taton 编,《近代科学的开端:从 1450 年到 1800 年》(The Beginnings of Modern Science: From 1450 to 1800, London: Readers Union/Thames and Hudson, 1965), A. J. Pomeran 译,第 578 页。

[56]　Hankins,《科学与启蒙运动》。

珀特·霍尔的开拓性的《科学革命（1500～1800）》（*The Scientific Revolution, 1500—1800*, 1954）最初版本有名无实地构想"革命"一直到 1800 年，虽然实际上他所钟情的 18 世纪有不相称的少量篇幅。1983 年他重写此书时，霍尔选择了将终止时间截止至 1750 年，可以料想，18 世纪的篇幅就更少了，一本 350 页的书中只有 10 页。[57]

　　在这些工作中，一些题目和深入阐述的新颖之处是值得关注的。由此可见近年来该领域的复兴。大约 20 年前，《知识的酝酿》（*The Ferment of Knowledge*）一书试图对 18 世纪的科学进行编史学的审视，而且指出了研究的可能机会。[58] 与那卷书进行比较是很有启发性的事情。本书所重视的许多研究领域是从那时起蓬勃发展起来的。尽管不显山露水，本书也否定性地指出了一些不再被关注的问题。例如，"内在论者与外在论者"之争曾是如此喧闹与激烈，现在由于有关知识的社会产品被专业历史学家普遍接受，这个争论便成为没有意义的预设。[59]

　　本卷提供了非西方科学的丰富素材（《知识的酝酿》中没有涉及的），埃米莉·萨维奇－史密斯写了有关伊斯兰的章节（第 27 章），冯客写了有关中国的（第 29 章），中山茂写了有关日本的（第 30 章），迪帕克·库马尔写了有关印度的（第 28 章），还有豪尔赫·卡尼萨雷斯·埃斯格拉对于拉丁美洲不确定的半殖民地语境的解读（第 31 章）。然而本书的精华部分留给了"西方"科学，本质上它意味的是"旧世界"的科学，尽管本杰明·富兰克林等人不一定同意这一说法。欧洲就应该有此特权吗？赞成的一方与反对的一方可能会无休止地争论下去。然而，必须说明，欧洲科学比这里所研究的其他非西方传统的科学经历了更有力的发展，并且正是西方科学通过帝国主义的方式扩张到世界其余之地，就像伊恩·英克斯特在一篇大胆的论文（第 36 章）中强调的，相互比较地审视了东方和西方技术、科学和经济的节点。[60]

　　正如已提到过的，科学的"社会用途"以及作为其支撑的策略，在这里比 20 年前受到更多的关注。虽然是有偏见的，但当时夏平却可声称，"社会用途还没有……引起科学史学家的极大兴趣"。[61] 现在这种情况已经发生了戏剧性的变化；确实，菲塞尔与库特在他们的自然知识的"地点与形式"的研究中（或许同样带有偏见地）声称，"虽然 30

[57]　A. R. Hall，《科学革命（1500～1800）》（*The Scientific Revolution, 1500—1800*）。Hall 是这样解释的："我现在删掉了18 世纪的继承者时段。在这个时段里化学与电学两门科学首次获得了其连贯的形式。"（第 vii 页）

[58]　Rousseau 和 Porter 编，《知识的酝酿》。编史学是如何兴起的，可参见 Paul T. Durbin 编，《科学、技术、医学文化指南》（*A Guide to the Culture of Science, Technology and Medicine*, New York: Free Press, 1980）；Pietro Corsi 和 Paul Weindling 编，《科学与医学史的信息资源》（*Information Sources in the History of Science and Medicine*, London: Butterworth Scientific, 1983）。

[59]　Steven Shapin 称这个区分"相当愚蠢"，见《科学革命》，第 9 页；也可见 Shapin，《学科与定界：从外在论与内在论之争来看科学史与科学社会学》（Discipline and Bounding: The History and Sociology of Science as Seen Through the Externalism and Internalism Debate），《科学史》，30（1992），第 333 页～第 369 页。

[60]　认识上的帝国主义曾被广泛地讨论过。见 Edward W. Said，《文化与帝国主义》（*Culture and Imperialism*, London: Chatto and Windus, 1993），以及 H. Floris Cohen，《科学革命》（*The Scientific Revolution*）中关于欧洲之外的非科学革命的章节。关于近代文化的意识，见 Clifford Geertz，《文化的解释》（*The Interpretation of Cultures*, New York: Basic Books, 1973）。

[61]　Shapin，《科学的社会用途》，第 93 页。在论文集的第 118 页上，Shapin 向读者谈到有关他的一本"即将出版"的书《自然的社会用途》（*The Social Use of Nature*）。很可惜这本书还没有印出来。

年前艾萨克·牛顿的思想的复杂性受到许多关注,现在,历史学家都在探索这种思想的社会用途”了。

　　一些长期被忽略或是被草率对待的某些领域的研究现在复兴了。正如在杰勒德·特纳的文章中反映的,对科学的收藏品和仪器的研究已经走出了博物馆,就其本身而言,已脱离了人工制品自身的研究,而转向科学在物质文化中的更广阔的社会功能的探究。[62] 特纳以响亮的号角声推出他的论文并非偶然。化学家詹姆斯·基尔称其为“大众常识和科学体验在各阶层人群、在欧洲甚至欧洲血统的各民族之间的广泛传播,看来是当前的时代特征”。[63] 以上的说法也适用于评价科学的视觉表现。如布赖恩·福特(第24章)和夏洛特·克隆克(第25章)在他们补充的段落中所指出的,植物插图和风景艺术提供了黄金时代所喜欢的东西,呼唤人们提升对自然的欣赏能力,如布鲁克提醒我们的,这些范畴是跨越宗教、审美和理性的。[64]

　　也许最值得注意的是,最近注意力转向了科学交流的媒体和科学真理的修辞,这先是由对论文分析有兴趣的结构语言学家,然后是痴迷于文本研究的后现代主义者提出来的。孔狄亚克提出了一个著名的论断:“推理的艺术不过是一门组织很好的语言。”科学论文的问题对拉瓦锡同样重要,他在《新化学命名法则》(*Méthode de nomenclature chiminque*, 1787)中称:

　　　　一门组合得很好的语言,适应思维的自然和连续规则,在教学法上将带来必要的和直接的革命。科学的逻辑本质上也依赖它们的语言。[65]

正如阿德里安·约翰斯评价印刷文化对科学权威认证的影响时所说的,这些启蒙运动时期所关注的事情,直接道出了现如今我们痴迷于用言语的力量来反复塑造世界的现

[62]　Ann Bermingham 和 John Brewer 编,《文化消费(1600～1800):17 世纪和 18 世纪的图像、实物与文本》(*The Consumption of Culture, 1600—1800: Image, Object, Text in the 17th and 18th Centuries*, London: Routledge, 1995));John Brewer 和 Roy Porter 编,《17 世纪和 18 世纪的消费与商品世界》;John Brewer 与 Susan Staves 编,《近代早期的财产概念》(*Early Modern Conceptions of Property*, London: Routledge, 1995)。

[63]　James Keir,《化学词典首篇》(*The First Part of a Dictionary of Chemistry*, Birmingham: printed by Pearson and Rollason for Elliot and Kay, 1789),序言。

[64]　关于艺术与科学,也可参见 Barbara Stafford,《对启蒙运动艺术与医学中的未见的东西的猜想》(*Imaging the Unseen in Enlightenment Art and Medicine*, Cambridge, MA: MIT Press, 1992);Stafford,《巧妙的科学:启蒙运动、娱乐与视觉教育的衰落》(*Artful Science: Enlightenment, Entertainment, and the Eclipse of Visual Education*, Cambridge, MA: MIT Press, 1994)。

[65]　引自于 Hankins 的《科学与启蒙运动》,第 109 页。

状。(第23章)[66]

　　科学介入整个社会结构的过程也经历过相当多的反思。威廉·克拉克评价了对 *19*
群体志的研究(第9章),史蒂文·夏平(第7章)和隆达·席宾格(第8章)则探讨了
与此相关的学者身份和代表问题。[67] 这三人的贡献合在一起,超越了成为陈腐的"职
业化"论题的危险,而"职业化"一词常常被"职业社会学"的现世主义成见所歪曲。

---

[66]　有关书写科学的问题,见 Shapin 的《科学革命》第108页精彩的论述:
　　　　在科学传播本身的形式之中可以找到这样的方法。通过以某种方式来**书写**科学故事,可以将经验传播并
被公众所了解,给那些没有直接目睹(可能永远也不会目睹)这些现象的远方读者提供实验过程的生动记述,让他
们**仿佛身临其境**(virtual witnessing)一样。大多数把波义耳的事实特例纳入自己的知识储备中的实践者并没有
直接目击过或者重复过他的实验,而是阅读了他的报告并找到了足够的根据以信任它们的精确性和真实性。
正如波义耳所说,他的叙述(以及那些完全按照他所推荐的这种风格撰写的叙述)将是这种新实践的"标准记
录",读者"不必亲自重做一个实验,就可以对其形成清晰的看法,他们尽可以以此为基础展开沉思与推理"。
所谓"仿佛身临其境"是指在读者的头脑中形成实验现场的图像,这样就不必要求直接目击实验,也不必要求重
复实验。
　　　关于科学的语言,见 Maurice P. Crosland,《化学语言中的历史研究》(*Historical Studies in the Language of
Chemistry,* London: Heinemann, 1962); J. V. Golinski,《语言、话语和科学》(Language, Discourse and Science),载于 Obly
等编,《近代科学史手册》,第110页～第126页; L. J. Jordanova 编,《自然的语言:关于科学与文学的评论文章》
(*Languages of Nature: Critical Essays on Science and Literature,* London: Free Association Books, 1986)。关于语言理论,见
Hans Aarsleff,《从洛克到索绪尔:关于语言和思想史研究的论文》(*From Locke to Saussure: Essays on the Study of
Language and Intellectual History,* Minneapolis: University of Minnesota Press, 1982);Brain Vickers 和 Nancy S. Struer,《修
辞学与真理的追求:17世纪和18世纪的语言的转变:在1980年3月8日一次克拉克图书馆专题讨论会上宣读的论
文》(*Rhetoric and the Pursuit of Truth: Language Change in the Seventeenth and Eighteenth Centuries: Papers Read at a Clark
Library Seminar 8 March 1980,* Los Angeles: William Andrews Clark Memorial Library, 1985)。
　　　关于书本文化,见 Roger Chartier, *L'Ordre de livers: lecteurs, auteurs, bibliothèques en Europe entre XIVe et XVIIIe siècle*
(Aix-en-Provence: Alinea, 1992), Lydia Cochrane 翻译成《书的秩序:14世纪到18世纪之间欧洲的读者、作者和图书
馆》(*The Order of Books: Readers, Authors and Libraries in Europe between the 14th and 18th Centuries,* Cambridge: Polity
Press, 1994); Elizabeth Eisenstein, 2卷本《作为变化的原动力的印刷业》(*The Printing Press as an Agent of Change,*
Cambridge University Press, 1979); William Eamon,《从自然秘密到大众知识》(From the Secrets of Nature to Public
Knowledge),载于 Lindberg 和 Westman 编,《重估科学革命》,第333页～第365页。Paolo L. Rossi,《社会、文化以及
学问的传播》(Society, Culture and the Dissemination of Learning),载于 Stephen Pumfrey、Paolo L. Rossi 和 Maurice
Slavinski 编,《文艺复兴时期的欧洲科学、文化与大众信仰》(*Science, Culture and Popular Belief in Renaissance Europe,*
Manchester: Manchester University Press, 1991),第143页～第175页;Robert Darnton,《法国革命之前的高水平的启蒙
与低水平的文学生活》(The High Enlightenment and the Low Life of Literature in Pre-Revolutionary France),《过去与现
在》,51(1971),第81页～第115页;Darnton,《启蒙运动的事务:〈百科全书〉的出版史(1775～1800)》(*The
Business of Enlightenment: A Publishing History of the Encyclopedie, 1775—1800,* Cambridge, MA: Harvard University Press,
1979); Darnton,《旧制度的地下文学》(*The Literary Underground of the Old Regime,* Cambridge, MA: Harvard University
Press, 1982)。也可参见 Michel Foucault,《什么是作家》(What Is an Author?),载于 Donald F. Bouchard 编,《语言、反
记忆、实践:论文选与访谈选》(*Language, Counter-Memory, Practice: Selected Essays and Interviews,* Ithaca, NY: Cornell
University Press, 1977), Donald F. Bouchard 与 Sherry Simon 翻译,第113页～第138页。
[67]　关于群体志,见 Steven Shapin 和 Arnold Thackray,《科学史中作为研究工具的群体志:英国的科学共同体(1700～
1900)》(Prosopography as a Research Tool in the History of Science: The British Scientific Community, 1700—1900),《科学
史》,12(1974),第1页～第28页;Lewis Pyenson,《这些人是谁》(Who the Guys Were),《科学史》,15(1977),第155
页～第188页。关于科学的男性与女性,见 Londa Schiebinger,《心智无性吗? 现代科学起源中的女性》(*The Mind
Has No Sex? Women in the Origins of Modern Science,* Cambridge, MA: Harvard University Press, 1989);Paula Findlen,《被
遗忘的牛顿信徒:在意大利各省的女性与科学》(A Forgotten Newtonian: Women and Sciences in the Italian Provinces),
载于 Clark、Golinski 和 Schaffer 编,《科学在启蒙的欧洲》;Steven Shapin,《科学史及其社会学的重构》(History of
Science and Its Sociological Reconstructions),《科学史》,20(1982),第157页～第211页;Shapin,《"学者与绅士":近
代早期英格兰的科学从业者的成问题的身份》("A Scholar and a Gentleman": The Problematic Identity of the Scientific
Practitioner in Early Modern England),《科学史》,29(1991),第279页～第327页。
　　　有关对"科学男性"的理解,悼词提供了非常有用的帮助。见 Dorinda Outram,《自然力量的语言:乔治·居维叶
的悼词以及19世纪科学的公共语言》(The Language of Natural Power: The *Éloges* of Georges Cuvier and the Public
Language of Nineteenth Century Science),《科学史》,16(1978),第153页～第178页;Charles B. Paul,《科学与不朽:
巴黎科学院的悼词(1699～1791)》(*Science and Immortality: The Eloges of the Paris Academy of Science, 1699—1791,*
Berkeley: University of California Press, 1980);George Weisz,《自学成才的精英:法国医学科学院的悼词(1824～
1847)》(The Self-Made Mandarin: The *Éloges* of the French Academy of Medicine, 1824—47),《科学史》,26(1988),第
13页～第40页。

　　虽然在这样一本书的篇幅中全面介绍是不明智的,[68] 但我们还是在知识和社会之间、在主要是认知的论题与其他更加定位在文化上的论题之间做了某种平衡的尝试。我们也注意到了科学的物质文化(书本、插图、交流和社会),科学与其他话语(宗教、文学、艺术)的相互作用,科学与经济、社会、政府之间的相互依存关系。最后,本卷的价值并不过多的在于目录列出的特定的论题,而在于本书的撰稿者们在所从事的关键问题的研究,以及在将之编织于更广泛的联系方面所取得的成功。

　　　　　　　　　　　　　　　　　　(刘树勇　池　琴　徐国强　译　方在庆　校)

---

[68]　不同的读者将会对不同的缺陷表示遗憾。例如,若有一些像地理学、气象学、植物学、工程学等论题的章节,也是令人欣慰的。编者很清楚这种缺陷的存在,它们的一部分由于委托的撰稿人在最后不得已而舍去。编者也认识到在撰稿人中有太多的英美学者,但这不是编者故意所为,我们也向盎格鲁－萨克逊中心区域之外的许多学者发出了撰稿邀请。

第一部分

社会中的科学

2

"科学革命"的遗产：
科学和启蒙运动

如果说在对启蒙运动的众多刻画中，有一个看上去似乎是不言自明的，那就是为下断言：启蒙运动吸纳、扩展和完善了一个知识和社会工程——它通常被描述为"科学革命"。这场科学革命是由开普勒(1571～1630)和伽利略(1564～1642)发动，由笛卡儿(1596～1650)和莱布尼茨(1646～1716)发展，到牛顿(1643～1727)完成的。以这种观点来看，启蒙运动既是这一遗产的继承者也是其最为坚韧和独断的托管者。因为启蒙运动常常被看做是一种"科学范式"被接受并转为"常规科学"的时代，[1]启蒙运动的科学史常被认为是"17世纪的巅峰和19世纪的巅峰之间过渡的、无聊平淡的低谷，或被看做一片神秘的、一切都处于可以发生的、边缘的模糊地带"。[2] 对于近期的许多评论者来说，这一模糊地带也被消除了，揭示出启蒙科学和科学革命的"理性"规范间清晰和紧密的联系，启蒙运动被确立为一种时代原型，其中，科学理性和工具理性成为近代文化的一个明确的特征。第二次世界大战末现代文明令人惊骇的破坏力使一些知识分子首次将科学革命、启蒙科学和现代性的负面评价这三者联系起来。例如，马克斯·霍克海默在1946年宣称："我们的文明的思想基础很大一部分的坍塌是……技术和科学进步的结果。"[3]他将这种毁灭的根源归之于启蒙运动。他将这一毁灭过程描述为"理性的自我毁灭的趋势"。这条分析线索被霍克海默和西奥多·阿多诺在《启蒙辩证法》(*Dialectic of the Enlightenment*)中详加说明，后来由许多注释者进一步展开和放大：后现代主义者奋力反抗所谓的启蒙理性的霸权，并分析了米歇尔·福柯所称的知识/权力二分体，正是它导致了控制近代社会强制性的、全面控制的圆形监

---

[1] "范式"(paradigm)和"常规科学"(normal science)是库恩的科学革命的动力学解释的核心。Thomas S. Kuhn,《科学革命的结构》(*The Structure of Scientific Revolutions*, Chicago: University of Chicago Press, 1996),第3版。

[2] G. S. Rousseau 和 Roy Porter 编,《知识的酝酿：18世纪科学的编史学研究》(*The Ferment of Knowledge: Studies in the Historiography of Eighteenth-Century Science*, Cambridge University Press, 1980),第2页。

[3] Max Horkheimer,《自反的理性：对启蒙的一些评价》(*Reason Against Itself: Some Remarks Enlightenment*),载于 James Schmidt 编,《什么是启蒙？18世纪答案和20世纪问题》(*What Is Enlightenment? Eighteenth-Century Answers and Twentieth-Century Questions*, Berkeley: University of California Press, 1996),第359页。

狱(panopticom);[4]一些女性主义者谴责启蒙运动假定的普遍性高于差异性;[5]"改变立场的"科学哲学家,如斯蒂芬·图尔敏,试图通过找出引发现代性的政治和社会力量,使现代性危险的、过时的、隐匿起来的议题曝光。[6] 虽然这些批评之间存在巨大差异让它们分成不同阵营,它们或高或低的声调让它们听起来混乱不堪,但它们对启蒙运动的指控却是显而易见的。正是因为启蒙运动对科学和普遍理性的迷恋,导致了像性别和种族歧视、殖民主义和极权主义。

这些话措辞激烈。对于研究启蒙运动的历史学家来说,这一批评的核心与历史学家的感知存在着根本的背离。很显然,这些批评集中在启蒙运动对科学、理性、普遍性的崇拜,以及知识/权力二分体的形式上。知识/权力总是以单一性(the singular)为特点的。显而易见,这一单一性特点表明,基于某些关于物质、方法和解释的基本假设,依据并且是通过以数学为基础的科学的启蒙运动获得胜利,其支配权延续到今天。图尔敏这样描述这场宏观历史的运动:

> 在选择现代性——这一思想的和实际的议程——的目标时……17世纪对数学的精确性、逻辑的严密性、思维的确定性和道德的纯粹性的追求,成为聚集的目标,欧洲将自己逼上了这样一条文化和政治道路,它导致了技术上的惊人成功和人性上的深层失败。[7]

但是,当人们开始追问在文化和社会变革的这一强有力的引擎下所暗含的究竟是什么时,这幅画面变得更加模糊,那些复杂而又让人混乱的、新的、反启蒙运动的主要论述,对于我们常称之为启蒙运动计划(the Enlightenment project)的评价,形成并开启了种种引人入胜的其他选择。随着对科学革命的一致性的怀疑逐渐增加,这变得很明显:如果它是个遗产,那么它是相当复杂的、矛盾的,并富有解释上的多样性。

科学革命、机械论自然哲学和启蒙运动

对于启蒙运动中自然被解释的方式以及这些解释在涉及人类活动的话语运用的方式,情形的确如此。近来,研究18世纪科学的历史家已开始质疑如下假定,即这一时期的自然哲学能够简化为经常所称之为的数学机械论(mathematical mechanism)。[8]

---

〔4〕 在福柯后来的著作中阐述得更为清楚,尤其是福柯的《纪律与惩罚:监狱的诞生》(*Discipline and Punish: The Birth of the Prison*, trans. Alan Sheridan, New York: Random House, 1979)。

〔5〕 Carolyn Merchant 从激进的女性主义者的立场给出的对现代科学的经典评价,《自然的毁灭:女人、生态和科学革命》(*The Death of Nature: Women, Ecology and the Scientific Revolution*, New York: Harper and Row, 1980)。更多的评论来自 Noami Schor,《法国女性主义是一种普遍主义》(French Feminism Is a Universalism),《差别:女性主义文化研究杂志》(*Differences: A Journal of Feminist Cultural Studies*)(1995); Robin May Schott,《启蒙运动的性别》(The Gender of the Enlightenment),载于 Schmidt,《什么是启蒙?》,第471页~第487页。

〔6〕 Stephen Toulmin,《都市:现代性的隐藏议题》(*Cosmopolis: The Hidden Agenda of Modernity,* New York: Free Press, 1990)。

〔7〕 同上书,第 x 页。

〔8〕 对这种趋势的极好的分析,参见 Simon Schaffer,《自然哲学》(Natural Philosophy),载于 Rousseau and Porter 编,《知识的酝酿》,第53页~第91页。

人们通常承认,在启蒙运动的前期,大约从 17 世纪 80 年代末到 18 世纪 40 年代,这一形式的自然哲学被表达成很多有时相互冲突的形式,取代了传统的亚里士多德的自然哲学。在那一时期,机械论自然哲学的核心任务是,把数学推理的方法和假设与对自然现象的解释相结合。它首要的倾向是将不确定的知识转化为确定的真理,将纷繁的自然现象简化为简单的规则。在这个过程中,机械论自然哲学的主要人物提出一种新的物质定义,建立了把这一定义与科学的可行方案结合起来的方法的和解释的程序,并且发展了一种使这些程序合法化的认识论。物质在本性上是无冗余的(streamlined)和简化的:它被定义为同质的、广延的、坚硬的、不可渗透的、可运动的和惰性的。这样,用霍克海默的话来说,就是"自然丧失了独立存在的种种活力的痕迹,以及它自身所有的价值。它成为僵死的事物,一堆东西而已"。[9]

在许多方面,这种描述的确表现了 17 世纪晚期和 18 世纪早期的某些最重要运动的特点。由于受到尖锐的社会和政治裂痕的驱使,意识到教派争论可怕的后果,且渴望安全与和平,许多重要的自然哲学家寻求建立一个全新的世界观,它把一致性和规律性提升为一个科学的综合高度,它强大到足以推翻从亚里士多德主义和经院哲学衍生出来的居统治地位的学院体系和社会上和政治上都危险的秘术的(hermetic)、炼金术的和自然巫术的传统。这种新世界观自身构成了主流体系的替代物。[10] 中心议题围绕着物质的定义。基本的问题——物质是有生命的还是无生命的,是惰性还是活性,是主动浸透着渴求和欲望还是被动的,所有这些都涉及到了 17 世纪晚期和 18 世纪早期的宗教、文化和政治生活的基本要素。

尽管近代早期的亚里士多德自然哲学根本不同于秘术的/炼金术的/自然巫术的传统,两者都提出了一个物质的定义,即假定物质是有生命力的,并且被赋予品质(qualities)、欲望(appetites)、同情(sympathies)和愿望(desires)等特性。机械论自然哲学将这些特性摒弃于物质的基本范畴之外:它们最多被认为是偶然的现象,在最差的情况下则被认为是"隐蔽的性质"(occult qualities),被牛顿当做对无法解释的事物加以解释的不值当的尝试而予以拒绝。

> 亚里士多德学派所说的"隐蔽的性质"不是指明显的性质,而是指隐藏在物体背后的那些性质,是重力、磁和电吸引以及发酵……的未知的原因。这些隐蔽的性质使自然哲学的发展止步不前,因此后来就被抛弃了。要是告诉我们说,每一类物质都被赋予一种隐藏的特殊性质,由此发挥作用并产生明显的效果,那就等于什么也没有告诉我们。[11]

〔9〕 Horkheimer,《自反的理性》,第 361 页。

〔10〕 有关封闭的、自然魔力的传统的激进含义,参见 Frances A. Yates,《炼金术士的启蒙》(*The Rosicrucian Enlightenment*, London: Routledge, 1972)。

〔11〕 Isaac Newton, 光学的 31 个疑问(Query 31 of the Optics),载于 H. S. Thayer 编,《牛顿的自然哲学著作选》(*Newton's Philosophy of Nature: Selections from his Writings*, New York: Hafner Press, 1953),第 168 页。(此段译文参考周岳明、舒幼生、邢蜂、熊汉富译,徐克明校的《光学》,北京:科学普及出版社,1988 年版,第 223 页。——译者)

物质的本性是无冗余的和简化的。广延和运动这"两个普遍原理"描述了其特征。[12]可观察的物质的差别现在可以由形状和大小上的差别及其构成微粒或组成部分的运动来解释。运动被定义为外部媒介施加于物质的力或作用的结果。无论静止或运动，物质倾向于保持原来的状态直到有别的物质的干扰为止。简要地说，惯性概念成为机械论自然哲学的重要支柱之一。莱布尼茨明确指出："无论物质中发生什么，都是按照变化的法则从物质先前的状态中产生出来的。这就是那些认为所有有形物都能够用机械解释的人所持有的或应该持有的观点。"[13]因此，在所有对运动的分析中，原因和效果的关系被认为是直接对应的。它们之间可以建立一种固定和可知的关系。

有了物质的定义，机械论自然哲学家有能力发展出一种新的研究纲领和令人信服的并可以进一步扩展的解释策略。科学的目的是建立一个度量（measure）和秩序（order）的综合体系，一个普遍的**数理原理**（mathesis）。数学成为自然哲学的专用语言；不仅如此，它还被认为是表述的理想形式。在知识的等级中，某种特定形式的知识所占据的位置取决于它的对象材料能在数学原理指导下的一种方式进行处理的程度。尽管在比较知名的拥护机械论自然哲学的人（笛卡儿、莱布尼茨、皮埃尔·伽桑狄［1592～1655］、马兰·梅森［1588～1648］、罗伯特·波义耳［1627～1691］和牛顿）之间也存在着相当大的差别，但多数人都致力于实现宇宙的数学解释。那些试图利用数学作为模型建构现实的人认为，只有通过这样的程序，自明的、确定的知识才可以建立起来。[14] 对现实的数学描述被视为一种避免已觉察到的恐惧的方法。这种恐惧来自于偶然性的、因而也是不确定的知识。

被笛卡儿最为清楚表明的一种认识论为这一方案提供了可靠依据。笛卡儿的认识论基于对意识与物质，以及推而广之，对观察者与被观察之间的根本区分。尽管在拥护机械论自然哲学的学者间有相当大的差异，但没有人想否认笛卡儿哲学的二元性，[15]因为没有它，机械论追求的确定性就不能得到保证。只有当自然（在形式和运动上）能够被视为"完全不同的他者"时，它才能被作为纯粹的对象来处理。

在这个认识论的一般框架中，牛顿提出了一个变体形式来取代笛卡儿的方法论程序，在一个相对较小的程度上来说，也取代了莱布尼茨的方法论程序。在他对"假说推理"的批评中，牛顿提出了后来被称之为的"实验方法"。按其实验方法，实验和解释程序之间存在密切相关性。但即使他"不杜撰假说"，牛顿的方法还是依靠数学逻辑的组

［12］ Robert Boyle, 转引自 Richard S. Westfall,《现代科学的建构：机械论和机械论者》（*The Construction of Modern Science: Mechanism and Mechanists*, Cambridge University Press, 1977），第 66 页。

［13］ Gottfried Wilhelm Leibniz, 引自 L. J. Rather 和 J. B. Frerichs,《莱布尼茨 – 施塔尔之争》（The Leibniz-Stahl Controversy— I. Leibniz' Opening Objections to the *Theorie medica vera*），《医学史系列》（*Clio Medica*），3（1968），24。

［14］ 一些像波义耳那样的机械哲学家不赞同我所称的机械论自然哲学的极端计划，即数学化自然。相反，他们以数学作为定量化的标准。把它作为发现和证明的工具。它的**专长**是对个别事实的调查，而不是一致的世界图像的构建。

［15］ 甚至连莱布尼茨也对分类不闻不问，尽管他主张预先按一定步骤建立思想和物质的和谐，在其想法中，思想和物质是平行前进，然而它们从不相互作用。这在他与施塔尔的争论中阐述得很清楚，施塔尔认为两者之间有直接的相互作用。Rather 和 Frerichs,《莱布尼茨 – 施塔尔之争》，第 26 页。

织力量（organizing power）。他从完全还原的过程开始，其极端是否认普遍观察到的实在，有时似乎还取消物质性（materiality）自身。这在《原理》中尤其正确，根据阿诺德·萨克雷的说法，在这本书中，牛顿眼中的宇宙"几乎是一个非物质实体，由上帝的意志支撑着，通过他的神的反物质的力量的干预和操作来控制"。[16] 这样，尽管牛顿与笛卡儿和莱布尼茨之间有巨大差别，但他的一般方法还是证实了与"科学革命"如此密切联系的机械论自然哲学的基本原理。

在这种自然语言中，事物或彼此相同或彼此相异。所有介于其中的（intervening）、间接的（mediating）联系均无效。在名称和被命名物、记号和所标记物之间建立起一种直接的联系。记号（活动物体曾经的象形文字）变为任意的、但又是明确的符号，这些符号可被自主的人类理性所整理、排列和使用，并通过定义从物质的偶然性中解放出来。在笛卡儿去世之后、牛顿去世之前，新的机械论自然哲学不仅证明了它以较为肯定和简洁的方式揭开许多自然之谜的能力，而且证实其能被用于巩固当时的宗教、社会和政治体系。

在大多数关于启蒙运动科学的历史记录中，主要的故事是叙述牛顿的这种自然语言的胜利和传播。在本卷书中，约翰·加斯科因在他的文章《自然的观念：自然哲学》（Ideas of Nature: Natural Philosophy）中提供的便是一个极好的例子。然而，机械论自然哲学，包括其各种各样的牛顿学说的变体，并没有完全战胜它试图消除的、与之竞争的传统，即泛灵论、炼金术及其衍生物，以及各种帕拉塞尔苏斯思潮。这些传统都被欧洲各地的思想家继承和发展，并且有时仍嵌入公众的传统和习俗中。在18世纪下半叶，这些传统的各种变体都被复活并被重新阐述来批评机械论自然哲学的基本原理。这发生在机械原理的普遍性遭受质疑或遭受公开攻击的时候。

18 世纪中叶对机械论自然哲学的怀疑性批评

到了18世纪中叶，机械论自然哲学核心的假说对于为数不多但还在不断增加的一部分学者和作者来说，不再被认为是令人满意或不证自明的了。对于许多较为年轻的知识分子来说，机械论的极大成功使他们怀疑，如玛格丽特·雅各布和阿拉姆·瓦塔尼安已表明的，17世纪机械论的新世界非常容易地被调整为支持政治的专制主义、宗教正统和已有的统治集团。[17] 例如，对于许多18世纪中叶的法国思想家来说，机械论与路易十四创建的制度相联系，因而那时的"路易十四的文化显得陈旧而

---

[16]　Arnold Thackray,《硬壳中的物质：牛顿的光学和18世纪的化学》（Matter in a Nut-Shell: Newton's Optics and Eighteenth-Century Chemistry),《炼金术史和化学史学会期刊》（Ambix),15（1968),44。

[17]　Margaret C. Jacob,《激进的启蒙运动：泛神论者、共济会会员和共和党人》（The Radical Enlightenment: Pantheists, Freemasons, and Republicans, London: Allen & Unwin, 1981); Aram Vartanian,《拉美特利的〈人是机器〉：对一个观念的起源的案例研究》（La Méttrie's L'Homme Machine: A Case Study in the Origins of an Idea, Princeton, NJ: Princeton University Press, 1960)。

压抑"。[18] 逐渐地,"机器"和"机械论"等术语与专制主义和死气沉沉的、狭隘的均匀性相联系。康德(1724～1804)提供了一个例子。在他的文章《什么是启蒙?》(*What Is Enlightenment?*)和《判断力批判》(*Critique of Judgment*)一书中,机器的隐喻被用来批评专制政府。

> 在启蒙(Aufklärung)运动所要求的政府里,个人"**比一台机器好不了多少**"。在《判断力批判》中,如果"**君主政府**"是被个人的绝对意志所统治,那它就被指为"纯粹的机器"。相对而言,一个君主政府"按照国内的《民法》(*Volksgesetzen*)"来统治,则会被认为是"有生气的政体"[beseelten Körper]。[19]

由于对社会和政治领域中繁荣的机械哲学的不满,很容易就蔓延成了对这种哲学所提出的事物的秩序的批评。这种不满通过一个正在出现的默认危机为标志,以 18 世纪中叶怀疑论倡导的直接反对各种体系的幽灵、反对片面地依靠抽象和假设的推理来建构真实世界的连贯图像的浪潮为特征。在某种意义上,这可以看做牛顿"实验方法"的逻辑延伸,虽然后者因包含在抽象和假设推理引导下的对自然的数学解释而不同于它。对于启蒙运动晚期的重要思想家来说,抽象哲学注定不能解释自然的丰富的多样性。大卫·休谟(1711～1776)在他的文章《怀疑论》(*The Skeptic*)的开头一段中宣布了这一观点。

> 有一个几乎是毫无例外的错误,哲学家对这一错误似乎负有责任;他们太过于局限在他们的原理上,而轻视纷繁的多样性。自然在其所有运行过程中对多样性产生极大的影响。当一个哲学家一旦偏爱一种也许能解释许多自然效应的原理,他就会把他的原理扩展到整个宇宙,将一切现象都归之于它,虽然他是通过最极端和最荒谬的推理得到的。由于我们自己的思想狭隘和局限,我们无法把我们的概念扩充至自然的多样性和广度;只能设想:自然正如我们被限制在沉思中一样,其运行也是受限的。[20]

休谟对原因的怀疑论分析只是对机械论自然哲学进行重新评价的一个例子,虽然也许是最激进的,至少是广为传播的。布丰伯爵(1707～1788)提供了一篇更容易接受

的将数学原理引入自然哲学论证的核心的评论文章。在他的权威著作《博物学》(*Histoire Naturelle*, 1749～1789)——18 世纪下半叶最广为阅读的自然哲学著作——的引言部分,布丰在抽象和自然事实之间进行了区分。前者是人类发明的产品:它们是虚构的,是理性(the ratio)的产物。后者是真实的:它们存在于自然中,并且是人类研

[18] Robert Darnton,《法国革命之前的畅销禁书》(*The Forbidden Best-Sellers of Pre-Revolutionary France*, Princeton, NJ: Princeton University Press, 1995),第 196 页。

[19] Peter Burg,《康德与法国革命》(*Kant und die Französische Revolution*, Berlin: Duncker & Humblot, 1974),第 176 页～第 177 页。

[20] David Hume, 4 卷本《哲学著作》(*The Philosophical Works*, London, 1883), Thomas Hill Green 和 Thomas Hodge Grose 编,第 3 卷:第 213 页～第 214 页。最近对 18 世纪怀疑论的讨论,参见 Richard Popkin 和 Johan van der Zande,《18 世纪晚期和 19 世纪早期的怀疑论》(*Skepticism in the Late Eighteenth and Early Nineteenth Century*, Dordrecht: Kluwer, 1998)。

究的对象。数学证明属于第一类。事实上,数学论证是抽象事实的原型。它们建立在任意的(arbitrarily)、公认的逻辑规则基础上。它们反过来被用于创造同样任意的(尽管可能是更复杂的)规则。所有这些都用定义的方法结合在一起,其自洽性是通过排除了那些不符合第一抽象原理的东西而被严格保持的。布丰认为,数学论证产生不了新东西,除了它最初的出发点外,数学论证不能证实任何东西。数学体系是严格封闭的,对可观察的自然界的现实永远关闭。

> 足以证明的是,数学的真理只是定义的真理,或者你也可以说是对同一事物的不同表述,它们只是我们已讨论过的与那些同一定义有关的真理。因此它们的优点为:总是精确的和论证的,但也是抽象的、知性的(intellectual)和独断的。[21]

相比之下,自然真理是以实际发生的事实为根据的。"它们不取决于我们。"[22]为了了解自然真理,研究者必须比较和观察过去发生的一系列相似情况。根据布丰的说法,科学是对发生在世界上的真实事情的描述和理解。布丰对不同的知识形式做了如下描述:

> 在数学中,人们要提出猜想;在自然科学中,人们提出问题,建立理论。前者处理定义,后者处理事实。在抽象科学中,人们从一个定义到另一个定义;在实际科学中,是从一个观察到另一个观察。前者是发现不证自明的知识,后者则是寻找确定性。[23]

对于布丰和休谟两人来说,理解自然中的联系是基于对自然演替事件的重复的历史观察。在休谟的定义中,原因"是**一个对象,它为另一个对象所跟随,并且所有与第一个相似的对象,都跟随着第二个对象**"。[24]按照18世纪晚期的术语,新科学想成为一门集事实、观察和受控推论的科学,其理想的解释形式是历史叙述。

在这里,我们发现,知识的优先权完全反过来了。休谟和布丰把17世纪晚期机械–数学自然哲学颠倒过来。对于17世纪晚期和18世纪早期机械论的主要拥护者来说,历史是知识的最低形式。它是个别事实的知识;无论人们给它们加以什么顺序,最多是实用主义的,它都缺乏一种数学论证的定义清晰性。由于历史不能从它的领域清除矛盾,就注定了不能追求确定的真理:它被谴责为陷入了偶然性知识的泥淖中。虽然被认可为理解的一种形式,它被认为是知识等级较低的形式。[25]事实的知识有时被认为是合理的自然哲学的出发点,而历史充其量提供了后来被普遍**数理原理**的有序

---

[21] George-Louis Le Clerc, Comte de Buffon, 36卷本《博物学:通论与特论》(*Histoire naturelle, générale et particulière*, Paris, 1749—89),第1卷:第54页。

[22] 同上书,第1卷:第54页。

[23] 同上书,第1卷:第55页。最后一句用法语读做"dans les premières on arrive à l'evidence, dans les dernières à la certitude."我并没有将"l'evidence"简单地译为"evidence",我把它称之为"不证自明的知识"(self-evident knowledge),总结了18世纪对这个词的理解。

[24] Hume,《哲学著作》,第4卷:第63页。

[25] 这是克里斯蒂安·沃尔夫给历史下的定义。《著作全集》(*Gesammelte Werke*),1 ABt.,《德语著作》(*Deutsche Schriften*, Hildesheim: Georg Olms, 1965),第1卷:第115页。

化力量重塑的材料,在有序化力量的庇护下矛盾在人类理性有穿透力的光芒面前消失了。历史成为推理逻辑和数学分析(被认定为人类理性的主宰)的婢女。对于布丰和休谟来说,相反的才是正确的。何为真实是依条件而定的。其余的是人类的妄自尊大升华为一种科学理想的错觉。

通过把偶然性置于连贯性上,因而很明显,所有的人类知识是极其受限的,它们既依赖于感官印象,也受视野的限制。即使人类被赋予了理性,其穿透不可知事物面纱的能力也是受到极大限制的。同时,许多启蒙运动晚期思想家放弃了如下观念,即认为用一些简单的、无所不包的定律就能理解自然的运行。"多样性"和"相似性"取代了"统一性"(uniformity)和"同一性"(identity)作为同自然物联系最为密切的术语。休谟在其《道德原理研究》(*Enquiry Concerning Principles of Morals*, 1751)中清晰地表明了这个观点。在这本书中他否认了内在同一性的所有概念。之所以表现出同一性,是因为出于习惯,我们已经习惯于认为它就是这样。"每一个事例与另一个事例都不相同,即使那些被认为严格相似的事例也不相同;除非在相似的例子重复出现之后,大脑被习惯所左右,当一个事件出现,就期望它通常的伴随物出现,并且相信,它一定存在。"[26]自然不仅被看做是复杂的,而且被认为是不断运动的。像一个匿名的法国作家说的,"世界是一个持续革命(continual revolutions)的剧场",[27]在这里新的存在形式代替旧的。对于有组织的机体,性质、方向随着时间的改变被认为是自然的。但这种"进步"的发展是不连续的。通过一系列激烈的变化——在"自然经济学"(economy of nature)中的"革命",表面形式由此剧烈地改变了,随后以新形成的形式逐渐发展。在自由创造和有序发展之间存在着持续的相互影响。如下三个假设(理性能力的局限性导致了认识论上的大幅调整;自然复杂性的扩张;以及自然的历史化)为启蒙运动晚期的哲学家设置了新的研究议程。为了解读休谟,他们必须重新思考"**能力**(power)、**力量**(force)、**能量**(energy)和**联系**(connexion)"的意义。[28]

有活力的自然:启蒙运动晚期对怀疑论的回应

一般来说,可以看到 18 世纪晚期的两个阵营,它们要对还原理性主义和同一性所提出的怀疑论批判进行有说服力的反驳。第一种回应是大家熟知的,它是由诸如达朗贝尔(1717~1783)、约瑟夫-路易·拉格朗日(1736~1813)、皮埃尔-西蒙·德·拉普拉斯侯爵(1749~1827)和孔多塞侯爵(1743~1794)等新机械论者表述的。这些思想家通常关注自然科学,虽然他们也常常将他们的研究扩展到 18 世纪晚期挂着"社会

[26] Hume,《哲学著作》,第 4 卷:第 62 页。
[27] 匿名,《论极端,或现实科学的因素》(*Traité des Extremes ou élements de la science de la réalité*, Amsterdam, 1768),第 232 页。
[28] Hume,《哲学著作》,第 4 卷:第 51 页。

科学"之名的新生的研究领域。尽管仍保持着机械论者关于物质惰性的定义,但是他们把数学在描述自然的作用限定为发现的工具,而不是现实的模型。在这样做时,他们撇开了那些关于物质终极构成(由原子、单子或非实体质点构成)[29]或力的定义(关于活力的争论)的争论。[30] 这些争论曾经激励了18世纪初的思想家们。相反,他们发展了概率数学作为最可靠的指南,以指导观察理性,同时对这些活动的真理要求保持一种强有力的认识论上的谨慎。他们试图发展"事实"的科学,它同或然性推理相联系并受其指导。由于这已成为18世纪科学史中人所共知的事情,在此我将集中讨论对怀疑论批评的第二种回应。[31]

这第二种方法是由一个松散群体的思想家们提出的,尽管他们人数众多但对他们的研究很少,由于缺乏更好的术语,我权且称他们为启蒙运动活力论者(Enlightenment vitalists)。他们的研究通常集中在化学、地质学、生命科学、医学和博物学等领域,这些学科成为启蒙运动晚期的博物学家研究的首要领域。像新机械论者一样,他们也都致力于在观察推理和组合推理的指导下发展事实科学,而与新机械论者不同的是,启蒙运动活力论者也同样地试图在一门建构科学中重新表述物质概念,这一科学尊重自然的多样性、动态变化和怀疑论的认识论结果。

对活力论者来说,机械论者最基本的缺陷就是他们没有能力解释生命物质的存在。这已导致机械论者认为在精神和物质之间有着根本区别,这一区别只有上帝的介入才可弥合,要么作为所有现象的普遍条件,要么是作为在精神和物质之间已存和谐的创造者。根据图尔敏的说法,这种思想/实体二元论是"现代性框架中的主要支柱,所有其他的部分都与它相连接"。[32] 启蒙运动活力论者试图寻找解决这种二元论的方法,通过假设生物体中活力或自主力的存在来拆除现代性的主要支柱,这带有目的论

[29]　对从事18世纪早期占支配地位问题的不满,明显地表现在德国数学家卡斯腾斯(W. J. C. Karstens)的有关物质的早期争论的讨论中,在其中他认为所关涉的这些问题是没有意义的而把整个争论消解了。W. J. G. Karstens, 2卷本《物理化学论文集》(*Physische-chemische Abhandlung, durch neuere Schriften von hermetischen Arbeiten und andere neue Untersuchungen veranlasset*, Halle, 1786, 1787),第2卷:第69页。

[30]　关于活力的争论,见 Thomas L. Hankins,《18世纪解决活力争论的尝试》(Eighteenth-Century Attempts to Resolve the *Vis Viva* Controversy),《爱西斯》(*Isis*),56(1965);Carolyn Iltis(Merchant),《达朗贝尔和活力争论》(D'Alembert and the *Vis Viva* Controversy),《科学史和科学哲学研究》(*Studies in History and Philosophy of Science*),1(1970);Iltis,《笛卡儿机械学说的衰落:莱布尼茨派—笛卡儿派之争》(The Decline of Cartesianism in Mechanics: The Leibnizian-Cartesian Debates),《爱西斯》,64(1973);Iltis,《莱布尼茨派—牛顿派之争:自然哲学和社会哲学》(The Leibnizian-Newtonian Debates: Natural Philosophy and Social Psychology),《英国科学史杂志》(*The British Journal for the History of Science*),6(1973);Iltis,《沙特莱夫人的形而上学和机械论》(Madam du Chatelet's Metaphysics and Mechanics),《科学史和科学哲学研究》,8(1977);David Papineau,《活力争论:真有意义吗?》(The Vis Viva Controversy: Do Meanings Matter?),《科学史和科学哲学研究》,8(1977);Giorgio Tonelli,《康德之前的18世纪哲学中的分析和综合》(Analysis and Syntheses in XVIIIth Century Philosophy Prior to Kant),《概念史档案》(*Archiv für Begriffsgeschichte*),20(1976);Tonelli,《康德之前的物质观念批判》(Critiques of the Notion of Substance Prior to Kant),《哲学杂志》(*Tijdschrift voor Philosophie*),23(1961);Tonelli,《达朗贝尔的哲学:超越怀疑论的怀疑者》(The Philosophy of d'Alembert: A Sceptic beyond Scepticism),《康德研究》(*Kantstudien*),67(1976)。

[31]　关于这个发展,见 Eric Brian,《政府的测量:18世纪的管理者与几何学者》(*La mesure de l'Etat: adminstrateurs et geometres au XVIIIè siècle*, Paris, Albin Michel, 1994);Keith Baker,《孔多塞:从自然哲学到社会数学》(*Condorcet: From Natural Philosophy to Social Mathematics*, Chicago: University of Chicago Press, 1975);Lorraine Daston,《启蒙运动中的经典概率》(*Classical Probability in the Enlightenment*, Princeton, NJ: Princeton University Press, 1988)。

[32]　Toulmin,《都市》,第108页。

的特征。生命物质被视为拥有保持自运动(self-movement)的固有本能,这种自运动的根源存在于这些活力中,而活力又存在于物质自身之中。因此,我们发现自然哲学家们给物质世界加上了许多力,如选择亲和力(elective affinities)、生命力(vital principles)、通感力(sympathies)和生长驱动力(formative drives),这使我们回忆起文艺复兴时期自然哲学的有生命力的世界。不是把自然当成霍克海默式的"物的堆积",启蒙运动活力论者把自然想象成多种活力的相互作用,这些力在一个发展过程中彼此螺旋上升。德国生理学家、比较解剖学家和人类学者约翰·弗里德里希·布鲁门巴赫(1752~1840)提供了一个典型的例子。在有组织的物质(这一术语常指生命物质)的复杂组成中,他了解到许多"普通的或一般的活力或多或少地几乎存在于整个身体,或至少存在于身体的大部"。[33] 其中首要是生长驱动力(Bildungstrieb),布鲁门巴赫定义为指导机体构成、防止毁灭、通过繁殖弥补身体可能遭受某种残缺的力。[34] 根据布鲁门巴赫的说法,生长驱动力是一种"神秘的力",此种意义上与重力相似:即不能直接看见。但又与重力有所不同,它不可测量。只能通过其效应识别它。[35] 除这些一般活力之外,布鲁门巴赫还假定了其他活力,"叫做 vita propria 或特定生命:我这样命名的用意是使这些力属于身体特定部分,执行特殊的功能"。[36] 根据他的说法,"实际上生命体的每一个纤维质(fibral)均含有一种内在的活力"。[37] 简短地说,依布鲁门巴赫之见(启蒙运动活力论的一个典型),所有被牛顿所谴责的神秘性质都被重新引入生命科学。一个有组织的机体由能量(energies)和力(forces)的复杂联系所构成,能量和力的强度与功能都在变化,强度和功能不能被简化为单一的支配因素。它是力的组成集合,通过协作完成,而不是由单一的最高权威来操控。

　　布鲁门巴赫的神秘的力的概念的展开使用是许多启蒙运动活力论者在设计挑战机械论的一些基本原理的科学理论中所采取的策略的象征。正如史蒂文·夏平所说,从"要求外部推动作用的精神媒介(agencies)的牛顿学说转向那些把活力原理(the principle of animation)和模式置于自然机体内部的理论"的做法在 18 世纪下半叶广为流行。[38] 为使这种提议权威化,启蒙运动的活力论创建者实行了一个分为两部分的计划。首先要恢复"古代"传统来回击机械论的断言;古代传统混杂着那些与新的自然语言相一致或不矛盾的机械论观点。第二部分是发展一个独特的解释和方法论的领域,使化学、地质学、生命科学、医学和博物学的"活力"科学与物理学不同,但又不挑战其

[33]　Johann Friedrich Blumenbach, 2 卷本《生理学原理》(*Elements of Physiology*, Philadelphia, 1795),Charles Caldwell 翻译,第 1 卷:第 33 页。
[34]　同上书,第 1 卷:第 22 页。
[35]　Blumenbach,《论生长驱动力》(*Ueber den Bildungstrieb*, 2nd ed., Göttingen, 1791),第 33 页~第 34 页。这一时期法国最重要的生命科学家保罗-约瑟夫·巴尔泰,遵循相同的策略,把他的活力(the principe vital)概念称为神秘的力,与布鲁门巴赫的一致。Paul Barthez,《人和动物运动的新力学》(*Nouvelle Mécanique des mouvements de l'homme et des animaux*, Carcassone, 1798),第 v 页。
[36]　Blumenbach,《生理学原理》,第 1 卷:第 34 页。
[37]　同上书,第 1 卷:第 22 页。
[38]　Shapin,《知识的酝酿》,第 117 页~第 118 页。

原理。对于这些新科学，一种新的语法、词汇和认识论从而发展起来，在这个过程中，他们还致力于为这些领域建立独立的学科母体（matrixes）。

在第一种情况下，新科学先驱的万神殿被创建起来，并置于牛顿身旁作为发展正确科学的典范。他们把弗兰西斯·培根（1561～1626）归为一般科学的典范，把希波克拉底和普林尼归为博物学和医学的典范，把帕拉塞尔苏斯（1493～1541）、让·巴普蒂斯特·范海耳蒙特（1579～1644）和弗朗西斯库斯·梅屈里厄斯·范海耳蒙特（1614～1699）归为化学的典范。对此还要加上格奥尔格·恩斯特·施塔尔（1659？～1734），一位更近代的博物学者，他开始被机械论者贬抑，18世纪下半叶又被抬高至和牛顿差不多的地位。18世纪晚期的科学史中，施塔尔的重要性实际上被遗忘了。在大多数权威的叙述中，仅简略地说他是燃素理论的表述者。燃素理论最终被拉瓦锡（1743～1794）推翻，宣告了化学革命和近代化学的开端。但对于18世纪下半叶的许多思想家来说，施塔尔的理论提供了一个引人注目的机械论的替代物，由此出发，他们在许多方向上发展他们的方法，并取得了丰硕的成果。

施塔尔在"机械实体"（corpus mechanicum）和生物系统之间做出了明显的区分。由 oecononia vitae 组成的生物系统有它自己的规律、目标、用途和效果。[39] 虽然生物体以机械方式活动，它的行为模式仍超出自然－机械必然性。机械论者最大的错误是把两者合并：对于他们来说，"必然性与消极偶然性（Contingentia passiva）联系甚紧"。而不仅只是消极的，活力物质受"更高一级原理"的控制，有自己的自规定目标。施塔尔指出，目标或终极目的是自然"生命机体"中的组成部分。它假定自然界存在一种有活力的精神动因（Principium moraliter activum）。[40]

施塔尔宣称，在机械论的基本物质定义中也有错误。将实体看做极小的同质基本粒子的集合是没有用的。[41] 在现象的世界中，物质常常结合在一起。"在任何地点都不存在为我们感官（sens）能感到的基本实体。我们看到、尝到、感觉到或触摸到的一切，都是混合的（mixte），复合的（composé）。"[42] 因此可感觉的物质是异质的。与同质粒子相反，施塔尔指出，在可感觉世界中存在一些基本元素，每种元素都有自己的属性或本质。这些元素以多种形式彼此结合或同其他的化合物结合，构成了一个复杂的可根据相似的程度进行归类的种类等级结构。因为不存在孤立的、相同的自然界的建筑砖块，自然界的一切都通过感应力（sympathies）、协同力（rapports）或亲和力（affinities）相互联系。在这个相互作用的力的世界里，每个现象都是唯一的，都拥有一种由相关感应力的融洽过程所造成的个体特征。

在这个说明中，施塔尔使用了为18世纪晚期的活力论者接受并扩展的两个解释

[39]　Georg Ernst Stahl，《祖德霍夫医学经典》（*Sudhoffs Klassiker der Medizin*，Leipzig: Johann Ambrosius Barth, 1961），36：52。

[40]　同上书，第50页。

[41]　Hélène Metzger，《牛顿、施塔尔、布尔哈夫与化学学说》（*Newton, Stahl, Boerhaave et la Doctrine Chimique*，Paris, Félix Alcan, 1930），第102页～第106页。

[42]　Stahl，转引自 Metzger，《牛顿、施塔尔、布尔哈夫与化学学说》，第118页。

符号。第一个是把和谐(harmony)定义为活力的产物。第二是内部/外部主题的划分。在这个划分中,隐藏着的不可见的事物是真实的;可直接观测的只是一种真实的表象。外表是另一种标记。因此,理解实在(reality)就需要一种超越抽象的理性主义和简单的经验主义的感知方式。人们不得不在透明世界下面挖掘以接近实在的内部核心,实在自身是受活跃本性(active principle)驱动的。因为观察者和被观察者之间存在相似性,因而这是可能的。由于人类具有心灵,因而充满同情心地理解其他人体内心灵的运行,并且凭直觉去感知自然界中活力的运行,正是其力所能及的。这个过程要求人们首先理解他们自己。自然生命机体的知识开始于这种自省活动。[43]

　　施塔尔的学说由于其认识论、其物质理论、其对活力或活跃本性的专注,以及它的灵魂和身体的联系,成为了启蒙运动活力论者的聚集点。这些见解构成了罗伯特·西格弗里德、贝蒂·乔·多布斯和 J. B. 高夫所认为的化学中的"施塔尔革命"的基础,即把强调[物质]构成并关注分解和合成的相应过程作为化学努力方向。[44] 它是充满活力的 18 世纪德国人弗朗茨·克萨韦尔·冯·巴德尔(1765~1841)所拥护的看法。在他对"热事物"(matter of heat)问题的分析中,巴德尔指出 18 世纪 40 年代所接受的施塔尔的化学已破坏了"科学的数学方法"的魔咒,并推翻了"机械振动、碰撞和压力纸牌搭成的小屋"。[45] 根据巴德尔的说法,拉瓦锡的工作证实且改善了化学论点的基本轮廓,这些论点是由施塔尔首创,并由像托尔贝恩·贝里曼(1735~1784)、约瑟夫·布莱克(1728~1799)、约瑟夫·普里斯特利(1735~1804)和卡尔·威廉·舍勒(1742~1786)等这样的机械论的批判家进一步发展。对生命科学来说,施塔尔当时的价值同样重要。他以希波克拉底的方法为模本的方法于 18 世纪 40 年代在蒙彼利埃(Montpellier)被接受,后来又被爱丁堡、博洛尼亚(Bologna)和哥廷根这些一流的欧洲医学教育中心所接受。虽然他的原理在 18 世纪晚期做了大幅度的修改,但他的贡献还是被广泛承认。因此内科医生皮埃尔·鲁塞尔(1742~1802)宣称,生命科学大约于 18 世纪中叶已发生了革命,它是以蒙彼利埃和巴黎的医学家"拒绝已建立的权威的力量",改变了生理学、博物学和解剖学的研究为标志的。[46] 皮埃尔‐让‐乔治·卡巴尼斯(1757~1808)同意这种说法,在他的《革命与医学改革概论》(*Cuop d'Oeil sur les Revolutions et sur la Réforme de la Médecine*, 1804)中,卡巴尼斯把施塔尔描述为"那些自

[43]　Stahl,《祖德霍夫医学经典》,第 37 页。
[44]　首先由 Robert Siegfried 和 Betty Jo Dobbs 在下文中提出,《构成:化学革命中被忽略的方面》(Composition: A Neglected Aspect of the Chemical Revolution),《科学年鉴》(*Annals of Science*),24(1968),第 275 页～第 293 页。J. B. Gough 在以下文章中发展了这个观点,《拉瓦锡和施塔尔主义者革命的完成》(Lavoisier and the Fulfillment of the Stahlist Revoltuion),载于 Arthur Donovan 编,《化学革命再诠释:化学革命论文集》(*The Chemical Revolution: Essays in Chemical Revolution. Reinterpretation*)。《奥西里斯》(*Osiris*),2nd ser., vol. 4(1988)。
[45]　Franz Xaver Baader,《论热质及其分配、结合和分离》(*Vom Wärmestoff, seine Verteilung, Bindung und Entbindung vorzüglich beim Brennen der Körper*, Vienna, 1786),第 26 页。
[46]　我只能看到德语翻译版。Pierre-Jean-Georges Cabanis,《雌性生理学》(*Physiologie des weiblichen Geschlechts*, Berlin, 1786),Christian Michaelis 翻译,第 xiii 页～第 xv 页。

然界偶尔产生重振科学的非凡天才之一"，而且把他与希波克拉底、培根和牛顿并列。[47]

由施塔尔提出并由此后德国的布鲁门巴赫、英国的约翰·亨特（1728～1793）和法国的保罗－约瑟夫·巴尔泰（1734～1806）等人贯彻的在自然界重新引入活跃和有目的导向的生命力，引导着启蒙运动活力论者去重新审视科学研究和解释的基本方法的和分析的范畴。新的物质概念消除了观察者与被观察者之间严格的机械论上的区别；所以，联系（relation）、亲缘关系（rapport 或 Verwandschaft）取代集合体（aggregation）作为明确的物质原理之一。同一性和无矛盾性逐渐地被联系程度和相似性程度所取代。从人类地位优越的观点来看，生命物质的世界由一个关系圈构成，这些关系扩散出来涵盖所有形式的物质。因此，生命物质的组成部分形成了"协同"（synergy），在这种协同中，每个结合的粒子均被每一其他粒子和其赖以存在的**惯习**（habitus）所影响。[48] 通过强调相互联系的中心地位，启蒙运动活力论者修正了因果的概念。在生命世界里，组织体的每个组成部分既是其他部分的原因，又是它们的结果。相互作用成为生物体系的主要关系。进而言之，随着目的中心论重新引入生命界，启蒙运动活力论者使目标成为发展的有效动因。对某些存在物的解释形式模仿了阶段性发展或渐成说（epigenesis）的概念。按照渐成说，生命体是从雄性和雌性生殖液的融和产生的一个创造点（a point of creation）开始经诸阶段发展而成的。独一无二的创造和真正的质变是活力论者的生命世界观的核心。[49]

这些自然哲学假设的变迁激发了启蒙运动活力论者去建立能够证明它们合理和保证其有效的一种认识论。对于原因和力的怀疑论批评是对的，活力论者承认能动的生命力不能被直接看见、也不能被测量到。它们是像布鲁门巴赫所称的"超自然力"——在这个术语传统的意义上，并非如牛顿所修正的那样，他坚持把它们量化。它们充其量是根据外部迹象被揭示出来，其意义只可间接地把握。这种自然语言强调了施塔尔所支持的那个老生常谈的主题，它把真的实在定位为隐藏于实体内部的东西。直接观测到的被认为是肤浅的。理解需要逐步下探到可观察实体的深度，使用符号作为记号来标记路径。这样，启蒙运动活力论者再次引入符号论的思想作为解释自然之谜的方法之一。

认识论的基本问题是理解这些符号的意义和理解如何领悟所假设的独立的但又关联着的活跃的力量（forces）、能力（powers）和能量（energies）间的相互作用，而又不使

---

[47] Pierre-Jean-Georges Cabanis，《革命与医学改革概论》（Coup d'Oeil sur les Revolutions et sur la Réforme de la Médecine, Paris, 1804），第 146 页。

[48] "协同"（synergy）这个术语由施塔尔所造，后由巴尔泰在活力生理学理论中广泛运用，尤其是在他的 2 卷本《人文科学的新要素》（Nouveaux élements de la science de l'homme, Montpellier, 1778）。

[49] 关于康德对这个模型的解释，参见 Wolfgang Krohn 和 Günther Küppers，《目的的自然缘由：康德论自组织的文章》（Die natürlichen Ursachen der Zwecke: Kants Ansätze der Selbstorganisation），《自组织：自然、社会和精神科学中的复杂性年鉴》（Selbstorganisation: Jahrbuch für Komplexität in den Natur-, Sozial- und Geisteswissenschaften），3（1992），第 7 页～第 15 页。

一个萎缩到另一个中去。为了解决这个问题,启蒙运动活力论者提倡这样一种理解形式,即将自然界多样性的个体化要素合并成一个承认自然同一性和自然多样性的和谐结合物。实现这一方案所采纳的方法是类比推理和比较分析。

类比推理成为数学分析的功能性替代者。用它可以发现不同事物间类似的性质或倾向,这些事物接近自然的规律但又没有把其特殊性消融于共性之中。类比的魅力由于对功能性分析的普遍偏爱而加强,在这种分析中实际的外表形式从属于行为。比较性分析加强了对类比推理的集中(concentration)。它允许人们认为自然由有着其自身特性和动力学的、展现着不能通过对外在形式的思考来揭示的相似性的系统组成。比较性分析的主要任务就是认清事物之间的相似和不同并协调(mediate)它们,找出那些并未直接显示出来的类似之处。在这里,启蒙运动活力论者认为,他们正回归到由培根倡导的方法,他们相信,这正确地反映了自然的路径(nature's path)。德国生理学家卡尔·弗里德里希·基尔迈尔(1765～1844)把这种方法定义如下:"同一性中的多样性是自然在其构造(Bildungen)中的安排;人类发现相似与不同的完整能力因此也是正确的科学方法的解释工具(Organon)。"[50]

然而,在遵循基于类比推理和比较性分析的纲领的时候,出现了一个更深层的认识论问题。如果自然是多样性中的同一性,人们又如何能选择哪一个因素来强调呢?何时应该重视具体的奇异性(singularity)?何时又应该培养概括性方法呢?建议的答案是从两方面同时进行,通过允许它们之间的相互作用而产生一种更高的理解形式,而不是通过简单观察或通过推论的形式逻辑(discursive, formal logic)而产生。这种类型的理解可称之为预言(divination)、直觉(intuition)或直观(Anschauung)。其作用基于协调的图像,即从一方到另一方持续不断地往复运动,让每一方都彼此滋养和受益。布丰在《博物学》导言中描述了这一做法。

> 对自然研究的热爱假定了两种似乎对立的思想特性:一种是只需一瞥就能看到一切的热切精神的宽广视野[coup-d'oeil],另一种是以细节为导向的只集中在一种因素上的本能。[51]

在卡巴尼斯1804年为施塔尔写的悼词(前面引用过)中,他运用布丰的理想去描述施塔尔的天才。施塔尔"拥有快速的和巨大的迅速的coup-d'oeil,有能力审视整体",并兼有"一丝不苟地寻求微小细节的坚韧的观察力"。[52] 在还要晚些的1822年,威廉·冯·洪堡(1767～1835)在他的怎样获得历史知识的描述中,证明了这种调和逻辑的吸引力。

> 因此在接近历史真相的道路中,两种方法必须同时遵守:首先是对事件作精

[50] Carl Friedrich Kielmeyer,《著作全集:自然和力》(Gesammelte Schriften: In Natur und Kraft),《有机自然学说发展的理论》(Die Lehre von der Entwicklung organische Naturlehre, Berlin: Keiper, 1938),第125页。
[51] 布丰,《博物学》,第1卷:第4页。
[52] Cabanis,《革命与医学改革概论》,第146页。

确的、公正的、批判性的调查;其次是所探索的事件的联系,以及第一种方法触及不到的对它们的直觉理解。[53]

他通过断定“观察性的理解力(beobachtende Verstand)和富于诗意的想象力必须和谐地连接在一起”,[54]总结了这个方法。这种认识论模式猎获启蒙运动晚期思想家们的想象力到何种程度的进一步证据,可以在对摩西·门德尔松(1729～1786)的《晨光》(Morgenstunden)的评论中看到,它由德国哲学家约翰·格奥尔格·海因里希·费德尔(1740～1821)——巴伐利亚光照派(Illuminati)的精神领袖——所写。费德尔认为那本著作非常好,是因为门德尔松遵循了“折中方式,仅仅沿着此路才能产生彻底的理解方式,即刻苦观察自然界内部和外部的方式和谨慎的类比假设方式”。[55]

通过类比,这种调解行为通过生命力在自然界的作用应该被反映出来。因此,例如,布鲁门巴赫主张,构成驱动力成功调和了“两种原理,目的论和机械论的原理……这两种原理曾被认为不能结合在一起”。[56] 曾经学过医的弗里德里希·席勒(1759～1805)在1779年为一种协调精神和物质的力写的第一篇医学论文中,表达了类似的观点。他将这种力描述为:

> 一种事实上存在于物质和精神之间的力。这种力与世界和精神是那么的不同。如果我消除它,世界将对精神没有影响。而精神仍然存在,物体仍然存在。它的消失已在物质和精神之间产生了巨大的裂隙。它的存在照亮了、唤醒了、激励了有关它的一切。

他声称,它是“一种力,一方面是精神的,另一方面是物质的,它是这样一种实体,一方面是可渗透的,另一方面却是不可渗透的”。[57] 当其在从具体到思想之间往复运动时,正确的理解就形成了对这种力的相似物。

然而,在这种运动中,理解是通过一个第三方的、隐藏的且提供信息的代理来完成的。该代理实际上是所有实际存在的事物驻留的基础。在18世纪的语言中,这种隐藏着的中间元素是不透明的、不可见的,但却是基本的,被用诸如“内在模具”(布丰)、“原型”(prototype)(让·巴普蒂斯特·罗比内[1735～1820])、“原型”(Urtyp)(约翰·沃尔夫冈·冯·歌德[1749～1832])、“主要模型”(Haupttypus)(约翰·戈特弗里德·赫尔德[1744～1803])或“图式”(schema)(康德)之类的术语来称呼。一些作者用磁场的图像来生动地表现它。它由磁极构成且把它们连成一体,而又没有使它们

[53] Wilhelm von Humboldt,《论历史学家的任务》(On the Historian's Task),《历史和理论》(History and Theory),6(1967),59。

[54] Von Humboldt,载于Andreas Flitner和Klaus Giel编,5卷本《威廉·冯·洪堡著作集》(Wilhelm von Humboldt Werke, Stuttgart: J. G. cotta'sche Buchhandlung, 1980—1),第1卷:第377页。

[55] Johann Georg Heinrich Feder,《哥廷根学界通告》(Göttingische Anzeigen von gelehrten Sachen, 1786),第66页。

[56] Blumenbach,《论建构驱动力》(Ueber den Bildungstrieb, Göttingen: Vandenhoek & Ruprecht, 1791),第65页～第66页。

[57] Friedrich Schiller,引自Kenneth Dewhurst和Nigel Reeves编,《席勒:医学、心理学和文学和第一次英文版医学和生理学著作全集》(Frederick Schiller: Medicine, Psychology and Literature with the First English Edition of the Complete Medical and Physiological Writings, Berkeley: University of California Press, 1978),第152页。

在一个简化的统一体中湮灭。其效果最强的区域是中间,在那里场涵盖了最大的范围。

对我们来说,这种理解模式很难被理解,因为它公然违背了那些我们认为是理性的、逻辑的或科学的东西。我认为,通过寻找超越逻辑和解释的二元体系,这种模式试图把对理性主义的怀疑论批判包括进来。二元体系假定,标记者(sign)和被标记者(signified)之间的距离可以消失,理性可以审视世界,它也会适当地回视。这些启蒙运动晚期思想家更喜欢的似乎是一个三元系统。这个系统在标记和被标记者之间引入了一些东西,在康德的"模式"定义中,一切事物都通过这些东西被改变;但这个系统不能被看见、抓住或直接识别。[58] 简要地说,这些思想家赞成一种围绕分歧和矛盾的图式——它们位于怀疑论立场的中心——来构造现实的和谐自然观,而怀疑论观点不愿意将某一事物简化为另一事物,却允许它们被互相联结起来。这种和谐的模型通常通过使用创造性的矛盾修辞法(oxymorons)来表示,如布丰的"内在模具"或席勒的"物质理念"(material ideas)的概念,从语言上重建了那种相互矛盾的**和谐**(paradoxical *rapports*)。

但启蒙运动活力论者如何使这一理解的理论被证实呢?什么允许他们宣称类推、比较以及内在的直觉的理解等手段是科学上客观的呢?由于在观察者和对象间之间存在模糊地带,问题变得相当尖锐。但正是这种混合,成了这一科学方法的正当理由。人们认为,因为人类是生命世界的一部分,通过合意的理解活动,他们可以获得自然过程活生生的知识。相似性和联系是理解的工具,它通过穿越延伸的中间区域确保了这些努力的真值(the truth-values)。

这种关于实在的和谐观构成了启蒙运动晚期活力论对自然和人性的看法的核心和本质。它与18世纪早期的机械论和后来的浪漫主义自然哲学(Naturphilosophie)不同;这个观点解释了它对极至(边界和界限)的偏好和它对折中的希望。它不是一种关于自然和人性的二元观点,因为真正的实在总是介于二者之间。和谐——在由相互作用产生的扩展的中间区域之内的对立事物的联结——是每一自然过程的准则和期望的终点,虽然那种机制在连续地运转,导致不停变化的和谐的结合。因而生命世界是自由和决定论融合的地方。它的描述借助了图像和隐喻,或从道德领域得到或直接适用之。霍克海默宣称:"科学自身内部的逻辑趋向于真理,这个真理完全拒绝承认诸如个体和灵魂之类的实体。"[59]启蒙运动活力论者所设想的科学试图把像灵魂与个性之类的东西重新引入科学思想的内部核心。

---

[58] 康德把模式(schemata)定义为"作为我们的纯粹感觉概念的基础"。虽然它使感官理解成为可能,但它的运行仍是个谜。"在它的应用外观和纯粹形式中,这种模式化(schematism)的理解是一种技术,这种技术隐藏在人类灵魂深处,它的真正的活动本质的模式很难让我们发现。"Immanuel Kant,《纯粹理性的批判》(*Critique of Pure Reason*, New York, 1965),Norman Kemp Smith 译,B 180—1/A 141。

[59] Horkheimer,《自反的理性》,第 364 页。

结论：在启蒙运动活力论与浪漫主义自然哲学之间

启蒙运动活力论通过对 18 世纪晚期的绝对方法和还原理性主义的怀疑论批评得以成长,并从这种批评中获得养分。像它的新机械论者对手一样,它建立在一种深信不疑的认识论的谨慎之上,这种谨慎愿意暂缓无条件的判断,而倾向于有条件的判断。只要模棱两可和相互矛盾被看做是建设性的,而不是被看做既危险又无效,它就会欣欣向荣。伴随着法国大革命和拿破仑战争期间产生的紧张状态,那种认识论上的谨慎被获得绝对答案的愿望所粉碎。蔑视科学"陷入了感官反映的垃圾堆",[60]浪漫主义自然哲学致力于一种新的普遍的**数理原理**,即一种整体化的观点(考虑到数十年战争的压力、社会和情绪动荡的压力、对启蒙运动晚期信念丧失焦虑情绪的压力)使得年轻的男女渴求绝对答案,这种答案将世俗世界归类于偶发现象,并断言精神是现实世界的真正本质。如果启蒙运动活力论试图限制机械论的规则,自然哲学则渴望摧毁它。像弗里德里希·谢林(1755～1854)所宣称的,对自然进行哲学探讨意味着"把羞怯的自然从僵死的机械论中分离出来,使之生气勃勃,也可以这么说,按自由的原则,使之上升到其自身的自由发展"。[61]精神、自由和活力被视为同一种东西。"所有原始的(ursprünglichen),即所有动态的、自然界的现象(Erscheinungen)都必须用力来解释,它们存在于物质中,甚至当物质处于静止状态的时候(因为静中亦有动,这是动力学哲学的基本假设)。"[62]

这种新的理性冒险试图联合启蒙运动活力论所抛弃的东西:在一个不同层面上恢复普遍性观点,这些观点曾推动柏拉图、毕达哥拉斯、普拉提诺、笛卡儿和莱布尼茨的哲学发展;将精神和物质统一为一个一致的、协调的整体,自然中没有跳跃,没有虚空,并且生命物质与无生命物质之间没有差别;对偶然性发动全面的攻击;描述宇宙从始至终的历史,把它看成一个由绝对的、内在的精神因素发展而来的生命本质(living essence)。它提供了一个以当时最先进的"科学"语言阐述的新的"创造神话",这些"科学"以启蒙运动活力论为中心,同时试图超越加给它们的解释限制。它的目的是"完整的历史,这部历史包括整个宇宙分化,从原初的一,经过太阳系和地球的形成、自然界三领域的繁衍……直到人类中的万物最高形式(the culmination of the universe in humankind)"。[63]这个由洛伦茨·奥肯(1779～1851)借用毕达哥拉斯的训令:几何学

---

[60] Nicholas Jardine,《自然哲学和自然王国》(Naturphilosophie and the Kingdoms of Nature),载于 Nicholas Jardine、J. A. Secord 和 Emma C. Spary 编,《博物学的文化》(Cultures of Natural History, Cambridge University Press, 1996),第 233 页。

[61] Friedrich Wilhelm Joseph Schelling,《自然哲学体系讲演初稿》(Erster Entwurf eines Systems der Naturphilosophie für Vorlesungen, Jena and Leipzig, 1799),第 6 页;14 卷本《谢林全集》(Friedrich Wilhelm Joseph von Schellings Sämmtliche Werke, Stuttgart, 1858),第 2 卷:第 13 页。

[62] 最初的 1799 年版没有这个插入语。它包含在《谢林全集》中,第 2 卷:第 25 页。

[63] Jardine,《自然哲学和自然王国》,第 232 页。

是历史(Geometria est Historia)[64]所代表的、无所不包的观点,把由哲学的同一性概念
(Identitätsphilosophie)认可的沉思性内省的结果提高到自然普遍真理的地位。启蒙运
动晚期朴素认识论成为确定性神坛上的祭品。自然哲学家希望将科学和哲学融入新
的文化、科学和美学的综合中——这种综合被后现代主义者看做启蒙运动事业的特
征,而不是将相对立的精确观察的行为和想象力的重构行为并列和协调它们。

　　这是最大的讽刺,因为仔细审视启蒙运动的晚期,可揭示出一种倾向于后现代主
义甚于浪漫主义的思考和行为的方式。把自然看做只是"物的堆积",是为了给灵魂
和个体一席之地,为了避免盲目的还原论,为了承认模棱两可和相互矛盾的认识论价
值,在这个过程中,晚期的启蒙运动至少部分地预想到事物的序列——它们不为人知,
跟常常与之相联系的工具理性形成鲜明的对照。如果存在像启蒙运动计划这样的东
西,那么它包括对差异、自由运动和创造极大的尊重。亚当·弗格森(1723～
1816)——一位热衷自然哲学的读者——在1767年对这一点做了明确表述。

　　　　我们对市民社会秩序的看法经常是错误的:这种看法来自于毫无生气和僵死
　　的学科的类推;我们将混乱和活动看做与其本性相对立的东西;我们认为,它仅符
　　合服从、掩藏和鲜为人知之事:在墙体中,石头最好的序列是,它们被适当地固定
　　在它们应该处于的位置上;若它们骚动,大厦则必倾覆:但人在社会中的秩序是他
　　们被放在他们力所能及的位置上。前者的结构是由僵死或毫无生气的零件构成
　　的,后者是由富有生气的和活力的成员构成。当我们在社会中寻找仅是不活动的
　　和宁静的秩序时,我们忘了我们研究对象的本性,并且找到的是奴隶的秩序,而不
　　是自由人的秩序。[65]

　　　　　　　　　　　　　　(刘树勇　黎　那　崔家岭　译　方在庆　校)

---

[64] Lorenz Oken,《作为生物学讲座基础的自然哲学概论》(*Abriss der Naturphilosophie: Bestimmt zur Grundlage seiner Vorlesungen über Biologie*, Göttingen, 1805),第 1 页。

[65] Adam Ferguson,《论市民社会的历史》(*An Essay on the History of Civil Society*, Edinburgh: Edinburgh University Press, 1966),Duncan Forbes 编,第 268 页～第 269 页。

3

科学、大学和其他公共领域：
欧洲和美洲的科学教育

劳伦斯·布罗克利斯

如今，除了一些针对不列颠诸岛、法国和荷兰所做的工作之外，关于 18 世纪科学教育建制化的历史并没有太多详细的研究。数据的匮乏反映出，研究 18 世纪自然哲学的历史工作者们直到近来也没有太大的兴趣研究在教室里讲授科学的历史。他们觉得这一课题没有多大意义。本章旨在证明这种判断是被误导的，尽管本研究得出的结论必定是暂时性的。理性时代的科学教育史向我们表明，新理论和新发现是以何等速度和方式成为欧洲文化遗产的一部分的。更重要的是，它也提高了我们对特定的自然科学的形成及其稳定发展方式的认识，加深了我们对这一时期晚期出现的特定的国家科学传统的理解。

1700 年左右

传统上，只有大学才公开讲授自然科学。大学的职责是讲授全部的人类知识。大学通常分为文学院、神学院、法学院和医学院，有时法学院也再细分为教会法和民法两部分。到 1700 年，经过三个世纪的发展，欧洲大学的数量已由 40 所上升到约 150 所，它们分布在除俄国以外的欧洲大陆的其他地方。美洲新大陆也建立了大约 15 所大学和学院，其中有三所在英属北美殖民地：哈佛大学、耶鲁大学和威廉斯堡的威廉和玛丽学院。然而，到 18 世纪初，大学不再是科学教育的唯一场所，因为在许多国家里，市立学院也可以讲授科学课程。这些学校最初是作为地方大学的附属学校（feeder school）而建立的，讲授大学学习的必需语言：拉丁文和希腊文语法及修辞学，但在 16 世纪和 17 世纪，它们常常侵占大学的教学领地，开始讲授哲学和数学。与大学不同的是，这些机构没权授学位。

作为这些发展的结果，建制化科学教育的必要条件在整个欧洲是非常不均衡的。不列颠诸岛的预科中学和苏格兰市立中学仍坚持以往的做法；无论是在不列颠诸岛，还是在任何类型的中学本身就非常稀少的讲英语的殖民地，只有在各种大学和大学学院内才公开讲授科学。西班牙/奥地利所属*的荷兰和北欧其他的新教国家也有相似的情况。与之相反,在天主教盛行的南欧**以及西班牙和葡萄牙的殖民地,自然科学在大学的附属学校的讲授相当普遍,所以这里实行建制化科学教育的必要准备更加充分。例如,在法国,哲学不仅仅在 20 多所大学里讲授,而是在 100 多所全职学院(collèges de plein exercice)里讲授。另一方面,学校的分布密度对参加这些公共课程的学生人群的社会特性没有太大的影响。广而言之,不管在何处,受公共科学教育的机会都是有限的,而且仅限于家境相对富裕的十八九岁的男青年,他们注定要选择大学主要提供的三个专业化职业中的一个:神学、法学或医学。[1]

　　1700 年,在大学和学院体系里,对自然界的学习分为三个独立的学科领域或三个不同的学科(scientiae)。自然科学通常位于哲学之下,哲学有四个学科分支:逻辑学、伦理学、物理学和形而上学。后三科的教学顺序每个世纪各有不同,但逻辑学总是放在课程一开始时讲授,因为它提供了理解其他哲学学科的分析工具。物理学或自然物体(corpora naturalia)的科学,如同伦理学和形而上学一样,是一种逻辑科学,它们之间没有认识论上的不同。特别是物理学和形而上学,它们通常被看做有密切的联系,前者提供了神的仁慈的证据,而后者证明了神的存在和品质。

　　18 世纪初期,课堂里的物理科学是一门因果性和演绎性的科学:它的目的是通过构建严格的因果链,用关于自然界的无可怀疑的基本原理,来解释观察到的自然现象。在这种意义上,这种理解仍然是亚里士多德式的科学,其认识论主要来自于《后分析篇》(Posterior Analytics)。从其主修学科(subject matter)很大程度上仍是由现存的亚里士多德自然哲学著作来看,它也是亚里士多德式的科学。当时,物理课程的讲述从一般到特殊,从向学生们介绍亚里士多德的《物理学》(Physics)的主题出发,然后到《论天》(De caelo)、《论生灭》(De generatione et corruptione)、《气象学》(De meteorologia)、《论灵魂》(De anima)和《自然诸短篇》(De parvis naturalibus)等著作中的主题。因此,在课程结束(通常约为一年)时,学生们便应该已经学习了物质和运动的原理、月界之上的结构、地球变化和衰退的过程、陆地无生命现象的特征和人类、动物、植物的生命之谜。

　　在许多欧洲天主教地区和整个西班牙、葡萄牙所属的美洲地区,物理学课程的内容和结构都是亚里士多德式的。特别是在耶稣会控制的大部分学院和大学里,更是如此。但这并不意味耶稣会士和其他亚里士多德派的教授在讲授与同时代自然科学发

＊　　即哈布斯堡王朝。——校者
＊＊　指法国、西班牙、葡萄牙和意大利等欧洲南部信奉天主教、属拉丁语系的国家。——校者
[1]　Willem Frijhoff,《格局》(Patterns),载于《欧洲大学史》(A History of the University in Europe, Cambridge University Press, 1992—)第 2 卷《近代早期欧洲的大学(1500—1800)》(Universities in Early Modern Europe, 1500—1800), Hilde de Ridder-Symoen 编(1995),特别是第 90 页～第 105 页(表格和图示);Roger Chartier、Marie-Madeleine Compère 和 Dominique Julia,《16 世纪到 18 世纪的法国教育》(L'Education en France du XVIe au XVIIIe siècle, Paris: SEDES, 1976),第 5 章～第 6 章。

展完全无关的物理学:16 世纪和 17 世纪,亚里士多德学说是一种有活力的、兼容并蓄的物理哲学,它可以成功地将大多数新观察到和发现的现象纳入其体系之中。[2] 这说明耶稣会的物理学仍然坚持托马斯主义的亚里士多德学派的立场:自然界是物质质料和形式的融合,而形式是不重要的,只有将自然现象进行形式上和性质上的解释才是合法的。

另一方面,在新教徒的世界和哲学由非神职的或非宗教的教授讲授的天主教学院和大学里,传统的亚里士多德式物理课程的核心已经或正在被抛弃。作为替代,教授们大多拥护新机械论哲学的一些形式。广泛地说,这些教授绝大多数是笛卡儿信徒,他们向学生们传授宇宙是被自然现象充满的空间。其中的自然现象,无论月下和月上,都几乎可以完全用运动着的无限可分的粒子来解释。只有人类(可以自主运动也可以被迫运动),或许还有动物,拥有另外附加的非实体的形式或灵魂,但即使是他们,从生理学角度上说,也是机器。在法国,巴黎大学的信奉天主教的世俗教授追随着笛卡儿在 1644 年的《哲学原理》(*Principia*)中明确表达的机械哲学观。另一方面,18 世纪的头 20 年中,在德意志北部的新教大学,因为莱布尼茨的单子论,至少是因为它对有机物质的解释,笛卡儿物理学以一种折中的形式快速传播。其德意志的变种是克里斯蒂安·沃尔夫(1679～1754)的杰作。他于 1706 年接手担任新的普鲁士虔信派的哈雷(Halle)大学(创建于 1693 年)的自然哲学和数学教授职位。

伽桑狄派(Gassendist)的机械哲学辩称,宇宙是由真空中旋转着的不可分割的原子构成的。很少有天主教或新教的机械论教授能接受这种观点。因为伽桑狄派的原子论非常接近伊壁鸠鲁的(Epicurian)唯物论,而且他似乎还前后矛盾地赋予了原子的非机械性特征。[3] 如此一来,在非英语国家中没有物理学教授接受牛顿对伽桑狄派机械论的改进也就不奇怪了。对于欧洲大陆的机械论教授来说,如果他们真的研究了牛顿

47

〔2〕 Charles B. Schmitt,《对文艺复兴时期亚里士多德主义的再评价》(Towards a Reassessment of Renaissance Aristotelianism),《科学史》(*History of Science*),11(1973),第 159 页～第 193 页;Christia Mercer,《近代早期亚里士多德主义的生命力和重要性》(The Vitality and Importance of Early Modern Aristotelianism),载于 Tom Sorrell 编,《近代哲学的兴起:从马基亚弗利到莱布尼茨新哲学与传统哲学之间的张力》(*The Rise of Modern Philosophy: The Tension Between the New and Traditional Philosophy from Machiavelli to Leibniz*, Oxford: Clarendon Press, 1993);Laurence W. B. Brockliss,《17 世纪和 18 世纪法国的高等教育:一种文化史》(*French Higher Education in the Seventeenth and Eighteenth Centuries: A Cultural History*, Oxford: Clarendon Press, 1987),第 337 页～第 350 页。

〔3〕 Edward G. Ruestow,《17 世纪和 18 世纪莱顿的物理学:大学中的哲学和新科学》(*Physics at Seventeenth- and Eighteenth-Century Leiden: Philosophy and the New Science in the University*, The Hague: M. Nijhoff, 1973),第 4 章;Michael Heyd,《正统观念与启蒙运动:舒埃和日内瓦科学院笛卡儿科学的引入》(*Between Orthodoxy and Enlightenment: Jean-Robert Chouet and the Introduction of Cartesian Science in the Academy Geneva*, The Hague: M. Nijhoff, 1982),特别是第 4 章;Brockliss,《17 世纪和 18 世纪法国的高等教育》,第 350 页～第 359 页;Laurence W. B. Brockliss,《笛卡儿、伽桑狄与法国全职学院对机械论哲学的接受(1640 ～ 1730)》(Descartes, Gassendi, and the Reception of the Mechanical Philosophy in the Franch Collèges de Plein Exercice, 1640—1730),《科学观点》(*Perspective on Science*),3(1995),第 450 页～第 479 页;Geert Vanpaemel,《科学革命的回声:勒芬文学院的机械自然观(1650 ～ 1797)》(*Echo's van een wetenschappelijke revolutie. De mechanistische natuurwetenschap aan de Leuvense Artesfaculteit, 1650—1797*),载于《比利时王家科学、文学和艺术研究院论文,科学类 173》(Verhandelingen van de koninklijke Academie voor Wetenschappen, Letteren, en Schone Kunsten van Belgïe, Klasse der Wetenschappen, 173; Brussels: Paleis der Academïen, 1986),第 3 章～第 6 章;Brendan Dooley,《18 世纪早期帕多瓦作为职业的科学教育:乔瓦尼·波莱尼个案研究》(Science Teaching as a Career at Padua in the Early Eighteenth Century: The Case of Giovanni Poleni),《大学史》(*History of Universities*),4(1984),尤其是第 131 页～第 135 页。

的工作的话,便会发现,具有两种或多种力的宇宙是不可理解的:所有的运动(可见的
或不可见的)必定有物理接触。甚至连不列颠诸岛的物理教师们也发觉牛顿的工作很
难理解。在 17 世纪 90 年代,牛顿的万有引力定律和他关于光与颜色的理论一直被苏
格兰(尤其是爱丁堡)的大学教授们谈论着,然而他对笛卡儿的旋涡理论的批判却又过
了十年才得到同情的接受。在进入 18 世纪之际,苏格兰的教授们试图将牛顿的发现
容纳在笛卡儿的物质空间论内,不愿放弃冲力物理学。1704 年,爱丁堡教授查尔
斯·厄斯金(1680～1763)提出了一组强烈支持牛顿学说的物理理论。尽管如此,他仍
然宣称:"莱布尼茨无疑已经清楚地阐明了重力是源自周围的流体冲力,就像磁性运动
一样;这从他对天体运动原因的研究中可以清楚地看出。"[4]

　　1700 年左右,强大的笛卡儿派在大学和学院课堂出现,这并不真正表明欧洲的物
理学教授已经分为传统派和现代派。事实上,笛卡儿派的课程在许多方面是传统的。
笛卡儿哲学和亚里士多德哲学一样,其中的物理学都是直接基于对亚里士多德的逻辑
研究之上的因果性与描述性的科学。更明显的是在课堂上,笛卡儿物理学的词汇仍有
亚里士多德的痕迹。这样,在 1713 年至 1714 年间,巴黎教授热罗姆·贝苏瓦尼
(1686～1763)在索邦－普莱西学院(Sorbonne-Plessis)的课程讲述中,仍用"质料的构
成"等术语,仅给它以笛卡儿式的注释:"对实体的质料形式或本质形式的理解并未超
出整体和部分的某种特性或偶然性和本质的集合。"贝苏瓦尼还宣称,这是亚里士多德
自己对概念的理解:正是这位斯塔基拉(Stagyrite)*的逍遥学派追随者发明了附加在物
质中质料形式的非物质观念。[5]

　　此外,笛卡儿哲学课程中没有数学的内容,而且也并没有尝试通过实验使传统的
课堂口述更生动。诚然,一些新教徒的笛卡儿派哲学教授,诸如在维滕贝格的 M. G. 勒
舍尔(卒于 1735 年),声称他们的课程像实验物理学,但是实际并非如此。与其他同时
代的教授(包括笛卡儿学派和亚里士多德学派)一样,这些教授仅通过**描述**实验来讲授
课程,以明确他们的立场:他们自己并不**做**实验。笛卡儿物理学仅在一个方面可谓全
新类型的物理学,那就是:它强调物理学是一个实践的科学。亚里士多德学派一向主
张自然哲学是一个理论的科学。与此相反,像勒舍尔这样的教授们只是给实验哲学家
披上了功利主义的修辞色彩。在 1714 年的就职演讲上,勒舍尔认为,一门物理知识的
最终目的在于,为人类的生存所必需的所有技术的进步。[6]

〔4〕　C. M. Shepherd,《18 世纪苏格兰大学中的牛顿主义》(Newtonianism in the Scottish Universities in the Eighteenth
　　　Century),载于 R. H. Campbell 和 Andrew S. Skinner 编,《苏格兰启蒙运动的起源》(The Origins of the Scottish
　　　Enlightenment, Edinburgh: John Donald, 1982),第 4 章,特别是第 74 页。
＊　　指亚里士多德。他出生于马其顿的斯塔基拉(Stagyra)。——校者
〔5〕　Bibliothèque de Sainte-Geneviève, Paris, MS 2081,《物理学》(Physica),fos. 72,75。
〔6〕　M. G. Loescher,《1714 年就职演讲》(Oratio inauguralis habita die 1. ian. A. MDCCXIV de physica ad rem publicam
　　　accommodanda),载于 Loescher,《实验物理学》(Physica experimentalis compendiosa in usum juventutis academicae
　　　adornata..., Wittenberg: G. Zimmermann, 1715),尤其是第 206 页～第 208 页。笛卡儿特别强调,他的哲学的功利在
　　　他的《方法谈》(Discours de la méthode, 1637)中的第六部分中的医学:参见笛卡儿的 3 卷本《哲学大全》(Oeuvres
　　　philosophiques, Paris: Garnier, 1963—73),F. Alquié 编,第 1 卷,第 649 页。

　　在进入 18 世纪时，亚里士多德学派和笛卡儿学派的物理课程都只是部分地反映出对新科学的关心。大部分实验哲学专家，无论他们对自然哲学的忠实程度如何，主要是对自然效应或"事实"的产生感兴趣。开创先河的专家们日益高涨的兴趣并非是传统因果物理学的产物，而是来自于对自然现象进行仔细的测量和观察，以期发现支撑常规行为背后的可描述的数学法则。虽然如此，同时代实验哲学家确实找到了一条途径，把它在某种程度上看做为数学课程中的一部分来直接讲授。虽然数学作为一门学科过去被认为是与哲学不同的，且从属于哲学（它以抽象的方式来处理自然实体），但是它与天文学、光学和音乐一起，已经构成了中世纪大学文学院课程中很重要的一部分。[7]这种讲授应用数学和理论数学的传统在 16 世纪和 17 世纪得以沿袭。虽然学院和大学传授的许多课程仅仅是基础的，并只包含在《欧几里得几何学》的第一部（the first books of Euclid），但仍有些学院将中世纪继承下来的知识进一步发展，并在 17 世纪开始讲授天文学、光学、声学和动力学中的最新进展。其中，耶稣会士的数学课程特别重要，因为许多数学课是专门为未来陆军和海军军官以及一些贵族阶级而设计的。传统上，这些贵族（至少在欧洲大陆）不参加学院和大学的课程，如果他们获得了关于自然界的科学知识，也大多（或者全部）是从书本而不是讲座中获得的。虽然教会（the Order）支持亚里士多德派并反哥白尼派（尤其是在法国），但他们的数学教授仍然可以自由地提出一个实用数学的非因果性科学，赋予他们有限的听众在弹道学、筑城术和航海学方面一个坚实的基础，他们甚至可以给听众介绍一些自己正在推进其发展的电学和磁学等新学科。巴黎耶稣会士路易·贝特朗·卡斯特尔（1688～1757）1728 年出版的以《简略普通数学》（*Mathématique abrégée universelle*）为题的教科书就是一个很好的例子。[8]

　　在大不列颠，数学教学对于新科学的传播起着特别重要的作用。至 17 世纪末，剑桥、圣安德鲁、爱丁堡、格拉斯哥和牛津等地就有捐资设立的教授席位，在牛津，早在 1619 年就分别在地理学和天文学设立了两个萨维尔（Savilian）席位。在牛津和剑桥，很多学院从伊丽莎白时代就开设了数学课。教学任务大体上是由精通数学并愿为此奉献的数学家承担的，他们在理论数学和实践数学的教学方面均提供有效的指导。牛顿，这位剑桥大学卢卡斯席位（1663 年成立）的主持者，只是 17 世纪末到 18 世纪不列颠诸岛大学中一群杰出的数学家中最优异者之一。正是这些教授，特别是格雷果里

〔7〕　John North，《四大学科》（The *Quadrivium*），载于 Hilde de Ridder-Symoens 编，《欧洲大学史》，第 1 卷：《中世纪的大学》（*Universities in the Middle Ages*, 1992），第 337 页～第 359 页。

〔8〕　François de Dainville，《16 世纪至 18 世纪法国耶稣会士中学的数学教育》（L'Enseignement des mathématiques dans les collèges jésuites de France du seizième au dix-huitième siècle），《科学史评论》（*Revue d'histoire des sciences*），7（1954），第 6 页～第 21 页，第 109 页～第 123 页；Brockliss，《17 世纪和 18 世纪法国的高等教育》，第 381 页～第 383 页，第 386 页～第 388 页。对于简单的耶稣会科学，尤其要参见 Steven J. Harris，《默顿论题的变换：使徒的灵性和耶稣会科学传统的建立》（Transposing the Merton Thesis: Apostolic Spirituality and the Establishment of the Jesuit Scientific Tradition），载于 Rivka Feldkay 和 Yehuda Elkana 编，《"默顿之后"：17 世纪欧洲新教和天主教的科学》（"*After Merton*": *Protestant and Catholic Science in Seventeenth-Century Europe*），《背景中的科学》（*Science in Context*）专号，3：1（1989），第 29 页～第 66 页。

（Gregory）王朝时期在圣安德鲁大学、爱丁堡大学和牛津大学讲授数学的教授们，最先在大学内态度坚决地支持牛顿的物理学。作为数学能人，他们有能力理解牛顿的《原理》（*Principia*）中的论证并领会他对笛卡儿行星运动冲力解释的批判。因为他们的科学是分析性的，而不是因果性的，他们可以自由地拥护牛顿的一个具有不同的力的宇宙概念，而不会因其认识论的立场给自己带来麻烦。与他们的哲学同事不同，他们不必受限于一定要为牛顿物理学提供先验的机械论原理，而可以从专业角度连贯地讲授数学哲学。[9]

然而，即使一些学院和大学的数学课程在 18 世纪初已经充分发展，特别是在不列颠诸岛，足以保证有数学爱好的学生们对当时数理物理学发展的情况有个良好的了解，但它们仍与向学生简单地（tourt court）介绍实验哲学的物理学课程没有两样。这些课程主要是几何学及其实际应用，它们以拉丁文讲授，除了偶尔用一些印制的表格外，很少利用视觉资源来辅助教学。1700 年，体验自然（experience nature）被作为大学所提供的正式课程，但想获得这种机会的学生必须转到医学院，选修解剖学、植物学和化学的课程。物理学是因果性的科学，数学是分析性的科学，而解剖学、植物学和化学是通过解剖和演示来讲授的简单的描述性科学。与物理学课和数学课完全相反，它们更强调视觉学习。的确，它们的课堂气氛非常接近表演，除了医学院的学生外，参加观摩演示（尤其是解剖）课的还有许多对此感兴趣的门外汉。

然而，很多医学院的教学水平很差，即使作为娱乐活动来看，其演示体验也是很有限的。解剖学和植物学是两门新课，它们只是在 17 世纪时的医学课程中才得以牢固地确立。那时它们只是作为兴趣与好奇的一部分，为医学学生提供形象化认识，了解人体的内部和外部结构以及传统上用来治疗疾病的植物结构。化学则是更新的学科，它是实践医药科学中药剂学的一个分支，最初不过是一种蒸馏和制造化学药物的技术而被帕拉塞尔苏斯信徒（Paracelsians）引入药典。17 世纪早期，在黑森 – 卡塞尔（Hesse-Cassel）的马尔堡（Marburg），化学首先成为一个单独的学科被讲授（那里的公爵擅长此项），快到 18 世纪时，也只有诸如牛津大学、剑桥大学和蒙彼利埃大学等少数学校将其确立为特别研究的领域。

由于医学课程中的核心学科（生理学、病理学和治疗学）与物理学一样，被认为是因果性科学，所以它们的教学都没有可视化的教具辅助；解剖学、植物学和化学 – 药剂学与传统的医学研究没有什么联系，地位很低。因此，这三门学科通常由经验较少的

[9] Mordechai Feingold，《数学家的徒弟：英格兰的科学、大学和社会（1560～1640）》（*The Mathematicians' Apprenticeship: Science, Universities and Society in England, 1560—1640*, Cambridge University Press, 1984），特别是第 1 章；Feingold，《数学科学和新哲学》（The Mathematics Sciences and New Philosophies），载于《牛津大学史》（*The History of the University of Oxford*, Oxford: Clarendon Press, 1984—），第 4 卷：《17 世纪》（*The Seventeenth Century*, 1997），Nicholas Tyacke 编，第 6 章；Ronald G. Kant，《苏格兰启蒙运动的起源：大学》（Origins of the Enlightenment in Scotland: The Universities），载于 Campbell 和 Skinner 编，《苏格兰启蒙运动的起源》，第 45 页～第 47 页；Shepherd，《18 世纪苏格兰大学中的牛顿主义》，特别是第 82 页。

年轻教授讲授。赫尔曼·布尔哈夫(1668～1738,18 世纪上半叶最有影响的理论和实践医学家)就是典型的例子,他的教书生涯便是 1709 年在莱顿大学从植物学这门他自己完全不懂的学科开始的。此外,这三门科学经常以纲要的形式被讲授。一些大学,典型的如帕多瓦大学、蒙彼利埃大学、乌普萨拉大学和莱顿大学等,专门建立了解剖室,但仍有很多学校不具备解剖室。17 世纪早期的让·里奥莱二世(1580～1657,据称是欧洲最好的解剖学家)曾在巴黎大学的户外进行解剖。即使设施良好的大学也很难得到尸体和植物标本。直至 1700 年,意大利半岛之外只有少量的植物园,而它们中的很多,比如牛津大学的植物园,种植食用蔬菜和供研究的植物一样多。[10]

18 世纪初期,培根哲学包装下的实验哲学在学院的高等教育的正式课程中几乎没有立足之地。学生们很少有机会亲眼见到实验和演示,也没有机会去实践。巴黎大学的学生比其他大多数人幸运得多。虽然巴黎大学医学院的设施十分贫乏,但感兴趣的同学仍有机会在法国王家植物园上解剖学、植物学和化学中的实践课程。法国王家植物园是一个在 17 世纪 30 年代通过居伊·德拉布罗斯的努力建立的独立研究机构。在这里更有可能得到第一手的经验。[11]

52

18 世纪大学里的科学:创造空间

从几个重要的方面来看,18 世纪欧洲和美洲的学院和大学中的科学教育结构几乎没有什么改变。最初,在这个体系中研究自然科学的人数大概没有增加。尽管大西洋两边的欧洲人口快速增长,学院和大学的数量却只有微小增长,入学人数还有所下降。[12]只有在英语国家,科学研究体系明显发展。在不列颠诸岛,一些新的、非国教的研究院,特别是位于沃灵顿(Warrington)和哈克尼(Hackney)的研究院的建立,打破了

[10] Charles B. Schmitt,《16 世纪和 17 世纪初期意大利的科学》(Science in the Italian Universities in the Sixteenth and Early Seventeenth Centuries),载于 Maurice P. Crosland 编,《科学在西欧的出现》(The Emergence of Science in Western Europe, London: Macmillan, 1975);Edgar A. Underwood,《帕多瓦解剖学教室的模型,特别提及帕多瓦早期的解剖学教学》(The Early Teaching of Anatomy at Padua with Special Reference to a Model of the Paduan Anatomy Theatre),《科学年鉴》(Annals of Science),19(1963),第 1 页～第 26 页;Brockliss,《17 世纪和 18 世纪法国的高等教育》,第 394 页～第 395 页,第 397 页～第 399 页;Lucy S. Sutherland 和 Leslie G. Mitchell 编,《牛津大学史》,第 5 卷:《18 世纪》(The Eighteenth Century, 1986),第 711 页～第 723 页;Robert T. Gunther,《剑桥早期的科学》(Early Science at Cambridge, London: facsimile ed. , 1969),第 221 页～第 224 页;Theodor Lunsingh-Scheuleer,《道德化解剖学的一个梯形教室》(Un amphithéâtre d'anatomie moralisée),载于 Lunsingh-Scheuleer 和 Guillame H. M. Posthumus Meyjes 编,《17 世纪的莱顿大学:学术交流》(Leiden University in the Seventeenth Century: An Exchange of Learning, Leiden: Brill, 1975);Christoph Meinel,《"大学文科应学课程":18 世纪与 19 世纪早期大学中化学的地位》("Artibus Academicis Inseranda": Chemistry's Place in Eighteenth and Early Nineteenth Century Universities),《大学史》,7(1988),第 92 页～第 93 页;Maarten Ultee,《1709 年莱顿大学任命教授的政治策略》(The Politics of Professorial Appointment at Leiden, 1709),《大学史》,9(1990),第 167 页～第 194 页(关于布尔哈夫)。
[11] Yves Laissus,《法国王家植物园》(Le Jardin du roi),载于 René Taton 编,《18 世纪科学的教育与传播》(L'Enseignement et diffusion des sciences au dixhuitième siècle, Paris: Hermann, 1963);Rio C. Howard,《居伊·德拉布罗斯:法国王家植物园的创建者》(Gui de la Brosse: The Founder of the Jardin des Plantes, Ph. D. dissertation, Cornell University, Ithaca, New York, 1974)。
[12] 对衰退的最仔细的研究是 Willem Frijhoff,《过剩还是不足:关于近代德意志大学生真实数目的假定(1576～1815)》(Surplus ou déficit: Hypothèses sur le nombre réel des étudiants en Allemagne à l'époque moderne (1576—1815)),《共同语言》(Francia),7(1979),第 173 页～第 218 页。

当时的大学垄断地位,它相当于建立了一个非国教的、与法国的全职学院(collège de plein exercice)相对等的研究院。尽管这些研究院存在的时间不长,大多在 19 世纪初就关闭了。在北美,情况也差不多,从 1746 年普林斯顿大学的创立开始,宗教斗争和地理发现使得学院和大学的数量在这个世纪下半叶急速增长。至 1790 年,新合众国出现了 19 所这样的学院,尽管除了耶鲁大学,它们吸引的学生数量并不多。相比而言,在欧洲大陆,这个世纪的一件大事是 1733 年位于汉诺威领地的哥廷根大学的创立。由于大学体系一直是精英子弟独占的领域,学习科学的窗口很少对贫寒的学生或妇女广泛敞开。即使在英属美洲殖民地,每年的学费也高达 10 英镑到 20 英镑。[13]

学院和大学机构的课程结构大体上是一样的。为了给大学学习做准备,学生们仍要进行长期的古典语言学习。在很大程度上,大学呈现的是像以往一样的四门或五门的教学。人文学院中的哲学学习依然包括四门传统的哲学学科。首先,尽管同时代的自然科学已经有了长足的进步,但几乎不存在任何认真地将物理学与哲学的其他部分正式分开的尝试。学生获得自然世界的入门知识仍是通过作为哲学一部分的物理学。事实上,所有的哲学科目经常由相同的教授讲授。如果说在苏格兰,除了亚伯丁的国王学院外,18 世纪上半叶不同哲学学科的专业化教职正在缓慢建立的话,在大革命前的法国全职学院中却从未出现过。直至这个世纪末,北美的学院和大学的教职专业化也没有多大进步。在独立的前夕,只有哈佛大学有一个独立的、数学和自然哲学教授席位(1727 年建立的霍利斯[Hollis]席位)。在其他学院,教师或导师讲授全部的文科和理科知识是很正常的。譬如,18 世纪 60 年代早期,杰弗逊(Jefferson)的导师在威廉和玛丽学院教他伦理学、修辞学、纯文学(belles-lettres)和自然哲学。[14]

教育结构总体上缺乏变化,尤其是在人文课程中,未能给予自然哲学更重要或更与众不同的地位,这反映出在教会和国家看来学院和大学体系的目标仍未改变。与之前的几个世纪一样,该体系打算培养出神学、法学和医学这三门传统学科的有用人才,尤其是前二者。某种程度上,大多数权威人士(和大部分精英人士)认为,要达到这样的目标,最好的办法就是使未来的新生拥有更坚实的传统教育、不同哲学分支的综合知识以及一段时间的专业训练。课程中的自然哲学地位不可能被提升很多,一年的物理学学习足矣。

[13] Herbert McLachlan,《考试法规下的英国教育》(English Education under the Test Acts, Manchester: Manchester University Press, 1931); Daniel Boorstin,《美国人,1:殖民地的经历》(The Americans, 1: Colonial Experience, Harmondsworth: Penguin, 1958),第 209 页~第 210 页,第 436 页~第 439 页(有关个别的美国学院早期历史的目录学信息); Henry May,《美国的启蒙运动》(The Enlightenment in America, Oxford: Oxford University Press, 1976),第 381 页,注解 11 (1783 年的学生数量)。

[14] Alexander Grant 爵士,2 卷本《爱丁堡大学头三百年史》(The Story of the University of Edinburgh During its First Three Hundred Years, London: Longman, 1884),第 1 卷,第 262 页~第 264 页; Paul B. Wood,《阿伯丁启蒙运动:18 世纪的艺术课程》(The Aberdeen Enlightenment: The Arts Curriculum in the Eighteenth Century, Aberdeen: Aberdeen University Press, 1993),第 89 页; Brockliss,《17 世纪和 18 世纪法国的高等教育》,第 193 页~第 194 页; I. Bernard Cohen,《科学与前辈创建者:托马斯·杰弗逊、本杰明·富兰克林、约翰·亚当斯和詹姆斯·麦迪逊的政治思想中的科学》(Science and the Founding Fathers: Science in the Political Thought of Thomas Jefferson, Benjamin Franklin, John Adams and James Madison, New York: W. W. Norton, 1995),第 68 页~第 72 页。

　　然而，与前几世纪相比，这种公认观点的形成也并非没有遇到挑战。随着 18 世纪的推进，一批被当代新科学成就所震撼的激进教育评论家，愈发呼吁人文课程需要具有更多的科学导向。在继续支持大学和学院学习的刻板的职业目标时，他们也开始提升数学和自然哲学所拥有的特殊教育价值。在这个世纪中叶，法国哲学家最先提出教育改革，到 18 世纪 90 年代，要求的呼声已经传遍了整个欧洲。对现行体制所进行的最早且最尖锐的抨击之一，便是数学家–启蒙哲学家让·勒隆·达朗贝尔（1717～1783）所写的以"学校"（collège）为题的词条，该文出现在《百科全书》（*Encyclopédie*）第 3 卷。达朗贝尔考察了当时人文课程的实用性功用，发现它完全与期望不符：

> 　　无论好与坏，为什么要用六年的时间学一种僵死的语言呢？……这个时候最好学习人们自己的语言规则，而对此，人们在离开大学时仍完全不清楚……在哲学上，逻辑学应被限定在一定的界限内，形而上学应被限定在一种简略的洛克学说内，哲学伦理学应被限定到塞涅卡（Seneca）和埃皮克提图的著作内，基督教伦理学应被限定于登山宝训（the Sermon on the Mount），物理学应被限定为实验和几何，它们是全部逻辑学和物理学中最好的内容。[15]

　　欧洲和美洲的大部分地区不比大革命前的法国更好，它们对这些要求也是充耳不闻。总体而言，到这个世纪末之前，课程结构调整——赋予数学和自然哲学更重要的地位或声望——无论在何处都没有实现。削弱传统古典教育主导地位所达到的最好结果就是，用本国语言讲授自然科学和医学会比用拉丁文更好。[16]然而，在一些国家，特别是那些因为真实的或假想的民族弱点而直接把改革放在政府议程上的国家，启蒙哲学家的批判更会被认同。

　　早在 1745 年的瑞典，由于苦心积虑于保护国家，使其免受野心勃勃的邻国的侵袭，在国会中占优势的哈特党（Hat party）建立了一个教育委员会，建议对大学体制进行全面的结构调整，解放自然哲学。在结束了一个只限于学习逻辑学、形而上学、伦理学和拉丁文修辞学的人文学院的预科学习以后，学生们便可根据他们所选职业深入学习重新被命名的四门学科中的一门。从此以后，数学和物理学成为两个完全独立的学科：一个训练军官和陆地测量员，另一个训练医学从业者。

　　虽然哈特党的计划没有实现，但他们开创的事业却最终在波罗的海的另一岸结出果实。30 年后，更为彻底的教育改革计划由波兰诸侯议会（Diet）国家教育委员会提

---

[15]　Jean Le Rond d'Alembert,《学院》（Collège），载于 Denis Diderot 编，17 卷本《百科全书：科学、艺术和工艺的理性辞典》（*Encyclopédie, ou dictionnaire raisonné des sciences, des arts et des métiers*, Paris and Neutchâtel: Briasson et al and Samuel Faulche, 1751—65），第 3 卷，第 636 页～第 637 页。法国之外的许多批判性文献的例子详见 James A. Leith 编，《18 世纪教育面面观》（*Facets of Education in the Eighteenth Century*, Studies on Voltaire and the Eighteenth Century, 167: Oxford: The Voltaire Foundation, 1977），各处；也可参见 Charles E. McClelland,《德意志的政府、社会和大学（1700～1914）》（*State, Society and University in Germany, 1700—1914*, Cambridge University Press, 1980），第 2 章和第 3 章。

[16]　Dominique Julia,《不可能的改革：18 世纪法国学术课程的革新》（Une réforme impossible: le changement du cursus dans la France du 18e siècle），《社会科学的研究行动》（*Actes de la Recherche en Sciences Sociales*），47～48（1983），第 53 页～第 76 页；Brockliss,《17 世纪和 18 世纪法国的高等教育》，第 191 页～第 192 页。

出。受到 1772 年第一次国家被瓜分的刺激,波兰精英们以使教育体系现代化作为回应。在 1777 年的一次计划下,克拉科夫(Cracow)和维尔纳(Vilna)两所大学的传统人文课程在新物理学院和道德哲学院中被重新分配,而且新物理学院还包括数学和医学。此外,大学附属学校的课程被重新调整,于是,以牺牲古典语言课程为代价,自然科学获得了更多的时间。和瑞典的计划不一样,波兰的计划被付诸实践。但由于国家被瓜分,1796 年波兰从地图上消失,它的计划也再一次没能维持下来。

作为参与瓜分波兰的其中一个列强,奥地利哈布斯堡皇室做出了同时期最为温和的尝试,他们试图仅在学院的水平上提高自然科学的重要性,即使这样也以失败告终。最初试图使大学课程变得更富生机的尝试是玛丽亚·特蕾西亚女皇在 1774~1777 年做出的,该尝试是基础教育和学院教育改革的一部分,但是效果并不明显。十年后,维也纳大学的法律教授约瑟夫·冯·桑尼菲尔斯(1733~1817)向约瑟夫二世呈递了一份谴责奥地利公共教育过时的诉状,之后课程改革便再次进行,这次启蒙改革在 1790 年国王死后开始实施而在广泛的反启蒙运动中又再次废止。[17]

事实上,在 1848 年大革命以前,教育系统根本且持久的体制性革新只在拿破仑大动乱及其战后时期的法国和荷兰发生过。深受启蒙运动批判影响的法国大革命,以这些学院是与政府有关的,提供一种过时课程的精英学校为由,废除了法国内所有的学院和大学。学院(colleges)在 1795 年被强调数学和科学教育的新式学校——中央学校(école centrale)临时取代。然而,当这些学校不受家长欢迎时,它们又迅速被国立高等学校或大学预科(lycée)所取代,这种学校开设的课程与以前差不多。另一方面,大学在 1808 年被一个单独的公共机构——帝国大学(Université impériale)永远地取代了。这是一个掌管各种学科的国立综合机构,是欧洲范围内第一所将人文和科学的**独立院**系纳入其中的机构。1815 年,比利时和荷兰采取了同样的体系,但是直到 19 世纪中期,其他国家的大学才将人文学科与科学分开。[18]

另一方面,虽然在 19 世纪中期以前,课程的重要性和自然科学的地位没有明显的提高,但摆脱神学束缚的情况却以另一种方式在 18 世纪有了很大改观。宽泛地说,1700 年前神学是科学的女王,神学院在大学里是最重要的学院,尽管神学院的学生人数比法学院少。在那个时代几乎没有医学学生。总体而言,哲学课程主要是神学学习

---

[17] Sten Lindroth,《乌普萨拉大学史(1477~1977)》(*A History of the University of Uppsala, 1477—1977*, Uppsala: Uppsala University, 1976),第 98 页~第 100 页;Grzegorz L. Seidler,《启蒙运动时代波兰学校体系的改革》(Reform of the Polish School System in the Era of the Enlightenment),载于 Leith 编,《18 世纪教育面面观》,第 348 页~第 354 页;B. Becker-Cantarino,《桑尼菲尔斯和 18 世纪奥地利世俗教育的发展》(Joseph von Sonnenfels and the Development of Secular Education in Eighteenth-Century Austria),出处同上,第 41 页~第 46 页;Matyas Bajko,《18 世纪匈牙利正规教育的发展》(The Development of Hungarian Formal Education in the Eighteenth Century),出处同上,第 212 页~第 216 页;Robert J. Kerner,《18 世纪的波希米亚》(*Bohemia in the Eighteenth Century*, New York: AMS Press, 1932),第 11 章。

[18] Laurence W. B. Brockliss,《革命年代的欧洲大学(1789~1850)》(The European University in the Age of Revolution, 1789—1850),载于 Michael G. Brock 与 Mark C. Curthoys 编,《牛津大学史》,第 6 卷:《19 世纪的牛津,第一部分》(*Nineteenth-Century Oxford, part 1*, 1997),第 2 章。关于中央学院课程的最好研究是 Sergio Moravia,《光照派教义的衰落:法国社会的哲学和政治学(1771~1810)》(*Il tramonto dell'illuminismo: politica e filosofia nella società francese, 1771—1810*, Bari: Laterzo, 1968),第 347 页~第 369 页。

的预备课程,而且,进入法学院并不需要文科学位。因此,包括物理学课程在内的哲学课程被认为与宗教正统学说毫无冲突,并且还提供概念和逻辑工具,通过这些工具,许多启示录式的真理或许可以得到理性的支持,而且对上帝和他的创造物也会有更深入的、非圣经的理解。很明显,一旦哲学失去了它曾经附属和依赖的角色,就只有加速分化成不同专业。

在革命时期和拿破仑时代的法国,自然科学第一次被永远地解放并不奇怪,因为在革命后的法国教育学家第一次面临创立亘古未有的(ex novo)、主要不是为了学习神学的学院和大学体系。[19] 然而早在法国革命以前,德意志北部新教徒大学的哲学和神学的关系便已经没那么亲密了。1693 年哈雷大学的建立是个关键时期,因为这所普鲁士大学是虔信派教徒奥古斯特·赫尔曼·佛朗克(1663～1727)创建的产物,他谴责神学的理性化,并想重建路德教义,将其作为宗教的圣经和精神。18 世纪上半叶,虔信派成为德意志路德教派大学的统治力量,所以哲学和神学间的关系稳步地被侵蚀了。必须承认,虔信派的神学家并不赞成哲学获得自由,即使他们有限地使用了哲学家的工具。作为虔信派的压力的产物,举例来说,沃尔夫在为钦佩的儒家伦理斗争 10 年之后,被迫在 1731 年离开哈雷大学前往马尔堡大学。然而,随着几年后哥廷根大学的建立,解放的车轮在新教国家依然不懈地前进着。这所汉诺威大学是第一个多教派学院,虽然它以拥有一个神学院自豪,却一直禁止其教员建立和强化教派路线。[20]

因而,从创立起,哥廷根的哲学学院就有着令人羡慕的自由。1737 年的条例明确规定,只要不讲授任何反对宗教、道德和国家的内容,教授可自行选择课本和安排课程。如此看来,这样的大学吸引大量有活力和有才能的教师也就不奇怪了,尤其是在医学、自然哲学和数学方面。医学教授包括植物学家和生理学家阿尔布莱希特·冯·哈勒(1708～1777)、博物学家约翰 - 弗里德里希·布鲁门巴赫(1752～1841)。哲学教授中有电学实验家和地质学家格奥尔格·克里斯托夫·里希登伯格(1742～1799)。由于许多科学教授和医学教授都是活跃的研究者,哥廷根很快就拥有了自己的科学团体和出版的学报,这与同样拥有这些教授的选帝侯科学院截然不同。更重要的是,哥廷根大学是第一所研究性大学,它的教授像对待教学一样致力于文章的发表。尽管许多教授,诸如数学家亚伯拉罕 - 戈特赫尔夫·卡斯特勒(1719～1800),专门从事教科书的写作,而不是创造性的研究。所以,给予他们的赞扬还是应当有所保留的。在这个世纪末,更多的德意志北部其他大学开始成为科学研究的中心。哥廷根大学的模仿者出现了。例如在黑尔姆施泰特(Helmstedt)和莱比锡(Leipzig),约翰·弗里德里希·普法夫(1765～1825)教授和卡尔·弗里德里希·兴登堡(1741～1808)教授建立了一

---

[19] 革命者们议而未决,但被拿破仑最终实现的高等教育的重建的确为神学学校和神学院找到了空间,但它们并没有被给予多少重要意义。

[20] Wilhelm Schrader, 2 卷本《哈雷大学史》(*Geschichte der Friedrichs-Universität zu Halle*, Berlin, 1894),第 1 卷;Emil F. Rössler,《哥廷根大学的建立》(*Die Gründung der Universität Göttingen*, Göttingen: Vandenhoeck and Ruprecht, 1855),文献和注释。

所数学分析的联合学院,创办了第一份数学期刊《纯粹和应用数学文献》(*Archiv der reinen und angewandten Mathematik*)。类似地,化学家洛伦茨·克雷尔(1744~1816)也在黑尔姆施泰特组织了德意志新兴化学团体,并且定期出版化学刊物。[21]

德意志北部大学科学和数学教授无须等到从制度上将道德科学与自然科学分离,就已经开始发展学院内、外和横向的结合。18世纪末,自然哲学和专门的自然科学内在于现存大学的课程结构,获得了各自的身份和地位。教授们的研究活动被伊曼纽尔·康德(1724~1804)的认识论著作所激励,康德是他们在普鲁士的哥尼斯堡(Königsberg)大学的哲学同事,其学术生涯的早期是讲授物理学。从1781年以《纯粹理性批判》为开始,康德在三本经典论著之中给他的同胞们论证道德科学与物理科学的认识论区别。随着他的哲学观点逐渐被新教徒国家、甚至被德意志信仰天主教的地区所接受,1798年,这位哥尼斯堡的圣人又迈出了一步,即在他的《系科之争》(*Streit der Facultäten*)中,把哲学学院与其他学院完全分开。他宣称,专业学院的课程应受到政府的监督,因为政府的责任是维护市民安全,关心他们的思想产物。而政府也有责任给予哲学学院的教授完全的自由。

> 为了共同的科学事业,在大学里根本上还必须要有一门系科,该系科因其学说理论而不受政府指令的限制,它应享有不发号施令,但却对一切指令做出判断的自由,这种自由与科学利益有关,也就是在理性必须有权公开表达言论的地方与真理的利益有关:因为没有这样的一种理性,真理就不能显示出来(这对政府本身也是有害的),但理性就其本性来说是自由的,并且决不接受任何应视某个东西为真的命令(理性不是可信性[crede],而仅仅是一自由的认信[credo])。[22]

随着19世纪初康德学说在德意志北部大学中的胜利,在许多信奉基督教的邦国内,哲学和神学之间的密切联系被永久且坚决地斩断了。十年后,康德唯心学说的信徒、普鲁士的教育部长威廉·冯·洪堡(1767~1835)通过支持每个学院——甚至神学院——的专业自由,完成了解放性的革命。与康德一样,洪堡也试图改变传统大学的结构。1810年,洪堡创建了柏林大学,这是第一所按照规定教授需要像从事教学一样从事研究的大学,此时,他保持了传统的四个学院。道德科学和自然科学仍然结合在

[21] Rainer A. Müller,《大学史:从中世纪大学到德意志高等学校》(*Geschichte der Universität von der mittelalterlichen Universitas zur deutschen Hochschule*, Munich: Callway, 1990),第63页;McClelland,《德意志的政府、社会和大学(1700~1914)》,第37页~第45页;R. Steven Turner,《德意志的大学改革者和教授的学识(1760~1806)》(*University Reformers and Professorial Scholarship in Germany, 1760—1806*),Lawrence Stone 编,2卷本《社会中的大学》(*The University in Society*, Princeton, NJ: Princeton University Press, 1974)。对于哥廷根大学近期的历史,在 G. Meinhardt 的《哥廷根大学发展史(1734~1974)》(*Die Universität Göttingen: ihre Entwicklung und Geschichte von 1734—1974*, Göttingen: Musterschmidt, 1977)中并没有详述,只有简短的陈述。

[22] Immanuel Kant,《系科之争》(*Streit der Facultäten*, Hamburg, 1959),Klaus Reich 编,第12页。(此处没有采用原书中不太准确的英文翻译,而是由翟三江先生直接从德文翻译的。其实,这段话后面还有一段,或许更能完整地说明康德的原意,而作者没有引用。兹录如下:"——然而,这样的一门系科因为被人们无视前述伟大的优越之处反而遭受歧视,这一事实说明了它起于人类本性的原因:这就是一个能够发号施令的人,不管他同时是否是别人温顺的奴仆,反而会自视比某个他人更高贵,后者虽说是自由的,但却不能对任何人发号施令。"——校者)。对康德认识论做出很好介绍的是 Stephen Körner 的《康德》(*Kant*, Harmondsworth: Penguin, 1959)。

一个独立的机构中，不过环境却是崭新的，教授可以自由讲授他们热衷的内容，学生可以自由参加他们喜欢的课程。[23]

在德意志的大多数大学中，这种传统的结构一直延续到第一次世界大战末。虽然19世纪德意志哲学学院的教授很少有人赞同洪堡的如下信条，即尽管认识论不同但学科还是一个整体，不过科学家和艺术家还是很快就适应了这种结构下的生活，他们通过专业研究的讨论班为自己的学科建立独立的身份。这种结构是现代大学的另一特色，其根源可追寻到在18世纪下半叶的哥廷根，不过在洪堡改革之前它被用来培训古典文学老师而不是自然科学家。19世纪20至30年代，数学和自然哲学研究会开始在德意志北部迅速发展，因此科学和科学研究在大学体系里被牢固地建制化了。[24]如果说欧洲和美洲的大部分地区中的自然哲学在18世纪人文课程中所扮演的相对不成熟且有限的角色，从长远角度来看不可避免地推动了独立的科学院系的发展，那么，德意志路德教大学中赋予学科更高级和更为独立的形象，一定在19世纪欧洲科学的建制化中心地带，为保全一个更加传统的结构典范，起了至关重要的作用。

18 世纪大学里的科学：课程

在法国大革命之前，德意志北部以外的大学和学院并没有为自然科学提供更多的空间和更高的地位，这一事实并不意味着科学教育本身是死气沉沉的。事实上，制度中不易改变的方面掩盖了它在内容和条理上的深刻变化，这却被一些大学体系的批评者有意无意地忽略了。18世纪，各地的学院和大学在课程上都根据当时的科学风尚成功地调整了科学论题。这些改变还时常是自发的。学院和大学需要解读玄秘的北欧古文字。在一个新实验哲学越来越被政府视为珍宝，并以科学的研究院（scientific academy）的形式在制度上加以确认的时代，只有更多地关注同时代的科学文化才是谨

[23] Otto Vossler,《洪堡的大学理念》(Humboldts Idee der Universität),《历史报》(Historisches Zeitung), 178 (1954); Clemens Menze,《威廉·冯·洪堡的教育改革》(Die Bildungsreform Wilhelm von Humboldts, Hanover: Schroedel, 1975); Eduard Spranger,《威廉·冯·洪堡与教育事业的改革》(Wilhelm von Humboldt und die Reform des Bildungswesens, Tübingen: Niemayer, 1960);洪堡在建立柏林大学的作用并不如通常认为的那样非常突出,参见 U. Muhlack《作为新人文主义与理想主义的标志的大学》(Die Universitäten in Zeichen von Neuhumanismus und Idealismus), 载于 Peter Baumgart 和 Notker Hammerstein 编,《论近代早期的德意志大学建立问题》(Beiträge zu Problemen deutscher Universitätsgründungen der frühen Neuzeit, Nendeln: KTO Press, 1978)。

[24] W. Erben,《大学研讨会的兴起》(Enstehung der Universitätsseminare),《科学、艺术和技术国际月刊》(Internationale Monatsschrift für Wissenschaft, Kunst und Technik, 1913), 第 1247 页～第 1264 页; 第 1335 页～第 1347 页(仍是研究的基本出发点);R. Steven Turner,《普鲁士教授研究的发展(1818～1848)》(The Growth of Professorial Research in Prussia, 1818 to 1848),《科学史研究》(Historical Studies in the Sciences), 3 (1971), 第 143 页～第 150 页; C. Jungnickel,《萨克森的物理科学和数学的教学与研究(1820～1850)》(Teaching and Research in the Physical Sciences and Mathematics in Saxony, 1820—1850), 出处同上,15(1985), 第 3 页～第 47 页;有关的论文载于 Kathryn M. Olesko 编,《德国的科学：机构和知识分子问题的交汇》(Science in Germany: The Intersection of Institutional and Intellectual Issues),《奥西里斯》(Osiris, 2nd ser. vol. 5, Philadelphia: Sheridan Press, 1989);有关的论文载于 Gert Schubring 编,《"孤独与自由"新论：作为 19 世纪欧洲科学政策模式的普鲁士的大学革新与学科教育》("Eisamkeit und Freiheit" neu besichtig. Universitätsreformen und Disziplinenbildung in Preussen als Modell für Wissenschaftspolitik im Europa des 19. Jahrhunderts, Stuttgart: Franz Steiner, 1991)。

慎的。负责讲授自然科学的教授并不一定非要是实验哲学家本人（尽管有些人是）才能够理解与同时代科学发展并肩前进的智慧，即使他们想吸引听众并赢得学生们的尊敬。然而有时，尤其在使用常规秩序控制科学教育和力保宗教正统的思想异常强大的部分天主教世界，大学制度的变化最终从外界强制进入。政府也许没有太大兴趣重整学院和大学的结构，但到这个世纪的最后 30 多年中，统治者已不再乐见于专业精英，尤其是医学的从业者，只致力于某种上古的科学。

物理教学方面的变化特别巨大。尽管本世纪之初很少有人关心牛顿学说，但在这个世纪末情况却不再如此。这个世纪的最后十年，欧洲大陆每个角落讲授的课程，都是牛顿已经被人们接受的万有引力学说、多种力的宇宙观和研究自然世界的激进的现象论方法。结果，完全打破了五个世纪的传统后，学院和大学的物理学在很大程度上已经不再是一门致力于将基本原理与各种自然效应联系起来的因果性的科学了，它转而成为一门分析性科学，即用数学的法则来解释支配自然物体的行为。这是一种全新的物理学，更接近于同时期欧洲大陆的后牛顿实验哲学家的科学认识论。很明显，这也是一种与其他三门哲学课程没有关系的物理学。在文科和理科正式分开的一个世纪前，现象论的物理学开宗明义地强调，作为一个整体的、关联的和四合一的学科的传统哲学概念已不再被接受了。

革命通常可被追溯到 1750 至 1775 年。那时，除英国、北美殖民地和荷兰（牛顿物理学在这里在 18 世纪第二个十年中就被讲授），大多数物理课程仍然为笛卡儿学派控制，甚至在耶稣会控制的学校中还讲授准亚里士多德学派的理论。[25] 例如，直至 18 世纪 30 年代，卡恩的耶稣会学校的一位教授夏尔 - 阿里耶热·巴厄夫（1715～1762 以后），依然坚持亚里士多德学说的月上和月下世界的区别，只在解释月下自然现象的行为时才接受机械论解释。甚至在英国和荷兰，这个世纪上半叶依旧有很多传统物理学与牛顿学说一起传播。牛津大学和剑桥大学常称它们自己的课程为自然哲学，而大批导师仍支持因果性的、非数学的物理学。曾在 1717～1755 年和 1760～1762 年用以考试牛津大学基督教学生的规定的物理课本，居然是丹麦人卡斯帕·巴托尼努斯（1585～1630）17 世纪早期写的《物理学手册》（Enchiridium Physicum）！[26]

法国科学院的成员在 18 世纪头 30 年中坚持为笛卡儿旋涡理论和当时欧洲文化的法国中心地位（Gallocentric）寻找数学辩护，所以牛顿的现象论物理学在欧洲大陆的学院和大学扎根很慢并不奇怪。同样，考虑到法国科学院的权威——那些曾经的少壮派——诸如克勒洛，一度竭力支持牛顿的方法，所以革命在 1750 年后迅速产生影响也

[25] 在欧洲大陆的课堂里开设牛顿物理学，只有三处详述：Brockliss 的《17 世纪和 18 世纪法国的高等教育》，第 8 章，第 3 节～第 4 节；Vanpaemel 的《科学革命的回声》，尤其是第 7 章；以及 Ruestow 的《17 世纪和 18 世纪莱顿的物理学》，第 7 章。

[26] Bibliothèque Municipale Vire, MS A48, Bessore, 《特别物理》（Physica particularis）；Gunther, 《剑桥早期的科学》，第 50 页；Edward G. W. Bill, 《牛津的基督教堂教育（1660 ～ 1800）》（Education at Christ Church Oxford, 1660—1800, Oxford: Clarendon Press, 1988），第 308 页～第 310 页。

就不令人惊奇了。[27] 由于耶稣会士在天主教欧洲个别地区被驱逐（1758 年从葡萄牙开始，到 1774 年该命令被完全废除），牛顿物理学的传入要容易得多。尽管耶稣会士在该世纪行至 3/4 时明显拥护牛顿学说——这无疑是在罗马的牛顿派数学家罗歇·博斯科维什（约 1711～1787）的影响下——然而他们的课程已经被不断谴责过时。在天主教欧洲中伴随教会在哲学教学中统治地位的改变，这些长期以来的权威不得不考虑物理课程的内容和表述，即使他们依然对待彻底革新大学课程的呼吁无动于衷。

因此，在政府的支持下，在这个世纪的最后 25 年中，牛顿学说最终在大学里讲授，甚至在那些对物理学只有很少兴趣的地区——葡萄牙、西班牙和奥地利帝国。在东欧，在另一个正式的命令中，哈布斯堡皇室创建了一个有用的联盟——皮亚里斯特会（Piarists）；皮亚里斯特会因其对近代科学的兴趣而享有盛誉，并且在耶稣会士被驱逐前就已经掌握了大量的市立大学，尤其在匈牙利。1772 年，葡萄牙王家部长庞巴尔为科英布拉（Coimbra）大学颁布新条例，禁止亚里士多德学说，并设立以牛顿学说为主的物理课程。在西班牙，从 18 世纪 70 年代早期开始，波旁王朝（Bourbon）卡洛斯三世便依次监督每个大学的课程修订。[28] 18 世纪 80 年代晚期的改革还远达秘鲁。1787 年，利马（Lima）的圣卡洛斯大学的院长托里维奥·罗德里格斯·德门多萨（1750～1825）引入了一种新的学习计划，该计划要求将牛顿学说作为近代自然哲学家唯一接受的学说。笛卡儿、伽桑狄和他们的追随者自此以后便由于教条精神而被阻隔在课堂之外，但牛顿不同：

> 这个明智的英国人的体系不是建立在武断的臆测上，而是建立在不可争辩的原则上的。通常由经验证实，又与牛顿自己的和后人的观察完全一致，因为这个原因狄德罗和达朗贝尔声称，体系是真实的且被证实的，而且所有明智的欧洲人都声明过他们对这个体系的忠实。[29]

然而，即使在那些宣称自己是牛顿信徒的教授，也总是不愿彻底抛弃因果科学的传统。法国第一个拥护牛顿物理学的哲学教授是巴黎的索邦-普莱西学院（Collège du Sorbonne-Plessis）的皮埃尔·西戈涅（1719～1809）教授，他是一个彻底的现象论者。但皮埃尔·西戈涅在其他全职学院的后继者，比如曾在苏瓦松（Soissons）大学和里昂（Lyons）大学神学院任教的奥拉托利会会友（Oratorian）约瑟夫·瓦拉（卒于 1790 年）一直期望某一天能从上帝的角度理解自然的基本原则。瓦拉仍坚信宇宙的单一冲力

[27] 关于科学院对待牛顿的态度，最好的介绍参见 Pierre Brunet，《18 世纪牛顿理论在法国的引入》第 1 卷：《1738 年以前》（*L'Introduction des théories de Newton en France au XVIIIe siècle*, vol. 1: *Avant 1738,* Paris: Albert Blanchard, 1931）。

[28] Bajko，《18 世纪匈牙利正规教育的发展》，第 197 页～第 198 页；José Ferreira Carrato，《葡萄牙的启蒙运动和庞巴尔侯爵的教育改革》（The Enlightenment in Portugal and the Educational Reforms of the Marquis of Pombal），载于 Leith 编，《18 世纪教育面面观》，第 385 页～第 393 页；3 卷本《科英布拉大学条例》（*Estatutos da Univesidade de Coimbra, 1772,* facsimile ed.，Coimbra: Universidade de Coimbra, 1972）；Mariano Peset，《卡洛斯三世及其大学立法》（*Carlos III y la legislación sobre universidades,* Madrid: Ministerio de Justicia, 1988）。

[29] Antonio E. Ten，《利马的卡洛条例与现代科学向秘鲁的引入》（El convictorio carolino de Lima y la introducción de la ciencia moderna en el Perú virreinal），载于《西班牙与美洲大学，殖民时代》（*Universidades espanolas y americanas. Epoca colonial,* Valencia: CSIC, 1987），Mariano Peset 作序言，第 527 页。

的逻辑必要性：

> 虽然牛顿的假设在解释天体运动方面比在他之前的别的假设更精确,但按其基本原理,任何物体都是运动的,这一点仍是值得怀疑的和不确定的。导致相互吸引的原因,可能是一些冲力的重要效应。即使冲力定律不能成功地解释运动,就意味着它因此是费解的吗? 通过接受这种论证(例如,相互吸引),我们必须承认一种新的几乎不可理解的原理,尤其是无论自然产生了多少影响,其运行只归结为由几个简单原因时。[30]

更重要的是,即使在接近 19 世纪时,一些大学依然接受传统物理学的教学,卡斯提尔(Castile)大学尤为显著,当西班牙王室在 18 世纪 60 年代末改革卡斯提尔的大学时,神学家们强烈抗议把哲学分成两个单独的领域。因此,一种折中的办法产生了。当该国最重要的大学萨拉曼卡(Salamanca)大学在 1771 年接受新法令时,建立了两门物理学科:一门是为了未来的医学学生开设的近代物理学,另一门是为神学家开设的传统托马斯主义(Thomist)物理学,该课程以 17 世纪中叶法国多明我会修道士(Dominican)安托万·古丹(年代不详)的课本为中心。[31]

此外,在许多(也许是大多数)情况下,整个欧洲开设的物理学新课程并非是严格的数学物理学。教授们或许已经拥护牛顿物理学,但他们并未运用《原理》中的数学方法来解释牛顿的理论。相反,他们避开数学分析而选择用实验来证明牛顿物理学的可靠性。之后又再次指出解释性实验,同数学一样在传统的物理学中没有地位,尽管专业性解释中经常提及它。然而,从 17 世纪下半叶笛卡儿物理学开始在课堂上讲授起,临时教授便开始在正式讲演之外提供实验物理作为课外课程。第一个这样的课程似乎早在 17 世纪 60 年代的维尔茨堡(Würzburg)就已经出现,到 18 世纪初时该类课程就很普遍了。然而这样的讲授与正式课程没有任何逻辑的联系,老师们重在炫耀特殊仪器的多种用途,比如无所不在的空气泵,而且课程经常由一些兼课工作者,比如皮埃尔·波利尼埃(1671～1734)讲授,当时他在巴黎的许多大学兼课。[32]

第一个想到将实验作为说明完整和一致的物理课程的一种方法的是法国人雅克·罗奥(卒于 1672),他于 1670 年左右最先在法国许多城镇讲授笛卡儿学派自然哲学的私人课程,于是他的课程便成为打破大学物理教学垄断局面的力量之一。在大学

[30] Joseph Valla, 6 卷本《哲学学院》(*Institutiones philosophicae . . . ad usum scholarum*, Lyons: Perisse, 1780),第 4 卷,第 448 页。

[31] George M. Addy,《萨拉曼卡大学的启蒙运动》(*The Enlightenment in the University of Salamanca*, Durham, NC: Duke University Press, 1966),第 104 页～第 105 页,第 111 页。

[32] Ruestow,《17 世纪和 18 世纪莱顿的物理学》,第 96 页～第 98 页,第 103 页,第 114 页(关于其发展的一般说明);Brockliss,《17 世纪和 18 世纪法国的高等教育》,第 189 页;Marta Cavazza,《花园解剖植物学家、剧场、天文台、科学博物馆与陈列室》(*Orti botanici, teatri anatomici, osservatori astronomici, musei e gabinetti scientifici*),载于 G. P. Brizzi 与 J. Verger 编,《欧洲的大学、学校与教师:近代》(*Le università dell'Europa. Le scuole e i maestri. L'Età moderna*, Milan: Amilcare Pizzi, 1995),第 86 页;Geoffrey Smith(原文如此,应为 Geoffrey V. Sutton——译者),《上流社会的科学:性别、文化与启蒙运动的论证》(*Science for a Polite Society: Gender, Culture and the Demonstration of Enlightenment*, Oxford: Westview Press, 1995),第 194 页～第 208 页(论波利尼埃)。

里,罗奥的最早模仿者可能是约翰·凯尔(1671～1721),他是一位为牛顿物理学设计了实验课程的苏格兰人,大约于 1694～1709 年间在牛津大学讲授牛顿物理学。不容置疑,在教学方式的创造中最有影响的是忠诚的牛顿信徒威廉·雅各·范·格雷弗桑德(1688～1742),他从 1717 年开始在莱顿大学任数学和天文学教授。虽然罗奥和大多数后来的大学实验物理学教授出版了他们的课程内容,但还是格雷弗桑德于1720～1721年在莱顿用拉丁语出版的物理学教材真正确立了新课程的结构。唯一的英文译本由凯尔在牛津大学的继承人让·西奥菲勒斯·德萨居利耶(1683～1744)在该世纪中叶完成,一共印刷了 6 版。后来它被格雷弗桑德在莱顿的继承人、莱顿瓶的发明者彼得·范·米森布鲁克(1692～1761)在死后(1762 年)出版的著作《自然哲学导论》(*Introductio ad philosophiam naturalem*)所取代,此书在 18 世纪下半叶非常成功。[33]

　　作为这一发展的结果,自然哲学席位也经常更名为实验物理学席位。大学被迫——常常是第一次——去购买物理器材、创造实验室空间。正如人们所预料的,新课程的建制化很少出现在 18 世纪中期之前。譬如,在意大利北部,第一个确立实验物理学席位并建立物理学实验室(cabinet de physique)的大学似乎发生在 1730 年的帕维亚。下一个是 1738 年的帕多瓦,那里的新课程被委托给乔瓦尼·波莱尼(1683～1761),一位长期感兴趣为自然科学提供视觉直觉化教学方法的教授。在那个时期,帕多瓦实验室被认为是欧洲拥有最好设备的实验室。其他邻近大学随之也这么做——比萨(1746)、都灵(1748)、摩德纳(1760)和帕尔马(1770)。而迟至 1787 年,帕维亚——年轻的实验家阿雷桑德罗·伏打(1745～1827)从 1778 年起就在此获得了教授席位——的实验设施,才由于为特定目的而建的物理实验室的开放而得到改善。[34]

　　新课程的效果看起来主要依赖于物理实验器材的质量。因为仪器很昂贵,而出色的仪器制造者又很少(其中一个最受欢迎的来源是米森布鲁克的兄弟),许多较小的机构仅买得起少量物理实验器材。这在北美的大学学院中尤为普遍,只有哈佛大学从早期开始便拥有较好的仪器,普林斯顿大学以其著名的里顿豪斯(Rittenhouse)太阳仪——美国科技的荣耀——而骄傲。但其他地方,仪器柜实际上都空着,保管人只能不停地为之哀叹。迟至 1796 年时,大学还不得不发动适度的呼吁(由两个著名的校友麦迪逊和伯尔提出),以提供学校更多的必需化学设备。然而,即使好的设备也不一定总能保证成功的授课。有时教授并不是合格的实验者,尽管他擅长别的方面,正如杰里米·边沁 1763 年在牛津听天文学家纳撒尼尔·布利斯(1700～1764)课程时所表明的那样:

〔33〕　Trevor McClaughlin,《雅克·罗奥的科学观念》(Le concept de science chez Jacques Rohault),《科学史评论》,30 (1977),第 225 页～第 240 页;Geert Vanpaemel,《罗奥的〈论物理学〉与笛卡儿物理学教学》(Rohault's *Traité de physique* and the Teaching of Cartesian Physics),《两面神》(*Janus*),71(1984),第 31 页～第 40 页;《牛津史》(*History of Oxford*),第 5 卷,第 671 页;Ruestow,《17 世纪和 18 世纪莱顿的物理学》,第 7 章各处。

〔34〕　Cavazza,《花园解剖植物学家、剧场、天文台、科学博物馆与陈列室》,第 86 页～第 87 页;P. Vaccari,《帕维亚大学的历史》(*Storia dell' università di Pavia*, Pavia: Università di Pavia, 1957),第 7 章和第 8 章各处;M. Cecilia Ghetti,《18 世纪中叶到 1797 年帕多瓦大学的结构与组织》(Struttura e organizzazione dell'università di Padova della metà del 1700 al 1797),《帕多瓦大学历史之备忘录》(*Quaderni per la storia dell'Università di Padova*),16(1983),第 87 页～第 88 页。

65　　　　布利斯先生在我看来是非常好的一类人,但我怀疑他是否胜任他的职责,我
指的尤其是实验方面,对于几乎每个都未达到预想效果的实验,他总能找到借口。
而在推理部分,他绝没有不足的地方。[35]

　　　　在接受了牛顿的现象物理学的整个欧洲,新课程被给予了更多实验性而非数学性
的偏爱。数学在大学课程中仍是"灰姑娘"。虽然每个地区的数学均是永久性课程,但
很少有地方会坚持让普通学生学习初级以上的数学知识。格雷弗桑德自己就认为人
文学院的学生只需学习几何和代数即可。很明显,很多学哲学的学生永远不可能领悟
牛顿自然科学的数学表达。这大概就是为什么凯尔首先要在牛津发展新流派的原因。
天文教授戴维・格雷戈里(1661～1708)和后来的萨维尔席位教授也许已经为牛顿的
《原理》提供了精密的数学形式,但他们只能拥有很少的听众。具有象征性意义的是,
当1721年获得萨维尔教授席位的詹姆斯・布雷德利(1693～1762)在1729～1760年
间在阿什莫尔博物馆(Ashmolean Museum)讲授实验物理学时,他意识到提供单独的和
受欢迎的实验物理学课程的必要性。[36]

　　　　欧洲还有很多地方主要以数学的方式为人文学院的学生介绍新物理学课程。18
世纪剑桥大学的情形就是如此。与牛津大学一样,一种数学化的牛顿自然哲学整个18
世纪都在沼泽(Fenland)大学由头衔为**数学**教授的人讲授,这些人即牛顿在卢卡斯席位
的继承者,诸如盲人尼古拉斯・桑德森(1682～1739)。然而,与牛津大学相反,剑桥的
大学生在上物理课时,也是可能采用一种与他们在上作为预科学习内容的物理课时一
样的方法。18世纪的剑桥大学是个特殊的大学,文科学生很少学习逻辑学、物理学和
形而上学这些通常被认为文科学生理所当然需要学习的科目;相反,他们主要被灌入
空前且绵绵不绝的伦理学和数学。这种发展在1753年建立分类数学学位考试时达到
顶峰。从那以后,文学学士(B. A.)应试者进行了例行的伦理学和数学测试之后,还可
以参加一个为获得第二学科荣誉学位而设立的时间较长的笔试,并争夺渴望已久的
Senior Wrangler*荣誉头衔。因为学位考试包括数学物理学和数学,这些大概是学院的
66　　数学课程,它为自然哲学提供了学习科学应用的机会。只有最优秀的大学生才学过牛
顿的《原理》,不过其他人也要精读数学物理学课本,如1743年由圣约翰学院
(St. John's College)的托马斯・卢瑟福(1712～1771)出版的《物理系必读系列》(*Ordo*

[35]　Timothy L. S. Sprigge 等编,《边沁通信集》(*The Correspondence of Jeremy Bentham*, London: Athlone Press, 1986),第1
卷,第67页;Cohen,《科学与前辈创建者》,第262页～第269页;Boorstin,《美国人,1:殖民地的经历》,第279页～
第280页;I. Bernard Cohen,《美国科学早期的一些设备:哈佛大学早期的科学仪器与矿物学和生物学收藏》(*Some
Early Tools of American Science: An Account of the Early Scientific Instruments and Mineralogical and Biological Collections in
Harvard University*, Cambridge, MA: Harvard University Press, 1950)。
[36]　《牛津史》,第5卷,第650页,第674页;Ruestow,《17世纪和18世纪莱顿的物理学》,第135页。
*　　学院内数学科最高奖项。——校者

institutionum physicarum）。[37]

不得不承认，18 世纪剑桥的学生只有一小部分被授予荣誉学位。1750 年，似乎只有 20 个文学学士应试者在论证《原理》中的重要命题时表现出对数学足够的精通。因此，新数学物理学在 18 世纪剑桥教育中的角色不应被夸大。事实也许是，考虑到大学教育系统中学生至上的原则，大多数同学很少被讲授数学物理学内容，就像他们在牛津的同龄人一样，通过参加自然哲学的或公共或私人的实验课程，来粗略认识牛顿自然哲学的要点。[38]

在法国的情况就很不同了。18 世纪下半叶，很多大学的传统自然哲学课程被数学物理学取代（并非只是 100 所全职学院中的一两所或少数学校，而是全部 100 所），而且参加新课程的学生每年有 2500 个。所以学哲学的学生可以应付新课程的要求，在学习物理学的一年中，前三个月致力于突击数学：几个星期之中，学生从算术原理学到微积分原理。正因为如此，18 世纪 60 年代，年轻的皮埃尔·西蒙·德·拉普拉斯（1749～1827）才会在卡昂艺术学院（Caen Collège des Arts）的克里斯托夫·加布勒德（1734～1782）引导下接触到牛顿物理学。[39]

因此，在法国，实验物理学的课程一般在主要课程以外讲授，通常在学生结束其物理学学年之后的假期。这门课也无疑兼具娱乐和启发的效用，因为它总是对包括妇女在内的公众开放。所以，没有几个机构任命专门的实验物理学教授，最重要的两个席位由巴黎纳瓦拉学院（Paris Collège de Navarre）和独立的王家学院（Collège Royal，今天的法兰西学院）于 1753 年和 1769 年设立。事实上，与在 18 世纪初一样，法国的实验物理学课程或许仍由外行人讲授，虽然许多大学已经在 18 世纪 80 年代建立了自己的物理学陈列室，并且有哲学教授进行实验。[40]

一种新的关于大学物理的概念在 18 世纪的发展，不管牛顿的现象自然哲学以何种方式被讲授，同样引发了科学概念的重新定义。18 世纪初，大学物理仍是亚里士多德学派的传统，信奉对自然世界进行简单的研究。相比之下，新课程的定义范围窄了许多。本质上，它已经成为研究惯性自然现象可见运动的课程，包括力学、静力学、动

〔37〕 Denys A. Winstanley，《未改革的剑桥：18 世纪剑桥某些方面的研究》（*Unreformed Cambridge: A Study of Certain Aspects of Eighteenth-Century Cambridge,* Cambridge University Press, 1953）；Gunther，《剑桥早期的科学》，第 34 页～第 63 页各处；Elisabeth Leedham-Green，《简明剑桥大学史》（*A Concise History of the University of Cambridge,* Cambridge University Press, 1996），第 123 页～第 127 页。天文学的普卢米安（Plumian）席位建于 1707 年，百年以来它似乎都致力于实验物理学。

〔38〕 John Green，《研学院：或是关于剑桥大学状态的争论》（*The Academic: Or a Disputation on the State of the University of Cambridge,* London: C. Say, 1750），第 23 页～第 25 页。

〔39〕 Brockliss，《17 世纪和 18 世纪法国的高等教育》，第 189 页～第 190 页，第 379 页～第 385 页。

〔40〕 Jean Torlais，《物理学实验》（La physique expérimentale），载于 René Taton 编，《18 世纪科学的教育与传播》（*Enseignement et diffusion des sciences au dix-huitième siècle,* Paris: Hermann, 1963），第 619 页～第 645 页；Chartier、Compère 和 Julia，《16 世纪到 18 世纪的法国教育》，第 274 页～第 275 页；Roderick W. Home，《18 世纪法国实验物理学的观念》（The Notion of Experimental Physics in Eighteenth-Century France），载于 J. C. Pitt 编，《近代科学的变化和进步》（*Change and Progress in Modern Science,* University of Western Ontario Series in Philosophy of Science, 27; London, Ontario: D. Reidel, 1985）。关于 1779 年在博格斯建立一个新的物理学实验室（*cabinet de physique*）的文献保存得很好：参见 Archives Départementales du Cher, D 358（学院账号）。

力学、光学、声学和天文学等科学分支。实验物理学家还引入了新的、十分具有表演性的科学:磁学和电学,它们直到 19 世纪初才被数学化。[41]于是,物理课程不再包括地球物质结构、(最广泛意义上的)气象学和生物体结构的研究。一种新型的物理学出现了,它与亚里士多德自己的著作《物理学》和《论天》所包含的题目相符(尽管不精确),但是却无视他的其他著作的内容。物理学课程本身与实用数学传统课程的大部分内容显现出惊人的相似(事实上科学也是这样被传授的)。因此,到了该世纪末,许多学院和大学的——尽管不是全部的——数学教授把精力都放在纯粹数学上,他们讲授可用于自然界研究的技术(包括圆锥曲线和微积分),但不再讲授实践数学伪装下的数学物理学。现在的物理学是分析的科学,而不是因果性的科学,它们以前的角色就显得多余了。当科英布拉大学在 1772 年重组时,这种调整居然是建制化的。庞巴尔建立了一个独立于哲学系的数学系。这样,该专业的范围就真的包括实用数学的教学了,不过只会涉及与其相关的学科,比如建筑和设计。[42]

即使课堂的物理教学与时俱进,但仍是传统课程的节略版。被重新定义为一门研究动力的现象的、数学的科学,物理学无法再包括自然世界中不能用牛顿原理解释的部分,因为他们应对的都是内部的、不可见的和不可测量的变化,而不是表面的和可见的变化。尽管牛顿对他的研究项目的未来发展很乐观,但自然世界的大部分领域对牛顿的分析仍是不适宜的,尤其当他们的研究涉及到长时间间隔的变化时。这些传统课程的其他部分常常被人文课程所涵盖。如今它们只是偶尔在全新或比较新的课程名称下,作为独立学科被讲授,比如化学、地理学或博物学。

这些学科的课程仅仅设立在瑞典、意大利北部以及英国和北美的大学与大学学院文科的保护伞下,当时英国和北美的大学体系刚被打破或尚未诞生。与众不同,剑桥大学早在 1731 年就设有地理学教授的伍德沃德席位(Woodwardian chair)。在瑞典,在这个世纪下半叶,以 1750 年矿物学家约翰·戈特沙尔克·瓦勒留斯(1709～1785)在乌普萨拉的任命为开端,所有地区的人文学院都设立了化学教授席位。帕多瓦人文学院的化学席位开始于 1759 年,实验农学席位开始于 1761 年,1771 年博物学席位在帕维亚建立并授予动物学家拉扎罗·斯帕兰让尼(1729～1799)。[43]

总体上讲,学生们要想弄清楚传统物理中被遗忘的部分必须转到医学院,在那里可以找回一些失去的部分。在医学院,在这些传统学科中,化学已在 1700 年作为描述性课程来讲授。整个 18 世纪,医学院开设的化学课程数量的确增加了很多。18 世纪初,几乎没有学院给这门学科提供持续的经费;到法国大革命前,这门学科的教席就很普遍了。例如,在德意志,1720 年只有 6 个医学教授讲授化学,到 1780 年就有 28 个。

[41] 法国的物理学课程的确包含关于电学和磁学的简要评论;在这个接合点上,该课程变得更具描述性而非分析性。
[42] Carrato,《葡萄牙的启蒙运动和庞巴尔侯爵的教育改革》,第 380 页～第 390 页。
[43] Gunther,《剑桥早期的科学》,第 424 页～第 435 页;Lindroth,《乌普萨拉大学史(1477～1977)》,第 102 页;Vaccari,《帕维亚大学的历史》,第 174 页,第 177 页～第 181 页;Ghetti,《18 世纪中叶到 1797 年帕多瓦大学的结构与组织》,第 87 页,第 89 页;Meinel,《18 世纪与 19 世纪早期大学中化学的地位》,第 98 页,第 104 页。

在西欧，只有西班牙依然没有足够的资源来教授化学。这门课成为综合化学理论和化学实践的讲座课，其中很多注意力被放在其药剂学的用途与农业的用途方面。像爱丁堡的威廉・卡伦（1710～1790）和约瑟夫・布莱克（1728～1799）等部分教授所做的，医学院中的化学成为着重于研究物质结构的新型分析性大学科学；它的原则与物理学的那些原则一样，就是通过一系列证明性的实验来解释。[44]

另一方面，博物学教学对医学院来说是一个新的分支，因为传统兴趣在于非人类生命形式的医学院一直局限在植物学范围中。然而，从 18 世纪中期开始，一大批植物学教授席位被赋予更多的责任。少数学院开始授予独立的博物学教授职位，占有这些席位的教授讲授不同的课程，这些课程最终形成不同的学科，诸如气象学、水文地理学、地理学、矿物学和动物学。由于所有的新课程都以实验为基础，教学极大地依赖视觉教具，所以对院系来说，建设这些学科通常需要雄厚的资金。植物园首次被建立或扩充起来，博物学展室与物理教授的仪器收藏一样被创建、保存。最为丰富的一些收藏，诸如博物学教授约翰・沃克（1731～1803）于 1779 年在爱丁堡所建立的，逐渐更新为博物馆，并成为非专业人士进行研究的私人中心，同时也是专业的知识库。不过，巨大的投资经常能结出丰硕的果实，因为很多 18 世纪的植物学和博物学教授都是具有高度创造性的科学家，与大学中占据职位的人们相比，他们贡献了更多的知识。特别是乌普萨拉的教授卡尔・林奈（1707～1778），他很年轻时就创立了基于植物的性别的革命性的植物分类方法，该方法在这个世纪下半叶几乎被每个大学自然学家接受。正如无数证据显示的那样，这位乌普萨拉教授的成绩正是由于他获得使用大学的植物园的权力才得到的，从 18 世纪 20 年代开始，他便在那儿教学、研究，并组织了一批助手，甚至在那里住了很多年，围绕着他的是他的植物标本和贝壳收藏。[45]

课程数量的增长（这些课程便是后来的地球和生命科学，尤其是化学的课程）在整个世纪的医学院中持续不停，这不仅仅反映出它们建立在长期存在的医学教学的中心上。实际上，反映出医学院数量的急剧扩张。18 世纪初期，只有少数几个医学院充满生机，著名的是帕多瓦、巴黎、蒙彼利埃和莱顿。大多数医学院死气沉沉，只有少量的学生和一两个教授。随着这个世纪的推进，医学在更多的大学中成为固定的专业——即使布达（Buda）大学（曾经在［捷］瑙吉松博特［Nagyzombat］），1769 年也开始建医学院——一些新的以及重组的学院开始成为医学学习的中心，尤其是哈雷、哥廷根、爱丁

6:9

70

[44] Karl Hufbauer，《德国化学共同体的形成》（*The Formation of the German Chemical Community*, Berkeley: University of California Press, 1982），第 33 页～第 34 页；Alberto Elena，《西班牙大学的科学》（Science in Spanish Universities），载于 Giuliano Pancaldi 编，《大学与科学：观点及其效果》（*Le università e le scienze. Prospettive storiche e attuali*, Bologna: Aldo Martello, 1993），第 109 页；John R. Christie，《苏格兰科学的兴起和衰落》（The Rise and Fall of Scottish Science），载于 Crosland 编，《科学在西欧的出现》，第 111 页～第 126 页；Arthur L. Donovan，《化学哲学和苏格兰的启蒙运动：威廉・卡伦和约瑟夫・布莱克的学说与发现》（*Philosophical Chemistry and the Scottish Enlightenment: The Doctrines and Discoveries of William Cullen and Joseph Black*, Edinburgh: Edinburgh University Press, 1975）。

[45] Grant，《爱丁堡大学头三百年史》，第 1 卷，附录 k；Lindroth，《乌普萨拉大学史（1477～1977）》，第 94 页，第 130 页；Tore Frängsmyr 编，《林奈：其人及其工作》（*Linnaeus: The Man and His Work*, Berkeley: University of California Press, 1983）。

堡、维也纳和巴伦西亚。[46]

实用医学院数量的扩张反映出,在一个对健康和长寿越来越注重的年代,人们对训练有素的医学从业者的需求不断增长。不过,必须强调的是,这只是欧洲的现象,并不反映大西洋另一边的情形。在西班牙的美洲殖民地,医学发展仍然是停滞的。从1620 年起,墨西哥大学设立了三个医学教授职位,但在 18 世纪 70 年代以前没有持续的解剖学课程;19 世纪初,利马大学的医学院教授席位仍是空缺的。北美的形势稍好一些。如果说到 1800 年时许多大学都在讲授医学,那么在 1765 年费城学院建立医学教授的职位之前则根本没有这个学科的讲授。[47]

然而,医学院数量的快速扩张,无法解释为什么它们会成为 18 世纪讲授地球科学和生命科学的中心。部分是因为这必定反映出:除了化学之外,这些学科大多仍是描述性科学,从业者主要是模仿那些已经很发达的植物学体系来继续完善分类系统。这种发展也颇具意义,考虑到组成博物学的学科大多数都需要由特殊挑选和准备的标本对其教学佐以视觉辅助。所以,它们的教学方法与解剖学联系很密切,解剖学是另一门在 18 世纪变得愈发重要的医学"辅助"课程,这门课程的讲授不仅要借助尸体的解剖(18 世纪时仍然很难得到),而且还要借助贮存在大学新博物馆里、与博物学的标本毗邻而置的浸于药液中保存的人体器官和组织。[48]

而且,根据启蒙运动的需要,即医学应当成为一个更以证据为基础的科学,顶尖的医学院都将医学课程进行了重组,所以医学、萌芽的化学和博物学之间的联系到 18 世纪末得到了进一步的加强。在 18 世纪上半叶,解剖学和植物学仍被视作外科和药物学的婢女,它们与理论医学的组成部分——生理学、卫生学、症状学、病理学和治疗学在教学上没有什么联系。虽然许多教授当时都是训练有素的且富于创新的解剖医生,比如爱丁堡的亚里山大·芒罗·普里默斯(1697~1767)、莱顿的伯纳德·西格弗里德·阿尔比奴斯(1697~1770)和巴黎王家植物园的丹麦人雅克-贝尼涅·温斯洛(1669~1760),但他们大多还是为了外科学生而开设课程。阿尔特多夫(Altdorf)和黑尔姆施泰特的教授洛伦茨·海斯特尔(1683~1758)撰写了 18 世纪最成功的解剖学著

[46] Bajko,《18 世纪匈牙利正规教育的发展》,第 190 页;Frank T. Brechka,《赫拉德·范斯维腾及其世界(1700~1772)》(*Gerard Van Swieten and His World, 1700—1772*, The Hague: M. Nijhoff, 1970),第 134 页~第 170 页(关于维也纳学派的改革);Lisa Rosner,《改革时代的医学教育:爱丁堡的大学生和学徒(1760~1820)》(*Medical Education in the Age of Improvement: Edinburgh Students and Apprentices, 1760—1820*, Edinburgh: Edinburgh University Press, 1991);Salvador Albinina,《大学与启蒙运动:卡洛斯三世时期的巴伦西亚》(*Universidad e Ilustración: Valencia en la época de Carlos III*, Valencia: University of Valencia Press, 1988)。没有对雷和哥廷根院系近代的研究。

[47] John T. Lanning,《西班牙殖民地的科学院文化》(*Academic Culture in the Spanish Colonies*, Port Washington, NY: Kennikat Press, 1940),第 109 页,第 131 页~第 132 页;Lanning,《王家医典:西班牙帝国医学专业的规章》(*The Royal Protomedicato: The Regulation of the Medical Professions in the Spanish Empire*, Durham, NC: Duke University Press, 1985),第 327 页;Gregorio Weinberg,《西班牙美洲地区的启蒙运动与高等教育和文化》(The Enlightenment and Some Aspects of Culture and Higher Education in Spanish America),载于 Leith 编,《18 世纪教育面面观》,第 512 页;Boorstin,《美国人,1:殖民地的经历》,第 34 章~第 37 章(关于美国医学革命前的非学院性质)。

[48] 关于甚至在蒙彼利埃这样一个领先的医学中心,也很难找到尸体,参见 Jean-Antoine Chaptal,《我的回忆》(*Mes Souvenirs*, Paris: E. Plon, 1893),A. Chaptal 编,第 16 页~第 17 页。

作，同时，他还是著名外科手册的作者，该书最终还被译成了日文！[49]

　　从 1750 年起，欧洲各地的启蒙运动中的医学改革者开始为了将辅助的医学科学加入医学院课程体系而斗争。在坚持开设这些科学课程的院系需要不断改进的同时，改革者力求使学习的内容更加适合医学院的初学者们。这些发展在 1790 年呈给法国国民议会的一份报告中达到高峰，作者费利克斯·维克·达齐尔（1748～1794）是启蒙运动中的领军医生之一，他建议医学训练应当从传统的 3 年到 4 年延长到 6 年到 7 年，如此一来，就可以为解剖学、植物学、化学、矿物学和动物学的两年必修课程腾出时间。经过一定的修改，维克·达齐尔的改革计划最终促成了于 1795 年建立的新巴黎医学院的课程结构。这一课程结构支配了 19 世纪头 30 年的医学科学。在新学校中，学生们必须广泛学习包括博物学和化学在内的辅助科学，而且通过与生理学的课程联合，解剖学对医学的中心价值也得以强调。解剖学和生理学在法国和其他地区通常被视为两门分开的课程，而在 19 世纪早期的巴黎，它们却被看做为一门科目，由一位教授讲授。[50]

　　非数学化的科学（它们涉及物质的结构、地球的历史及其生命结构的分类）随着 18 世纪的演进而得到了极佳的研究，它们被当做是医学的一部分而非自然哲学的一部分。18 世纪下半叶，许多拥护活力论医学哲学的医学科学家对这种看法愈发笃信了。17 世纪的机械论哲学家期待着有一天医学可以真正成为机械论的科学。笛卡儿死后才出版的用机械论解释人类生理学的著作《论人》（*De l'homme*），实际上在他撰写机械论物理学著作、1644 年出版的《原理》（*Principia*）之前就已经写好了。然而，要令人满意地将生命还原为机械，这被证明是不可能的。从 18 世纪中叶起，顶尖学院中的教授们，比如蒙彼利埃的保罗－约瑟夫·巴尔泰（1734～1806），提出有机物质由它们自己的、从数学上不能还原的法则控制。新的医学哲学由巴尔泰的一个学生、化学家和拿破仑的内政部长让－安托万－克洛德·沙普塔尔（1756～1832）做了简明的总结。

[49]　海斯特尔研究了荷兰解剖学家 Frederick Ruysch（1638～1731），他是阿姆斯特丹外科协会的解剖学演讲者。虽然对 18 世纪学院的解剖学教学没有全面的评述，但许多细节被收集在单个学院或大学的研究中。例如，Charles Webster，《医学院和医药园》（The Medical Faculty and the Physic Garden），载于《牛津大学史》，第 5 卷，第 703 页～第 707 页；Bill，《牛津的基督教教育（1660～1800）》，第 313 页～第 326 页；Christopher Lawrence，《华丽的医师和博学的工匠：爱丁堡的从医者（1726～1776）》（Ornate Physicians and Learned Artisans: Edinburgh Medical Men, 1726—1776），载于 W. F. Bynum 和 Roy S. Porter 编，《威廉·亨特和 18 世纪的医学界》（William Hunter and the Eighteenth-Century Medical World, Cambridge University Press, 1985），第 6 章各处；Brockliss，《17 世纪和 18 世纪法国的高等教育》，第 74 页～第 75 页，第 396 页～第 399 页；Louis Dulieu，《蒙彼利埃的医学，三：古典时期》（La Medecine à Montpellier, 3. L'Epoque Classique, 2 pts. , 1 vol. , Avignon: Presse universelle, 1983—6），pt. i，第 332 页～第 362 页；Addy，《萨拉曼卡大学的启蒙运动》，第 103 页～第 108 页，第 123 页，第 176 页；Michael E. Burke，《圣卡洛斯王家学院：18 世纪晚期的外科学和西班牙医学改革》（The Royal College of San Carlos: Surgery and Spanish Medical Reform in the Late Eighteenth Century, Durham, NC: Duke University Press, 1977），第 47 页～第 54 页。从 18 世纪 30 年代以来，巴黎的学院在要求其即将毕业的学生进行实践解剖学和外科学考试方面是早熟的。
[50]　Félix Vicq d'Azyr，《法国医学建构的新计划》（Nouveau Plan de constitution pour la médecine en France），载于《王家学会医学年历史与回忆（1787～1788）》（Histoire et mémoires de la Société Royale de Médecine: Années 1787—1788, 9, Paris, 1790），第 17 页，第 19 页，第 41 页～第 45 页（包含对已在其他国家建立的医学课程的重新建构的描述）；Erwin Ackerknecht，《巴黎医院的医学（1794～1848）》（Medicine at the Paris Hospital, 1794—1848, Baltimore, MD: Johns Hopkins University Press, 1967），第 35 页。

机械学的法则、水力学和化学法则对所有的物质都起作用；但在动物系统中，这些法则绝对从属于活力的法则，它们的影响几乎为零；并且取决于活力的强度，所以生命的现象与根据［物理］法则计算得到的结果相差甚远。[51]

虽然这在医学科学家中不是普遍的信念（维克·达齐尔就是一个强硬的反对者），但是由于医药科学的重要人物，如新巴黎学校的偶像英雄、英年早逝的解剖学家马里－弗朗索瓦－格扎维埃·毕夏（1771～1802）所起的推动作用，在 19 世纪初，这种观点被大多数医学科学家所接受。[52]

如此说来，医学院不可避免地落入非数学性或者自然哲学非数学部分的轨道，不管这些课程对医学学生是否有用。废除了旧式亚里士多德－盖伦学派和机械论者试图解释疾病的内因和外因的方式，活力论者在疾病解剖学和疾病分类学新研究的发展中起到了尤其重要的作用，其中，疾病解剖学和疾病分类学与同时代的植物学和动物学有着密不可分的联系。同时，活力论者认为控制生理变化的力量是独特的，这与许多化学家和早期进化论地质学家，比如（巴黎王家植物园的监管人）布丰伯爵（1707～1788）的反机械论的观点一致，布丰也认为自己所研究的生理反应和陆生动物演化不可能用数学的法则解释。[53]

供应的扩大

18 世纪不仅见证了在高等教育的传统体系中科学的教学内容和表述方式发生的重要的变化，还见证了教育指导供给的急剧扩大。

首先，这是公立的和私人资助的另一类建制化了的学习机构建立过多的结果，这些机构的科学课程更引人注目且颇具优势。大部分新式学校都有数学偏向，并且反映本行业的初学者对理论数学和实践数学的训练需求正在日益增长。在此之前，这些行业的熟练者从未有机会进入大学或学院学习。18 世纪，陆军和海军官员，从事海上贸易的官员、会计、测量员、工程师、商人，甚至艺术家（在消费时代迅速扩大的群体）开始寻求正规的数学科学教育，其中部分原因是为了更清晰地确定和提升他们刚刚开始的职业身份。因为这些艺术从业者不太愿意通过参加传统的（重点放在传统文化的漫长

［51］　Chaptal，《我的回忆》，第 19 页～第 20 页。

［52］　Elizabeth Haigh，《格扎维埃·毕夏和 18 世纪的医学理论（医学史）》（补遗 4）（*Xavier Bichat and the Medical Theory of the Eighteenth Century, Medical History*, suppl. 4; London: Wellcome Institute for the History of Medicine, 1984）；François Duchesneau，《启蒙时期的生理学：经验论、模型与理论》（*La Physiologie des lumières: empirisme, modèles et théories*, The Hague: M. Nijhoff, 1982）；Laurence W. B. Brockliss 和 Colin Jones，《近代早期法国的医学界》（*The Medical World of Early Modern France*, Oxford: Clarendon Press, 1997），第 7 章，B 节和 C 节；Michel Foucault，《私人医院的诞生》（*Naissance de la clinique*, Paris: PUF, 1963）；John E. Lesch，《法国的科学和医学：实验生理学的出现（1790～1855）》（*Science and Medicine in France: The Emergence of Experimental Physiology, 1790—1855*, Cambridge, MA: Harvard University Press, 1984）；Elizabeth A. Williams，《自然的和道德的：法国的人类学、生理学和哲学的医学（1750～1850）》（*The Physical and the Moral: Anthropology, Physiology and Philosophical Medicine in France, 1750—1850*, Cambridge University Press, 1994）。

［53］　Jacques Roger，《布丰：王家植物园里的哲学家》（*Buffon: Un philosophe au jardin du roi*, Paris: Fayard, 1989）。

构成的）学习机构获得知识，大量私人学校和学院组成的全新网络涌现出来，以满足他们的需要。尽管从细节上来看，这些学校的课程并不为人所熟知，但清楚的是，它们为大学附属学校的古典教育提供了"现代"的选择。它们大多数提供现代语言和科学学科的教学，但有少数——诸如巴黎的贝尔托研究院（Berthaud's academy），雅各宾党人拉扎尔·卡诺参与其中——倡导填鸭式的数学教学。有些学校也提供高级别的专业性训练，例如法国制图学校（écoles de dessin），它致力于通过给年轻艺术家们授课，如透视法和解剖学等其他课程，来提高本国装饰性艺术的质量。[54]

　　18 世纪下半叶，随着一些国立精英学院（collegia nobilium）和专业数学学校的建立，这些由更注重科学的教育机构所组成新型的网络，得到了官方的认可。正如我们所看到的，耶稣会士在上个世纪就已经特地给陆军和海军官员提供实用数学的课程。17 世纪，欧洲大陆涌现出许多（通常寿命短暂的）私人贵族研究院，这些学校针对富裕的宫廷贵族讲授优雅艺术和军用技术，它们的教育不那么严格。[55] 18 世纪，政府开始意识到建制化军事训练的重要性，开始建立自己的军队研究院，给受教育者，尤其是为一些作为军官团体支柱的贫困贵族提供补贴。很具代表性的例子是波兰的骑士学校（爱国者科西阿斯克曾在那里受训），奥地利的特蕾西亚学校（Theresianum）和维也纳的其他政府支持的学校以及庞巴尔为期不长的葡萄牙贵族学院。[56] 而且，从 1750 年以后，一些政府开始建立更加专业和技术性的学校来训练炮兵和陆军军官、文官和矿业工程师。最著名的矿业学院于 1765 年在萨克森（Saxong）的弗莱堡（Freiberg）创建，40年中拥有的教授包括杰出的地理教授亚伯拉罕·戈特洛布·维尔纳（1750～1817）。到 19 世纪初，墨西哥城也出现了一所欣欣向荣的矿业学校，它还得到博物学家亚历山大·冯·洪堡（1769～1859）的高度评价。[57] 18 世纪末，法国大力发展政府支持的技术学校体系，政府已建立了颇有威信的官员训练学校：军事学校（Ecole militaire，1751）、位于拉费尔（La Fère）的炮兵学院（1758）；培养专业军官、文官、矿业工程师的学校：桥梁公路学校（Ecole des Ponts et Chaussées，1747）、梅齐埃兵工学校（Ecole de Mézières，1748）、矿业学校（Ecole de Mines，1783），以及 13 所贵族附属学校（1776）。

[54] Nicholas Hans,《18 世纪的新趋势》（*New Trends in Eighteenth Century*, London: Routledge, 1951）；Philippe Marchand,《革命前夕的一个独创性启蒙模式》（Un modèle éducatif original à la veille de la Révolution），载于《近现代史评论》（*Revue d'histoire moderne et contemporaine*），22（1975），第 549 页～第 567 页；关于 Berthaud, 参见 V. Advielle 编,《18 世纪巴黎领取退休金大师职业报》（*Journal professionel d'un maître de pension de Paris au XVIIIe siècle*, Pont-l'Evêque, 1888）；Harvey Chisick,《18 世纪法国大众教育结构改革：两个例子》（Institutional Innovation in Popular Education in Eighteenth-Century France: Two Examples），《法国史研究》（*French Historical Studies*），10（1977），尤其是第 47 页～第 58 页有关亚眠（Amiens）制图学校（*école de dessin*）的内容。

[55] Norbert Conrads,《近代早期的骑士学院, 16 和 17 世纪作为特权的教育》（*Ritterakademien der Frühen Neuzeit. Bildung als Standesprivileg im 16. und 17. Jahrhundert*, Göttingen: Vandenhoek und Ruprecht, 1982）；在不列颠诸岛没有发现。

[56] Seidler,《启蒙运动时代波兰学校体系的改革》，第 340 页～第 341 页；Helmut Engelbrecht, 3 卷本《奥地利教育事业史：在奥地利的教育与课学》（*Geschichte der österreichischen Bildungswesen: Erziehung und Unterricht auf dem Boden Österreichs*, Vienna: Österreich Bundesverlag, 1982—4），第 3 卷，第 181 页～第 185 页；Carrato,《葡萄牙的启蒙运动和庞巴尔侯爵的教育改革》，第 371 页～第 375 页。

[57] José-Luis Peset,《美洲技术的起源：墨西哥矿业学院》（Los origines de la ensenza téchnica en América: el collégio de minéria de Mexico），载于《西班牙的大学》（*Univcrsidades espanolas*）。

与大多数法国高等教育机构不同,这些政府控制的学院在革命中幸存下来,虽然有些改变。随着巴黎综合理工学校(Ecole Polytechnique)在 1795 年建立,这种教育机构变得进一步完善,该学校是一所高级的军事技术学院,为参与更加专业的训练的学生备有奖学金。[58] 在这些强国中,只有英国没有创建这些新型的职业训练学校。

这些新式的国立学院主要提供理论数学和实践数学上的指导。从这个角度来讲,他们为学院和大学里的数学课程做了补充,但他们的教学水平更高,并且所教授的学科范围大大地扩展了。在矿业学院,那些新的、在某种程度上仍不稳定的化学科学,已挣脱传统医学的束缚,那么它和实践数学课程在课程中占据同样重要的分量也是可以理解的了。化学教学(和博物学一起)经常被另一组国立或政府支持的机构建制化,这些机构在这个世纪建立,包括外科学和药物学的学校和学院。对于已通过传统学徒体系训练的外科医生和药剂师新手,许多欧洲政府(但还是不包括英国)为他们提供高质量的正规教育,尤其是法国和西班牙的一些学校,到这个世纪末成为科学教育的中心。当圣费尔南多(San Fernando)学院于 1811 年在利马创立时,该模式穿越了大西洋,这要感谢西班牙美洲殖民地医学的开创者何塞·伊波利托·乌纳努埃的成功游说。[59]

其次,更具深远意义的是,短期且注重个人偏好的讲座课程形成了逐渐增长、流行、复杂的网络,这种网络的兴盛导致了 18 世纪科学教育供给的扩大。这一次政府又扮演了重要的赞助角色。18 世纪,在政府保护下逐渐建立起 80 个左右的科学学院,它们被计划为早期的研究机构,实验哲学家可在此交换观点和萌发新科学思想。但它们并没有被设计成为教学中心。事实上这种创造意味着将创造性研究和科学技术的传播二者的分离建制化,后者在 17 世纪大学监控的对科学革命的接受过程中,暗自涌现。虽然如此,许多学院还是开始资助科学教育。仅有一所,(建立于 1724 年的)圣彼得堡科学院实际成为一所准大学(这反映出在 1755 年莫斯科大学创办以前俄国教育机构的贫乏),不过,在描述性的解剖学、植物学和化学科学方面,学院的资助仍是普遍

[58] G. Serbos,《王家公路学校》(Ecole Royale des Ponts et Chaussées);A. Birembaut,《矿物学和采矿技术教育》(L'Enseignement de la minéralogie et des techniques minières);René Taton,《梅齐埃兵工学校》(Ecole Royale de Génie de Mézières);Roger Hahn,《军事学校与工艺学校的科学教育》(L'Enseignement scientifique aux écoles militaries et d'artillérie):均载于《18 世纪科学的教育与传播》(Enseignement et diffusion des sciences au XVIIIe siècle),第 345 页~第 363 页,第 365 页~第 418 页,第 513 页~第 545 页,第 559 页~第 566 页;R. Laulan,《巴黎王家军事学校教育,追溯到圣热尔曼伯爵的革新》(L'Enseignement à l'Ecole Royale Militaire de Paris, de l'origine à la réforme du comte de Saint-Germain),《历史资料》(Information historique),19(1957),第 152 页~第 158 页;Terry Shinn,《工艺学校(1794~1914)》(L'Ecole Polytechnique 1794—1914, Paris: Presses de la Fondation nationale des Sciences Politiques, 1980);Bruno Belhoste,《工艺学校的起源,从中央公共建设工程学校的古代技师学校开始》(Les Origines de l'Ecole Polytechnique. Des anciennes écoles d'ingénieurs à l'Ecole Centrale des Travaux publics),载于 Dominique Julia 编,《祖国的孩子,历史教育的特殊数字》(Les Enfants de la Patrie, special no. of Histoire de l'Education),42(1989),第 13 页~第 54 页;Ivor Grattan-Guinness,《大学校,小大学:关于法国数学高等教育的一些令人迷惑不解的评论(1795 ~ 1840)》(Grandes Ecoles, Petite Université: Some Puzzled Remarks on Higher Education in Mathematics in France, 1795—1840),《大学史》,7(1988),第 197 页~第 225 页。

[59] Brockliss 和 Jones,《近代早期法国的医学界》,第 506 页~第 509 页;Toby Gelfand,《专业化中的近代医学:18 世纪巴黎外科医生和医学科学及组织》(Professionalizing Modern Medicine: Paris Surgeons and Medical Science and Institutions in the Eighteenth Century, London: Greenwood, 1980),尤其是第 4 章和第 5 章;Burke,《圣卡洛斯王家学院:18 世纪晚期的外科和西班牙医学改革》,第 59 页~第 63 页,第 4 章;Lanning,《王家医典》,第 332 页~第 349 页。

的,这又一次冲击了传统医学院的垄断地位。1714 年建立的博洛尼亚(Bologna)研究院拥有 5 个教授席位,在这方面特别权威。因而研究院可以在公共领域所建之初便建立信誉,并涌现出杰出人才和学习榜样。通过提供易理解的科学课程,迎合了日益增长的植物学业余者的卢梭主义的(Rousseauian)兴趣,并提供给企业工匠关于化学工业用途的信息,研究院证明了它们自身是富于热情的公共机构的佼佼者。[60] 化学方面的公共课程尤其丰富。18 世纪末,它们不仅由科学学院讲授,也由其他政府机构讲授。在大革命前的法国,化学家和染料制造商沙普塔尔受雇在郎格多克庄园(Estates of Languedoc)讲授化学。在西班牙,化学课程由一些成立于卡洛斯三世(卒于 1788 年)时代的新经济社团资助。[61]

　　然而,通过政府资助的公共课程只是冰山一角。这类发展的关键是一些私人课程的激增。一些私人的科学教学总是存在(中世纪炼金术士和文艺复兴实验哲学家都对助手进行训练),但在 17 世纪最后 25 年以前却没有证据表明,这类关系与师徒关系有何不同。只是从大约 1670 年起,最早因收学费的私人教学而形成的更松散的师生关系出现了,例如在罗奥的早期例子中所记录的。18 世纪,这种涓流变成洪水。至少在欧洲较富裕的地区,这些私人科学课程的提供成为服务业最具动力的一部分,因为新启蒙运动使人们产生对科学知识的兴趣,越来越多的教师尝试着从中获利,同时这也刺激了这种兴趣的加剧。

　　私人课程主要有两种形式。一方面,私人教学在一定范围内给初级医师、外科医师、药剂师,甚至助产士提供辅助医学课程,以此作为现行制度所提供的知识(新旧都是)的补充。虽然医学院和新的外科学院、药学院在这个世纪更重视这些课程,但它们仍然很少提供学生"亲手"实验的机会。私人教师经常指导当地的从业者,并提供院系不愿或不能(缺乏设备)提供的课程。18 世纪上半叶,解剖学和外科学的私人指导圣地(Mecca)在巴黎,那里的一些医院外科医生拥有更多利用尸体为来自于全欧洲的学生提供学习解剖技术的机会。最著名的有沙里泰(Charité)医院的外科解剖医生亨利－弗朗索瓦·勒德朗(1685～1770),他的学生包括未来哥廷根的教授、博物学者和生理学家阿尔布莱希特·冯·哈勒。在 18 世纪下半叶,虽然巴黎还是课外医学教育的重要中心,但火炬还是传给了伦敦。在乔治三世统治时代,英国首都被私人解剖学校所充斥,当时没有比曾在巴黎受过训练的威廉·亨特(1718～1783)的大磨房街

[60]　James E. McClellan III,《重组的科学:18 世纪的科学学会》(*Science Reorganized: Scientific Societies in the Eighteenth Century*, New York: Columbia University Press, 1985);Daniel Roche, 2 卷本《外省的启蒙世纪:学院与外省学院(1680 ～1789)》(*Le Siècle des lumières en province: Académies et académiciens provinciaux, 1680—1789*, Paris: Mouton, 1978),第 1 卷,第 124 页～第 131 页;G. A. Tishkin,《启蒙运动时期的女教育家:达什柯娃公主和圣彼得堡大学》(A Female Educationalist in the Age of the Enlightenment:Princess Dashkova and the University of St. Petersburg),《大学史》,13(194)(原文如此——责编),第 137 页～第 150 页;Marta Cavazza,《博洛尼亚科学院的科学教育》(L'insegnamento delle scienze sperimentali nell'istituto delle scienze di Bologna),载于 Pancaldi 编,《大学与科学》,第 155 页～第 179 页。
[61]　Chaptal,《我的回忆》,第 25 页～第 27 页,第 32 页～第 33 页;Robert J. Shafer,《西班牙世界的经济团体(1753 ～1821)》(*The Economic Societies in the Spanish World, 1753—1821*, Syracuse, NY: Syracuse University Press, 1958)。

（Great Windmill Street）学院更有名的了。[62]

另一方面,对于传播简单的科学知识这一背景来说,更为重要的是,提供物理学课程的私人机构数量也在持续增长。这些课程特别针对那些没有机会在公共机构学习的人开设,并且男女学员一视同仁。私人课程都很短,一般只持续几个星期的时间,而且没有固定的周期。主办人认为哪里有足够多的有钱的听课人,哪里就可以开办私人课程,因此在英国开设这些课程多是在巴思（Bath）而不是伯明翰（Birmingham）。最初,私人授课者是一个城镇接着一个城镇地定期开班授课,即使那些最终成功的有能力在大城市永久居留的人,也这样做。一些私人教师是国际名人,著名的英国人斯蒂芬·德迈布雷（1710～1782）,他在海峡两边讲授物理学,并自夸在很多外国学术机构拥有会员资格。这些讲师中至少有一位是女性——博洛尼亚人（Bolognese）劳拉·巴茜（卒于1778年）,她在家乡讲授物理学,从1750年直到去世。[63]

78

随着18世纪大学物理课程的发展,这些私人课程的内容通常限制在近代物理学的研究领域。典型的系列讲演会从力学和水力学开始,然后到流体静力学、气体力学、磁学、电学和天文学。除了诸如英国巡回讲演者彼得·肖（1694～1763）那样的专业讲演者,化学或生命科学很少被人注意到。然而,由于他们的预期听众是业余的和缺乏数学知识的人,这就使得这些私人物理课程必将面向低端市场。与大学最普通的课程一样,私人课程也讲授实验物理学,而不是数学物理学。但他们比大学的内容更简单、更夸张、更精彩。虽然有些教师,如伦敦王家学会会员（FRS）詹姆斯·弗格森,强调他们的意图是指导听众,但他们也强调自己旨在使人快乐。比如弗格森,1767年他向听众承诺他们的电学部分将包含"很多奇特和有趣的实验",包括"轻微的震动、用纸翼转动小磨、在卡片上打孔、使带正电和负电、振动铃铛、用亚麻线绳做支架使软木球像蜘

[62] Susan C. Lawrence,《仁爱的知识:18世纪伦敦医院的学生和实习者》（*Charitable Knowledge: Hospital Pupils and Practitioners in Eighteenth-Century London*, Cambridge University Press, 1996）; Gelfand,《专业化中的近代医学》,尤其是第6章和第7章;Urs Boschung编,《约翰内斯·格斯纳的巴黎日记（1727）》（*Johannes Gessners Pariser Tagebuch 1727*, Bern: Hans Huber, 1985）; Roy Porter,《威廉·亨特:一个外科医生和绅士》（*William Hunter: A Surgeon and Gentleman*）; Toby Gelfand,《邀请哲学家和慈善家:作为私人企业在亨特主义伦敦的医院教学》（"Invite the Philosopher as Well as the Charitable": Hospital Teaching as Private Enterprise in Hunterian London）,两文都载于Bynum和Porter编,《威廉·亨特和18世纪的医学界》,第7页～第43页,第129页～第151页。

[63] Roy S. Porter,《启蒙运动时期英格兰的科学、地方文化及舆论》（*Science, Provincial Culture and Public Opinion in Enlightenment England*,《英国18世纪研究期刊》（*British Journal for Eighteenth-Century Studies*）,3（1980）,第20页～第46页;Larry Stewart,《公众科学的兴起:牛顿时代英国的修辞学、技术和自然哲学（1660～1750）》（*The Rise of Public Science: Rhetoric, Technology, and Natural Philosophy in Newtonian Britain, 1660—1750*, Cambridge University Press, 1992）; J. Golinski,《作为公众文化的科学:英国的化学与启蒙运动（1760～1820）》（*Science as Public Culture: Chemistry and Enlightenment in Britain, 1760—1820*, Cambridge University Press, 1992）; Sutton,《上流社会的科学》,第6章～第8章;关于Demainbray,参见Alan Q. Morton和James A. Wess,《公众科学与私人科学:国王乔治三世的收藏品》（*Public and Private Science: The King George III Collection*, Oxford: Oxford University Press in association with the Science Museum, 1996）;关于另一位英国巡回教授,参见John R. Millburn,《本杰明·马丁:补遗》（*Benjamin Martin: Supplement*, London: Vade-Mecum Press, 1993）;关于法国的一个例子,参见Jean Torlais,《诺莱神父:启蒙运动时期的一位物理学家》（*L'Abbé Nollet: un physicien au siècle des lumières*, Paris: Société des journeaux et publications du Centre, 1954）;对于Bassi,参见Cavazza,《博洛尼亚科学院的科学教育》,第156页。

蛛一样移动”。[64]

只在 19 世纪初时，随着曾在哈佛受过教育的伦福德伯爵在伦敦建立王家研究院，私人课程才变成一种更严肃的讲授形式。王家研究院的职员中有卓越的科学家汉弗里·戴维（1778～1829）和托马斯·杨（1773～1829），它提供给大众的物理学课程比私人课程更为严格。[65]

由于私人和公众科学课程数量不断增多，更多的人，无论男女，必须接受一些可能的学科教育。但供应扩大的主要受益者仍是精英。特别是私人物理学的讲演，只为特定的社会阶层开设：在英国他们每个系列讲座的花费从不少于 1 畿尼*。但即使医学的私人讲授也都只能被最富裕的学生所接受。18 世纪 60 年代，当勒内 - 泰奥菲勒 - 亚森特（1781～1826）的叔叔、听诊器的发明者纪尧姆 - 弗朗索瓦·拉埃内克在巴黎学习时，参加一门业余课程的平均花费是 3 英镑至 4 英镑。[66] 如此一来，英国的第一代工程师，诸如托马斯·泰尔福德和乔治·史蒂文生，都是自学成才就不足为怪了。

只有到了 19 世纪初，在法国大革命中，“人民”才第一次出现在政治舞台上，才出现了为劳动阶层提供科学教育的认真尝试。1799 年，作为该校自然哲学教授约翰·安德森（1726～1796）的一份遗产，格拉斯哥（Glasgow）大学的安德森学院开放了。它提供与大学类似的课程，但更具实用的倾向。更重要的是，1817 年伦敦机械学院成立了，它旨在于劳动阶层中传播科学知识。虽然短暂，但为 19 世纪 20 年代英国广泛建立的机械学院作了很好的模板。在英国带领下，其他国家逐渐跟上。18 世纪 90 年代，法国教育改革家尝试设计一种新的学院和大学课程，它既可立足于科学，又能对所有可以从高等教育中获益的人开放，但这种尝试最终惨败了。复辟时，政府采用了英国的方法，并且企望为劳动阶层创立技术教育的新机构，最著名的是巴黎艺术与贸易研究院（Conservatoire des Arts et Métiers），到 1824 年时有 2000 人参加它的夜校。[67]

[64] 牛津的科学史博物馆（Museum of the History of Science, Oxford）的课程说明书的收藏品（主要是英文的），未被分类：弗格森王家学会会员的《演讲提纲》（Syllabus of Lectures）。可从其作者们经常编纂的教科书中收集到这些私人课程目录的有益观念：例如，Stephen Demainbray，《简论自然哲学和实验哲学的课程》（A Short Account of a Course of Natural and Experimental Philosophy, London, 1754）。

[65] Morris Berman，《社会转变和科学组织：王家研究院（1799～1844）》（Social Change and Scientific Organization: The Royal Institution, 1799—1844, London: Heinemann, 1978）。

＊ 畿尼（guinea），1663～1813 年间英国发行的金币，价值相当于一镑一先令。——译者

[66] Alfred Rouxeau，《一个在坎佩尔学医的学生：纪尧姆 - 弗朗索瓦·拉埃内克在旧体制的最后日子里》（Un étudiant en médecine quimpérois: Guillaume-François Laënnec aux derniers jours de l'ancien régime, Nantes: L'Imprimerie du "Nouvelliste," 1926），第 35 页～第 78 页各处。

[67] John Fletcher Clews Harrison，《学习和生活（1790～1860）：成人教育运动的历史》（Learning and Living, 1790—1860: A History of the Adult Education Movement, London: Routledge, 1961），第 57 页～第 74 页；Robert Roswell Palmer，《人性的进步：教育和法国革命》（The Improvement of Humanity: Education and the French Revolution, Princeton, NJ: Princeton University Press, 1985），尤其是第 4 章；Frederick B. Artz，《法国技术教育的发展（1500～1850）》（The Development of Technical Education in France, 1500—1850, Cambridge, MA: Society for the History of Technology, 1966），尤其是第 216 页～第 217 页；André Prévot，《18 世纪和 19 世纪基督教学校修士的技术教育》（L'Enseignement technique chez les Frères des écoles chrétiennes aux XVIIIè et XIXè siècles, Paris: Ligel, 1964）。

结　论

　　有足够的证据说明,18 世纪的科学教育经受过巨烈的动荡。开始,传统大学和学院的物理学课程内容和表述方式都被重新调整了。自然哲学被认为是因果性的科学而停滞,物理学被分为两组学科,其研究内容更准确地反映当时的实验哲学。一种仍叫物理学,在人文学院或哲学学院讲授,但是这个学科的范围大大受到了限制,主要覆盖着包含在亚里士多德的《物理学》和《论天》等著作中的问题。这种物理学在牛顿的影响下,现在以数学和现象论的方式进行研究。另一组学科包括一群根据亚里士多德其他著作的材料而界定出来的难以解释清楚且不稳定的科学:化学、解剖学、地理学、矿业学、植物学和动物学(后四门通常被归为博物学),它们并没有被数学化,而且出于认识论和实用的原因在医学院里讲授。

　　同时,在这个世纪中,有机会接受自然科学教育的人口比例成指数增长。18 世纪初,自然哲学几乎只在大学世界里讲授,而且只有职业精英中的男性成员(牧师、律师和医师)才可正式学习这些学科。随着时间的推进,新型教育机构的数量逐渐增加(公众和个体的都是),它们提供新物理学、萌芽时期的地球与生命科学的课程,并且通过数量激增的私人的、临时的和兼职的课程,使听众(男女性都是)的范围更加广泛。该世纪末还见证了第一个为劳动阶层提供科学教育的尝试。

　　很多方面都可以表明这两方面的发展都具有更深层的重要性。第一,这些变化保证了新科学从欧洲文化的边缘地位移到中心地位。虽然科学史学家已特别地指称 17 世纪为科学革命时代,但这种假定仅当注意力集中在实验哲学家、天文学家和数学家小组的活动上时,才可以成立,正是他们的研究奠定了近代科学的基础。如果把科学革命视为更广阔的文化时期,而在该时期内,伽利略/牛顿对自然世界的数学和现象论研究方法成为了欧洲和美洲的杰出人物解决问题的思维习惯之一,那么这个革命一定发生在 18 世纪(1750 年后主要在非英语地区)。17 世纪,实验哲学家是一群常被人们讥笑的边缘人物,他们奋力拼搏以期赢得王宫贵族的认可,并且在自己的研究实践中模仿显贵的行为方式,以使他们的活动合法化。[68] 18 世纪,他们的继承者从阴影中走出,对牛顿死后在全欧洲范围内赚得的偶像地位十分满足,并且获得了令人羡慕的社会威望。这个变化的产生,以及实验哲学成为欧洲文化自觉的标志,都相当大程度上归功于实验哲学在课堂教学中的渗透。虽然 17 世纪大学界对新科学的敌对不像曾经

〔68〕　Mario Biagioli,《科学革命、社会的拼凑物与礼节》(Scientific Revolution, Social Bricolage and Etiquette),载于 Roy Porter 和 Mikuláš Teich 编,《国家背景下的科学革命》(The Scientific Revolution in National Context, Cambridge University Press, 1992),第 1 章;Steven Shapin,《真理的社会史:17 世纪英国的文明与科学》(A Social History of Truth: Civility and Science in Seventeenth-Century England, Chicago: University of Chicago Press, 1994);Laurence W. B. Brockliss,《文明与科学:从控制自身到控制自然》(Civility and Science: From Self-Control to Control of Nature),载于《萨顿研究》(Sartoniana),10(1997),第 43 页～第 73 页。

预料的那样，但它只按自己的原则接受实验哲学家的工作。[69] 18 世纪在科学教育方面发生的革命，尽管只能通过教会和政府对新科学表现出更加积极的态度才能使之成为可能，但是它却有益于培养一个崇拜实验哲学的社会精英阶层。除了法国在大革命时期中的少数几年，牛顿科学并没有取代古典文化在课堂上的首要地位。不过，它倒是促进了对新科学的发展和追求，并且可以被受教育的人所接受，尽管它具有非数学化的部分而且通常是间接的。从今以后，博物学展橱和古董展橱一样，都可平安地摆放在图书馆而不会冒犯它们各自的朋友。[70]

此外（要进一步强调大学所扮演的创造性角色）新科学的传播得以实现，尤其是当其普及性已经超越了大学和学院的范围时，很大程度上是因为新物理学的出现。第一个例子，牛顿物理学中明确的实验课程的构造对于只有有限数学知识的传统学生实属必要。然而，从长远观点来看，格雷弗桑德和他的同事创建了可以在大学之外轻松地把新的物理学（和其他科学）带给更多的听众的教育模式。新的模式本质上是夸张的：它使科学教育娱乐化，把新科学以适当方式介绍给淑女和绅士们，并培养他们在消遣中寻找到愉快，而不是学习和教学，过分的集中注意力是卖弄学问的标志。因此，课堂上实验物理学的发展，成为使新科学受到社会尊敬的关键。在消费时代，探索自然界的深奥的、理智的和非传统的方法（甚至连相关专家也无法证明其被过分夸大的效用）是一个非常聪明的包装，就像另一个可以生产喜悦和快乐的产品（相反，不考虑职业企业家的虚假宣传）。

这样，课堂上新科学的建制化在实验科学家的世界与同时代精英文化之间搭建了基本桥梁。同时，这种建制化不仅在新的国立科学院中设立职位，还创建了科学家们可以工作的空间。由于自然哲学的不同分支逐渐由专业的教授讲授，大学和学院第一次一度充满了数量庞大的科学家。虽然 17 世纪实验哲学家在大学以外的工作范围被夸大，但是像牛顿这样的人物的确是个例外。相比之下，18 世纪大学体系里的科学家数量持续增长，尤其是占有数学和医学方面的教授席位，甚至还有自然哲学的教授席位。正如我们所看到的，帕维亚大学的电学实验学家阿雷桑德罗·伏打多年讲授实验哲学，并且很好地利用了物理实验室来从事研究工作和辅助教学。他认为研究者和教师的角色之间没有矛盾，并且恳请政府提供更多的资金和空间，所以，"[我]可以贡献我所有的才智来促进我所从事的科学事业，并加强对年轻学生的指导"。[71]

随着 18 世纪的发展，许多机构投资建设天文台，天文学家开始在许多非常著名的

[69]　最近的讨论是 Roy Porter，《科学革命和大学》（The Scientific Revolution and Universities），载于 Ridder-Symoens 编，《欧洲大学史》，第 2 卷，第 13 章。
[70]　关于 17 世纪和 18 世纪之交收藏的发展，见 Krzystof Pomian，《收集者和古玩珍品：巴黎和威尼斯（1500～1800）》（Collectors and Curiosities: Paris and Venice 1500—1800, Cambridge University Press, 1990），英译本；Patricia E. Kell，《英国的收藏（1656～1800）：科学调查和社会实践》（British Collecting, 1656—1800: Scientific Enquiry and Social Practice, D. Phil. Dissertation, Oxford University, 1996）。
[71]　Cavazza，《花园解剖植物学家、剧场、天文台、科学博物馆与陈列室》，第 87 页。

大学占一席之地。1700 年前,学院和大学有天文兴趣的老师已经能够在可利用的最高建筑物上进行观察,虽然建于莱顿(1632)、哥本哈根(1641)和乌得勒支(1642)的天文台粗糙一些。18 世纪末,天文台已至少在 12 个大学建立,包括 1741 年在乌普萨拉为安德斯·摄耳修斯(1701~1744)建立的;在哥廷根和布拉格(1751)、牛津(1773)、都柏林(1783,丹辛克[Dunsink]天文台)和科英布拉(1792)也逐渐建立起来。在 1800 年,所有天文台中装备最好的是牛津大学的拉德克利夫(Radcliffe)天文台,它置有价值 2.8 万英镑的装备。值得注意的是,大学的建设项目超过了其他基础的项目:只有两三个重要的天文台附属于新的科学研究院,加上两个 1700 年尚存的(巴黎和格林威治),只有大约 7 个王家天文台是在这个世纪间建成的。虽然很少有大学天文学家能足够幸运地在天文学上获专家席位(大部分天文学家是数学教授),但是他们仍能够在不受干扰的新天文台从事观测。与物理、化学,以及博物学实验室、博物馆不同,天文台主要不是教学场所。的确,它们似乎根本没有教育作用,只是纯粹地为提高大学的国际声望和强调大学的"现代性"。[72]

必须承认,科学教学和科学研究之间的关系仍是不确定的。有很多科学家从事非学术职业或根本没职业,著名的例子是法国包税人安托万－路易·拉瓦锡(1743~1827)和解剖学家、天才儿童(Wunderkind)毕夏。还有许多实验哲学教授,他们的水平较低,比如才能平庸却喜欢卖弄学问的福里斯特博士(他在 18 世纪 90 年代在圣安德鲁斯成为坎贝尔大法官)。事实上,即使首席科学家拥有学术职位,他的才智也未必总能有效地发挥作用。当后来成为化学教授的沙普塔尔进入蒙彼利埃的医学院上课时,让他懊恼的是该地区首席化学家加布里埃尔－弗朗索瓦·韦内尔(1723~1775)在公共课程上讲授卫生学,而不是讲授其专业知识。[73] 虽然如此,那时的大部分大学和不少学院都有装备相对较好的天文台、图书馆和解剖场所,教学与研究有大量结合的机会。

此外,实验哲学逐渐渗透一系列彼此不相通的科学领域,在这个演化过程中,课堂上的新科学建制化扮演了重要角色。18 世纪,即使诸高等学术机构尚未进行终要发生的自然科学的学科分化,但它们也的确有助于界定并确认这些学科的认识论、内容和方向。2000 年来,自然哲学和数学的类别都是根据几位希腊人:亚里士多德、欧几里得、迟至文艺复兴时期才受到重视的阿基米得的幸存的全部著作而确立的。正是他们确定了这些科学如何划分。18 世纪,传统的界限被打破,新的定义正被确立:"实验哲学"的概念涵盖了大量的方法论和研究领域。主要是通过对专业课程和课本中科学范围明确且规范的重构,自然哲学中数学、医学及其分支的关系才最终得到重新调配。

---

[72] Lindroth,《乌普萨拉大学史(1477~1977)》,第 102 页,第 132 页;Gerard L'E. Turner,《物理科学》(The Physical Sciences),载于 Brock 和 Curthoys 编,《牛津大学史》,第 5 卷,第 679 页～第 681 页;Robert B. McDowell 和 David Webb,《都柏林三一学院(1592~1952):学院史》(Trinity College Dublin 1592—1952: An Academic History, Cambridge University Press, 1982),第 64 页～第 65 页。其他信息为 Roger Hutchins 所提供。

[73] Hon. Mrs. Hardcastle 编,2 卷本《约翰·坎贝尔勋爵的生平》(Life of John, Lord Campbell, London: John Murray, 1881),第 1 卷,第 21 页;Chaptal,《我的回忆》,第 15 页～第 16 页。

因此,在课堂上树立新科学是我们今天所熟悉的自然科学出现的关键一步。

　　首先,新物理科学是大学里的一种创造。假如它被留给新的科学研究院,此术语也许永远与旧的自然哲学联系着,并会逐渐从词典中消失。当法国科学院在 1699 年分成若干组时,新科学被分为 6 个种类:3 个数学的(几何学、天文学和力学),3 个医学的(解剖学、化学和植物学)。值得指出的是,物理学并不在其中。另一方面,在 1795 年,当科学院重组为研究院一部时,科学知识的重新分类密切地反映了大学里的发展。不只物理学成为一个独立的部分,而且在物理学所属的数学科学与实验或分类科学之间做出了明确的区分,后者包含医学院讲授的那些学科。[74]

　　当然,自然哲学分支的重新整理和配置虽然影响了 1800 年的整个学术界,但却未能完全预见到今天自然科学的建制化划分。作为一门独立科学的生物学还有待形成,非数学化的科学也不得不试图从医学院的掌控中解脱出来。不过,它们离彻底解放的时刻已经不远了。19 世纪上半叶,当活力论在医学领域已经过时的时候,认为医学和物理科学的信念在认识论上不同的观点也不再流行。因此不再有任何类似为什么化学和其他"辅助医学科学"在医学院应该有独立空间的疑问。同时,化学也有很好的实际理由被转入其他科系。早在 18 世纪末以前,化学就被确认为不只可以应用于药学,还可以应用于工业和农业。在很多 19 世纪早期的医学院,比如格拉斯哥大学医学院,化学课程不可避免地被设计去迎合大量而且各自迥异的非医学类学科。此外,这些辅助科学的教授开始憎恶自己的从属地位。在德意志,受到洪堡主义关于纯研究价值的思想影响,尤其是化学教授们,开始憎恨人们把他们的学科简单地当做医学的婢女。[75]

　　自然哲学的分离之路开启之后,自然科学的不同分支又同归于一个制度范畴中,通过创建单独的科学院系,使得不同分支之间的结合变得更加容易。比如,在比利时-荷兰,当 1815 年哲学学院分成了两个学院时,化学也被移出了医学院。1850 年(否则是 1800 年),自然科学的现代定位也坚定地出现了。而且在那时,工程科学首次在大学得到确立,比如 1838 年英国新建的达勒姆(Durham)大学学院和伦敦国王学院。[76] 在辅助医学科学中,只有解剖学仍属于医学课程。这反映出如下事实:从 18 世纪末,尤其是随着法国大革命中新医学学校的建立,解剖学教学已不再是一个单独的描述性科学,而是生理学和病理学研究不可分割的整体的一部分了。

[74]　Maurice Crosland,《受控的科学:法国科学院(1795 ～ 1914)》(*Science under Control: The French Academy of Sciences 1795—1914*, Cambridge University Press, 1992),尤其是第 124 页～第 133 页。

[75]　Derek Dow 和 Michael Moss,《19 世纪早期格拉斯哥的医学课程》(The Medical Curriculum at Glasgow in the Early Nineteenth Century),《大学史》,7(1988),第 227 页～第 257 页;Meinel,《18 世纪与 19 世纪早期大学中化学的地位》,第 116 页～第 118 页。

[76]　H. A. M. Snelders,《荷兰大学的化学(1669 ～ 1900)》(Chemistry at the Dutch Universities, 1669—1900),《学术文选:比利时王家科学、文学和艺术研究院通信,科学类》(*Academia Analecta: Mededelingen van de koninklijke Academie voor Wetenschappen, Letteren en Schone Kunsten van België, Klasse der Wetenschappen*),48:4(1986),第 59 页～第 75 页;Robert A. Buchanan,《工程师:英国工程专业的历史(1750 ～ 1914)》(*The Engineers: A History of the Engineering Profession in Britain, 1750—1914*, London: Jessica Kingley 1989),第 165 页～第 170 页。

　　更重要的是,这一章所概括的关于大学教育科学的发展,也有助于加强对科学的特定民族传统的了解,以及一些深刻地影响着科学,尤其是物理科学,在 19 世纪上半叶(特别是在法国)发展的因素。新物理学是被当做实验性而非数学性的科目讲授,说明新科学成为欧洲精英的思想倾向的一部分。然而,它也证实了,在 18 世纪下半叶,受过数学训练且有能力继续牛顿和其后人工作的科学家,仍然还是少数。很少有学生能够从欧洲的学院和大学脱颖而出,比他们 17 世纪的前辈懂得数学更多。即使在一所 18 世纪的英国大学(如剑桥大学),这是一个对数学物理学有着纯粹热情的地方,每年获得数学荣誉学位的学生数量也只占总体中的一小部分。正如我们所见,唯一的全体学生对数学和数学物理学都有同样深层训练的国家是法国,其自然哲学的大学课程建立在真正的牛顿体系之上,而且新的国立军事学院也讲授很深奥的数学物理学。

　　对于这个非凡进步的原因,我们只能猜测。这一定与 18 世纪头 30 年法国科学院(Académie des Science)为了从数学上找到对笛卡儿旋涡的辩护有关。虽然为法国民族的辩护光荣地失败了,但是却似乎创造了法国的数学物理学传统,在科学院认输并且接受行星旋涡运动不符合开普勒和牛顿定律之后,这种数学物理学被学院接纳。但即使法国课堂对数学物理学的偏爱不能被充分解释,其结果还是显而易见的。从 1790 年到 1830 年,法国对数学物理学发展的贡献(以及其他学科的数学化,尤其是化学)远远超过了其他国家。从历史的角度看,这与许多因素有关:大革命对科学的拥护,新的学术机构(大学校[grandes écoles],科学家在这里找到工作)的创立,甚至还有拉普拉斯和克劳德－路易・贝托莱(1748～1822)的强大支持,由于他们的影响力而使牛顿学说在法国科学界被接受。[77] 这些因素无疑地发挥了作用,但解释法国科学霸主地位易被忽略的一个方面是,旧体制下的学院物理课程的作用。人们完全忘了,法国物理学这一伟大时代的第一代人,尤其重要的是其导演(metteur en scêne)拉普拉斯,是在革命前在全职学院受的教育。正是在那儿,这些学生们对新物理学充满热情,并在数学物理学上获益。肯定已有很多大学生在他们的物理学年完全茫然迷惑,因为他们要在 3 个月中努力学习数学,在 6 个月中为整个新物理学而奋斗。但是在旧体制下最后 30 年的学院毕业生中,法国的学院出现了精通数学的学生。在大革命良好的气氛下,为法国数学物理学的全面繁荣做了准备(当然,拉普拉斯 1789 年之前在学界已声名卓著)。

　　18 世纪末,没有其他国家可以以这样一些擅长数学的职业精英为荣,所以其他国家没有出现一群光彩夺目的数学物理学家。的确,在英国的情况是,大部分公共和私人机构的新物理学老师都从经验主义的角度介绍牛顿理论,这有助于巩固一个相互竞

〔77〕 Joseph Ben-David,《法国作为科学中心的兴起和衰落》(The Rise and Decline of France as a Scientific Centre),《密涅瓦》(Minerva),8(1970),第 160 页～第 179 页;Robert Fox,《法国的科学事业和研究的赞助》(Scientific Enterprise and the Patronage of Research in France),《密涅瓦》,11(1973),第 442 页～第 473 页;Dorinda Outram,《政治和职业:法国科学(1793～1830)》(Politics and Vocation: French Science, 1793—1830),《英国科学史杂志》(British Journal for the History of Science),13(1980),第 27 页～第 44 页。

争的经验传统。英国在 18 世纪末和 19 世纪初没有产生富于创新的数学物理学家，但诸如杨、戴维和迈克尔·法拉第（1791～1867）之类的人物，他们拥有杰出的实验家小团体，以不同途径有力地促进他们的学科。很难相信他们的出现是巧合的。英国的实验传统，可追溯到弗兰西斯·培根（1561～1626）和罗伯特·波义耳（1627～1691），但牛顿本人和他的追随者，像格雷戈里兄弟、罗吉尔·科茨（1682～1716）和科林·马克劳林（1698～1746，爱丁堡数学教授）已为建立数学物理学至高无上的地位而努力。可以用证据加以证明的是，他们的一些做法遭到了失败，这些失败与他们为大众包装牛顿学说的方式密切相关，也与把物理学作为一门科学来构思的方法密切相关。

　　如果我们要领悟不同国家对近代科学的不同贡献，理解 18 世纪新科学在欧洲大学和学院建立的途径是很重要的。至少法国和英国建立科学的不同态度有助于促进对两种对立的物理学传统的理解：一个数学性的，一个实验性的，因此而影响了两个国家对自然科学的态度。[78]

　　　　　　　　（阎晓星　阎　夏　王　跃　程路明　译　方在庆　校）

---

[78]　这种争论在 Laurence W. B. Brockliss 的《大革命与拿破仑时代法国科学旧体制与基础之下的数学教育》（L'Enseignement des mathématiques sous l'ancien régime et la fecondité de la science française à l'époque révolutionnaire et napoléonienne unpublished paper, 1994）中还有进一步发展。

4

科学机构与科学组织

詹姆斯·E. 麦克莱伦三世

    在欧洲科学组织化和建制化的历史进程中,18 世纪代表着一个非常独特的时期。与 16 世纪和 17 世纪科学的理性改革相伴随的是一场"组织化革命",而源于这一革命的科学事业在 18 世纪又再次得到了巩固。在 18 世纪,欧洲各国政府越来越支持科学的发展,并为科学建构了新的社会机构和组织形式,这表明了科学在此时期得到了巩固。由于意识到专家们关于自然界的知识的实用性之后,政府转而支持科学。

    科学在 18 世纪的重组是以模仿伦敦王家学会(1662)和法国王家科学院(1666),建立国家科学院作为核心的。重组的科学也包括建立天文台、植物园以及新的出版形式和科学交流形式。在 18 世纪,这种组织化、建制化了的典型的旧有科学体制风格业已成熟;而它们将在 19 世纪被同样独特的一种组织化科学的形式所取代,这种形式涉及专业的学会、学科杂志以及一种复兴的大学体系。

17 世纪的 "组织化革命"

    18 世纪科学的组织化和建制化特征是由 17 世纪的前身和构成了科学革命一部分的"组织化革命"发展而来的。[1]

    尽管在 17 世纪和 18 世纪,中世纪时期的大学仍在为科学和自然哲学提供组织制度方面的基础,但总体上来讲,在 17 世纪,作为科学新事物的机构核心,同时期的大学(亚里士多德哲学的堡垒)已然衰败了;而新的补充性场所的形成,为新科学的发展开辟了道路。尤其是文艺复兴晚期王公们的王庭更是成为了给许多科学人士及其研究

---

[1] 关于"组织化革命"(Organizational Revolution),参见 James E. McClellan III,《重组的科学:18 世纪的科学学会》(*Science Reorganized: Scientific Societies in the Eighteenth Century*, New York: Columbia University Press, 1985),第 2 章;现在仍可使用的较早的文献包括:Martha Ornstein,《17 世纪科学学会的作用》(*The Role of Scientific Societies in the Seventeenth Century*, Reprint: New York: Arno Press, 1975; original ed., 1928); Harcourt Brown,《17 世纪法国的科学组织》(*Scientific Organizations in Seventeenth Century France*, Reprint: New York: Russell & Russell, 1967; original ed., 1934)。

工作提供资助的中心和来源。[2] 1610 年,伽利略离开了他执教 18 年的帕多瓦大学前往佛罗伦萨的美第奇(Medici)宫廷,这一事件可以作为这种制度转换的标志。17 世纪科学制度史的特征就是开始脱离大学,哥白尼、第谷、开普勒、笛卡儿以及其他很多杰出科学人物的经历同样说明了这一点。

这些趋势中一个重要的部分是"文艺复兴"类型的新式科学院的产生。[3] 由早期那些致力于语言和文学研究的学术协会发展而来的新的组织机构,如林琴科学院(Accademia dei Lincei, 1603 ~ 1630,罗马)*和西芒托学院(Accademia del Cimento, 1657~1667,佛罗伦萨),纷纷开始从事科学研究并成为其会员的依托。文艺复兴类型的学会为 17 世纪科学组织业已变化的状况提供了说明;但是它们既无正式的章程,亦非国家支持的机构,由于它们都依赖于那些贵族赞助者的资助,因而"文艺复兴时期"的学会大多是昙花一现。同样的,17 世纪下半期,致力于科学研究的文艺复兴类型的学会的数量实际上在不断增加,其中,自然好奇心学院(Academia Naturae Curiosorum, 1677)在整个 18 世纪都是一家具有很高地位的科学和医学机构。

17 世纪重塑科学的组织和制度基础的运动在 60 年代创建伦敦王家学会和法国王

[2] 参见由 Bruce T. Moran 编撰的《资助与机构:欧洲宫廷的科学、技术和医学(1500 ~ 1750)》全集(*Patronage and Institutions: Science, Technology, and Medicine at the European Court, 1500—1750*, Rochester, NY: Boydell Press, 1991)。另可参见 Roger L. Emerson,《近代早期欧洲的科学组织及其追求》(The Organisation of Science and Its Pursuit in Early Modern Europe),载于 R. Olby、G. Cantor、J. Christie 和 A. Hodge 编,《近代科学史手册》(*Companion to the History of Modern Science*, London: Routledge, 1990),第 960 页~第 979 页。
[3] 关于文艺复兴类型的科学院,参看注释 1 和 Michele Maylender, 5 卷本《意大利科学院史》(*Storia delle Accademie d'Italia*, Bologna: L. Cappelli, 1926—30; reprint Rome: Arnaldo Forni, s. d.)。也可参见 W. E. Knowles Middleton,《实验者:西芒托学院研究》(*The Experimenters: A Study of the Accademia del Cimento*, Baltimore, MD: Johns Hopkins University Press, 1971);以及 Eric W. Cochrane,《托斯卡纳科学院的传统与启蒙(1690 ~ 1800)》(*Tradition and Enlightenment in the Tuscan Academies, 1690—1800*, Chicago: University of Chicago Press, 1961)。
* 又译为"猞猁科学院",意大利科学院的前身。——译者

8.9 　家科学院时达到了高潮。[4]有几项特征可以将伦敦王家学会、巴黎科学院以及后来的学会与此前的科学机构设置区分开来。18 世纪类型的科学学会是正式的法人组织，其章程由单一民族国家或其他权威当局发布。这些学会都会受到来自政府的不同程度的财政支持，相应地，它们也作为正式或非正式的政府机构的一部分来行使官方职能。这些学会也有资助人，但是这些资助人的作用已不再重要。它们态度鲜明地致力于自然科学的研究和发展。与大学不同的是，这些学会所承担的科学委托并不从属于其他制度上的目标，也无须从事教学活动。1700 年，在柏林成立了普鲁士科学学会，由莱布尼茨担任主席；这是继英国王家学会和巴黎科学院后出现的又一个重要的科学院，此后，科学团体的数量和重要性都在不断增加。

　　与这些发展同时发生的是，17 世纪的科学交流也出现了新的途径。此前，印刷本书籍、私人信件和个人的游历代表了科学界交流新闻和信息的主要方法。正式的通信网络的出现开始显著地改善了这些传统的方式；17 世纪 30 年代在西奥法斯特·雷诺多周围兴起的圈子便是一个著名的例子。但是与新兴的科学团体相联系的建制化的通信网络的诞生代表了一种更有力的变革。比如，在 17 世纪 60 年代和 70 年代，亨利·奥尔登伯格独自一人，凭借他作为伦敦王家学会秘书的身份，通过其广泛的通信

〔4〕 关于巴黎科学院和王家学会的文献很完备。关于巴黎科学院，参看 Roger Hahn，《对一所科学机构的剖析：巴黎科学院（1666 ～ 1803）》（ *The Anatomy of a Scientific Institution: The Paris Academy of Sciences, 1666—1803*, Berkeley: University of California Press, 1971; paperback ed., 1986）；Éric Brian 和 Christiane Demeulenaere-Douyère 编，《科学院历史与备忘录：研究指南》（ *Histoire et Mémoire de l'Académie des sciences: Guide de recherches*, London: Tec & Doc, 1996）；以及 David J. Sturdy，《科学与社会地位：科学院院士（1666 ～ 1750）》（ *Science and Social Status: The Members of the Académie des Sciences, 1666—1750*, Woodbridge, Suffolk, UK: Boydell Press, 1995）。关于早期的科学院，参看 Alice Stroup，《科学家团队：17 世纪巴黎王家科学院的植物学研究、资助与社团》（ *A Company of Scientists: Botany, Patronage, and Community at the Seventeenth-Century Parisian Royal Academy of Sciences*, Berkeley: University of California Press, 1990）；David Lux，《17 世纪法国的赞助与王家科学：卡昂的物理学院》（ *Patronage and Royal Science in Seventeenth-Century France: The Académie de Physique in Caen*, Ithaca, NY: Cornell University Press, 1989）；以及 Marie-Jeanne Tits-Dieuaide, "Les savants, la société et l'état: À porpos du 《revouvellement》 de l'Académie royale des sciences (1699)"，载于《学者杂志》（ *Journal des Savants*），Janvier-Juin 1998，第 79 页～第 114 页。一篇往往被人忽略的重要文章是 Rhoda Rappaport，《巴黎科学院的特权》（ The Liberties of the Paris Academy of Sciences, 1716—1785），载于 Harry Woolf 编，《分析的精神：纪念亨利·盖拉克的科学史论文集》（ *The Analytic Spirit: Essays in the History of Science in Honor of Henry Guerlac*, Ithaca, NY: Cornell University Press, 1981）。
　　关于王家学会，参见 Michael Hunter，《建立新科学：王家学会的早期历程》（ *Establishing the New Science: The Experience of the Early Royal Society*, Woodbridge, Suffolk, UK: Boydell Press, 1989）以及他的《王家学会及其会员（1660 ～ 1700）：早期科学机构的结构》（ *The Royal Society and Its Fellows, 1660—1700: The Morphology of an Early Scientific Institution*, Chalfont St. Giles, Bucks, UK: British Society for the History of Science, 1982）；Richard Sorrenson，《关于 18 世纪的王家学会历史》（ Towards a History of the Royal Society in the Eighteenth Century），《伦敦王家学会记录及档案》（ *Notes and Records of the Royal Society of London*），50（1996），第 29 页～第 46 页；David P. Miller，《"走进黑暗之谷"：关于 18 世纪伦敦王家学会的反思》（ "Into the Valley of Darkness": Reflections on the Royal Society in the Eighteenth Century），《科学史》（ *History of Science*），27（1998），第 155 页～第 166 页；Marie Boas Hall，《促进实验知识：实验与伦敦王家学会（1660 ～ 1727）》（ *Promoting Experimental Learning: Experiment and the Royal Society, 1660—1727*, Cambridge University Press, 1991）。比较有价值的较早的文献是 Henry Lyons，《伦敦王家学会（1660 ～ 1940）：许可授权下的管理史》（ *The Royal Society, 1660—1940: A History of Its Administration under Its Charters*, Reprint: New York: Greenwood Press, 1968; original ed., 1944）。

者的网络,使得欧洲范围内的科学交流充满了活力。[5]

　　17 世纪 60 年代,科学期刊的出现标志着 17 世纪"组织化革命"的最后一项新事物。1665 年,《学者杂志》(*Journal des Sçavans*)*开始在巴黎发行,随之,伦敦王家学会的《哲学汇刊》(*Philosophical Transactions*)也于同年问世。科学期刊的出版比书籍更为及时,其受众范围也比信件更加广阔。事实上,期刊创立了科学论文,将其作为发布科研成果的标准单位。《哲学汇刊》由王家学会这一机构提供资助,这就树立了一个先例,将新兴的科学期刊与科学学会相互联系起来,而 18 世纪的科学学会几乎普遍效仿了这一先例。

　　17 世纪的"组织化革命"导致同时代科学的组织化和建制化特征发生了根本变化。政府更为直接的干涉业已显现。但是,直到下一个世纪,当这种对于科学与自然知识的组织与探究的独特的 18 世纪风格成熟起来之后,人们才感受到了这些变化的全部影响。

科学院时代

　　仿效伦敦王家学会和巴黎王家科学院建立起来的学术学会(learned societies)是 18 世纪科学组织和机构的主体,而事实上,18 世纪也被称作"科学院时代"。[6]

　　作为欧洲范围内建制化运动的一部分,官方科学学会的数量在 1700 年后呈几何级数增长。大约在 1750 年前后这段时期,一些主要的国家科学学会纷纷建立:伦敦

〔5〕 关于这几点,参见 John L. Thornton 和 R. I. J. Tully,《科学书籍、图书馆和收藏家:与科学相关的图书贸易的文献研究》(*Scientific Books, Libraries & Collectors: A Study of Bibliography and the Book Trade in Relation to Science*, London: The Library Association, 1971),第 1 章～第 4 章;David A. Kronick,《科学与技术期刊史:科学技术出版的起源与发展(1665～1790)》(*A History of Scientific & Technical Periodicals: The Origins and Development of the Scientific and Technical Press, 1665—1790*, Metuchen, NJ: Scarecrow Press, 1976),第 2 版,第 1 章～第 4 章;A. Rupert Hall 和 Marie Boas Hall 编译,13 卷本《亨利・奥尔登伯格书信集》(*The Correspondence of Henry Oldenburg*, vols. 1—9: Madison: University of Wisconsin Press, 1965—73; vols. 10—11: London: Mansell; vols. 12—13: London: Taylor & Francis, 1983—6);Howard M. Solomon,《17 世纪法国的公众福利、科学以及宣传活动:西奥法斯特・雷诺多的革新》(*Public Welfare, Science, and Propaganda in Seventeenth Century France: The Innovations of Théophraste Renaudot*, Princeton, NJ: Princeton University Press, 1972)。

＊ 《学者杂志》(*Journal des Sçavans*)由法国作家德尼・德萨洛(Denis de Sallo, 1626～1669)创立,是欧洲最早出版的科学期刊,尽管一开始它还刊登一些非科学的内容,如著名人物的讣告、教堂史和法律报告。第一期于 1665 年 1 月 5 日出版,比 1665 年 3 月 6 日出版的伦敦王家学会《哲学汇刊》(*philosophical Transactions*)早两个月。在法国大革命期间,该刊于 1792 年停刊。1797 年复刊后,改名为"*Journal des Savants*",但一直不定期出版,直至 1816 年才走上正轨。该刊从此不再刊登任何重要的科学内容,更像一个文学期刊了。——校者

〔6〕 贝尔纳・德・丰特内勒在 18 世纪杜撰了这一短语。参见 Roger Hahn,《科学院时代》(The Age of Academies),载于 Tore Frängsmyr 编,《重访所罗门宫:科学的组织化和建制化》(*Solomon's House Revisited: The Organization and Institutionalization of Science*, Canton, MA: Science History Publications, 1990),第 3 页～第 12 页;McClellan,《重组的科学》,第 1 章。另可参见 Robin E. Rider,《文献后记》(Bibliographical Afterword),载于 Tore Frangsmyr、J. L. Heilbron 和 Robin E. Rider 编,《18 世纪的量化精神》(*The Quantifying Spirit in the 18th Century*, Berkeley: University of California Press, 1990),第 381 页～第 396 页,特别是 387 页～第 388 页;Mary Terrall,《腓特烈大帝时代柏林的科学文化》(The Culture of Science in Frederick the Great's Berlin),《科学史》,28(1990),第 333 页～第 364 页。Harry Render 提供了一个奇怪但有趣的观点,在《科学的建制化:批判性的综合》(The Institutionalization of Science: A Critical Synthesis),《社会认识论》(*Social Epistemology*),1(1987),第 37 页～第 59 页。关于 18 世纪法国科学院的最好文献是 Daniel Roche, 2 卷本《启蒙时代:外省学会与成员(1680～1789)》(*Le siècle des lumières en province: Académies et académiciens provinciaux, 1680—1789*, Paris: Mouton, 1978)。

（1662）、巴黎（1666）、柏林（1700）、圣彼得堡（1724）以及斯德哥尔摩（1739）。同一时期，一些主要的地方性和区域性的学会也在蒙彼利埃（1706）、波尔多（1712）、博洛尼亚（1714）、里昂（1724）、第戎（1725/1740）、乌普萨拉（1728）和哥本哈根（1742）等地兴起。18 世纪下半叶，一些欧洲小国和地区也出现了科学学会：哥廷根（1752）、都灵（1757）、慕尼黑（1759）、曼海姆（1763）、巴塞罗那（1764）、布鲁塞尔（1769）、帕多瓦（1779）、爱丁堡（1783）、都柏林（1785）以及其他一些地方。学术学会运动变成了一股建制化潮流，该潮流如此之强大，以至于当荷兰缺乏一个相应的地方机构时，荷兰科学学会（1752）就应运而生！至 1789 年为止，从北部的特隆赫姆的挪威王家科学与文学学会（1760）到南部的那不勒斯的王家科学与文学学会（1778），从东部的圣彼得堡的帝国科学院（1724）到西部的里斯本王家科学院（1779），大约有 70 余家正式设立的科学学会遍布欧洲各地。

　　至少对于城市居民的某个阶层来讲，学术学会的建立代表了同时代交际活动的一种表现；作为对于那些精英组织的补充，许多非官方组织的出现也壮大了那些正式设立的机构所形成的队伍。其中一些，如但泽的自然研究协会（1743）虽然一直都是私人性质的，但却具有很高的地位。18 世纪末期，其他很多学会也逐渐获得正式承认。最近的研究表明，很多存在时间很短的学会也曾遍及英国、低地国家*、德意志和意大利，从而将科学领域与古典教育带到了大大小小的城市中心和文化社团。[7] 18 世纪末期，在英国出现了一种与众不同的地方学会形式——文学和哲学学会；曼彻斯特（1781）、德比（1783）和泰恩河畔的纽卡斯尔（1793）的文学和哲学学会便是一些早期的例子；这种地方学会的数量在 19 世纪不断增长。私人组建的伯明翰月光社（Lunar Society of Birmingham, 1766～1791）拥有颇负盛名的成员，包括约瑟夫·普里斯特利、詹姆斯·瓦特、马修·博尔顿和伊拉斯谟·达尔文**等人在内。在法国，尤其是当大革命即将来临

---

* 　　低地国家，指荷兰、比利时、卢森堡三个国家。——校者

〔7〕　除了 Roche 的《启蒙时代》之外，还可参见 Gwendoline Averley，《18 世纪和 19 世纪早期英国的科学学会》（English Scientific Societies of the Eighteenth and Early Nineteenth Centuries, Ph. D., Council for National Academic Awards, UK, 1989），摘要载于《国际学术论文摘要》（*Dissertation Abstracts International*, 1991），第 51 卷，第 2854A 页。Henry Lowood 的《德意志启蒙运动时期的爱国主义精神、利润与科学的推广：经济与科学学会（1760～1815）》（*Patriotism, Profit, and the Promotion of Science in the German Enlightenment: The Economic and Scientific Societies, 1760—1815*, New York: Garland Publishing, 1991）；Karl Hufbauer，《德意志化学共同体的形成（1720～1795）》（*The Formation of the German Chemical Community, 1720—1795*, Berkeley: University of California Press, 1982），特别是附录二部分；W. W. Mijnhardt，《为了人类的福利（1750～1815 年间荷兰的文化团体）》（*Tot Heil van't Menschdom: Culturele genootschappen in Nederland, 1750—1815*, Amsterdam: Rodopi, 1988）；Amedo Quodam，《科学和科学院》（La sienze e l'Accademie），载于 Laetitia Boehm 和 Enzio Raimondi 编，《16～18 世纪意大利和德意志的科学院和科学团体》（*Università, Accademie e Società scientifiche in Italia e in Germania dal Cinquecento al Settecento*, Bologna: Il Molino, 1981），第 21 页～第 69 页；Ugo Baldini 和 Luigi Besana，《科学院的机构与功能》（Organizzazione e funzione delle accademie），载于 Gianni Micheli 编，《意大利史年鉴 3：从文艺复兴至今的文化和社会之中的科学和技术》（*Storia d'Italia. Annali 3: Scienza e tecnica nella cultura e nella società dal Rinascimento a oggi*, Turin: G. Einaudi, 1980），第 1323 页～第 1330 页；Brendan Dooley，《18 世纪意大利的科学、政治和社会：意大利学者会刊及其世界》（*Science, Politics, and Society in Eighteenth-century Italy: The Giornale de' letterati d'Italia and Its World*, New York: Garland Publishing, 1991）；也可参见 Paula Findlen 的评论文章《从阿尔德罗万迪到阿尔加罗蒂：近代早期意大利科学的轮廓》（From Aldrovandi to Algarotti: The Contours of Science in Early Modern Italy），《英国科学史杂志》（*British Journal for the History of Science*），24（1991），第 353 页～第 360 页。

** 　　查尔斯·达尔文的祖父。——校者

之际,出现了一系列广受欢迎的博物馆和大学预科院校来交流学术界的发现。[8]

为什么在西方几乎每个政府(无论是神圣罗马帝国还是作为美国雏形的宾夕法尼亚联盟)都要设立科学学会呢? 这主要是人们意识到了这些机构的效用。在政府与这些机构的等价交换中,科学学会提供专业的技术知识以支持政府。作为回报,这些科学学会获得认可、帮助以及少许管理自身事务的自主性。[9]例如,巴黎科学院就对专利申请进行评判,伦敦王家学会也不时地就诸如保护建筑物免受雷击等问题向政府提供一些专家意见。小型的学会也可能在地区发展中为当地政府部门提供帮助。例如,波尔多科学院就曾为此出版了一份关于吉耶纳省周边环境的 6 卷本博物学调查报告(1715~1739)。作为回报,这些学会获得正式的认可,并得以合法地存在,而且经常获得财政支持。总的说来,它们也可以自由地推选(以及管理)它们自己的会员,自由出版以及倡导一些科研项目。

人们应将 18 世纪的科学学会置于当时学术组织的更大背景之中来看待。最著名的那些科学学会通常都专门致力于自然科学的研究,但是很多学会,尤其是一些地方性学会,也融合了对其他一些学科的兴趣,例如纯文学(belles-lettres)。举例来说,1744年由腓特烈二世重组的普鲁士王家科学和文学学院(Académie royale des sciences et belles-lettres)就包括一个专门研究思辨哲学的部门! 因而,18 世纪的科学学会是与语言学会(如法兰西学院,1635 年)、纯文学和文学协会、致力于技术与机械工艺的学会(如伦敦的王家工艺学会,1754 年)、美术和建筑学会、医学和外科学会、农学会、经济发展学会以及其他各种专业学会并驾齐驱的。在 18 世纪,文化研究组织(不仅是科学)的典型就是学术团体的形式。

在科学院和学会自身之间也可以进行实用的区分。伦敦王家学会和巴黎科学院这两个原型就是例证。一般而言,学会的成员更多,组织结构也不明显,能够获得的政府支持并不多,并且认为它们自己比起其姊妹组织学院而言更加"独立"。以王家学会为例,它并不是定期获得政府基金,而是依靠会员的会费来维持日常运作。王家学会平均约有 325 名会员,其中绝大多数是业余爱好者和纯粹的社会人士。在召开周会期间,王家学会是不可能持续进行科研工作的;在开月会时则由 21 个成员组成的管理委员会处理机构的实际事务。与学会相反,科学院的政府机构特色更为明显,其成员人数较少,限制更为严格,通常会收到薪金,并且其公务的界定也更加清晰。例如法国政府就为巴黎科学院提供场所,为其运作提供基金,并为其高级会员提供津贴。巴黎科

〔8〕 McClellan,《重组的科学》,第 148 页~第 149 页,附录二;Robert E. Schofield,《伯明翰月光社:18 世纪英格兰地方科学和工业的社会史》(The Lunar Society of Birmingham: A Social History of Provincial Science and Industry in Eighteenth Century England, Oxford: Clarendon Press, 1963);Hahn,《对一所科学机构的剖析》,第 107 页。

〔9〕 关于这一点,参见 Charles C. Gillispie,《旧体制末期法国的科学与政体》(Science and Polity in France at the End of the Old Regime, Princeton, NJ: Princeton University Press, 1980)一书的各处和"结论"部分;McClellan,《重组的科学》,第 25 页~第 34 页;还可参见 Robin Briggs,《王家科学院与对实用性的追求》(The Académie Royale des Sciences and the Pursuit of Utility),《过去与现在》(Past and Present),131(1991),第 38 页~第 88 页。

学院每周开两次会,其常驻会员包括约 45 名承担义务的科学工作者。相比较而言,其会议务实而有效。(顺便提一句,一个机构的名称并不能可靠说明其类型;比如,蒙彼利埃的王家科学学会就是一所科学院!)

　　尽管科学院和学会之间的差异是真实存在的,但是如果凭此将其截然区分开来就过于极端了。一种更为准确的观点认为学院与学会功能相似,但却带有两种不同文化领域的特征:学会来自沿海的、新教徒的、相对而言更为民主的欧洲国家;而科学院则来自欧洲大陆的、天主教的、相对而言更为专制的政权。归根结底,与其区分科学院和学会,倒不如不论类型如何,将其由上往下按照等级依次分为国家机构,区域性、地区性和地方性协会,一直到大多数存在时间短暂的业余爱好者小组,实际证明这种做法更为有效。

　　18 世纪的科学院和学会以各种各样的方式促进了自然科学的发展。会员在学会会议上呈交其研究成果。以巴黎科学院的年刊《历史与纪录》(Histoire et mémoires)为代表的各学术团体的学报很快就成了发表科研成果的主要媒介。通过资助成千上万的有奖竞赛,科学院对研究工作进行了积极的指导,这些大奖赛对于那些就赞助机构所设定的主题而进行的工作提供了经济奖励和发表途径。巴黎科学院于 1737 年提出关于火的本质的问题,以伏尔泰和沙特莱侯爵夫人获胜告终,这就是一个著名的事例。这些机构也直接从事研究工作;18 世纪 30 年代,为了测量地球的形状并裁夺信奉牛顿学说者和信奉笛卡儿学说者之间的争议,巴黎科学院曾派探险队赴拉普兰和秘鲁考察,这都是著名的例子。18 世纪的科学学会也从事一些公共的项目。1761 年和 1769 年,在科学学会的带领下,协调各方努力观测金星凌日的活动,这是 18 世纪最大规模的科研事业。在曼海姆气象学会(1780～1795)的主动资助下,从世界各地搜集气象数据的活动也是一项同样艰巨的事业,尽管不是那么为人所熟知。[10]

　　在 18 世纪中期,欧洲的科学学会开始了各机构间相互的正式接触(尤其是通过出版物的定期交流),并融合成为了一个欧洲范围的机构体系。各学会间相互的荣誉会员和通讯会员的当选,也加强了这些联系。在 18 世纪下半叶,彼此间的合作项目巩固了那些横跨 18 世纪欧洲的科学院和学会之间的国际网络的现实存在。本着这种精神,我们可以提及几项将大批的学会正式联系起来的开创性工作。18 世纪 70 年代中期,孔多塞统一法国各地科学院的计划失败了,而在阿拉斯科学院的带领下,始于 1785

〔10〕　McClellan,《重组的科学》,第 6 章;John L. Greenberg,《从牛顿到克莱罗时期地球的形状问题:18 世纪巴黎数学科学的兴起和"常规"科学的衰败》(The Problem of The Earth's Shape from Newton to Clairaut: The Rise of Mathematical Science in Eighteenth-Century Paris and the Fall of "Normal" Science, Cambridge University Press, 1995 年);David C. Cassidy,《曼海姆的气象学:巴拉丁气象学会(1780～1795)》(Meteorology in Mannheim: The Palatine Meteorological Society, 1780—1795),载于《苏特霍夫档案》(Sudhoffs Archiv),69(1985),第 8 页～第 25 页。关于对金星的观测,最好的记载来自于 Harry Woolf,《金星凌日:18 世纪科学之研究》(The Transits of Venus: A Study of Eighteenth-Century Science, Princeton, NJ: Princeton University Press, 1959)。

年的一次地方性尝试却获得了成功。在德意志,各个科学院的成功联合始于1794年。[11]

从社会学的角度来讲,18世纪的科学学会显示了地方性和国际性科学团体的特色,而一个人所属的学术团体的成员数量和质量也就表明了它在当代科学界中的地位。在少数例子中,科学学会为人们从事专职科学研究提供制度上和经济上的保障。数学物理学家莱昂哈德·欧拉就是一例。欧拉的整个职业生涯都是在科学院中度过的。他的职业生涯始于圣彼得堡科学院(1727~1741),然后转到柏林科学院(1741~1766),最终又回到圣彼得堡科学院(1766~1783)。拉格朗日从都灵科学院高就于柏林科学院,最终又来到巴黎科学院,他的例子也说明18世纪的科学院构成了科学职业生涯的制度基础。[12]

当时人们的思想意识将科学院和学会当成了"文坛的各种殖民地";而事实上,它们在当时大众的文化中所做的很多联合活动也将这些科学人士与科学机构巩固为了一个超越国界的整体。同样,也有其他力量在反对启蒙运动的世界主义:各国政府的民族经济利益、地方主义、使各学术机构相互对立的排他主义(尤其是在意大利)、语言障碍、还有宗教观念的差异——所有这些都削弱了文学界和当时科学学会的国际体系的凝聚力。[13]

95

期 刊

期刊是18世纪组织化科学结构中的一个重要组成部分;并且,如前所述,科学学会的学报是18世纪科学出版的主要手段。[14]巴黎科学院及其姊妹科学院的特色是每年或更长一段时期都会出版成卷的论文集。伦敦王家学会的《哲学汇刊》大约每季度出版一次,其他一些机构有时候也发行季刊。这些科学学会的期刊出版专注于科学,但并不局限于某一个专业或学科。科学学会的论文集并没有囊括当时整个的科学出

[11] Roche,《启蒙时代》(*Le siècle des lumières*),第1卷,第68页~第74页;McClellan,《重组的科学》,第182页~第187页。

[12] McClellan,《重组的科学》,第7章;John Gascoigne,《18世纪的科学共同体:一项群体志研究》(The Eighteenth-Century Scientific Community: A Prosopographical Study),载于《科学的社会研究》(*Social Studies of Science*),25(1995),第575页~第581页。比较Roger Hahn,《18世纪法国的科学职业》(Scientific Careers in Eighteenth-Century France),载于M. Crosland编,《科学在西欧的出现》(*The Emergence of Science in Western Europe*,New York: Science History Publications, 1976),第127页~第138页,以及Hahn,《18世纪巴黎的科研职业》(Scientific Research as an Occupation in Eighteenth-Century Paris),《密涅瓦》(*Minerva*),13(1975),第501页~第513页;还可参见Charles B. Paul,《科学与永恒:对巴黎科学院的颂扬(1699~1791)》(*Science and Immortality: The Éloges of The Paris Academy of Sciences, 1699—1791*, Berkeley: University of California Press, 1980),第5章。

[13] 关于这几点,参见James E. McClellan III,《欧洲的学术团体:向心力、离心力》(L'Europe des Académies: Forces centripètes, forces centrifuges),载于《18世纪》(*Dix-Huitième Siècle*),25(1993),第155页~第165页;以及Lorraine Daston,《启蒙运动时期文学界的理想与现实》(The Ideal and Reality of the Republic of Letters in the Enlightenment),《背景中的科学》(*Science in Context*),4(1991),第367页~第386页。

[14] 参看Thornton和Tully,《科学书籍、图书馆和收藏家》;Kronick,《科学与技术期刊史》。

版;而有些独立的期刊,如《学者杂志》、耶稣会的《科学与艺术史评论》(*Mémoires de Trévoux*)*、皮埃尔·培尔的《文坛纪要》(*Mémoires de la République des Lettres*)和莱布尼茨的《博学学报》(*Acta Eruditorum*)都为欧洲的读者提供了重要的途径,使其能够了解科学和自然哲学领域中的发展状况。然而,作为大多数知名学者们首次发表其科研成果的媒介,科学学会的出版物还是最为重要的。当时,其余的科学出版机构发表的大多是些没有多大创意的材料。换言之,有创造性的科研论文大多是出现在科学学会的出版物中的。各学会之间也系统地分发各自的刊物,这就使得其他学会的会员,确切地讲,也就是那些对科学学会的出版物最感兴趣的读者,更容易得到这些刊物。[15]

　　尽管科学学会的出版物主宰着 18 世纪的科学出版业,但是当时的这种做法也遇到了一些问题,随着 18 世纪的消逝以及科研活动步伐的加快,这些问题也随之增多。[16]语言障碍便是困难之一,因为拉丁语出版物业已衰落,主流科学家们发现同行们用诸如英语或瑞典语等本国语言所著的作品不易理解。为此,一些科学院和学会在其内部开展了一些翻译活动。类似的,从 1755 年到 1779 年,一套 13 卷的外文丛书《学术大全》(*Collection Académique*)也在巴黎陆续出版。正如其名称所表明的那样,这套丛书的目的是把国外主要学术团体的学报译成通用的法语,以便人们利用。

　　然而,学会论文集在出版时间方面的延误却是一个令人头疼的问题。例如,一篇论文从在巴黎科学院宣读到在该学院的学会纪要上发表的时间间隔竟会长达 7 年;平均的间隔时间也会有 3 年之久,这种延误越来越令人难以接受。在这种情况下,一家名为《物理、博物学与艺术观察报》(*Observations sur la physique, sur l'histoire naturelle et sur les arts*)的杂志脱颖而出,也就是人们所熟知的《罗泽学报》(*Rozier's Journal*)。从 1772 年起,弗朗索瓦·罗泽神父开始在巴黎出版该学报。值得注意的是,该学报每月出版一次,为读者带来了关于科学界的前所未闻的最新消息。罗泽抱定决心要为积极地从事科研活动的人员提供信息,这就使得该学报不同于那些毫无创意的出版物,也不同于那些也许具有更多档案功能的各机构的学报,当然后者有待讨论。然而,罗泽从事于这项事业并不是与各学会的出版物或工作程序相抗衡,而是表明了现有科学学会的中心地位。相应地,在巴黎科学院的帮助下,罗泽赢得了欧洲和美洲许多学术学会的支持,他也利用这些学会的发行系统在国际范围内发行他的刊物。

　　科学研究出版物的这种 18 世纪的独特形式一直保持稳定,直到 18 世纪末期,分学科的期刊本身才开始出现。克雷尔的《化学学报》(1778)、柯蒂斯的《植物学杂志》

---

*　　*Mémoires de Trévoux*,又称 *Journal de Trévoux* 或 *Mémoires pour l'Histoire des Sciences & des Beaux-Arts*,是 18 世纪法国最有影响同时又最有争议的期刊之一。从 1701 年 1 月到 1767 年 12 月,每月出版一期,共有 878 卷。——校者

〔15〕 旧体制下科学院和学会的图书馆仍然有待系统地研究。科学院在王家图书馆开会,给巴黎的会员提供重要的书目和科学资料。除此之外,同时代的大学图书馆不同凡响的收藏尚不为人所知,而且对机构图书馆和私人图书馆的使用权通常都是有限制的。

〔16〕 关于这几点,参见 James E. McClellan III,《过渡中的科学出版社:罗泽学报与 18 世纪 70 年代的科学学会》(The Scientific Press in Transition: Rozier's Journal and the Scientific Societies in the 1770s),载于《科学年鉴》(*Annals of Science*),36(1979),第 425 页～第 449 页。

（1787）、《化学纪事》（1789）和《物理学纪事》（1799）的出版既标志着一种新式科学出版物的产生，实际上也标志着：在进入 19 世纪以后，作为一个整体来看，组织化的科学又有了一种新的形式。

大学和学院

尽管在 18 世纪时期，科学院和学会成了科学活动中最为活跃的中心，但是从全球角度来看，传统的大学和学院还在继续为科学的组织提供着重要的、或许是最为重要的制度基础。就像劳伦斯·布罗克利斯在本卷第 3 章中所详述的那样，18 世纪的大学和学院总体上仍然保留着它们中世纪时期的智力特征和机构特征。[17] 首先，它们还是教学机构，并且一般而言，18 世纪时期的大学和学院并不是科学研究或创新的进步中心。况且，对于当时的科学界来讲，大学还发挥着"守门人"的重要作用，因为在 18 世纪几乎每一个发表过研究论文的人都曾在某个大学注册过。大学给学生讲授自然科学并使他们接触自然科学，而且绝大多数未来的科学学会成员最初都是通过大学来接触学术界的。像荷兰的布匹商人兼显微学家安东·凡·列文虎克（1632～1723）这样的特例是少之又少，这种匮乏确切地"证明"了这一规则。类似的，尽管如前所述 18 世纪时各国的民族语言开始盛行，但是拉丁语仍然是大学里的母语；当时想要进入科学界并涉足其资源，掌握拉丁语也是绝对必要的条件。

少数进步的机构开始接纳那些赞成前沿科学精神和内容的意见和个人。实验和数学上的牛顿学说逐渐渗入大学文化，尤其是荷兰的大学，更是作为先进的科学教学中心而声名远播，这主要是因为莱顿大学的威廉·雅各·范·格雷弗桑德（1688～1742）的工作和著作，他主张运用实验来讲授自然哲学。在法国，王家学院（1530）经历了一系列的改革（尤其是在 1774 年），这些改革使得解剖学、天文学、植物学、化学、数学、力学、实验物理学和"普通"物理学等科学领域中产生了很多科学职位。这些改革也使得

〔17〕 参见本卷第 3 章，《科学、大学和其他公共领域：欧洲和美洲的科学教育》（Science, the Universities and other Public Spaces: Teaching Science in Europe and the Americas）。还可参见 Laurence Brockliss,《17 世纪和 18 世纪法国的高等教育》（French Higher Education in the Seventeenth and Eighteenth Centuries, Oxford: Oxford University Press, 1987），特别是第 7 章；以及 Hilde de Ridder-Symoens 编，《欧洲大学史》第 2 卷《近代早期欧洲的大学（1500～1800）》（A History of the University in Europe, Volume Two: Universities in Early Modern Europe(1500—1800), Cambridge University Press, 1996）。在这种背景下，Michael Heyd 的《在正统与启蒙之间：让－罗伯特·舒埃与日内瓦科学院中笛卡儿科学的传入》（Between Orthodoxy- and the Enlightenment: Jean-Robert Chouet and the Introduction of Cartesian Science in the Academy of Geneva, The Hague: M. Nijhoff, 1982）和 Edward Grant Ruestow 的《17 世纪和 18 世纪莱顿的物理学：大学中的哲学和新科学》（Physics at Seventeenth- and Eighteenth-Century Leiden: Philosophy and the New Science in the University, The Hague: M. Nijhoff, 1973）仍值得参考。John Gascoigne,《重估科学革命中大学的作用》（A Reappraisal of the Role of the Universities in the Scientific Revolution），载于 David C. Lindberg 和 Robert S. Westman 编，《重估科学革命》（Reappraisals of the Scientific Revolution），第 207 页～第 260 页。此文尽管主要是关于 17 世纪的，却也很好地解释了目前正在考虑的问题。

王家学院成为法国高等科学知识和科学教学的最重要的场所。[18] 苏格兰的大学也作为同样的开明机构而闻名于世。由于有着诸如爱丁堡大学的约瑟夫·布莱克这样的教授,来自欧洲各地的学生都涌入苏格兰的大学学习,尤其是学习医学。格雷弗桑德、布莱克以及更早时候的牛顿等人的例子同样也都清楚地表明,大学像几个世纪以来所做的一样,为科学教授提供职位。尽管 18 世纪的大学教授们整体来讲并不杰出,但还是有像哥廷根大学的阿尔布莱希特·冯·哈勒和乌普萨拉大学的林奈这样一些人,是利用大学里的职位(大多是在医学院)来成就其在科学领域内辉煌的职业生涯的。

在某种情况下,科学院源自大学背景,而后又并入传统的大学结构中。作为博洛尼亚大学的一个"研究"分支机构的博洛尼亚研究院(Institute of Bologna)就曾合并了著名的博洛尼亚科学院(1714),该大学的教授同时也是博洛尼亚科学院的院士。同样地,在圣彼得堡,帝国科学院的院士们也在相关的大学和大学预科中任职。在其他一些大学城中,科学院和大学也变得密切相关起来。举例来说,哥廷根大学和王家科学学会(Königliche Societät der Wissenschaften, 1752)的关系就非常密切,同样蒙彼利埃大学和王家科学学会(Société royale des sciences)也是如此。在巴黎,王家学院的成员和科学院的会员就是相互交叠的,二者之间联系广泛。[19] 因而尽管 18 世纪的科学院在很多方面取代大学而成为科学活动的重要核心,但是从科学组织的整体来讲,这些科学院是对大学进行了有益的补充,而胜过与大学相互竞争。

天文台

天文台构成了 18 世纪建制化科学赖以依存的另一根支柱。[20] 天文台这种机构最初是在伊斯兰世界兴起的,由于天文台的建筑、设备和人员方面需要巨大的费用开销,因此,天文台需要大量的资助。对于文艺复兴时期的欧洲来讲,第谷·布拉赫于 16 世纪晚期在丹麦的文岛(Hveen)上建立的天堡(Uraniborg)和星堡(Stjerneborg)两个天文

---

[18]　关于这几点,参见 J. L. Heilbron,《17 世纪和 18 世纪的电学》(Electricity in the 17th & 18th Centuries, Berkeley: University of California Press, 1979),第 14 页,第 142 页;Thomas L. Hankins,《科学与启蒙运动》(Science and the Enlightenment, Cambridge University Press, 1985),第 46 页~第 50 页;A. Rupert Hall, "'s Gravesande, Willem Jacob",《科学传记词典(五)》(Dictionary of Scientific Biography, V),第 509 页~第 511 页。关于王家学院,参见 Gillispie,《旧体制末期法国的科学与政体》,第 130 页~第 143 页;Jean Torlais 的文章,载于 René Taton 编,《18 世纪法国科学的教育与传播》(Enseignement et diffusion des sciences en France au XVIIIᵉ siècle, Paris: Hermann, 1964, [reprint, 1986]),第 261 页~第 286 页。

[19]　Sturdy,《科学与社会地位》,第 9 页~第 10 页;Hahn,《对一所科学机构的剖析》,第 72 页及其后;见 McClellan,《重组的科学》,第 12 页~第 13 页。

[20]　对于 18 世纪天文台的全面研究还有待进行。关于这种研究的起点,可参阅 Claire Inch Moyer,《银色圆穹:世界天文台名录》(Silver Domes: A Directory of Observatories of the World, Denver, CO: Big Mountain Press, 1955),和 C. André、G. Rayet 以及 A. Angot,《欧洲和美洲自 17 世纪至今以来的天文学实践与天文台》(L'Astronomie pratique et les observatoires en Europe et en Amérique, depuis le milieu du XVIIᵉ siècle jusqu'à nos jours, Paris: Gauthier-Villars, 1874—8)。关于较为有名的法国的情形,参阅 Roger Hahn,《18 世纪法国的天文台》(Les observatoires en France au XVIIIᵉ siècle),载于 Taton 编,《18 世纪法国科学的教育与传播》,第 653 页~第 665 页;关于巴黎天文台,参阅 Gillispie,《旧体制末期法国的科学与政体》,第 99 页~第 130 页。

台就说明了这一点。第谷那些不同寻常的装置完全来自于丹麦国王腓特烈二世的资助。第谷本人也曾夸耀说他的一台设备就比一名大学教授的年薪还要高！考虑到当时的组织化科学主要是"文艺复兴"类型的，因而当王室不再提供资助时，第谷不得不转向布拉格，向那里的王室求助。[21]

18 世纪的天文台的特点在于它并不依赖于文艺复兴时期那种类型的王室资助，而是被直接并入了国家机构。在这方面，法国和英国的君主政府又领先一步：1668 年，巴黎建立了王家天文台，1675 年英国也在格林尼治建立了王家天文台。随后，柏林（1708）、圣彼得堡（1725）和斯德哥尔摩（1753）等地陆续建立了国家天文台，而在博洛尼亚（1723）、乌普萨拉（1742）、马赛（1749）、加的斯（1753）、米兰（1760）、帕多瓦（1767）和曼海姆（1774）等地也建立了一些重要的地方性天文台。大量的私人设施也对这些官方天文台进行了补充，其中包括由耶稣会士们充当职员的一系列的观测站。到 18 世纪末，全球各地已分布有 130 个天文台。[22]

国家天文台使得建制化了的天文学开始为政府服务。因而，尤其是航海事务和经度问题，为建立格林尼治天文台和巴黎天文台提供了明确的理由，这一点毫不足奇。[23]巴黎天文台，这个卡西尼家族四代相继工作的所在地，也就成了长达一个多世纪的绘制法兰西王国地图等相关工作的机构中心。[24]巴黎天文台和其他一些国家天文台都出版了天文历表、历法、历书以及与天文和航海相关的、具有明显实用价值的书籍。与 18 世纪之前受资助的天文学的普遍做法形成对比的是，就人们所知，这些天文台没有产生出过什么占星天宫图。

作为一种特色，重要的天文台会对科学学会产生密切的、并且常常是正式的影响，反之亦然。伦敦王家学会开始以"视察员"的身份对格林尼治天文台行使监察权。在巴黎，王家天文学家们也独占了科学院中的天文学部门，而科学院的学报事实上也为王家天文台所利用。在柏林和圣彼得堡，国家天文台都正式附属于相应的科学学会，王家天文学家或帝国天文学家们也在天文台和科学院履行着双重职责。在法国，第戎、马赛、蒙彼利埃和图卢兹等地的科学院也开始管理附属的地方天文台。1784 年，英、法两国的国家天文台和一些学术学会开始了一项合作项目：协调格林尼治和巴黎

〔21〕 关于第谷及其职业生涯，参见 Victor E. Thoren，《天堡的主人：第谷·布拉赫传》（*The Lord of Uraniborg: A Biography of Tycho Brahe*, Cambridge University Press, 1990），以及 John North，《诺顿天文学和宇宙学史》（*The Norton History of Astronomy and Cosmology*, New York: W. W. Norton, 1994）。关于第谷的设备的成本，参见 Ann Blair，《第谷·布拉赫对哥白尼及哥白尼体系的批判》（Tycho Brahe's Critique of Copernicus and the Copernican System），《思想史杂志》（*Journal of the History of Ideas*），51（1990），第 355 页～第 377 页，这里的引用来于第 369 页。

〔22〕 André，《欧洲和美洲自 17 世纪至今以来的天文学实践与天文台》，第 1 卷，第 v 页。

〔23〕 关于这一点，参见 Dava Sobel，《经度：一个解决其时代最大科学难题的孤独天才的真实故事》（*Longitude: The True Story of a Lone Genius Who Solves the Greatest Scientific Problem of His Time*, New York: Penguin Books, 1996），第 28 页～第 31 页，以及 William J. H. Andrewes 编，《探求经度：经度研讨会会议论文集，哈佛大学（1993 年 11 月 4 日～6 日）》（*The Quest for Longitude: The Proceedings of the Longitude Symposium, Harvard University, November 4—6, 1993*, Cambridge, MA: Collection of Historical Scientific Instruments, Harvard University, 1996），全文各处。

〔24〕 特别参见 Josef W. Konvitz，《法国的制图法（1660 ～ 1848）：科学、工程学和治国术》（*Cartography in France, 1660—1848: Science, Engineering and Statecraft*, Chicago: University of Chicago Press, 1987）。

的天文子午线。很明显，这一项目对天文学家们及其各自的政府都是互利的。

100

科学机构与欧洲的扩张

从地理位置上讲，18 世纪欧洲的科学机构并不仅限于欧洲。随着欧洲列强逐渐在世界范围内产生影响，欧洲各国也开始将其科学的或其他方面的机构模式移植到它们的海外属地。科学成了 18 世纪时期欧洲殖民扩张的一件工具。

在欧洲领土之外也建立了一些西式的学院和大学，包括秘鲁利马的圣马科斯大学（1551）以及墨西哥主教大学（Realy Pontificia Universitad de Mexico, 1551/1553）。除了利马的一个解剖学讲堂和若干科学教授职位，波哥大的一个天文台，以及一家科学和技术出版社之外，西班牙殖民当局还于 1792 年在墨西哥建立了著名的矿业学院，这所学校讲授先进的科学知识，并协助培训技术专家骨干。[25]法国和葡萄牙的重商主义政策禁止在其本土以外建立中学；但是，与各国行事风格的差异相应的，在北美的英国殖民地却出现了诸如哈佛学院（1663）、威廉和玛丽学院（1693）、耶鲁（1701）、普林斯顿（1746）和哥伦比亚王家学院（1754）几所教学机构。

在欧洲以外的背景下，殖民地也出现了科学学会。其中最为著名的是促进实用知识发展的美国哲学学会（American Philosophical Society, 简称 APS, 费城，1768），这是在本杰明·富兰克林的推动下建立的学会。APS 在 18 世纪出版了 3 卷重要的《学报》（Transactions）并积极参与了同时代的科学活动。由于该学会与富兰克林这位伟人的联系，它所获得的国际声誉或许比它本身应得到的更多。美国革命之后，美国文理科学院于 1780 年在波士顿成立。另外一家学会类型的机构也出版论文集，发挥着典型的欧洲地方学会层面的作用。在北美的其他地方，短暂存在过的私人学会也曾在弗吉尼亚州（1772,1786）、纽约（1784）、康涅狄格州（1786）和肯塔基州（1787）出现过。[26]

18 世纪 70 年代，在南美的里约热内卢也曾经有过一家私人科学院（Academia Scientifica），尽管它的影响非常短暂，但是它却与瑞典国家科学院保持着联系。给人印象更深刻的是，法国政府竟颁发了特许证，在当时欧洲最富有、也是最重要的殖民地海

101

地建立王家科学与艺术学会（Société royale des sciences et des arts, 1784）。这家鲜为人知的机构坚持不懈地与巴黎科学院和法国政府的其他机构合作，促进了法国殖民地的

[25]　参见 David Wade Chambers，《殖民地科学和民族科学的阶段和进程》（Period and Process in Colonial and National Science），载于 Nathan Reingold 和 Marc Rothenberg 编，《科学殖民主义：跨文化比较》（Scientific Colonialism: A Cross-Cultural Comparison, Washington, DC: Smithsonian Institution Press, 1987），第 297 页～第 321 页，特别是第 300 页～第 305 页；另可参见 Antonio E. Ten，《西属美洲的科学与大学：利马大学》（Ciencia Y Universidad en la America hispanana: La Universidad de Lima），载于 Antonio Lafeunte 和 José Sala Català 编，《美洲殖民地的科学》（Ciencia colonial en América, Madrid: Alianza Editorial, 1992），第 162 页～第 191 页；Anthony Pagden，《西属美洲地区身份的形成》（Identity Formation in Spanish America），载于 Nicolas Canny 和 Anthony Pagden 主编的《大西洋世界的殖民身份（1500 ～ 1800）》（Colonial Identity in the Atlantic World, 1500—1800, Princeton, NJ: Princeton University Press, 1987），第 51 页～第 93 页，特别是第 85 页～第 89 页。
[26]　McClellan，《重组的科学》，第 140 页～第 145 页以及附录部分。

成功拓展。在东印度的爪哇岛,荷兰殖民当局于 1778 年正式合并了巴塔维亚艺术与科学学会(Bataviaasch Gnootschap van Kunsten en Wetenschappen),它与荷兰在欧洲本土的高级学会之间建立了密切的联系。[27]

正如下一部分所要详细论述的一样,法国、西班牙、英国和荷兰也曾在殖民地建起过一些植物园,并将其与欧洲的科学、经济以及政治中心密切联系在一起。殖民地的这些大学、技术学院、学术学会和植物园等例子都充分说明:18 世纪欧洲范围之外的科学机构扩张是在欧洲殖民扩张的大背景下发生的,其目的在于促进殖民扩张。

植物园

在研究 18 世纪的科学机构和科学的组织时,植物园构成了最后一个需要正式思考的背景领域。在与植物园相联系时,如下许多主题又会被再次提及:政府的支持越来越重要,对科学的社会实用性越来越强调,科学骨干也变得越来越专业化。

到 18 世纪末期,欧洲已拥有不同类型的 1600 所植物园。[28]最古老、最不重要的类型是医用或药用植物园。这些植物园与大学、尤其是医学院系有关,其根源可追溯到中世纪晚期。医学教授们控制着这些药草植物园,而且在这些植物园里对植物所进行的科学研究也隶属于药物学中制药应用。在 18 世纪,药用植物园的数量和重要性都下降了,特别是与其他种类的植物园比较而言更是如此。

数量最多、而且最为有名的是那些科学植物园,其中最突出的两个例子是地处巴黎的王家植物园(Jardin du Roi, 1635)和英国地处克佑区(Kew)的王家花园(Royal Gardens, 1759)。这些场所都是由国家而不是大学创建的,并由植物学家和分类学家负责。作为国家植物园,像巴黎和克佑区这些较大的国家植物园成为了植物学研究的国际中心,各种标本从考察探险的前沿和殖民定居地运送至此。尽管有人认为从水土适应和其他植物学实验中能够得出某些在经济学方面有益的结果,但是建立这些科学植物园的首要原则(至少在科学人员看来)却是对植物王国的客观研究和分类。科学植物园也在植物学以及与之相关的化学、解剖学和地质学等知识领域中进行了大量的教学工作。

作为国家行政系统的附加机构,主要的科学植物园和相关的科学学会之间建立起

[27] James E. McClellan III,《殖民主义与科学:旧体制下的圣多米尼哥》(*Colonialism and Science: Saint Domingue in the Old Regime*, Baltimore, MD: Johns Hopkins University Press, 1992),第 5 页和第三部分; McClellan,《重组的科学》,第 125 页,第 145 页以及附录; Jean Gelman Taylor,《巴达维亚的社交世界:荷兰属亚洲地区的欧洲人和欧亚混血人》(*The Social World of Batavia: European and Eurasian in Dutch Asia*, Madison: University of Wisconsin Press, 1983)。对于加尔各达的亚洲学会(1784),需要在这一背景下加以考虑。

[28] 关于植物园,参见 Lucile H. Brockway,《科学与殖民扩张:英国王家植物园的作用》(*Science and Colonial Expansion: The Role of the British Royal Botanic Gardens*, New York: Academic Press, 1979); Yves Laissus,《王家植物园》(Le Jardin du Roi),载于 Taton 编,《18 世纪法国科学的教育与传播》,第 287 页~第 342 页; McClellan,《殖民主义与科学》,第 9 章; Gillispie,《旧体制末期法国的科学与政体》,第 143 页~第 184 页; Sturdy,《科学与社会地位》,第 6 页~第 9 页。

了密切的联系。再次以巴黎的情况为例,就像天文台的天文学家支配了科学院中的天文研究所一样,法国王家植物园的资深成员也在科学院的植物学研究所中占有显赫职位。

18 世纪末期出现了第三种类型的植物园,即应用植物园或经济植物园。尽管这种类型的出现并没有任何征兆,却更能反映当时的时代进程。经济型植物园并非致力于对植物世界进行正规的科学研究,而是致力于积极开发具有潜在用途并有良好经济效益的商品。作为特色,这些植物园起源于幅员辽阔的法国、英国和荷兰帝国的边远地区的殖民地。它们从巴黎、克佑区和阿姆斯特丹等主要中心获得的直接指导也不多。例如,荷兰于 1694 年在开普敦建立了植物园,在锡兰(斯里兰卡)和巴达维亚(雅加达)等地还存在着其他一些 18 世纪时期的荷兰植物园。英国则以克佑区为中心,建立了若干殖民地植物园,形成了一个巨大的植物园网络:西印度群岛的圣文森特(1764)、牙买加(1775)、加尔各答(1786)、悉尼(1788)以及马来亚的槟城(1800)。与之相类似,法国也建立起了一批分布广泛的殖民地植物园,这些站点分布在加勒比海地区的瓜德罗普(1716)、马提尼克、圣多米尼克(海地)(1777),南美的卡宴以及印度洋的法兰西之岛(后来的毛里求斯——三个植物园,分别建于 1735 年、1748 年和 1775 年)和波旁之岛(后来的留尼汪岛;1767)等地。这些殖民地的植物园转运包括甘蔗、香草和面包果树在内的产品,而面包果树被认为是给在西印度群岛的种植园里工作的奴隶们提供必需品时尤其有用的一种产品。在法国本土,位于南特的王家植物园(一个狭小的大学药用植物园)以及位于巴黎的王家植物园都是大都市里这些活动的中心。与众不同的是,法国的经济植物园主要是从海军部而很少从科学院和王家植物园获得指令;而且在 18 世纪末期的应用植物园里,比起科学院的成员或在培训中的科学院成员们,那些被委任为植物园工作成员的职业园丁也变得更为重要。1786 年,西班牙在墨西哥创建了王家植物园,其模式也明显与法国相似。

103

社会中的组织化科学

18 世纪的欧洲科学引发了社会多方面的反响,而这又影响到了不同的文化层面和社会的中心及边缘地带。如果把关于 18 世纪时期科学组织的讨论仅限于机构方面的话,就会使人产生误解。本卷的其他章节探讨了 18 世纪科学的多重社会影响。在这里,对组织化科学在社会中的处境稍加评论也是较为适当的。

18 世纪组织化的科学世界几乎由清一色的男性占据。自然,沙特莱夫人不过是个象征性的人物。她同当时的其他人一样都有着广博的科学知识,直到今天,她所翻译的牛顿的《原理》(*Principia*,1756 年出版了部分译本;她去世后 1759 年出版全译本)仍然是法国读者借以攀登科学顶峰的工具。[29]有几位意大利女性,如数学家玛丽亚·加埃塔纳·阿格尼西(1718～1799)和博洛尼亚大学的自然哲学教授劳拉·巴茜(1711～1778)也在当时男性的科学世界里开辟了积极活跃的研究事业,而她们通常都获得了当地市镇和大学的支持。还有较多的特权阶层的女性也借助于当时的沙龙文化接触到现代科学。尽管女性的科学家和业余爱好者们很有天赋并取得了相当的成就,她们也只不过是些特例和文化上的点缀而已。关于这种性别划分的一个奇特推论认为:由于官方科学是属于阳性的,它也将那些不能解释自然的**男人**排除在外,并且使那些能够解释自然的具有男子气概的英雄愈发尊荣。[30]

在 18 世纪,科学前所未有地激发了公众的想象力。热气球、催眠术、避雷针以及科学游历者们的豪言壮语都激起了社会各阶层的反响:从用干草叉叉起降落在他们牧场里的外国热气球的农民,到纷纷学习实验物理学或者力图用梅斯梅尔*的盆式疗法来治疗疾病的知识分子。[31]在这种背景下,需要强调科学机构作为这些流行热潮的仲裁者的作用。在法国,王家科学院和王家医学院的委员会放逐了梅斯梅尔。在巴黎,科学院很快就对热气球实验进行控制;而里昂、第戎、马赛、波尔多和贝桑松等省的科学院也对轻于空气的飞行器进行了管理。

18 世纪的科学与技术之间的联系也与我们的讨论相关。在科学仪器(如制造天文钟或消色差透镜)的领域中,技术和工艺对 18 世纪的科学界产生了决定性的影响。当时的时代**观念**与培根和笛卡儿一脉相承,强调科学应用于实际目的的功用。狄德罗和达朗贝尔的《百科全书》(*Encyclopédie*)力图打破行会机密,通过详细介绍工艺流程来推广合理的制造工艺。出于类似的目的,巴黎科学院也出版了它著名的技术丛书:《艺术与工艺简介》(*Description des arts et métiers*)。这套丛书于 1761 年到 1782 年陆续出版,

104

[29] Esther Ehrman,《沙特莱夫人:启蒙运动的科学家、哲学家和女性主义者》(*Mme de Châtelet: Scientist, Philosopher and Feminist of the Enlightenment*, Leamington Spa: Berg, 1986); Mary Terrall,《沙特莱侯爵夫人与科学的性别化》(Emilie du Châtelet and the Gendering of Science),载于《科学史》,33 (1995),第 283 页～第 310 页; René Taton, "Châtelet, Marquise du",《科学传记词典(三)》(*Dictionary of Scientific Biography*, III),第 215 页～第 217 页。

[30] Mary Terrall,《性别化空间,性别化听众:巴黎科学院内外》(Gendered Spaces, Gendered Audience: Inside and Outside the Paris Academy of Sciences),《结构》(*Configurations*),2(1995),第 207 页～第 232 页,此文章说明最后一点。也可参见 Edna E. Kramer,《阿格尼西,玛丽亚·加埃塔那》(Agnesi, Maria Gaetana),《科学传记词典(一)》(*Dictionary of Scientific Biography*, I),第 75 页～第 77 页。Paula Findlen,《意大利启蒙运动时期的科学职业:劳拉·巴茜的策略》(Science as a Career in Enlightenment Italy: The Strategies of Laura Bassi),《爱西斯》(*Isis*),84 (1993),第 441 页～第 469 页。Geoffrey V. Sutton,《上流社会的科学:性别、文化与启蒙运动的论证》(*Science for a Polite Society: Gender, Culture, and the Demonstration of Enlightenment*, Boulder, CO: Westview Press, 1995)提供了有关当时沙龙文化和相关科学文化最好的信息,他也以一个强有力的例子来指出女性在正式的机构中积极地参与当时的科学活动。

* 梅斯梅尔(1733～1815),德籍奥地利医师。他提出动物磁气说(mesmerisme),用以解释他所施行的一种类似催眠术的治疗方法。——译者

[31] 关于 18 世纪的大众科学运动,参见 Charles Coulston Gillispie,《蒙戈尔菲耶兄弟和航空学的发明》(*The Montgolfier Brothers and the Invention of Aviation*, Princeton, NJ: Princeton University Press, 1983); Robert Darnton,《催眠术与法国启蒙运动的终结》(*Mesmerism and the End of the Enlightenment in France*, Cambridge, MA: Harvard University Press, 1968); Lindsay Wilson,《法国启蒙运动中的女性和医学:关于妇科病的争论》(*Women and Medicine in the French Enlightenment: The Debate over Maladies des Femmes*, Baltimore, MD: Johns Hopkins University Press, 1993)。

包括 74 篇技术论述,被称作是"有史以来所出版的最大规模的技术文献"。[32] 小而言之,科学和医学上的发现也在日常生活中得以应用,如避雷针,或者为防治天花而进行的接种等等。

　　关于 18 世纪的英国这一重要例子,最近的研究已经明确了科学知识是如何在社会中传播到不列颠的工匠和企业家中的种种途径,而正是这些人的活动促成了工业革命。[33] 这些途径包括公众讲座制度、有用知识的观念、机械学的范例、科学理性主义和系统实验方法等,这些都是引发变革的有力例子。尽管有如此多的影响,令人吃惊的是早期的工业革命非常缺乏有组织的科学机构的直接参与,更不用说科学观念的参与了。工业革命早期,几乎所有满手尘污的工程师和技术人员无论是在社会地位还是知识水平上,都与伦敦优雅的科学界相去甚远。像詹姆斯·瓦特或约书亚·威治伍德这样的特例只是在社会方面弥补了当时科学和技术之间的差异,而并没有借此通过应用科学来进一步深化工业化进程。比方说,1785 年王家科学院接纳瓦特为会员,但这并不是因为他为蒸汽机发明了独立的冷凝器而将其视为一个工业化的先驱,而是因为他在关于水的本质问题上做出了自然哲学上的贡献。1783 年,未受学校教育的威治伍德成为王家学会会员,但这并不是因为他使英国的陶器制造业实现了工业化,而是因为他发明了一种测量高温的设备。[34] 简而言之,18 世纪的科学院和大学并没有为早期工业革命的发展做出过什么重大的贡献。

19 世纪的补遗

　　就像在其他领域中一样,法国大革命标志着科学的组织化和建制化历史中一个时代的结束。展现了 1815 年另一面的第二次"组织化革命"使科学事业进入了一个新

〔32〕　参见 Gillispie,《旧体制末期法国的科学与政体》,第 337 页~第 356 页,引语出自 344 页;也可参见 Charles Coulston Gillispie 编,2 卷本《狄德罗贸易和工业图片百科全书:来自〈百科全书〉图版的制造与工艺》(*A Diderot Pictorial Encyclopedia of Trades and Industry: Manufacturing and Technical Arts in Plates from l'Encyclopédie*, New York: Dover Books, 1959)。
〔33〕　参见 Margaret Jacob,《科学文化和工业化西方的形成》(*Scientific Culture and the Making of the Industrial West*, Oxford: Oxford University Press, 1997);Jan Golinski,《作为公众文化的科学:英国的化学与启蒙运动(1760 ~ 1820)》(*Science as Public Culture: Chemistry and Enlightenment in Britain, 1760—1820*, Cambridge University Press, 1992);Larry Stewart,《公众科学的兴起:牛顿时代英国的修辞学、技术和自然哲学(1660 ~ 1750)》(*The Rise of Public Science: Rhetoric, Technology, and Natural Philosophy in Newtonian Britain, 1660—1750*, Cambridge University Press, 1992);也可参见 Briggs,《王家科学院与对实用性的追求》。
〔34〕　参见 Harold Dorn 所写的关于瓦特和威治伍德的条目,《科学传记词典(十四)》(*Dictionary of Scientific Biography*, XIV),第 196 页~第 199 页和第 213 页~第 214 页;也可参见 Charles Weld,《王家学会史》(*A History of the Royal Society*, New York: Arno Press, 1975; original ed. , 1848),第 2 卷,第 176 页~第 185 页。

的、更易于识别出现代特征的阶段。[35] 19 世纪发展状况发生了变化,它具有若干特征。最为明显的是,作为旧政权体系的核心和灵魂的,由学者们组成的各种学术学会,其作为推进科学发展的领导性机构的重要性在相对地降低。伦敦的地质学会(1807)和王家天文学会(1831)一类的专业化和学科化的组织日益取代那些作为科学家实践团体核心的包罗万象的科学学会。除了某些特例(主要在俄罗斯)之外,主要的国家科学院还继续存在,但它们的功能已经发生了变化,它们更多地成为对此前在其他地方获得的科学成就和声誉进行认可的荣誉性机构。仅就数量而言,专业学会出版的学科期刊同样已经超越了科学学会出版的学报,并成为科学家们寻求信息和发表科研成果的主要资源。以德意志自然科学学会(1822)和英国科学促进协会(1831)为范例,一系列有特色的专业科学组织的建立也表明组织化科学的一种新形式业已出现。同样地,作为研究中心和教学中心,德意志大学的复兴也表现了科学在社会中的一个新的、有影响力的进程。1826 年,吉森大学(University of Giessen)的李比希化学实验室是大学教学实验室创立的开端,这也是大学作为组织化和制度化科学的复兴中心的一个重要特点。伴随着这些线索,1834 年诞生的英文单词"scientist"(科学家)恰好显示了 19 世纪科学的巨变。所有这些变化都强调了 18 世纪组织化科学与众不同的特征,并且表明了以前的"科学院时代"已经变得多么陈旧过时了。

106

(谯 伟 程路明 陈珂珂 译 方在庆 校)

---

[35] 关于第二次"组织化革命",参考 McClellan,《重组的科学》的后记部分;Maurice Crosland,《控制中的科学:法国科学院(1795～1914)》(*Science Under Control: The French Academy of Sciences, 1795—1914*, Cambridge University Press, 1993),以及 Robert Fox 和 George Weisz 编,《法国科学与技术组织(1808～1914)》(*The Organization of Science and Technology in France, 1808—1914*, Cambridge University Press, 1980)。也可参见 Morris Berman,《社会变革与科学组织:王家机构(1799～1844)》(*Social Change and Scientific Organization: The Royal Institution, 1799—1844*, Ithaca, NY: Cornell University Press, 1978);Jack Morrell 和 Arnold Thackray,《科学的绅士:早期的英国科学促进协会》(*Gentlemen of Science: The Early Years of the British Association for the Advancement of Science*, Oxford: Clarendon Press, 1981);Roy MacLeod 和 Peter Collins 编,《科学的议会:英国科学促进协会(1831～1981)》(*The Parliament of Science: The British Association for the Advancement of Science, 1831—1981*, Northwood, Middlesex: Science Review, 1981);Marie Boas Hall,《当时的所有科学家:19 世纪的王家学会》(*All Scientists Now: The Royal Society in the Nineteenth Century*, Cambridge University Press, 1984);以及 David Philip Miller 的评论文章,《英国科学的社会史:收获之后?》(The Social History of British Science: After the Harvest?),《科学的社会研究》,14(1984),第 115 页～第 135 页。

5

科学与政府

罗伯特·福克斯

　　18 世纪政府和君主庇护科学的动机是很功利的。关于科学知识在制造业、农业、医疗进步、公共事业和军事上的价值的信念，以及将科学理解为一种文化形式——促进科学会给所有试图炫耀其调整变动对启蒙和现代性以助益之影响力的政府增添光彩，无论这种炫耀是多么小心谨慎——在不同国家，体现的程度有着很大的不同。其中的一些动机已在 17 世纪结出了科学果实，在英国这只是暂时性的——查理二世对王家学会的赞助不过是名义上的，但法国对新成立的和已有的机构的资助要具体得多——这些机构在路易十四的大臣科尔贝的影响下得到了支持。[1] 从 1666 年建立之初，王家科学院就是政府的一个工具：它的成员接受薪水和设备形式的物质支持，作为回报，君主则期待它成为让伦敦王家学会相形见绌的荣誉之源，也寻求所需的服务和专家意见，例如凡尔赛供水系统的新发明和新设备就被提交给科学院进行例行评估。[2] 正是带着一种对把科学兴趣和政府的这些要求结合起来的类似渴望，17 世纪

60 年代科尔贝委任克劳德·佩罗设计了巴黎天文台。以其富丽堂皇与设施先进，这座新建筑将表现太阳王（Roi-Soleil）的荣耀，让英国、丹麦和中国的天文台相形见绌，并为科学院的所有活动提供一个场所（虽然这一功能最终没有实现），也为天文学、大地测量学和气象学工作提供了一个中心——该机构在一个世纪以后因这些工作而变得闻名遐迩。[3] 那些更古老的王家机构也开始受到科尔贝的庇护。在这个过程中，王家学

---

[1]　对于 17 世纪早期科学学会的研究，见 Martha Ornstein，《17 世纪科学学会的作用》（*The Role of Scientific Societies in the Seventeenth Century*, Chicago: University of Chicago Press, 1982）；James E. McClellan III，《重组的科学：18 世纪的科学学会》（*Science Reorganized: Scientific Societies in the Eighteenth Century*, New York: Columbia University Press, 1985），第 41 页～第66 页；以及 David C. Goodman 和 Colin A. Russell 编，《科学欧洲的崛起：1500 ～ 1800》（*The Rise of Scientific Europe 1500—1800*, Sevenoaks: Hodder & Stoughton and The Open University, 1991）的前几章。

[2]　Roger Hahn，《对一所科学机构的剖析：巴黎科学院（1666 ～ 1803）》（*The Anatomy of a Scientific Institution: The Paris Academy of Sciences, 1666—1803*, Berkeley: University of California Press, 1971），尤其是第 19 页～第 26 页，以及 Alice Stroup，《路易十四统治下的政治理论和技术实践》（The Political Theory and Practice of Technology under Louis XIV），载于 Bruce T. Moran 编，《赞助人制与机构：欧洲宫廷的科学、技术和医学（1500 ～ 1750）》（*Patronage and Institutions: Science, Technology and Medicine at the European Court 1500—1750*, Rochester, NY: Boydell Press, 1991），第 211 页～第234 页。

[3]　Charles Wolf，《巴黎天文台自 1793 年创建以来的历史》（*Histoire de l'Observatoire de Paris de sa fondation à 1793*, Paris: Gauthier-Villars, 1902），第 2 页～第 4 页。

院(一个 16 世纪创建的机构,在科学和学术训练范围内提供公众演讲)和法国王家植物园(一个创建于 1635 年的植物园,提供医学院当时显然未能提供的科学训练方面的服务)作为环境背景(contexts)呈现出一项新意义——在此背景之下,作为政府的一种正当职责,科学的观念得以加强。

18 世纪欧洲各地科学院数量的增加使政府参与科学资助的想法得以传播。尽管这些科学院的支持者们把与政府的紧密结合视作必需,然而事实上,很少有科学院能享受到巴黎科学院早期所享受到的政府支持力度和与政府接触的机会。例如,当戈特弗里德·威廉·冯·莱布尼茨阐述他的柏林王家科学院的计划时,他肯定设想过这样一个机构,如果说有什么区别的话,那就是它与普鲁士宫廷的亲密程度甚至会超过巴黎科学院与凡尔赛的亲密程度。[4] 但是,在野心勃勃的选帝侯(他很快成为普鲁士国王腓特烈一世)的资助之下,随着王家科学院(Societas regia Scientiarum)于 1700 年创建,现实本身却远未达到莱布尼茨的设想。提供一座满足要求的天文台就用了 8 年时间,而且当它在儒略历转换为格里高利历以完成出版一本官方历书的公务时,宫廷以不再向它提供先前的财政资助为要挟,试图通过安插自己选择的官员以控制天文台。直到 1746 年,随着腓特烈二世(腓特烈大帝)登上王位,普鲁士王家科学和艺术学院(Académie Royale des Sciences et Belles-Lettres de Prusse)(也就是现在的科学院[the Societas])的物质福利和学术独立才有了保障。

在柏林,腓特烈大帝创建了一种理想的体系:鼓励政府介入,但不过分干预。这在同时代的人看来,是十多年来的一个理想体系。当时人们期待能够以历法与发明方面的建议的形式将有实用价值的功绩呈现出来,但是当皮埃尔-路易·莫佩尔蒂和莱昂哈德·欧拉被分别从巴黎和圣彼得堡请回来时,他们是以科学家的身份来的,单是他们的声望就足以证明邀请他们是正确的。从 1746 年到 1759 年去世为止,莫佩尔蒂作为主席带领着柏林科学院,使之立刻成为彰显开明君主恩惠的国家象征以及国际学术界的一个组成部分。在追求其国际学术地位的过程中,科学院把法语作为它的官方语言,并创立对所有来者(包括达朗贝尔,他因其对风的起因的研究而赢得了第一次竞赛)开放的有奖竞赛。它还发行了一年一卷的科学文献汇编和学术论文集——《历史》(the Histoire),这使它能够与其他科学院进行出版物方面的交流,如此一来,科学院所代表的科学、以及非科学学术领域的国家利益和世界主义(universalism)之间的界限就模糊不清了。

尽管在莫佩尔蒂担任主席期间,柏林科学院有望复兴,但这个机构很快就要经历政府资助既凶险又有利的一面。随着莫佩尔蒂的去世,腓特烈二世在一定程度上对新成员的任命以及与其他科学院的交流采取了亲自控制的方式,对 18 世纪 60 年代到

109

[4]　McClellan,《重组的科学》,第 68 页~第 74 页,以及 Adolf Harnack, 3 卷本《柏林普鲁士王家科学院史》(*Geschichte der Königlich Preussischen Akademie der Wissenschaften zu Berlin*, Berlin: Reichsdruckerei, 1900),第 1 卷,第 27 页~第 492 页。

1786 年腓特烈去世这段时期柏林科学院的国际突出地位遭受削弱而言,这种做法被认为至少要承担部分责任。[5] 其他科学院也因为这种不正规以及它们从不同政府获得资助的优先权的改变而受到影响。对于俄国沙皇彼得大帝而言,在他去世前不久的1724 年,在圣彼得堡建立的俄国帝国科学院只不过是一项更为广阔的运动中的一个元素而已;这一运动是要打破他的国家与西方社会的隔离,并且要通过现代知识、特别是科学和技术的发展,来实现现代化。[6] 政府的控制是严格的,从国外引进 16 位杰出成员,既反映出国家政策有计划的优先权,也反映出向先前由一个保守的拜占庭教会统治的落后国家输入人才的必要性。圣彼得堡科学院强制推行的国际性引发了异议:其中的本国团体(主要是法国人、德国人和俄国人)间的合作并不是始终都顺利,大部分外国成员没有能够掌握俄语(欧拉是一个显著的例外)意味着,他们的批评者们可以轻易地指控他们偏向专注于彼此之间和整个学术界(通常用拉丁文),而不是致力于这个需要文化和技术改进——彼得大帝对他们的期待——的国家。

在彼得大帝去世之后,与政府的持续接近产生了类似若干年之后柏林科学院那样的不稳定性。宫廷的影响经常以无知的行政上的多管闲事的形式出现,争取学术独立的斗争得到诸如欧拉和丹尼尔·伯努利等人真正的科学成就的支持,但是一再遭到各阶段干扰性的政治保守主义的削弱,1747 年女沙皇伊丽莎白*授予科学院的特许状只是一个不完全的胜利。面对试图把注意力从由最杰出的外国院士从事的理论工作转向与俄国的物质需要更为相关的活动的新规章,欧拉除了离开别无选择。

柏林和圣彼得堡科学院经受的磨难清楚无误地表明,哪里有政府强大的介入,哪里就潜藏着这样的危险:从属于政治推动的国家利益的设想,就会受到制约。尽管存在令人不快的干涉的危险,然而,政府的某种认可尺度,如果不提供慷慨的物质支持,即使是指定一个正式的公共角色,对一个科学院兴盛与否实际上也是必不可少的。虽然得到的认可通常只不过是被赐予一个名号。在瑞典,位于乌普萨拉的王家文学与科学院(Societas regia literaria et scientiarum Sueciae)的堂皇称号是以尊严为代价的。但是,它无法隐藏这样的事实:如同一个非正式团体一样,这个社团几乎一直没有超出以乌普萨拉大学为基础的一个小圈子,而它正是起源自这样的非正式团体。[7] 自 1728年接受了称号和王室承认的十年之后,它也不可避免地衰落了。与此类似,斯德哥尔摩的科学院(Vetenskapsakademien)仅仅在 1741 年获赐"王家"的称号,这对于一个两

〔5〕　McClellan,《重组的科学》,第 176 页～第 178 页。
〔6〕　同上书,第 74 页～第 83 页,以及 Alexander Vucinich,《俄罗斯文化中的科学:1860 年以前的历史》(*Science in Russian Culture: A History to 1860*, London: Peter Owen, 1965),第 38 页～第 122 页。
*　　俄国女皇(1709 ～1762),1741 ～1762 在位。——译者
〔7〕　McClellan,《重组的科学》,第 83 页～第 86 页。关于 18 世纪瑞典的学会和更广泛的科学背景,也可参见 Colin A. Russell,《欧洲边缘的科学:18 世纪的瑞典》(Science on the Fringe of Europe: Eighteenth-Century Sweden),载于Goodman 和 Russell 编,《科学欧洲的崛起》,第 305 页～第 332 页。

年之前刚诞生的、与政府没有任何联系的独立机构而言,几乎没有什么作用可言。[8]
另一方面,促使科学院转变的是 1747 年议会做出决定:允许它独家出版国家历书。[9]
这有助于将此机构带进瑞典生活的中心,而且鼓励了它在一个时代促进国家经济与安
宁的最初的雄心。这个所谓的自由时代,始于最后一个专制君主查理十二驾崩的 1718
年,在这一时期,重商主义和功利主义在发展科学事业方面达成一致。历书在出版第
一年(1749)售出 13.5 万册,到 1785 年年销售量增加到了两倍多。这一决定给科学院
带来一本畅销书,它保证了一份丰厚的收入并且使科学院能够独立建立并且装备自己
的一个出色的天文台。1753 年国王和王后亲临天文台开放仪式,该天文台因这几年中
的固定支出以及 1772 年开明而又富于旅行经验的国王古斯塔夫三世从宫廷收藏品中
特别慷慨捐赠的仪器成为焦点。[10] 只要古斯塔夫("戴皇冠的民主主义者"以及法国
启蒙思想家[philosophes]的爱慕者)在位,科学就像其他文化事业一样,在这样一种政
策——它把加强君主政治和瑞典国防以对抗俄罗斯帝国扩张主义的威胁与发扬启蒙
运动思想(尤其是以它发源于法国的形式)结合起来——的背景下得到很好促进。但
是随着古斯塔夫在 1792 年去世,以及随后王室支持的削弱,提供了由政府资助的科学
的脆弱性的另一个例证。虽然在 18 世纪末瑞典作为一个科学国家的地位降低也确有
其他原因,但古斯塔夫三世的继承者(即他的儿子古斯塔夫四世)的漠不关心,无疑难
辞其咎。[11]

　　从 18 世纪 40 年代开始,创建科学院的步伐不断加快,以及由此产生的差异,使我
们很难把话题从已提到的个别例子转向概括政府在一场运动中的角色,现在这一运动
从欧洲主要的大都市席卷到法国的地方各省、讲德语的中欧地区、意大利半岛,还有
(发展更不均衡的)斯堪的纳维亚半岛、英国、北美洲和伊比利亚。[12] 但是相比于从前,
各地的君主事实上更愿意作为资助人或保护者,对权力(potentia)和知识(scientia)的
集中给予至少是口头上的赞成,赐予王室的特许状(尤其慷慨给予法国的地方科学
院),[13]并且希望他们控制下的机构具有适于社会和经济状况的实用性——而这时候
的社会和经济状况已经大不同于 18 世纪上半叶了。正在加快步伐的工业呈现出了最
具吸引力的挑战,尽管有证据表明由政府支持的科学院对此做出的反应令人失望。他

〔8〕　McClellan,《重组的科学》,第 86 页~第 89 页。包括这一时期在内的标准的学会历史是 Sten Lindroth, 2 卷本《瑞典
　　　王家科学院史(1739 ~ 1818)》(Kungl. Svenska Vetenskapsakademiens Historia 1739—1818, Stockholm: Kungl.
　　　Vetenskapsakademien, 1967);尤其参见第 1 卷的两部分(连续标记页数)。
〔9〕　Lindroth,《瑞典王家科学院史(1739 ~ 1818)》,第 1 卷,第 823 页~第 867 页;McClellan,《重组的科学》,第 88 页~
　　　第 89 页,以及 Ulf Sinnerstad,《天文学和第一座天文台》(Astronomy and the First Observatory),载于 Tore Frängsmyr 编,
　　　《瑞典科学:瑞典王家科学院(1739 ~ 1989)》(Science in Sweden: The Royal Swedish Academy of Sciences 1739—1989,
　　　Canton, MA: Science History Publications, 1989),第 45 页~第 71 页(第 48 页~第 50 页)。
〔10〕　Sinnerstad,《天文学和第一座天文台》,第 55 页。
〔11〕　关于解释瑞典在 18 世纪 70 年代之后科学衰落的可能原因的评论,参见 Russell,《欧洲边缘的科学》,第 330 页~第
　　　331 页。
〔12〕　关于将它与 18 世纪上半叶科学院和学会的早期发展加以区分的运动及其环境的讨论,参见 McClellan,《重组的科
　　　学》,第 109 页~第 151 页。
〔13〕　关于法国地方科学院,参见 Daniel Roche, 2 卷本《地方各省的启蒙运动:科学院与地方院士(1680 ~ 1789)》(Le siècle
　　　des lumières en province: Académies et académiciens provinciaux, 1680—1789, Paris: Mouton, 1978)。

们可以在机械发明、传统机器改进以及农机具和耕作方法方面提供足够好的建议；所有这些都要求一种相对适中的科学投入，而且依靠一个大型的、缓慢变化的工艺知识的现有储备。但是要把学院科学(the science of the academicians)控制在对纺织品、化学品和冶金这些制造业新领域的了解和改进方面，事实证明这要困难得多。

112　　在这方面，都灵王家科学院就是一个能够透露内情的令人失望的环境。它作为一个私人学会(società privata)于 1759 年建立，但通过维托里奥·阿迈德奥二世在 1759 年把它改造为王家科学学会(Società Reale della Scienze)，随后维托里奥·阿迈德奥三世在 1783 年把它改造为王家科学院(Accademia Reale delle Scienze)，使其与皮埃蒙特(Piedmontese)王室的关系更为紧密，在 1789 年，该科学院被要求进行染色、特别是羊毛染色工艺的调查研究。[14] 格拉内里伯爵是国王新任命的首席部长和自由贸易的主要提倡者，由他传达的这一要求强调了减少皮埃蒙特区对国外市场依赖的重要性，并且预先演练了如果专家能够屈尊进入车间使实践与理论相结合而不是把这一问题留给工匠的好处。[15] 爱国情感和对科学推动经济的憧憬交织在一起，激发了会员们迅速做出反应，从私人学会建立以来的 30 年时间里，他们再三努力参与到他们国家的技术进步中来。在 18 个月的时间里，一个由 9 位对此任务具有一定兴趣的院士组成的委员会(几乎代表科学院常驻成员总数的一半)致力于出版一本染色工艺及其所影响的皮埃蒙特的立法与经济环境的综合性文摘。计划是宏大的：建立一座关于染色工艺的图书和期刊的图书馆，主要是意大利文和法文，分发调查表到生产商和工匠们的手中，调查内容涉及羊毛商品的生产和最后修整的所有阶段，而且还装备了一间实验室。可是实际操作远未达到最初预期的结果。实验室也从未被加以利用，实践知识的收集也比格拉内里最初预期的要困难得多，而且院士们所掌握的化学知识在他们试图理解和改进的工艺的复杂性面前显得软弱无力。

　　积累的大量笔记和报告草稿都表明了调查的严肃认真。但是在 1791 年工作的突然中断无情地标志着它的失败。至少在皮埃蒙特当地的情形下，失败的代价是高昂的。政府压倒一切的首要目标是让科学促进当地生长的菘蓝取代进口靛蓝(用于皮埃蒙特军队制服的着色剂)，但这个目标也未能实现，而且院士们想表明他们参与国际学术界对皮埃蒙特经济具有重要性的希望也化为泡影。

　　作为一个例子，都灵发生的事情生动说明了政府在可能将科学院为国家利益所用方面开始成熟起来的信心(1786 年维托里奥·阿迈德奥三世把科学院设在 17 世纪的

113

[14]　Luisa Dolza，《18 世纪晚期皮埃蒙特的染色工艺》(Dyeing in Piedmont in the Late Eighteenth Century)，《科学史国际档案》(*Archives internationales d'histoire des sciences*)，46(1996)，第 75 页～第 83 页；以及 Dolza，《技术独立的斗争：18 世纪皮埃蒙特的纺织和染色》(The Struggle for Technological Independence: Textiles and Dyeing in Eighteenth-century Piedmont, University of Oxford M. Litt. thesis, 1995)，尤其是第 3 章，该章节论及科学院对染色工艺进行的调查研究。关于都灵科学院的历史，也可参见《社会与科学之间：都灵科学院 200 年史》(*Tra Società e Scienza. 200 Anni di Storia dell'Accademia delle Scienze di Torino. Saggi, Documenti, Immagini*, Turin: Umberto Allemandi, 1988)。

[15]　Dolza，《技术独立的斗争》，第 89 页。

一座漂亮宫殿中就是最持久的证明)。然而,这个例子也说明:在实践中,实现科学院的座右铭"真理与实用"(veritas et utilitas)中所表达的理解和效用的结合是不容易的。愿望与现实之间这种类似差异的例子在欧洲其他许多地方也存在。尽管如此,詹姆斯·麦克莱伦三世所称的 18 世纪后期的"科学学会运动"(scientific society movement)并没有中断,甚至在一些个案中取得了成功。[16] 举例来说,一些具有国家地位的科学院,在历书的编撰、发明的核准以及对专利权申请和其他形式特权的评估中保持着重要的公共职能,并且他们绝大多数都通过加倍发起应用学科方面的有奖竞赛,含蓄地履行了其有效并且爱国的职责。但是,在尝试运用科学方面累积的令人失望的记录,加之制造业者、农学家和科技人员对科学院提供的奖品和其他鼓励不断增加的淡漠进一步加剧了这种状况,无情地暴露了院士实用主义修辞的不堪一击。然而,科学院地位面临的最大挑战来自技术更新性质的改变,这是工业革命初期的特征,尤其表现在大型机械、化学和冶金工艺中。

在受工业革命影响最大的英国,能够对这项新挑战做出回应的政府机构寥寥无几,而且非常无力。让·西奥菲勒斯·德萨居利耶只是王家学会中许多独特的成员中的一个,几乎从 1714 年被选进王家学会开始,他就表现出对制造业和工匠教育的兴趣。[17] 但学会保持着大都市和贵族的风气,甚至在约翰·班克斯爵士漫长任期(1778~1820)内思想复兴的那些年里,对工业技术的关注依然微弱。在这方面,1783 年建立的爱丁堡王家学会也没有什么不同,[18] 只有人文学会(Society of Arts),从 1754 年在伦敦建立开始,已经为制造业和商业兴趣的宣扬提供了一个全国性的场所。然而,像 18 世纪晚期和 19 世纪早期在北部和中部地区的工业区建立的地方性文学和哲学社团那样,人文学会在缺乏任何王室或其他政府承认的情况下,履行了这一功能,"王家"头衔直到 1908 年才被加上去。[19]

在欧洲大陆,在技术和科学实用方面具有强烈参与传统的那些国家科学院,对加诸自身日益加快的步伐和实用主义需求不断增加的多样性,已不再袖手旁观。巴黎王家科学院是感受到来自新环境压力的最著名的科学院。尤其在 18 世纪 70 年代和 80 年代,当院士们努力应付来自地方行政和宫廷不断高涨的一个个咨询意见的狂潮时,它的场地、时间和设备都很紧张。[20] 政府部门也成为制造紧张的因素,在某种程度上

111

[16] McClellan,《重组的科学》,第 109 页~第 151 页。

[17] Larry Stewart,《公众科学的兴起:牛顿时代不列颠的修辞学、技术和自然哲学(1660~1750)》(*The Rise of Public Science: Rhetoric, Technology, and Natural Philosophy in Newtonian Britain, 1660—1750*, Cambridge University Press, 1992),尤其是第 213 页~第 254 页。

[18] Steven Shapin,《科学的所有权、赞助制和政治:爱丁堡王家学会的创建》(Property, Patronage, and the Politics of Science: The Founding of the Royal Society of Edinburgh),《英国科学史杂志》(*The British Journal for the History of Science*),7(1974),第 1 页~第 41 页。

[19] Henry Trueman Wood,《王家人文学会史》(*A History of the Royal Society of Arts*, London: John Murray, 1913),第 20 页~第 22 页,以及 Derek Hudson 和 Kenneth H. Luckhurst,《王家人文学会(1754~1954)》(*The Royal Society of Arts 1754—1954*, London: John Murray, 1954),第 3 页~第 18 页。

[20] Hahn,《对一所科学机构的剖析》,第 116 页~第 124 页。

是通过他们自己接连不断的要求获得指点；而且 18 世纪中后期的开明大臣和官员们——诸如丹尼尔·特吕代纳、阿内 - 罗贝尔 - 雅克·杜尔哥和让 - 弗朗索瓦·托洛藏等——期望：院士们将会参与政府直接控制之下的技术领域中逐步升级而且无可避免的更为官僚政治的合理化。这种期望对旧体制（ancien régime）社会晚期的科学院地位具有重大意义；虽然它使科尔贝关于政府与学术界之间密切关系的理想在法兰西得以维持，但是为了提高技术效率，还是削减了政府规定的已退休院士和正式院士的职位。现在，那些被要求提供服务的学者们很可能意识到，出于时间需要和责任感，他们更愿意待在接近生产场地的地方，而不是在罗浮宫中的安静房间里（按照惯例，他们是在那里阐明其见解）。对政府赞助的科学的场所进行的这种调整是政府稳步增加对各组指定的王家工厂（manufactures royales）的参与的重要部分，这种参与在 17 世纪已经开始。早在 17 世纪 60 年代，圣戈班（St. -Gobain）的王家制镜公司和在哥白林（Gobelins）的挂毡及毛毯制造公司就已经完全处于王家控制之下了。但在 18 世纪，当瓷器制造也变成一项国家活动时，首先是在巴黎最东部的万塞讷（Vincennes）城堡，然后在塞夫尔（Sèvres），王家工厂的网络已经大大地扩展了（在 1745 年最明显）。[21]

　　这些工厂的科学重要性（尤其是哥白林与万塞讷和塞夫尔的瓷器工厂）表现在他们雇用化学家担任专家顾问的做法。让·埃洛院士首先在万塞讷工作（从 1751 年起），然后在塞夫尔工作（从 1756 年工厂在塞夫尔重建直到 1766 年他去世），以及他的助手和后来的继任者皮埃尔 - 约瑟夫·马凯（他在塞夫尔被聘用，直到 1784 年去世）的任命都具有里程碑的意义，虽然是有着显著不同特征的里程碑。[22] 埃洛的方法以早期的严格意义上的科学参与的概念为其特点，而且完全是经验主义的，并和工场实践联系在一起。马凯的方法则相反，是实验性的。它的目标包含对粘土和其他成分精确的化学分析，并且至少要建立一个粗略又现成的理论基础，来解释不同种类的瓷器特性，同时证实可以用法国的高岭土来替代从萨克森进口的、数量不定的高岭土制造一种高质量硬质瓷器，这种要求虽然是强人所难，但最终还是取得了成功。

　　作为染料化学家，埃洛和马凯二人在哥白林厂（the Gobelins）也都拥有顾问的职位，在这里（在缺乏足够记录的情况下）必须假定：在他们对日常实践的观察以及开发一个更加"科学的"方法的兴趣方面分别具有相似的差异。[23] 然而，在哥白林厂，所用技术的特性表明：对理论和实验的依赖要比在塞夫尔更为困难，而工匠传统相对来说更具有恢复力。然而，埃洛在 1750 年出版了一本重要著作，在其中他提出了把颜色微粒固定到被染纤维之中的机制的物理理论。[24] 后来，随着马凯在 1784 年去世，智力方

〔21〕　Charles Coulston Gillispie,《旧体制末期法国科学与政体》(*Science and Polity in France at the End of the Old Regime*, Princeton, Nj: Princeton University Press, 1980),第 390 页～第 413 页。
〔22〕　同上书,第 401 页～第 406 页。
〔23〕　同上书,第 407 页～第 410 页。
〔24〕　Jean Hellot,《羊毛染色艺术与大小羊纺厂》(*L'art de la teinture des laines et des étoffes de laine en grand et petit teint*, Paris, 1750)。

面的挑战以及每年六千里弗*的收入(必须指出这一点)足以引诱克劳德－路易·贝托莱接受在哥白林厂的染色主管(directeur des teintures)的位置,这样就使他从医药事业转向另外一项事业,这项事业在拿破仑第一帝国时期把他推到了法国化学界的一个显要位置。[25] 在这个晋升过程中,贝托莱的 2 卷本《染色工艺原理》(Eléments de l'art de la teinture, 1791)是一个重要的跳板,这本书是路易十六的国务大臣夏尔－亚历山大·卡洛纳在其委任书中要求的著作。[26] 它是非常典型的学者著作,丝毫没有隐瞒其内容与染色作坊单凭经验做法的现实之间的差距,并且也没有去填补一项空白,贝托莱把这一空白归因于染工们自己坚持的秘密——几乎与此同时,他的化学家同事让－安托万－克洛德·沙普塔尔对这个秘密进行了分析,按照工匠们头脑中根深蒂固的偏见,他们把这个化学家看成是一个"危险的改革者"。[27] 贝托莱提供了涉及染色和漂白的纤维和试剂性质方面的一个系统描述,而不是实际的建议和诀窍;他利用亲和力的学说,在当时的理论所允许的范围之内,对所发生的化学过程进行了解释。尽管它源于政府的委托,并且贝托莱声明他已经把自己置于"医生与工匠之间"(entre les physicians & les artistes)的位置上,[28] 但是寄到工场的《染色工艺原理》要比寄到国际化学界的少,后者负责将其译成英语和西班牙语。

　　虽然在政府参与制造业的范围和密切程度方面,法国是欧洲国家中非常突出的一个,[29] 但是各国政府在制成品或工业原材料生产中均有一定的影响。影响的特性——以及为之提供支持的科技专业技巧的特性——极具多样化。在一个极端的层面上,法国干涉主义不仅表现在国有企业中,还表现在于那些远不相干的激励形式的体系中——私营工厂得益于此:在这些更加灵活的体系中,自动控制的发明人和创建者雅克·沃康松发挥了强大的影响力,一方面是通过他提出的建议,另一方面是通过他作为制造业的政府高级视察员,从 1741 年开始的 40 多年中亲自改进的织机及其他机械装置(主要是生产丝绸的装置)。[30] 另一个极端是英国,人们注意到在那里:政府的职

---

*　　里弗:旧时通行于法国的一种记账货币,值一磅银子。——校者

[25]　Michelle Sadoun-Goupil,《化学家贝托莱(1748～1822):其人及其工作》(Le chimiste Claude-Louis Berthollet〔1748—1822〕. Sa vie, son oeuvre, Paris: Librairie Philosophique J. Vrin, 1977〕),第 21 页～第 24 页。也可参见 Sadoun-Goupil,《贝托莱著作中的纯科学与应用科学》(Science pure et science appliquée dans l'oeuvre de Claude-Louis Berthollet),《科学史评论》(Revue d'histoire des sciences),27(1974),第 127 页～第 145 页,尤其是第 127 页～第 133 页和第 140 页～第 145 页。

[26]　卡洛纳给贝托莱的信,1784 年 2 月 24 日,引自 Sadoun-Goupil,《化学家贝托莱》,第 22 页。

[27]　J. A. Chaptal, 3 卷本《化学元素》(Elemens de chimie, Montpellier, 1790),第 1 卷,第 lii 页。关于贝托莱在科学和工匠传统上的地位,参见 Barbara Whitney Keyser,《科学与工艺之间:贝托莱和染色个案研究》(Between Science and Craft: The Case of Berthollet and Dyeing),《科学年鉴》(Annals of Science),47(1990),第 231 页～第 260 页。

[28]　Claude-Louis Berthollet, 2 卷本《染色工艺原理》(Eléments de l'art de la teinture, Paris, 1791),第 1 卷,第 xlii 页。

[29]　有关法国政府试图聘请先进技术领域科学专家的另外一个很好的例子,参见关于拉瓦锡在旧体制末期火药生产中的活动的讨论,载于 Patrice Bret,《拉瓦锡和科学院化学对火药和硝石工业的贡献》(Lavoisier et l'apport de la chimie académique à l'industrie des poudres et salpêtres),《科学史国际档案》,46(1996),第 57 页～第 74 页。

[30]　André Doyon 和 Lucien Liaigre,《沃康松:天才技工》(Jacques Vaucanson: Mécanicien de génie, Paris: Presses Universitaires de France, 1966),第 175 页～第 253 页。

责就是规定一个能保护发明家和私人实业家革新的专利体系,无论它是如何的不完善。[31] 在那些极端之间,是像西班牙、瑞典和工业更活跃的德国政府的例子,在这些国家,政府的重商主义趋向对科学和工业的关系具有重要的影响。

在所有欧洲国家中,西班牙波旁王朝,在政府干预制造业的程度及其所要求的科技支持方面,和法国最接近。在 1701 年波旁王朝第一位国王、在法国出生的菲利浦五世登基之后,在一个协调委员会——商业与货币总联合原则(the Junta General de Comercio y Moneda)——的保护下(这个委员会追求科尔贝路线的重商主义经济政策),王家制造业扩增。[32] 从一开始,不过尤其在卡洛斯三世执政期间(1759~1788),染色和织物的印花是主要的(尽管绝不是唯一的)焦点,而且染色工和配色师照例被吸引到有关工厂的高级而且收入丰厚的职位上。这些最早的新来者中,有一个爱尔兰染色工迈克尔·斯特普尔顿,他于 1725 年在马德里附近瓜达拉哈拉(Guadalajara)的王家羊毛厂(Real Fábrica de Paños),被任命为负责洗染业的市长(Tintorero Mayor);此后,直到 18 世纪晚期,瓜达拉哈拉继续吸引从国外来的技术专家。虽然在塔拉维拉(Talavera)、阿维拉(Avila)和马德里的王家制造业中,类似的任命表明瓜达拉哈拉的情形绝不是唯一的,但在那里发生的事情还是可以作为一个致力于现代化的协调工业企业的范例。它不仅通过它所聘用的外国人,而且也通过接待游客、鼓励它自己的雇员和学徒(pensionados)出国旅行、以及建立它自己的染色和化学学校来推行它的目标。

瓜达拉哈拉工厂对技术自给自足的渴望是政府政策更加开通的精细表现,这一政策始终如一地将高度优先权赋予每一行业的精加工,使这些行业的劳动力在行业实践及其工艺科学方面可以与最发达的国家相媲美。农业差不多和制造业一样,被视为最有希望的政策受益者。这和波旁王朝对纺织业、特别是印染业的特殊关注相似,加强了化学在辅助科学中的优先地位,这些辅助科学是通过像在瓜达拉哈拉提供的那种机构内部的指导,以及通过其他机构——比如在 18 世纪 80 年代后期在塞哥维亚(Segovia)的王家火炮学校开设的化学实验室——培养起来的。从 1799 年起,就是在这里,以及在马德里的装备良好的新实验室(二者均由政府提供资金)的一个岗位上,

[31] Christine MacLeod,《发明工业革命:英国的专利体系(1660 ~ 1800)》(*Inventing the Industrial Revolution: The English Patent System, 1660—1800*, Cambridge University Press, 1988),第 115 页~第 200 页。

[32] 关于科学、制造业和开明的西班牙君主之间的关系,可参见几篇文献,尤其是第一部分《科学政治学图解》(La política científica ilustrada),Joaquín Fernández 和 Ignacio González Tascón 编,《西班牙的科学、技术与政府图解》(*Ciencia, técnica y estado en la España ilustrada*, Madrid: Ministerio de Educación y Ciencia, 1990)。关于染色、漂白和棉布印花的特殊个案,我很信赖 Agustí Nieto-Galan,《西班牙的染色、棉布印花和技术交流:王家制造业和加泰罗尼亚的纺织工业(1750 ~ 1820)》(Dyeing, Calico printing and Technical Exchanges in Spain: The Royal Manufactures and the Catalan Textile Industry, 1750—1820),载于 Robert Fox 和 Agustí Nieto-Galan 编,《欧洲的天然染料和工业文化(1750 ~ 1880)》(*Natural Dyestuffs and Industrial Culture in Europe, 1750—1880*, Canton, Ma: Science History Publications, 1999),第 101 页~第 128 页。关于国家在棉布印花中的作用,参见 James K. J. Thomson,《18 世纪国家对加泰罗尼亚的棉布印花工业的干预》(State Intervention in the Catalan Calico-printing Industry in the Eighteenth Century),载于 Maxine Berg 编,《欧洲早期工业中的市场和制造业》(*Markets and Manufacture in Early Industrial Europe*, London: Routledge, 1991),第 57 页~第 89 页,以及 Thomson,《与众不同的工业化:巴塞罗那的棉花(1728 ~ 1832)》(*A Distinctive Industrialization: Cotton in Barcelona, 1728—1832*, Cambridge University Press, 1992),尤其是第 40 页~第 46 页,第 67 页~第 72 页,第 132 页~第 138 页,第 157 页~第 159 页,以及第 202 页~第 205 页。

18 世纪后期的西班牙杰出化学家约瑟夫－路易·普罗斯特进行关于定比的重要工作。这一时期具有显著的意义，因为当时法国拉瓦锡的新化学进入西班牙，主要是通过马德里的学校以及蒙彼利埃和巴赛罗那的化学家之间的重要联系。[33] 但是，伴随着新化学，贝托莱漂白和染色处理的理论知识也随之产生。从 1795 年开始，通过西班牙版本的《染色工艺原理》，这一理论知识开始为人所知。[34] 这一著作是由沙普塔尔在蒙特利埃的一个学生多明戈·加西亚·费尔南德斯翻译的，此人曾经在很多国家技术管理部门担任多个重要职位，其中值得注意的（在他漫长职业生涯的不同时期）是作为国家财政部在圣伊尔德丰索（San Ildefonso）的玻璃厂厂长、王家火药与硝石厂的总经理，以及阿尔马登（Almadén）的矿长。[35] 在法国和西班牙之间的种种联系使得那种认为西班牙科学界是孤立和消极的传统观点很难站得住脚；同时它们也指出了带着开放的态度去面对国际上最先进的科学潮流的西班牙君主在协调国家经济利益中的作用。

在瑞典，化学也成为政府关注经济发展的主要受益者，在这个个案中，对这种关注进行的追溯甚于西班牙。这种关注在 17 世纪 30 年代开始显现，当时政府建立了一个强有力的矿业管理委员会，主要是为了控制在法伦（Falun）的铜矿扩张，同时也是为了规范采矿业的各个方面。[36] 从一开始，委员会就可以指派一个化验室和一个联合化学实验室，两者都在斯德哥尔摩，其化验的核心工作逐渐扩展到一个包括分析化学、冶金化学以及化学技术其他分支在内的范围。乌尔班·耶耳内（从 1683 年到 1719 年负责该实验室）和耶奥里·勃兰特（从 1730 年开始负责实验室，直至 1768 年去世为止）在这种扩展活动以及为瑞典化学的繁荣奠定基础的过程中发挥了尤为重要的作用，这对弱化理论化学和矿业化学之间、以及理论与描述之间的界限是有裨益的。托尔贝恩·贝里曼和卡尔·威廉·舍勒这两位 18 世纪 70 年代和 80 年代早期最主要的瑞典化学家，是这一化学黄金时代中最著名的代表人物。就所发生的事情而言，并不能过分高估矿业管理委员会的作用，它除了给化学这门学科带来利益外，给其他学科带来

〔33〕 Ramón Gago，《西班牙的新化学》（The New Chemistry in Spain），《奥西里斯》（Osiris），系列二，4（1988），第 169 页~第 192 页；Agustí Nieto-Galan，《18 世纪末应用化学的区域性计划，蒙彼利埃及其对巴塞罗那学院的影响：沙普塔尔和卡波纳》（Un projet régional de chimie appliquée à la fin du XVIIIe siècle. Montpellier et son influence à l'école de Barcelone: Chaptal et Francesc Carbonell），《科学史国际档案》，44（1994），第 38 页~第 62 页；以及 Nieto-Galan，《西班牙的法语化学术语：临界点、修辞争论和实际用途》（The French Chemical Nomenclature in Spain: Critical Points, Rhetorical Arguments, and Practical Uses），载于 Bernadette Bensaude-Vincent 和 Ferdinando Abbri 编，《欧洲语境中的拉瓦锡：关于化学新语言的谈判》（Lavoisier in European Context: Negotiating a New Language for Chemistry, Canton, MA: Science History publications, 1995），第 173 页~第 191 页。
〔34〕 Claude-Louis Berthollet，2 卷本《染色工艺原理》（Elementos del arte de teñir, Madrid, 1795—6），Domingo García Fernández 译。
〔35〕 Gago，《西班牙的新化学》，第 177 页~第 178 页。
〔36〕 Anders Lundgren，《瑞典的新化学：不曾发生的争论》（The New Chemistry in Sweden: The Debate That Wasn't），《奥西里斯》，系列二，4（1988），第 146 页~第 168 页。对于瑞典工业化早期的有益观点，也可参见 Svante Lindqvist，《试验中的技术：蒸汽动力技术引进瑞典（1715 ~1736）》（Technology on Trial: The Introduction of Steam Power Technology into Sweden, 1715—1736，［Uppsala Studies in History of Science 1］, Stockholm: Almqvist & Wiksell, 1984）。关于俄罗斯的科学、工业和政府之间关系的概览，见 Russell，《欧洲边缘的科学》。对于这一时期法伦矿及其在瑞典生活中的地位的一个通行而且有用的说明，见 Sven Rydberg，《大铜矿：斯托拉的故事》（The Great Copper Mine: The Stora Story, Hedemora: Stora Kopparbergs Bergslags AB in collaboration with Gidlunds Publishers, 1988），第 85 页~第 160 页。

119

的利益不多。比如说，从 1700 年开始，在法伦增加了一个以收集机械模型为主的机械学实验室，这使管理委员会的活动范围扩大了，由此机械科学开始繁荣并成为了瑞典的一项专长。在这里，有"北方的阿基米得"之称的技术总监克里斯托弗·普尔海姆进行了他最重要的一些流体力学实验，同时也指导全瑞典矿业技术的实际应用。[37]

矿业不仅在瑞典成为强有力的吸引政府投资科学和技术的一个行业，在那些拥有大量矿产资源的国家，国家矿业管理部门在 17 世纪已经相当普遍。但是直到 18 世纪，通过创立矿业科学院，才开始重视培训懂科学和技术的管理和技术人员；在这些科学院，培训的重点在专业课程的实用性，科学常常能随之兴旺起来。尽管在 1763 年和 1783 年间，在西伯利亚的叶卡捷琳堡（Ekaterinburg）、圣彼得堡和巴黎（声望很高的王家矿业学校[Ecole Royale des Mines]）建立起重要的矿业学院，欧洲中部地区还是大量涌现出新的矿业科学院。其中最著名的要属萨克森（Saxony）的弗莱堡（Freiberg）矿业学院。[38] 它是在 1765 年作为"七年战争"后经济复苏计划的一部分而成立的，在萨克森选帝侯（Elector of Saxony）的鼓励和支持下，学院得以建立在技术改进的传统之上，这个传统可以追溯到 16 世纪。由于这个传统及其所享有的宫廷庇护，使得科学院能够很容易拥有高质量师资，例如：克里斯特利布·埃雷戈特·格勒特就是一位很有经验的分析师，同时也是机械和熔炼方面的权威（并且还是冶金化学方面的第一位教授）。学院也因其吸引了来自欧洲大陆各地的学生以及萨克森地区的学生（他们的费用由国家承担）而赢得声誉。

弗莱堡学院的声誉不仅在于它是通往受尊敬的职业生涯的大门，而且还在于它在国际科学界中具有的重要影响。对于这种影响，亚伯拉罕·戈特洛布·维尔纳的贡献无人可比。这位弗莱堡矿业学院早期的学生在莱比锡大学完成了法学课程之后，于 1775 年回到该学院，担任采矿和矿物学教授以及学院的矿物收藏馆馆长。他之所以获得这些职位主要是因为他在莱比锡出版了一本关于化石分类的重要著作。[39] 但他在弗莱堡时，他的声誉以及学院的声誉更多地来自于他的教学技巧以及他与整个欧洲的矿物学家和地理学家保持的广泛联系，而不是他出版的著作。维尔纳在弗莱堡学院待

120

了 40 多年，在萨克森矿产部担任矿山视察员也差不多有这么长时间，在任职的最后几年，他对萨克森的经济（反映在该地区银、铅和其他金属生产和开采速率的加快）以及地质学都产生了重大的影响；在地质学方面，他发展了一种"水成说"的学说，来描述地球的历史，就这一问题的讨论一直延续到 19 世纪。[40]

[37] Lindqvist，《试验中的技术》，第 67 页～第 79 页。
[38] 关于弗莱堡学院和更加概括性的关于中欧化学与矿业的关系，参见 Gerrylynn K. Roberts，《18 世纪中欧科学的建立》（Establishing Science in Eighteenth-Century Central Europe），载于 Goodman 和 Russell 编，《科学欧洲的崛起》，第 361 页～第 386 页（第 375 页～第 385 页）。
[39] Abraham Gottlob Werner，《关于化石外观的研究》（Von den äusserlichen Kennzeichen der Fossilien, Leipzig, 1774）。
[40] Rachel Laudan，《从矿物学到地质学：一门科学的创建（1650～1830）》（From Mineralogy to Geology: The Foundations of a Science, 1650—1830, Chicago: University of Chicago press, 1987），第 87 页～第 112 页。

中欧的矿业学校为政府提供了令人信服的证据,使政府相信能够进行科学干预以提高矿产资源的利润,而他们的经济在很大程度上就是依靠于此的。同萨克森一样,奥匈帝国决定通过皇帝委任,由政府采取果敢的教育动议,改善申姆尼茨地区(Schemnitz,位于现在斯洛伐克的班斯卡－什佳夫尼察[Banská Stiavnica])迟滞不前的矿产开采。同在弗莱堡一样,其直接动机是"七年战争"后复苏的要求。因而,正是来自中央政府的资金(这些资金是由维也纳的王家矿业委员会管理的)使得首先在申姆尼茨最谨慎的矿业学校开设专业课程作为布拉格大学理论性教学大纲的实用补充成为可能。于是,这所学校于 1770 年被改组为一个独立的矿业学院,学院的课程设置为三年,并分为数学、化学和冶金学以及矿产科学等不同专业。[41] 特别是化学和冶金学专业,在尼古拉斯·雅坎、J. A. 斯科波利以及随后的安东·雷普雷希特·冯·埃格斯贝格的领导下,进行了引人注目的科学和技术研究工作。虽然拥有令人鼓舞的开端,但是申姆尼茨学院并没有能够保持与弗莱堡学院一样的名望,很大程度上是因为它的地理位置(200 公里,意味着三天的路程),加之对采矿业现实状况缺乏了解,导致学院脱离了维也纳的管理。而且,帝国的政治优先权的转移,以及一些极富才能的教授企图离开申姆尼茨学院所在的偏远山区,导致学院发生严重的军心不稳。到世纪之交,申姆尼茨学院在 18 世纪 70 年代到 80 年代所拥有的短暂的黄金时代就成了过眼烟云。

申姆尼茨科学院后来的历史再一次表明了直接依赖政府支持的机构无一例外表现出的脆弱性。支持可能会很快变成漠不关心,并且有时候,由政治或者意识形态推动的干预可能会剥夺一个观点遭到非难的教师的职位:1723 年因被指控为无神论者,数学家兼哲学家克里斯蒂安·沃尔夫被普鲁士的国王腓特烈·威廉一世解除了在哈雷大学的教职,并被驱逐出国,这正是一个提醒公众记得遭受王室严厉责难的结局的例子。然而这样的例子是罕见的,科学和国家经济利益或战略利益之间边界的模糊性,对科学的发展而言通常是有益的。

民用和军事工程科学院提供了更丰富的证据,以说明科学以及技术利益来自政府控制的、基础牢固的机构体系。在法国,国立桥路学院(Ecole des Ponts et Chaussées)领先于众多的高等工程学校;自 1747 年创建开始,它就获得旧体制可靠而稳定的政府支持,这使其不仅发展成为一个为国家道路、桥梁、港口和(从 18 世纪末起)运河行政管理部门培养高素质人员的基地,而且成为一个在数学和机械理论与实际应用方面,都能够得以发展的机构。[42] 国立桥路学院的影响与其培养出的国家路桥技术兵种不成

121

---

[41] Roberts,《18 世纪中欧科学的建立》,第 380 页～第 383 页,以及 D. M. Farrer,《王家匈牙利矿业学院,申姆尼茨:18 世纪技术教育的若干问题》(The Royal Hungarian Mining Academy, Schemnitz: Some Aspects of Technical Education in the Eighteenth Century, University of Manchester M. Sc. thesis, 1971)。

[42] Antoine Picon,《工程现代化的发明:国立桥路学院(1747～1851)》(L'invention de l'ingénieur moderne: L'Ecole des Ponts et Chaussées 1747—1851, Paris: Presses de l'Ecole Nationale des Ponts et Chaussées, 1992),第 1 卷《启蒙工程师》(Les ingénieurs des lumières)中有关 18 世纪的部分。一个很好而且更为简短的说明,见 Gillispie,《旧体制末期法国的科学和政体》,第 479 页～第 498 页。1755 年准予使用"王家"称号。

比例。从 1769 年到 1788 年间,获准入学的 387 名学生中,只有 141 人被派往军团服役。[43] 而且,学校没有永久的教职员工。相反,学校(和军团)的第一位校长让－鲁道夫·佩罗内,实施了将近半个世纪的授课体制:让最具才能的高年级学生教低年级学生。此外,学生学习像亚历克西－克洛德·克莱罗的《代数纲要》(Elémens d'algèbre, 1746)和夏尔·博叙关于力学的论文。作为对所学教材的补充,所有学生都参加巴黎其他机构的课程学习,例如去王家植物园(Jardin du Roi)、法兰西学院(Collège de France)、新近成立的艺术学校(Ecole des Arts, 一所私立建筑学校)以及建筑科学院(Académie d' Architecture)附属学校学习。对考试的愈发看重逐渐代替了奖励体系,而奖励体系培养的竞争是另一个重要的教学工具,它不断地开发学生的潜能以期达到他们能力的极限,并且从学校到军队任职的过程中一直都严格采用高标准。[44] 纳博讷(Narbonne)附近的公路,在 1787 年,被英国旅行者阿瑟·杨描述为"伟大的工程"。显然,公路的高质量,不能完全归功于几个桥路学院的学生(他们后来成为羽翼丰满的路桥工程师[ingénieurs des Ponts et Chaussées])[45]:等待提拔的低级检查员和助理工程师以及众多的驾驶员(conducteur),还有其他的协助人员(他们当中许多人是没有完成课程学习的前学员),也是法国土木工程取得杰出技术成就的重要组成部分。但是以学校和军团作为基本部分的体系被公认是成功的,其标志性成就包括位于巴黎的佩罗内的路易十六大桥(Louis XVI bridge)新奇的拱形以及路易－亚历山大·塞萨在其水利工程作品中的回顾性著作:《水利工程记叙》(Description),其中,他计划在瑟堡(Cherbourg)建造的人工港口和海上防波堤就是最为大胆新奇的例证。[46]

　　桥路学院的特点是它的遗产主要以物质形式保留下来了。该校 18 世纪毕业的大部分学生中,只有 1776 年到 1780 年间在该校学习的加斯帕尔·里谢·德普罗尼,取得的科学声望超越了土木工程领域和建筑领域(桥路军团的成员在这两个领域发号施令)。在这方面,军事工程学校取得的科学成就更为丰富,至少在法国是这样。原因之一,正如查尔斯·吉利斯皮提出的,相比于民用工程学校,在军事工程学校中,学校和实践的脱节程度可能更甚。[47]位于梅齐埃的王家工程学校(Ecole royale du Génie)成立于 1748 年。实际上,在那里,教职往往被视为一种受欢迎的逃避严格的正常职责的手段。至于位于拉费尔(La Fère)的一个规模更小的炮兵学校(在 1766 年被迁到巴波姆

[43]　关于国立桥路学院入学和参军的统计资料,收集在 Picon,《工程现代化的发明》,第 731 页～第 733 页。
[44]　对于建筑学、制图和设计竞赛(concours)的出色研究,参见 Picon,《工程现代化的发明》,第 149 页～第 207 页和第 734 页～第 735 页。
[45]　Young 的评论引自于 Gillispie,《旧体制末期法国的科学和政体》,第 495 页。原文参见 Arthur Young,《1787 年、1788 年和 1789 年间的旅行——带着探寻法兰西王国的文化、财富、资源和国家繁荣的目的》(Travels, during the Years 1787, 1788 and 1789. Undertaken more particularly with a View of ascertaining the Cultivation, Wealth, Resources, and National Prosperity, of the Kingdom of France, Bury St. Edmunds, 1792),第 1 卷,第 20 页。
[46]　Louis-Alexandre de Cessart, 2 卷本附加 1 卷图集《塞萨的水利工程记叙》(Description des travaux hydrauliques de Louis-Alexandre de Cessart, Paris: A. A. Renouard, 1806—8)。
[47]　Gillispie,《旧体制末期法国的科学和政体》,第 506 页。关于梅齐埃(Mézières)和其他军队学校,见第 506 页～第 548 页。

［Bapaume］），那里的全体工作人员非常精通技术和军事工程的基本理论，以及提供射击学内容的培训，这铺就了一条通向美好军事生涯的道路，甚至在某些情形下，例如在梅齐埃 1760～1761 年的学生夏尔－奥古斯丁·库仑和十年之后的拉扎尔·卡诺，都取得了卓越的科学成就。[48] 两年制课程的入学新生当中，贵族家庭的孩子占据了很高比例，在旧体制的最后十年，这个比例甚至超过了 2/3。这个事实对于学校的严肃性是一个不断的威胁。但是这似乎并没有明显降低学校的声誉。而且，贵族化氛围与允许来自社会地位较低的投考者入学很是融洽；有一个人，加斯帕尔·蒙日，1769 年在他还是 20 出头的年纪就被聘为那里的数学教授，将成为梅齐埃科学传统的杰出榜样。在 1780 年，他被选入科学院的助理测量员（adjoint géomètre）之列，并且从 18 世纪 90 年代开始，作为画法几何的创始人，他所获得的声誉使人们认为他是一名数学家，而不是军事工程师。但是作为教授（尽管越来越不情愿，这一点还必须说明），在绘图、制图学和测量等这些实用学科中，他的工作留下了不可抹去的教学痕迹。[49]

　　尽管梅齐埃和桥路学院引人注目并且在国外赢得了赞赏，但是，这种由国家紧密控制的专科职业学校的法国模式，在法国之外的直接影响是有限的。举例来说，英国职业培训以学徒制和在职学习的方式一直保持到 19 世纪中期。另一方面，瑞典就是许多国家中的一个典型：在技术教育和研究方面坚守固有传统（例如：从 17 世纪以来，由政府的矿业管理委员会管理的那些学校），这使得引进外国教育模式成为多余。甚至在西班牙，法国始终是其关注的一个自然对象，仿效进行得缓慢且不完全。直到 18 世纪的最末期，在阿古斯丁·德贝坦科尔特——在 1784 年到 1791 年间，他作为西班牙国王赞助的众多奖学金获得者之一，在桥路学院学习——的影响之下，法国的这种教育模式才在西班牙开始落地生根。[50] 结果，随着王家机械委员会（Real Gabinete de Máquinas）的改组（从 1792 年起，这所学校就用奖学金获得者从法国带回来的比例模型和其他材料培养工程师），于 1802 年在马德里创建的第一所道路学校（Escuela de Caminos y Canales）却是短命的：学校由于独立战争（1808～1814）而中断，在 19 世纪 20 年代另外一次失败的尝试之后，这所学校直到 1834 年才真正建立起来。然而，甚至在 1834 年之前，多年踌躇不前的筹建工作以及不合调的开始却带来了相当多的好处，最重要的是用西班牙语翻译了诸如蒙日的《画法几何》（*Géometrie descriptive*）和路易·B. F. 弗朗克尔的《机械制图基础》（*Traité de mécantique élémentaire*）等著作，这有助

［48］ 关于梅齐埃和拉费尔（La Fère）的学校，以及那里和别的地方为军事工程师和炮兵军官提供的训练，参见 Roger Hahn，《陆军和炮兵学校的工程科学》（L'enseignement scientifique aux écoles militaires et d'artillerie），和 René Taton，《梅齐埃王家工程学校》（L'Ecole royale du Génie de Mézières），载于《18 世纪法国科学的教育与传播》（*Enseignement et diffusion des sciences en France au XVIIIè siècle*，Paris: Hermann，1964），第 513 页～第 545 页，第 559 页～第 615 页。

［49］ René Taton，《蒙日的科学著作》（*L'oeuvre scientifique de Monge*，Paris: Presses Universitaires de France，1951），尤其是第 10 页～第 19 页，第 50 页～第 100 页及第 352 页～第 375 页。

［50］ Santiago Riera i Tuèbols，《西班牙的工业化和技术教育（1850～1914）》（Industrialization and Technical Education in Spain，1850—1914），载于 Robert Fox 和 Anna Guagnini 编，《欧洲的教育、技术和工业成就（1850～1939）》（*Education, Technology and Industrial Performance in Europe, 1850—1939*，Cambridge University Press，and Paris: Editions de la Maison des Sciences de l'Homme，1993），第 146 页～第 170 页。

于加强法国和西班牙学术团体在数学和工程学方面的交流,这可以和化学家先前在蒙彼利埃和巴塞罗那之间所建立的联系相媲美。

知识和科学、技术以及教育实践能够在国家间轻松传递是 18 世纪的一个主要特征。书籍和仪器可以跨国界自由交易;特别是在 18 世纪晚期,对重要著作的翻译屡见不鲜;而且君主和政府也做出了贡献,他们当中大多数都向他们帮助维持的科学院以及国家学术团体的出版物给予支持。个人的流动性也比以前大得多。科学家和工程师们经常借助于政府的帮助更加频繁地到国外去搜集工业和军事信息:举例来说,18世纪 50 年代和 60 年代,加布里埃尔·雅尔在欧洲中部和英国的矿山的旅行,以及 18世纪 80 年代,几名法国军事工程师到英国进行有计划有步骤的调查任务,就相当于技术间谍的行为。[51] 但是,即使是最坚决的探寻者,他搜集信息的自由度也是有限的。例如,在自愿泄露给参观建造或运转中的蒸汽机的来访者的信息时,凡是涉及经济利益的,詹姆斯·瓦特和马修·博尔顿的谨慎就是一种典型的反应,[52] 而且陆军和海军装备一直都是敏感领域。

有一种非常乖巧的说法,强调学术界的世界性特征,以及知识是(或应该是)对所有人开放的原则,但这种说法并不能隐藏国家利益的成分。正是国家利益在各种不同程度上激发了大多数的进取心,而在这背后是由政府来提供物力支持的。当独裁统治变得声名狼藉时,行政部门和某个科学院、天文台、或者植物园的联合能够为其带来启蒙的光环;支持工程学校的发展达到了显而易见的战略和经济目的;由政府资助的国外考察有助于阻止其他竞争国家获取潜在的利益。所有这些考虑都是竞争的产物,它在重商主义思维占据优势的年代里,推动了国家政策的制定。

当 18 世纪过去,这种竞争努力产生了日益巨大的结果。即使在政府对科学的支持非常谨慎的英国,1768 年,国王乔治三世开始在里士满(Richmond)建设他自己的天文台,并且继续支持后来变成通常所说的[英国王室]克佑天文台(Kew Observatory)的工作,特别是任命了斯蒂芬·德迈布雷,他一直担任馆长直至 1782 年去世(虽然在很

[51]　Margaret Bradley,《作军队间谍的工程师? 来到不列颠的法国工程师(1780 ~ 1790)》(Engineers as Military Spies? French Engineers Come to Britain, 1780—1790),《科学年鉴》,49(1992),第 137 页~第 161 页。对于 18 世纪工业间谍的出色概述,见 John R. Harris 在 1984 年的罗尔特(Rolt)纪念演讲,再版于 Harris,《18 世纪的工业和技术论文:英国和法国》(*Essays in Industry and Technology in the Eighteenth Century: England and France*, Aldershot: Variorum, 1992),第 164 页~第 175 页。加布里埃尔·雅尔的旅行记述在他的 3 卷本《在 1758 年进行的,甚至是在 1759 年了解的德国、瑞典、英国……和荷兰的锻铁……方面的冶金学旅行或者研究与观察》(*Voyages métallurgiques ou recherches et observations sur les mines et forges de fer ... faites en 1758, jusques & compris 1759, en Allemagne, en Suede* [sic], *Angleterre ... & en Hollande*, Lyon, 1774—81)。对于雅尔的传记概略,见富希(Granjean de Fouchy)为雅尔作的悼词,同上书,第 1 卷,第 xxi 页~第 xxviii 页。
[52]　对访问者获取可靠情报的难度的生动描述,见贝坦科尔特(Agustín de Betancourt)的 1788 年访问伯明翰的梭霍工厂(Soho works)和伦敦的阿尔比恩工厂(Albion Mills)的报告,载于 Jacques Payen,《投向水蒸气的资本与机器:佩里耶兄弟以及瓦特蒸汽机在法国的引进》(*Capital et machine à vapeur: Les frères Périer et l'introduction en France de la machine à vapeur de Watt*, Paris: Mouton, 1969),第 157 页~第 159 页。贝坦科尔特已经被西班牙王室派遣收集用于水力学原理的技工教学的模型。

大程度上这只是一个挂名职务）。[53]　然而更艰巨的是由詹姆斯·库克船长指挥的一系列太平洋探险航行,三次费用不菲的探险航行分别是在 1768 年到 1771 年、1772 年到 1775 年和 1776 年到 1780 年间,在最后一次航行期间,库克船长遇难。[54]　在乔治三世（他本人就是一个精美器械的收藏者）的要求下,海军部提供了资金,[55] 这些航行被看做具有重要的科学目的,包括（在王家学会的请求以及国王个人捐赠的 4000 英镑的帮助下）观测 1769 年金星凌日的计划。[56]　许多未知岛屿、植物和民族的发现也有助于证明远征探险要求的大量投资的正当性。在此,动机是混杂不清的:对领土的热望、对异域及其文化的好奇,以及探索理解大自然,所有这些彼此竞争纠结在一起。但是和 1766 年到 1769 年之间法国探险家路易·安托万·德·布干维尔到塔希提（Tahiti）岛的航行一样,[57] 库克船长的航行为科学可以在何种程度上受益于多种动机的结合提供了充足的证据。

在遥远的、所知甚少的海洋上航行是对航海技术和地图进行的最直接的检验,同时促进其进一步的改进。[58]　例如,库克船长的第二次航行是对约翰·哈里森航海天文钟（作为测定经度的辅助设备）的非常著名的试验和证明:四个"钟表设计",包括由拉尔库姆·肯德尔成功仿制的一个哈里森的"H. 4"计时器,连同其他装置一起用于航海时的天文观测。[59]　对国家利益的关心和以此为目的的旅行还促进了改进航海图、加快陆地与海洋地图的精确性改革的需要——大约在这个世纪中期,大多数欧洲国家在这些方面都加快了步伐。在这个改革过程中,对国内秩序和国外领土的渴望均促使官方对此给予强有力的支持,这使法国成为无可匹敌的领跑者。由巴黎天文台台长塞萨尔－弗朗索瓦·卡西尼·德图里组织编写 181 张的《法兰西地形图》（*cart topographique de la France*）的工作,在科学院的支持和政府的资助下（对路易十五的愿望的响应）,于 1750 年开始着手,直到 1784 年卡西尼去世为止,进展一直非常迅速（到 1784 年为止,

126

---

[53]　关于德曼布雷及其在天文台的生涯,参见 Alan Q. Morton 和 Jane A. Wess,《公众科学与私人科学:国王乔治三世的收藏品》（*Public & Private Science: The King George III Collection*, Oxford: Oxford University Press in association with the Science Museum, 1993）,第 89 页～第 127 页。

[54]　关于航海与其背景,参见 John Cawte Beaglehole,《库克船长的生平》（*The Life of Captain James Cook*, London: Adam & Charles Black, 1974）。

[55]　这些收藏品现在完好地陈列在科学博物馆。见 Morton 和 Wess,《公众科学和私人科学》。

[56]　Harry Woolf,《金星凌日:18 世纪科学之研究》（*The Transits of Venus: A Study of Eighteenth-Century Science*, Princeton, NJ: Princeton University Press, 1959）,第 161 页～第 170 页。

[57]　关于这次航海的叙述,参见 Louis Antoine 和 Count Bougainville,《在 1766 年,1767 年,1768 年和 1769 年乘王家护卫舰的环球旅行》（*Voyage autour du monde par la frégate du roi la Boudeuse, et la flûte l'Etoile, en 1766, 1767, 1768 & 1769*, Paris, 1771）。

[58]　关于研究 18 世纪航海对世界和地理学本质的概念的影响,特别说到法国,尽管不是专门谈论法国,见 Numa Broc,《启蒙思想家的地理学:18 世纪的地理学者和法国旅行家》（*La géographie des philosophes: Géographes et voyageurs français au XVIIIè siècle*, Paris: Editions Ophrys, 1975）。

[59]　为了寻求在海上测量经度的精确方法,英国政府通过经度委员会于 1714 年提供两万英镑奖金,关于 H. 4 和哈里森为争取该项奖金进行的漫长努力,以及取得的部分成功,参见 Anthony G. Randall,《赢得经度委员会奖金的记时员》（The Timekeeper That Won the Longitude Prize）,载于 William J. H. Andrewes 编,《寻找经度》（*The Quest for Longitude*, Cambridge, MA: Collection of Scientific Instruments, Harvard University, 1996）,第 236 页～第 254 页。

几乎 90% 的国土已经以 1∶86400 的比例绘制完成）。[60] 从它显示的细节来看，它不能与 1818 年和 1866 年之间取代它的比例为 1∶80000 的地图相媲美，但它是卡西尼和他雇用的地图绘图员（ingénieurs géographes）的杰出作品，给人们留下了深刻的印象。[61] 法国人也擅长带着更为科学的目的来绘制地图：从 1746 年到 1780 年，矿物学家让－艾蒂安·盖塔尔及其后来的合作者安托万·拉瓦锡与安托万·莫内一起编写了《法兰西矿物标本绘图集》（Atlas et description minéralogiques de la France），它是一部地质学绘图法的世纪杰作（虽然未能完成）。[62] 相反地，正如一个领先的海运强国所应做的，英国的贡献则倾向于将注意力贯注在航海绘图的制作上，然而直到 1791 年英国陆军测量局成立之前，英国自身的绘图并不特别先进。

对远洋探险和绘制地图投入的增加是 18 世纪所意识到的政府和君主的利益与责任的范围更为扩展的另一方面。国家之间的这种竞争加强了英国和法国对南太平洋地区的关注，改革运动从中得到满足并且助长了对启蒙运动思想的日渐开放，认识到不断完善的数学和技术训练对陆军和海军军官的价值，以及后来逐渐形成的激动人心的第一次工业革命技术，所有这一切激发了对科学和政府之间关系有着重大意义的这些变化。在众多不同的起因和动机当中，很少把为了科学进步当做其本身的一个目标，而科学和从事科学工作的共同体却始终都是受益者，即便不是有计划有组织地受益。在有些情形下，例如在腓特烈大帝执政期间普鲁士的情况，至少在它的一般形式下，可以被看做是追溯到文艺复兴时期宫廷赞助的旧传统的持续。但是 18 世纪新组建的、更为正式的结构体系给予的支持程度要比宫廷独自提供的支持更为充实与可靠。

到 18 世纪晚期，科学、数学和技术已经开始在大多数欧洲国家行政管理机制中占据空前突出的位置，这为大约一个世纪后出现的科学职业化时代奠定了重要的基础。在 1780 年或 1800 年，增加的就业机会所创造的从事科学事业的机会要远远大于 18 世纪最初 25 年。甚至在那些曾经以怀疑态度审视政府干预的大学中（许多国家，尤以法国最明显），启蒙的理想也赋予科学以新的突出地位。以葡萄牙为例，1772 年科英布拉大学（University of Coimbra）影响深远的改革导致了在数学系建立起一座天文台，在哲学系建立了一个化学实验室、一个物理实验室、一个博物学博物馆和一个植物园，就

127

---

[60] Henry Marie Auguste Berthaut, 2 卷本《法国地图（1750～1898）》（La carte de France 1750—1898, Paris: Imprimerie du Service Géographique [de l'Armée], 1898—9），第 1 卷，第 48 页～第 70 页。

[61] 关于后来的地图，参见，同上书，第 1 卷，第 171 页～第 337 页。关于工程师兼地理学者（ingénieurs géographes）的历史，由于国家需要的变化，发生了很多变化，参见，同上书，第 1 卷，第 71 页～第 170 页，以及 Berthaut, 2 卷本《军事工程师兼地理学者（1624～1831）》（Les ingénieurs géographes militaires 1624—1831, Paris: Imprimerie du Service Géographique [de l'Armée], 1902），特别是 18 世纪，第 1 卷，第 120 页。

[62] Rhoda Rappaport,《盖塔尔、拉瓦锡和莫内的地质地图集：关于地质学性质的观点的冲突》（The Geological Atlas of Guettard, Lavoisier, and Monnet: Conflicting Views on the Nature of Geology），载于 Cecil J. Schneer 编，《关于地质史》（Toward a History of Geology, Cambridge, MA: MIT Press, 1969），第 272 页～第 287 页；主要的支持于 1766 年由贝尔坦（Henri L. -J. -B. Bertin）落实到位，此人时任路易十五的国务大臣，特别负责矿产、制造业、农业和贸易。

充分表明了这种趋势。[63] 它也证明了这个例子中在身为首相的庞巴尔侯爵（Marquess of Pombal）的领导下，以及国王何塞一世（José I）的支持下，一个极权的行政机构在一个本质上保守的机构中实现改革的能力。同样值得注意的是，18 世纪晚期的特征正是它所代表的改革和世俗化趋势，它具有足够的灵活性进行反抗（尽管不是毫发无损）；1777 年何塞一世去世，第二年首相庞巴尔侯爵下台，反对致力于现代化的保守贵族势力和神职人员的势力得以重新恢复，而现代化为所发生的一切本身固有的特质，并且更广泛地存在于具有国际性思维的海归派（estrangeirados）*圈子（庞巴尔就是其中一员）的雄心抱负之中。

　　正是普遍的稳定性赋予了高速增长的教育、研究、科学和技术实践体系以重要性，它们对于即将随之而来的 19 世纪加速的建制化十分重要。在法国，即使 1789 年到 1794 年的大革命和恐怖统治时期的动乱也只是导致了学校、科学院和从旧体制继承下来的其他团体的工作暂时中断（法国的大学在 1793 年关闭之后没有重开，这是值得注意的唯一例外）。在 18 世纪，有丰富的证据表明：依赖于政府或王家赞助从未彻底失去它的不安全性；如果要充分利用此类赞助为个人在科学方面的发展所提供的机会，个人的机敏所起的作用还是和以往一样重要。可是，到 18 世纪末，这些机会稳固来源于现代国家的正式体系，因而就能够据此进行职业和智力战略的规划。

（刘树勇　崔家岭　程路明　译　方在庆　校）

---

[63]　下面的评论基于 Ana Simões、Ana Carneiro 和 Maria Paula Diogo，《构造知识：18 世纪的葡萄牙和新科学》（Constructing Knowledge：Eighteenth-century Portugal and the New Sciences），载于 Kostas Gavroglu 编，《启蒙运动时欧洲外围的科学》（*The Sciences in the European Periphery during the Enlightenment* [*Archimedes*, vol. 2]，Dordrecht: Kluwer, 1999），第 1 页～第 40 页。
*　　历史名词，特指当时在国外生活过一段时间的葡萄牙知识分子。——校者

6

自然知识的探索：
科学和大众

玛丽·菲塞尔　罗格·库特

今天,科学在我们看来是一眼便可认出的,它是我们文化图景的一部分。人们认为,它很容易和宗教区别开来,它产生新知识而非信仰。一般说来,规定给科学的任务就是发现自然界的真理——这些真理是由那些经过专门训练在特定领域进行研究的科学家们揭示出来的。尽管在具体细节方面存在很多争议,但是人们认为,存在某种特定的研究方法,它对于科学知识的产出至关重要。

新科学知识传播的过程以及针对不同受众转换表述方式的过程也通常被认为是没有问题的。人们通常认为科学家的观点首先在专业期刊上进行详细阐明并得到认可,接着进入大学教材,随后或与此同时进入普及化过程或针对范围更广大的受众进行重新表述。报纸、杂志、电视或广播都帮助完成这个任务。有些科学观点最终传播得十分广泛,人们甚至在笑话或卡通中也可能会提到。

科学知识产生和传播的这种惯常模式类似于一枚单煎一面而蛋黄在上的煎鸡蛋(fried egg, sunny-side up)。位于中心的是完整独立的蛋黄,代表科学家们创造的新知识。蛋黄周围总有很薄的蛋白形成的半阴影部分,代表科学知识的传播。最后,在蛋白边缘的是些容易破裂的小片(那些笑话和宣传标语),几乎和完整的蛋黄没有相似之处。正如另一位历史学家描述的那样,科学知识的传播通常被看成仅仅是知识从真理高度集中的区域向真理匮乏的区域的运动过程。[1] 好像自然知识毫不费力地从中心流向边缘,没有能量消耗,没有阻力。

然而对于 18 世纪以及其他时期的科学,无论是通常意义上的"科学"概念,还是人们通常理解的这一科学传播模式都不能提供任何帮助。那时还没有人靠科学研究谋

我们对 Rob Iliffe、Thomas Kaiserfeld、Bill Luckin、Jack Morrell、Simon Nightingale 和 Simon Schaffer 对本章较早版本富有价值的评论表示感谢。

[1] Steven Shapin,《"吮吸科学的乳头":19 世纪 30 年代的科学传播和爱丁堡》("Nibbling at the Teats of Science": Edinburgh and the Diffusion of Science in the 1830s),载于 Ian Inkster 与 Jill Morrell 编,《大都市和外省:不列颠文化中的科学(1780～1850)》(*Metropolis and Province: Science in British Culture, 1780—1850*, London: Hutchinson, 1983),第 151 页。也可参见 Roger Cooter 与 S. Pumfrey,《私人领域和公共领域:对科学大众化的历史和大众文化中的科学的反思》(Separate Spheres and Public Places: Reflections on the History of Science Popularization and Science in Popular Culture),《科学史》(*History of Science*),32(1994),第 237 页～第 267 页。

生。甚至"科学家"（scientist）这个词还没有被构造出来。几乎没有人把作为信仰的宗教与作为实验和分析活动的所谓自然哲学之间明确地区分开来，甚至博物学和宗教还没有完全区分开。自然神学，或对上帝和自然界关系的研究一直持续到 19 世纪。

　　因此，要说清 18 世纪的"科学"及其"大众化"过程不是一件容易的事。几乎在每一方面，这些词都是时代误置（不适合那个时代）的，从而使人误入歧途。本章的目的之一就是指明这些分析的范畴为何不能提供足够复杂的历史性解释。也就是说，我们尽力阐明煎蛋模型的不足之处，同时给出理解和分析 18 世纪大众化自然知识（popular natural knowledges）的另外一种方式。因此，我们没有回过头去给"科学"下定义，而是借用 17 世纪以英国自然哲学家罗伯特·胡克（1635～1703）为代表的人们对这个问题持有的观点。1663 年，胡克宣布新的王家学会的任务包括"（研究）自然物体的知识和一切有用的（知识）：如，技艺（Arts）、制造业、机械实践（Mechanick practices）、工程以及实验发明"。这种宽容的态度，使我们得以避免 20 世纪人们的错误，过于轻易地假定"大众的"和"专业的"、"非科学"和"科学"之间的区别。它允许我们在探讨自然界的知识是如何被发现、被讨论和被运用时，尽可能地扩大研究的视野。为了分析方便起见，我们可以把历史上卖药草的无名妇女和药剂师以及塞尔彭（Selborne）的吉尔伯特·怀特教士（1720～1793，他耐心地记载了他家附近田地和森林的详细变化情况）[2]看做是可以比较的。我们可以研究伦敦的一家嘈杂的咖啡馆，在那里，工匠们正在观看一位巡回演讲者在台上表演一次微型地震以证明上帝的绝妙设计，同样我们也可以考察矿井或工厂里虔信上帝的瑞典商人对纽康门发动机的谈论。[3] 或者我们可以通过阅读一本鼓吹生出怪胎的廉价小册子或阅读蒙博多勋爵（1714～1799）对人和猿之间之联系的哲学考察从而提出关于人性的问题。[4] 尽管我们不能假定，例如，用气球、电流和催眠术进行实验的圣多明戈（Saint Domingue）学者与同时代巴黎的无裤党人（sansculottes）是基于相同的理念，利用同样的方式做这些事的，但我们也不必断言，前者就比后者优越。[5]

　　当然，胡克在列举王家学会所感兴趣的研究主题的同时，也阐明了学会作为自然知识的发现者和论证者的作用。可以说，如果你愿意这样表达的话，他把学会放置于中心蛋黄的位置。尽管借用了他的描述，我们却应尽力避免任何关于中心与边缘、蛋黄与蛋白之间的关系的简单假定。正如我们现今对科学的定义并不适用 18 世纪一

〔2〕　David E. Allen，《不列颠的博物学家》（*The Naturalist in Britain*, Harmondsworth: Penguin, 1978）；Allen，《18 世纪不列颠的博物学》（Natural History in Britain in the Eighteenth Century），《博物学档案》（*Archives of Natural History*），20（1993），第 333 页—第 347 页。

〔3〕　Svante Lindqvist，《试验中的技术：蒸汽力技术引入瑞典（1715～1736）》（*Technology on Trial: The Introduction of Steam Power Technology into Sweden, 1715—1736*, Uppsala: Almqvist & Wiksell, 1984）。

〔4〕　E. L. Cloyd，《蒙博多勋爵》（*James Burnett, Lord Monboddo*, Oxford: Clarendon Press, 1972）。

〔5〕　James E. McClellan III，《殖民主义和科学：旧政体下的圣多明格》（*Colonialism and Science: Saint Domingue in the Old Regime*, Baltimore, MD: Johns Hopkins University Press, 1992）。关于巴黎的无裤党人，参见 Robert Darnton，《催眠术与法国启蒙运动的终结》（*Mesmerism and the End of the Enlightenment in France*, New York: Schocken Books, 1970）。

样,科学的生产和传播的煎蛋模型所设定的社会关系也不能为我们提供多少对过去的了解。所以,与之相反,我们关注自然知识的**场所**(sites)和**形式**(forms)——也就是说,知识在哪里产生以及以何种方式付诸实践或成为定律。今天,人们通常将知识的形式/场所和人的社会角色联系起来。实验室是科学家的场所,而猫展则是养猫爱好者的场所。科学期刊的形式属于研究型的科学家,而关于自然的电视节目则属于观看的公众。这样的划分对于人们理解今天的科学也未必十分有用,就更不用说对过去的理解了。正如众多文化历史学家所指出的那样,把知识的某种特殊的场所和形式看做"普遍的",就误解了历史上知识的形式、场所和人的社会角色之间的联系。例如,我们不能假定,一本小小的廉价宣传手册只属于"低层次"的读者群,也许某学徒曾读过它,或者酒馆的人们曾高谈阔论过它,有可能某位上流社会的贵族也曾对它仔细研读过。

在探讨自然知识的场所和形式时,我们也尽力避免把知识的认知内容凌驾于其社会和文化位置之上。某一自然知识得以产生或进行讨论的环境与其内容同样重要——事实上,形式和内容并不容易区分开来。无论其认知内容看起来多么相似,在廉价手册里发表的观点和在绅士的客厅里提出的观点并不一样。因此,正如我们不能简单地将读者归于某一社会角色,同样,我们也不能假定廉价手册仅仅是客厅讨论的普及或简化版本。

因此,对18世纪自然知识的形式、场所和社会意义之间的关系,我们必须加以注意。但是必须要有所选择。18世纪自然知识产生并传播的场所正像其形式一样是各式各样的。除绅士的客厅以外,知识的场所还包括咖啡屋、农场、酒店、教堂、阅览室、村舍以及其他。知识的形式包括印刷书籍,比如百科全书、杂志、儿童读物、信件;口头形式,包括如布道、讲座以及对话等,也包括物质形式,比如奶牛、花和机械锄头。

在这一章,我们集中研究18世纪自然知识的四个领域。在每一个领域我们讨论不同的分析主题。我们的第一个主题是牛顿主义(Newtonianism),主要用来说明自然知识的等级模式(hierarchical model)的缺陷,这一缺陷在考虑到知识普及化的问题时就更加明显了。第二个主题是对农业技术的讨论,这一讨论使我们认识到经济上的张力(economic tensions)对自然知识产生的影响。第三是对为外行人写的医书的讨论,以及一个引人入胜的医疗事件的分析,这一讨论使我们得以考察自然知识在18世纪传播的方式。在这里,我们特别集中考察"挪用"(appropriation)这个概念,用来解释这种传播的方式。最后一个主题是植物学,或者说是关于植物的自然知识,这为我们讨论当今流行的解释文化变迁的两种历史学模式提供了基础。这两种模式是:商品化(commodification)和大众文化的变革。

我们的许多例子来自英国。这在一定程度上反映了历史编纂的趋势。跟其他任何地方相比,英国在广大领域内的自然知识及其实践的文献保存得最好。我们可以了解妇女与自然哲学在意大利、法国和英国的情况,[6]但是我们很少能得到,比如说,意大利或德语国家的有关种子商或职业花匠的历史知识。意大利、法国、德意志、西班牙或欧洲大陆其他国家的科学史通常是由生活在这些国家的历史学家撰写的,直到最近,他们仍专注于今天依然有效的这类科学活动。在某种程度上这可能是因为在法兰西或欧洲大陆其他地方,年鉴学派的编史学(*Annales* historiography)对自然哲学文化史的制度化远不如其在英国或美国那样成功。因此,从歌德到林奈,我们可以了解到大量的、意义重大的男性思想家及其在国内外的各种影响,却很少能了解到那些更加谦卑的自然知识的实践者,他们也不太可能被看做是当今的科学家们象征意义上的祖先。

历史背景以及编史学背景证明我们对英国的重视是合理的,因为在 18 世纪,英国和欧洲大陆的许多国家(包括其殖民地)之间都存在着重要区别。新教,或者更确切地说,人类日常生活中一系列关于上帝作用范围的假定,就是其中的一种差别。安妮女王(1664～1714)是为"国王的罪恶"(King's Evil, 即淋巴结核)进行触摸治疗,或者说是寻求来自王位神圣性的治疗力量的最后一位英国君主。但在欧洲大陆其他国家,政府依然批准建造有治疗功用的圣庙。在法国,直到大革命时期,王室的触摸疗法还在实践当中。英国缺乏有足够统治力的宫廷文化是与此相关的又一差别。当然,同欧洲大陆一样,英国君主被追随者们和精心设置的宫廷程序及仪式所环绕,但是在其他场合他们却为了争夺听众而竞争。在法国,一些自然知识可能完全根植于宫廷文化中。正如我们以后要讨论的那样,一本已出版的宇宙论对话完全湮没于宫廷语言的精雕细琢的比喻之中。相反,在主题上和所针对的听众上都和法国文本相似的英国文本中却包含很多日常经验中的事例。在英国文本中,自然知识的作用不仅或不主要是文化装饰,它可能还为改变物质世界提供了基础。

在巴黎,宫廷文化造就了稳固的奢侈品市场,许多巴黎工匠都花费很大精力去做品质精美的锦缎、精巧的花伞或其他高级用途的消费品。相反,18 世纪的英国却在更宽范围内呈现出一种消费文化。历史学家分析了像茶和瓷制茶具这些千差万别的消费品,如何得以在中等阶级家庭普及并促进经济发展。如果我们姑且把自然知识看做商品,那么英国和法国之间的差别就非常显著了。在巴黎,自然知识在沙龙(由妇女主持的上流社会的聚会,但常常由男性主导)里展示并消费。大体上,这样的沙龙是上层阶级的领地。[7] 但在英国,从咖啡馆、地方社团到托儿所,自然知识是在各种体面的场

〔6〕　参见 Londa Schiebinger,《心智无性别吗? 现代科学起源中的女性》(*The Mind Has No Sex? Women in the Origins of Modern Science*, Cambridge MA: Harvard University Press, 1989), Lorraine Daston,《自然化的女性智力》(*The Naturalized Female Intellect*),《背景中的科学》(*Science in Context*),5(1992),第 209 页～第 235 页。

〔7〕　Geoffrey V. Sutton,《上流社会的科学:性别、文化和启蒙运动的论证》(*Science for a Polite Society: Gender, Culture, and the Demonstration of Enlightenment*, Boulder, CO: Westview Press, 1995)。我们不该认为这一将法兰西和英格兰进行的对比是完整的。比如,如果把军事技术也看做商品,考察它对国家的关系,就可能对两个国家自然知识的形式和场所提供一个非常不同的比照。可参见 Charles C. Gillispie,《旧体制末期法国的科学与政体》(*Science and Polity in France at the End of the Old Regime*, Princeton, NJ: Princeton University Press, 1980), 以及 Ken Alder,《工业革命:法兰西的武器和启蒙运动(1763 ～ 1815)》(*Engineering the Revolution: Arms and Enlightenment in France, 1763—1815*, Princeton, NJ: Princeton University Press, 1997)。

所被消费的商品。这一差别也影响了科学的性别取向。在巴黎,妇女在沙龙里充当了趣味和高雅的裁定者。在这种社会环境中衍生的自然知识因此在某种程度上女性化了。在英国,咖啡馆通常是男性化的地方,就像一些地方社团(provincial societies)一样,但其他场所,例如植物园,却不一定带有性别特征。把科学著作翻译成英文的妇女,比如女学者伊利莎白·卡特(1717~1806),既没有使自然知识女性化,也没有对构成沙龙文化之特征的上流社会的关系进行评判。

　　所以将英国的情况作为讨论的范例,不应视为仅仅反映了个人的偏好,而应看成是对不同背景的重要的历史性差异和编史学差异的一种提示,这种差异一如今日。背景的不同影响历史讨论,不可否认我们自身的英美(Anglo-American)编史传统已经规定了本章的分析框架。我们相信,通过实例可以充实对本章原始目的的分析,而来自其他角度的实例(和反例)又可以通过分析而得到发展。

牛顿主义

　　过去的几十年间,科学史从对伟大人物的研究转向对科学构建及其社会背景的分析。这种转向是以对牛顿主义的关注为标志的。[8] 30年前,大量的讨论集中在牛顿思想本身的复杂性上,而当今,历史学家则主要研究这些思想的社会效益。在此,我们要考察牛顿主义(或多种牛顿主义的发展历程),并且指出:知识生产和传播的生煎蛋模型使我们忽略了与牛顿的名字相连的各种社会意义。

　　玛格丽特·C.雅各布是最早把牛顿主义放在社会背景中进行研究的人之一。她的研究对象是一批英国国教的牧师,这些牧师举办了一个由罗伯特·波义耳(1627~1691)通过遗嘱资助的系列讲座。[9] 雅各布指出,波义耳讲座的讲演者们既不是为了让牛顿的思想广为人知,也不是为了创立一个与众不同的牛顿学派。相反,在英国圣公会内部的争论以及反对无神论者和自然神论者的斗争中,他们发现了牛顿的宇宙思想中的一些强有力的自然神学的成分。他们认为,宇宙是由神圣的上帝(一个和引力和运动等自然规律共存的上帝)统治着的,并且这个统治形成了一个有秩序的、可预知的世界。正如一位波义耳讲座的讲演者注意到的那样,"这(引力)是多么高贵的设计呀,它使宇宙的各个星球免于分裂成碎片"。[10] 这些布道显示出,牛顿所描述的不变的、由某种定律所支配的、机械的世界是如何变成波义耳讲座的演讲者们所寻求

---

〔8〕 关于各种版本的牛顿主义及其历史,参见 Simon Schaffer,《牛顿主义》(Newtonianism),载于 R. C. Olby 等编,《近代科学史指南》(Companion to the History of Modern Science, London: Routledge, 1990),第610页~第626页。

〔9〕 Margaret C. Jacob,《牛顿主义者与英国革命(1689~1720)》(The Newtonians and the English Revolution, 1689—1720, Hassocks, Sussex: Harvester Press, 1976)。

〔10〕 William Derham,《自然神学:或者,通过上帝的创造物对上帝的存在及其属性的证明》(Physico-Theology: or, A Demonstration Of The Being And Attributes Of God, From His Works Of Creation [1714]),引自 Jacob,《牛顿主义者与英国革命》,第180页。

的稳固、繁荣、秩序井然而等级森严的社会结构在自然界中的对应。

　　从对牛顿的研究转向对关于牛顿的布道的研究,雅各布和其他历史学家主要研究已经出版的布道词,而基本忽略了布道常常是首先作为口头表演出现的这一事实。波 *185* 义耳讲座特意在不同的伦敦教堂巡回演讲以期得到更多的听众。的确,第一个演讲者理查德·本特利(1662～1742)希望把布道日期改到12月,"那时候你们的城镇人口非常多,而九月份人总是很少"。[11] 虽然我们不可能还原这些口头讲演,但无疑它们和我们今天能够得到的印刷作品会有出入。即使一个简单的语调也可能蕴含许多含意。1726年,当伏尔泰遇到波义耳讲座的演讲者塞缪尔·克拉克(1675～1729)时,他被克拉克说出上帝名字时敬仰的语调所打动,克拉克声称这是他从牛顿那里学来的习惯。

　　布道并不是关于牛顿自然哲学唯一公开的口头传播。伦敦和地方城镇能够参加科学讲座的居民日益增多,讲座向每一个能够付得起入场费的人开放。咖啡馆、写作学校和地方协会都举办这样的讲座。比如,1725年,斯波尔丁(Spalding)绅士协会——它位于林肯郡(Lincolnshire)的一个小集镇斯波尔丁——就满意地聆听了由让·西奥菲勒斯·德萨居利耶(1683～1744)做的系列自然哲学讲座。德萨居利耶是一位流亡的胡格诺教徒和共济会会员,受到王家学会的聘请去做一些技巧性的手工实验和演示。他利用这些技巧将自己打造成一个非常成功的讲演者。他将牛顿原理的精巧和蒸汽机以及水泵的机械实用性结合起来。虽然他的讲座开创了一个从抽象原理到实用机械的简易途径,但是二者的关系也许更复杂。正如拉里·斯图尔特指出的那样,这些讲座的成功更多地依靠其实用机械的内容而不是牛顿的学说。的确,在讲座中通过把牛顿学说和实用操作联系起来的方式,有助于人们对牛顿学说和自然哲学的接受。[12] 德萨居利耶把一些机遇和利益结合起来,创造了一个自然哲学讲座主讲人这一新职业。1734年,他"情不自禁地夸耀此时在英国和世界其他地方讲授实验课程的有十一二个人,我感到自豪的是其中八个是我的人"。[13] 到1740年,科学讲座被公认为一种职业,公众可选择的讲演者和讲座的范围更广了。

　　最初,科学讲座的主讲人经常运用清晰的牛顿原理建构他们的演示。对他们的讲座具有决定性的是实验表演和支配自然界的科学原理的戏剧性展现。但是演讲者越 *186* 来越多,为了吸引听众,他们在讲座中对自然界给予更加宽泛的解释并增加了戏剧性的娱乐。德萨居利耶和其同时代的人创立了牛顿主义的一支,在自然神学与政治稳定相关的问题上,他们与社会精英们的观点一致——用亚历山大·蒲柏的话来说:"一直

〔11〕　引自 Jacob《牛顿主义者与英国革命》,第148页～第149页。
〔12〕　Larry Stewart,《公众科学的兴起:牛顿时代不列颠的修辞学、技术以及自然哲学(1660～1750)》(*The Rise of Public Science: Rhetoric, Technology, and Natural Philosophy in Newtonian Britain, 1660—1750*, Cambridge University Press, 1992)。
〔13〕　Jean Theophilus Desaguliers,《实验哲学教程》(*A Course of Experimental Philosophy*, London, 1734),第1卷,fol. C verso,引自 Stephen Pumfrey,《谁做了这项工作? 安妮女王时代英格兰的实验哲学家和公众演示者》(Who Did the Work? Experimental Philosophers and Public Demonstrators in Augustan England),《英国科学史杂志》(*British Journal for the History of Science*),28(1995),第135页。

存在的,就是正确的。"但是后来的讲座者又提出了另外的观点。正如西蒙·谢弗所认
为的那样,自然哲学的表述不能被当做社会稳定的保证。[14] 通过地震、闪电、电和磁所
展现的自然的奇观也可以与(人类社会中)激进的事件或商业奇迹相对应。

　　菲利普·雅克·德·鲁斯伯格(1740~1812)的一生见证了18世纪晚期流行的自
然哲学的异端性。鲁斯伯格演示电和其他自然哲学的奇迹,曾短暂地开过一家用电进
行治疗的诊所,还和伦敦各种激进人士有着联系。当德萨居利耶把其自然哲学包装成
有用的商业知识的时候,鲁斯伯格利用其经验进行商业展示的制作。他因为革新了舞
台设计而广为人知,这些引人入胜的布置既展现了新技术的奇迹又展现了博物学的奇
迹。例如,在1786年的一个关于库克船长塔希提旅行的哑剧中,鲁斯伯格用了两年前
才发明的飞行气球。当时,法律禁止在哑剧中运用口语对话。这样,在这次演出中,鲁
斯伯格利用了"塔希提"音乐和伴歌(塔希提歌词的意思在节目单的脚注中标明)。对
我们来说,气球、穿着很少的女演员以及(从空中)降落到舞台上的库克船长羽化登仙
式的巨幅画像都是娱乐世界的一部分。但是《泰晤士报》(The Times)的评论把这次演
出描述为"值得每一个有理性的人——从儿童到年长的哲学家——沉思的表演。这种
表演最能显示出上帝的智慧和设计"。[15] 显而易见,这种形式的大众科学"讲座"是寓
教于乐。

　　剧院在成为自然知识的一种场所和形式的同时,也提醒我们,这些知识已不再为
男性所专有。事实上,某些形式的自然知识专门面对女性,比较突出的是书和杂志。
这些书通常采用对话体,今天这种文体与自然知识已不再有任何联系:这种暗含着谦
逊态度的文体成为18世纪最受欢迎的向女性阐释自然知识的方式。

　　有这样两本书向我们显示,在不同的国家,知识的场所和形式是不同的。第一本
是弗朗切斯科·阿尔加洛蒂(1712~1764)的《艾萨克·牛顿爵士的哲学阐释之女性
读本》(Sir Isaac Newton's Philosophy Explain'd for the Use of the Ladies, 1737)。这本书出
版于意大利,很快就被翻译为法语、英语、德语、荷兰语以及其他欧洲语言。[16] 阿尔加
洛蒂的书很明显是针对我们将要在此讨论的另一本书——丰特内勒(1657~1757)的
《关于世界多样性的谈话》(Conversations on the Plurality of Worlds)。这本书1686年在

〔14〕 Simon Schaffer,《18世纪的自然哲学与公开展示》(Natural Philosophy and Public Spectacle in the Eighteenth Century),载
于《科学史》,21(1983),第1页~第43页。
〔15〕 引自 Greg Dening,《布莱先生的下流话》(Mr. Bligh's Bad Language, Cambridge University Press, 1992),第270页。
德·鲁斯伯格再现了与德萨居利耶的知识场所和形式极为不同的类型。比如,他对炼金术和共济会感兴趣,把知识
解释为超自然的,并通过半神秘的方式而不是公开的演示来构建。可参看 Stephen Daniels,《鲁斯伯格的化学剧场:
夜间的煤溪谷》(Loutherbourg's Chemical Theatre: Coalbrookdale by Night),载于 John Barrell 编,《绘画和文化的政治:
关于不列颠艺术的新论文(1700~1850)》(Painting and the Politics of Culture: New Essays on British Art 1700—1850,
Oxford University Press, 1992),第195页~第230页。
〔16〕 Marta Feher,《一种范例的凯旋行进:牛顿科学普及的个案研究》(The Triumphal March of a Paradigm: A Case Study of
the Popularization of Newtonian Science),Tractix, 2(1990),第93页~第110页。

法国出版,也被翻译成多国语言。[17] 一直到 1742 年,丰特内勒持续不断地出该书的修订版。尽管他的《谈话》坚决地坚持笛卡儿的立场,但是在晚年他也不断地吸纳了牛顿的一些思想。[18] 丰特内勒的对话是在他和一位侯爵夫人间进行的:两人相互调侃,谈话具有田园诗般的文学风格,并以非常讲究的宫廷语言展开。这本书一开始,丰特内勒就把自然界描述为一出歌剧,它设计得如此精妙,以至于几乎不可能看见诸如布景、灯光以及特殊效果这类剧场里的设置,它们使观看者眼花缭乱。实际上,在这本具有强烈巴黎风格的书中,自然知识只是一种文化装饰,是贵族男女之间交流的一种方式。丰特内勒的对话只是上流社会的另一种消遣,我们不应该对此感到奇怪(因为丰特内勒早就写过戏剧和诗歌)。

阿尔加洛蒂可能也会出版过关于绘画、歌剧或别的高雅内容的书。但是他的《艾萨克·牛顿爵士的哲学阐释之女性读本》的写作风格和丰特内勒的非常不同。我们可以推知丰特内勒书中的侯爵夫人对自然哲学一无所知,而阿尔加洛蒂的对话者对笛卡儿主义已经非常了解了。阿尔加洛蒂希望说服她看到笛卡儿主义不过是"哲学式的浪漫"而已。阿尔加洛蒂并不玩弄复杂的宫廷辞藻,他只是用书中人物所在的上层阶级家庭中的日常物品,诸如香粉和悬挂于墙上的绘画等,来解释牛顿主义的基本思想。这样,自然知识可以与日常生活相联系,这和丰特内勒对侯爵夫人的揶揄不同,丰特内勒告诉她一头虚构的大象在笛卡儿所说的空的外在空间中支撑着地球。阿尔加洛蒂的对话中较少地体现矫揉造作的风格,较少用屈就的语调,这是在意大利学术文化中女性占有一席之地的标志。在意大利,不像在欧洲的其他国家,一些杰出的妇女被允许进入科学院,甚至被允许上大学。[19] 因此,不同的国家为妇女创造出在场所和形式上与其文化特点相一致的自然知识。在法国,自然知识具有宫廷气派和矫揉造作的特点,而在英国,则具有"中产阶级"的易于交际的特点。

英国的母亲们在茶余饭后闲聊各种各样的牛顿主义,而父亲们则在咖啡馆里思考其他形式的牛顿主义,而他们的孩子可能在托儿所里接触到牛顿了。詹姆斯·西科德分析了一本小书《适用于年轻绅士和小姐的牛顿的哲学体系》(*The Newtonian system of*

138

[17] 这次争论源自 Mary Terrall,《沙特莱侯爵夫人与科学的性别化》(Émilie du Châtelet and the Gendering of Science),《科学史》,33(1995),第 283 页~第 310 页;Terrall,《区分化空间、区分化听众:巴黎科学院内外》(Gendered Spaces, Gendered Audiences:Inside and Outside the Paris Academy of Sciences),《结构》(Configurations),2(1995),第 207 页~第 232 页;Paula Findlen,《新科学的转化:启蒙时期意大利的女性与知识传播》(Translating the New Science: Women and the Circulation of Knowledge in Enlightenment Italy),《结构》,3(1995),第 167 页~第 206 页;Aileen Douglas,《大众科学与女性代表:丰特内勒及其之后》(Popular Science and the Representation of Women:Fontenelle and After),《18 世纪生活》(Eighteenth-Century Life),18(1994),第 1 页~第 14 页;Erica Harth,《笛卡儿的女信徒们:旧体制时期理性论述的译本与颠覆》(Cartesian Women: Versions and Subversions of Rational Discourse in the Old Regime, Ithaca, NY: Cornell University Press, 1992)。也可参看 Alice N. Walters,《风俗画:18 世纪英国的科学与优雅》(Conversation Pieces:Science and Politeness in Eighteenth-Century England),《科学史》,35(1997),第 121 页~第 154 页。

[18] 参见 Henry Guerlac,《牛顿在欧洲大陆》(Newton on the Continent, Ithaca, NY: Cornell University Press, 1981),以及 Fielding H. Garrison,《作为科学大众化作家的丰特内勒》(Fontenell as a Popularizer of Science),载于 Garrison 编,《对医学史的贡献》(Contributions to the History of Medicine, New York: Hafner, 1966),第 855 页~第 872 页。

[19] Paula Findlen,《意大利启蒙运动时期的科学职业:劳拉·巴西的策略》(Science as a Career in Enlightenment Italy: The Strategies of Laura Bassi),载于《爱西斯》(Isis),84(1993),第 440 页~第 469 页。

philosophy, adapted to the capacities of young gentlemen and ladies, 1761），这本书采取各种办法，把科学演讲的内容以及各地学者团体探讨的内容转换成新的、儿童容易接受的商品化的东西。[20]《牛顿的哲学体系》是年轻的"汤姆·泰勒斯科普"*以德萨居利耶向斯波尔丁绅士会会员所做讲座的方式为小人国做的讲座。和阿尔加洛蒂一样，汤姆·泰勒斯科普用日常物品讲解自然规律。像鲁斯伯格那样，他把自然哲学变成能够被他的听众从视觉上、感觉上以及听觉上理解的景象。一支蜡烛、一个板球或壁球都能说明日食或月食。整本书与其说是讲座，不如说是对话。汤姆·泰勒斯科普总是被他的儿童听众打断，接着就和他们一起进行一场富有教益的谈话。事实上，这本书可能具有双重的口语特征：它不仅具有讲座兼对话的形式，而且也可以像别的儿童图书一样被大声地朗读。

汤姆·泰勒斯科普采取了多种形式把牛顿主义传播给 18 世纪的英国。和其他人一样，汤姆·泰勒斯科普使牛顿主义具有社会作用。像波义耳讲座所做的那样，它把听众放置于由自然规律支配的有秩序的宇宙之中。正如汤姆·泰勒斯科普所说的："一个人甚至在家里或在自己内心中也可以看到上帝创世的奇迹。"汤姆·泰勒斯科普的观点还说明，与有序的自然世界相对应，社会的运行方式同样是遵从规律和等级化的。但是和别的牛顿主义者的解释不同，这本书最为畅销，仅在 18 世纪的英国就出版发行了 3.5 万册。

所有这些牛顿主义都包含了娱乐因素，还有一些甚至是用半开玩笑的方式写成的。属于后者的有这么一本小册子：《一篇关于物体远距作用的哲学文章：所有物体之间的作用过去通常被认为是由于同情和憎恶，而本文根据新哲学和艾萨克·牛顿爵士的运动定律对此做了清楚的阐明……》（*A Philosophical Essay Upon Actions on Distant Subjects. Wherein are clearly Explicated According to the New Philosophy and Sir Issac Newton's Laws of Motion*, *All Those Actions Usually Attributed to Sympathy and Antipathy* ..., 1715 年第 3 版），这本书由一位兜售止痛项链的药品中间商免费分发。用止痛项链治疗出牙期儿童的牙痛具有悠久的历史。这本小册子被题献给王家学会（这可能既是向易受骗者做的广告，又是对聪明人智力的考验）。文中提出这样一个问题：围在孩子脖子上的珊瑚项链怎么能影响他的牙呢？然后根据牛顿的宇宙论的中心远距离作用理论分析了这个问题。作者设想，玫瑰色珊瑚的原子能够"同情地"作用于红色的牙龈。作者进而联想到以下问题的解释，比如，狗为什么向陌生人叫；一个人打哈欠为什么会引起其同伴打哈欠；刺耳的声音为什么会使牙齿长歪。当大众科学的演讲者们利用牛顿主义来贩卖他们自己的专业知识时，这位药品中间商却在嘲弄牛顿理论对自然界的解释能

---

[20] James A. Secord，《幼儿园里的牛顿：汤姆·泰勒斯科普与陀螺和球的哲学（1761 ～ 1838）》（Newton in the Nursery: Tom Telescope and the Philosophy of Tops and Balls, 1761—1838），《科学史》，23（1985），第 127 页～第 151 页。

* 这本小册子的作者署名为 Tom Telescope，由 John Newbery 于 1761 年出版，在此音译为"汤姆·泰勒斯科普"。——译者

力。只需对牛顿有一丁点了解的读者或听众,都会嘲笑(或信奉)这种荒诞的"远距作用"。

以上所提到的五种形式的牛顿主义——波义耳讲座,大众科学讲座和演示,面向妇女的牛顿理论,面向孩子的牛顿理论以及对古老疗法的自诩为牛顿式的阐释(或说是对牛顿思想的盗用)——都可以理解为牛顿思想的"大众化形式"。但是考虑到阿尔加洛蒂的文章,或西科德对汤姆·泰勒斯科普的分析,或止痛项链小册子等,就会让人觉得,当前对任何科学家的通俗化模式,都没有牛顿这个名字和被认为属于他的思想与历史人物牛顿的关系复杂。最近的一些著作,比如斯图尔特的《公众科学的兴起》(*The Rise of Public Science*, 1992),帮助我们更好地理解牛顿思想在安妮女王时代的英格兰所起的社会作用。的确,人们可能认为斯图尔特通过强调牛顿思想仅仅作为科学演讲人兜售的一个部分(而且不一定是最重要的部分)避开了煎蛋模式。但是对 18 世纪科学的绝大多数历史分析一直是由中心和边缘的等级模式所支配。

在下文,我们要探讨其他三种自然知识的场所和形式以把讨论拓展到大众化模式之外。这三种自然知识在 18 世纪非常兴旺,但是它们很少被研究科学的历史学家所关注。科学史学家们之所以经常对它们略而不提,是因为它们不符合"科学"的惯常概念。

农　学

18 世纪的大多数被今人称为"科学"的活动都发生在城镇。作为文化出版和商业帝国的中心,伦敦(在科学上的)的重要性和人们认为科学以城市为中心有很大关系。那些夸大了牛顿主义和 18 世纪英国商业(甚至工业)文化之联系的历史学家们恰当地指出,外省城市,甚至小城镇通常模仿首府的文化,就像斯波尔丁绅士们也听大众科学讲座。但是,18 世纪的英国像欧洲其他地方一样,占支配地位的是乡村。社会关系的组成主要是贵族或大地主与其佃农和农业劳动者之间的联系。在这里,自然知识的多产并不亚于城市,自然知识的场所和形式与牛顿主义一样变化多端。在这一节,我们把农业作为一个途径,来探讨我们的第二个分析主题:自然知识和经济利益的关系。既要注意把知识直接理解为财产(可买可卖的)的例子,又要注意到那些刻意不涉及经济利益的情况,比如呼吁"公共利益",或者呼吁对印刷品中出现的东西保持绅士般的沉默。在农业知识的场所和形式中,第二种情形和明确地把知识看做财产的情形一样重要。

农业知识产生于技术图、期刊、书籍、信件、谈话,以及诸如机器甚至牲畜这样的物品。像别的自然知识那样,农业知识在"作为个人财产"和"为了公众利益而宣布对所有人公开"这两种自然知识的形式之间存在着一定的张力。个人或企业财产极少可以按照私人财产或公共财产归类。关于这一点,从农业学家杰思罗·塔尔(1674～1741)和斯蒂芬·斯威策(1682? ～1745)之间的争论就可以得到证明。

塔尔是一个乡绅,因为未能说服他的农民按他所喜爱的方式播种,他发明了一种新的农业机械——播种机。无疑农民并不喜欢塔尔的发明。但是塔尔一直不断地开发旨在改进锄地的更好的耕作方法。18 世纪的头十年,贵族和乡绅们开始拜访塔尔,和他讨论他的耕种方法。塔尔觉得没有必要以任何比口头言辞更公开的方式向公众传播他的知识。直到 1731 年,他才写了《用马锄地的耕作技术》(*Horse-Hoeing Husbandry*)一书。和其他贵族作者一样,塔尔宣称,他是应他高贵的拜访者们的恳求才出版这本书的。[21]

但是这种出版方式给塔尔带来了麻烦。他受到农学家斯威策的攻击,斯威策指责他剽窃前人的农业革新成果。斯威策作为农业技术改进者的经历和塔尔非常不同。塔尔毕业于牛津大学,并在成为乡绅之前取得了律师资格。而斯威策却靠给贵族做园艺师来谋生,后来他涉足商业做种子商,在威斯敏斯特大会堂以"花盆"为招牌做陶器生意。他还创立并编辑出版了月刊《有实际经验的农夫和栽培者》(*Practical Husbandman and Planter*),在月刊中,他抨击塔尔不仅剽窃前人的观点,而且贬低维吉尔的《农艺学》(*Georgics*)中的耕作技术。斯威策还急不可待地为这位罗马作家作为农业专家的声誉辩护。

从表面上看,似乎塔尔是一个老式的乡绅,而斯威策则是一个有远见的企业家。但是斯威策对知识产权之维护,却因他为古代权威的辩护而大打折扣。人们也必须注意到,斯威策生活在历史悠久的贵族资助系统之内,他曾作为园艺家受雇于贵族,他还把他的书献给那些资助者们。而塔尔则试图用技术革新来弥补劳工们在(耕种的)规则性上的缺陷。在他们的例子中自然知识的场所和形式也不同:对塔尔来说,他自己的农场就是知识产生并得到应用的场所,而斯威策则把贵族们的资助当成一种商业运作。虽然他们都使用了出版关于农业技术书籍的形式,但是各自达到这种形式的过程却不同。几十年间,塔尔的知识形式是播种机这一直接的机器设备以及他和拜访者们的谈话。最终,这些知识被整理成书籍出版。斯威策也把自然知识从一种形式转换成另一种形式。他为其资助者设计的花园是其最初的知识形式,他把这种知识形式转换为面向广大读者的书刊。

如果说塔尔和斯威策的生活经历揭示了个人和自然知识之间的两种关系,那么和苏格兰启蒙运动相联系的农业改进浪潮则揭示了其他东西。塔尔和斯威策都没有把其著作看做针对普遍的公众利益的,但这却是苏格兰改革者声明的目标。在 1745 年詹姆斯派造反之后,伴随着老的高地文化(小农场主因一种互有义务的、领主制的半封建制度而受制于族长)的消亡,改革者们需要这样措辞。在这种情境之下,"公共利益"这样的语言表达了一种新的政治经济体制中的社会关系,在它的背后是农业植根于其

---

[21] N. Hidden,《杰思罗·塔尔》(上、中、下)(Jethro Tull I, II, and III),《农业史评论》(*Agricultural History Review*),37 (1989),第 26 页~第 35 页;以及 G. E. Fussell《从塔尔到农业部的更多英语旧农业书籍补遗(1731 ~ 1793)》(*More Old English Farming Books from Tull to the Board of Agriculture, 1731—1793*, London: Crosby, Lockwood & Son, 1950)。

中的近代历史的剧变。正如凯姆斯勋爵(1696～1782)在《尝试让农业服从理性原则的检验而得到改进的乡绅》(*The Gentleman Farmer, Being An Attempt To Improve Agriculture By Subjecting It To The Test Of Rational Principles*, 1776)一书中宣称的:"在把私人利益和公共利益相结合方面,没有其他活动可以和农业相匹敌。"[22]

苏格兰著名的医生和化学家威廉·卡伦(1710～1790,凯姆斯为其资助者)以多种方式理解"公共的"和"私人的"农业知识。卡伦早年在爱丁堡行医,他是一个很成功的医生,那时他便开始做主要关于其化学方面的农业的讲座。[23] 卡伦告诉凯姆斯说,他在1749年把关于农业的争论引入到他的医学化学讲座中来,并且认为,这个课题很少被作为学术问题讨论。在他的讲座中,卡伦谨慎地运用从理论到实践的转换,向其听众建议对原初理论的理解使实践应用成为可能。但是,正像其耕种经验告诉他的那样,这种转换并不总是很容易。实际上,卡伦对自己通过理解原理来改进农业的能力非常不自信。1768年,他给其信任的听众举办了一系列非医药讲座,这些听众全是他邀请的朋友。像塔尔一样,卡伦并不认为有必要把口头讲座出版成书。直到1796年,在他死后,1768年的系列讲座才得以出版。

很明显,农业知识产生和传播的形式和场所与前面提到的牛顿主义的形式和场所有诸多相似之处。这些知识通常也以讲座的形式口头传播,尽管和牛顿学派不同,卡伦不需要说服他的听众,他的农业知识是可租用的宝贵的实用商品。卡伦采取了中立的态度,他既不像那些雄心勃勃的演讲者那样把自然知识直接转换成个人收入,也不像那些农业改进者,为了较大的公共利益,努力传播其知识以改变农夫的耕作方法。当然,并不是所有的农场主(和农场工人)都希望被说服,有些地主把一些条款写进租赁合同,声明佃户必须听从土地管事的命令。

阿瑟·杨(1741～1820)的观点有所不同,他认为,按照政治经济学的理解,农业的改进是一种公共利益。经营了四年农场之后,杨出版了《一个农场主给英格兰人民的一封信:一个有实际经验的农夫对各种最重要的事务的感想》(*The Farmer's Letter to the People of England: Containing the Sentiments of a Practical Husbandman on Various Subjects of the Utmost Importance*, 1767)。后来他认为这本书几乎充满了错误。杨一直经营各种农业,但常常不成功,他有时为一个贵族地主做在爱尔兰的土地代理人。但是他逐渐成为一个作家和农业专家。他不再依靠贵族地主的资助,而是在政治资助者,特别是小皮特(威廉·皮特)的保护下构建了他的专业知识。

[22] Lord Kames, 第 xvii 页～第 xviii 页,引自 Jan Golinski,《作为公众文化的科学:英国的化学与启蒙运动(1760～1820)》(*Science as Public Culture: Chemistry and Enlightenment in Britain, 1760—1820*, Cambridge University Press, 1992),第 35 页;关于凯姆斯,也可参看 William C. Lehmann,《凯姆斯勋爵(亨利·霍姆)与苏格兰启蒙运动》(*Henry Home, Lord Kames, and the Scottish Enlightenment*, The Hague: M. Nijhoff, 1971),以及 Ian S. Ross,《凯姆斯勋爵与他所生活时期的苏格兰》(*Lord Kames and the Scotland of His Day*, Oxford: Clarendon Press, 1972)。

[23] Charles Withers,《威廉·卡伦的农学讲稿与 18 世纪苏格兰的农业科学发展》(*William Cullen's Agricultural Lectures and Writings and the Development of Agricultural Science in Eighteenth-Century Scotland*),《农业史评论》,37(1989),第 144 页～第 156 页;以及 Golinski 的《作为公众文化的科学》。

143

杨出版了他在英国、爱尔兰各地以及其他欧洲地区旅行的见闻和思考,并取得巨大的成功。甚至一些富有的德意志人和俄罗斯人开始拜访他在书中提及的英格兰的农业改革者们。[24] 杨的自然知识形式是由旅行轶事和对谷物价格、人口数量、生产费用以及其他政治经济方面的仔细观察混杂而成。它强调直接观察和对事实进行仔细编纂的重要性。为了同样的目的,1784 年,杨创办了《农业年鉴》(*The Annals of Agriculture*)刊物。这一刊物连续出版了 25 年。杨自己撰写了年鉴内容的 1/4 到 1/3。其投稿人包括一大批农学家、政治经济学家和自然哲学家,其中有杰里米·边沁(1748~1832)、弗雷德里克·莫顿·伊登(1766~1809)、约瑟夫·普里斯特利(1733~1804)、约翰·西蒙兹(1730~1807)和霍克汉姆(Holkham)的托马斯·威廉·科克(1752~1842),以及少量贵族地主甚至王室,包括乔治三世(1738~1820),他用的笔名是温莎公爵的牧羊人拉尔夫·罗宾逊。杨对年鉴的发行量没有超过 350 册感到很遗憾。但是从另一方面来看,我们可把年鉴看做实践自然知识的一个崭新并富有成效的场所。如果城市中心和地方的中心区拥有的是像咖啡馆和绅士会这样的场所的话,那么杨则创建了一个彼此互相联系的农业改进者的团体,他们不是通过某个特定的地理位置而是借助于杂志的方式相互联系。他创建了一个由大批地主、经济学家和农业学家组成的有共同兴趣的团体,他们一起关注草类、家畜、水利等变化的细节,对农业的社会作用深信不疑。比如,杨讨论过乡村的贫穷以及在精神上和实践上的闭塞。通过这种方式,杨"报告、提及并且促进了一小部分进步的农业精英的意识形态的产生",[25]这曾经引起人们的争论。这种文化产品与塔尔、斯威策和卡伦的作品完全不同。

杨对政治经济学的强调以及在伦敦社交圈和政界的游刃有余使他成为一个新派的农业专家。例如,1788 年萨福克(Suffolk)地区的牧羊业者们让他做反对羊毛法案(wool bill)的请愿代表。他向国会两院作证,向政治家游说,并写了两本关于这个问题的小册子。尽管羊毛法案最终获得通过(人们在诺维奇[Norwich]把杨的模拟像烧掉),但他作为农业专家的生涯却得到了极大的发展。

杨实践自然知识的另一个场所是在成立于 1793 年的农业部(Board of Agriculture),杨是第一任秘书长。杨在皮特的资助下得到了这个职位。同时他创造了

144 一个截然不同的自然知识形式:农业调查。[26] 他组织编写了多种乡村农业调查,比如

[24] Joan Thirsk,《农业创新及其传播》(Agricultural Innovations and Their Diffusion),载于 Thirsk 编,《英格兰和威尔士的农业史(1640~1750)》(*The Agrarian History of England and Wales: Volume V, 1640—1750*, Cambridge University Press, 1985),第 5 卷,第 574 页。

[25] Maureen McNeil,《在科学的旗帜之下:伊拉斯谟·达尔文及其时代》(*Under the Banner of Science: Erasmus Darwin and His Age*, Manchester: Manchester University Press, 1987),第 183 页。

[26] 这种知识形式最初是第一任农业部主席 John Sinclair(1754~1835)的主意,主要基于 Sinclair 的多卷本著作《苏格兰的统计报告(1791~1799)》(*Statistical Account of Scotland*, 1791—9)。参见 Rosalind Mitchison,《农业爵士约翰:奥尔布斯特的约翰·辛克莱爵士的生平(1754~1835)》(*Agricultural Sir John: The Life of Sir John Sinclair of Ulbster 1754—1835*, London: G. Bles, 1962)。也参见 John Gascoigne,《班克斯与英国启蒙运动:有用的知识与有教养的文化》(*Joseph Banks and the English Enlightenment: Useful Knowledge and Polite Culture*, Cambridge University Press, 1994),第 5 章。

他的《对萨福克县农业的总体看法》(*General View of the Agriculture of the County of Suffolk*, 1794)。与塔尔按照详细的农业活动编写的方式不同,杨掺杂了政治经济学的写作风格。他的目的是使土地产出最大的利益——"把沙子变成金子"。

1770 年,杨"发现"了罗伯特·贝克韦尔(1725~1795),其自然知识的模式完全不同于杨自己的模式。当时贝克韦尔已经饲养家畜 25 年,其成功的消息已流传开来。但是贝克韦尔仍然对自己的知识密而不传。他既不透露他最初选择的品种,也不透露自己最近培养出的品种。对于贝克韦尔来说,自然知识是私人财产。传言说,他从不保存饲养记录,他只信任年老的饲养员。他通过将牲畜租给他人育种,从自己的创造中获得利润。他的一只公羊租出一季就可获得 1000 畿尼! 也有传言说,他把年老的绵羊卖给肉店之前,让它们感染上羊肝蛭病以确保别人不能再用它们育种。

和塔尔一样,对贝克韦尔来说,新的自然知识产生的场所是农场。但是塔尔接待了络绎不绝的贵族拜访者并最终公布了他的方法,而贝克韦尔则保持沉默。对于他来说,自然知识的形式就是动物自身。他把自己看成制造"最好的把草变成金钱的机器"的人。[27]

所以说,农业自然知识在各个场所以各种形式产生以及再生产。这些场所包括贝克韦尔和塔尔的农场、卡伦的讲堂(lecture theater)、斯威策的种子商店,以及杨的《年鉴》。所涉及的形式包括塔尔和其贵族拜访者的谈话、贝克韦尔对其方法的小心翼翼的讨论、以及卡伦给他挑选的朋友做的讲座——所有这些都是自然知识实践的口头形式。斯威策和塔尔所写的传授农业和园艺技术的"如何……"的一类书籍与杨所使用的那些书面形式——包括以书信形式写的书、与政治经济学结合起来的旅行见闻描述以及调查——形成了鲜明的对比。最后,还有不是用语言(口头或书面)表达的自然知识形式:实物形式。比如说,羊、新植物或播种机等。

以上所展示的多种类型的、给人深刻印象的知识形式和场所,并没有严格的社会等级之分。杨依靠政治资助;斯威策利用主仆式的贵族资助;卡伦得到了凯姆斯勋爵的支持。杨刊登了乔治三世的来稿,而贝克韦尔则和"农场主乔治"*一起喝茶。斯威策和杨两人都写作而且出版了杂志,都有其靠自身努力提高社会地位的办法,只是两人在社会中所起的作用不同。农学知识所具有的这些不同形式使我们看到在将知识看做私人财产和将知识看做公共利益两种观念之间存在着一种张力。然而要在此基础上做进一步的细化,就不容易了。斯威策和贝克韦尔把他们自己的自然知识看做能够以植物、花园设计以及动物的形式买卖的私人商品。塔尔并不企求从其农业革新中获利,而且当面对以知识产权的观念为基础的对其剽窃的指控时,他显得惊慌失措。但是塔尔也没有采用"公共利益"这一被卡伦和杨运用自如的说法。卡伦和杨并没有

[27]　Harriet Ritvo,《动物庄园》(*The Animal Estate*, Harmondsworth: Penguin, 1990),第 66 页。
*　　"Farmer George"是乔治三世的绰号。——责编

把"公共利益"和"为所有人的知识"等同起来。相反,他们把自己摆在了专家的位置上,生产、操纵某种自然知识,然后把它们提供给自己挑选的听众。尽管他们并没有直接从这种知识中获利,但是他们生产了一种可以转化为个人利益的智力资本。比如,杨由于担任农业部的秘书长而得到薪水。"公共利益"这一说法掩盖了经济利益,即使是那些佃户,他们使用着宣扬"公共利益"的人所提供的自然知识,也同样希望用投入产出比来界定自己的劳动。换句话说,对于当时的农业知识,我们不能简单地(或单维度地)将其理解为可能产生经济收益的"秘密知识",也不能(时代误置地)根据基于专利和著作权的"财产权"来理解。更加复杂的社会和经济关系贯穿在知识生产和再生产的各类形式和场所中。

因此,就如同煎蛋模型不适用于牛顿主义那样,该模型也不适用于当时的农学知识。只是不适用的原因有所不同。如果说按照自然知识传播的等级模型(从高到低、从中心到边缘)对牛顿主义的社会运用和意义进行讨论,显示了等级模型的有限性;那么关于农业知识的多种场所和形式的讨论则揭示了"从理论到实践"这一思考模式(煎蛋模型的推论)的贫乏,以及直接思考自然知识而不考虑其对经济效益的影响之方法的贫乏。从本质上来说,自然知识从中心到边缘传播的模型,虽然表面上看起来没有什么困难和障碍,却不能概括 18 世纪农业复杂的、甚至是充满矛盾的社会关系。塔尔的那些执拗顽固的雇工和佃户被迫签订租地合同,以保证他们使用新的耕种方法。他们并不能被看做是对源于中心的"较好"知识的被动接收器。相反,劳动者们的知识经常被精英们所占有。同样,卡伦和杨失败的务农经历表明,任何一种把理论到实践描述为一个轻松、无困难过程的理论都不能解释 18 世纪的农业社会关系。的确,每个由理论驱动的知识的倡导者都必须以各自的方式承认,他不可能总是把抽象的理论和实践联系在一起。简言之,(知识)大众化的煎蛋模型并没有使这里对多种农业自然知识的复杂分析变得容易些。

医　学

和农业一样,医学也可能被描述成"为了公共利益"的自然知识。和农业一样,医学在明确的经济关系领域内受到管理。下面,我们分析"大众"医学,也就是说,为非医学读者写的医学著作。看一下约翰·韦斯利(1703~1791)和威廉·巴肯(1729~1805)的大众医学著作和玛丽·托夫特的"养兔子的人"的稀奇故事,我们在此关注的是这种知识的流通(circulation)和挪用(appropriation,即知识的流动性),以进一步避免知识大众化的"生产→传播"模型的假定。我们使用"流通"这个词是为了强调自然知识不是由一个群体创造,然后流传给另一个群体。相反,所有的自然知识,不论是关于事物的原理还是关于化肥问题,都是在社会协作中建构并制定的。知识在流通,但它们却不是以抽象的方式流通。我们使用"挪用"这个词来表达知识通过文化得以表现,指的是知识从一个社会环境中借来，并在另一种社会环境中得到重新阐述的方式。[28]

卫生和医疗知识在 18 世纪广泛传播，远远地超出了内科医生、外科医生、药剂师和助产士的范围。18 世纪的医学著作中，最经常被重印的手册之一是韦斯利的《简单药物》（*Primitive Physick*），这本书在 1747 年首次出版。它的文字简单易懂，全书包括导言和各种疾病的处方。导言将治病放在一种宗教的语境中。韦斯利是基督教卫理公会的创始人，他提倡纯洁的生活，亲身实践"洁净即敬神"的生活。他的药物大部分是对易采得的药草的简单配制。

对韦斯利的医疗建议进行的分析可以使我们看到自然知识在社会群体和社会场所中被挪用的方式。例如，韦斯利主张简单药物比博学的内科医生的复方药物要好，并且，他强调本地可得到的药草的重要性。这些都可以追溯到 17 世纪中叶的尼古拉斯·卡尔佩波（1616～1654），他写了《英国医生》（*English Physician*）一书。韦斯利直接列出的药方也利用了传统医药，虽然他不太提及这一点。另外，他经常使用"植物外形特征论"，相信植物的形状和颜色表示了其治疗能力。植物外形特征论所依据的是这样一个理念：世界是上帝为了人类的使用而设计的。他让植物显示出它们的治疗特性来帮助人类。

但是我们不能把韦斯利的医药学简单地理解为上一个世纪的陈腐世界观的残余，正如我们不能以此方式来描述他的宗教一样。理解韦斯利文本的另一个切入点是乔治·切恩（1671～1743）的著作。切恩赞同韦斯利在导论中提及的少食和冷水浴养生法。切恩是一个复杂的人，一个持牛顿主义观点却遭到牛顿主义者批判的内科医生，一个在书中提倡严格节食而自身却饮食过度的肥胖者。[29] 他认为身体是一个高度精密的机械装置，一定量的液体按照和与统治宇宙同样的自然规律在体内的管道中运行。但是他也同意一个日益神秘，甚至流行了千年的，和许多牛顿主义者们不相容的宗教信仰。韦斯利忽视了切恩对富裕人群中的神经疾病所采取的措施，而借鉴了他对饮食和养生法的强调，并将它和自己对具有净化作用的朴素宗教和医学的渴望结合起来。

在《简单药物》后来的版本中，韦斯利增加了两节。第一节是关于冷水浴的实践，18 世纪大批医务人员都倡导冷水浴。第二节是关于医学中电的运用，这在那时也是一个很流行的话题。学者们在专题论文中就电和神经系统看不见的运行做了类比，但同

[28]　正如 Roger Chartier 在其论文《据为己有的文化：近代早期法国的大众文化用途》（Culture as Appropriation: Popular Cultural Uses in Early Modern France）中所详细阐述的那样，载于 S. L. Kaplan 编，《理解大众文化：从中世纪到 19 世纪的欧洲》（*Understanding Popular Culture: Europe from the Middle Ages to the Nineteenth Century*, Berlin: Mouton, 1984）。

[29]　Anita Guerrini，《艾萨克·牛顿、乔治·切恩和〈医学原理〉》（Isaac Newton, George Cheyne and the *Principia Medicinae*），载于 Roger French 和 Andrew Wear 编，《17 世纪的医学革命》（*The Medical Revolution of the Seventeenth Century*, Cambridge University Press, 1989），第 222 页～第 245 页；Guerrini，《精神自传的病历：乔治·切恩和"作者的个案"》（A Case History as Spiritual Autobiography: George Cheyne and "Case of the Author"），载于《18 世纪生活》，19（1995），第 18 页～第 27 页；G. S. Rousseau，《神秘主义与千禧年说："不朽的切恩医生"》（Mysticism and Millenarianism: "Immortal Dr. Cheyne"），载于 Richard Popkin 编，《千禧年说与启蒙时期对弥赛亚的信念》（*Millenarianism and Messianism in the Enlightenment*, Berkeley, CA: Clarke Library, 1990）。

时电又被表演性地(像催眠术那样,常常与催眠术一起)展示为对宇宙活力的一种有趣而奇特的证明。韦斯利对这个论题的处理没有引起任何争议。像用药草治疗一样,他希望不用明确的理论就可传达他理解的有用的医疗实践。

这样,韦斯利的文章向我们显示了各种自然知识在一系列社会场所中流通的方式。同样地,书这一形式也显示了自然知识的流动性及其被挪用的轻易性。韦斯利不是一个内科医生,他也没有接受过正规的医学指导。然而,像许多他的同时代人那样,他收集并共有那些医疗处方。通过那些记载医药的手抄笔记,韦斯利掌握了各种类型疾病的实践知识,并且熟悉了药草及其配制。知识形式之间的类似也可以在韦斯利的布道中和他的《简单药物》中间找到。他在露天场地布道吸引了一大批人,包括许多劳工阶层的人,这些人极少参加他们自己教区教堂的布道。与此相似的是,他的书既便宜,又形式简单,因此容易被那些既没有时间又没有金钱接受医生精心治疗的人们所采用。的确,韦斯利的自然知识的最重要的成分是卫理公会派的思想,卫理公会当时还没有和圣公会正式分离。书名中的"简单"这个词表达了韦斯利渴望返回到更加纯净的或较少烦琐的宗教实践中去的愿望。这本书在伦敦穆尔菲尔茨(Moorfields)的铸造厂(Foundry)出版发行,那是韦斯利在伦敦布道的地方。其他版本也在像布雷斯托尔(Bristol)这样和韦斯利具有密切关系的城市出版。毫无疑问,有许多人买这本书以作为他们同意韦斯利宗教观点的标志。因此,韦斯利的自然知识的场所就包括成千上万的购阅《简单药物》这本书的家庭。

1769 年,巴肯发表了他 6 先令一本的《家庭医学》(Domestic Medicine),这后来成为18 世纪后半叶同类书中最流行的一本。像《简单药物》一书一样,巴肯的文本体现了关于身体的自然知识在各类社会场所中传播的方式。正如查尔斯·罗森堡所指出的那样,巴肯的文本将对身体的传统理解挪用到特别吸引 18 世纪后半叶"中间阶层"的观念与实践中去。[30] 虽然巴肯明确地批判了民间医药和外行行医,但在其文本中仍然包含了相当多的具有悠久历史的治疗法,他把它们置于自己的启蒙思想框架内。例如,他认为,人们可以根据自己对其健康状况的估计,自己放血以净化自身。他并没有提供很多症候材料。像韦斯利那样,他假定他的读者都拥有某种程度的医疗知识。但是,与韦斯利不同,巴肯对不同的知识做出了区分。他的《家庭医学》的书名暗含着这样一个意思,事实上存在着非家庭医学的知识。另一方面,韦斯利的书名肯定了作为其书的内在基础的宗教哲学的重要性。

韦斯利和巴肯两个人都把他们的医学置于道德框架之内,但巴肯主张非常世俗的道德观。对他来说,在原始宗教和简单药物之间不能简单地画等号。事实上,在《家庭

[30]　Charles Rosenberg,《医学课本与社会语境:对威廉·巴肯〈家庭医学〉的解释》(Medical Text and Social Context: Explaining William Buchan's *Domestic Medicine*),载于《医学史通报》(*Bulletin of the History of Medicine*),57(1983),第22 页～第 42 页。也可参见 Christopher Lawrence,《威廉·巴肯:摊开的药物》(William Buchan: Medicine Laid Open),载于《医学史》(*Medical History*),19(1975),第 20 页～第 35 页。

医学》的第 2 版和第 3 版中，巴肯几乎删除了所有关于宗教的东西，甚至把"耶稣会士的树皮"（Jesuit's bark）改成"秘鲁人的树皮"（Peruvian bark，即金鸡纳树皮）。另外，巴肯强调中间阶层维护其健康的责任：他们既不像好逸恶劳的贵族，因为奢侈和放纵而生病；也不像农民或产业工人，因为收入的限制而无法使用适当的方法维持其健康。

　　巴肯对知识进行划分的另一种方法是，他坚持认为某些疾病只能让医生来治疗。他指责那些对请医生犹豫的人，指责许多人耽搁了的太长时间，以至于医生必须对病人实施急救。这本书的主要目的之一是区分专属于家庭治疗的疾病和需要医生治疗的疾病。该区分部分与性别相联系。巴肯三番五次地贬低护士、助产士和老妇人的医疗知识。他把对婴儿和儿童的医疗看护从妈妈那里争取到医生这边来，警告不及时请医生的可怕后果。但也不是所有医生都可以治好病。巴肯还指出了经过专门培训的医生，比如他自己，与那些深受病人喜欢的庸医和江湖骗子之间的区别。

　　巴肯的书既体现了对有关身体的传统理解的继承，也显示了职业医学企图把某些知识划归己有的尝试。和农业学家杨一样，巴肯利用"公共利益"来论证知识边界的构建。他猛烈抨击婴儿死亡的现象，认为（像法国的重农主义者们那样）相对于老年人来说，应该对儿童的健康给予更多的关注，因为他们是国家的未来。和杨的论证一样，这些以"公共利益"为基础的论证把自然知识置于道德体系中，掩盖了决定知识的结构和应用的经济关系。这两个人都可以看成对乡土自然知识（vernacular natural knowledge）的启蒙性批判做出了贡献的人，这些乡土自然知识把许多信条和实践划归到迷信的未知领域。这是不容易成功的，特别在医学领域，各种自然知识一直在各种社会场所传播。要说明这一点，没有什么比萨里郡哥达尔明地区（Godalming）的"养兔子的人"托夫特的奇特例子更好的了。

　　事情的开始是这样的。据说，1726 年 10 月，一个穷裁缝的妻子，不识字的玛丽·托夫特，生下了一只兔子，她接着又生了几只兔子，还有一些兔子的肢体。这个稀奇古怪的新闻很快就传开了。她受到哥达尔明当地头面医生的拜访，随后在 12 月初托夫特被带到了伦敦，直到有一天，人们发现一个双手沾满鲜血的看门人送兔子给她。在医生和地方官员的审问和威胁下，托夫特最后承认，产兔事件是一个骗局。

　　在哥达尔明曾见过托夫特的医生中，有一位叫纳撒内尔·圣安德烈的，他是王室的外科医生。托夫特再次分娩时，他接生出一只兔子头，还有一些别的肢体，他深信她的确产下了怪胎。事实上，托夫特后来承认，她和家人之所以想出这么一个骗局只是为了靠展出她和怪胎赚钱。开始"接生"出的其实是一只猫，猫的内脏被替换成托夫特一家吃剩的鳝鱼的脊髓。情况似乎是，再也找不到骗局所需的猫了，她们一家才换成兔子。[31]

149

150

[31]　Dennis Todd，《想象的怪物：18 世纪英格兰关于自我的错误创造》（*Imagining Monsters: Miscreations of the Self in Eighteenth Century England*, Chicago: University of Chicago Press, 1995）。

为什么圣安德烈,还有其他一些经过科班训练的医务人员都相信托夫特能怀孕并生产兔子呢? 部分是因为不识字的农民和"博学"的医务人员有些共同的认识。托夫特按照那些知识制造骗局。她声称,每次要重新怀孕的时候,她就会被田野里的兔子吓着。然后她就梦见兔子,想吃兔子肉。母亲的想象对于胎儿形态的超常影响力长久以来就是学院医学关于怀孕和生育争论的一个部分。托夫特对生育的知识和那些博学的医务人员的认识很相近,这让她至少能够骗到他们中的一些人。托夫特的知识形式既是叙事的(有关兔子的故事)又是实物的(由她声称是她生育的兔子躯体)。医生们用他们自己拥有的知识和实践审查这种物质形式。他们解剖兔子躯体,查看它们的肺(以判断它们是否曾呼吸过),查看它们的内脏以寻找球状排泄物(兔胚胎没有这些东西)。但是他们对调查的结果和解释存在很大的分歧,互相攻讦。

托夫特的故事证明了一种知识的双重产生方式。一方面,托夫特自己从各种她能得到的知识要素中构造了一种关于繁殖的自然知识。另一方面,关于托夫特的传说,通过小册子和讽刺文学作品飞速传播,托夫特的知识就被自我复制了。我们不可能把这两种方式完全分开,因为是第二种传播的结果让我们知道有第一种知识产生的方式。但是,显而易见,第二种方式(即对托夫特故事的传播)可以用来服务于许多目的。比如,牛顿主义的背叛者威廉·韦斯顿(1667~1752)认为,这种生育体现了《圣经》中《以斯拉记》(Esdras)关于最终审判的预言。甚至在这个骗局被揭穿之后,韦斯顿还坚持认为托夫特的确能生育兔子。另一方面,内科医生詹姆斯·伯朗得尔(卒于1734年)被托夫特事件激怒了,写了一篇学术论文批判"母亲的想象力"这一观念。同时,小册子作者们把托夫特的故事写成高度性别化的讽刺文学,讽刺妇女无穷的欲望。威廉·贺加斯(1697~1764)至少把托夫特的故事用视觉艺术的形式表现了两次。他出版了极富争议的题为《戈德利曼的聪明人在咨询》(Cunicularii, or the Wise Men of Godliman in Consultation)的版画,描写一群兔子在地板上嬉戏,"聪明"的医生们在商讨着什么,却没有注意到,托夫特的丈夫和婆婆悄悄把一个隐藏物(一只兔子?)递给托夫特。35年之后,贺加斯在一幅名为《轻信、迷信和盲信》(Credulity, Superstition and Fanaticism)的版画中重现了这一形象。贺加斯时代错置地把托夫特放在了卫理公会派教会的聚会大厅里。与托夫特一起的还有其他一些骗局,比如幽灵以及一个喷出破布、别针和钉子的男孩子。通过这些画面,贺加斯把托夫特描绘成一个"宗教狂热者",一个夸大了对神的想象以及神的显灵的宗教实践。

因此,托夫特的例子表明,我们不能轻易地认为自然知识的形式、场所和内容之间存在着一致性。托夫特及其家庭为了金钱而运用的自然知识,也同样存在于博学的医务人员家中。自然知识的物质形式(即兔子的躯体)很容易就变成了解剖学的研究对象。事实上,后来威廉·亨特(1718~1783)在调查杀婴的案例时,就对兔子的肺部做过同样的试验。各种医学知识轻易地混合、重叠并相互作用,这使巴肯在试图对医学知识进行区分时陷入困境。然而,18世纪的大部分时间里,对大多数人来说,这个问题根本就不存在。规定自然知识**应当**如何传播的现代煎蛋模型，在这里是没有意义的。

植物学

　　跟医学知识相比，研究植物的自然知识很少成为一个整体，实践者们之间的共同之处，即人们共同拥有的知识，也比医学领域少。18 世纪，关于植物（它们越来越汇集于"植物学"这个标题之下）的知识和实践在各个方面发生了变化。这一章，我们集中讨论两个深入分析的范畴，并在不同的有关植物的知识中寻求一些相似和差异。第一个是大众文化的变革，这是一个缓慢的过程，社会精英和中间阶层寻求对自己的定位，以便从文化上使自己和底层区别开来。[32] 第二个，我们关注"商品化"这个范畴，以便研究构建了以植物为中心的观念和实践的经济关系。

　　某种植物学是许多社会团体的共同财产：对所有人都有用的植物知识。乡下人习惯于砍芦苇盖茅屋，用蓟花顶的毛填塞枕头，用马尾巴花擦锅碗瓢盆。正如上一节详细阐明的那样，关于药用植物的知识在劳工、工匠和乡下人中间流传广泛。实际上人们有时候承认，乡下人对植物的知识比那些更高贵的人多。约瑟夫·班克斯（1743～1820），王家学会后来的主席，在孩提时就聘请采草妇人（herbwomen），教给他各种花的名字。威廉·柯蒂斯（1746～1799）因为和一位研究草药的马夫交谈而对花发生了兴趣，后来创办了《植物学杂志》（*Botanical Magazine*）。柯蒂斯的例子表明，我们不能假定，由劳动者掌握的植物学知识只是口头传播，也无法假定这些知识只是代表了某些世代相传的传统智慧。相反，在当地风俗习惯和著作中就有一种持续的流传，例如卡尔佩波的《英国医生》就来自这种口头知识。

　　"大众文化改革"的一个最彻底的例子是由基思·托马斯阐明的植物学命名法的改变。[33] 17 和 18 世纪期间，牧羊女和乡下人使用的植物名逐渐被那些高贵人士抛弃或改造。那些过于粗俗的解剖学的或巫术似的名字被更文雅的名字代替。诸如少女黑发（铁线蕨）、赤裸妇女、神甫的胡说和马枪（horse pistle）*等植物被重新命名。在植物命名的文雅化之后，紧接着是对花卉名称不雅的另一种关注。到了 18 世纪晚期，植物学家会对女士们学习林奈式的植物性器官命名法而感到惊骇。总之，那些自诩"文雅"的人渐渐地接触不到那些劳动阶层使用的、实用的或巫术般的植物知识了。当然，劳动阶层和上层人士之间存在着一种辩证关系。随着上层社会的女士和先生们开始用林奈的语言谈论植物，劳动者们的植物学协会也渐渐采用历史悠久的乡土名称之外的拉丁植物名。

152

[32]　Jonathan Barry 与 Chris Brooks 编，《普通人：英格兰的文化、社会与政治（1500～1800）》（*The Middling Sort of People: Culture, Society and Politics in England, 1500—1800*, London: Macmillan, 1994）。

[33]　Keith Thomas，《人与自然界：英国变化中的态度（1500～1800）》（*Man and the Natural World: Changing Attitudes in England 1500—1800*, Harmondsworth: Penguin, 1984）。

*　　pistle 疑为 pistol 之误，horse pistol 是在马上用的一种短枪。——译者

　　林奈命名法最先是通过林奈自己的一篇拉丁文章《植物分类》（*Species Plantarum*, 1753）被介绍到英国的。非拉丁读者则是通过詹姆斯·李（1715～1795）的《植物学导论》（*Introduction to Botany*）（它是对林奈文章的翻译）以及威廉·威瑟林（1741～1799）的《一种植物学分类》（*A Botanical Arrangement*, 1776）等著作了解这种命名法的。接着，威瑟林的林奈式的学术文献被不同的形式代替，比如手册和描绘了植物性器官的插图著作，通过这些作品读者得以学会应用林奈的概念。这些概念甚至被印在扑克牌上，例如，詹姆斯·索尔比（1757～1822）生产的一种扑克牌，每一张都有植物不同部位的版画，并且附带有植物学的问题和答案。

　　在18世纪的进程中，妇女在植物学知识的生产和消费中开始扮演日益重要的角色。和采药女不同，上流社会的女士们把学习植物学看做一种高雅的消遣。收集植物，阅读关于这方面的书籍，绘制植物的图画，这些既是她们不同的社会地位的表现，也是自然知识存在的形式。此外，这类植物知识可能还具有某种道德目的。普丽西拉·韦克菲尔德（1751～1832）的《植物学导论》（*An Introduction to Botany*）非常希望植物学"变成某些无聊的、更不要说是有害的事物——那些消遣经常占用了时尚女性的大量空闲时间——的替代品"。[34] 就像汤姆·泰勒斯科普的讲演使其同伴从扑克牌的无聊中解放出来一样，韦克菲尔德的文章（用书信体形式写的）提供给年轻女士一种上进的消闲方式。也许女士们都只是在客厅，在早餐桌旁，或者在幽静的乡村小道上学习植物学，但是她们学习的方式却是多样的。扑克牌、印满版画的大型对开卷册、袖珍手册、谈话以及业余水彩画，所有这一切都在传播着这些自然知识，甚至诗歌都是植物学知识的一种形式。伊拉斯谟·达尔文（1731～1802）的《植物间的爱》（*Love Among the Plants*, 1791）因具有林奈分类法之高度性别化的特点而为人熟知。[35] 不太出名的是弗朗西丝·阿拉贝拉·罗登（全盛时期1801～1821）的《植物学研究的诗意导论》（*A Poetical Introduction to the Study of Botany*, 1801）。这本书在达尔文诗歌的基础上，把其丰富的性别比喻转换成以女性为中心的精致的、母性化的形象。

　　体现在创建高雅植物学中的大众文化改革仅仅是影响18世纪自然知识的一个因素。另一个因素是从17世纪末开始的园艺和园艺学的日益商品化。尽管谷物很早就用来烤面包或煮粥，已成为商品出售，然而其他植物在这一时期才和市场联系紧密起

[34] 引自 Ann B. Shteir，《培养女性，培养科学：花神的女儿们与英格兰的植物学（1760～1860）》（*Cultivating Women, Cultivating Science: Flora's Daughters and Botany in England, 1760—1860*, Baltimore, MD: Johns Hopkins University Press, 1996），第86页。也可参看 Shteir，《林奈的女儿们：女性与不列颠的植物学》（*Linnaeus's Daughters: Women and British Botany*），以及 Shteir，《早餐间的植物学》（*Botany in the Breakfast Room*），这两篇文章都载于 Pnina Abir-Am 与 Dorinda Outram 编，《不稳定的职业与亲密的生活：科学研究中的女性（1789～1979）》（*Uneasy Careers and Intimate Lives: Women in Science, 1789—1979*, New Brunswick, NJ: Rutgers University Press, 1987）。

[35] Janet Browne，《绅士们的植物学：伊拉斯谟·达尔文与植物的热爱》（Botany for Gentlemen: Erasmus Darwin and the Loves of Plants），《爱西斯》（*Isis*），80（1989），第593页～第620页，以及 Londa Schiebinger，《植物的私密生活：卡尔·林奈和伊拉斯谟·达尔文对有性的看法》（The Private Life of Plants: Sexual Politics in Carl Linnaeus and Erasmus Darwin），载于 Marina Benjamin 编，《科学与感性：性别与科学询问（1780～1945）》（*Science and Sensibility: Gender and Scientific Enquiry, 1780—1945*, Oxford: Blackwell, 1991），第121页～第143页。

来。许多英国市镇到 18 世纪一直采用"粮食法定售价",就是市镇当局规定其辖区内所卖的各种粮食的价格。但是,从 17 世纪对荷兰郁金香的狂热开始,装饰性植物成为开放性市场交易的商品,其价格由供求关系确定,而不是由当地政府确定。此时,社会各阶级之间的关系也部分是通过对物质资源的不同占有来决定。贵族之间通过雇用有知识的园艺家和建造高水平的花房来相互竞争,而工人们则通过培育独特的花卉,在花展上展示来竞争。贵族们并不直接出售单个的植物或某一品种,但工人们直接出售稀有植物和种子以获取可观的利润。当然,贵族也是这个市场的参与者,但是他们通常是购买而不是出售。

这种新的经济关系也有助于建立植物学知识。就像斯威策的"花盆"种子铺一样, *154*
大都市的种子商开始越来越大批量地出售植物和种子。各地植物名字的差异给种子商的工作带来了困难,因为当植物名和顾客所使用的不一样的时候,他们可能被指责为欺骗顾客。为了解决这个问题,1730 年,伦敦园艺家协会出版了《植物名目录》(*Catalogus Planatarum*)旨在将植物名称标准化。随着人们可见到的植物越来越多,这个问题日益尖锐。从 16 世纪开始,来自欧洲各地、中东以及新大陆的新品种为园艺创造了日益丰富的可能性。据估计,1500 年,英国可能有 200 种可培育植物,到 1839 年,增加到了大约 18000 种。1705 年,仅伦敦的布朗普顿苗圃(Brompton Nursery)供出售的植物就有 1000 万株。特别是醋栗,销路旺盛,1780 年有超过 300 种在英国上市。人们对花也相应地形成了不同的品味。

植物的价格也随着时尚轮转。一种新品花卉可能以过高的价格引进,但随着它渐为人知而价格跌落,风光不再。最夸张的例子就是 17 世纪人们对荷兰郁金香情有独钟,但 18 世纪却见证了许多植物从稀有到平凡再到废弃的演变。根据消费者的需要,各种植物被栽培出来,花圃成为竞争的场所。竞争带来了园艺师的职业化。尽管至少从中世纪开始花圃就雇用男人们和女人们进行工作,但只有到了 17 世纪晚期和 18 世纪早期,职业园艺家才真正出现。和指导农场生产的土地管事一样,新兴的园艺家监督管理其他人工作,并出售其在花园设计方面的专门技艺和在管理奇异非凡的植物方面的特殊知识。这样的人(似乎他们全部都是男人)可以得到那些在他们监督之下的劳工想象不到的高工资。工资最高的人中有安妮女王和乔治一世(1660~1727)的园艺师亨利·怀斯(1653~1738),他每年拥有 1600 英镑的收入。[36] 这个数目只有王室才出得起,但在 17 世纪 80 年代,柴郡(Cheshire)莱姆城堡(Lyme Hall)的园艺师可以获得 60 英镑的年薪,相当于一个高收入的牧师。[37]

对罕见植物的竞争和兴趣决不局限于上层阶级和中层阶级。生产园艺知识的最重要场所是"种花人协会"(floristsocieties),其成员一般来自中低层和工匠层。在这些

---

[36] David Green,《安妮女王的园丁:亨利·怀斯与正规的花园》(*Gardener to Queen Anne: Henry Wise and the Formal Garden*, Oxford: Oxford University Press, 1956)。
[37] Thomas,《人与自然界》,第 225 页。

155 协会内,自然知识的结构受到对文化品位和经济收益的追求的影响。"种花人"(Florists)是指那些培育新奇花卉品种的人,他们培育的花就是所谓的"种花人"之花:风信子、石竹花、郁金香、毛茛碱、银莲花、报春花、水仙花和康乃馨。在许多城市和乡镇,种花人协会在节日主办花展——通常是春天的报春花花展和仲夏的康乃馨花展。正如园艺作家威廉·汉伯里(1725~1778)在 1770 年看到的那样,在许多花展中是那些"小商人、纺织工或这一类的人"取胜,因为这些人具有必要的勤劳,他们能够不辞辛苦地培育漂亮的花朵。[38] 例如,两个磨房主培育出了一株耳状报春花,一支茎上长有 123 朵花。的确,最好的石竹花和报春花总是由斯毕塔菲尔德(Spitalfields)、曼彻斯特和佩斯利(Paisley)的纺织工人培育的。这在 18 世纪末期是很常见的。安·西科德分析了 19 世纪的"工匠植物学家"(artisan botanists)如何在新出现的阶级和性别特征的框架内生产一种独特的自然知识,她还详细说明了酒馆是这类活动的主要场所。[39] 工匠植物学家的一些特征同样可以用来描述 18 世纪的种花人。那时,种花人协会也经常在酒馆或客栈聚会。有时酒馆主人发起花展,收取入场费作为种花人观看花展和喝啤酒的资费。他们的植物知识尽管和后来的工匠植物学家的植物知识有所不同,但也是通过社会身份建构的。例如,地方协会的常用名字"花神之子"(Sons of Flora)表现出这类群体由男性控制。

在充满时尚和竞争的世界中,种花人培育了稀有鲜花这样的物质形式,就此而言,他们和比他们社会地位高的人没有差别。那些上层人士也为了获取珍稀品种而相互竞争。例如,18 世纪早期的贵族争相生产凤梨,这是一种难伺候的水果,需要在温室里小心翼翼地管理,而其果实只能出现在宴会和晚餐上。然而不同的是,种花人还很重视花卉的商品化。尽管花展中的奖金比较低,一般是用便士和先令计量,但那些夺人眼球的报春花和风信子在市场上可以卖到相当可观的价格。18 世纪 70 年代,许多种风信子每支才几便士,但一种被叫做"黑色花神"的风信子却价值 20 畿尼。同样地,在市场上已经可以买到数百种报春花,而需求似乎还在增加。

所以说,植物学知识无论是形式还是场所都相当多样化。同一株植物的物质形式既被贵族也被诸如磨房主这样的人所使用。拉丁课本、扑克牌以及园艺目录,都是植物学知识的印刷形式;酒馆、画室、马厩和种子站都是植物知识表达和再生产的场所。*156* 和有关农业以及医学的自然知识一样,植物学知识的场所和形式的延续及其变化既不能完全按照大众文化的革新来解释,也不能完全按照用户至上主义(consumerism)的兴起来解释。但是,这两个模型都比以知识的被动普及的观点为基础的模型更富有解释力。

[38] Thomas,《人与自然界》,第 229 页。

[39] Anne Secord,《酒馆中的科学:19 世纪早期兰开夏的工匠植物学家》(Science in the Pub: Artisan Botanists in Early Nineteenth-Century Lancashire),《科学史》,32(1994),第 269 页~第 315 页。

结　论

　　本章第一个明确的目的就是探讨最广泛意义上的自然知识。我们试图动摇两种相关的等级秩序:抽象理论高于实践的等级秩序,以及大众化的等级秩序——我们不敬地把它们称之为煎蛋模型。尽管近年来在语境中对科学进行研究渐渐压倒了较早的把对伟大人物思想研究放在首位的编史传统,但历史学家们总是几乎无意识地、持续不断地重新提出那种把牛顿放置于牛顿主义之上的结构。第二个问题,即大众化问题。和第一个问题相似:历史学家们假设知识从科学家向下或向外流向公众。

　　为了对这一模型质疑,我们借用了那些科学史学家和科学社会学家的观点,他们坚持对所有形式的自然知识,无论是抽象理论还是日常实践,都给以同等的重视。因此我们并不把一种类型知识看做高于另一类型知识,而是试图把科学史学家们有意无意地排除的东西整合进这种分析框架。鉴于大众文化史的研究者们已经提醒我们,将"大众文化"[40]这个词概念化后会带来不可避免的困难,我们竭力避免了对"大众的"或"非大众的"这些词做任何轻易地定义。

　　与上述方法不同,我们强调要理解自然知识的场所和形式。我们了解的途径是通过具体的社会角色和地理位置,但是我们不能根据其中一个要素来推断另一个。它们之间的关系通常不是逻辑必然的,不能对此进行假设,而应进行历史学的研究。谈论自然知识的"场所",既应用其字面意义也应用其比喻意义。正如我们已经指明的那样,咖啡馆、牲畜棚、田地和上层妇女的客厅都是自然知识建构和展示的重要场所。但是就像在斯波尔丁绅士会或杨的《农业年鉴》中那样,"场所"也可能由某种共同的社会身份或兴趣构成。对上层绅士身份的自我认同和订购期刊所需的可支配收入限制了这些特殊场所。在斯波尔丁,身份认同象征着为《观众》(*Spectator*)和《绅士杂志》(*Gentleman's Magazine*)这类期刊投稿的人形成的社交圈子,他们是些对各式各样的自然知识感兴趣的文人雅士。例如杨的杂志,也许其最主要的特点就是把自己看做是"先进的"和亲近土地的人。

　　我们已经说过,知识形式可以分为口头的、印刷的和物质的。贝克韦尔的羊,或者一个磨房主的123朵耳状报春花就是知识的物质形式,这些知识形式在那种文化气氛中起着社会交往的作用。和物质形式一样,口头形式在整个18世纪非常重要,包括各种讲座、个人谈话和布道等。我们仅能通过印刷品或手迹,文本或图解对口头或物质形式有所了解,但是所有这些形式的界限很少是绝对的:汉伯里通过和一位马夫的谈话了解花卉,但是这位马夫却读过他的卡尔佩波(Culpeper)。对托夫特和她的兔子的

157

[40] 在此要特别参看 Tim Harris 在其编辑的文集《英国的大众文化(约 1500 ~ 1850)》(*Popular Culture in England, c. 1500—1850*, London: Macmillan, 1995)中的导论。

描述,或者对新改良的家畜的描述,和它们想要反映的物质形式一样重要。而且印刷品经常采用口语形式,比如汤姆·泰勒斯科普的讲座,或者阿尔加洛蒂的对话。

对场所和形式的强调向所有简单化的知识大众化模型提出了挑战。它使我们看到,作为文化产品的自然知识既促进了历史悠久的英国风尚的形成又被这种风尚所影响——在这一方面它和合唱音乐、逗熊游戏或者啤酒酿造一样。有三个独特的主题有助于我们把自然知识的场所和形式整合进历史变迁的过程。这三个主题是相互联系的,并且都起源于过去数十年间一些历史研究所强调的重点。

第一个就是商品化,在这个过程中事物变成可买可卖的商品。对此过程的分析和对18世纪英国消费文化的阐释紧密地联系在一起。无论是对医学还是画像,历史学家们已经把研究兴趣从生产过程转向消费过程,后者提出关于需求和时尚的问题。家畜和花卉是商品化最明显的例子,在商品化过程中,品位的细微差别和各种特定产品的多样化之间相互促进。

然而,自然知识不仅仅是以物质商品的形式商品化的。18世纪一个鲜明的特征就是人们基于社会对自然知识的需求,而增强了自己市场化的可能性。例如德萨居利耶把他的自然知识应用于商业,在供水装置、蒸汽机以及诸如此类的东西上提出建议。此外,那些受雇于思想开明的地主的土地管事们能把他们对农业理论和实践的精通转化为有偿工作。当然,自然知识的商品化不是18世纪特有的一个过程。采草妇人已经把她们的知识在市场上出售了至少几十年(如果不是几个世纪的话),而来自荷兰和德意志的工程师们在英国进行商业活动的历史也不止一个世纪。无论从数量还是种类上讲,18世纪最为独特的东西是大量著名的自然知识的中间承办人的产生:例如,莱姆城堡园丁所获薪水与牧师相当。

这些企业家(entrepreneurs)在大都市和省际城市发挥着作用。在那里,自然知识既是一种娱乐又是一种进步。历史学家们把这一现象称之为"社会化",这是标志着历史进程的第二个主题。就聚会地点的多样性——咖啡馆、地方协会(比如斯伯丁的地方协会,或者数量众多的"花神之子"协会)是这个"社会化"进程中的一部分。而在上一个世纪几乎没有这样的社交场所。自然知识作为一个相互交往的高雅方式既是社会交往的刺激物又是社会交往的成果。

如果说社会交往把人们带进了一个新的社会结构,我们的第三个主题所涉及的就是不同的社会阶层间的差异。伴随着自然知识的场所和形式的增加,人们之间的区别也日益显著了。不管我们是关注于经济状况、社会等级,还是强调这些因素在文化上的相应表现,18世纪都可以被理解为社会群体之间的距离日益增长的一个时期——这段时间也加剧了下一个世纪更激烈的阶级差距。但无论如何,在18世纪,社会群体和自然知识的形态是多样化的。很少有那种在19世纪才凸显出来的"二者择一的"(alternative)科学种类。一个世纪前,颅相学和酒馆工匠的植物学所代表的仔细建构的对科学和社会正统学说之认识论的和社会的挑战几乎是不存在的。然而,我们也看到了某种形式和场所的逐渐隔离。比如,卡尔佩波的草药在 1700 年是被妇女和鞋匠这类人使用的。到了 1800 年它是劳工阶级草药医术学的经典,但是在中等阶级和上层阶级的家中,它已经被插图植物学课本代替了。这些课本是面向妇女,或是像巴肯那样提供"何时叫医生"的建议。

　　因此,对 18 世纪大不列颠的自然知识的场所和形式的强调不仅促进了关于这种知识的性质和广度的问题的探讨,而且提供了一种理解历史的方式。相比于通过反思构造起来的、等级式的、简单化的煎蛋模型,这种模式对社会的、经济的和文化的变迁给予了更丰富、更敏锐的理解。那种经常被认为是 20 世纪科学所特有的认识论模式(煎蛋模型),其实在许多方面是近代早期争斗和妥协的结果。如果将这样的模型(简单模型)带回到产生这种认识论的时期,那就等于抹去了那些争斗和妥协;就等于预先设定了偶然性和复杂的历史演变在将 18 世纪的自然知识转向今天的科学中没有起到任何作用。

　　　　　　　　　　(李志红　孟彦文　徐国强　程路明　译　方在庆　校)

7

从事科学的男性形象

史蒂文·夏平

　　从事科学的男性形象同科学角色的社会文化现实之间的关系,既相因而生也具有偶然性。弄清楚"这些人是谁"(用刘易斯·纳米尔爵士的话说)确实能够有助于解释清楚他们被看做是哪一类人,并且仅仅出于这个原因,任何对形象的考察都必须(至少在某种程度上)要涉及处理那些通常被称为社会角色的实在。[1] 同时,人们必须注意到,这样的社会角色实际上常常就是由如下三个要素所构成、支撑与修改的:一、文化成员所**认为**的,那些保有这些社会角色的人具有或应当具有的特性是什么;二、究竟是谁在思考这一问题;三、基于这种思考又做了什么。在社会学术语里,社会角色意味着一套规范和典型——适合于某一角色的思想、指示、期待和惯例,或者说归于某一角色的特定行为方式。也就是说,形象是社会实在的一部分,并且只能基于一种大致的约定俗成来区别这两个概念。

　　这种约定俗成的区别在特定情境下可能是有用的。(历史上的和同时代的)社会行为经常在并置的一系列的形象和实在之间互动。例如,你可能听说过,现代美国律师实际上并不像官方宣传中所描绘的那样是行为高尚的专业人员,对于那些想了解当代美国社会的人来说,以这种方式区分了形象和实在的陈述就会被认为是真实的。但是这样一种分裂构成了一种与旧形象相对的新形象,可能有些人将律师描绘为像汽车推销商一样唯利是图的人,而那些以这种方式看待律师的人则参与构建了新的社会实在。只要我们将任何一种社会角色都理解为**某**套关于其成员是什么样、应该是什么样

　　本章主要写就于作者作为加利福尼亚斯坦福大学行为科学进修中心研究员时期。作者感谢该中心及安德鲁·梅隆(Andrew W. Mellon)基金的支持。

[1] 对相关群体志的介绍,参见,例如 Robert M. Gascoigne,《科学共同体的历史人口统计学(1450～1900)》(The Historical Demography of the Scientific Community, 1450—1900),《科学的社会研究》(*Social Studies of Science*), 22 (1992),第 545 页～第 573 页;John Gascoigne,《18 世纪的科学共同体:一项群体志研究》(The Eighteenth-Century Scientific Community: A Prosopographical Study),《科学的社会研究》,25(1995),第 575 页～第 581 页;Steven Shapin 与 Arnold Thackray,《科学史中作为研究工具的群体志:英国的科学共同体(1700～1900)》(Prosopography as a Research Tool in History of Science: The British Scientific Community, 1700—1900),《科学史》(*History of Science*), 12 (1974),第 1 页～第 28 页;尤其是这一卷中的 William Clark,《科学的群体志的研究》(The Pursuit of the Prosopography of Science)。若不使用"从事科学的男性"这一具有性别化的语言,其他任何指代都将与历史不符。这个排斥性的体系不仅将大量文盲排除在外,也将极少数女性排除在外。在本卷中,隆达·席宾格考察了 18 世纪科学中女性的作用。

的信念，那么不管对于历史学家还是社会学家，提出下面一类问题都不存在方法论上的根本性过失，如，18 世纪从事科学的男性（个人或整体）是否"真正"拥有一系列获得广泛认同的美德、缺点或能力。

　　所以（无论在历史学或在社会学实践上）不涉及所谓的"性格学"（characterology）而谈及社会角色是不正确的。18 世纪从事科学的男性被赋予的典型特征是什么？人们认为一位 18 世纪的从事科学的男性应该拥有什么样的美德、缺点、性格和能力？这些特征如何结合起来？社会公认的从事科学的男性的特征与其他社会角色的特征的关系如何？从事科学的男性的性格学中哪些发生了改变？从事科学的男性是只具有一个固定的形象呢，还是对于其身份的不同形式（数学家、哲学家、鸟类学家等）来说，有不同的甚或是不一致的特性描述？或简言之，人们对这些人究竟像什么，表达了哪些不同的看法？[2] 从这几点上作出限定，在考察 18 世纪从事科学的男性形象时，可以将性格学作为一个相关的组织原则。

　　然而，在性格学能够得以呈现之前，一种可能存在的对 18 世纪社会角色的看法应该被正视和消解。不管是在 18 世纪初还是 18 世纪末，"从事科学的男性的角色"并不是一种内在一致的、独特的社会类型。17 世纪晚期，各种不同的社会角色的人都在探求自然知识。人们对那些偶尔探寻自然知识的人所属的社会角色的典型化和期望，并不是对职业科学家的典型化和期望（当然，当时还没有出现职业科学家），而主要是对那些所谓的"主要社会角色"的典型化和期望。诸如大学教授、内科医生或外科医生、绅士、法官、国王或文官、牧师等角色，每一种都伴随着一系列广泛承认的、相对内在一致的特征、约定、期望，并且正是这些东西标志着可能在这些角色之内发生的对自然知识任何一种探求。也就是说，18 世纪的从事科学的男性形象（以及所有其不同形式）非常显著地由对那些涉及主要角色的理解所塑造。如，占据这些角色的是哪一类人，他们具有什么特征和能力，他们做哪种类型的事情，履行哪种公认的社会职能，具有哪些附着于这些职能之上的价值。[3]

　　另外，在 18 世纪，一个人被自己和同时代的其他人**承认**为一个卓越的知识分子并

　　〔2〕　虽然性格学可以追溯到古代——在特奥夫拉斯图斯（Theophrastus，即帕拉塞尔苏斯——校者）的著作中，但当时对于"身份"的描述已经胜过了再兴的近代早期用法。大量 16 世纪、17 世纪和 18 世纪早期的文学家汇编了各种"身份"，比如"哲学家"、"数学家"、"教师"、"学者"、"朝臣"等，也包括对于这些形象美德和恶行更具传统讽喻性的具体描述。例如参见：Joseph Hall，《美德与恶行》（*Characters of Vertues and Vices*, London, 1608）；Samuel Butler，《笔记中的人物和段落》（*Characters and Passages from Note-Books*, Cambridge University Press, 1908），A. R. Waller 编；John Earle，《微观宇宙学，或文章和人物中描述的一部分世界》（*Micro-cosmographie, or, A Piece of the World Characteriz'd in Essays and Characters*, London, 1650）；Jean de la Bruyère，《人物》（*Characters*, London: Oxford University Press, 1963; orig. publ. 1690），Henri Van Laun 译。关于 18 世纪性格学在社会关系中的实际运用，见 Philip Dormer Stanhope（切斯特菲尔德伯爵），2 卷本《教子信札》（*Letters to His Son*, New York: Tudor Publishing, n. d.; orig. publ. 1774），Oliver H. Leigh 编，第 1 卷，第 105 页～第 106 页，第 387 页；第 2 卷，第 16 页。
　　〔3〕　从事科学的男性的社会角色的概念化方法论构架 Steven Shapin 的《近代早期从事科学的男性》（The Man of Science in the Early Modern Period）中得以简述，载于 Lorraine Daston 和 Katharine Park 编，《剑桥科学史》之第 3 卷《近代早期科学》（*The Cambridge History of Science*, vol. 3: *Early Modern Science*, Cambridge University Press, forthcoming），Shapin 的文章可被视为现有章节的前言部分。也参见 Roy Porter，《绅士与地质学：科学职业的出现（1660 ～1920）》（Gentlemen and Geology: The Emergence of a Scientific Career, 1660—1920），《历史期刊》（*The Historical Journal*），21（1978），第 809 页～第 836 页，在第 809 页～第 815 页。

不需要发现广泛领域或高质量的自然知识,也与男性科学人的角色无关。17 世纪中叶,布莱兹·帕斯卡因为一种更高层次的宗教的召唤,而放弃了自然哲学和数学的研究。荷兰昆虫学家扬·施旺麦丹在许多年以后也同样如此。在世纪之初,牛顿放弃了数学教授职位而接受了英国王家铸币局的管理工作,他坚决要求通信交往的人应当认可当他"理所应当地从事国王的事务"时,算不得"**浪费**"他研究"数学事物"的时间。[4]同样尽管戈特弗里德·威廉·莱布尼茨在欧洲被誉为数学家和哲学家,但他的汉诺威王国的雇主聘用他并不因为这个,他们要求莱布尼茨在其晚年完全致力于完成政治上十分有用的王朝历史工作。在美国,本杰明·富兰克林由于其作为避雷针的发明者,并且在一个更小的范围内作为一个电学理论家而享有国际声望,但是就他所属的本土文化而言,他基本上被看做一个印刷商、一个商人、一个外交家和一个政治家。**做**科学研究(当前意义上的)未必等同于要**成为**一个从事科学的男性,并占据那样的社会角色。历史学家认为的极其重要的科学研究,对当事人来说仅仅是生活中许多时刻中的一刻或许多元素中的一个。而生活从根本上是由其他关切的事物塑造并以其他身份度过的。这正是指出行动、身份与角色之间脱节的另一种方式,这种脱节实际上是 20世纪职业化完成之前,整个科学活动的特性。[5] 科学工作与科学工作者的文化特征,实际完全来自对从事科学研究的人已有的主要角色的身份认同。

这种局势主宰了整个 18 世纪并且一直持续到 19 世纪的大半时间。然而,从大约17 世纪 80 年代到 19 世纪 20 年代,一系列细微的、有深远意义的改变开始发生,这些变化一部分是有形的社会实在的改变,另一部分是对科学研究的社会期望和文化形象的改变。到 19 世纪 30 年代,正是这些变化激发了有关科学研究职业化问题系统的、公开的讨论,也使得这些讨论至少被认为是有意义的,即使不完全具有说服力。那些变化与从事科学的男性的某些特征(而不是其他一些)有更为紧密的联系,并且我将使用几个特征的概念来同时表明那些在我们所谈的时代得到保留的结构和形象,以及那些经历过各种变化,其社会和文化意义在 19 世纪职业化运动中变得十分清晰的结构和形象。在这篇文章中我将论述的这些人物是虔诚的博物学家、品行端正的哲学家和有教养的哲学家。通过归纳,我将对 18 世纪文明学者(Civic Expert)不断发展的特征作一个简要的评论。[6]

[4] 艾萨克·牛顿致约翰·弗拉姆斯蒂德,1698/1699 年 1 月 6 日,见 Newton, 7 卷本《牛顿通信集》(*The Correspondence of Isaac Newton*, Cambridge University Press, 1959—77), H. W. Turnbull、J. D. Scott、A. R. Hall 和 Laura Tilling 编,第 4 卷,第 296 页。

[5] 这里的立论根本不同于传统意义上"职业主义"与"业余主义"的区分,如果后者表示非全身心的、非严肃的对科学的献身。问题的关键不是在严肃性或质量上的差异,而是个体及文化认同的差异,以及当时文化价值的不同。参见Porter,《绅士与地质学》,第 814 页~第 815 页。

[6] 尽管这些特征是在经过验证的 18 世纪文化论文中"自然"形成的,但这不可避免地反映了 20 世纪晚期一位历史学家对重要性的取舍标准以及这样一种调查的现实局限性。如果有足够的空间,那么其他特征就值得展开继续讨论,比如,那些与医学实践以及科学普及有关的特征。毋庸置疑的是,同样一个人可能被报道者用不止一种的公认的特点来形容。事实上,对于牛顿这类名人存在着很典型的文化争论,即:用什么样的特征形容他最合适,他**当时是**什么样的人。

虔诚的博物学家

在这个时代,虔诚的博物学家的角色,更为确切地说,牧师博物学家的角色(主要是但并非全部)依存于新教文化并且通过新教文化而获得理解。上帝写了两本书(《圣经》和"自然之书"),通过这两本书可以了解他的存在、属性和意图——这一文艺复兴的主张,在"自然神学"的文化发展过程中继续通行。在"光荣革命"时期,激发牧师博物学家甚至是牧师实验家的观点在法国大革命时期仍然具有活力。"设计的论证"(用存在于有机自然界和物质自然界中的设计来证明上帝的存在、明智、仁慈和全能)对于这些英国牧师如 17 世纪 90 年代的约翰·雷牧师、18 世纪 20 年代的斯蒂芬·黑尔斯牧师、18 世纪 80 年代塞尔彭(Selborne)的吉尔伯特·怀特牧师、19 世纪头十年中的威廉·佩利牧师而言,看起来具有压倒性的说服力;这对法国神父诺埃尔·安托万·普吕什也具有压倒性的说服力,他的《自然奇观》(*Spectacle de la nature*)从 18 世纪 30 年代就成为了国际畅销书。并且尽管苏格兰教区居民看到教区牧师观察鸟类、捕捉昆虫的奇怪现象觉得滑稽(约翰·沃克称这位博物学家为"莫法德[Moffat]来的疯牧师"),但受尊重的自然神学情感抵消了在这种追求中应受谴责的古怪表现。博物学家牧师属于这个世纪新得到承认的"人物"之列,他们的科学研究活动,是从其想**成为**牧师的一些梦想中产生的。在一个牧师的自我理解中,做科学研究不只是一个副业;它被看成是其教士工作的一个天经地义的、重要的组成部分。牧师博物学家从事的科学研究被他的教士角色发出的光环所环绕。[7]

自然神学的论证和动机并没有限于牧师圈子。它们被广泛地用于解释一个人在做科学研究时究竟在做哪类事情,从事研究的人属于哪种类型,科学在整个文化中具有什么样的地位和价值,什么样的社会角色是那些致力于探索自然知识的人应该保有的。因此,任何对教士具有的美德和才能的理解,都同时适用于那些被称为"自然传教士"的虔诚的研究者们。[8] 这些论证与赞赏是 18 世纪文化中一个无所不在的特性,尤其是在英国,这点可以由它们囊括了大量社会角色而体现出来,这些角色包括大学教授、学者、药剂师、绅士、乐器制造者、通俗的演说家、作家和主持人,也包含一些早先已经存在于正规的宗教机构中的角色。

[7] 关于这个时期及其以后的自然神学形式的研究,参见 John Hedley Brooke,《科学与宗教:一些历史的观点》(*Science and Religion: Some Historical Perspectives*, Cambridge University Press, 1991),尤其是第 4 章~第 6 章;关于英国事例方面,参见 John Gascoigne,《从本特利到维多利亚女王时代的著名人物:英国牛顿自然神学的兴衰》(From Bentley to the Victorians: The Rise and Fall of British Newtonian Natural Theology),《背景中的科学》(*Science in Context*),2(1988),第 219 页~第 256 页。

[8] 关于 17 世纪较晚时期的这个用法,参见 Harold Fisch,《身为牧师的科学家:波义耳的自然神学笔记》(The Scientist as Priest: A Note on Robert Boyle's Natural Theology),《爱西斯》(*Isis*),44(1953),第 252 页~第 265 页,以及 Simon Schaffer,《虔诚的男人们和机械论哲学家:王政复辟时期的自然哲学之灵魂与精神》(Godly Men and Mechanical Philosophers: Souls and Spirits in Restoration Natural Philosophy),《背景中的科学》,1(1987),第 55 页~第 85 页。

　　"自然而然"地环绕在教士身上的神圣光环可能也在许多表面上是世俗实践者的身上发现。在荷兰,布商、显微学家安东·凡·列文虎克甚至是在最微小的生物的结构中看到了上帝的智慧。在美国,贵格派教徒植物学家约翰·巴特拉姆宣称,正是通过自然这一"望远镜",能够看见"在其光荣中的上帝本体"。在瑞典,卡尔·林奈被描绘为"第二个亚当",他给每个物种定义其适当名称;他的双名法被看成是"献给神的崇拜的诗篇":"人被创造出来是为了研究造物主的杰作,人类应当从上帝杰作中观察到神的智慧。"在德意志,莱布尼茨认识到,只要自然探究是由一个恰当的、表明上帝的智慧创造了"所有可能中最好的那个世界"的"知性论"的神学所获得的话,科学中就存在重要的宗教功效。[9] 在英国,一神论者化学家约瑟夫·普里斯特利写道:"一个哲学家应当比其他人更伟大,更善良。"如果从事科学的男性品德还不十分好,那么"对上帝作品的思考应该对他的品德有一个升华,应当能扩充他的仁慈,消除(他)本性中吝啬的、卑劣的、自私的部分"。[10]

　　自然神学文化并不处处受到尊敬并被制度化。它在天主教文化中就从来没有像在新教文化中那样具有影响力,并且在 18 世纪进程中,它受到了显著的冲击:在苏格兰,冲击来自大卫·休谟;在德意志来自伊曼纽尔·康德;在法国来自启蒙思想家(philosophes)和百科全书派(Encyclopédistes)。但是在自然神学家的"官方说法"(writ)起作用的地方,它的情感就支持将从事科学的男性的性格看成是虔诚的,在宗教上宣判科学研究无罪。

品行端正的哲学家

　　显示出能确证神的创造和管理的自然秩序,会在道德上提升那些致力于研究它的人。神圣的主题造就了虔诚的学者。这是自然神学文化维持从事科学的男性比普通学者更加品德高尚的形象的主要方式。但是并不是完全以自然神学为特征的 18 世纪文化也塑造出了品格超群高尚的从事科学的男性形象。建构那些形象并使它们可信的文化根源,将 18 世纪的历史与远古和刚刚过去的时代都联系起来。

　　纪念新近亡故的法国科学院院士的悼文,提供了 18 世纪最为高度发展的、最具影

〔9〕　关于施旺麦丹、列文虎克及其他 17 世纪晚期、18 世纪早期的荷兰显微镜学家的宗教感受,参见 Edward G. Ruestow,《荷兰共和国的显微镜:发现的形成》(The Microscope in the Dutch Republic: The Shaping of Discovery, Cambridge University Press, 1996),尤其是第 116 页～第 120 页,第 137 页～第 145 页,第 166 页～第 167 页,第 219 页～第 220 页;关于巴特拉姆及贵格会会员(Quaker)的自然神学,参见 Thomas P. Slaughter,《约翰和威廉·巴特拉姆的自然》(The Natures of John and William Bartram, New York: Alfred A. Knopf, 1996),尤其是第 3 章(引自第 62 页～第 63 页);关于林奈和莱布尼茨,参见 Brooke 的《科学与宗教》的评论,第 160 页～第 163 页,第 197 页,第 231 页～第 234 页(引自 162 页,第 197 页,第 232 页);Lisbet Koerner,《林奈:自然与民族》(Linnaeus: Nature and Nation, Cambridge, MA: Harvard University Press, 1999);以及 Sten Lindroth,《林奈的两张面孔》(The Two Faces of Linnaeus),载于 Tore Frängsmyr 编,《林奈:其人与著作》(Linnaeus: The Man and His Work, Canton, MA: Science History Publications, 1994; orig. 1983),第 1 页～第 62 页,尤其是第 11 页～第 16 页。

〔10〕　Joseph Priestley, 2 卷本《电学的历史和现状》(The History and Present State of Electricity, 3rd ed. London, 1775),第 1 卷,第 xxiii 页。

响力的品德高尚的从事科学的男性的肖像。尽管自然神学的话语在那个背景下并不 *165*
强势,但是其他资源可以用来展示从事科学的男性的超群美德。由贝尔纳·勒布维
耶·德·丰特内勒(及其他的后继者让·雅克·多尔特斯·德迈兰、让-保罗·格
朗·让·德富希、孔多塞侯爵)从 1699～1791 年间所作的 200 多篇悼文中的许多文章
运用斯多葛派和希腊历史学家的比喻中既确立了那些被科学吸引的人具有的特殊的
道德品质,也确立了一种将自己生命奉献于科学真理并在过程中受到鼓舞这一额外的
美德。[11]

正如希腊历史学家笔下的许多希腊、罗马英雄一样,丰特内勒悼文中 18 世纪的从
事科学的男性被描绘成斯多葛学派坚忍、克己精神的化身。科学生涯,得到物质回报
的前景渺茫,也很少能得到名望、荣誉,以及上流社会和政界的赞誉。很显然,使人献
身真理的是忽略自我及自身物质利益、不理会公众喜好与赞成的力量。从事科学的男
性逐渐拥有的这种力量并不是自己虚荣探寻的结果,而是那些需要从科学研究中攫取
物质利益的资助人加诸他们身上的。另外,即使没有自然神学那种明确的说法,用来
追求自然知识的人生也一再被认为可以使人变得谦虚、认真、简朴和真挚。自然的浩
瀚、伟大和崇高使那些研究它的人变得谦虚。认识到相对于未知的广阔无垠来说,我
们确定获得的那一点知识是多么地渺小也起同样的作用。真挚、坦白、平和、知足的品
质自然而然地逐渐灌输于为热爱自然真理而生存的人们心中。[12]

到了 18 世纪 70 年代,这种情操为孔多塞所提倡的文艺复兴人文主义者的取向所
替代,即行动和公民善行的一生。在孔多塞的图景中,从事科学的男性能够从物质和
精神两个方面使公共领域得到益处。他在给富兰克林的悼文中也相应地既赞赏了富
兰克林在技术上的创造力,也赞赏了他政治上的改良主义。而政治改良主义被看做是
来源于现代科学研究的真正本性。科学能立即产生技术变革,同时激励那些能够接纳 *166*
理性的工业社会的精神和道德的品质。"科学永远不受各种形式的奴役,"孔多塞在巴
士底风暴之后的第二年写道,"它们向其实践者传递着其部分独立本质,科学要么远离

---

[11] 关于这些悼词,主要参见 Charles B. Paul,《科学与不朽:法国科学院悼词(1699～1791)》(*Science and Immortality: The Éloges of the Paris Academy of Sciences, 1699—1791*, Berkeley: University of California Press, 1980),文章以后的段落将在很大程度上依据这本书;18 世纪晚期、19 世纪早期对于乔治·居维叶的颂词,参见 Dorinda Outram,《自然力的语言:居维叶的葬礼颂词》(The Language of Natural Power: The Funeral Éloges of Georges Cuvier),《科学史》,18 (1978),第 153 页～第 178 页。关于 18 世纪、19 世纪早期关于牛顿的美德和智能的重要论述,参见 Richard Yeo,《天才、方法和道德:牛顿在英国的形象(1760～1860)》(Genius, Method, and Morality: Images of Newton in Britain, 1760—1860),《背景中的科学》,2(1988),第 257 页～第 284 页。
[12] 在苏格兰,丰特内勒的颂词给亚当·斯密留下了深刻的印象。《道德情操论》(*The Theory of Moral Sentiments*, 1759) 支持巴黎人对数学家和自然哲学家"温和单纯的……举止"的赞美。他们的"平和"和对公众意见的淡然源于内心的确信,确信他们的主张正确并且重要。"诗人和优秀的作家"可没有这种平和;Adam Smith,《道德情操论》(*The Theory of Moral Sentiments*, Oxford: Clarendon Press, 1976),D. D. Raphael 和 A. L. Macfie 编,第 124 页～第 126 页。

专制国家,要么温和地酝酿革命以摧毁专制。"[13]

从事科学的男性对国家贡献巨大,却既不接受、也不期望接受什么回报的无私形象,通过一些公认的影响科学研究工作的社会环境得以印证。18 世纪同 17 世纪一样,探寻不同形式的科学知识的决定很可能完全有悖于对自身物质利益貌似有理的盘算,并且也常常有悖于父母的强烈愿望或倾向。对于那些缺乏独立收入的人来说,从事法律、献身宗教、当医生等被认为是能保障诚实、合法生活的职业。许多 18 世纪从事科学的男性违背了他们父辈的希望——鼓励他们去选择法院或教堂的职位——而选择了自己的职业;而其他一些人在成年以后,成功地将科学探索与至少名义上的律师职位和管理职位、神职联系起来;其他许多人从事了医学这一与科学更容易结合的职业。但是应用数学家或工程师这类职业只获得了很可疑的社会尊重,诸如物理学家、地理学家、博物学家,或是更细的分类中的天文学家,都很难得到一个有报酬的、体面的职业前景。

如果一个人正努力从较低的社会阶层中崛起(例如,电学家斯蒂芬·格雷、化学家约翰·道尔顿、地质学家威廉·史密斯),那么类似于科学演说家、作家或技术顾问的职业,可能既有物质吸引力又有社会吸引力。如果一个人拥有独立收入而衣食无虞(例如,博物学家布丰伯爵、彪特伯爵、约瑟夫·班克斯爵士,物理学家亨利·卡文迪许,地质化学家詹姆斯·霍尔爵士),那么他就能够对报酬、正统的文化尊崇概念甚至对科学著作权,以及公开智力产品所有权等方面,采取一种无所谓的态度。[14] 但是对于中等社会环境中的许多人来说(从贵族的小儿子们到专业人员和商人阶层的后裔),科学研究不得不与一个酬劳充足的职业或公共生活联系在一起。18 世纪除却那些与大学和学术的职业有关的生活之外,还可能有许多混合的形式:著名的安托万·洛朗·拉瓦锡是"税款包收人";莱布尼茨与约翰·沃尔夫冈·冯·歌德是政府官员;夏尔·奥古斯丁·库仑是军事、土木工程师;青年亚历山大·冯·洪堡既是外交家,也是采矿业管理者。对于那些处于中间社会地位的人来说,使自身完全或大部分献身于科学的决定可能被看做(在这个背景下)是非常无私、全心全意奉献的一个证明。丰特内勒对数学家米歇尔·罗尔的悼文特别强调"科学与财富之间存在一个古老而不能相容的差别";孔多塞对另一位数学家艾蒂安·贝祖的悼文解释了为什么这个年轻人的家庭反对他从事科学研究职业,"一个父亲……他了解教育和启蒙既不能带来荣誉,也不

167

[13] 孔多塞关于富兰克林的悼词(1790 年 11 月 13 日宣读),引自 Paul,《科学与不朽》,第 67 页;也参见 Roger Hahn,《对一所科学机构的剖析:巴黎科学院(1666 ~ 1803)》(*The Anatomy of a Scientific Institution: The Paris Academy of Sciences, 1666—1803*, Berkeley: University of California Press, 1971),第 165 页;Keith M. Baker,《孔多塞:从自然哲学到社会数学》(*Condorcet: From Natural Philosophy to Social Mathematics*, Chicago: University of Chicago Press, 1975),尤其是第 293 页~第 299 页。

[14] Poter,《绅士与地质学》,第 815 页,波特(Poter)敏锐地指出 18 世纪绅士地质学家"缺乏公开发表的压力"。事实上,绅士业余爱好者们经常过多地考虑"以作者的资格出现"的绅士派头。也参见 David P. Miller,《"我最喜爱的研究":作为博物学家的彪特伯爵》("My Favourite Studdys": Lord Bute as Naturalist),载于 Karl W. Schweizer 编,《彪特伯爵:论重新解释》(*Lord Bute: Essays in Reinterpretation*, Leicester: Leicester University Press, 1988),第 213 页~第 239 页,在第 215 页,第 218 页。

能带来财富"。除了源于至诚的使命召唤之外,要如何才能解释那些投身于科学的行为呢?[15]

有教养的自然哲学家

使命感、献身、超脱这类高尚形象证实了 18 世纪从事科学的男性的美德,同时也成为其作为毋庸置疑的一员进入上流社会和其行为被社会所接受的潜在障碍。从古至今,一方面是从日常社会习俗中分离出来的高尚、圣洁或博学,另一方面是备受谴责的没有教养,二者之间的界限经常成为争议和冲突的主题。哲学家或博学的人应该属于文明和上流社会的范围之列,还是他们要遵循不同的规则——这些规则使他们免于遵循社会义务和期望?哲学的"世界公民"是否应该被免除承担(全部或部分)世俗公民的责任?[16]

这样一种豁免创造了一个特殊的文化空间,其中博学的人能被认可并被重视,但与此同时,引发了学者团体与公务员团体、绅士团体、法官团体或商人团体之间关系上的难题。这些可能性与问题并不是从事科学的男性所特有的(从通常形式上他们也适用于逻辑学家、修辞学家、神学家,并且也适用于基本不关心自然秩序的哲学家),不过在科学革命和启蒙运动的过程中,从事科学的男性所处的尴尬处境受某种特殊张力的控制。

168

17 世纪,正如经院知识的"现代"批评家谴责经院哲学家团体的不文明一样,他们也坚持认为经院知识乏味无益。对知识的批评与对社会形式的批评是紧密联系在一起的:经院哲学家之间的争论被认为非常激烈,因为(正如当时流行的讽刺语所言)很少有什么东西不是危如累卵的。如果他们的研究包含有实质思想内容,如果能够准确清楚地表达他们的主张,那么争论应该可以彻底结束。这些近代批评家如培根、笛卡儿、霍布斯、波义耳主张通过概念和方法论上的改革来纠正这种争论。机械的隐喻和微观机械论的说明可以将自然之物与人工之物,自然哲学家与机械的机巧世界联系在一起,这样使抽象思想服从于真实的、可理解的建构。正确的方法可以通过消除或弱化主观性、情绪、利益、文化习惯的影响,来约束哲学研究的过程。结果将形成一种新的自然哲学,其产品在社会上是有用的,其实践者非常适合公民社会一员的身份。经

[15] 引自 Roger Hahn,《18 世纪法国的科学职业》(Scientific Careers in Eighteenth-Century France),载于 Maurice Crosland 编,《科学在西欧的出现》(The Emergence of Science in Western Europe, London: Macmillan, 1975),第 127 页~第 138 页,在第 131 页~第 132 页。Hahn 着重指出(同前书,第 131 页)即使在高度"职业化"的 18 世纪法国背景中(那里国家对科学的支持比英国,甚至比德意志更高一个层次),仅有极少巴黎科学院院士能够期望完全依靠国家的薪金或退休金维持生活:"在历史学家自豪地提到的法国政府对科学的拨款资助与科学家个体的生活之间存在巨大的鸿沟。"关于法国历史上对这些问题的论述,也可参见 Paul,《科学与不朽》,第 69 页~第 85 页,以及 Maurice Crosland,《法国科学的职业化生涯的发展》(The Development of a Professional Career in Science in France),载于 Crosland 编,《科学在西欧的出现》,第 139 页~第 159 页(关于科学革命任何一方面的变化和连续性)。
[16] 这些问题在 Steven Shapin 的《"思想是自己的住所":17 世纪英格兰的科学与孤独》("The Mind Is Its Own Place": Science and Solitude in Seventeenth-Century England)有所讨论,《背景中的科学》,4(1991),第 191 页~第 218 页。

验和实验的方法(英国人所偏爱的)将代替亚里士多德式的"博学的胡言乱语"、对待事物的教条主义傲慢态度和较低确定性的自然哲学规范。理性方法(法国人所偏爱的)将能够用逻辑链条铐住纷争,并且它们被宣称同样能产生有益的结果。一种新的实用性将直接吸引国家及公民社会的尊重;一种新的文明举止使自然知识的实践者适于客厅和沙龙的环境。

以上是由 17 世纪晚期、18 世纪早期,改革后的科学的实践者所宣称的,或站在他们立场上所宣称的。然而,在 18 世纪中追踪这些宣称的可信性及其影响并不是一件简单的事。在某种程度上,自然知识在上流和商业社会总占有一席之地,在整个 18 世纪中,它也继续享有这个地位。长久以来,奇观、荣誉、武器、小玩意儿和自然合法性一直是社会急需的,这些东西至少可以清楚有效地由 18 世纪科学从业者(同他们的前辈一样)提供。17 世纪机巧的制造商阿塔纳修斯·基歇尔,百宝箱的拥有者如乌利塞·阿尔德罗万迪,在 18 世纪也能找到同他们相对应的人物,例如巡回的科学展示者和电学演出的主持本杰明·马丁、皮埃尔·波利尼埃和让·安托万·诺莱神父。这正如在 18 世纪末弗朗茨·安东·梅斯梅尔精彩的自我展示,类似于文艺复兴时期戏院临床医师帕拉塞尔苏斯的表演一样。[17]

伽利略用军用指南针和望远镜确立了自己对 17 世纪早期佛罗伦萨宫廷的实用价值,而其象征价值是通过"梅迪奇星座"(Medicean stars)的发现和命名建立的。[18] 对集权化的帝国主义民族国家而言,他的 18 世纪的继承者们承诺(在大多事例中也实践

---

〔17〕 关于 Kircher 和 Aldrovandi, 参见 Paula Findlen,《拥有自然:现代早期意大利的博物馆、收藏和科学文化》(*Possessing Nature: Museums, Collecting, and Scientific Culture in Early Modern Italy*, Berkeley: University of California Press, 1994);关于古玩珍品合法性的争论,也可参见 Krzystof Pomian,《收集者和古玩珍品:巴黎和威尼斯(1500～1800)》(*Collectors and Curiosities: Paris and Venice, 1500—1800*, Cambridge: Polity Press, 1990)。关于 18 世纪电学家和自然哲学表演者,参见例如,J. L. Heilbron,《17 世纪和 18 世纪电学:近代早期物理学研究》(*Electricity in the 17th and 18th Centuries: a Study of Early Modern Physics*, Berkeley: University of California Press, 1979);Simon Schaffer,《18 世纪的自然哲学与公开展示》(Natural Philosophy and Public Spectacle in the Eighteenth Century),《科学史》,20(1983),第 1 页～第 43 页;Schaffer,《消费热情:商品世界中的电学展示主持人和保守党的神秘主义者》(The Consuming Flame: Electrical Showmen and Tory Mystics in the World of Goods),载于 John Brewer 和 Roy Porter 编,《消费和商品世界》(*Consumption and the World of Goods*, London: Routledge, 1993),第 489 页～第 526 页;Schaffer,《安妮女王时代的现实:18 世纪早期的自然代理人及其文化资源》(Augustan Realities: Nature's Representatives and Their Cultural Resources in the Early Eighteenth Century),载于 George Levine 编,《现实主义与表示法:论与科学、文学及文化相关的现实主义的问题》(*Realism and Representation: Essays on the Problem of Realism in Relation to Science, Literature, and Culture*, Madison: University of Wisconsin Press, 1993),第 279 页～第 318 页;Roy Porter,《启蒙运动时期英格兰的科学、地方文化及舆论》(Science, Provincial Culture and Public Opinion in Enlightenment England),《英国 18 世纪研究期刊》(*British Journal for Eighteenth-Century Studies*),3(1980),第 20 页～第 46 页;Geoffrey V. Sutton,《上流社会的科学:性别、文化与启蒙运动的论证》(*Science for a Polite Society: Gender, Culture, and the Demonstration of Enlightenment*, Boulder, CO: Westview Press, 1995),第 6 章、第 8 章(关于 Polinière 和 Nollet);Alan Q. Morton,《18 世纪的科学演讲》(*Science Lecturing in the Eighteenth Century*),载于《英国科学史杂志》(*British Journal for the History of Science*)特刊,28(1995 年 3 月);Alan Q. Morton 和 Jane Wess,《公众科学与私人科学:国王乔治三世的收藏品》(*Public & Private Science: The King George III Collection*, Oxford: Oxford University Press, 1993),第 2 章;Stephen Pumfrey,《谁做了这项工作? 安妮女王时代英格兰的实验哲学家和公众演示者》(Who Did the Work? Experimental Philosophers and Public Demonstrators in Augustan England)(原文误为 Demonstrations——责编),载于《英国科学史杂志》,28(1995),第 131 页～第 156 页;以及 Larry Stewart,《牛顿时期英格兰的公共演讲与私人资助》(Public Lectures and Private Patronage in Newtonian England),《爱西斯》,77(1986),第 47 页～第 58 页。关于 Mesmer,参见 Robert Darnton,《催眠术与法国启蒙运动的终结》(*Mesmerism and the End of the Enlightenment in France*, Cambridge, MA: Harvard University Press, 1968)。

〔18〕 Mario Biagioli,《侍臣伽利略:专制主义文化中的科学实践》(*Galileo, Courtier: The Practice of Science in the Culture of Absolutism*, Chicago: University of Chicago Press, 1993)。

了）在更大范围内扩张权力，争取更多荣誉：不仅包括宇宙的合法性问题（正如以前），而且包括经度问题的解决；关于新殖民地的可靠地图；对本土和殖民地的花、动物的基本考察，以及在全世界范围内移植它们的技术；改进的农业、化学、陶器、采矿、冶金技术；更好的船只、更好的枪炮、更健康的海员；甚至是永动机。[19]

所以从事科学的男性的实用主义形象在 18 世纪并不是新的东西，尽管这一章的最后一节中选取了这一时期影响这些形象的一些更为微妙的、日益增加的变化。同样地，18 世纪科学倡导者们坚持认为科学因提供了奇观和谈质而在上流文化中占有一席之地，这也不新奇。18 世纪自然知识实践者照旧能够为上流社会提供奇妙的结果、令人喜悦的事物及具有启发意义的教导。18 世纪早期新产生的东西就是坚持认为一种特定的、改良了的自然哲学形式已经消除了好辩的、学究气的倾向，这些倾向在如此之长的时间中剥夺了科学实践者作为上流社会成员，以及他们的知识处于上流社会文化的核心地位的资格。

从 17 世纪中叶女才子（précieuses）文化到 18 世纪的沙龙文化（salonnières），法国的从事科学的男性们很享受他们在使科学对高雅（politesse）有所贡献和使从事（改良了的）科学的男性成为上流社会重要成员方面的成功。正如杰弗里·V. 萨顿恰当指出

170

[19] 关于 18 世纪宇宙论合法性的案例研究，参见 Steven Shapin，《论上帝和国王：莱布尼茨与克拉克争论中的自然哲学和政治》(Of Gods and Kings: Natural Philosophy and Politics in the Leibniz-Clarke Disputes)，《爱西斯》，72（1981），第 187 页～第 215 页；Simon Schaffer，《权威的预言家：1759 年后的彗星和天文学家》(Authorized Prophets: Comets and Astronomers after 1759)，《18 世纪文化研究》(Studies in Eighteenth-Century Culture)，17（1987），第 45 页～第 74 页；Schaffer，《牛顿的彗星和占星术的转变》(Newton's Comets and the Transformation of Astrology)，载于 Patrick Curry 编，《占星术、科学和社会：历史论文集》(Astrology, Science and Society: Historical Essays, Woodbridge: Boydell and Brewer, 1987)，第 219 页～第 243 页；关于国家变动需要宇宙学合法化的问题的思考，参见 Mario Biagioli，《科学革命、拼凑物和礼节》(Scientific Revolution, Bricolage, and Etiquette)，载于 Roy Potter 和 Mikuláš Teich 编，《国家背景下的科学革命》(The Scientific Revolution in National Context, Cambridge University Press, 1992)，第 11 页～第 54 页，在第 24 页～第 25 页。关于科学与海军医学，参见 Christopher J. Lawrence，《治疗疾病：坏血病、海军和帝国扩张（1750～1825）》(Disciplining Disease: Scurvy, the Navy, and Imperial Expansion, 1750—1825)，载于 David Philip Miller 与 Peter Hanns Reill 编，《帝国的梦想：航海、植物学和对自然的描述》(Visions of Empire: Voyages, Botany, and Representations of Nature, Cambridge University Press, 1996)，第 80 页～第 106 页。关于天文学和经度问题，参见 David W. Waters，《航海的天文学和经度问题》(Nautical Astronomy and the Problem of Longitude)，载于 John G. Burke 编，《牛顿时代科学的应用》(The Uses of Science in the Age of Newton, Berkeley: University of California Press, 1983)，第 143 页～第 169 页。与实用性和教养相关的博物学，参见 John Gascoigne，《约翰·班克斯和启蒙运动：有用的知识和上流文化》(Joseph Banks and the Enlightenment: Useful Knowledge and Polite Culture, Cambridge University Press, 1994)，尤其是 Gascoigne，《科学为帝国服务：约翰·班克斯、英国政府及革命时代科学的用处》(The Science in the Service of Empire: Joseph Banks, the British State and the Uses of Science in the Age of Revolution, Cambridge University Press, 1998)。关于永动机，参见 Simon Schaffer，《永不终止的表演：18 世纪早期的永动机》(The Show that Never Ends: Perpetual Motion in the Early Eighteenth-Century)，选自《英国科学史杂志》，28（1995），第 157 页～第 189 页。关于对 18 世纪科学、技术和实用文化的研究范围，参见例如，Larry Stewart，《公众科学的兴起：牛顿时代英国的修辞学、技术和自然哲学（1660～1750）》(The Rise of Public Science: Rhetoric, Technology and Natural Philosophy in Newtonian Britain, 1660—1750, Cambridge University Press, 1992)，尤其是第二部分至第三部分；Jan Golinski，《作为公众文化的科学：英国的化学与启蒙运动（1760～1820）》(Science As Public Culture: Chemistry and Enlightenment in Britain, 1760—1820, Cambridge University Press, 1992)；Karl Hufbauer，《德意志化学共同体的形成（1720～1795）》(The Formation of the German Chemical Community [1720—1795], Berkeley: University of California Press, 1982)；Myles W. Jackson，《自然与人工预算：对歌德的自然经济的解释》(Natural and Artificial Budgets: Accounting for Goethe's Economy of Nature)，《背景中的科学》，7（1994），第 409 页～第 431 页；Steven Shapin，《18 世纪爱丁堡科学的受众》(The Audience for Science in Eighteenth Century Edinburgh)，选自《科学史》，12（1974），第 95 页～第 121 页（关于农业）；以及 Ken Alder，《让革命工程化：武器和法国启蒙运动（1763～1815）》(Engineering the Revolution: Arms and Enlightenment in France, 1763—1815, Princeton, NJ: Princeton University Press, 1997)。

的,在 17 世纪最后 25 年,"正是哲学家的诚实(honnêteté)、博物学家的高雅,将科学研究带入了精英社会",并且正是这些(随着自然哲学的娱乐习俗的发展一同)将它已经取得的地位一直维持到 18 世纪。大量的女性在法国科学对话、娱乐、教育领域中出现,被当做是科学文化无伤大雅,甚至具有优雅性的证明。诺莱神父告诉其演示性报告的潜在听众"值得尊敬的人们已经清理了道路",正如杰弗里・V.萨顿注释的,"女士参与到这个进程中,无需担心有损自己的名声"。18 世纪 30 年代中期,沙特莱侯爵夫人在写给她的一位朋友的信中说,诺莱的演讲正吸引"坐在四轮马车中的公爵夫人、贵族和可爱的女士们"。[20]

171　　　　但是从事科学的男性在上流社会中这种中心作用,在 18 世纪与其说是现实的存在,不如说是一个期望。即使在比其他地方更有效地促进了这种作用的法国,认为改良了的科学在上流文化中具有重要地位的舆论也没获得压倒性的优势:文明史、纯文学(belles-lettres)、修辞学、古代与现代语言、谱系学、古物研究、地理学和地方志,作为高雅的研究始终处于比自然科学更重要的位置。在英国,有教养科学的概念招致了更多的怀疑,甚至讥讽。[21] 首先,很难指望上流社会成员能够观察和理解到改良后的科学与被期望替代的经院哲学实践之间的差异。即使近代从事科学的男性的优良的公民道德是显而易见的,对于上流社会来说,遇到这样的人,标注其性格上的与众不同之处仍然是有必要的。建立这种熟悉的方式需要时间。18 世纪英国宫廷文书频繁地、明显地忽视了经院哲学的自然知识和机械化的、改良了的自然知识之间的区别:两者都是形而上学的、模糊的以及与世俗无关的。就这样的手册而言,17 世纪科学革命从未

---

[20] Sutton,《上流社会的科学》,第 141 页,第 225 页(关于诺莱和沙特莱);也参见 Anne Goldgar,《粗鲁的学问:文学界中的操行和共同体(1680～1750)》(*Impolite Learning: Conduct and Community in the Republic of Letters, 1680—1750*, New Haven, CT: Yale University Press, 1995),关于南特敕令撤销(the Revocation of the Edict of Nantes)后胡格诺派(Huguenot)的学术传播;Dena Goodman,《启蒙运动时期的沙龙:女性与哲学野心的会合点》(Enlightenment Salons: The Convergence of Female and Philosophic Ambitions),《18 世纪研究》,22(1989),第 329 页～第 350 页;James A. Secord,《幼儿园里的牛顿:汤姆・泰勒斯科普与陀螺和球的哲学(1761～1838)》(Newton in the Nursery: Tom Telescope and the Philosophy of Tops and Balls, 1761—1838),《科学史》,23(1985),第 127 页～第 151 页(关于为英国上流社会儿童所写的科学文本);Alice N. Walters,《风俗画:18 世纪英格兰的科学与优雅》(Conversation Pieces: Science and Politeness in Eighteenth-Century England),《科学史》,35(1997),第 121 页～第 154 页(关于英国民主背景下有教养的科学),尤其是第 130 页～第 136 页(关于女性的参与)。

[21] 关于 18 世纪伦敦王家学会内对于文学和古文物研究的重要性,参见 David P. Miller,《"进入幽暗的峡谷":18 世纪对王家学会的反思》("Into the Valley of Darkness": Reflections on the Royal Society in the Eighteenth Century),《科学史》,27(1989),第 155 页～第 166 页。就像约翰・洛克这样的 17 世纪晚期科学改革的热心拥护者也对绅士教育中各种形式的自然哲学的地位漠不关心;参见 John Locke,《关于教育的一些构想》(Some Thoughts Concerning Education, Cambridge University Press, 1899; orig. publ. 1690),第 74 页,第 129 页,第 153 页。切斯特菲尔德伯爵 18 世纪中期对其儿子研究工作的详细指导中关于科学的既少又简略,只是建议他花几个小时去翻阅一本通俗的天文学文本,获得一些与筑城学有关的实用数学的"常识":切斯特尔德致其子的信,1748 年 12 月 6 日和 1749 年 4 月 27 日,载于 Chesterfield,《教子信札》,第 1 卷,第 143 页～第 144 页,第 173 页。即使是拥护为那些积极参与新兴工业秩序的人们准备"一个新的、更好的知识"的普里斯特利也不为任何一个绅士推荐自然科学教育,除了那些买卖业务特别需要相关专业知识的绅士之外:Priestley,《论市民和积极生活的文科教育进程》(An Essay on a Course of Liberal Education for Civic and Active Life),载于 John A. Passmore 编,《普里斯特利关于哲学、科学和政治学的作品》(*Priestley's Writings on Philosophy, Science, and Politics*, London: Collier-Macmillan, 1965; essay orig. publ. 1765),第 285 页～第 304 页,在第 286 页,第 294 页～第 295 页。

发生过,这个革命已使从事科学的男性适应于上流社会的改变是不值一提的。[22]

诚然,那些引领英国上流社会观念的人偶尔会公开赞成对自然的研究。上流人士可能从自然中获取高雅的体验,尽管这些高雅体验是否可普遍获得值得怀疑。例如,约瑟夫·艾迪生和理查德·斯蒂尔在《观众》(*The Spectator*)中认为的:

> 一个具有高雅想象力的人能够拥有粗俗之人所不能感受到的乐趣。……事实上,它使个体对他所看见的任何事具有一种占有力,使自然中最野蛮的、未修饰的部分给予他乐趣:因此他仿佛用另一种方式看待这个世界,在它之中发现大量一般人感受不到的迷人之处。[23]

然而,几乎所有英国18世纪在上流社会和礼节问题上有影响力的评论家,都对过多地沉溺于正式的、系统的、“沉思的”学问对有教养的谈话所造成的影响表示担忧。这种学问(无论什么种类)都将鼓舞炫耀、教条、晦涩及好争辩的风气;切斯特菲尔德伯爵警告说:“深刻的学问普遍沾染了炫耀的习气,或至少没有受到礼仪的陶冶。”[24]一些作者挑选了一些特殊的麻烦,这些麻烦是那些对自然做了细节性的或者系统思辨性研究的人引入到上流社会的。对人类恰当的研究不是将精力投向星星或者海星,而是人。

18世纪早期王家学会的学者和哲学家受到奚落,因为他们用“自然的渣滓”胡混日子。波义耳在试管中晃动人的屎尿以提取磷,列文虎克考察口中黏液的球状组织,上流社会对其的反应是作呕和假笑。[25]《艺术家》(*The Tatler*)担心研究那些微小、琐碎、卑贱的现象,将使人自己也会变得卑贱和粗俗。自然同时提供了巨大和微小的研究对象,上流社会关切的是自然科学学者们太长的时间中用太多的精力研究太微小的

[22] 参见,例如 William Darrell,《受教育的绅士,指导高尚和幸福的人生……为一位年轻贵族的教育而写……》(*The Gentleman Instructed, in the Conduct of a Virtuous and Happy Life . . . Written for the Instruction of a Young Nobleman . . .*, 8th ed., London, 1732; orig. publ. 1704—12),第15页;也参见 Adam Petrie,《幽雅的或有教养的行为规则》(*Rules of Good Deportment, or of Good Breeding*, Edinburgh, 1720),第46页、第58页。有关18世纪早期对从事科学的革命派的男性的美德的节制的怀疑,参见 Steven Shapin,《“学者和绅士”》(“A Scholar and a Gentleman”),《科学史》,29(1991),第279页~第327页。

[23] Joseph Addison,《观众》(*The Spectator*),1712年6月21日,载于 Addison,2卷本《约瑟夫·艾迪生论文集》(*Essays of Joseph Addison*, London: Macmillan, 1915),James George Frazer 爵士编,第2卷,第180页。关于约翰逊博士(大体上)赞同哲学上适度的培根主义实践,参见 Richard B. Schwartz,《塞缪尔·约翰逊和新科学》(*Samuel Johnson and the New Science*, Madision: University of Wisconsin Press, 1971),尤其是第68页~第73页(关于他的西德纳姆和布尔哈夫的自传体论文),第125页~第145页(关于他对自然神学的赞同)。

[24] 切斯特菲尔德致其子,1749年12月12日,载于 Chesterfield,《教子信札》,第1卷,第206页。切斯特菲尔德指出莫佩尔蒂作为一类“很少遭遇,深入探究哲学与数学,并且还是诚实和友善(honnête et amiable)”的典型(1752年10月4日,同前书,第2卷,第133页),但是切斯特菲尔德也为他儿子提供了关于马克尔斯菲尔德(Macclesfield)伯爵的有启发性的例子,后者的天文学和数学专业知识在关于历法改革的公开辩论中被切斯特菲尔德本人出色的修辞学技巧打败,一点数学也没用(1751年3月18日,同前书,第1卷,第394页)。关于欧洲大陆对英国文化缺乏“高贵的思辨”的批评与英国对“咖啡桌哲学”的辩护,参见 Roy Porter,《英格兰的启蒙运动》(*The Enlightenment in England*),选自 Porter 和 Mikuláš Teich 编,《国家背景下的启蒙运动》(*The Enlightenment in National Context*, Cambridge University Press, 1981),第1页~第18页,尤其是第5页~第6页。

[25] William King,《哲学的有用记录及其他种类的学问……》(Useful Transactions in Philosophy, and Other Sorts of Learning . . .),载于 King,《原著》(*Original Works*),第2卷,第57页~第178页(原版1709年),在第98页~第99页(关于波义耳的磷);第103页~第114页,第121页~第125页(关于列文虎克);第135页(关于渣滓)。King,《1698年的伦敦之旅。遵循马丁·李斯特博士去巴黎的巧妙方法……》(A Journey to London, In the Year 1698. After the Ingenious Method of that made by Dr. Martin Lister to Paris . . .),同前书(原版1699年),第1卷,第198页(关于空气泵中的猫)。

东西。[26]切斯特菲尔德同样认为：丰特内勒的通俗天文学相比起"昆虫贩子、贝壳贩子和蝴蝶的捕捉者和标本制作者"的工作更值得做。[27] 沙夫茨伯里伯爵也赞同：学问自身并不是不具备武装一个绅士的条件。但是，当

> 我们沉思的天才和自然作品的精细检查者们继续以同样的甚至是更高涨的热忱思考昆虫的生命、用途、居所以及贝类亚种的体系；……那么他就确实成为了足以讥笑的对象，并且成了寻常谈话中的笑柄。[28]

这里的担忧还存在于以微小模式研究自然的后果上，但是许多18世纪晚期的英国批评家对研究自然的针对性和得体与否都予以否定，而不管这种考察是怎样实行的，以及其关注点在哪里。[29] 伴随几乎所有科学门类的专门化的加强，对缜密的或思辨的哲学"难懂"的抱怨在18世纪不断增加，因而从事科学研究的上流人士以其对话参与一般文化的理念受到了额外的压力。一些学会（尤其是苏格兰的）担心这种专业化及它对社会团结的破坏性影响；其他学会（例如法国、德意志的）看起来态度比较轻松。[30] 到了18世纪末，"两种文化"之间的分离并不是不可改变的（在许多领域，存在长期而明显的共同语境），但从那时起，一般人的话语中已不再谈论从事科学的男性。一个人不可能与一个自己不能理解的作者进行礼貌的交谈；他只能被教授这些知识。[31] 在整个18世纪，对从事科学的男性性格的描述中没有不受晦涩、卖弄学问、不礼貌这样责难所影响的。精神哲学家大卫·哈特莱写道："没有什么能够超过科学、数学［和］自然哲学领域杰出的教授们身上的虚荣、自我炫耀、自负、争强好胜和嫉妒。"[32]

　　因此，有教养的从事科学的男性的形象在18世纪，被真正系统地显示给绅士圈以获得其认可。这种呈现是一致努力证明科学研究各方面的合理性，显示它与有教养社会的规则与习俗一致性的一部分。然而，从上流社会的角度来看（并且尤其从其英国的形式来看），发生在18世纪的这种显示的可信度是有限的。但是在整个18世纪对

[26] 《艺术家》（The Tatler），1709/1710年1月10日至12日，1710年8月24日至26日，载于 Joseph Addison 和 Richard Steele，4卷本《艺术家》（The Tatler, London: Duckworth, 1898），George A. Aitken 编，第3卷，第31页；第4卷，第110页。

[27] 切斯特菲尔德致其子，1748年12月6日，载于 Chesterfield，《教子信札》，第1卷，第143页～第144页，以及关于天文学所具有的独特的教养条件，参见 Walters，《风俗画》，第124页～第127页。

[28] Anthony Ashley Cooper，沙夫茨伯里伯爵三世，《男性以及礼仪、观点和时代的特征》（Characteristics of Men, Manners, Opinions, Times, Indianapolis: Bobbs-Merrill, 1964; 原版1711），John M. Robertson 编，2卷合订本，第2卷，第253页。也参见 Lawrence E. Klein，《沙夫茨伯里和礼仪文化：18世纪早期英格兰的道德论述和文化政治》（Shaftesbury and the Culture of Politeness: Moral Discourse and Cultural Politics in Early Eighteenth-Century England, Cambridge University Press, 1994），尤其是第1章，以及 Walters，《风俗画》，第122页～第123页，第126页。

[29] 参见 Joseph M. Levine，《伍德沃德博士的盾牌：安妮女王时代的英格兰的历史、科学和讽刺诗》（Dr. Woodward's Shield: History, Science, and Satire in Augustan England, Berkeley: University of California Press, 1977），第125页。

[30] 关于苏格兰人对科学研究专门化的焦虑（持续到19世纪），参见，例如 George Elder Davie，《民主的才智：19世纪的苏格兰和她的大学》（The Democratic Intellect: Scotland and Her Universities in the Nineteenth Century, Edinburgh: Edinburgh University Press, 1961），第二部分；Shapin，《18世纪爱丁堡科学的受众》，尤其是第99页～第101页，第115页～第116页；Shapin，《布鲁斯特和爱丁堡的科学生涯》（Brewster and the Edinburgh Career in Science），载于 A. D. Morrison-Low 和 J. R. R. Christie 编，《"科学的殉教者"：布鲁斯特爵士（1781～1868）》（"Martyr of Science": Sir David Brewster 1781—1868, Edinburgh: Royal Scottish Museum, 1984），第17页～第23页。

[31] Secord，《幼儿园里的牛顿》，第143页～第146页。

[32] David Hartley，2卷本《对人的观察》（Observations on Man, London, 1749），第2卷，第255页；也参见 Porter，《英格兰的启蒙运动》，第14页～第15页。

高雅文化的定义及其合法性都受到了挑战。人们致力于重新定义什么是真正的有教养和是否要全盘抛弃有教养的行为准则。科学是什么，科学为了什么，从事科学的男性是什么样的人，这三种概念在这些努力中都得以描绘。

从 17 世纪晚期向前看，激进的"自然神论者"和"自由思想者"挪用机械自然的观点，从而颠覆了市民和教会的等级制度，对这些制度的支持是早期自然哲学家如梅森、伽桑狄、波义耳、雷、牛顿等人明确的目标之一。自然知识在被用于解释时，是充分可塑的资源，它既可用于削弱也可用于增强已经存在的社会不平等。[33] 因此，在这个世纪中，从事科学的男性的角色作为正统观念的拥护者的形象中又加入了其他元素：非上流的从事科学的男性作为社会改良或革命的英雄，或作为社会颠覆中的反派。在法国，雅各宾派激进分子收获了早先由启蒙思想家和百科全书派播撒的种子。当科学成为旧体制的工具，这时候一个公开的、平等主义的科学共和派的无害形象才开始具有真正政治上的诱惑力。[34] 从而，玛拉的朋友、激进记者雅克 - 皮埃尔·布里索在他1782 年出版的《真理》(De la Vérité) 一书中，扭转了巴黎科学院的排外局势：

> 科学王国既不知道暴君，也不知道贵族、选民……容许一个暴君、贵族或选民通过法令对天才们的作品盖上标签的行为是对事物的本性和人类思想自由的亵渎。这是对公众舆论的公开冒犯，而只有公众舆论才有权给所谓的天才加冕。[35]

175

当先天和直觉的天才们的概念被当做哲学真理的担保兜售时，谁还需要严肃方法及在学院和学校刻苦获得的专业知识？1793 年，共和政府的公共教导委员会听从布里索的意见，宣称"真正的天才几乎都是无裤党(sans culotte)"，这暗示了，正如西蒙·谢弗所写的，天才既是集团化的，也是民主化的。[36]

那些为社会稳定或为逐渐的、有组织的改变辩护的英国人认为，他们已经吸取这样一个教训：机械的、实验的哲学既变化无常，也是强大的；它既可能对社会有益，也可能有害。事实上恰当的科学能保证适当的社会秩序，但是在埃德蒙·伯克看来，革命

---

[33] 关于这些争论中宇宙论观点的含义，参见，例如 Margaret C. Jacob，《牛顿主义者与英国革命(1689 ~ 1720)》(The Newtonians and the English Revolution 1689—1720, Ithaca, NY: Cornell University Press, 1976) ; Jacob，《激进的启蒙运动：泛神论者、共济会会员和共和党人》(The Radical Enlightenment: Pantheists, Freemasons, and Republicans, London: Allen & Unwin, 1981) ; Jacob，《见证启蒙时代：18 世纪欧洲的共济会和政治》(Living the Enlightenment: Freemasonry and Politics in Eighteenth-Century Europe, New York: Oxford University Press, 1991) ; 也可参见 Steven Shapin，《科学的社会用途》(Social Uses of Science) ，载于 G. S. Rousseau 和 Roy Porter 编，《知识的酝酿：18 世纪科学的编史学研究》(The Ferment of Knowledge: Studies in the Historiography of Eighteenth-Century Science, Cambridge University Press, 1980) ，第 93 页～第 139 页；Shapin，《论上帝和国王》；C. B. Wilde，《18 世纪英国的哈钦森主义、自然哲学和宗教论战》(Hutchinsonianism, Natural Philosophy and Religious Controversy in Eighteenth Century Britain) ，《科学史》，18(1980) ，第 1 页～第 24 页。

[34] Charles Coulston Gillispie，《百科全书派和雅各宾派的科学哲学：一种对想法和结果的研究》(The Encyclopédie and the Jacobin Philosophy of Science: A Study in Ideas and Consequences) ，载于 Marshall Clagett 编，《科学史上的关键性问题》(Critical Problems in the History of Science, Madison: University of Wisconsin Press, 1959) ，第 255 页～第 289 页；也可参见 Hahn，《对一所科学机构的剖析》，第 5 章。

[35] Jacques-Pierre Brissot de Warville，《真理》(De la Vérité. . . , Neufchâtel, 1782) ，第 165 页～第 166 页，引用自 Hahn，《对一所科学机构的剖析》，第 153 页。

[36] Simon Schaffer，《浪漫的自然哲学天才》(Genius in Romantic Natural Philosophy) ，载于 Andrew Cunningham 和 Nicholas Jardine 编，《浪漫主义和科学》(Romanticism and the Sciences, Cambridge University Press, 1990) ，第 82 页～第 98 页，在第 85 页。

使理性主义和思辨哲学走向疯狂、邪恶和危险:那些编造法国新宪法的人具有"许多但是恶的形而上学;许多但是恶的几何学;许多但是错误的均衡算数学(proportionate arithmetic)"。[37]伯克认为,现在法国在国内大规模地释放"疯狂的毒气","固定的空气(二氧化氮)",如果不加强警戒,就可能使英国遭受同样的打击。[38]

　　伯克和他的盟友为激进的知识分子画上平等主义和激进反权威主义的标志,例如,普里斯特利宣称:"任何人都能同他的邻居一样有充分的能力区别真伪";"我毫不怀疑,知识的迅速发展将成为除上帝之外驱除所有错误和偏见的方法,并将终结科学领域和宗教领域不当的、被篡夺的权威";以及"英国等级制(如果它的宪法中存在任何不合理的地方)有……理由在空气泵和发电机前战栗"。[39]气体力学家托马斯·贝多斯因为激进地教导引诱牛津的年轻人同普里斯特利一样被列入到英国内政部"不忠与煽动者"名单中。[40]然而伯克并没有像他自己以为的那样担心英国激进的、非上层社会的从事科学的男性。尽管从大革命开始到拿破仑战争结束,英国工人阶级雅各宾党人就有共和政体的科学拨款,但有效的内政部整顿使这种颠覆陷入困境:英国中产阶级的那些成员关心的根本上是科学文化,他们调动科学文化作为树立什么是教养的新

176

[37] Edmund Burke,《关于法国革命的思考》(*Reflections on the Revolution in France*, Harmondsworth: Penguin, 1986; orig. publ. 1790),Conor Cruise O'Brien 编,第 296 页。

[38] Burke,《关于法国革命的思考》,第 90 页。关于伯克反对普里斯特利,参见 Golinski,《作为公众文化的科学》,第 176 页~第 187 页,以及 Maurice Crosland,《作为一种威胁的科学的形象,伯克对普里斯特利和"哲学的革命"》(The Image of Science as a Threat: Burke versus Priestley and the "Philosophical Revolution"),《英国科学史杂志》,20(1987),第 277 页~第 307 页。

[39] Joseph Priestley,《对里德博士关于依据常识原则的人类心智的调查的研究》(*An Examination of Dr. Reid's Enquiry into the Human Mind on the Principles of Common Sense*, London, 1774),第 74 页,以及 Priestley, 3 卷本《对不同种类空气的实验与观察》(*Experiments and Observations on Different Kinds of Air*, London, 1774—77),第 1 卷,第 xiv 页[两者都引自 Dorinda Outram,《科学与政治意识形态(1790~1848)》(Science and Political Ideology, 1790—1848),载于 R. C. Olby 等编,《近代科学史手册》(*Companion to the History of Modern Science*, London: Routledge, 1990),第 1008 页~第 1023 页,在第 1017 页];也可参见 Schaffer,《浪漫的自然哲学天才》,第 89 页~第 90 页(关于普里斯特利和康德论哲学天才的分布);Robert Schofield,《普里斯特利的启蒙运动:对其生平与 1733~1773 年作品的研究》(*The Enlightenment of Joseph Priestley: A Study of His Life and Work from 1733 to 1773*, University Park: Pennsylvania State University Press, 1998)。

[40] 引自 Trevor H. Levere,《托马斯·贝多斯博士在牛津:1788~1793 年激进的政治与钦定化学教授职位的命运》(Dr. Thomas Beddoes at Oxford: Radical Politics in 1788—1793 and the Fate of the Regius Chair in Chemistry),《炼金术史和化学史学会期刊》(*Ambix*),28(1981),第 61 页~第 69 页,在第 65 页。关于贝多斯、科学与激进政治,也可参见 Levere,《托马斯·贝多斯博士(1750~1808):政治学与社会中的科学与医药》(Dr. Thomas Beddoes (1750—1808): Science and Medicine in Politics and Society),《英国科学史杂志》,17(1987),第 187 页~第 204 页;Dorothy A. Stansfield,《医学博士托马斯·贝多斯(1760~1808):化学家、医师与民主主义者》(*Thomas Beddoes M. D. 1760—1808: Chemist, Physician, Democrat*, Dordrecht: D. Reidel, 1984);Roy Porter,《社会博士:托马斯·贝多斯与启蒙运动晚期英格兰不健全的贸易》(*Doctor of Society: Thomas Beddoes and the Sick-Trade in Late-Enlightenment England*, London: Routledge, 1992);Golinski,《作为公众文化的科学》,第 6 章。

概念的一个因素,而不是破坏性的源泉。[41]

在 18 世纪中,在英国两所大学和像王家学会这样的大城市的权力中心之外的发展逐渐使科学进入新生文化的核心,这个文化对什么是真正的礼貌作了改良的理解。被牛津、剑桥和许多传统职业和政治力量排除在外的英国不信国教者(唯一神教徒、贵格派教徒、卫理公会派成员和其他不信国教的新教和天主教徒)发展了他们自己的教育机构和文化场所。"不信国教学院"讲授科学问题,聘请科学名人如普里斯特利和道尔顿从事教学。[42] 建立非正式省际对话群体,将进步的不信国教工业家、科学研究者们聚集到一起。这些团体从世纪中期开始,迅速壮大,其地理分布和工业化进程大体保持一致。伯明翰月光社(创建于 18 世纪 60 年代)包括普里斯特利、蒸汽机制造商马修·博尔顿、詹姆斯·瓦特和陶工约书亚·威治伍德,内科医生和化学药品制造商詹姆斯·基尔,内科医生、诗人、自然哲学家伊拉斯谟·达尔文。[43] 到了 18 世纪 80 年代和 90 年代,以科学导向的省际学会(经常被称为"文学、哲学"学会)成为中部、北部文化图景的一个基本特点:曼彻斯特文哲学会建立于 1781 年,稍后建立了德比哲学学会,在泰恩河旁的纽卡斯尔、利物浦、利兹、格拉斯哥及许多其他工业、商业中心也建立了类似机构。[44]

早期历史解释将这样的机构看成是工业与科学知识之间锻造有用的具体的联系之地,在这样的机构里,非上流社会的从事科学的男性概念被详细认真地描述。在这里,从事科学的男性被推入了行省文化舞台的中心,这里他们能够颇具象征意味地挑战有教养的贵族和绅士价值观。地方不信教的从事科学的男性这一人物形象将顽固

[41] 关于相关的研究,参见 Ian Inkster,《导读:英国科学史和科学文化的历史观点(1780～1850)》(Introduction: Aspects of the History of Science and Science Culture in Britain, 1780—1850),载于 Inkster 和 Jack Morrell 编,《大都市与文化:英国文化中的科学(1780～1850)》(*Metropolis and Culture: Science in British Culture, 1780—1850*, London: Hutchinson, 1983),第 11 页~第 54 页;也参见 Inkster,《伦敦的科学与1817年的危及治安集会处置法》(London Science and the Seditious Meetings Act of 1817),《英国科学史杂志》,12(1979),第 192 页~第 196 页;J. B. Morrell,《罗比森教授与普莱费尔教授,和恐惧上帝的法国人:爱丁堡的自然哲学、宗教与政治(1789～1815)》(Professors Robison and Playfair, and the *Theophobia Gallica*: Natural Philosophy, Religion and Politics in Edinburgh, 1789—1815),《王家学会的记录及档案》(*Notes and Records of the Royal Society*),26(1971),第 43 页~第 63 页(关于苏格兰哲学反雅各宾主义与内政部对激进分子的监视);以及 Schaffer,《浪漫的自然哲学天才》,第 86 页~第 87 页(关于伯克与罗宾逊对激进粗鲁的自然哲学的反应)。
[42] Nicholas Hans,《18 世纪教育的新趋势》(*New Trends in Education in the Eighteenth Century*, London: Routledge, 1951)。这些学院尤其在英格兰中部和北部居多,尽管重要的学院仍在大都市,例如,哈克尼社区学院。
[43] Robert S. Schofield,《伯明翰月光社:18 世纪英格兰地方科学和工业的社会史》(*The Lunar Society of Birmingham: A Social History of Provincial Science and Industry in Eighteenth-Century England*, Oxford: Clarendon Press, 1963); Neil McKendrick,《工业革命中科学的角色:对约书亚·威治伍德作为科学家和工业化学家的研究》(The Role of Science in the Industrial Revolution: A Study of Josiah Wedgwood as a Scientist and Industrial Chemist),载于 Mikuláš Teich 和 Robert M. Young 编,《科学史中变化的观点:李约瑟纪念文集》(*Changing Perspectives in the History of Science: Essays in Honour of Joseph Needham*, London: Heinemann, 1973),第 274 页~第 319 页。
[44] 对于 18 世纪伦敦王家学会的"堕落"和无用的传统假设,在 David Philip Miller 的《"进入幽暗的峡谷"》那里既被提炼又被证明; Miller,《自然哲学的作用:伦敦王家学会和 18 世纪晚期具有实际效用的文化》(The Usefulness of Natural Philosophy: The Royal Society of London and the Culture of Practical Utility in the Later Eighteenth Century),《英国科学史杂志》,32(1999),第 185 页~第 201 页; Richard Sorrenson,《接近 18 世纪王家学会的历史》(Towards a History of the Royal Society in the Eighteenth Century),《伦敦王家学会的记录及档案》(*Notes and Records of the Royal Society of London*),50(1996),第 29 页~第 46 页; Larry Stewart,《其他计算中心或不被王家学会包含在内的地方:商业、咖啡屋和近代早期伦敦的自然哲学》(Other Centres of Calculation, or, Where the Royal Society Didn't Count: Commerce, Coffee-Houses and Natural Philosophy in Early Modern London),《英国科学史杂志》,32(1999),第 133 页~第 153 页。

的功用主义与纯文学的对话,激进的进步主义与对社会稳定的关注,颠覆性的唯物主义与正统的唯心论,以及文化、政治的平等主义和社会特权制与人民顺从放到了一起。

　　更多最近的学术成就明显地修改了那幅图景。现在人们认为,在新的文化论坛中的科学文化形象和运用,与先前那些普遍认为的有礼貌的、有道德的从事科学的男性的形象之间,只存在着一种部分的不连续性。事实上,正如阿诺德·萨克雷认为的,对于这些自发产生的省际文化和工业文化的各种表现,科学的中心性确实依赖于"科学知识进步论者、理性主义者的形象与英国社会外围群体所信奉的可选择的价值体系之间一个特定的紧密联系"。[45]假使外围机构在这里挑战了政治和文化中心,假使绅士的教养充分地界定了中心价值系统,那么科学就是文化自我表达的一种模式,并且能作为一种象征挑战传统上有教养的准则。然而,正如萨克雷所证明的,在诸如曼彻斯特文学和哲学学会这样的地方,科学文化首先是被用作重新定义而不是要拒斥文雅的价值观的资源。对地方的医生来说,任何种类有组织的文化都提高社会威望,没有任何文化形式比科学更自然地提高他们的社会威望;并且对于少数感觉到需要威信的制造商和小商人来说(大多数人没有这种感受),科学也是一个具有吸引力的传播媒介。科学实用论将之与进步的工业价值观联系在一起,而科学高雅论则提供了一个进入英国上层社会的方法。一个白手起家的曼彻斯特人说:"对高雅文学、自然和艺术作品的兴趣,是塑造一名绅士最为关键的因素。"参与到科学文化的活动中来被赞扬为可以代替"客栈、赌桌或妓院"的生活选择,"意味着男子气概的科学"被宣称是对"放荡"生活和"不利于事业成功"的习惯的"接近于宗教的、高尚的解药"。曼彻斯特的自然哲学模式关注的与其说是革命不如说是改良,与其说是工业实践不如说是对有教养的重新界定。[46]

结论：文明专家和未来

　　在各种不同的层面上看,我们这里讨论的 18 世纪从事科学的男性的种种形象特征,都得以保存,甚至兴盛起来,完好地带到下一个世纪。虔诚的博物学家这一人物形象被达尔文主义所挫伤,却没有立即从文化图景中消失。道德哲学家的形象同样承受着由科学自然主义鼓励的自然世俗化的冲击。当自然不再被看成是神圣之书,对自然

[45]　Arnold W. Thackray,《文化背景中的自然知识:曼彻斯特模式》(Natural Knowledge in Cultural Context: The Manchester Model),《美国历史评论》(American Historical Review),79(1974),第 672 页～第 709 页,在第 678 页;也可参见 Thackray,《工业革命和科学的形象》(The Industrial Revolution and the Image of Science),载于 Thackray 和 Everett Mendelsohn 编,《科学与价值观:传统与变化的样式》(Science and Values: Patterns of Tradition and Change, New York: Humanities Press, 1974),第 3 页～第 18 页;Thackray,《道尔顿:其生平与科学的重要评价》(John Dalton: Critical Assessments of His Life and Science, Cambridge, MA: Harvard University Press, 1972)。

[46]　Thomas Henry,《论文学与哲学的优点》(On the Advantages of Literature and Philosophy),《曼彻斯特论文集》(Manchester Memoirs),1(1785),第 7 页～第 28 页,在第 9 页和第 11 页;Thomas Barnes,《自由教育的计划》(A Plan of Liberal Education),同前书,2(1785),第 35 页(两者都引自 Thackray,《文化背景中的自然知识》,第 688 页～第 690 页)。

的研究便减少了提高道德修养的力量,并且哲学式的超脱、英雄式的无私等古代概念的可信性已经被科学研究与教学的职业化、建制化所削弱。对于教授角色来说,接受政府津贴和科学研究的机制化两方面使得很难将其描绘成通过苦行的自我牺牲去实现神圣的使命的角色。[47] 类似地,尽管高雅文化的概念以某种活力继续贯穿了19世纪("学者兼绅士"特征的全盛时期),然而对20世纪早期的《观众》读者而言,他们不再像18世纪早期的读者那样认为科学是高雅教育的核心特征。另外,将高雅的科学的概念贯注于绅士、贵族文化之上的力量,逐渐被在过去两个世纪中这些阶层的权威的衰落而削弱。

　　因此,一个人必须在其他地方寻找从事科学的男性的特征,这种特征在18世纪生根发芽,在现代的意义上的"科学家"角色中开花结果。一个人可以在许多地方寻找到这样的根源,但即使仅因其显著的世俗特征,那么有一个地方也应当得到特殊的关注。在18世纪以前的很长时间,从事科学的男性(各种各样类型的)在政府中也在商业企业中拥有一个重要的地位,因为他们被公认拥有关于自然界以及实践于自然界所需的专业知识。古代人完全了解这些角色,例如懂数学的军事工程师能够设计防御工事,天文学家能够制定历法,内科医生和外科大夫能够提出膳食建议或切除结石。

　　所以,他们18世纪的同行也同样如此:在这个时代中将从事科学的男性视为"文明专家"的观点与之前的情况相比没有质的不同。从17世纪开始,这种特征并不特别与关于实用性的表达方式相关,这种表达方式从17世纪开始,选出在方法上现代化了的某些形式的自然科学所具有的特殊能力,获得一个辩论上有用的结果——正如我们看到的,这种表达方式可能被其他社会行业用相当怀疑的眼光看待。关键并不在于关于科学理论与技术实用性的关系这个老掉牙的讨论,而关涉到懂科学的人的社会角色和历史评价。在18世纪,受过科学培训的人在数量上大膨胀,在商业、军事、政府背景下这些人被当成是文明专家而受到雇用。从事科学的男性角色作为空想的学者或不切实际的书呆子的角色,与其新产生的作为重要的文明专家的身份在这个世纪中得以共同存在。事实上,有时这些相对立的角色都存在于同一个人身上。富兰克林是谁,一个思辨的电学理论家还是避雷针的发明者? 班克斯爵士是谁,另一位珍奇物的收集者还是英国殖民地园艺设计学的专家?

[47]　关于18世纪与19世纪早期在德意志大学出现的拥有双重身份的教授角色(既是有独创性的研究者也是教师)的重要论述,参见 R. Steven Turner,《普鲁士教授研究的增长(1818～1848)∶原因与背景》(The Growth of Professorial Research in Prussia, 1818 to 1848 – Causes and Context),《物理科学的历史研究》(*Historical Studies in the Physical Sciences*),3(1971),第137页～第182页;Turner,《德意志的大学改革者和教授的学识(1760～1806)》(University Reformers and Professorial Scholarship in Germany, 1760—1806),载于 Lawrence Stone 编,《社会中的大学》(*The University in Society*, Princeton, NJ: Princeton University Press, 1974),第2卷,第495页～第513页;Turner,《普鲁士大学和研究的概念》(The Prussian Universities and the Concept of Research),《德国文学社会史的国际档案文件》(*Internationales Archiv für Sozialgeschichte der Deutschen Literatur*),5(1980),第68页～第93页;Joseph Ben-David,新版《社会中的科学家角色∶一种比较研究》(*The Scientist's Role in Society: a Comparative Study*, Chicago: University of Chicago Press, 1984; orig. publ. 1971),第7章;也参见 J. B. Morrell,《18世纪晚期的爱丁堡大学∶其学术杰出者与学院结构》(The University of Edinburgh in the Late Eighteenth Century: Its Scientific Eminence and Academic Structure),《爱西斯》,62(1971),第158页～第171页。

180

医药专家的角色无需特殊的介绍,仅仅在 18 世纪的背景中,就对他们的专业知识的需求激增。工业革命时代幽暗的、恐怖的制造厂造成了大量工人的伤亡,相应也产生了对医院以及相应配备的内、外科大夫的需要。在欧洲历史上,战争也从未停止过,只是规模扩大,伴随着长距离贸易和殖民扩张的膨胀,政府对海、陆军中外科医生的需求也扩大了:那些有可能提供有效预防坏血病方法的专家,与那些能解决地理纬度问题的人一样对帝国列强有价值。

在法国,对有科学技能的人在商业、工业企业的配置属于国家的政策事务,而采取放任主义经济政策的英国,则采取一种迂回的过程达到对这些专业知识的价值相类似的认可。这里有许多相关的例子:地质学家詹姆斯·赫顿同时是一个革新的农场主,氯化氨(sal ammoniac)的发明者,也是克莱德运河(Forth-Clyde)建筑的设计顾问。自学成才的地层学家威廉·史密斯证实了记录矿藏资源的化石的重要性,他在这个世纪末的许多年中一直是运河公司的雇员,在班克斯爵士的鼓励下制作英格兰和威尔士的地质图。约瑟夫·布莱克的化学专业知识被应用到熔铁炉的制造和玻璃制造中,并应苏格兰制造厂董事会成员的要求将之与漂白技术相结合。在爱丁堡和兰登学习的化学家约翰·罗巴克处理了制造硫酸、硅酸盐、铁的复杂工序。布莱克、瓦特、马修·博尔顿三人在制造蒸汽机过程中的故事已经成为了工业传说。在法国,库仑作为军事、土木工程师的官员角色很早就被关注。拉瓦锡化学的训练使其能够承担他早期的官方工作,如视察工厂,市政供水管理,并成为王家弹药管理部门的官员。

整个 18 世纪,欧洲和北美政府逐渐采用有科学技能的人提供服务,这有助于建构从事科学的男性作为文明专家的角色。瑞士解剖学家阿尔布莱希特·冯·哈勒辞去了哥廷根教授职位开始从政,并且他做了 6 年伯尔尼制盐厂厂长;意大利博物学家拉扎罗·斯帕兰让尼被奥地利政府派往阿尔卑斯山脉考察矿藏并收集化石;克罗地亚自然哲学家罗歇·博斯科维什作为水力学工程师为梵蒂冈工作;矿物学家亚伯拉罕·戈特洛布·维尔纳大半生的时间都在撒克逊矿业学院讲学;青年莱布尼茨是不伦瑞克-吕讷堡(Brunswick-Lüneberg)公爵的一个工程顾问;青年歌德是魏玛宫廷的矿藏主管;青年亚历山大·冯·洪堡在普鲁士矿业服务公司工作。无论在哪儿,从事科学的男性都被政府雇用来标准化度量衡。政府承认国家利益依赖于具有高技巧的从事科学的男性的工作,他们是富含自然知识奥秘的宝库。在海上确定经度线这个生死攸关的问题可能是这方面最显而易见的例子。[48]

181

然而,在 18 世纪的图景中,在构建从事科学的男性的文明专家这一形象的各种途径中,有一项非常重要的事业,因它的规模、范围在这个世纪中扩大很多。这便是对地球的初步勘测,尤其是在长距离贸易与帝国主义探险的背景中。这里“初步勘测”的含

[48] 也参见英国和法国政府在 1761 年和 1769 年对观测金星凌日现象的远征:Harry Woolf,《金星凌日:18 世纪科学之研究》(*The Transits of Venus: A Study of Eighteenth-Century Science*, Princeton, NJ: Princeton University Press, 1959)。

义包括:(1)编纂和积累遥远的世界其他地方存在的自然物种和现象的清单;(2)发展相关技术使其能够有效地标准化这些信息的表达和检索,并且确保信息在记录信息的人、希望了解信息的人以及在想将之付诸实用的人之间流通时,保持着自身的准确和有效;(3)说明遥远地方的自然物种和自然现象所具有的优点和价值,这种说明有可能(但并不需要)是根据各个国家自身的物质利益来阐述的。亚历山大·冯·洪堡地球物理学等值线图计划就是这种初步勘探的一个例子,在一个数据化的自然世界中,展现、定向与移动的技术就属于它的主要产物。[49] 在美国,富兰克林筹集公众捐款,以支持约翰·巴特拉姆从纽约到佛罗里达的测量和收集数据的旅行,后来托马斯·杰弗逊总统委任梅里韦瑟·刘易斯和威廉·克拉克寻找在美国本土和太平洋之间未知土地上到底有什么。[50]

考虑一下在这个背景下一位植物学家可能提出的问题:在新南威尔士植物海湾(Botany Bay)及其周围生长了哪些种类的植物?怎样才能确定一个植物种类与塔希提岛的是同一种?这样特定的物种有什么价值?如果它有商业价值,它能被种植在英格兰南部或者西印度地区的英国殖民地上吗?当班克斯爵士在 18 世纪末、19 世纪初将克佑花园(Kew Gardens)和他在英国梭霍广场(soho square)的房子发展成为至关重要的计算、积累的中心时,这些问题正是他关心和思考的。[51] 茶叶在英属东印度能获取经济价值吗?如果可以,在什么地方种植呢?贸易委员会和东印度公司都想知道答案,所以它们需要班克斯的专业知识。班克斯能够给他们建议,因为他已经在英国花园收集并保存了山茶生长试验的记录。[52] 用丹尼尔·鲍的话说,班克斯是"自然资源的帝国主义者",他为英国政府、军队和贸易公司提供专业知识,并且由于其可靠性而受它们的重视。[53]

在贸易、战争和帝国主义的背景下,受雇用的文明专家的例子在众多学科中随处可见,这些学科包括:数学、天文学、地理学、分类学、地质学、矿物学、气象学、医药学、

182

[49]　参见 Michael Dettelbach,《全球物理学与美学帝国:洪堡对热带自然环境的描绘》(Global Physics and Aesthetic Empire: Humboldt's Physical Portrait of the Tropics),载于 Miller 和 Reill 编,《帝国的梦想》,第 258 页~第 292 页;关于植物地理学,参见 Malcolm Nicolson,《亚历山大·冯·洪堡、洪堡式的科学和植物研究的起源》(Alexander von Humboldt, Humboldtian Science, and the Origins of the Study of Vegetation),《科学史》,25(1987),第 167 页~第 194 页。

[50]　关于从事科学的男性与对美国的初步考察的材料,参见,例如 Raymond Phineas Stearns,《北美英属殖民地的科学》(Science in the British Colonies of America, Urbana: University of Illinois Press, 1970)。

[51]　参见 David Philip Miller 借用的布鲁诺·拉图尔(Bruno Latour)的一个观点,载于 Miller,《伦敦汉诺威王朝末期的约瑟夫·班克斯、帝国和"评价中心"》(Joseph Banks, Empire, and "Centres of Calculation" in Late Hanoverian London),载于 Miller 和 Reill 编,《帝国的梦想》,第 21 页~第 37 页。关于 Latour 的用法,参见 Bruno Latour,《行动的科学:怎样通过学会追随科学家与工程师》(Science in Action: How to Follow Scientists and Engineers through Society, Milton Keynes: Open University Press, 1987),尤其是第 215 页~第 257 页。

[52]　Miller,《伦敦汉诺威王朝末期的约瑟夫·班克斯、帝国和"评价中心"》,第 31 页~第 32 页;David Mackay,《帝国的代理人:班克斯主义的收集者与新大陆的评价》(Agents of Empire: The Banksian Collectors and Evaluation of New Lands),选自 Miller 和 Reill 编,《帝国的梦想》,第 38 页~第 57 页。

[53]　Daniel Baugh,《海上强国与科学:太平洋探险的动机》(Seapower and Science: The Motives for Pacific Exploration),载于 Derek Howse 编,《发现的背景:从丹皮尔到库克的太平洋探险》(Background to Discovery: Pacific Exploration from Dampier to Cook, Berkeley: University of California Press, 1990),第 1 页~第 55 页,引文在第 40 页;也可参见 Simon Schaffer,《帝国的梦想:后记》(Visions of Empire: Afterword),载于 Miller 和 Reill 编,《帝国的梦想》,第 335 页~第 352 页,尤其是第 338 页~第 339 页。

化学和物理学。尽管从事科学的男性作为文明专家的角色在 18 世纪并不是新的东西,但这个角色的人数仍然随着贸易、战争、帝国主义的扩张而逐渐增加。科学专家的重要性随着他们成功建构他们自身和将他们的工作场所建构成为评估中心而被认识到,这种评估对于长远的控制至关重要。

在 18 世纪作为文明专家的从事科学的男性人数激增,并且这逐渐成为在提及这些人时普遍听到的称呼。随着他们的频繁出现,从事科学的男性作为"有用的家伙"的叫法流传得更为广泛。这种土壤为 19 世纪的职业化运动作了准备。看起来政府应该成为科学研究的出资者,不是因为具有广泛说服力的关于科学理论最终具有实用性的系统性论述,而是因为政府现在想起来亏欠了一批有技术的专家。他们中的许多人将他们的技能归因于他们懂得科学知识。这既不是一个单纯的过程,也不是全部被需求拉动的过程。在 19 世纪早期对于那些抵制专业化者的实用主义论辩者来说,从事科学的男性仍然是无用的书呆子。18 世纪从事科学的男性回应了对他们专业知识的需要,但是他们仍需要费力地**告诉**政府:这样的知识是可获取的、可靠的、有效的;他们是那些拥有专业知识的人;政府物质利益依赖于对上述专业知识的扶植和有效配置这些专家。在许多情况下,从事科学的男性的专业知识和政府利益不得不巧妙地结合在一起。这样的结合可能失败,并且巧妙结合的表面也可能是具有欺骗性的。例如,当洪堡发展了绘制等值线绘图的技术时,并没有得到海军及其机构的报酬。效用与动机可能是截然不同的。[54]

无论如何,到了 18 世纪末,从事科学的男性角色的一个新的可能性开始展现,尽管直到许多年以后才得以全面发展。从事科学的男性可能被认为是既不是特别虔诚,也不具有特殊的美德,又不特别有教养的一群人。[55] 被分配从事自然世界研究的那类人可能被认为没有什么特殊的地方,同时研究自然对性格的锻造也没有特殊的地方。从事科学的男性不被认为天生就比其他人好或坏,其研究的方式或内容也没有使他比其他人更好或更坏。在其正当的专业知识的范围内,他知道的更多,理解的更牢靠。这样的人是有用的。

(李志红　孟彦文　王　跃　徐国强　译　程路明　校)

〔54〕 Dettelbach,《环球物理学与美学帝国》,第 264 页;但是将英国王家海军对埃德蒙·哈雷的大西洋航海旅行(1698 ～ 1701)的支持比做制造磁变的等值线地图:Alan Cook,《埃德蒙·哈雷:绘制天空与海洋》(*Edmond Halley: Charting the Heavens and the Seas*, Oxford: Clarendon Press, 1998),第 10 章。
〔55〕 关于从事科学的男性美德形象的衰落,参见 Steven Shapin,《哲学家与鸡块:论无实体的知识的营养学》(The Philosopher and the Chicken: on the Dietetics of Disembodied Knowledge),载于 Christopher Lawrence 与 Shapin 编,《科学的化身:自然知识的历史体现》(*Science Incarnate: Historical Embodiments of Natural Knowledge*, Chicago: University of Chicago Press, 1998),第 21 页～第 50 页,尤其是第 42 页～第 46 页;Shapin 与 Lawrence,《导言:知识的主体》(Introduction: the Body of Knowledge),《科学的化身》,第 1 页～第 20 页,尤其是第 14 页～第 15 页。

8

哲学家的胡须：
科学研究中的女性与性别

隆达·席宾格

> 如果一位女士想同沙特莱侯爵夫人一样……参加复杂的机械力学讨论，倒不
> 如长一副胡须，因为后者能以一种更为人所认可的形式展现她所力求的深刻性。
>
> 伊曼纽尔·康德，1764 年

康德的观点重复了名人卡尔·林奈的言论，后者于 18 世纪 40 年代在乌普萨拉大学所做的讲座中曾说过"上帝给男人胡须作为装饰，并借此与女人区分开来"。[1] 在 18 世纪，是否有胡须不仅为男女之间划定了一条清晰的界限，而且也成为区分不同类型男人的标准。女人、黑人男人（在某种程度上）尤其是美国男人，完全缺乏男性"尊严的标志"——哲学家的胡须。当欧洲从一个等级社会向一个假象的民主秩序过渡时，在决定谁能与谁不能从事科学研究这个问题上，性别的特性呈现出新的意义。

公共机构的图景

17 世纪和 18 世纪的新科学在这样一种图景（包括大学、科学院［研究所］、王室宫廷、贵族社交圈和工艺作坊）下被发展起来，这个图景非常庞大足以默许一些女性参与其中。在持续不断的关于近代早期欧洲性别界限问题的讨论中，没有任何明显的迹象表明，女性将被排除在科学研究之外。[2]

大学一直都不是一个适宜女性的机构。从 12 世纪大学建立之初直到 19 世纪晚 期，女性一直被剥夺大学学习的权利。然而，一部分杰出的女性从 13 世纪开始就在大学里，主要是在意大利，从事研究和教学。这些女性经常活跃于那些在今天也被认为是特别排斥女性的领域，如物理学和数学。在这方面最杰出的女性是物理学家劳拉·

---

[1] Wilfred Blunt，《有造诣的博物学家：林奈的一生》（*The Compleat Naturalist: A Life of Linnaeus*, London: William Collins, 1971），第 157 页。

[2] 这篇文章的一些素材摘自 Londa Schiebinger 的《心智无性吗？ 现代科学起源中的女性》（*The Mind Has No Sex? Women in the Origins of Modern Science*, Cambridge, MA: Harvard University Press, 1989）。

巴茜。1732 年她成为欧洲第二位获得大学学位的女性（第一位是威尼斯的埃莱娜·科尔纳罗·皮斯科皮亚，于 1678 年获得），也是第一位获得大学教授资格的女性。为了表彰她对机械力学所做的工作，巴茜成为了博洛尼亚科学院（Istituto delle Scienze in Bologna）的一位院士（图 8.1）。同其他成员一样，她递交年度论文（1746 年《论空气的压缩》[On the compression of air]，1747 年《论自由流动流体中可见的气泡》[On the bubbles observed in freely flowing fluid]，1748 年《论从液体中逸出的气泡》[On bubbles of air that escape from fluids]，等等），并且得到了一笔小额津贴。她也为她的电学实验发明了各种设备。英国人查尔斯·伯尼在游历意大利时会见了巴茜，发现她"尽管很博学，很有天赋，却一点也不男性化，也不傲慢"。[3]

因 1748 年出版的微积分学教科书《解析的研究》（*Instituzioni analitiche*）而出名的米兰人玛丽亚·加埃塔纳·阿格尼西也被授予博洛尼亚大学的一个教授职位。她经常被认为计算出箕舌线，这条三次曲线（由于误译）在英语中以"阿格尼西的女巫（witch of Agnesi）*"闻名。[4] 为了说服她接受数学和自然哲学教授职位，教皇本笃十四世宣称"从古时起，博洛尼亚就已经将公共职位扩展到你这个性别的人们中。继续这个可敬的传统看来是恰当的"。[5] 阿格尼西接受了这一任命，不过仅仅是作为荣誉教授。1752 年她父亲去世后，她就退出科学界，而致力于宗教研究并服务于穷人和老人。到 18 世纪 50 年代为止，博洛尼亚大学已经先后为三位女性提供职位，第三位是安娜·莫兰迪·蒙佐里尼，一名蜡像模型制造者，她通过解剖模型展示了胎儿在子宫中的生长过程。[6]

[3]　Charles Burney，《法国和意大利的音乐现状（1773）》（The Present State of Music in France and Italy, London: Oxford University Press ,1959），Percy Scholes 编，第 159 页～第 160 页。
*　witch 也有箕舌线的意思。——译者
[4]　皮埃尔·德·费马（Pierre de Fermat）曾描述过以阿格尼西的名字命名的曲线。Hubert Kennedy，《阿格尼西》（Maria Gaetana Agnesi），载于 Louise Grinstein 和 Paul Campbell 编，《从事数学研究的女性：传记类原始文献目录》（*Women of Mathematics: A Biobibliographic Sourcebook*, New York: Greenwood Press, 1987），第 1 页～第 5 页；Lynn Osen，《数学领域中的女性们》（*Women in Mathematics*, Cambridge, MA: MIT Press , 1974），第 33 页～第 48 页，尤其是第 44 页～第 45 页；Edna Kramer，《玛丽亚·加埃塔纳·阿格尼西》（Maria Gaetana Agnesi），《科学传记词典（一）》（*Dictionary of Scientific Biography*，Ⅰ），第 75 页～第 77 页。
[5]　教皇本笃给阿格尼西的信，1750 年 9 月，引自 Alphonse Rebiére，《科学中的女性》（*Les Femmes dans la science*, Paris, 1897），第 2 版，第 11 页。
[6]　莫兰迪受雇于大学从事解剖和准备尸体的工作，以供向学生和业余爱好者教授解剖学之用。Marta Cavazza，《18 世纪博洛尼亚大学的"博士"与讲师》（"Dottrici" e Lettrici dell'Università de Bologna nel settecento），《意大利大学史年鉴》（*Annali di Storia delle Università Italiane*），1（1997），第 120 页。Maria Dalle Donne 从 1804 年到 1842 年来一直担任助产士学校（Scuola per levatrici）的指导教师职位，并且很多年来她都是科学院的成员。感谢博洛尼亚大学的 Marta Cavazza 博士提供了这条信息。

图 8.1　劳拉·巴茜,1732 年到 1778 年任博洛尼亚大学牛顿物理学和机械力学教授。选自 Alphonse Rebière,《科学中的女性》(*Les Femmes dans la science*, Paris, 1897),第 28 页对面。蒙拉德克利夫学院(Radcliffe College)施莱辛格(Schlesinger)图书馆惠允。

　　意大利的典范并没有为整个欧洲所接受。18 世纪,德意志尝试为女性提供高等教育,并(在哈雷和哥廷根)颁给两个学位;而法国和英国都不授予任何学位。在意大利之外,没有任何女性被任命为教授;在意大利,女教授的传统也没有持续下去。差不多在 1800 年之后,女性通常都被排除在欧洲高等学术机构之外,这种情况持续到 19 世纪晚期,而在某些情况之下直至 20 世纪。索菲娅·科瓦列夫斯卡娅是下一位成为欧洲本土教授（数学领域）的女性，1889 年时她获得任命到斯德哥尔摩大学教书。

187

　　为什么意大利容纳了有学识的女性而其他欧洲国家却不接纳她们呢？ 保拉·芬德伦认为巴茜是能够支持博洛尼亚日渐衰落的贵族地位的一面旗帜，是"科学和文化复兴的标志"。有了巴茜，这所城市就可以吹嘘拥有一位博学的女性，从而拥有了优越于欧洲其他城市的资本。贝亚特·采兰斯基赞赏文艺复兴时期的人文主义传统，这个时期的女性能够因为博学而受到尊崇，因此得以保持活跃于相对狭小的意大利城邦中；尽管如此，就如同沙特莱侯爵夫人的例子所证实的那样，只要身为女性（无论她学识多么渊博）就不可能在如法国、英国那样更为广大、更为中心化的国家中占有一席之地。[7]

　　传统上，历史学家特别关注大学的衰落和科学院（scientific academies）的建立，并将之看做是现代科学出现的关键环节。除却一些意大利研究院（前面提到的博洛尼亚科学院和"受保护者的研究院"［Accademia de' Ricovrati］*），新的科学学会如同大学一样仍然对女性紧锁大门。建立于 17 世纪 60 年代的伦敦王家学会是现存最古老的科学研究学会，它拒绝接纳行为偏执却博学的纽卡斯尔女公爵玛格丽特·卡文迪什为其成员，尽管她非常适合那个职位（男爵以上的男性即使没有科学研究的资格也可以成为其成员）。伦敦王家学会自从 1660 年建立到 1945 年，唯一的女性是其解剖收藏品中的一具骨骼。[8] 建立于 1666 年的巴黎王家科学院（Académie Royale des Sciences）同样拒绝接纳女性，即使是卓越的居里夫人（玛丽·居里，1867～1934）也遭到回绝。该院直至 1979 年才吸纳第一位女性会员。柏林的王家科学院（Societas Regia Scientiarum）**也没有接受著名的天文学家玛丽亚·玛格丽塔·温克尔曼（1670～1720），她在科学院天文台，最初与她的丈夫共事，后来与她的儿子一起工作。

　　我们不应因为今天大学和科学研究院的突出地位而过分强调它们在过去的重要性。女性通往科学研究的几条道路早在 19 世纪科学研究的严格程序化形成之前已存在。在科学革命的早期阶段，上流社会的女性被鼓励了解一些有关科学的知识。贵妇

〔7〕　Paula Findlen，《意大利启蒙运动时期的科学职业：劳拉·巴茜的策略》（Science as Career in Enlightenment Italy: The Strategies of Laura Bassi），《爱西斯》（Isis），84（1993），第 441 页～第 469 页，尤其是第 449 页；Beate Ceranski，《"她无所畏惧"：女物理学家劳拉·巴茜（1711～1778）》（"Und Sie Fürchtet sich vor Niemandem": Die Physikerin Laura Bassi, 1711—1778, Frankfurt: Campus Verlag, 1996）。亦见 Paula Findlen，《一个被遗忘的牛顿主义者：意大利教区的女性和科学》（A Forgotten Newtonian: Women and Science in the Italian Provinces），载于 William Clark、Jan Golinski 和 Simon Schaffer 编，《科学在启蒙的欧洲》（The Sciences in Enlightened Europe, Chicago: University of Chicago Press, 1999），第 313 页～第 349 页。
＊　　1599 年成立于意大利帕多瓦。1779 年，与同样位于帕多瓦，成立于 1769 年的"农业艺术研究院"合并成帕多瓦科学、文学和艺术研究院（Accademia di Scienze, Lettere ed Arti di Padova）。——校者
〔8〕　《属于王家学会，并由格雷欣学院保管的自然和人造珍品目录》（A Catalogue of the Natural and Artificial Rarities belonging to the Royal Society, and preserved at Gresham College），载于 H. Curzon，《万有文库：科学研究概况》（The Universal Library: Or, Compleat Summary of Science, London, 1712），第 1 卷，第 439 页。Kathleen Lonsdale 和 Marjory Steppenson 于 1945 年被推举成为王家学会成员〔《伦敦王家学会的记录及档案》（Notes and Records of the Royal Society of London），4（1946），第 39 页～第 40 页〕。亦见 Joan Mason，《对进入伦敦王家学会的第一批女性的批准书》（The Admission of the First Women to the Royal Society of London），《伦敦王家学会的记录及档案》，46（1992），第 279 页～第 300 页。
＊＊　柏林科学院的前身。在 1700～1744 年称之为 Societas Regia Scientiarum。

人与绅士一同通过望远镜观测天象，观测月亮和星星；她们通过显微镜分析昆虫和绦虫。如果我们相信伯尔纳·德·丰特内勒，他既是王家科学院的秘书，也是朗贝尔 *188*
(Lambert)夫人沙龙的主席，那么看到有人带着干燥的解剖样本在街上到处行走，也就不足为奇了。尤其是在巴黎，有钱的女性都是科学新奇事物的潜在消费者，她们收集任何与科学沾边的东西，从贝壳到钟乳石、琥珀、化石、玛瑙，使她们的博物柜成为了"宇宙的缩影"。[9] 在我称为的"贵族关系网"（包括自然哲学家、资助人和著名的消费者）之中，出身高贵的女性经常可以用社会地位换来接近自然知识的途径。例如，物理学家埃米莉·迪沙特莱，通过资助形式而换取那些出身低微，但拥有卓越科学天赋的男科学家的注意，从而使自己逐步进入到男性科学家的社交圈子内。[10]

　　王室女性作为科学研究的资助人也成为联系整个欧洲的关键性的环节。1650 年，锐意创新的瑞典女王克里斯蒂娜任命笛卡儿起草她的科学研究院的规章制度。然而，即使是居于最高的社会地位也没有使这位女性远离责备与讽刺。很多人谴责克里斯蒂娜，认为她那严格的哲学课程表对笛卡儿的死负有责任，并且由于她在哲学研究方面的卓越才能，这位女王被斥责为双性人。[11]

[9] P. Remy，《比尔夫人非常美丽的贝壳、石珊瑚、钟乳石……收藏品目录》(*Catalogue d'une Collection de très belles Coquilles, Madrepores, Stalactices . . . de Madame Bure*, Paris, 1763)。关于 Fontenelle，参见 Jacques Roger，《18 世纪法国思想中的生命科学》(*Les Sciences de la vie dans la pensée Française du XVIIIᵉ siècle*, Paris, 1963)，第 165 页，第 181 页～第182 页；Nina Rattner Gelbart，《绪论》(Introduction)，载于 Bernard le Bovier de Fontenelle，《关于世界多样性的谈话》(*Conversations on the Plurality of Worlds*, Berkeley: University of California Press, 1990)，H. A. Hargreaves 译；Aileen Douglas，《大众科学和女性代表：丰特勒内及其后来者》(Popular Science and the Representation of Women: Fontenelle and After)，《18 世纪的生活》,18(1994)，第 1 页～第 14 页；以及 Geoffrey Sutton，《上流社会的科学：性别、文化与启蒙运动的论证》(*Science For a Polite Society: Gender, Culture, and the Demonstration of Enlightenment*, Boulder, CO: Westview Press, 1995)，第 5 章。在 18 世纪的整个欧洲，科学在女性中依然盛行。在意大利，诗人弗朗切斯科·阿尔加洛蒂在 1737 年出版了对牛顿物理学的一本导读。德意志的翁泽尔(Johanna Charlotte Unzer)于 1761 年出版了《献给女性的哲学大纲》(*Grundriss einer Weltweisheit für Frauenzimmer*)；在俄罗斯，莱昂哈德·欧拉在圣彼得堡科学院就职期间，于 1768 年为《就各种各样的物理学和哲学观点给一位德意志公主的信》(*Letters to a German Princess on Diverse Points of Physics and Philosophy*)。亦见 John Harris，《一位绅士和一位女士之间的天文学对话》(*Astronomical Dialogues Between a Gentleman and a Lady*, London, 1719)；James Ferguson，《给绅士和女士们的天文学简易导读》(*Easy Introduction to Astronomy for Gentlemen and Ladies*, London, 1768)；[Lorenz Suckow]，《关于自然王国不同物体美好性别的信笺》(*Briefe an das schöne Geschlecht über verschiedene Gegenstände aus dem Reiche der Nature*, Jena, 1770)；Pierre Fromageot，《年轻女孩的研究课程》(*Cours d'études des jeunes demoiselles*, Paris, 1772—5)；Jakob Weber，《女人和孩子的物理学片段》(*Fragmente von der Physik für Frauenzimmer und Kinder*, Tübingen, 1779)；Christoph Leppentin，《供娘儿们阅读的自然学说》(*Naturlehre für Frauenzimmer*, Hamburg, 1781)；August Batsch，《女人的植物学》(*Botanik für Frauenzimmer*, Weimar, 1795)；以及 Christian Steinberg，《供娘儿们阅读的自然学说》(*Naturlehre für Frauenzimmer*, Breslau, 1796)。亦见 Gerald Meyer 的优秀著作《英国的科学女性(1650 ～ 1760)》(*The Scientific Lady in England: 1650—1760*, Berkeley: University of California Press, 1955)。

[10] 关于"贵族社交圈"，参见 Schiebinger，《心智无性吗？》，第 2 章。关于沙特莱，参见 René Taton，《沙特莱侯爵夫人》(Gabrielle-Émilie le Tonnelier de Breteuil, Marquise du Châtelet)，《科学传记词典（三）》(*Dictionary of Scientific Biography*, III)，第 215 页～第 217 页，其中提供了一些原始的和二手的书目；亦见 Carolyn Iltis，《沙特莱夫人的形而上学与力学》(Madame du Châtelet's Metaphysics and Mechanics)，《科学史和科学哲学研究》(*Studies in History and Philosophy of Science*)，8(1977)，第 29 页～第 48 页；Ira O. Wade，《伏尔泰与沙特莱夫人：论在西雷的思想活动》(*Voltaire and Madame du Châtelet: An Essay on the Intellectual Activity at Cirey*, Princeton, NJ: Princeton University Press, 1941)(西雷是沙特莱侯爵夫人的城堡。1734 至 1749 年，伏尔泰一直在此居住。他称这位夫人为"神圣的埃米莉"。——校者)；Elizabeth Badinter，《埃米莉，埃米莉：18 世纪的女性的抱负》(*Emilie, Emilie: L'Ambition féminine au XVIIIᵉ siècle*, Paris, 1983)；Linda Gardiner，《科学研究中的女性》(Women in Science)，载于 Spencer 编，《法国女性》(*French Women*)，第 181 页～第 196 页；以及 Mary Terrall，《沙特莱夫人和科学研究的性别化》(Emilie du Châtelet and the Gendering of Science)，《科学史》(*History of Science*)，33(1995)，第 283 页～第 310 页。

[11] 《沙尔庞捷先生的谈话》(*Carpenrariana or remarques . . . de M. Charpentier*, Paris, 1724)，第 316 页；Claude Clerselier，《笛卡儿先生的信札》(*Lettres de Mr. Descartes*, Paris, 1724)，第 1 卷，前言。

189　　　　　贵族关系网也在沙龙这一由女性组织和主持的知识分子社团中兴盛起来。与法国的学术团体一样,沙龙创造了精英之间的凝聚力,将富人和有天分的人吸收进法国贵族中。尽管这些聚会在性质上基本属于文学层次的,不过科学话题在若弗兰夫人、爱尔维修夫人、罗什富科夫人和拉瓦锡夫人的沙龙中也非常时髦;拉瓦锡夫人在她的家中接待科学院院士。但是,这种类型的交流是有限的。特权仅仅给予女性有限的接近政治权力和王位的机会,同样,较高的社会地位也仅仅为女性开放了有限的通往学术世界的道路。因为女性被禁止进入科学文化的中心(伦敦的王家学会或巴黎的王家科学院),她们与知识的联系不可避免地要通过一个男性作为中介,不论这个男人是她们的丈夫、同伴还是家庭教师。[12]

　　　　值得注意的是对"有学识的女士"的嘲讽在 17 世纪晚期是伴随着知识女性(virtuosae)的出现而出现的。让－巴蒂斯·莫里哀的《女学究》(*Les Femmes Savantes*,1672)极受称赞,因为它描绘了笛卡儿女信徒由于疯狂追求哲学,没有时间结婚或做家务从而打乱了固有的社会分工。一个没人做晚餐的丈夫就会抱怨自己具有科学精神的妻子,因为她们想"知道月亮、北极星、金星、土星、火星的运行状况……而我的食物,我的需要,却被忽略了"。[13] 对知识女性将会扰乱现状的恐惧是有理由的:避开婚姻和母性等传统生活方式正是 17 世纪和 18 世纪沙龙的发起者们(salonières)政治计划的一部分。有了书和讲座,上层社会甚至是中产阶级的女性已将她们的母亲责任移交给了乳母和家庭女教师。这些女性期望像男人一样,从事生产性的活动而没有养育子女之忧,这逐渐与固有信念相冲突,即公共职业应当是男人的保留地,而女人则最好通过繁衍健康、茂盛的后代从而为国家(并且稍后是为自己的种族)服务。

　　　　手工作坊是 18 世纪女性又一通往科学研究的途径。埃德加·齐尔塞尔是最先指出工艺技巧对于近代科学在西方发展的重要性的人之一。然而齐尔塞尔却未指出,传统工匠工艺被赋予的新价值也为女性参与科学研究做了准备。女性对于作坊来说并

190　不是初来乍到者。正是在作坊的传统中,15 世纪作家克里斯蒂娜·德·皮桑找到了女性最伟大的科学和艺术创新之处:羊毛、丝、亚麻的纺织技术和"创造了文明生活方式的通常形式"。[14] 在作坊中,女性(同男性一样)的贡献很少来自书本学习,而更多地

[12]　Carolyn Lougee,《女性的天堂:女人、沙龙和 17 世纪法国的社会分层》(*Le Paradis des Femmes: Women, Salons, and Social Stratification in Seventeenth Century France*, Princeton, NJ: Princeton University Press, 1976),第 41 页～第 53 页;Alan Kors,《霍尔巴赫的同行》(*D'Holbach's Coterie*, Princeton, NJ: Princeton University Press, 1976);Charles C. Gillispie,《旧体制末期法国的科学与政体》(*Science and Polity in France at the End of the Old Regime*, Princeton, NJ: Princeton University Press, 1980),第 7 页,第 94 页;Dena Goodman,《启蒙运动时期的沙龙:女性与哲学野心的会合点》(Enlightenment Salons: The Convergence of Feminine and Philosophical Ambitions),《18 世纪研究》(*Eighteenth-Century Studies*),22(1989),第 329 页～第 350 页;Schiebinger,《心智无性吗?》,第 30 页～第 32 页;Paula Findlen,《新科学的转化:启蒙时期意大利的女性与知识传播》(Translating the New Science: Women and the Circulation of Knowledge in Enlightenment Italy),《构造》(*Configurations*),2(1995),第 167 页～第 206 页。

[13]　Jean-Baptiste Molière,《知识女性》(*Les Femmes savantes*, 1672, Paris, 1959),Jean Cordier 编,第 36 页～第 37 页。

[14]　Christine de Pizan,《女士城之书》(*The Book of The City of Ladies*, 1405, New York: Persea Books, 1982),Earl Jeffrey Richards 译,第 70 页～第 80 页;Edgar Zilsel,《科学的社会学根源》(The Sociological Roots of Science),《美国社会学期刊》(*American Journal of Sociology*),47(1942),第 545 页～第 546 页;以及 Arthur Clegg,《工匠和科学的起源》(Craftsmen and the Origin of Science),《科学与社会》(*Science and Society*),43(1979),第 186 页～第 201 页。

来自实际操作、计算或观察中的实践创新。

在法国,女性对科学的贡献一直来自贵族女性,而在德意志,一些最有趣的发明创新却来自女手工艺者们。手工艺者在德意志的突出性解释了这样一个值得注意的事实:从1650年到1710年间,德意志差不多14%的天文学家是女性——这个比例甚至高于今天德国女天文学家的比例(图8.2)。天文学不是一种行会组织,然而正如我在其他地方提到的,18世纪早期的德意志天文学酷似同业公会中师傅或学徒,并且这种天文学的工匠组织给予了女性在这个领域突出重要的地位。这个时期的女性经由她们的父亲训练,并且与她们的丈夫一同观测天象,而工作地点经常是在家中的观察台——其中有一些是建在家中房子的阁楼上,有些是建在毗邻房子的屋顶上,还有一些建在城墙上。在这样的天文学家庭中,丈夫和妻子的劳动也不是按照现代方式分工的:他不完全是专职的、只在家外的天文台工作;她也不完全是一个家庭主妇,只在炉灶边和家中忙碌。他们并不是相互独立的职业天文学家,每个人都有自己的地位。他们作为一个小组来开展工作,解决共同的问题。他们轮流观测,这样可以使观测结果一夜接着一夜地不间断。而在其他时间,他们一起观测,分工合作使他们得以进行单独一个人所不能做出的精确观测。科学研究中的行会传统使得如天文学家玛丽亚·玛格丽塔·温克尔曼和杰出的昆虫学家玛丽亚·西比拉·梅里安等女性参与其中,从而增强了科学研究的经验性基础。[15]

其他许多地位较低的女性也为科学研究做出了贡献。早在最近对女性健康优先权的热忱形成之前,助产士就全权负责女性所需医药。产婆发明了止痛香膏和兴奋剂以阻止疾病和治愈病痛。18世纪也是女性这方面的传统知识受到冲击的时代。其中最著名的事例就是,接产婆被驱逐出了这个领域,首先被那些被叫做"男助产士"的笨拙家伙,最后是被妇科医生和产科医生。[16]

[15] Schiebinger,《心智无性吗?》,第3章。有关梅里安的介绍,也可参见 Natalie Zemon Davis,《边缘女性:三个17世纪的人生》(*Women on the Margins: Three Seventeenth-Century Lives*, Cambridge, MA: Harvard University Press, 1995)。

[16] Jean Donnison,《助产士和男医生:职业间的竞争者与女性权利的历史》(*Midwives and Medical Men: A History of Inter-Professional Rivals and Women's Rights*, London: Heinemann, 1977);Schiebinger,《心智无性吗?》,第4章;Ornella Moscucci,《女性的科学研究:英格兰的妇科医学和性别(1800～1929)》(*The Science of Woman: Gynaecology and Gender in England, 1800—1929*, Cambridge University Press, 1990);Hilary Marland编,《助产士的艺术:欧洲早期现代助产士》(*The Art of Midwifery: Early Modern Midwives in Europe*, London: Routledge, 1993);Adrian Wilson,《男性助产士的产生》(*The Making of Man Midwifery*, Cambridge, MA: Harvard University Press, 1995);Nina Rattner Gelbart,《国王的助产士:库德雷夫人秘史》(*The King's Midwife: A History and Mystery of Madame du Coudray*, Berkeley: University of California Press, 1998)。

191

图 8.2　天文学家海维留斯夫妇（伊丽莎白和约翰内斯·海维留斯）在一起合作使用
纪限仪观测。来自海维留斯的《神的仪器》（*Machinae coelestis*, Danzig, 1673），第 222 页对
面。蒙哈佛大学霍顿（Houghton）图书馆惠允。

　　在欧洲之外，也有许多女性帮助欧洲人征服自然，她们预备当地食物和医药确保
了外国博物学家的健康和安适。有时女性也作为欧洲探险家的当地向导，例如，加西
亚·达奥尔塔著名的 1563 年的《两次简单的对话和送给印度的……药》（*Coloquios dos
simples e drogas...da India*）的大部分收集与编目工作，是由一个［印度］贡根（Konkani）

192

地区的奴隶女孩完成的,人们仅知道她叫做安东尼娅。[17] 在一个更著名的故事中,玛丽·沃特利·蒙塔古夫人是女性知识的国际中间人。蒙塔古夫人作为英国驻土耳其大使夫人在君士坦丁堡居住时了解到,一个希腊老妇人(用果壳和罗盘针)为小孩接种预防天花;蒙塔古夫人和她的医生查尔斯·梅特兰一同将这个方法带回英国。蒙塔古在这里的角色可能更像一个母亲而不是科学家,她希望通过让自己的孩子接种来说服其他人接受这个程序的安全性。梅特兰通过在 6 个囚犯身上接种,检测了这个疫苗的安全性,到了 1723 年,又有 51 个人接种了疫苗,后来他写了几篇关于疫苗安全性的论文。[18]

19 世纪,旧秩序(手工艺生产的同业公会制度和贵族特权)切断了女性本可能享有的从事科学研究的非正式途径。随着家庭的私人化和科学研究的专业化的进展,女性如果想将科学研究作为一番事业去追求的话只有两个途径。一是同她们的男性同行一样,通过在大学里参加公共教育的课程,获得证书,从而进入科学研究领域;或者她们也可以作为科学家丈夫或兄弟的隐身的助手在家庭范围内(现在是私有化的)继续从事研究。这成为了 19 世纪女性从事科学研究的一般模式。[19]

"有学问的维纳斯"、"严谨的密涅瓦"与"同性的同业公会"

1985 年,伊夫林·福克斯·凯勒重新阐述了格奥尔格·西美尔的言论,宣称科学研究是"男性的",不仅是指它的从事人员而且也指它的内在精神和本质。[20] 将科学、自然、男性和女性从性别角度来加以研究,让人难以捉摸,又容易引起争论。对于一些人来说,这个问题与女性是否能进入科学研究领域相关;对于另一些人来说,它与科学研究的风格相关;可对于其他一些人来说,通常它更是与科学和人类知识的优先权联系在一起。在研究科学领域的性别观念中,有三个要素必须区分清楚:社会性别(gender)是怎样界定的;生物性别(sex)是怎样被理解的;实际的男人和女人是怎样参与科学研究的。男子气和女子气并不是一种男人或女人与生俱来的超越历史语境的普适特征。同样的说法在不同的地点、不同的时间可能意味着非常不同的东西,它们

193

---

[17] Richard Grove,《绿色帝国主义:殖民扩张、热带岛屿乐园、环境保护主义的起源(1600 ~ 1860)》(*Green Imperialism: Colonial Expansion, Tropical Island Edens, and the Origins of Environmentalism: 1600—1860*, Cambridge University Press, 1995),第 81 页。

[18] Charles Maitland,《梅特兰先生关于接种牛痘的论述》(*Mr. Maitland's Account of Inoculating the Small Pox*, London, 1722)。其中有大量关于是谁第一个将接种牛痘的技术传入西欧的论述,在他的论述中,John Andrew 宣称蒙塔古女士 1716 年递交了第一份报告。James Jurin 报道说,这种形式的疫苗注射早在"很久以前"就在威尔士实践过。参见 Isobel Grundy,《蒙塔古女士:启蒙运动的彗星》(*Lady Mary Wortley Montagu: Comet of the Enlightenment*, Oxford: Oxford University Press, 1999)。

[19] Pnina Abir-Am 和 Dorinda Outram 编,《艰难的职业生涯和私人的生活:科学研究中的女性(1789 ~ 1979)》(*Uneasy Careers and Intimate Lives: Women in Science 1789—1979*, New Brunswick, NJ: Rutgers University Press, 1987); Helena Pycior、Nancy Slack 和 Pnina Abir-Am 编,《科学中具有创造性的夫妻们》(*Creative Couples in Science*, New Brunswick, NJ: Rutgers University Press, 1996)。

[20] 此节标题的这些术语在 Paul Findlen 的《新科学的转化》中,第 171 页。Evelyn Fox Keller,《对性别与科学研究的反思》(*Reflections on Gender and Science*, New Haven, CT: Yale University Press, 1985)。

经常既是指某一特定性别的行为方式,也指一个特定阶层或一个特定的人的行为方式。例如,对于王家学会的创建者来说,被大肆鼓吹的"男性哲学"应当是独特的英国式的(而不是法国式的),经验主义的(而不是思辨式的),并且是实践的(而不是修辞学的)。[21] "男性"(Masculinity)在这个例子中只是指一个被褒奖的语词,与男性只有一种松散的联系(图 8.3)。

学者们以不同的方式诠释了科学研究的性别化。在卡洛琳·麦钱特 1980 年出版的《自然之死》(*Death of Nature*)中,她阐述了一种机械主义世界观的崛起如何需要"自然的死亡"。自然作为运动物质的概念削弱了深深嵌入古老宇宙观中的道德约束,这种宇宙观严格禁止难于控制的探究"自然母亲"内部的企图。麦钱特将注意力集中在培根新生的机械主义(和"男性化")哲学修辞的暴力性之上,这种哲学声称已经揭开了"自然核心的……秘密"以便"强制自然以及她所有子孙为这种哲学服务,做它的奴隶"。[22] 麦钱特和许多随后产生的生态女性主义都强调新兴男性化科学研究对女性和自然造成了毁灭性的后果,后两者都被看成是从属性的、女性的。传统观念认为女性以与男性不同的方式从属于自然。尽管麦钱特被严厉地批评为加强了这种传统观念的趋势,不过她也适当地引起了对古代与现代科学研究传统中自然所具有的女性特质的关注。

其他人从体力、脑力劳动的性别分工的角度解释了科学研究的性别化。根据这种观点,在近代早期更大范围的文化重组中,科学被划归到男性的版图之中。因为科学研究,正如其他职业,逐渐立足于公共领域,而女人们(或女性特质)不敢涉足,所以科学研究逐渐被认为具有明确的男子气。随着科学研究逐渐失掉其作为业余爱好的地位,成为一种有酬的职位,其与公共领域的联系也加强了。当时的思想家教导说,包括政府、商业、科学和学术在内的公共领域建立在公正的理性原则之上——一些逐渐被与男性气质联系在一起的特征。同时,感性家庭的兴起渐渐地让理想的母亲负责对子女进行抚养和道德品质教育。18 世纪晚期所发展起来的女性规范将女性气质描绘成一种作为母亲和家庭成员所具有的美德,但却是科学研究世界的障碍。[23] 早期的现代科学就这样将对实际的女人的排除,连同对各种被视为女性的文化实践和理念的排除,都塑造成了天经地义的真理。

[21] Schiebinger,《心智无性吗?》,第 5 章。
[22] Carolyn Merchant,《自然之死:女性、生态和科学革命》(*The Death of Nature: Women, Ecology, and the Scientific Revolution*, San Francisco: Harper and Row, 1980),第 168 页~第 172 页;以及 Brian Easlea,《猎捕女巫、魔法和新哲学》(*Witch-Hunting, Magic, and the New Philosophy*, Hassocks, Sussex: Harvester Press, 1980),第 126 页~第 129 页。
[23] 参见 Maurice Bloch 和 Jean Bloch,《女性与 18 世纪法兰西思潮中的自然辩证法》(Women and the Dialectics of Nature in Eighteenth-Century French Thought),载于 Carol P. MacCormack 和 Marilyn Strathern 编,《自然、文化和性别》(*Nature, Culture, and Gender*, Cambridge University Press, 1980),第 25 页~第 41 页;Joan Landes,《法国大革命时代的女性和公共领域》(*Women and the Public Sphere in the Age of the French Revolution*, Ithaca, NY: Cornell University Press, 1988);Schiebinger,《心智无性吗?》;Geneviève Fraisse,《理性的缪斯:性别差异和民主的诞生》(*Reason's Muse: Sexual Difference and the Birth of Democracy*, Chicago: University of Chicago Press, 1994),Jane Marie Todd 译。

图8.3　"科学院、艺术和贸易"，狄德罗和达朗贝尔《百科全书》（*Encyclopédie*）卷首插画。在现代欧洲早期，两则寓言竞争代表权：一、女性的"科学"，女性的缪斯以及在科学研究中占据支配地位的男性专业人员的精神配偶；二、伦敦王家学会明确支持的"男性的"哲学的新理想。在这一幅著名的卷首插画中，真理、理性、哲学、物理学、光学、植物学和化学都是以女性形式加以表现的。蒙斯坦福大学图书馆特殊收藏及大学档案部惠允。

　　然而，另外一个固有的传统也培育了早期现代科学研究的性别化：同性社交（homosociability）。沿袭那些得到公认的说法，大卫·诺布尔表明，博学的维纳斯*甚至

---

*　维纳斯（Venuse），罗马神话中的性爱和形体美的女神。——校者

是严谨的密涅瓦[*]的存在是怎样威胁到同性社交的纽带的，而正是这种纽带激发了许多男性成为知识分子。（至少在百科全书派所做的解释中）古代希伯来传统认为由于与女性结合，男性丧失了预言的能力。在中世纪欧洲的基督教传统中，僧侣（对知识分子的生活非常重要）是独身的。这些传统在大学中得以保持。牛津大学和剑桥大学的教授们不允许结婚；直到 19 世纪末期，所有教职员工还都被要求独身。女性对理智生活可以预见的危险（既有来自肉欲的诱惑，也有日常维持生计的平庸烦琐）是如此之大，以至于许多哲学家（其中包括培根、洛克、波义耳、牛顿、霍布斯、休谟和康德）都不曾结婚。弗兰西斯·培根明确表示妻子和孩子是伟大事业的障碍；皮埃尔·培尔宣称一个博学的女性的婚姻是对国民资源的浪费。甚至玛丽·沃斯通克拉夫特也同意未婚男性和女性中产生了最有创造力的思想家。[24]

　　另外一些学者曾将科学中的性别化问题置于新的科学社会中来考察。史蒂文·夏平认为 17 世纪的英格兰，女性角色先后处于父亲和丈夫的**保护**之下，缺乏其在经济文明中的地位，而这种经济地位是在新的实验科学中保证其真实性的关键社会因素。罗伯特·波义耳，一个有独立思想和尊严的绅士，充当了一个理想的"谦逊的证人"——一个忠实的和谨慎的抄写员——记录自然事实。相比而言，女性们所有的必要谦虚是一种表现为迟钝的谦虚，而且从认识论角度看，女性是不洁体（epistemologically polluting body）。正如伊丽莎白·波特指出，女性的名字从不出现在对实验真实性的确认中，不论她们本人是否出现在自然哲学的操作台前。[25]

　　玛丽·特拉尔也同样关注研究院。正是在研究院里，科学家们形成了男性化的身份认同（英国的情形同法国差不多），其中，妇女被排除在外，智力活动，尤其是在沙龙中所呈现出来的显著的女性形式，是作为一种陪衬。享有盛名的巴黎王家科学院院士，正如特拉尔提到的，将他们的劳动描绘成需要脑力和体力的一种对真理的英勇的追求。尽管这个形象被设计出来是为了迎合女性受众的口味，但它也加强了对女性的排斥；"做"科学研究逐渐区别于对科学研究的"消费"。[26] 在科学院之外，让－雅克·卢梭对比了盛行的沙龙中他所认为的女性风格与有恰当活力（从而不适合女性）的风格之间的区别：女性风格中"推理被殷勤的言辞所包装"，而只有男人自己的时候，他们不会在讨论中"迎合"对方，每个人都感觉自己受到了反对力量的全面攻击，感到不得

---

* 　密涅瓦（Minerva），罗马神话中掌管智慧、工艺和战争的女神，即希腊神话中的雅典娜。——校者

[24] David Noble，《没有女性的世界：西方科学的基督教牧师文化》（*A World Without Women: The Christian Clerical Culture of Western Science*, New York: Knopf, 1992）；Mario Biagioli，《知识、自由和兄弟之爱：同性社交和林琴科学院》（Knowledge, Freedom, and Brotherly Love: Homosociability, and the Accademia dei Lincei），《构造》，2（1995），第 139 页～第 166 页；以及 Schiebinger，《心智无性吗？》，第 151 页～第 152 页。

[25] Steven Shapin，《17 世纪英格兰真理、文明和科学的社会史》（*A Social History of Truth, Civility and Science in Seventeenth-Century England*, Chicago: University of Chicago Press, 1994）；Potter in Donna Haraway, *Modest _ Witness @ Second _ Millennium: FemaleMan©_Meets_OncoMouse^TM* (New York: Routledge, 1997)，第 26 页～第 33 页。

[26] Mary Terrall，《性别化的空间、性别化的受众：巴黎科学院内外》（Gendered Spaces, Gendered Audiences: Inside and Outside the Paris Academy of Sciences），《构造》，2（1995），第 207 页～第 232 页。

不"全力为自己辩护"。[27] 卢梭认为正是通过这种争论的过程，思维才变得精确与有活力。

　　这种科学文化中对性别区分的热衷引导了 18 世纪的女性去从事我们今天所谓的"软"科学（生命科学和博物学）或是"硬科学"（物理科学）吗？使我们现代人惊奇的是，在 18 世纪，女性在物理学家和数学家当中同她们在其他的科学家当中表现得一样出色，也许除了植物学家之外。在所有建议女性从事的科学研究中，植物学成为了与女性化科学研究同样完美的代名词。到了 19 世纪，植物学的等同于"没有男人味"（一个仅供观赏的分支学科，只适合于"女性和无男子汉气概的年轻人"）的名声使得一个体格健全的青年男子是否应从事植物学受到质疑。黑格尔甚至将女性的头脑和植物相比较，因为在他看来，二者本质上都是平和的。所以植物学适合女性的观点也不足为奇。植物长久以来都属于女性的势力范围：在农夫和贵族中间，那些明智的女性们都曾收集和培育植物以供家庭医疗之用。进而，对植物学的鉴赏没有威胁到关于女性本性的正统认识：玫瑰被认为能反映出它的热爱者的美丽，外来植物在培育它的女性手中繁茂成长，并且女性自身也可以体会到植物学带来的理性乐趣从而获得自身的发展。尽管在林奈之后，看起来植物学研究所需要的对性特征的集中关注，超出了适合女士的程度，植物学继续被提倡（尤其在英国），作为引导鉴赏最伟大的上帝及其宇宙的科学。[28]

女性的科学

　　在现代科学诞生之初，贵族社交圈和手工作坊为女性提供（有限的）从事科学研究的机会。她们对严肃的脑力劳动的介入在理念上得到了笛卡儿身心二分哲学的支持，发出了"心智无性"的声音。[29] 在启蒙运动中膨胀起来的理念——人人生而平等，重新给了广大女性要求分享男子的保留特权的希望。

---

[27] Jean-Jacques Rousseau，《关于戏剧致达朗贝尔的信》(*Lettre à M d'Alembert sur les spectacles*, 1758, Paris, 1896), L. Brunel 编，第 157 页。

[28] 黑格尔将男性思维比喻成仅仅通过许多斗争和利用技术获取知识的动物。相比而言，女性思维没有（不能）超越其类似植物的存在，并且一直植根于其"自我"(an sich) 的存在——《法哲学纲要》(*Grundlinien der Philosophie des Rechts*, 1821)，载于 Eva Moldenhauer 和 Karl Michel 编，20 卷本《黑格尔著作集》(*Werke*, Frankfurt am Main: Suhrkamp, 1969—71)，第 7 卷，第 319 页～第 320 页。亦见 J. F. A. Adams，《植物学适合于青年男性研究吗?》(Is Botany A Suitable Study For Young Men?)，《科学》(*Science*), 9 (1887)，第 117 页～第 118 页；Emmanuel Rudolph，《"植物学是最适合维多利亚时代年轻女性的科学思想"是怎样发展出来的》(How It Developed That Botany Was the Science Thought Most Suitable for Victorian Young Ladies)，《儿童文学》(*Children's Literature*), 2 (1973)，第 92 页～第 97 页；Ann Shteir，《培养女性、培养科学：花神之女和英国的植物学（1760～1860）》(*Cultivating Women, Cultivating Science: Flora's Daughters and Botany in England 1760—1860*, Baltimore, MD: Johns Hopkins University, 1996)。Lisbet Koerner 认为林奈的新植物学体系容纳了女性和其他受教育程度更低的人们，尽管采用了拉丁文，但它有用而且简单〔《启蒙时代科学研究中的女性和实用性》(Women and Utility in Enlightenment Science)，《构造》，2 (1995)，第 233 页～第 255 页〕。

[29] François Poullain de la Barre，《两种性别的平等：论物理学与道德》(*De l'Égalité des deux sexes: discours physique et moral*, Paris, 1673)。亦见 Erica Harth，《笛卡儿式的女性：旧体制下的理性话语的形式与颠覆》(*Cartesian Women: Versions and Subversions of Rational Discourse in the Old Regime*, Ithaca, NY: Cornell University Press, 1992)。

然而,到了18世纪晚期,女性仍然没能参与一般科学研究。将女性排除在公共生活之外,需要新的、建立在科学而不是《圣经》或权威之上的合理性证明。在启蒙思想的框架内,对天赋权利的呼吁只能被先天差距的证据所压制。个体在"城邦"中的地位逐渐取决于他或她所有的财产,以及性别、种族的特征。由于许诺采取"中立"的态度、拥有超越混乱不堪的政治生活之上的特权,科学研究从而居于"自然"法则和人为立法之间的地带。对于许多人来说,科学家不必在社会平等性的问题上采取一个立场,因为"身体会为自己辩护"。[30]

在这样的政治气候之下,18世纪经历了一场"性别科学"(sexual science)革命,即对性别差异的精确研究。[31] 这场革命最先和最重要的是方法论上的决裂:亚里士多德式的与盖伦式的科学研究认为有差异的性别气质是受复制了大宇宙法则的人体内的小宇宙驱使的。[32] 而18世纪科学利用经验主义方法衡量和检测身体内的性别差异。性别科学革命的另一个标志是托马斯·拉克尔的理论,他完成了从单性模式到双性模式的转变。盖伦和其他人所偏爱的古老的单性向的模型认为男性和女性的生殖器是一类的:"男人所有的全部器官,女人也都有"(包括"输精管"),只不过女性的被倒转过来,包含在身体内部。[33] 性别差异只是某种程度上的差异:女人只是缺乏能够完善她的组织器官并将之戳出体外的热能。新的"双性向模型"清晰地区分了男性和女性的生殖器:子宫不再被想象为一个未发育好的阴茎,而相反,它被认为是生育未来公民的完美器官。[34]

对女性生殖器官的重新评估仅仅是更广泛意义上的"性别科学"革命的一个要素。1775年,法国医生皮埃尔·鲁塞尔解释说,性别特征不再被看做只存在一个"单独器官"之内,而是"通过或多或少可觉察到的细微差异"扩展到人体的每一个部分。[35] 在西

---

[30] Samuel Thomas von Soemmering,《论欧洲黑人的体格差异》(Über die körperliche Verschiedenheit des Negers vom Europäer, Frankfurt and Mainz, 1785),前言。

[31] Cynthia Russett,《性别科学:维多利亚时期女性气质的构建》(Sexual Science: The Victorian Construction of Womanhood, Cambridge, MA: Harvard University Press, 1989)。亦见 Ludmilla Jordanova,《性别视角:18世纪到20世纪之间科学和医学领域中的性别形象》(Sexual Visions: Images of Gender in Science and Medicine between the Eighteenth and Twentieth Centuries, Madison: University of Wisconsin Press, 1989)。

[32] Joan Cadden,《中世纪性别差异的意义:医学、科学和文化》(Meaning of Sex Difference in the Middle Ages: Medicine, Science, and Culture, Cambridge University Press, 1993);以及 Lesley Dean-Jones,《希腊古典科学研究中的女性身体》(Women's Bodies in Classical Greek Science, Oxford: Oxford University Press, 1994)。

[33] Galen,《关于身体各部位的有用性》(On the Usefulness of the Parts of the Body, Ithaca, NY: Cornell University Press, 1968),Margaret May 译,第2卷,第628页~第630页。

[34] Thomas Laqueur,《性的制造:从古希腊人到弗洛伊德的身体和性别》(Making Sex: Body and Gender from the Greeks to Freud, Cambridge, MA: Harvard University Press, 1990)。亦见 Katharine Park 和 Robert Nye 对拉克尔作品的批判性评价,《宿命是解剖学》(Destiny Is Anatomy),《新共和国》(The New Republic),1991年2月18日,第53页~第57页;Cadden,《中世纪性别差异的意义》。

[35] Pierre Roussel,《女性的物理系统与道德——体质、器官、气质、道德与性别功能的哲学形象》(Système physique et moral de la femme, ou Tableau philosophique de la constitution, de l'état organique, du tempérament, des moeurs, & des fonctions propres au sexe, Paris, 1775),第2页。Carl Klose 也认为不是子宫规定了女性的特质。他强调,即使将子宫从身体里摘除,女性仍然保有其特征。参见其《关于性别差异对教育与疾病康复的影响》(Über den Einfluß des Geschlects-Unterschiedes auf Ausbildung und Heilung von Krankheiten, Stendal, 1829),第28页~第30页。亦见 Edmond Thomas Moreau,《寻求治疗:是性器官导致的不同吗?》(Quaestio medica: An praeter genitalia sexus inter se discrepent?, Paris, 1750)。

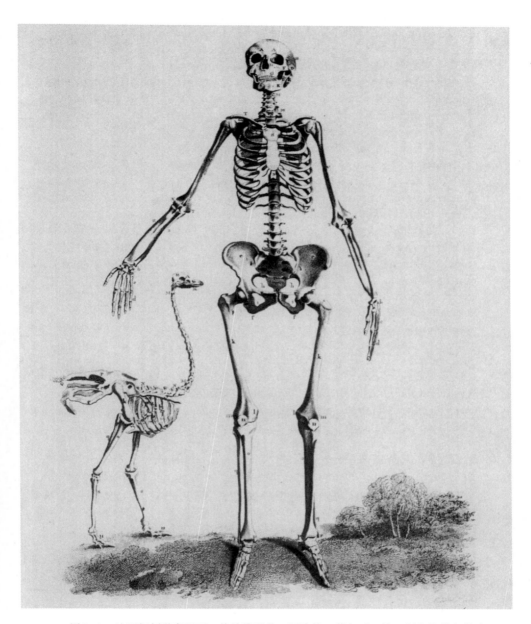

图 8.4　法国解剖学家玛丽 - 热纳维耶芙 - 夏洛特·蒂鲁瓦·德·阿尔松维尔的女
性骨骼与鸵鸟的骨骼相比照,它们都有值得注意的宽大骨盆。引自 John Barclay,《人类身
体骨骼解剖学》(*The Anatomy of the Bone of the Human Body*, Edinburgh, 1829),彩色插页 4。
蒙波士顿医学图书馆惠允。

方解剖学中,第一次对女性特征骨骼的展示集中体现了这个更广义的变革(图8.4)。唯物主义引导这个时代的解剖学家去考察人体骨骼。作为人体的最坚硬部分,骨骼为人体提供了一幅"平面图",并且对附着在其上的肌肉和身体的其他部分提供"确定的和自然的"说明。[36] 如果在骨骼中能发现性别的差异,那么性别的不同不再取决于人体热量的高低(正如古老的观点所认为的),也就与附在一个中性人体上的性器官无关了(维萨留斯所想的)。取而代之,性别特征遍布在附着在骨骼上的每一块肌肉、每根血管、神经和器官中。尽管女性的骨骼构造是从对自然艰苦而精确的描绘中得出的,但就其特性问题仍然迸发了激烈的讨论。政治环境很快吸引人们将头盖骨描述为智力的量度,将骨盆看成女性特质的量度。女性狭窄的头骨似乎很好地解释了她们在科学研究中取得较少成就的原因。[37]

到了18世纪90年代,欧洲解剖学家认为男性和女性的身体各自具有独特的目的功能——男性拥有体力和智力,女性具有母性。哈佛医学博士爱德华·克拉克迟至一个世纪后,表达了这种生理和社会的互补性的观点:"百合不逊于玫瑰,橡树也不优于苜蓿",同样,男人也不优越于女人,每一性别都是不同的,并与自身目的相适应。[38] 然而,女性独立的完美性不仅没有使她们在公共权利方面得到与男人平等的地位,反而注定她们只能活动于私人领域和家庭生活。

违反自然法要承当可怕的结果。女性们发展自身智力的愿望被认为是自我主义的极端,有削弱其自身和人类种群健康的危险。克拉克博士从对美国新的女子学院(包括史密斯[Smith]学院、韦尔斯利[Wellesley]学院、布莱玛[Bryn Mawr]学院)中受教育的女性的临床研究中得到证明,女性接受大学教育导致了不孕、贫血、月经过多、痛经甚至是歇斯底里和精神错乱。这个信息意义明确:过度的脑力活动损害女性的生殖器官,导致她的卵巢萎缩。后来的卢梭主义者克拉克号召女性遵从自然的召唤"养育一个民族"。[39]

将女性理想化为家庭中的天使的意识形态仅仅适用于欧洲的中产阶级。1815年,法国第一位比较解剖学家乔治·居维叶,实施了他现今最声名狼藉的解剖,其解剖对象是一位南非女性,许多人知晓其英语名字叫做萨拉·巴特曼。居维叶也经常称她为"霍屯督的维纳斯"(Vénus Hottentotte)——强调她的性别特征(温暖气候下所具有的热情趋向经常被归功于金星[Venus]运转的影响)。居维叶的兴趣集中在她身体各个性别特征明显的部位。他的16页解剖记录中有9页集中讨论了她的生殖器、乳房、屁

[36] Bernard Albinus,《人体骨骼和肌肉图表》(*Table of the skeleton and muscles of the human body*, London, 1749),《工作记录》(Account of the Work)。

[37] Schiebinger,《心智无性吗?》,第7章;Elizabeth Fee,《19世纪的头骨学:女性头骨的研究》(Nineteenth-Century Craniology: The Study of the Female Skull),《医学史通报》(*Bulletin of the History of Medicine*),53(1979),第415页~第433页;Stephen Jay Gould,《熊猫的拇指:关于博物学的更多反思》(*The Panda's Thumb: More Reflections in Natural History*, New York: W. W. Norton, 1980),第14卷。

[38] Edward Clarke,《教育中的性别:给女孩的公平机会》(*Sex in Education: A Fair Chance for Girls*, Boston, 1874),第15页。

[39] Clarke,《教育中的性别》,第33页,第39页,第62页,第101页~第102页,第136页。

股和骨盆。仅有一个简短的段落评价了她的大脑。在他关于霍屯督的维纳斯传记中，居维叶着手研究科学是否有非洲起源问题，他宣称："黑人人种没有产生出能够创造古埃及那样的文明的人，而整个世界可以说都继承了埃及文明中的法律、科学甚至宗教法则。"最后，居维叶总结道：毫无例外，自然的"酷法"已经"注定那些具有一个凹陷萎缩的头盖骨的种族永远处于劣等地位"。[40] 这就是萨拉·巴特曼的命运。

这个时期盛行的人种理论和性别理论都不适用于非欧洲女性，尤其是那些女性非洲后裔。同其他女性一样，她们不能和存在巨链相适应，其中男性主要是由于他们相对的优越性而被研究。同其他非洲人一样，她们不符合欧洲的性别理想。正如最近一本关于当代黑人女性研究的书中表明，所有的黑人是男人，所有的女人是白人。[41] 从两个方面来考虑（她的性别和她的种族），巴特曼因此被驱逐到下流的肉体世界中。当描绘到自己母亲和姐妹时，欧洲自然科学精英们认为性别互补性是非常重要的。但在这种新阐释中很少包括非洲女性。

性别化的知识

历史学家详细记述了女科学家的成就、对女性的科学成就的排挤、各种各样对这种排斥提供合理性证明的思想体系和文化支持、科学从业者和科学文化的性别化以及对女性解剖学的科学解读。很少有人揭示性别怎样塑造了科学研究的特定内容。性别成为建构 18 世纪对自然世界的理解的一个强有力原则，这是那个将自然看成社会变革的指路明灯的年代的结果。这里，我简要介绍两个例子说明性别是如何影响科学研究的结论的。第一个例子就是林奈的植物分类学的性别化，在这个例子中，欧洲人顽固的性别角色被强加于植物和它们的性关系中。

直到 17 世纪末，欧洲自然科学家才开始意识到植物是通过两性繁殖的，以今天的眼光来看，这实在有些神奇。古希腊人确实拥有一些有关植物性别区分的知识：特奥夫拉斯图斯知道通过将雄性花粉撒到雌性植株上就可以使棕榈树受精这个古老的实践；普林尼告诉我们农民的农业生产实践使他们意识到了不同树木，如阿月浑子树

[40] Georges Cuvier，《为巴黎和伦敦所知的一具名叫霍屯督维纳斯的女尸的观测摘录》（Extrait d'observations faits sur le cadavre d'une femme connue à Paris et à Londres sous le nom de Vénus Hottentotte），《自然史博物馆论文集》（Mémoires du muséum d'histoire naturelle），3（1817），第 259 页～第 274 页，尤其是第 272 页～第 273 页。亦见 Sander Gilman，《插图本性史》（Sexuality: An Illustrated History, New York: Wiley, 1989），以及 Anne Fausto-Sterling，《性别、种族和国家》（Gender, Race, and Nation），载于 Jennifer Terry 和 Jacqueline Urla 编，《反常的身体：科学研究和流行文化中关于差异的批判性视角》（Deviant Bodies: Critical Perspectives on Difference in Science and Popular Culture, Bloomington: Indiana University Press, 1995），第 19 页～第 48 页。

[41] 参见 Gloria Hull、Patricia Bell Scott 和 Barbara Smith 编，《所有的女人是白人，所有的黑人是男人，但是我们中的一些人是勇敢的：对黑人女性的研究》（All the Women Are White, All the Blacks Are Men, But Some of Us Are Brave: Black Women's Studies, Old Westbury, NY: The Feminist Press, 1982）。关于性别科学和种族科学的关系，参见 Nancy Leys Stepan，《种族与性别：科学研究中类推的角色》（Race and Gender: The Role of Analogy in Science），载于 David Theo Goldberg 编，《种族主义的解剖学》（Anatomy of Racism, Minneapolis: University of Minnesota Press, 1990），第 38 页～第 57 页；Londa Schiebinger，《自然的身体：现代科学历程中的性别》（Nature's Body: Gender in the Making of Modern Science, Boston: Beacon Press, 1993），第 4 章和第 5 章。

（pistachio）之间的性别差异。[42] 然而，在古代，植物的性特征不是兴趣的主要焦点。在那个时代以至整个中世纪，对植物的分类主要强调了其作为人类食物和药物所起的作用。

在 17 世纪和 18 世纪，由于诸多原因，包括对人类性别差异的兴趣，使得植物性别特征的研究在欧洲社会上兴盛起来。一旦植物具有的性特征被承认，每个人都试图声称自己具有发现的殊荣。在法国，塞巴斯蒂安·瓦扬和克洛德－约瑟夫·日夫鲁瓦争夺发现的优先权；在英国，罗伯特·桑顿抱怨这个殊荣经常被给予法国，尽管它本应属于英国人。林奈总是热衷于收取自己的科学创新所应获得的报酬（事实上，他并不是第一个描绘植物有性繁殖的人），他认为决定谁是第一个发现植物性别的人非常困难而且也没有用。[43]

即使是在这个时代，为植物指派性特征的兴趣也远远先于对繁殖（或正如它有时被称为的"植物的性交"）的任何真正意义上的理解。植物学家将植物的某些特定部位区分为雄性和雌性，正如日夫鲁瓦所论述的，"却不知道这样区分的根据"。英国博物学家尼赫迈亚·格鲁第一个将雄蕊确认为花的雄性部分，他是从对动物的知识中发展出对植物性别的观点的。在他的 1682 年的《植物解剖学》（Anatomy of Plants）中，他写道，"华服"（the attire，他对雄蕊的称谓）象征着"一个小阴茎"，附着于其上的各种东西看起来是"数目繁多的小睾丸"，并且花粉就像"植物的精液"。既然植物的阴茎是挺立的，格鲁继续说道："植物的精液向下流入子房或子宫中，接触受孕并结出累累果实。"[44]

到了 18 世纪早期，关于动物和植物性别特征的类比已经得到了充分论述。在林奈的《植物婚配初论》（Praeludia sponsaliorum plantarum）一书中，阐述了这种比较的结果：雄性体内，雄蕊的细丝是输精管，花粉囊是睾丸，从它们中流出的花粉是精液；雌性体中，柱头是外阴，花柱为阴道，沿着长长的雌蕊延伸的导管是输卵管，果皮是受精的卵巢，种子是受精卵。和其他博物学家一道，朱利安·奥弗雷·德·拉美特利甚至宣称在植物蜜腺中发现的贮存的花蜜与人类中母亲的奶水具有同等的价值。[45]

建立在对植物和动物的不完美类比之上的性别划分，使某种特定的性别类型优越于其他的类型。大部分开花植物是雌雄同体的，在同一植株中既拥有雄性也有雌性器官。正如一位 18 世纪的植物学家指出的，开花植物有两种性别（雄性和雌性）却有三

[42] 老普林尼（Pliny, the Elder），《博物学》（Natural History, Cambridge, MA: Harvard University Press, 1942），H. Rackham 译，12，第 xxxii 页，第 45 页；A. G. Morton，《植物学的历史：解释从古到今植物学的发展》（History of Botanical Science: An Account of the Development of Botany from Ancient Times to the Present Day, New York: Academic Press, 1981），第 28 页，第 38 页。早期现代植物学中关于性别更为详细的讨论，参见 Schiebinger，《自然的身体》，第 1 章。

[43] Jacques Rousseau，《瓦扬：18 世纪杰出的植物学家》（Sébastien Vaillant: An Outstanding Eighteenth-Century Botanist），《植物界》（Regnum Vegetabile），71（1970），第 195 页～第 228 页。Giulio Pontedera 于 1720 年强烈拒绝植物性别的全部概念（《文选》[Anthologia, sive de floris natura]）。《林奈关于植物性别的获奖论文》（The Prize Dissertation of the Sexes of Plants by Carolus von Linnaeus），载于 Robert Thornton，《对林奈性别体系的新诠释》（A New Illustration of the Sexual System of Carolus von Linnaeus, London, 1799—1807）。

[44] Nehemiah Grew，《植物解剖学》（The Anatomy of Plants, London, 1682），第 170 页～第 172 页。

[45] Linnaeus，《植物婚配初论》（Praeludia sponsaliorum plantarum, 1729; reprinted Uppsala: Almqvist & Wiksell, 1908），第 15 节；Julien Offray de la Mettrie，《人是植物》（L'Homme plante, Potsdam, 1748）。

种不同类型的植株：雄性、雌性和雌雄同体，有时也称为阴阳株。尽管大多数 18 世纪植物学家热烈地接受了这种二态性现象，但植物雌雄同体的概念仍受到了抵制。《不列颠百科全书》（*Encyclopaedia Britannica*, 1771）第 1 版的主编威廉·斯梅利，将对植物性别的整个构想看成是淫荡的而拒绝收入全书，他不赞成"雌雄同体"的概念，并指出当他本人使用这个语词时，他仅仅说了"这个体系的语言"。斯梅利斥责了林奈，因为后者的类比"远远超出了适宜的界限"，他宣称林奈的比喻如此下流简直超过了那些最"淫秽的罗曼史作家"。[46]

　　确定植物性别的热情与著名的现代植物分类学的兴起同时发生。在 16 世纪和 17 世纪时，植物物种从大发现航线和新建殖民地涌入欧洲（1550 年到 1700 年间已知的植物的数目增长了 4 倍），并且对这些新发现的植物物种进行分类的方法发展起来：1799 年，罗伯特·桑顿出版了一个林奈体系的通俗版本，在书中列举了 52 种不同的植物学分类体系。分类体系是以植物的不同部分为划分标准的。约翰·雷的理论依据花朵、花萼和种皮作为划分标准；巴黎的约瑟夫·皮顿·德·图内福尔将其建立在花冠和果实的不同上；阿尔布莱希特·冯·哈勒采取了完全不同的方法，认为地理环境是理解植物生命的一个非常关键的因素，胚芽的形成也应当在分类体系中得以展现。尽管分类体系的数目和种类都很多，林奈的分类学囊括了其他体系，并且从 18 世纪 40 年代（至少在法国之外）开始直到 19 世纪的头十年里，被普遍认为是最恰当的分类体系。

　　林奈在《植物的婚姻》（*nuptiae plantarum*）一书中，建立了他享有盛名的"性别分类体系检索表"，也就是建立在对一个特定的结合中丈夫（雄蕊）的或妻子（雌蕊）的数目进行分类的。他的著名的《自然系统》（*Systema naturae*）将（如他所称的）植物世界按照雄性部分或雄蕊的数目、相对的百分比和位置分成**纲**（图 8.5）。依据雌性部分或雌蕊的数目、相对的百分比和位置为标准，这些纲被进一步分为大约 65 个**目**。目又进而分为**属**（依据花萼、花朵和果实的其他部分）、**种**（依据叶子和植株的其他特性）和**变种**。[47]

　　有人可能认为林奈将他的体系建立在性别划分的基础之上，是因为他较早意识到植物中有性繁殖的生物意义。但是林奈体系的成功不是在于它是"自然的"这个事实；相反，林奈很乐意承认这个体系具有高度人为的性质。尽管林奈体系主要关注生殖器官，却未捕捉到基本的性功能。更确切地说，他阐释的焦点是单纯的形态特征（即结合的数目和方式）——确切地说是雄性器官和雌性器官的特点——对于它们的性功用来说**没有什么**意义。

　　鉴于这一事实，林奈选择强调植物性器官，是惹人注目的。而且，林奈按照这样一

[46]　William Smellie, "植物学"（Botany），《不列颠百科全书》（*Encyclopaedia Britannica*, Edinburgh, 1771），第 1 卷，第 653 页。

[47]　Carl Linnaeus,《自然系统》（*Systema naturae*, 1753, Nieuwkoop: B. de Graaf, 1964），M. S. J. Engel-Ledeboer 和 H. Engel 编。

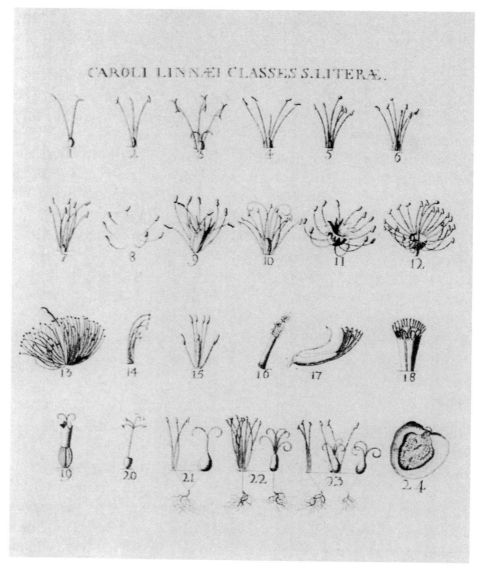

图 8.5 "林奈的纲或按字母分类"图解说明了林奈的有性系统。首次印刷于林奈的《自然系统》(*Systema naturae*)第 2 版(1737)。

种方式设计了他的体系,即一个植物雄蕊(雄性部分)的数目决定它所从属的纲,雌蕊的数目决定它的目。在分类树中,纲高于目。也就是说,林奈在决定生物在植物王国的地位时,给予雄性部分以优先性。而对于他的这种结论没有任何经验的合理性证明;林奈不过是将传统的概念中的性别等级原封不动地引入到科学研究中。他通过社会关系的尺度来解读自然,通过这样的方式,植物学的新语言既与自然界的基本面貌也与社会的基本面貌相融合。尽管在今天,林奈对属种等级之上的生物类群进行的分类处理已经被抛弃,他确立的双名法和许多属和种的划分依然得以保留。 *205*

我关于科学中的性别的第二个例证来自动物学命名法。1758 年,《自然系统》的第 10 版中,林奈创造了专有名词"哺乳类"(字面意思为"有乳房的动物")借以划分包含人类、类人猿、有蹄动物、树懒、海牛、大象、蝙蝠和所有其他的有毛发、三耳骨和四房心脏的生物体。在这样做的过程中,他将雌性的乳房作为这一纲的象征。

科学史专家将林奈的命名法或多或少地想当然看成是他在动物分类学中所做的基础性工作的一部分。然而,一种复杂的性别政治学激发了林奈的分类学和命名法。为什么林奈称哺乳动物为哺乳动物?我认为,与某些特殊的事实有关,即 18 世纪关于乳母喂养和母乳喂养的政治见解以及女性在科学及更广阔的文化领域中的地位和女性乳房之间存在某种特殊的关系。

在 2000 多年时间里,我们现在命名为哺乳动物(以及大多数爬行动物和一些两栖类)的大部分动物被称为**四足兽**(quadrupeds)。[48] 在创造他的新名词**哺乳类**时,林奈没有吸取传统观念,照搬他那个时代的普遍做法,而是相反,设计了一个全新的名词。

林奈将哺乳动物这样命名有什么正当的理由吗?林奈术语的持久性意味着他就是正确的吗,即在事实上,乳房代表了哺乳动物一个根本的、普遍的和唯一的特性吗(如 18 世纪的说法)?既是,也不是。林奈选择了这个名词,尽管这个时期的博物学家并不认为林奈寻求认同的乳房是该纲动物的一个普遍的特性(18 世纪,人们普遍认为种马[stallions]是没有乳头的)。更为重要的是,分泌乳汁的乳房的存在仅仅是哺乳动物的特征之一,这为 18 世纪欧洲博物学家所普遍了解。事实上,林奈本可以选择一个性别中立的名称,如有毛兽(Pilosa,有毛发的——尽管毛发尤其是胡须也渗透了性别的意识),例如,Aurecaviga(空耳道的动物)。或者他本可以选择使用,也许是Lactentia——"吸乳动物",正如德语名词 Säugetiere(吮奶动物)一样,很好地概括这个术语,因为不论是雄性还是雌性幼体都要吸吮它们母亲的乳房。

如果林奈有其他选择,如果他本能从大量同样有效的语词中进行选择,那么是什 *206* 么使他选择了**哺乳类**这个名词呢?动物学命名法(如同所有的语言一样)在某种程度上是主观的;博物学家设计了方便的术语以区分不同群体的动物。但是命名法也是历史的,是从特定的联系、矛盾和环境中发展而来的。

林奈创造了**哺乳类**的名词借以回应人类在自然中的地位这个问题。在他试图为包含人类与走兽的类群寻求一个适当的术语时,林奈使乳房(尤其是充分发育了的雌

[48] 亚里士多德,《论动物生成》(*Generation of Animals,* Cambridge, MA: Harvard University Press, 1953),A. L. Peck 译,第lxix 页;以及 Pierre Pellegrin,《亚里士多德的动物分类学:生物学和亚里士多德著作中的概念统一性》(*Aristotle's Classification of Animals: Biology and the Conceptual Unity of the Aristotelian Corpus*, Berkeley: University of California Press, 1986),Anthony Preus 英译。关于哺乳动物之所以称为哺乳动物的更为彻底的论述,参见 Schiebinger,《自然的身体》,第 2 章。

性乳房)成为动物中的最高类别的象征。通过以这样的方式给一个独特的雌性特征赋予特权,林奈打破了将雄性动物看成万物尺度这个长久以来的传统。[49] 然而,值得一提的是,在林奈提出**哺乳类**这个术语的同一卷册中,他也提出了"智人"(Homo sapiens)的名词。[50] 这个名词(正如人[homo]的传统用法一样)被用于将人从其他灵长目动物(例如类人猿、狐猴和蝙蝠)中**区分出来**。在分类学的语言中,"智人"被看做是"小"名。然而,从历史学的观点来看,选择"**智人**"这个词的意义非常大。按照传统,理智可以用来区分人和动物界,并且在人类内部,用来区分男性与女性。这样在林奈的术语体系中,一个雌性的特质(分泌乳汁的乳房)将人与兽联系起来;传统上男性的特质(理智)标志着我们从兽性中脱离出来。[51]

林奈对雌性乳房的迷恋是随着 18 世纪关键的政治潮流产生并与之相一致的:对儿童护理事业的重建(反乳母和产婆运动),以及对女性作为母亲、妻子、公民角色的重构运动。林奈描绘的有关一个母亲喂养她的孩子的天性,削弱了女性的公共权力并赋予母性以新价值。[52]

最为直接的是,林奈参加了一系列持续的运动要求废除古代乳母习俗。林奈(他自己是一位执业医生)在 1752 年准备了一篇反对邪恶的乳母制的专题论文。在这篇以《继乳母——关于雇佣乳母制的毁灭性结果的论文》(Step Nurse, or a Dissertation on the Fatal Results of Mercenary Nursing)为题的文章中,他通过将剥夺自己孩子母乳喂养的女性的残忍与亲自喂养自己幼崽的大型哺乳动物——巨鲸、羞怯的狮子和雌老虎——相比较,间接提及了自己的分类学。[53]

对启蒙运动拥护者来说,乳房是大自然对于女性属于家庭的征兆(图 8.6)。在法国大革命进行的如火如荼的日子里,当革命者跟随着激烈的、祖露胸膛的自由女神向前进的时候,在反对女性获得公民权的论证中也出现了母性的乳房。法国国民会议——在那里做出了很多这样的决定——的代表宣称,是自然法则将女性排除在了政治领域之外。在这个情况下,"有乳房的人"只能待在家中。[54]

[49] 按柏拉图的说法,不义且胆小的男人像女性一样回归泥土(《蒂迈欧篇》[Timaeus],90e)。

[50] Gunnar Broberg 编,《林奈:林奈研究中的进步和前景》(Linnaeus: Progress and Prospects in Linnaean Research, Stockholm: Almqvist & Wiksell, 1980);以及 Broberg,《智人 L.:林奈对自然的欣赏和男性特征的研究》(Homo Sapiens L.: Studier i Carl von Linnés naturuppfattning och människolära, The Swedish History of Science Society, 1975)。

[51] Genevieve Lloyd,《理性的男人:西方哲学中的"男性"和"女性"》(The Man of Reason: "Male" And "Female" in Western Philosophy, Minneapolis: University of Minnesota Press, 1984)。关于人与动物的区别,参见 Julia Douthwaite 对野人儿童的研究:《法国旧体制中的异国女性、文学中的女主角和文化策略》(Exotic Women, Literary Heroines and Cultural Strategies in Ancien Regime France, Philadelphia: University of Pennsylvania Press, 1992)。

[52] Valerie Fildes,《乳母:从古到今的历史》(Wet Nursing: A History from Antiquity to the Present, Oxford: Basil Blackwell, 1988);Hilary Marland 编,《助产术:欧洲早期现代助产士》(The Art of Midwifery: Early Modern Midwives in Europe, London: Routledge, 1993)。

[53] Carl Linnaeus,《有害食物》(Nutrix Noverca), F. Lindberg(1752)的回应,《学院的愉快》(Amoenitates academicae, Erlangen, 1787),载于第 3 卷。Gilibert 译为《继乳母——关于雇佣乳母制的毁灭性结果的论文》(La Nourrice marâtre, ou Dissertation sur les suites funestes du nourrisage mercénaire),《绍瓦热先生主要著作》(Les Chef-d'oeuvres de Monsieur de Sauvages, Lyon, 1770),第 2 卷,第 215 页~第 244 页。

[54] Lynn Hunt,《法国大革命时期的政治、文化和阶层》(Politics, Culture, and Class in the French Revolution, Berkeley: University of California Press, 1984),尤其是第一部分。

　　林奈的"哺乳动物"这一术语强调了对于雌性来说(无论是人类或是非人类),哺育和喂养自己的孩子是多么地自然,借此有助于证明欧洲社会重构的合法性。在林奈的不论是植物学还是动物学的体系中,通常将自然诠释成错综复杂的,然而,他制造出来的类别却使自然具有了欧洲人的性别观念。林奈将所有种类的雌性看成温柔的母亲,(故意或非故意地)他将一种狭隘的观点强加于欧洲人对自然的理解上。

208

图 8.6　自然被描绘成一个年轻的处女,她的乳房滴下母亲的乳汁。引自 Charles Cochin 和 Hubert François Gravelot,《画像的图像学:或寓言、象征等的完备协定》(*Iconologie par figures: ou Traité complet des allégories, emblêmes & c*, Paris, 1791),《自然》(Nature)。蒙宾夕法尼亚州立大学图书馆惠允。

欧洲以外

　　学者们新近将注意力从欧洲转向关于在科学发现的浩瀚旅程中所精心设计的知识的性别化。道义谕令和科学的提醒使大多数欧洲女性留守家中;德意志人类学家约翰·布鲁门巴赫非常典型,他警告处于极度炎热气候的白人女性会"频繁月经,经常在短时间里导致致命的子宫大量出血"。[55] 同样经常有人表达这样的恐惧:在热带生产的女性会生出像当地土著民一样的孩子。强烈的非洲的阳光,容易生育出黑人小孩,不管他们母亲是什么肤色。

　　在各种科学传统的最初接触时期,欧洲性别化体制的含义是什么(许多传统拥有它们自己的性别化体制)? 在欧洲的博物学家为贸易公司和科学学会在全球范围内四处收集珍异动物和外来植物的过程中,由于社会的性别政治观的影响,大多数派去从事该领域的都是未婚男性,他们远离家务经济和繁育体系,那么在他们的工作中什么被忽略、抛弃了,而又有哪些被注意、重视了呢? 这些问题仍待回答。可以确定的一个特色是他们对女性生活的某些方面物品的收集明显地漠不关心,尤其是那些收集代理机构,根本无意充实欧洲药典里的堕胎药(尽管他们收集了无数的月经调节器)。德意志女博物学家玛丽亚·西比拉·梅里安是少数几位经过自己的亲自游历记录大自然慷慨施与的女性之一。在她 1705 年出版的巨著《苏里南昆虫变形记》(*Metamorphosis insectorum Surinamensium*)中,有一篇感人的章节,描绘了当时还是荷兰殖民地的非洲奴隶和苏里南印第安人怎样用一种叫做 flos pavonis(字面意思是"孔雀花",图 8.7)的植物的种子作堕胎药的风俗:"这些被他们的荷兰主人虐待的印第安人,用这些种子打掉他们的孩子,以免他们将来成为像自己一样的奴隶……他们自己告诉我这些的。"[56]

[55]　Johann Blumenbach,《天生的人类多样性》(*The Natural Varieties of Mankind*, 1795, trans. 1865; New York: Bergman, 1969),Thomas Bendyshe 译,第 212 页注释 2。文化中长久通用布鲁门巴赫整理的概念。

[56]　Maria Sibylla Merian,《苏里南昆虫变形记》(*Metamorphosis insectorum Surinamensium*, 1705, Leipzig: Insel Verlag, 1975),Helmut Deckert 编,见彩色插图 45 的注释。关于 Merian, 参见 Margarete Pfister-Burkhalter,《梅里安:生平与著述(1647～1717)》(*Maria Sibylla Merian: Leben und Werk 1647—1717*, Basel: GS-Verlag, 1980),以及 Elisabeth Rücker,《梅里安》(*Maria Sibylla Merian*),《法国生活照》(*Fränkische Lebensbilder*),1(1967),第 221 页~第 247 页;Rücker,《梅里安》(*Maria Sibylla Merian*, Nuremberg: Germanisches Nationalmuseum, 1967);Schiebinger,《心智无性吗?》,第 3 章;Davis,《边缘女性》;Helmut Kaiser,《梅里安传》(*Maria Sibylla Merian: Eine Biographie*, Dusseldorf: Artemis & Winkler, 1997);Kurt Wettengl 编,《梅里安(1647～1717):艺术家和博物学者》(*Maria Sibylla Merian, 1647—1717: Artist and Naturalist*, Osfildern: Hatje, 1998)。

图 8.7　梅里安的《孔雀花》(*flos pavonis*)。苏里南的本土女奴用其种子作为堕胎药。
Maria Sibylla Merian,《论苏里南的昆虫世代和变态》(*Dissertation sur la generation et les transformations des insectes de Surinam*, The Hague, 1726),彩色插图 45。蒙伦敦韦尔科姆(Wellcome)研究所图书馆惠允。

伴随着科技革命和全球扩张的知识爆炸,欧洲人对草本节育药剂的意识,如梅里安的孔雀花(flos pavonis),明显地衰落。与其他趋向相左,当博物学家勤奋地收集有药用价值和潜在市场利润价值植物知识时,却没有将从全球收集来的新的避孕药和堕胎药物引入到欧洲的系统尝试。支配全球扩张的重商主义政策并没有详细限定将这些植物作为有利可图、值得做的生意,各国政府鼓励生育的政策也不倡导收集这种知识。[57] 18 世纪全球化时期科学研究出现的性别化是一个需要进一步探索的主题。

210

[57]　Londa Schiebinger,《用(一种堕胎药)孔雀花的奇特命运来说明失落的知识,无知的身体及分类学的贫乏》(Lost Knowledge, Bodies of Ignorance, and the Poverty of Taxonomy as Illustrated by the Curious Fate of Flos Pavonis, an Abortifacient),载于 Caroline Jones 和 Peter Galison 编,《描绘科学,生产艺术》(*Picturing Science, Producing Art*, New York: Routledge, 1998),第 125 页~第 144 页。

过去与未来

在 17 世纪和 18 世纪,科学是一项新兴的事业,它塑造新观念和新制度。在这个时期,科学研究中的男性被看做站在马路的交叉口上。他们或者能够清除过去中世纪的传统,欣然接受女性全面参与到科学研究之中,或者他们更加强化过去的传统,继续将女性排除于纯正的学术研究之外。社会的和学术的整个环境引导了科学研究沿着后者的道路发展;而自相矛盾的是,科学革命参与到科学男性至上主义、科学种族主义的崛起,并在一些情况中,参与到以女性健康和福利为核心的知识体系的衰落之中。然而,科学的本质,正如男性或女性的道德本质一样[是依赖文化与历史的],*不是固定不变的。因此,理解那些使女性远离科学研究,并引导了科学研究内容性别化的历史环境,对于现代科学研究中重做性别关系等复杂工作,能够有所帮助。

（刘　芳　曲　蓉　王　跃　程路明　译　方在庆　校）

＊　括号内的内容据作者 2008 年 8 月 30 日给校者的电子邮件而加。——校者

9

科学群体志的研究

威廉·克拉克

实际上,不同人的天生资质的差异远比我们所意识到的要小得多;似乎是天分的差别把人们划分到不同的职业,在很多情况下与其说这是原因,倒不如说它是劳动分工的结果。例如,在特征差别最大的人之间——在哲学家和普通街道挑夫之间——的不同与其说是天生的,似乎不如说是习惯、习俗和教育造成的……就自然资质来讲,哲学家在资质和性情上与街道挑夫的差别还不及大驯犬与灰狗差别的一半……[1]

几年前,大卫·萨宾谈到英美的社会学面临着一场危机,因为它基本上基于"社会阶层"(social class)的结构,而"社会阶层"这个概念现在几乎早已被"身份"(identity)[2]的概念所取代。因此,现在许多人问起科学家的历史身份或角色,但是似乎不愿得到群体志学者(prosopographer)的答案,因为这些答案往往是从社会阶层及其相关社会学概念得出的,诸如科学共同体的劳动分工:一个关于知识的斯密式的(Smithian)政治经济学。此外,有趣的是,尽管关于知识的主题或"中心人物"的群体志(prosopography)或许是一个既非常古老的,但同时又非常现代的研究,群体志真正的时代——从中可以追溯它的起源——是18世纪。我们的群体志同18世纪的自由主义的、唯物论的、实证式的社会及政治哲学是紧密相连的同族。

这篇文章的部分初稿在1997年10月15日马普科学史所第二组的研讨会上宣读,在讨论中使文章有一个彻底改动,成为现在的样子。

[1] Adam Smith, 2卷本《国民财富的性质和原因的研究》(*An Inquiry into the Nature and Causes of the Wealth of Nations*, 1776, Chicago: University of Press, 1976), Edwin Cannan编,第1卷:第19页~第20页。
[2] 这些话出现在谈话中;但可参见David Sabean,《内卡豪森的亲密关系(1700~1870)》(*Kinship in Neckarhausen, 1700—1870*, Cambridge University Press, 1998),第2页。

什么是群体志？

212

　　"群体志是通过对历史上一群人物生活的集体研究来调查他们共同的背景特征。"[3]提及"群体志"不仅很可能使英语教授们和纵横字谜的行家们去争抢《牛津英语大辞典》，也使有文化和知识的科学史家皱起眉头（即使不抱怨的话）。20 世纪 70 年代，劳伦斯·斯通、史蒂文·夏平、阿诺德·萨克雷和路易斯·皮恩森出版了有关群体志的著作，迄今仍值得我们注意。在那一点上我所做出的评论将是一般性的，要注意的是我们在此将主要兴趣都放在了科学史方面。

　　正如我将做的，我们的作者把"群体志"作为一个通称来使用，而其他人或许会将其分为两类加以研究，这两类研究包括：群体的群体志（广义群体志）和群体的统计研究（狭义群体志）。群体志一般注意较少的、容易处理的群体，例如 1700～1789 年间法国科学院所有带薪的正式成员——不到 100 人。统计研究则调查相对较大的群体，例如 1600～1773 年间所有公布的耶稣会士科学家——约 1600 人。尤其是自从学者们现在使用许多技术（表格、图表等等）研究一些相当小的群体以来，对群体志何时才能变成统计研究的担心似乎是迂腐的。因而，我将用"群体志"覆盖这些研究的全部范围。

　　群体志研究有许多特征：①它们集中于相关社会群体中的个人。与思想、制度等的关系无关，或者是次要的，或者这种关系就是源于对群体的研究。②群体志研究要对群体进行界定，以便决定将谁包含在内。这种界定标准有时看似武断，但它们是必要的。③需要一个针对相关个体的、明确或暗含的群体志人物概评或传记纲要，以使所收集的资料系统化。因此，人们通常要收集名字、生卒日期和地点、受教育情况、职业等。群体志可能会收集较少个体的大量材料，而统计研究通常不得不设法处理大量人群的少量几个方面的材料。④人们常常关心的是：从相关群体成员的群体志中获得对该群体更为正确的判断。⑤人们常常期望揭示在思想史、建制史或其他类似的历史中不明显的模式或关系。

213

　　作为一个集体的传记，群体志年代甚为久远。从古代的"哲学家传"到中世纪的"圣徒传"再到近代早期的"学术人物词典"都在其范围之内。18 世纪出现的词典或群体志局限于一些特定的民族或种族群体，尽管这种体裁的繁荣要等到 19 世纪。对我们重要的是，J. C. 波根多夫的《精确科学史传记文学词典》（*Biographisch-literarisches Handwörterbuch zur Geschichte der exacten Wissenschaften*）在 1863 年以后开始出现。现代

〔3〕　Lawrence Stone，《群体志》(Prosopography)，《代达罗斯》(*Daedalus*)，100(1971)，第 46 页～第 79 页，在第 46 页。也可参看 Steven Shapin 和 Arnold Thackray，《科学史中作为研究工具的群体志：英国的科学共同体(1700～1900)》(Prosopography as a Research Tool in the History of Science：The British Scientific Community 1700—1900)，《科学史》(*History of Science*)，12(1974)，第 1 页～第 28 页；以及 Lewis Pyenson，《"这些人是谁"：科学历史中的群体志》("Who the Guys Were"：Prosopography in the History of Science)，《科学史》，25(1977)，第 155 页～第 188 页。

群体志学者更倾向于把所有这类著作作为原始资料，而不是因为它们的名称就把它们当成研究成果。这样人们可以使用像约赫尔的《学人词典》（*Gelehrten-Lexicon*）作为群体志资料库来收集——比方说——1600～1700 年间所有出版过自然哲学论著的学者。

像约赫尔和波根多夫的这类词典已经沿着统计研究的方向前进，因为它们把学者或科学家简化为"统计表"或出生日期、专业著作、成就、出版物等的明细表。而更早的体裁，像古代的"哲学家传"没有对私人生活和公共或职业生活做出区分，18 世纪和 19 世纪的词典对精英人群给出了相对空洞的概评，忽略了私人生活的大部分方面。正是从这些词典和其他相似的资料，我们现代的、以统计作为参照的群体志研究得以形成。

科学史中的群体志

斯通和皮恩森二人对罗伯特·默顿的一部著作给予了特别的关注。这部著作首版于 1938 年，再版于 1970 年。[4] 对斯通来说，默顿的著作采取了在群体志的两个主要方向上——精英或小群体和群众或群体——中间调和的立场。尽管是精英研究，默顿还是在统计基础上写出了一个形成中的英格兰科学共同体的群体志。作为一种王朝或小的精英团体的政治史，其他的群体志研究也出现了，并因而关注（仍然关注）单一人群的利益得失、家族、资助人等方面。由于默顿把某一人格类型和团体（新科学的自然哲学家）的出现作为大规模的社会经济过程的结果来研究，因此他的著作接近斯密式的政治经济学的方向。

默顿的著作遭受到了一代人的忽视。且不说值得注意的例外，比如尼古拉斯·汉斯的《18 世纪教育的新动向》（*New Trends in Education in the Eighteenth-Century*, 1951），当代对科学历史中的群体志的兴趣是从 20 世纪 70 年代初开始的，时间上与默顿的著作的再版重合。这种兴趣的恢复是在社会史和科学知识社会学兴起的背景之下发生的。杰克·莫雷尔、史蒂文·夏平和阿诺德·萨克雷很早就表达了对科学史中的群体志的兴趣。《科学史》（*History of Science*）杂志提供了一个宣传群体志的中心场所。这些研究的共同点是对科学共同体概念的关注。夏平和萨克雷也竭力称许作为一种手段的群体志，以消除科学史中非历史的（ahistorical）或"辉格式的"方法。

214

从 20 世纪 70 年代以来，群体志的研究一直继续着。但是，除了一些零星的研究，18 世纪科学的群体志并不存在，我在这里并不打算写它。我的任务是评论它当前的状况并为它进一步的研究做一番辩解。群体志的命运似乎同社会史和社会学的命运联系在了一起。后者，特别是知识社会学，在过去近十年似乎面临着一场危机。同一时期还见证了人们对社会史兴趣的下降及对文化史兴趣的上升。

〔4〕 Robert K. Merton，《17 世纪英格兰的科学、技术与社会》（*Science, Technology and Society in Seventeenth Century England, Osiris*, 4/2, 1938; reprint, New York: Harper, 1970）。

在这篇文章的主体部分,我研究了我们所了解的 18 世纪科学群体志的状况。这类研究的零散性也反映在本篇文章自身的结构内。首先我要考虑两个群体:大学生和耶稣会士。然后我转向三个典型的国家环境(法国、英国、奥地利－德意志)并看看关于它们能说些什么。然后回到第三个群体:妇女。这就引出关于 18 世纪科学共同体的概念部分——它在什么意义下存在以及有关其群体志的可能性。我以对 18 世纪群体志的特征和近来群体志不怎么普及的评论作为结尾。

大学生

近代早期的群体志,特别是 18 世纪大学生的群体志已经成为一个争论不休的研究论题。冒着有可能在这场论战中被完全驳倒的风险,我将试着谈一下关于这一群体的一些事情。在我看来,加入高等教育机构仍然是进入科学的一条捷径。我把注意力限制在招生人数、社会阶层、流动性和专业化上。

对于有关"招生人数"的研究来说,弗朗茨·奥伊伦堡的一部著作长期以来设定了一个研究框架。[5] 奥伊伦堡调查了德意志的大学。通过对 1700 年到 1790 年间 31 所大学的调查,他发现,一直到 1750 年,每年的新招生人数在 4300 和 4000 间波动,接着是一个长期下降的趋势,伴随着一些变化起伏,在 1800 年人数仅超过 2900 人。这表明 18 世纪的大学生人数不容乐观。在后来对 18 世纪英国大学生人数的研究中发现了同样不景气的状况,尽管其间有一些短暂的复苏。例如,在牛津,劳伦斯·斯通发现招生的新生人数从 1700 年到 1709 年间的年均 316 人,下降到 1750 年至 1759 年的谷底,年均 182 人;1790 年到 1799 年间招生人数年均 245 人,出现了一个波动性的增长。一直到 18 世纪 60 年代,剑桥在招生人数上也表现出了下降的趋势,然后是一个缓慢的回升。[6]

对奥伊伦堡和斯通论点的修正出现在 1989 年的一卷论文集中,在其中,多米尼克·朱利亚和雅克·雷韦尔怀疑斯通的调查结果在牛津之外的实用性。[7] 朱利亚和雷韦尔要求更细致的分析,以十年为单位,以地域划分,对院系逐一加以分析。他们发现,1740 年后在法国实际上仅神学系的人数减少。在同一卷中对西班牙 12 个大学

〔5〕 Frans Eulenburg,《德意志大学从建立之初到当代的招生人数》(*Die Frequenz der deutschen Universitäten von ihrer Gründung bis zur Gegenwart*, 1904; reprint Berlin: Akademie, 1994)。
〔6〕 见 John Gascoigne,《启蒙时代的剑桥:从王朝复辟到法国大革命之间的科学、宗教和政治》(*Cambridge in the Age of Enlightenment: Science, Religion and Politics from the Restoration to the French Revolution*, Cambridge University Press, 1989),第 19 页;Lawrence Stone,《牛津大学生的规模和组成(1580～1909)》(The Size and Composition of the Oxford Student Body 1580—1909),载于 Lawrence Stone 编,2 卷本《社会中的大学》(*The University in Society*, Princeton, NJ: Princeton University Press, 1974),第 1 卷:第 3 页～第 110 页,在第 92 页;关于卡斯蒂利亚的相似模式,可看 Richard Kagan,《卡斯蒂利亚的大学(1500～1810)》(Universities in Castile 1500—1810),载于同前书,2:355～405。
〔7〕 Dominique Julia 和 Jacques Revel,《近代法国的大学生和学习情况》(Les étudiants et leurs études dans la France moderne),载于 Dominique Julia、Jacques Revel 和 Roger Chartier 编,2 卷本《16 到 18 世纪欧洲大学学生人口的社会历史》(*Les Universités Européennes du XVIe au XVIIIe siècle. Histoire sociale des populations étudiantes*, Paris: Éditions de l'École des Hautes Études en Sciences Sociales, 1986—9),2:25～486;见 354 页～第 356 页。

100 多年招生人数研究,发现了或多或少的稳定上升,从 1700 年的 4263 人上升到 1800 年的 7585 人。苏格兰大学的招生人数也有所增长,1787 年后达到顶点。至于德意志,威廉·弗里施霍夫正面抨击了奥伊伦堡的工作。弗里施霍夫缩小了奥伊伦堡有关 1700 年前的统计数字,使近代早期呈现出略微进步的趋势;然而,新生的人数确实在不断下降,从 1706 年至 1715 年间的 4260 人左右下降到 1796 年至 1805 年间的 3040 人左右。[8]

看来我们似乎只能说 18 世纪大学人数在一些地方(英国、德意志)下降了,而在其他地方(苏格兰、西班牙)上升了;此外,院系人数(在法国)则表现出相反的趋势——例如,神学院毕业人数下降而医学院的毕业人数上升;耶稣会学院和职业学校的人数则一直不很清楚。因此,大学生数量可能有,也可能没有一个绝对的下降。

现在让我们转向社会阶层。从中世纪以来,大学生有三个主要部分:贵族、平民和贫民。大学生可假定为男性、嫡出,并且是基督徒。宗教改革和反对宗教改革都用基督教信条来进一步界定全部学院和大学。从 1500 年到 1800 年,大学的社会成分在发生变化:平民和贫民的数量似乎一直在下降,而在一些地方出现了一种新的类型——绅士(gentleman)。

约翰·加斯科因关于剑桥的研究和斯通关于牛津的研究表明,这些机构本质上虽然仍服务于那些寻求虔修的人,但它们已经日益同社会上一个范围狭窄的部分联系在一起:信仰英国国教的、拥有土地的绅士阶级。例如,在 18 世纪的牛津大学,贵族和男爵约占招生人数的 5%,士绅阶层(esquires)从 18 世纪早期的 10% 增长到 1810 年的 40%;绅士(gentlemen)大约占 25% 到 30%,甚至更多一些;平民人数则在下降,从 1686 年的 30% 左右到 1785 年至 1786 年间的 10%,到 1810 年仅占 1%。平民人数下降的部分是一个错觉,因为他们中有许多开始自称为绅士。但下降是绝对的,原因在于费用的增长、更加严格的入学要求和对平民招生人数限制的压力,包括就业市场的紧张,而这要归因于社会精英们进入到那些曾是由平民所从事的职业当中。[9]

劳伦斯·布罗克利斯对巴黎大学的研究揭示出同一趋势。在近代早期,当穷人的数量在 18 世纪达到顶峰之后出现了下降趋势,至少在文科院系中是如此。贵族的数量一直保持在 10%~12%,尽管其中大多数是贵族阶级的着装(noblesse de robe)。在

216

〔8〕 Willem Frijhoff,《多余还是欠缺? 德意志学校大学生的真实人数的估计(1576 ~ 1815)》(Surplus ou deficit? Hypothèses sur le nombre réel des étudiants en Allemagne à l'époque moderne, 1576—1815),《Francia: 西欧历史研究》(Francia: Forschungen zur westeuropäischer Geschichte),7(1980),第 173 页~第 218 页;也可参看 Frijhoff,《数字的辉煌和现实的悲惨:弗朗茨·奥伊伦堡的曲曲理论和德意志知识分子数量的争论(1576 ~ 1815)》(Grandeurs des nombres et misères des réalités: la courbe de Franz Eulenburg et le débat sur le nombre d'intellectuels en Allemagne, 1576—1815),载于 Julia 等编,《16 到 18 世纪欧洲大学学生人口的社会历史》,第 1 卷:第 23 页~第 63 页。关于西班牙的情况可参看 Mariano Peset 和 Maria F. Mancebo,《16 世纪西班牙大学的人口》(La population des universitiés espagnoles au XVIIIe siècle),载于同前书,1:第 187 页~第 204 页;关于苏格兰的情况,可参看 A. Chitnis,《苏格兰的启蒙运动:社会史研究》(The Scottish Enlightenment: A Social History, London: Croom Helm, 1976),第 133 页。
〔9〕 参看 Gascoigne,《启蒙时代的剑桥》,第 20 页,第 23 页;Stone,《牛津大学生的规模和组成(1580 ~ 1909)》,第 37 页~第 46 页,第 93 页;也可参看 Lawrence Stone 和 Jeanne F. Stone,《开放的精英阶层? 1540 ~1800 年间的英格兰》(An Open Elite? England 1540—1800, Oxford: Clarendon Press, 1984),第 262 页~第 266 页。

法国各省神学大学生人数的下降给贫困大学生人数下降提供了证据,因为法国省立大学开始的文科院系都很小,而贫困大学生又几乎无法进入法律系和医学系。尽管对于德意志诸邦国没有定量的研究,也有证据表明贫困大学生的边缘化,他们受到奖学金体制名额的控制,这种体制有将他们推入牧师行业的趋势。[10] 我们在这里发现中产阶级专业人员——他们的孩子在大学生中是最多的——的准社会等级的出现。

　　莫妮卡·里夏茨已经研究了犹太人的情况,因此我们可以在这里做一些考察。自15世纪后期以来,犹太人有了教皇明确的特许可以在意大利的大学里学习。到17世纪后期,荷兰大学成为对犹太大学生开放的重要场所。考虑牛津与剑桥的英国国教倾向,在18世纪,犹太人仍被禁止正式进入大学;关于更世俗化的苏格兰大学的情形,我没有材料。现在以德意志的大学作为从西欧到东欧总体趋势的晴雨表,在18世纪,天主教大学实际上没有犹太大学生,尽管到1678年他们开始在新教的大学里出现。里夏茨仅统计了犹太大学生就学最多的9所大学,发现从1678年到1800年有470名犹太人注册,所有犹太人都学医学。[11]

　　如果我们能推广到18世纪的整个欧洲,在尽管数量很少但是向上增长的犹太大学生出现在欧洲部分地区的时候,贫困大学生的绝对数量则在下降,并且更多的去做牧师。尽管18世纪推崇人人平等和英才教育的思想,但在通往科学上的很多甚至大多数职业的路径更多地被社会地位所控制,并且如我们稍后将看到的更多情况那样,知识体系越来越落入土地所有者、绅士和专业人员等特权阶层的掌握之中。

　　最后的考虑涉及了社会阶层的迁移。现在我们看一下地理上的流动性。这种趋势似乎表现在进入大学的模式趋于地方化(provincialism)和对贵族的"壮游"(grand tour)*所加的学术游历的限制。奥伊伦堡自己注意到了德意志的招生人数上的下滑。弗里施霍夫对奥伊伦堡1700年以前的统计数字的普遍压缩就采取了这一观点。弗里施霍夫认为1700年以前大学生们在地域方面更大的流动性导致了奥伊伦堡夸大的统计人数:人们必须剔除1700年以前对游历大学生招生的多重计算。在对荷兰大学生的研究中,他发现1650年后在游历大学生人数上也有一个大的下滑。追随着卡根对卡斯蒂利亚(Castile)的研究,佩塞特和曼塞沃推测西班牙的招生在地方化上也有所提

---

〔10〕　关于法国的情况,可参看 Laurence Brockliss,《进入巴黎大学的模式(1400～1800)》(Patterns of Attendance at the University of Paris, 1400—1800),载于 Julia 等编,《16 到 18 世纪欧洲大学学生人口的社会历史》,2:487—526,第 503 页～第 510 页;也可参看 Julia 和 Revel,《近代法国的大学生和学习情况》,第 349 页;关于德意志的情况,可参看 Anthony La Vopa,《优雅、才能和美德:18 世纪德意志的贫困大学生、牧师职业和专业意识形态》(Grace, Talent, and Merit: Poor Students, Clerical Careers, and Professional Ideology in Eighteenth Germany, Cambridge University Press, 1988),特别是第 1 章;也可参看 William Clark,《知识英雄》(The Hero of Knowledge, Homo Academicus Germanicus, Berkeley: University of California Press, forthcoming),第 4 章。

〔11〕　Monika Richarz,《进入学术职业的犹太人:德意志的犹太大学生和学者(1678～1848)》(Der Eintritt der Juden in die akademischen Berufe. Jüdische Studenten und Akademiker in Deutschland 1678—1848, Tübingen: Mohr, 1974),特别是第 13 页,第 26 页～第 30 页,第 41 页,第 46 页,第 227 页～第 229 页。

*　　指上流社会子弟作为毕业的最后一部分,泛游欧洲大陆的旅行。——译者

升。朱利亚和雷韦尔的分析表明法国大学中也表现出了同样的地域化趋势。[12] 除了一些特例(例如,爱丁堡、哥廷根、莱顿),在大学生主体的构成方面,18 世纪大学的世界性似乎不是更多而是更少。

专业化问题在不同的地方方向不同。除了耶稣会学院之外,人文学科(和科学)院系的招生人数在近代早期的欧洲总体上呈下降趋势。1750 年后,这种趋势在一些大学有所逆转,在文科和科学的特定学科中现代"专业"观念开始出现,如数学专业、语言学专业等。在德意志,教育的研讨班体制和哲学博士学位出现在 18 世纪后半期。这种机构和实践把一些大学生改造成为这个群体中活跃的精英成员,他们生产知识,并倾向于学科的专业化。[13]

因此,在 18 世纪的整个进程中,我们可以发现欧洲大学生的人数在某些地方和院系下降,而在其他的地方和院系则是上升,绝对数量如果不是下降的话,则可能是平稳不变的。大学生很少显示平等和世界性,而更多显示出的是阶层意识和地方性。在某些方面,精英阶层正在形成学科专业化的趋势。大学生总体能否大致反映这个群体还有待观察。

218

耶稣会士

史蒂文·哈里斯是当代伟大的耶稣会科学的群体志学者。[14] 耶稣会士反对现代把自我分为私人和公共或职业两个部分:他们把自己全部献给了耶稣会。从现代资产阶级的意义上来看,耶稣会士没有私人生活。奇怪的是,正是这一点使他们成为波根多夫式词典(Poggendorffian lexicon)精神的群体志的完美主题,因为耶稣会科学家们能够被简化到他们的职业传记中去。另外两个特征成为耶稣会士现代性的标志:唯才是举(meritocracy)和流动性。我们首先看一看他们在欧洲的影响有多么大。

即使没有在实质上管理天主教国家的教育体系,耶稣会士也对它们起着支配作用,直到他们 1762 年在法国和 1767 年在西班牙被镇压,然后在 1773 年被教皇废除为

---

[12] Eulenburg,《德意志大学从建立之初到当代的招生人数》,第 136 页~第 137 页;Frijhoff,《多余还是欠缺? 德意志学校大学生的真实人数的估计(1576~1815)》;Frijhoff,《数字的辉煌和现实的悲惨:弗朗茨·奥伊伦堡的曲线理论和德意志知识分子数量的争论(1576~1815)》;Frijhoff,《各省联合共和政府的大学与就业市场》(Université et marché de l'emploi dans la République des Provinces-Unies),载于 Julia 等编,《16 到 18 世纪欧洲大学学生人口的社会历史》,第 1 卷:第 205 页~第 243 页,在第 210 页;Peset 和 Mancebo,《16 世纪西班牙大学的人口》,第 196 页;Julia 和 Revel,《近代法国的大学生和学习情况》,第 303 页~第 335 页。

[13] 关于德意志,参看 William Clark,《论研讨班研究方式的辩证起源》(On the Dialectical Origins of the Research Seminar),《科学史》,27(1989),第 111 页~第 154 页;Clark,《关于哲学博士的反讽样本》(On the Ironic Specimen of the Doctor of Philosophy),《背景中的科学》(Science in Context),5/1(1992),第 97 页~第 137 页;关于苏格兰,参看 John R. R. Christie,《苏格兰科学共同体的起源和发展(1680~1760)》(The Origins and Development of the Scottish Scientific Community, 1680—1760),《科学史》,12(1974),第 122 页~第 141 页,在第 135 页~第 136 页。

[14] Steven Harris,《默顿命题的置换:使徒的灵性和耶稣会科学传统的建立》(Transposing the Merton Thesis: Apostolic Spirituality and the Establishment of the Jesuit Scientific Tradition),《背景中的科学》,3/1(1989),第 29 页~第 65 页;也可参看 John Heilbron,《近代早期物理学基础》(Elements of Early Modern Physics, Berkeley: University of California Press, 1982),第 93 页~第 106 页。

止(尽管在俄国仍然继续存在)。到 1700 年,耶稣会已有 700 多所高等院校,仅在中部欧洲就有 200 多所。例如,到 1773 年,他们拥有大约 25 个天文台,而且他们为其院校的物理学实验室提供资金之力度往往比 18 世纪新教国家大得多。尽管耶稣会努力同新教徒和其他组织保持融洽关系,但直到 1773 年,他们对其他学术团体持忽视态度。

关于耶稣会士招收学员和推销自身的情况,我们仍不能有充分的了解。在近代早期,耶稣会士常常被指责为主要关怀富人,所以人们不能够简单地为他们排斥贫困大学生的倾向开脱。可以想象的是,他们比新教国家更能引导获得奖学金的大学生进入学会团体的学术轨道。英才教育,作为一种有才之士的寡头政治,似乎是通过耶稣会在欧洲形成的。[15] 正如我们将看到的,英才教育并不一定是近代早期投身知识的群体(如大学教授)的基本价值和特征。考虑到有才之士要得到证明才能获得晋升的观念,耶稣会士也许在招收和提拔会员时并不拘于其社会阶层。

随着耶稣会士的英才教育,他们极度的流动性变得引人注目起来。作为学术人员,耶稣会士处于频繁流动中。在许多机构仅仅待五年左右是寻常之事。例如,一个耶稣会士可能在班贝格大学(University of Bamberg)教学五年;然后被协会调到维尔茨堡大学(University of Würzburg)待五年左右;然后由于有真才实学,就被调到罗马总部;最后,作为重要人物或许会被调去北京或其他地方。[16] 这种流动性被用来打破任何忠于国家或本土的倾向。耶稣会士并不是尽忠于个别的院系、大学或学术机构。在此意义上讲,耶稣会的学术是世界性和国际性的。

然而,耶稣会士公然拒斥一种明显趋势——正如我们将看到的——存在于新教学者和科学家那里的学科专业化趋势。相反,耶稣会教授常常在学科之间轮流。像英国的摄政制一样,耶稣会体系让一个教授教同一群学生三年左右是很典型的,和学生一起从一个学科进入另一学科。在斯密主义者看来,这种对劳动分工的抵制引起了对专业人员塑造的抵制:耶稣会士忠于组织,对某一学科或国际性的学术团体的忠诚仅仅是次要的或根本就没有。

但在这里必须给出两个限定条件。对一些学科,特别是数学,耶稣会在某些机构鼓励某些学者的专业化。以维尔茨堡大学做一个可靠的晴雨表,从 1700 年到 1773年,12 个数学教授中,有 7 个教了三年或不到三年。有 4 个被允许教了七年到十年,有

[15] 参看 David Knowles,《从巴各默到依纳爵:一个宗教团体的机构史研究》(*From Pachomius to Ignatius: A Study in the Constitutional History of the Religious Orders*, Oxford: Oxford University Press, 1966),第 64 页。

[16] 关于耶稣会士通过学院和学科之间的流动,参看 L. W. B. Brockliss,《17 世纪和 18 世纪法国的高等教育:一种文化史》(*French Higher Education in the Seventeenth and Eighteenth Centuries: A Cultural History*, Oxford: Clarendon Press, 1987),第 46 页～第 47 页;Heilbron,《近代早期物理学基础》,第 96 页～第 97 页;例如,Fritz Krafft,《作为高中教师和美因兹大学教师的耶稣会士及其教师职业……(1551～1773)》(Jesuiten als Lehrer am Gymnasium und Universität Mainz und ihre Lehrfäche ... 1551—1773),《美因兹大学史研究》(*Beiträge zur Geschichte der Universität Mainz*),2 (1977),第 259 页～第 350 页。

1 个教了大约 20 年。[17] 最优秀的人物经常被调到罗马从事科学工作。实际上,耶稣会比新教体系更早建立了休假制度:有成就的学者可以脱离教学两年到六年去研究和出版学术著作。

哈里斯查明了,在 1600 年到 1773 年间的 1600 种科学方面的耶稣会士的出版物,其中有 200 名人员的一个核心团体出过 7 种或更多。哈里斯确定,1740 年到 1773 年间耶稣会出版物很兴旺。耶稣会士出版了大量他们的专业著作——亚里士多德的自然哲学,但也出版了同样多的天文学、数学和现代自然哲学和经验哲学的著作。哈里斯和约翰·海尔布伦从思想史的层面上看到了耶稣会科学和"新教"科学之间一些调和。

220

但在社会史层面上,我们看到 18 世纪欧洲两种类型的科学共同体。从群体志上,我们可以谈到耶稣会科学家的人数和他们的虽然超越国界但封闭的团体,以及和他们对立的信奉世界性的科学意识但在实际上仍基本固定在国家或地方团体中的新教科学家。这种对立过于简单,特别是按照其他天主教徒、无神论者、游民和各种各样生存在夹缝中的人们的观点来看。但是直到 1773 年,群体志还在提这两种重要的但互不相干的团体。

欧洲范围内的国家和地方科学共同体

约翰·加斯科因的一部著作给我们提供了这里的一些观察资料。[18] 作为一个优秀的群体志学者,他界定了他所研究的群体:在《科学传记词典》(*Dictionary of Scientific Biography*)中收录的 1660 年到 1760 年间出生的欧洲人和美洲人,共 614 个。在这种划分下,当人们从一本研究"最重要"人物的著作中提取材料时,不可避免地,随意因素就产生了。尽管如此,如果更为谨慎一些的话,加斯科因使用的这些数据原本有可能是普遍适用的。他的三个研究结果使我们特别感兴趣:科学家的国家从属关系、18 世纪表现出的专业化趋势以及大学之外的生产中心的转移。

加斯科因的研究结果表明,这些人中,超过 70% 的人出生于三个地方:法国(30%)、大不列颠(26%)、奥地利 – 德意志各邦国(Austro-German provinces)(16%)。其中 188 个(31%)是教授或有相似的教育职位,对拥有最终职位者的国籍进行分析,

[17] 参看 Karl-Heinz Logermann,《维尔茨堡书院哲学系教授书目(1582 ～ 1803)》(*Personalbibliographien von Professoren der philosophischen Fakultät der Alma Mater Julia Wirceburgensis . . . 1582—1803*, Diss. Med. : Erlangen-Nuremberg, 1970),第 9 页;也可参看 Winfried Stosiek,《维尔茨堡书院哲学系的亚里士多德物理学教授书目(1582 ～ 1773)》(*Die Personalbibliographien der Professoren der aristotelischen Physik in der philosophischen Fakultät der Alma Mater Julia Wirceburgensis von 1582—1773*, Diss. Med. : Erlangen-Nuremberg, 1972); Gudrun Uhlenbrock,《维尔茨堡书院哲学系教授书目(1582 ～ 1803)》(*Personalbibliographien von Professoren der philosophischen Fakultät der Alma Mater Julia Wirceburgensis von 1582 bis 1803*, Diss. Med. : Erlangen-Nuremberg, 1973)。
[18] John Gascoigne,《18 世纪的科学共同体:一项群体志研究》(The Eighteenth Century Scientific Community: A Prosopographical Study),《科学的社会研究》(*Social Studies of Science*),25(1995),第 575 页～第 581 页。

加斯科因的发现如下：26% 是奥地利－德意志籍、19% 是法国籍、17% 是意大利籍、15% 是英国籍，其他所有地方占 6%，或者更少。在这个列表中使人惊讶的是法国，按照惯例人们还没有把法国与一个近代早期生气蓬勃的大学传统联系在一起。奥地利－德意志的教授职位（professoriate）数量领先是与那里普遍接受的学术文化的信念相对应的；意大利的教授职位超过英国也和普遍接受的这种观念是一致的。

如果把教授职位看做制度创新方面的中间道路，而不是保守道路的话，加斯科因关于专业化的结论似乎是不会引起反对的。他指出在 18 世纪期间开始为特定自然科学设置特定教席或职位。到 1800 年，即使我们没有发现每个国家的科学共同体被划分成数学家、物理学家等跨国界的亚团体，但我们的确发现自然哲学家和博物学家团体开始了学术的劳动分工。

在全部 614 个人中，70% 以上在大学或类似机构受过教育。这表明成为大学生依然是成为（重要的）科学家最可靠的方式。然而，加斯科因发现，他的 614 名科学家中的 69% 并不是教授或同等职位。这里引起了很多问题，但由于他的文章过于简短而没有涉及。例如，人们想知道耶稣会士当教授的比例是否更高；实际上，人们想知道 614 人中耶稣会士占多大比例。总之，加斯科因的数字表明，多产的科学中心没有在 18 世纪全体教授的手中，奥地利－德意志除外（或许没有将耶稣会考虑在内）。这与公认的智慧再次相符。我们有一个科学共同体，其中没有教学义务的"院士"和"业余爱好者"发挥着重要作用。

从我们群体志的观点看，与把追求科学作为职业（也就是说，通常有报酬）的人相对，就"业余爱好者"来说，我们指的是把追求科学作为业余爱好（也就是说，通常没有报酬）的人。在这种意义下，我们可以说，人们有可能在一个讨论会上作为业余爱好者追求科学，而在另一次讨论会上则以之为职业。正如我们将要看到的，18 世纪似乎很少有人能够仅依靠科学谋生：做一名"科学家"并不是现代意义上的一种职业或行业。我对"业余的"和"职业的"的使用，像我对"科学共同体"的使用一样，在某种程度上是一个时代错误，正如我们在较后的章节里看到的那样。但是，我在这里仍将使用它们。

现在让我们在学会（society）和研究院（academy）之间做技术上的区分。我仅用"研究院"来指像巴黎科学院这样的机构，因为至少"正式"院士领取薪酬。在这个意义上，做一名院士就是一种职业。我用"学会"是指像伦敦王家学会这样的机构，因为正式成员不领取（较多的）薪酬。成为一个学会的成员就是一种业余爱好，鉴于是这样的讨论会，我们可以说出席此类场合的所有成员都是业余爱好者或科学爱好者这样的角色。这个非贬抑的"业余爱好者"的意义取决于具体语境，就其现有含义而言，它有助于阐明 18 世纪学会中的平等主义的思想意识。而且，正如詹姆斯·麦克莱伦三世在其著作中所表明的那样,18 世纪是科学学会的世纪。[19] 在我们看来,它是科学业余爱好者的黄金时代。许多人追求科学,但即使那些有报酬的,也几乎没有人能够靠其谋生。

加斯科因关于国家联系的结论,可能被其资料来源上的一些偏见所歪曲。然而,我将把注意力限定在他的文章所阐明的三个主要国家:法国、大不列颠以及奥地利－德意志地区。能包括其他地区是最好的,像斯堪的纳维亚或巴尔干或北美;但由于受时间的限制,特别是受知识面的限制,我不能这样做。但无论如何,在三个"主要"国家之间充足的多样性能够保证这一信念在接下来的几节中具有某种普遍性。

法 国

在转向业余爱好者和科学院院士之前,我们快速查看一下法国非耶稣会士的教授职位。劳伦斯·布罗克利斯的著作对法国高等教育制度作了全面概述。[20] 耶稣会的传统为早期任命的官僚体制(英才教育体制)提供了便利。在学院或较低的文科和科学院系,非宗教性的教授职位的任命要经过公告职位,通过考试(即竞争,concours)来测试申请人。系委员会决定结果和投票决定任命。除了法律系之外,这个方法几乎就是一个惯例。但是群体志学者想知道事实上的等级制度(de facto castes)或王朝(dynasties)是否出现了现代化方法,比如国家考试,在何种程度上,打破了王朝和社会阶层对职业的控制?考试是取代了资助体制(patronage)和裙带关系还是照样偏袒老面孔?

职业院系(神学、法律和医学)能支付相当不错的薪水;但在独立学院或文科院系的薪水总的来说较少,不足以为终身职业提供支持。在独立学院或文理各科的教授,十年的时间可能是最大限度,因此,人员更替量很大。低薪水有助于解释为什么法国非耶稣会士的教授职位不能成为科学研究核心群体的一部分(如果这就是所表现出来的情形的话)。

现在让我们转向业余爱好者并把我们自己限定在丹尼尔·罗什对法国各省的"研究院"(academies)——用我们现在的观点来看,其实大部分是学会——所做的里程碑式的研究上。罗什发现了大约 6000 名协会会员,其中大约 37% 是贵族,20% 是高级牧师,43% 是平民(roturiers)。但这些平民并不那么普通。并且,因为学会采用了一项严格的会员资格的政策,实行名誉、普通和准会员的等级制度,所以,需要在这方面进行更多说明。在各省,贵族占名誉会员的 71%。对于普通会员而言,其主要部分,61% 仍是贵族,而 37% 是资产阶级。准会员(等级制度中的第三个层次)的大多数,55% 来自

[19] James McClellan,《重组的科学:18 世纪的科学学会》(*Science Reorganized: Scientific Societies in the Eighteenth Century*, New York: Columbia University Press, 1985)。
[20] Brockliss,《17 世纪和 18 世纪法国的高等教育:一种文化史》,特别是第 39 页~第 48 页。

资产阶级,18% 主要来自土地所有者、官僚、医生、律师、牧师、教授,以及别的职业和绅士。的确,资产阶级群体中有 3/4 强属于三个"黑袍阶层"(神学、法律和医学)中的一个。不到 4% 的资产阶级成员来自商人、工厂主和手工业行会。"研究院(学会)是一种精英文化的现象,并且其成员对此有明确的意识。"[21]

罗什证明科学业余爱好者这一重要群体来自贵族和职业团体中。这里的"这些人"是那些管理城镇的人。他们基本上都是"男性"。与我们将回到的沙龙不同,学会充当的是一个具有共同中心的场所。此外,它还是证明中年人价值的场所,因为他们大多数在 30 岁到 50 岁之间参加进来。罗什注意到作为业余爱好的科学研究还与文科七艺*的观念、闲暇对工作(otium versus negotium)的观念相一致。闲暇和高贵的关联促成了一种知识高贵的观念,这与以金钱为目的的渴望毫不相干。正如他注意到的那样,这一点在法国使得把商人和制造商包括进来变得尤为困难。

罗什把 18 世纪的学会看做博学的文艺复兴时期的学会或团体与现代专业化的科学学科共同体之间的中间点,尽管这种学会仍然在所涉及的范围上保持着那种博学性。的确,就其存在范围而论,非专业化是这些团体的平等意识的一部分。直到 18 世纪很晚的时候,学会才为科学中的劳动分工提供了完全的推动力。这种业余爱好者的群体志表明,在新生的科学共同体中,贵族化思想和平等主义两个主题的纠结不清,既是地方的也是国际的。虽然整个法国复制一个或多或少一致的模式,从而显示出某种国家的学者共同体的色彩;但是在罗什的群体志研究中,法国的学会仍然保留了当地或地方学会的影子。在这点上,罗什重新回到了经常出现的巴黎优于法国各地方的忧虑之中。

"不能再把专业官僚和文化的博学者相混淆……前者的地位很容易同他在国家的功能角色联系在一起,而不是和他劳动的经济成果相关联。专家们的研究院(在巴黎)的存在又一次增强了他的(院士的)意义深远的精英价值。"哈恩强调院士作为专家和官僚所具有的本质和作用,因为他们拿薪水。在 18 世纪,业余爱好者同专业人士的区别,在院士中极为明显地显示出来,而且,以那时的同时代人的眼光看,巴黎人是杰出人物中的杰出人物(la crème de la crème)。罗什、哈恩和戴维·斯特迪的著作支持了这种观点。[22]

[21] Daniel Roche, 2 卷本《各省的世纪之光:科学院与各省的院士(1680～1789)》(Le siècle des lumières en province: Académies et académiciens provinciaux, 1680—1789, Civilisations et Sociétes 62, Paris: École des Hautes Études en Sciences Sociales, 1978),第 1 卷:第 90 页;也可参看第 1 卷:第 52 页～第 54 页,第 197 页～第 198 页,第 207 页～第 208 页,以及第 2 卷各处。

* 文科七艺包括语法、修辞和逻辑三艺及算术、几何、音乐和天文四艺。——译者

[22] 引用来自 Roger Hahn,《对一所科学机构的剖析:巴黎科学院(1666～1803)》(The Anatomy of a Scientific Institution: The Paris Academy of Sciences, 1666—1803, Berkeley: University of California Press, 1971),第 51 页～第 52 页;也可参看第 69 页～第 71 页,第 80 页～第 81 页,第 108 页;也可参看 Hahn,《科学研究在 18 世纪的巴黎作为一种职业》(Scientific Research as an Occupation in Eighteenth-Century Paris),《密涅瓦》(Minerva),13(1975),第 501 页～第 513 页,特别是第 504 页～第 505 页。也可参看 David Sturdy,《科学和社会地位:科学院院士(1666～1750)》(Science and Social Status: The Members of the Académie des Sciences, 1666—1750, Bury St. Edmunds: Boydell Press, 1995)。

进入巴黎科学院需由一个院士提名,然后由国王任命,他有时强加个人意志。按道理社会出身并不重要,但出身低下和大多数来自生产或商业背景的人基本都被排除在外。知道如何吸收聘任国际院士固然很好,但我没听说 18 世纪有这样的人物。罗什发现院士中的 45% 来自贵族。名誉院士中有 80% 是贵族,"领年金者"和"准会员"的 64% 是资产阶级的平民。罗什在仔细思考巴黎另外两个重要的研究院——法兰西学院(l'Académie française)和铭文研究院(l'Académie des inscriptions)的社会构成时注意到,尽管文学和历史仍然是贵族和高级牧师的领地,但诸科学正在形成资产阶级的领地。正如他观察到的(正如哈恩更早所见一样):就像由英才教育和专业化以间接的方式来支配精英分子和寡头集团那样,科学院院士的组成亦是如此。[23]

哈恩也评论道,(作为现代官僚的)院士并不像传统的职业团体(如手工业行会或学校院系)那样行动。不但院士之间很少通婚,而且他们也很少出席彼此的婚礼。总体上讲,在研究院之外他们之间彼此很少交往,而学会内的业余爱好者却倾向于此。斯特迪的研究对此提供了一个重要的例外:至少到 1750 年,裙带之风开始兴起。在我们看来,除了最后这一点(即裙带风),研究院是学会的社会对立面。哈恩进一步表明巴黎的院士并不那么富有。在 18 世纪,科学院预算的增长赶不上院士数量的增长。薪水在绝对数目上是下降的。考虑一下科学院的等级系制:在 6 个特定门类的每一门类中,有助手(2 名),准院士(3 名),领年金者(3 名),取得资历意味着一个新助手在变成一个领年金者之前不得不等 5 个年老者去世,领取诱人的 3000 里弗(livre)的薪水,而不是 1800 里弗～1200 里弗。哈恩注意到,在此更深的意义上,院士们并没有形成一个职业群体,因为他们中大部分被迫去别处赚钱,去当教授或机构的管理者,或去做军事顾问或技术顾问。

> 为了增进对自然的理性理解(这是我对科学活动的定义)的研究精神并不能完全适应旧政体(ancien régime)的社会需要,在创造出一个职业的科学家阶层所必需的规模上,它也没有得到鼓励。[24]

如果一个职业化的科学家阶层在 18 世纪的巴黎都没存在,那它就根本没存在过。

大不列颠

我们较早就注意到,科学史中返回到群体志的现象出现在莫雷尔、夏平和萨克雷的著作中。这三个作者本身基本上关注的都在不列颠范围内。对于 18 世纪,他们在 20 世纪 70 年代所写的相关著作,焦点可以归结为"双城记":爱丁堡和曼彻斯特。但

[23] Roche,《各省的世纪之光:科学院与各省的院士(1680～1789)》,第 285 页～第 290 页;Sturdy,《科学和社会地位:科学院院士(1666～1750)》,第 376 页～第 378 页,第 399 页～第 401 页,第 414 页。附录在第 427 页～第 432 页,列出 1702～1750 年间大量出身不明的成员,那些被列出的人中几乎没有出生于法国之外的。

[24] Roger Hahn,《科学研究在 18 世纪的巴黎作为一种职业》,第 512 页;也可看看 Sturdy,《科学和社会地位:科学院院士(1666～1750)》,第 413 页～第 414 页。

首先让我们简要查看一下另外两个对求学来说不能不知道的城市。

牛津和剑桥基本上仍具牧师性质。这种情形和法国世俗大学的文科和科学教授所面临的情形并无不同：牛津和剑桥的成员并不愿意把他们自己和科学或学识的生产等同起来。成员身份毋宁说为他们谋取校外的牧师职业提供了基础。牛津和剑桥的牧师角色似乎已经使近代学者把目光集中于政治而不是知识的政治经济学。我们知道很多大学的政治（辉格党对托利党）及其许多成员卷入其中；但其社会出身似乎更多地被忽视了。对于牛津和剑桥的教授，我不知道任何关于他们及其社会史的群体志研究。[25]

现在让我们转向苏格兰。大部分人同意苏格兰的教授会构成了那里 18 世纪科学共同体的核心群体。1708 年，随着在爱丁堡摄政制度的废除，教授席位体制被引进了，并且这种体制不久就流行于整个苏格兰。然而，有学术抱负的人通常追求对多学科的精通从而提高他们获得若干席位的机会。教授也常常为了更多的薪水、酬金甚或可能是兴趣而从一个教授席位转到另一个席位。爱丁堡教席的任命基本取决于国王或城镇议会。莫雷尔指出，至少在爱丁堡，科学教授一般至少是中产阶级出身的苏格兰本地人，在爱丁堡做过研究，并且通常是和学院的某人有关系。在格雷戈里家族（Gregories）、门罗家族（Monros）和斯图亚特（Stewarts）王朝之时，裙带之风盛行。政治和保护人也参与其中。史蒂文·夏平和彼得·琼斯已经强调了那些拥有土地的精英作为"保护者和合作者"的作用，它们常常是敌对的。[26]

在爱丁堡，忽略神学和法律不计，1700 年前有 4 个教席；其余 14 个教席是在 1708～1790 年间出现的。其他苏格兰大学形式与此相似，但教席职位更少。以那个世纪下半叶来说，在医学、数学、天文、哲学和自然科学中，在爱丁堡仅 40 人是教授。薪水由植物学的 128 英镑到数学的 113 英镑到化学的零英镑之间变动。道德哲学和博物学有 100 英镑之多，而自然哲学仅 52 英镑。这种区别成为教授们改换其教席的一个动机。[27]

在这种教席制度下，制度史方面，可以看到专业化的兴起；但是群体志却表现出了对陈旧做法的维持不变。出版模式或许说明了专业化的趋势，并且也许和通过教席而

[25]　参看 Gascoigne，《启蒙时代的剑桥》，特别是第 12 页，第 15 页，第 187 页～第 188 页；那里对载于 L. S. Sutherland 和 L. G. Mitchell 编，《牛津大学史》（*The History of the University of Oxford*, Oxford: Clarendon Press, 1986）之第 5 卷《18 世纪》（*The Eighteenth Century*）中的群体志或甚至社会阶级未加任何关注。

[26]　参看 Chitnis，《苏格兰的启蒙运动》（*The Scottish Enlightenment*），第 124 页，第 132 页～第 135 页，第 153 页～第 154 页；J. B. Morrell，《18 世纪晚期的爱丁堡大学：其学术杰出者与结构》（*The University of Edinburgh in the Late Eighteenth Century: Its Scientific Eminence and Structure*），《爱西斯》（*Isis*），62（1971），第 158 页～第 171 页，第 160 页～第 164 页；Peter Jones，《苏格兰的教授会和上流学会（1720～1746）》（*The Scottish Professoriate and the Polite Academy*, 1720—46），载于 Istvan Hont 和 Michael Ignatieff 编，《财富和美德：苏格兰启蒙运动时政治经济学的形成》（*Wealth and Virtue: The Shaping of Political Economy in the Scottish Enlightenment*, Cambridge University Press, 1983），第 89 页～第 117 页，在第 91 页，第 99 页，第 111 页，第 116 页～第 117 页；和 Steven Shapin，《18 世纪爱丁堡的科学听众》（*The Audience for Science in Eighteenth Century Edinburgh*），《科学史》，12（1974），第 95 页～第 121 页；也可看 Christie，《苏格兰科学共同体的起源和发展（1680～1760）》。

[27]　Morrell，《18 世纪晚期的爱丁堡大学：其学术杰出者与结构》，第 162 页～第 165 页。

制度化的学科一致。但优秀的斯密派群体志学者通常却只注意薪资结构以及它对作为教授的现代科学家的创造性的限制,这些教授们的研究倾向于停留在教学领域。那个时代的一所著名大学,教员人数很少,他们由血缘关系联系在一起,这充分体现在教员会议上,而且远不止此。苏格兰大学仍然是复杂而相互联系的道德共同体,与手工业行会相似。作为传统学会,在这里私人生活同公共或职业生活仍融合在一起。

　　大不列颠依然在等待它的研究 18 世纪学会的群体志学者出现。除了曼彻斯特和爱丁堡,似乎很少有学会得到研究。迈克尔·亨特对伦敦王家学会的研究也只到 1700 年为止。他写道:"在对王家学会会员的统计分析中,迄今为止,同对其支持者的政治和宗教联系相比,其职业和社会阶层更较少得到关注……"正如我们已经注意到的那样,对牛津和剑桥的研究情况也是如此。加斯科因认为,18 世纪王家学会是由绅士和土地所有者阶层控制的。假定亨特的结论截止到 1700 年为止,那似乎是合理的;此外,它表明伦敦王家学会与法国的学会是相似的。[28]

　　1783 年的爱丁堡王家学会(RSE)是从 18 世纪 30 年代的医学和哲学学会发展而来,它是爱丁堡教授会和拥有土地的知识界之间妥协的产物。其创始成员(约 150 人)包括爱丁堡大学的所有教授和苏格兰其他大学的大多数教授,以及男爵、大臣、牧师、律师、医生、政治家、上层贵族(barons)和乡绅的合理的混合。"爱丁堡王家学会在它一开始便是一个非常注意按照职权(ex officio)行事的学会,凭地位而未必以智力成就即可进入这一行列。"[29]它既不是"一个年轻人的学会",考虑到其成员,它也没有反映文学界中受到拥护的平等意识和英才教育意识。夏平揭示了这种地方和地区的对抗性态势,是它推动了正在形成中的国家的甚至国际的科学共同体这一期望中的机构。以夏平的群体志角度看,和罗什的法国地方协会一样,他的爱丁堡王家学会植根于爱丁堡和苏格兰当地和省里的文化中。

　　我们的第二个城市呢?正如夏平已经注意到的那样,到 18 世纪末,英国可能还没有现有规模的曼彻斯特,但它正在形成中。在 18 世纪 80 年代和 90 年代,"文学和哲学"学会在英国的工业中心迅速成长,提供一种与罗什的法国地方学会和夏平的苏格兰王家学会不同的新学会。萨克雷研究了建立于 1781 年的曼彻斯特文学和哲学学会。这些学会让基本上被排斥在学会运动之外的那些边缘化的人(企业家和技术员)加入。在 1799 年到 1803 年间,曼彻斯特协会 26 名成员中几乎一半是商人和制造商,而且仅有 1 名是绅士。"新的曼彻斯特精英对引以为豪的身世和继承的财富很少认同。通过才智和努力成就一个有限的民主的观念(the idea of a limited democracy of

[28]　引用来自 Michael Hunter,《王家学会及其会员(1660 ~ 1700):早期科学机构的形态学》(*The Royal Society and Its Fellows, 1660—1700: The Morphology of an Early Scientific Institution*, London: British Society for the History of Science, 1982—5; 2nd ed. 1994),第 25 页;也可参看 Gascoigne,《启蒙时代的剑桥》,第 283 页。

[29]　Steven Shapin,《财产、赞助和科学政治:爱丁堡王家学会的建立》(Property, Patronage, and the Politics of Science: The Founding of the Royal Society of Edinburgh),《英国科学史杂志》(*The British Journal for the History of Science*),7(1974),第 1 页~第 41 页,在第 37 页;也可参看 Shapin,《18 世纪爱丁堡的科学听众》,特别是第 100 页,第 110 页。

intellect and efforts)有着更大的吸引力";但是此时,自然知识成为"一个紧密联系的、不断通婚的、近乎是王朝精英的私有文化财产"到了惊人的程度。[30] 这是一个新的、缺乏绅士风度的精英阶层。在这里,对科学业余爱好者进行群体志研究,就是把他们放置到当地的环境中并且像苏格兰教授们那样的传统职业群体一样展现这一现代化的外观象征。

奥地利－德意志地区

让我们从一个故事开始。1746 年,约瑟夫·冯·彼得拉施男爵在奥洛穆茨(Olomouc)创立了一个"隐姓埋名者学会"(Society of the Incognito)。由于他是在玛丽亚·特蕾西亚女皇的同意下这样做的,还有谁不知道这个学会的存在,就不得而知了。三年以后,帝国伯爵冯·豪格维茨着手为维也纳的科学院制定了一个计划,这是个显要人物的学会。在获得彼得拉施的帮助后,他在 1750 年 1 月 5 号给维也纳的奥地利科学院或者说王家科学院草拟了一个模仿巴黎和彼得堡科学院的计划。这个计划设想了 13 位名誉院士,每个人都是从贵族中选出。要有一个科学院院长,必须是贵族出身。在他下面设 2 个秘书和 30 个普通的领薪水的院士(他们是核心),其中 16 个必须是领年金者,他们获得高薪。再下面有 10 个助手,他们的报酬不定。还应该为 4 个经验丰富的人和 16 个左右依附于科学院的大学生准备资金。可以接纳大约 20 个到 24 个通讯院士。除通讯院士外,其他人必须居住在维也纳,是天主教徒,并且是哈布斯堡王朝领地(Habsburg lands)的臣民。

彼得拉施曾经一度为从何处找到资金犯愁。对历法或其他东西的垄断能带来一些资金,但也许很不够。那就意味着国库的补贴是必需的。最高财务主管和帝国伯爵冯·克芬许勒及其他大臣表示反对。他们说,院士们在对国家没用的项目上浪费时间。而且如果设立这样一个科学院,它一定不能比柏林的差。唉,这恐怕就意味着要从国外用重金引进人才。

科学院问题仍停留于"审查中"。当玛丽亚·特蕾西亚女皇在 1775 年 1 月 25 日向她的臣民提醒自己仍然挂念着这件事时,她让这个名义上存在的科学院有了更多的现实性。1774 年似乎已经有两个新的计划呈交给她。但尽管有 1774 年的新计划和 1775 年女皇的想法,现金都不能像蘑菇一样在一夜之间冒出来。如她在 1775 年 11 月 25 日想起宫廷中仅有的天才所说:"我认为一个科学研究院不可能(仅)从三个前耶稣

[30] Arnold Thackray,《文化背景中的自然知识:曼彻斯特模式》(Natural Knowledge in Cultural Context: The Manchester Model),《美国历史评论》(American Historical Review),79(1974),第 672 页～第 709 页,引文在第 687 页和第 698 页。

会士和一个——哪怕是一个勇敢的——化学教授开始。"[31]

从群体志的观点看,很长时间以来,这个在维也纳名义上存在的科学院都是我最喜欢的。[32] 因为那些现实的科学院——分别创建于柏林(1700)、哥廷根(1751)、爱尔福特(1754)、慕尼黑(1759)、曼海姆(1763)以及布拉格(1784)——似乎很穷或微不足道。从我们的观点来看,在慕尼黑和布拉格的那些科学院基本上是学会,而在哥廷根和爱尔福特的那些科学院事实上是大学研究机构。只有在柏林和曼海姆的科学院才是巴黎科学院意义上的科学院。尽管某些科学院的成员名单已经公布,但无论如何,我都没有发现对他们中的一些人进行过什么群体志研究。[33]

柏林科学院是最有名的。[34] 但很难讲清楚有多少院士有薪水以及有多少人实际上接受了他们的薪水。假如科学院是被英才教育、共和主义和民主原则所支配的话,进入科学院的选举似乎常常被内部的寡头集团所操纵。从1746年到1786年,在柏林科学院初期,腓特烈大帝让法国顾问莫佩尔蒂、达朗贝尔和孔多塞来决定究竟接纳谁。对院士的招聘是国际性的,考虑到国王和顾问们的怪癖,最受欢迎的是法国人和瑞士人,而对德意志人和犹太人则不屑一顾。尽管被科学院的大多数院士提名,摩西·门德尔松仍被国王拒绝。让马库斯·赫兹进入科学院的努力也以失败告终。我想,在18世纪没有其他犹太人被认为是符合要求的,而且我对那些实际的天主教徒能受宠表示怀疑。这位"哲学家国王"想要一个普鲁士—巴黎科学院;但他只得到了一个苍白而可怜的仿制品。

更确切地说,慕尼黑的科学院是一个学会。[35] 直到1806年,除了一些被接纳的新教徒,似乎没什么人得到报酬。尽管这种接纳是用来对抗巴伐利亚耶稣会的影响,但在一开始新教徒并没有被接纳。在大约25名创始的普通院士和准院士中,有12人是本笃会教徒(Benedictines),有4人是萨尔茨堡的教授,其他的12人是教士会会员。正式的和高级的在俗教士构成了这里的全部职员,一定数量的姓前带有"von"*的普通信徒只是在后来才出现在其行列中。还未出现的这个群体的群体志无疑会揭示出一个英国王家学会的巴伐利亚翻版。

虽然我知道对奥地利-德意志的学会没有什么群体志的研究,但我还是要考虑一

[31] 参看 Josef Feil,《在玛丽亚·特蕾西亚领导下建立科学院的努力》(Versuche zur Gründung einer Akademie der Wissenschaften unter Maria Theresa),《祖国历史年鉴》(Jahrbuch für vaterländische Geschichte),1(1861),第319页~第407页,引文在第382页。

[32] 除非另外注明,这节基于 Clark,《知识英雄》和 Clark,《论内阁档案中的科学院议案》(On the Ministerial Archive of Academic Acts),《背景中的科学》,9/4(1996),第421页~第486页。

[33] 例如参看 Georg Wegner 编,《波希米亚王家科学学会成员名单(1784~1884)》(Die Königliche Böhmische Gesellschaft der Wissenschaften, 1784—1884. Verzeichnis der Mitglieder, Prague, 1884)。

[34] 标准来源仍是 Adolf Harnack,《柏林王家科学院史》(Geschichte der Königlich Preussischen Akademie der Wissenschaften zu Berlin, Berlin: Reichsdruckerei, 1900),4 pts. in 3 vols., 在 1/1:242—4,465—81;1/2:645—54 有 1700~1812 年间的成员名单。

[35] 参看 Ludwig Hammermayer,《巴伐利亚科学院的创立和早期历史》(Gründungs-und Frühgeschichte der Bayerischen Akademie der Wissenschaften)(Münchener Historische Studien, Abt. Bayerische Geschichte, 4, Kallmünz: Lassleben, 1959)。

* 德意志贵族姓氏的标志。——译者

下卡尔·赫夫鲍尔对德意志化学团体的研究。[36] 赫夫鲍尔把洛伦茨·克雷尔的《化学杂志》(*Chemisches Journal . . .*)——即后来的《化学年鉴》(*Chemische Annalen*)放在中心位置,其第一期出现在 1778 年。这个杂志事实上只限于学会的通讯成员之间。这就使得它的重心不只局限于某一地方,但它尚未形成一个国际学术团体。赫夫鲍尔认为,通过这个杂志,德意志的订阅者开始把他们自己看做是职业意义上的化学家而且是德意志的化学家。1789 年后,在面对共同的敌人——拉瓦锡的新"法国"化学时,后者(即德意志的化学家们)异常激烈地出现了。赫夫鲍尔还做了个中心 - 边缘式的分析,在 1784 年到 1789 年间的 146 个杂志投稿人中,他发现一个以 8 人为核心的群体。赫夫鲍尔认为这种科学共同体和这类地方学会不同,是一种中产阶级现象,因为克雷尔的德意志订户中 90% 是中产阶级与新教徒。能够了解是否有大量贵族也订阅物理学或博物学杂志固然很好,但我不知道有这类研究。

我现在转向奥地利 - 德意志诸邦的科学中心:教授会。从 1700 年到 1789 年,奥地利 - 德意志诸邦大约有 45 个具有大学地位的研究机构。宗教改革运动以后,学科教席制或一般的教授会发展起来。微薄的薪水在许多地方导致兼职现象,以至于,例如,阿尔特多夫大学(University of Altdorf)在 1750 年仅有 4 个文理教授,他们都拥有这些学科中所有相关的教席。一个大学教师最好是从讲师(Adjunkt 或 Dozent)开始做起,然后也许就做副教授,最后幸运的能成为正教授或教席获得者,即唯一收入有保障的人。由于教席的薪水高低是由法令制定的,教授们就不得不通过转换教席和院系以获得更高的薪水。正如我们已在学术文化与德意志非常相似的苏格兰所看到的那样,尽管学术机构出现了,但薪水和升迁机制还在抵制学术分工中的专业化。

作为天主教改革的后果,奥地利的文理科院系和大多数德意志天主教院系都落入了耶稣会掌握之中,直到他们 1773 年被镇压为止。1784 年后,在奥地利地区,教席大概是沿着法国考试(concours)模式,也通过考试应聘。正如在法国那里一样,我们看到耶稣会终结的结果是转向官僚精英管理,信奉天主教的德意志邦国在 1773 年后的倾向与信奉新教的邦国一致。

德意志新教院校在对人事有发言权时把大学事务、个人事务与非个人的、学科的事务同样看重,即使不是对前两者更为看重的话。一个人是否从这一大学毕业关系重大。1648 年以后,宗教教义似乎并不重要,但实际上依然很重要。教授会的任命即使不是校内的近亲繁殖,也仍然是邦国内的同族繁殖。裙带关系在任何地方都是有效的。其程度因为群体志上未能记载妇女的娘家姓而被部分地隐瞒了。在蒂宾根的学术王朝中有两个令人感兴趣的家谱已经被公开了。从 16 世纪到 18 世纪,在布尔克哈特 - 巴尔迪利(Burckhardt-Bardili)家族中可以找到 10 个教授的女儿,每个人都与蒂宾

[36] Karl Hufbauer,《德意志化学共同体的形成(1720～1795)》(*The Formation of the German Chemical Community*[*1720— 1795*], Berkeley: University of California Press, 1982)。

根的某个教授结婚。在 18 世纪和 19 世纪的格梅林（Gmelin）家族中，有 11 个教授之女，其中 9 个也嫁给教授。[37]

德意志学院的成员构成（或等级）与另一个较大的等级有密切关系，多少类似于罗什的法国地方学会。在小小的林特尔恩大学（University of Rinteln），教授与地方长官、牧师和官僚形成一个通婚群体。在林特尔恩大学的历史（1621 年到 1809 年）上，共有 231 171 个教授，其中 68 人有明确的血缘或婚姻关系，更深的关系还没有被调查。在一所中等规模的马尔堡大学 1653 年到 1806 年间教授的群体志中，赫尔曼·尼布尔发现了同样的模式：马尔堡的教授同地方长官、官僚、牧师及别的诸如此类的人一起构成了一个近似的等级。没有一个学术界人士的父辈是农民，仅有 7.4% 的父辈来自手工业行会。此外，尼布尔发现在 1806 年足足有 1/3 的教授，其源头通过血缘或婚姻可以一路追溯到 1653 年。在德意志教授中有出身低微的孩子的著名例子，但似乎很少。那里没有妇女，所有起初教"东方"语言的极少数犹太人似乎都不得不改变其信仰。[38]

在 18 世纪中后期，一些新教国家开始追求理性化的任命制度。最高统治者不仅获得批准院系任命的权利，也获得了做出任命的能力。例如，柏林和汉诺威开明的统治者尽力打破院系的裙带关系，至少官方上如此。18 世纪中期以后，服务和特长（后者通常是通过出版物，有时甚至是通过来自其他大学的岗位邀请提议得到证明的）成为学术岗位未来的关键。汉诺威的哥廷根大学在这里开风气之先，尽管它的教员之间还存在着复杂的关系。[39]

在学术生活合理化之前，与苏格兰的一样，德意志的院系以传统的职业团体方式运作：它们是综合的道德共同体。在职业群体从综合的道德共同体（在其中公共和私人生活没有分开）向单纯的工作场所（在其中职业生活从私人领域分离）的转变中，一些人已经看到了"现代化"（的踪迹）。[40] 现代官僚体制的形成基本上基于这种转变。在这个意义上，不考虑他们传统的裙带关系，哥廷根大学和巴黎科学院走在官僚体制现代化的前面，与耶稣会的和妇女对学术和科学共同体的观点形成了鲜明的对比。

[37] 载于 H. Decker-Hauff 等编，3 卷本《蒂宾根大学 500 年：蒂宾根大学史文集》（*500 Jahre Eberhard-Karls-Universität Tübingen: Beiträge zur Geschichte der Universität Tübingen*, Tübingen, 1977），第 3 卷：第 138 页～第 139 页，第 168 页～第 169 页。

[38] 参看 Hermann Niebuhr,《马尔堡教授的社会史（1653 ～ 1806）》（*Zur Sozialgeschichte der Marburger Professoren, 1653— 1806*, Quellen und Forschungen zur hessischen Geschichte, 44）（Darmstadt/Marburg: Hessische Historische Kommission, 1983）；关于林特尔恩大学，参看 Gerhard Schormann,《维西河畔的林特尔恩大学：1610/21 ～ 1810》（*Academia Ernestina. Die schaumburgische Universität zu Rinteln an der Weser (1610/21—1810)*, Academia Marburgensis. Beiträge zur Geschichte der Philipps-Universität Marburg, 4, Marburg: Elwert, 1982），第 198 页～第 200 页；关于巴塞尔、吉森和马尔堡，还可以参照 Friedrich W. Euler,《德意志学者性别的产生与发展》（Entstehung und Entwicklung deutscher Gelehrtengeschlechter），载于 Helmuth Rössler 和 Günther Franz 编，《大学和学术水平（1400 ～ 1800）》（*Universität und Gelehrtenstand 1400—1800*, Deutsche Führungsschichten in der Neuzeit, 4, Limburg/Lahn: Stärke, 1970），第 183 页～第 232 页；Richarz,《进入学术职业的犹太人：德意志的犹太大学生和学者（1678 ～ 1848）》，第 22 页～第 23 页。

[39] 关于这些问题，参看 Clark,《论内阁档案中的科学院议案》。

[40] 关于职业群体的转变，参看 Marc Raeff,《有序的警察国家：德意志诸邦和俄国的社会和机构通过法律发生的变化（1600 ～ 1800）》（*The Well-Ordered Police State: Social and Institutional Change through Law in the Germanies and Russia, 1600—1800*, New Haven, CT: Yale University Press, 1983）。

妇 女

在 18 世纪,与大学生和耶稣会士一样,妇女也构成了初期科学共同体的一个特殊群体和类别。对妇女的思考将恰好引出下一节关于 18 世纪科学共同体的界定问题。在这里,我们更多地根据隆达·席宾格的一部著作。[41]

在《心智无性吗?》(*The Mind Has No Sex?*)一书的第 2 章中,席宾格考察了科学中的"贵族圈子"。直到 18 世纪晚期,出身名门的妇女开始在科学中担当了诸如作者、译者、通信者、资助者和学会的创建者这样的角色。在巴黎和欧洲那些在它的文化支配下的地方,作为启蒙知识分子团体的关键场所,沙龙出现了,我们很难把它从科学共同体中分开。与学会不同,沙龙是一个有异性交往的场所,它起初是由出身名门的妇女举办的。[42] 然而,这种沙龙仅能在欧洲很少的一些地方找到,在这些地方绝大多数贵族成员一起生活在城市而不是乡村。

随着世纪进程的慢慢流逝,资产阶级化(embourgeoisement)发生了。尽管仍然保持着它的气氛,但沙龙开始与贵族分离。在那个世纪的后半叶,犹太人已变得能为沙龙所接受了(salonfähig)。德博拉·赫兹研究了 1780 年到 1806 年间柏林的情况,在那里犹太妇女不仅参加沙龙而且还举办沙龙。赫兹做了一个 417 名知识分子的群体志,在其中他发现 100 人参加过沙龙。这 100 人中,有 38 个是贵族,42 个是非犹太人的中产阶级和 20 个犹太人。仅在最后一个群体中,妇女数量(12)超过男人的数量(8)。除了犹太人进入之外,在沙龙中男性的社会构成与罗什的法国学会相似。大多数柏林沙龙中的男性是贵族、绅士、教授和官员,商人仅占 4%。[43]

德娜·戈德曼写道:"启蒙时期的沙龙正在产生一些空间……这些空间作为他们的模式而发挥作用。"[44] 从贵族的圈子到沙龙,我们看到闲暇的贵族文化精神的影响;这一点仍被罗什作为地方学会的核心所强调。沙龙培育在古代的人文学科框架中的知识,它与商业价值完全相反。(像耶稣会一样)沙龙比学会更抵制资产阶级对公共生活和私人生活的分离。的确,如赫兹叙述的,沙龙是真正的社交场所,从中可产生友谊、恋情甚至婚姻。在此范围内,沙龙和以院系和行会的方式下综合的道德群体类似。沙龙作为一个工作式的玩耍或忙碌的休闲之地,把家庭和工作地点融合起来,是对贵

[41] Londa Schiebinger,《心智无性吗? 现代科学起源中的女性》(*The Mind Has No Sex? Women in the Origins of Modern Science*, Cambridge, MA: Harvard University Press, 1989);也可参看这卷中她的文章。

[42] Schiebinger,《心智无性吗? 现代科学起源中的女性》,第 30 页～第 32 页,第 37 页～第 65 页,第 153 页;也可参看 Dena Goodman,《文学界:18 世纪法国的启蒙文化史》(*The Republic of Letters: A Cultural History of the French Enlightenment*, Ithaca, NY: Cornell University Press, 1994),特别是第 73 页～第 89 页。

[43] 参看 Deborah Hertz,《柏林旧体制中犹太人的上流社会》(*Jewish High Society in Old Regime Berlin*, New Haven, CT: Yale University Press, 1988),特别是第 20 页,第 114 页～第 118 页;也参看 Richarz,《进入学术职业的犹太人:德意志的犹太大学生和学者(1678 ～1848)》,第 7 页。

[44] Goodman,《文学界:18 世纪法国的启蒙文化史》,第 74 页。

族来说特有的东西。

在《心智无性吗?》的第 3 章中,席宾格考察了最低社会等级——工艺传统中的妇女。因为近代的工匠阶层,像贵族一样,不能真正地把家庭和工作场所分开,性别角色在那里就有更多的可变性。在许多地方,妇女可能是行会的正式成员,而且更重要的是在丈夫不在的时候经营他们的商店或工艺品。雕刻、计算和测量是最重要的工艺或技术,它们是新科学的基础,可以表明在 18 世纪妇女分享了这些技能。在天文学中,席宾格表明计算和观察的技术传统如何天衣无缝地进入到理论传统中。

在《心智无性吗?》的第 9 章中,席宾格重新回到第 2 章、第 3 章的研究,把我们带到了 18 世纪的后果:"两个发展(家庭私人化[privatization]和科学职业化)改变了妇女在科学中的命运。"[45] 这些发展基本上排除了妇女或者使妇女在现代家庭的私人范围内成了看不见的助手。正如贫困大学生的事例那样,18 世纪导致了妇女的边缘化。到 1800 年,科学已经被绅士、教授和中产阶级所控制,他们把家庭和工作地方、私人生活和工作场所分开。这是现代纪元的新的科学共同体。

18 世纪的科学共同体

科学共同体在 18 世纪存在吗?在群体志意义上,我们总体上对于它能说些什么?或者它是不能运用于近代早期科学的时间误置(anachronism)的概念?20 世纪 70 年代的群体志学者提供的正是这种方式及其"科学共同体"的概念,以补救时间误置的历史或辉格式的历史。同时,人们必定想知道辉格式的社会学和社会史能否简单地代替辉格式思想史。这将给科学文化历史学家轻蔑地看待现代群体志学者的"野蛮"方法提供较好的理由。

但让我们把这个游戏玩到最后吧。既然群体志学者们乐于谈论科学共同体,让我们暂时把他们零碎的工作以及我们对此有关的知识放在一边,转而考虑团体自身的性质。作为一个整体,18 世纪科学共同体至少是一个意识形态的实体:可称之为"文学界"(Republic of Letters)。世界主义(Cosmopolitanism)和公平性(impartiality)是它的两个本质的和理想的特征。[46] 但当我们考察特定的或地方的具体事例时,我们的群体志发现太多的地方群体或别的利益群体了。

与"文学界"开明的世界性的意识形态相反,我们的不完整的群体志已经展现出了地方主义、乡土观念(provincialism)和民族主义。我们能够发现的最具有世界性的团体是耶稣会。法国地方学会也是这样。我们已经发现爱丁堡和曼彻斯特的不列颠各学

---

[45] Schiebinger,《心智无性吗? 现代科学起源中的女性》,第 245 页。
[46] 参看 Lorraine Daston,《启蒙运动中文学界的理想和现实》(The Ideal and the Reality of the Republic of Letters in the Enlightenment),《背景中的科学》,4/2(1991),第 367 页～第 386 页;也可参看 William Clark、Jan Golinski 和 Simon Schaffer,《导论》(Introduction),载于 Clark、Golinski 和 Schaffer 编,《科学在启蒙的欧洲》(*The Sciences in Enlightened Europe*, Chicago: University of Chicago, 1999)。

会已经陷入了当地和地方的政治和资助的背景中。甚至克雷尔的化学杂志,一个充满学科自我意识的传播工具,也成为民族主义的。作为当时的学术先驱,苏格兰和德意志的教授会,也被我们看做是校内的、地方的或至少是国家内的近亲繁殖团体。我们可以把康德的情形作为一个象征,他自称是一个世界主义者或"世界公民"(Weltbürger),但他从没有离开过自己的家乡。甚至大多数大学生似乎已经放弃四处漂流的方式而留在地方。除了耶稣会士,各种科学院的院士们保持着最鲜明的世界性。然而,正如柏林的情形所表明的那样,沙文主义的招聘政策似乎,至少在一些地方,已成为那个时代的规则。

与"文学界"相联系的平等思想和选贤与能的(meritocratic)意识相反,我们已经揭示出了诸多阶层网络以及等级制度的界限。耶稣会在这里又显示出了一个例外,因为他们也许会把有才干的人员提升到其等级之上并在世界范围内活动。此外,我们推测,法国和奥地利的耶稣会传统与他们以考试为基础进行学术任命的体制的形成联系在一起。在其他群体和欧洲的其他部分,我们发现社会阶层和等级制度决定了一切。由于这样或那样的原因,大学生中出生于贫寒之家的人越来越少。正如地方学会的情形中那样,受到启蒙的大学生们显得有教养和专业化,更多人出身贵族、绅士。形成中的资产阶级或许从才能和平等的角度思考问题,但正如我们在两个城市的情况中所指出的那样,他们却是从影响和关系的角度做事。苏格兰和德意志的教授在学术任命和职位升迁方面,如果不是最大程度,也是很大程度地按私人关系和金钱利益考虑的。

与现代职业化和学科专业化的科学家团体相比,我们发现许多团体都是业余的和多学科性的。苏格兰和德意志大学的教授职位体制建立了专业化的学科,但我们的群体志显示出对斯密式的学术分工的抵制。耶稣会坚持认为:人们应该忠于协会,而不是忠于一些抽象的国际团体或下一级科学共同体,并将之作为一个政策问题。信奉新教的教授们受过多种学科的训练,为了获得更高薪水而在各个教席之间转来转去。法国地方的业余爱好者反对学科的专业化,部分来自平等情结。各种沙龙和学会支持文科的反商业价值:在贵族闲暇范围的科学追求,在接下来的世纪里,无疑在某种程度为其不关心私利的主张提供了基础。克雷尔所办的将学会限定在其通讯成员之间的化学杂志,在接下来的一个世纪,指向了专业化科学家的新的角色和身份特征。或许遍布全欧洲很少的几位科学院院士体现了这种角色特征,但我对此感到怀疑。在任何意义上,根本就没有职业的科学家团体。

正如前面所述,18世纪追求科学的大多数群体都像传统的综合的道德共同体那样。如果有足够的篇幅和知识可以让我们去考察别的,如工匠、工程师和技术人员等群体的话,我们的群体志或许能为此找到更进一步的证据。特别是和贵族、耶稣会士、受过教育的妇女一样,工匠不愿意把他们的生活和自我分成公共的和私人的两个部分。因而,我们看到了在对待妇女和一般问题上席宾格对那个世纪的解释所具有的力量:家庭私人化和科学专业化。上层的沙龙和下层的商店中复杂的社会氛围不再是中产阶层科学的合适场所。家庭和工作场所分割成为私人的和公共的。资产阶级的多种角色填补了这些空间。像新官僚那样,职业科学家占据一个公务的领域,其中,个体自我可能会被抑制。

启蒙的群体志

作为前面分析的尾声,最后让我们考虑群体志在 18 世纪的根基并探究一下它今天存在的问题。我们现有的群体志的轮廓存在于学术颂词的文体、群体概念和"统计学"的兴起之中。

罗什的悼词研究提供了一个基础。[47] 像《学人词典》一样,颂歌或为学者而作的悼词,或许被看做 18 世纪的特征,虽然不是它唯一的特征。丰特内勒为巴黎科学院的院士所作的颂词确立了 18 世纪的文体。的确,它对近代科学家的角色的形成作用很大。不像较早的那些修辞过多的颂歌式的悼词,新的类型反映了历史的旨趣。别的科学院和协会的常任秘书仿照巴黎科学院对其院士的生平给予详细的记录。他们为我们构造了学术机构的集体传记。

从一个典型的例子可以推断,一个进步的、科学的悼唁颂词应包括:出生的地点和日期、全名、父母姓名;家庭及其亲属的条件和地位;教育,特别是他的母校和导师;在学术界初次亮相的年龄和方式;服务和承担的项目;旅行;婚姻情况;爱好;研究领域;拥有的珍藏及其特征;拥有的图书馆及其范围;撰写的著作、准确的著作目录及他人评价,如果可能的话;名誉、友谊及与有关学者的通信;参加的各种协会和科学院的成员身份;主要的个人和公共生活事件;性格、生活方式、健康情况;死亡原因;财产和学界的声望等。

这种悼词与古代的"哲学家传"相似。与具有基督徒传统的"圣徒传"相对应,这些悼词,除了颂歌的和历史的方面外,也展示了在启蒙运动的精神下被世俗化的圣徒传的特性。与群体志或列表的履历相比,圣徒传的重要性赋予科学的新主题以一个道德标准和意识形态。"一个圣徒式的睿智生活,要放弃激情,成为新的圣徒就要通过控制自我来证实。"[48]这些新的圣徒和智者的言行录没有被规范的学术悼唁颂词分为公共和私人两部分。在这个意义上,悼词仍保持着贵族性和传统性。这个科学主题仍展现着一个复杂的道德角色,其美德就在于对自我的某些方面进行控制。

因此,悼词延续了古老的(虽然经过了现在的启蒙改造)集体传记的传统。如果我们把对杰出人物或小团体的集体传记看做广义的群体志,那么狭义的群体志,对特定人群或大团体的统计研究,如不是全部发源于启蒙运动的话,仍然能够在此追踪到它的起源。正如在波根多夫的《精确科学史传记文学词典》中所反映的那样,剥夺了私人

[47] Roche,《各省的世纪之光:科学院与各省的院士(1680～1789)》,第 1 卷:第 166 页～第 181 页。
[48] 同上书,第 1 卷:第 177 页。

生活的主要内容的统计学和履历表，产生了对 19 世纪职业"男性科学人"的神化，可在 18 世纪的《学者辞典》(Lexica of the Learned)中找到其先驱。其倾向是资产阶级的甚至是自由主义的，是与统计学联系在一起的平等主义的一种结果。

　　18 世纪，或一般地说，长期的启蒙运动，见证了某种统计学的诞生，或者毋宁说，见证了群体概念的诞生，这个群体服从可量化规则和社会规律。17 世纪 60 年代，"政治算术"在英国兴起，它试图把社会主体的各方面进行量化，特别是人口。18 世纪，英国的"政治经济学家"、法国的"重农主义者"、德意志的"经济学者"(cameralists)，用他们的"警察学"(Policey-Wissenschaft)和统计学，可能会主张，社会领域的一些方面构成了一个因果作用整体，甚至构成了自我调节系统，这些自我调节系统呈现出群体效果并独立于计划、利益以及个人、团体和政府的控制。社会实践和社会结构在人们还没有理解它们的时候就有可能对作为一个整体的社会或对一些阶层或一些群体具有一种功能上的价值。

　　对亚当·斯密来说，劳动分工就是一种这样的实践。正如我们从他那里知道的，18 世纪政治经济学家可以设想，各种社会实践，诸如劳动分工，产生各类新的角色——哲学家与街道挑夫，而不是从他们中产生各种社会实践。社会身份至少可以说不是——如果不是完全不是的话——社会结构和社会实践的原因，而是其结果。18 世纪为科学的一些主题奠定了政治经济学基础：18 世纪中产阶级——经济人(homo oeconomicus)是我们的(统计学的)群体志的对象的原型。[49]

　　作为启蒙运动这把双刃剑的后果，我们群体志部分地起源于英国的政治经济学和德意志的警察学，它们又分别起源于政治算术和"统计学"(Statistik)。群体志的困境(aporias)是启蒙运动自身的困境的重要部分，无论是处于自由政府还是官僚政府的时代。因而，人们或许把最近在群体志上的犹豫不决——这种方法被它的一些实践者认为是"野蛮的"——看做是对 18 世纪自身的遗产——自由主义、唯物主义和实证主义——的犹豫不决。如果留心浪漫主义对启蒙运动的批评，那么，群体志学者想要思考科学史从群体志和社会史向"文化"史的最近转向就不无讽刺意味。还有什么比我们的文化史及其对科学身份的建构与浪漫主义的联系更紧密吗？

（孟彦文　李志红　任密林　王　跃　程路明　译　方在庆　校）

[49]　参看 Stone,《群体志》(Prosopography)，第 59 页。总体上参看 Louis Dumont,《从曼德维尔到马克思：经济意识形态的起源和成功》(From Mandeville to Marx: The Genesis and Triumph of Economic Ideology, Chicago: University of Chicago Press, 1977)，第 3 章至第 6 章；Keith Baker,《孔多塞：从自然哲学到社会数学》(Condorcet: From Natural Philosophy to Social Mathematics, Chicago: University of Chicago Press, 1975)；Michel Foucault,《权力/知识：访谈和其他著作选（1972～1977）》(Power/Knowledge: Selected Interviews and Other Writings 1972—1977, New York: Pantheon, 1980)，Colin Gordon 等译编，第 146 页～第 182 页；Otto Mayr,《近代早期欧洲的权力、自由和自动的机器》(Authority, Liberty and Automatic Machinery in Early Modern Europe, Cambridge, MA: MIT Press, 1986)，第二部分；Theodore Porter,《统计思想的兴起（1820～1900）》(The Rise of Statistical Thinking 1820—1900, Princeton: Princeton University Press, 1986)，第 1 章；Lorraine Daston,《理性个人与社会法则：从概率到统计学》(Rational Individuals versus Laws of Society: From Probability to Statistics)，载于 Lorenz Krüger 等编，2 卷本《概率的革命》(The Probabilistic Revolution, Cambridge, MA: MIT Press, 1987)，第 1 卷：第 295 页～第 304 页；Daston,《启蒙运动中的古典概率》(Classical Probability in the Enlightenment, Princeton, NJ: Princeton University Press, 1988)。

第二部分

各门学科

10

科学的分类

理查德·约

自柏拉图和亚里士多德以来,西方传统的哲学家们就一直鼓励对知识进行组织整理。当知识受到整理、被细分和能够把握时,我们谈论它时用树(trees)、领域(fields)、图谱(maps)和主体(bodies)等使人想到明确的构造和关系的隐喻。当知识被视为混乱无序、数量庞杂或未加细化时,我们用迷宫、迷津或海洋来谈论它,这些词表明,可能还是存在一种秩序,虽然也承认它目前尚不可见。这种二分法中的第一种是正面的肯定,古代哲学家用两种相关的方式支持它。首先,优先将逻辑可以证明的,或至少是可以系统组织起来的知识体当成学问(scientia)或科学,将其与其他知识形式——诸如意见(opinion)、手艺(craft)或者技能(techne)等——相区分;其次是试图证明,在一个包罗万象的知识分类中,各门科学是如何以某种理性的方式相互建立联系的。这些图(maps)或表(charts)指明了教育与学习的适当途径。这样的方案出自中世纪的经院思想家,并且鼓舞了一直到文艺复兴及其以后的大学教育和课程计划,反过来这些教育和课程计划又补充了方案本身。[1] 按照其中一种路径就可以掌握知识的完整体系,百科全书(的知识)(encyclopedy)。

到了 18 世纪,支撑这类早期的知识分类的社会和文化条件已经发生了重大的改变。例如,大学不再是获取知识,特别是获取科学和有用的手艺知识的唯一途径。但是至少在 18 世纪上半叶,讨论科学所用的术语仍然接近于经院哲学的术语。对于缺乏经验的人来说,面对这一时期的教科书、词典和科学讲稿中的正规语言,可能是一种令人烦恼的经历。诸如"物理学"(Physicks,及其显而易见的翻版"Physick")、"生理学"(Physiology)、"灵魂学"(Pneumaticks)、"圣灵学"(Pneumatology)、"植物学"(Phytology)、"人体学"(Somatology)以及"大气学"(Aerology)等词语,经常出现在显然不只是写给学者,也是写给公众读者的著作中。同时,正如《知识的酝酿》(*The Ferment*

本章的写作受到澳大利亚研究委员会(Australian Research Council Grant)的一项资助,也得到格里菲思大学(Griffith University)的支持。我还要感谢 Jennifer Tannoch-Bland 所给予的研究上的帮助。

[1] James A. Weisheipl,《科学的性质、范围和分类》(The Nature, Scope and Classification of the Sciences),载于 David C. Lindberg 编,《中世纪的科学》(*Science in the Middle Ages*, Chicago: University of Chicago Press, 1978),第 461 页~第 482 页。

of Knowledge)一书的编者所强调的那样,这个世纪非但不是科学革命高潮之后的一个停滞期,反而出现了针对电、磁和热现象的统一研究、化学革命、太阳系的演变理论,并且出现了新的学科,比如地理学、生物学和心理学。[2] 但正是这些看似确乎"现代的"进展,成为抵制将稍后出现的学科范畴引入到 18 世纪科学的讨论中去的关键因素。从两个方面来看待这些进展对我们的理解是有益的:一、基于牛顿模式的物理 - 数学科学,诸如天文学、力学和光学的日益成功;二、在相对新的研究领域,诸如电学、磁学、生理学和矿物学,以及植物和动物的分类学中,弗兰西斯・培根(1561~1626)倡导过的那种经验观察的日益积累。这种知识爆炸——绝不仅局限于自然科学——使得旧术语体系及其表现出来的一些分类不再适合。这就有必要绘制新的知识图谱,而这在当时是难以做到的。

然而,毫无疑问的一点在于:这一任务吸引了一批思想家。以 1794 年 7 月法国哲学家安托万 - 路易 - 克洛德・戴斯蒂・德特拉西(1754~1836)在丽嘉(les Carmes)身陷图圄时的期望为例,距离预期的审判以及可能被送上断头台只有几天的时间,他还尽力要制订出一个能够体现科学统一性的分类方案。[3] 在整个 18 世纪,这一事件也许可以被视做一个世纪——这是一个经常被看做是展现了对分类法和普适体系热情的世纪——恰如其分的结尾。然而,同样重要的一点是:戴斯蒂・德特拉西断言,如果存在一个通用的科学,或者说科学的统一体,那么它是建立在生理学之上而非数学之上——由此颠倒了诸如笛卡儿和其他启蒙运动先驱思想家的位置。

通过这些考察可以得出下列两点结论:广为人知的第一点是,自古以来对科学统一性的追求在 18 世纪仍在继续;第二点,关于自然科学或物理科学的分类方法,只达成了有限的共识。而且,到 18 世纪末,当新的学科(比如戴斯蒂・德特拉西特别推崇的生理学)作为具有很大自主性的研究领域而出现时,取得一致意见的前景也变得错综复杂而且黯淡了。当启蒙运动的历史学家们试图概括这个时代的知识分子特征时,这种问题必然会出现。诺曼・汉普森在《启蒙运动文化史》(A Cultural History of the Enlightenment)中提出,18 世纪"视知识为一整体,而非支离分散的集合"。但是与汉普森的论点相比,托马斯・汉金斯的看法则有所不同,在其《科学与启蒙运动》(Science and the Enlightenment)一书中他评论道:"新的科学学科的创立可能是启蒙运动对科学现代化最重要的贡献,而我们也许会很容易忽略这一贡献。"[4]这两种尝试总体反映出它们所暗示的问题的复杂性:18 世纪的思想家如何理解不同学科间的关系? 他们又是

[2] G. S. Rousseau 和 Roy Porter 编,《知识的酝酿:18 世纪科学的编史学研究》(The Ferment of Knowledge: Studies in the Historiography of Eighteenth-Century Science, Cambridge University Press, 1980),第 2 页。

[3] Emmet Kennedy,《戴斯蒂・德特拉西和科学的统一》(Destutt de Tracy and the Unity of the Sciences),《对伏尔泰与 18 世纪的研究》(Studies on Voltaire and the Eighteenth Century),171(1977),第 223 页~第 239 页。戴斯蒂・德特拉西幸存了下来并很快成为新的国家协会的一名成员。

[4] Norman Hampson,《启蒙运动文化史》(A Cultural History of the Enlightenment, New York: Pantheon Books, 1968),第 86 页;Thomas Hankins,《科学与启蒙运动》(Science and the Enlightenment, Cambridge University Press, 1985),第 11 页。

如何绘制他们的知识图谱的？

从逻辑的角度上讲，知识的分类涉及将科学划分成相互分立的范畴的构想以及对不同学科之间关系的看法，这可能揭示了一种潜在的统一性。分类就意味着划分。但是自古以来，在对知识进行分类方面，针对统一和分类的强调，就一直存在着不同的意见，而且这些不同的意见还常常并存。亚里士多德学派的传统是把科学分为思辨的或理论的、实用的以及工艺或生产的，以此将知识按照主题和方法进行了明确的区分。约翰·洛克（1632～1704）在其《人类理解论》（*Essay Concerning Human Understanding*，1690）中遵循了这一模式，他把"科学"分为三类：物理学、伦理学和逻辑学。但是莱布尼茨（1646～1716）在《人类理解新论》（*New Essays Concerning Human Understanding*，1704）对这一工作的评论中，认为这种划分太武断。早在 1679 年，他就说："如何划分科学并无太大差异，因为科学本身是连续的，就像海洋一样。"[5]因此，对统一性的信念未必要求分立的范畴，所以在 18 世纪的作者以及研究他们的历史学家的著作中发现了或对统一性或对多样性的强调，也就不足为奇了。

这些学科从哲学上被认为根本上是统一的还是多样的？18 世纪的人们与我们关于学科范畴和界定的现代意识并不相同。他们当然不会认可这种严密区分的学科阵容，通常标志这种学科阵容的是 19 世纪早期专门期刊和机构的出现。甚至有些现代学科的名称，如生物学和地质学，在 18 世纪早期尚未出现；当然，其他的名称如"物理学"（Physics）也不是表示今天认可的这类学科，而通常是指对自然原因（causes in nature）进行的所有研究。[6] 亚里士多德称之为"自然哲学"（natural philosophy）并赋予它比数学还高的地位。他认为数学是一门处理抽象概念的学科，而这些抽象概念必须接受那些研究真正自然原因的人，也就是自然哲学家的裁决。这一术语仍然带有一些它的原始内涵——基于物体本质探求定性的解释。例如，在一套德语百科全书（1732 年由约翰·泽德勒开始编纂）中，"自然学说"（Natur-Lehre）这一条目建议物理学只限于对实物的研究，但承认有人更喜欢老的观点，即物理学也包括精神实体的特性。然而在此前一个世纪里，加强已形成的数学和自然哲学之间关系的趋向占据了优势，并

---

[5] Gottfried W. Leibniz，《哲学手稿》（*Philosophical Writings*，London: J. M. Dent, 1995），G. H. R. Parkinson 编，M. Morris 和 G. H. R. Parkinson 译，第 6 页。关于亚里士多德学派的传统，见 James A. Weisheipl，《中世纪思潮中的科学分类》（Classification of the Sciences in Medieval Thought），《中世纪研究》（*Medieval Studies*），27（1965），第 54 页～第 90 页，在第 58 页～第 68 页；Charles Schmitt，《亚里士多德与文艺复兴》（*Aristotle and the Renaissance*，Cambridge, MA: Harvard University Press, 1983）；William A. Wallace，《传统自然哲学》（Traditional Natural Philosophy），载于 Quentin Skinner 和 Eckhard Kessler 编，《剑桥文艺复兴时期哲学史》（*The Cambridge History of Renaissance Philosophy*，Cambridge University Press, 1988），第 210 页～第 235 页。17 世纪思想家所见的问题见 Lorraine Daston，《路易十四时代的知识分类》（Classifications of Knowledge in the Age of Louis XIV），载于 David L. Rubin 编，《太阳王：路易十四统治时期的法国文化优势》（*Sun King: The Ascendancy of French Culture during the Reign of Louis XIV*，London: Associated University Presses, 1992），第 207 页～第 220 页。更宽泛的可参阅 Robert McRae，《科学统一的问题：从培根到康德》（*The Problem of the Unity of the Sciences: Bacon to Kant*，Toronto: University of Toronto Press, 1961）。

[6] 参见 Benjamin Martin，《哲学入门》（*The Philosophical Grammar*，2nd ed.，1738 [1st ed. 1735]，London: J. Noon），第四部分，"地质学"的应用；但是这里不只包括"水陆球体"（terraqueous globe），还包括植物和动物体。见 Roy Porter，《地质学的形成：英国地球科学（1660～1815）》（*The Making of Geology: Earth Science in Britain 1660—1815*，Cambridge University Press, 1977）。

且在牛顿(1643~1727)的工作中达到了顶峰。这推翻了亚里士多德数学对于自然哲学的亚里士多德式的从属关系。[7] 这种关系的另一结果是对自然进行非定量研究的地位普遍较低——它们没有可供夸耀的新自然哲学的实验方法和数学公式。这些观察的和分类的研究被统称为博物学,在1660年到1760年的100年中,这些研究至少占科学研究活动的19%,尽管相关的研究人员只占大学科学教授职位的4%,他们中的大多数人都是在已得到公认的数学、医学和自然哲学等领域工作。[8]

托马斯·库恩在一篇关于从古代流传到18世纪的学科群的重要文章中,将古典的(精确的)科学和实验的(培根式的)科学加以区分。他认为,前者是由毫无争议的5门科学的"自然簇"(natural cluster)组成的,即天文学、和声学、数学、光学和静力学(或力学),它们被亚里士多德称作"物理学成分较多的数学"。虽然这些科学的从业者们承认实验起到某种作用,但库恩认为它们的作用是有限的,而且经常是作为数学理论出发点的"思想实验"(thought experiments),如果真的进行了实验,通常也是来论证一个预先已知的结论。相比之下,对于17世纪的"培根式"科学来讲,实验却具有无可置疑的优势,它指引观察"对以前未观察到的而且经常是以前非天然存在的情况下自然如何运转的"。在库恩看来,这第二类科学包括一系列的经验研究,其中的一些经验研究已被普遍等同于已命名的科学,比如化学;而另外一些则是新的系统研究的一些现象,如电、磁和热。培根式的科学与用来进行并记录观察资料的一套新仪器——显微镜、温度计、气压计、抽气机、电荷检测器联系起来。虽然这些领域的研究者们开始系统地把研究集中于定义明确的现象上,但是这些领域并不像古典科学以"连贯的理论体"(a body of consistent theory)为特征。[9]

在强调18世纪的"科学"并非相互一致形成一个整体的事实上,库恩的分析是有用的。实际上,用他的类型学来讲,具有资格成为老的学问(scientia)含义上的科学无疑正是古典的/数学的学科,这一点仍是塞缪尔·约翰逊(1709~1784)在其1755年的《英语词典》(Dictionary of the English Language)中支持的一种含义。于是,在库恩的解释中,存在一些成熟的、相对稳定的科学和另一群更加分散的学科(subjects),这些学科遵循培根式的收集、观察和实验的程序,但却没有一个主导性的理论得到大家的公认。库恩的这种观点也承认有一种差别存在,即物理-数学科学中的重大进展,如光学中

---

[7] 64卷本《通用词典大全》(Grosses vollständiges Universal Lexicon, Halle: J. H. Zedler, 1732—1750),第23卷,第1149栏。关于数学与自然哲学,参见 Peter Dear,《学科与经验:科学革命中的数学之路》(Discipline and Experience: The Mathematical Way in the Scientific Revolution, Chicago: University of Chicago Press, 1996),第35页~第38页,第161页~第168页;John Henry,《科学革命与现代科学的起源》(The Scientific Revolution and the Origins of Modern Science, London: Macmillan, 1997),第18页~第21页。

[8] John Gascoigne,《18世纪的科学共同体:一项群体志研究》(The Eighteenth-Century Scientific Community: A Prosopographical Study),《科学的社会研究》(Social Studies of Science),25(1995),第575页~第581页,在第577页~第578页。

[9] Thomas S. Kuhn,《物理学发展中的数学与实验传统》(Mathematical versus Experimental Traditions in the Development of Physical Science),载于《必要的张力:科学的传统论文选》(The Essential Tension: Selected Studies in Scientific Tradition, Chicago: University of Chicago Press, 1977),第31页~第65页,引用在第37页,第47页。也可参阅 Dear,《学科与经验》,第168页~第179页。

光的波动理论,以及新的研究领域——如那些发生在生理学和地质学领域中——的统一合并。

至此为止,上述内容表明,科学史家在设法记录 18 世纪的一些假设时,已经确定了一些问题。但当时的人们是如何理解科学的呢?被现在的历史学家们视为新研究领域的出现或者在已经建立的学科中取得的重大进展,是否导致了已被接受的知识图谱发生重构?只有在了解了 18 世纪的思想家们是如何看待自然知识,以及相对于知识的其他部分,他们是如何认定自然知识的,我们才能给出答案。

实践中的分类

216

对知识分类的思考产生在何处?戴斯蒂·德特拉西的逸闻表明,辨认学科之间的关系(逻辑的关系、研究的顺序、重要性的划分)的古老哲学活动在 18 世纪末还依然存在,而且进行得很好,但似乎达成一致意见的一点是:与前后两个世纪相比,18 世纪对科学分类的哲学传统贡献较小。[10] 提出这一论题的作者们在很大程度上遵循了培根、托马斯·霍布斯(1588～1679)、洛克或莱布尼茨早先的工作——他们要么认同,要么怀疑亚里士多德。与法国或者英国相比较,这种传统在德意志更为强大些。克里斯蒂安·沃尔夫(1679～1754)和康德(1724～1804)认为这一问题很重要,但是也许这么说是公正的:没有哪个卓越的哲学家以 19 世纪作家,如奥古斯特·孔德和赫伯特·斯宾塞的方式,把科学的分类作为其主要的当务之急;在这一时期自然哲学家没有人像法国学者安德烈 – 马里·安培(1775～1836)一样专注于这一活动。的确,对"建构体系的才情"(esprit de système)(由这种精神会联想到亚里士多德的经院哲学及其形而上学体系以及笛卡儿主义)的普遍怀疑也使得许多作者对宏大的分类方案的价值产生质疑。所提方案的种类开始引发关于其相对的和武断的特点的讨论。[11] 尽管有这种怀疑态度,但是其他的实际需要使学科分类作为一个问题,在许多情况下仍然存在。

根据当时的一般情形,人们对科学分类有着很大的期望。注意到博物学分类法(最容易使人联想到的是林奈[1707～1778]的《自然系统》[Systema Naturae, 1735]和《植物哲学》[Philosophia Botanica, 1751])的热情,一些作者认为分类的动力暗示了一种普遍的思维方式。按照这种观点,林奈有关博物学和百科全书知识的著作都被认为

[10] 参见 Robert Flint,《哲学作为知识的知识和科学分类史》(Philosophy as Scientia Scientiarum and a History of Classification of the Sciences, Edinburgh: Blackwood, 1904); R. G. A. Dolby,《科学的分类:19 世纪的传统》(Classification of the Sciences: The Nineteenth Century Tradition),载于 Roy. F. Ellen 和 David Reason 编,《社会背景下的分类》(Classifications in Their Social Context, London: Academic Press, 1979),第 167 页～第 193 页;Nicholas Fisher,《科学的分类》(The Classification of the Sciences),载于 R. C. Olby、G. N. Cantor、J. R. R. Christie 和 M. J. S. Hodge 编,《近代科学史手册》(Companion to the History of Modern Science, London: Routledge, 1989),第 853 页～第 868 页。

[11] G. Tonelli,《康德时代的科学分类问题》(The Problem of the Classification of the Sciences in Kant's Time),《哲学史评述》(Rivista critica di storia della filosofia),30(1975),第 244 页～第 294 页,在第 265 页;Ernst Cassirer,《启蒙运动的哲学》(The Philosophy of the Enlightenment, Princeton, NJ: Princeton University Press, 1979),由 F. Koelln 和 J. Pettegrove 译,第 vii 页。

是同时期产生的相同的分类方案——寻求对世界("自然之书"和人类知识的领域)进行命名和排序。[12] 的确,林奈的这两种方案都假定以文本的形式,将知识加以总结,就能够达到这个目标;在某种意义上,这种形式通常是可以被普遍理解的。事实上,布丰(1707~1788)自 1749 年开始出版的《博物学》(*Histoire Naturelle*)(加上合作者的补充),到 1804 年变为 44 卷,这要比大多数百科全书还大得多。博物学体系和百科全书中知识的汇编都被认为并解释为展示的场所——陈列柜、博物馆、图书馆和总目录,通过它可以对一个更大的、外部的世界进行取样和了解。贝尔纳·格勒图森在编写《百科全书》(*Encyclopédie*)时抓住了启蒙思想家们详细考察人类智力财富的这一能力,就像发现了新大陆一样:

> 我们汇编起来的东西有时是在岛屿某一部分发现的,有时是在另一部分发现的,正是我们将其收集起来,并将它们按照适合我们的顺序加以整理,放在我们的《百科全书》所代表的这样一个通用的博物馆的某某房间里。[13]

这里说的是启蒙思想家们大胆创新,按照他们的喜好整理知识,而不是沿用任何传统体系。正如我们将会看到的那样,这的确是一个问题,而且与博物学中关于自然分类和人工分类体系之间的争论具有相似之处。在这两种情况中,分类是否武断?使扩充的信息符合一种命名法的固定范畴的难题让这一问题变得更为突出了。

在更为晚期的学术研究中,18 世纪被看做是一些现象的起点,这些现象在我们所处的时代达到它们的顶峰或危机点。一些历史学家认为,休闲、消费主义和信息在 20 世纪晚期之前是现代西方社会的重要话题,他们把 18 世纪看做是一个分水岭。[14] 自 20 世纪 70 年代以来,信息革命的观念在当代文化危机的讨论中已很普遍。但在 18 世纪谈论"信息爆炸"也是可能的,它与有读写能力的人和印刷资本主义(print capitalism)能力的增长促进了印刷品的大量流通有关。早在 1680 年,莱布尼茨就坦承他对关于"不断增长的书籍的骇人数量"的焦虑之情,以至于对作者来说这很快将成为一种耻辱而非荣耀。彼得·伯克指出,对信息进行整理和管理的迫切担忧反映在三个领域:作为筛选信息的期刊的作用;对图书馆进行编目的实际需要;在百科全书中对知

[12] Gunnar Broberg,《破缺的圆》(The Broken Circle),载于 Tore Frängsmyr、J. L. Heilbron 和 Robin E. Rider 编,《18 世纪的量化精神》(*The Quantifying Spirit in the 18th Century*, Berkeley: University of California Press, 1990),第 45 页~第 71 页,在第 45 页~第 46 页;也可参阅 Michel Foucault,《万物之序:人文科学考古学》(中译本名为《词与物——人文科学考古学》——译者)(*The Order of Things: An Archaeology of the Human Sciences*, London: Tavistock, 1970),第 125 页~第 165 页。

[13] Bernard Groethuysen,引自 Herbert Dieckmann,《〈百科全书〉中知识的概念》(The Concept of Knowledge in the *Encyclopédie*),载于 Herbert Dieckmann、Harry Levin 和 Helmut Motckat 编,《比较文学评论》(*Essays in Comparative Literature*, St. Louis, MO: Washington University Studies, 1961),第 73 页~第 107 页,引文在第 84 页~第 85 页。

[14] 有关这一文献,参见 Neil McKendrick、John Brewer 和 J. H. Plumb,《消费社会的诞生:18 世纪英格兰的商业化》(*The Birth of a Consumer Society: The Commercialization of Eighteenth-Century England*, London: Europe Publications, 1982);John Brewer 和 Roy Porter 编,《消费和商品世界》(*Consumption and the World of Goods*, London: Routledge, 1993);John Brewer 和 Ann Bermingham,《文化消费(1600~1800):图像、实物与文本》(*The Consumption of Culture, 1600—1800: Image, Object, Text*, New York: Routledge, 1995)。

识进行全面总结的尝试。[15] 虽然期刊、图书馆和百科全书在 18 世纪前就已存在,但重要的是应该注意到:在这一时期,它们与知识的组织和选择问题之间的联系更加明显;这个时候,它们不只是抽象的哲学问题,而且对所有受过教育的读者而言,它们还是实际问题。

如果我们以百科全书为例,我们可以说:在 18 世纪,关于知识分类的问题**有过**自己的特点。这一时代里,以本国语写成词典和百科全书的现代形式已经出现,它们力图展现古代和近代的科学领域,面向足够广泛的读者从而支持他们所要求的大量商业投资。从约翰·哈里斯(1667? ~ 1719)[2 卷本《技术词典》(*Lexicon Technicum*),1704、1710]和伊弗雷姆·钱伯斯(1680? ~ 1740)[2 卷本《百科全书》(*Cyclopaedia*),1728]的英语文科和理科词典开始,到启蒙运动的象征性书籍——法语的《百科全书》(*Encyclopédie*, 1751)达到顶峰,以 3 卷本《不列颠百科全书》(*Encyclopaedia Britannica*,1768~1771)作为结束,该书最初为 3 卷但到 1797 年达到 18 卷。[16] 这一时期,各科知识以一种据信是能够让那些正规大学体系之外的人可以理解的方式写在纸上。由于这一原因,对科学进行分类的任务就可能比以往变得更加突出——提出彼此相关的学科,针对特定目的选择最为相关者。尽管 12 世纪的百科全书编撰者圣维克多的休(约1096~1141)建议他的读者学习所有的知识,因为开卷有益(nothing was superfluous),但是 18 世纪著作的编者们承认个人的头脑远不能容纳全部艺术和科学的内容。[17] 于是选择成为必要,但在选择的时候要分清所在领域的分区,重视与之相关的其他学科。

249

百科全书中的科学图谱

本章余下的部分我将聚焦于百科全书。作为一种便于管理的途径,百科全书能够帮助我们探讨许多问题,这些问题与那一时代的人们看待他们的知识图景的方式有关。人们关于知识的主要划分是否存在共识? 我们现在称为"科学"的自然知识在知识图谱中处于什么位置? 在 18 世纪末对这些问题的理解经历了重大的改变吗? 这种接近主题的方式可能看似荒谬,因为与早期的百科全书不同,18 世纪重要的百科全书

---

[15] Gottfried W. Leibnitz,《促进科学和艺术前进的规则》(Precepts for Advancing the Sciences and Arts),载于 Philip P. Wiener 编,《莱布尼茨选读》(*Leibniz: Selections*, New York: Scribner's, 1951),第 29 页~第 30 页;Theodore Roszak,《信息崇拜:计算机神话与真正的思维艺术》(*The Cult of Information: The Folklore of the Computer and the True Art of Thinking*, New York: Pantheon, 1986); Peter Burke,《对近代早期欧洲信息史的反思》(Reflections on the History of Information in Early Modern Europe),《科学史》(*Scientiarum Historia*),17(1991),第 65 页~第 73 页。

[16] 《百科全书》(*Encyclopédie*),Jean Le Rond d'Alembert(1717 ~ 1783)和 Denis Diderot(1713 ~ 1784)编,开始时是作为钱伯斯的《百科全书》的翻译本,最初计划是 4 卷,1751 年开始出版时是 12 卷,在 1772 年完成时实际成为一部皇皇巨制,由 17 卷文本和 11 卷插图组成。在 1776 ~ 1780 年间又增加了 4 卷补充文本,1 卷补充插图和 2 卷索引。

[17] 《百科全书》的编者解释说,如果没有众多撰稿人的加入,他们的计划是很难想象的。参见 Jean Le Rond d'Alembert,《狄德罗百科全书初论》(*Preliminary Discourse to the Encyclopedia of Diderot*, Chicago: University of Chicago Press, 1995),由 Richard N. Schwab 翻译并作序,第 3 页。关于 Hugh of St. Victor, 见 Pierre Speziali,《科学的分类》(Classification of the Sciences),载于 Philip Wiener 编,5 卷本《思想史词典:重大思想研究选》(*The Dictionary of the History of Ideas: Studies of Selected Pivotal Ideas*, New York: Scribner's, 1968—74),第 1 卷,第 464 页。

是按字母顺序而非按系统编排的。这种格式与标题（或者在有些情况下是小标题）一致："艺术和科学**辞典**"。那么它们如何能够告诉我们那个时代对知识结构的看法以及不同的科学在其中占据的位置？在某种程度上，答案在于编者认为：就阅读百科全书而言，按字母顺序编排与学科分类甚至与教学顺序是不矛盾的。在那些重要出版物的前言中，用了大量言语来表明：虽然术语和概念是按字母顺序编排的，但对诸多知识领域之间关系的认识的确渗透于这一著作之中。[18]

中世纪和文艺复兴时期百科全书式的著作都是按照主题——如果不是始终按照系统的话——编排的，混合性代替了一致性，但是很少按字母顺序编排。它们的主题排列顺序通常是某个包罗万象的模式，比如以神作为顶点的宇宙论的存在之链、文科七艺或大学中的分科体系。另外也有其他方案的可能：在 14 世纪，多梅尼科斯·班迪努斯（约 1335 ~ 1418）编纂的一部百科全书著作《宇宙中难忘之事的源泉》（*Fons memorabilium universi*）中，为对应耶稣基督的 5 处伤口而分为 5 个部分。[19] 神学的这种势力当然正好是启蒙运动时期百科全书编者所抵制的，虽然他们偏离了百科全书的传统格式，但是并没有摒弃分类的重要性。

与 18 世纪的编纂者们相比，一些现代的评论者赞美严格按字母顺序编排优点的倾向更甚。例如，查尔斯·波塞特在附和罗兰·巴特的感受时写道："正如分类学中的零偏好（zero degree），*字母表顺序为所有的阅读方式提供了充足的理由；从这个方面讲，可以将其视为启蒙运动的标志。"[20] 由于避免了体系的层次性，因此按字母顺序编排被视做平等主义，把所有的主题都置于同一级别。为了支持上述看法，我们还可以补充一点：按字母顺序排列原则上允许无限扩展内容，却不会产生呈现联系或者重议范畴的压力。经济史家乔治·克拉克爵士在对科学革命时期的进展进行评论时说道：信息按字母顺序排列不仅仅是方便和快速查询的问题，它还更加反映了"当知识沿诸多方向增长，而非受限于针对一个整体做出的被接受的解释框架中"的状况。[21] 早期的艺术和科学辞典旨在记录和总结来自广大知识分子领域的数据资料和学说——从亚里士多德学说到牛顿学说、从园艺学到纹章学。如果是这样，把在平等地位上的简短条目按字母顺序排列避免了综合的需要，或者在哲学上的分类学中明确放置学科的问题，当然是公正的说法了。毫无疑问，对于这些优点，钱伯斯和狄德罗意识到了一

[18] 参见 Richard Yeo，《阅读百科全书：英国艺术和科学词典中的科学与知识组织（1730 ~ 1850）》（Reading Encyclopedias: Science and the Organization of Knowledge in British Dictionaries of Arts and Sciences, 1730—1850），《爱西斯》（*Isis*），82（1991），第 24 页~第 49 页。

[19] Lynn Thorndike，8 卷本《巫术与实验科学史》（*A History of Magic and Experimental Science*，New York: Columbia University Press, 1923—58），第 3 卷，第 560 页。有关文艺复兴的著作，见 Neil Kenny，《神秘的宫殿：贝罗阿尔德·德韦维尔与文艺复兴时期的知识观念》（*The Palace of Secrets: Beroalde de Verville and Renaissance Conceptions of Knowledge*，Oxford: Clarendon Press, 1991）。

* 据作者 2006 年 12 月 2 日给校者的电子邮件，"zero degree of taxonomy"是从法文译过来的，是"完全缺乏分类学"，一如只按字母排列一样。——校者

[20] Charles Porset，转引自 Broberg，《破缺的圆》，第 49 页。

[21] George Clark，《牛顿时代的科学和社会福利》（*Science and Social Welfare in the Age of Newton*，Oxford: Clarendon Press, 1937, 2nd ed. 1970），第 143 页。

些。实际上,狄德罗在 1750 年《百科全书》简介中的评论表明,查找方便是一项优点:

> 我们相信我们有好的理由按字母顺序来编这本书……如果我们分别对待每门科学并且随之附带一个遵循概念顺序而非词序的讨论,那么这本书对我们的多数读者来说就不那么方便了,他们要找到其想要的内容将会变得很困难了。[22]

然而,钱伯斯的《百科全书》和狄德罗的《百科全书》中都包含带有支持性按语的知识图表,并且他们指出这些图表可以使细心的读者在按字母顺序的词典中发现百科全书的优点。"以前的词典编撰者,"钱伯斯写道,"并没有在其著作中尝试诸如结构这类东西;看起来他们也没有意识到词典在一定程度上具有连续论述的优势。"[23]钱伯斯对科学的图表展示带有一个附属于各个主要科目的术语列表,因此通过对照,读者可以按字母顺序把分散到整个著作中的一门科学重新组织起来。与此相似,达朗贝尔在其《初论》(*Preliminary Discourse*)中明确指出百科全书不只是一本词典:

> 作为一本**百科全书**,它将尽可能地阐明人类知识各部分之间的顺序和联系;而作为一本**论述详尽的科学、艺术与商业词典**,它要包括普遍原则(这些普遍原则构成了每一门科学和每一门艺术——人文的或机械的——的基础)和构成它的形式和内容的最重要的事实。[24]

在讨论这些知识图表或图谱之前,重要的是要认识到:即使没有它们,新的科学与艺术词典都渗透着关于知识划分的某些假定。"艺术和科学"范畴,尽管是一个大的范畴,但从一开始就排除了历史、传记和地理。这些题材是一种独立类型的参考著作的领域:历史词典。重要的例子是路易·莫雷里(1643~1680)的《悠久而神圣的历史大词典》(*Grand Dictionnaire Historique, ou mélange curieux de l'histoire sacrée et profane*),1674 年首次在里昂出版,1694 年发行了该书的英译本,名为《历史、地理和诗歌大词典》(*The Great Historical, Geographical and Poetical Dictionary*);以及皮埃尔·培尔于 1697 年出版的著名的《历史批判词典》(*Dictionnaire historique et critique*)。这些著作,还有 18世纪中步其后尘的其他著作,如《大不列颠传记》(*Biographia Britannica*, 1747~1766;第 2 版,1778~1793),都关注名人的经历而不是艺术和科学的解释。[25] 艺术和科学词典的另一个重要特征是,尽管它们把信息分割成了科学和技术术语的简短条目,但还是使用了更大一些的范畴,比如博物学和自然哲学,这就需要对学科进行区别分组。

251

[22] Diderot, 转引自 Cynthia J. Koepp,《字母顺序:狄德罗〈百科全书〉中的工作》(The Alphabetical Order: Work in Diderot's *Encyclopédie*),载于 Steven Laurence Kaplan 和 Cynthia J. Koepp 编,《法国的工作:陈述、含义、组织和实践》(*Work in France: Representations, Meaning, Organization, and Practice*, Ithaca, NY: Cornell University Press, 1986),第 229 页~第257 页,第 237 页。

[23] Ephraim Chambers, 2 卷本《百科全书;或艺术与科学通用大词典》(*Cyclopaedia; or, an Universal Dictionary of Arts and Sciences*, London: J. and J. Knapton, J. Darby, D. Midwinter et al., 1728),第 1 卷,第 i 页。

[24] D'Alembert,《初论》,第 4 页。

[25] 对此区别,参见 Richard Yeo,《字母排序的生命:历史词典和百科全书中的科学传记》(Alphabetical Lives: Scientific Biography in Historical Dictionaries and Encyclopaedias),载于 Michael Shortland 和 Richard Yeo 编,《科学传记的讲述:科学传记论文》(*Telling Lives in Science: Essays on Scientific Biography*, Cambridge University Press, 1996),第 139 页~第169 页。

此外,其中一些要求引起了艺术和科学整体或领域的兴趣(正如"百科全书"一词暗示的一样),还建议在这些著作的基础上进行有条不紊的学习。

这就意味着虽然他们肯定了按字母顺序的编排方式查询起来快速容易,但这些科学词典或百科全书却遵从当代关于获得知识过程中系统和顺序的重要性的观点。这里值得一提的是在艾萨克·沃茨(1674~1748)有影响的著作中提出的教育法观点。沃茨的《逻辑学;或理性的正确使用》(*Logick; or, the right use of reason*)1726 年首次出版,1728 年再版,1741 年《思想的改进》(*The Improvement of the Mind*)作为《逻辑学;或理性的正确使用》的补充出版。沃茨的第二本著作中有一节涉及了科学,他宣称:

> 学习一门科学的最好方法是从一个有序的体系开始,或这门学科的简明图解。……要给出一门学科几个部分的完整全面的图景,而这几个部分之间在相互证明或解释上也许相互影响,那么就需要体系;反之,如果一个人总是仅仅通过文章和论文论述一门科学的个别部分,他永远不会得到一个清晰和正确的整体观念。[26]

这种观点至少在一些未预料到的地方得到了认同。诸如《知识和娱乐通览》(*Universal Magazine of Knowledge and Pleasure*)这类声称覆盖了艺术、科学和其他的学科的期刊断言:他们的连续期刊聚合成一个"艺术和科学的统一体"。这在一些自然哲学和实验哲学教科书中也显而易见,比如让·西奥菲勒斯·德萨居利耶(1683~1744)和本杰明·马丁(1704~1782)的书,它们或许提供了一个与科学词典更为紧密的比较。在《艺术与科学综合杂志》(*The General Magazine of Arts and Sciences*, 1755)中,马丁努力把他的新作品安插到竞争市场中。他说,其他的杂志并没有连贯地覆盖这些科目,他们所提供的"就只是像平安饭(Peace-meal)[原文如此],*零零散散、支离破碎、杂乱且无联系,因此对任何人都没有用处"。[27] 即使并没有涉及所有的科学领域,马丁也需要依赖存在可认知的部分的观念以便售出他的著作,包括那些关于牛顿科学的著作,作为学习教程比期刊甚至是按字母顺序编排的百科全书——这大概是他没有提到的靶子——提供的更为系统。

18 世纪的科学词典比专门的科学教科书包括的知识范围更广,钱伯斯和法语的《百科全书》中的知识图表或图谱试图展示这一范围,也帮助读者明白学科间的关系。钱伯斯的主张,即英语的《百科全书》提倡对科学的整体理解,虽然它的条目是按字母

252

---

[26] Isaac Watts,《思想的改进》(*The Improvement of the Mind*, London: T. Longman and J. Buckland, 1743),第 3 版,第 316 页。

* Peace-meal,本义是指葬礼之后逝者家人和朋友吃的一种饭。人们自己带来菜肴或过来服务,菜肴放在转动的盘上。后来则指这种形式的聚餐。——译者

[27] 《知识和娱乐通览》(*Universal Magazine of Knowledge and Pleasure*),1(1747),前言,第 ii 页;Benjamin Martin,《艺术与科学综合杂志》(*The General Magazine of Arts and Sciences*, London: W. Owen, 1755),第 iii 页。也可参见 Martin,《自然哲学与实验哲学演讲课程》(*A Course of Lectures in Natural and Experimental Philosophy*, Reading, 1743)。关于科学普及,见 Larry Stewart,《公众科学的兴起:牛顿时代英国的修辞学、技术和自然哲学(1660~1750)》(*The Rise of Public Science: Rhetoric, Technology, and Natural Philosophy in Newtonian Britain, 1660—1750*, Cambridge University Press, 1992)。

顺序编排,可看做是对沃茨所支持观点的辩护。人们可能还会注意到书籍需要受过教育的精英分子(学者、绅士和教士)来订购,艺术和科学词典无意公开与受人重视的教育主张抗衡,尽管它们的一些内容并不包括在大学课程中。在这种背景之下,百科全书的这种对于系统性倾向的持续顺从的传统取得了很好的商业意义。显然这些知识图表不只是华丽的修辞:当《不列颠百科全书》(从 1768 年后)决定不包括图表时,它的另一特殊之处是对这些图表隐含的假定及其在近代百科全书中所充当的角色的抨击。而这种改变很重要,也因为法国编者非常重视那位英国大法官[*]在 1605 年的《知识的进展》(*The Advancement of Learning*)中对"人类知识的划分"的概述。部分是受法语的《百科全书》的影响,培根所给的科学划分在这个世纪下半叶已广为大众接受。对此这里需要给出一些讨论。

培根式的学科划分

253

培根在《智力世界的描述》(A Description of the Intellectual Globe,写于 1612 年)中说:"我采用对应三种理解能力的人类知识划分方案。"这样,他认为:不同的智力领域(历史、诗歌和哲学)分别依赖于记忆、想象和理性。历史包括自然史(博物学)、地理、政治史、宗教史和市民史(civil history)以及机械技术和工艺。诗歌包括形象的书面和视觉的作品,比如戏剧、绘画、音乐和雕塑。哲学是最大的领域,它包括"所有的艺术和科学",或用培根的话说,哲学包括"任何从个体表象中搜集并被大脑整理而成的一般概念"。[28]

这种分类方案是他早在《知识的进展》中提出的,这一著作后来于 1623 年用拉丁文发表,名为 *De Dignitate et Augmentis Scientarum*。这一拉丁文本按彼得吕斯·拉米斯(1515~1572)^{**}提倡的原则加以改编,即按照多重的一分为二式、从一般的到特殊的命题、例子来展现一个论点。因此,虽然培根的书中没有一个图表,但他对科学的划分很容易纳入这种形式中——正如在 16 世纪和 17 世纪的许多哲学和教育学著作中所看到的那样。[29]培根以"树"来比喻知识也与这种方式对应,因为它允许他说不同科学之间存在着公共的出发点,并且类似于"树的分枝,它们在树干处交汇"。这就暗示了存在唯一的"通用科学"(universal science)或元哲学(Philosophia Prima),而其他科学皆源

---

* 　指培根。——译者

[28] 　Francis Bacon,《智力世界的描述》(A Description of the Intellectual Globe),载于由 James Spedding、Robert Leslie Ellis 和 Douglas Denon Heath 收集并编辑,14 卷本《培根著作集》(*The Works of Francis Bacon*, London: Longman, 1857—74; reprinted Stuttgart-Bad Cannstatt: F. Frommann Verlag, 1961—3),第 5 卷,第 503 页~第 504 页。

** 　书名为《学术的进步与价值》。彼得吕斯·拉米斯(Petrus Ramas),又名皮埃尔·德拉拉梅(Pierre de la Ramée),法国人文主义学家、逻辑学家、哲学家、教育改革者,在 1572 年发生的圣巴托洛缪大屠杀中被杀。——校者

[29] 　见 Graham Rees(在 Christopher Upton 的帮助下),《培根的自然哲学:一种新资料》(*Francis Bacon's Natural Philosophy: A New Source*, Chalfont St. Giles: British Society for the History of Science, 1984),第 19 页,注释 45;Joseph S. Freedman,《彼得吕斯·拉米斯手稿在中欧的传播(约 1570 ~ 约 1630)》(Diffusion of the Writings of Petrus Ramus in Central Europe, c. 1570—c. 1630),《文艺复兴季刊》(*Renaissance Quarterly*),46(1993),第 98 页~第 152 页,特别是第 103 页~第 105 页。我感谢 Marta Fattori 和 Graham Rees 关于在 18 世纪中期以前的拉丁文本(*De Augmentis*)的版本中没有知识分类图表的建议(私人通信)。

起于此。在提到这种统一后,随之而来的是一系列的分类。科学被划分到自然哲学之下,由两部分组成:"探求原因,产生效果。"前者,或自然科学,又分为物理学和形而上学。物理学主要研究"物质内在的,因此是短暂的"东西;形而上学研究"那些抽象的和固定的"东西。或者,用亚里士多德式的术语说,物理学关注有效原因;形而上学关注形式的和最终的原因。[30] 培根也引入了"混合数学"(Mixed Mathematics)一词,用来表示诸如光学、天文学、和声学、力学以及宇宙学、音乐、建筑学,从而扩大了亚里士多德的"中层知识"(scientia media)*的范畴。[31]

251

培根的方案是新颖的、精致的,因为它摆脱了传统的按学科领域划分的方法。相反,他以控制从知识领域的三个不同分支获得知识的智力能力来划分科学,同时保留了各分支之间的联系。培根的"人类知识的划分"是18世纪知识分类的一个参照点——不是因为它确立了固定和一致认可的体系,而是因为它对知识做了区分,同时这种区分引起了对科学分类的争论。

在我们现今所谓的科学内部,培根在自然哲学和博物学之间给出了一条大的分界线。前者受理性和部分的哲学能力的控制,涵盖了所有被18世纪的学者们当做牛顿科学的数学和物理学。而博物学从属于记忆能力,负责对矿物、植物、动物做出适当描述(记载)、收集和分类,以及重要的关于手工艺和机械的描述。然而,同时,培根对博物学从属于自然哲学的观点提出的挑战,是在与普遍性相比而言的纯粹事实的意义上进行的。他主张精确的观测和博物学的"事实"比展现在他那个时代的对立的自然哲学体系中的很多所谓的证明和公理更确定、更可靠。[32] 于是,培根的工作成为学科间关系之争的参考标志,在这里面他自己对科学的一些划分被严格地采纳了(这种严格程度甚于他本人的初衷),直到世纪末被抛弃。在讨论当时主要百科全书中的学科的分类时,我们应该记住这一点。

哈里斯的《技术词典》

哈里斯、钱伯斯、狄德罗和达朗贝尔的例子提供了思考在三本重要的艺术和科学词典中如何进行科学分类的机会。这三本词典中,按字母顺序的编排替换了教学法中

〔30〕 Bacon,《知识的进展》(Advancement of Learning),载于《培根著作集》,第3卷,第346页,第351页~第354页。对于该书的拉丁文本的版本,见《培根著作集》,第4卷,第337页。

* 中层知识,是指上帝在一定条件下预知未来的知识,位于自然知识(natural knowledge)和自由知识(free knowledge)之间。自然知识是关于上帝自身的知识,不受上帝的意志左右,它们是无条件的。自由知识是上帝关于自身意志的知识,受其意识控制。而中层知识既是有条件的,又不受上帝意志的控制。——译者

〔31〕 Bacon,《培根著作集》,第3卷,第360页~第361页;Gary Brown,《"混合数学"术语的演变》(The Evolution of the Term "Mixed Mathematics"),《思想史杂志》(Journal of the History of Ideas),52(1991),第81页~第102页,在第82页~第83页;楠川幸子(Sachiko Kusukawa),《培根的知识分类》(Bacon's Classification of Knowledge),载于Markku Peltonen编,《剑桥培根手册》(The Cambridge Companion to Bacon, Cambridge University Press, 1996),第47页~第74页,在第49页,第60页。

〔32〕 Lorraine Daston,《培根哲学的论据、学术文明与客观性史前史》(Baconian Facts, Academic Civility, and the Prehistory of Objectivity),《学术年鉴》(Annals of Scholarship),8(1991),第337页~第363页;Dear,《学科与经验》,第1章。

的顺序,但它们都承认需要考虑大的学科,这些学科依照术语化解为大量的短条目(在一些情况下是较长的文章)。然而,三本词典中对分类的结果以及以图表形式的表示处理方法不同。哈里斯的书中没有表或图;钱伯斯基于多重的一分为二式——与我们在 16 世纪以来的经院哲学家的著作和拉米斯主义者的教学课本中可以发现的类似——给出一个知识表;而狄德罗和达朗贝尔复活了培根的按智力能力划分科学的三分法。这些编者对科学中的主要划分看法是否一致? 他们是如何使用知识表来说明科学间的关系的呢?

255

哈里斯宣称,《技术词典》(*Lexicon Technicum*)是"一本不仅仅是**词汇**的而且还是**物**的词典",或一本解释"**技术**词汇"(Technical Words)怎样被用于"**自由的科学**"(*Liberal Sciences*)和与之相关的一些实用技术中,比如航海、造船、数学和几何仪器的制作,再比如气泵。伦敦王家学会的《哲学汇刊》(*Philosophical Transactions*)中的一篇评论赞同这种说法,说"这本词典的构思与其他多数词典不同",并且用哈里斯本人的话说,它不只给出"在每门艺术和科学中使用的术语,同样还有对艺术和科学本身的解释"。在第 1 卷中,哈里斯为没能在"书末给出每门**艺术**和**科学**的专门的**字母顺序条目表**"致歉。[33] 而在 1710 年出版的第 2 卷中(仍覆盖了整个字母表,但是有新补充的词条),说明两卷内容的列表出现了。

哈里斯肯定没有把这一"索引"当做一种重要的分类方案,它把书中涉及的特殊词条汇集在他认为的可认知的学科下。既然《词典》本身没带页码标记,那么这一"按字母顺序的索引"也就不能给出特定主题的页码(或卷数);他把词典中的词条列于 20 个标题[或当代用语"题头"(Heads)]之下。这种形式使得哈里斯可以列出大量主题(subjects),而不必给出它们的等级或说明它们之间的关系。这也避免了把一些主题称为艺术而另一些称为科学。这种排列从"航海术"开始,到"天文学"结束,其中包括"数学和哲学仪器"、"筑城学"、"日晷测时"、"解剖学"、"法学"和"纹章学"的标题。在一些标题中,哈里斯的词条分组显得杂乱,像"酸"、"泥土"、"石头"和"蔬菜"之类的一些词条不止在一个标题下出现。如果是这样,那么不夸大它所提供的证据是明智之举;但做了索引的事实毕竟还是有启迪作用的,因为它表明哈里斯觉得不能只是不带注释地按字母排序。同样地,这些索引提供了一些关于词典编者和王家学会会员如何理解科学的主要领域的线索。

自然界的知识有三个类:①"自然哲学和物理学";②"化学"(Chymystry);③"植物学、博物学和气象学"。作为大的范畴,在导言中提到了其中的两个,即自然哲学和博物学,其下的一些新材料被合并到第 2 卷。对于"力学、静力学"、"光学与透视法"和"天文学和天球原理"也有单独的标题。部分说来,这是因为《词典》包含了这些学科

256

---

[33]　《一本书的说明》(An Account of a Book),《哲学汇刊》(*Philosophical Transactions*),vol. 24, no. 292, 1704, 1699—1702, at 1699; John Harris,《技术词典;或艺术与科学通用词典》(*Lexicon Technicum; or an Universal Dictionary of Arts and Sciences*, London: Brown, Goodwin et al., 1704),第 1 卷,《前言》(The Preface),无页码标记。

中太多的词条,这反映了哈里斯的兴趣,他以"技术哈里斯"(Technical Harris)著称,另外也由于它们作为混合数学的学科的彻底确立的状态。但是,从该书自己的"自然哲学"的定义可以清楚地看出这些主题归入哪些类别,然而,"几何学"和"算术与代数学",即纯粹数学,却不能这样。属于"自然哲学"的学科与属于"博物学"(像在第 2 卷的条目中所描述的)的学科之间的对比是鲜明的。前者是牛顿哲学的一部分,而后者却主要是自然界的描述性记录,即泥土、水、空气、金属、矿物、化石以及生活在地球上的兽类、鸟类和鱼类。博物学的条目因此承袭了培根的定义,尽管在第 2 卷的导言中,哈里斯声明他也使用了"按植物和动物的适当顺序编排"[34]的方案。

《词典》中唯一的带有自己标题的自然科学是化学。这反映出化学学科的地位,在当时的大学里设有化学教授席位且有专门的教科书。考虑到哈里斯特别重视数学物理科学,那么他对这一主题的处理做了相当的限制也就不足为奇了,大致是从序言中引用的化学专业词典中选取大量化学物质、分析技术的名称的定义和描述,并整理在索引的"化学"条目下。这也与第 1 卷中对这一学科卑微的定义相匹配,即作为一门以"把混合体中的更为纯粹部分从粗的和不纯的东西中分离出来"为目的的"技术"。

钱伯斯的《百科全书》

钱伯斯在其《百科全书》中对哈里斯表示认同,但他宣称通过提供按字母表顺序编排的词典的一个系统阅读的选择来超越以前的艺术和科学词典。重要的是,为了对其内容作系统的使用,钱伯斯给出了一张描绘学科之间关系的知识概略表。[35] 钱伯斯没有把这一图表称为树或图谱,而是称为"知识图景"(View of Knowledge)。他按"自然的和科学的"或"人工的和技术的"对知识加以分类,然后再对每类细分,这与拉米斯主义者的"多重二分法"(method of dichotomies)类似(参见图 10.1)。首次分类后,自然科学(与技术对应)知识再分为"感性的"或"理性的",就像气象学与几何学之间的区别。另一方面,为了技术目的所获得的知识被分为"内在的"(逻辑学)或更常见的"外在的",诸如所有的技术和工艺(arts and crafts),还有科学,像光学、流体静力学、气体力学、力学和化学。显然这并不是艺术与科学的简单对比,钱伯斯所承认的不确定的区别。这一图表的确把特定的艺术与综合的科学分支并列放置,于是力学与建筑,雕刻、贸易与制造相关联;光学与绘画、透视法相关联;天文学与年代学、日晷测时相关联。钱伯斯说:"艺术与科学精确的概念以及它们正确且恰当的区分还没有完全确定。"[36]

[34] Harris,《技术词典》(*Lexicon Technicum*, London: Brown, Goodwin et al., 1710),第 2 卷,《序言》(Introduction),无页码标记。本卷末有"依字母顺序的索引"。

[35] 有关内容参见 Richard Yeo,《钱伯斯的〈百科全书〉与老生常谈的传统》(Ephraim Chamber's *Cyclopaedia* and the Tradition of Commonplaces),《思想史杂志》,57(1996),第 157 页～第 175 页。

[36] Chambers,《百科全书》(*Cyclopaedia*),第 1 卷,第 i 页～第 v 页,讨论了图表。关于艺术与科学的关系,参见卷 1 序言第 vii 页～第 xvi 页中大段的讨论以及卷 2 中《科学》(Science)(无页码标记)。

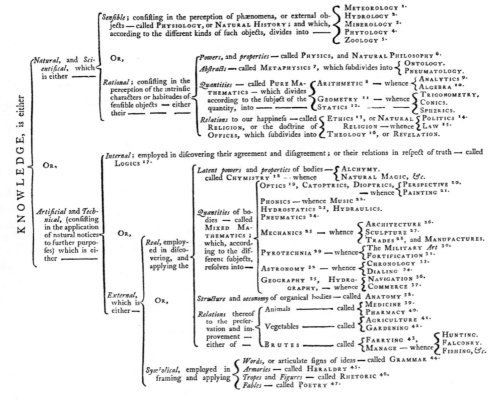

图 10.1　钱伯斯的《百科全书》（London, 1728）序言中的"知识图景"。它在所有的版本中均出现。伦敦韦尔科姆（Wellcome）研究所图书馆。

这一"图景"表示了不同学科之间的何种关系？钱伯斯却没有遵循培根的以智力 *258* 能力为依据的分类法，把机械工艺和博物学归属于记忆范畴。无可否认，钱伯斯在序言中也提及了由感觉、理性和想象（因此显然涉及智力能力）衍生出的不同科学，但他的分类并不是一个心理学的分类；事实上，他似乎把艺术和科学的大的分支看做只不过是传统的标签而已。[37]　此外，他按多重二分法的分类方案把博物学和自然哲学**两者**都放在了"科学的"分支中，出乎意料地把自然哲学与混合数学分开，后者在"人工的"或"技术的"分支中。不过像培根和哈里斯那样，钱伯斯把博物学和自然哲学这两大类加以区分：前者为"感性的"，后者为"理性的"。在书的正文中，他明确了这一点，自然

[37]　同上书，第 1 卷，第 ii 页；亦可参见 Yeo，《阅读百科全书》，第 28 页～第 29 页；Fisher，《科学的分类》（The Classification of the Sciences），第 861 页。

哲学,或它的牛顿所从事的模式(即"实验哲学")所成为"科学的"方式,对于博物学的研究却不成立:"实质上,在这 50 年或 60 年里**实验**很风行,以致除了建立在实验上的东西,哲学上没有什么进展。因此新哲学几乎完全成了**实验**的了。"[38]

  钱伯斯和哈里斯两人都把化学看做是第三类科学(the third man),既不属于博物学也不属于自然哲学。钱伯斯关于化学的条目要比哈里斯的详细,并把化学描述为一门分析的技术(art):"把以混合物形式组成的一些物质分离出来"。在塞缪尔·约翰逊的 1755 年的《词典》中,化学仍被定义为一门技术而非科学,与钱伯斯类似,引用了赫尔曼·布尔哈夫(1668～1738)对化学的定义。布尔哈夫是(荷兰)莱顿大学医学院院长,从 1718 年到 1729 年是那里的化学教授。[39] [钱伯斯和彼得·肖(1694～1763)在布尔哈夫的讲稿的基础上翻译出版了《化学新方法》(*A New Method of Chemistry*)]。虽然化学已经被明确看做是一门独特的学科,但哈里斯和钱伯斯仍不能确定它与他们所划分的两大分类间的关系。以下的事例突出说明了这一情况:哈里斯《词典》索引的"自然哲学"条目下所列的一些词条在这一世纪后期毫无争议地被放到了化学之下——诸如"酸性"、"空气"、"聚合"、"发酵"、"磷"、"空气的弹性"(Spring of the Air)、"硫黄"和"蒸汽"这些条目。其中的一些也出现在标题"化学"(Chymystry)下,但它们出现在两个地方需要加以说明。

  259 这两本科学词典中,自然哲学[或"物理学"(physicks)]的范畴与那些最发达的通常被认为是它的一部分的学科不同。在哈里斯的《词典》(卷 2)中,"物理"或自然哲学词条表明:天文学和光学——牛顿所从事的最优秀的领域——肯定属于这一类别。该词条主要是书目,而这些书"将带给读者真实而有用的自然知识";书目列出的第一本书是《原理》。* 但这一书目并不只限于所谓的牛顿科学,还包括约翰·伍德沃德(1665～1728)和威廉·韦斯顿(1667～1752)有关地球的历史和理论。索引中自然哲学的标题也在其词条列表——一个古怪的列表,既包括前面提到的化学条目,也包括一些看上去属于其他学科的条目,比如"动物"、"泥土"、"石头"、"蔬菜"和"动物志"——上超出了混合的数学科学(the mixed mathematical sciences)。正如我们可能预期的那样,这些词条中有一些也在"植物学、博物学"中出现。类似地,在伴随图表的巨大脚注中他对"物理学或自然哲学"的解释里,钱伯斯并未提及最显而易见的学科——混合数学的那些学科——的词条,因为他给出了它们自己的标题。相反,这一注释通过罗列关于自然的"力"(Powers)和"属性"(Properties)的词条,诸如引力、弹力、内聚力、电和磁,指明了自然哲学的领域。因此,自然哲学既是作为对自然现象的原理和原因的探索的一般标签又是作为许多公认的学科的标题。但是,自然哲学并不局限于库

[38] Chambers,《百科全书》,第 1 卷,"实验哲学"(Experimental Philosophy)。

[39] Chambers,《百科全书》,"化学"(Chymistry),第 1 卷。参见 J. R. Partington,《18 世纪的化学》(Chemistry through the Eighteenth Century),载于 Alan Ferguson 编,《18 世纪的自然哲学和相关主题》(*Natural Philosophy Through the 18th Century and Allied Topics*, London: Taylor and Francis, 1972),第 47 页～第 66 页,在第 48 页。

* 即牛顿的名著《自然哲学的数学原理》。——译者

恩所定义的"古典科学"。相反地,一些库恩所谓的培根式的科学被认为是自然哲学和它对自然现象的原因的探索的正统部分,如果它们不发展的话。这也是在《普通哲学初论》(*Preliminary Discourse on Philosophy in General*, 1728)中,德国哲学家克里斯蒂安·沃尔夫为什么可以把诸如气象学(在英国著作中属于博物学)这样的学科看做自然哲学,因为气象学是探索下雨、彩虹和闪电等现象的起因。另外的自然界的力和能,像电和磁,因此出现在这一标题下,虽然还不能用力学原理成功地解释它们。[40] 特别是,化学被认为是迫切要求成为一门原因和力(causes and powers)的科学。哈里斯把词条"酸"划到自然哲学条目下,并在1710年出版的《技术词典》第2卷的导言中声明插入了一篇牛顿未发表的论文《论酸》(De Acido)。他给出了该文的翻译,表明译文如何将牛顿的《光学》中的建议——微粒间的吸引力可以通过物质和运动的原理来理解——明朗化。的确,钱伯斯在词典条目的最后一句话赋予这一事件乐观的色彩,"弗兰德博士(Dr. Friend)[原文如此]已经把**化学**归纳入**牛顿主义学说**,并用力学原理解释操作的原因。"[41] *260*

可以说,哈里斯和钱伯斯主要关注的不是科学**之间**关系的复杂绘图,而是某些科学里同类词条的列表。通过把艺术和科学表现在一张表上,钱伯斯扩展了哈里斯的索引,但他的主要贡献是**各类科学术语之间使用交叉参考**(cross-references)。然而,两位编者都把一个更大的分类假定为解释科学的基础。尽管哈里斯的《词典》中没有图谱或图表,钱伯斯也没有采用培根按智力能力划分科学的方案,这两本英语词典浸透着自然哲学和博物学之间的对比。事实上,哈里斯和钱伯斯也许比培根——他总是把博物学的资料当成"第一手材料",以此为自然哲学原因探求的基础——更彻底地接受了这一思想。[42]

狄德罗的《百科全书》

狄德罗和达朗贝尔承认哈里斯和钱伯斯已经开始寻求各门学科关系的纲要了,但他们认为完成这一任务还需要更多的精力,对培根的工作也需要做些重新研究。由夏尔-尼古拉·科尚(1715~1790)所给的《百科全书》中著名的插图页直到1764年才完成,它表达了内容说明书(the prospectus, 1750)和《初论》(1751)中的信息。该插图页列了三个图形(three figures)。最突出的是理性,(在哲学的帮助下)它揭开真理的面

[40] Christian Wolff,《普通哲学初论》(*Preliminary Discourse on Philosophy in General*, New York: Bobbs-Merrill, 1963),Richard J. Blackwell 译,带有导言和注释,第42页。亦可参见 Patricia Fara,《感应吸引力:18世纪英格兰磁学的实践、信念与象征意义》(*Sympathetic Attractions: Magnetic Practices, Beliefs, and Symbolism in Eighteenth-Century England*, Princeton, NJ: Princeton University Press, 1996),第142页~第143页。
[41] Harris,《技术词典》,1710, vol.2,导言,能找到牛顿的论文;Chambers,《百科全书》,"化学",第1卷。这里指牛津学者 John Friend。关于化学"那时是一门核心学科,而[现代意义下的]物理学几乎不能取得这个地位",参见 Maurice Crosland,《在拉瓦锡的阴影下:化学纲要和一门新学科的建立》(*In the Shadow of Lavoisier: The Annales de Chemie and the Establishment of a New Science*, Oxford: British Society for the History of Science, 1994),第156页。
[42] Bacon,《培根著作集》,第3卷,第356页;楠川幸子,《培根的知识分类》,第53页。

纱;记忆和想象,附带着其各自的科学和艺术,分别位于真理的左右。[43] 在《初论》的结尾给出了描述培根哲学体系的图表(见图 10.2),而当时的编者通常都把培根哲学体系看做是"百科全书树"(encyclopedic tree),这一图形清晰表明理性支配的艺术和科学的门数最多。1780 年增补索引卷 1 的插图页所绘的知识树中,这一点在图表上进一步得到强调。这是一张很大的带有树和分枝的折叠式图表(39 英寸×24 英寸),由罗贝尔·贝纳尔镌刻。[44] 理性的主干超过了记忆和想象两个主要分支;事实上,从理性主干分离出的数学子分支比其他分支更茂盛。

狄德罗和达朗贝尔并没有被动地重复培根的分类方案;他们把培根的哲学概念(所有科学分支的基础)转变为启蒙运动的理性火炬。罗伯特·达恩顿认为狄德罗和达朗贝尔在废除"旧的知识秩序"时,在以下方面冒了"极大的"风险,即以理性或哲学代替神学,排除任何不具有经验基础的知识,而不是像培根那样把神学知识(Divine Knowledge)安排在一个独立的树形结构中。[45] 但是针对本章的目标,还有另外一个问题:在划分**科学**的方法上,他们从培根分类方案那里继承了什么? 除了三种智力能力的恢复外,他们的知识图表是否给出了一种不同于哈里斯和钱伯斯的学科排列?

法国编者强调说,"所有百科全书的树状结构在它们所包括的各类艺术和科学上的相似是不可避免的";不同之处在于它们对各分支的顺序和安排。正如达朗贝尔所述:"事实上人们可以发现,钱伯斯书中的树状结构中学科的名称和我们书中的一样,没有什么更多的不同。"[46] 这就是承认他们与哈里斯和钱伯斯一样,也是按照博物学和自然哲学两大范畴进行分类的。前者——位于记忆之下(培根所放的位置)——包括描述自然的一致和反常以及所有实用工艺(all practical arts)中典型的自然应用(uses of nature)。自然哲学并不是这样命名的,而是指所有哈里斯和钱伯斯放在这一类别中的科学,即现今"自然科学"中的科学——它隶属于哲学,当然是在理性智力之下。但狄德罗和达朗贝尔也开始削弱早期对这两大类别性质的区分。"专门自然科学"(Particular Physics)——自然科学的主要组成部分(除混合数学外)——的成员包括动物学、气象学、植物学、矿物学和地质学。早期知识图的绘制者如钱伯斯把这些划归到培根的博物学的标题下。值得注意的是,这些题目现在脱离了地位低的记忆领域。相反,它们加入了化学——它现在也无可争议地成为自然科学的一员,虽然它也被单列为"自然的竞争者和模仿者",而一篇关于"博物学"的论文声称化学开始于博物学终

[43] Georges May,《象征的研究:〈百科全书〉的插图页》(Observations on an Allegory: The Frontispiece of the *Encyclopédie*),《狄德罗研究》(*Diderot Studies*),16(1973),第 159 页~第 174 页,在第 162 页~第 164 页。

[44] 如找树状图,请参见 d'Alembert,《初论》,第 159 页;但他也使用了"图谱"的隐喻(第 47 页~第 50 页)。关于绘图(engraving),参见 Robert Shackelton,《百科全书式的精神》(The Encyclopaedic Spirit),载于 Paul J. Korshin 和 Robert R. Allen 编,《格林百年研究:唐纳德·格林纪念文选》(*Greene Centennial Studies: Essays Presented to Donald Greene*, Charlottesville: University of Virginia Press, 1984),第 377 页~第 390 页,在第 386 页~第 387 页。

[45] Robert Darnton,《哲学家修剪知识树》(Philosophers Trim the Tree of Knowledge),载于《屠猫记:法国文化史钩沉》(*The Great Cat Massacre and Other Essays in French Cultural History*, London: Penguin, 1985),第 185 页~第 207 页,在第 187 页。亦可参见 Cassirer,《启蒙运动的哲学》,第 vii 页。

[46] D'Alembert,《初论》,第 159 页;也可参见第 151 页~第 155 页。

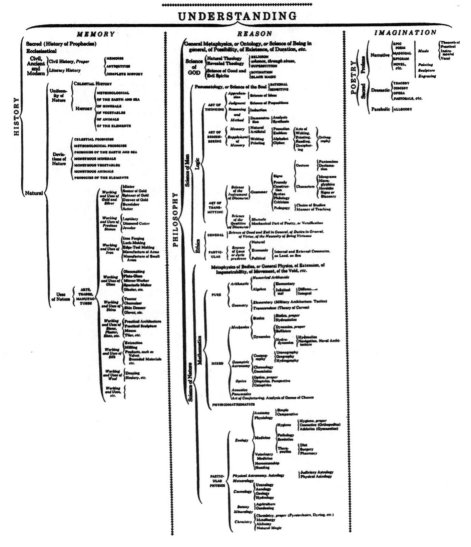

图 10.2 达朗贝尔的《初论》(*Preliminary Discourse*, 1751)给出的受培根影响的知识的分类。来源:《狄德罗百科全书初论》(*Preliminary Discourse to the Encyclopedia of Diderot*, Chicago: University of Chicago Press, 1995),由 Richard N. Schwab 和 Walter E. Rex 译, Richard N. Schwab 作的序言和注释,第 144 页~第 145 页。

结的地方——的行列。[47] 于是,在《百科全书》中"理性"标题下,存在一个从纯粹的和混合的数学到实验和观测科学的连续统一(continuum),而非自然哲学和博物学间的质变。

在一个层面上,这反映出自然史学科地位的提升。狄德罗反对数学的权威,积极拥护有机科学,对此布丰在其《博物学》(1749)的引言中——在那里他强调博物学学科必须归纳概括(generalize)——也给予支持。1777 年康德对 Naturbeschreibung(自然的描述)和 Naturgeschichte(自然的历史)加以辨别,因此开辟了自然界的历史的因果关系的研究的可能性——这样,博物学仍然区别于自然哲学,但已不限于描述和分类了。[48] 在英国,博物学向这种更为理论性议题的转向出现得更为缓慢。《不列颠百科全书》延续了博物学与自然哲学间的区分,声称只有后者才含有作为其领域的"自然的普遍规律"。在第 3 版中关于"自然哲学"的简短条目中仍然保持了这一立场;不过也承认博物学提供的资料是更多理论和因果思考的基础。1794 年,詹姆斯·赫顿(1726~1797)比他的苏格兰同伴更肯定地赞同上述观点,他主张"博物学和自然哲学应该携手共进"。[49] 然而,在另一层面上,这种不甚严格的对待早期这两大范畴间的区分的观点,反映出在 18 世纪后期的百科全书中各类科学进行系统分类的做法的消亡。

百科全书中知识图谱的消亡

1778 年,《德语百科全书》(Deutsche Enzyklopädie)的编者在第 1 卷中攻击狄德罗和达朗贝尔过度集中于普遍原理以及他们想要传达的"一个像生长过度的森林一样的连接系统"(the overgrown forest of a connected system)。相比之下,这本德语著作试图"把疯狂地寻求各种资料与各类科学间的关联——而它们之间几乎没有或根本没有关联——的努力和这一工作的荣耀留给法国《百科全书》的编者"。[50] 正如后来表明的一样,这一百科全书编者的这种克制对于完成他们的计划并无帮助:1804 年他们的编撰工作在字母 K 处结束。但这里表达的对知识分类的怀疑在狄德罗的《百科全书》中是显而易见的。在《初论》的结尾,达朗贝尔承认"我们的读者"可能对知识树的专题没多少兴趣。尽管对培根的分类方案的讨论毫无疑问地把科学的分类这一问题展现在更多的大众面前,遍及书中的图谱、图表和树的混合象征可能会带来对这一做法的怀

[47] 同上书,第 155 页;"博物学"(Histoire Naturelle),载于《百科全书,科学、艺术与技艺详典》(Encyclopédie; ou Dictionnaire Raisonne del Sciences, des Arts, et des Metiers, Paris: Briasson et al.,1751—65),第 8 卷,第 225 页~第 230 页,在第 228 页。
[48] 引自 John Lyon 和 Phillip Sloan 编,《从博物学到自然的历史》(From Natural History to the History of Nature, Notre Dame, IN: University of Notre Dame Press, 1981),第 2 页。如见 Buffon 的"绪言"(Initial Discourse),参见第 97 页~第 118 页。
[49] "物理学"(Physics),《不列颠百科全书》(Edinburgh: Bell and Macfarquhar, 1778—84),第 2 版,第 7 卷,第 6171 页;"自然哲学"(Natural Philosophy),18 卷本《不列颠百科全书》(Edinburgh: Bell and Macfarquhar, 1788—97),第 3 版,第 12 卷,第 670 页;James Hutton,《知识原理研究》(An Investigation of Principles of Knowledge, Edinburgh: A. Strahan, 1794),第 3 卷,第 38 页。
[50] Willi Goetschel、Catriona MacLeod 和 Emery Snyder,《德语百科全书和 18 世纪德语的百科全书主义》(The Deutsche Encyclopädie and Encyclopedism in Eighteenth-Century Germany),载于 Clorinda Donato 和 Robert M. Maniquis 编,《百科全书和革命年代》(The Encyclopédie and the Age of Revolution, Boston: G. K. Hall, 1992),第 55 页~第 61 页,在第 58 页。

疑。尽管他们对这种知识分类的重要性都做了评论,狄德罗和达朗贝尔明确地表明,他们认为所有的这些分类体系都是武断或相对的。在"哲学"(出版于 1765 年)条目提到了克里斯蒂安·沃尔夫的非培根式体系。[51]

随着 1768 和 1771 年《不列颠百科全书》的出版,出现了一套主要的不带知识图谱的百科全书。[52] 前两版批评了钱伯斯把科学分割成以术语为根据的短条目,宣布了他们的"新计划":主要科目仍按字母顺序给予长一些的专题文章,而短条目作为它的附属。到了 1788 年开始的第 3 版中,对图谱和图表有助于读者重新建构被按字母顺序排列词条打散的科学这一观点进行了正面攻击。在肯定钱伯斯的努力后,苏格兰编者断言,钱伯斯的著作"仍然是拼凑而成的,远非艺术和科学词典"。他们的确走得更远,借助托马斯·里德(1710～1796)的权威而把所有的科学分类藐视为自以为是的、企图"把人类全部的理智压缩到坚果壳大小的地方里去"。他们甚至收录了一张钱伯斯的图表,并介绍说"要确信这种断言是正确的,目光只需放在作者排列的表格上"。[53] 值得注意的是,在这里,这张表的出现是作为反对它的论据;虽然英语的《百科全书》试图给出一条穿越不同科学的路径,但它还是被打上了杂录(miscellany)的烙印。在 18 世纪最后 25 年里,大多数的百科全书放弃了对它们所包含的科学做系统分类的义务。现在把重点放到了学科层次上的一致性,并对其加以广泛论述。的确,从 1782 年起,《百科全书方法论》(*Encyclopédie Methodique*)(法语的《百科全书》的后续物)真正成为关于词典的词典,以至于用评论家的话说:"每门科学都将有它单独的词典或体系。"[54]《不列颠百科全书》延续了这种格式,给予主要学科一些大的专题文章,但把它们按字母顺序放在各卷中。

26:5

在决定对每门科学提供大的专题文章之后不久,又由专业人士做了补充。第 3 版的《不列颠百科全书》骄傲地宣称,书中的科学各分支由名人撰写,这一特点在 1801 年的《附录》(*Supplement*)中尤为突出,当时几乎所有的物理科学由约翰·罗比森(1739～1805)撰写,化学由托马斯·汤姆森(1773～1852)负责。这是与科学的最新进展保持同步的需要。汤姆森以化学为例阐述了这样做的意义:

> 这一进展是如此之快,以致尽管《不列颠百科全书》中关于化学的文章只是大约十年前写的,化学用语和推理已有了极大的发展,事实也已经积累了很多,我们

[51] D'Alembert,《初论》,第 164 页;Tonelli,《康德时代的科学分类问题》,第 264 页提及"哲学",载于《百科全书》(*Encyclopédie*),第 12 卷,第 509 页～第 515 页。参见 McCrae(疑为 McRae,原文如此),《科学统一的问题:从培根到康德》,第 8 页,第 109 页～第 112 页,讨论了达朗贝尔和狄德罗在学科分类方面模糊的态度。

[52] 参见 Yeo,《阅读百科全书》,第 29 页～第 34 页。一些小的英文著作模仿法语的《百科全书》,带有培根式的知识图谱;但它们的序言中强调了捍卫这种宏大分类的单一形式的困难性。比如 John Barrow,《新综合词典的补充》(*A Supplement to the New and Universal Dictionary*,London:printed for the Proprietors,1754)的序言,第 9 页,第 14 页。1751 年的第 1 卷中包含一个"按知识的适当顺序编排"的艺术和科学"大纲",但没有知识图表。

[53] 《不列颠百科全书》,第 3 版,1788～1797,第 1 卷,第 vii 页～第 viii 页。

[54] 《出版系统的百科全书的建议》(Proposals for Publishing a Methodical Cyclopaedia),《评论月刊》(*Monthly Review*),66(1782),第 514 页～第 518 页,在第 514 页。

发现有必要必须再次描述这一科学的最重要的元素。[55]

由专家撰写的关于各科的文章变得更加专业化:这些文章里的互相参照主要是在一门特定学科同类的短词条之间,而不涉及别的学科。当撰稿人试图汇集本学科公认的资料和原理、编者把主题分派给不同的撰稿人时,各学科间的界限经常会变得清晰。[56] 以热、磁和电主题为例,这可以导致人为的清晰分界,但这种分界并不是复活关于各门学科间在宽泛的自然哲学中的关系的思考。事实上,与这一术语(或博物学)有关的词条的条目通常是简短的,给出关于其早期意义的历史注释,但接着提到了物理学科如力学、流体静力学、光学和天文学以及在磁学和电学研究周围出现的新学科的个别文章。到 18 世纪晚期,百科全书也谨慎地记录了那些不属于博物学早期范畴的新的有机科学。《不列颠百科全书》解释说:生理学(physiology)"是希腊词,从严格的语源学来讲,表示讲述自然的科学;但在其通常使用中,它被限于涉及生命体不同功能和性质的这一自然科学分支"。这是对这一词汇在这一世纪早期的更一般的意义的明确排除,而哈里斯、钱伯斯和马丁仍把它等同于物理和自然哲学。它现在明确被定义为一门带有明显特点的专门学科:"我们这里准确标明生理学的界限,因为我们始终设想:所有科学的分支都被准确地定义,每一分支都限定于它自己的范围内,这对科学来讲是一件幸事。"[57]

结　论

随着博物学和自然哲学两大范畴——它们是大多数学科方案的分类核心——的崩溃,百科全书放弃了说明不同科学主题相互间具有何种关系。"科学的范围"(the circle of sciences)不再是读者希望遵循的方法。这并不意味着学科间的区别变得不重要:正如生理学的例子表明的那样,科学家很可能开始比早期的自然哲学家更多地关注他们专业学科的边界。的确,专业化激励了孔德、安培、斯宾塞和 19 世纪其他哲学家对科学进行更精细的分类。但在百科全书中科学的公众传播层面,对连贯性的强调是在愈加独立的学科层面上,而不是它们在科学图表上的位置。明显的一点是,当《不列颠百科全书》扉页中使用"体系"一词时,它指的是它对专门学科的论述,而不是指关于自然哲学的宏大学说或在早期百科全书序言中的分类方案。

(刘建军　崔家岭　程路明　译　方在庆　校)

---

[55] Thomas Thomson, "化学"(Chemistry),载于 George Gleig 编,《不列颠百科全书第 3 版补遗》(*Supplement to the Third Edition of the Encyclopaedia Britannica*, Edinburgh: T. Bonar, 1801),第 1 卷,第 210 页。关于专家的使用,参见第 1 卷,第 v 页。

[56] Yeo,《阅读百科全书》,第 43 页~第 47 页;关于《百科全书方法论》(*Encyclopédie Methodique*),参见 Robert Darnton,《启蒙运动的商业:百科全书出版史(1775～1800)》(*The Business of Enlightenment: A Publishing History of the Encyclopédie, 1775—1800*, Cambridge, MA: Harvard University Press, 1979),第 422 页,第 451 页。

[57] "自然哲学",《不列颠百科全书》,第 3 版,第 12 卷,第 670 页~第 671 页;"生理学",第 14 卷,第 665 页。

11

科学哲学

罗布·艾利夫

　　近些年来,科学哲学和科学哲学史受到了来自科学社会学和科学史等领域学者的大量批评。下面陈述他们的一些抱怨。在他们看来,科学哲学家并不涉及科学活动核心领域的实际约定,而且,他们关于科学理论的性质和功能的观点也是充满空想和偏见的("理论"被看成是先于"实践"的,而且比"实践"更具历史意义)。哲学史家在选择何者构成过去的重要问题,选择研究伟人的著作上犯了时代错误,他们曲解了这些伟人学说的历史背景。这样一来,他们错误地解释某个伟人已发表的著作,并将它们呈现出来,就好像这些著作在各种研究计划中,并且在很长的时期都是连贯一致的。哲学家沉溺于所设想出的与他们的先辈提出的那些永恒的问题进行对话中,而科学工作的"进步的"、纯粹的方面是与个人智力产物的其他领域(如神学和经济学)相分离的,这些领域被认为是低级产物。在处理牛顿遗产时,"牛顿主义者"只是发展,却从未在根本上挑战这位大师的那些公开文本中内在的强有力的主张,而"反牛顿主义者"集结在一起,不管他们自己的学说是什么,也不管他们写作的传统如何。作为一个牛顿中心论的必然结果,历史学家倾向于认为,18 世纪精密科学的一切像样的例证正是成功地领悟了牛顿著作中展示或"暗示"的难题的结果。[1]

　　总的来说,尽管这些批评有些力度,但它们的作用是明显地减少了对那一时期的观念和理论的历史讨论。这肯定有几分反应过度的意味。在本文中,我假定"科学哲

---

[1]　参见 L. Laudan,《从牛顿到康德的科学方法理论》(Theories of Scientific Method from Newton to Kant),载于《科学史》(*History of Science*),7(1968),第 1 页～第 61 页;G. Buchdahl,《形而上学与科学哲学:古典起源,从笛卡儿到康德》(*Metaphysics and the Philosophy of Science: The Classical Origins, Descartes to Kant*, Oxford: Basil Blackwell, 1969);关于物质理论,参见 A. Thackray,《原子与能》(*Atoms and Powers*, Cambridge University Press, 1970);R. E. Schofield,《机械论与唯物主义:理性时代英国的自然哲学》(*Mechanism and Materialism: British Natural Philosophy in an Age of Reason*, Princeton, NJ: Princeton University Press, 1970);以及 P. Heimann 和 J. E. McGuire,《牛顿的力与洛克的能力》(Newtonian Forces and Lockean Powers),载于《物理科学的历史研究》(*Historical Studies in the Physical Sciences*),3 (1971),第 233 页～第 306 页。对这些计划的基本假设的诸多批评,参见 D. Bloor,《知识与社会形象》(*Knowledge and Social Imagery*, London: Routledge, 1976);S. Schaffer,《自然哲学》(Natural Philosophy),载于 G. S. Rousseau 和 R. Porter 编,《知识的酝酿:18 世纪知识的编史学研究》(*The Ferment of Knowledge: Studies in the Historiography of Eighteenth Century Knowledge*, Cambridge University Press, 1980),第 55 页～第 91 页;G. N. Cantor,《18 世纪的问题》(The Eighteenth Century Problem),载于《科学史》,20(1982),第 44 页～第 63 页;J. Schuster 和 R. Yeo 编,《科学方法的政治学与修辞学》(*The Politics and Rhetoric of Scientific Method*, Dordrecht: Reidel, 1986);J. Rée,《哲学故事:论哲学和文学》(*Philosophical Tales: An Essay on Philosophy and Literature*, London: Methuen, 1987)。

学"包括认识论、方法论、本体论和形而上学,并且我认为:我们现在视做"科学范围之
外"的事项与当时对自然界的研究是密切相关的。我先从牛顿《原理》(*Principia*)之前
的相关发展的简史开始,然后表明形而上学问题和物质理论的明确表达是如何与神学
及政治的背景相关的。在一定程度上由于光、热以及电的新研究,自然哲学家们逐渐
构想出物质的动力学理论,在这一理论中,力和能被视为物质的内在属性,常常对围绕
着物质自身周围的空间产生影响。然后我将考察在启蒙运动中牛顿和培根的权威被
援引的一些方式,并且指出,方法论没有也永不可能描述科学探究的实际过程,恰恰相
反,它在历史上发挥了许多不同的作用。在此过程中,我遵从一些近来的分析。在结
论部分,我将主要把注意力引向精密科学是如何"排除"某些被认为是没有结果或者不
合理的问题和研究方式的。

17 世纪研究自然哲学的途径

在传统上,在自然哲学和数学之间有一个根深蒂固的分野,它明文昭示在大学中
有关教授的地位上。中世纪哲学,肇源于亚里士多德《分析后篇》(*Posterior Analytics*)
中的分析,涉及现象改变("运动")的定性的、因果的论述("解释"),现象是以"四因
说"和亚里士多德的"四元素说"来表述的。人们通过三段论由观察到的结果"证明"
唯一的、必然的原因,然后说明该结果为什么必然是此原因所致。这种研究自然的经
院式方法的构成要素是普遍的而且对于任何有理性的人而言是明显的"经验",由此得
到的知识是自然中**必然**发生的事物的知识,而不是自身不指示任何潜在规律性的单个
事件的知识。在 17 世纪初期,因"人为的经验",或现在我们称之为"实验"的出现,这
些原理的不证自明性受到了质疑。这些非自然的情形并非所有人,而只是少数特权者
才能接触到,通过作者宣称已经多次并在多人面前创造了这些经验,从这种情形中获
得的自然知识被证实。[2]

另一方面,尽管作为大学四艺(音乐、几何学、天文学和算术)的一部分,但传统上,
数学的地位比哲学低得多,这与它用于**可测量的**外在维度,如尺寸、数量、持续时间等,
而不是事物的本质有关。也许这两种活动的差异最能体现在天文学中,尽管亚里士多
德本人对把天文学划分为数学还是物理学(自然哲学)的一个分支是不确定的。天球
是永恒不变的,因此不适于一种元素的解释。此外,没有常规的方法用以决定关于宇
宙"真实"运动的大量不同"假设"何者为真。取而代之的是,大多数天文学家追随托
勒玫,认为其学科的事务就是"拯救现象"并且提出宇宙的几何表述(譬如本轮),而并
不宣称其物理上的真实。因此,既然人们从未能为所观察到的运动确定一条必定真实

[2] P. Dear,《学科与经验:科学革命中的数学之路》(*Discipline and Experience: The Mathematical Way in the Scientific Revolution*, Chicago: University of Chicago Press, 1995)。

的原因,在亚里士多德的意义上,天文学就不能是严格意义上的"科学"。[3]

寻求自然界确定知识的最具创新的努力之一是由笛卡儿最早做出的。在怀疑能获得关于宗教和自然界真实知识的可能性的危机中,笛卡儿在他写于 17 世纪 20 年代后期的《指导心灵的法则》(*Rules for the Direction of the Mind*)一书中,致力于对客体做出一种数学上的可靠理解,尽管 18 世纪中,对于自然哲学家来说,他的通过内省而获得确定知识的认识论方案被证明是一个无果之源。在 1637 年的《方法谈》(*Discourse on Method*)一书中,笛卡儿仍然宣扬由先验的基本原理得出演绎结果的价值,但是在该书的最后一部分,他又宣称人们需要找到"经验"以便在对世界的不同的可能解释之间做出抉择。笛卡儿主张,物质的本质是广延性,它导致了一种充实论的(plenist)*本体论。按照这种本体论,天体的运动是通过巨大的旋涡来解释的,地上的引力是通过旋涡周围的压力来解释的。无论这种特定假设的似真性如何,这种解释的风格主导了法国大约一个世纪,尽管它作为一个绝对确定的"演绎",而非看似合理的模型的状态显然是可疑的。在 18 世纪初的法国,对于物理世界的结构与科学解释的本质的笛卡儿式的态度仍然极具影响力,尽管事实上大多数知识分子都已充分意识到了笛卡儿纲领在细节上的缺憾。[4]

虽然笛卡儿和其他人有力地推进机械论哲学,并且它在整个 17 和 18 世纪受到了广泛的支持,但是它往往还伴随着另一种观点,即我们不能先验地预测宇宙**精确的**机械运转。对于很多同时代的人而言,一种日益流行的观点——事物的本质是不可知的甚至是不可理解的——导致了一种唯名论,即能够从我们对可观察实体的知识中推断出来的事物就能被赋予一个名称,无需承诺其本体论的基础。按照这种观点,尽管就长远来看可以得出一个因果性解释,但是目前人们不得不将就于由现象得到的概括。伽利略在 1632 年的《对话》(*Dialogue*)和 1638 年的《两门新科学》(*Two New Sciences*)中采纳了一种原因不可知论(按照这种观点,人们应该避免涉及未知的原因)。然而,波义耳从一个不同的传统得到了这种观点,他在这个世纪的后期也避免涉及未经验过的"原因"。盖然论(probabilism)被 17 世纪早期的大量自然哲学家所采纳,波义耳认为,我们关于外部世界的知识只能从精神上(morally)确定,这一点与伽利略对于数学上确定的亚里士多德科学的信仰是非常不同的。早在从事科学之初伽利略就相信,一门真正的科学应该最终能被证明,并且他在《对话》中提出,哥白尼体系解释潮汐的能力意

270

---

[3] N. Jardine,《科学史和科学哲学的诞生:开普勒的〈对第谷以一些关于其起源和意义的评论反对俄尔苏斯的辩护〉》(*The Birth of the History and Philosophy of Science: Kepler's* A Defence of Tycho against Ursus with Essays on Its Provenance and Significance, Cambridge University Press, 1986),第 211 页~第 257 页,特别是第 144 页~第 145 页;R. Westman,《16 世纪天文学家角色初论》(The Astronomer's Role in the Sixteenth Century: A Preliminary Study),《科学史》,18 (1980),第 105 页~第 147 页。

* 即认为空间总是充满物质而不存在真空。——校者

[4] E. McMullin,《科学的概念》(Conceptions of Science),载于 D. C. Lindberg 和 R. S. Westman 编,《重估科学革命》(*Reappraisals of the Scientific Revolution*, Cambridge University Press, 1994),第 31 页~第 35 页;D. Garber,《笛卡儿的形而上物理学》(*Descartes' Metaphysical Physics*, Chicago: University of Chicago Press, 1992);E. Alton,《行星运动的旋涡理论》(*The Vortex Theory of Planetary Motions*, London: MacDonald, 1972)。

味着它是世界上这一现象的真实而必然的原因。[5]

　　伽利略从所谓的混合数学科学,诸如音乐和光学等中获取了对自然的数学观念诉求。这些学科已经成功地用数表示了现实世界的一些方面。伽利略的数学方法构建了一门新的运动科学,为了解释匀加速度,鄙弃了对不可见的微观世界的参照。在《对话》中的第二天,伽利略的代言人萨尔维阿蒂指责亚里士多德的信徒辛普利西奥,在谈到实体"重力"时,就像它是匀加速度的原因似的。更恰当地说,**无论它是什么**,它都应**该被称为重力**,因为我们仅知道它的名字。在《两门新科学》中,辛普利西奥和沙格勒多对加速度为何能够按照受力或重量的相对强度来解释进行了争论。萨尔维阿蒂此时猛然打断他们:现在不适于"进行自然运动的加速度的原因研究,不同的哲学家对于它有不同的观点……这样的幻想以及其他诸如此类的事情,将不得不被解决,但收获很少"。这样一种轻视因果关系解释的态度无疑将使笛卡儿和与他同时代的耶稣会士厌烦,对于他们而言,这种研究方式是非哲学的和无根据的,而同样的态度影响了欧洲大陆人对于牛顿 1687 年的《数学原理》(*Principa Mathematica*)的诸多反应。[6]

　　一个精致的实验方法被证明对于 18 世纪早期的自然哲学家同样重要。作为弗兰西斯·培根的伟大的改新计划《伟大的复兴》(*The Great Instauration*)的部分而撰写的各种著作中,他曾试图提供一个新工具或方法以产生被他称之为"形式"的本性的特定知识。尽管诚实的感觉是亚里士多德认识论的基本组成,但是培根不相信单纯的感觉能作为知识的媒介。他提倡一种关于世界的集体主义的博物学,按照归纳方法,由观测的经验和个别事实的记录移至"形而上学"所在的金字塔的顶层,这一过程是通过巧妙设计的实验达到的。他对自然的审讯的和干预的方法(他那时任大法官)在 17 世纪晚期为波义耳所赞叹,罗伯特·波义耳同样称赞从实践工艺传统中获得的一类知识,并且在 17 世纪下半叶发展了一个更为精致复杂的实验哲学。尽管他也不信任亚里士多德和其他人的"大体系",但对待获取确定知识的可能性,他更为提倡一种怀疑的态度,并且争辩说,在支持一种知识主张时,最好只能得到一个巧合的或然性(a concurrence of probabilities)。事实上,他的实验哲学基于对实验"独特性"的获得。这种独特性产生于某一时间和地点,原则上可以被读他的文章的人所重复。[7] 尽管波义耳对于假说在哲学上的启发作用还有一个详细的设想,这两位实验的提倡者都把推断

[5] S. Shapin 和 S. Schaffer,《利维坦与空气泵:霍布斯、波义耳和实验生活》(*Leviathan and the Air-Pump: Hobbes, Boyle and the Experimental Life*, Princeton, NJ: Princeton University Press, 1985); Dear,《学科与经验》(*Discipline and Experience*)。对于此处种种途径之间差异的开创性论述,参见 T. S. Kuhn,《物理科学发展中的数学与实验传统》(Mathematical Versus Experimental Traditions in the Development of Physical Science),载于 Kuhn,《必要的张力:科学的传统与变革论文选》(*The Essential Tension: Selected Studies in Scientific Tradition and Change*, Chicago: University of Chicago Press, 1977),第 31 页~第 65 页,特别是第 41 页~第 59 页。

[6] Galileo,《关于两门新科学的对话》(*Two New Sciences: Including Centers of Gravity and Force of Percussion*, Madison: University of Wisconsin Press, 1974),由 S. Drake 翻译并加导言,第 157 页~第 159 页;Dear,《学科与经验》。

[7] McMullin,《科学的概念》,第 27 页~第 92 页,特别是第 45 页~第 54 页;R.-M. Sargent,《缺乏自信的自然主义者:波义耳和实验哲学》(*Diffident Naturalist: Robert Boyle and the Philosophy of Experiment*, Chicago: University of Chicago Press, 1995)。对于培根的工作在 17 世纪中期的应用的综合论述,请参见 C. Webster,《伟大的复兴:科学、医学和改良运动(1626~1660)》(*The Great Instauration: Science, Medicine and Reform, 1626—1660*, London: Duckworth, 1975)。

（speculation）与论点（contention）联系起来。波义耳批评草率的推断,抨击如布莱兹·帕斯卡这样的数学自然哲学家。帕斯卡把精心设计的"经验"描述为明显的普遍真理的概略性的陈述,而不是在特定历史时刻完成的真实且可重复的实验的描述。尽管波义耳的自然哲学"风格"十分流行,但是牛顿将运动定律和万有引力定律数学化的成功,在18世纪初塑造了一个更具雄心和更有影响力的自然哲学模型。[8]

272

牛顿的遗产

牛顿的研究方法可以看做是自然哲学的伽利略风格和波义耳风格的不同方面的结合,他关于科学方法的权威（ex cathedra）陈述在此后的两个世纪中起到了科学上的"十诫"作用。从他1669年接受卢卡斯数学教授的任职开始,他抨击同时代者的盖然论,并指出,关于颜色的科学可以像光学的任何其他部分一样确定。在他于1672年初递交给王家学会的关于光与颜色的理论中,他宣称他的白光是由不同成分的光构成的理论具有数学上的确定性,该理论可由一个"判决性实验"加以证明。在对同时代的所有可能的科学哲学,特别是诉诸"假设"的科学哲学加以痛责之时,牛顿对哲学共同体的其余部分做了一个严格的方法论规定:以实验为基础,然后通过归纳,上升为一般数学关系或自然定律。[9]

与伽利略不一样,牛顿直率地嘲笑了将自然哲学基于一种经验多样性的努力,在他1672年的论文开头,牛顿装着一开始把自己的发现过程描述为波义耳式的,但即使在这篇文章中,他也很快就丢掉了这层伪装。* 这种做法也同样表明他与伽利略的哲学不一样。在1687年的《数学原理》中,他留下了一系列的"哲学推理规则"。** 头两条限制了能被援引的原因的类别,第三条规则对从硬度和重力等经验特性,通过归纳应用到一切物体之上,给出了一个保证,无论这个物体是什么。第四条表达了如下观点,即人们应该优先选择由现象归纳出的原理,这些原理应该被当做真的,直到其他更有力的、通过归纳导出的证据出现为止。牛顿诉诸"分解"（或"分析"）和"合成"的方法。这一方法的完全论述最终出现在《自然哲学的数学原理》1717年版的第31个"疑

---

〔8〕 Sargent,《缺乏自信的自然主义者》,第26页～第61页。有关波义耳不信任绝对（演绎的或数学的）确定性主张的文化背景,参见 P. B. Wood,《方法论和护教学:托马斯·斯普拉特的〈王家学会史〉》（Methodology and Apologetics: Thomas Sprat's *History of the Royal Society*）,《英国科学史杂志》（*British Journal for the History of Science*）,12（1980）,第1页～第26页。

〔9〕 McMullin,《科学的概念》,第61页；1671/1672年2月6日牛顿致奥尔登堡（Oldenburg）,载于 H. W. Turnbull 等编,7卷本《牛顿通信集》（*The Correspondence of Isaac Newton*, Cambridge University Press, 1959—81）,第1卷,特别是第92页～第107页,第96页～第97页。

* 这里作者是想说,罗伯特·波义耳对他做的实验,给出历史描述,如"某月某日我做了X,后来做了Y,又做了Z"。波义耳从来不愿对他的工作做任何结论。这种方式是那时王家学会喜欢的方式。（引自作者2007年8月3日给校者之一方在庆的电子邮件）——校者

** 在1687年的第1版《原理》中,只有"假设",而没有"哲学推理规则"。1713年第2版《原理》中,牛顿加入了"哲学推理规则",但只有3条。在《原理》的第3版（1726年）,牛顿又增加了一条"规则",使规则的数目成为4条。——校者

问"中。* 这种研究方法的第一部分包括进行实验和观察,从"混合物"到"成分"然后再到基本的"力",并且总的来说,到达一切事物的最基本的原因;第二部分将这些原因假定为原理,然后解释它们所产生的结果。对于牛顿而言,"假设"可能为一个人带来名声,但它们并不比一出"传奇"好到哪儿去,他从那些仍未给出数学描述的领域(例如电学和磁学)中,谨慎地去除了运动定律和万有引力定律所涵盖的自然现象。像伽利略一样,在牛顿的自然哲学研究方法中有一个非常尖锐的假定(provisionalism):"对于任何一个人和任何一个时代来说,解释一切自然现象都是一件过于困难的任务。最好去做一点确定性的东西,把剩余的留给你的后来者吧。"[10]

同时代人在牛顿提及引力甚至上帝时的现象论陈述与《光学》"质疑"中的论述之间看到了一个清晰的区别,后者尽管是以一种假设的语言来论述,但对于牛顿的"真实想法"甚少怀疑。尽管牛顿在 1675 年曾经尝试用以太机制来解释重力,但他通常承认对于相互间引力的原因的无知,在《原理》第二版(1713 年)的"总释"(General Scholium)中,牛顿说如此做就会构建一个"假设":"重力确实存在,并按照我们已阐述的定律作用,由它足以解释天体的和我们的海洋的一切运动,这就够了。"正如他在1693 年初写给理查德·本特利的信中说他不应该把引力对"物质是本质的和内在的"这一观点归于牛顿:"认为引力对于物质应该是先天固有的,并且是本质的,因此一个物体可以通过真空在一段距离上作用于另外一个物体,而没有任何其他事物的中间参与,用以把它们的作用或者力从一个物体传到另一个物体,这在我看来是荒谬之极,我相信凡在哲学问题上有思想能力的人绝不可能陷入这种谬论之中。"当这个作为引力真正原因的在一段距离上作用的否定性结论发表于 1756 年时,它对于诠释何为牛顿对这一主题的"真正"观点的解释格外有影响力。[11]

"总释"的构思部分上是为了回应莱布尼茨给尼古拉斯·哈尔措克的信,这封信发表在 1712 年 5 月 5 日的周刊《文学记事》(Memoirs of Literature)上。在信中莱布尼茨批评了这样一种思想:一切物体通过上帝在造物之初所植入的一个自然定律彼此吸引,并将此称为一个"不间断的奇迹"或者"一种杜撰出来支持一个没有根基的观点"。在牛顿看来,莱布尼茨对引力所做的论证甚至能用于硬度这样的基本性质,即"除非它们能被机械地解释",否则它们"就一定会被认为是不合理的隐藏的性质"。而粒子的惯性、广延性、时间持续性和可动性难以机械地解释,却没有人把它们视为虚构的或隐藏

---

*　牛顿的"31 个疑问"出现在他的《光学》一书中。这里作者将两书混淆了。——校者

[10]　Newton,《光学》(Opticks, New York: Dover, 1979, from fourth edition of 1730),第 401 页~第 406 页;Newton,《原理》第 1 卷《物体的运动》(The Motion of Bodies),第 2 卷《世界的体系》(The System of the Worlds),London: University of California Press, 1962, A. Motte 译于 1729 年,F. Cajori 修订,第 2 卷:第 398 页~第 405 页和第 547 页;J. E. McGuire,《牛顿的哲学原理:一个为 1704 年版《光学》准备的序言和一些相关草稿片段》(Newton's Principles of Philosophy: An Intended Preface for the 1704 Opticks and a Related Draft Fragment)《英国科学史杂志》,5(1970～1971),第 178 页~第 185 页,特别是第 185 页;牛顿致科茨(Cotes),1713 年 3 月 28 日,《牛顿通信集》,第 5 卷,第 397 页。

[11]　Newton,《原理》,第 547 页;1692/1693 年 1 月 17 日与 2 月 25 日间牛顿致本特利(Bentley),载于《牛顿通信集》,第 3 卷,第 240 页和第 254 页。

的性质。对于重力也是一样:"为了理解重力的作用而不知道重力的原因,在哲学上所取得的进步,正如为了理解时钟的结构和齿轮之间的关联而在时钟的哲学中不知推动这个机械装置运动的重力的原因是一样的。"在"总释"问世后不久,莱布尼茨所提出的这个问题,在他与牛顿的门徒克拉克的通信中再次浮现,并且在18世纪的所有哲学论战中引用极广,在让欧洲大陆的知识分子注意牛顿的形而上学观点方面具有深远的意义。[12]

牛顿似乎在《原理》中明确指出:空间的绝大部分都空空如也,物质的单个粒子经受着与其质量成正比的吸引力。《原理》第二篇论述黏性介质中的运动,提出了一系列问题,包括旋涡中的行星运动是否与开普勒的第三运动定律相容,不同旋涡间的相互作用是否损害其完整性,以致扰乱了其运动的规则性,或许也干扰了它们所负载的实体。尽管如此,牛顿却在别的地方假定了用以解释光、磁,甚至引力本身等现象的以太。在18世纪中期,他以前在此领域的一些未发表的论文被流传出来,从而进入公众领域。"总释"的结尾,他谈到一种存在于一切宏观物体中的"最为精微的精气",借助于此,引力得以在甚短的距离上作用;在牛顿去世前不久出版的1726年版(第3版)《原理》中,这种精气被描述为"带电的和有弹性的"。* 在1717年《光学》的第18个"疑问"中,他援引了"比空气更为细微的媒质的振动"以解释热和光的运动,促使人们注意到它在这一过程中介质的弹性。在第21个"疑问"和修订过的第28个"疑问"中,他援引了这种以太的不同密度以解释行星彼此间的引力。在前者中,他推测以太可能"包含努力相互退离的粒子(因为我不知道这种以太是什么)",它们甚至可能比光粒子更小,在最后的第31个"疑问"中,他指出"物体的微小粒子[拥有]某种赖以在一段距离上作用的动力、效能或力"。很少有人重视这些陈述的猜测形式和一再重复的现象论,而它们显见的差异性意味着,事实上,任何学说都可以在牛顿主义者的文集的某个角落里找到。[13]

除了指出牛顿的引力是一个隐藏的性质和永恒奇迹之外,莱布尼茨根据解释引力需要一个接触机制(contact mechanism)而赞成充实,并且从一个形而上学的层面,他指出某种事物存在得越多,世界越完美。由于种种原因,欧洲大陆许多最初的《原理》读者把它当做一本纯粹的力学巨著;尽管《原理》第3卷明显显现经验主义内容,一位评论家还是要求牛顿在解释物理世界上应与在构造数学宇宙上同样努力。莱布尼茨批评牛顿的绝对时空观,他偏爱的是一种不同的、相关的时空观,即时间和空间是理想的

275

[12] 牛顿致《文学记事》(*Memoirs of Literature*)的编辑,1712年末/1713年初,《牛顿通信集》,第5卷,第299页~第300页;H. G. Alexander编,《莱布尼茨－克拉克通信集》(*The Leibniz-Clarke Correspondence*, Manchester: Manchester University Press, 1956);G. Buchdahl,《引力和可理解性:从牛顿到康德》(*Gravity and Intelligibility: Newton to Kant*),载于R. Butts和J. Davis编,《牛顿的方法论遗产》(*The Methodological Heritage of Newton*, Oxford: Basil Blackwell, 1970),第74页~第102页。莱布尼茨在他1710年的《神正论》(*Theodicy*)一书中已经抨击了万有引力学说。
 * 1726年版(第3版)《原理》中没有"带电的和有弹性的"这个描述,但作为批注出现在牛顿自己的一册《原理》中,1729年莫特(A. Motte)的英译本中有"带电的和有弹性的"。——校者
[13] Newton,《光学》(*Optics*),第349页,第352页,第363页,第376页。

东西,而后者是"事物的一种秩序,被观察到的与存在合二为一"。莱布尼茨的先定和谐观念与一种强调上帝的全知及上帝的理性行为的神学相联系;牛顿和克拉克认为,这种观念贬损了人类和上帝的自由意志,并且使人类相信他们能够发现上帝的行为所依据的理由。莱布尼茨将牛顿的上帝讽刺为一个不完美的钟表匠,必须不断地插手改进他那拙劣的装置,而克拉克指责莱布尼茨的上帝在造物之初就万事大吉,对现在的世界无所作为。[14]

形而上学、神学和物质理论

　　在 18 世纪自然哲学中,物质的性质也许是争论最激烈的问题,其本体论的立场紧密地交织着认识论的、形而上学的和自己述说的保证。问题最初集中在活性究竟是物质的本质并内在于物质,还是被附加于本质上无生命的和被动的粒子之上,这些问题反映了关于引力的争论。前一个问题引起了唯物主义和拉尔夫·卡德沃斯在其 1678 年的《真知体系》(*True Intellectual System*)中所说的"万物有生命论"(hylozoism)的无神论的幽灵。唯物主义的观点有两种形式:第一种是,仅仅是物质的构成就能引起意识等突现属性的出现,因此不需要假定存在精神和物质的二元论;第二种是,物质在其内部本质上包含了某种"力"或者"有效成分",它们导致物质的不可入性和其他性质。牛顿和许多其他人公开采纳的立场是:物质本质上无生命,但是有其他附加于其上的属性。以这一观点为前提的体系允许世界中有上帝行为的一种神助观念,但是这样就存在一个困难:宇宙的各组成部分似乎能够独立于上帝而存在。在整个 18 世纪,关于这些观点的争论遍布于神学、哲学和自然哲学之中,很多人谈到洛克 1690 年的《人类理解论》中的论点,即能思考的物质(上帝原本可以使思想和行为的一般能力成为某些物质的本质)并非不可想象。[15]

　　尽管英国人对于"活动"和"因果关系"的本性有大量的批评,但是欧洲大陆的知识分子对这些问题进行了极为不同的分析。莱布尼茨的先定和谐观念试图通过提出因果关系已经在创世之初被"编排"进了世界,从而回避了在他看来明显荒谬的上帝及其造物关系的唯意志的、神助的论述。同时,马勒伯朗士通过断言世界中没有真正的动力因,只有上帝才可能是因果活动之源来解释世界中的活动。最终,法国人尤其受洛克对先天观念的批评的困扰,也受着他关于心灵是一块记写一生经历的白板这一学说的困扰。这暗示了自我也许不过是这些对心灵的物质影响的一个结果而已,那些认为洛克曾说物质能够思想(他仅仅声称那不是不可设想的)的人,在洛克的《人类理解

---

〔14〕 Alexander,《莱布尼茨－克拉克通信集》,第 63 页,第 72 页;Aiton,《行星运动的旋涡理论》,第 125 页～第 135 页。

〔15〕 J. Yolton,《物质之思:18 世纪英国的唯物主义》(*Thinking Matter: Materialism in Eighteenth Century Britain*, Oxford: Basil Blackwell, 1984); J. Locke,《人类理解论》(*An Essay Concerning Human Understanding*, Oxford: Clarendon Press, 1975), P. Nidditch 编,p. IV. 3. 6.

论》中找到了其他的内容来支持他们的问题。在 18 世纪初的思潮中,这种批判主义同关于洛克的哲学可能给予无神论者或唯一神论者以安慰的忧虑有着密切的联系。[16]

在英国,正统的神学家们在 18 世纪初期不得不为自身辩护,反对像安东尼·柯林斯和约翰·托兰这样的反三位一体者和"自然神论的"作者。托兰在《致塞丽娜书》(*Letters to Serena*, 1704)中宣称,物质是有内在活性的,并拥有他所称为"自我运动"(autokinesy)的事物,后来又宣称洛克和牛顿支持他的理论。甚至塞缪尔·克拉克(他与牛顿大概协商了每一个字)都认为莱布尼茨相信"洛克先生怀疑灵魂是否是非物质的"并无不当,尽管克拉克认为,洛克迄今为止的追随者"只是一些唯物主义者,他们是《哲学的数学原理》(*Mathematical Principles of Philosophy*)的敌人"。* 最糟糕的是,作为反三位一体者,牛顿被他的批评者(他们中很多人都在牛顿的"总释"中老练地察觉到反三位一体论)归到他所轻视的唯物主义者之列。在安妮女王时代和启蒙运动文化背景中,牛顿的哲学拥有众多的支持者,而且他的体系在某些人看来,在描述宇宙的理性和神圣秩序中,似乎提供了一个地球上理性政府的蓝图。[17]

其他作者明确结盟反对他们视为有害霸权的牛顿哲学,并利用种种资源建立本体论,其中力与活动是物质固有的。罗伯特·格林在 1712 年的《自然哲学原理》(*The Principles of Natural Philosophy*)中为捍卫正统英国国教而反对克拉克和威廉·韦斯顿的"阿里乌斯教"(Arianism)以及笛卡儿学说和牛顿学说的"罗马天主教",他在其中否认延展性和刚性构成物质的本质,并且使用洛克式的论证说明我们没有关于它们的观念,正如我们没有物质"本质"的观念一样。在格林写于 1727 年的《膨胀力和收缩力原理》(*Principle of Expansive and Contractive Forces*)中,他否认了真空的存在并宣称"物质"不是微粒的,而是由特定的能被分为膨胀力和收缩力的内在力所构成。无独有偶,约翰·哈钦森在他写于 1724～1727 年间的《摩西的原理》(*Moses's Principia*)一书中断言了《圣经》中记述的真实性,并抨击了在一段距离上的作用和"总释"中的反三位一体论。哈钦森担心,假定宇宙中存在诸如"力"这样的实体,那将会引进一个可能被许多人等同于上帝本身的非物质的代理者;这将使上帝成为这个世界的魂灵。事实上,上帝最初既创造了大块物质的粒子,也创造了构成光的精细粒子;为了让精细粒子结合,上帝给出了运动。哈钦森在神的三位一体与物质的这种精细形式能够出现的三种变体,即火、光、精神(气)之间看到了契合。在 18 世纪的后半叶,哈钦森的循环宇宙对包括老亚历山大·卡特科特和乔治·霍恩在内的一群保守派神学家以及自然哲学家

277

[16] J. Yolton,《洛克与法国唯物主义》(*Locke and French Materialism*, Oxford: Clarendon Press, 1991)。

* 这里的《哲学的数学原理》(*Mathematical Principles of Philosophy*)指牛顿的《原理》。在 18 世纪,《哲学的数学原理》和《哲学的原理》(*Principles of Philosophy*)均指牛顿的《自然哲学的数学原理》。如斯蒂克利(W. Stukeley)写的《牛顿爵士生平之怀思》(*Memoirs of Sir Isaac Newton's Life*)中的用法。——译者

[17] Yolton,《物质之思》,第 3 页～第 4 页,第 14 页～第 24 页;Alexander,《莱布尼茨-克拉克通信集》,第 12 页并参照第 190 页;可比较牛顿在其 1693 年精神崩溃期间,为曾经称洛克为"霍布斯主义者"的"道歉",以及为"声称你在你的关于思想的书中所提出的原理里面攻击了道德基础并计划在另一本书中继续如此"的"道歉";《牛顿通信集》,第 3 卷,第 280 页。

来说是一种有效的资源。[18]

对光、电、磁和热的研究是研究物质一般属性的最丰富的基础之一,并且,关于抛射、流体、振动或波的理论中的任何一个理论都可引用牛顿的工作。正如富兰克林和欧拉这样的批评者毫不迟疑的批评那样,(第 21 个"疑问"中所包含的)光可被视为微粒的观念,连同作用于光粒子与其他物体间的力的作用一起,具有许多缺点。光最初来源于太阳的思想蕴含着对于太阳的输出量和能力都将很快耗损掉的任何给定的常规解释。不同来源的粒子将不断地彼此碰撞,引起纷杂的混乱;粒子,无论多小,当被认为是以光所拥有的各种速度行进时,将产生一个从未被检测到的特别的力。尽管约翰·米歇尔在 18 世纪 50 年代的实验工作暗示了光确实拥有质量,但是很多个人已经形成了很多非抛射的光理论。其中最有意义的是欧拉的理论,他指出:光必须通过弹性以太来传输,以声音来类推,该以太的振动频率与光色一致。他是遗留下来的支持以旋涡说明行星运动的必要性的坚定追随者,尽管风行的牛顿引力理论在 18 世纪 40 年代主导着欧洲。[19]

尽管未必构成了一个一致的"传统",但是其他作者发展了一个物质的动力论,粒子在其中被约化为引起引力和不可入性的要素力(constituent forces)。米歇尔和罗歇·博斯科维什独立提出了一些理论,在这些理论中,物质是由围绕非扩展点的力心(centers of force)组成。这些理论与大卫·哈特莱的联结主义心理学一起,对于约瑟夫·普里斯特利提出唯物主义哲学起着重要作用。普里斯特利 1774 年以前一直是一个唯意志论者和非唯物论者,他最初相信一个与"总释"中体系并无不同的体系,在这个体系中,非唯物论者的上帝与"迟缓而惰性的"物质并存。此后,他又信奉精神与物质之间并无不同的一元论,这是与他作为一个激进异议者的政治和宗教观点相联系的。"物质"是引力和斥力的作用对象,是生而非死的本源。"精神"只是物质的一个更稀薄的形式,而自然则是"被在其中延伸的强烈的力充满的空间"。普里斯特利指出,一个所有人都能达到的推理能够渐进地发现基督的真理,就像它能揭示统治自然界的定律一样。他的《电学的历史与现状》(The History and Present State of Electricity, 1767)和《关于视觉、光和颜色发现的历史与现状》(The History of the Present State of the Discoveries relating to Vision, Light and Colours, 1772)展示了道德和智力的进步如何通过

[18] Yolton,《物质之思》,第 102 页~第 103 页;Greene,《自然哲学原理》(The Principles of Natural Philosophy, Cambridge, 1712);Greene,《膨胀力和收缩力的哲学原理》(The Principles of the Philosophy of Expansive and Contractive Forces, Cambridge, 1727);G. N. Cantor,《牛顿之后的光学:英国和爱尔兰的光学理论(1704～1840)》(Optics after Newton: Theories of Light in Britain and Ireland, 1704—1840, Manchester: Manchester University Press, 1983),第 97 页~第 102 页;C. B. Wilde,《18 世纪英国的哈钦森主义、自然哲学和宗教论战》(Hutchinsonianism, Natural Philosophy and Religious Controversy in Eighteenth Century Britain),《科学史》,18(1980),第 1 页~第 24 页。

[19] Cantor,《牛顿之后的光学》,第 10 页~第 12 页,第 54 页~第 56 页,第 117 页~第 121 页;C. Wilson,《欧拉对在一段距离上的作用和连续统力学的基本等式的论述》(Euler on Action at a Distance and Fundamental Equations in Continuum Mechanics),载于 P. Harman and A. Shapiro 编,《"困难事物的研究":精确科学史论文集》("The Investigation of Difficult Things": Essays on the History of the Exact Sciences, Cambridge University Press, 1992),第 399 页~第 420 页,尤其是第 400 页~第 401 页。

个人的发现成为可能。他邀请读者们效仿富兰克林等人的行为和思路。相应地,他也批评了牛顿以一种难于重复其发现过程的方式来写作的行为。[20]

到18世纪中期,英国的自然哲学家们和神学家们对于某种内在于物质的能或力的观念越来越满意,而且关于具有内在敏感性或"应激性"的有机物质的活力论解释赢得了医学界的大量支持。在法国,直到此时,笛卡儿哲学体系仍然是物质理论、宇宙论和人类行为理论的一个重要源泉。尽管如此,因为其解释力的贫乏与价值甚微以及其与唯物主义的联系,笛卡儿哲学被其他方法超越。唯物主义出现在当时处于萌芽状态的秘密文献中。在18世纪末的任何领域,最重要的方案之一就是要求以牛顿学说作自己的标牌。皮埃尔·西蒙·德·拉普拉斯构筑了一门物理学,它以或吸引或排斥的中心力来解释内聚力、毛细现象和化学反应。光、电、磁和热被设想为由相互排斥的粒子所构成的无重量的流体,然而这些粒子却可被有重量的物质所吸引。众所周知,他告诉拿破仑,在他的体系中不需要上帝这个"假设"。[21]

在其他地方,康德的工作为弗里德里希·谢林使之出名的自然哲学(Naturphilosophie)的学说提供了一个核心的形而上学基础。康德在他的首部著作《关于活力的真正评价的思考》(Thoughts on the True Estimation of Living Forces, 1747)中讨论了空间的观念,并且在他1766年的《空间区域差别的第一基础》(First Ground of the Distinction of Regions in Space)中,他提出空间不可能仅仅是关系性的;假如宇宙的内容仅仅由一只手组成而别无他物,它仍然可能是一只左手或是一只右手。既然这种"手性"不是根据另外的实体来设定的,那么它必定与一个自我包含的空间有关。然而,循着休谟等人的这些怀疑论点,到18世纪70年代初,康德开始相信牛顿所设定的绝对空间是"属于神话世界的",他形成了一个观点:时间和空间是感观直觉的"形式",它们先于我们对现象世界的经验被预设。在1781年的《纯粹理性批判》(Critique of Pure Reason)中,他指出表象是由这样的概念构成的:概念强加给表象一个"规则",使它们成为直观的对象。这种概念是知性的"范畴",康德认为这些范畴可用于将牛顿自然哲学的原理置于先验的基础之上;最终思维将自然定律规定为经验。[22]

[20] Cantor,《牛顿之后的光学》,第71页~第72页;Yolton,《物质之思》,第109页~第112页;Schaffer,《自然哲学》,第63页~第64页;J. McEvoy 和 J. E. McGuire,《神与自然:普里斯特利的理性的不信国教者之路》(God and Nature: Priestley's Way of Rational Dissent),《物理科学的历史研究》(Historical Studies in the Physical Sciences),6(1975),第325页~第404页;McEvoy,《普里斯特利思想中的电学、知识和进步的本性》(Electricity, Knowledge and the Nature of Progress in Priestley's Thought),《英国科学史杂志》,12(1979),第1页~第30页。

[21] R. Fox,《拉普拉斯式物理学的兴衰》(The Rise and Fall of Laplacian Physics),《物理科学的历史研究》,4(1974),第89页~第136页;也可参见 A. Vartanian,《特朗布莱所发现的水螅再生能力,拉梅特里和18世纪法国唯物主义》(Trembley's Polyp, La Mettrie and Eighteenth Century French Materialism),载于 P. P. Wiener 和 A. Noland 编,《科学思想的根源》(Roots of Scientific Thought, New York: Knopf, 1957),第497页~第516页;以及 S. Roe,《物质、生命和生殖:18世纪胚胎学与哈勒尔-沃尔夫的争论》(Matter, Life and Generation: Eighteenth-Century Embryology and the Haller-Wolff Debate, Cambridge University Press, 1981)。

[22] Alexander,《莱布尼茨-克拉克通信集》,第 xlvi 页~第 xlviii 页;Kant,《任何一种能够作为科学出现的未来形而上学导论》(Prolegomena to any Future Metaphysics that will be able to present itself as a Science, Manchester: Manchester University Press, 1978),P. Gray-Lucas 编,第38页~第39页,第82页~第89页;Buchdahl,《形而上学与科学哲学》,第574页~第615页。

在 1786 年的《自然科学的形而上学基础》(*Metaphysical Foundations of Natural Science*)中,康德试图展现整个自然科学的可能性的条件。康德体系的核心术语是被设想为由处于平衡的吸引和排斥两种相反的力所构成的物质。吸引力——在本体论的意义上,它被解释为一种带有非物质力的物质粒子,例如在"总释"中——是不可理解的;只有当物质被认为本质上是由作用于整个空间的力所组成的时候,在一段距离上的作用才变得可以理解。康德指出,假如把重力引力看做"正比"于质量的话,那么吸引力将不得不被看做质量的本质,由此,康德的先验的吸引力概念拥有了一种用于"整理"动力学现象并"扩大自然哲学家的活动领域"的模式地位。它是否真实存在是一件需要根据经验研究的事情。同样,康德认为其他概念能被说明对于一种比牛顿物理学更为广泛的自然科学是有用的,并且是其组成部分,尽管需要通过研究才能决定这样的实体是否存在于自然界。在关于宇宙学的早期著作中,康德笃信一种无所不在的以太的存在,但只是在《自然科学的形而上学基础》中才假设性地论述到它。然而,这种信仰却在他从 1790 年到 1803 年之间对科学的分析中起到了一个核心作用,这期间的著作收在他的《遗著》(*Opus postumum*)中。[23]

利用康德的思想,谢林在 1798 年所发展的自然哲学的体系中,假定了一种极性力的存在,并且强调了明显不相关的现象的统一和相互联系。不同的动力在有机界、宇宙和无机界三种不同的领域表现自己,相应地,后两者分别由光、电的平行范畴(parallel categories)组成,而且光和电是磁的原因,它们也出现在化学过程、电过程以及磁中。谢林的体系基于相反的力,以至于光、电、磁成为一种潜在而基本的"极性力"或者"二元论"的不同表现形式。谢林的工作对于更具经验主义倾向的约翰·威廉·里特尔是重要的,里特尔认为隐含于化学、电学和磁学等活动性之下的两个要素包含在基本的力,即光之中。汉斯·奥斯特在 1799 年写了两本关于康德的吸引和排斥两种基本力构成物质的理论的著作中,自然哲学对于他来说是一个重要资源。在更细致地阅读了谢林的著作之后,奥斯特将这些力加以扩展使之包含了光、电、磁和化学,但自然哲学对他在 1820 年发现伏打电堆对小磁针的影响这一重大发现有至关重要的影响的说法是有争议的。[24]

[23] Kant,《自然科学的形而上学基础》(*Metaphysical Foundations of Natural Science*),载于 Kant,《物质本性的哲学》(*Philosophy of Material Nature*, orig. 1786; Indianapolis: Hackett, 1985), J. W. Ellington 译;Buchdahl,《引力和可理解性》,第 90 页～第 99 页;M. Friedman,《康德与精确科学》(*Kant and the Exact Sciences*, Cambridge, MA: Harvard University Press, 1992),第 96 页～第 164 页;D. C. Barnaby,《康德〈自然科学的形而上学基础〉的早期接受》(*The Early Reception of Kant's* Metaphysical Foundations of Natural Science),载于 R. S. Woolhouse 编,《17 世纪和 18 世纪的科学哲学和形而上学:格尔德·布赫达尔纪念论文集》(*Metaphysics and Philosophy of Science in the Seventeenth and Eighteenth Centuries: Essays in Honour of Gerd Buchdahl*, London: Kluwer, 1988),第 281 页～第 306 页。

[24] F. W. J. Schelling,《自然哲学观念》(*Ideas for a Philosophy of Nature*, Cambridge University Press, 1988, orig. 1803),第 2 版,E. E. Harris 和 P. Heath 译。参见 K. Caneva,《物理学和自然哲学考察》(*Physics and naturphilosophie: A Reconnaissance*),《科学史》,25(1997),第 35 页～第 106 页,特别是第 39 页～第 41 页,第 43 页,第 45 页,第 48 页～第 49 页;R. C. Stauffer,《奥斯特的电磁学发现的背景中的思索与实验》(*Speculation and Experiment in the Background of Oersted's Discovery of Electromagnetism*),《爱西斯》(*Isis*),48(1957),第 33 页～第 50 页。

方法论

　　科学革命的英雄们声称他们能够吸取自然哲学的精华,并以方法论的形式传之后人。然而这种指示的功能是不明确的。保罗·费耶阿本德指出,在牛顿对于不同折射度的发现的描写中,以及他对于判决性实验的描述中,他曾描写了一个在预设其理论为真的情况下不可能发生的事件。很可能,对于所有方法论的断言都是如此。此外,因为牛顿保留了其研究工作的笔记本,我们现在知道牛顿得出白光异质性理论的路径的确与他所描述的方法大相径庭。这些考虑,连同存在一种单一科学方法的信仰的丧失,已经引导历史学家们以两种方式重新考虑方法论的作用。首先,方法论在本质上是虚构的,并不代表做出发现的方式,并且就像"发现的故事"本身一样,它在定位与其他哲学相关的工作时,必须视其发挥了一种特定功能。其次,无论最初的功能是什么,方法论极有适应性,并易于被改造为满足后来作者的兴趣需要。例如,脱离于培根这位保守派大法官所可能具有的"管理的"语境,天真的培根主义对于英联邦的平等主义者和 1789 年以后的革命者都是一个资源。在后一个例子中,对培根和牛顿等人"误用"哲学的假定,对法国革命的英国反对者,如约翰·罗比森来说是太过分了。[25]

　　当牛顿学说在英国和法国赢得支持的时候,其他研究,例如对"人的科学"、医学甚至宗教的研究,都试图给予其研究同牛顿力学一样的认识论地位。在 1740 年后的几十年间,牛顿"方法"——即使不是"吸引力"学说——一度统治了欧洲。与本体论一起,这种方法能以多种方式被解读。达朗贝尔等法国学人将《原理》中的数学分析视为理性研究的典范,然而让·西奥菲勒斯·德萨居利耶以及荷兰的牛顿主义者威廉·格雷弗桑德和彼得·范·米森布鲁克——他们在其教材中赞美以实验为依托的"牛顿"方法——促进了在大量观众面前有形地显现牛顿原理的演示装置的发展。牛顿体系在苏格兰的大学中特别盛行,正如保罗·伍德在本卷第 34 章某处所指出的,大卫·休谟和托马斯·里德等人在编纂其道德哲学时诉诸牛顿的"方法",尽管他们的研究途径

[25]　P. K. Feyerabend,《古典经验主义》(Classical Empiricism),载于 Butts 和 Davis 编,《牛顿的方法论遗产》,第 150 页～第 170 页;J. Schuster,《作为虚构言语的笛卡儿方法:历时的与结构的分析》(Cartesian Method as Mythic Speech: A Diachronic and Structural Analysis),载于 Schuster 和 Yeo 编,《科学方法的政治学与修辞学》,第 33 页～第 96 页;J. Martin,《索瓦热的疾病分类学:蒙彼利埃的医学启蒙》(Sauvages's Nosology: Medical Enlightenment in Montpellier),载于 A. Cunningham 和 R. French 编,《18 世纪的医学启蒙》(The Medical Enlightenment of the Eighteenth Century, Cambridge University Press, 1990),第 111 页～第 137 页;R. Yeo,《市场偶像:19 世纪英国的培根主义》(An Idol of the Marketplace: Baconianism in Nineteenth Century Britain),《科学史》,23(1985),第 251 页～第 298 页;J. B. Morrell,《罗比森教授和普莱费尔教授,以及"恐惧上帝的法国人"》(Professors Robison and Playfair and the "Theophobia Gallica"),《王家学会的记录及档案》(Notes and Record of the Royal Society),26(1971),第 43 页～第 63 页。

之间有巨大的差异。[26]

"牛顿学说"造就了一种对数学论证的迷恋,但并非"牛顿学说"这块招牌的一切特征都是在智力上令人满意的。在英国,汉斯·斯隆在牛顿于1727年逝世后即接任伦敦王家学会主席,此事提高了博物学家的地位,在约瑟夫·班克斯于1778~1820年间任学会主席期内,博物学的高贵地位达到极致。这些人呼吁归纳法优越论的权威,并宣称对于组织新事实过多的植物学和动物学而言,数学是一种不相称的结构。尽管德尼·狄德罗预言了数学进展的终结,并宣布化学、电学和博物学是下一项伟大的人类事业,与他合编《百科全书》(Encyclopédie)的爱好数学的达朗贝尔在其《初论》中宣称,培根是"哲学家中最伟大、最多才、最雄辩的一位"。在1740年的《论人类知识的起源》(Essay on the Origin of Human Knowledge)一书中,孔狄亚克将培根引作第一个指出知识有其感官经验上的起源的人,然而在该世纪以后的时间中,许多法国哲学家将培根的认识论转而用于斥责社会精英,特别是牧师。尽管如此,休谟对培根在科学史中的重要性的排名远在伽利略之下,并将敌对的观点归因于英国的党派偏见。[27]

也许对于英国方法论霸权的最为持久的抨击,是歌德和18世纪末的其他德国自然哲学家(Naturphilosophen)所着手进行的。歌德指出,自然是活的,并且每一个部分都是完好的,对大量不同实验情形的彻底研究将揭示在每个单一事实中所表达的原始类型。培根研究方法在能采取任何归纳之前,在大量单一事实中"愚蠢地耗尽了自身";而牛顿错误地认为能够从单个实验中得出一项理论。歌德在18世纪90年代初致力于《光学文稿》(Contributions to Optics)一书,他在书中指出牛顿是一个"暴君",他已经"奴役"了诸多国家,包括他自己的祖国,尽管歌德偏爱改良胜过革命,但是他谈到要将牛顿主义的大厦夷为平地。德国的牛顿主义者被比之于可恨的天主教神父,因为他们使用外人难解的语言保护其正典,*并且判决性实验是这样一个程序,由此"研究者在刑架上拷问自然以便获得调查者所预期的供认"。牛顿被划分为与秘密的共济会的"先觉者"为伍,歌德相信这些"先觉者"部分地要为法国革命负责,歌德为自然哲学呼唤更加广泛的读者:"现象必须被永远带出阴暗的、经验主义的、教条的审讯室,被展

[26] R. Porter,《启蒙时代的医学和人文科学》(Medical Science and Human Science in the Enlightenment),载于C. Fox等编,《创造人文科学:18世纪的学术领域》(Inventing Human Science: Eighteenth Century Domains, Berkeley: University of California Press, 1995),第53页~第87页,第53页~第59页;L. Stewart,《公众科学的兴起》(The Rise of Public Science, Cambridge University Press, 1993);P. Brunet,《荷兰医生与18世纪法国的实验方法》(Les Physiciens Hollondais et la Méthode Expérimentale en France au XVIIIe Siècle, Paris, 1926);L. Laudan,《托马斯·里德与英国方法论思想的牛顿式转变》(Thomas Reid and the Newtonian Turn of British Methodological Thought),载于Butts和Davis编,《牛顿的方法论遗产》,第103页~第131页;以及P. Wood,《里德论假设和以太:再评估》(Reid on Hypotheses and the Ether: A Reassessment),载于M. Dalgarno和E. Matthews编,《托马斯·里德哲学》(The Philosophy of Thomas Reid, Dordrecht: Kluwer, 1989),第433页~第446页。

[27] Yeo,《市场偶像》,第253页~第254页,第255页,第256页,第259页;E. Cassirer,《启蒙运动的哲学》(The Philosophy of the Enlightenment, orig. 1932; Princeton, NJ: Princeton University Press, 1979),第73页~第74页;d'Alembert,《〈百科全书〉初论》(Preliminary Discourse to the Encyclopedia, orig. 1751; New York, 1963),R. N. Schwab译,第74页。

* 这里的语言指拉丁语,这是天主教教士用的语言。正典指《圣经》,尤其是杰罗姆的拉丁文译本(武加大[Vulgate]本)。——校者

现到常识的陪审团面前。"牛顿的实验是人为的,只有把知识带给广泛大众的天才人物才应得到子孙们的尊重。尽管歌德后来不同意德国自然哲学家——其主要倡导者谢林——的信条,同样也责难"自从培根败坏哲学,以及波义耳和牛顿败坏物理学之后,这种已大体确立的自然研究的盲目的、没头脑的风格"。[28]

结　论

尽管关于这一时期成果甚少的成见仍然盛行,但是自然哲学和理性力学在 18 世纪发展到了一个非凡的程度。到 1800 年,人们在阐述热理论、电学、化学的基本概念并加以量化方面已做出了认真的努力,欧拉,然后是拉格朗日对理性力学或"分析"的表达已类似于现代的经典物理学。在上一个世纪末已经成为学科的完整部分,甚至基本组成的许多问题,现在被移交给形而上学,学科的划分已经开始类似于现在的形式。然而,像牛顿的例子所充分展现的那样,那些责难形而上学和运用假说的人,他们自己都必然地受形而上学制约,我们现在称为物理学和数学的发展常常引起了新的哲学问题。例如,在这些领域的进展引起了与流数术(牛顿)和微积分(莱布尼茨)的基础相关的问题;牛顿运动定律的地位;力的本质(关于活力的争论,以及力应该被视为连续的,还是无限多的小"冲击"的问题);新概念和原理的引入,例如欧拉的"压力"和"应力"的发展,以及达朗贝尔的最小作用量原理。这些问题被解释为物理哲学,它们在 18世纪末仍然是从业的自然哲学家思考和写作的主题,很少有人能对此采取完全忽略的实用主义态度。[29]

然而,假如这种关注仍然是精密科学的一个完整的部分,认识论的相关性就不那么明显了。休谟的"后怀疑论"论点产生于历史、政治、道德哲学和宗教的多种著作中,并且,尽管他精通于许多当代的自然哲学著作,但是他的怀疑论挑战的论据是极有影响的,这种影响不是在自然哲学中,而是在苏格兰和法国的道德哲学和神学中。在其他领域中,对于数学和物理学的形而上学和认识论基础的精致批评被一些自然哲学家在一定程度上回答了,尽管分析的新技巧的成功意味着对于这种工具的基础的一种实用态度占据了主导地位。例如,乔治·贝克莱主教对牛顿微积分的责难,暗示了微积

[28]　F. Burwick,《牛顿的诅咒:歌德的颜色理论和浪漫式的接受》(*The Damnation of Newton: Goethe's Colour Theory and Romantic Reception*, Berlin: Walter de Gruyter, 1986); D. Sepper,《歌德反牛顿:对于一种新的颜色科学的争辩与计划》(*Goethe contra Newton: Polemics and the Project for a New Science of Color*, Cambridge University Press, 1987); M. W. Jackson,《信念的谱系:歌德的"共和"对牛顿的"专制"》(A Spectrum of Belief: Goethe's "Republic" Versus Newtonian "Despotism"),《科学的社会研究》(*Social Studies of Science*), 24(1994),第 673 页～第 701 页,尤其是第 682 页～第 684 页;Schelling,《自然哲学观念》,第 52 页。

[29]　关于"分析",见 C. Truesdell,《重新发现理性时代的理性力学的计划》(A Program toward Rediscovering the Rational Mechanics of the Age of Reason),《精确科学史档案》(*Archive for the History of Exact Sciences*),1(1960～1962),第 1 页～第 36 页;T. Hankins,《科学与启蒙运动》(*Science and the Enlightenment*, Cambridge University Press, 1985),第 15 页～第 33 页;关于"力",可以参见 C. Wilson,《达朗贝尔对欧拉论二分点进动和刚体力学》(D'Alembert Versus Euler on the Precession of the Equinoxes and the Mechanics of Rigid Bodies),《精确科学史档案》,37(1987),第 233 页～第 273 页;以及 R. S. Westfall,《牛顿物理学中的力》(*Force in Newton's Physics*, Cambridge University Press, 1971)。

分的基础是基于一个不比信仰上帝更为"理性"的方法,并且贝克莱认为绝对空间的学说接近效忠于空间即上帝的异端邪说。这些针对牛顿学说霸权的批评被牛顿的支持者,如詹姆斯·朱林所认真对待,但只有在 19 世纪中,贝克莱对流数术的基础的批评才被公认为对这一主题的重要贡献。在一些领域中,"哲学"中的工作对于自然哲学的实践产生了有力的影响:康德对于谢林的影响,以及随后经由谢林进而对奥斯特的影响就是一个恰当的例子。尽管这种传播的确切本质仍然难以探知。更有代表性的是,洛克在 17 世纪 90 年代承认,牛顿在《原理》中的彻底论证已经达到了严密性的一个高度,它可能是自然哲学之外的领域无法模仿的。其后,其他学科的从业者以嫉妒的眼光凝视着数学物理学的成功,只能寄希望于效仿它们。[30]

（徐国强　刘　燕　陈珂珂　译　方在庆　赵振江　校）

[30]　参见 D. Norton 编,《剑桥休谟指南》(*Cambridge Companion to Hume,* Cambridge University Press, 1993),第 1 页～第 25 页,特别是第 5 页;J. Force,《休谟对于牛顿和科学的兴趣》(Hume's Interest in Newton and Science),《休谟研究》(*Hume Studies*),13 (1987),第 166 页～第 216 页;M. Barfoot,《休谟和 18 世纪早期的科学文化》(Hume and the Culture of Science in the Early Eighteenth Century),《牛津哲学史研究》(*Oxford Studies in the History of Philosophy,* Oxford: Clarendon Press, 1990),第 151 页～第 190 页;以及 D. Jesseph 编译,《乔治·贝克莱:〈论运动〉和〈分析家〉:带有导言和注解的现代本》(*George Berkeley: De Motu and The Analyst: A Modern Edition with Introductions and a Commentary,* Dordrecht: Kluwer, 1992)。

12

自然的观念：自然哲学

约翰·加斯科因

18 世纪继承了一个源自古希腊的悠久传统，即主张自然能够通过运用理性而被理解。这种信仰支撑起多个世纪的大学实践，在这种实践中，自然现象是用逻辑演绎来解释的，而这种逻辑演绎主要是——尽管不完全是——源自亚里士多德哲学的基本原理。[1] 对于自然哲学与更广阔的哲学事业——对支撑上帝和人类行为的基本目的进行解释——之间的联系，在 18 世纪的大多时候，这种亚里士多德哲学的稳固的思想立场所投下的长久阴影仍然明显。在 18 世纪之初，自然哲学与形而上学、逻辑学和道德哲学一样，仍然是哲学的一个分支。

但是，将成为 18 世纪惊人特征之一的是，自然哲学随着发展越来越脱离传统的缆索，开始呈现出一种独立的姿态。事实上，尽管自然哲学一度唯形而上学马首是瞻，但自然哲学日益呈现出哲学的定义形式的状态，这是道德哲学所试图效仿的，并且引起了对形而上学探究的价值的质疑。例如，到了 1771 年，《不列颠百科全书》（Encyclopaedia Britannica）能够为道德哲学研究进行辩护，根据是它类似于自然哲学，因为它也"诉诸自然或事实；依赖于观察；并依附于简单而无可置疑的实验建立其论证"。[2]

18 世纪不仅见证了自然哲学表现得日益独立于其哲学起源，而且见证了随着自然哲学在规模和复杂性上的增长，它也开始产生独立的学科。在 18 世纪的大多数时候，长期确立的对于所有知识都从属于一个潜在统一体的信仰，[3] 有助于支撑以一套基本的法则和程序解释自然运转的事业。但是，到了世纪末的时候，自然哲学的领域开始受到限制。化学的方法是极为不同的，以至开拓出了一个新领域，它在实质上有别于自然哲学的全部领域。博物学曾一度被认为是收集原始资料以供自然哲学提取基本

〔1〕 关于传统的经院主义的自然哲学的多样性，参见 Charles Schmitt，《关于复兴的亚里士多德学说的再评价》（Towards a Reassessment of Renaissance Aristotelianism），《科学史》（History of Science），11（1973），第 159 页～第 193 页。
〔2〕 3 卷本《不列颠百科全书》（Encyclopaedia Britannica, Edinburgh, 1771），"道德哲学"（Moral philosophy），第 2 卷，第 270 页。
〔3〕 Thomas Hankins，《让·达朗贝尔、科学和启蒙运动》（Jean d'Alembert, Science and the Enlightenment, Oxford: Clarendon Press, 1970），第 104 页。

定律的相对低等的艰苦的活动,但是随着精细的分类形式的发展,它赢得了更高的尊重。反过来,这些形式有助于促进博物学的门类分化出植物学、动物学和地质学等子门类。当自然哲学的领域被限定时,传统上曾经是"自然哲学"同义词的"物理学"一词,开始具有了借助实验研究无生命自然的更狭窄的内涵。[4] 于是,总的来讲,18 世纪见证了从作为一个哲学分支的自然哲学到一大批科学学科的发端的转变,这些学科在很大程度上破坏了自然哲学事业传统上所基于的统一自然观的设想。

18 世纪初,在我们标记为科学革命的对地球位置和宇宙本质所进行的重新概念化的冲击下,基于亚里士多德的旧经院哲学秩序崩溃了,在它所产生的理性真空里,自然哲学的不同类型争夺了统治权。在法国和很多欧洲大陆国家,经院自然哲学已经被笛卡儿哲学所替代,或者在多种程度上与笛卡儿哲学合并,[5] 使人安心的是,笛卡儿哲学与经院哲学共享了一个完整的哲学体系,在该体系中,自然哲学能够从一套相容的形而上学前提推演出来。而且,由于笛卡儿对数学无比挚爱,他的自然哲学体系原则上是通过逻辑推演来进行的,这又使得它更符合那些经院哲学所训练出来的头脑的口味。尽管如此,笛卡儿哲学的异质对于知识的传统哲学主体的侵入,使得自然哲学与其他哲学形式日渐分离开来。

如同笛卡儿哲学一样,基于莱布尼茨的工作,以及后来由克里斯蒂安·沃尔夫所整理的思想体系也把自然哲学紧密地整合到一个吸收了传统经院哲学起源的更大的哲学事业中。莱布尼茨也具有同笛卡儿一样的雄心——为自然的运转提供一个面面俱到的模型。他否决了笛卡儿的物质是无活力的,仅仅以广延为特征的基本前提,并赞成物质内部固有的力,但是,像笛卡儿一样,他试图根据物质和运动建立一个哲学上相容的宇宙运转模型。尽管同笛卡儿哲学相比,它远远缺乏追随者,但是莱布尼茨的工作在说德语的地区是有影响的,它也影响了大量法国自然哲学家的工作。一些人,例如瑞士著名自然哲学家丹尼尔·伯努利(1700～1782),把莱布尼茨工作的各个方面整合到一个以笛卡儿哲学为基础的模型中。[6] 莱布尼茨对欧洲大陆的影响程度的一个切实标志是他的微积分符号被采用,而牛顿的符号未被采用。

在英国,莱布尼茨的工作影响甚微,并且到了 18 世纪开始时,笛卡儿哲学开始被另一个更进一步与经院哲学的精神气质相背离的自然哲学体系所取代,这就是牛顿体

---

[4] John Heilbron,《实验的自然哲学》(Experimental Natural Philosophy),载于 G. S. Rousseau 和 Roy Porter 编,《知识的酝酿:18 世纪科学的编史学研究》(The Ferment of Knowledge: Studies in the Historiography of Eighteenth-Century Science, Cambridge University Press, 1980),第 362 页。

[5] 关于经院哲学和笛卡儿思想整合的尝试,参见 Paul Dibon,《至本世纪的荷兰哲学》之第 1 卷:《前笛卡儿时期大学的哲学教学(1575 ～ 1650)》(La philosophie néerlandaise au siècle d'or: vol. 1, L'Enseignement philosophique dans les universités à L'epoque précartesienne, 1575—1650, Paris: Elsevier, 1954—),第 253 页,以及 Michael Heyd,《在正统学说和启蒙运动之间:让 - 罗贝尔·舒埃和笛卡儿科学在日内瓦科学院的传入》(Between Orthodoxy and the Enlightenment: Jean-Robert Chouet and the Introduction of Cartesian Science in the Academy of Geneva, The Hague: M. Nijhoff, 1982),第 108 页,第 134 页。

[6] C. Iltis,《笛卡儿思想在力学中的衰落》(The Decline of Cartesianism in Mechanics),《爱西斯》(Isis),64(1973),第 356 页～第 373 页,特别是第 357 页。

287

系。与笛卡儿的哲学体系相比,牛顿的自然哲学体系并未密切联系一个跨度更广的哲学大纲,也不以与经院哲学体系或者笛卡儿哲学体系一样的方式进行演绎。正如牛顿在选择题目(《自然哲学的数学原理》[*Principia Mathematica Naturalis Philosophiae*],与笛卡儿的《哲学原理》[*Principia Philosophiae*]对照)时所强调的一样,牛顿的体系并不基于逻辑而是基于数学,因此将自然哲学领域与其他哲学分支明确地加以区别。

　　两大自然哲学体系间的碰撞成为 18 世纪上半叶欧洲理性活动的一大主题,与国家对抗的问题一起,两大主要自然哲学体系的竞争反映了自然哲学的范围和程度的不同观念。对于笛卡儿主义者而言,他们的体系提供了一个一致的自然模型,该模型基于运动微粒的非常精确的力学原理,而这些原理能被拓展应用于一切自然现象。在他们的眼中,牛顿体系由于乞灵于没有明确力学基础的地心引力等原理,表现了一种向旧经院哲学秩序的神秘性质的倒退。另一方面,对于牛顿主义者而言,与令他们引以为豪的严格的数学处理相比,笛卡儿哲学是一场依赖于口头解释的“哲学空想”。正如牛顿本人在《光学》(*Opticks*)的疑问之一的草稿中针对他的笛卡儿派对手而写的:“但是,如果未从现象溯源事物的性质,你就捏造假设,并想通过假设解释整个自然的话,你可以得到一个似是而非的哲学体系并为你赢得声名,但是它比之空想更无所长。”[7]　　*288*

　　正如格拉克所强调的,[8]牛顿的工作代表了一种与自然哲学传统的根本决裂,因为它在很大程度上放弃了构建一个基于哲学上一致的前提的自然模型的尝试。笛卡儿和莱布尼茨取径不同,但他们都坚持了与亚里士多德同样的使命;对于他们,也试图形成一个解释自然运转的根本原因的物理学或自然哲学(二词同义)的体系。比较而言,牛顿寻求更有限的目标:一个可见世界的数学模型,而非试图提供一切自然现象的同样的形象化描述,以支撑其他自然哲学体系。正如一个牛顿的法国普及者在 1743年所写:“笛卡儿有一颗构造世界的雄心,牛顿对此却没有最起码的愿望。”[9]这种不同的目标有助于解释牛顿工作在欧洲大陆的缓慢接受,因为它未能满足自然哲学角色的传统观念。这也有助于解释,为什么当牛顿的工作日益成为理性活动领域的一个确立的部分时,它对于自然哲学和一般哲学间的传统联系格外具有腐蚀性。

　　最终,到了大约 18 世纪中期,是牛顿的工作在欧洲大部分地区赢得了最高科学权威。[10] 尽管在天体力学,以及影响程度较低的地上力学领域中,牛顿在很大程度上占

〔7〕　Henry Guerlac,《道尔顿原子理论的背景》(The Background to Dalton's Atomic Theory),载于 Guerlac,《近代科学史论文集》(*Essays and Papers in the History of Modern Science*, Baltimore, MD: Johns Hopkins University Press, 1977),第 220 页。

〔8〕　Henry Guerlac,《雕像矗立的地方:18 世纪对牛顿的不同的忠诚》(Where the Statue Stood: Divergent Loyalties to Newton in the Eighteenth Century),以及《牛顿和分析方法》(Newton and the Method of Analysis),载于《近代科学史论文集》,第 133 页~第 134 页,第 140 页,第 210 页。

〔9〕　Louis-Betrand Castel,《揭示艾萨克·牛顿爵士的物理原则,以及与笛卡儿的一个原则加以比较》(*Le vrai système de physique generale de M. Isaac Newton, exposé et parallèle avec celui de Descartes*, Paris, 1743),第 18 页,引自 Aram Vartanian,《狄德罗和笛卡儿:启蒙运动中科学自然主义的研究》(*Diderot and Descartes: A Study of Scientific Naturalism in the Enlightenment*, Princeton, NJ: Princeton University Press, 1953),第 82 页。

〔10〕　L. W. B. Brockliss,《17 世纪和 18 世纪法国的高等教育:一种文化史》(*French Higher Education in the Seventeenth and Eighteenth Centuries: A Cultural History*, Oxford: Clarendon Press, 1987),第 360 页;以及 Tore Frängsmyr,《18 世纪的瑞典科学》(Swedish Science in the Eighteenth Century),《科学史》,12(1974),第 29 页~第 42 页,特别是第 35 页。

据着至高无上的地位,然而在其他科学领域中(特别是那些基于实验的领域)他的影响力就小多了。在法国,实验科学的进展并未牢牢地拘泥于任何牛顿学说的观念。[11] 莱昂哈德·欧拉(1707～1783)对于牛顿光学理论的不确定态度(先是公然反对牛顿学说,拒绝光的"微粒说"理论,随后在明确表述他的光的"波动说"理论中,对牛顿学说的力学原理感到蒙恩[12])是18世纪下半叶时牛顿学说霸权只表现在局部,且只具有临时性的又一例证。

尽管如此,逐渐给予牛顿成就很高的威望有助于保证数学成为自然哲学的标志性特征。当这一点变得日益深入人心时,自然哲学也因此变得更加严格区别于其他哲学形式。同样地,自然哲学也因其对实验的倚重而越发显得突出。尽管这主要归功于牛顿的榜样作用,但也是自然哲学的一个方面,其来源广泛,包括手工艺传统与威廉·雅各·格雷弗桑德(1688～1742)和米森布鲁克等荷兰实验主义者往往在哲学上表现出的不可知论传统。[13] 因而,"牛顿学说"是一件多彩的外衣,因为它带有不同国家的知性传统的色彩,也因为源自丰富多样的牛顿学说主体的种种材料被赋予或多或少的知名度。尽管它也许曾是变化无常的,但是牛顿学说设立了知性边界,在其中,18世纪自然哲学的大量活动得以实施。于是,我们转而检视牛顿学说确立为自然哲学的统治形式的道路,首先是在牛顿的祖国英国,然后是在更为广泛的欧洲。

牛顿学说在英国的确立

《原理》(*Principia*)中令人生畏的性质,布满了深奥的数学解释,这反映了作者的性格———一个慎于论战的人,他希望使自身远离自然哲学争吵不休的世界。事实上,牛顿被他的一位同时代的人这样说道:他"使《原理》深奥,以避免数学上一知半解的少数人指手画脚"。[14] 甚至在他本人所在的剑桥大学,牛顿的《原理》最初遭遇的也是目瞪口呆的不理解:"在艾萨克爵士出版了他的《原理》之后,当他从旁边走过的时候,剑桥的学生们说那是一个写了一本他本人或者任何人都看不懂的书的人。"[15] 那时,还没有预先显露出任何牛顿的著作最终所获得的近乎偶像崇拜的智力尊敬。《原理》的巨舰要求谦卑的智力拖船牵引出港。紧随《原理》出版之后,行使这种拖船服务的人中重要的是一群苏格兰自然哲学家,其中主要人物是戴维·格雷戈里(1659～1708),他于

〔11〕 Rod Home,《摆脱牛顿学说的限制:18世纪物理科学的其他研究方法》(Out of a Newtonian Straitjacket: Alternative Approaches to Eighteenth-Century Physical Science),载于《18世纪研究》(*Studies in the Eighteenth Century*)之第Ⅳ卷:《第四届大卫·史密斯纪念研讨会论文集》(*Papers Presented at the Fourth David Nichol Smith Memorial Seminar*, Canberra: Australian National University Press, 1979),第239页～第240页。

〔12〕 Rod Home,《莱昂哈德·欧拉的"反牛顿学说的"光学理论》(Leonhard Euler's "Anti-Newtonian" Theory of Light),《科学年鉴》(*Annals of Science*),45(1988),第521页～第533页。

〔13〕 Pierre Brunet,《18世纪的荷兰医师与法国的实验方法》(*Les physicians hollandais et la méthode expérimentale en France au XVIIIe siècle*, Paris: Libraire Scientifique Albert Blanchard, 1926),第99页。

〔14〕 William Derham 对牛顿的回忆(King's College, Cambridge Keynes MS 130)。

〔15〕 Martin Folkes 对牛顿的回忆(同上书)。

1683～1691 年任爱丁堡大学的数学教授,随后于 1691～1708 年任牛津大学的萨维里天文学教席。在爱丁堡和牛津,格雷戈里为学生们介绍了牛顿的主要宇宙学结论,而这项任务被在爱丁堡师从格雷戈里,又追随他到牛津的约翰·凯尔(1671～1721)所进一步发扬光大。在牛津,像牛顿的热心门徒和实验方法的积极推广者让·西奥菲勒斯·德萨居利耶(1683～1744)所表达的一样,凯尔是"以数学方式通过**实验**公开讲授**自然哲学**的第一人"。[16] 德萨居利耶的赞扬强调了在何种程度上,牛顿的自然哲学被视为以对数学和实验的依赖为特征,从而有别于笛卡儿学说,更区别于经院哲学。

格雷戈里和凯尔来自长老会的苏格兰,是英国国教的流亡者,在牛津的高教会派托利党的气氛中,他们自然像到了家一样。[17] 但是牛顿学说并没有在牛津繁荣起来,在那里,自然哲学总体上被给予在一种智力环境中的相对低下的地位,该环境的核心任务是借助于亚里士多德的逻辑和教父的知识的传统武器来保卫国教。尽管剑桥最初在接纳牛顿的工作时慢了一步,但是在那里,它已经成为英国精英们智力交流的公认部分。[18]《原理》走过了一条从智力上的奇葩到全部课程的必备部分的道路,这主要归功于紧随 1688 年革命而盛行的宗教和政治思潮,这场革命废黜了天主教的詹姆斯二世,拥护新教的威廉和玛丽;为废黜国王辩解,以及按照国会命令,而非按世袭血统的规定指定继承人的无法无天的行为,使教会人员发生了深刻的分裂,并歪曲了他们对于理性主张的态度。那些将教会和国家的"革命协议"(Revolution Settlement)视作符合理性原则的人,往往强调给予理性一个重要角色的神学形式。特别是,他们转向了倚重自然哲学来说明如何通过自然之书和《圣经》来解释上帝之手的自然神学的形式。与此相反,那些仍然坚信教会和国家应有更为传统的秩序的人,往往对自然神学和与之相联系的自然哲学的形式保持警惕,因为它们会让人们对那种基于天启的神学感到困惑,而与教会一道的神授的君主政权的主张正是基于这种天启神学。

正如玛格丽特·C. 雅各布的著作[19]所说明的一样,这样的争论有助于营造一种思潮,在这种思潮中,牛顿的工作能够超越一个同行专家的小圈子,成为时代总体理性进程的一部分。人们对于牛顿自然哲学的兴趣,如同对于其他任何思想体系一样,随着在支配精英文化的论战中的运用程度而提高。对于那些在平息有关教会和国家的特性之争中强调理性主张的人,牛顿的工作提供了这种方式的一个新的例证,人类思想

[16] William Strong,《牛顿学派对自然哲学的解释》(Newtonian Explications of Natural Philosophy),《思想史杂志》(Journal of the History of Ideas),18(1957),第 49 页～第 83 页,特别是第 53 页。
[17] Anita Guerrini,《保守的牛顿主义者:格雷戈里、皮特凯恩及其圈子》(The Tory Newtonians: Gregory, Pitcairne and Their Circle),《英国研究杂志》(Journal of British Studies),25(1986),第 288 页～第 311 页。
[18] John Gascoigne,《启蒙运动时期的剑桥:从复辟时代到法国革命时期的科学、宗教与政治》(Cambridge in the Age of the Enlightenment: Science, Religion and Politics from the Restoration to the French Revolution, Cambridge University Press, 1989),第 142 页～第 184 页。
[19] Margaret Jacob,《牛顿主义者与英国革命(1689～1720)》(The Newtonians and the English Revolution 1689—1720, Hassocks, Sussex: Harvester Press, 1976)。

由此能够解开自然的秘密,并且这样做,为不断发挥作用的上帝造物之手提供了实例。[20] 因而,当"为证实基督教,反对声名狼藉的异教徒"所设的波义耳讲座在 1691 年确立时,被选定的第一位演讲者,剑桥古典主义者理查德·本特利(1662~1742)在牛顿的鼓励下,使用《原理》作为手段来证实所构思的论点。这就确立了自然哲学,特别是牛顿学说与为宗教辩护相联系的传统。这一传统被众多波义耳演讲者所保持。对这类职位的任命主要被控制在教会中那些赞成"革命协议"的人手中,剑桥的一些关键职位也是如此,在那里,本特利与他的政治和宗教同盟者成功地使牛顿的自然哲学制度化。

　　在剑桥,也是在本特利的指导下,《原理》的第 2 版于 1713 年出版,实验哲学的第一任荣誉教授罗杰·科茨(1682~1716)作为该书的编辑。科茨的劳动不仅有助于使这本现今罕见的著作(它仅仅印了 300 本或 400 本[21])印数更多,而且使其更易于理解。特别是,他的序言在宣称牛顿自然哲学的优点,反对英国和欧洲大陆的笛卡儿自然哲学上扮演了一个重要角色。[22] 科茨是剑桥那一时代自然哲学教师之一,这些人还包括威廉·韦斯顿、约翰·克拉克和塞缪尔·克拉克(1675~1729),还有尼古拉斯·桑德森,他们出版的著作使牛顿的工作为大学生和广大公众更容易理解。然而,一旦确立为剑桥大学生日常例行学习的一部分,牛顿的传统在那里就变得相当僵化和形式化了,几乎没有人尝试去进一步发展它。例如,有征兆表明,在 1726 年,对于《原理》第 3 版的需求已经不再产生于剑桥,而是产生于受训于莱顿的伦敦医师亨利·潘伯顿(1694~1771)。苏格兰的大学也开始重申在传播牛顿著作方面早期所处的领先地位,18 世纪中期最有影响的英国牛顿学说的教科书——科林·马克劳林的《论牛顿爵士的哲学》(*An Account of Sir Isaac Newton's Philosophy*, 1748)——是一位爱丁堡数学教授的著作。

　　由于剑桥和苏格兰的大学教师的工作,也由于那些追随波义耳演讲者引导的神学家将牛顿的自然哲学原理并入广泛传播的自然神学讲义的方法,牛顿的工作变得与教会和国家的确立的理性秩序紧密联系起来。这一联系由于牛顿本人所受到的赞美而更进一步增强,所赞美的是因其智力上的成就以及无可指摘的辉格党委任:铸币厂的总监(1696)和厂长(1699)、爵士的身份(1705)以及伦敦王家学会主席(1703),他担任主席直至 1727 年去世。牛顿的主要哲学发言人,受训于剑桥的牧师塞缪尔·克拉克,是未来英王乔治二世的妻子威尔士公主卡罗琳的至交。在卡罗琳的鼓励下,克拉克捍卫牛顿的工作,反击莱布尼茨的哲学中伤。这位伟大的德国形而上学者曾经声

[20] 关于自然神学和牛顿工作之间的早期联系,亦可参见 Hélène Metzger,《一些英国的牛顿评论者的普遍吸引力与自然信仰》(*Attraction universelle et religion naturelle chez quelques commentateurs anglais de Newton*, Paris: Hermann & Cie, 1938)。
[21] I. Bernard Cohen,《牛顿〈原理〉导读》(*Introduction to Newton's Principia*, Cambridge University Press, 1971),第 138 页。
[22] Pierre Brunet,《18 世纪牛顿理论在法国的引入》(*L'Introduction des théories de Newton en France au XVIIIe siècle*, Paris: Librairie Scientifique Albert Blanchard, 1931),第 66 页。

称："牛顿爵士及其信徒对于上帝的工作有一个非常奇怪的观点。按照他们的学说，万能的上帝需要不时地给他的表上弦……似乎，他没有足够的远见使它永久运转下去。"[23]值得注意的是，当为牛顿辩护时，克拉克将上帝在宇宙中的角色和国王统治国家的情况进行了类比，这个比较再次强调了这样一种方法，即在英国，牛顿的工作在很大程度上适合于那些捍卫既有秩序的人。[24]

　　这种把牛顿与对教会和国家的既有秩序的捍卫等而论之的一个结果是，那些不赞同现状的人往往寻求一个可供替代的自然哲学体系。基于牛顿体系为宗教辩护的大量言论的基础是，牛顿体系把物质降级到被动的同质粒子。因而，激活和维持宇宙秩序所需要的活性力（例如引力，牛顿对它未作力学解释）被牛顿早期的布道牧师（在牛顿本人特有的谨慎支持下）视为上帝出手维持其造物的表现。于是，很多牛顿自然哲学的反对者把目光集中在物质的状态，以及对物质是否真的像牛顿的辩护者所宣称的那样无活力并缺乏目的和方向的问题上。约翰·托兰（1670～1722）来自激进的共和党人与自然神论者的左派，他求助于主要的异教徒、泛神论者斯宾诺莎的著作，指出运动是物质所固有的，形成了与牛顿理论相抵触的物质理论[25]——从而破坏了以牛顿自然神学思想为基础的二元论。

　　但是，牛顿也引起了来自右派的批评——来自那些不再着迷于"革命协议"及其对国家世袭原则和教会中教士角色的破坏的人。尽管剑桥大学日益处于辉格党和牛顿学说的影响之下，但它也产生了少数反对超前政治和理性思潮的人。托利党支持者罗伯特·格林（1678？～1730）便是其中之一，他在其大卷本著作《膨胀力与收缩力的哲学原理》（*Principles of Philosophy of the Expansive and Contractive Forces*, 1727）中，提出（正如他在序言中所表达的一样）用"一个真正英国的哲学"来取代机械论哲学（它被格林视为"天主教国家的产物"）。在一所大学中，在一个神学争论影响了其他一切的时代中，这种看法与他对那些诸如牛顿的牧师推广者之类的神学家们的抨击紧密联系起来，正如他在他更早的著作中所力陈的，他们"太迷恋于他们称之为理性的东西，在我们对自然了解甚少的情况下，他们过分强调脱离自然的推理"，[26]格林体系与牛顿体系的不同关键在于，他拒绝"物质相似且同质的原理"，而把物质视为异质的，并视为一种活性力。如同其书名所暗示的，物质能"被区分为膨胀的力和收缩的力"。[27]

　　牛顿的物质理论也遭受了来自哈钦森主义者的抨击，他们是一群主要与牛津相联

[23]　H. G. Alexander 编，《莱布尼茨与克拉克通讯集》（*The Leibniz-Clarke Correspondence*, Manchester: Manchester University Press, 1956)，第 11 页～第 12 页。

[24]　Steven Shapin，《论上帝和国王：莱布尼茨与克拉克争论中的自然哲学和政治》（Of Gods and Kings: Natural Philosophy and Politics in the Leibniz-Clarke Disputes)，《爱西斯》，72（1981)，第 187 页～第 215 页。

[25]　Jacob，《牛顿主义者与英国革命（1689～1720)》，第 235 页～第 239 页。

[26]　Robert Greene，《自然哲学原理……》（*The Principles of Natural Philosophy . . .*, Cambridge, 1712)，前言。

[27]　Robert Greene，《膨胀力和收缩力的哲学原理》（*Principles of the Philosophy of Expansive and Contractive Forces*, Cambridge, 1727)，前言，第 409 页；Robert Schofield，《机械论和唯物主义：理性时代英国的自然哲学》（*Mechanism and Materialism: British Natural Philosophy in the Age of Reason*, Princeton, NJ: Princeton University Press, 1970)，第 119 页。

系的宗教上保守的神学家,像格林一样,他们把牛顿视为他们所不赞成的宗教和政治团体的同盟者。这个学派的策动者约翰·哈钦森(1674～1737)曾经试图建立一个完全基于圣经原则的自然哲学体系,他指出基督教的三位一体反映在宇宙中的火、光、气三元素上,它们通过机械定律控制着世界。他试图建立这些元素来替代牛顿学说的力与引力观念,因为它们缺乏机械论的解释,似乎暗示着上帝对世界的直接参与。[28] 这种论证方法曾被那些将牛顿的学说不拘教义加以推广的牧师们用以捍卫与之相关的教会和政权,但是在哈钦森看来,它通过暗示上帝在某种意义上是他自己造物的一部分而导致了泛神论的异端。[29] 但是,哈钦森主义者只剩下极小而日益窘迫的少数派,因为不仅他们的自然哲学在很大程度上被忽略,而且他们在一个越来越受那些赞同革命协议原则的人控制的教会中的升职前景黯淡无光。

　　尽管格林或者哈钦森主义者等人物的直接影响甚微,但是无活力的物质和活性原理之间的二元论——这对于牛顿的工作及其早期的神学和科学推广者来说已经是基本的——开始使这个世纪的进程发生了变化。到了詹姆斯·赫顿(1726～1797)时代,已经有可能把牛顿的传统作为其地球理论的一部分来构建一种自然观,在这种自然观中,物质是自我调节的,不需要神的作用来产生和维持其作用。[30] 与之类似,约瑟夫·普里斯特利(1733～1804)通过形成一个以广延和活性力为特征的物质观,用牛顿学说的概念来消解其二元论。[31] 随着世纪的前行,不同学派对于这位大师著作的不同方面的关注,牛顿学说的不同特征也变得更加明显。除了偶尔出现置身于牛顿学说的信徒之外的怪人,牛顿这个名字对于任何人而言都已经成为极有力量的一个法宝,但是这并不妨碍具有重大意义的多元论的出现,即透着牛顿原理气息的自然研究的种种研究方法。[32] 因而,例如尽管牛顿的《光学》偏爱于光的粒子理论,这并不妨碍一些18世纪的自然哲学家在仍然宣称笃信自然研究的牛顿观念的同时,继续思索光的波动理论。

[28]　Geoffrey Cantor,《启示与哈钦森的循环宇宙》(Revelation and the Cyclical Cosmos of John Hutchinson),载于 L. Jordanova 和 Roy Porter 编,《地球的形象:环境科学史文集》(Images of the Earth: Essays in the History of the Environmental Sciences, Chalfont St. Giles: British Society for the History of Science, Monograph Series no. 1, 1979),第 9 页～第 10 页;以及 Christopher Wilde,《18 世纪英国的作为自然符号的物质与精神》(Matter and Spirit as Natural Symbols in Eighteenth-Century Britain),《英国科学史杂志》(British Journal for the History of Science),15(1982),第 99 页～第 131 页,特别是第 106 页。

[29]　C. B. Wilde,《18 世纪英国的哈钦森主义、自然哲学和宗教论战》(Hutchinsonianism, Natural Philosophy and Religious Controversy in Eighteenth-century Britain),《科学史》,18(1980),第 1 页～第 24 页,特别是第 3 页～第 6 页。

[30]　P. M. Heimann,《唯意志与无所不在:18 世纪英国思想中的自然观念》(Voluntarianism and Immanence: Conceptions of Nature in Eighteenth-Century British Thought),《思想史杂志》,39(1978),第 271 页～第 283 页,特别是第 281 页～第 282 页;以及 P. M. Heimann,《"自然是一个永恒的工人":牛顿的以太与 18 世纪自然哲学》("Nature is a Perpetual Worker": Newton's Aether and Eighteenth-century Natural Philosophy),《炼金术与化学史学会杂志》(Ambix),20(1973),第 1 页～第 25 页,特别是第 24 页。

[31]　P. Heimann 和 J. E. McGuire,《牛顿的力与洛克的能力:18 世纪思想的物质观念》(Newtonian Forces and Lockean Powers: Concepts of Matter in Eighteenth-Century Thought),《物理科学的历史研究》(Historical Studies in the Physical Sciences),3(1971),第 233 页～第 306 页,特别是第 279 页.

[32]　Geoffrey Cantor,《牛顿之后的光学:英国和爱尔兰的光学理论(1704 ～1840)》(Optics after Newton: Theories of Light in Britain and Ireland, 1704—1840, Manchester: Manchester University Press, 1983),第 11 页,第 300 页。

并且牛顿本人工作的印记在一些领域中比其他领域所镌刻得更加深重。《原理》已将伽利略的地上力学的概念与开普勒对天体力学的理解结合到一起，形成了一个随着世纪前行而更加难以驳倒的有力综合。牛顿工作的进一步发展，更多地要归功于18世纪法国自然哲学家拉普拉斯（1749～1827）和拉格朗日（1736～1813），而非牛顿的英国追随者。这些追随者也许对这位大师敬畏有加，而尝试改良不足，或者他们缺乏可能由法国专制论者和革命政府所创造的从事不间断科学研究的时机。于是，存在很少人涉足的牛顿传统的核心领域，但是也存在牛顿浅尝辄止或从未涉足的自然哲学的完好领域。这特别见于实验科学，在很多情况下，它在对《光学》的质疑中受到了虽有启示却又草率的对待。事实上，实验的发展是18世纪自然哲学的惊人特征之一，这主要归功于特别是该世纪最后20年中与之相伴随的科学仪器精密性的增强。[33] 自然研究和实验运用之间日益增长的联系，连同牛顿影响的一个更明确的方面，即数学上的严密性一起，越来越用以将自然哲学同传统意义上的哲学明确地区别开来，并用以为自然哲学成为知识的特许形式奠定基础。当巡回讲演者向好奇者示范自然能通过实验运用而被控制和预言的方法并以此来维持生计时，实验的运用也有助于引起大众对于自然哲学的关注。[34]

295

牛顿的工作在欧洲大陆的传播

在整个18世纪的英国，多种多样的自然哲学学派不断增加，它们都在一个更为宽泛定义的牛顿学说框架内运行。这种多元化在欧洲大陆更为明显，在那里，先前对笛卡儿或莱布尼茨学说等的信仰，与以后传来的牛顿学说的潮流结合在一起，并重塑了这一潮流。例如，克里斯蒂安·沃尔夫（1679～1754）在其写于马尔堡大学的《一般哲学初论》（*Preliminary Discourse on Philosophy in General*, 1728）中就吸收了牛顿著作的部分元素，但只将这些元素作为某种拼合物的一部分，这种拼合物同样受传统经院哲学、笛卡儿哲学，更重要的是莱布尼茨哲学的影响。对于沃尔夫而言，牛顿的工作是一个有趣的数学实践，但它并不是一个真正的自然哲学实践，因为它缺乏沃尔夫在莱布尼茨的工作中发现的并试图在自己的工作中规定的哲学上的广度和深度。[35] 由此，沃尔夫的《初论》指出了在18世纪初期坚持的长期确立的观点，即自然哲学应该引入一种包含一切哲学分支的更大的综合。因而，他使用亚里士多德的语言把"论述物体的那部分哲学"定义为"物理学"（自然哲学的传统同义词）并指出："很明显，物理学若想要

[33] John Heilbron，《17世纪和18世纪的电学：近代早期物理学研究》（*Electricity in the 17th and 18th Centuries: A Study of Early Modern Physics*, Berkeley: University of California Press, 1979），第78页。

[34] Simon Schaffer，《18世纪的自然哲学与公开展示》（Natural Philosophy and Public Spectacle in the Eighteenth Century），《科学史》，21（1983），第1页～第43页，特别是第5页。

[35] R. Calinger，《牛顿－沃尔夫论争（1740～1759）》〔The Newtonian-Wolffian Controversy（1740—59）〕，《思想史杂志》，30（1969），第319页～第330页，特别是第320页。

被加以论证地发展,形而上学必须优先于它。"甚至,哲学(包括自然研究)是一个演绎体系的观点都反映了经院哲学过去的长期阴影,在其中,一个用于所有哲学问题的一般逻辑方法统一了哲学的不同领域。

沃尔夫对现代科学十分赞同,承认数学的重要性,但是严格地说,正如亚里士多德传统中那样,数学位于自然哲学的领域之外。因而,对于沃尔夫而言,正如在运用实验证据来确立"自然界事物发生的原因所根据的原理"一样,数学成为演绎体系的一部分。但是对于"科学革命"时期的主要人物对终极因的所有抨击,沃尔夫仍然把它归因于自然哲学所起的有限的作用:"物理学证实了自然事物的动力因,而目的论证实了它们的终极因。"[36]正是这一评论强调了对自然哲学应该构成包罗万象的哲学纲领的一部分的观点的不断坚持,也强调了18世纪大多数时间里的自然哲学——作为旧自然哲学与新自然哲学的不同元素组合在一起的产物——折中主义的本性。

这种观点的力量在医学系那里就不那么顽强了,因为在那里这种哲学传统并没这么重,并且以其学科内容的本性而言,医学更易受到一系列经验证据的影响,而这种证据逐渐破坏了哲学的一致性。这样的学术环境有助于解释赫尔曼·布尔哈夫(1688~1738)对科学的广泛赞同,他是18世纪最伟大的科学教师之一,也是在英国以外最早将牛顿的工作吸收到自己课堂中的人之一。从1701年开始,作为莱顿大学医学院的一员,布尔哈夫尝试着以一种物质的微粒理论来进行他的化学和医学研究,像许多欧洲大陆自然哲学家一样,他的理论采取一种折中主义方式,部分地受益于笛卡儿,但更显著地受益于波义耳和牛顿。在一种程度,即布尔哈夫用机械论的术语构建对人体运转的解释方面,牛顿的影响也是明显的。在布尔哈夫关于化学(医学课程的一个重要部分)的演讲中,他展现了自己对实验的热爱。热爱实验是18世纪荷兰科学的一个特征。他充分利用了能用的最好的仪器,例如,使用华伦海特所创造的最新的天平——仪器制造的发展培育了更精密的试验研究的一个实例,与之一道,也培育了数学更广泛应用的可能性。这种对于实验的强调在某种程度上归于牛顿所做的(特别是在《光学》中)榜样,[37]但更多地要归于当地仪器制造者和数学实践者的传统,它也吸收了先前英国人,如培根和波义耳等人的影响。[38]

布尔哈夫的学生彼得·范·米森布鲁克(1692~1761),尽管是一名医学毕业生,却促使在哲学课程内设置了牛顿自然哲学。1717年,在毕业两年之后,米森布鲁克游历英国并在那里遇到了牛顿及其忠实的门徒德萨居利耶,德萨居利耶基于实验验证的公开演讲促进了将牛顿的工作呈现给更广泛的听众。这种影响有助于培养实验作风,

[36] Christian Wolff,《一般哲学初论》(*Preliminary Discourse on Philosophy in General*, Indianapolis: Bobbs-Merrill, 1963),Richard Blackwell 编译,第 35 页,第 49 页,第 51 页,第 54 页。

[37] I. Bernard Cohen,《富兰克林和牛顿:对思辨的牛顿主义者的实验科学和作为此例的富兰克林的电学工作的研究》(*Franklin and Newton: An Inquiry into Speculative Newtonian Experimental Science and Franklin's Work in Electricity as an Example Thereof*, Philadelphia: American Philosophical Society, 1956),第 223 页。

[38] Schofield,《机械论和唯物主义:理性时代英国的自然哲学》,第 136 页。

米森布鲁克是一个著名仪器制造者世家的一员,他从布尔哈夫那里获得了这一作风。米森布鲁克的工作表明,英国的牛顿传统和荷兰的牛顿传统之间存在紧密的联系,这反映着两国之间长期的商业和宗教联系。但是一个牛顿学说的外表往往被赋予一种积极的实验主义传统,这一传统主要归功于荷兰的大学对于医学和应用数学等领域的专业训练上的鼓励。如同在英国一样,这种实验使人们对自然哲学领域的理解多样化和扩大化,超越了直接属于牛顿全部著作的那些领域的范围。米森布鲁克于 1723～1740 年间在乌得勒支大学作自然哲学和数学教授时做了很多有关自然哲学的演讲,它们在 1734 年以《物理原理》(Elementa physicae) 为题结集出版。在这些演讲中,他将物理学作为广泛的哲学研究的一个分支,这种哲学研究"包括神与人的一切事物的知识……它可以通过理解、感觉、理性或任何其他方式获知"。随同物理学一起,它"考虑整个宇宙的空间,以及其间的一切物体"。米森布鲁克像沃尔夫一样,在哲学的旗下囊括了"(研究宇宙万物之所以存在的目的的)**目的论**",把目的论与其他哲学经典的传统分支,例如形而上学、逻辑学和道德哲学放到一起。对于米森布鲁克,像亚里士多德一样,"运动是物理的首要对象",尽管亚里士多德已经定性考虑了运动的研究,然而米森布鲁克更为强调实验量化的可能性。他也强调理论和实践之间的联系,并且以培根的方式把它描述为一种"发现和改善人类生活的便利"的研究。[39] 尽管米森布鲁克仍然保留一些方法观念,即自然哲学应该以此从事更广泛的哲学事业,但是他的工作表明,在多大程度上,对实验的强调被用来将自然哲学与一般哲学区分开来。

　　1739 年,米森布鲁克回到莱顿大学,这是布尔哈夫所在的大学和米森布鲁克的长期科学同事威廉·雅各·格雷弗桑德所在的大学。威廉·雅各·格雷弗桑德和米森布鲁克共同在那里执教。当格雷弗桑德去世之后,米森布鲁克继承他的工作,促进实验物理学的发展。二人都认为,运用实验所获得的归纳证据能够用作演绎推理的基础,这种演绎推理表现在以牛顿示范的方式对数学的使用上。[40] 但是这样的数学推理必须最终由实验来检验,这一立场反映在威廉·雅各·格雷弗桑德的文集题目中:《被实验证实的自然哲学的数学原理,或称牛顿物理学导言》(Mathematical Elements of Natural Philosophy, Confirmed by Experiments or, an Introduction to the Newtonian Physics)(1720 年始以拉丁文出版,很快,在 1720～1721 年间就出版了德萨居利耶所做的英译本),它是根据威廉·雅各·格雷弗桑德从 1717 年开始在莱顿大学任教授时所做的演讲而出版的。

　　尽管如此,在关于自然哲学通过同时运用实验和数学而区别于其他哲学领域的问题上,威廉·雅各·格雷弗桑德比米森布鲁克走得更远。事实上,在一篇受反笛卡儿学说争论影响的序言中,他把自然哲学确立为"属于以普遍的量为对象的那部分数

〔39〕　Petrus van Musschenbroek,《自然哲学基础》(The Elements of Natural Philosophy, London, 1744),John Colson 译自拉丁文,第 1 页,第 2 页,第 5 页,第 9 页。
〔40〕　Brunet,《18 世纪的荷兰医师与法国的实验方法》,第 100 页。

学"。他强调，实验和数学在自然哲学中扮演了互补的角色，因为"我们将通过现象发现自然定律，然后通过归纳证明它们是普适定律；所有余下的事情就由数学来处理了。"[41]这个立场反映了威廉·雅各·格雷弗桑德与牛顿学派的深交，这是从他 1715年作为荷兰大使团的一员访问英国开始的，最终他被推选进入英国王家学会。随着被引见给牛顿本人，访问使他与牛顿的门徒约翰·凯尔和德萨居利耶保持了持续的联系，从他们那里他懂得了用实验来为科学原理提供证明的教育学价值。威廉·雅各·格雷弗桑德构思了他的实验计划，该计划避免了猜测性的理论，似乎体现了牛顿的著名宣言"我不做假设"的精神。[42] 在他论及如引力和运动定律等牛顿学说的核心观念的那部分演讲中，牛顿的影响更为明显。

在某种意义上，体现在布尔哈夫、米森布鲁克和威廉·雅各·格雷弗桑德等人工作中的牛顿学说的观念是一个否定的观念：拒绝了通过借助哲学论证解释一切自然现象的伟大的笛卡儿哲学抱负。相反，荷兰实验主义者将牛顿（特别是他对于猜测性假设的拒绝）看做为他们的主张提供了辩护，即自然哲学的范围主要应当通过实验操作来限定。通过这样做，他们在很大程度上就把生命领域排斥在外，因而，把传统自然哲学缩小到一个更接近于 19 世纪所逐渐视为"物理学"的领域。尽管能接受这样一个立场以抵御笛卡儿机械论者影响广泛的主张，但是如果没有一些基于哲学观念的关于自然运转的概念，荷兰实验主义者就不能成立，自然地，他们像牛顿一样主要转向了占优势地位的微粒模型。他们的"牛顿学说"对于其他自然哲学体系也敞开胸襟。例如，威廉·雅各·格雷弗桑德发表了一篇文章以捍卫一个莱布尼茨的力的概念。尽管如此，他们和牛顿确实都同意这样一个基本立场，即自然哲学不再被认为是一个寻求根本原因的事业，这破坏了自然哲学和一般哲学间的传统联系。像牛顿一样，他们指出，自然哲学家的任务是谦卑的和更为受限的：通过数学或者借助实验来描述自然哲学。最终，他们像牛顿一样准备痛苦地承认引力等基本现象的原因是不可知的。[43]

荷兰的榜样有助于实验的运用和牛顿工作的研究在法国更广泛地流行。例如，威廉·雅各·格雷弗桑德关于牛顿自然哲学的教科书就在法国被广泛传播。[44] 在法国，新的自然哲学的体系的引进不得不与已充分确立的笛卡儿体制相斗争，因为该体制在很大程度上已经在当时欧洲最大的科学机构中自我制度化了。但是在笛卡儿学说内部，就如同在牛顿学说内部一样，存在许多门派，其中一些比其他一些更为赞同新的自然哲学运动，包括牛顿学说。例如，哲学神学家马勒伯朗士所发展的唯心主义的笛卡

[41] Willem's Gravesande, 2 卷本《被实验证实的自然哲学的数学基础》(*Mathematical Elements of Natural Philosophy, Confirmed by Experiments*, London, 1747), John Desaguliers 译，第 6 版，第 viii 页，第 xvi 页。
[42] Cohen,《富兰克林和牛顿：对思辨的牛顿主义者的实验科学和作为此例的富兰克林的电学工作的研究》，第 238 页。
[43] Edward Ruestow,《17 世纪和 18 世纪莱顿的物理学：大学中的哲学和新科学》(*Physics at Seventeenth and Eighteenth-Century Leiden: Philosophy and the New Science in the University*, The Hague: M. Nijhoff, 1973),第 121 页～第 124 页,第 130 页～第 131 页,第 134 页,第 137 页。
[44] Brunet,《18 世纪牛顿理论在法国的引入》，第 97 页。

儿哲学这一派系就不太可能批评牛顿对引力等现象不完善的机械论解释。这也许有助于说明一个事实,马勒伯朗士主义者,例如让·皮埃尔·德莫里哀(1677~1742)和让－雅克·多尔特斯·德迈兰(1678~1771)通过调和牛顿学说和笛卡儿哲学,在牛顿工作的早期传播中发挥了作用。[45] 但是,即使在马勒伯朗士的门徒之中,牛顿也往往被视为一个有趣的几何学者和实验家,而不是一位提供了另一种自然哲学体系的人物,该体系能以真正理性主义的方式被整合到一个无所不包的哲学纲领之中。[46]

　　但是,当牛顿于1727年去世时,法兰西科学院终身秘书贝尔纳·德·丰特内勒的悼词揭示了牛顿在多大程度上仍然主要被以笛卡儿哲学的眼光来看待。作为一个忠诚的笛卡儿主义者,丰特内勒在赞扬牛顿的同时,也竭力指出其工作中的不足,例如引力思想。[47] 然而,几年之内,一小群牛顿学说的支持者已经形成于科学院内部,他们被莫佩尔蒂和亚历克西－克洛德·克莱罗所领导[48](前者1728年在英国时曾被直接介绍以牛顿的工作)。[49] 这两个人参与了科学院1735年和1736年赴秘鲁和拉普兰的远征队,前去测量赤道和北极附近的纬度。这两个远征队的目标是验证牛顿学说关于地球并不是一个完美球体的主张,对牛顿学说这一立场的实验确证极大地增强了牛顿在法国的威望。然而,牛顿工作的引入只是科学和数学思想(不仅从英国,也从欧洲的其他地区)流入法国的更大洪流中的一股。而这之所以成为可能,又是法兰西学院从1720年以来对外国人更加开放的做法使然。[50]

　　然而,在这种专家圈子之外,有教养的法国上流社会不得不期待一种易于理解的牛顿著作——或者至少是其哲学和神学方面的法语版本,直到伏尔泰在1738年出版了《牛顿的哲学原理》(*Élements de la Philosophie de Newton*)。伏尔泰用它作为对伟大的哲学体系建造者(笛卡儿和莱布尼茨)抨击的一部分。它也构成了伏尔泰对于教会组织更为根本的抨击的一部分,教会在最初有过一些反对之后,变得与笛卡儿哲学紧密地联系起来。[51] 这有助于解释为什么伏尔泰将牛顿学说和笛卡儿哲学描述为针锋相对的两极——用他的话来说,正像"两个党的战斗口号"。[52] 然而,这些争论让很多坚持脚踏两营的法国自然哲学家的态度变得模糊不清。

　　在意大利,对牛顿学说的拥护也超越了笛卡儿哲学,这是与对传统知识的批判观

---

[45] Henry Guerlac,《牛顿在欧洲大陆》(*Newton on the Continent*, Ithaca, NY: Cornell University Press),第73页;以及Thomas Hankins,《18世纪马勒伯朗士对于力学科学的影响》(The Influence of Malebranche on the Science of Mechanics during the Eighteenth Century),《思想史研究》,28(1967),第193页~第210页,特别是第195页。

[46] A. R. Hall,《牛顿在法国:一种新观点》(Newton in France: A New View),《科学史》,13(1975),第233页~第250页,特别是第247页。

[47] Brunet,《18世纪牛顿理论在法国的引入》,第150页。

[48] Robert Schofield,《18世纪牛顿学说的演化分类》(An Evolutionary Taxonomy of Eighteenth-Century Newtonianisms),《18世纪文化研究》(*Studies in Eighteenth-Century Culture*),7(1978),第175页~第192页,特别是第180页。

[49] E. J. Aiton,《行星运动的旋涡理论》(*The Vortex Theory of Planetary Motions*, London: Macdonald, 1972),第201页。

[50] J. Greenberg,《18世纪法国的数学物理》(Mathematical Physics in Eighteenth-Century France),《爱西斯》,77(1986),第59页~第78页,特别是第75页。

[51] Vartanian,《狄德罗和笛卡儿》,第39页。

[52] Colm Kiernan,《科学与18世纪法国的启蒙运动》(Science and the Enlightenment in Eighteenth-Century France),《对伏尔泰与18世纪的研究》(*Studies in Voltaire and the Eighteenth Century*),59(1968),第43页。

点相联系的。然而在那里,正像文森索·费罗内所展示的,当更多的前卫派趁着反改革的战斗性在 18 世纪初逐渐衰减,而尝试在基督教和现代知识之间构建新的综合时,在天主教内部也有不同派别。这种智力解冻的成果之一是弗朗切斯科·阿尔加洛蒂的《写给女士的牛顿学说》(*Il Newtonianismo Per le Dame*, 1737),它起源于同笛卡儿主义者对实验证据本质的争论;阿尔加洛蒂以一种爱国的方式将牛顿学说的经验主义的、反形而上学的特征描绘为处于伽利略的传统中。[53] 这本著作的书名暗示了妇女在传播新知识(包括科学)中的重要性——它在意大利是一个特别显著的角色。[54] 然而,在 18 世纪下半叶,当牛顿学说被更加传统的天主教形式加以吸收用作科学上的辩护时,对于启蒙思想家激进主义日渐增长的忧虑导致了牛顿学说变得越来越缺乏知性上的新颖性。[55]

301

　　正如同在意大利一样,在法国,女性也是牛顿工作的早期传播者。正像他的朋友阿尔加洛蒂一样,伏尔泰对牛顿的普及极大受益于与他的情妇沙特莱夫人(Madame du Châtelet, 1706～1749)的合作。通过莫佩尔蒂的引导,沙特莱夫人最初进行数学研究,她所翻译的《原理》译本于她辞世后的 1756 年出版——这项工作主要归于克莱罗的科学建议,在随后出版的一本书中,对牛顿学说的世界观做了更直接易懂的概述。

　　但是在法国,笛卡儿的幽灵继续潜伏在日益统治公共科学舞台的牛顿学说的外在形式之下,因为正如达朗贝尔在 1743 年所写的,笛卡儿主义者"在今天是一个实际上被大为削弱的派系"。[56] 达朗贝尔自从接受了牛顿的万有引力定律并拒绝了笛卡儿哲学的对真空思想不予考虑的万物充盈想法之后,将自身视为一个牛顿主义者。尽管如此,对于达朗贝尔而言,像对于笛卡儿一样,数学演绎优先于实验得来的证据,并且他也拥有笛卡儿式的由基本原理演绎出科学的雄心。[57] 在他为《百科全书》(*Encyclopédie*, 1754)所写的《初论》中,达朗贝尔摒弃了实验物理学,因为它"不同于数理科学,严格地说来,只是实验和观察的系统收集"。并且,尽管达朗贝尔完全拒绝了笛卡儿学说的体系建构,在他的知识示意图中,"关于自然的科学"仍然与它的传统伙伴逻辑学和伦理学一起,是哲学的分支。达朗贝尔使自身完全作别于他的笛卡儿主义的过去,不把形而上学作为一个独立的哲学分支,尽管在"一般物理学"和"特殊物理学"之间的传统经院哲学区别的发展中,他把前者形容为"物体的形而上学",而后者是

[53]　Vincenzo Ferrone,《意大利启蒙运动的思想根源:18 世纪早期牛顿学说的科学、宗教和政治》(*The Intellectual Roots of the Italian Enlightenment: Newtonian Science, Religion, and Politics in the Early Eighteenth Century*, Atlantic Highlands, NJ: Humanities Press International, 1995),Sue Brotherton 译,第 96 页。

[54]　Paula Findlen,《意大利启蒙运动时期的科学职业:劳拉·巴茜的策略》(Sciences as a Career in Enlightenment Italy: The Strategies of Laura Bassi),《爱西斯》,84(1993),第 441 页～第 469 页;以及 Findlen,《新科学的转化:启蒙时期意大利的女性与知识传播》(Translating the New Science: Women and the Circulation of Knowledge in Enlightenment Italy),《构造》(*Configurations*),3(1995),第 167 页～第 206 页。

[55]　Ferrone,《意大利启蒙运动的思想根源》,第 277 页。

[56]　Guerlac,《雕像矗立的地方》,第 131 页。

[57]　Hankins,《让·达朗贝尔、科学和启蒙运动》,第 169 页,第 235 页。

"一个借助物体自身研究物体，并以个体事物为唯一目标"的学科。[58]

于是，在法国，如同在欧洲其他很多国家一样，在整个世纪的进程中，因为《原理》所阐明的力学和《光学》中所勾画的实验纲领，牛顿学说开始呈现了更大的重要性。然而，虽然是最重要的传统之一，但牛顿传统（它自身具有多种形式，并服从于不同的解释，强调的重点也不同）是唯一一个塑造了欧洲大陆自然哲学实践的传统。在法国，如同在荷兰一样，实验传统往往有独立于牛顿的本国根源。因此，让‑安托万·诺莱神父（Abbé Jean-Antoine Nollet，1700～1770）的实验（他在1753年被任命为巴黎大学实验物理学的第一教席，这标志着法国对实验的日益重视）并不依赖于任何特定的哲学主体。[59] 事实上，假如非要有所依赖的话，他的科学见解可以被描述为反牛顿学说的。[60] 他对荷兰的出访和同荷兰实验主义者的联系都是为了加强这一立场，尽管他们赞同牛顿学说。[61] 因而，在法国，牛顿学说全面占领实验物理学要比占领理性力学或天文学更为缓慢。[62]

甚至在力学等领域，他们并未完全认同那个英国物理学家的原理。在法国，正如达朗贝尔的例子所表明的，对于通过严格的演绎方法构建自然哲学体系的笛卡儿哲学方案的迷恋从未完全衰退。例如，它继续存留在达朗贝尔的亲密朋友约瑟夫·拉格朗日的《分析力学》（*Méchanique analytique*，1788）的数学推理的严密体系之中。这是一个试图在本质上把牛顿的力学体系提高到一个纯数学的新水平之上的工作，其方法是将论题简化为一套一般公式，从这套一般公式能够演绎出解决任何给定问题所必需的一切等式。同样的，达朗贝尔的另一位门徒，皮埃尔·西蒙·德·拉普拉斯在相关的著作《天体力学》（*Méchanique céleste*，1799～1805年出版，1823～1825年补遗）中，通过利用严格的数学精确性论证它们反映了更基本的定律，清除了牛顿学说对天体运动解释的很多反例。事实上，拉普拉斯的最终抱负是由万有引力定律推演出整个天体力学。[63] 面对牛顿传统在整个18世纪不同的时间和地点所选择的形形色色的差别，他的工作突出了牛顿传统的一个持久特征：确信天上地下的一切现象能够通过一套统一的定律来解释。[64]

[58] Jean d'Alembert，《狄德罗百科全书初论》（*Preliminary Discourse to the Encyclopedia of Diderot*, Indianapolis: Bobbs-Merrill, 1963），第24页，第54页。

[59] Jean Torlais，《实验物理学》（La Physique Expérimentale），载于 René Taton 编，《18世纪法国科学的教育与传播》（*Enseignement et diffusion des sciences en France au XVIIIe siècle*, Paris: Hermann, 1964），第623页，第627页。

[60] Rod Home，《18世纪早期法国实验物理学的观念》（The Notion of Experimental Physics in Early Eighteenth-Century France），载于 Joseph Pitt 编，《现代科学的变革和进步》（*Change and Progress in Modern Science*, Dordrecht: Reidel, 1985），第110页。

[61] Brunet，《18世纪的荷兰医师与法国的实验方法》，第109页，第129页。

[62] Roderick Home，《牛顿学说和磁理论》（Newtonianism and the Theory of the Magnet），《科学史》，15（1977），第252页～第266页，特别是第254页。

[63] Charles Coulston Gillispie，《皮埃尔‑西蒙·拉普拉斯（1749～1827）：献身精密科学的一生》（*Pierre-Simon Laplace 1749—1827: A Life in Exact Science*, Princeton, NJ: Princeton University Press, 1997），第30页。

[64] Roger Hahn，《启蒙时代对物理科学的新思考》（New Considerations on the Physical Sciences of the Enlightenment Era），《对伏尔泰与18世纪的研究》，264（1989），第790页。

303

结　论

　　实验和日益成熟的数学的应用（都受到 18 世纪科学仪器不断加强的精确性的促进）加宽了自然哲学和一般哲学之间的分野。它也为自然哲学家日益确信的主张提供了凭证：实验是一种具有显著特权的知识形式，不用遵从已经遮蔽了哲学研究的大部分历史的文本权威和诡辩式的咬文嚼字。但是随着自然哲学领地的日益扩大，一些领域脱离其中并自立门户的趋势也日益增强。随着化学和博物学确立了独立的领地，自然哲学开始丧失其作为自然一切方面知识的统一体的意义，而这曾经是其突出的特征之一。

　　还可以看到，18 世纪逐渐使用"实验哲学"这一术语，来描述这样一些自然哲学领域，它们关注更易于实验处理而不是数学处理的学科，例如电学、磁和光学等。[65] 正如 19 世纪对实验哲学的理解一样，它是一个定义于物理学发展的胚胎形式中的学科范畴[66]：一个受限制的学科，而不是在亚里士多德意义上的对各种形式的运动的研究。[67]早在 1743 年，一个法国评论家就会这样宣称："除了少数的一般原理之外……整个物理学的研究现在简化为实验物理学的研究。"[68]

　　当自然哲学成为一个包罗万象的自然观的愿望不复当年时，不同学科也开始形成它们自己的建制形式，如单独的大学教席，以及到了 19 世纪初期发展起来的独立于如英国王家学会或者法兰西科学院这样的传统研究院范围之外的由专家构成的专业协会。传统研究院曾自视为对"自然"的一切方面的研究负责。到了 18 世纪末，"自然"的地图开始划分成分离的领地，并带有以专业训练或者掌握特定知识主体为形式的"关税壁垒"。一本 19 世纪初的《艺术与科学词典》（*Dictionary of Arts and Sciences*）强调了自然哲学变得越来越分化的方式："然而，自然哲学明显是几种知识的一个系统或者

[65]　Anders Lundgren，《数字在 18 世纪化学中不断变化的地位》（The Changing Role of Numbers in Eighteenth-Century Chemistry），载于 Tore Frängsmyr、J. L. Heilbron 与 Robin E. Rider 编，《18 世纪的量化精神》（*The Quantifying Spirit in the 18th Century*, Berkeley: University of California Press, 1990），第 256 页～第 258 页；以及 Maurice Daumas，《度量的精确性与 18 世纪的物理和化学研究》（Precision of Measurement and Physical and Chemical Research in the Eighteenth Century），载于 A. C. Crombie 编，《科学变革》（*Scientific Change*, London: Heinemann, 1963），第 418 页～第 430 页。

[66]　David Miller，《英国物理科学的复兴（1815～1840）》（The Revival of the Physical Sciences in Britain, 1815—1840），《奥西里斯》（*Osiris*），2nd series, 21（1986），第 107 页～第 134 页，特别是第 132 页。

[67]　Thomas Hankins，《科学与启蒙运动》（*Science and the Enlightenment*, Cambridge University Press, 1985），第 46 页；以及 D. S. L. Cardwell，《科学、技术和工业》（Science, Technology and Industry），载于《知识的酝酿》，第 458 页。

[68]　Heilbron，《17 世纪和 18 世纪的电学》，第 15 页。

说集合,而非一个简单统一的科学。"[69]在整个 18 世纪的进程中,自然哲学在很大程度 *804*
上挣脱了它与一个广泛哲学主体的传统联系,但是在赢得独立的过程中,自然哲学也
生出了自己的子嗣,这些分支证明不能接受它要为自然运转提供一个统一理解的基本
主张。

（徐国强　刘　燕　程路明　译　方在庆　校）

〔69〕　George Gregory, 2 卷本《艺术与科学词典》(*A Dictionary of Arts and Sciences*, London, 1806—7）,第 2 卷,第 255 页。

13

数　学

克雷格·弗雷泽

　　总体来讲,18 世纪的数学活动以着重强调分析和力学为其特征。在微积分的拓展,和在科学革命期间建立的惯性力学纲领的精致化的两大方面取得了巨大进步。数学的其他方面亦有令人瞩目的发展(方程论、数论、概率和统计,以及几何学),但这些领域当中没有哪一个达到了堪与在分析和力学里取得的深度和广度相比的程度。

　　数学和力学之间的紧密联系,深深地扎根于启蒙运动的思想基础之中。在著名的法国《百科全书》(*Encyclopédie*)的"导言"里,让·达朗贝尔区别了"纯粹"数学(几何学、算术、代数和微积分)与"混合"数学(力学、几何天文学、光学和概率论[Art of conjecturing]*。他把数学更加一般地归类为一种"自然的科学",以与作为一种"人的科学"的逻辑学区别开来。内化了的和具有批判性的探索精神,与新的数学结构(例如非交换代数、非欧几里得几何、逻辑、集合论)的发明相结合,代表了近代数学的特征,只不过这种特征要到下一个世纪才会出现。

　　此间虽有几位著名的英国数学家,如亚伯拉罕·棣莫弗、詹姆斯·斯特林、布鲁克·泰勒和科林·马克劳林,但主要的数学成果则是在欧洲大陆产生的,并且这一趋势随着这个世纪的展开而加强。[1] 领导地位由为数不多的几位年富力强的人物担任:雅各布·伯努利、约翰·伯努利和丹尼尔·伯努利、雅各布·赫尔曼、欧拉、亚历克西-克洛德·克莱罗、达朗贝尔、约翰·海因里希·兰贝特、拉格朗日、阿德里安-马里·勒让德和拉普拉斯。研究工作则由国家和地区性的科学院来协调,其中巴黎、柏林和圣彼得堡的几所科学院最为重要。罗杰·哈恩指出,18 世纪的科学院容许"在科学问题上相对的学术自由与专业同行的严格评估的结合",这是近代科学职业化的一个重要特征。[2] 学术体制倾向于促进一种极具个人色彩的研究方式。一个意志坚决的人,比如欧拉或拉格朗日,能够通过自己的工作、科学院的出版物以及参与有奖竞

---

* 　　Art of conjecturing 为伯努利的《猜度术》,为概率论的滥觞,在此译为"概率论"。——校者

[1] 　关于 18 世纪英国数学的研究,参看 Niccolò Guicciardini,《牛顿的微积分在英国的发展(1700～1800)》(*The Development of Newtonian Calculus in Britain, 1700—1800*, Cambridge University Press, 1989)。

[2] 　Roger Hahn,《对一所科学机构的剖析:巴黎科学院(1666～1803)》(*The Anatomy of a Scientific Institution: The Paris Academy of Science, 1666—1803*, Berkeley: University of California Press, 1971),第 313 页。

赛,来强调某个特定的研究方向。

从本质上来说,科学院是集中化的和精英化的社会机构,但那些院士学者们的著作,比后来的科学专门研究刊物的情况要更加杂乱无章、不厌其详和包罗万象。随着科学职业向更宽泛的社会阶层开放,19 世纪发生的这一科学民主化过程,在每一个领域内伴随着知识上的一种相当狭隘的并且带有私人性质的专门化,这种专门化与启蒙运动时代的探索精神格格不入。当人们把欧拉的著作同100 年后或者 150 年后的著作相比较,就会惊讶地发现,二者对所设想的读者的范围会有多大的不同。前者的读者原则上是对数学有好奇心的任何人,而后者的读者只是一群已经获得很好入门训练的专家,由于他们已知很多,许多假定在他们看来是不言而喻的。

本章专述 18 世纪期间高等理论数学的主要发展趋向。然而,对于数学方法和思维方式在更实际的主题和事务中普及程度的关注也十分重要。在航海技术、实验物理学、工程学、植物学、人口统计学、政府事务和保险业务里,表现出对于数量化和理性方法的日益重视。在萌芽状态的工业工艺中,仪器制作商们达到了精密测量的新水平。在法国的工科学校里,高深的数学(包括微积分)第一次被列入了教学计划,它成为后来教育广泛遵循的一个范例。高等理论分析的可操作性和代数特征在一个更广的水平上反映在那些懂得数学本质和应用的鲜明工具主义者身上。约翰·海尔布伦在对启蒙时代的定量科学所作的一份评述里这样写道:

> [在 18 世纪后期]与偏好带有工具主义色彩的几何学形成对比,分析学和代数学变成了数学方法的范例。……这种工具主义是在 1760 年之后的定量精神里的关键成分。……"标准模型"[即拉普拉斯的分子物理学]的大多数领头的倡导者们……明确表示他们是在工具主义的意义上来理解的。……他们发现他们自己同休谟和康德的认识论是一致的,并且可能也与孔狄亚克的主张相一致,即不是对真理的直觉,而是清楚而简单的语言导致科学进步。[3]

307

启蒙时期"定量分析"的理性精神产生了持久和深远的影响,它的遗产可在这一世纪末年法国对米制单位的采纳中看到,这项发展是在那个时代一批杰出的数理科学家们的直接监督下进行的。[4]

分析的世纪

欧拉和拉格朗日是 18 世纪分析数学中有领导性和代表性的实践者。从 1740 年直

---

[3]　海尔布伦的评述出自他为该卷所写的导言。T. Frangsmyr 等编,《18 世纪的定量分析精神》(*The Quantifying Spirit in the 18th Century*, Berkeley: University of California Press, 1990),第 3 页,第 5 页。

[4]　关于 18 世纪定量的应用科学的研究,参看 H. Gray Funkhouser,《统计资料的绘图表示的历史发展》(Historical Development of the Graphical Representation of Statistical Data),《奥西里斯》(*Osiris*),3(1937),第 269 页~第 404 页,和 Laura Tilling,《早期的实验图》(Early Experimental Graphs),《英国科学史杂志》(*British Journal of the History of Science*),8(1975),第 193 页~第 213 页。

到下一世纪初期他们两人共同支配着这一领域。他们的著作,特别是他们对分析的广泛贡献,界定了高等数学的研究范围。对这一时期数学的知识构造的理解,最基本的是引导他们工作的代数化分析的独特概念。他们理解微积分的形而上学的方式,与我们今天的见解迥然不同。虽然我们倾向于认为现代的基础是理所当然的,但当时代数化分析的方法建立在一种不同的观点之上,那是在数学中怎样达到普遍性的一种不同的观念,并且对于分析同几何学和物理学的关系亦有一种颇为不同的理解。18 世纪数学家工作的兴趣,很大程度上在于提供另一种概念框架的范例,一种具有伟大的历史统一性和凝聚力的范例。[5]

308

莱昂哈德·欧拉

18 世纪 30 年代,欧拉成为一位知名数学家。20 岁出头,欧拉就已经是圣彼得堡科学院的院士,并且与赫尔曼、丹尼尔·伯努利和克里斯蒂安·哥德巴赫合作共事。这一时期的著作明显表现出欧拉在分析方面的兴趣,这些著作中包括 1736 年他关于质点动力学的一部主要论著《力学或运动科学的分析解说》(*Mechanica sive Motus Scientia Analytice Exposita*)。虽然那时候分析的主题久已确立,但他的工作中表现出了崭新的思想:对区别分析方法和几何方法的明确了解,以及强调要用前者来证明微积分诸定理的意愿的开端。

欧拉的分析纲领以他在 1744 年至 1766 年间出版的关于微积分和天体动力学的一些不同分支的一系列综合性的论著展开。在此期间,他主持柏林科学院的数学研究。他的计算能力和惊人的丰产,使得弗朗索瓦·阿拉戈赞誉他是"分析的化身"。在他事业的后期,欧拉回到了圣彼得堡,他在那里继续研究和发表著作。1735 年欧拉的右眼已经失明,而在到达圣彼得堡不久,他的左眼也看不见了。即使全部失明,在家人和仆人的帮助下,他的数学成果仍然出产旺盛,直至 1783 年逝世。

图形方法和函数概念

在整个 17 世纪和 18 世纪早期,越来越多的人们将几何曲线看成是数学和物理学的探讨对象。对存在于各种平面曲线的长度之间的关系的研究,导致 C. G. 法尼亚诺伯爵在 1718 年的著作中给出了椭圆积分的理论。在变分法这门以雅各布·伯努利和约翰·伯努利为先驱的数学分支里,各种曲线的种类构成了研究的基本对象;每一个

---

[5] 虽然这篇文章是着重讲与分析相关的各个数学部门的,但亦明显涉及在诸如方程论和数论等数学分支中的符号方法。参看 L. Novy,《现代代数的起源》(*Origins of Modern Algebra*, Leiden: Noordhoff International Publishing, 1973)。在概率论和统计学里形式数学的进展是明显的;参看 Stephen M. Stigler,《统计学史:1900 年前对不确定性的测量》(*The History of Statistics: The Measurement of Uncertainty before 1900*, Cambridge, MA: Harvard University Press, 1986)。

问题的目标就是从一类曲线中选取一条,使得给定的积分能够给出极大值或者极小值。在分析动力学里,注意力集中于确定在空间中运动的质点的轨迹与作用在它们之上的力之间的关系。在弹性理论里,研究者们研究弹性薄板在不同的负载下达到静态平衡时所采取的形状,以及振动弦的结构。

曲线在微积分的概念基础上亦起着一种基本的和十分不同的作用。借助曲线的图形来代表在一个问题里面的两个相关的变量的关系,为曲线的几何分析发展出的各种数学方法就能够运用在这个问题上。在伽利略·加利莱 1637 年写的《关于两门新科学的对话》(*Discorsi*)中,已经应用图形方法把一个落体的速率和它的下降时间联系起来。到 17 世纪后期,在数学论著中这些方法已很常见。克里斯蒂安·惠更斯在他的《钟摆论》(*Horologium Oscillatorium*, 1673)和艾萨克·巴罗在他的《几何学讲义》(*Lectiones Geometricae*, 1670)里,都用这种方式来表示面积的关系。在莱布尼茨发表的最早一篇关于微积分的论文(1684)里,从光按最短时间的路径行进的原理,推导出了光学的折射定律。他考虑了两个相关的量:光线在界面上的接触点的距离和相应于这段距离的通过时间。他用曲线将这关系表示为图形,然后再运用这篇论文前面为曲线分析引入的微分算法,便得出了所需要的定律。在牛顿的《自然哲学的数学原理》(*Principia Mathematica*, 1687)里,研究了受中心力作用的质点的运动的反问题。在第一卷的命题 XXXIX 和 XLI 里,他把力作为质点位置在轨道轴上投影的函数画出,并分析了所得到的曲线,以给出质点轨迹的表达式。雅各布·伯努利在他 17 世纪 90 年代的研究中,始终使用着图形方法。在对弹性的研究中,他把回复力与沿着薄板的距离之间的关系以图形方式叠加在实际物理系统的图样上。

在早期的微积分里,图形方法所起的作用后来为函数的概念所替代。1706 年皮埃尔·瓦里尼翁用极坐标变量研究螺旋曲线的报告在一定程度上把这一观点正式化了。[6] 瓦里尼翁考虑一个固定的参考圆 $ABYA$,其圆心在 C 处(图 13.1)。给定一条"发生曲线"HHV;曲线上的点 H 由垂直的纵坐标线 GH 给出,其中 G 是圆的轴线 xCX 上的一点。把直线 CX 看做是沿着顺时针方向绕中心 C 转动的一根尺子,用它描绘出一条螺旋线 $OEZAEK$。考虑螺旋线上的一点 E,以 C 为圆心画出一段圆弧 EG。令 $c =$ 参考圆 $ABYA$ 的圆周,$x =$ 弧 AMB,$CA = a$,$CE = y$,$GH = z$ 和 $AD = b$ 为定长线段。弧 x 由比例式 $c : x = b : z$ 确定。瓦里尼翁把他所称"无限螺旋线的发生方程"写为 $cz = bx$。把由发生曲线的性质给出的 z 值代入这道方程,就揭示出螺旋线的特征。根据发生曲线是抛物线、双曲线、对数曲线还是圆等等,相对应的螺旋线被称为抛物型、双曲型、对数型和圆型等等。

[6] Pierre Varignon, Nouvelle formation de spirales beaucoup plus différentes entr'elles que tout ce qu'on peut imaginer d'autres courbes quelconques à l'infini; avec les touchantes, les quadratures, les déroulemens, & les longueurs de quelques-unes de ces spirales qu'on donne seulement ici pour éxemples de cette formation générale,《王家科学院史》(*Histoire de l'Académie royale des sciences avec les mémoires de mathématique et de physique tirés des registres de cette Académie 1704*, Paris, 1706),第 69 页~第 131 页。

810

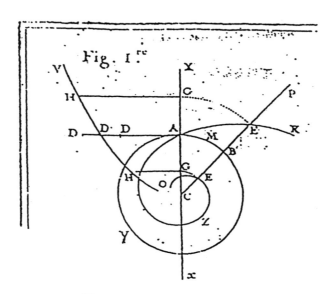

图 13.1　瓦里尼翁和"发生曲线"

　　在瓦里尼翁的文章里,螺旋线的方程由相关联的"发生曲线"以笛卡儿坐标的方式先验地表达出来。而发生曲线又以图形方式体现了极坐标变量之间的函数关系,并且充当可用以描述这种关系的标准模型。

810

　　自从 18 世纪 30 年代他的数学生涯刚刚开始的时候,欧拉就通过清楚地强调把分析同几何学分离开来的重要性而为微积分指出了一个新的方向。他的纲领在他 1744 年关于变分法的重要著作《寻求具有某种极大或极小性质的曲线的技巧》(*Methodus Inveniendi Lineas Curvas*)[7]里有明确的显示。早期微积分里的典型问题涉及如何确定以特定方式同某条曲线相联系的一个量。为了找出一条曲线在一点上的切线,需要确定该处的次切距(subtangent)的长度;为了确定一条曲线的极大值或极小值,需要算出对应于无限长的次切距的横坐标的值;为了确定曲线下的面积,需要计算一个积分;为了确定在一点上的曲率,要计算曲线的曲率半径。变分法把这样一种范式扩展到了曲线的类。[8]　在欧拉那本著作的基本问题里,需要在一类曲线里选择出一条,使得一个

〔7〕　Euler,《寻求具有某种极大或极小性质的曲线的技巧,或在更广泛的意义上等周问题的解法》(*Methodus inveniendi lineas curvas maximi minimive proprietate gaudentes sive solution problematis isoperimetrici lattisimo sensu accepti*, Lausanne, 1744)。重印于欧拉的《全集》(*Opera Omnia*), Ser. 1, V. 24。

〔8〕　关于欧拉的变分法的历史研究,参看 Herman H. Goldstine,《17 至 19 世纪变分法史》(*A History of the Calculus of Variations from the 17th through the 19th Century*, New York: Springer-Verlag, 1980),第 3 章;和 Craig Fraser,《欧拉变分法的起源》(*The Origins of Euler's Variational Calculus*),《精密科学史档案》(*Archive for History of Exact Sciences*),47 (1994),第 103 页~第 141 页;和 Fraser,《欧拉分析的背景和早期突现》(*The Background to and Early Emergence of Euler's Analysis*),载于 M. Otte and M. Panza 编,《数学史与哲学中的分析与综合》(*Analysis and Synthesis in Mathematics History and Philosophy*),《波士顿科学哲学丛书》(*Boston Studies in the Philosophy of Science*, Dordrecht: Kluwer, 1997),第 196 卷。

给定的表示某性质的量取得极大或者极小值。

在论著接近开头的地方(第 13 页),欧拉指出这个理论的纯分析的解释是可能的。不是去寻找使给定的积分量达到极值的曲线,而是从所有类似的方程中寻找 x 和 y 之间的"方程",使那个量达到极大值或者极小值。他写道:"通过这种方法,使得在曲线理论里的种种问题,都可以复归到纯粹的分析。反过来,如果在纯粹的分析里提出了这种类型的问题,亦可以把它们归属于曲线理论,并且运用曲线理论来解决。"

欧拉对基本方程和变分法原理的推导,是根据对几何曲线性质的详细研究用公式来表达的。不过,在该书的第 4 章里,他表明对该理论的一种纯粹分析的解释是可能的。他评论道:"先前陈述的方法可以被广泛用来确定一条曲线的坐标之间的方程,该曲线使得任意给定的表达式 $\int Z\mathrm{d}x$ 达到极大值或者极小值。它确实可以推广到任何两个变量,不管它们涉及一条任意的曲线,还是纯粹从分析的抽象来考虑。"他使用与通常的笛卡儿直角坐标系不同的一些变量解出几个例题,借此阐明他的主张。在第一个例子里,他运用极坐标来找出两点之间长度最短的曲线。他对这种坐标运用自如;瓦里尼翁在 1706 年的研究中用来引入一般极坐标曲线的笛卡儿式的"发生曲线"一去不复返了。在第二个例子里,欧拉展示了更进一步的抽象,他所运用的变量甚至不是通常意义的坐标变量。

在从前的数学里已经使用过各种不同的非笛卡儿坐标系,但从未具有像在欧拉的变分法分析里那样的理论重要性。我们在这里看到一种充分发展了的数学过程,其核心是考虑解析表示的给定量,其中的一般的方程形式的有效性被看做与给予问题中变量的特定解释无关。

欧拉成功地表明,微积分的基本论题(即从某种根本意义上说,微积分的研究对象)可以用独立于几何学的连续变化的量之间的抽象关系来理解。为了系统地发展这一观点,需要引进一些正式的概念和原理。为此,欧拉转向了函数的概念,这一概念在 18 世纪早些时候的工作里已经出现了,而欧拉在本世纪中叶写的关于微积分的论著里则把它放到了中心的地位。[9] 在他 1748 年的《无穷小分析引论》(*Introductio in Analysin Infinitorum*)里有一条精确的定义:"一个变量的函数是由这个变量和一些数或者常量以不论什么方式组合起来的一种解析表达式。"(第 4 页)虽然他有时候也考虑函数的更一般的概念,例如在讨论弦振动问题的解中,然而《引论》却为 18 世纪分析领

311

312

---

[9]　Carl Boyer 评论道,对欧拉来说"分析不是几何对代数的应用;它是享有自己权利的主题(关于变量和函数的研究),而图形不过是在这种联系中的一种视觉的辅助手段……现在处理的是基于函数概念的连续变化……只是在欧拉之后,分析才取得了具有自觉的纲领的地位"。〔《分析几何学史》(*History of analytic geometry*);最初是作为《数学手稿研究》(The Scripta Mathematica Studies)系列第 6 卷和第 7 卷出版的;1988 年由学者书架社(Scholar's Bookshelf)再版;这里引自后一版本的第 190 页。〕

域的工作提供了有效的基本定义。[10]

欧拉的函数方法的一个有名例子是他引入正弦函数和余弦函数。从古时托勒玫起,就有了各种弦的数值表,并且正弦和余弦的关系在航海和数理天文学中被广泛地使用。微积分出现之后,三角学的关系就用标准参考圆里所包含的几何学的无限小单元来表示。与此相反,欧拉以公式来定义正弦函数和余弦函数,其中包含的变量独立于几何的构造和量纲的考虑而给出。他还推导出了各个三角函数的标准的幂级数展开式,使用的是他先前在得出指数函数的级数的论著里所用到的一些多角公式和技巧。虽然这些展开式不是什么新的东西,它们却是由分析的原理推导出来的:作为一个确定微分方程的解的一个函数被展开以得到那个给定的级数。[11]

微 分

在莱布尼茨最初的微积分中,微分的概念含有一种双重性:一方面是代数/算法的性质,另一方面是几何的性质。代数由一组支配着符号 d 的用法的规则组成,它们是建立在以下两个公设的基础之上的,即:$d(x+y) = dx + dy$ 和 $d(xy) = ydx + xdy$。伴随着这些规则的还有一条阶次的原则,按照这条原则,一道给定的方程里的高阶微分相对于较低阶的微分是可以忽略不计的。

在一个给定的问题里出现的微分,也可以按另一种方式理解,即在几何构形上相邻点变量值之差。设微分 dx 等于在两个无限靠近的邻接点上 x 值之差;高阶微分则等于两个相邻低阶微分之差。根据这些微分运用欧几里得几何来分析曲线的性质。

313

微分的这种双重特征的一个很好的例证来自一条曲线的曲率半径公式的推导过程,它由洛皮塔尔侯爵在他的教科书《用于理解曲线的无穷小分析》(*Analyse des infiniment petits, pour l'intelligence des lignes courbes*, 1696;第 2 版,1716)里给出。这道公式在解析几何里用来计算一条曲线的渐近线,就是由曲率半径的中心形成的轨迹。在力学里已经知道了,在一条张紧了的弹性弦线上的一个单元所受到的回复力,正比于该单元所在的那一点上弦的曲率(曲率半径的倒数)。曲率半径的表达式可以用来推导出描述弦线运动的微分方程。[12]

[10] 关于对函数概念的历史研究,参看 Ivor Grattan-Guinness,《从欧拉到黎曼的数学分析基础的发展》(*The Development of the Foundations of Mathematical Analysis from Euler to Riemann*, Cambridge, MA: MIT Press, 1970); A. P. Youschkevitch,《直到 19 世纪中叶函数的概念》(The Concept of the Function up to the Middle of the 19th Century),《精密科学史档案》,16(1976),第 37 页~第 85 页;以及 Steven Engelsman,《达朗贝尔与偏微分方程》(D'Alembert et les Équations aux Dérivées Partielles),《18 世纪》(*Dix-Huitième Siècle*),16(1984),第 27 页~第 37 页。在二次文献里常有一些编史学的分野。诸如 Truesdell、Demidov 和 Youschkevitch 等作者强调了欧拉的现代性,而 Grattan-Guinness 和 Fraser 则以较少辉格式的脉络,把人们的注意力引向欧拉思想的历史特征。
[11] 关于历史的论述,参看 Victor J. Katz,《三角函数的微积分》(Calculus of the Trigonometric Functions),《国际数学史杂志》(*Historia Mathematica*),14(1987),第 311 页~第 324 页。
[12] 关于从莱布尼茨到欧拉的微分学理论的详尽的历史论述,包括曲率半径的计算的描述,可以在以下论文里找到:Henk J. Bos,《微分、高阶微分和莱布尼茨微积分中的微商》(Differentials, Higher-Order Differentials and the Derivative in the Leibnizian Calculus),《精密科学史档案》(1974),第 1 页~第 90 页。

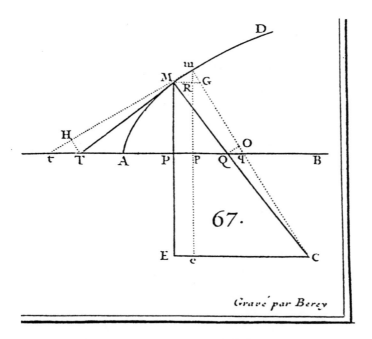

图 13.2　洛皮塔尔和曲率中心

　　我们要考虑的这道公式的第一种推导,是洛皮塔尔从一本由约翰·伯努利出版的教科书里取来的。设 M 是曲线 AMD 上任意一点(图 13.2)。令 m 是在曲线上无限接近 M 的一点。在 M 点和 m 点上曲线的两条法线相交于曲率中心 C 处。距离 MC 就是曲率半径。设 $AP = x$ 和 $PM = y$ 是 M 点的横坐标和纵坐标。分别平行于 AP 和 PM 的线段 MR 和 Rm 是 x 和 y 的无穷小增量 dx 和 dy。洛皮塔尔算出 $PQ = y\,dy/dx$。令 Q 和 q 分别是两条法线 MC 和 mC 同横坐标轴的交点。洛皮塔尔假设量 dx 为常量,这一步从现代的观点看来,相当于假设问题中的 x 是独立变量。因为 $Qq = d(AQ) = dx + d(PQ)$,他应用微分算法得到表达式 $Qq = dx + (dy^2 + y\,ddy)/dx$。运用相似三角形方法,他进而算出曲率半径 MC,并得到公式

$$MC = \frac{(dx^2 + dy^2)\sqrt{dx^2 + dy^2}}{-dx\,ddy} \tag{1}$$

　　在随后的一种推导中,洛皮塔尔应用了一套不同的步骤,即直接通过几何构形的单元算出二阶微分。再次考虑曲线 AMD 中包含了 Mm 的那一段(图 13.3)。令 n 是曲线上无限接近于 m 的一点。洛皮塔尔设想 Mmn 这一段是由折线段 Mm 和 mn 组成的。于是,y 的二阶微分 ddy 就由以下公式给出:$ddy = nS - mR = nS - HS = -Hn$。再利用相似三角形方法,他得到一个曲率半径的估算,其结果最后化归为(1)式。

314

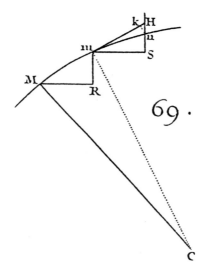

图 13.3　　洛皮塔尔和二阶微分

微分双重性的另一个例证来自数理动力学中对联系着运动质点的空间坐标和它所受到的力的微分方程的计算。那个时期通常的计算步骤用到对动力学系统在三个相邻时刻上的比较。运动方程里的二阶微分,是用在这些构形里出现的二阶差分来计算的。18 世纪 40 年代和 50 年代,在欧拉和达朗贝尔的著作里,二阶微分直接用微积分里的微分算法步骤计算出来。[13] 这种方法,在今天与牛顿第二定律的微分方程形式相联系,很快就成了经典力学里的标准方法。

315

在 18 世纪中叶的论著里,作为他的将分析从几何中分离出来的纲领的一部分,欧拉把微分的代数概念变成基础。这样一来,"算法"变为欧拉理解微积分基础的首要概念。这一观点的变迁中出现的一些争论被他的微分表达式理论说明,该理论提出于他 1755 年的《微分学原理》(*Institutiones Calculi*)第一卷的第 8 章和第 9 章。考虑任何含有 dx, ddx, dy, ddy……的式子,因为这些量不再用几何学来解释,因而式子的意义是不清楚的;它的值将依赖于,是假设 dx 还是 dy 保持恒定,这个假设在代数学里并不是明显的。例如,如果 dy 保持恒定,量 ddy/dx^2 就会是零;如果 dx 保持恒定,它的值就会依据 x 和 y 的函数关系而变化。相反的情况是,某些表达式,例如 $(dyddx - dxddy)/dx^3$,可以被证明是不变的,不论哪一个变量被认为独立。

[13]　在达朗贝尔 1744 年的《动力学论》(*Traité de Dynamique*)里,两种计算二阶微分的方法都使用了。参看 Craig Fraser,《达朗贝尔原理:达朗贝尔〈动力学论〉中的原始表述和应用》〔D'Alembert's Principle: The Original Formulation and Application in Jean D'Alembert's *Traité de Dynamique* (1743)〕,《人马座》(*Centaurus*),28(1985),第 31 页～第 61 页,第 145 页～第 159 页。

欧拉对微分表达式里的不确定性问题的解决办法,是引进指明变量间的依赖关系的记号。他是通过不写出高阶微分而用微分系数来代替而做到这一点的。他写的不是 ddy/dx^2(dx 恒定),而是通过关系式 $dy = pdx$ 和 $dp = qdx$ 定义了微分系数 p 和 q,于是 ddy/dx^2 成为简单的 q。欧拉提出了一些规则和例子,表明不管多么复杂的表达式都可以化简成只包含变量和微分因子的式子。对微分系数的这种注重除了给微积分带来了条理之外,还使微商确立为数学研究中的一个独立对象,而这在概念上是很重要的。[14]

积　分

莱布尼茨已经把积分看做是一种无限的求和,针对问题中一个变量的一系列取值实施。他用一个上下拉长了的字母 S 来做积分的记号,它取自拉丁文单词 summa("和")的第一个字母。于是,在曲线 $y = x^2$ 下面的面积就用 $\int x^2 dx$ 来表示,其中的积分上下限被理解为待定的。

对莱布尼茨的概念的重要改进是由约翰·伯努利在 17 世纪 90 年代初期引入的,他用积分作为反微商的这个十分不同的概念代替了积分作为求和的概念。[15]　以 d 运算为逻辑上的出发点,伯努利将积分定义为微分的反运算。积分 $\int x^2 dx$ 被定义为等于 $x^3/3$,因为后一式子的微分等于 $x^2 dx$。

在关于分析的著作里,欧拉采用了约翰·伯努利把积分当做反微商的概念,在他 1768 年的《积分学原理》(*Institutiones Calculi Integralis*)这套两卷本的著作里,欧拉把这个概念当做基本的观点。很清楚,欧拉在他研究的初期就持有这一观念。在 18 世纪 30 年代,他研究过确定一族曲线的正交轨线的问题,那是早在 40 年前莱布尼茨就已经提出的课题。[16]　莱布尼茨曾经考虑过由含有一个变量 x 和一个参量 t 的式子组成的被积函数。他证明了对积分取 t 的偏微商等于该式子对 t 偏微商后取积分:

$$\frac{\partial}{\partial t}\int f(x,t)\,dx = \int \frac{\partial}{\partial t}f(x,t)\,dx \qquad (2)$$

为了求得在现代分析里称为莱布尼茨规则的这一结果,莱布尼茨使用了对于多个无穷小的元素求和的微分等于每一个元素微分后求和的事实。在欧拉对正交轨线的研究里,他给出了对于同一结果的一个十分不同的证明,这一证明是以他把积分当做

[14]　关于欧拉理论的更详细的说明,参看 Bos,《微分、高阶微分》(Differentials, Higher-Order Differentials)。
[15]　伯努利的定义包含在他的《第一次积分计算》(*Die erste Integralrechnung*)一书第 3 页中,那是他在 1691 年到 1692 年间的论文选集,出版于 1914 年。参看 Carl Boyer,《微积分及其概念发展史》(*A History of the Calculus and Its Conceptual Development*, New York: Dover Publications. Inc., 1959);最初由哈夫纳出版公司(Hafner Publishing Company)在 1949 年以《微积分的概念:对导数和积分的批判历史讨论》(The Concepts of the Calculus, A Critical and Historical Discussion of the Derivative and the Integral)为题出版,第 278 页~第 279 页。
[16]　关于这一课题的历史性考察,参看 Steven B. Engelsman,《曲线族和偏微分法的起源》(*Families of Curves and the Origins of Partial Differentiation*, Amsterdam: North-Holland, 1984)。

反微商的理解为基础的。[17] 为了进行推导,欧拉先建立了一条预备定理,证明如果 f 是两个变量 x 和 t 的函数,那么 f 的二阶偏导数是与微分的次序无关的:

$$\frac{\partial}{\partial t}\frac{\partial}{\partial x}f(x,t) = \frac{\partial}{\partial x}\frac{\partial}{\partial t}f(x,t) \tag{3}$$

运用这个结果以及他把积分当做反微商的定义,欧拉就能够直接导出莱布尼茨规则了:

$$\frac{\partial}{\partial t}\int f(x,t)\,\mathrm{d}x = \int \frac{\partial}{\partial x}\left(\frac{\partial}{\partial t}\int f(x,t)\,\mathrm{d}x\right)\mathrm{d}x =$$

$$\int \frac{\partial}{\partial t}\left(\frac{\partial}{\partial x}\int f(x,t)\,\mathrm{d}x\right)\mathrm{d}x = \int \frac{\partial}{\partial t}f(x,t)\,\mathrm{d}x \tag{4}$$

欧拉在他后来的著作里遵循着这里给出的样式,先得到式子(3),然后再继续导出莱布尼茨规则;这一证明是以欧拉把积分看做反微商的概念为基础的。在他的《积分学原理》里,他相当详细地说明了他对积分的运算性的理解。积分理解作微商的反运算,与减法理解作加法的反运算、除法理解作乘法的反运算、开根理解作乘方的反运算是相似的。当不可能把一个给定的式子 $X\mathrm{d}x$ 的反运算用已知的代数函数表达出来的时候,就意味着所得到的积分必定是超越的(transcendental)。这种情况类似于代数里的三种反运算中的情况。当减法得出的数不再为正时,得到负数;当除法的结果不再是整数的时候,得到分数;当开根得出的不是整数的时候,则得到根式。

在18世纪后期数学中,把积分看做微分的反运算的定义被普遍采用。做了积分我们会得到新的函数对象,并且通过求这些对象的反函数,又进一步得到一种函数类别。分析的范围由此大大地扩展了。拉格朗日在关于椭圆积分的早期论文里,已经看到对有理多项式的可积性的研究开辟了"分析研究的一块广阔的天地"。[18] 应当指出,在这个观念下,一个给定的超越积分以及它的种种性质被理解为是微分过程的代数本性的结果。特别是,在积分的现代理论里十分基本的对存在性的各种考虑还根本没有出现。

分析的诸定理

18世纪和现代分析之间的一个根本区别,在于前者还缺乏今天所谓的平均值定理,或者叫做中值定理。这一结果,作为微积分的经典算术基础的一个基本部分,被用

[17] 这一证明见欧拉的以下文章,《论同类型的无线曲线,或发现同类曲线方程的方法》(De infinitis cuvis eiusdem generis seu methodus inveniendi aequationes pro infinitis curvis eiusdem generis),《科学院纪事》(Commentarii Academiae Scientiarum Petropolitanae 7 1734—1735, 1740),第174页~第189页,第180页~第189页(第190页~第199页错标为第180页~第189页)。载于欧拉《全集》,Ser. 1, V. 22,第36页~第56页。

[18] Lagrange,《论一些微分方程的积分》(Sur l'intégration de quelques équations différentielles dont les indéterminées sont séparées, mais dont chaque membre en particulier n'est point intégrable),《都灵杂讯》(Misscellanea Taurinensia),4;载于 Lagrange 的《拉格朗日全集》(Oeuvres de Lagrange)2,第5页~第33页。引文位于《拉格朗日全集》2,第33页。

来在定理的证明中把一个给定的性质或者关系局域化到数值连续统的一个特定值上。证明命题成立是通过证明在这个连续统里的每一点上都成立。

欧拉的观点非常不同。他把变量之间的关系看做理论的原始对象;没有用每一个变量所取值的数值连续统来做进一步的概念化。这一原始抽象关系的观念在很大程度上确定了他处理分析的方法,他的观点既区别于早期先驱者的观点,即把几何曲线当做研究的基本对象,又区别于 19 世纪研究者的观点,即认为数值连续统构成了研究的根本对象。

欧拉于 1740 年对(3)式,即混合偏微商的等同性定理的证明,是一种形式的、非几何意义上的分析处理。在几何证明"来自于一个外源"信念的激励下,欧拉做出了这样一个证明。[19] 他考虑一个作为两个变量 x 和 a 的函数的量 z。他用微分系数来表示有关的微分,并且通过适当地把各项重新安排,证明了两种偏微分是相等的。在现代实分析里,欧拉的论证被用中值定理和极限论证重新表述。假定 $z = z(x,a)$ 以及它的一次和二次偏微商是在 x-a 平面的一个矩形区域上有定义并且连续。应用中值定理得到相关偏微商的表达式,通过重新安排和极限论证可证明它们是相等的。[20]

这是 18 世纪的微积分定理以及它们在现代分析的对应的一个典型例子。(其他的例子是微积分基本定理,在多重积分里关于变量替换的定理,以及变分法里的基本引理。)中值定理导入了一个特征值,把问题里的解析关系或者性质局域化到一个特定的数上。于是就可以通过极限的论证,运用连续性和可微分性的条件来推演出结果。与此相反,在欧拉的表述里没有这种对于独特的或者个别的值的考虑。欧拉相信那个证明里的要素乃是它的普遍性,这是由一个分析的或代数的形式恒等式来保证的。这样,他的证明的关键步骤就在于保证其结果的有效性的一个代数恒等式。

分析的哲学

虽然 18 世纪顶尖的分析学者都没有阐述一套明确的数学哲学,但在他们对诸如普遍性和纯粹数学与应用数学的关系那样一些论题的处理中,仍然明显表现出一种隐含的哲学态度。对启蒙时期的数学家说来,数学的每一部分被理解为是在某种客观的意义上被给予的;它的应用范围和确定性都由这种客观本性所导出,而不是数学家们所采用的特定方法或者概念组合的结果。数学的普遍性是它的对象的普遍特征的结果,不论这些对象是代数公式还是几何图形。

在分析学者的著作中,微积分的原始问题(描述沿着一条曲线的变化)让路给对公

[19]　参看 Engelsman,《曲线族和偏微分法的起源》,第 129 页。
[20]　欧拉的推导在以下文章里有更详细的研究, Craig Fraser,《代数分析的微积分:18 世纪数学分析的一些观察》(The Calculus as Algebraic Analysis:Some Observations on Mathematical Analysis in the 18th Century),《精密科学史档案》,39 (1989),第 317 页~第 335 页,尤其是第 319 页~第 321 页。

式和关系的研究。一个解析方程意味存在着这样一种关系，它在变量取值大小连续变化的过程中仍保持成立。分析的算法和变换预先假定了局域的和整体的变化之间的一种对应，这是在把微积分应用于曲线时的基本考虑。微积分的规则和步骤被假设是普遍有效的。欧拉在 1751 年的一篇文章里考虑了微分规则 d($\log x$) = dx/x。[21] 他拒绝了莱布尼茨早先关于这一规则仅仅对 x 的正实数值有效的建议，其论述如下：

> 因为，这种微分针对的是变量，也就是按普遍性来考虑的量，所以假若 d. lx = dx/x 不是对我们赋予 x 的任何值，无论是正甚至是负至是虚数都普遍成立的话，那么我们将完全不能使用这一规则，微分的真理性建立在它所包含的各种规则的普遍性之上。（第 143 页～第 144 页）

18 世纪里对于形式数学的信心几乎是没有限制的。一位历史学家指出过："有时候好像人们已经接受如下的假设了，只要有人能够写出某些在形式上自圆其说的东西，那么那种陈述的真理性就有保证了。"而另一位曾评论过欧拉的"对于公式和对它们实施操作而得出的结果的绝对可靠性的天真的信仰"。[22] 对于功能和运算功效的评价，超过了演绎和逻辑证实。对符号方法的信念是由关于严密科学的更一般的哲学思考所支持的。尼古拉·马勒伯朗士及其学派的著作曾经强调过算术/代数方法对数学的价值。晚些时候，孔狄亚克也强调了一种完善构建的语言对推理研究的重要性，并且他引用了代数学作为在这一方向上可以取得什么样的成就的范例。[23]

几何学和力学的问题应当遵从纯分析的处理，18 世纪的学者们把这种观念当做哲学原理的形式接受。谢尔盖·杰米多夫在写到欧拉和达朗贝尔在波动方程的讨论中没能理解彼此的观点时，他评论说：

320

> 依我们的意见，这种彼此不理解的一个同样重要的原因，在于对一个数学问题的解的概念的理解。对达朗贝尔，同样对欧拉来说，这样一个解的概念，并不依赖于定义它的方式……而宁可说解代表了某种实在，它被赋予了与解的定义无关的一些性质。为了揭示这些性质，许多不同的方法都可行，包括了达朗贝尔和欧

---

[21] Euler，《莱布尼茨先生和伯努利先生关于负数和虚数的对数的争论》（De la construvere entre Mrs. Leibniz et Bernoulli sur les logarithmes des nombres negatifs et imaginaires），《柏林科学院记录》〔*Mémoires de l'académie des sciences de Berlin 5 (1749)*，1751〕，第 139 页～第 171 页；收入欧拉《全集》，Ser. 1, V. 17，第 195 页～第 232 页。

[22] 参看 Judith V. Grabiner，《数学真理依赖于时间吗？》（Is Mathematical Truth Time-Dependent?），《美国数学月刊》（*American Mathematical Monthly*），81（1974），第 354 页～第 365 页，尤其是第 356 页，以及 Rudolph E. Langer，《傅里叶级数：一个理论的进化与起源》（Fourier Series, The Evolution and Genesis of a Theory），《美国数学月刊》，54，pt. 2（1947），第 1 页～第 86 页，尤其是第 17 页。

[23] 对马勒伯朗士的数学哲学的讨论见 Craig Fraser，《拉格朗日的分析数学，其笛卡儿起源及被孔德实证哲学的接受》（Lagrange's Analytical Mathematics, Its Cartesian Origins and Reception in Comte's Positive Philosophy），《科学史与科学哲学研究》（*Studies in the History and Philosophy of Science*），21（1990），第 243 页～第 256 页。对孔狄亚克思想的说明参看 Robert McRae，《孔狄亚克："同一是同一"中所有知识的浓缩》（Condillac: The Abridgement of All Knowledge in "The Same is the Same"），载于《科学统一问题：从培根到康德》（*The Problem of the Unity of the Sciences: Bacon to Kant*，Toronto: University of Toronto Press, 1961），第 89 页～第 106 页。

拉所使用的物理的推理方法。[24]

　　一位达朗贝尔的传记作者曾经指出,他对"基本真理,即科学家必须总是接受他自己所在的处境所具有的本质的'被给定性'"的坚持。[25] 在后来的数学里发展出来的一种逻辑自由的意味(被表达于,例如,在里夏德·狄德金 1888 年关于数是人类心灵的自由创造的著名陈述,以及关于数学的本质存在于它自发的概念发展之中的信念)反映了现代学科的一些方面在 18 世纪时还很为缺乏。

约瑟夫－路易·拉格朗日

　　拉格朗日的学术生涯异常之长:从 1754 年(他只有 18 岁)直到 1813 年逝世。1736 年拉格朗日出生于意大利的都灵,直到 1766 年,他都生活在这里,1757 年参与创立都灵研究会,并是一位活跃的成员;1766 到 1787 年,拉格朗日主持柏林科学院的数学研究;从 1787 年起到去世,拉格朗日生活在法国,领受巴黎科学院的津贴。

　　尽管拉格朗日的分析倾向从一开始就很明显,但直到 1770 年至 1776 年期间他独特的数学风格才得以巩固,那时他早已过而立,几近不惑之年,在柏林科学院安顿舒适。那些年月里,分析的价值成为他为科学院写的著作中的明确主题,其中包括了纯粹和应用数学的多个课题。[26] 1771 年关于开普勒问题的论文里,他区别了三种求解的方法:第一种用到数值近似,第二种使用几何的或者力学的构造,第三种使用解析表达式的代数方法。他列举最后一种方法是因为它的"在天体理论中频繁和不可或缺的应用"。第二年在关于等时曲线(这个问题最早由惠更斯用几何方法研究)的一篇文章里,拉格朗日把业已由约翰·伯努利和欧拉推进了的"解析解"作为出发点。1775 年的几篇论文里宣传了分析的价值。在关于椭球体的引力的文章里,拉格朗日尝试证明"代数化的分析"(algebraic analysis)的方法提供了一种比马克劳林等人的"综合的"或者几何的方法更直接和普遍的解。(看来,这偶然地成为他首次在写作中明确提到"代数化的分析"这个名词)在关于一个固体的转动的研究里,拉格朗日提出了与达朗贝尔和欧拉的力学处理不同的另一种方法,即"纯分析"的方法,它的好处"全在"它使用的"分析",以及其中包含了的"一些相当值得注意的不同的计算技巧"。一篇关于三角锥的论文里,拉格朗日指出,他的解法"纯粹是分析的,并且甚至可以不必借助于图形来理解";他评论说,与这些解的实际应用无关,它们"表明了代数方法可以多么便利和成功地运用到那些似乎深深植根于严格意义上的几何学领域中,并且是最不容易以计

321

[24]　Sergei Demidov,《达朗贝尔著作中从微分方程到偏导理论的产生和发展》(Création et développement de la théorie des équations différentielles aux dérivées partielles dans les travaux de J. d'Alembert),《科学史评论》(Revue d'Histoire des Sciences),35/1(1982),第 3 页～第 42 页,尤其是第 37 页。
[25]　R. G. Grimsley,《达朗贝尔(1717～1783)》[Jean d'Alembert (1717—1783),Oxford: Clarendon Press, 1963],第 248 页。
[26]　在本节里引用的拉格朗日的著作,参看 René Taton,《拉格朗日著作年表》(Inventaire chronologique de l'oeuvre de Lagrange),《科学史评论》,26(1974),第 3 页～第 36 页。

算进行处理的问题"。

分析的主题在拉格朗日 18 世纪 70 年代晚期和 80 年代的著作里反复重现。在 1777 年三次方程的研究里,他描述了一种由托马斯·哈里奥特得出的方法,这种方法避免了那个时代的数学家们用来研究根的表达式的几何构造。在 1778 年提交给巴黎科学院的一篇关于行星摄动的论文里,拉格朗日提出了一种变换运动方程的方法,该方法将"取代直到现在还被建议使用于简化轨道之外区域的摄动计算的综合方法",该方法"同时具有在微积分的前进过程中保持统一性的好处"。1780 年拉格朗日发表了一篇关于兰贝特的质点动力学定理的论文。问题的结果是以综合的方式证明的,它可以被看做是"几何分析似乎胜于代数分析的少数定理之一",拉格朗日对此表示关注。他的目的是给出一种简单和直接的分析的证明。在 1781 年关于投影地图的研究里,他提出了"一种研究方法,它所需求的分析技巧以及它对完善地理学地图的功用让人同样地感兴趣"。在于 1783 年前后完成的著名的《分析力学论》(*Traité de la méchanique analitique*)的序言里,拉格朗日宣称书中"找不到一张插图",而一切内容都会"化归到统一和普遍的分析进程"。在 1788 年的一篇论文里,他讨论了在用分析方法处理牛顿的《自然哲学的数学原理》里的不同论题中的成功和困难,并且对声的传播问题提出了一种新的分析方法。

直接性、统一性和普遍性,是拉格朗日认为与分析学相联系的几项性质;他有时也提到简单性。分析学被引用不仅由于它所得到的结果,而且由于它所提供的方法。在前面所讨论过的那些著作里,他在备选的几何学或者力学的处理方法也同时存在的情况下坚持分析学的价值;正是这种另外的可能性使得他明确地表明他自己在方法上的偏爱。我们亦应注意到在他 18 世纪 70 年代和 80 年代的工作里纯分析所占的绝对优势,这些工作的题目包括了方程论、丢番图算术、数论、概率论和微积分,在这些学科里关于研究途径或者方法论的相关问题还没有明确出现。

解析函数论

18 世纪末,一种更具批判性的态度在数学内部和一般思想文化内部开始形成。早在 1734 年乔治·贝克莱主教就在他的著作《分析学家》(*The Analyst*)里,唤起人们对于他所认为的由使用无限小量而引起的微积分推理中的逻辑缺陷的注意。虽然他的批评略为缺乏数学上的说服力,却也促使英国和欧洲大陆的作者们更加小心地解释微积分的基本规则。在 18 世纪 80 年代,人们对于分析的基础产生了越来越浓的兴趣,这种趋势反映在柏林和圣彼得堡的科学院都决定设立关于微积分的形而上学和无限的本质的有奖竞赛。在哲学上,康德的《纯粹理性批判》(*Kritik der reinen Vernunft*, 1788)展开了对于数学知识的深入研究,并且发起了对于严密科学的新的一轮批判性的概念认识上的运动。

　　为微积分提供一个系统化的基础的最详尽的努力包含于拉格朗日在那个世纪末写的两本论著里:《解析函数论》(*Théorie des fonctions analytiques*, 1797)和《函数计算教程》(*Leçons sur le calcul des fonctions*, 1801;修改版 1806)。第一本书的全名说明了它的目的:"解析函数的理论,包含着脱离了关于无穷小量或正在消逝的量,极限或流数的所有考虑的微分原理,并且化归为有限量的代数分析。"拉格朗日的目的是为微积分发展一种代数基础,它不需要用到无限小的量或者直观的几何概念。在 1798 年出版的一本关于数值方程的论著里,他明白地提出了他关于代数的观念:

　　　　[代数]的目的不在于为所求的量找到特定的值,而是找到施于给定量的一套运算系统,从而通过它们推出要求的量的值。由代数特征代表的这些运算设置,就是在代数里所称的**公式**,并且当一个量依赖于其他一些量的形式可以用包含这些量的一道公式来表达时,我们就说它是这些量的一个**函数**。[27]

　　拉格朗日使用"代数化的分析"这一术语,以指代当代数扩充到包括微积分相关的方法和函数时所形成的那部分数学。此间的中心对象是解析函数的概念。这样的函数 $y = f(x)$ 是由一道单一的解析表达式给出来的,而这一表达式是对变量和常量运用分析的运算而构成的。y 和 x 之间的关系,是由在 $f(x)$ 里计划好了的一系列运算指示出来的。后者具有一种明确定义的、不变的代数形式,把它和其他函数相区别并决定它的性质。

　　拉格朗日理论背后的想法是取任意函数 $f(x)$ 并以泰勒级数将其展开:

$$f(x + i) = f(x) + pi + qi^2 + ri^3 + si^4 + \cdots \tag{5}$$

$f(x)$ 的"导函数"(derived function)或导数 $f'(x)$ 定义为这道展开式里的线性项的系数 $p(x)$。$f'(x)$ 是 x 的一个具有明确定义的代数形式的新函数;它是同原来的函数 $f(x)$ 形式不同但亦与它有关系的。要注意这一概念是与现代微积分中的概念大不相同的,在现代微积分里,$f(x)$ 的导数是在 x 的每一个实数值用一个极限过程来定义的。在现代微积分里导数同它的母函数的关系是用在数值连续统上以确定的方法定义的对应关系来规定的。

　　拉格朗日对导函数的理解是在他关于有限增量法的第 18 讲的讨论里阐明的。这一方法在他的纲领的背景上是具有历史意义的。泰勒在 1715 年对泰勒定理的原始推导是基于有限增量的内插公式向极限的过渡。拉格朗日希望把使用有限增量去考虑微积分基础的方法,同他自己十分不同的导函数理论区别开来。他指出在取有限增量的时候,我们考虑的是同一个函数 $f(x)$ 在独立自变量的两个相邻值处的差 $f(x_{n+1}) - f(x_n)$。在微分学里拉格朗日称为导函数的对象在传统上是这样得到的,让 $dx = x_{n+1} - x_n$ 为无穷小,设 $dy = f(x_{n+1}) - f(x_n)$,将 dy 除以 dx,并且在所得到的约简了的 dy/dx 表达式里,忽略那些无限小量。尽管这一推导过程得出与拉格朗日相同的结果,但是它所假设的在有限增量方法与微积分之间的联系,使得在这些对象之间一个更根本的差别变得模糊了:在取 $\Delta y = f(x_{n+1}) - f(x_n)$ 的时候我们所用的是同一个函数 $f(x)$;而在取导函数的时候我们就过渡到一个具有新的代数形式的新函数 $f'(x)$。拉格朗日写了如下的文字来说明这一点:

> 从有限到无限的过渡总是要求一种多少有点强迫性的跳跃,它破坏了连续性定律并且改变了函数的形式。(《函数计算教程》,1806 年版,第 270 页)

> 在从有限到无限小的假想过渡中,函数的本性发生了变化,并且……在微分里使用的 dy/dx 是在本质上与函数 y 不同的另一个函数,然而只要差 dx 取任意给定值,我们愿意它多小就多小,这个量只是两个同一形式的函数的差;由此我们可以看到,如果从有限到无限小的过渡可以被承认为计算的一种机械手段,它不能够彰显微分方程的本性,这个本性存在于微分方程所提供的原函数与其导数之间的关系。(《函数计算教程》,1806 年版,第 279 页)

拉格朗日在他 60 多岁时写的《解析函数论》和《函数计算教程》,因它们在解析函数概念的基础上发展了整个微分和积分的成功而受到重视。[28] 这两本著作包含了几项十分重要的技术性进展。拉格朗日引入了不等式方法以得到函数值的数值估计,由此提供了日后奥古斯丁·柯西在他的微积分的算术发展里可使用的技术的源泉。另一个重要的贡献是在拉格朗日关于变分法的说明里。为了得到变分方程他在推导中模仿了可积性理论中较早的一项论证。尽管他的推导未能得到后来的研究者的认可,但它作为代数分析中更近一步推理的一个例子仍然是有历史性价值的,拉格朗日还在微积分以及变分法里都引入了乘子规则,那是一种允许人们解决在约束优化理论中一系列问题的一种强有力的方法。[29]

对代数分析的反思

意识到 18 世纪代数分析的鲜明哲学特征,在数学分析的更大的历史和知识演化之中去理解它,是有重要意义的。欧拉和拉格朗日的代数化的微积分植根于对函数方

[28] 对这些工作的更详细的研究,参看 J. L. Ovaert,《拉格朗日的论点和分析的改变》(La thèse de Lagrange et la transformation de l'analyse),载于 Christian Houzel 等编,《哲学与无穷小分析》(Philosophie et Calcul de l'Infini, Paris: Francois Maspero, 1976),第 122 页～第 157 页;Judith V. Grabiner,《柯西分析严密化的起源》(The Origins of Cauchy's Rigorous Calculus, Cambridge, MA: MIT Press, 1981);和 Craig Fraser,《拉格朗日的微积分代数化方法》(Joseph Louis Lagrange's Algebraic Vision of the Calculus),《国际数学史杂志》(Historia Mathematica),14(1987),第 38 页～第 53 页。Grabiner 和 Fraser 强调了这一段历史为不同的方面。Grabiner 让人注意到柯西的技术方法在拉格朗日著作里的源头,并且使严格性的概念成为理解柯西的成就的关键。Fraser 突出了拉格朗日和柯西两人观点之间的概念差异,并且认为后者的中心成就是使数值连续统成为要关心的基本对象。

[29] 关于对拉格朗日的变分法的讨论,参看 Craig Fraser,《拉格朗日改变了变分法基础的研究方法》(J. L. Lagrange's Changing Approach to the Foundations of the Calculus of Variations),《精密科学史档案》,32(1985),第 151 页～第 191 页,以及 Fraser,《欧拉和拉格朗日变分法中的等周问题》(Isoperimetric Problems in the Variational Calculus of Euler and Lagrange),《国际数学史杂志》,19(1992),第 4 页～第 23 页。

程、算法和变量运算的形式化研究。这些变量的取值,它们的数值的或者几何的解释,在逻辑意义上是次要的问题。这样一种具有强烈的操作性和工具主义特征的观念,应该用早期微积分里的几何方法来做它的对比,那种几何方法着重依赖于图形的表示以及对于空间连续性的直觉。早期微积分对几何的强调,决定了这个学科是怎么样被理解的,使得它能够作为一种被诠释了的、有意义的数学实体成为知识体验的对象。 *325*

拉格朗日的代数分析也应当与以更加概念化和更具内涵的推理模式为特征的经典实分析对比,该领域是在 19 世纪发展起来的并且成为了现代学科的基础。虽然实分析在逻辑上独立于几何学,但是它继续假设用算术连续性概念来定义的一些对象构成了实分析的主题并且定义了它的数学理论见解。关于在特定的可微性条件下定义在某段实数区间上的函数的一条命题有一种暗含在它自身的公式表示中的几何解释。在根基的水平上看来,在实分析里的微分的算法特征是与对这一过程的概念性的理解无关的;与此相比,在代数化的分析里,算法概念是整个方法的基础。[30]

罗伯特·伍德豪斯和乔治·皮科克

启蒙时期数学中的代数纲领在 19 世纪初由几位英国人物开始研究并扩展。[31] 虽然这些研究有点超出了本文的年代范围,但是作为主要是 18 世纪的发展的直接延续,它们还是值得在这里提及的。代数分析对英国人的吸引力很大,一部分是出于对英国数学中普遍流行的几何综合精神的一种反抗。剑桥的研究人员罗伯特·伍德豪斯在 1802 年的论文《论研究的分析和几何方法的独立性,以及从它们的分离中得到的好处》(On the Independence of the analytical and geometrical Methods of Investigation; and on the Advantages to be derived from their Separation) 里,建议从分析里面除去所有来源于几何的记号。例如,他极力主张不要使用在语源学里依赖于图形联想的术语 $\sin x$,而采用 *326* 这样的表达式:$(2\sqrt{-1})^{-1}(e^{x\sqrt{-1}} - e^{-x\sqrt{-1}})$。他还开始走向形式分析符号的一种更加仔细的说明。于是他写下了关于符号" = "的以下一段话:

> 它的含义真的完全取决于其定义;但是,如果在基础论著里为它给出的定义

[30] 关于更详细的讨论,参看 Fraser,《代数化分析的微积分》和 Marco Panza,《18 世纪介于数量与形式之间的函数概念》(Concept of Function, between Quantity and Form, in the 18th Century),载于 H. Niels Jahnke 等编,《数学史和教育:观念与经验》(History of Mathematics and Education: Ideas and Experience, Göttingen: Vandenhoeck & Ruprecht, 1996),第 241 页~第 274 页。关于论述 19 世纪德国数学中代数分析的地位的社会—知识研究,参看 H. Niels Jahnke,《洪堡改革中的数学和教育》(Mathematik und Bildung in der Humboldtschen Reform),《科学、数学的社会和教育史研究》(Studien zur Wissenschafts-, Sozial- und Bildungsgeschichte der Mathematik, Göttingen: Vandenhoeck & Ruprecht, 1990)系列丛书第 8 卷,Michael Otte、Ivo Schneider 和 Hans-Georg Steiner 编。

[31] 关于这一论题的历史研究,参看 Joan L. Richards,《英国代数的艺术与科学:数学真理的接受史研究》(The Art and the Science of British Algebra: A Study in the Perception of Mathematical Truth),《国际数学史杂志》,7(1980),第 341 页~第 365 页;Helena Pycior,《皮科克与英国符号代数的起源》(George Peacock and the British Origins of Symbolical Algebra),《国际数学史杂志》,8(1981),第 23 页~第 45 页;和 Menachem Fisch,《"实现了的突现":19 世纪英国代数史大纲》("The Emergency Which Has Arrived": The Problematic History of Nineteenth-Century British Algebra — a Programmatic Outline),《英国科学史杂志》,27(1994),第 247 页~第 276 页。

被坚持的话，我相信证明大多数数学过程的正当性和合法性将是不可能的。它几乎从来没有表示数值相等。在它的普遍和扩展的意义上，它表示某种运算的结果。（第 103 页）

伍德豪斯用下面的反正弦级数来阐明这一点

$$z = x + \frac{x^3}{3 \cdot 2} + \frac{3x^5}{5 \cdot 8} + \cdots,$$

他说，式中

> 完全没有关于数值相等的断言；所需要理解的只是下式
>
> $$z = x + \frac{x^3}{3 \cdot 2} + \frac{3x^5}{5 \cdot 8} + \cdots,$$
>
> 是 [对 sin x 的级数] 执行某种运算的结果
>
> $$x = z - \frac{z^3}{1 \cdot 2 \cdot 3} + \frac{z^5}{1 \cdot 2 \cdot 3 \cdot 4 \cdot 5} - \cdots$$

伍德豪斯的形式观点由另外一位剑桥数学家乔治·皮科克发展成一套完整的理论系统。在他 1833 年提交给英国科学促进协会的《关于分析的某些分支的最近进展和现况的报告》(Report on the Recent Progress and Present State of certain Branches of Analysis) 里，皮科克定义了分析的科学，它包括代数、代数在几何上的应用、微分和积分以及级数理论。报告的第一部分用来为他的代数理论勾画出一个轮廓，那是他以他所谓的等价形式的恒定性原理为基础而建立起来的理论。一个等价形式就是任何这样一个关系，它表达了诸如 $(a + b)c = ac + bc$, $a^n \cdot a^m = a^{n+m}$ 等代数运算的结果。等价形式原理这样断言：

> 在被视为提示性的科学的算术代数里，无论什么样的可以被发现的等价型（当所用的符号在其形式上是普遍的，而其数值是特定的），将继续是一个等价型，只要那些符号无论在它们的本性还是在它们的形式上都是普遍的。（第 199 页）

因为当 m 和 n 是整数的时候关系式 $a^n \cdot a^m = a^{n+m}$ 是一个等价形式，那么根据上述原理它也是一个纯符号关系的等价形式。皮科克把这一事实作为把关系式 $a^n \cdot a^m = a^{n+m}$ 推广到非整数值的 m 和 n 的正当理由。在分析的其他分支里（例如在无穷级数的理论里）这条原理亦起着类似的作用。于是，由于关系式 $1/(1-x) = 1 + x + x^2 + x^3 + \cdots$ 对 $|x| < 1$ 是成立的，得益于它的形式它享有一种普遍的符号上的有效性。因此，这一关系式在 $x > 1$ 时仍然保持有效，或者至少是有意义的，虽然在这种情况下不再能够用通常的算术意义来解释它。

等价形式原理是对欧拉关于关系式 $d(\log x) = dx / x$ 具有普遍有效性的主张中所包含的想法的一种正式的陈述。在皮科克的分析系统里，这条原理有着双重目的。它使得普遍的符号关系式的使用变得合法化，并且允许我们给予包含在这些关系式里的变量更大的有效范围。此外，它保证了代数关系至少在算术学里有部分的解释，因而它就限制了纯粹抽象的符号系统的扩充。

结 论

18 世纪的分析在理论上的完备化和精密化,是数学的其他各个部门里所没有达到的。从编史学的观点看,代数化的分析提供了一个有趣的例子,一个成熟的数学范式在这个学科的后期发展中将被一种完全不同的范式所代替。从欧拉、拉格朗日到柯西和魏尔施特拉斯的过渡,构成了思想概念上的一种影响深远的智力转换。托马斯·库恩在物理科学的历史中所记录的那种相对主义的观点,亦表现在数学的历史上,虽然是在一个更加纯粹的概念层面上。[32] 数学的情况甚至在某些重要的方面显得更加惊人,因为旧范式中所体现的观点,仍然保留着某种知识上的意义和有效性,而在被放弃了的旧的物理学理论里却找不到与此大致相同的情况。

(关　洪　王秋涛　译　纪志刚　校)

[32]　有关对库恩对数学的观点恰当性的讨论,参看 Donald Gillies 编,《数学中的革命》(*Revolutions in Mathematics*, New York: Oxford University Press, 1992）。

14

天文学和宇宙学

柯蒂斯·威尔逊

用威廉·惠威尔的话讲,18 世纪期间太阳系天文学变成了"科学的女王……唯一的一门完美的科学……其中一般主宰特殊,原因完全决定结果"。[1] 惠威尔所指的理论上的惊人进步是欧洲大陆数学家们的贡献,他们分别是在巴黎、柏林和圣彼得堡的科学院的成员,通过精心运用莱布尼茨的微分和积分方法,得出牛顿引力理论的各项结果。与此同时,主要是在英国的仪器制造者们不断改进望远镜和分度弧等设备,使天文观测的精密度跟得上理论预言的进展。各座天文台(它们主要由国家资助)不仅以对国家的海军和商业航行进行导航服务,而且亦以对一种超国家目的的完美天文学研究而自豪。

附属于行星和月球天文学的工作是编制星表,即通过相对于恒星的位置来确定行星和月球的位置。1729 年到 1748 年间,詹姆斯·布雷德利(1693~1762)揭开了群星存在着某种系统性的表观运动之谜——这是天文学精密度必须达到角秒级才能实现的。与此同时,几位思想家对宇宙的大尺度结构进行了猜测。如果引力是普遍存在的,那么为什么恒星不会彼此坍缩到一起呢?宇宙有一种稳定的结构呢,还是处在变化的过程之中?直到这一世纪之末,才有了可以解答这些问题的动力学论证和观测证据,并由此开拓了关于恒星世界演化的新视野。

1700 年的太阳系天文学:
牛顿对导出精确的天文学预言的最初努力

在 1700 年,除了牛顿的数学发现之外,行星天文学还几乎无人触及。各个行星轨道是椭圆(开普勒第一定律)这一点已经被广泛接受,虽然从来没有在经验上精密地证实过。所谓的开普勒第二定律(从太阳到行星的向径在相等的时间内扫过相等的面

[1] William Whewell 的致辞,载于《英国科学促进会第三次会议报告》(*Report of the Third Meeting of the British Association for the Advancement of Science*, London, 1833),第 xiii 页。

积)还不大像是一条经验定律,而是作为开普勒动力学的一个结果。这条定律在早期曾经因为涉及的数学太复杂而被普遍拒绝。那时候提出了一些别的规律,但正如尼古拉斯·墨卡托(约 1619～1687)在 1670 年指出的那样,任何替代定律都必定很接近于开普勒的面积定律才算可行。[2] 牛顿在《自然哲学的数学原理》(*Principia*)里指出,面积定律在逻辑上等价于一种有心力,并且以太阳为其一个焦点的椭圆轨道可以从平方反比有心力推导出来。

开普勒的第三定律与前两条不同,它作为一条经验定律而具有独立的意义。它说的是:各个行星周期的平方同它们到太阳的平均距离的立方成正比。牛顿证明了,它也是平方反比定律的一个结果。在开普勒的世界里,体现了一种造物主对"和谐"的数学模式的爱好。它最早的实际应用是杰里迈亚·霍罗克斯(1618? ～1641)于 17 世纪30 年代后期做出的。他从对金星和火星的观测,发现太阳的地平视差(从太阳看来地球半径所张的最大角度)需要从开普勒的值 1′减小到大约 15″(正确值是 8.8″)。不过,霍罗克斯发现,当运用开普勒第三定律从这些行星的周期去计算它们的平均太阳距离时,他能够使预言同观测很好地吻合。托马斯·斯特里特(1622～1689)在他的著作《加洛林王朝的天文学》(*Astronomia Carolina*, 1661)里,沿用了这一方法;他的行星表出版了好几次,直到 18 世纪的头几十年还在使用,证明对于从水星到火星的各个行星都是很准确的。[3] 牛顿在他的《原理》里也推荐霍罗克斯的方法。

1700 年的天文学还受益于霍罗克斯的另一项重要创新,即他的月球理论。它是对开普勒月球理论的一种改进,它假设了拱线和偏心率都在振荡的某种椭圆轨道。(拱线是椭圆的长轴,或者说是从近地点到远地点的连线;偏心率是从椭圆中心到地球的距离与其半长轴之比。*)振荡的周期略小于七个月,这是太阳离开并再次回到月球轨道拱线的方向所需的时间。在霍罗克斯逝世后出版的著作集《遗著》(*Opera posthuma*, 1672 年版,1673 年版和 1678 年版)的附录里,第一次发表了关于这一理论的说明,附有约翰·弗拉姆斯蒂德(1646～1719)补充的常数和表格;在弗拉姆斯蒂德的《天球学说》(*Doctrine of the Sphere*, 1680)一书里,又出了一个修订版。[4] 弗拉姆斯蒂德在比较了霍罗克斯的月球理论与当时的其他理论(所有那些理论都是从第谷的理论引申出来的一些复杂的本轮机制)之后,发现霍罗克斯远远超越了其他理论,特别是为测微计测

330

---

[2] 关于在这一段和下两段里提到的发展的详细说明,参看 Curtis Wilson,《开普勒之后那个世纪的预测天文学》(Predictive Astronomy in the Century after Kepler),载于 René Taton 和 Curtis Wilson 编,《从文艺复兴到天体物理学兴起的行星天文学·第一部:从第谷到牛顿》(Planetary Astronomy from the Renaissance to the Rise of Astrophysics, Part A: Tycho Brahe to Newton, Cambridge University Press, 1989),第 161 页～第 206 页。

[3] 参看 Curtis Wilson,《霍罗克斯,和声学和开普勒第三定律之精确性》(Horrocks, Harmonies, and the Exactitude of Kepler's Third Law),载《科学与历史:爱德华·罗森纪念文集》(Science and History: Studies in Honor of Edward Rosen, Studia Copernicana 16; Warsaw: The Polish Academy of Sciences Press, 1978),第 235 页～第 259 页。

* 原文如此,椭圆的偏心率应该是从椭圆中心到其中一个焦点的距离与其半长轴之比。——译者

[4] 关于 Horrocks 的理论,参看 S. B. Gaythorpe,《霍罗克斯及其"新月球理论"》(Jeremiah Horrocks and his "New Theory of the Moon"),《英国天文协会期刊》(Journal of the British Astronomical Association),67(1957),第 134 页～第 144 页; Curtis Wilson,《关于霍罗克斯月球理论的起源》(On the Origin of Horrocks's Lunar Theory),《天文学史期刊》(Journal for the History of Astronomy),18(1987),第 77 页～第 94 页。

定的月球直径所证实。对牛顿说来，霍罗克斯的理论与其他理论不同，它的优点是有助于在牛顿诸原理的基础上建立某种动力学的解释。在牛顿《原理》的命题 I. 66 的推论 7～9 里，他给出了对于霍罗克斯在拱线和偏心率的振荡上的定性说明，但没有试图算出这些量的大小。

这一关于月球运动的理论能够得出定量的预言吗？牛顿的《原理》第 1 版里没有做出这样的尝试，只是提出在支持万有引力方面的大量论证，那不是在牛顿的严格推演意义上的一种证明，而只是为下一世纪设定了一个庞大的探索计划。[5] 按理说，人们可以从万有引力推导出一种精确的月球理论，但究竟怎么推导呢？

1694 年 9 月 1 日，牛顿访问了格林尼治天文台，弗拉姆斯蒂德在那里向他展示了在格林尼治的月球观测记录与弗拉姆斯蒂德版本的霍罗克斯式理论之间的差异；其误差有时几乎达到 1/3 度。请记住，在那个时候，一种精确的月球理论，连同一份用来确定月球位置变化的精确恒星表，看来就能在海上可靠地测定经度了；正是凭着提供了这些迫切需要的东西，弗拉姆斯蒂德在 1675 年被任命为王家天文学家。经度测定要精确到 1 度，就需要精确到 2 角分的月球理论，因此弗拉姆斯蒂德发现的误差就造成了一种严重的挑战。于是，牛顿就着手在弗拉姆斯蒂德浩瀚的月球观测数据的基础上对理论进行调整。（现在只能够辨认出其中的少数资料，但牛顿对弗拉姆斯蒂德作为一位观测数据提供者的抱怨，看来是太任性了。）[6]

331
牛顿精心构建的新理论，是改进了一些数字参数再加上几个附加项的霍罗克斯理论。不清楚牛顿是怎样想出这些附加项的。新理论的说明，最早用拉丁文发表在戴维·格雷戈里的《天体物理与几何基础》（*Astronomiae Physicae & Geometriae Elementa*, Oxford, 1702）里，接着又用英文单独发表为《关于月球运动的最精确的新理论；由此可望解决其所有的不规则性，并将其位置真正计算到 2 分的精度》（*A New and most Accurate Theory of the Moon's Motion; Whereby all her Irregularities may be solved, and her Place truly calculated to Two Minutes*, London, 1702）。在这一工作里没有提供动力学的说明，只包含了数值参数和计算月球位置的模式。这一理论并不像它的英语标题所宣称的那样精确，其中有一项的符号弄错了，这一错误在后来得到了纠正。在 18 世纪上半叶，该理论的不同版本大行其道。出自弗拉姆斯蒂德的一个版本载入了勒莫尼耶（1715～1799）于 1746 年出版的《天文学原理》（*Institutions astronomiques*）；达朗贝尔（1717～1783）发现勒莫尼耶书中的表达到了大约 5′ 的精度。

埃德蒙·哈雷（1656～1742）于 1720 年继弗拉姆斯蒂德之后任王家天文学家，在

---

[5] 关于牛顿是有能力从现象**推导**出万有引力，还是最后不得不作出这样的**假设**，参看 Howard Stein,《"从运动现象到自然力"：假说还是演绎?》（"From the Phenomena of Motions to the Forces of Nature": Hypothesis or Deduction?），载于 Arthur Fine、Micky Forbes 和 Linda Wessels 编，《科学哲学协会 1990 年双年会议录》（*Proceedings of the 1990 Biennial Meeting of the Philosophy of Science Association*, 1991），第 2 卷，第 209 页～第 222 页。

[6] Nick Kollerstrom 和 Bernard D. Yallop,《弗拉姆斯蒂德送给牛顿的月球资料（1692～1695）》（Flamsteed's Lunar Data, 1692—95, Sent to Newton），《天文学史期刊》，26(1995)，第 237 页～第 246 页。

接下来的 20 年里，他将月球的观测数据与按他自己版本的牛顿理论算出的位置作了比较。哈雷假设其间发现的差异（有时达到了大约 8′ 或 9′）会在每一个大约 18 年的沙罗周期（Saros cycle）里重复发生，那时太阳和月球会回到几乎相同的位形。事实上，哈雷的误差表可以用来相当精确地解决经度问题。[7] 但哈雷的结果在他逝世之后才出版，于是他的想法就没有人接着做下去了。

至于各个行星，牛顿在《原理》的第 1 版里假定，四颗内行星的运动可以在开普勒诸定律的基础上做出预言。与开普勒相反，斯特里特和墨卡托则宣称，这些行星的远拱点（在它们的轨道上离太阳最远的点）相对于众恒星是静止的；牛顿在他的《原理》里说到远日点是"静止"的，但亦允许由于受到行星和彗星的摄动，拱点并非全然不可移动。对于剩下的两颗已知的行星，即木星和土星，牛顿已经能够算出它们相对于太阳的质量，从而知道应当可以检测到它们相互之间的摄动；但他并没有可行的方法去计算这种摄动。在《原理》第 3 篇的命题 13 里，牛顿建议把土星椭圆轨道的一个焦点置于木星和太阳的公共重心之上。牛顿在 17 世纪 90 年代致弗拉姆斯蒂德的一封信中，以及后来在《原理》第 2 版第 3 篇的命题 13 里，说土星受制于某种霍罗克斯式的拱线振荡和偏心率振荡。到了 18 世纪头 10 年，弗拉姆斯蒂德尝试找出这两颗行星运动中的某种 59 年的或其他长度的周期差，但最后在失望中放弃了。哈雷为了协调其《天文表》（*Tabulae astronomicae*，1749 年出版）中古代的和现代的观测结果，而提议在自古以来的许多个世纪中，木星的运动在均匀地加速，土星的运动则一直在均匀地减速。

地球的形状

牛顿在其《原理》的命题 III.19 中，假设地球原来是一块密度均匀的流体，经受着万有引力和因转动而产生的离心力，然后他未加证明地下结论说，因而地球形成了一种扁旋转椭球的形状。* 在这几个假设下他发现，地球赤道处的半径超出两极处的半径，超出的量等于极半径的 1/229。牛顿在命题 III.20 中假设，从地球表面到中心的所有圆柱体都是彼此平衡的，他由此论证了一个物体的有效重量在趋向两极时会增加，重量的变化与纬度的正弦平方成正比。

克里斯蒂安·惠更斯（1629～1693）在他的《论重力的起因》（*Discours de la cause pesanteur*，1690）里，假设重力由以太压力产生，地球上的每一个质点都受到趋向于地球物质重力中心的推力，推力的大小与质点到该中心的距离平方成反比。他发现地球的极半径要比赤道半径短后者的 1/578。

---

[7] 参看 Nicholas Kollerstrom，《牛顿 1702 年的"月球运动理论"之成就》（The Achievement of Newton's "Theory of the Moon's Motion" of 1702, Ph. D. dissertation, University of London, 1994），第 13 章。

* 这部分内容是在牛顿的《原理》的命题 III.18 里提出来的。在后续的命题里，继续对这个问题进行了讨论和估算。——译者

　　地球的扁平形状及其转动的离心力,都必定会使赤道上的有效重力比北极或者南极小。1672 年,让·里歇尔(1630～1696)参加一支由巴黎科学院派往法属圭亚那的探险队,发现在巴黎校准好的一具秒摆,如果要在卡宴(北纬 5°)仍然摆得很准的话,就需要缩短摆长。1682 年,第二支前往热带地区的探险队确证了这一结果。

　　地球扁平形状的另一个结果是,当你从赤道朝北极或朝南极走时,地球表面上纬度的 1 度(即当天极的高度变化 1°时,在地球表面沿南北向跨过的距离)会逐渐拉长。让·皮卡尔(1620～1682)在 17 世纪 70 年代沿着穿越巴黎天文台的子午线实地测量了纬度 1 度的距离;在 1700 年到 1718 年期间,乔瓦尼·多梅尼科·卡西尼(1625～1712)和他的儿子雅克·卡西尼(1677～1756)又向北和向南延伸了这一测量。完成后的测量结果显示,向北移动时 1 度的长度稍微**减少**。于是雅克·卡西尼宣称,地球是一个朝两极方向拉长的旋转椭球体。这个结论受到了挑战。先是天文学家约瑟夫－尼古拉·德利勒(1688～1768)在巴黎口头提出异议,接着乔瓦尼·波莱尼在帕多瓦发表的一篇文章里说:所声称的变化很可能处在观测误差的范围之内。[8]

　　莫佩尔蒂(1698～1759)在他的著作《论天体的不同形状》(*Discours sur les différentes figures des astres*, 1732)里采用和捍卫了牛顿的诸原理,他发现牛顿推导地球形状的动力学依据是不清楚的:其中的假设和论证是有问题的。1733 年他向巴黎科学院建议用测地学的测量方法去研究地球的形状。科学院派出了两支探险队:一支去秘鲁(那时候秘鲁的疆域包括了今天的厄瓜多尔)测量赤道上纬度 1 度的长度,另一支去拉普兰测量北极圈上纬度 1 度的长度。秘鲁的探险队是在 1735 年派出的,但是它的成员们直到 18 世纪 40 年代才回来,而关于赤道测量的最早计算是于 1749 年由皮埃尔·布盖(1698～1758)给出的。拉普兰的探险队是由莫佩尔蒂率领的,他们于 1736 年出发,1737 年返回;1738 年,莫佩尔蒂给出了结算。与早些时在法国的测量相对照,拉普兰的测量确认了地球是扁球形的,但未能确定它的扁平程度。[9]

　　亚历克西－克洛德·克莱罗(1713～1765)曾经是拉普兰探险队的一名成员,他在《地球形状理论》(*Théorie de la figure de la terre*, 1744)一书中运用新的数学理论来处理这一数学问题,新理论指的是由亚历克西·方丹·德贝尔坦(1705～1771)发展的偏微

〔8〕 参看 John Greenberg,《18 世纪 30 年代巴黎的测地学和帕多瓦的联系》(Geodesy in Paris in the 1730s and the Paduan Connection),《物理科学的历史研究》(*Historical Studies in the Physical Sciences*),13(1983),第 239 页～第 260 页; Greenberg,《从牛顿到克莱罗的地球形状问题》(*The Problem of the Earth's Shape from Newton to Clairaut*, Cambridge University Press, 1995),第 79 页,第 118 页～第 119 页。

〔9〕 关于拉普兰和秘鲁的探险,参看 Seymour L. Chapin,《地球的形状》(The Shape of the Earth),载于 René Taton 和 Curtis Wilson 编,《行星天文学:从文艺复兴到天体物理学的兴起·第二部:18 和 19 世纪》(*Planetary Astronomy from the Renaissance to the Rise of Astrophysics, Part B: The Eighteenth and Nineteenth Centuries*, Cambridge University Press, 1995),第 22 页～第 34 页;Mary Terrall,《地球形状的表示:有关莫佩尔蒂到拉普兰探险的辩论》(Representing the Earth's Shape: The Polemics Surrounding Maupertuis's Expedition to Lapland),《爱西斯》(*Isis*),83(1992),第 218 页～第 237 页;Rob Iliffe,《"扁平世界与卡西尼":莫佩尔蒂·精确测量与 18 世纪 30 年代的地球形状》("Aplatisseur du monde et de Cassini": Maupertuis, Precision Measurement, and the Shape of the Earth in the 1730s),《科学史》(*History of Science*),31(1993),第 335 页～第 375 页;Florence Tristram,《恒星的变化》(*Le procès des étoiles*, Paris: Édtions Seghers, 1979)(关于秘鲁探险)。

分方程理论。[10] 克莱罗证明了,假设地球是由一层层的椭球壳构成的,每个椭球壳的密度从地球中心到表面逐渐减小,而它们的椭率则逐渐增大,那么与牛顿的断言相反,这种构造的扁平度会小于一个均匀的构造。这一结论的问题在于 18 世纪 40 年代,在法国和拉普兰的测量支持比均匀构造更大的扁平度(比如说 1/178,而不是 1/230)。在 18 世纪 80 年代和 90 年代,拉普拉斯(1749~1827)采用勒让德(1752~1833)得到的数学结果,并且运用势论和统计检验方法,竭力去消除或者说明这种反常的情况。他从 1799 年可以得到的 7 项子午线度数测量数据,发现最可能的扁平度是 1/312,而且他觉得,拉普兰的测量可能误差为 336 米,实在是大得不可置信。但是,由约恩斯·斯万贝里在 1801 年到 1803 年所作的一次重新测量,又发现莫佩尔蒂测量中一处大的误差,那可能是由于当地的地球密度不均匀使得铅垂线发生偏差所致。在后来的测地术里使用了最小二乘法,使人们得以选择扁平度约为 1/300 的旋转椭球体作为测定局部偏差的理想模型。

摄动问题的第一个解析方程:欧拉

334

　　在与莱布尼茨派就发明微积分的优先权进行争论的那段时期(从 1712 年开始的十年),牛顿抛出了一个声明说,他原先就在《原理》里提出了一种流数分析方法,然后把它用传统的几何学语言改写出来。他的手稿未能支持这一声明。[11]《原理》一书中确实包含了牛顿只能够用一种符号微积分算法得到的结果(例如,命题 I. 40,II. 35,III. 26)。但《原理》的中心论证看来只是运用了《原理》叙述的那种方法得出的,即运用牛顿的"初末比"(first and last ratios,即无穷小增量或减量之比)规则论证的某种几何学。

　　18 世纪初,欧洲大陆有许多数学家致力于用莱布尼茨的微积分来重新陈述和求解牛顿力学的问题。从 1700 年开始,皮埃尔·瓦里尼翁(1654~1722)把莱布尼茨的算法应用到轨道运动问题上。然而,当莱布尼茨请他解决三体问题的时候,瓦里尼翁发现自己对此束手无策,除非假设施加引力的第三个物体是静止不动的。1710 年,雅各布·赫尔曼(1678~1733)和约翰·伯努利(1667~1748)发表了"有心力的反问题"的解,证明了平方反比的有心力意味着有圆锥曲线的轨道。(这一命题在《原理》的核心论证中至关紧要,牛顿在《原理》初版里并未予以证明,而且在 1713 年和 1726 年的

[10]　参看 Greenberg,《从牛顿到克莱罗的地球形状问题》,书中随处可见。
[11]　参看 D. T. Whiteside,《支撑牛顿〈原理〉的数学原理》(The Mathematical Principles Underlying Newton's *Principia*),《天文学史期刊》,1(1970),第 118 页~第 120 页。

后续版本中亦无甚改进,只是勾画了一种可能的证明的概要。)[12]

把莱布尼茨的算法应用到牛顿力学问题的第一部大部头论著,是莱昂哈德·欧拉的 1736 年版《力学》(*Mechanica*)。欧拉在书中论述了许多在力的作用下运动的问题,并且是用代数方法写成的,没有求助于几何学方法或者力学的直观。但是,在这本巨著里唯独没有提到牛顿在命题 I.66 中定性地处理过的三体问题或者摄动问题,这是为什么呢?

在 18 世纪 30 年代,欧洲大陆的学者们仍然广泛地接受笛卡儿的旋涡理论,欧拉就是其中的一位拥护者。到了 18 世纪 60 年代,在大多数其他学者都已放弃的时候,欧拉仍然捍卫着笛卡儿关于一切的力都必定是接触力的原则。[13] 于是,在 18 世纪 30 年代和 40 年代,欧拉对于牛顿假设的平方反比定律在所有距离上都精确成立一直持怀疑态度。不过,欧拉像他的老师约翰·伯努利一样,亦认识到在任何最终的理论里,必定要包容牛顿的许多命题,它们或者是作为近似的结果,或者是作为精确的真理而被接受。[14] 为了检验牛顿理论的真理性,需要详尽地导出它的种种结果。使用代数式的方法探察在平方反比定律支配下的摄动问题所遇到的障碍,不是哲学性的而是技术性的,即怎样把问题用代数方式表达出来。在 1739 年初,欧拉终于找到了怎样做的办法。

需要的是算出三角函数的微积分。[15] 牛顿已经知道怎样计算正弦和余弦函数的微商和积分,但在《原理》中他有几处应用这种运算的时候(例如,在命题 III.26 里),表面上是用几何方式表述的,而没有讲清楚关键的三角函数的微积分是怎样算出来的。罗杰·科茨在其逝世后于 1722 年出版的数学著作《度量的和谐》(*Harmonia mensurarum*)里,给出了正弦、正切和正割函数的微商公式,但他开辟的这一有发展前途的方向并未得到发扬。直到 1739 年,欧拉才编制了三角函数的微积分,作为求解常系数线性微分方程的一种手段。早先,正弦和余弦主要是作为图形上的一些线段来处理的;欧拉率先把它们当做比值来处理,并配以某种恰当的符号来指明它们对于中心角的函数关系。他推出了正弦和余弦的乘方同角的倍数的正弦和余弦的关系式。在解决摄动问题的莱布尼茨式方法里,这些公式起到了关键的作用。欧拉还证明了可以用

[12] 参看 Bruce Pourciau,《论牛顿对平方反比轨道必定是圆锥曲线的证明》(On Newton's Proof That Inverse-Square Orbits Must Be Conics),《科学年鉴》(*Annals of Science*),48(1991),第 159 页~第 172 页;Pourciau,《牛顿对单体问题的解答》(Newton's Solution of the One-Body Problem),《精密科学史档案》(*Archive for History of Exact Sciences*),44(1992),第 125 页~第 146 页。我们应当补充说,牛顿在《自然哲学的数学原理》第一篇命题 41 里证明了可以如何解决从不同的向心力定律推导出相应轨道的问题,但他并没有明显地把这一命题应用于平方反比轨道。

[13] 参看 Curtis Wilson,《欧拉论超距作用与连续介质力学中的基本方程》(Euler on action-at-a-distance and Fundamental Equations in Continuum Mechanics),载于 P. M. Harman 和 Alan E. Shapiro 编,《困难问题研究》(*The Investigation of Difficult Things*,Cambridge University Press, 1992),第 399 页~第 420 页。

[14] 参看 E. J. Aiton,《行星运动的旋涡理论》(*The Vortex Theory of Planetary Motions*, London: MacDonald and New York: American Elsevier Inc., 1972)。

[15] 参看 Victor J. Katz,《三角函数的计算》(The Calculus of the Trigonometric Functions),《数学史》(*Historia Mathematica*),14(1987),第 311 页~第 324 页。

具有复数幂的指数函数来表示同样的变换,[*]后来达朗贝尔应用了这种计算步骤。

根据欧拉后来的叙述,他在 1742 年研究了对月球运动的摄动问题。在这里,他假设平方反比定律精确成立。欧拉的第一份月球表发表在他 1746 年的文集《论证集》(*Opuscula varii argumenti*)里,但其中没有透露或者说明那些结果是通过怎样的计算推导出来的。[16]

欧拉冲击摄动问题的详细步骤,最终出现在他于 1749 年出版的《土星和木星不规则性问题的研究》(*Recherches sur la question des inégalités de Saturne et de Jupiter*)中,那是赢得 1748 年度巴黎科学院有奖征文竞赛的作品。这次竞赛的题目是在 1746 年 3 月举行的评奖委员会会议上选定的,在会上勒莫尼耶提出了关于木星和土星的运动还存在着可以检测到的不均匀性的证据。勒莫尼耶设想这些不规则性是由于每一颗行星都按照平方反比定律相互摄动的结果。

从决定了有奖征文的题目那一刻起,评奖委员会的两名成员克莱罗和达朗贝尔在互相不知晓的情况下,分别发动了他们自己对于三体问题的莱布尼茨式的突击。竞赛规则禁止科学院的成员参加,但正如沙特莱夫人在一封信中所说的那样:"克莱罗先生和达朗贝尔先生确实是为了探究宇宙体系,可以理解他们并不想用论文去抢先得到奖金。"1746 年下半年,克莱罗和达朗贝尔两人都推导出了所需要的微分方程。为了确立优先权,克莱罗把他的推导密封在一个由巴黎科学院秘书盖章的封套里,达朗贝尔则把他的推导送去柏林科学院。在后来的工作里,他们继续把所得的运动方程应用于月球的运动,我们将在后文中再谈这些结果。

月球的运动在一个重要的方面有别于诸行星的运动。太阳 – 地球的距离比月球 – 地球的距离大得多,并且几乎是恒定不变的;因此,摄动所依赖的日月之间变化着的距离,就可以用由很少几项组成的级数来近似表示。在土星被木星摄动的情况下,被摄动行星与摄动行星之间的距离变化范围超过 5 倍,在欧拉之前还没有人能够将这种变化表示为依赖于日心角的某种函数关系。欧拉为了解决这个问题而发明了三角级数,以及计算相继各项系数的种种技巧。没有这一发明的话,行星摄动的研究就只能限于使用数值积分方法,在电子计算机出现之前的年代那是一种非常繁重的劳动。

欧拉在 1748 年的《研究》里,把自己的主要任务设定为从牛顿的理论确定土星所受到的木星摄动。计算只能够是近似的。由于代数运算上的失误,欧拉在某些正弦项的系数上产生了错误,其中有一项达到了 11 角分的偏差。他仅仅计算到偏心率的一次方;因此所得到的理论缺少了高阶项,后来拉普拉斯证明了其中有些项在所有的项里竟然是最大的。在欧拉推出的各项里有一项"圆周弧",或者说与时间成比例的一项,最终它必将淹没所有其他各项的贡献;这是由于欧拉未考虑到木星拱点的进动而

336

---

*　　即关于三角函数的著名的欧拉公式。——译者

[16]　《欧拉全集》(*Leonhardi Euleri Opera Omnia*),ser. II, v. 23, p. 2。

导致的错误。

欧拉的理论尽管有这样那样的毛病,仍然是一个重大的进步;在那之后的大部分理论都是它的观念的精炼和改进。其观念上的一个重要进步,是计算确定一颗行星的轨道形状与取向的各个常量的**长期**变化(secular variations)的方法。1748 年,欧拉仅仅对行星黄纬的变化引进了这一计算步骤。在没有摄动的情况下,行星轨道平面对某个固定参照平面的倾角,以及这两个平面的交线位置都恒定不变,行星的黄纬(它偏离参照平面的日心角)可以用一个简单的公式给出,其中行星的黄经是独立变量。然而,摄动使这两个"常量"都发生了变化,尽管与行星的黄经相比其变化速率极为缓慢。欧拉导出了描写这些缓慢变化的微分公式。他在后来的一篇获得 1752 年巴黎科学院竞赛奖项的著述里,导出了木星和土星的远日点和偏心率的长期变化。这一思想最终将应用于所有的 6 个轨道根数,并由拉格朗日进行了系统的发展。[17]

欧拉在将他的理论同实验比较的时候往前进了一大步,把统计学引进了天文学。在他进行比较的时候,土星的轨道根数(对应于微分方程的解中的任意常数)必须由经验方法确定;欧拉使用的是雅克·卡西尼的数值。但任何这样的数值都不可避免地要经受木星摄动的影响,因而需要修正。作为调整依据的是土星的日心黄经观测结果,这在土星冲日时可以观测到,土星平均每 54 周发生一次冲日。对于从 1582 年到 1745 年期间记录的每一次这种观测,欧拉都建立了一道方程,其中的黄经是从卡西尼的轨道根数导出的,加上了差动修正,亦包括了摄动的效应,并且设其结果等于观测到的黄经。在这样构成的几道"条件方程"里,一共有 8 个未知量。为了解出这些未知量,欧拉把这些方程加起来(这样可以使一个未知量的系数变得很大,且使其他未知量的系数变得很小),然后忽略掉一些小项。(半个世纪之后才出现最小二乘法。)他的做法使他能够调节平均运动,并且修正他先前从牛顿引力导出的那些系数里的最大误差。

最终结果是,调节之后的理论能够在 3.3 角分的平均误差的范围内与观测值相符。欧拉把最后的误差归因于观测不够精确,以及平方反比定律(尤其是在大距离处)不够准确。而真实的情况是在欧拉的理论里含有一些错误的项,又缺乏要达到经验上的更大成功所必需的更高阶项。然而,他引进条件方程是很重要的。托比亚斯·迈尔(1723~1762)于 1750 年用这些方程得到关于月球天平动的一种精密描述;拉普拉斯在 18 世纪 80 年代跟随欧拉和迈尔,运用这些方程使一种大为改进的土星理论得以与观测相符。在最小二乘法被普遍采用之前的 18 世纪 90 年代,应用多重条件方程就变得很有必要了。[18]

[17] 关于欧拉 1748 年那篇文章的更详细论述,见 Curtis Wilson,《木星和土星的中心差:从开普勒到拉普拉斯》(The Great Inequality of Jupiter and Saturn:From Kepler to Laplace),《精密科学史档案》,33(1985),第 15 页~第 290 页,尤其是第 69 页~第 82 页,第 90 页~第 96 页。
[18] 关于欧拉在其 1748 年的文章里所用的条件方程,参看 Wilson,《木星和土星的中心差》,第 221 页~第 227 页。

338

恒星位置和物理学理论：布雷德利、达朗贝尔和欧拉

随着动丝测微计在 17 世纪的最后三分之一个世纪中投入使用，天文学家们开始了探测恒星相对于标准的赤道参照架的运动。罗伯特·胡克在 17 世纪 70 年代，以及弗拉姆斯蒂德在 17 世纪 90 年代错误地宣称检测到了恒星的视差。而詹姆斯·布雷德利则于 18 世纪 20 年代后期正确地证认出恒星主要的表观运动：**光行差**，这是每一颗恒星在地球相对于太阳瞬时运动方向上的一种位移，极大值可以达到约 20″。因为地球的速度对光的速度有一个有限的比值，用于观测的望远镜就必须稍微朝地球运动的方向倾斜。布雷德利的发现既是对光速有限又是对哥白尼假说的一项确证。

布雷德利在 1729 年《哲学汇刊》（*Philosophical Transactions*）上发表他的结果之后，转而进一步证认恒星的另一种表观运动：**章动**。他将其解释为地轴在进动中的一种摇晃，它由月球轨道相对于黄道两极的退行所致，并改变着月球对地球赤道隆起的净吸引的方向。布雷德利直到 1748 年才发表这一结果，为的是追踪在月球交点旋转的完整周期 18.6 年内的章动效应。这种效应是 ±9″ 的黄道倾角变化，以及 ±17″ 的二分点进动速率变化。[19]

这些发现开辟了使观测能够精确到角秒级的新时代。布雷德利于 1742 年接替哈雷担任王家天文学家，并且在为格林尼治天文台装备了一批设计精良的新仪器之后，从 1750 年开始进行一系列日后将成为现代天体测量学基础的观测。尼古拉－路易·德·拉卡耶在 1757 年出版的《基础天文学》（*Astronomiae fundamenta*）是第一部包含考虑到光行差和章动观测结果的大型出版物，它给出了 400 颗亮星的位置以及太阳的 144 个位置。拉卡耶基于这些资料编制了他的《太阳表》（*Tabulae solares*, 1758），这是第一份不仅考虑到光行差和章动，而且兼顾了行星摄动的星表。[20] 托比亚斯·迈尔在哥廷根的观测工作看来与布雷德利的发现有关。在下一节里将要讲到，迈尔的观测导致了第一种精确到可在海上以 1 度的精度测定当地经度的月球理论。

在此同时，章动效应向理论家们提出了一个问题：我们怎样才能从牛顿的理论定量地推演出这种效应呢？还有，章动是附加于进动之上的一种摇晃，那么进动本身又能不能这样推演出来呢？牛顿已经正确地辨认出进动来源于太阳和月球对地球赤道隆起的吸引，但他对于有关推导的尝试却非常粗糙。为了进行推导，需要新的原理：转动物体的动力学。达朗贝尔在他的《对二分点进动的研究》（*Recherches sur la précession des equinoxes*, 1749）里，首先实现了同时包含进动和章动的正确推导。其推导的关键之

339

---

[19] 关于布雷德利发现光行差和章动，参看 S. P. Rigaud 编，《布雷德利各类著作和通信集》（*Miscellaneous Works and Correspondence of the Rev. James Bradley*, Oxford: Oxford University Press, 1832），第 xii 页～第 xxxv 页，第 lxi 页～第 lxx 页。

[20] 参看 Curtis Wilson，《摄动和从拉卡耶到德朗布尔的太阳表》（*Perturbations and Solar Tables from Lacaille to Delambre*），《精密科学史档案》，22（1980），第 168 页～第 188 页。

处是所谓的"达朗贝尔原理"这一动力学原理,它把在一个质量系统里互相作用和约束的力,作为处在平衡态的某种系统来处理。另外一处关键是考虑了力的**矩**的平衡。受到达朗贝尔成功的启发,欧拉在下一个十年里继续努力,用转动惯量、力偶和角加速度等概念构建了刚体动力学。[21]

在这些年月里,还从理论上推出了"恒"星的另一种运动。欧拉在 1748 年的获奖论著里,证明了受摄动行星的轨道会在摄动行星的轨道平面上进动。在地球轨道的情况,这一效应会使黄赤交角(地球赤道与地球环绕太阳公转的轨道平面的交角)发生变化。关于自古以来黄赤交角是否在减小的问题始终存在着争论,事实上托勒玫给出的数值比新近的测定值要大得多。欧拉在 1754 年完成、在 1756 年发表的一篇论著里,得到了一个微分公式,给出行星摄动对黄赤交角影响的近似效果,并且算出其减小率是每世纪 47.5″,这给出了诸行星轨道平面的当前构形;他的计算假设水星、金星和火星的质量存在某种猜测性的关系。[22] 当时作了一些努力,试图由观测来确定这种减小率。但只是到拉普拉斯推出了一个关于这种变化的积分公式时,人们才达成共识,确立了它的周期,并证明在 18 世纪的减小率是每世纪 47″。

月球问题:克莱罗、欧拉、达朗贝尔和迈尔

1747 年 9 月,克莱罗作为评奖委员会的委员,读到了欧拉提交于 1748 年竞赛的应征论著。他早些时已经下结论说,从牛顿的平方反比定律只能导出月球拱线运动的一半左右,而他很高兴看到欧拉同意他的观点。11 月中旬,克莱罗向科学院宣布了这一结果,并且建议加上一个小小的反四次方项来修改牛顿的引力定律,以便能够导出真实的拱线运动。布丰伯爵激烈反对,坚持说一条定律的表达式需要有两项的做法,就形而上学而言是令人反感的。这一争论持续到 1748 年。

克莱罗于 1747 年 11 月只把月球问题的解做到了第一阶近似。如果他要达到一种精确到角分的理论的话,那就需要较高阶的近似。为什么他(欧拉也是一样)拒绝进一步的近似会得到缺失了的那一半拱线运动的可能性呢?

答案可能是这样的。克莱罗和欧拉两人的出发点都是把月球轨道近似作为一个进动着的椭圆。除了拱线运动之外,这种一阶近似就缩小观测和理论之间的距离而言看来令人满意。于是,毫无疑问,他们会开始设想轨道非常接近于一个进动着的椭圆。下述情况看来是不太可能的:这个椭圆的向前转动如果加倍,却不至于破坏业已在其他方面达到的协调一致。因此,全部的拱线运动是不能从平方反比定律推导出来的。

[21]　参看 Curtis Wilson,《达朗贝尔和欧拉关于二分点进动和刚体力学的较量》(D'Alembert *versus* Euler on the Precession of the Equinoxes and the Mechanics of Rigid Bodies),《精密科学史档案》,37(1987),第 233 页~第 273 页。
[22]　Leonhard Euler,《恒星黄纬的变化与黄道倾斜》(De la variation de la latitude des étoiles fixes et de l'obliquité de l'écliptique),《柏林科学院记录》(*Mémoires de l'Académie des Sciences de Berlin*),10(1754,1756),第 296 页~第 336 页。

但是,把月球轨道描画成一个转动着的椭圆却是错误的。这样一种图像应用在诸如火星那样的行星是很好的,在那种情况下,比起椭圆的不规则性来说,摄动效应是微小的。而在月球的情况下,太阳使其轨道的形状发生了严重的畸变,在任意初始时刻采用的很好的轨道形状,都会因受到摄动而改观。在月球至地球的距离测定得不那么准确的时代,拱点不是被看成轨道上最远离地球的那一点,而是看做用来测定各种不规则性的一个基准点。来自几何式思维的抽象是必不可少的。

克莱罗详细地做了二阶近似,那真是一项沉闷的工作。他用字母代替了第一阶近似结果中的各个数值系数,再把第一阶近似代入他从原始的微分方程导出的积分方程里去。结果证明由横向的摄动力引起的那些小项,对于拱线运动具有始料未及的重大影响。克莱罗在他的第一阶近似里得到的拱点运动值是 $1°30'11''$,在第二阶近似里他得到的却是 $3°2'6''$,而他所采纳的经验值则是 $3°4'11''$。

欧拉听到新的结果之后,回过头来检查自己的推导,但正如他在 1749 年 7 月中旬给克莱罗的信中所说的那样,没有发现什么错误。当圣彼得堡科学院启动从 1751 年开始的一系列有奖竞赛时,它选择月球问题作为第一个课题,并且指定欧拉为竞赛的首席评判。到了 1751 年 3 月,欧拉手里有四份交来的论著,包括克莱罗的一份,他非常欣赏克莱罗文中的步骤并且颇受教益。但他仍然沿着自己十分不同的途径继续寻找某种更加有效的推导,其中采取了拱线运动的经验值,但考虑了同平方反比定律的某种偏离 μ。最终,他设法证明了这种近似进行到足够的程度时,μ 实际上就变成零。他慷慨大度地赞赏了克莱罗的发现:"只有依靠这一发现,我们才能把吸引力反比于距离平方的定律看成牢固地确立了,而整个天文学的理论亦依赖于此。"(致克莱罗的信,1751 年 6 月 29 日)

第一个给出按阶次展开的相继各阶近似序列的是达朗贝尔,他直到 1754 年才发表他的月球理论。[23] 他起初假设的轨道是与地球同心的一个圆,这是最自然的选择。他把计算中出现的各个小项按大小排序分类,然后进行精度逐渐增加的一连串四次近似。最后,他得出对拱点运动的这四项贡献分别是 $1°30'39''$,$1°3'34''$,$23'30''$,$5'5''$,总计是 $3°2'48''$。

对月球拱点运动的推导是一项理论上的胜利,而不是一项实际的胜利。从克莱罗、欧拉和达朗贝尔的几种月球理论计算出来的月球位置表,预言值仍然有 $3'$ 甚至更大的误差,这对于要在海上给出误差在 1 度以内的经度而言,真是太不精确了。1714 年,英国议会曾经设立一项优厚的奖金,征求能够在海洋上测定经度的方法:如果精确到 $0.5°$ 以内给 20000 英镑,精确到 $1°$ 以内则奖金减半。托比亚斯·迈尔第一个给出在精度上达到第二项奖金要求的月球表。在从理论上推导月球轨道的种种不规则性时,

[23] Jean d'Alembert,《宇宙体系的几个要点研究》(*Recherches sur differens points importans du système du monde, Premiere Partie*, Paris, 1754)。

迈尔在运用他自己独创的计算步骤的同时,亦采用了来自欧拉1748年获奖论著中的步骤。他把他的表设计得快捷易用。他的表的卓越精度来自他要让理论符合于观测的主要用心。为此他应用了哈雷的沙罗周期,并且无疑亦使用了来自欧拉的"条件方程"方法。迈尔通过这些手段,除了理论中的一些经验常数之外,还确定了其他许多系数。他判断,由该理论精确计算这些系数的工作量将会繁重得难以实现。(直到19世纪20年代的所有月球表,为了确定某些摄动系数,都类似地依赖于经验拟合。)最后,迈尔建议利用掩星现象从观测上确定月球的位置,为此目的他还重新测定了黄道带内许多颗恒星的位置。[24]

1765年英国议会奖给迈尔*的继承人3000英镑,并且以10000英镑奖励约翰·哈里森,为的是他提供的记时器给出的经度可以精确到0.5°。内维尔·马斯基林以迈尔的表为基础编制了《天文年历》(*Nautical Almanac*),它的第一个年度版本在1766年出版。但航海者们在18世纪80年代以及其后能够得到记时器的时候就不再使用观测月球的方法来测定经度了,因为用记时器得到的结果要比观测月球方法的精确度高出一个数量级。[25]

1759年哈雷彗星的回归

牛顿在他的《原理》第3篇里论证了彗星的轨道是以太阳为一个焦点的圆锥曲线,他还证明了怎样从观测确定一颗彗星可能沿之运动的抛物线的各个根数(近日点、交点和轨道倾角)。这样测定出来的各个根数会与一条椭圆轨道的相应根数稍有不同。如果彗星沿着椭圆轨道运行,我们就可以寻找它的回归。

埃德蒙·哈雷在他1705年的《彗星天文学概要》里(*Synopsis astronomiae cometicae*,在其1749年的《天文表》中此书扩充重印),算出了自从1337年以来观测到的24颗彗星的轨道根数。1531年、1607年和1682年这三颗彗星的各个根数几乎是相同的,只是在几次出现之间近日点提前而交点则退后了1度或者不到1度。哈雷提出,它们实际上是同一颗彗星。从1531年至1607年和从1607年至1682年这两个周期相差超过一年,但他设想这一差别也许可以从木星摄动的影响得到说明。在近日点附近运行速率的微小差异,可能会对彗星回归的日期产生重大的影响。他预言说(并没有其他支持的论据),下一次回归应当在1758年末或者1759年初。[26]

---

[24] 对Mayer表的更完全的说明,参看Eric G. Forbes和Curtis Wilson,《拉卡耶的太阳表和迈尔的月亮表》(The Solar Tables of Lacaille and the Lunar Tables of Mayer),载于Taton和Wilson编,《行星天文学·第二部》,第62页～第68页。

* 此处原文误为Meyer,应为Mayer。——校者

[25] 参看Dava Sobel,《经度》(*Longitude*, New York: Walker Publishing, 1995),第162页～第164页。

[26] Craig B. Waff,《预告18世纪中叶哈雷彗星的回归》(Predicting the Mid-Eighteenth-Century Return of Halley's Comet),载于Taton和Wilson编,《行星天文学·第二部》,第69页～第82页。

从 1757 年 6 月起,克莱罗开始计算预期回归的日期。他的想法是,算出从 1607 年至 1682 年期间摄动使彗星的回归提前或者推迟了多少天,然后对下一个周期做同样的推算;把差值加到 1607 年至 1682 年这段时间上,就会给出从 1682 年到下次回归的时间间隔。为了检验这一计算步骤,他首先把它应用于从 1531 年至 1607 年和从 1607 年至 1682 年这两个相继的周期。他考虑的仅仅是木星和土星的摄动。计算量大得惊人,大多数积分都要用数值积分法估值。他得到了天文学家约瑟夫 – 热罗姆・勒法兰西・德・拉朗德(1732～1807)和妮科尔 – 雷内・埃塔博耶・德・拉布里埃・勒波特夫人——克莱罗把她称为“计算家”(*la savante calculatrice*)——的帮助。

1758 年 11 月,为了免得彗星抢先到来,克莱罗向科学院做了一个预备性的陈述。根据他(尚待完成和改善)的计算,摄动使得从 1607 年至 1682 年的周期,比上一个周期缩短了 436 日;而实际的差值是 469 日,因而计算的误差是 33 日。从 1682 年至 1759 年的周期,与上一个周期相比,摄动将周期拉长了约 618 日。由此克莱罗下结论说,彗星应当在 4 月中旬前后一个月的时间里过近日点。[27]

正在回归的这颗彗星,最先于 1758 年 12 月 25 日在德国萨克森的普罗里斯为帕利奇(1723～1788)瞥见,然后于 1759 年 1 月 21 日由夏尔・梅西耶(1730～1817)在法国巴黎观测到。直到彗星过了近日点,并且于 4 月 1 日由于阳光照射而重新显现之后,关于它的消息才变得多起来。后来证实它在 3 月 13 日已经到达近日点。于是爆发了一场关于克莱罗计算的误差是大还是小的争论。主要的事实是克莱罗把一种含混的预言转变成精确的预测,并以足够的近似度得到证实,从而表明牛顿的理论确实具有强大的生命力。

1761 年和 1769 年的金星凌日

为了得到一种精密的、有预言能力的天文学,太阳的平均地平视差——从太阳的中心看地球半径所张的角度——是一个关键的常数。直到 17 世纪 80 年代,太阳理论(地球运动的理论)是以太阳高度的中天观测为基础的,观测结果因大气折射而需作向下的修正,又因视差而需作向上的修正。在这里,这两种效应不可分开地混在一起,而通常对于视差的过高估计,在太阳(或地球)的轨道里引入了一个夸张的偏心率,它又反映到所有其他行星的理论里。弗拉姆斯蒂德指明了怎样从测量太阳的赤经来确定中心的极大值方程,以避免这一困难。

人们向往有一个精确的太阳视差值,那不仅是为了用地球上的单位去估算天体间距离的需要,而且还为了太阳视差在测定地球质量中所起的作用;而地球的质量又是

---

[27] 关于这些计算中的错误,参看 Curtis Wilson,《克莱罗对 18 世纪哈雷彗星回归的计算》,《天文学史期刊》,24(1993),第 1 页～第 15 页。

计算它对其他行星的摄动所需的。地球质量的值是太阳视差的三次方的函数。于是，牛顿在他的《原理》第 3 版中将太阳视差值取为 10.55″（真实值是 8.8″），就把地球的质量夸大了 1.7 倍。18 世纪上半叶提出的太阳视差值范围介乎 9″到 15″之间。

1678 年哈雷已经在著作中提出，测定太阳视差的唯一可靠的方法，是从地球表面上分开得足够远的多个地点，观测一次金星凌日，即金星越过日面的现象。当发生这样的现象时，金星最靠近地球，而地面上多个互相远离的地点的观测者们则记下金星进入、越过和退出日面轮的时刻，就可以确定金星的视差，从而（由已知以天文单位表示的金星和地球同太阳的距离）得出太阳视差。哈雷在 1691 年和 1716 年的《哲学汇刊》上再度宣传了这一方法。他指出，下两次的金星凌日将分别发生于 1761 年 6 月和 1769 年。哈雷于 1742 年去世之后，其他支持者，特别是德利勒和拉朗德，展开了一场世界范围的努力，去观测这种金星凌日现象。

英国和法国分别为观测 1761 年的金星凌日组织了多支远征队，他们在地球表面上的大约 120 个地点进行了观测。所得到的太阳视差值从 8.28″到 10.6″，这个范围大得令人失望。为 1769 年金星凌日而做的准备工作更加全面和彻底：英国派出 69 名观测者，其中包括前往塔希提的探险家库克船长（Captain Cook）；法国派出 34 名；俄国 13 名；19 名观测者在英国的北美殖民地观测凌日；总共试图完成 151 项观测。他们所得的太阳视差值范围比上一次凌日要窄得多：从 8.4″到 9.0″。无疑受到取得一致这种主观意愿的影响，形成了这种在 8.6″上下的数值分布。这种从众心理在 19 世纪上半叶仍然继续起作用，直到从其他方面得到的证据表明应当做向上的修正为止。于是，天文学家们回到原来的数据，并且使用更精细的统计技术，从中梳理出略高一点的数值。[28]

长期差和长周期差

"长期差"有时候用来描述一种总是随时间增加、因而是非周期性的不规则性。例如，哈雷通过比较古代和现代的观测，而相信自己发现了月球平均运动的持续加速。类似的比较使得他断言木星的平均运动在加速，土星的平均运动则在减速。这些加速或者减速的倾向如果无限延续的话，就将会使太阳系解体。

在拉格朗日和拉普拉斯的工作里，"长期差"这一术语具有更广泛的涵义：长期差有别于所谓的"周期差"。周期差指的是，随着摄动的和被摄动的两颗行星一次次会合，而按它们的周期一次或多次地发生的振荡。我们可以这样定义说，这种不规则性

[28] 关于 1761 年和 1769 年观测金星凌日的努力详情，参看 Harry Woolf，《金星凌日：18 世纪科学之研究》（*The Transits of Venus: A Study of Eighteenth-Century Science*, Princeton, NJ: Princeton University Press, 1959）。关于技术方面，参看 Albert Van Helden，《测量太阳视差：1761 年和 1769 年金星凌日及其在 19 世纪的余波》（Measuring Solar Parallax: The Venus Transits of 1761 and 1769 and Their Nineteenth-Century Sequels），载于 Taton 和 Wilson 编，《行星天文学·第二部》，第 153 页～第 168 页。

依赖于行星在它们轨道上的位置。而长期差则相反,它们依赖于不同轨道本身之间的关系;它们使得轨道的形状和取向发生变化。长期差也可能是循环式的,但即便如此,它们的周期也长达几万年或几十万年的量级,比行星的周期要长很多。

一个重要的问题是各个行星的平均运动是否经受着长期变化,包括循环式的或者单方向的变化。欧拉在他 1752 年的获奖论著(1769 年出版)里,(运用有毛病的代数运算)发现木星和土星都正在加速。而拉格朗日在 1766 年发表的一个推导中发现,木星有一种加速而土星有一种减速。欧拉与拉格朗日两人结果的差异,激起了年仅 20 岁的拉普拉斯的好奇心。拉普拉斯进行了自己的推导,并且发现做到高阶近似时,这两颗行星的平均运动都不存在长期的变化。他提议说,木星的表观加速和土星的表观减速,可能系彗星的引力作用所致。拉普拉斯于 1773 年 3 月成为巴黎科学院院士之前,已将给出这些结果的论文提交给科学院,但迟至 1776 年才得以发表。[29]

1774 年 10 月,拉格朗日寄给巴黎科学院一篇关于诸行星的交点和轨道倾角的长期变化的论文。通过变量的变换,他把问题中的方程化简为一阶常系数线性微分方程,因而不必近似求解。在最大的行星(木星和土星)的情况下,他证明了变化是振荡式的并且是有界的。拉普拉斯读到此文之后,领悟到同样的计算步骤可以应用于远日点和轨道偏心率的计算,并在 1775 年发表的一篇论文里这样做了。[30]

面对急切的年青对手,拉格朗日一度打算拱手让出整个长期变化的问题。但拉普拉斯正陷于无法解释木星和土星运动的加速和减速的困境中。在这个十年的大部分时间里,他把注意力从行星的摄动转到其他问题:球体的吸引、潮汐、进动和章动。

拉格朗日比拉普拉斯更加关心这种推导的优美性和普遍性,他继续进行探索,并且在 1775～1785 年期间取得了创新的结果。首先,他在 1779 年发表了关于平均运动不存在长期变化的一种新的、更普遍的证明。他的证明假设了平均运动的不可通约性(拉格朗日和拉普拉斯都承认这一点,虽然它是不可证明的)。证明中用到一种函数,拉普拉斯后来把它叫做“摄动函数”,那是对它进行偏微分就会得出摄动的一个函数。在 1779 年发表的第二篇论文里,拉格朗日使用这个函数去推导一个由引力相互作用着的天体系统的已知的运动积分。[31]

在 1783～1784 年出版的一部两卷本大部头论著里,拉格朗日通过轨道根数的变分给出了长期差的系统推导。他还试图通过证明轨道的倾角和偏心率局限在狭窄的范围里而确立系统的稳定性。他的论证预先设定了水星、金星和火星质量的推测值,但他认识到还需要某种与质量值无关的普遍证明。[32]

当拉普拉斯在 1784 年或者 1785 年再次研究行星摄动的问题时,他把出发点放在

[29] Curtis Wilson,《木星和土星的中心差》,《精密科学史档案》,33(1985),第 150 页～第 168 页;Bruno Morando,《拉普拉斯》(Laplace),载于 Taton 和 Wilson 编,《行星天文学·第二部》,第 131 页～第 135 页。

[30] Wilson,《木星和土星的中心差》,第 168 页～第 192 页;Morando,《拉普拉斯》,第 135 页～第 136 页。

[31] Wilson,《木星和土星的中心差》,第 198 页～第 210 页。

[32] 同上书,第 210 页～第 215 页。

刚才提到的拉格朗日的新方法上。拉格朗日的一部新著可能促使他重新投入到争论中来,那是一部关于周期差的论著,它的"初篇"(Première Partie)于 1785 年出版。在这里拉格朗日引入了第六个轨道根数历元(epoch),作为经受着摄动变化的一个参数。在推导出它的第一阶变化之后,他加上一段话,说明在正比于偏心率和倾角的幂次和乘积的那些高阶变化中的大项可以如何迅速地定位。那是在欧拉和拉格朗日的早期著作里提到过的一个老论题:要寻找的那些项,就是对天体力学的微分方程进行所要求的两次积分后变得很大的项。拉格朗日的新公式更为清晰。每一项摄动都依赖于摄动行星和被摄动行星的平均运动的某种线性组合的正弦或余弦。如果线性组合 θ 相对于被摄动行星的平黄经运动 p 是缓慢地变化的,那么就有 $\theta = \nu p$,其中的 ν 比 1 小得多。在进行两次积分之后,那项的系数就会有一个因子 $(1/\nu^2)$,一个很大的数。[33]

　　拉普拉斯关于木星和土星运动中的反常的工作,在 1785 年 11 月呈送给巴黎科学院。拉普拉斯从活力守恒证明了,哈雷发现的木星的表观加速和土星的表观减速,就是由它们之间的引力相互作用导致的。J. H. 兰贝特(1728～1777)在 1775 年的一篇论著中揭示,相对于 17 世纪 40 年代说来,木星的加速和土星的减速效应都变小了:这种反常看来将要逆转,因而可能是周期性的!

　　如果这样的话,拉普拉斯就知道他需要去寻找什么了:设 n 代表木星的平均运动速率,而 n' 则代表土星的,要寻找这两者相对于 n 和 n' 都很小的某种线性组合。但自古以来人们就知道,木星运行 5 个周期非常接近于土星运行 2 个周期的时间。数值上可表示为 $5n' - 2n \approx n/74 \approx n'/30$。以 $(5n' - 2n)t$ 为自变量的正弦项具有大约 900 年的周期。这样一项的系数(因为 $5 - 2 = 3$)正比于轨道偏心率和倾角的立方或某个三次乘积,它是一个小的因子。但因为 $(5n' - 2n)/n$ 以及 $(5n' - 2n)/n'$ 都比 1 小得多,同样的项在用一个大的因子积分之后就会增大。

　　在计算每一种情况的完全的系数的时候,拉普拉斯用摄动函数去"准确射击",拣出那些会变大的项而忽略其他的项。所得到的总系数对土星是大约 $49'$,对木星是大约 $20'$。在 1786 年的一篇详文中,拉普拉斯展示了他的理论如何令人满意地解释了自古以来人们对木星和土星的观测结果。

　　拉普拉斯早些时在 1785 年 11 月的论文里,给出了对于宇宙学有重要意义的其他两项结果。他提供了关于太阳系稳定性的一种证明,表面上并不需要知道各个行星的质量。实际上,由于角动量守恒,他证明了涉及偏心率的平方和轨道倾角正切的某些求和是常数。[34] 不幸的是,正如勒威耶后来指出的那样,他的证明没有考虑到在从水星到火星的诸行星的质量与那些更远的行星(木星、土星和天王星)质量之间在数量级

[33]　同上书,第 215 页～第 219 页。
[34]　同上书,第 231 页～第 239 页。

上的巨大差异。这种差异使他的证明失效。[35]

拉普拉斯的第二个结果与木星的四颗大卫星中的前三颗有关,已经发现它们的平均运动(依次称为 n、n' 和 n'')满足关系 $n - n' = 2(n' - n'')$,亦即是 $n - 3n' + 2n'' = 0$。拉普拉斯证明,如果这些卫星的平均运动起初与这一共振关系相去不远的话,它们就会因卫星之间的引力相互作用驱使而变得精确地服从这一关系。[36] 今天我们知道,这些平均运动由于同木星的潮汐相互作用而发生演化;一旦达到那种共振关系,就会按照拉普拉斯证明的那样保持稳定不变。

到了 1787 年底,拉普拉斯宣告解决了当时理论天文学中最后一个未获解释的重要反常:月球运动的表观周期加速。他论证说,这是某种间接摄动的结果,地球轨道偏心率在现时的减小,导致太阳对月球的摄动力的径向分量轻微减小。当地球的偏心率在后来某个时期开始重新增加的时候,这一效应就会反过来,正如行星的摄动理论所预言的那样。1854 年,约翰·库奇·亚当斯证明拉普拉斯的推导有一部分是错误的:只考虑了一半的表观长期加速。其余一半最终会使得地球由于与月球的潮汐相互作用产生摩擦而导致自转变慢,那是拉普拉斯先前认为可以忽略不顾的一种效应(事实上,地球的自转变慢会导致月球有更大的表观角加速度,但这一效应被月球因受地球的潮汐相互作用而上升到某个更高的轨道的效应抵消了)。拉普拉斯在 18 世纪 80 年代的胜利,支持了太阳系相当稳定的观点,它只会经受一些可以自行补偿的振荡。他所得出的解释,驱使他在 1796 年提出太阳系已经**演化**到了今天的稳定状态。

348

宇宙学和星云假说

到了 17 世纪晚期,恒星世界的变化和可变性已经是不可拒绝的了。第谷在 1572 年和开普勒在 1604 年先后观测到了超新星。1640 年霍尔沃达已经发现,鲸鱼座中一颗名叫米拉(Mira Ceti)的恒星亮度是变化的;1667 年,布利奥确定了其相继两次极大值之间的周期是 333 日。[37] 然而,到那时为止,还没有可靠的证据说明恒星的**位置**也在经历变化。

牛顿在其《原理》的命题 III.14 的推论 1 和推论 2 里,主张恒星是不能运动的,并且因为检测不到它们的周年视差,说明它们离太阳系十分遥远,不会与之发生可以检测得到的相互影响。1692 年末,理查德·本特利(1662～1742)正在准备由罗伯特·波义耳遗赠资助的系列讲座中的一次布道,要为基督教提供证据。他写信给牛

[35] Jacques Laskar,《从拉普拉斯至今的太阳系的稳定性》(The Stability of the Solar System from Laplace to the Present),载于 Taton 和 Wilson 编,《行星天文学·第二部》,第 242 页～第 245 页。

[36] Morando,《拉普拉斯》,第 141 页～第 142 页;Robert Grant,《物理天文学史》(History of Physical Astronomy, New York: Johnson Reprint, 1966),第 91 页～第 96 页。

[37] 关于从 16 世纪到 18 世纪对恒星变化的探测,参看 Michael Hoskin,《恒星天文学:历史研究》(Stellar Astronomy: Historical Studies, Chalfont St. Giles, Bucks, England: Science History Publications, 1982),第 22 页～第 55 页。

顿,提出如下的问题:如果开始的时候物质均匀地分布在一个有限的空间之中,如果它可以在重力的作用下自由运动的话,会发生什么情况呢? 牛顿回答说,它会在中央结合起来,但如果空间是无限的,那些结合而成的块状物的数目也会是无限的,太阳和各个恒星可能就是这样形成的。但是,本特利反驳道,在这样一种无限的物质分布里,作用于每一个粒子的重力不会在所有方向上都相等吗? 牛顿解释说,不,这样一种精确的平衡,就像一根最细的针用针尖竖立在镜面之上那样不可能。那么,恒星不也会受到不平衡的重力吗? 是的。于是,牛顿和本特利在这一点上取得了一致:"恒星"的恒定性是一种奇迹,只有靠神力才能保持。

在一条新命题 III. 15 的手稿里,牛顿寻求把众恒星近似均匀分布的某种假设,同观测事实联系起来。从托勒玫起就把恒星分成各种不同的"星等",1 等星是最亮的,而 6 等星则仅能勉强为肉眼所见。牛顿跟随詹姆斯·格雷戈里(1638～1675),假设所有的恒星固有亮度都大致相同。因此,那些最明亮的恒星也就是最近的,并且如果这些恒星同太阳的距离以及它们彼此之间的距离都相等,那么它们一共就应当有 12 颗或者 13 颗。在两倍的距离上应当有四倍那么多,三倍的距离上就应当有九倍,如此下去。设想把星等转换为距离,牛顿就期望它们的数目与星表中不同星等的恒星数目相符合。对 1 等和 2 等星来说,符合得很好,但此后恒星计数的增加要比相继的平方数的增大快得多。我们现在知道,这涉及视觉的心理生理学(费希纳定律)。[38]

在牛顿发表了的著作里,只是暗示了他关于恒星分布的想法。但是戴维·格雷戈里在其出版的讲稿里提到了这些想法,而哈雷亦在 1721 年给出的两篇文章里对此加以发挥。[39] 哈雷在这里注意到了后来被称为"奥伯斯佯谬"(Olber paradox)的问题:在牛顿的假设里,较远的众恒星传送到地球上的光与较近的恒星传来的一样多,因而夜空的整个表面应该都是明亮的,而哈雷试图给出的解释则部分是错误的,部分是含混的。但在 1744 年,德舍索指出说,来自恒星的光在途中有轻微的散射或吸收就能够解释这一佯谬。

牛顿那个依靠奇迹保持不变的宇宙受到了一次冲击。1750 年,英国达勒姆郡的一位自学成才者威廉·赖特(1711～1786)出版了他的《关于宇宙的一种原创理论或新假说》(An original theory or new hypothesis of the universe),书中寻求天文学理论和事实同神学之间的协调。[40] 哈雷在 1718 年曾报告黄道带内三颗恒星自古以来的黄纬变化,并且给出了许多根据。赖特假设在我们这个恒星系统内,恒星或者是分布在一个球壳中,或者是分布在一个圆环中,它们环绕着一个神圣的中心作轨道运动,并且为该中心的引力所吸引。一个地球上的观测者,其视线是在那个球或环的切线方向上,会看到形成银河的无数恒星。在这里,引力起着稳定的作用。后来,在未发表的一些手稿中,

[38]　参看 Hoskin,《恒星天文学》,第 71 页～第 95 页。
[39]　同上书,第 95 页～第 100 页。
[40]　同上书,第 101 页～第 116 页。

赖特采取了一种演化的宇宙学。[41]

伊曼纽尔·康德 1751 年在汉堡的一份期刊上读到了赖特的《关于宇宙的一种原创理论或新假说》,接受了赖特的解释,把银河视为沿着圆盘平面观看一个盘状星系的效果。康德在 1755 年的《自然通史》(*Allgemeine Naturgeschichte*)中假设,宇宙包含了一串不同等级的这种"岛世界":各个行星环绕太阳运动,众多的太阳形成银河系,众多的星系形成星系团,它们都靠引力法则维系在一起。开始时是混沌一团的宇宙,已经由于引力作用而逐渐组织起来,并且还会进行持续的演化以达到有序,此后又从有序变成无序,然后再到有序。康德的论著在 18 世纪没有产生多少影响,却是后世理论的某种先驱。[42]

在 1767 年,约翰·米歇尔对牛顿关于恒星均匀分布的观念予以迎面一击,他争论说除非许多看起来成团的恒星在三维空间里实际上就是彼此邻近的,否则就不可能有观测到的那样多的星团。米歇尔的结论虽然出自一种有缺陷的论证(事实上它是可以合理地推出来的),但亦被广泛地接受了。[43]

在 18 世纪 70 年代,一位专业的音乐家威廉·赫歇尔(1738~1822)设计和建造了第一台适宜于探索恒星世界的望远镜,它配有大口径的反射镜因而具备前所未有的聚光能力。1779 年他开始搜索双星。这些双星如果只是"光学"的(即仅仅是表观上并排着),那就没有可能因相对位置的变化而显示出周年视差。在这一探索过程中,他于 1781 年发现了一颗"彗星",它被证实是第七颗行星,后来命名为天王星。这项发现使他成为英国王家学会的会员,并且得到了国王赐予的年俸。从 1783 年起,赫歇尔在对星云的巡天观测中证明,许多星云可以分解成一颗颗的恒星,因而是处在极远处的一些岛宇宙。他设想出一种恒星的"自然史",在这一过程中各个恒星在引力作用下逐渐聚集成团。1790 年末,他使自己相信真正的星云物质是存在的,那是一些不可分解为恒星的真实的星云物质。于是他转到了他最终的天体演化学观点,依据这种观点,从真正的星云物质到完全可分解为恒星的状态之间存在着一系列不同的类型,它们组成了一个短暂而演化着的序列。赫歇尔在 1803 年和 1804 年能够确认他的双星中有一部分是互相绕着运行的真正的双星,那是引力在恒星之间起作用的第一个确凿的证据。[44]

350

---

[41] 关于赖特后来的猜想,参看 Simon Schaffer,《自然的再生:赖特与康德论火与演化宇宙论》(The Phoenix of Nature: Fire and Evolutionary Cosmology in Wright and Kant),《天文学史期刊》,9(1978),第 180 页~第 200 页。在 J. H. Lambert 的 1762 年《宇宙论书简》(*Cosmologische Briefe*)里简述了依靠引力维持等级系统稳定性的另一种非演化的宇宙学;参看 Hoskin,《恒星天文学》,第 117 页~第 123 页。

[42] 关于康德的 1755 年《自然通史》(*Allgemeine Naturgeschichte*)里的宇宙学,参看 Hoskin,《恒星天文学:历史研究》,第 68 页~第 69 页,以及 Schaffer,《自然的再生》。

[43] 参看 Oscar Sheynin,《将统计推理导入天文学:从牛顿到庞加莱》(The Introduction of Statistical Reasoning into Astronomy from Newton to Poincaré),载于 Taton 和 Wilson 编,《行星天文学·第二部》,第 193 页~第 195 页。

[44] 关于 Herschel,参看 J. A. Bennett,《"论贯穿空间的能力":威廉·赫歇尔的望远镜》("On the Power of Penetrating into Space": The Telescopes of William Herschel),《天文学史期刊》,7(1976),第 75 页~第 108 页;Simon Schaffer,《天王星和赫歇尔天文学的确立》(Uranus and the Establishment of Herschel's Astronomy),《天文学史期刊》,12(1981),第 11 页~第 26 页;Hoskin,《恒星天文学》,第 125 页~第 142 页。

拉普拉斯在他的《宇宙体系论》(*Exposition du Système du Monde*, 1796)结尾处的注7中提出,太阳系源于一个炽热的、旋转着的流体盘———一团星云。这个圆盘在冷却时就会收缩,在核心之外留下后来聚集成各个行星———它们都在转动着———的环状物质。拉普拉斯借助于这一建议,试图说明各个行星和卫星几乎都局限在同一平面上运行,它们的轨道接近于圆形,以及从北黄极看来它们沿着轨道的公转和绕自转轴的旋转都具有相同的方向等事实。星云假说历经许多次肯定和否定,仍然保留到了今天,它是关于太阳系外围巨行星起源的最被广泛接受的理论。

于是,得益于赫歇尔和拉普拉斯,关于宇宙像一架稳定的时钟,一旦创造出来就在一切方面达到了它的最终形式的这种早期观点,就被符合自然定律的演化导致现今的稳定形式这种图景取代了。[45]

351

结论:在 18 世纪 90 年代及其后拉普拉斯的综合

在法国大革命的恐怖年代中期,1793 年 8 月国民议会废除了巴黎科学院。那是旧体制(*ancien régime*)的产物,被看做是由上等人统治的机构。它的一些显赫的人物,诸如拉普拉斯的朋友博沙尔·德萨龙和拉瓦锡,被送上了断头台。拉普拉斯本人则于1793 年 12 月,由于被怀疑缺乏"共和国的品德和对国王们的憎恨"而被赶出了度量衡委员会。他离开了,到了巴黎东南的默伦,并且在那里开始写他的《宇宙体系论》。

拉普拉斯的《宇宙体系论》一书,以简练的语言,并且不用一道方程,描绘了按拉普拉斯的说法由数学天文学达成的天体世界图景。拉普拉斯这样宣称,已知的主要天文现象,都已经在万有引力这个单一原理的基础上得到了说明。这本书的要点是断言天体系统的优美平衡,在拉普拉斯看来这就像有机自然界中各种生物互相适应那样。

拉普拉斯不止一次告诉我们,天文学的成就是**分析**的胜利,他指的是数学和力学的分析。这种意思部分地出自牛顿之口。牛顿说过:"哲学的全部困难看来在于:应该从运动现象研究自然界的各种力,然后由这些力说明其余的现象。"(*Principia, Praefatio ad Lectorem*)牛顿的方法是分析的,他的原理是用某种分析和分解的方法从观测和实验中抽取出来的。从这样建立的(可以修正的、具有"可能性"而不是"数学确定性"的)原理出发,然后再从数学上证明其结果。牛顿这种"新的探索方法"[46]就避免了求助于假设和诸如笛卡儿关于接触力那样的形而上学的承诺。牛顿提供了给人最深刻印象的例证,使"分析"的涵义充满了启蒙思想;拉普拉斯接受了它。

---

[45] 参看 Morando,《拉普拉斯》,第 131 页～第 150 页;Ronald L. Numbers,《按照自然规律创生:美国思想中的拉普拉斯星云假说》(*Creation by Natural Law: Laplace's Nebular Hypothesis in American Thought*, Seattle: University of Washington Press, 1977);Stephen G. Brush,《星云状的地球》(*Nebulous Earth*, Cambridge University Press, 1996),第 14 页～第 137 页。

[46] William Harper 和 George E. Smith,《牛顿的新的探究方法》(*Newton's New Way of Inquiry*),载于 Jarrett Leplin 编,《物理学中观念的产生》(*The Creation of Ideas in Physics*, Boston: Kluwer, 1995),第 113 页～第 166 页。

但对拉普拉斯说来,"分析"这一术语还意味着莱布尼茨的算法分析。微积分算法是由莱布尼茨提出而由雅各布·伯努利(1654~1705)、约翰·伯努利、欧拉、拉格朗日以及其他人发展起来的。由于牛顿本人陈述的误导,拉普拉斯认为牛顿对其本人的发现所作的几何表述,到处都已被某种先验的符号推导方法超过了。这是观点上的错误;看来牛顿不可能不用算法过程就获得他的结果,而现在使用此类算法就非常容易推导出那些结果了。无论如何,拉普拉斯的《天体力学》(*Mécanique Céleste*)正是用莱布尼茨的微积分语言来表达的,它的前四大卷(1798~1805)的论证是如此简练,以至于需要纳撒尼尔·鲍迪奇和其他人对它广泛评注才能具体揭示其推导的意义和逻辑。

在这方面,拉普拉斯的《宇宙体系论》与《天体力学》形成了鲜明的对比。在《宇宙体系论》里语言简单,清晰地给出一个优美平衡而稳定的天体世界的统一图景!在某种意义上,它是对于恐怖时期的混乱和雅各宾派挑战的回应。像罗伯斯庇尔那样的极端雅各宾党人都是一些卢梭主义者,对他们来说典型的科学乃是生命科学,可以被普通的、非数学的观测者感受的科学,它揭示出一个人类可以引为同类的生命世界。在《宇宙体系论》里,拉普拉斯寻求能够被大众读者理解的数学天文学的结果;在他投射出的图景里,宇宙对人类是友好的。在某些方面,他的图像是不成熟的和有偏见的。

随着 1795 年夏天热月党人的政变,法国政权由于某些实际的理由停止了关于数学物理学的争论。国家处在战争之中,需要用天文学为它的海军和商业船队导航。1795 年 6 月建立了经度局,以计算和出版星历表,管理巴黎天文台,以及完善天体力学的理论。在第一批指派的成员里有拉格朗日和拉普拉斯。科学在国家生活中的作用重新得到肯定。直到 1795 年年底,老的科学院重组起来作为新建立的法兰西学院的一部分,拉格朗日和拉普拉斯都被提名为其数学部门的院士。

拉普拉斯投射出来的数学天文学的成功图景,此后在法国主宰了好些年,并且他实际上主持了经度局。他受把各种事情总括起来的愿望驱使,致使其某些理论结论失诸草率,而且他在经度局的支配地位在某些方面是有害的。他设想的宇宙演化被人为地局限于过去。他关于太阳系稳定性的证明也是有缺陷的。他在推导摄动中采用的许多近似步骤,在科学的进一步发展中将不得不被抛弃。严格的天体力学基础不是在拉普拉斯的《天体力学》里,而是在拉格朗日 1788 年的《分析力学》(*Mécanique Analytique*)中。

在拉普拉斯主管经度局之际,所有的工作都奉献给证实他的行星和月球理论,因而损害了恒星位置的测定。德朗布尔在他生命的最后时光,抱怨说巴黎科学院有一个多世纪没有编制出新的星表了。他为此责备直到大革命之时主宰着巴黎天文台的卡西尼家族,以及 1795 年之后拉普拉斯的决定性影响。 他在其死后公布的一则笔记里

353　写道：一位几何学家（就是说，一位数学家）决不应该当一所天文台的台长。[47] 但星表是天文学里一切精确度的基础。正是格林尼治天文台的经纬仪观测，定期并遵循统一步骤地积累着，最终将被证明是检验理论的最重要的基础。

对拉普拉斯消极影响的批评，不应当掩盖他的成就对于日后天文学的重要性。他通过在天体力学中的发现，证明了用牛顿的引力对天体现象作出某种完整的解释是可以置信的，而且确实近在咫尺。观测天文学和数学天文学都会从这些成就得到推动，并促使其在日后臻至完善。

（关　洪　王秋涛　译　卞毓麟　校）

[47]　Jean-Baptiste Joseph Delambre，《18 世纪天文学史》（*Histoire de l'astronomie au dix-huitième siècle*, Paris: 1827），第 291 页；G. Bigourdan，《经度局：从其 1795 年诞生至今的历史和工作》（Le Bureau des Longitudes：Son Histoire et ses Travaux de l'origine（1795）à ce jour），France, Bureau des Longitudes，《年鉴（1931）》（*Annuaire*, 1931），A1 ～ A72。

15

力学和实验物理学

R. W. 霍姆

老式的科学史把科学的成长描写成一种新知识逐步增长的过程,集中注意的是某一科学发现是何时由何人做出的,于是几乎没有给 18 世纪的物理学留出篇幅。虽然某些有意思的发现,特别是那些与电学有关的,还是得到承认,但人们普遍认为同在此前和此后的物理学知识突飞猛进的时期相比,这一世纪是一个不活跃的时期。近来,随着历史学家对他们的工作采取一种更宽松的观点,开始以一种更积极的态度看待 18 世纪的物理学:正是在这段时期里,物理学变成了大致像今天的这个样子。

传统理解的物理学不是一门实验科学,其研究课题也与今天不同。物理学这个名称来自希腊单词 $\phi\nu\sigma\iota\varsigma$(关于自然的学问),与此相应,从前在欧洲各处的大学里物理学是作为"自然哲学"即作为一门一般性地研讨"自然"的标准本科哲学课程来讲授的。它关心的首先是概括性的原理而不是具体的自然效应,首要的是物体的本性和决定发生自然变化的条件。几个世纪以来,到处都以亚里士多德的几本论著《物理学》(*Physica*)、《论天》(*De caelo*)、《论生灭》(*De generatione et corruptione*)、《气象学》(*Meteorologica*)和《论灵魂》(*De anima*)为标准教材,在许多地方这些书一直用到我们讨论的这个时期开始之时,全然无视在过去一个半世纪里在精神世界发生的剧烈变化。

那些变化却开始对西欧的某些部分产生影响。在一些更先进的大学里,非亚里士多德的思想开始渗进了课程表。而且,新的学术机构开始出现,它们为自觉的非亚里士多德式的理解自然的方法提供了场所。不论在什么地方,物理学都根据一个传统的标准区别于博物学,这个标准就是,后者仅仅提供对现象的描写,而物理学则研究原因。然而"物理学"的范围仍然不限于它今天包括的那些题目,它还包括了今天我们划给化学、生物学和人文科学的一些问题。到了 18 世纪,物理学的范围就变得更像今天这样了。

随着关于自然界如何运作的新观念的出现,物理学教学的重点也发生了变化,较少地注意"适用于一切物体的本性、实质和性质"的传统问题(所谓的一般物理学),而更多地注意"对这个世界上包含的各种特定物体或者各种实在有形个体的考察和讨论"（即具象的物理学）。[1] 这种变化明显地显现在雅克·罗奥（1620～1672）于1671年初次出版的一本非常流行的《物理学》（*Traité de physique*）中，在此书中，笛卡儿的物理学被阐述为一门实验科学，主要的独特之处在于它的以无处不在的以太中的微粒机制的解释，而不提笛卡儿本人所强调的形而上学基础。在18世纪初的几十年里，这种新的着重点在教科书中已变得很普遍。

在传统的知识分类里，物理学作为关于物质和变化的科学，已经小心地同作为永恒真理的数学区别开来。天文学、光学与和声学等所谓从属科学处于两极的中间，在这些学科中，从有着物理学基础的前提出发，数学论证也起了很大的作用。正是在这些从古代继承下来的数学化了的学科中，以及在被伽利略成功地数学化的力学中，发生了17世纪科学革命期间的主要进步。[2] 物理学自身的进步就没有那么显著了。不过就方法论的角度看，经验方法在大学之外得到了发展。最终，这种趋向（经验方法）也侵蚀到大学的教学计划中。

最著名的新学术机构（巴黎王家科学院和伦敦王家学会）都建立于17世纪60年代。随后更多的学术机构仿效它们的模式在欧洲各处建立起来。虽然各个大学认为自己的任务是传授知识，这些新机构却认为自己的责任是推动科学前进，即促进新的研究。在巴黎，每个星期举行的两次聚会中的一个完全用于数学研究，另一个则用于实验探索。而伦敦的每周聚会则主要用于对实验的报告。这两个机构的成员都对理论抱着一种怀疑的看法。在早期，耶稣会士和笛卡儿派都一样被排斥于巴黎科学院之外，因为他们被认为过分执着于他们独特的智力体系，而在追求真理方面思想不够开放；霍布斯也以同样的理由被王家学会拒之门外。在伦敦王家学会和巴黎王家科学院，"系统精神"（systematic spirit）被摈弃了。正如丰特内勒（1657～1757）在1699年所说的，"系统的物理学必须暂时停止建设它的大厦，直到实验物理学能够供应给它必需的材料为止"。[3]

法国的界线是分得特别清楚的，人们可以在17世纪后期与传统定义的"物理学"有关的人群中区分出三个不同的群体。首先是大学里的教授们。他们的方法是口传心授和解释说明；他们的理论是亚里士多德理论；他们的目标是已确定的知识；他们主要操心的是对原因的阐明。另一群人是王家科学院物理学组的成员，他们以通过实验发现新的知识为责任，倾向于用力学理论解释他们的观察结果，但是他们怀疑一切理论，随着时间的流逝越来越不操心原因的发现了。还有一群人是笛卡儿派，他们的目标与教授们一样，同为确定性和关于原因的知识，但是他们的方法是实验的，他们的理论是以力学为纲领的。这三个群体的分隔在17世纪最后10年开始崩解。别的地方

〔1〕《科学与艺术史评论》（*Mémoires de Trévoux*），57（1756），第582页。

〔2〕 T. S. Kuhn，《物理学发展中的数学与实验传统的对决》（Mathematical versus Experimental Traditions in the Development of Physical Science），《跨学科史期刊》（*Journal of Interdisciplinary History*），7（1976），第1页～第31页。

〔3〕 转引自 Roger Hahn，《对一所科学机构的剖析：巴黎科学院（1666～1803）》（*The Anatomy of a Scientific Institution: The Paris Academy of Science, 1666—1803*），Berkeley: University of California, 1971，第33页。

的界线从来没有那样分明,并且在欧洲许多地方,笛卡儿主义从来没有建立起一个有
影响的立足点,但在某些地方别的主义却做到了(例如莱布尼茨主义在德国)。然而法
国的情况把所涉及的争论清楚地显示了出来。实际上,我们在这一章关心的是 18 世
纪期间发生的力量重组,它导致"物理学"重构为一门现代科学。

巴黎科学院在 1699 年被重组,一个结果是笛卡儿派第一次被接纳为其成员。这
终于冲淡了科学院早期特有的怀疑论态度。然而科学院仍然是一个排外的和在精神
上内向的团体。虽然它的成员们做了某些重要的工作,但是除尼古拉·马勒伯朗士
(1638~1715)(后文提到)外,他们对更广泛的法国社会的思维方式的影响少得令人
吃惊。特别是,他们的经验主义观点对科学院围墙之外的世界没有产生多少影响。经
验主义不得不从头开始在更为大众化的大学和公众讲演的层次上为自己斗争,几乎没
有从王家科学院院士那里得到任何帮助。

17 世纪 60 年代,罗奥在巴黎建立了用生动的、特别设计的演示实验来说明科学原
理的公众讲座传统。在 17 世纪 90 年代,随着笛卡儿主义者侵入了大学课程表,巴黎
大学也引入了类似的实验演示课程。授课者是皮埃尔·波利尼埃(1671~1734),他被
委任建立一门演示课程,以阐明笛卡儿派教授纪尧姆·德古梅(1745 年去世)在其讲
座上讲授的原理。波利尼埃的演示十分受欢迎,他继续每一年里讲几次课。他也作了 *357*
一些面向公众的讲座,这些讲座也获得了很大的成功,年轻的国王路易十五在 1722 年
也听了他的讲座。波利尼埃及时地出版了他的讲义,第 1 版在 1709 年面世。他这一
著作代表了实验的科学观对法国教育体系的首次大渗透。波利尼埃告诉我们,在他的
书出版后,使用他的著作的巴黎教师们在别处得到仿效。他的书相继再版的版本,表
明了波利尼埃本人把实验当做寻求知识的途径的自信增强了:在初版中只把它说成是
说明理论原理的补充方法,但在第 3 版及以后的版本里就变成是到达真正的物理学的
唯一可靠的方法了。[4]

伦敦的王家学会是一个比巴黎科学院更开放的研究机构,它对通过实验获取自然
知识的方法的拥护,使这一方法更容易传播到更广泛的公众中去。在学会的会议上,
起初设想为集体实验研究的题目,很快变成了已在私下里试验过的实验的演示,会上
讨论的主题不再是怎么做这些实验,而是它们所隐含的意义。约翰·凯尔(1671~
1721)于 1704 年在牛津大学引入了实验课程,不久后剑桥大学也这样做了。由塞缪
尔·克拉克翻译的罗奥《物理学》的拉丁文版本成了流行的教材,书中到处散布的受到
牛顿精神鼓舞的脚注,反驳了罗奥原著的笛卡儿主义观点。在伦敦,詹姆斯·霍奇森
在 1705 年开始讲授配有实验演示的一系列公众演说讲座,这个讲座是他和仪器制作
者弗朗西斯·霍克斯比(1713 年去世)合作进行的,后者是王家学会的"实验馆馆长"。

〔4〕 R. W. Home,《18 世纪欧洲的电学和实验物理学》(*Electricity and Experimental Physics in Eighteenth-Century Europe*,
Aldershot: Variorum, 1992),第 7 章;Geoffrey V. Sutton,《上流社会的科学:性别、文化与启蒙运动的论证》(*Science for a
Polite Society: Gender, Culture, and the Demonstration of Enlightenment*, Boulder, CO: Westview Press, 1995),第 6 章。

对于霍克斯比,和对于许多后继的仪器制作者一样,这些演讲是推销他所制作的仪器的场合,他不久后就开始他自己独立的讲座。更多的类似的竞争课程如雨后春笋一般,成了英国上流社会在一个多世纪里的一个特别节目。霍克斯比自己的讲座在他去世后由让·西奥菲勒斯·德萨居利耶(1683～1744)接手,后者成为了所有这些演讲者中最成功的一位,他也接替霍克斯比担任了王家学会的实验馆馆长。[5]

在荷兰,从 17 世纪 70 年代起,实验演示就是莱顿大学物理学课程的一部分。[6]1715 年,威廉·雅各·格雷弗桑德(1688～1742)访问了伦敦,参加了关于"实验哲学"的各种讲座。两年后,他被指定担任莱顿大学的教席,并建立自己的有实验演示的讲座。他还以《牛顿哲学导论:物理、基础数学和实验实证》(*Physices elementa mathematica experimentis confirmata, sive introductio ad philosophiam newtonianum*, 1720～1721)为题出版了有关的著作。这一著作获得了巨大的成功,接连出版了几种拉丁文和英文的版本。他的学生彼得·范·米森布鲁克(1692～1761)在乌特勒支大学工作多年之后,转到莱顿继承了他老师的教席,也像他的老师一样写了一本非常成功的教科书,在 1726 年至 1769 年之间以各种语言出版了内容不断扩充的许多版本。在 18 世纪 30 年代和 40 年代期间,在意大利、德国和别的国家,实验讲座的课程也变得很常见了。

荷兰语的教材,通过把按传统包括进来的植物学、动物学、解剖学和生理学等学科的内容删去,在重新规定"物理学"范围的过程中起了主要作用。在法国,这些教材有助于让·安托万·诺莱(1700～1770)的思想的成型,他替代了波利尼埃的地位,在三十多年里是法国实验物理学的权威角色,开设了配有实验演示的公众讲座课程,这些课程吸引了王家的眷顾,成为巴黎社交生活的一个特别节目。[7]诺莱的 6 卷本《实验物理学讲义》(*Leçons de physique expérimentale*)在 1743 年至 1748 年间出版并重印了多次,肯定了这个领域的更窄的新定义。诺莱于 1739 年被选为巴黎科学院的成员,这是他的前辈波利尼埃没有做到的,1753 年国王为他在纳瓦拉学院(Collège de Navarre)设立了一个实验物理学(physique expérimentale)新教席。它成了在全欧洲的学院和大学里设立类似教席的典范。

这些讲演的课程,不论是什么人在什么地方讲授,很快就套用第一代教材所建立的模式,在这种模式里,物理学的各个分支(运动定律、简单机械的原理、静力学、流体静力学、气体力学、热学、光学、声学、磁学、电学、太阳和行星系等等)都用引人注目的和巧妙的演示详加说明。讲演者对其设备作了大量的投资。机械模型和太阳系模型被陈列展示,它们的工作原理被仔细阐明。用一具气泵做的实验总是演示的亮点,从

---

〔5〕Alan Q. Morton and Jane A. Wess,《公众科学与私人科学:国王乔治三世的收藏品》(*Public and Private Science: The King George III Collection*, Oxford: Oxford University Press, 1993),第 41 页～第 50 页。

〔6〕Edward G. Ruestow,《17 世纪和 18 世纪莱顿的物理学:大学中的哲学和新科学》(*Physics at Seventeenth and Eighteenth-Century Leiden: Philosophy and the New Science in the University*, The Hague: M. Nijhoff, 1973),第 96 页及其后。

〔7〕Pierre Burnet,《18 世纪荷兰物理学与法国的实验方法》(*Les physiciens hollandais et la méthode expérimentale en France au XVIIIe siècle*, Paris: Blanchard, 1926)。

罗伯特·波义耳(1627～1691)在 17 世纪 60 年代的先驱性工作(最早的气泵实验)以来一直都是这样;接下来很快又有同样引人入胜的摩擦起电机的实验。特别是在伦敦和巴黎那样的大中心城市,各个讲演者之间存在着激烈的竞争,使他们不断致力于课程的更新并设计出更吸引人的演示。一般说来,讲演者宣称他们只是说明已经确立的原理。然而,在被追问时,大多数人也会宣称这些原理可以从他们演示的那类实验里推演出来。包括晚年的波利尼埃和后来的诺莱在内的一些人,坚持认为物理学原理是 *859* (或应该是)直接从经验中概括出来的,诺莱这样写道:"实验物理学的目的在于了解自然现象,并且通过事实的证实来演示其原因。"[8]

在 17 世纪期间,解释自然现象的老式方法被新的"微粒"或者"机械"哲学所取代,根据这种哲学,自然界的所有变化都通过粒子的运动和撞击来理解,不论是所涉及的大块物质的粒子,还是某些学者(首先是那些采用笛卡儿的解释模式的学者)假设的一切普通物质都沉浸在其中的微妙的以太的粒子。而按照牛顿的工作,运动和撞击是否像 17 世纪的大多数力学家所假设的那样足以说明所有自然现象,却是一个可争论的问题。牛顿在他的《自然哲学的数学原理》(1687)里构建了关于运动的科学,其中运动的变化被归因于力的作用,而这些力可以是由撞击引起的,也可以不是由撞击引起的;更著名的是,他以作用于物质粒子之间的万有引力为基础说明了天体的运动,而引力的原因他承认不知道但他下结论说不是机械的。在他的《光学》(*Opticks*, 1704)一书里,特别是在他为 1706 年的版本增补的新材料里,牛顿提出,许多其他现象也可以用在分离的微粒之间的以某种尚未得到解释的超距作用的力来解释。他宣称说,科学的恰当方法是从对自然界的现象的研究出发,进而发现在世界中作用的力,只是在此之后才去操心这些力是由什么原因引起的。

许多撰写 18 世纪科学历史的作者们,都把它描写成笛卡儿的机械论和牛顿的观念之间的争夺霸主地位的一场争斗,牛顿派逐渐胜出,最初是在这一世纪初的英国,然后,十年或者二十年后在荷兰,最终大约是在 18 世纪 30 年代后期或者 40 年代早期在法国(隐含着也在欧洲的其余部分)。我们被告知说,在这个世纪余下的时间里,牛顿的学说拥有绝对的崇高地位。[9] 这个说法起初是提出来讲述牛顿的天体力学的胜利的,后来被扩展到包括被牛顿的《光学》所激发的一种实验牛顿主义的胜利。当然,不论是牛顿在数学方面和实验方面的众多功绩,还是它们对他的后继者们的影响都是不能被否认的。 然而,正如许多历史学家指出的那样,以此为基础来定义整个世纪的科

[8] Jean Antoine Nollet,《被国王任命的教授开始第一堂实验物理学课时的演讲》(*Oratio habita . . . cum primum Physicae Experimentalis cursum professor a Rege institutus auspicaretur*, Paris, 1753),第 9 页。

[9] Pierre Burnet,《18 世纪牛顿理论向法国的引入》(*L'introduction des théories de Newton en France au XVIIIe siècle*, Paris: Blanchard, 1931);I. Bernard Cohen,《富兰克林与牛顿》(*Franklin and Newton: An Inquiry into Speculative Newtonian Experimental Science and Franklin's Work in Electricity as an Example Thereof*, Philadelphia: American Philosophical Society, 1956);Robert E. Schofield,《机械论与唯物主义:理性时代英国的自然哲学》(*Mechanism and Materialism: British Natural Philosophy in an Age of Reason*, Princeton, NJ: Princeton University Press, 1970)。

360 学会产生许多问题。这样做忽略了别的思想流派的重要性,尤其是源于莱布尼茨的一派。这样做意味着一部比原始材料揭示的简化得多的科学史。这样做暗示着整个 18 世纪的科学家们始终都专注于牛顿时代人们所操心的问题,而事实上那些问题大多数或者已经解决了,或者被公认为处于科学探索范围之外。总之,已经证明,要用某种能够适当地概括使用"牛顿主义"这一名词的 18 世纪科学家所采用的方法的多样性的方式来描述"牛顿主义"的特征,那是不可能的。对牛顿非凡成就的熟悉,不可避免地影响了后来的工作。然而,18 世纪的科学家们并不为过去的争论烦恼,而是向前看,去解决那些新的而且十分不同的科学问题。

力 学

在牛顿的诸多成就中,首屈一指的是他关于运动科学的重构。在《原理》的第一篇里,他叙述了对质点在力的作用下运动的系统分析,特别集中于"两种主要的吸引情况"——这指的是,由在两个物体之间与距离成正比变化的力带来的振荡运动,和由与距离平方成反比的力带来的在圆锥曲线上的运动。在第二篇里,牛顿讨论了在阻尼介质中运动的物体,最终证明了由笛卡儿的旋涡带动的物体的运动不会遵循开普勒诸定律。最后,在第三篇里他将该书前面证明了的各个命题应用于天体的运动。在断定宇宙中存在着万有引力的作用之后,他进一步在他所发展的摄动理论的基础上,定量地和详细地说明了在月球和行星运动中观察到的各种对理想的椭圆运动的偏离。他还把他的分析应用于彗星的运动、地球的形状和二分点的进动以及潮汐理论。几乎是顺手地,他在气体是由互相推斥的微粒组成的假设的基础上给出了波义耳定律的一种解释,并通过假设光线是由粒子流组成并且在折射物体的表面受到垂直于表面的力的作用,得出了光的折射的正弦定律。他也对振动在介质中传播作了开拓性的分析,从而对声学理论做出了重要贡献。

牛顿的讨论的核心是他令人印象深刻地把力当做物体运动变化的原因这一观念。另一方面,在笛卡儿和莱布尼茨看来,"力"是物体由于其运动而具有的一种产生力学效应的本领——事实上,这是牛顿力学里没有充分发展的概念。笛卡儿曾争辩说,它应当由运动的量 mv 来量度,即物质的量与它的速率的乘积。他还主张自然界中运动的量的总量是恒定不变的。但是莱布尼茨批评了笛卡儿,他争辩说,活力(vis viva) mv^2 这个量才是力的恰当的量度,这个量在自然界中守恒。18 世纪 20 年代,这场争论重新爆发,一些牛顿的支持者,如塞缪尔·克拉克(1675~1729)和科林·马克劳林(1698~1746)等人,联合像丰特内勒和让-雅克·多尔特斯·德迈兰(1678~1771)这样的笛卡儿派,一起反对莱布尼茨的立场。但是,战线并不分明,牛顿派的格雷弗桑德和笛卡儿派的约翰·伯努利(1667~1748)都站在莱布尼茨一边。一些人,最著名的是格雷弗桑德,试图用实验来解决这个问题;而别的人,如让·达朗贝尔(1717~1783)和罗歇·

博斯科维什(1711～1787)则宣称,这只是一场文字之争。最终,在 18 世纪中叶前后,这场争论在未能明确解决的状态下悄然停止。现在回过头看可以看出,这场争论牵涉到对物质本性的不同见解(如果组成物质的终极粒子完全是非弹性的原子,活力就不能守恒),此外这场争论还来自这一事实:尽管有了牛顿的工作,但对冲量、动量、功、功率等各个力学量的定义,还没有清楚的区分。

18 世纪的数学家们在阐明这些力学量的区别和在更确定的基础上建立力学诸原理上作出了主要进展。他们还发展出可以用到比牛顿处理过的问题范围更广的一些原理,包括广延物体和流体介质的运动。一面是达朗贝尔在他的《论动力学》(*Traité de dynamique*, 1743)中试图完全消除力这个概念,而另一面莱昂哈德·欧拉则在他的《力学》(*Mechanica*, 1736)中把牛顿讨论单个粒子的动力学的许多工作用微积分这种新的数学语言再现,以求更精确地定义这个概念。1750 年欧拉成功了,宣布了适用于一切力学系统的"一条新力学原理",这个关系式今天普遍被称为"牛顿第二运动定律"(尽管牛顿本人从未以这种形式表述过)或动量定理,即

$$M \frac{\mathrm{d}^2 x}{\mathrm{d}t^2} = P$$

(式中 P 是 x 方向上的力,M 是质量)及另外两个空间维度上的类似方程。在认识到这一原理的完全普遍性之后,欧拉进一步推出了今天称为"欧拉方程"的刚体运动方程。

在这一时期内建立并且发展成为非常普遍的另一条重要的力学原理是动量矩原理。它的原始形式出现在雅各布·伯努利(1654～1705)、他的侄子丹尼尔·伯努利(1700～1782)和欧拉的著作中,最终欧拉在 1775 年宣布它是力学的一条独立的公理。[10]

流体中的内压力是另一个得到类似的澄清和推广的概念。牛顿在《原理》的第二篇里提出了流体静力学的几条命题,但没有更进一步讨论;约翰·伯努利在他的《流体力学》(*Hydraulica*, 1738)里,联系着管子里流体的流动清楚地表达了这个概念;达朗贝尔于 1749 年、然后欧拉在 1755 年更漂亮地把它推广到占据任意空间部位的流体,并且在这个基础上加上运用动量原理,构建了完备的流体力学理论。

18 世纪的力学还建立在其他一些原理的基础之上,这些原理包括用来解决平衡问题的所谓虚速度原理;把困难的动力学问题化为更熟悉的静力学问题的"达朗贝尔原理";以及看起来有点目的论味道的"最小作用原理",那是由莫佩尔蒂(1698～1759)于 1744 年提出来的,它接着就成为柏林科学院一场激烈辩论的题目,而莫佩尔蒂正是该科学院的院长。在约瑟夫-路易·拉格朗日(1736～1813)1788 年出版的洋洋巨著《分析力学》(*Mécanique analytique*)里,所有这些原理被组织到一组描写物体系统的运

362

[10]　Clifford A. Truesdell,《动量矩原理来自何处?》(*Whence the Law of Moment of Momentum?*),载于 Truesdell,《力学史论文集》(*Essays in the History of Mechanics*, Berlin: Springer, 1968),第 239 页～第 271 页。

动的基本方程里。

18 世纪中的几乎全部力学发展都带有一个显著的特点，那就是它们都远离实验探索。虽然通常是物理问题提供了研究的出发点，但是绝大多数工作都是由纯数学考虑驱动的，首先是构建一个完整的真正**理性**力学体系的愿望。[11] 在许多情况下，为了使得问题在数学上易于处理而不得不引进的简化使得所得到的任何解都完全不适用于真实世界的情况，正如丹尼尔·伯努利在抱怨达朗贝尔关于风的研究时所说的："一个人读过他的文章后，并不比读之前对风了解得更多。"[12] 亚力克西 - 克洛德·克莱罗（1713～1765）等人在 18 世纪 30 年代和 40 年代关于地球形状的数学讨论，和同一时期巴黎科学院的成员们在他们著名的到拉普兰和秘鲁的探险活动中所进行的测量事实上毫无关系。最终把达朗贝尔、欧拉、丹尼尔·伯努利、拉格朗日和皮埃尔 - 西蒙·拉普拉斯（1749～1827）都卷进来的围绕振动弦的波动方程的解的争论，几乎是当即就抛开了物理问题而偏向于对数学函数的本性的讨论。18 世纪的力学是数学的一个分支，数学和物理学之间旧有的分隔仍然牢固地保持着，极少有例外。

实验物理学

牛顿的《光学》一书是他留给 18 世纪的第二份伟大的遗产。这本著作主要讲与颜色有关的现象，它把牛顿让白光穿过一块棱镜折射而分解成它的各个不同颜色的组分的著名分光实验作为它的出发点。它还包括牛顿对薄膜、厚板和自然物体的颜色的先驱性研究的详尽叙述，以及对双折射和"拐射"（inflection，即衍射）研究的更简要的叙述。牛顿在书末加了一节叫做"疑问"的章节，其中他以问题的形式列出了他的许多潜在的理论假设，这些问题在后续再版中逐版增加。

牛顿用棱镜做的实验以及特别是他由此推出的结论，在 17 世纪 70 年代首次发表时，引起了争论的热潮。在法国，他的观念实际上被一代人拒绝，因为他的实验不能重复，但是到 18 世纪第 2 个十年中它就被完全接受了。此后，几乎每个人都同意，白光是具有不同折射率的经久存在的颜色光线的混合物，不过歌德是一个出名的例外。[13]

牛顿对与光有关的周期性现象的研究，是从他在 17 世纪 60 年代对薄膜颜色（牛顿环）的研究开始的。牛顿提出一个大胆的类比，下结论说自然物体的颜色来自组成它们的微粒同光进行和薄膜的情况完全一样的相互作用。哪一些光线会被反射，哪一

[11]　H. J. M. Bos，《数学与理性力学》（Mathematics and Rational Mechanics），载于 G. S. Rousseau 和 Roy Potter 编，《知识的酝酿：18 世纪科学的编史学研究》（The Ferment of Knowledge: Studies in the Historiography of Eighteenth-Century Science, Cambridge University Press, 1980），第 327 页～第 355 页。
[12]　转引自 Thomas L. Hankins，《达朗贝尔：科学与启蒙》（Jean d'Alembert: Science and the Enlightenment, Oxford: Clarendon Press, 1970），第 3 页。
[13]　Dennis Sepper，《歌德对决牛顿：他们的争辩与一个新的颜色科学纲领》（Goethe contra Newton: Polemics and the Project for a New Science of Color, Cambridge University Press, 1988）。

些会被吸收,仅仅取决于微粒的大小和密度,而与其化学组成完全无关;这个理论看来真提供了一个根据物体显示的颜色来确定组成不同物体的微粒大小的方法。在大多数情况下,如果用一块棱镜来分析各种颜色,会证明那些颜色是由按不同次序重叠在一起的一些色带组合的结果;牛顿对薄膜的测量远远地超越了下一百年里任何人在这方面取得的任何成果,使他能够对这种现象作精密的定量控制。牛顿关于光是由快速运动的微粒组成的粒子流的概念是他的整个方案的基础。他出发的假设是,他研究的现象是光的粒子在一种微妙的物质即以太中的激烈振动造成的,以太充满了物体内部微粒之间的空隙。然而,当他着手写他的《光学》的时候,他却把所有涉及振动之处换成光的易于传送和易于反射交替阵发(fits)的这一基于经验的却充满神秘色彩的概念。于是,他就从他的论述中抽掉了他的研究所依据的物理思想,使得它远不如它本来应当达到的那样容易理解。在 18 世纪的大部分时间里,关于这个题目只做了很少的进一步的工作:人们似乎只是敬畏地仰望着牛顿的成就。[14]

以光线的直线传播和反射定律为基础的几何光学发源于古代世界。自从笛卡儿在 1637 年发表了折射的正弦定律之后,就能够对折射的光学从而对透镜系统进行数学讨论。但是从物理学的观点看,透镜性能的完善受到色散的限制。牛顿从他的实验得出结论说,光的任何偏折都伴随有色散,因此不可能有无色差的透镜系统。可是,欧拉在 1747 年争辩说这是不对的,因为人类眼睛的功能证明了并非如此,于是他开始设计一种无色差的复合透镜。随后的发展有趣地表明了 18 世纪的数学家和实验家各自的偏好。欧拉的观点受到伦敦的光学仪器制作者约翰·多隆德(1706～1761)基于牛顿所报告的结果的反驳。但是,后来多隆德自己做了一些实验,发现牛顿犯了重要的错误,并且成功地制作出可接受为无色差的复合透镜组,很快就在天文学家中找到现成的市场。但是,欧拉对此远不满意,他否定了多隆德的说法,认为后者所得到的改进并不是由于他的透镜组是无色差的。问题在于,多隆德的测量似乎表明,不同颜色的光在一种媒质里的折射率与在另一种媒质里的折射率没有什么关系,因而在每种情况下都不得不对折射率进行单独测量;而欧拉则以一种 18 世纪数学物理学家特有的方式,坚持一定有一种包括这一情况的数学定律。[15]

除了注意到偶然的几个实验工作例子——如皮埃尔·布盖(1729)和约翰·海因利希·兰贝特(1760)的光度学研究——之外,关于 18 世纪光学的大多数论述集中于光的本性的讨论。如前所述,牛顿坚持光的微粒说,在他的《光学》的"疑问"里,他提出了一些支持他的学说而反对克里斯蒂安·惠更斯(1629～1695)提出的光是由在一种以太中传递的脉动组成的学说的论据。在 18 世纪,牛顿的结论在法国和英国已被

〔14〕 Alan E. Shapiro,《适应、热情和突发:物理学、方法与化学和牛顿的彩体理论和易反射适应》(*Fits, Passions, and Paroxysms: Physics, Method, and Chemistry and Newton's Theory of Colored Bodies and Fits of Easy Reflection,* Cambridge University Press, 1993)。
〔15〕 Keith Hutchison,《特质、消色差棱镜和早期浪漫主义》(Idiosyncrasy, Achromatic Lenses, and Early Romanticism),《人马座》(*Centaurus*),34(1991),第 125 页～第 171 页。

广泛接受,但在莱茵河以东则影响甚微,在那里欧拉所支持的波动传播说仍赢得了许多信奉者。人们常把粒子说的绝对优势地位归因于牛顿权威的分量而不是该理论自身在科学上的价值。然而,在那个时代的环境中,牛顿的论证是非常强有力的。他说,如果光是一种穿过媒质传播的"压力或者运动",就不会形成阴影,因为"在越过一个使一部分运动停止的障碍物时,压力或者运动不能在流体里沿着原来的直线传播,而是会弯折过来,沿各个方向扩展到障碍物后面的平静的媒质中去"。冰洲石中的双折射也是一个问题:尽管惠更斯对于双折射中的异常折射光线给出了精致的几何学的说明,但他却不能解释使光相继通过两块冰洲石晶体折射时所发生的现象;而牛顿的光粒子可以有一种内在的极性的观念,至少为一种解释提供了基础。牛顿指出,具有不同折射率的不同颜色的光线,可以在"光线是由不同大小的物体粒子组成"这个假设的基础上得到说明。可是,牛顿在这里自相矛盾,因为在《原理》中简要论述折射时说过,光微粒的尺寸不会影响它们被折射的程度。而另一方面,惠更斯坦言他完全不能给出对颜色的任何说明,其所以这样的原因,是惠更斯的理论是关于脉动传送的理论而不是关于有规则地重复的波动的理论。几年后,马勒伯朗士提出,传播的是波动,并且用声波做比,提出光的不同颜色来自不同频率的压强振动。欧拉在提出光是由在一种弹性以太中的位移波构成时,依据的是类似的思路。然而,由于缺乏一条干涉原理(那是在 1800 年才由托马斯·杨[1773~1829]首次提出的),欧拉未能对光的易于传送则易于反射的性质给出任何解释。

　　欧拉做了勇敢的努力来反驳牛顿关于在任何扰动传播理论里光都会弯折到阴影里去的意见。欧拉的论证是错误的,因为它依赖于这样的观念:尽管从源头发出的波动朝各个方向传播,但是单个脉动是沿着它们起初发射的方向直线行进的。然而,在那个时代还不清楚这个错误,因为那些试图构建一种在弹性媒质中的波动的恰当的理论的人们(包括欧拉在内)仍然面对着深刻的概念上的困难。这些困难直到有了1816~1819年奥古斯丁·菲涅尔(1788~1827)的工作才得到满意的解决,菲涅尔运用干涉原理建造了一种完全数学化的衍射理论,这个理论也克服了牛顿关于阴影形成的反对意见。直到那时,欧拉的理论与牛顿的理论对决的结果仍然不明朗。与此同时,欧拉提出的一些别的论据似乎颇有分量。他说,如果光线是由物质微粒流组成的话,那么或者可以检测到发光物体的质量会随时间逐渐减小,或者光线的密度必定是小到不可能的程度——他用关于太阳的发射率以及这会对太阳质量产生的影响的令人信服的图表支持了这个论据。欧拉还提出了这样的问题:两束以难以置信的高速度行进的光线如何会在交叉时不干扰彼此的运动,以及透明物体可能有着什么样的结构,允许光在一切方向上自由地穿过它们。

　　虽然有过一些通过实验解决这些争论的尝试,[16]但是分歧主要在概念上。如上所述,虽然 18 世纪的主流意见在牛顿一边,但欧拉的观点也有信奉者。然而,在 18 世纪 80 年代,在光是有质的这个令人信服的实验证据面前,对波动说的支持悄然消失了。这些实验来自化学领域。它们表明,光是某些化学反应中必不可少的成分(尤其是在光合作用和银盐变黑的过程中),这使安托万 – 洛朗 · 拉瓦锡(1743～1794)在他 1789 年的《化学纲要》(Treité élémentaire de chimie)里的那张著名的关于简单物质(或元素)的表中列出了光。只是由于菲涅尔的工作,波动说才重新取得自己的地位。[17]

　　像大多数 17 世纪的科学家一样,牛顿终其一生都相信普通的物质内充满一种或几种微妙的物质,它们有助于显现许多被观察到的效应。牛顿在为《原理》第 2 版(1713)增补的一节里,暗指这种"灵气"是物体聚合的原因;是电的吸引和排斥能力的原因;是光的发射、反射、折射、拐射和致热效应的原因;也是神经的功能的原因。他还为《光学》的新版(1717)撰写了描述这些物质的新的"疑问",但从未发表。不过,他的确在书中加进了别的一些"疑问",提出有一种无处不在的以太存在,它接过了从前归之于那种微妙物质的某些(但不是全部)解释性功能,而且这种以太弥漫于整个宇宙,也许可以用来解释引力。[18] 作为重力的起因,它本身是没有重量的。牛顿的读者中很少有人对他所讲的微妙物质和这种以太加以区别:他们只是从他的著作里推出这样的观念:宇宙中除了普通的可感知的物质之外,还包括有无所不在的不可见的微妙物质。

　　采纳这一观念成了 18 世纪物理学的一个特点。然而,牛顿的著作不是人们得出这种观念的唯一来源。笛卡儿也引入了一种无处不在的以太,这种以太中的运动是他对自然现象的全部解释的基础。在 18 世纪最初的几十年中,有过改进笛卡儿的天体旋涡理论的各种尝试。[19] 在更接近日常生活的层级上,笛卡儿用一种特殊类型的微妙物质的较小的旋涡(这些旋涡沿轴向穿过磁铁然后通过外部的空气返回)对磁性所作的解释,甚至被牛顿所采用并且至少到 18 世纪 50 年代末仍被广泛接受。[20]

　　同样有影响的是荷兰人赫尔曼 · 布尔哈夫(1668～1738)的工作,他在他的《化学纲要》(Elementa chemiae, 1724)中提出,宇宙间到处充满着一种无所不在的物质性的、弹性的"火",其存在和活动表现在物体的膨胀中——这些物体中包括了由丹尼尔 · 华伦海特(1686～1736)制作的温度计里的水银,这种温度计探测出并测量了这种"火"。布尔哈夫说,反对这个膨胀能力的是普通物质固有的收缩能力,它使物体在冷却时收

867

[16]　参看 Casper Hakfoort,《贝格兰及其对光的性质的判决性实验的研究(1772)》(Nicolas Béguelin and His Search for a Crucial Experiment on the Nature of Light (1772)),《科学年鉴》(Annals of Science),39(1982),第 297 页～第 310 页。
[17]　Casper Hakfoort,《欧拉时代的光学:关于光的本性的概念(1700～1795)》(Optics in the Age of Euler: Conceptions of the Nature of Light, 1700—1795, Cambridge University Press, 1995);Geoffrey Cantor,《牛顿之后的光学:英国和爱尔兰的光学理论(1704～1840)》(Optics after Newton: Theories of Light in British and Ireland, 1704—1840, Manchester: Manchester University Press, 1983)。
[18]　Home,《18 世纪欧洲的电学和实验物理学》,第 2 章。
[19]　E. J. Aiton,《行星运动的旋涡理论》(The Vortex Theory of Planetary Motions, London: Macdonald, 1972)。
[20]　Home,《18 世纪欧洲的电学和实验物理学》,第 4 章。

缩;处于固定温度的物体保持恒定的体积是因为这两种能力达到了平衡。

　　在布尔哈夫的讲述中,还不清楚是由于"火"的活动还是仅仅由于其存在就引起了被温度计记录到的膨胀。别的人完全否认"火"的物质性,而偏爱从牛顿的著作推出的观点(最早来自弗兰西斯·培根),认为火和伴随着它的热只不过是普通物质粒子的运动加剧的表现。这种把热看成物质的观点得到了约瑟夫·布莱克(1728~1799)在 18世纪 60 年代早期关于从固体到液体和从液体到蒸汽的物态变化的工作的支持。布莱克表明,在冰转变为水或者水转变为水蒸气时有固定数量的热消失了。可是,在逆过程中这些热量似乎又重新回来了。布莱克于是下结论说,热并没有被消灭,只是变得不能被他的温度计检测到罢了;它变成了"潜"热。通过观察混合物的温度变化,布莱克还得出了这样的观念:不同的物质具有不同的热容量,也就是说,给定的热量使不同的物质升高的温度不同。[21]

　　詹姆斯·瓦特(1736~1819)在 18 世纪 60 年代发展他那做了巨大改进的蒸汽机时,受到了布莱克关于热的研究工作的影响。这时也适逢化学家对气体的兴趣骤增(布莱克在这方面也有贡献)。受到布莱克的观念的启发,拉瓦锡和拉普拉斯在 18 世纪 80 年代初做了一系列著名的量热学实验,发展了蒸发过程是被蒸发的物质同热物质的化学结合的观念,拉瓦锡把这种热物质称为"热质"(caloric)。所需要的热质的量(即潜热)取决于有关的具体物质同热质的化学亲和性。推广这个观念,便假设任意气体都是某种物质同热质的化合物,当气体参加一种化学反应时,就释出热质。特别是,根据拉瓦锡的新的燃烧理论,当氧同某种可燃物质结合的时候,存在于氧气内的热质就会释放出来。正如曾使用天平来记录一个化学反应里各种有重物质的分量,拉瓦锡试图用量热器来掌握热质的去向。[22]

　　伴随普通物质还有一种微妙物质(无论是"火"还是别的什么东西)的概念,也提供了理解摩擦生电现象的早期背景环境。"电"最早只指自古以来就知道的摩擦过的琥珀或者玻璃对邻近的细小物件的吸引现象,到了 18 世纪,"电"已经变成是指一连串令人惊讶的不寻常的效应。在 17 世纪后期讨论这个论题的作者,一致认为电吸引是由藏在通常物体的微孔中的微妙物质的激发造成的,是摩擦引起这种激发,使这种微妙物质溅射到周围的空间中。然而,由于要说明的运动是向内的而不是向外的,显然还有别的什么东西参与了这一过程。至于这是什么东西以及关于微妙物质的本性,则意见纷纭。

　　在 18 世纪初,霍克斯比通过用架在转轴上的一个摩擦过的玻璃圆球做的公开表演实验,证明了起电是同光的发射相联系的——不论是在抽成真空的球内产生的辉光

[21]　Douglas McKie and Niels H. de V. Heathcote,《比热和潜热的发现》(*The Discovery of Specific and Latent Heat*, London: Edward Arnold, 1935)。

[22]　Henry Guerlac,《作为物理学的一门分支的化学:拉普拉斯与拉瓦锡的合作》(Chemistry as a Branch of Physics: Laplace's Collaboration with Lavoisier),《物理科学的历史研究》(*Historical Studies in the Physical Sciences*),7(1976),第193 页~第 276 页。

放电还是一个装有空气的球发出的火花都是如此。他还证明了,在传统的电吸引之后通常接着有一个排斥作用,并且玻璃对电作用显然是透明的,因为把一块摩擦过的玻璃或硫黄移近一个玻璃球时,会影响挂在球里的细线;他还设计了似乎表明这种微妙物质在带电体周围的空间的流动方向的实验。的确,在霍克斯比的实验里,电流体似乎是可以被感知、看到和听到的。

斯蒂芬·格雷(1666~1736)在 1731 年宣告,他发现电吸引的本领可以传递很长的距离,只要用合适的材料制成传导线并且适当地架设,这样,故事就变得更复杂了。他这些实验后来由夏尔 – 弗朗索瓦·迪费(1698~1739)重复和系统化了,这些实验导致"电"和"非电"材料的区别,前者可以通过摩擦起电但不能够传送电的作用,而后者则不能由摩擦起电但可以传送电效应。迪费还宣布了一个进一步的区别:从玻璃一类物质得到的电和从树脂一类物质得到的电不同。小纸片被摩擦过的玻璃吸引并在同玻璃接触之后被排斥,随后这些纸片会被别的摩擦过的玻璃块排斥,但会被摩擦过的树脂块吸引。反过来也一样。

与此同时,霍克斯比的旋转球起电机和他用它做的实验,成了新兴的实验物理学公众讲演潮流中一个流行的特别节目。经过加强和改进后,这种起电机在 18 世纪 40 年代早期成了一些越来越令人震撼的新效应之源。从起电机得到的火花被用来点燃酒精和其他可燃物,而且竟能从一块冰上引出电火花!许多人,包括继承迪费的衣钵成为法国的首席"电学家"的诺莱,在这些演示实验面前都信服:所涉及的这种微妙物质要么是布尔哈夫的无处不在的流体"火",要么是和它非常相像的某种东西。诺莱发展了一个详细的说明,赢得广泛的支持。他设想,在被激发的如火的物质流从起电物体流出的同时,有别的这样的流流进去取代离开的东西。物体是受吸引还是受排斥,取决于物体是处在向内的流动比较强还是向外的流动比较强的位置。当这种微妙流足够集中时,组成它们的粒子会迎头碰撞,冲破包围在粒子周围的硫黄类物质的封套,释放出其中的活性的似火物质。诺莱根据他构建理论的一般方法,坚持认为这一理论的基本前提绝非假设,而是直截了当的事实。

1746 年,米森布鲁克向世界宣布莱顿瓶实验的发现。在这个实验里,一个装满水然后起电的瓶子会对同时接触瓶内的水和瓶子外部的导电表面的人产生一个可怕的电击。这个实验引起了轰动,各地的热心者争着要亲自验证这一传闻。这个(实验的)效果令人印象如此深刻,以至说明这个实验立即成了任何电学理论的首要任务。可是对诺莱来说不幸的是,随着现象的本质的清晰化,他也逐渐清楚自己无力提供一个一致的解释。而与此同时,本杰明·富兰克林(1706~1790)却提出了对莱顿瓶实验的另一个相当成功的说明,虽然起初忽略了传统的对解释吸引和排斥的关心。在整个 18 世纪 50 年代,这两个对立的阵营之间展开了激烈的争论,虽然对诺莱的支持仍持续了一段时候,但是富兰克林的概念终于被广泛接受。

富兰克林的理论也从普通的物质都充满了一种弹性的微妙物质的观念出发。但是,他既不把它当做布尔哈夫的"火",也不把它当做牛顿的以太,而是假设它是一种特殊的电流体。他假设普通物质的任何样品自身都含有它自然具有的一定量的电流体,起电过程只不过是这种微妙物质在摩擦的东西和被摩擦的物体之间的传递,使得一个物体的电物质多于其原先具有的自然量,而另一个的则减少了。在富兰克林的术语中,前者带"正"电而后者带"负"电。在诺莱的理论里,起电程度是一个基本量,而富兰克林却得出了物体"带电"可正可负的观念。他把这两种可能性与迪费的玻璃电和树脂电相对应。富兰克林注意到尖细的导体具有使附近带电物体放电的能力,他构思了一个实验,用来证明雷雨云是带电的而闪电是一种放电过程,这个实验最早于1752年5月在巴黎附近成功实现了。他由此得出结论,在建筑物上竖立针状的导体("避雷针")能够保护它免受雷击,这一成果被欢呼为理性对自然界的胜利。

　　富兰克林在为他的理论提供一个前后一贯的动力学基础方面,或者在解释后来所谓的"静电感应"方面,就不那么成功了。然而,弗朗茨·埃皮努斯(1724～1802)在1759年发表了富兰克林理论的一个完全兼容的版本。他抛弃了富兰克林关于带电物体周围有一种电流体"氛围"的观念,而倾向一种超距作用的说明。按照富兰克林的观点,是这种氛围同别的氛围或普通物体相互作用给出观察到的电运动的。但是,为了使其理论在逻辑上一贯,埃皮努斯假设,不仅电流体的粒子互相排斥的同时被普通物质的粒子吸引,和富兰克林假设的那样,而且普通物质的粒子是互相排斥的。许多人拒绝这一观念,因为它同牛顿的引力相抵触(这一点埃皮努斯自己并不承认),他们转而假设实际上有**两种**电流体,在正常情况下两者互相中和,但在起电过程中分离开来;根据这一理论,埃皮努斯所需要的附加的排斥力来自第二种电流体而不是普通物质。然而,从操作的观点看,并没有办法区分二流体理论和单流体理论。[23]

　　埃皮努斯在同一著作里也构造了一种磁学理论,与他对富兰克林电学理论的改进版本相似。他假设存在有一种微妙的磁流体,它的重新分布就给出了正负"磁荷"(埃皮努斯把它们认做是北磁极和南磁极),并由此给出与磁铁有关的各种现象。这一理论很好用,很快就取代了源自笛卡儿的传统磁旋涡理论。但是这时,由于与电的情况相同的原因,许多接受这个理论的基本想法的人,认为有两种磁流体而不是一种。

向一门定量的物理学前进

　　18世纪的物理学还不是我们今天所了解的那样一门数学化的科学。虽然力学已经变得几乎全盘数学化了,但是数学常常还是远离任何真实世界状况的。同时,大多

---

[23] 《埃皮努斯关于电学和磁学理论的论文》(*Aepinus's Essay on the Theory of Electricity and Magnetism*, Princeton, NJ: Princeton University Press, 1979), R. W. Home 编, P. J. Connor 译; J. L. Heilbron,《17世纪和18世纪的电学:近代早期物理学研究》(*Electricity in the 17th and 18th Centuries: A Study of Early Modern Physics*, Berkeley: University of California, 1979)。

数实验研究完全是定性的,为说明实验观察而发展出来的理论常常表达得太含糊,以致不能用数学术语重新构建。此外,还有社会壁垒需要克服,因为数学家和实验家多半分属不同的团体,互相之间很少沟通。但是,大约 18 世纪 60 年代后,更多的实验家担负起定量工作。反之,大约在那个世纪末,数学家发展出来的一些强有力的分析工具开始成功地应用到由实验物理学提出的问题。两群人之间的社会壁垒也开始消融,特别是在法国,那里新设立的综合工艺学校(École Polytechnique)为 19 世纪初涌现的第一代数学物理学家提供了一个学术基地。

把一个定性的实验课题完全数学化可不是一件简单的事。许多实验研究者积极反对在物理学里运用数学。诺莱把不精确性看做是与实验物理学分不开的。他说,"对于一位物理学家,过于沉湎于几何学是危险的",反过来他强调有必要"别把几何精确性轻蔑地自贬为'差不多'"。这样的态度持续着,甚至在下一世纪的前几十年里,许多德国的物理学教授仍然轻视数学描述,认为数学将诱使物理学家离开他们正当的研究领域。[24]

另一些实验家信奉牛顿的范例,知道发现定量的经验定律的重要性,但感到这个任务超出了他们的能力。例如,米森布鲁克是熟悉牛顿在引力定律上的成就的,他在 18 世纪 20 年代花了很大力气去确定两块磁体之间的作用力。但是,最终他被迫承认失败。他写道:"我只能够作这样的结论,在力和距离之间没有比例关系。"作为事后的评论,我们可以看出他测错了对象,他测的是两个整块(球形)磁铁之间的作用力,而不是像夏尔-奥古斯丁·库仑(1736~1806)在 18 世纪 80 年代那样测量两个实际上孤立起来的磁极之间的作用;但是米森布鲁克没有得到适当的理论的指引。

科学仪器行业的日益发展对促进实验物理学的兴起以及推动定量实验方法起了重要的作用。在天文学、导航技术和测地学等方面需求的驱动下,特别是伦敦的仪器行业,在制造线度和角度标尺以及它们所装备的仪器方面达到了新的精密度水平。新技术是同物理学的进步紧紧相联的,又常常促进了物理学的进步,使这门学科得到越来越多的实际应用。我们已经提过多隆德在无色差透镜组方面的工作。另一个例子是,在 18 世纪 40 年代,高英·奈特(1713~1772)发明了一种制造比天然磁铁更强和更持久的人工磁铁的方法。这些发明显著地改进了航海罗盘的可靠性,奈特的成就也刺激了新的磁学研究。市场上推出了大为改进的磁偏计和磁倾仪,热心人士开始系统地记录地球磁场的日变化。改进的气压计和温度计在气象记录中立刻找到了应用。我们已经提过可靠的温度计的发展同热学进步之间的联系——这些进步自身就澄清了温度计所测得的温度与热量之间的区别。量热学的发展要求人们注意到从实验设备流失的热,这导致拉瓦锡和拉普拉斯发明了冰量热器。在电学方面,第一批用验电

[24] Kenneth L. Caneva,《从流电学到电动力学:德国物理学及其社会环境的改变》(From Galvanism to Electrodynamics:The Transformation of German Physics and Its Social Context),《物理科学的历史研究》,7(1978),第 63 页~第 159 页。

器进行定量工作的尝试可以追溯到 18 世纪 40 年代,但人们想要测量的那个量"起电度"与所做的测量在理论上却没有建立起确切的联系。在那个世纪的晚些时候,随着"电荷"概念的建立,设计出了大大改进了的静电计;由于采用了阿雷桑德罗·伏打(1745～1827)发明的"电容器",这些静电计能够检测出微小的起电效应。这些仪器在伏打的研究工作中起了重要的作用,伏打的研究导致他于 1800 年发明了"电堆"作为持续的电流源。但是,长期以来始终没弄清楚静电计测量的是什么:是电荷还是电流体中的压力或张力(与空气的情况类比)。伏打判断所测量的是张力,他认识到不同的物体对电具有不同的"容量",猜想带电物体上的电量依赖于下面这个线性关系:

电量 = 电容量 × 张力

更一般地说,如何建立联系各个实验变量之间的数学关系,仍然是最不清楚的。新的仪器带来的日益增长的精密度突出了不同测量间的不一致,但是 18 世纪的物理学家很少有人关心怎样对待这些不一致。"实验误差"的概念、数据的图示以及统计方法的运用是在 19 世纪发展的而不是在 18 世纪。18 世纪的工作者在报告定量数据时,常常是不加评论地列出一长串数字,而事实上这些数字只是他们的数值计算的产物,或者,他们在少得惊人的证据的基础上宣称一些普遍性的结论。例如,库仑在他著名的 1785 年测定两个带电物体之间的力的定律的工作里,仅仅给出三组实验数据,而其中的一组甚至同他所提出的平方反比定律并不很好地符合!

想要把物理理论数学化的工作者还面临着别的一些问题。如果有人曾尝试过,他会发现,要把 18 世纪上半叶广泛接受的磁学的旋转涡旋理论表述为一个数学理论是不可能的,因为当时的数学流体动力学还不能胜任这项任务。与此类似,欧拉想要发展一个光的波动的数学理论的尝试,也受到流体介质中的波动理论尚未发展起来的严重限制。一般说来,一个定性表述的理论是不适宜于数学化的。比如,富兰克林的电学理论,尽管它成功地使莱顿瓶实验可以理解,其自身却因逻辑上还不够一贯而做不到数学化。只有在埃皮努斯对它的基本原理进行了清理并使它们兼容以后(这些做法有时与富兰克林自己的概念相去甚远),才变成可以进行数学处理。尽管这样,由于埃皮努斯无法证明两个电荷之间的力是遵循平方反比定律的形式,他还是只能以一种半数学的理论程式告终。亨利·卡文迪许(1731～1810)在 1771 年把这一进程往前推进了一些,但只有等到库仑的工作,尤其是西梅翁 - 德尼·泊松(1781～1840)在下个世纪早期的工作之后,才发展出一个完全数学化的理论。

因此,在以实验为基石但却以数学方法表述的物理学的发展道路上,存在着一组错综交叠的困难(实验的、概念的和数学的)。18 世纪的科学家没有几个具备有解决这些问题的能力。社会上流行的格局是,实验家几乎都不具备最起码的数学知识,而数学家也极少有人对于所受的约束有任何概念——他们的分析要成为物理学的一部分,就必须在这些约束下工作。只有很少几个人跨越了这条鸿沟,例如埃皮努斯,但他们发现他们的工作很难找到听众:实验家发现其中的数学是他们不懂的,而数学家则认为它过于初等而毫无兴趣。在埃皮努斯的事例中,这使得他的著作在发表后一代人的时间内都未能产生出它的全部影响。甚至到了那个世纪末,虽然理性力学和实验物理学都已经建立起普遍接受的运作规范,它们仍然是分隔得很远的两项活动。物理学作为把这两个实践领域成功地结合在一起的一门科学,那是 19 世纪的事情了。

374

（关　洪　王秋涛　译　秦克诚　校）

16

化　学

让・戈林斯基

1855 年,在谈到现在被称为启蒙运动的时代时,苏格兰辉格党人亨利・布鲁厄姆这样评论道:"[那时的]化学几乎完全是……这个卓越时代的产物。"100 年后,以批评历史的辉格式解释而著称的英国历史学家赫伯特・巴特菲尔德,却发出了他对启蒙运动时的化学的一个相当负面的评价。众所周知,在其《近代科学的起源》(*Origins of Modern Science*, 1949)一书中,巴特菲尔德把 18 世纪的化学归入某种被遗忘的边缘地带,正在那里等待着它"延迟了的科学革命",而这场革命是随着 18 世纪最后 20 年拉瓦锡(1743～1794)的工作才到来的。他认为启蒙运动时期的化学一直是"不成熟的",它的发展因哲学上的混乱和缺少恰当的思想框架而受到阻碍。布鲁厄姆和巴特菲尔德之间的意见分歧与他们背道而驰的政治观点之间有着有趣的联系。这位辉格派史学家把化学看成是一个逐渐进步的漫长过程,拉瓦锡的个人成就是这个过程的顶峰,而另一位反辉格派史学家却把这位法国化学家当做是第一个对这门知识的基本思想有真正洞见力的人,尤如一座在充满混乱和错误的黑暗田野中的灯塔。[1]

辉格派和反辉格派的观点继续支配着大多数关于 18 世纪科学的历史著述,化学领域就是相当重要的一方面。辉格派史学家期望编制具体的以及永久的真实发现的目录——不断积累的实证的知识——比如说新的气体、矿物种类和盐类的发现。巴特菲尔德的反辉格主义在亚历山大・柯瓦雷的研究方法中,在源自康德的旨在探索创立

思想模式、世界观(Weltanschauungen)或范式的哲学史传统中,都得到了反映。这些在拉瓦锡之前是很少有的。通常拉瓦锡的成就被认为是为化学提供了先前所缺少的理论框架。在 20 世纪,人们针对拉瓦锡理论成就的实质给出了各种各样的阐述,虽然各自强调其工作的不同方面,但都经常重申拉瓦锡自己的表述——他是一个断然与以前化学传统决裂的人。有些学者一直认为新的氧化理论是关键的一步,在这一理论中,大气中的氧气被赋予了正确的角色,虚构的燃烧原理"燃素说"被抛弃了。换句话说,

---

[1] Henry Brougham,《乔治三世时代哲学家们的生活》(*Lives of the Philosophers of the Time of George III,* Edinburgh: Adam & Charles Black, 1872),《布鲁厄姆著作集》(第一部)(*Works of Henry Lord Brougham* , I),第 xxi 页;Herbert Butterfield,《近代科学的起源》(*The Origins of Modern Science,* London: Bell, 1949),第 191 页。

拉瓦锡受到拥戴是因为其对化学组成的新认识,以及他关于元素是迄今为止最佳分析方法的产物这一实用主义的界定。或许还有对物质的气体形态的革命性的认识——通过加热物质能够使物质转变成气态而不改变其化学性质。也许,最重要的,正如人们所宣称的那样,是关于化学变化时物质守恒的理论——这是一个通过精确的天平的使用而被发现,并由化学方程式正式表示的定律。

所有这些关于拉瓦锡成就的看法都强调把其理论特征作为后来化学科学发展的一个思想基础。尽管近来的史学家们小心翼翼地与巴特菲尔德的观点保持距离,但有时还是做出了这样的断言:在将化学构筑成为一门真正的"科学"时,拉瓦锡的工作代表了革命性的第一步。拉瓦锡本人及其最亲近的弟子们所创造的"起源神话"(origin myth)仍然有着长期的影响,结果使他之前的工作成为徒有其表之物。[2] 反辉格主义的观点把拉瓦锡的成就确定为一场概念性革命,这使人们很难认清拉瓦锡之前化学的特征。在下面的分析中,我试图避开辉格主义和反辉格主义的极端观点。我将不会把启蒙运动的化学简单地叙述为一个积累真实资料的过程。我们将看到:化学发现并不总是一些中性的事实,它们也是一些有争议理论的标志——对于一些解释模式而言是至关重要的,而另一些模式却会将其忽略。但是,我们也会看到:在拉瓦锡赋予化学与现代观点相类似的理论框架之前,它就已经作为一门学科而存在了。18 世纪的化学是一门以书本和口头讲演形式组成的实用技术、工具和材料的知识体系。学生们被授以吸收新知识的方法,并对这门学科的历史产生一种清楚的认识。然而,当时的化学是一门没有彻底严格界限的学科,它与相邻学科特别是与自然哲学和博物学,相互进行概念和实验现象的建设性的交流。化学家用各种各样的理论系统来解释这样一些现象,在这些现象是否真正属于化学这一范畴的问题上时常产生分歧。这种分歧显示出这些新奇试验结果的重大价值,以及它们对于所要研究的化学理论的含义。

因此,我将从考察 18 世纪化学本身开始,论述这门学科的组织和讲授方式以及着手进行这项工作时的社会背景,还有为此而用到的材料、工具和五花八门的各种手段。在这样的背景下,无论是机械论的(借助于特定的微粒形状和运动)还是牛顿学说的(借助于粒子间特定的吸引力),我们都可以对物质在哲学体系上的重要性进行评价。这些物质理论能够与其他现有的概念性结构化学知识的方法相比较,比如盐类成分的分类方法和流行的物质间"亲合力"表格。大约在 18 世纪中叶,针对化学家[如何]对其所遇到的物质的特性建立体系,有人进行了一项研究,这使我们对新奇异常的化学实体的出现而有所准备。人们将会认为:关于如何理解新的气体和"无法精确估量的事物"(热、光和燃素)的争论,直接导致了拉瓦锡自称的"革命"。因此说,拉瓦锡的成就并不是近代科学终极的目标。面对着混乱的新现象,化学家们提出了将关于物质及

〔2〕 Bernadette Bensaude-Vincent,《拉瓦锡:一场革命的回忆》(*Lavoisier: Mémoires d'une révolution*, Paris: Flammarion, 1993),特别是第 363 页~第 392 页。

其特性和行为的知识组织成一个有机整体的目标,而拉瓦锡为此做出了才华横溢的创造性的贡献。通过修正化学先驱们留下的教学与实验室实践传统,拉瓦锡及其支持者清楚表达了这个新的体系。新的仪器、新的实验方法、新的教科书以及一种新的语言都是新化学的工具,尽管它们被定性为创新,但仍保留了历史遗产的痕迹。

学科和启蒙运动

　　拉瓦锡的革命是在化学实践漫长的旧秩序(ancien régime)背景下展开的。作为一门组织化的学科(以教科书和课程为代表),化学的开端可以追溯到 16 世纪末。根据这门学科内容的整体构成来看,从这一时期到 18 世纪后期都存在着相当程度的连续性。从其工具来源方面,也可以说,化学经历了一个相对稳定的长时段(longue durée)。到 18 世纪中叶以前,基本的实验室设备——玻璃器皿、坩埚和熔炉——几乎没有发生什么改变,这种状况至少持续了 150 年。[3] 有关热和气体的新奇实验现象的出现以及化学量值朝向更加精确测量的进展,都给 18 世纪后期的实验室工作带来了重要的变化。只有从那时起,化学实践的旧秩序才开始瓦解。

　　欧文·汉纳维令人信服地指出,化学教科书的近代传统是由安德烈亚斯·利巴菲乌斯(约 1540～1616)的《炼金术》(Alchemia, Frankfurt, 1597)开始的。利巴菲乌斯是一名信奉路德教的校长,他把许多化学制剂配方的古代文本形式系统组织在有关实验的标题下。他采纳了人文主义施教者的方法:界定这门学科的主题,对定义进行划分并依次阐述每个部分,诸如此类,用一系列二分法呈现整个学科,并以树形分支图的形式加以描述。利巴菲乌斯坚持化学作为一门学科的独立性,并把它置于各种实用技艺之上的主导地位。化学的这种教学法上的阐述,是一种抗争,用以反对利巴菲乌斯所认为的瑞士炼金术士和医生帕拉塞尔苏斯 16 世纪后期追随者的蒙昧主义和渎圣的神秘主义。[4]

　　坚守系统的方法并公开宣称对那些晦涩难懂的炼金术著作的厌恶,是 18 世纪的化学教科书所具有的主要特点。这些教材其他形式上的特点基本上也是源自利巴菲乌斯,尽管随着时间的流逝,这些特点有某种程度的改变。这些教材通常会讨论典型实验室的仪器,介绍预备过程的细节。像蒸馏、升华、过滤和溶解等具体的化学操作都被罗列出来并加以分类。从定义化学开始入手开启讲解进程——如赫尔曼·布尔哈夫(1668～1738)的《化学原理》(Elementa Chemiae, 1732),这一做法一直延续了下来。18 世纪一些教师为传统的化学课本大纲增加了一个特点,即该学科历史的介绍性的评论。莱顿的布尔哈夫、格拉斯哥和爱丁堡的威廉·卡伦(1710～1790)都采取了这种做

〔3〕 Frederic Lawrence Holmes,《作为一种研究事业的 18 世纪化学》(Eighteenth-Century Chemistry as an Investigative Enterprise, Berkeley: Office for History of Science and Technology, University of California, 1989),第 17 页～第 20 页。

〔4〕 Owen Hannaway,《化学家及术语:化学的教学起源》(The Chemists and the Word: The Didactic Origins of Chemistry, Baltimore, MD: Johns Hopkins University Press, 1985)。

法。这种多少应归功于启蒙运动在推测史(conjectural history)*方法所加影响的历史导论,将本学科信息的完整性与连续性统一在一起。[5]

布尔哈夫和卡伦在大学里从事教学的过程中,利用了化学在旧秩序中获得的一个重要建制位置。17 世纪早期,德国大学在确立化学的地位方面处于领先地位。然而这门学科的学术状况仍然取决于医学教育的需求。由于教师们常常没有薪金或者所得报酬过低,所以他们要依靠从医学专业学生、内科医生、药剂师和其他对化学有兴趣的人那里收取学费。当化学由于医学院的极大成功而在莱顿大学和爱丁堡大学蓬勃发展之时,它在牛津大学和剑桥大学却已经被冷落很多年了。

在 18 世纪,大学绝不是化学家施展其知识技能的唯一地方。在德国和斯堪的纳维亚的矿业和管理学会里也有许多机会。在巴黎,王家科学院在整个 18 世纪通过向其学会会员支付薪金的方法,培育了一个卓越的化学研究传统。它在王家花园(Jardin du Roi)和法国首都的其他地方,任命了一些讲师,面向大众讲授:狄德罗和卢梭就在王家花园聆听讲座的人群之中。在 18 世纪后半叶,欧洲许多国家成立了省级学会和当地学术团体,为化学家提供了更多讲演以及从事其研究的机会。在英格兰,公共的科学讲演者(此人也可能是一位作家)成为教育传播和休闲商业市场的一个特色。彼得·肖(1694～1763)就是在 18 世纪 30 年代早期开始从事这种职业的第一位化学家,到 18 世纪 70 年代伦敦和一些地方省份也出现了几位仿效者。[6]

正是通过与具有各种不同背景的大批听众的交流,化学才获得了启蒙科学的形象。其被人们感知到的效用在这个过程中起着关键作用。但是人们的理解是这门学科的效用越广泛越可靠,它的科学或者"哲学"背景基础就越牢固。因此,启蒙运动时期的化学家进一步发展了利巴菲乌斯的主张:由于化学具有良好的组织架构并为许多实用技术提供了基础,所以它是一门自主的科学。[它]与医学的关系是最密切也是最古老的,是帕拉塞尔苏斯与其追随者(他们倡导使用以化学方法制备的药品)留下的一笔长期遗产。到 18 世纪,尽管化学药物药剂师的主张仍然遭到一些内科医生的怀疑,化学药物还是在药典中获得了公认的地位。为此,最新的医学教育包括了关于化学方面的课程。在德国和斯堪的纳维亚半岛,化学同矿物学、冶金学技术之间的关系也可追溯到文艺复兴时期,而且在 18 世纪期间,当新的矿物资源被开采之后,化学得以充分发展。化学技术的全新领域也由此展开。在苏格兰,卡伦和当地学会的其他化学家们致力于国家的经济发展,从事化学在染色和漂白工艺、食盐生产和农业化肥的利用

* 推测史方法,更为人知的名称是"自然史"(natural history)方法,最初由休谟(1757)所倡导,后经亚当·弗格森(1767)、约翰·米勒(1771)和亚当·斯密(1776)三种明显不同的形式。——校者

[5] John Christie,《18 世纪化学编史学:赫尔曼·布尔哈夫和威廉·卡伦》(Historiography of Chemistry in the 18th Century: Herman Boerhaave and William Cullen)《炼金术史和化学史学会期刊》(Ambix),41(1994),第 4 页～第 19 页。

[6] Jan Golinski,《作为公众文化的科学:英国化学和启蒙运动(1760～1820)》(Science as Public Culture: Chemistry and Enlightenment in Britain, 1760—1820, Cambridge University Press, 1992),第 52 页～第 63 页;Karl Hufbauer,《德国化学共同体的形成(1720～1795)》(The Formation of the German Chemical Community, 1720—1795, Berkeley: University of California Press, 1982)。

等方面的应用研究。化学家们宣称,若是期望这些技术能够获得进一步发展,就应致力于所有这些技术的基础科学的研究。[7]

通过与这些技术的实践者和赞助者建立社会联系,以及通过具体的实验研究工作,18世纪的化学家们将其学科定位在自然知识和统治物质世界的力量二者关系的中心点上,这种关系是作为那个时代的一个特征而出现的。对于历史学家来说,从18世纪的化学家所**说**的来了解这项工作的踪迹要比从他们所做的来得更加容易。他们的著作保存下来了,但他们行动的痕迹已经随着时间的流逝变得模糊不清。在漫长的(longue durée)过程中,有关口头传述和支撑这一学科的那些"不言而喻的"知识,我们知之甚少。教科书似乎不足以培养出一名化学家,化学家也必须通过看和感觉来学习——实际上是通过嗅、尝和听,因为所有这些感觉的培养被认为是化学家成长的一个重要部分。根据一名作家的说法,化学家需要"以指尖做温度计和以头脑做时钟"[8]。诸如此类的具体技能已经几无踪迹可循,甚至比那些取代了18世纪一些仪器的实物遗存还要少。到18世纪末,名副其实的温度计和时钟才成为实验设备的常规仪器,还有其他测量装置:气压计、量气管、热量计、气量计,还有最重要的装置——天平。化学的旧秩序(ancien régime)的终结标志在于:从依赖感觉和非正式的数量估计转变为使用一系列精密的仪器进行日益准确的测量。[9] 通过训练手段对这门学科进行重构,这些手段远不止于对教科书进行修订。此刻"训练"具有了一种按照实验室新设备的要求对化学家进行动手技能培训的含义。作为人文主义教学的产物,理论化学已经形成了;到19世纪初,像工业革命时代的其他科学一样,当时正通过一种正规的实验室训练课程对理论化学加以反复灌输。

381

物质哲学

巴特菲尔德宣称,直到18世纪末,化学才完成了它连贯一致的基本概念框架。而更早的一位历史学家埃莱娜·梅斯热已经证明,物质哲学从17世纪初起就在化学中起着重要作用。梅斯热的开拓性研究,特别是《法国的化学学说》(*Les doctrines chimiques en France*, 1923)和《牛顿、施塔尔、布尔哈夫的化学学说》(*Newton, Stahl, Boerhaave et la doctrine chimique*)(1930),重构了与机械论哲学、牛顿学说和哈勒的格奥

[7] Archibald Clow 和 Nan L. Clow,《化学革命:一种对社会技术的贡献》(*The Chemical Revolution: A Contribution to Social Technology*, London: Batchworth, 1952);Arthur L. Donovan,《苏格兰启蒙时期的化学哲学:威廉·卡伦和约瑟夫·布莱克的学说和发现》(*Philosophical Chemistry in the Scottish Enlightenment: The Doctrines and Discoveries of William Cullen and Joseph Black*, Edinburgh: Edinburgh University Press, 1975),第34页~第92页。

[8] G. F. Venel, 引用自 Isabelle Stengers,《模棱两可的亲合力:18世纪化学的牛顿学说之梦想》(*L'affinité ambiguë: le rêve newtonien de la chimie du XVIIIᵉ siècle*),载于 Michel Serres 编,《科学史的基本要素》(*Éléments d'histoire des sciences*, Paris: Bordas, 1989),第297页~第319页,引语在第309页。

[9] Lissa Roberts,《感觉上的化学家之死:"新"化学与感觉上的技术的转变》(The Death of the Sensuous Chemist: The "New" Chemistry and the Transformation of Sensuous Technology)(*Studies in History and Philosophy of Science*),26(1995),第503页~第529页;Trevor H. Levere,《18世纪化学的实践、仪器和成长》(Practice, Apparatus, and the Growth of Eighteenth-Century Chemistry),1995年11月28日在 Dibner Institute for the History of Science and Technology, MIT, Cambridge, MA 的发言。

尔格·恩斯特·施塔尔(1660～1734)教授的著作相联系的物质理论的发展。梅斯热的研究一直令人肃然起敬,在物质哲学理论的探索方面,后来的学者们一直在效仿她,但是史学家们也重新考虑了物质理论同化学思想和实践的其他领域之间的关系问题。梅斯热所信奉的编史工作倾向于通过假定科学发展中的首要的基本哲学概念对问题做出预先判断,与此相反,最近的研究揭示了一种更难解决并且更加矛盾的影响。[10]

17世纪的机械论哲学利用古代的原子概念对化学理论做出了几项贡献,但是这些几乎没有影响到实践活动,对于化学著述的某些传统,它们仍处于相对边缘地带。机械本体论在尼古拉斯·莱默里(1645～1715)的《化学课程》(*Cours de chymie*, 1675)中被用来解释酸的特性。莱默里认为酸的辛辣味道和腐蚀性作用源于那些能够渗入其他物体孔隙的、具有锐利尖端的粒子。但是,这些推测只是占据了他对化学反应"理由"描述的一小部分,这对占他著作绝大部分的传统内容并没有影响。类似地,罗伯特·波义耳在他的一些实验论文中谨慎提出,[可以]尝试根据物质微粒的形状和结构对化学反应进行合理阐释,但是这并没有引起其他化学作者的注意。波义耳由于其文辞优美的对话著作《怀疑的化学家》(*The Sceptical Chymist*, 1661)赢得了更多的认可。在这本书里,他反对存在元素的传统理论或那些认为通过火的分解[元素依然]保持其原来化学特性的看法。这些观点在包括莱默里在内的其他人那里得以重申,并且削弱了传统上已被确认的化学元素的可信性。一位同时代的人批评说波义耳"在他摧毁了化学的旧基础时,并没有为化学奠定一个像样的新基础"。[11]   *382*

在18世纪初,作为牛顿的思想的一个化学物质理论来源,机械论哲学取得了成功。人们又开启了一项重建化学的雄心勃勃的计划,但是这项计划并不符合大多数化学家注重实效的目标。牛顿的自然哲学对化学的影响比早期那些"信奉牛顿学说的人"所希望的要更加微妙、更加迂回曲折。第一批投身于牛顿哲学体系的化学作家是约翰·凯尔(1671～1721)和约翰·弗兰德(1675～1728),这两位在18世纪头10年都在牛津大学工作。1708年,凯尔在王家科学院《哲学汇刊》上发表的论文延续了牛顿本人关于化学现象的论述,这个论述出现在《光学》1706年的拉丁文译本中的第23个**疑问**里(随后在本书的1717年版中,被修正为第31个**疑问**)。在《光学》一书中,牛顿应用微观力的

[10] Hélène Metzger,《17世纪初至18世纪末法国的化学学说》(*Les doctrines chimiques en France du début du XVIIᵉ à la fin du XVIIIᵉ siècle*, Paris: Presses Universitaires, 1923); Metzger,《牛顿、施塔尔、布尔哈夫的化学学说》(*Newton, Stahl, Boerhaave et la doctrine chimique*, Paris: Alcan, 1930); John R. R. Christie,《埃莱娜·梅斯热及18世纪化学的科学史》(Hélène Metzger et l'historiographie de la chimie du XVIIIᵉ siècle),和Evan M. Melhado,《梅斯热、库恩和18世纪学科史》(Metzger, Kuhn, and Eighteenth-Century Disciplinary History),见Gad Freudenthal编,《埃莱娜·梅斯热研究》(*Études sur / Studies on Hélène Metzger*, Leiden: E. J. Brill, 1990),第99页～第108页,第111页～第134页。

[11] Metzger,《17世纪初至18世纪末法国的化学学说》,第281页～第338页;T. S. Kuhn,《罗伯特·波义耳和17世纪的结构化学》(Robert Boyle and Structural Chemistry in the Seventeenth Century),《爱西斯》(*Isis*),43(1952),第12页～第36页;Antonio Clericuzio,《卡尔尼德斯和化学家们:〈怀疑的化学家〉及其对17世纪化学影响的研究》(Carneades and the Chemists: A Study of *The Sceptical Chymist* and Its Impact on Seventeenth-Century Chemistry),载于Michael Hunter编,《罗伯特·波义耳再思考》(*Robert Boyle Reconsidered*, Cambridge University Press, 1994),第79页～第90页;John Freind,《化学讲座》(*Chymical Lectures*, London: J. W. for Christian Bowyer, 1729),第4页。

概念来解释各种各样的化学现象。微观力的概念类似于重力但却在更小的规模上起作用。这个概念尤其与置换反应相关,比如将铜加入到酸性银盐溶液里银会沉淀这种反应,就是因为铜和酸之间特殊的吸引力比银和酸之间的吸引力要强,所以银就从化合物中被置换出来了。牛顿指出:可以将金属根据其与所研究的酸的吸引力强弱进行排列,而且其他类型的反应也可建立类似的顺序。尽管这一现象对于许多化学家来说不是什么新鲜事,但是按照牛顿的论述,用与重力类似的微观力来解释这一现象好像是有道理的。[12]

这是凯尔和弗兰德逐步阐明的观点。凯尔的论文提出了一系列假定的公理来解释建立在特殊引力基础上的化学现象,而这些现象又可以采用诸如物体粒子的相对密度、形状和结构等因素加以解释。弗兰德的教科书《化学讲义》(*Praelectiones Chymicae*,1709)是在牛津阿什莫尔博物馆(Ashmolean Museum)地下实验室发表的讲演的汇编。这本书重申了这些公理而且进一步用它们对各种化学反应做出解释。然而,弗兰德不能解释为什么有些物质具有相似的化学特性。吸引力似乎与特性无关,而化学家们认为这种特性是某些物质所特有的。为此,在随后的几十年里,弗兰德的书有时会被自然哲学家引用,却很少被化学家引用。有几名作家继续把化学物质间的相互吸引或"亲合力"与牛顿的力的概念联系起来,但是正如我们将要了解的一样:化学亲合力的排序在 18 世纪化学中有一个重要的功能,并且完全独立于牛顿思想之外。[13]

牛顿不仅在其颇具影响力的《光学》疑问中对吸引力加以讨论,而且他也提到了排斥力存在的可能性。他指出,"不论是想象空气粒子具有弹性和分枝,或是像箍圈一样卷曲起来,还是利用任何一种除了斥力以外的方法,似乎都无法理解发酵"——他指的是通过发酵,从固体或液体中释放出"空气"的任何过程。这些论断在气体化学产生的过程中起了重要作用,因为在气体化学中,空气流体的释放过程以及把空气"固定"在固体或液体中的逆过程都是核心问题。斯蒂芬·黑尔斯(1677~1761)是米德尔塞克斯郡(Middlesex)特丁顿(Teddington)的一名牧师,他在《植物静力学》(*Vegetable Staticks*,1727)一书里研究了这些现象,认为它们证明了空气粒子之间排斥力的存在。黑尔斯提出了一个概念性的词汇,用它来解释气体、固体和液体物质的相互作用,认为:对空气膨胀起作用的排斥力能够通过重量更为巨大的物质粒子间足够强的吸引力来加以克服,在这种情况下空气将被"固定"下来。为了研究这些过程,黑尔斯也研制出了仪器。他设计了"集气槽"来收集和测量化学反应放出的气体样本,即把气体导入

[12] Isaac Newton,《光学》(*Optics*, New York: Dover Publications, 1952),第 381 页之后;John Keill,《约安尼斯·基尔解释引力定律和其他物理原理的论文》(Joannis Keill ... In qua Leges Attractiones Aliaque Physices Principia Traduntur),《王家学会哲学汇刊》(*Philosophical Transactions of the Royal Society*),26,(no. 315)(1708),第 97 页~第 110 页;Keill,《化学过程的机械解释》(De Operationum Chymicarum Ratione Mechanica),A. Guerrini 和 J. Shackelford 译,《炼金术史和化学史学会期刊》,36(1989),第 138 页~第 152 页;Arnold Thackray,《原子和动力:论牛顿物质理论和化学进展》(*Atoms and Powers: An Essay on Newtonian Matter-Theory and the Development of Chemistry*, Cambridge, MA: Harvard University Press, 1970),第 8 页~第 82 页;Anita Guerrini,《1700 年左右牛津和剑桥的化学教学》(Chemistry Teaching at Oxford and Cambridge, circa 1700),载于 P. Rattansi 和 A. Clericuzio 编,《16 世纪和 17 世纪炼金术和化学》(*Alchemy and Chemistry in the 16th and 17th Centuries*, Dordrecht: Kluwer, 1994),第 183 页~第 199 页。

[13] John Freind,《化学讲义》(*Praelectiones Chymicae*, London: J. Bowyer, 1709)。

一个灌满水的容器中,并把这个容器倒置在一个同样装满水的盆里。考虑到化学性质截然不同的气体其流动性存在着差别,黑尔斯有时候因不能区分他所制作出来的气体而遭受批评;而且他坚持认为各种气流实质上都是一类实体,尽管有时候它们被其他混合在一起的物质所污染。事实上,他对气体的化学鉴别的兴趣,远不及对气体在由引力和斥力的平衡所支撑的神启自然系统中的作用感兴趣。比如,正是根据引力和斥力的平衡,他认识到一个燃烧物体周围的空气体积的减少的原因:由于释放出了具有强吸引力的硫或酸的粒子,使它们污染的空气的弹性减小了。由于空气具有关键的神启作用(providential role)——"这个崇高而重要的元素被伟大的自然界全知全能的创造者赋予了一个最为有效的角色"——黑尔斯用它去表达了这个世界上神启作用问题,这是 18 世纪自然哲学中一个非常重要的论题。[14]

亲合力和组成成分

在《光学》的第 31 个疑问中,牛顿指出:化学物质可以按照它们与另一种物质间的引力的强弱排序。他的想法似乎在 1718 年得以实现,那时艾蒂安·弗朗索瓦·日夫鲁瓦(1672～1731)向巴黎科学院递交了一份"不同物质间遵循不同关系的表格"(见图 16.1)。图中的 16 列都以不同的酸、碱和金属的符号为首。在每一个符号下面,按照化合强度递减顺序排列着那些能够与其形成化合物的物质的符号。日夫鲁瓦谨慎地避免使用"引力"这个带有明确的牛顿学说内涵的术语,也避免援引"亲合力"这个能够唤起神秘共鸣的炼金术概念。通过对联系(rapports)(关系)的简单讨论,他设法在一些理论问题上保持中立,这些理论问题将信仰牛顿学说的人与仍然在法国科学界占优势的笛卡儿哲学的信徒们相互分开——事实上,这个预防措施并不能消除日夫鲁瓦在暗中表述牛顿学说的嫌疑。[15]

日夫鲁瓦的表格是众多出现在 18 世纪的此类表格中的第一个。亲合力表,正如它的名称一样,越来越庞大、复杂,概括了更多的关于化学反应和化合物的信息。在 1775 年,瑞典化学家托尔贝恩·贝里曼(1735～1784)提出一个分为两部分(包括湿反应和干反应)的表格,包括 34 列,而且每一列中有多达 27 种物质。一些历史学家把这些表格的普及当做是牛顿物质哲学对 18 世纪化学思想产生影响的一个标志。那些关于化学中"牛顿学说传统"的研究把这些表格视为该传统的一个重要线索。然而,另一些研究则认为,对亲合力表的理解应当考虑到它们在化学家研究和教学中的用途,它们反映的不是一个特定的牛顿学说的传统,而是关于诸如化合物和反应这类问题固有

[14] Newton,《光学》,第 396 页;Stephen Hales,《植物静力学》(*Vegetable Staticks*, London: Scientific Book Guild, 1961),第 176 页～第 177 页;Arthur Quinn,《排斥力在英国(1706～1744)》(*Repulsive Force in England, 1706—1744*),《物理学的历史研究》(*Historical Studies in the Physical Sciences*),13(1982),第 109 页～第 128 页。

[15] Thackray,《原子和动力》,第 85 页～第 95 页;Stengers,《模棱两可的亲合力》,第 300 页～第 302 页。

的化学思维方式。后一种解释似乎更加符合在日夫鲁瓦表首次发表之时，法国科学院的常务秘书贝尔纳·德·丰特内勒的看法。丰特内勒写道："如果有感应和引力这样的东西存在的话，那么就是在这里，它们变得合理相称了。不管怎样，让未知的且未知，并坚持某些事实，所有化学实验都证明：相比于一个特定物体与一个物体结合的倾向，它更容易与另一个物体结合，而且这种倾向在程度上是不同的。"[16] 丰特内勒指出，所谈论的感应和引力与此无关。这类表格的价值，在于它提供了化学反应如何排序的信息，由此可以减轻学习的难度并对研究工作提供指导。

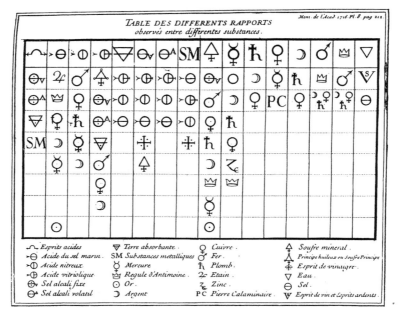

图 16.1 1718 年，艾蒂安·弗朗索瓦·日夫鲁瓦提交给巴黎科学院的"不同物质间遵循不同关系的表格"。日夫鲁瓦使用了表示酸、碱和金属的传统符号。表中每一栏符号的顺序（按从大到小顺序）表示每一种物质与栏顶部的物质化合的相对强度。日夫鲁瓦在标注其表时，故意避免使用"亲合力"或"吸引力"这样的词。（摘自《王家科学院记事》［*Mémories de l' Académie Royale des Sciences*, 1718］，第 212 页。）

[16] Fontenelle, 引自 Ursula Klein，《化学讨论会传统和实验实践：连续性的中断》(The Chemical Workshop Tradition and the Experimental Practice：Discontinuities within Continuities)，《背景中的科学》(*Science in Context*)，9（1996），第 251 页～第 287 页，引语在第 276 页（译文略有修改）。关于随后的表格，见 Stengers，《模棱两可的亲合力》；A. M. Duncan，《18 世纪一些亲合力表格方面的理论》(Some Theoretical Aspects of Eighteenth-Century Tables of Affinity)，《科学年鉴》(*Annals of Science*)，18（1962），第 177 页～第 194 页，第 217 页～第 232 页；Lissa Roberts，《排列表格：通过表格中结构变化所阅读 18 世纪化学的学科发展》(Setting the Table: The Disciplinary Development of Eighteenth-Century Chemistry as Read through the Changing Structure of Its Tables)，载于 Peter Dear 编，《科学争论的文学结构：史学研究》(*The Literary Structure of Scientific Argument: Historical Studies*，Philadelphia: University of Pennsylvania Press, 1991)，第 99 页～第 132 页。歌德在他的小说《亲合力》(*Elective Affinities*, 1809）中，把不同化学亲合力的观念作为人相互吸引的一个比喻。见 Jeremy Adler，《歌德在〈亲合力〉一书对化学理论的使用》(Goethe's Use of Chemical Theory in His *Elective Affinities*)，载于 Andrew Cunningham 和 Nicholas Jardine 编，《浪漫主义和科学》(*Romanticism and the Sciences*，Cambridge University Press, 1990)，第 263 页～第 279 页。

丰特内勒的论述使人们的注意力偏离了亲合力和自然哲学理论之间可能存在的 386
关系,从而转向化学反应本身和理解它们的方式。乌尔苏拉·克莱因已经证实:记录
在日夫鲁瓦的表格中的化学反应在 17 世纪的冶金化学和药物化学的书籍中都可以找
到。[17] 尤为重要的是那些生成盐的化学反应。弗雷德里克·L. 霍姆斯通过文献,证明
了在上述表格发表前的 20 多年里,研究中性盐的分解和合成——那些盐是通过酸碱
化合而形成的——是王家科学院的重要工作,而日夫鲁瓦本人和威廉·洪贝赫
(1652~1715)对这项研究做出了特别重要的贡献。[18] 洪贝赫在 1702 年就已经区分出
了三种中性盐类,即那些由酸分别与不易挥发的碱、碱性土以及金属化合而成的盐类;
此外,他还记录了一类氨盐。尽管洪贝赫没有明确地反对古代的元素概念,也没有否
认微粒的本体论,但是他对中性盐类的理解使用了一种更加实际的、可操作的化合物
的概念及其合成与分解的方法。日夫鲁瓦的表格反映了这样一种观念,即化学涉及实
体的化合与离析,这些实体可以采用化学方法、通过原则上始终可逆的化学反应加以
识别。正如他在 1704 年的一篇文章中指出的:"我们完全确信的是:我们已经成功地
研究了物体的成分,我们可以把混合物(mixta)还原成化学能够提供的最简单的物质,
再通过重新结合这些相同的物质使其再组合。"[19]

克莱因和霍姆斯是把 18 世纪的亲合力表格作为一项在很大程度上独立的化学实
践的一部分进行讨论的,这种化学实践实质上与自然哲学流传下来的物质理论无关。
化学家们带着合成物和化学方法的思想进行工作,这些思想适合于他们处理的实验材
料和他们进行的化学反应。化学反应被认为是本质上可逆的,是化学特性稳定的各个
部分的化合和离析。其他历史学家特地把这种概念性的观点与施塔尔(Stahl)的影响
联系在一起。这位德国化学家向他同时代的人提供了一个通俗的词汇表,用于化学物
质和化学变化的分类,从而使这些化学物质及其反应区别于纯物理学意义上的物质及
其变化。他把化学定义为与被认为是混合物或者化合物的物体明确相关的(学 387
科)——也就是说,是从它们的化学构成的观点而非物理上的"集合体"的观点来定义
的。机械力学是关于把物体分成均质的物理成分的学科,然而在施塔尔看来,化学与
一种更为本质的构成有关,在化学中物体被认为是由异质物质构成的,这些异质物质
不具有由它们所构成的化合物的特性。施塔尔的本体论指出了研究世界上种种物体
的一条途径,这条途径应归功于化学家们独特而自主的分析与综合能力。[20]

施塔尔支持化学自主,这是他的学说受到 18 世纪中叶的欧洲化学家欢迎的原因

[17]　Klein,《化学讨论会传统和实验实践》。
[18]　Holmes,《作为一种研究事业的 18 世纪的化学》,第 33 页~第 55 页;Holmes,《艾蒂安－弗朗索瓦·日夫鲁瓦的"亲
　　　合力表格"的背景》(The Communal Context for Etienne-François Geoffroy's "Table des rapports"),《背景中的科
　　　学》,9(1996),第 289 页~第 311 页。
[19]　Geoffroy,引自 Klein,《化学讨论会传统和实验实践》,第 272 页。
[20]　G. E. Stahl,《普通化学的哲学原理》(Philosophical Principles of Universal Chemistry, London: Osborn and Longman,
　　　1730),Peter Shaw 译;Metzger,《牛顿、施塔尔、布尔哈夫的化学学说》,第 93 页~第 188 页。

之一。在法国,纪尧姆－弗朗索瓦·鲁埃勒(1703～1770)于 1742 年到 1768 年期间在王家花园开设讲座,介绍了施塔尔的思想。鲁埃勒在他那些颇具影响力的讲座中,反复重申了施塔尔关于特定化学实体和过程以及化学作为一门自主学科的坚定主张。加布里埃尔·弗朗索瓦·韦内尔(1723～1775)发表的论文《化学》(Chymie)中包括了同样的概念。该文收于 1753 年由狄德罗和达朗贝尔编纂的《百科全书》(*Encyclopédie*)里。韦内尔极力主张他的读者丢弃关于化学成分性质(nature of chemical composition)的哲学假说,并且认为化学的命运不会简化为自然哲学的原理。他认为,化学家们无需依赖那些靠不住的物理假说就可以理解化学过程,他们应该为此感到骄傲。在此基础上,他们能够维护他们的这一学科在化学技术(chemical arts)实践上的权威性。[21]

　　与他反复重申的那些“化学独立于物理理论”的主张一样,施塔尔还鼓吹某些更具争议的学说。他认为混合物(mixts)由三种不同的土质要素组成:可玻璃化的土质、含水银的或含金属的土质和含硫的要素或叫“燃素”。最后一个是具有可燃性的要素,它出现在所有的可燃物中,并通过物体的燃烧或者通过金属的腐蚀或煅烧过程,作为光和热释放出来。在鲁埃勒对该假说进行了极其重要的再解释之后,法国化学家们就赋予燃素以一种特别重要的作用。在鲁埃勒的讲座里,他没有把这种要素等同于“土”,而是将其等同于古老的元素“火”,他将其描绘成一种物理因素(或“手段”)和一种化学元素。换句话说,火既是化学变化的一个原因,也是化学变化的一个参加者,能够成为物质组成的一部分。鲁埃勒把同样的双重角色归于其他传统的元素,尤其重要的是包括空气在内,正如黑尔斯已经指出的,空气能够成为化合物的一部分。空气能够自由存在于大气中,或者被固定在化合物中——比如在充气矿泉水中。同样地,火能够充当一种物理手段、稀薄的物体,或者能够作为金属或可燃物中的燃素成为化合物的一部分。[22]

　　许多法国化学家们认为这种解释很有吸引力。举例来说,韦内尔就从鲁埃勒的讲稿中汲取这种解释,把它收进他在《百科全书》中的那些文章里,还有读者甚广的《化学词典》(*Dictionnaire de chymie*, 1766)的作者皮埃尔·约瑟夫·马凯(1718～1784)也采用了这种解释。拉瓦锡曾经聆听过鲁埃勒的讲座,他在 18 世纪 80 年代开始攻击燃素理论时,所攻击的正是这一盛行的版本。鲁埃勒对燃素的讲解的吸引力在于其宽广的解释能力,而且它与化学家主张的理论自主性产生共鸣。认识到金属的煅烧和燃烧是相同的过程,这是一个引人注目的成就,这种成就甚至被辉格派史学家当做是燃素理论的一个积极成果,而且它巩固了化学家们所声称的对冶金行业的权威。作为一个特殊的化学实体,燃素在确立学科界线的运动中是一个关键性的工具;作为一门启蒙运

[21]　Rhoda Rappaport,《G. F. 鲁埃勒:一位 18 世纪的化学家和教师》(G. F. Rouelle: An Eighteenth-Century Chemist and Teacher),《化学》(*Chymia*),6(1960),第 68 页～第 101 页;Stengers,《模棱两可的亲合力》,第 309 页～第 311 页。
[22]　Rhoda Rappaport,《鲁埃勒和施塔尔:法兰西的燃素革命》(Rouelle and Stahl: The Phlogistic Revolution in France),《化学》,7(1961),第 73 页～第 102 页;Martin Fichman,《法国的施塔尔主义和空气的化学研究(1750—1770)》(French Stahlism and Chemical Studies of Air, 1750—1770),《炼金术史和化学史学会期刊》,18(1971),第 94 页～第 122 页。

动时期的科学,燃素也是这场运动的证明。

气体和无法精确估量的事物

尽管化学家们努力去维护其学科的可信任度,但是事实上化学还是没有从 18 世纪其他学科中独立出来。对气体的研究使化学家的兴趣与自然哲学家的兴趣联系起来,也与探索诸如呼吸作用和各种空气的可用状态等问题的医学工作者的兴趣联系起来。燃素被广泛用于启蒙运动科学的许多领域。作为一组"无法精确估量的"(无重量的)流体之一,燃素将静电、神经刺激和地热等多种现象联系起来。因而,化学家们意识到他们与其他许多科学工作者共用一个重要的解释性概念;他们发现他们远不是工作在一个文化真空中,而是存在于一个充斥着各种特殊气体和诸如燃素这样不可精确估量的事物的思想环境里。

在黑尔斯的引导下,气体化学在英国繁荣起来了。人们探索出了两条相当不同的[研究]路径。第一条路径涉及到热量在固体、液体和气体三相变化中的作用。在苏格兰,18 世纪 40 年代初,人们尝试着把这些现象和按照亲合力来理解的化学反应联系起来。按照这种惯例,燃素不再是一种化学成分,而是作为一种没有重量的物理和化学变化的动因;事实上,人们认为它具有以太的某些功能。以太是一种稀薄的、不可精确估量的流体,由于[牛顿]在《光学》一书的**疑问**里论及以太的作用,故而"以太"一词充满了权威性。从事第二条研究路线的主要是英国的自然哲学家们,他们针对不同气体的化学特性进行了仔细考虑,起初这些气体被认为是不同种类的空气。约瑟夫·普里斯特利(1733~1804)提取出来许多新气体,并依据它们所含燃素的多少加以区分。18 世纪 80 年代初,普里斯特利和其他学者甚至把"易燃空气"和纯燃素视为一体。对于他们来说,燃素不是一种稀薄的流体,而是化学成分里的一种常规因子。

正是卡伦开启了苏格兰对物理和化学变化中所涉及到的热的研究。在此研究过程中,他利用了布尔哈夫所提出的一个有影响的学说——布尔哈夫在莱顿大学教导他的学生:不应该将古代四元素视为决定物质特性的物质成分,而应将其看做各种物理和化学变化的"工具"。土是某些转化的基质,水是使其他转化可能出现的溶剂,空气是燃烧和呼吸的媒介,而火是宇宙活动的重要工具。[23] 对于布尔哈夫,火是一种无法精确估量的物质流体,它能够在常态的有重量的物质中进出;它是化学变化的主要因素,但是它本身不参与到化合物中。卡伦把布尔哈夫的火等同于牛顿的以太,是一种被描绘成无法精确估量的、可膨胀的、稀薄的,而且受到常态物质排斥的东西——这些都是以太的通常特性,自牛顿给出了简洁的表述以后,这些特性到 18 世纪 40 年代初

389

[23] Rosaleen Love,《赫尔曼·布尔哈夫和火的自然工具观念》(Herman Boerhaave and the Element-Instrument Concept of Fire),《科学年鉴》,31(1974),第 547 页~第 559 页。

又得到了更详细的阐述。[24] 卡伦指出,所有的物体都是由常态的有吸引力的物质组成,物质间充满着大量相斥的以太。物质和以太的相对密度将决定物体的聚集状态:如果引力大于斥力,物体将是固态;如果两者大致平衡,就是液态;如果斥力大于引力,物体将变成气体。因此,一个物体的物理状态的变化可能与以太的增加或减少——换句话说,就是热或火——相关。

卡伦扩展了这种观点,试图把热量的交换和化学转化联系起来。他研究了那些产热或吸热的反应:例如,把水加入脱水的盐类(放热),或者挥发性液体的蒸发(吸热)。然而,在解释化学反应中物质性质的变化时,他不得不承认失败。尽管可以用以太流与可估量物质间的平衡来解释聚合的状态,但是这个理论无法在同样的基础上解释化学物质之间吸引力强度的差异。该理论在化学变化领域所获成功有限,但是在卡伦的学生约瑟夫·布莱克(1728~1799)发现比热和潜热的研究中,它却获得了最为成功的应用。布莱克指出不同的物体具有不同的吸热能力并产生可测量的温度变化,这一发现显然来源于这样一种概念:热是一种被常态物质或多或少吸收的物质流体。同样地,布莱克对熔解和蒸发过程中潜热——这是改变物体的状态时所必需的、但温度计无法显示——的新发现,反映了卡伦关于热和聚合问题的构想的影响力。[25] 这项工作对于化学的意义,在于它显示了一种对气体状态的认识:不能把气体视作不同的空气,而应将其视作只要给以足够的热量,所有物体都能达到的一种状态。拉瓦锡了解布莱克及其苏格兰同事威廉·欧文的研究,在他关于热和气体的研究中把这种观点变成了富有成效的结果;关于热和气体的研究是他对化学理论进行革命性改造而探索的第一条途径。

在第二条发展气体化学的道路上,布莱克也扮演了一个重要的角色,他调查研究了不同空气或气体的化学特性。他在《碳酸镁实验》(*Experiments upon Magnesia Alba*,1756)中仔细检查了加热"magnesia alba"(碳酸镁)所放出的空气。按照黑尔斯的说法,布莱克把这种蒸气称为"固定空气",而且指出释放出它的盐的重量减少了。其他两项发现至关重要。首先是证明了这种固定空气与普通空气的特性不同:它使石灰水变浑浊而且不支持燃烧和呼吸。其次是发现:碳酸镁在释放出固定空气之后,也丧失了碱性,很明显,这种存在于碳酸镁中的空气是使碳酸镁显现出其化学特性的因素之一。建立在一系列给人深刻印象的细致实验基础上的这些观察报告,指出了气体应该被认为是化学物质。布莱克已经指出:至少对于固定空气而言,能够通过测试它们的化学性质来对其加以描述,而且能够确定它们对其所在化合物性质的影响。[26]

[24]　J. R. R. Christie,《以太和化学科学(1740~1790)》(Ether and the Science of Chemistry,1740—1790),载于 G. N. Cantor 和 M. J. S. Hodge 编,《以太的概念:1740~1900 年间的以太理论史研究》(*Conceptions of Ether: Studies in the History of Ether Theories 1740—1900,* Cambridge University Press, 1981),第 85 页~第 110 页。

[25]　Douglas McKie 和 Niels H. de V. Heathcote,《比热和潜热的发现》(*The Discovery of Specific and Latent Heats,* London: Edward Arnold, 1935);Donovan,《苏格兰启蒙时期的化学哲学》,第 222 页~第 249 页。

[26]　Donovan,《苏格兰启蒙时期的化学哲学》,第 183 页~第 221 页。

　　进一步探究气体化学性质的工作主要是由英国的研究者们进行的。1766 年,亨利·卡文迪许(1731~1810)把布莱克的固定空气与金属溶入酸时所释放的"易燃空气"区别开来。后来普里斯特利系统地制造并区分了大量的新空气,他在 3 卷本《对不同种类空气的实验和观察》(*Experiments and Observations on Different Kinds of Air, 1774~1777*)中给予了详细的描述。通过巧妙使用恰当的设备,普里斯特利能够(从其他气体中)鉴别出"固定空气"、"易燃空气"、"含氮空气"、"海酸空气"、"碱性空气"和"含燃素的空气"(它们的现代名称:二氧化碳、氢、氮氧化物、盐酸、氨气和氮气)。对于普里斯特利来说,这些气体之间的显著区别在于它们所含燃素的程度,即它们所含燃素的数量。对此他设计了一个鉴别实验,即含氮空气的试验,在试验中被测试的气体与含氮空气混合在一起,结果显示出当部分气体被水吸收后其体积减少了。对普里斯特利来说,减少的(气体体积)与被测试空气的"纯度"成比例;他用此方法来支持他的理论,即在呼吸过程中由于身体将有害的燃素排放到大气中,从而降低了空气的纯度。普里斯特利的试验成为了设计各种实验仪器——统称为"测气管"——的根据,研究者们带着这些仪器游历了整个欧洲,对各地的空气对健康的影响进行评估。比如在沼泽地或过于拥挤的市区中发现的稠密的、含燃素的空气被认为是有害健康的。在另一种情况下,通过凸透镜加热红色石灰汞,普里斯特利获得了最令人兴奋的新发现,即被他命名为"脱燃素空气"的气体。对这种气体拉瓦锡有完全不同的看法,他把这种气体命名为"氧气",而在普里斯特利看来,它是最纯的和最适合呼吸的空气。[27]

　　先于普里斯特利分离出氧气的瑞典化学家卡尔·威廉·舍勒(1742~1786),已经按照燃素理论,将其解释为"火气"(Feuerluft),认为在燃烧过程中它与燃素结合,是产生火的动因。在这样的情况下,确定氧气发现优先权的难题,使得史学家们喜忧参半。就我们的目的而言,意识到这个事实的重要性似乎就已经足够了,即是普里斯特利和舍勒根据燃素理论认识到了这种新气体。连同化学已经在 18 世纪宣布其自主性的理论一起,气体获得了化学物质的特征而进入了化学领域。然而,用燃素说来认识新气体,只不过是昙花一现的事件。拉瓦锡使用传统的办法,即把这些新气体同对热的研究相联系,以不同的术语将其性质加以概念化。在拉瓦锡之后,事实证明:化学完全无需燃素即可保存下去,并且真正繁荣起来。

---

[27]　John G. McEvoy,《"气体哲学家"约瑟夫·普里斯特利:普里斯特利思想中的形而上学和方法论》(Joseph Priestley, "Aerial Philosopher": Metaphysics and Methodology in Priestley's Thought),《炼金术史和化学史学会期刊》,25(1978),第 1 页~第 55 页,第 93 页~第 116 页,第 153 页~第 175 页;《炼金术史和化学史学会期刊》,26(1979),第 16 页~第 38 页;Simon Schaffer,《测量的优点:气体检验法、启蒙运动和气动医学》(Measuring Virtue: Eudiometry, Enlightenment and Pneumatic Medicine),载于 Andrew Cunningham 和 Roger French 编,《18 世纪的医学启蒙》(*The Medical Enlightenment of the Eighteenth Century*, Cambridge University Press, 1990),第 281 页~第 318 页。

3.92

革命的形成

拉瓦锡对气体性质的兴趣可以追溯到他在 1766 年所著的笔记,他在笔记中提出空气可能是某种化学要素与火质化合的一种化合物。这间接地表明他的资料来源包括柏林学会会员 J. T. 埃勒的论文和《百科全书》中法国启蒙思想家阿内 – 罗贝尔 – 雅克·杜尔哥的一篇关于"膨胀力"的文章。杜尔哥的模型使拉瓦锡把不同的气体设想为截然不同的化学实体,而这些化学实体与火或热的物质流体(他将之命名为"热质")的临时化合,形成了它们的气体形式。[28] 这些化学实体的气体状态的物理模型吸引了拉瓦锡,使他的研究超越了化学的范畴并延伸到物理学的许多其他领域,但是这种研究始终强调化合作用。拉瓦锡一直把热量视作一种化学实体,并认为它能够在化学反应中进行交换和化合。

18 世纪 70 年代初,拉瓦锡把这一理论模型用于同燃烧和煅烧过程有关的研究中。他认为路易·贝尔纳·居伊东·德莫尔沃(1737～1816)关于金属煅烧后重量增加的断言具有特别的重要意义。人们以前偶尔注意过这类重量增加的现象,但却未坚持对其进行量化;居伊东·德莫尔沃测量了增加的重量。对拉瓦锡而言,重量的增加有效证明了燃烧和煅烧是空气被固体所固定并以光和热的形式释放其热量的过程。所以燃烧过程中特有的火焰不是燃素的标志而是热量的标志。这种对燃烧和煅烧的新的理解,已经暗示了一个相反的过程,即金属灰可还原成金属原形。

拉瓦锡通过实验把铅金属灰(一氧化铅)和木炭一起加热将其还原成了铅金属。从传统上来讲,木炭被认为是形成金属所必需的燃素的一种来源。起初拉瓦锡发现很难解释它的作用,因为他把还原反应看做是金属灰释放出固定气体。随着普里斯特利于 1774 年 10 月访问巴黎,研究向前迈出了非常关键的一步,当时普里斯特利向拉瓦锡描述了他关于红色汞金属灰还原的实验。这种还原反应很有趣,因为无需木炭就可以进行,而且还产生了令人着迷的新气体,普里斯特利立即将这种新气体命名为"脱燃素空气"。拉瓦锡重复了这些实验,发现汞金属灰的还原反应所释放的气体仅仅是在煅烧或燃烧中被吸收的空气的一部分。这种"空气最纯的部分"也被证明是人类和动物在呼吸时消耗的那部分;因此它也被命名为"不同寻常的可呼吸的空气"。最后,这种气体被叫做"氧气",这是因为在诸如硫和磷一类的燃烧过程中,它作为酸的产生剂

3.93

[28] R. J. Morris,《拉瓦锡和热质论》(Lavoisier and the Caloric Theory),《英国科学史杂志》(British Journal for the History of Science),6(1972),第 1 页～第 38 页;Robert Siegfried,《拉瓦锡对气体状态的观点及其在气体化学中的早期运用》(Lavoisier's View of the Gaseous State and Its Early Application to Pneumatic Chemistry),《爱西斯》,63(1972),第 59 页～第 78 页。

而起作用。[29]

到 1777 年,拉瓦锡已经完全认识到了燃烧过程和煅烧过程以及氧气在酸的形成中的作用,这使他隐隐约约地感知到一个可以替代燃素理论的综合性理论。他发起了首次彻底的抨击,宣布燃素是一个纯粹虚构的东西。起初,几乎没有化学家相信。一些如居伊东和克劳德·路易·贝托莱(1748～1822)这样的化学家承认燃烧固定了一部分空气,但是他们还是相信在这一过程中燃素也被释放出来。拉瓦锡通过 18 世纪80 年代初的工作赢得了他们的信任。在这些工作中,他引入了精确测量的方法来确定反应中物质的数量。拉瓦锡研究工作的这一新方向是在他与数学家和物理学家拉普拉斯(1749～1827)合作一段时间之后形成的,拉瓦锡和他一起在 1782～1783 年间研制出了冰块量热计(ice calorimeter),以此测量燃烧和呼吸过程释放的热量。特别是,继卡文迪许发现点燃易燃气体会产生少许水后,使用天平进行精确测量的方法被应用到了水的分解和合成的实验中。

1785 年,拉瓦锡在巴黎公开演示了把氧气和他命名为"氢"的气体合成水以及把水分解成氧和氢的实验。为了显示在这些化学反应过程中数量的守恒,他还精确称量了这些反应物和产物的重量。拉瓦锡宣称已获得有关水的化合物的特性和燃烧中氧气的作用的"实验证明"。[30]

就新理论而言,它之所以能够最初在法国、后来在全欧洲获得著名化学家的认同,这些实验起到了相当重要的作用。早在 1773 年,拉瓦锡就在私下里表示了他要在这一科学中发动一场"革命"的抱负;10 年后,化学家安托万·弗朗索瓦·德·富克鲁瓦(1755～1809)使用这一相同的词语确认了他的成就。拉瓦锡吸收了富克鲁瓦、贝托莱和居伊东作为他的同盟者,他们合作提出了一套新的化学命名法,以《化学命名法》(*Methode de nomenclature chimique*, 1787)一书公布了这一方法。[31] 按照这套方法,氢和氧作为元素单独命名,正如各种各样的金属以及诸如碳和硫等简单的非金属物质一样。依照这种新化学,化合物的命名将反映其组成,并使用不同的后缀表示不同的氧

[29] Henry Guerlac,《拉瓦锡——至关重要的一年:1772 年他的第一个燃烧实验的背景和原由》(*Lavoisier—The Crucial Year: The Background and Origin of his First Experiments on Combustion in 1772*, Ithaca, NY: Cornell University Press, 1961);Maurice P. Crosland,《拉瓦锡的酸理论》(Lavoisier's Theory of Acidity),《爱西斯》,64(1973),第 306 页～第 325 页。

[30] Carleton Perrin,《反燃素学说的胜利》(The Triumph of the Antiphlogistians),载于 Harry Woolf 编,《分析的精神:纪念亨利·格拉克科学史文集》(*The Analytic Spirit: Essays in the History of Science in Honor of Henry Guerlac*, Ithaca, NY: Cornell University Press, 1981),第 40 页～第 63 页;Henry Guerlac,《作为物理学分支的化学:拉普拉斯与拉瓦锡的合作》(Chemistry as a Branch of Physics: Laplace's Collaboration with Lavoisier),《物理科学的历史研究》(*Historical Studies in the Physical Sciences*),7(1976),第 193 页～第 276 页;Maurice Daumas 和 Denis I. Duveen,《1785 年 2 月 27 日与 28 日,拉瓦锡在大规模水分解和合成问题上的相对无知》(Lavoisier's Relatively Unknown Large-Scale Decomposition and Synthesis of Water, February 27 and 28, 1785),《化学》,5(1959),第 113 页～第 129 页。

[31] Maurice P. Crosland,《化学语言的历史研究》(*Historical Studies in the Language of Chemistry*, London: Heinemann, 1962),第 168 页～第 192 页;Trevor H. Levere,《拉瓦锡:语言、仪器和化学革命》(Lavoisier: Language, Instruments, and the Chemical Revolution),载于 T. Levere 和 W. R. Shea 编,《自然、实验和科学》(*Nature, Experiment, and the Sciences*, Dordrecht: Kluwer, 1990),第 207 页～第 223 页;B. Bensaude-Vincent 和 F. Abbri 编,《欧洲背景下的拉瓦锡:化学新语言的谈判》(*Lavoisier in European Context: Negotiating a New Language for Chemistry*, Canton, MA: Science History Publications, 1995)。

化程度,比如说叫"亚硫酸盐"和"硫酸盐"。长期以来化学家一直要求进行化学术语的改革,以消除那些业已证明的时代错误和模棱两可的表述。拉瓦锡和他的支持者们用一种特别的方式响应了这种要求:在哲学家艾蒂安·博内·德·孔狄亚克(1715～1780)的引领之下,他们编制了一种科学语言,力图直接反映自然的本质而不是遵循化学们的惯例。此后,要使用这种新的术语就要采纳这一新的理论。1789年,拉瓦锡编写了教科书《化学概要》(*Traitii elementaire de chimie*),对这一新体系做了进一步的整理。该书被用来按照新理论培养学生,训练他们使用包括热量计和天平在内的仪器,正是通过这些仪器的使用,才使该理论得以完成。此外,拉瓦锡修正了自利巴菲乌斯以来一直被看做是经典的化学教科书,以传统化学可接受的形式来介绍他的革命性的新学说。他以一个与过去决裂的革命性的姿态,抛弃了惯常的有关历史的介绍。学生们自此开始接受的教育是:化学实际上始于拉瓦锡。[32]

历史学家们对拉瓦锡体系中新旧之间的平衡存在争议。考察他同时代人的反应,可能有助于我们认识他的成就和以前化学传统之间的承续与断裂。概括地讲,最引人注目的断裂出现在方法论上。拉瓦锡与拉普拉斯和其他物理学家合作,引入了精确测量的方法,这些方法以前从未如此有效地应用在化学中。特别是拉瓦锡选择了天平作为准确测量的仪器,有时候把它与其他仪器如热量计或气量计共同使用,而且与计算方法联系起来,来追踪反应中所出现的数量上的变化。他拥有由巴黎最好的仪器制造商制造的几乎是最精确的天平,这招致批评说:由于其他人没有如此精确的仪器,故而很难重复他所做的实验。[33]普里斯特利将拉瓦锡对所用仪器的选择与其对化学语言的改造联系在一起,公开指责拉瓦锡在仪器方面的花费和独占。在普里斯特利看来,这两种手段都是拉瓦锡不合理地强加给化学家共同体的——都是残酷的权力炫耀而不是理性的说服。但是,一些科学家采用了他的仪器和方法,比如在荷兰重复了水的分解和合成实验,科学家们的态度借此往往发生转变,因而拉瓦锡说服化学家的努力不断获得成功。[34]从那以后,教科书开始讲授新化学,而且越来越多的实验室开始使用新仪器。这样,化学就在19世纪早期实验科学的重大发展中起了核心作用。例如,称量反应物的重量和气体的数量成为化学实验室的标准程序。在拉瓦锡革命后的岁月里,这两种方法在约翰·道尔顿和其他人的手中都体现出重大的理论价值。

尽管从其他物理学科中借用了一些革命的方法,但是,如果把拉瓦锡全部的成就看做是类似于物理学替代了化学,那将是错误的。他在《化学概要》一书中几乎没有谈

〔32〕 Bensaude-Vincent,《拉瓦锡:一场革命的回忆》,第 285 页～第 312 页。

〔33〕 同上书,第 197 页～第 230 页;Jan Golinski,《"实验之美":18 世纪末化学中测量的精确性和推理的准确性》("The Nicety of Experiment": Precision of Measurement and Precision of Reasoning in Late Eighteenth-Century Chemistry),载于 M. Norton Wise 编,《精确性的价值》(*The Values of Precision*, Princeton, NJ: Princeton University Press, 1995),第 72 页～第 91 页。

〔34〕 T. H. Levere,《马丁努斯·范马伦与拉瓦锡化学在荷兰的引进》(Martinus van Marum and the Introduction of Lavoisier's Chemistry in the Netherlands),载于 R. J. Forbes、E. LeFebvre 和 J. G. Bruijn 编,6 卷本《马丁努斯·范马伦:生平与著作》(*Martinus van Marum: Life and Work*, Haarlem: Tjeenk, Willink, and Zoon, 1969—76),第 1 卷:第 158 页～第 286 页。

到牛顿的或任何其他的物质哲学。相反,他始终把注意力集中在化学家长期以来关心的问题上:化学元素和化合物的性质以及化学反应的过程。尽管他把气体状态看做是一种物理的而非化学的状态,但是他认为热量具有一种化学作用,将其继续列于元素之中。拉瓦锡没有触及的传统化学理论的一个领域,就是亲合力的研究,他清楚地意识到这是他理论体系的一个空白。然而,他的工作的确反映了大量新增的关于化学成分的知识,这些化学成分是 18 世纪化学家已经发现并在亲合力表中陈述过的。只要有可能,拉瓦锡还是乐于用仪器代替感觉,但是他还是精通并保留了大量的资料——有关铁、金属灰、酸、碱、盐类和新的气体——这些都是他的化学前辈们已经收集到的资料。

那时,拉瓦锡的革命在某些方面验证了化学已经达到的学科完备性,尤其是作为许多实际技艺的哲学基础所发挥的启蒙作用。这解释了为什么斯堪的纳维亚半岛和德国很快就接受了这些新理论,在这些地区关于化学成分的知识——特别是与矿物学和冶金学有关的知识——已经取得了最大的进展,已经确立了鉴别元素和化合物的实用方法。[35] 从这一点来看,用反燃素理论来解释燃烧、煅烧和酸化反应,就显得不重要了,它只不过是替换了早先那些用于解释这些过程的几个词语而已。在仅以这些反应为主要焦点的争论中,许多德国化学家看来似乎很乐意接受这个新理论。[36] 然而,在另一些情况下,抛弃燃素说就不是那么容易了。这一迹象表明,尽管化学业已完备,但它仍然是一门定义不够严密的学科。苏格兰化学家和自然哲学家——例如,地质学家詹姆斯·赫顿(1726～1797)——在诸如地热等一些现象方面还是使用燃素概念;对于他们中的一些人来说,这一概念实在是太有用了以至于无法放弃。[37] 在 19 世纪头 10年中,德国和英国的一些化学家采用燃素来解释通过盐溶液的电流效应。甚至汉弗里·戴维都重新使用燃素理论并稍加调整,来将化学现象同热、电和光现象联系在一起。[38] 就拉瓦锡在回答有关化学成分问题方面取得的所有成就来说,他对于燃素说的胜利,剥夺了化学家进行这种各学科间联系的一个重要手段。

在回溯 18 世纪时,我们逐渐理解了拉瓦锡的革命。对于辉格派的科学发展观的不足之处,我们能够从拉瓦锡的革命中得到有益的经验教训。例如,直到居伊东和拉瓦锡重新做出了令人信服的解释,煅烧过程中金属重量的增加才成为一个重要的"事实"。然而,另一方面,也必须抛弃反辉格派关于拉瓦锡通过提出一个新的概念模式从

8.96

[35] Theodore M. Porter,《采矿业的提高和科学进步:矿物学的化学革命》(The Promotion of Mining and the Advancement of Science: The Chemical Revolution of Mineralogy),《科学年鉴》,38(1981),第 543 页～第 570 页;Evan M. Melhado,《矿物学和1800 年左右化学的独立》(Mineralogy and the Autonomy of Chemistry around 1800),《瑞典科学史学会年刊(1990)》[Lychnos(1990)],第 229 页～第 262 页。

[36] Hufbauer,《德国化学共同体的形成(1720～1795)》,第 118 页～第 144 页。

[37] Douglas Allchin,《詹姆斯·赫顿与燃素》(James Hutton and Phlogiston),《科学年鉴》,51(1994),第 615 页～第 635页。

[38] David Knight,《汉弗里·戴维:科学和权力》(Humphry Davy: Science and Power, Oxford: Basil Blackwell, 1992),第 68页。

而创造了一门科学的看法。他的新观念和新方法重塑了这门学科,但这是通过利用化学家们关于物质和反应的已有知识来完成的。拉瓦锡的实验仪器和精确测量技术是引人注目的革新,而且他也有意将自己的体系作为一个全新的体系加以介绍,特别是在《化学概要》中。但是,在有关化学成分和过程的主要问题上,这一新的体系基本上重申了化学业已主张的独立性。在这个意义上,新化学是旧化学的完成,它不是作为一个目的论过程的结果,作为一个理论体系,新化学就化学现象的本质提供了一种见解。通过借用和改造那些在旧化学体制期间得以确立的传统,拉瓦锡变革了化学。

（吴玉辉　程路明　译　方在庆　张　藜　校）

17

生命科学

雪莉·A.罗

对于 18 世纪的大部分时间而言,生物世界看起来是一个非常有秩序的领域。植物和动物符合林奈的分类原则。生理学的机能被设想可用机械论的术语加以解释。新的动物和植物的产生是来源于创世记时期就已经存在的预成的微生物(germ)。所有这类秩序都来源于上帝,他创造并规划了这个世界供人类去理解,并使人类由此赞美他的手艺,过有道德感的生活。即使那些看似是无序的东西,比如怪物或者大自然奇迹,通常也是遵从秩序规范的。

所有这些都在 18 世纪中叶遇到挑战。基于将活的生物体与机器进行类比的机械论的生理学,由于将牛顿的力引入生理学而得到极大的拓展。动物和植物之间,甚至于植物和矿物之间的清晰的分界线,也因新实验证据的出现而受到质疑。随着带给唯物论担忧的新的渐成(gradual development)论的出现,那种将机械论与预存微生物繁殖完美地综合在一起的理论将面临着严峻挑战。

一些学者将 18 世纪生命科学的特征描述为从机械论到活力论的转移,即从一种认为生命现象可以用物质和运动完全解释的观点转移到另一种认为生命体拥有一些特殊的力或特殊的本能以使它们和无生命的物质相区别的观点。[1] 但是,正像托马斯·汉金斯所指出的那样,引入这样绝对的二分法容易令人误解,因为它忽视了"中间地带"的存在。[2] 人们确实可以发现,在 17 世纪晚期和 18 世纪早期,机械论解释支配着生理学。事实上,汉金斯宣称,直到 1670 年,所有重要的生理学家都是机械论者。

人们只需想想乔瓦尼·博雷利(1608~1679)那有着肌肉收缩的液压模型的《论动物之运动》(De motu animalium, 1676),或者勒内·笛卡儿(1596~1650)的《论人》(Traité de l'homme, 1664),在这本书里他认为知觉使神经纤维在大脑中打开了若干小门,以使特定的动物精气可以游走到肌肉,从而产生收缩和运动。

[1] 参见,例如 Theodore M. Brown,《18 世纪英国的生理学中从机械论到活力论》(From Mechanism to Vitalism in Eighteenth-Century English Physiology),《生物学史杂志》(Journal of the History of Biology),7(1974),第 179 页~第 216 页;以及 Brown,《机械哲学与"动物经济学"》(The Mechanical Philosophy and the "Animal Oeconomy", New York: Arno Press, 1981)。
[2] Thomas L. Hankins,《科学与启蒙运动》(Science and the Enlightenment, Cambridge University Press, 1985),第 120 页。

这些完全建立在物质微粒运动基础之上的严格的机械论解释,随着18世纪的发展而开始衰落了。特别是当艾萨克·牛顿(1643～1727)的思想变得为更多的人所知之后,人们发现在生理学和发生学理论中这类吸引力越来越有市场。但是,如果人们认为这些力并不与物理学中的力遵守相同的法则,那么把所有这些力都打上活力论的标签,则是错误的。这就是我们所说的汉金斯的所谓"中间地带"。一些博物学家认为,当他们模拟万有引力,用吸引力来解释生命现象时,他们是在追随着牛顿的足迹,但他们中很少有人会称自己为"活力论者"。当然,在18世纪的早中期,活跃着其他不同类型的牛顿主义。著有《自然哲学的数学原理》(Principia, 1687)的牛顿,在书中把万有引力解释为一种普遍存在的力,它的运行可以理解为只是质量和距离的一个函数,它的存在可以通过现象来了解,但其原因是不该去猜想的。但接着又有著有《光学》(Opticks)的牛顿,在1706年的版本中,为了能解释化学现象,特地引入短程吸引力,而在1718年的版本中,非实质的(或者至少是非物质的)以太被引入,几种思想混合在一起。把力加诸物质之上,为博物学家打开了一个完全崭新的解释平台。一些思想家认为这些力纯粹是机械的,虽然这些力的原因并不为人所知。另外一些人认为它们是非物质的,是生命所必需的。还有一些人,在18世纪晚期,将它们看为完全是物质的,除了它们本身之外,不存在任何其他原因或来源。

物质和活跃性(activity)之间的关系是18世纪讨论很激烈的问题之一,特别是在生命科学领域。物质本身是被动的吗?它的生机是来自上帝给予的初始"推动"(笛卡儿语)还是上帝赋予物质的机械力?或者说,物质能否自身具有主动的本能?它本身是活跃的吗?在那个时期,使这个问题成为一个重要问题的原因,在于它所暗含的对上帝和上帝在世界中的角色的推断。正如牛顿在他对笛卡儿的机械论的批判中所意识到的,机械哲学的危险之一,便是整个机械论的宇宙都可能是仅由于物质和运动的偶然相互作用而形成的。这样一来,就必须在某处找到上帝所起的作用。一种回答就是,人们可以通过研究上帝错综复杂的创造来获知和理解上帝。这种方法可以在活跃于17世纪晚期和18世纪早期的自然神学中看到。例如,约翰·雷(约1628～1705)的《在创造物中彰显出的上帝的智慧》(The Wisdom of God Manifested in the Works of the Creation, 1704)中有力地阐释了将上帝与自然密切结合的博物学的丰富性。但是,如果人们声称物质本身是完全被动的,需要增加主动的力或本能或精气来创造世界表象,那么上帝的存在也需要得到证实。18世纪大多数关于生理学和发生论的工作都考虑过这个问题,同时也意识到了如果过多倚重物质的话,会发生的潜在问题。到18世纪中期,随着生物学唯物论的出现,主动物质的问题成为确定问题,它也是作为博物学家在生命现象中为上帝保留一个角色的反效应而出现的。

这篇短文将集中关注两个主要领域:生理学和发生理论。机械论、活力论和唯物论的问题就是在这两个领域中产生的。在这两个领域中,我们都可以看到从简单的机械论到更复杂的机械论的转变,倾向于活力论的方法的出现,以及18世纪中期之后来自唯物论的挑战。在所有这些变化之中,我们必须始终意识到,各种各样的生物学理论对于上帝的存在和角色,以及社会道德基础方面所起的极端重要性。

在开始谈论这两个论题之前,让我们简要地考虑一下关于 18 世纪生命科学的另一个编史学问题。一些学者,最著名的是米歇尔·福柯和弗朗索瓦·雅各布,曾经认为撰写 18 世纪"生物学"的历史是不可能的,福柯是这样说的:"生命[正如我们现在所认为的]并不存在:只有生物(living beings)。"[3]他的意思是说,在这个时代,博物学的热情就是将所有的自然对象进行分类和排序。"生命"是一种可以被观察到的现象,只是一类自然物的一个特征。因此,福柯声称:"博物学家是这样一些人,他们关注可见世界的结构及其性质种类,而不是关注生命。"[4]与此类似,雅各布认为在"古典时期"(17 世纪和 18 世纪)博物学家所考虑的是,用与支配无生命物体的机械论相同的原则来解释生物。生物被认为是可见元素(elements)的组合,而这些元素又是基于通过机械作用或力而结成的微粒的一种排列。雅各布声称,直到 19 世纪早期,当生物体自身内部具有形成和调节的本能的观点形成之后,一个具有"生命"的生物体的观念才出现。那时,生理学和繁殖的研究开始在有生命的(或有机的)和非生命的(或无机的)物体之间建立必要的区别。雅各布坚持认为,在 18 世纪,"还不存在对生命所必需的官能,起作用的只是器官。生理学的目的就是去辨识其组织和机制"。[5]

尽管若说生命在 18 世纪并不存在,可能有些过于夸张,但福柯和雅各布的确指出了 18 世纪生命科学的一个重要的特点。[6]把 18 世纪的机械论者描述为还原论者(试图仅用物理学术语解释活的生物体的现象)是错误的。问题在于,还原论是那个时代很难想到的一种理论,因为它所依赖的那种区别还没有被发现。生命作为存在的一种范畴与无机领域的存在有完全不同的特征,这并非是一个基本前提假定。这并不是说,万物有灵论者和活力论者不反对在解释生物现象时机械论的滥用,或者并不是说那些企图将生命纳入物质本身的唯物论者没有将物质冠以机械论者根本用不着的特性。[7]但是 19 世纪的生物体和 18 世纪的有组织的生物之间确实存在着某种区别。值得注意的是著名的德尼·狄德罗(1713～1784)和让·勒隆·达朗贝尔(1717～1783)编著的法国《百科全书》(*Encyclopédie*)中没有包含"生物体"(organisme)的词条,而只有"组织"(organisation)的词条:"构成动物体各部分的组合……固体部分通过机械运动

[3] Michel Foucault,《词与物:人文科学的考古学》(*The Order of Things: An Archaeology of the Human Sciences*, New York: Random House, 1973),第 160 页。
[4] 同上书,第 161 页。
[5] François Jacob,《生命的逻辑:遗传史》(*The Logic of Life: A History of Heredity*, New York: Pantheon Books, 1973),Betty E. Spillmann 译,第 34 页;又见第 32 页～第 34 页,第 74 页～第 75 页,第 88 页～第 89 页。
[6] 又见 Jacques Roger,《生命世界》(The Living World),载于 G. S. Rousseau 和 Roy Porter 编,《知识的酝酿:18 世纪科学的编史学研究》(*The Ferment of Knowledge: Studies in the Historiography of Eighteenth-Century Science*, Cambridge University Press, 1980),第 255 页～第 283 页。
[7] 不能否认,19 世纪哲学家所强调的生命和无生命的区别和 18 世纪的活力论者之间有着某种连续性。见 François Duchesneau,《论启蒙时期的生理学:经验主义、模式和理论》(*La physiologie des lumières: empirisme, modèles et théories*, The Hague: M. Nijhoff, 1982),第 442 页,第 465 页。

而组合在一起。"而关于"生命"（vie），《百科全书》认为，"生命是死亡的对立面……我将它定义为所有固体和液体在动物体内的持续运动"。[8] 当我们在探索 18 世纪的生理学和发生理论时，让我们将这些问题牢记在心。

牛顿主义生理学的兴起

当人们使用"一种"牛顿主义的生理学（Newtonian physiology）这个词时，很可能给人以误导。18 世纪有着各种各样的"牛顿主义"和形形色色的个人以迥异的方法解释"牛顿主义"。在生理学中，我们可以确定三种主要方法，使用这些方法的人中有些称自己是信奉牛顿学说的人，有些人在他们的工作中援引牛顿，或声称得到他的默许。当然，在不同时期、不同地方和社会背景之下的个人可能有非常不同的理由宣称对牛顿主义的支持。但是，我们也可以找到一些普遍的线索。

有一类牛顿主义生理学家主要是与牛顿在《原理》中的表述特别有共鸣，尤其是牛顿对于数学推理和吸引力的倚重。西奥多·布朗和安尼塔·圭里尼确认出一批以阿奇博尔德·皮特凯恩（1652～1713）和戴维·格雷戈里（1659～1708）为中心的牛顿派生理学家，他们活跃在 17 世纪的最后十年和 18 世纪的最初十年。[9] 皮特凯恩、格雷戈里和他们的学生根据原子论的物质和短程引力解释生理学的现象。詹姆斯·基尔（1673～1719）的《动物分泌的解释》（Account of Animal Secretion）于 1708 年出版，堪称这类生理学家努力所达到的巅峰。基尔的解释基于一些作用在动物血液中基本微粒之间的引力。他的工作和前辈机械论者的工作十分相似，但增加了引力来代替机械装置在分离和黏合微粒方面的作用。

布朗和圭里尼都认为这支早期的牛顿主义队伍在基尔之后开始解散。但是他们对于生理学中牛顿主义者随后的学术生涯却有着不同观点。布朗指出 18 世纪 20 年代以后，皮特凯恩和其他人的物理医学的（iatromechanical）观点遇到很多批评。多数批评认为，他们的这些理论缺少实验基础。这并没有构成对牛顿主义的拒绝，因为一些批评家声称，正由于他们没有依赖于实验，所以这些牛顿生理学家的牛顿主义还不彻底。布朗也同时提到了赫尔曼·布尔哈夫（1668～1738）的卓越表现，这位著名的莱顿大学的医学教授称自己为牛顿主义者。布尔哈夫的影响与牛顿的《光学》出版后所产

〔8〕 Denis Diderot 和 Jean Le Rond d'Alembert 编，17 卷本《百科全书：科学、艺术和工艺详解辞典》（Encyclopédie, ou dictionnaire raisonné des science, des arts et des métiers, Paris: Birasson, David, Le Breton, Durand and Neufschâtel: S. Fauche, 1751—67），第 11 卷：第 629 页；第 17 卷：第 249 页。关于"组织"的文章未署名；关于"生命"（vie）的文章作者为若古（Louis de Jaucourt）。

〔9〕 Brown，《18 世纪英国的生理学中从机械论到活力论》；Brown，《机械哲学与"动物经济学"》；Anita Guerrini，《詹姆斯·基尔、乔治·切恩和牛顿式的生理学（1690～1740）》（James Keill, George Cheyne, and Newtonian Physiology, 1690—1740），《生物学史杂志》，18（1985），第 247 页～第 266 页；Guerrini，《保守的牛顿主义者：格雷戈里、皮特凯恩及其圈子》（The Tory Newtonians: Gregory, Pitcairne, and Their Circle），《英国研究杂志》（Journal of British Studies），25（1986），第 288 页～第 311 页；以及 Guerrini，《皮特凯恩和牛顿医学》（Archibald Pitcairne and Newtonian Medicine），《医学史》（Medical History），31（1987），第 70 页～第 83 页。

生的牛顿主义扩张相吻合,《光学》明确地支持了实验方法的地位。布尔哈夫对实验以及纤维是动物身体的基本结构单元的强调很快在一组新的英国生理学家,如乔治·切恩(1671～1743)和理查德·米德(1673～1754)中得到响应。正是这种对实验新的强调使我认为我们可以辨别出 18 世纪生理学中的第二种牛顿主义。牛顿的《光学》,特别是在那些年里他持续修订和补充的"疑问",与 18 世纪第二个十年间用英文出版的布尔哈夫的生理学著作,一并使得一个观察和实验的传统继而产生,尤其是在英国的生理学中,这就是自觉的牛顿学说。

圭里尼认为,另一股牛顿主义滋生于《光学》,切恩后来的工作可当成这一股牛顿主义的典例。她指的是牛顿《光学》的 1718 年版本,其中牛顿提出吸引现象可以通过"微妙的精灵"(subtle spirit),即以太,为基础来解释。圭里尼认为切恩以以太吸引方程为根据,在他的生理学解释中引入"精神"的维度,并且认为"自发激活和自发动力本能"需要被加入到机械体内,使之可以像动物那样活动。[10]

第三类牛顿主义,特别是如果我们将它的范围放宽一些,将带来一个大问题,那就是引力是如何被添加到物质中以解释生命功能的。这些力是物质的、非物质的,还是精神的? 在机械论的观点里它们一定是由上帝赋予被动物质的,但是如果某种类型的以太是上帝活动的物质中介,那么这与唯物论有多接近? 另一方面,如果物质的活动性,特别是在活的生物体中的活动性,是基于某种非物质的东西,那是不是接近万物有灵论的边缘了呢? 我们知道,牛顿在试图解释万有引力的作用时也曾被这些问题所困惑过。[11] 还有一点也是很明显的,那就是,这些问题是产生于一些这种牛顿学说信奉者中,他们对于如何解释依赖于所含力的物质的活动性忧心忡忡。

在欧洲大陆,笛卡儿机械论持续其统治地位的时间要比在英国长许多。虽然皮埃尔-路易·莫罗·德·莫佩尔蒂(1698～1759)和其他一些人早在 18 世纪 30 年代就将牛顿主义介绍到法国,但雅克·罗杰指出,在 1745 年以前,牛顿主义在生命科学中的影响并不显著。[12] 在讲德语的地区,弗里德里希·霍夫曼(1660～1742)的《医学基础》(*Fundamenta medicinae*)于 1695 年出版,支持了生理学的机械论基础,尽管这遭到了他在哈勒大学的同事格奥尔格·恩斯特·施塔尔(1660～1734)的挑战。[13] 牛顿主

〔10〕 Guerrini,《詹姆斯·基尔、乔治·切恩和牛顿式的生理学(1690～1740)》,第 260 页～第 265 页。
〔11〕 这一点在牛顿没有出版的论文中特别明显。见 Betty Jo Teeter Dobbs,《天才的两面:炼金术在牛顿思想中的作用》(*The Janus Faces of Genius: The Role of Alchemy in Newton's Thought*, Cambridge University Press, 1991),以及 Betty Jo Teeter Dobbs 和 Margaret C. Jacob,《牛顿和牛顿主义的文化》(*Newton and the Culture of Newtonianism*, Atlantic Heights, NJ: Humanities Press, 1995),第 1 章。
〔12〕 Jacques Roger,《18 世纪法国生命科学的思想:从笛卡儿到百科全书中的动物的产生》(*Les sciences de la vie dans la pensée française du XVIIIe siècle: la génération des animaux de Descartes à l'Encyclopédie*, Paris: Armand Colin, 1963),第 250 页。最近被翻译,除了最后一章,为《18 世纪法国思想中的生命科学》(*The life Sciences in Eighteenth-Century French Thought*, Stanford, CA: Stanford University Press, 1997), Keith R. Benson 编,Robert Ellrich 译。
〔13〕 关于霍夫曼和施塔尔,见 Duchesneau,《论启蒙时期的生理学:经验主义、模式和理论》,第 1 章～第 2 章;Lester S. King,《施塔尔和霍夫曼:关于 18 世纪的万物有灵论的研究》,《医学史杂志》(*Journal of the History of Medicine*),19(1964),第 118 页～第 130 页;和 King,《1695 年的医学:霍夫曼的〈医学基础〉》(Medicine in 1695: Friedrich Hoffmann's *Fundamenta Medicinae*),《医学史通报》(*Bulletin of the History of the Medicine*),43(1969),第 17 页～第 29 页。

义的侵袭由布尔哈夫的生理学开始,尽管主要来自他对实验方法的支持。

布尔哈夫的生理学之所以闻名,主要渠道之一是他的学生阿尔布莱希特·冯·哈勒(1708～1777)所编的一本教材:《关于医学原理的学术讲座》(*Praelectiones academicae in proprias institutiones rei medicae*, 1739)。哈勒也是牛顿主义实验方法的坚决支持者,后来成为 18 世纪最重要的生理学家之一。哈勒认为博物学家必须通过机械力解释感觉、运动、消化、生长和繁殖是如何在动物体内发生的。但是他也很注意避免将机械规律过于简单地用于生理学过程,因为生物体比物理机械要复杂得多。他的目标是创造一个独特的"动物力学",在其中,支配生理学的规则以与物理学规则一样的方式工作,尽管它们也许并不相同。因此,有些力可能只作用于生物体而不能在其他任何地方被发现。[14]

哈勒最著名的工作是他演示了一种力的存在,即"应激性"(irritability)。哈勒在狗和其他动物身上进行了一系列实验,在这些实验中,他将活体动物的不同部分暴露出来,然后通过触碰或者用化学物质来刺激它。他发现肌肉通过收缩做出反应,因而论证了肌肉具有应激性。哈勒将感觉同应激性加以区分,认为神经具有"敏感性",具有把感觉传递给大脑的功能。[15]

哈勒支持生理学实验方法,并且拒绝对应激性成因进行解释,这显现出他的牛顿主义。他写道:

> 没有什么能阻止我们承认应激性是肌肉纤维中动物筋膜的特性,它们一旦被触碰或被刺激就收缩。为这个特性寻求任何原因都是没有必要的,正像没有关于吸引力或万有引力的合理的成因可以赋予物质一样。这是一种物理的原因,藏于隐秘的结构中,通过实验来发现,实验对于证明它的存在是有足够的说服力的。[但]对于进一步探询结构中的原因就显得太粗糙了。[16]

读者在阅读这段文字时,头脑里就会浮现出牛顿在《原理》的"总释"中所做的著名宣言,即他不会捏造任何关于万有引力成因的假设,因为从现象中就已经能足够证明它的存在了。

牛顿主义者对可以从实验中推论出来而无需进一步解释的力的认可,在 18 世纪中期相当流行。甚至论辩的双方都使用这样的办法。例如,哈勒的反对者之一,罗伯特·惠特(1714～1766)也套用了牛顿的风格。惠特认为肌肉的运动和感觉都是由神

[14]　关于哈勒的生理学,特别见 Shirley A. Roe,《愉快的解剖学:阿尔布莱希特·冯·哈勒的牛顿主义生理学》(*Anatomia animata:* The Newtonian Physiology of Albrecht von Haller),载于 Everett Mendelsohn 编,《医学的转变和传统》(*Transformation and Tradition in the Sciences*, Cambridge University Press, 1984),第 273 页～第 300 页;以及 Duchesneau,《论启蒙时期的生理学:经验主义、模式和理论》,第 5 章。

[15]　Albrecht von Haller,《关于应激性和人体的敏感性部位》(*De partibus corporis humani sensibus et irritabilibus*),《哥廷根王家科学院纪要》(*Commentarii Societatis Regiae Scientiarum Gottingensis*),2(1752),第 114 页～第 158 页。又见 Owsei Temkin 编并作序的《关于动物体敏感和应激部位的论文》(*A Dissertation on the Sensible and Irritable Parts of Animals*),《医学史通报》,4(1936),第 651 页～第 699 页。

[16]　Haller,《关于应激性和人体的敏感性部位》,第 154 页。

经中的"感知力本能"决定的。这个感知力本能是非物质的,并且是灵魂在身体中的作用媒介。[17] 我们会在后面再谈论万物有灵论,但是这里应着重指出的是,惠特认为所有的力都是非物质的,甚至万有引力也是这样。所以,当他宣称正如我们不知道引力如何作用却接受引力一样,他不需要明确解释感知力本能究竟是怎样起作用的,惠特对于万有引力的理解和哈勒的理解根本不同。但是,牛顿对力不需解释的前例得到认可,这种做法在牛顿主义出现在该段时期不同的生理学的方式中起了非常重要的作用。

牛顿力学在生理学中的应用面临着另一个问题,这个问题哈勒也经历过。这就是唯物论的困扰。为什么哈勒关于应激性的未做解释的力就不能仅仅是物质的一个特性呢?哈勒在某种意义上说是把对立的双方都肯定了:应激性不是非物质的,但从被物质赋予自身这点上来说它又不是物质的。更合适的解释是,它是一种由上帝添加于被动物质的机械力。但并不是每个人都这样想。那位名声很糟的唯物论者朱利安·奥弗雷·德·拉美特利(1709~1751)迅速抓住了这种应激性,特别是在把肌肉从身体中移开后还能动的这一实验中显示出来的应激性,以此为证据,证明没有必要去假定任何物质以外的东西来解释生命现象。正如他在《人是机器》(*L'Homme machine*, 1748)中所宣称的:"让我们做出大胆的结论,人是机器,并且在整个宇宙中只存在一种被以各种形式改变过的物质。"[18]哈勒迅速反驳了他认为的拉美特利对于应激性的误用,特别是拉美特利声称和他在学术上有渊源的说法。[19]

万物有灵论、活力论和对机械论的拒绝

还有一股重要的反机械论潮流贯穿 18 世纪,首先体现在施塔尔所提出的万物有灵论和后来在法国蒙彼利埃(Montpellier)兴起的活力论的学校中。更多的活力论思想可以在之后的博物学家,如约翰·亨特(1728~1793)和约翰·弗里德里希·布鲁门巴赫(1752~1840)的著作中发现。当然,机械论、活力论和唯物论的界限可能相当模糊。那些主张在生命体内存在着非物质的东西,而物质中没有的人很容易被界定为活力论者。有时,这会导致错误的想法,即认为任何相信生命体拥有特殊力的人都应被称为活力论者。因此,甚至是像哈勒这样的人也被划为活力论者。但是,正如我们看到的那样,因为他认为在活体内存在的力和在所有物质中存在的力是相同的,所以他应该被划为机械论者。还有一个问题经常出现在区别唯物论和活力论之中。唯物论者相

405

[17] 见 R. K. French,《罗伯特·惠特、灵魂和医学》(*Robert Whytt, the Soul, and Medicine*, London: Wellcome Institute of the History of Medicine, 1969);和 Duchesneau,《论启蒙时期的生理学:经验主义、模式和理论》,第 6 章。

[18] Julian Offray de La Mettrie,《机器人及其他作品》(*Machine Man and Other Writings*, Cambridge University Press, 1996), Ann Thomson 翻译并编辑,第 39 页。又见 Kathleen Wellman,《拉美特利:医学、哲学与启蒙运动》(*La Mettrie: Medicine, Philosophy, and Enlightenment*, Durham, NC: Duke University Press, 1992)。

[19] 见 Roe,《愉快的解剖学》,第 282 页~第 284 页。

信生命的所有特性都存在于物质中。但是这样是不是在某种程度上使物质具有了活力，即使这些特性只在某些特定的情况下存在？

施塔尔是可以被戴上活力论者（至少是"万物有灵论"的变种）帽子的案例中最清楚的例子之一。虽然施塔尔意识到机械论原理在生物体内起作用，但他感到机械论原理不足以解释生理现象。相反，他认为［尤其是在他的《理论医学》（*Theoria medica vera*, 1708）中］，意识、理性的灵魂（anima）掌控着生命的运作。他认为，生命是与分解相抗衡的生物体的保存。没有非物质的精气的指导，物质自身无法使之实现。[20]

施塔尔因他对霍夫曼和布尔哈夫机械论理论的批评和他对一组活力论者的影响而尤其被人们所牢记，这组活力论者在18世纪后半叶的蒙彼利埃医学院非常活跃。施塔尔的思想是通过18世纪30年代弗朗索瓦·布瓦西耶·德·索瓦热（1706～1767）的医学讲座介绍到那里的。在18世纪中期，蒙彼利埃大学的医生们提出了他们自己的关于生命奇异特质的理论，尤其是泰奥菲勒·德·博尔德（1722～1767）和保罗–约瑟夫·巴尔泰（1734～1806）所做的表述。[21] 这些医师们相信在生命体内存在着一种力或本能，这种力或本能在类型上和自然界中的力是不同的。在《关于腺体位置和功能的解剖学研究》（*Recherches anatomiques sur la position des glandes et sur leur action*, 1752）一书中，博尔德认为体内腺体的运动不是由机械的挤压过程控制的，而是由神经行为和在体内作用的某种力控制的。虽然博尔德经常提到这种力，但是他并未试图去解释它的作用，只是说我们从它在体内的作用知道它的存在。博尔德将活体看为一个由不同"部门"组成的一个和谐的整体。博尔德使用后来成为他非常著名的蜂巢比喻，声称体内的所有器官都具有独立的"生命"，它们在整体中相互协调和发挥功能。

巴尔泰（继任了博尔德在蒙彼利埃大学的席位）完成了被认为是出自该医学院的最有影响力的活力论综述。在他的《人的科学新要素》（*Nouveaux élémens de la science de l'homme*, 1778）中，巴尔泰认为生命是由一个"生命本能"所控制的，这个本能就其本质上来说是不可解释的，但不是不可知的。巴尔泰明确地把他自己同施塔尔以及理性灵魂控制动物功能（animal functions）的思想保持了距离。巴尔泰宁可将生命本能视为从可观察的现象中的"抽象"。引用我们现已熟悉的对牛顿的认可，巴尔泰把生命本能的不可知性与万有引力的不可知性相比。

在不同的背景下的其他活力论者，几乎同时出现，最著名是英国的约翰·亨特，他

[20] 见 Duchesneau，《论启蒙时期的生理学：经验主义、模式和理论》，第1章；和 Lester S. King，《医学哲学：18世纪早期》（*The Philosophy of Medicine: The Early Eighteenth Century*, Cambridge, MA: Harvard University Press, 1978），第143页～第151页。又见注释13。

[21] 关于蒙彼利埃的活力论，见 Elizabeth A. Williams，《自然和道德：法国的人类学、生理学和哲学医学（1750～1850）》（*The Physical and the Moral: Anthropology, Physiology, and Philosophical Medicine in France, 1750—1850*, Cambridge University Press, 1994），第1章；Duchesneau，《论启蒙时期的生理学：经验主义、模式和理论》，第9章；和 Elizabeth Haigh，《活力论、灵魂和敏感性：博尔德的生理学》（Vitalism, the Soul, and Sensibility: The Physiology of Théopile de Bordeu），《医学史杂志》，31（1976），第30页～第41页。

的《外科准则讲座》(*Lectures of the Principles of Surgery*) 于 1786～1787 年间发表,以及德意志的布鲁门巴赫,他的《关于进化动力和生殖事务》(*Ueber den Bildungstrieb und das Zeugungsgeschäfte*) 于 1781 年出版。[22] 这二人都假定生命力或生命本能是存在的,而且他们都认为生命不能简化为物理解释。有一个有趣的问题,为什么我们能看到活力论在 18 世纪后叶在法国、英国和德意志,以及其他地方出现? 充分回答这个问题超出了这篇文章的范围。并且,人们必须考察当时的背景环境从而去理解任何一位这样的博物学家提出的活力理论背后的动机。然而,在持续了一个世纪的发生理论中,我们也可以发现一个与之相似的进展——从简单的机械论到力学原理到活力本能或活力物质的引入。现在让我们转向这个论题。

机械论的预成学说

1683 年贝尔纳·德·丰特内勒(1657～1757)曾经问道:"你难道认为动物是机器就同手表是机器完全一样吗?""将一只雄性的狗 - 机器和一只雌性的狗 - 机器并肩摆放,最终会产生第三只小狗 - 机器,但是将两只手表始终并排摆放却永远不能产生第三只手表。"[23] 在发生理论中,机械论,特别是有关物质和运动的机械论变种,已经达到其解释能力的极限,至少是在一个人希望通过渐成论,即从无序的颗粒到一个生物体的渐进的、机械的发展——解释生命起源的现象时。这正是笛卡儿试图要做的。而预成论更大程度上是作为对机械论的渐成论的内在问题的一种回答而出现的。预成论认为上帝在同一时间创造了地球上的所有生物,并且把微生物雏形(tiny germs)一个套一个。这些生物从此将在地球上永远繁衍生息。这个在 17 世纪晚期提出的预成论,因此经常被称为"微生物预成论"。为了理解 18 世纪关于生殖的理论,我们必须首先关注其在 17 世纪晚期的发展。

笛卡儿希望在他的《论人》(*Traité de l'homme*) 中包含一个关于生命发生的机械理论,在这本书中,他运用微粒的力学解释了一系列生理现象如消化、运动和感觉。但是生命发生的答案又让他花了十年,直到死前不久的 1650 年,他最终得出了关于动物的胚胎是从父母双方生殖液混合物中通过微粒的发酵而机械地形成的解释。他的研究成果——《论动物的构造》(*De la formation de l'animal*),和早期的生理学著作一起在他死后出版。笛卡儿关于生命发生的机械论解释完全以运动中的物质为基础,此乃他的机械论生命观顶峰。

407

[22] 见 François Duchesneau,《18 世纪晚期生理学中的活力论:巴尔泰、布鲁门巴赫和亨特的例子》(Vitalism in Late Eighteenth-Century Physiology: The Cases of Barthez, Blumenbach and John Hunter),载于 W. F. Bynum 和 Roy Porter 编,《威廉·亨特和 18 世纪的医学世界》(*William Hunter and the Eighteenth-Century Medical World*, Cambridge University Press, 1985),第 259 页～第 295 页;和 Duchesneau,《论启蒙时期的生理学:经验主义、模式和理论》,第 8 章。

[23] Bernard de Fontenelle,《优雅信札》(*Lettres galantes*),载于《全集》(*Oeuvres*, Paris: Libraires Associés, 1766),第 1 卷:第 312 页。

　　但是,笛卡儿的理论,被认为既不充分又让人不安。第一个在 1674 年建构了关于微生物预成论的尼古拉·马勒伯朗士(1638～1715),直接通过自己的文字对笛卡儿做出了回应:

　　　　这位哲学家提出的粗糙的概略可能会帮助我们理解运动的规律如何足以带来一个动物的各个部分的逐步生长。但是,永远没有人能证明这些规则一定就会组合并联结它们。很明显,笛卡儿自己也意识到了这一点,因为他并没有将他的富有创造性的猜想更深入地推进。[24]

马勒伯朗士关于预成论的最充分的讨论,是在他的著作《有关神的存在和性质的对话》(*Entretiens sur la métaphysique et sur la religion*, 1688)中,该书是以一位教师(马勒伯朗士)、一名学生和一位牧师对话的形式写成的。作为一位物理学中的笛卡儿主义者,马勒伯朗士相信上帝在自然宇宙中的角色只局限于赋予物质世界初始的运动,这个运动接下来将在物体间不断传递,只要世界继续存在。生命生成的问题在于,这种从一种物质微粒到另一种物质微粒的运动的传递足够创造出一种新的生物体吗? 马勒伯朗士的回答是否定的,他宁愿宣称飞虫的各部分都存在于蛹中,只是等待着它们各自的发展。在谈到上帝时,马勒伯朗士说:"在创世记时期,上帝创造了未来各代的动物和植物,他制定了它们发育必需的运动规则。现在他正在休息,因为他除了遵循这些规则以外,没有做其他任何事情。"[25]各个物种所有未来的生物体是怎样有可能被包含在上帝最初所创造的样本中的? 马勒伯朗士认为,这是因为物质是无限可分的(这是另一个笛卡儿的观点),至少这是可以想象的。但是在他认为不可想象的是,运动的传递规则本身在每一代都可以创造新的生物体。因此在预先存在(preexistence)中,马勒伯朗士将机械论的物理学和笛卡儿的关于上帝对我们世界最初的影响结合起来。在创造了物质并给予它们最初的运动之后,上帝停止了直接介入自然界。

408

　　马勒伯朗士清楚地知道与他同时代的人所做的微观研究,并且他引用了马尔切洛·马尔皮吉(1628～1694)、扬·施旺麦丹(1637～1680)和尼赫迈亚·格鲁(1641～1712)的工作来支持自己关于预先存在的观点。在 1669 年一篇荷兰语的文章中,施旺麦丹做出了一些赞同微生物预先存在的简要评论,1672 年的拉丁文版让这些观点变得更广为人知。[26]马尔皮吉于 1673 年出版的关于小鸡发育的观察,提供了清晰的证据证实人们可以在一个尚未被孵化的受精卵中看到原始的胚胎(而在未受精的卵中则见不到)。即使这样,马尔皮吉的观察和施旺麦丹的观察,却还经常被引用为证

[24] Nicholas Malebranche, 20 卷本《全集》(*Oeuvres complètes*, Paris: Librairie Philosophique, J. Vrin, 1958—), André Robinet 编,第 12 卷:第 264 页。

[25] 同上书,第 252 页,第 253 页。

[26] 关于施旺麦丹的工作和列文虎克(他用显微镜观察了精子)的工作,见 Edward G. Ruestow,《荷兰共和国的显微镜:一个发现的形成》(*The Microscope in the Dutch Republic: The Shaping of a Discovery*, Cambridge University Press, 1996)。

据,证明那些鸡卵、青蛙卵或植物种子中已发育(performed)的微小生物体预先存在。[27]

但是,这些观察迅速被预成论者所采用,说明预先存在的概念并不完全来源于观察证据。很明显,正如一些学者指出的那样,由预先存在发展而来的预成论,更多地是为了回应哲学而不是观察的需要。罗杰最早探讨了微生物的预先存在和机械论之间的联系,并且他指出,因为机械论的宇宙观依赖于被动的物质和一个坚持不干涉主义的上帝,所以预先存在是很有道理的:"自然的一切,在被机械化过程中,失去了所有的自发性,成为被上帝掌握的完全被动的物质,正是上帝创造了它,并且现在很满意地保持它的存在和维持它的运动。最终,自然界中所出现的事物无不来源于万物的创造。"[28]

预成论 – 机械论的综合是相当成功的。虽然在一些机械论者中有些早期的反对,但预先存在到 1705 年已经成为了占统治地位的理论,并且直至 18 世纪中期都是这样。在它的支持者中,人们可以列举出很多人物,他们在哲学中的许多方面并没有达成一致,例如包括布尔哈夫、戈特弗里德·威廉·莱布尼茨(1646~1716)、丰特内勒和勒内·安托万·费尔绍·德·莱奥姆尔(1683~1757)(他们中的一些人相信预先存在发生于雄性的精子中,但大多数人却相信发生于卵子中)。[29] 上帝必定从根本上介入了每一次生殖,但只是通过他最初的创造和他所建立的机械规则而已,这个概念有着广泛的吸引力。它基于机械论科学,同时又避免了无神论。

409

处于边缘的生物体

机械论和预成论的完美综合将要遭受挑战的最早迹象之一是 18 世纪 40 年代早期出现的新证据,它显示并不是所有的生物体都能够很好地适合于动物 – 植物之间的明显分界。其中被最广泛讨论的是浅水珊瑚虫——于 1740 年亚伯拉罕·特朗布莱(1700~1784)重新发现(浅水珊瑚虫最初由列文虎克于 1702 年发现,但是没有深入研究)。珊瑚虫(今天称为水螅)既显现动物的特性,又显现出植物的特性。在运动、进食和对刺激做出反应的方面它和动物相似。然而,除了本身是绿色之外,它还在繁殖方式方面和植物相似。它通常的繁殖方式是出芽,不过它还可以从被切断的部分再生。这两者都违反了我们所知的动物繁殖规则,并且这两者都对微生物的预先存在的

[27] 见 Roger,《18 世纪法国生命科学的思想》,第 334 页~第 353 页;和 Shirley A. Roe,《物质、生命和生殖:18 世纪胚胎学和哈勒 – 沃尔夫的争论》(*Matter, Life, and Generation: Eighteenth-Century Embryology and the Haller-Wolff Debate,* Cambridge University Press, 1981),第 2 页~第 9 页。
[28] Roger,《18 世纪法国生命科学的思想》,第 328 页~第 329 页。
[29] 一个最近的关于卵子同微生物的讨论,见 Clara Pinto-Correia,《夏娃的卵巢:卵和精子与预成论》(*The Ovary of Eve: Egg and Sperm and Preformation,* Chicago: University of Chicago Press, 1997)。

观念形成了挑战。[30]

其他被广泛讨论的生物体是"冬虫夏草"和"蛹虫",这两者都是由真菌侵入已死的毛虫或昆虫,而生出类似植物的茎,因此看起来像一个动物将自己变形为植物。显示出动物特性的植物有含羞草或称敏感植物,以及白木耳——一种看起来可以自发移动的藻类。白木耳,于 18 世纪 60 年代第一次由米歇尔·阿当松(1727～1806)描述之后,很快被看做动物和植物王国之间的另一个链接。

18 世纪的很多学者都是生物链概念的支持者,即人们能够把从最低等的苔藓一直到人类的所有的植物和动物都排列在一个复杂性逐渐增加的标尺上。可以连接动物和植物王国的新的生物体的发现受到了如夏尔·博内(1720～1793)等博物学家的热烈欢迎,他们将其视为这种链条存在的证明。正像博内所说:"自然界逐级地向下,从人到水螅,从水螅到含羞草,从含羞草到块菌,等等。较高等的物种总是在某种特征上对较低等的物种有着延续,后者对更低等的物种也是这样,依此类推。"[31]虽然一些人认为这些新发现显示了自然界有着比我们对界或种的简单分类所能显示的多得多的细微差别和复杂性,但是,另外一些人坚持认为在生物体的层级体系中自然界的秩序非常明显。

18 世纪中期,微生物给生物有序理论也带来了新挑战。微生物由列文虎克于 17 世纪 70 年代首次提出,在 18 世纪 40 年代后期开始得到相当的重视,它们涌现为唯物论争论的主要战场之一。为什么微生物成为争论的来源呢?为什么人们不能简单地假设它们只不过是非常小的动物,正像它们经常使用的名字——"微动物"(animalcule)所暗示的那样呢?问题之一来源于微生物最经常被发现的位置。大部分观察者通过混合溶液,将各种各样的有机物质(经常是从植物中得来的)浸入水中。几天后,就可以发现水中充满了大量活动着的微生物。关于这些微小生物的一个问题是,它们是什么?——动物,植物,还是某种位于两者边缘的生物体?一个生物体需要具有怎样的主要特质才可以被称为是动物?而且,更重要的,这些微生物是怎样在这些溶液中出现的呢?它们来源于溶液中已有的卵或种子,还是从空气中掉入或是昆虫带进溶液后形成的呢?或者,更麻烦地,它们是不是经某种自发的生命生成过程而由放进溶液的材料本身产生的呢?

18 世纪上半叶,微生物的动物属性没有受到质疑。例如,路易·约伯乐

---

[30] 关于浅水珊瑚虫,见 Virginia P. Dawson,《自然之谜:博内、特朗布莱和莱奥姆尔的文章中的珊瑚虫问题》(Nature's Enigma: the Problem of the Polyp in the Letters of Bonnet, Trembley and Réaumur, Philadelphia, PA: American Philosophical Society, 1987),以及 Aram Vartanian,《特朗布莱的珊瑚虫、拉美特利和 18 世纪的法国唯物主义》(Trembley's Polyp, La Mettrie, and Eighteenth-Century French Materialism),《思想史杂志》(Journal of the History of the Ideas),11(1950),第 259 页～第 286 页。

[31] Charles Bonnet,《自然的沉思》(Contemplation de la nature),载于《关于自然和哲学的历史工作》(Oeuvres d'histoire naturelle et de philosophie, Neuchâtel: Samuel Fauche, 1779—83),第 8 卷:第 514 页。又见 Dawson,《自然之谜》,第 167 页～第 176 页。经典的研究是 Arthur O. Lovejoy,《存在的巨链》(The Great Chain of Being, Cambridge, MA: Harvard University Press, 1936)。又见 William F. Bynum,《〈存在的巨链〉40 年后之评价》(The Great Chain of Being after Forty Years: An Appraisal),《科学史》(History of Science),13(1975),第 1 页～第 28 页。

（1645～1723）描述了他在 1716 年所做的对煮沸的干草的观察，一个浸液容器盖了盖子，另一个则没有。这个实验使他相信微生物，正像其他所有的生物一样，来源于卵。亨利·贝克（1698～1744）的畅销书，《易做的显微镜》（*The Microscope Made Easy*, 1743）中，也表述了这个被广泛接受的观点，认为微生物只不过是由卵繁殖而来的小动物。

约翰·特伯维尔·尼达姆（1713～1781）的工作对所有的这些提出了质疑。他的第一本书，《对一些微观新发现的说明》（*An Account of Some New Microscopical Discoveries*, 1745），使他作为有经验的微观世界的观察者而名声大噪。三年以后，尼达姆发表了关于种子浸液、研磨成粉的小麦和羊肉汤的一系列浸液实验的观察结果。他密封了羊肉汤，并将它加热，但是几天后将它打开时，其中充满了大量的微生物。在小麦浸液中，他发现了看起来正在释放会动的水珠的丝状体（filaments），这些水珠随后又变成新的丝状体。尼达姆迷惑了，他写道："我承认直到今天我都不得不对我的发现表示惊奇，虽然我现在经常看到它们，我仍把它们视为新的惊奇。"他认为他可能是在观察一种植物变为动物，然后又变回植物。[32] 尼达姆同时还认为他在观察一种植物生长力的活动，这种力一旦被释放到浸液中，就开始起作用，从死的物质中产生一种新的有机体。生长力，和主动物质，而不是那些预先存在的微生物，造出了这些新的有机体。

借助牛顿式的力的生成论

18 世纪中期，并不只是尼达姆一个人认为生长力，或者某种类型的力，在新有机体的生成中起作用。随着牛顿主义所认可的机械论范围的扩大，通过建立在物质或者力的基础上的后成说来考虑生成问题便成为了可能。例如，莫佩尔蒂在他的《维纳斯的物理学》（*Vénus physique*）（于 1745 年匿名发表）中认为，因为吸引力在物理和化学中是很明显的，所以它们很可能也在生命生成中起一定的作用。他宣称："为什么一种内聚力，既然它在自然界中存在，却不可以在动物身体的形成中起一定的作用呢？"[33] 在他的理论中，当双亲的生殖液混合在一起时，这些吸引力便发挥了作用。但是莫佩尔蒂

411

[32] John Turberville Needham,《一些近期的关于生殖、合成和动物分解的以及植物实质的摘要：在一封给王家学会主席马丁·福克斯先生的信中所传达的》（A Summary of some late Observations upon the Generation, Composition, and Decomposition of Animal and Vegetable Substances; Communicated in a Letter to Martin Folkes Esq. ; President of the Royal Society），《哲学汇刊》（*Philosophical Transactions*），45（1748），第 615 页～第 666 页；引用在第 647 页。又见 Shirley A. Roe,《尼达姆和活生物体的生成》（John Turberville Needham and the Generation of Living Organisms），《爱西斯》（*Isis*），74（1983），第 159 页～第 184 页；以及 Renato G. Mazzolini 和 Shirley A. Roe,《科学反抗异教徒：博内和尼达姆的通信（1760～1780）》（*Science Against the Unbelievers: The Correspondence of Bonnet and Needham, 1760—1780*, Studies on Voltaire and the Eighteenth Century, 243, Oxford: The Voltaire Foundation, 1986），第 10 页～第 23 页。

[33] Pierre-Louis Moreau de Maupertuis,《维纳斯的物理学》之英文版《尘世中的维纳斯》（*The Earthly Venus*, The Sources of Science, no. 29, New York: Johnson Reprint Corporation, 1966），Simone Brangier Boas 译，第 56 页。又见 Michael H. Hoffheimer,《莫佩尔蒂和 18 世纪关于预先存在的批评》（Maupertuis and the Eighteenth-Century Critique of Preexistence），《生物史杂志》，15（1982），第 119～144 页；和 Mary Terrall,《沙龙、学院和闺房：莫佩尔蒂的生命科学中的生成和欲望》（Salon, Academy, and Boudoir: Generation and Desire in Maupertuis's Science of Life），《爱西斯》，87（1996），第 217 页～第 229 页。

也意识到,仅仅是作用于被动物质的吸引力,对于形成一个有组织的生命体而言是不够的。在接下来的几年里,他形成了一个观点,认为由于某种原因,形成一个生物体的粒子"记忆"了它们原先的位置并在生殖复制的物质中本能地结合。虽然他并没有进一步阐释这些观点,莫佩尔蒂的两难困境却带来了一个问题,这个问题在所有试图逐渐地通过渐成论解释发育的努力中都是关键。是什么导致一个复杂的活体内产生组织呢? 如果预先存在的微生物并不存在,物质是怎样"知道"如何发育成一个生物体的呢?

　　莫佩尔蒂的思想在影响那个世纪中期预先存在的另一(并且可能是最重要的)挑战者:乔治·路易·勒克莱尔·布丰伯爵(1707～1788)的想法方面起了主要作用。[34] 布丰于18世纪40年代中期开始撰写关于生成理论的解释,明显是在他和莫佩尔蒂关于这个论题的几次对话后。布丰的理论基于两种物质的区别:有序的(活的/有机的)和无序的(死的/无机的)。当生物进食时,它们的消化系统分离出"有序分子"并将它们运送到生物身体的各个部分。每一部分产生其有代表性的微粒,使之成为生殖器官中的生殖液。这个观念也是莫佩尔蒂理论的一部分。但是并没有援引莫佩尔蒂所认为的唤起微粒中的某种"记忆",布丰认为从亲代双方来的生殖液通过"内在的模具"(mottle intérieur)以及"穿透力"的作用形成新的生物体。和莫佩尔蒂一样,布丰认为牛顿式的吸引力一定参与了这些有机粒子聚结成一个生物体的过程。布丰坚定地反对生命生成于微生物的预先存在,认为这样的观点"不仅承认了我们不知道它是怎样实现的,而且放弃了所有想理解它的欲望"。[35] 不过人们也可以认为布丰不是一个真正的渐成论者,因为他认为"内在的模具"迅速地组合了亲代双方的生殖液而形成了生物体。[36] 但是他对于微生物预先存在的明确反对,以及他的将生命定位于一种特殊物质的愿望,使他的观点和他同时代人的观点有所区别。并且,布丰毫不含糊地提倡有活力的物质是生命的基础。"生存和活力,"他大胆地宣称,"不是生命的一个形而上学的量度,而是物质的一种物理特性。"[37]

　　布丰关于生命生成的理论于1749年在他的《博物学》的第2卷发表。其中不但包含了他在18世纪40年代中期所系统表述的理论,也包含了与尼达姆共同进行的一系列观察的结果,尼达姆满怀对观察微观世界的浓厚兴趣于1746年来到巴黎。他们二人着手观察在生殖液中发现的"微动物"(甚至在雌性的"生殖液"中寻找它们)和在浸液中游来游去的微生物。在布丰看来,这些联合的观察充分证实了他所提出的关于生

[34]　关于布丰的更多内容,特别见 Jacques Roger,《布丰》(Buffon, Ithaca, NY: Cornell University Press, 1997),Sarah Lucille Bonnefoi 译。

[35]　Georges Louis Leclerc, comet de Buffon,《博物学:通论和特论》(Histoire naturelle, générale et particulière, avec la description du cabinet du roy, Paris: L'Imprimerie Royale, 1749—89),第2卷:第28页。又见 Roger,《18世纪法国生命科学的思想》,第527页～第584页。

[36]　Roger,《布丰》,第137页～第138页。又见 Peter J. Bowler,《博内和布丰:生成的理论和物种的问题》(Bonnet and Buffon: Theories of Generation and the Problem of Species),《生物学史杂志》,6(1973),第259页～第281页。

[37]　Buffon,《博物学》,第2卷:第17页。

命生成的观点。而且对于尼达姆而言,这个观察为他基于主动生长力的生命生成理论奠定了基础。

在和布丰联手之前,尼达姆已经进行了一些引人注目的观察,与他关于浸液的观察一样,这些观察也似乎为主动物质提供了证据。他开始对在枯萎的麦粒中发现的微小发白的纤维感兴趣。他发现,在给它们加水时,它们看起来像小蠕虫(或者,正如他所称呼的那样,"鳗鱼")一样有了生命,在水中扭动长达几个小时。而且,他发现即使是在两年之后在一个他保存的枯萎的谷物样本中仍有相同的情况发生。与特朗布莱关于水螅再生生殖的观察相结合(不管你将一个水螅切割成多少块,它们似乎都可以各自再长成一条新水螅),尼达姆对再生的目击见证,为质疑来自预先存在的微生物的生殖的简单图景添加了观察证据。

预存论的复活

布丰和尼达姆的书刚一问世,他们的理论就引发了争议。这两个理论都依赖于主动物质的概念,并且它们都使用了来自微观世界的证据。结果,在接下来的 10 年到 20 年中,预先存在论达到了它的最清晰的和基于观察的形式。在哈勒、博内和拉扎罗·斯帕兰让尼(1729~1799)的工作中,微生物预存论成为一个对抗在法国兴起的唯物论浪潮的全新防线的关键。这三位学者都被布丰和尼达姆的理论深刻地影响了,并且他们都花费了很大一部分学术生涯试图去确认上帝依然控制生成的过程并由此控制生物界(包括人)。

哈勒、博内和斯帕兰让尼说出了关于新的生成论理论的三个主要的关注点。第一,他们不能理解,单凭自己,力怎么能够完全决定复杂的、看来是被预先设计的、活的生物体的生成。第二,同斯帕兰让尼所反驳的一样,他们也质疑了尼达姆和布丰所做的实验观察。第三,也可能是最重要的一点,他们对主动物质的潜在含义表示出忧虑——不只是理解生命现象方面的,甚至是在宗教和道德方面的。

哈勒在他 1751 年所做的对布丰理论的批评中,对力是如何决定生成提出了疑问。"我在整个自然界中都没有找到,"他写道,"那种力足够智慧以至于可以根据一个永恒的设计而将身体的成千上万的单个部件,如血管、神经、纤维和骨头等都聚合在一起……布丰先生需要一种力,这种力可以寻找,可以选择,有目的性,并且和盲目结合的规则不同,它总是准确无误地做出相同的动作。"[38]正如我们先前在哈勒关于应激性的工作中看到的那样,他在力是怎样在自然界中起作用的问题上,有自己非常清晰的观点。在被上帝给予了物质以后,所有的力,就像万有引力一样,在一个物理的基础上

---

[38] Albrecht von Haller,《关于布丰先生的生成系统的思考》(*Réflexions sur le système de la génération, de M. de Buffon*, Geneva: Barrillot, 1751),第 42 页。

工作,而且自动地显现自己。但是它们并不具备自我引导的能力,因此并不能使一个新的生物体组成。

为了支持自己关于预先存在的观点,哈勒做了一系列关于鸡的受精卵的观察——这些观察使他确信有证据表明一个小鸡的所有部分在最早的阶段基本上就存在了,并且发育是通过心脏跳动并将液体在雏形的生物体内传送而进行下去的。在发表了这些观察后不久,哈勒就陷入了同另一个渐成论者卡斯珀·弗里德里希·沃尔夫(1734~1794)的论争中。沃尔夫于 1759 年发表了以力为基础的理论,认为“基本的活力”(vis essentialis)指导了受精卵的逐步形成。哈勒和沃尔夫反复争论了很多年,辩论内容既包括力的问题又包括关于小鸡发育的具体观察。[39]

博内在得知了哈勒关于鸡胚的观察后不久发表了他对布丰和尼达姆的观点的批评。在他的著作《有组织的个体思考》(Considération sur les corps organisés, 1762)中,博内提出了和哈勒相似的反对意见,认为“在自然界中没有真正的生成,其实被我们不恰当地称为生成的是一个发育过程的开始,它使得我们所不能觉察的成为可见的”。[40]此时,博内和哈勒都还不能回应布丰和尼达姆所做的微观观察。但是这些到了 1765 年都发生了改变,斯帕兰让尼在他的《我检验了尼达姆和布丰设计的关于生成的微观观察》(Saggio di osservazioni microscopiche concernenti il sistema della generazione dei signori di Needham e Buffon, 1765)中发表了他所做的一系列关于浸液的观察结果。斯帕兰让尼宣称他有证据证明微生物都是真正的动物,并没有小动物变成植物或相反现象的发生,并且浸液中的所有微生物都发生于卵,而不是分解着的物质。这些观察正是博内和哈勒所寻找的,以用来支持他们反对布丰和尼达姆的生成论中含蓄的唯物论的论战。

唯物论的诞生

哈勒和博内的担忧不是没有理由的,因为尼达姆与布丰的观点和所做的观察被诸如狄德罗和保罗-昂利·蒂里·霍尔巴赫(1723~1789)的唯物论者所接受(拉美特利于 1751 年突然去世,正好在生成理论开始感受到唯物论的影响之前不久)。狄德罗关于生命体的兴趣在 1749 年当他第一次接触布丰的理论时被触发。在著作《关于自然的解释的思考》(Pensées sur l'interpretation de la nature, 1753)中,狄德罗开始质疑布丰关于有序微粒和无序物质之间的区别,提出除了有序和自我运动以外,在活着和死去的物质之间是否存在真正的区别问题。例如,在一封信中,他认为生物体通过进食

[39]　见 Roe,《物质、生命和生殖》,第 3 章~第 4 章。

[40]　Charles Bonnet, 2 卷本《有组织的个体的思考,或关于它们的来源、它们的发展、它们的繁殖等的推测》(Considérations sur les corps organisés, où l'on traite de leur origine, de leur développement, de leur réproduction, etc., Amsterdam: M. M. Rey, 1762),第 1 卷:第 169 页。又见 Mazzolini 和 Roe,《科学和异教徒的对抗》,第 23 页~第 52 页。

生长,所以他说:"死的事物被和活的事物放在一起后,就开始活了。"甚而,他继续道: *115*
"你也可以说如果我将一个死人放到你的臂弯里他将会复活。"[41] 在几年之内,狄德罗反对布丰提出的区分,认为一种被他称为"敏感性"的东西是所有物质的特性——在死物中不活跃而在活体内却相当活跃。

狄德罗唯物论思想的顶点是他机智且引人深思的对话集——《达朗贝尔的梦》(*Rêve de d'Alembert*),这本书于1769年完成但是在他有生之年并没有被出版。狄德罗的对话者是一些虚构的人物,这些人的名字就是取自他同时代的人的名字:达朗贝尔,是"启蒙哲学家"中的一员,曾与狄德罗一起合编《百科全书》;莱斯皮纳斯小姐,一个常去沙龙的人;博尔德博士,来自蒙彼利埃的活力论医生;以及狄德罗本人。在《梦》的第二部分,狄德罗描绘了书中的达朗贝尔在一个梦中,用一个显微镜观察浸剂,观察微观世界中不停顿的运动。"在尼达姆看来,水滴中所有的事物来去一瞬间,"达朗贝尔报告说。"你可以看到两种伟大的现象,"他继续说,"从惰性到敏感性的转变,以及自发的生成;这些对你而言已足够:由它们而得出正确的结论吧。"[42] 对于狄德罗而言,尼达姆的微观观察为一个以无休止活动和变化为基础,而不是一个以预定的稳定性为基础的世界提供了模型。

尼达姆的观察也出现在霍尔巴赫的《自然的体系》(*Système de la nature*,1770)中。尽管霍尔巴赫的唯物论在本质上更多地是化学的而不是生物的,他仍然和狄德罗一样地认为,物质根本上是主动的,只是需要合适的环境使其显现。霍尔巴赫引用尼达姆的工作,以证明无生命物质可以转变为有生命物质,反之亦成立。他发人深省地质询道:"独立于普通的方法的人的产生,难道比从面粉和水中产生出昆虫是更大的奇迹吗?"[43] 狄德罗和霍尔巴赫都是"启蒙哲学家",他们定期在霍尔巴赫的家中共同进餐,在那里他们的讨论包括当时所有的激进问题。[44]

虽然哈勒和博内反对霍尔巴赫的观点,但是,他们为了维护上帝和机械论而曾经寄予如此多的忠诚信仰的预存论在他们去世后就不再流行了。渐成论取代了它,特别 *116*
是在德意志,那里布鲁门巴赫的内在形塑力(构建之力)开启了通往目的渐成论的大门,这种渐成论同狄德罗的机械渐成论或者沃尔夫的发展渐成论都有很大的距离。德意志的博物学家由此开始创建一种自然哲学,该哲学基于结构和发育是自然的组成部

[41] Denis Diderot,《通信》(*Correspondance*, Paris: Editions de Minuit, 1955—70),第2卷:第283页;1759年10月15日的信。
[42] Denis Diderot,《哲学著作》(*Oeuvres philosophiques*, Paris: Editions Garnier Frères, 1964),Paul Vernière编,第299页,第303页。关于狄德罗的唯物论,见Roger,《18世纪法国生命科学的思想》,第585页~第682页;以及John Furbank,《狄德罗评传》(*Diderot: A Critical Biography*, New York: Knopf, 1992),第324页~第342页。
[43] [Paul-Henri Thiry d'Holbach],《自然的体系,或自然世界及世界精神的规则》(*Système de la nature, ou des loix du monde physique et du monde moral, par M. Mirabaud*, London [Amsterdam],1770),第23页注释5。关于霍尔巴赫的唯物论,见Roger,《18世纪法国生命科学的思想》,第678页~第682页;以及Shirley A. Roe,《形而上学和唯物论:尼达姆对霍尔巴赫的回应》(Metaphysics and Materialism: Needham's Response to d'Holbach),《对伏尔泰与18世纪的研究》(*Studies on Voltaire and the Eighteenth Century*),284(1991),第309页~第342页。
[44] 见Alan Charles Kors,《霍尔巴赫的同行:巴黎的启蒙运动》(*D'Holbach's Coterie: An Enlightenment in Paris*, Princeton, NJ: Princeton University Press, 1976)。

分,是不需要解释的事物。[45]

结　论

　　1800 年前后,"生物学"这个名词分别由让 – 巴蒂斯特・拉马克(1744～1829)和马里 – 弗朗索瓦 – 格扎维埃・毕夏(1771～1802)在法国,卡尔・弗里德里希・布尔达赫(1776～1847)和戈德弗里德・莱因霍德・特雷维拉努斯(1776～1836)在德意志开始使用。虽然他们中的每一个人用这个术语所指的都有细微的差别,但四人都意识到需要统一生命科学,使它同涉及非生命世界的其他科学区别开来。拉马克试图将生命通过物理学的术语进行定义,然而,这样的定义却是把它作为自然界的一个独立的层次。在某些方向他通过反对任何一个独立于物质的生命本能的观念,而坚持了法国启蒙哲学家的唯物论。但是在另一些方向,他希望超越那个认为物质本身含有生物世界的一切属性的假说。"生命,"按照他的说法,"是每个有生命的个体各部分的秩序和状态。"[46]

　　不论人们可以怎样地对"一个世纪的思想"进行更加抽象的概括,我们都可以说当面对生命体的现象时,占据了 18 世纪的博物学家的许多关键问题和仅仅几十年以后占据他们同僚们的问题是显著不同的。关于证明或否定上帝的存在,关于被动或主动的物质,关于牛顿主义的力或生命本能等当初最迫切的关注,在后来将变得不成问题。正如雅克・罗杰的评论:"在 18 世纪初所有人都在讨论上帝,18 世纪末所有人都在讨论自然,他们可能认为已经取得了伟大的进步,但却并没有想到他们是在用新意识形态取代旧意识形态。"[47]事实上,我们这篇短文所讨论的正是 18 世纪的意识形态以及它是如何引导博物学家去观察和理解生命体的。

(甄　橙　陈雪洁　阎　夏　李　昂　译　方在庆　校)

[45]　见 Roe,《物质、生命和生殖》,第 6 章。
[46]　Jean-Baptiste Lamarck,《关于生命体的组成的研究》(*Recherches sur l'organisation des corps vivans*, Paris: Maillard, 1802),第 71 页。
[47]　Roger,《生命世界》,第 283 页。

18

地球科学

罗达·拉帕波特

如18世纪所定义的，"博物学"（natural history）*意指对自然界中从宇宙到昆虫的所有事物的描述（当时是"history"的同义词）和分类，因而可以理解，只有很少博物学家着力调查和综合这么杂乱的一堆对象。在这不多的几个人当中，有一位是卡尔·林奈，他在专论动物界、植物界和矿物界的系列分类学著作中，尝试勾画存在于自然界所有领域中的秩序。另一位是布丰，他批评分类学不能精确地描绘自然界中所有的种类；通过省略植物学，布丰的《博物学》（*Histoire naturelle*）研究范围一方面更窄，另一方面却又更广，包括了太阳系的起源、地球的历史、动物的研究，其中对动物的研究超出了解剖学，进入了如环境、遗传这样的领域。

有些博物学家满足于制作"珍品"名录，另一些则尝试将这些收集品组织成一个统一体，并指出他们的目的是揭示"在创造物中彰显出的上帝的智慧"（约翰·雷的著名书名：*The Wisdom of God Manifested in the Works of the Creation*, 1691）。许多人追求一定程度的完整性而选择一个地理的或者一个主题的研究点。前者的例子，可以举英国由来已久的地方志传统，此传统大致开始于罗伯特·普洛特的著作《牛津郡》（*Oxfordshire*, 1677），最后包括了一部文学名著，吉尔伯特·怀特的《塞尔彭博物志和古代文物》（*Natural History and Antiquities of Selborne*, 1789）。这种研究在英国之外似乎并不常见。几乎所有这些著作的一个突出特征是重视人工物品，主要是古代文物，也重视如语言、风俗、迁移等这样的主题。博物学家们对这些选择花了不少力气进行解释，他们说他们选择人类文化的事实的主题，因而是无偏见的方面，值得给予这些主题与自然同样的描述。

其他作者尝试通过选择一堆相关的主题进行详尽研究。现举少数几个其书名中包括"博物学（志）"的作者：约翰·伍德沃德研究矿石和化石（1695）；德扎利埃·达尔让维尔研究他所说的"博物学的两个主要部分"岩石和贝类（1742）；维塔利亚诺·多纳蒂主要研究亚得里亚海的植物群和动物群（1750）；鲁道夫·埃里希·拉斯珀研究

---

* 又译"博物志，自然志"。译文视情形分别采用三种译法。——译者

"大海中新形成的岛屿"（1763）；约翰·威廉斯研究"矿物界"（1789）[1]。与地方志作者一样，对这些作者而言，主要工作是描述，即使所有这些著作都有原因解释。

　　既然几乎任何东西都可以有它的自然志——如大卫·休谟创作一部引起争议的著作《宗教自然志》（*Natural History of Religion*, 1757）所显示的，写一种这样面面俱到的类型的历史并不可行。在这里挑选出地球科学（earth sciences）——或生命科学（见本卷第 17 章）——似乎犯了时代错误，但是在那时被普遍接受的一个统一的主题确实叫"地球理论"。这个词组因托马斯·伯内特而广泛流行，他的著作《神的地球理论》（*Sacred Theory of the Earth*, 1681）在英国和欧洲大陆都引起了争论。伯内特的词组后又在布丰的第一卷《博物学》（*Histoire naturelle*, 1749）中用于一种很不相同的综合。18 世纪中叶之后，这样的大的综合（称作"系统"）遭到普遍摈弃，最受称颂的地质学家是那些"以旅行、野外观察和谨慎地避免过度普遍化或系统化而闻名的人"[2]。与此同时，希望"获得充分的知识并将之以正确的方式组织起来"的人如奥拉斯－贝内迪克特·德·索绪尔和德奥尔·多洛米厄等，在 18 世纪 90 年代仍然在说，他们旨在帮助改进"地球理论"[3]。

　　到 18 世纪 90 年代，"地质学"和"地质构造学"的术语获得采用，与更早的术语如"矿物学"、"自然地理"等一起使用，后者现在重新定义成了地质学的分支领域。1800 年的这门既年轻又古老的科学的基础是物理定律、化学分析和历史重建。一个世纪以前，伯内特的同盟者是笛卡儿物理学和宗教的以及非宗教的古代历史文本。伯内特把笛卡儿假设的宇宙形成理论和地球形成理论转换成了既由自然界又由《圣经》记录的一系列不可逆事件，这样，结合的结果既是一种理论，又同样多地是一种历史（"history"这个词语的现代含义）。除了尼古劳斯·斯特诺的名著《论稿》（*Prodromus*, 1669）外，可以说是伯内特为地质学确定了随后几十年的任务：如何重建地球的历史以

419

〔1〕　引文来自这几部著作的扉页。主题的多样性约略提到但没有详论，见 Nicholas Jardine 等编，《博物学文化》（*Cultures of Natural History*, Cambridge University Press, 1996）。在该书的第 129 页上，Daniel Roche 引用狄德罗的《百科全书》（*Encyclopédie*）中的博物学的定义；也请参见《大英百科全书》（*Encyclopaedia Britannica*, 1771），参看 Natural History 词条。

〔2〕　此引文及下一引文摘自 Kenneth L. Taylor，《法国地质学特征的开端》（The Beginnings of a French Geological Identity），载于《博物学》（*Histoire et nature*），19～20（1981～1982），第 75 页，第 79 页。

〔3〕　Dolomieu，《论地质学研究》（Discours sur l'étude de la géologie），载于《物理学、化学和博物学杂志》（*Journal de physique, de chimie et d'histoire naturelle*），2（1794），第 270 页～第 271 页。Horace-Bénédict de Saussure，《议程》（Agenda），附于他的《阿尔卑斯山游记》（*Voyages dans les Alpes*, 1779—96）最后一卷，也发表在《矿藏杂志》（*Journal des mines*），4（1796），第 1 页～第 70 页。Gabriel Gohau 提供一部最近的综合著作《17 世纪、18 世纪的地学》（*Les Sciences de la terre aux XVIIe et XVIIIe siécles*, Paris: Albin Michel, 1990）。Martin J. S. Rudwick 提供一篇不同视点的综合文章《地史的形态和意义》（The Shape and Meaning of Earth History），载于 David C. Lindberg 和 Ronald L. Numbers 编，《上帝和自然》（*God and Nature*, Berkeley: University of California Press, 1986）之第 12 章。特别是关于英国，参见 Gordon L. [Herries] Davies，《衰退中的地球》（*The Earth in Decay*, New York: American Elsevier, 1969），以及 Roy Porter，《地质学的创立》（*The Making of Geology*, Cambridge University Press, 1977）。一部有价值的参考工具，见 François Ellenberger，《地质学史》（*Histoire de la Géologie*, Paris: Lavoisier, 1994），第 2 卷。

及如何将自然界的表征与人类的记录结合起来。[4]

化石和大洪水

在伯内特时代及随后的一段时期,重建的过程包括为两个重要问题寻求答案:化石是什么?(伯内特自己忽视了这个主题)应该给予诺亚洪水什么角色? 关于化石的争论主要集中在海洋贝壳上——而不是诸如硅化木这样的事物——海洋贝壳不仅难于鉴定而且能够在远离现代海洋以及远远高于或低于海平面的地方找到。斯特诺,保罗·博科内、罗伯特·胡克和阿戈斯蒂诺·希拉等人有力地论证,这样的化石是真实的动物遗体。但其他人持不同看法,因为他们不明白,为什么某些化石没有现存类似物? 为什么某些形态大都堆积在特定的地层中? 设想的海洋生物怎样被运输到陆地上的埋葬地? 菲利波·博南尼,爱德华·勒惠德,马丁·利斯特和约瑟夫·皮顿·德图内福尔等人认为,大多数海洋化石是在岩石自身中产生的,或通过"塑力"或通过一种自种子或卵生长的过程。总之,这些物体是天生畸形物(lusus naturae),或者是大自然模仿真正生物体的嬉戏方式。[5]

这些问题从 17 世纪 60 年代到约 1710 年或 1720 年一直争论得很激烈。没有任何决定性的发现或观念能够"驳倒"像塑力或有机体在岩石中生长这样的思想,但是即使爱德华·勒惠德也承认他自己的种子理论有些奇怪。在一个愈发拥护大自然是一部"机器"这种观点的时期,人们对本质上是神秘和"非自然的"过程越来越反感。例如,法国学者很少重视图内福尔的种子,而德国博物学家约翰·雅各布·拜尔在 1708 年宣称他自己不喜欢"想象某种不同于上帝的作用者,它……指引并改变肉体生命,有时漫不经心地摆弄它们,时常制造出荒唐的东西和怪物"[6]。重要的是,拜尔的著作中保留了天生畸形物这个类别而不是这个概念。在这里他放进了各种有待解释的形态——例如可能是晶体或者凝结物而不是有机体的似对称形态(圆形、锥形、星形)。

[4] Jacques Roger,《17 世纪的地球理论》(La Théorie de la terre au XVIIe siécle),载于《科学史评论》(Revue d'histoire des sciences),26(1973),第 23 页～第 48 页。对伯内特及其时代的其他有价值的研究包括 Marjorie Hope Nicolson,《山之卑与山之荣》(Mountain Gloom and Mountain Glory, Ithaca, NY: Cornell University Press, 1959); Mirella Pasini,《托马斯·伯内特:理性、神话和启示之世界史》(Thomas Burnet: Una storia del mondo tra ragione, mito e rivelazione, Florence: La Nuova Italia, 1981); Roy Porter,《地质学的创立》,第 3 章; Rhoda Rappaport,《当地质学家是历史学家之时(1665～1750)》(When Geologists Were Historians, 1665–1750, Ithaca, NY: Cornell University Press, 1997),第 5 章; Paolo Rossi,《时间深处》(The Dark Abyss of Time, Chicago: University of Chicago Press, 1984),Lydia G. Cochrane 译,第 7 章～第 11 章。把斯特诺主要与化石的起源联系在一起,这包含在 Victor A. Eyles,《尼可劳斯·斯特诺对英国地质科学发展的影响》(The Influence of Nicolaus Steno on the Development of Geological Science in Britain),载于《自然科学和医学史学报》(Acta Historica Scientiarum naturalium medicinalium),15(1958),第 167 页～第 188 页。

[5] 严格地说,在岩石中生长的化石动物和植物并不是怪物,而是这些有机体从来没有生活在其自然环境中。最好的分析见 Martin J. S. Rudwick,《化石的意义》(The Meaning of Fossils, London: Macdonald, 1972),第 2 章;也可参见第 1 章"化石"一词的使用。

[6] 引自 Baier,《诺里克姆岩矿图》(Oryktographia norica, Nuremberg, 1708),载于 Melvin E. Jahn 和 Daniel J. Woolf 编译,《约翰·巴塞洛缪·亚当·伯林格博士的说谎的石块》(The Lying Stones of Dr. Johann Bartholomew Adam Beringer, Berkeley: University of California Press, 1963),第 181 页～第 182 页。也载于 Rappaport,《当地质学家是历史学家的时候》,第 129 页～第 135 页。

随后几十年,在博物学家艰难地解释令人迷惑的箭石之时,拜尔的谨慎解答特别适用于这些化石。[7]

罗伯特·胡克认为:除非能够解释化石贝壳是如何从海洋传送到它们不同的掩埋地点的,否则就不能接受它们的有机起源。因而他提出地球曾经历过局部的地震,造成地块上升和下降。(他补充道,这些隆起可能消灭了那些没有现存类似生物的化石种类。)胡克的理论几乎没有引起伦敦王家学会的兴趣,一些会员主张应该有人类记载证实这样的惊奇事件发生的频繁性;没有足够的这种证明,这种理论就仅仅只是猜测。最后,胡克自己承认会员们发现古代文献确实证实的另一种解释是有吸引力的:有可能是大洪水使海洋化石沉积下来。[8]

伯内特的批评者约翰·伍德沃德所著《地球博物学试论》(An Essay toward a Natural History of the Earth, 1695)的出版,可以作为洪水地质学的肇始。虽然像胡克和博科内这些作者并没有忽略大洪水,但是,他们及其后继者普遍认为该事件只是导致连绵不断的沉积地层的一系列事件中的一件而已。伍德沃德的思想却不同,他的书至少发挥了三个重要作用。第一,作为化石专家,他以令人信服的方式详细检查了海洋化石有机起源的证据。第二,通过归因于大洪水,他认为自己已经解决了它们的传输和沉积问题。(事实上,他的观点是:后洪积世只发生了很少的地质变化,地球的主要地形是大洪水及洪水后退之后紧随而至的地壳隆起的产物。)第三,通过阐述大洪水的原因是神奇的而结果是自然的,他促使读者思考神迹是否应该进入自然哲学。具有讽刺意味的是,伯内特被攻击为从自然界排除出了神,而伍德沃德被批评者甚至某些信徒认为朝相反的方向走得太远。[9]

421　　　　伍德沃德学派中某些人力图用自然原因取代神迹——因而威廉·韦斯顿在他的著作《地球新理论》(New Theory of the Earth, 1696)中提出一颗经过地球附近的彗星引发了大洪水;包括韦斯顿在内的其他人认为伍德沃德低估了大洪水的搅动及其结果,因为沉积地层及其包裹的化石极少按其比重的顺序沉积,而这些是伍德沃德的理论所需要的。一位忧虑的瑞士博物学家路易·布尔盖后来在1729年给出后一问题的另一种解答,提出大洪水是一系列连续的沉积事件。那么似乎很清楚的一点是:对于信徒们来说,大洪水起了主要的作用,但是伍德沃德的理论需要修改。对于批评者们,这些困难要求否定这个理论。例如,在巴黎,如莱奥姆尔和安托万·德裕苏等学者发现他们

[7] Baier,《诺里克姆岩矿图》,第30页~第31页,以及对箭石解释的详述,见 Jean-Etienne Guettard,《物理学、博物学、科学和艺术不同学科论文集》(Mémoires sur différentes parties de la physique, de l'histoire naturelle, des sciences et des arts, Paris, 1768—86),第6卷,第215页~第296页。

[8] Rhoda Rappaport,《胡克论地震:演讲、策略和听众》(Hooke on Earthquakes: Lectures, Strategy and Audience),载于《英国科学史杂志》(The British Journal for the History of Science),19(1986),第129页~第146页。研究胡克的另一个不同途径,见伊藤良彦(Yushi Ito),《在17世纪英国背景下的胡克的地球循环理论》(Hooke's Cyclic Theory of the Earth in the Context of Seventeenth-Century England),载于《英国科学史杂志》,21(1988),第295页~第314页。

[9] 最好的研究是 Joseph M. Levine,《伍德沃德博士之盾:安妮女王时代英国的历史、科学和讽刺文学》(Dr. Woodward's Shield: History, Science, and Satire in Augustan England, Berkeley: University of California Press, 1977)。也可参见 Victor A. Eyles,《伍德沃德》(Woodward),《科学传记词典》(Dictionary of Scientific Biography),XIV,第500页~第503页。

的观测结果与洪积学说不一致。同样的还有安东尼奥·瓦利斯内里和安东·拉扎罗·莫罗,他们仔细检查了伍德沃德的观点后坚决地否定了大洪水的所有价值。用瓦利斯内里的话来说,神迹与科学的结合只会产生"一种科学和道德难以理解的混合物"。[10] 后来布丰也持后一种观点。

关于大洪水的争论持续整整一个世纪,一些博物学家评论说在争论中洪积学说构成一个思想流派,其核心观点即只要是发现海洋化石的地方,那里就曾经"长期存在"过大海这种观点。[11] 应当注意到后一学派的成员大抵不否认大洪水曾经发生过,因其历史证据不仅来自创世记,也来自美洲、亚洲和古希腊的洪水传说。后几十年中,历史和地质证据并没有使人们就大洪水达成共识:它是世界性的吗?它是字面意义上的一次洪水,或者,也许是一次巨大的地震?它是否具有可检测的自然结果?它是一系列的事件之一而被不寻常地记载在历史中?它也许是一次近来发生的事件,在延长后的地球历史中来得较晚?当这些问题出现在特别是 1750 年以后的著作中的时候,还没有历史学者对它们进行分析,尽管在地质学史中还继续着詹姆斯·赫顿将地质学从圣经学的禁锢中解放出来的传说。[12]

18 世纪中叶布丰的综合

化石和洪积学说之外的主题直到 18 世纪中叶后才大量出现在地质学著作中。在这里使用广为阅读的布丰的综合性和创造性著作《地球的历史和理论》(*History and Theory of the Earth*, 1749)来检查那时的知识状况和布丰给予读者的激发,这似乎合适和方便。

122

布丰(在其生涯的大部分时间中)在化石方面几乎没有显示出兴趣,他只能简短地复述关于化石起源的争论。他既没有研究限于不同地点的化石组群的很少的早期讨论,也没有关注法国科学家在安第斯山脉最高处找寻化石的失败。[13] 布丰将寻找自然界中的大模式作为所有科学家的任务,他用全世界都出现软体动物化石来论证海洋沉积作用历史悠久。他用自己的很少的观察材料并结合其他材料表明:这样的堆积不可能是大洪水的产物。正如布丰所知,在海岸线的恒常变更中可见大海今天的活动,但

〔10〕 Antonio Vallisneri,《山上发现的海洋物体》(*De'Corpi marini, che su'monti si trovano*, Venice, 1728),第 2 版,第 65 页。信徒和批评者的讨论见于 Rappaport,《当地质学家是历史学家的时候》,第 5 章。

〔11〕 Louis Bourguet,《哲学通信》(*Lettres philosophiques*, Amsterdam, 1729),第 177 页~第 180 页;Elie Bertrand,《地球和化石的各种博物学研究文集》(*Recueil de divers traités sur l'histoire naturelle de la terre et des fossiles*, Avignon, 1766),第 32 页~第 33 页。

〔12〕 例如 Victor A. Eyles,《赫顿》(Hutton),《科学传记词典》,VI,第 577 页~第 588 页。某些对大洪水解释的探讨,见 Rappaport,《地质学和正统信仰:在 18 世纪思想中诺亚洪水案例》(Geology and Orthodoxy: The Case of Noah's Flood in Eighteenth-Century Thought),《英国科学史杂志》,11(1978),第 1 页~第 18 页。

〔13〕 布丰,《博物学》(*Histoire naturelle*, Paris, 1749),第 1 卷,论文 8,论文 12。在 Antoine de Jussieu 对里昂的蕨类化石研究中,作者假定是洋流将它们从西印度群岛传送到法国;布丰的理论要求大海在相反方向进行正常流动。至于安第斯山脉,布丰的理论是所有山源自洋底;海洋化石因而可能甚至在最高点找到。

是他还主张在过去海流曾经建造(并且仍然在建造)海底地貌。后一论点给他留下了一个他无法回答的问题:海底地形如何从海中显现出来?他优雅地耸耸肩,承认他为海底山的建造给出了充足的证据(他的批评者会对此心生怀疑),但是他根本无法解释它们后来的升起。[14]

像大多数先行者一样,布丰未能找到上升的机制。一些科学家一直在研究如地球内部是否存在热、火山和地震在地貌形成中的作用这样的主题。到1749年,科学家似乎在两个领域达成了共识。第一,火山(而地震被普遍认为与其有关)是表面现象,在爆发中可以闻到的硫黄气味和火山喷出物中具有硫化物都表明,发生的是沥青在较浅的地壳中燃烧。第二,似乎比较清楚的一点是,即使在非火山区域,地球确实也具有某种内热,这可用矿井的热梯度来说明。地球内部热的种类、范围、原因及深度等问题困扰了科学家整个世纪。[15]布丰认为地热在此行星形成的时候就已经存在,但是他忽略了(直到后来多年)余热持续的可能。火山因此是地球历史中"偶然的"而非"普遍的"特征。实际上,它们是碰巧燃烧的山脉。

布丰对其先行者的两个重要的方法论提出了批评。第一,他一向不重视人类(古代)的文本,无论是宗教的还是世俗的,而是坚持认为现代观察资料才更加可靠。第二(与第一点不可分割),他强调一种后来被称作"现实论"的方法:现在观察到的过程是过去过程的唯一指南。诚然,关于自然规律不可侵犯,早期的作者已经说了很多,但是布丰认为他自己在应用这个原则的时候更为严格。同时,他不得不承认结果的均一性依赖于物理规律产生作用的条件。正如他所指出的,现在发挥作用的同样的原因在早期的条件下可能更快地发挥作用或产生更显著的结果。[16]

18 世纪中叶的新方法

大约在1750年后,地质学在一些方面已明显不同于此前的情况,人们倾向于将其中很多归因于布丰。20年后,夏尔·博内还说,阅读布丰就是去了解已知和未知的事情。[17]当然,那时一个老问题变得十分突出:需要对地块隆起做出解释。与此同时,似

---

[14] 最好的分析是 Jacques Roger 所著的《布丰:王家花园哲学家》(*Buffon: Un philosophe au Jardin du roi*, Paris: Fayard, 1989),第5章~第7章。出自地理学家 Varenius 的连续沉积作用的证据(它们为布丰及其先行者所用),见 Rappaport,《当地质学家是历史学家的时候》,第164页~第165页,第173页~第174页,第245页~第246页,和 Claudine Cohen,《猛犸象的命运》(*Le Destin du mammouth*, Paris: Seuil, 1994),第73页~第74页。

[15] Nicolas Lemery 用硫和铁锉屑模仿火山爆发所做的早期实验(1703年发表)还被《不列颠百科全书》(*Encyclopaedia Britannica*, 1771)引用,参看 Vulcano 词条。18世纪中叶最好的概要是 Jean-Jacques Dortous de Mairan,《论冰》(*Dissertation sur la glace*, Paris, 1749)。赫顿时代的这些争论,请参见后面的讨论。

[16] Roger,《布丰:王家花园哲学家》,第148页。对认知过去情况问题的反思,见 Johann Friedrich Henckel,《黄铁矿学》(*Pyritologie*, Paris, 1760),d'Holbach 译,第2卷,第410页~第411页,其中包括 Henckel 的一个学生的更多注释。颇有创见的分析,见 R. Hooykaas,《自然规律和神奇奇迹:地质学、生物学和神学中的均一性原则》(*Natural Law and Divine Miracle: The Principle of Uniformity in Geology, Biology and Theology*, Leiden: Brill, 1959)的绪论部分。

[17] 信件日期为1769年,刊载于 Otto Sonntag 编,《阿尔布莱希特·冯·哈勒与夏尔·博内之间的通信集》(*The Correspondence between Albrecht von Haller and Charles Bonnet*, Bern: Huber, 1983),第819页~第827页。

乎反对布丰拒用古代文献的学者并不多,这也许是因为他使一些读者认识到:地质的历史要远早于人类的出现。然而,在那几十年中,新发现与新方法亦意味着布丰的著作在某些方面变得过时了。在18世纪50年代和60年代之间,由于许多迄今仍未知的火山遗址的发现,热的作用的问题再度被提出。在那些年里,德国与瑞典以外的地质学者们开始认识到,他们曾忽略了化学对重构历史的意义。尤其是1750年后的地质学者恢复了以往对笛卡儿哲学的责难,现在这种责难指向了布丰:系统建构未成熟,大的综合是建立在薄弱的基础上的。尼古拉·德马雷为了标示他自己的首要之事,在1757年对寻求理解地球的"自然地理"的博物学家所需的观测资料进行了详细勾勒。亚伯拉罕·戈特洛布·维尔纳的《矿物的外部特征》(*External Characters of Minerals*, 1774),本质上是一本对野外工作有益的指南,因为维尔纳列举了那些用于准确鉴定矿物与岩石的性质。到1794年,德奥尔·多洛米厄可以向他的学生宣布,实验室和博物馆虽然对我们的帮助是至关重要的,但它们不能代替一锤在手的旅行。[18] 这样的计划并不意味着地质学者逃避理论化,因为即便是最著名的综合性理论——维尔纳的水成论,也打算成为一种野外指南,一种基于当地观测结果而加以修正的模式,而他们在理论化方面的努力是自觉的尝试性的。

　　德马雷、维尔纳及多洛米厄亦代表了一类新型的调查者。在早先的几十年及此后不长的时间里,撰写地质学主题的作者们可以被认为主要是独立的学者和业余爱好者。无论如何书卷气,这些人多多少少也注意一些野外工作。这在巴黎科学院院士的文章和约翰·伍德沃德的《世界各地观测简明指南》(*Brief Instructions for Making Observations in all Parts of the World*, 1696)里是显而易见的。不过,他们通常只是搜集标本(或者使用博物馆里的标本),且考察它们的时候充其量偶尔注意标本发现的地方。在18世纪中叶之后,偶尔更早,地质学者趋向于实用主义,他们与矿业学校联合,受不同政府资助,由私人赞助,去显示他们对发现新的自然资源或者改进现有技术的作用。此处将布丰与德马雷加以对照或许是有益的。作为王家植物园园长,布丰的著作获得制度上的支持,但这种支持完全是因为他身处管理者的职位,而不是作为一名植物园的教授,也不是因为他是一位可以指望写出他所著的那些种类的著作的人。另一方面,德马雷在奥弗涅(Auvergne)的旅行,有国家的支持——不是支持研究火山,而

〔18〕德马雷,《自然地理》(Géographie physique),刊载于狄德罗,《百科全书》,第7卷(1757年),第613页~第626页。(此注释与下文的注释中涉及《百科全书》的参考文献均指原先的对开本。)Victor A. Eyles,《亚伯拉罕·戈特洛布·维尔纳(1749～1817)及其在矿物学与地质学上的历史地位》(Abraham Gottlob Werner (1749—1817) and His Position in the History of the Mineralogical and Geological Sciences),刊载于《科学史》(History of Science),3(1964),第105页~第107页。Dolomieu,《论地质学研究》;如别处一样,此处他采取的模型为索绪尔的旅行。见Kenneth L. Taylor,《德马雷》(Desmarest)与《多洛米厄》(Dolomieu),刊载于《科学传记词典》,IV,第70页~第73页,第149页~第153页,及Alexander M. Ospovat,《维尔纳》(Werner),《科学传记词典》,XIV,第256页~第264页。Ospovat与Taylor颇有价值的文章刊载于Cecil J. Schneer编,《论地质学史》(Toward a History of Geology, Cambridge, MA: MIT Press, 1969),第242页~第256页,第339页~第356页。关于维尔纳的最好的研究,由他的《各种岩石的简略分类与描绘》(Short Classification and Description of the Various Rocks, New York: Hafner, 1971)一书译本的序论和注释组成,由Ospovat翻译、作序和注释。

是支持一位"制造业巡察员"所必需的广泛旅行。一些对采矿感兴趣的法国科学家亦收到了津贴。所以,矿业学校在巴黎迟迟才得以建立(1783),并不意味着[法国]缺乏与地质学研究相关的机构中心。和在法国一样,意大利的支持并非来自专门的机构,而是来自不同小城邦其具有改革思想的官员,有时来自个人的赞助。后者包括约翰·斯特雷奇爵士。他是对地质学有兴趣的为数不多的英国外交官。[这些人中最著名的是那不勒斯的威廉·汉密尔顿爵士。]斯特雷奇不仅自己研究火山与罗马古迹,而且资助乔瓦尼·阿尔杜伊诺的朋友及追随者阿尔贝托·福尔蒂斯的一些旅行。在瑞典和一些日耳曼邦国,资助是以矿业学校和政府矿业管理委员会的名义,这种方式更有组织。在所有这些例子中,旅行和观测是工作的一部分。在这年轻一代的地质学者中,对建构系统的反感和对更多观测的认可,是与野外工作机会的日益增多有很大关系的。[19]

1750 年之后,乔瓦尼·阿尔杜伊诺、约翰·戈特洛布·莱曼和纪尧姆-弗朗索瓦·鲁埃勒几乎同时提出了一个新的概念:岩层的分类。一般而言,早期的著作家们已经意识到地壳"古老的"与"年轻的"部分之间的区别。古老的部分多半是火成的(莱布尼茨、布丰),它的形成或者完全追溯到创世记,或者是时常所说的创世记时期发生的那些化学过程的一个产物。年轻的部分是海洋沉积物。对阿尔杜伊诺、莱曼以及鲁埃勒来说,这种模式太含糊。莱曼(1756)因此详细列出一系列的事件和相应的岩层:花岗岩岩体,这在哈茨山山脉(Hartz mountains)海拔高的地方可以见到,这是最古老的部分,可追溯到创世记;在这些山脉的侧面是包含海洋化石的地层,可归因为大洪水;晚近的是冲积地形和火山岩石。阿尔杜伊诺的划分大体类似,不过有两个惹人注目的例外:他的最古老的岩石是"玻璃状的";他根本没有提及创世记和大洪水。对鲁埃勒(18世纪五六十年代)而言,最古老的岩体是由水溶液结晶形成的,并且他认为后来被称作煤层的东西组成了一种"中间的"地层。[20] 这三个人并非在所有问题上都完全一致。莱曼的独特之处在于他使用了大洪水学说,阿尔杜伊诺在于使用了地热,鲁埃勒关注化学结晶——在该世纪的其余时间里,人们对这些问题将进行争论。然而,他们都确

〔19〕 这个模式是从个人的研究中收集的,例如那些被引用于注释 18 的文献。亦参见 Ezio Vaccari,《18 世纪意大利的采矿与地学知识》(Mining and Knowledge of the Earth in Eighteenth-Century Italy),刊载于《科学年鉴》(Annals of Science),57(2000),第 163 页~第 180 页。关于 John Strange 爵士及其学术圈子的情况,可参见注释 28 所引用的 Ciancio 的著作。英国似乎是例外,因为大部分地质学者仍旧是独立的学者和业余爱好者。

〔20〕 Arduino,《两封信……》(Due lettere . . .),刊载于《科学与语言学小册子新集》(Nuova Raccolta d'Opuscoli scientifici e filologici),6(1760),第 clviii 页~第 clxix 页;亦参见 Ezio Vaccari,《乔瓦尼·阿尔杜伊诺(1714~1795)》[Giovanni Arduino (1714—1795)],Florence: Leo S. Olschki, 1993,第 149 页~第 168 页;Lehmann,《关于 Flötz-Gebürgen 历史的研究》(Versuch einer Geschichte von Flötz-Gebürgen, 1756),刊载于 Lehmann,《物理学论文,博物学,矿物学与冶金学》(Traités de physique, d'histoire naturelle, de minéralogie et de métallurgie, Paris, 1759),d'Holbach 译,第 3 卷,第 212 页~第 341 页;亦参见 Bruno von Freyberg,《约翰·戈特洛布·莱曼(1719~1767)》[Johann Gottlob Lehmann (1719—1767)],Erlangen: University of Erlangen, 1955;《鲁埃勒的化学课程》(Cours de chymie de M. Rouelle),波尔多来图书馆(Bibliothèque de la ville de Bordeaux),手稿第 564 页~第 587 页,第 559 页~第 587 页,第 663 页~第 673 页(这两卷手稿连续地编排了页码)。德马雷在其《自然地理》(Géographie physique, Paris, 1794)第 1 卷中,详细讨论了鲁埃勒关于煤层的问题(第 421 页~第 424 页),但他亦指出(第 413 页)另一"中间"岩层,它部分地由最古老的岩石的碎片构成,且类似于阿尔杜伊诺所划分的一类。

信他们是在描述对应于［各个］时期的普遍的结构关系和顺序。在更大范围的划分中，阿尔杜伊诺和莱曼都绘出了在特定地点观察到的地层剖面图。但他们不清楚应该如何解释从一个地点到另一个地点的细节的变异。[21]

　　由于接二连三的作者提到地壳由原生岩层（主要是花岗岩），次生岩层（海洋沉积物），以及新生岩层（冲积地形）组成，所以这种 18 世纪中叶的分类模式成为老生常谈。总的来说，人们断定火山不是原生的，但是其所在地、它们在地球历史中的作用，以及它们与地球内热的关系仍然是争论的问题。虽然有"偶然"的沉积物的"干扰"，但是从阿尔卑斯山和比利牛斯山脉的探险家到德贝郡的研究者，都以这种划分作为框架来分析当地地形，如约翰·怀特赫斯特和约翰·雅各布·费贝尔（他曾于 1769 年拜访怀特赫斯特）有关德贝郡所有地层特征的"普遍"有序性的评论。[22] 在维尔纳的教学和著作中能找到相同的总框架，不过在某些方面有了进一步的发展。他注意到定义"岩层"（formation）即定义好像以某种方式构成一个单位的岩石的子集：岩层或多或少连贯，不同于邻近的聚集物，因而设想属于一次性、一种模式起源。维尔纳也勾勒出岩层的编年顺序，并期待它在全球范围内有效，即使人们不得不适当关注局部的变异时也有效。[23]

地球科学中火与水的作用

　　即使地质学者能够在这个大模式上取得共识，但对其因果关系的解释却引发了论战。传统上，这些论战被概括为水成论者和火成论者之间的论战，或者那些认为水有较大的地质作用的人与那些支持热或火的人之间的争论。此外，关于玄武岩的论战通常被看做一个缩影，水成论者通常否定玄武岩的火成起源，而火成论者则鼓吹玄武岩的火成起源。这样的名词和标签实际上是一种误导，因为许多地质学者同意所有或大部分玄武岩是火山岩，火山较其前辈所认为的更为常见，但地球的基本结构揭示了水成作用是占主导地位的。所以根本问题在于热或火是深处地球"内脏"，还是局限于很

[21] 1744 年 G. G. Spada 发表了阿尔杜伊诺在 1740 年所作的剖面图；关于此图及他以后的草图，参见 Vaccari，《乔瓦尼·阿尔杜伊诺》，第 34 页～第 35 页及插图。John C. Greene 对阿尔杜伊诺和莱曼进行过有益的探讨，可参见 John C. Greene，《亚当之死》（*The Death of Adam*, 1959; reprint New York: New American Library, 1961），第 67 页～第 72 页，第 76 页～第 78 页。亦参见 Charlotte Klonk 撰写的此卷第 25 章，及 Martin J. S. Rudwick，《一门关于地质学的视觉语言的出现（1760～1840）》（The Emergence of a Visual Language for Geological Science, 1760—1840），载于《科学史》，14 (1976)，第 149 页～第 195 页。

[22] John Whitehurst，《对地球原始形态及其形成的调查》（*An Inquiry into the Original State and Formation of the Earth*, London, 1786），第 2 版，第 16 章；Johann Jakob Ferber，《德贝郡矿物学》（*Versuch einer Oryktographie von Derbyshire*, 1776），其译本被收入 John Pinkerton，《最好与最有趣之航海及旅行总集》（*A General Collection of the Best and Most Interesting Voyages and Travels*, London, 1808—14），第 2 卷，尤其是第 469 页～第 474 页。

[23] 可参见 Ospovat 翻译的维尔纳的著作《各种岩石的简ље分类与描绘》，第 17 页～第 24 页；Rachel Laudan，《从矿物学到地质学》（*From Mineralogy to Geology*, Chicago: University of Chicago Press, 1987），第 5 章。关于原生的－次生的－近期的框架的其他例子，见 Numa Broc，《18 世纪说法语的地理学家与博物学家视野中的山脉》（*Les Montagnes vues par les géographes et les naturalistes de langue française au XVIIIe siècle*, Paris: Bibliothèque nationale, 1969），第二部分，第 1 章。

浅的地壳中。

　　如先前所示,科学家在 1750 年前已经注意到地热,不过只得出其存在的结论,它的特性与深度仍不为人知。连莱布尼茨和布丰这样赞成地球火成起源的杰出作者都发现:这种热在地球后来的历史中很少或者没有产生作用。当 1740 年莫罗主张火山爆发是造成所有地块上升的原因的时候,少数人赞赏他的著作,而许多人将其理论斥为纯属一个"体系"(system)而已,它与海洋沉积物显示未有火发生过作用的明显事实相抵触。[24] 12 余年之后,这些问题又被提上了议程。这主要是因为让 - 艾蒂安·盖塔尔在 1756 年公布了奥弗涅的死火山锥是火山岩的发现。(事实上,一年前里斯本大地震业已吸引了人们对地下力的注意。)在接下来的几十年里,许多人都去参观奥弗涅,而且更有意义的是,地质学者开始在没有火山爆发记录的德国和意大利地区去寻找和发现火山岩。18 世纪 60 年代和 70 年代维苏威火山爆发及 1783 年卡拉布里亚大地震后,人们对活火山的兴趣也增加了。德马雷对奥弗涅棱柱状和圆柱状玄武岩的描述也更加促进了[人们在这方面的兴趣],因为它们与熔岩流有联系,他推断这些柱状体是火山产物。其他地质学者,在发现了类似的玄武岩,经常没有可辨认的熔岩或火山锥的情况下,有时就跟着德马雷宣称,这也是古代火山活动的证据。[25]

　　因而所谓的玄武岩之争就与威廉·汉密尔顿爵士关注的大问题联系在一起。(威廉·汉密尔顿已经发现在维苏威火山和埃特纳附近没有柱形的玄武岩。)在 1776 年,威廉·汉密尔顿表达了这样的希望,"地下火在山脉、岛屿,甚至广大地域的形成中占有的比重要比迄今认为的更大"。出于一如既往的谨慎态度,他立刻补充道:

　　　　比如像所有山脉的形成只归因于水的作用[的说法],当然不会在他们的体系中找到,或许这也同样适用于那些强调每一山脉都是由来自地下火的爆发所形成的人。[26]

从那以后,一些著作家开始扩大热在地球历史中的影响,且不乏随声附和者。例如,早在 1760 年,阿尔杜伊诺曾提出原生岩层的玻璃化岩石与火山产物非常类似的观点,用于支持地球火成起源理论。他后来还将其尝试性的陈述,变成了更精细的论点。同

128

[24]　将 Rappaport,《当地质学者是历史学家之时》,第 224 页～第 226 页,和 Rose Thomasian,《莫罗》(Moro),刊载于《科学传记词典》,IX,第 531 页～第 534 页相对照。

[25]　François Ellenberger,《法国火山发现新的评论:其先行者盖塔尔在克莱蒙的模仿者》(Précisions nouvelles sur la découverte des volcans de France: Guettard, ses prédécesseurs, ses émules clermontois),刊载于《博物学》,12 ～13(1978),第 3 页～第 42 页;Ellenberger,《地质学史》,第 230 页～第 233 页。Thomas D. Kendrick,《里斯本地震》(The Lisbon Earthquake, Philadelphia: J. B. Lippincott [c. 1955])。Augusto Placanica,《哲学家与那场灾难:18 世纪的一次地震》(Il filosofo e la catastrofe: Un terremoto del Settecento, Turin: Giulio Einaudi, 1985)。值得讨论的是 Carozzi 给 Rudolf Erich Raspe 撰写的引言,《地球自然史导言》(An Introduction to the Natural History of the Terrestrial Sphere, New York: Hafner, 1970), A. N. Iversen 和 A. V. Carozzi 编译,第 xxxviii 页～第 lii 页,亦见威廉·汉密尔顿牧师,《关于安特里姆县北海岸的信件》(Letters concerning the Nothern Coast of the County of Antrim, Dublin, 1786),第 10 封信和第 11 封信。后者有 1787 年德文译本,1790 年法文译本。也可参见 Otfried Wagenbreth,《1790 年亚伯拉罕·戈特洛布·维尔纳及其岩石水成说的顶峰》(Abraham Gottlob Werner and der Höhepunkt des Neptunistenstreits um 1790),刊载于《弗赖堡研究期刊》(Freiberger Forschungshefte), ser. D, 11(1955),第 183 页～第 241 页。

[26]　威廉·汉密尔顿爵士,《菲拉格累营》(Campi Phlegraei, Naples, 1776),第 6 页;文本为英文和法文文本。不要将威廉爵士与同名的爱尔兰牧师混淆(注释 25)。

时,他向一位通信者承认了他在强调火成起源上的犹豫,因为这似乎奇特到"荒谬"的地步。[27]

在研究了布丰的工作后,阿尔杜伊诺于 1760 年曾探寻一种能够提升陆地的地下力。他的朋友和弟子亦如此——包括阿尔贝托·福尔蒂斯、费贝尔,以及约翰·斯特雷奇爵士在内——但是他们不能在火山之火是否源自地球内的一个中心源的问题上完全达成一致,确实,可能有一段漫长的中间时期将火成起源与后来的火山爆发分开。同样地,费贝尔的朋友怀特赫斯特认为,他已经发现了这样一种力,它在地球表面由地震和火山显示。当他断言甚至大陆都已经被地下的爆炸所提升时,他亦承认地下火的本性和深度仍未可知。俄国和西伯利亚的探险家彼得·西蒙·帕拉斯以类似的方式提出,地下火大概在原始花岗岩形成后不久就被点燃了,并且从那时起成为造成陆地提升的原因。[28]

这些著作家知道,他们面对的是强有力的反面证据,值得注意的是这些证据在维尔纳提出他的综合性的"水成论"之前就已经众所周知了。如果德马雷关于奥弗涅柱形玄武岩的结论被后来的观测者所分享,那么黑森和萨克森及爱尔兰安特里姆郡地区的柱状物又如何?在那里这样的柱状物不和任何可见的火山锥甚至已知源于火山的岩石有联系。在爱尔兰,威廉·汉密尔顿牧师提出,巨人堤石柱确实类似于那些已知的火山遗址的柱状物,且其规则的形状可能是由熔化后的缓慢冷却造成的。然而,对于大部分仅偶尔持有异议的化学家而言,冷却的火成熔化物产生的是玻璃,而非晶体——而且肯定不是巨人堤引人入胜的棱柱构造。[29]

化学上的这一反对意见适用于原生花岗岩。当帕拉斯支持地下火在某一深度存在的时候,也在花岗岩[这一问题上]犹豫不决,而明显倾向于水成结晶。对索绪尔来说,后面的这个结论似乎是显而易见的。对维尔纳派、火山学家、德马雷和多洛米厄而言亦是如此。甚至在 18 世纪 70 年代激烈的争论开始前,化学和地质学知识都很渊博

429

[27] Arduino,《两封信……》,第 clx 页~第 clxi 页,第 clxxvi 页~第 clxxvii 页;以及 Arduino,《论岩石起源和山体研究的矿物物理学》(Saggio fisico-mineralogico di Lythogonia, e orognosia),刊载于《锡耶纳科学院院刊》(Atti dell' Accademia delle Scienze di Siena),5(1774),特别是第 243 页~第 244 页,第 254 页~第 256 页及第 299 页。后文为阿尔杜伊诺于 1775 年的一部文集中的一篇,并于 1778 年被译为德文。他 1773 年的信被 Vaccari 引用于《乔瓦尼·阿尔杜伊诺》,第 168 页,注释 140。

[28] 关于阿尔杜伊诺的学术圈子,可参见 Luca Ciancio,《对土地的解剖:启蒙运动和阿尔贝托·福尔蒂斯(1741~1803)的地质学》[Autopsie della terra: Illuminismo e geologia in Alberto Fortis (1741—1803), Florence: Leo S. Olschki, 1995],第 2 章;Whitehurst,《对地球原始形态及其形成的调查》,第 9 章和第 115 页,及在 Davies 的《衰退中的地球》中的论述,第 130 页~第 133 页;Albert V. Carozzi 与 Marguerite Carozzi,《德语中帕拉斯的地球理论(1778)翻译及重新评价,一位当时人奥菲斯-贝内迪克特·德·索绪尔的反应》[Pallas' Theory of the Earth in German (1778) Translation and Reevaluation Reaction by a Contemporary: H. -B. de Saussure],载于《科学档案》(Archives des sciences),第 44 卷,第 1 分卷(1991)。这两人解释道,帕拉斯的不确定和犹豫意味着他认为花岗岩甚至是火成起源,第 103 页;另可对照帕拉斯的原文,第 20 页~第 21 页。

[29] 威廉·汉密尔顿牧师,《关于安特里姆县北海岸的信件》,第 146 页~第 150 页,第 160 页~第 161 页,第 163 页~第 164 页。关于 Hesse 和 Saxony 的情况,可参见 Carozzi 给 Raspe 撰写的《地球自然史导言》,第 xlvi 页。关于化学问题的有价值的探讨,可参见 Laudan,《从矿物学到地质学》,特别是第 63 页~第 65 页,及 Cyril Stanley Smith,《瓷器和火成说》(Porcelain and Plutonism),刊载于 Schneer 编,《论地质学史》,特别是第 321 页,第 326 页~第 328 页。其中有关于火成熔化偶尔产生结晶的论说。

的霍尔巴赫男爵就认为,地球的花岗岩核是由水中的结晶产生的。在霍尔巴赫及其他人看来,就像莫罗或者阿尔杜伊诺的火山体系与布丰的宇宙论体系里面的一样,火成起源是由体系创建者们鼓吹的。J. -B. 罗梅·德利勒好像也清楚体系创建是一个关键问题。他在1779年的时候,曾攻击布丰和多尔特斯·德迈兰的物理学和假设推理,并得出了火山是沥青燃烧的产物这一传统结论。[30]

可以借助两个关于地下火的常见观点来支持这一化学上的理由。首先,如果它类似于普通的火,则它需要燃料和气源。由于仅能在相对较浅的地壳中发现空气和适当的燃料,所以山脉在燃烧并转化为火山之前显然似乎已存在很长时间了。其次,更为普遍的是,火与毁灭及无序是等同的。因为威廉·汉密尔顿爵士已深刻意识到此点,他希望自己的研究能使读者相信,火山区域不仅会"被地下火撕成碎片",而且这样的火应被看做"创造之火,而非毁灭之火"。[31] 在这些情形下,赫顿的地球理论最初唤不起多少热情就不足为奇了。他经常使用但不能给出解释的词语"[地]火或热"是什么意思呢? 如果赫顿将[地]热比作一种力,那么读者依然要追问:这是什么? 是类似于普通的火的东西,或者动物的热,或者发酵,或者由运动产生的热? 赫顿的观点首次发表(1788)后不久,批评者就提出这些问题和其他的问题。而他未能在其1795年的增补本中对此做出解答。在后书中,赫顿采用了布丰所遵循的那套办法:即使他不能解释热,布丰不能解释陆地上升的问题,但他们两个人都坚持,事实已足够清楚地证明他们关于地球历史的解释是正确的。[32]

如前文所指,维尔纳水成论中著名的"世界海洋"(universal ocean)并非是源自维尔纳。结晶之原生岩石是那种海洋的产物,如同后来的次生岩层。海洋显然比陆地更加易变,其水平面曾明显地发生过波动,其容纳物曾反复地变更(如不同的沉积物所

[30] Romé de l'Isle,《被地球表面禁锢的中心火的作用》(L'Action du feu central bannie de la surface du globe, Stockholm, 1779);此处的对象为布丰的成熟著作,《自然的时代》(Les Epoques de la nature, 1778)。此著作开始是有关地球火成说的内容,及关于长期冷却对于气候和有机体影响的详细考察。D'Holbach,《砾石》(Caillou),刊载于狄德罗,《百科全书》,第2卷(1751年),第533页~第536页;在例如《结晶》(Crystal)和《结晶化》(Crystallisation)的文章中,第4卷(1754年),第523页~第524页,第529页,霍尔巴赫引用了鲁埃勒的化学研究。Albert V. Carozzi 和 John K. Newman,《对话的讽刺:奥拉斯－贝内迪克特·德·索绪尔关于造山运动的一个不寻常手稿》(Dialogic Irony: An Unusual Manuscript of Horace-Bénédict de Saussure Mountain Building),刊载于《科学档案》,43(1990),特别是第248页~第250页。Dolomieu 好像在其最后的著作中已经改变了他的观点,此著作是关于他在奥弗涅旅行情况的报告;他在这里带着明显惊讶的语气说,火山之火的来源似乎在原始花岗岩之下。Dolomieu,《致国家研究所的……关于第五年和第六年旅行的报告》(Rapport fait á l'Institut national . . . sur ses voyages de l'an V et de l'an VI),刊载于《矿物杂志》(Journal des mines),41~42(1798),第393页~第398页。

[31] 威廉·汉密尔顿爵士,《弗莱格雷雷营》,第3页,第13页。亦参见 Ellenberger,《法国火山发现新的评论》,第22页~第23页,及 Kenneth L. Taylor,《尼古拉·德马雷与意大利的地质学》(Nicolas Desmarest and Italian Geology),刊载于 Gaetano Giglia 等编,《岩石、化石及历史》(Rocks, Fossils and History, Florence: Festina Lente, 1995),第98页。

[32] 关于热的争论,在 Dennis R. Dean 的《詹姆斯·赫顿和地质学史》(James Hutton and the History of Geology, Ithaca, NY: Cornell University Press, 1992)几乎没有引起注意。另见 Rachel Laudan,《赫顿派传统的统一问题》(The Problem of Consolidation in the Huttonian Tradition),刊载于《里希诺》(Lychnos, 1977—8),第195页~第206页,及 Patsy A. Gerstner,《对詹姆斯·赫顿将热作为一种地质动因的反应》(The Reaction to James Hutton's Use of Heat as a Geological Agent),刊载于《英国科学史杂志》,5(1971),第353页~第362页。特别有价值的著作为 Jacques Roger,《火与历史:詹姆斯·赫顿与地质学的诞生》(Le Feu et l'histoire: James Hutton et la naissance de la géologie),刊载于《接近启蒙:献给让·法布尔的文集》(Approches des lumières: Mélanges offerts à Jean Fabre, Paris: Klincksieck, 1974),第415页~第429页。此文再版于 Roger,《论作为整体的科学史》(Pour une histoire des sciences à part entière, Paris: Albin Michel, 1995),Claude Blanckaert 编,第155页~第169页。

示）。并且至少对一些著作家而言,海盆似乎一直在改变位置。安东尼奥·瓦利斯内里早在 1708 年及其后的著作中说过,他在亚平宁山脉的观测使他相信,海洋沉积物是由波动的海平面沉下的。将近此世纪末的时候,拉瓦锡提出一种不同的分析但有些类似的结论,即海洋的边界正如深海和海岸的地层之交替所显示的那样,曾经反复地改变。瓦利斯内里和拉瓦锡都不能解释海洋的行为,但在此间的几十年中,已经积累了关于海平面变化的证据。[33]

一方面,意大利与荷兰工程师长期致力于解决明显源于海洋上升的海岸问题。(对于在帕多瓦的瓦里斯内里来说,他是熟悉威尼斯的这一现象的。)另一方面,相反变化的证据来自瑞典,那里的波罗的海似乎在从斯堪的纳维亚的海滨有规则地退落。当安德斯·摄耳修斯于 1743 年发表了他关于波罗的海的报告时,他在某种程度上依赖近期的记忆——以前的渔场现在出现了巨大的漂砾,海港不再能够容纳深吃水船了——并且部分地依赖他的同事们保留的大约 50 年的记录资料。后一部分资料能够使他尝试计算大约两千年前的海面高度。(他谨慎地指出,他的计算基于缩减率一致的假定。)这些结果在斯德哥尔摩研究院引发了一场争论,在那里批评者指出意大利和荷兰科学家发表的反证。[34]

瑞典人研究工作的传播需要进一步的历史研究,但很可能摄耳修斯的发现被看做是与公认的观点——海洋沉积物的高地早先是由海洋占据的地方——相协调的。在德国,波罗的海的证据早在 1756 年就被莱曼使用了,且后来被整合到维尔纳世界海洋的描述之中。[35] 聪明而灵活地综合了可利用的信息和解释,维尔纳派学说从花岗岩的水成结晶开始,紧跟着是一系列发生于宁静与狂暴交替的海洋中的事件,这个期间海平面逐渐下降但偶尔会再起伏。海洋的行为是与不同沉积物质的有序序列相关联的。或许最引人侧目的是,因为大陆只不过是[由于]海洋退落而暴露[形成的],人们无需再寻求陆地上升的解释。诚然,人们依旧不能解释海洋的行为——平静与激动,上涨与下降——但几乎没有地质学者指望立刻解答这样的问题,因为他们知道早期[人们]

[33] 伍德沃德的匿名评论(署名 Vallisneri),刊载于《智慧之神画廊》(*La Galleria di Minerva*),6(1708),第 17 页,及 Lavoisier,《对近代水平线地层的全面观察》(Observations générales sur les couches modernes horizontales),刊载于《王家科学院备忘录》(*Mémoires de l'Académie royale des sciences*),1789(1793),第 351 页～第 371 页。亦参见 Kenneth L. Taylor,《自然时代与布丰晚年的地质学》(The Epoques de la nature and Geology during Buffon's Later Years),刊载于 Jean Gayon 编,《布丰 88:纪念布丰逝世 200 年国际讨论会会议录》(*Buffon 88: Actes du Colloque international pour le bicentenaire de la mort de Buffon*, Paris: Vrin, 1992),第 378 页。

[34] Tore Frängsmyr,《地质学与创造》(*Geologi och skapelsetro*, Stockholm: Almqvist & Wiksell, 1969),第 199 页～第 206 页,以及 Frängsmyr 的著作,刊载于 Frängsmyr 编,《林奈:其人及其工作》(*Linnaeus: The Man and His Work*, Berkeley: University of California Press, 1983)。也可参见 Rappaport,《当地质学者是历史学家的时候》,第 226 页～第 234 页。详细的分析可参见德马雷,《自然地理》,第 133 页～第 150 页,第 307 页～第 318 页,更简单的分析,可参见 d'Holbach,《海洋》(Mer),刊载于狄德罗,《百科全书》,第 10 卷(1765 年),第 359 页～第 361 页。在《特雷阿米德》(*Telliamed*, 1748)发表后,在瑞典的这场争论变得更激烈了。在这部著作中,海水的缩减是与永恒不灭的宇宙循环联系在一起的;该书的作者 Benoît de Maillet(卒于 1738 年)不知道早期瑞典人的研究工作。(《特雷阿米德》[Telliamed]其实取自作者名字 de Maillet 的倒写,使之看上去像一个印度哲学家,用以记录"一位印度哲学家和一个法国传教士关于海洋变小的对话"。——校者)

[35] Lehmann,《物理学论文,博物学,矿物学与冶金学》,第 3 卷,第 201 页。关于维尔纳可参见注释 18。

关于水退却到假定的地球内部洞穴的推测。虽然对原因的探询不会停止,但地质学者已经明白:观测和耐心最终会填补地球理论的空白。

化石、时间和变化

　　1750 年以后的地质学家们确实在继续讨论前数十年间的两个突出的论题:化石和洪水。这两个论题都没有引起科学史家们持久的关注,只有在猛犸象这个生动的案例上是个例外,[这项研究]在乔治·居维叶的研究中达到顶点。下面几段虽然不能填补这个重要的空白,但将提示我们,这两个论题相互之间、与朝向构建地球理论的努力之间进入了一种新的关系。

　　关于化石起源的争论销声匿迹之后,收藏家们继续收集标本,林奈、约翰·希尔、E.门德斯·达科斯塔以及安托万-约瑟夫·德扎利埃·达尔让维尔等人提出了分类法。总的来说,人们的注意力主要集中在海洋生物上,这些生物按照标准的动物学类别分类:单壳软体类动物,双壳类动物等等。1700 年以前,在关于菊石以及其他形态的化石的文献中提出了这样的问题:这样的生物是否已经灭绝? 这反过来促使人们反省有关上帝的设计、智慧和仁慈。一位德国博物学家提出灭绝的物种可能是为了满足上帝曾经有过的某种目的[而诞生],然后就消失了。这提示 18 世纪中叶之后优先权发生了转移。[36] 无论有没有这种对更大问题的关心,灭绝都是难以证明的,因为博物学家们意识到,被发现已成为化石的海洋生物形态,也许仍然生活在人们无法到达的深海区域。

　　与身处 18 世纪相比,人们现在回顾时更容易看到,物种的灭绝对于地球的历史具有重大的意义:不同的生命形式是否标志着不同的历史时期? 实际上[当时]并未以此方式提出这个问题,各种各样的作者确实评论了化石贝壳分组或隔离成群体的方式。18 世纪中叶,鲁埃勒显然曾经计划过(但从未写下来)研究软体动物化石的分布。1774 年,阿尔杜伊诺简单扼要地说,化石"总的来说从地层到地层各不相同",类似的言论散见于各处。约翰·恩斯特·伊曼努尔·瓦尔希指出这个问题很值得研究,他宣称人们需要了解"每一地层中发现的不同的化石"。[37] 维尔纳自己虽然不是化石学家,

432

---

[36] Johann Friedrich Esper,《有关最近发现的未知四足动物及其所在洞穴化石的描述》(*Description des zoolithes nouvellement découvertes d'animaux quadrupèdes inconnus et des cavernes qui les renferment*, Nuremberg, 1774), J. F. Isenflamm 译,第 76 页。对绝灭的更早的讨论,见 Rudwick,《化石的意义》,第 64 页～第 65 页。

[37] Walch,《地球灾难时刻论文集》(*Recueil des monumens des catastrophes que le globe terrestre a essuiées*, Nuremberg, 1768—78),译自德文,第 1 卷,第 99 页。Arduino,《论岩石起源和山体研究的矿物物理学》,第 256 页。有关鲁埃勒,见 d'Holbach,《化石》,刊载于狄德罗的《百科全书》,第 7 卷(1757 年),第 211 页。其他的例子见 François Ellenberger 和 Gabriel Gohau,《古生物地层学的曙光:让-安德烈·德鲁克对于居维叶的影响》(A l'aurore de la stratigraphie paléontologique: Jean-André De Luc, son influence sur Cuvier),刊载于《科学史评论》,34(1981),第 236 页～第 238 页,第 239 页,第 247 页,第 256 页。

但他显然曾经教导他的学生:化石可用于标志并揭示沉积层的相对年代。[38] 约翰·弗里德里希·布鲁门巴赫,让-路易·吉罗·苏拉维,弗朗索瓦-格扎维埃·比尔坦等人虽然并没有按照瓦尔希提出的或维尔纳倡导的细节去做,但他们都概略地做了此项工作,各人都主张过去不同的"世"都有独特的化石群。[39]

这些人还有其他作者曾认为很多化石代表了灭绝的物种,但是有关灭绝的具有说服力的证据最后还是来自居维叶,他从 1796 年开始发表他关于巨大的四足动物化石骨骼的研究成果。正如居维叶从一开始就知道那样,他的研究最后将会表明,过去的每一个世(epochs)都有其独特的生命形式,他预期这对于地球理论将具有重要的意义。[40]

由于居维叶而著名也成就了居维叶的那些四足动物,并没有被居维叶之前的那些人所忽视,有相当多的早期文献专门论述"大象"的骨骼。[41] 博物学家参考了这种对现存的大象的解剖学研究,但他们仍然没有就这些化石是属于现存的种类还是属于某些已经灭绝的亲缘种类达成共识。引起更多争论的问题是,这些"外来生物"是如何从人们想象的热带地区来到了它们在不列颠、意大利、德国、俄国和北美的埋葬地点? 1750 年之前,人们讨论了各种各样的解释,其中有两种——过去的气候变化和大洪水的运送——在后来的数十年中一直很流行。对大洪水的这种运送值得注意,因为很久以来已经明确"大象"的骨骼是相对晚近的堆积物,存在于冲积带或刚刚坚固的沉积物中,其化石中仍然可以辨别出有机物质。对于更早的作者来说,地球历史上的前洪积世大体上可以用《圣经》的年表来度量。然而,在 18 世纪中叶之后,人们越来越清楚,次生岩层的堆积要求相当长的前洪积世(并且是人类存在以前)的时间。如果没有什么人否认曾经发生过大洪水,这一事件在拉长的地球历史上也成为晚近的事。甚至对于大

[38] Martin Guntau,《岩石地层学和生物地层学思想在德国的开端》(The Beginning of Lithostratigraphic and Biostratigraphic Thinking in Germany),收入 Giglia 等编,《岩石、化石及历史》,第 152 页,其中引用了维尔纳的一个学生于 1804 年的著述。

[39] Walter Baron,《布鲁门巴赫》(Blumenbach),《科学传记词典》,II,第 203 页~第 205 页。Burtin,《对于泰勒学会提出的地层表面所经历的革命以及地球的古老性的物理学问题的回答》(Réponse à la question physique, proposée par la Société de Teyler, sur les révolutions générales, qu'a subies la surface de la terre, et sur l'ancienneté de notre globe),《泰勒第二论会论文》(Verhandelingen, uitgegeven door Teyler's tweede genootschap),8(1790);法文和荷兰文文献。Soulavie,《法国南方的博物学》(Histoire naturelle de la France méridionale, Paris, 1780—4),第 1 卷。1785 年圣彼得堡学会提供了一笔奖金,奖励根据岩石的性质、起源状况和形成阶段对岩石进行分类,苏拉维是竞争者之一,他对岩石作了充分的研究,在最后几页中讨论了化石所属的四个世。Soulavie,《矿石的自然种类以及对应每一种类的自然阶段》(Les Classes naturelles des minéraux et les époques de la nature correspondantes à chaque Classe),载于《王家科学院报告》(Mémoires présentés à l'Académie Impériale des Sciences, St. Petersburg, 1786)。关于这个主题已经发表了足够多的论文,历史学家不必再怀疑 Georges Cuvier 和 Alexandre Brongniart 是否熟悉 William Smith 未发表的著作;关于后一种的详细而不确定的研究,见 Joan M. Eyles,《威廉·史密斯,约瑟夫·班克斯爵士与法国地质学家》(William Smith, Sir Joseph Banks and the French Geologists),载于 Alwyne Wheeler 和 James H. Price 编,《从林奈到达尔文:生物学和地学史评述》(From Linnaeus to Darwn: Commentaries on the History of Biology and Geology, London: Society for the History of Natural History, 1985),第 37 页~第 50 页。

[40] Rudwick,《化石的意义》,第 3 章。

[41] 见 Cohen,《猛犸象的命运》,第 2 章~第 5 章;Rappaport,《当地质学家是历史学家的时候》,第 4 章;特别是 Greene,《亚当之死》,第 4 章;以及 George Gaylord Simpson,《脊椎动物古生物学在北美洲的开始》(The Beginnings of Vertebrate Paleontology in North America),《美国哲学协会会刊》(Proceedings of the American Philosophical Society),86(1942),第 130 页~第 188 页。

洪水这种被贬低了的作用,人们偶尔还会遇到反对意见。例如,巴黎自然博物馆的地质学教授巴泰勒米·福雅·德圣丰就疑惑,面对地质学的进步,为什么还有人会努力调和《圣经·创世记》与地质学?他认定这些努力来自英国,来自像让-安德烈·德鲁克这样古怪的人。[42]

福雅也评论了就其种类而言"并非唯一的一次大洪水……",因而表明他的观点是地球的过去不时地被洪水以及其他猛烈的事件所打断。有关19世纪早期的"灾变论"(这是一个可以进行更多研究的主题)已有很多论述。灾变论通常被定义为主张全世界范围的剧变,本质上是猛烈的,其原因不为人知,甚至是不可知的。[43] 这种描述——你可能要说是夸张、歪曲的表述——需要重新审视,因为当把它应用到18世纪晚期的时候,就很可疑了。发觉有一个关键问题是语言学问题,如地质学家经常说到地球历史上的"革命"这个词。这个词的含义取决于每一位作者使用的上下文,所以,当牧师也是阿尔杜伊诺学生的阿尔贝托·福尔蒂斯在1802年宣称地球曾经经历过多次"革命"的时候,他解释说,他是指"由于缓慢并且有规则的原因……即使这需要以十亿年计的时间"[44]所引起的变化。除了"缓慢并且有规则"之外,没有哪位地质学家否认剧烈所具有的重要性,因为这样的事件属于他们经验范围内"真正的"原因之列:洪水、快速的侵蚀、山崩、地震、火山爆发。特定现象的原因可能是不确定的,但并非不可知的。尽管像布鲁门巴赫和怀特赫斯特这样的人可能偶尔提到世界范围的剧变,但他们都是基于自然界的实例而扩大其规模。可能最常见的是,猛烈的变动似乎对于解释造山运动、曾经水平的地层的局部运动、山谷的凹陷等是必须的。作为一个彻底的经验主义者,多洛米厄在论述山谷时坚持认为现代河流不可能做到这一点——弱小的力量不能仅仅通过更长的时间造成更大的影响——显然要求有一种更强大的动因,也就是说,一种挖掘这些地体的快速后退的水体。[45]

按照推测认为,短的时间尺度是促使一些研究者寻找引起地质变化的快速的动因,当时多洛米厄和包括洪积论者让-安德烈·德鲁克在内的多数与他同时代的人没有囿于短的时间尺度。与此相反,他们毫不费力地就设想了一种悠久的、人类存在之前的地球历史。总的来说,赫顿的批评者所发现的永恒论被证明是不可接受的,就像

[42] Faujas de St. -Fond,《地质学评论》(*Essai de géologie*, Paris, 1803),第1卷,第19页~第20页。

[43] 同上,第20页~第21页。例如,William F. Bynum等编,《科学史辞典》(*Dictionary of the History of Science*, Princeton, NJ: Princeton University Press, 1981),参看灾变说(Catastrophism)词条。对照Rudwick的《地史的形态和意义》,第311页。

[44] 引自Ciancio,《对土地的解剖》,第275页,注释110。对此上下文关联的进一步关注,可见于Albert V. Carozzi,《对居维叶所谓的"灾变论"的新解释》(Une nouvelle interprétation du soi-disant catastrophisme de Cuvier),《科学档案》,24 (1971),第367页~第377页,以及Martin J. S. Rudwick,《乔治·居维叶、化石骨骼和地质灾变》(*Georges Cuvier, Fossil Bones, and Geological Catastrophes*, Chicago: University of Chicago Press, 1997),第173页~第183页。请比较Rudwick在《化石的意义》第3章中对居维叶富有思想性的分析与Cohen在《猛犸象的命运》第6章中的传统分析。另见François Ellenberger,《"革命"一词的研究》(Etude du terme Révolution),《科学词汇史文献》(*Documents pour l'histoire du vocabulaire scientifique*),9(1989),第69页~第90页;更简洁的有Ellenberger,《地质学史》,第63页~第65页。

[45] Broc,《18世纪说法语的地理学家与博物学家视野中的山脉》,第145页,以及第二部分,第3章。至少赫顿的一个学生(Jams Hall爵士)也持有相似的观点。见Victor A. Eyles,《霍尔》(Hall),《科学传记词典》,VI,第53页~第56页。

《圣经》年表中的短时间一样不可接受。但是,这样说在永恒与 6000 年之间还留下巨大的选择空间。少数作者确实尝试过计算或估计地球的年龄,但[事实]证明要找到一种合适的、可信的、恒定的、公认的自然计时器是不可能的。[46] 简而言之,地质学家既不缺乏时间,也不缺乏对自然主义的信奉。人们可能会提出对经验主义的忠诚限制了他们的视野,因为他们不能想象现代观测者可以看到的或推断的微小的、逐渐增长的、甚至"难以觉察的"变化,能够最终造成重大的地形改变。[47]

这些结尾的陈述,以及本章的大部分内容都与以前关于"前现代"地质学的阐释存在显著差异。按照传统的观点,早期地质学家经常得到用现在的标准来衡量是明显错误的结论,这一事实可以通过两种方式中的一种加以解释:他们不是彻底的经验主义者,或者他们使自己的观察服从于流行的宗教信仰。前一种观点看来是基于这样一种假设之上,即科学其实是十分容易的,为了得到正确的结论,它只要求人们进行适当的观测。第二种观点源自现代观念,即科学与《圣经》是天生不同的,因此互不相容。然而在过去,通常的假设是,科学和《圣经》这两种真理是不能互相抵触的。18 世纪的地质学家并不是假定一种不可避免的冲突,而是或者努力调和两种真理(通常是通过重新解释《圣经·创世记》,而不是重新解释地质学),或者认为《创世记》与他们所论无关而加以忽视。[48]

尽管老的科学概念根深蒂固,但过去二三十年中通过对原始文献进行更加细致的阅读,学者已经做了很多工作,部分地修正了这一传统。此外,历史学家对于科学的本质越来越多地采用了一种更复杂的方法。就如何解释证据,以及如何选择事实上最重要的证据而言,最好把科学理解为一个必然的合理的争议过程,而不是必然会导出正确结果的纯粹的经验主义。这种考虑使得关于 18 世纪的研究特别有益,因为那个时期的地质学家对于方法论、知识的本质以及他们本学科所特有的问题都有了相当高的自我意识。

(陈朝勇　郭金海　徐凤先　译)

[46] 除了 Broc 的《18 世纪说法语的地理学家与博物学家视野中的山脉》之外,可参见 Ellenberger,《地质学史》,第 35 页～第 39 页;Rudwick,《地史的形态和意义》,以及 Davies,《衰退中的地球》,第 99 页～第 103 页关于计时器的讨论。1750 年之前有关时间和计时器的讨论,见 Rappaport,《当地质学家是历史学家的时候》,第 189 页～第 199 页。对于 18 世纪的时间量程标准的研究是相当不充分的,例如,可见 Francis C. Haber,《世界的年龄:从摩西到达尔文》(*The Age of the World: Moses to Darwin*, Baltimore, MD: Johns Hopkins University Press, 1959),以及 Stephen Toulmin 和 June Goodfield,《时间的发现》(*The Discovery of Time*, London: Hutchinson, 1965)。

[47] 对于最后一个句子,Stephen Jay Gould 在他的《从达尔文以来》(*Ever Since Darwin*, New York: W. W. Norton, 1979)一书第 147 页～第 152 页,《均一与灾变》(Uniformity and Catastrophe)的注释中作了部分提示,以及在 Gould,《母鸡的牙齿与马的脚趾》(*Hen's Teeth and Horse's Toes*, New York: W. W. Norton, 1983),第 94 页～第 106 页,《[瑞士]厄尼根的臭灰岩》(*The Stinkstones of Oenigen*)也有论述。

[48] 最重要的著作是 John H. Brooke,《科学与宗教:一些历史的观点》(*Science and Religion: Some Historical Perspectives*, Cambridge University Press, 1991)。关于编史学的精辟评论,参见 Mott T. Greene,《地质学史》,《奥西里斯》(*Osiris*), ser. 2, 1 (1985),第 97 页～第 116 页。也可参见 Claude Blanckaert 为 Roger《论作为整体的科学史》一书写的导言也很有启发。

19

人文科学

理查德・奥尔森

　　很久以来,历史学家们一直认为:寻找一门可行的"关于人的科学"(原文如此)是18世纪知识分子生活中的一项主要特征。大卫・休谟(1711~1776)渴望成为"道德科学中的牛顿"。他在1740年就强调:"即使'关于人的科学'不具有像自然哲学某些门类那样的精确性,但它至少值得我们一试。"[1]在整个18世纪,他的这一观点可以说是代表了欧洲和北美各国多数知识分子的看法。而且,人文科学在启蒙运动的中心地位,不仅得到了那些赞成启蒙运动目标并对其解放结果由衷怀有信心的人们的承认,[2]而且也得到了那些已经意识到这些目标被误导及其重大破坏性后果的人们的支持。[3]

　　如何描述20世纪诸如人类学、经济学、地理学、历史学、语言学、心理学以及社会学等不同专业学科与18世纪建立人文科学的各种努力之间的关系,不仅极为复杂,而且也会导致激烈的争论。[4]　就范畴而言,18世纪的研究人员和大众读者的想法与今天

〔1〕　David Hume,《人性论摘要》(*An Abstract of A Treatise of Human Nature*, London, 1740)。
〔2〕　请参阅 Ernst Cassirer,《启蒙运动的哲学》(*The Philosophy of Enlightenment*, Boston: Beacon Press, 1964,译自1933年德文原版),和 Peter Gay, 2卷本《启蒙运动:一种解释》(*The Enlightenment: An Interpretation*, New York: Vintage, 1966—9)。
〔3〕　请参阅,例如:Lester Crocker,《危机时代:18世纪法国的人与社会》(*An Age of Crisis: Man and World in Eighteenth Century France*, Baltimore, MD: Johns Hopkins University Press, 1959),书中认为破坏人们笃信的、有着深厚基础的传统道德观念是一个悲剧。Theodor W. Adorno 和 Max Horkheimer,《启蒙辩证法》(*Dialectic of Enlightenment*, New York: Herder and Herder, 1972),书中提出了"科学及其自身所具有的残暴理性特征"的一种新观点。关于狂热地滥用理性而产生的负面社会效应,请参阅 Michel Foucault,《疯狂与文明:理性时代的疯狂史》(*Madness and Civilization: A History of Insanity in the Age of Reason*, New York: Pantheon, 1965)。
〔4〕　米歇尔・福柯认为18世纪不存在真正的人文科学。请参阅 Foucault,《事物的秩序:人文科学的考古学》(*The Order of Things: An Archeology of Human Sciences*, London: Tavistodk, 1970)(中译本:《词与物》,从法文译。——校者),第309页。关于如下论点:学术连贯性的假设在很大程度上是令人误解的,并且,关于18世纪的此类学科(例如心理学)的探讨收获甚微,请参阅,如 Roger Smith,《心理学史有一个研究主题吗?》(*Does the History of Psychology Have a Subject?*),《人文科学发展史》(*History of the Human Sciences*), 1(1988),第147页~第177页,以及 Graham Richards,《精神体系:心理学概念的来龙去脉(1600~1850)》(*Mental Machinery: The Origins and Consequences of Psychological Ideas, 1600—1850*, Baltimore, MD: Johns Hopkins University Press, 1992),第1页~第11页。就此辩论而言——该辩论已被给予了适度的警告,将现代科学(比如人类学和心理学)视作对18世纪传统的延续(带有修正)就有了突出的意义——请参阅 Loren Graham、Wolf Lepenies 和 Peter Weingart 编,《学科史的功能和用途》(*The Functions and Uses of Disciplinary Histories*, Dordrecht: D. Reidel, 1983)。C. Fox、R. Porter 和 R. Wokler 在他们共同主编的一本由几篇评论短文组成的书中也提到了这个问题——请参阅《创造人文科学:18世纪的学术领域》(*Inventing Human Science: Eighteenth-Century Domains*, Berkeley: University of California Press, 1995)。

不同。

譬如，当时"人类博物学"和"哲学史学"等术语被频繁用于涵盖许多论题，而现在这些论题被囊括在人类学、语言学、社会学以及政治科学和美学等学科中。与此同时，德语区使用的"人类学"一词涵盖了生理学以及刚提到的 20 世纪的前三门学科（人类学、经济学、地理学）的论题。在下面的论述中，我们将尽力保持 18 世纪学术工作者分类和现代独特分类之间的差别。

人文科学中"科学"的含义

当大卫·休谟写《人性论》（*A Treatise of Human Nature, 1739*）一书时，他还加了一个副标题：《在道德学科中引入推理实验方法的尝试》（*An Attempt to introduce the Experimental Method of Reasoning into Moral Subjects*）。他的这一做法代表了 18 世纪有关人类的研究趋向中的两个主要特征。第一个是注重实验，或者更严格地说，注重观察。就像休谟谨慎指出的那样，人为地假造人类研究课题的企图一定会导致歪曲自然规律的后果。因此，休谟坚持认为：

> 我们的实验必须要来自对人类生活的仔细观察，必须能够在一般的过程中呈现世界的本来面貌，例如：人类的合作、事务处理和情感等行为。无论在哪里审慎地收集实验素材并将其加以比较，我们就找到了建立在其上的人类科学。在可信度方面，这样建立的人文科学一定不比其他人类学解释差，而且一定具备更好的实用性。[5]

17 世纪，大部分建立人文科学的重要尝试汇聚成了强大的理性主义潮流。其中杰出代表是托马斯·霍布斯（1588～1679）、贝内迪克图斯·斯宾诺莎（1632～1677）和戈特弗里德·威廉·莱布尼茨（1646～1716）等。他们中的每一位思想家都宣称自己能够从人性的定义推出公民社会最理想的特征。特别是霍布斯和斯宾诺莎——建立在这些定义之上的道德和社会体系，令大多数同时代的人们感到震惊。这是因为它们似乎会导致一种独特的以自我为中心的世俗主义和无神论倾向。其结果是造就了经验主义者，他们激烈对抗反形而上学哲学并形成了 18 世纪关于人性与人类制度方面的许多论述。

艾蒂安·博内·德·孔狄亚克（1715～1780）的《论系统》（*Traité des Systèmes, 1749*）可能是这种自觉对抗情绪的最重要的案例。它这样定义一个体系："把艺术或科学的不同部分按一种秩序排列，在这种秩序中它们相互支持，并且在该体系中，可以用

〔5〕 David Hume，《人性论》（*A Treatise of Human Nature*, New York: Penguin, 1969），根据 1739 年原版著作改编，Ernest C. Mossner 编辑并写序言，第 46 页。

第一个部分来解释最后一个部分",[6]孔狄亚克态度鲜明地抨击了斯宾诺莎和莱布尼茨的形而上学体系,他认为:建立在抽象的原则或定义之上的各种体系从根本上来说都是被误导的。另一方面,稳固建立在由经验确立的事实基础上的体系,例如牛顿的世界体系,才代表了科学知识的顶峰。位于这两个极端之间的都是基于暂时掌握的臆测的假设体系。正如约翰·洛克(1632～1704)和牛顿指出的那样,[7]当这些体系用于探索性的用途——提出新的实验或假设的观测试验时,它们很可能是非常有价值的,但是如果不加批判地将其用作新的解释原则,那么这些假设就极有可能会和形而上学一样危险和令人误解。

在那些致力于发展人文科学的思想家中,有些人,比如大卫·哈特莱(1705～1757)*和让-雅克·卢梭(1712～1778)等人认为:与人类行为及其相互作用相联系的现象是如此的复杂和广泛,以至于看不到从经验中直接归纳出原则的希望。因此,他们认为利用临时性的假设是绝对必要的。[8]卢梭在他的《论人类不平等的起源和基础》(Discourse on the Origin and Foundations of Inequality among Men, 1755)中,认为人应该这么做:

> 由于事实并不影响问题本身,因此不需要顾及所有的事实就可以开展研究工作。不可将所承担的相关研究工作视作历史事实,而只要基于假设的、有条件的推理即可。这种推理更适于给出阐明事物本质而不是揭示事物的真实起源,就像我们的物理学家每天所关注的宇宙形成问题一样。[9]

其他人,例如夏尔-路易·塞孔达,即孟德斯鸠男爵(1689～1755)和亚当·弗格森(1723～1816)等人,对霍布斯和卢梭等人使用没有实验基础的假设感到非常困惑,以至于全盘反对假设的使用。[10]

孔狄亚克也强调指出了关于人类现象复杂性的第二个问题——这是一个使人类经验主义者们失和的问题。按照孔狄亚克所说,所有合理的知识都是通过某个程序加以阐明,这个程序常常被称为分析。在分析中,分离或提取出显著而简单的特征,然后将其重新组合成一个整体,而这个整体能够"被理解"为其各个部分的简单集合,如此一

[6] Etienne Bonnet de Condillac, 3 卷本《孔狄亚克哲学著作集》(Oeuvres philosophiques de Condillac, Paris: Presses Universitaires de France, 1947—51),Georges Le Roy 编,1:121。

[7] 18 世纪发展人文科学的人们针对牛顿和洛克关于方法论建议的重要性及其著作的多种解读,请参阅 Sergio Moravia,《启蒙运动与人的科学》(The Enlightenment and the Sciences of Man),《科学史》(History of Science),17(1980),第 247 页~第 268 页。

* 原文的卒年误为 1557。——责编

[8] 请参阅 David Hartley,《论人及其性格、责任与期望》(Observations On Man, His Frame, His Duty, His Expectations, London: Thomas Tegg and Son, 1834, 6th ed.; 1st ed., 1749),第 4 页~第 5 页。

[9] Jean Jacques Rousseau,《第一论与第二论》(即卢梭的《论科学与艺术的进步是否有助于敦风化俗》和《论人类不平等的起源和基础》两篇论文——校者)(The First and Second Discourses, New York: St. Martins, 1964),Roger D. Masters 编,第 103 页。

[10] 请参阅 Adam Ferguson,《公民社会史论》(An Essay On The History of Civil Society, Edinburgh: Edinburgh University Press, 1966),Duncan Forbes 编,第 2 页~第 6 页。

来,感觉和思想的复杂性与最初的混沌就可以被纳入秩序之中。[11]　大约在 1796 年之前,关注人文科学的人们几乎都同意上述观点。但是到了 18 世纪末,巴黎的思想家们反对在分析方法中引入一般假设。这些思想家要么在蒙彼利埃接受过医疗训练,要么与蒙彼利埃的毕业生一起从事研究。在当时的蒙彼利埃,一个新兴的反医疗力学的,赞同活力论的希波克拉底医派复兴运动正在进行。这些学者中的领袖人物是皮埃尔-让-乔治·卡巴尼斯(1757～1808),在《物理学与人类道德学的关系》(*Rapports du physique et du Moral de l'Homme*, 巴黎,1796)中,他力图把道德伦理建立在生理心理学的基础上。他认为:人类生活和相互作用的复杂性来源于事实,而这些事实中的各种因素以不可预知的方式**相互作用**,因此,人类现象不能用一系列孤立而简单的动机的效果之和来理解。

孔狄亚克确实建议过采用一个关键的、非经验主义的标准来评价科学的解释体系。他借鉴了让·达朗贝尔的《动力学论》(*Treatise on Dynamics*, 1743)。孔狄亚克认为,"一个体系原则越少就越完美:甚至希望能够减少到一个才好"。[12]　他把这个原则应用在自己的心理学理论中,以简化洛克关于知识获取的说明。洛克的知识获取建立在"知觉"和"反思"之上,而孔狄亚克只需要"知觉"一个理论基础。更为重要的是,在论辩中,人文科学的其他支持者也接受了孔狄亚克的简单性原则。这其中包括克洛德·阿德里安·爱尔维修(1715～1771)、德尼·狄德罗(1713～1784)、朱利安·奥弗雷·德·拉美特利(1709～1751)以及亚当·斯密(1723～1790)。

并不是所有 18 世纪的人文科学尝试都包括了重经验主义或孔狄亚克提倡的简单性原则。特别是一少部分似乎受到理性力学影响的法国学者就坚持认为:人类制度的建立可能直接源于"人"的定义而不需要借助于实验观察。这个观点在中世纪的,反对过去的暴政的重农主义者政治经济学家中间尤为流行。正如他们的代言人——梅西耶·德拉·里维埃(1719～1792)所说:

> 我不会把目光投向任何特定的国家或宗派。我只是按照事物的**本来面貌**来描述事物,既不会考虑它们原来的情形,也不会考虑在什么国家……通过检验和推理,我们可以了解不证自明的事实,以及由此产生的所有实践的结论。那些看似与结论形成对照的事例不能证明任何东西。[13]

尽管 18 世纪的许多重要的政治经济学家——包括休谟、费迪南多·加利亚尼神父

〔11〕请参阅,如 Étienne de Condillac,《逻辑学》(*La Logique*, New York: Abaris Books, 1980,来自 1778 年原著),W. R. Albury 译,第 63 页～第 87 页。

〔12〕请参阅注释 6。达朗贝尔对于这个原则明确的表述,反复出现在《狄德罗百科全书初论》(*Preliminary Discourse to the Encyclopedia of Diderot*, Indianapolis: Bobbs-Merrill, 1963),由 Richard Schwab 翻译并写有导读,第 22 页,摘引如下:"人们越能减少一门科学的原理的数目,就越能给予这些原理存在的空间。而且因为一门科学的研究对象有必要是确定的,那么应用于这门科学的原理数量越少,它的内涵就会越丰富。"

〔13〕摘自 Mercier de la Rivière,《自然秩序与政治团体的本质》(*L'ordre naturel et essentiel des sociétés politiques*, 1767),引自 Terence Hutchison,《在亚当·斯密之前:政治经济学的出现》(*Before Adam Smith: The Emergence of Political Economy*, Oxford: Basil Blackwell, 1988),第 293 页。

（1728～1787）和亚当·斯密——都反对政治经济学中有经验主义倾向的理性力学模型，但大卫·李嘉图（1772～1823）仍然在19世纪初期恢复了这种做法。这种做法一直到20世纪末期都占据主流。一个观点类似，却不那么充满恶意的译本鼓舞了马里-让-安托万·尼古拉·孔多塞（1743～1794）的创作热情。孔多塞认为：根据定义，所有的人都具有推理的能力，因此每个人都应受到公平的对待，这与性别、种族或宗教信仰无关。[14]

也许是詹巴蒂斯塔·维柯（1688～1744）提出了关于人文科学中"科学的"本质的最有趣的奇特观点。他是《关于民族性的新科学原理》（*Principles of a New Science Concerning the Nature of Nations*, 1725）的作者。维柯借鉴了15世纪法定人文主义者的观点，他认为人类只能掌握他们自己创造的科学知识。在18世纪的大部分时间里，维柯工作的影响力受到了这种方法论观点的极大限制。然而，这种方法论观点却与康德哲学和新康德学派的科学观点非常一致。18世纪末叶，一些德意志学者重新复苏并信奉这种方法论观点。约翰·赫尔德（1744～1803）就是其中的一员。

人文科学中"人类"的含义

有关"人类"的研究者们几乎毫无例外地共用关于人类属性的几个基本假设。首先，即使那些对人类行为持决定论观点的研究者也认为：如果人们有能力选择，他们会做出自己应该做出的行为。因此，出于实用目的，18世纪人文科学中的决定论并不是始终如一的。其次，尽管许多有地位的研究者认为，诸如喜好交际、仁爱或同情等情感可以独立存在，但是没有人否认自卫本能和追求个人幸福在人类行为中占据着中心地位。再次，几乎所有研究人类行为和人类制度的学者都继续采用二元法分类：分成身体方面和精神方面。对于大多数学者来说，这种分类从存在论的角度看是分离的，是笛卡儿哲学物质与精神相互独立哲学观的残余。身体状况对精神选择有很大影响，这点似乎是很清楚的。因此，关于人性问题的许多回答就是从人的物质和精神（l'homme physique and l'homme moral）的关系问题这一角度加以阐述的。即使像拉美特利、爱尔维修和卡巴尼斯等唯物主义者，尽管他们否认精神的独立存在，但是他们仍然在语言表达上区分了身体方面和精神方面。就像二元论者一样，他们的人文科学的目标显然是精神方面的。

虽然他们关注精神课题，但是人文科学在对待这些课题时却是一种非传统的思路。这种思路坚持对长期被认为是天启教的主要领域重新进行非宗教的理解。在18世纪之前，在犹太教和基督教共存的欧洲，人们把《圣经》当做最初的道德准则之源。

---

[14]　Anne Marie Condorcet，《关于女性公民权的参与问题》（On the Admission of Women to the Rights of Citizenship），载于《孔多塞选集》（*Condorcet, Selected Writings*, Indianapolis: Bobbs-Merrill Co., 1976），Keith Baker 编，第98页。

包括霍尔巴赫和爱尔维修在内一些知识分子厌恶这种道德之源。因为他们认为所有的宗教信仰都是被牧师中的中坚分子强制灌输给无知而又感情贫困的平民的。而这些牧师的主要目标却是积聚权力和财富。其他人仍然衷心效忠于基督教,但是他们认为:正如处理非人类事务一样,上帝也是通过自然法则的机制处理人类事务的。因此,1727 年,保守的格拉斯哥长老会的道德哲学导师——格肖姆·卡迈克尔写道:道德哲学只是"根据事物本质和人类生活环境对人类义务或公民义务的示范"。[15]

最后,在整个 18 世纪,即使这种趋势是把激情看做体现人类行为日益重要的方法,人们仍然把推理能力视为人类所独有的。即使在 18 世纪末,玛丽·沃斯通克拉夫特(1759～1797)都能够这样写道:"人类超越野兽的方面究竟是什么? 这个问题的答案就像一半小于全部一样再清楚不过了,在于理性。"[16]几乎所有的研究者对这项主张都没有争议,即使他们中很多人也许已经了解了人类推理能力是受到严格限制的,还有极少数人,包括维柯和赫尔德在内,更愿意把形式推理视为一种历史积聚(accretion),而不是人类的普遍特征。

442

人类"实验"的储存:历史和游历记录

19 世纪的社会科学家蔑视 18 世纪的人文科学家。因为 18 世纪的人文科学家没有能够在充分受控条件下进行实验或观察。此外,在建立关于人性和人类制度理论时,这些研究者所采用的数据常常是从游历记录和历史著作中得到的二手数据。

甚至连 18 世纪的学者弗朗索瓦·卡特鲁也承认:在他自己的 4 卷本著作《自罗马建立以来的罗马史》(*Histoire romaine, depuis la fondation de Rome*, 1725 年至 1737 年间出版,共 21 卷)中,在论及罗马与迦太基之间的三次战争时,因为迦太基人的文献没有保留下来,他所能获得的资料来源都是罗马和希腊罗马历史学家所著的文献。即使极力注意,他仍不可避免地形成了极力否定迦太基人,十分钦佩罗马人美德的观点。此外,人们也很容易理解这一点:对古代历史事件随后做出的解释也附加了当时人们对第一手记录资料的筛选。因此,弗格森写道:

> 所有的历史记录都带有时代的痕迹,它们以传统的形式传承,而不是以与时代相关的虚假描述加以传承。历史记录所带来的信息并不像镜子反光那样忠实地描绘原来的物体,而是更像从不透明或未经打磨的表面上发出的残缺而分散的

〔15〕 引自 James Moore 和 Michael Silverthorne,《格肖姆·卡迈克尔和18 世纪苏格兰的自然法学传统》(Gershom Carmichael and the Natural Jurisprudence Tradition in Eighteenth-Century Scotland),见 Istvan Hont 和 Michael Ignatieff 编,《财富和美德:苏格兰启蒙时代的政治经济学状况》(*Wealth and Virtue: The Shaping of Political Economy in the Scottish Enlightenment*, Cambridge University Press, 1983),第 76 页。

〔16〕 Mary Wollstonecraft,《关于妇女权利的辩护》(*A Vindication of the Rights of Woman*, New York: W. W. Norton, 1975),第 12 页,尤其是注释 2。

光线,只是给出了最后反射这些光线的物体的颜色和特征。[17]

可能更为重要的在于,人们同样已经充分认识到:欧洲报道者们关于非欧洲文化的描绘来自他们自己的兴趣和假设。例如,从 16 世纪中叶,关于美洲和太平洋岛屿上的土著居民的描述存在两个倾向,要么把他们描述为高尚而完美无缺的,要么把他们描述为无知、邪恶而残忍的。在 16 世纪 50 年代,这种二分法建立起来了,它成为了学者们反对西班牙征服者粗暴对待土著居民的有力武器。这些船舶的船长们和殖民统治者继续滥用不光彩的野蛮传统,他们担心海员和所属成员被当地人同化,会影响他们殖民计划的成功。[18] 另一方面,对反抗西班牙统治持拥护态度的荷兰学者永远不会遗忘这种高贵的野蛮人形象,并将其不断提起以引起人们的关注。1703 年,路易·阿蒙·德隆·达尔斯,即拉翁唐男爵(1666～1715)所著的《拉翁唐男爵旅行日记补集,或作者在旅行过程中野蛮人之间的对话》(*Supplément aux Voyages du Baron Lahontan ou l'on trouvé des dialogues curieux entre l'auteur et un sauvage de bon sens qui ávoyagé*)集中反映了这一点。这本书表达了一个法国士兵的自豪之情。为了印第安人的价值观和生活方式,他和加拿大的印第安人一起奋斗了 20 年。相反,他认为法国的生活方式和社会机构是腐朽的。卢梭在他的古怪而又有影响力的论文《论人类不平等的起源和基础》中提到了这一点。格奥尔格·福斯特在他的旅游文学流派中再次引入了卢梭的自觉方法。他在《环球航海》(*A Voyage Around the World*, 1777)一书中记述了詹姆斯·库克船长的第二次航海经历。这本书是 18 世纪民族志报告方面最好的著作之一。[19]

18 世纪之前,欧洲观测者们按照自己的"现世主义的"分析分类方法去解释遥远国度居民的情况。尽管囿于这样的自身局限和倾向,但是他们的历史记述和游历记录却包含了大量的先前人们无法获得的信息。这些相关历史记述和游历记录的积累起始于欧洲的航海探险,与考古兴趣的人文主义复苏同时兴起。在那些荒诞的、有意无意扭曲的记录——恰好读者们又如饥似渴地特别喜欢它们——中,也包含有针对其他文明所做的很多严肃、自知而又谦恭(尽管还不至于崇拜)的描述。眼光敏锐的哲学历

[17] Adam Ferguson,《论公民社会的历史》(*An Essay on the History of Civil Society*, London: Transaction Books, 1767 原作, 1980 年再版),第 76 页。
[18] 特别参见 B. W. Sheehan,《野性与文明:弗吉尼亚殖民地的印第安人和英国人》(*Savagism and Civility: Indians and Englishmen in Colonial Virginia*, Cambridge University Press, 1980),第 1 章。
[19] 有许多关于高贵的野蛮人传统的记述,其中一个最好的事例是在 Urs Bitterli 的《"野蛮"与"文明":欧洲人海外所见的思想史与文化史基本特征》(*Die "Wilden" und die "Zivilisierten": Grundzuge einer Geistes-und Kulturgeschichte der europäisch überseeshen Begegnung*, Munich, 1976)。它有着不同寻常的复杂性,它着重指出了 18 世纪晚期游记杂志中的一个重要问题。这就是高贵的野蛮人文学形象在游记杂志中的回归现象,例如 Forster 的书籍。也可以参阅 Bitterli 的《冲突中的文明》(*Cultures in Conflict*, Stanford, CA: Stanford University Press, 1986),尤其是第 3 章和第 7 章。

史学家们从这些素材中提取了很多"实验性的"知识。[20]

如果欧洲的观念有时是被强加给其他人的话,那么沉浸在非欧洲文化的人们也开始重新评价欧洲关于人类制度的传统观念和假定。例如,1779 年,约翰·米勒(1735～1801)出版了《等级差别的起源:或对不同社会群体影响力与权威产生环境之探源》(*Origin of the Distinction of Ranks: Or an Enquiry into the Circumstances which give rise to Influence and Authority in the Different Members of Society*, 1779 年第 3 版,1771 年原版)一书。该书大量引用了两本从民族志角度对易洛魁族的记述:一本是皮埃尔-弗朗索瓦·格扎维埃·德·夏勒瓦(1682～1761)出版的《新法国的历史与概述》(*Histoire et Description Générale de la Nouvelle France*, 1744),另一本是约瑟夫-弗朗索瓦·拉菲托(1681～1746)的《美国野蛮人之道德与原始人道德之比较》(*Moeurs des sauvages américains comparées aux moeurs des premiers tempts*, 1724)。米勒在他的著作中对以下两种观念提出了挑战。一种观念认为:一夫一妻制是一种"自然的"和普遍的社会制度。另一种观念认为所有的"治理"结构都必定是家长制的。[21] 同样地,在 1550 年到 1750 年期间,欧洲关于"自由"(Liberty)观念的转化几乎是无意识的。在很大程度上,这种观念的转化是将"自由"用于描述美洲各种土著文化之间关系的结果。[22] 一开始时,"自由"是作为与等级特权相联系的术语来定义的。在最初的罗马语境中,这种等级特权指的是特定阶级从事特定活动的权利;但是在 18 世纪中期,"自由"一词已经等同于不受妨碍的一般权利。

《等级差别的起源》一书也提出:18 世纪的人文科学家们是非常富于经验的。在利用游历记录方面,他们甚至比 19 世纪的批评家们所承认的更为严肃。例如,米勒就宣称除非满足三个条件,否则就不能被视作真实的主张。第一,必须由另一位独立观测者来证实;该观察者与第一观察者应该来自不同的时期,有着不同的民族和宗教背景,这样才能够控制偏见和虚构的观点。第二,关于要讨论的观点,观察者不应该抱有理论成见。第三,必须能用某一具有广泛适用性的通用思想体系加以解释。如果以上三个条件都满足了,米勒认为,"这个论据将会像事物本质所能显示的那样充分"。[23]

[20] P. J. Marshall 和 Glyndwr Williams,《人类的伟大地图:启蒙时代对新世界的理解》(*The Great Map of Mankind: Perceptions of New Worlds in the Age of Enlightenment*, Cambridge, MA: Harvard University Press, 1982)。本书对 18 世纪英国的游记文学给予了很好的评价。Michelle Duchet,《启蒙时代的人类学与历史学:布丰、伏尔泰、爱尔维修、狄德罗》(*Anthropologie et Histoire au siècle des lumiérs: Buffon, Voltaire, Helvétius, Diderot*, Paris: François Maspero, 1971),包含大量带有注释的法文资料清单。
[21] John Millar,《等级差别的起源》(*The Origin of the Distinction of Ranks*, 1779 年版),再版见于 William C. Lehman,《格拉斯哥的约翰·米勒(1735～1801)》(*John Millar of Glasgow, 1735—1801*, Cambridge University Press, 1960),第 184 页～第 200 页。
[22] William Brandon,《旧大陆的新世界:来自新世界的报告以及它们对欧洲社会思想发展的影响(1500～1800)》(*New World for Old: Reports from the New World and their Effect on the Development of Social Thought in Europe, 1500—1800*, Athens: Ohio University Press, 1986)。
[23] Millar,《等级差别的起源》,第 180 页～第 181 页。

合法的地方主义、道德哲学和哲学史：
环境论的胜利和社会变化的冰退阶段理论

如果考察一下那些重要的哲学史家的背景，就会发现有不成比例的许多人都以这样或那样的方式与法律研究存在关联。例如，孟德斯鸠、维柯、米勒、亨利·霍姆（凯姆斯勋爵，1696～1782）、詹姆斯·伯内特（蒙博多勋爵，1714～1799）都接受过法律训练并都做过律师或法官。休谟和弗格森都做过法律图书管员。弗朗西斯·哈奇森（1694～1746）和亚当·斯密都讲授过法学，并且他们的道德哲学课程都效仿萨穆埃尔·普芬多夫于 1673 年出版的《论基于自然法的人与公民之义务》（*On the Duties of Man and Citizen according to Natural Law*）。

唐纳德·凯利认为，这个事实的出现，是近代早期法律冲突直接导致的，而法律冲突是作为中央集权的单一民族国家发展的一部分。[24] 在文艺复兴时期的人道主义法律研究方面，一种强有力的罗马法传统在大学文化中发展起来了。依据这种传统，罗马法是普遍有效的，尤其是在东罗马帝国皇帝将其编纂成法典之后。罗马法源自自然法或人类的本性。另一方面，在欧洲各地，又存在各种各样的将普通法在本地加以变通的传统。那些设法巩固政权的君主王侯们既希望动用职权建立他们自己的法律，也希望通过强调本地法律体系的独特性和适用性，建立起一种民族认同感。这种民族主义导致了一部重要的辩护性著作的诞生。[25]

到 18 世纪开始时，出现了一个问题：**为什么人类的习惯和法律会有如此多的地区差异？** 这个问题一直深深困扰着法律学者和道德哲学家。这也是存在于诸如苏格兰和意大利南部等地区的一个重要问题，这些地区见证了爱丁堡、格拉斯哥、那不勒斯等世界商贸中心的迅速发展，它们拥有大量将要从事商贸活动的农村人口，然而它们的普通法传统并非很适合于商贸活动。[26] 同样地，在法国等国家也存在这样的问题。在法国地方政权和中央君主之间存在重大冲突。地方政权力图保留某种自治权，而中央君主则坚持为国家制定法律的权力，这种权力是近乎不受限制的。在这个世纪末的德意志，这种情况也是事实。在德意志，具有爱国主义精神的学者们正与法国知识分子和政治霸权主义进行口诛笔伐的斗争。

18 世纪，首先尝试面对这些问题的是那不勒斯人詹巴蒂斯塔·维柯。在他的《关于国家的普通性质的新科学的原理》（*Principi de una scienza nuova d'intorno alla natura*

---

[24] Donald R. Kelly，《人的度量：西方法律传统下的社会思想》（*The Human Measure: Social Thought in the Western Legal Tradition*, Cambridge, MA: Harvard University Press, 1990），到处可见。

[25] 请参阅，例如，Jean Bodin，《公益事业六书》（*The Six Bookes of the Commonweal*, Cambridge, MA: Harvard University Press, 1972），Kenneth D. McRae 编。

[26] 请特别参阅 David Lieberman，《商业社会的法律需求：凯姆斯勋爵的法学》（*The Legal Needs of a Commercial Society: The Jurisprudence of Lord Kames*），载于 Hont 和 Ignatieff 编，《财富和美德》，第 203 页～第 234 页。

delle natzione, 1725 年第 1 版, 1744 年扩充版) 一书中, 维柯认为社会的历史发展是通过人类创造他们自己的语言和制度, 使上帝授意的计划成功得以实现的结果。然而, 维柯也确信人类也很少能够预测到自己的决定所带来的命中注定的后果。因此, 他明确提出了一个原则——著名的无意识结果原则 (the principle of unintended consequences)。这个原则实际上已经成为所有哲学历史学家的讨论重点和此后 250 年间保守思想家们的中心所在。

维柯也提出人类个体从幼年到青年再到完全成熟的成长过程可以为文明社会的发展提供一个基本模式。就像儿童没有成年人那样的理性分析能力一样, 在处于早期阶段的人类社会建立诸如宗教、婚礼和葬礼等大部分重要制度时, 人类社会并非是完全理性的。宗教是通过对自然实体的人格化建立的。最先形成的法定习俗 (proto-legal customs) 传达了人类渴望复仇的愿望: 向那些借助于强大的神力伤害他们并利用神谕宣告审判的人复仇, 而且通过神话和寓言的形式阐述社会价值观。在人类社会的青春期, 社会价值观被并入了竭力仿效的英雄故事里面。多数情况下, 正义并没有被编纂成法典, 而只是停留在个人领域。只有在最后的成人阶段, 社会价值观才可能被并入系统的道德哲学, 正义才可能被阐述成一套抽象的原则。

尽管某个特定阶段的社会各方面之间都是相互一致的, 但是根据另一个阶段的期望和假设去评价这个阶段社会的习俗和制度, 却是毫无意义的。我们可以假定处于同样发展阶段的不同地区的社会可能具有某些共同的特征。譬如, 通过考察同时代的美洲文化, 可以了解欧洲文化的早期历史。然而, 即使处于同样发展阶段的社会, 也必须要根据当地的自然状况和语言发展加以体现。因此, 每个社会都是独一无二的, 都应该按照它自己的特定时期去理解。在不同的阶段, 甚至人性都是有所区别的。所以在判断一个社会的制度、道德甚至美学选择方面, 并不存在普遍的标准。

约翰·赫尔德 (1744~1803) 在他的《关于人类历史的哲学思想》(*Ideen zur Philosophie der Geschichte der Menschkeit*, 1784~1791) 中, 把维柯的许多观点纳入一个体系中。在这个体系中, 人类的进步体现在不同文化或民族 (Völker) 的相继成熟上。只有在这时候, 对每个民族的独特性、不同发展阶段文化的有机发展以及语言作为每种文化独特塑造者的重要地位所做的强调, 才重新纳入人文科学, 成为德意志精神科学 (Geisteswissenschaften) 的基础。尤其是在法律法规方面, 哥廷根的资深法学教授 J. S. 普特 (1725~1809) 和他的学生古斯塔夫·胡戈创建了法学历史学派。尽管他们显然是在发展一种与维柯的观念无关的思想, 但是他们也强调地区原因和法律与特定文化发展阶段的一致性。[27]

孟德斯鸠的《论法的精神》(*Spirit of the Laws*, 1749) 比维柯的《新科学》(*New*

---

[27] 请参阅 Kelley,《人的度量》, 第 239 页~第 242 页。也可参见 Peter Reil,《德意志启蒙运动与历史主义的出现》(*The German Enlightenment and the Rise of Historicism*, Berkeley: University of California Press, 1975)。

Science）更为至关重要。作为波尔多最高法院（parlement）的一位年轻院长,孟德斯鸠开始了致力于批判中央君主制,并为地方特权和风俗习惯进行辩护的漫长生涯。在他的《波斯人信札》（*Lettres Persanes, 1721*）中,孟德斯鸠充分发挥了他对游记文学的兴趣,借着两位访问巴黎的波斯外交官之口,对巴黎的风俗习惯和制度做了一系列的观察。1734 年,他转向于欧洲古代史研究。在其著作《关于罗马帝国的伟大及其衰落的思考》（*Considerations of the Greatness of the Romans and their Decline*）中,孟德斯鸠通过强调因果关系而非叙事的方式,将一种哲学的手法赋予了欧洲古代史研究。1749 年,孟德斯鸠出版了他最杰出的作品——《论法的精神》。在这部著作中,他试图就"为什么不同地区拥有不同的法律和风俗"这个问题,提出比以往更为全面的见解。

与维柯相反,孟德斯鸠坚持认为,人性是恒定的,它不因时间和空间而变化,存在解释人类互动的普遍自然规律和道德规律。他还主张:尽管由于不同民族的原有的条件或"一般精神"体现着普遍规律运行的方式,人类行为还是存在着广泛的差异;这非常像在同样自然规律支配下的物理问题,由于初始条件和限制条件的不同,就会有看似根本不同的解决方案。

根据经典的政治理论,孟德斯鸠认为,人们所能接受的风俗和法律受到两个因素影响。其一是人们所处的统治结构（共和制、君主制或专制）,其二是相应的主流道德准则（美德、荣誉或敬畏）。从让·博丹（1530?～1596）那里,孟德斯鸠借鉴了一种思想:在使人们与一系列特定的法律相适应方面,自然环境是一个非常重要的因素,尽管孟德斯鸠用基于约翰·阿布斯诺特（1667～1735）生理学基础上的一个理论取代了古老的体液论基础。1733 年,阿布斯诺特在其《论空气对人体的影响》（*An Essay Concerning the Effects of Air on Human Bodies*）中提出,寒冷导致人体组织收缩,并使其对刺激反应更加迟缓,所以不同地区的人有着不同的性情。对于其他因素,比如宗教、土壤的特性以及人口的密度,孟德斯鸠也都考虑到了。但是孟德斯鸠更为重要和富有创新之处可能是其针对法律与"几个民族实现生存的方式"[28]的关系进行的讨论。

孟德斯鸠发展了关于社会发展的四分法:狩猎社会、游牧社会、农业社会和商业社会。他认为,在不同的民族中,根据占优势地位的经济活动不同,其法律也会大相径庭。狩猎社会的法律很简单,这是由于他们几乎没有需要保护的私有财产;而游牧民族的法律则稍微复杂一些;农业社会的法律则更复杂一些,因为土地私有制出现了;商业社会的法律则是最复杂的,因为财产种类大大增加了。尽管孟德斯鸠承认,因为商人们需要彼此之间建立信任和合作关系,所以商业行为可以带来不同民族间的和平。然而他也是许多提出民族间的和平是付出高额代价换来的学者中的第一人。这种高额代价是由地区社群中日益增加的竞争和日益减少的社会联系引起的。

[28]　Montesquieu, 2 卷合订本《论法的精神》（*The Spirit of the Laws*, New York: Hafner, 1949）,Thomas Nugent 译,第 1 卷,第 275 页。

孟德斯鸠对生存(subsistence)的强调之所以变得重要,一个可能的理由在于:在将我们对政治和经济活动之间关系的理论理解重新定位中,生存对应于变化的社会环境。对于包括亚里士多德和尼科洛·马基亚维里在内的古典政治理论家们而言,"公众的"政治活动比生产活动和再生产活动在某种意义上更有意义,无论这种政治活动是法律审议、国家管理还是军事活动。另一方面,事实上,对于所有发扬孟德斯鸠思想的人,这种评价方法被颠倒了过来。他们认为,政府部门和政治生活服务于更为广泛的社会和经济利益,而后者恰好符合了整个欧洲不断成长的资产阶级的要求。

418

人们把孟德斯鸠关于社会的四分法世俗化了,并且变成一种社会进步的理论:从最早的和最原始的狩猎阶段过渡到游牧阶段和农业阶段,最后进入商业阶段。这些工作是由法国的阿内-罗贝尔-雅克·杜尔哥(1727~1781)和整个苏格兰哲学史学派完成的。苏格兰哲学史学派的学者包括弗格森、斯密、米勒和凯姆斯等人。他们中的每一位都基于孟德斯鸠的基本主题思想提出了自己的修正意见。[29]

在这群人中,最有趣的是弗格森。1767年,他出版了《公民社会史论》(*An Essay on the History of Civil Society*)。这本书发起了对冲突在社会中的作用的传统思想的修正。弗格森认为,社会和法律的进步,全都来自而且唯一来自政党和阶级之间的冲突。此外,他还坚持认为,社会的团结在很大程度上取决于对外界敌人敌意的感知程度,而且人类具有竞争的嗜好,因此当没有军事行动可以让他们尽力发挥自我时,他们就编造竞争游戏来取代军事行动。

弗格森所看到唯一一种具有破坏性的竞争是商业社会中发展起来的私有化的经济竞争。他和孟德斯鸠及其早期的苏格兰同事,比如哈钦森的观点基本一致。他们都相信,对公共福利的热情为人类幸福提供了最伟大的机会,而私有化则更可能是忧虑、猜疑、恐惧和嫉妒的情感来源。

尽管对社会从一个阶段到另一个阶段的发展结果,亚当·斯密及其学生米勒的看法本身有时也是自相矛盾的,但是他们都确信,我们现在所说的来自私利的经济利益就是所有人类建制(家庭、社会以及正式法律)建立的基础;社会的其他方面必定会随着经济活动模式的变化而改变。在大约1750年到1765年期间发表的法学演讲中,斯密探究了依赖于经济发展阶段的大量因素。[30] 米勒在其《等级差别的起源》一书中关注了四阶段理论中两个特定议题的关系问题:妇女和奴隶的角色。[31] 关于这两方面,米勒认为,在早先的社会中,剥削和压迫的行为是自然形成的,当时也是恰当的,但对

419

[29] 可能关于社会发展冰退阶段理论出现的最简洁记述是 Ronald Meek 的《社会科学与卑贱的野蛮人》(*Social Science and the Ignoble Savage*, Cambridge University Press, 1976)。

[30] 请参阅亚当·斯密,《法学演讲集》(*Lectures on Jurisprudence*, Oxford: Clarendon Press, 1978), R. L. Meek 等编。

[31] 请参阅 William C. Lehman,《格拉斯哥的约翰·米勒(1735~1801):其生平、思想及其对社会学分析的贡献》(*John Millar of Glasgow: 1735—1801: His Life and Thought and His Contributions to Sociological Analysis*, Cambridge University Press, 1961),和 Paul Bowler,《约翰·米勒、四阶段理论以及妇女在社会中的地位》(John Millar, The Four-Stage Theory, and Women's Position in Society),《政治经济学史》(*History of Political Economy*),16(1984),第619页~第638页。

于苏格兰低地地区出现的商业社会而言,它们却是不合理的。

亨利·霍姆,即凯姆斯勋爵(米勒作为法律学生时,曾与他住在一起)写了一部哲学史,可列为最包罗万象、最折中和最古怪的哲学史之列。这就是他 1774 年出版的 8 卷本《人类历史概略》(*Sketches of a History of Man*),当时他已年近九旬。尽管远不如斯密或米勒的著作那样连贯,但是凯姆斯的著作似乎拥有更广泛的读者。这很可能是因为他在宗教与社会生活中的保守倾向不至于让人感到特别困扰,也可能是因为他那强烈的苏格兰民族主义和对美洲土著文化的憎恶之情在当地具有巨大的吸引力。这部著作后来被苏格兰教育家带到了美国,并且被那里具有欧洲背景的人们广泛接受,这些人在这本书中找到了他们优越感的合理化解释。

在法国,出现了至少两种自觉的反孟德斯鸠哲学史传统。一个最初是与爱尔维修和一些政治经济学家有关的,这个反孟德斯鸠哲学史传统认为孟德斯鸠仅仅根据其存在就证明惯例有道理的倾向从根本上就是荒谬的。因为在人们拥有成功设计人类制度的知识和才智之前,绝大多数制度就已然形成了。人类制度的历史诠释与其说是人们所希望的合理安排的历史,倒不如说是因为无知而不断出错的历史。对爱尔维修来说,关于这种现象一个最清楚的事例是以使用耐久商品作为交易媒介的货币经济的发展结果。在他 1774 年出版的《论人类》(*Treatise on Man*)中,爱尔维修认为:利用耐久的便携式商品可以为交易带来方便;但是不幸的是随之而来的是积聚并产生巨大的财富差别的轻易性;最后导致少数人剥削多数人并引起公开的阶级斗争。任何货币经济都不能避免财富差距的产生。任何允许将庞大财产合法传给一个继承人的社会都会不可避免地将起初很小的财富差距拉大到巨大的、具有破坏性的程度。[32]

法国的第二个反孟德斯鸠哲学史传统是由卢梭开创的。这集中体现在他的《论科学和艺术》(*Discourse on the Sciences and the Arts*, 1749)和《论人类不平等的起源和基础》。他从高贵的野蛮人的文学中提取大量素材并生动描述了他的自然人形象。卢梭认为,事实上与日益增加的"文明"有关的每一个特征(知识和艺术的升华、财富形式和数量的增加和世界大同主义等等)与其说是趋向于道德的进步和消除人们之间人为不平等,倒不如说是趋向于道德的堕落。

种族和人类在自然秩序中的位置:体质人类学的背景

在 18 世纪下半叶,在试图阐明人类自然史或哲学史的学者中出现了两种新论点。第一种论点研究的是人类和"猩猩"的关系,"猩猩"这一术语用于描述黑猩猩和类人猿以及现在我们称作猩猩的生物。第二种论点涉及人类不同的"种族"的特征和起源。

[32] Claude Adrien Helvétius,《论人类》(*A Treatise on Man*, New York: Burt Franklin, 1969),W. Hooper 译,特别是第 103 页～第 127 页。对爱尔维修作品的极好的概括评价,请参阅 D. W. Smith,《爱尔维修:迫害的研究》(*Helvétius: A Study in Persecution*, Oxford: Oxford University Press, 1965)。

在 1750 年之前,传统的犹太教与基督教所共有的观念都认为,人类因为拥有不朽的灵魂而完全不同于其他所有生物。借着灵魂的力量,只有人类被创造成与上帝相似的模样;由于灵魂的缘故,只有人类才能展示道义的抉择,很少有人对此观念提出挑战。即便是对现存所有人类可以追溯至亚当和夏娃的说法持怀疑态度的许多严肃认真的学者们,也不会质疑上述观念。但是在 18 世纪后半叶,出现了越来越多的无宗教信仰或反宗教信仰的学者,甚至虔诚的正统科学家也时常坚决主张对人类进行完全自然主义的记述。与此同时,不断积聚的证据表明了人类与猿之间解剖学和生理学的相似性,也提出了存在于不同人群之间越来越多的解剖学差异。

在卡尔·林奈(1707~1778)1735 年出版的著作《自然系统》(*Systema naturae sive regna tria naturae*)第 1 版中,第一次明确地将人类包含在自然生物体全面分类之中。在这本书中,医学研究者和分类学者将人类和一个单独的物种——智人——包括在内,并将其在 Anthropomophora 目下分为四个变种(欧洲白色人种、美洲红色人种、亚洲黄色人种和非洲黑色人种)。随着有关人种的信息不断增多,尤其是来自南美洲和南太平洋地区的,林奈的人类构成变得更加复杂了。到 1758 年《自然系统》的第 10 版,已经引入了新的灵长目;猩猩的种类业已大大增多;增加了两个新的变种:Homo sapiens feru——"野人"和 Homo sapiens monstrosus(包括霍屯督人和巴塔哥尼亚人);引入了一个全新的人种——穴居人(包括猩猩在内)。这暗示着人类多基因起源的可能性。因此,博学的苏格兰法理学家蒙博多在他的 6 卷本著作《论语言的起源和进步》(*On the Origin and Progress of Language*, 1773~1792)中主张:正是语言能力可以区分人类和其他动物。同时他也指出:猩猩具有声带,能够产生不同音调和响度的声音。 *451* 蒙博多接受这样的一个结论:实际上没有合理的理由可以否认猩猩也是人类,尽管它们只是前文明时期的一种。

蒙博多的同事凯姆斯倾向于接受人类单一起源的传统观点。但是他也小心翼翼地指出:那些不断积累的、有关人群地理分布的证据与不同地区的不同人种独立起源的新颖假设是一致的。

许多人类学研究者都反对蒙博多的观点,而是倾向于接受形态生物学标准来解决这个问题。例如约翰·弗里德里希·布鲁门巴赫(1752~1840)在他的著作《论人的天生变异》(*De generis humani varietate nativa*, 1775)中强调指出,可以根据人类缺少"下颚间片的"骨头,以及人类所具有的直立体态特征区分人和猿。并且彼得·康贝尔对猩猩的发声器官进行的解剖强调了猩猩与人类在这方面的差别。另一方面,布鲁门巴赫将凯姆斯不为人们所接受的关于不同种族分类的意见变成一个种族分类法的基础,这种方法在整个 19 世纪都具有广泛影响。

一般来说,为普遍探讨物种的林奈形态学方法(Linnean-morphological-approach)提供了一种激进方案的人是乔治-路易·德·克莱尔,即布丰伯爵(1707~1788)。布丰认为"物种"这一术语应该保留在博物学中生物体的收集当中。这些生物体指的是在时间和空间上，彼此都有生殖上的联系的有机体。尤其是在布丰的《动物博物学》（*Histoire naturelle des animaux*, 1749～1767）的第 2 卷和第 3 卷中，他赞成全体人类的单一起源，但是他把人类单一起源说变成了一种具有浓厚的欧洲中心论色彩的学说。他认为人类起源于地中海东部地区；和其他种类一样，当他们离开自己的起源地后，由于环境的差异和随着时间流逝发生的世界气候变化而退化了。[33] 布丰有时也对人类和猿的关系感到迷惑不解，他认为猿可能是人类退化的一个极端例证。

国富民强：重商主义与政治经济学

"政治经济学"这一术语是由安托万·德·蒙克莱田（1575～1621）在大约 1615 年首先提出来的。但是它成为显学却是在 1767 年詹姆士·斯图尔特爵士（1713～1780）出版了《政治经济学原理探究：关于自由国度国内政策科学的评论——其中特别考虑人口、农业、贸易、工业、纸币、硬币、利息、流通、银行、交易、政府信用以及赋税》（*Inquiry into the Principles of Political Economy: Being an Essay on the Science of Domestic Policy in Free Nations, In Which Are Particularly Considered Population, Agriculture, Trade, Industry, Money, Coin, Interest, Circulation, Banks, Exchange, Public Credit, and Taxes*）之后。在其他学者中，亚当·斯密几乎直接就运用了这一术语，尽管并非常用作专有术语，但是他将其用于确定集中研究国民收入方面的工作。斯图尔特对"政治经济学"一词的使用极为宽泛。在支持重商主义经济科学的德语作者们的影响之下，他于流亡蒂宾根期间创作了《探究》（*Inquiry*）一书。德语作者们认为经济学问题不应当与一般的行政管理、公众健康和安全、政治自治、对生活质量的理解甚至民族性等问题隔离开来。另一方面，多数非德语的政治经济学家倾向于剔除不包含直接"经济学的"内容的问题。在下面的讨论中，我将运用"政治经济学"来标记那些被更加详尽诠释过的讨论，这些讨论得到了来自法国、英国、荷兰、苏格兰和意大利作者们的青睐。我还将运用"重商主义经济科学"来标记那些被德意志、奥地利、斯堪的纳维亚以及俄罗斯作者们所支持的更为广泛的办法。

在重商主义经济科学和政治经济学之间的差异有一个关键特征。这个特征要归因于很多 17 世纪最重要的学科创建者们所接受的医学训练。像约翰·贝谢（1635～1682）一样的德意志医师兼重商主义经济学者，大多接受过反希腊传统的炼金术和帕拉塞尔苏斯医学训练。按照帕拉塞尔苏斯的观点，医师的任务是通过主动介入病人的生活，设法改善饮食、卫生甚至工作条件以保持良好状态，从而提高病人的自然状况。出于同样原因，重商主义的医师向国家鼓吹包括对社会和经济事务进行中央规

452

---

[33] 对于布丰的人类学，请参阅 Michelle Duchet 编，《布丰：论人类》（*Buffon: De l'homme*, Paris: Maspero, 1971）。关于 Blumenbach 的人类学，请参阅 Thomas Bendyshe 编，《布鲁门巴赫人类学论文集》（*The Anthropological Treatises of Blumenbach*, London: Lonman, Green, Longman, Roberts, and Green, 1865）。

划和中央调控在内的大规模国家干涉,以期增强国家福利。另一方面,像威廉·配第(1632～1687)和洛克等具有医学背景的政治经济学奠基人,接受的是由威廉·哈维和笛卡儿主义的医疗力学的(iatromechanist)*方法丰富了的希波克拉底的/盖伦传统的训练。按照这种医学理论,自然界本来能够自我调节和自我完善。生病是因为出现了阻碍自然进程的病理组织。医师的主要职责不过是移除这种阻碍,然后肃立在一旁袖手旁观。乔赛亚·塔克尔(1713～1799)是位牧师而不是医师,对18世纪英法的政治经济学的这种观点,他也表达其中的放任主义的(laissez-faire)含义。这在他1775年出版的《商业原理》(Elements of Commerce)中得到了充分体现:

> 因此,治理国家的医师可以学着仿效治疗肉体的医师,消除由于坏习惯或错误的处理方式带给国体的那些混乱;然后就让一切顺其自然,没有什么比顺其自然更好。(and then to leave the rest to nature, who best can do her own work.)当国体恢复行使其固有能力和天赋权威时,增加与商业相关的法律将会是错误的做法,因为这种做法永远都是在开泻药的处方。[34]

17世纪政治经济学和重商主义经济学的产生几乎就是为了用作宫廷官员或那些寻求庇护的人们专门向政府官员(通常是国家领袖,但是在英国,也指议会)提出的建议。那些君主或政府之所以支持他们,是因为有可能因此而使自己变得富有,所以,他们的行为大都围绕这个目的而展开;他们往往对已经建立起来的权力机构不加批判,而是设法渐渐去适应[权力机构的]旨在增加公民的财富的发展政策。因为人们认为君主的财富依赖于其臣民的安宁与财富。在整个18世纪,重商主义科学一直被系统表达为向家长式统治的君主统治者们提出的友善建议。然而政治经济学在西欧却表现出更为重要的特色。虽然大多数政治经济学著作仍然向政府提供政策建议,但实质上,他们是凭借全体利益的名义这样做。而他们经常反映的是特定群体的利益。此外,随着时间的推移,重商主义科学家和政治经济学家们撰写了大量新作品。这些作品力图为商业经济的运行提供全面的理论或体系,借此为详细而明确的政策的建立提供一个大体框架。

在18世纪早期的政治经济学家中,皮埃尔·德·布瓦吉尔贝(1646～1714),一位也接受过法律训练的农场主,他的坚持给人们留下了特别深刻的印象。布瓦吉尔贝对法国国王的税收政策以及对粮食出口和价格的控制感到深深的忧虑。这些政策好像是在合力驱使越来越多的农民走向破产,随之而来的就是全法国的个人收入和国库收入迅速减少。在他一系列私人的和公共的小册子中,包括1695年版的《法国详情》(Détail de la France)、1705年版的《法国概况》(Factum de la France)和1707年版的

---

*　iatromechanist 来源于 iatromechanics(有时也写为 Iatrophysics),意指将物理方法运用到医学上。这是17世纪形成的一个用力学术语来解释生理现象的医学学派。它与化学疗法(iatrochemistry)有关,与乔瓦尼·博雷利(Giovanni Borelli)的工作有关。——校者

[34]　摘自 Terence Hutchison,《在亚当·斯密之前》(Before Adam Smith, Oxford: Basil Blackwell, 1988),第231页。

《论财富的性质》(*Dissertation de la nature des richesses*)在内,布瓦吉尔贝提出了引人注目的论点:两个团体之间非强制性的任何交易都必然使双方受益,因此一个自由的、不受管制的市场将会确保农民和消费者双方都受益,所以他反对控制价格。如果政府坚持在歉收的年份设定最高粮食价格,那么同样也该在丰收的年份规定价格保护的措施。布瓦吉尔贝进而强调指出经济中消费的中心地位。他认为消费的增长是由于货币流通导致的,货币流通的增长是贫民手里有更多的钱导致的,而这些贫民消费的速度比富人的消费速度更快。因此,他竭力推行累进的税收政策以及鼓励提高生产能力的创造的政策。

454　　恩斯特·路德维希·卡尔(1682～1743)是18世纪第一个重要的重商主义科学家。在哈勒学完法律和重商主义科学之后,作为拜罗伊特(Bayreuth)和安斯巴赫(Ansbach)总督的特使,卡尔被送往巴黎。在那里,他偶然读到了布瓦吉尔贝的著作,学习了法国制造业政策。在1722年和1723年,卡尔出版了他的3卷本的《论国王及其王国的财富》(*Traité de la Richesse des Princes et de leurs États*)。在这本书中,他把某些西方政治经济学纳入到了重商主义的框架中。卡尔承认经济参与者的利己主义动机和经济交易中正常市场调节的潜力,但是他认为,由于短视和无知,多数人都会破坏市场秩序,这就产生了对国家管理的需求。在他新近形成的论点中,卡尔提出为了提高生产力而进行劳动分工的重要性问题,以及关于每个国家在生产某些用于交换的产品方面都具有相对优势的观点。因此,国际贸易并不是一个零和(一方得益引起另一方相应损失)的游戏,它能给所有参与者带来利益。

　　在卡尔之后,重商主义经济学家的著作中几乎就没有出现什么新颖的思想,尽管写了大量著作,包括广为流行的《国家经济》(*Staatswirtschaft*, 1755)和《财政体系》(*System des Finanzwesens*, 1766)的约翰·海因里希·戈特洛布·冯·尤斯蒂(1717～1771)想要提醒他那些后备队伍的官僚们:相比于控制开销而言,征税是多么容易。因此,与先前大多数重商主义经济学者相比,他试图在更大程度上强调统治者对被统治者肩负的责任。约瑟夫·冯·桑尼菲尔斯是维也纳的一位重商主义经济学教授。事实已经证明,他是一位重商主义经济学思想的有效促进者。作为重商主义经济学的最主要教科书,他的著作《警察、行为与财政学原理》(*Grundsatze der Polizei, Handlung und Finanzwissenschaft*, 1763)被沿用了近一个世纪。

　　理查德·坎蒂隆(约1690～1734)的主要兴趣集中在国际贸易和银行业方面。他是一位出生在爱尔兰的巴黎国际银行家。坎蒂隆综合而详尽的著作《商业性质概论》(*Essai sur la nature du commerce en générale*)极具影响力。这本书在以手稿形式流传了数十年之后,最终于1755年付梓。尽管坎蒂隆的作品主要是对约翰·劳的政策进行批判抨击,因为约翰·劳的政策导致了密西西比公司的创建和崩溃,但是这部作品仍然是亚当·斯密之前最全面的经济学体系之一。坎蒂隆将生产成本划分为劳动力、租金和资本利润,并且主张生产者应该只生产能够满足需求的足够日用品,而正是这种需求使日用品的价格保持在生产成本周围浮动。另外,他还特别注意企业家身份和风险收益的重要性。他解释了通货膨胀的原因,分析了汇率,并指出生产力是财富的最终源泉。因此贵重金属被迅速从开采国送往生产成品的国家手中。

在 1756 年至 1774 年期间,占据了法国政治经济学支配地位的一群人将其开展的运动自称为重农主义。他们的准则是自然统治,反对由一个人、几个人或许多人进行统治的君主政体、贵族统治或民主政治。弗朗索瓦·魁奈(1694～1774)领导了这场重农主义运动。他种地出身,接受过外科医生训练,喜欢独裁。当他步入六旬时,才对政治经济学产生了研究兴趣。重农主义者还主办了他们自己的期刊:皮埃尔·塞缪尔·杜邦·德内穆尔(1739～1817)编辑的《农业、商业和财政杂志》(*Journal de l'Agriculture, du Commerce, et des Finances*, 1765～1766)和《公民记事历》(*Éphémérides du Citoyen*, 1768～1772)。总的来说,他们既采用了布瓦吉尔贝特别关注农业和自由市场交易的观点,也借鉴了坎蒂隆重视投资的思想。因此,他们努力确保来自农业的年净利润能够对设备改建进行持续投资,并由此提高生产力,并且他们希望通过解除对粮食价格和出口的管制来实现这个目标。另外,他们赞成能够最大程度减少生产障碍的税收政策。他们所提出的最重要的技巧就是建立了一种经济体系中货币流通的《经济表》(*Tableau Économique*, 1758)。

18 世纪后半叶,法国非重农主义政治经济学者中最出色的可能就是杜尔哥。他是法国财政大臣的职业行政官员,曾经发起过一场短期的自由粮食贸易。不幸的是,他的实验正赶上连续几年的粮食歉收,公众为反对过高的面包价格而大声疾呼。这种愤怒的呼声逼迫国王接受了他的辞呈。杜尔哥的主要作品是《关于财富的构成与分配的反思》(*Reflections on the Formation and Distribution of Riches*, 1769～1779)。这本书稍微减少了重农主义对农业的成见,分析了资本的不同形式,研究了买方和卖方是如何建立起相对稳定的日用品交易价值的。尽管对政治经济学没有什么直接影响,但是对于在确定经济学家现在所说的个人实用功能中个人主观偏爱的分析已经引起了 20 世纪实用理论家的许多关注。这种分析是由孔狄亚克在他的著作《商业与政府》(*Le commerce et le gouvernement*, 1776)提出来的。

意大利也产生了几位重要的自由主义政治经济学家。这其中包括米兰的支持者——凯撒·贝加利亚(1738～1794)和彼得罗·韦里。他们给出了关于效用、稀缺和价格之间关系的数学解释,该解释表述了政治经济学中的第一个数学"法则"。但是18 世纪意大利最伟大的政治经济学家也许是那不勒斯人加利亚尼。当加利亚尼 22 岁时,他就遵循自由主义传统完成了出色的论文《金钱论》(*Della moneta*)。但是 20 年后,当身为那不勒斯外交官的加利亚尼在巴黎生活了一段时间后,他写就了也许是有史以来抨击重农主义最为严厉的文章。他挪用了维柯和孟德斯鸠的历史观点,认为经济法运行的效果关键取决于当地的条件,其中包括政府的组织形式和人们的风俗习惯。例如,在《谷物贸易对话》(*Dialogs sur le commerce des blés*, 1770)中,加利亚尼认为

456　即使解除对粮食贸易的管制真的会使每个人都从平衡价格中受益,法国也不能尝试这
种做法。原因至少有两个。首先,自由贸易背离了君主制政府的统治。这是因为它将
不可避免地导致更高的生活成本以及财富向农民阶级的净转移。它还会破坏支撑君
主制政府的财富和地位不平等的统治基础,并增加有利于共和主义者的压力。其次,
同样重要的是,时机可能是一个关键因素,尤其是与必需的食物相关的。尽管平衡价
格体系可能最终会建立起来,但是这需要花费很长的时间(正如若干年之后事实上发
生的情况一样),所以在此期间,害怕饥饿的贫苦大众将会起来反抗无法忍受的高昂物
价。

　　加利亚尼并不是唯一尝试将历史学问题和经济学问题进行相互联系的人。包括
坎蒂隆和杜尔哥在内的很多政治经济学家都对哲学史很感兴趣。事实上,所有的哲学
史家都关注生计问题。然而,在苏格兰,尤其在亚当·斯密的《国民财富的性质和原因
的研究》(An Inquiry into the Nature and Causes of the Wealth of Nations, 1776)一书中,哲
学史与政治经济学融合为一个内容广泛的综合体,它是如此令人信服,以至于实际上
它使得政治经济学中先前的所有工作均成为陈旧过时的内容。斯密从历史分析入手,
分析了劳动力分工在提高生产力方面的作用,以及增加使劳动力分工利益最大化的市
场的要求。斯密进而完整地讨论了市场在定价机制和建立对经济资源的分配机制方
面的作用。这种经济资源会最大限度地增加财富。他进一步指出,只有在经济增长伴
随着劳动力短缺的情况下,劳动者的工资才能高于维持生活的最低水平。斯密的研究
从杜尔哥的著述中大量汲取资料,并整合了自己的大量历史证据,他几乎涵盖了政治
经济学的所有传统课题。除此之外,他还对重商主义、重农主义和早期道德经济体制
的学究式探讨提出了广泛的批评。

人文科学中的定量化

　　除了极个别的人外,政治经济学家们几乎都在其研究的现象中寻求数学的规律
性。其中包括约翰·格朗特和威廉·配第的追随者以及像约翰·贝谢这样的重商主
义经济学者们在内,他们认为,公众和个人都可以依据能够量化的信息做出更好的决
定。这些可量化的信息是关于"领土的地产和人手的……是根据它们所有固有的和附
属的差别来[统计的]"。[35]

　　自从罗马时代以来,人员和经济资源的财产目录就已经在欧洲各地被广泛用于确
定赋税义务。但是,"政治算术学"和"统计学"的倡导者们致力于搜集更多的信息,并
457　将其用于更广泛的方面。例如,早在1693年,埃德蒙·哈雷就运用布雷斯劳(Breslau)

[35]　John Graunt,《关于死亡表的……自然与政治观察》(Natural and Political Observations ... Made Upon the Bills of Mortality, Baltimore, MD: Johns Hopkins University Press, 1939,改编自1662年原版),Walter Wilcox编,第78页。

的人口出生和死亡数据来说明如何计算平均寿命和收取个人终身年金或联合养老保险（这种算法当时被政府部门广泛用于创收，这非常像 20 世纪的彩票发行）的金额。[36]亚伯拉罕·棣莫弗（1667～1754）很快解决了如何计算多种终身年金成本的问题。德意志重商主义经济学者是把量化数据运用于公众资源管理的先驱。他们开发了林业管理方法，这种方法可以通过取样等手段估算出大面积的木材储量。[37]

瑞典是第一个建立有效统计部门的国家。1749 年，在安德烈·贝尔齐的带领下，瑞典人通过努力设立了一个表格制作局（an Office of Tables）。安德烈·贝尔齐是乌普萨拉（Uppsala）大学的经济学教授，他也是《政治算术学》（*Politisk Arithmetica*, 1746）的作者。[38] 尽管得到了一些拥护者们的热情支持，但在 19 世纪，社会福利与人口动态的统计实际上是不可能处处得以有效利用的。尽管一个学者可以基于某个特定地区的总人口计算出平均寿命，但是这样的一个人口数据却不能反映那些可能购买保险的人口数量。因此，直到 19 世纪中叶，保险公司依然很不重视保险公司统计员的这种理论计算结果。另外，收集精确数据几乎也是不可能的。这既是因为相对软弱的中央政府不能针对信息采集强制执行统一的程序，也是因为几乎人人都担心中央权力机构可能会利用这些信息损害自己的利益而故意截留或误报信息。[39]

终于，有人在 18 世纪进行了一些初步尝试，试图将概率论用于社会问题。1786年，孔多塞出版了《论数学分析应用于多数之几率问题》（*Essai sur l'application de l'analyse pluralité des voix*）。他在书中试图探究应予接受的代表大会多数议决的条件。然而这一切再次表明，数学理论在国家政策方面的实际应用依然为时过早。

感觉论的/联想论的心理学、效用和政治学

1792 年，孔多塞为国民大会草拟《国民教育组织计划纲要》（*Projet de décret sur l'organization générale de l' instruction publique*）时认为，法国的每所国立高等学校（lycée）都应该有三名社会科学或人文科学方面的讲师。一个负责讲授哲学史；另一个讲授政治经济学；第三个也是最重要的一个，应该能够综合讲授知觉与思想分析、科学方法、

[36] Edmund Halley，《从布雷斯劳市的"分娩和葬礼的严谨统计表格"对死亡率程度的估计，借此尝试确定终身年金数额》（An Estimate of the Degrees of Mortality Drawn from Curious Tables of Births and Funerals at the City of Breslau, with an Attempt to Ascertain the Price of Annuities upon Lives），《伦敦王家学会的哲学翻译》（*Philosophical Translations of the Royal Society in London*），17（1693），第 596 页～第 610 页。
[37] 请参阅 Henry Lowood，《做计算的林务官：量化、重商主义经济科学和德意志林业管理的出现》（The Calculating Forester: Quantification, Cameral Science, and the Emergence of Forestry Management in Germany），载于 J. L. Heilbron 和 Robin E. Rider 编，《18 世纪的量化精神》（*The Quantifying Spirit in the Eighteenth Century*, Berkeley: University of California Press, 1990）。
[38] 请参阅 August Johannes Hjet，《瑞典表格制作局的起源、组织与早期活动》（*Det svenska tabrlltrerkets uppokomst, organisation och tidigare verk samhet*, Helsingfors: O. W. Backmann, 1900）。
[39] 关于 18 世纪政府部门收集统计信息方面的阻力，请参阅 Peter Buck，《人口计量：18 世纪的政治算术学》（People Who Counted：Political Arithmetic in the Eighteenth Century），《爱西斯》（*Isis*），73（1982），第 28 页～第 45 页。

道德伦理以及"政治制度的一般原则"。[40]　在 20 世纪晚期,第三个讲师的职责分散到心理学系、哲学系和政治科学系之中,而且每个系的讲师可能会否认他们彼此之间存在任何关联。但是在 18 世纪,它们之间是经常联系的,这是因为许多思想家认为,政府的结构应该与其功能相称,满足公民的需要和愿望,或用 18 世纪理论学家们的话来说,就是增加人们的幸福感并减少他们的恐惧。如果政府部门真的实现了那些功能,首先需要严谨规定的是,什么使人们感到幸福与恐惧,以及政府如何去做才能满足大众的而非一少部分人的需要。换句话说,就是处理心理学和道德伦理学的事宜。最后,通过运用科学方法,就可以确定如何组织社会,以使人们能够服务于大众利益。

在 17 世纪,尤其是在霍布斯和斯宾诺莎的作品中,已经充分建立起了一种新的政治学分析的范式,即通过对道德"权利"与义务的分析,把政治学的话语从对人类知觉、期望和厌恶情绪的分析,转移到对社会和政治安排规定的分析上。事实上,在 18 世纪,所有以这种方式着手处理心理学 - 道德规范 - 公民社会等综合问题的学者还有另一个普遍特征:他们是从体现在约翰·洛克的《人类理解论》(*Essay Concerning Human Understanding*, 1690)和皮埃尔·伽桑狄(1592～1655)的著作中的经验主义的观点出发,并对之精致化的,而不是从赋予了霍布斯和斯宾诺莎作品活力的理性主义的观点出发的。

休谟的《人性论》较难懂,对这本书的通俗解释见于《人类理解研究》(*An Enquiry Concerning Human Understanding*, 1762)、《道德原则研究》(*An Enquiry Concerning the Principles of Morals*, 1751)和《道德、政治和文学论文集》(*Essays, Moral, Political and Literary*, 2 卷本,1741～1742)。这几本书是阐释经验论为基础的心理学、伦理学和政治学的一些最重要的尝试。休谟的一个主要观点是,在激发我们行为的过程中,理性发挥着极为有限的作用,而我们的激情却起着远为重要的作用,这要比大多数伦理学者和政治理论学家所承认的程度更甚。人们将不同的观点联系在一起,更多的是通过它们的心理关联而不是逻辑联系产生的。联想在很大程度上是一种习惯,而逻辑联系则是一种目的合理性(intentional rationality)的产物。此外,人类强烈情感的总量要比人们已经认识到的更复杂、更广泛。尤其是,人类不仅会受私利的驱使,也会受到多种社会情感的左右。这些社会情感建立在性吸引以及对孩子的依恋等基础上,还通过习惯联系扩展到家庭和团体成员上。因而,如果各种建制能够有效设计以适应人类的好恶,那么它们一定比早期理论家提出的既原始又简单的心理学假定更复杂。实际上,休谟对人类是否具备预测新制度带来的所有复杂结果的能力非常怀疑,以至于他极力主张政治改革中要对新制度的实施加倍谨慎。

大卫·哈特莱(1705～1757)对我们通过巧妙处理经验来产生人们想要的心理关

459

---

[40] 请参阅 Keith Michael Baker,《孔多塞:从自然哲学到社会数学》(*Condorcet: From Natural Philosophy to Social Mathematics*, Chicago: University of Chicago Press, 1975),附录 A,第 389 页。

联,从而改变人类行为的能力持有更为乐观的态度,并且他也对我们设计促进人类福祉的新制度的能力非常有信心。在英国和美国,他的作品《论人及其体格、责任与期望》(*Observation On Man, His Frame, His Duty, His Expectations*, 1749)成为了激进改革者所尊奉的圣书。根据哈特莱的观点,当我们成熟起来时,我们会很自然地形成日益强烈的慈善情怀,这种情怀寻求为他人谋幸福。因此,只要我们能够避免人为造成的财富和地位分歧的病态发展,那么每个个体的愿望与整个社会的福利就能够迁就融合。约瑟夫·普里斯特利、詹姆士·穆勒、威廉·戈德温、本杰明·拉什甚至 19 世纪早期的社会主义者罗伯特·欧文都自称是哈特莱的追随者,如果这位温和的英国国教牧师(指哈特莱——译者)知道他们将自己著作中的平等主义和民主主义的含义推广到如此之远的话,一定会感到惊骇万分的。[41]

杰里米·边沁(1748～1832)的政治观点更温和,他也更关注促使个体服务于社会整体利益的需要。他推广了"效用"这一术语以及所有政府的目标应该是为最大多数人谋最大幸福的观念。从他的《道德和立法原理导论》(*An Introduction to the Principles of Morals and Legislation*, 1789)开始,边沁出版了一系列的小册子来逐步阐明他的"功利主义"哲学和"幸福微积分"观点,这种观点旨在为各种政策的相对合意性提供一种量化方式。而这些政策是以其在增强幸福感和减小痛苦与忧虑方面的能力差别为基础的。19 世纪期间,在某种程度上,通过约翰·斯图亚特·穆勒在英国的推动以及艾蒂安·杜蒙在法国的推动,功利主义成为一项流行的政治运动。其成员通过 1832 年英国改革法案,在法律改革、健康和卫生改革以及在扩大投票权方面发挥了作用。

在法国,孔狄亚克所处的地位与哈特莱在英国的地位很相似。尽管孔狄亚克不是一位政治改革家,但是在法国大革命期间,他的心理学著作以及他在《论人类知识的起源》(*Essai sur l'origine des connaissances humaine*, 1746)、《论系统》、《论知觉》(*Traité de sensations*, 1754)、《论生命》(*Traité des Animaux*, 1755)、《商业和政府》以及《逻辑学》(*La Logique: ou les premiers développmens de l'art de penser*, 1782)中针对科学方法进行的讨论为在教育、经济、社会和政治改革方面的无数尝试找到了起点。

460

有许多学者发展了孔狄亚克思想中的社会与政治蕴涵。其中,爱尔维修是最有影响和原创性的一位。他出身于一个富有的家庭,早年是一位成功的税款包收人并借此增添了许多财富。爱尔维修在 42 岁时就"退休"了,他成为一名学者兼实验农场主。爱尔维修在他的《论精神》(*De l'esprit*, 1758)和《论人类》(*De l'homme*, 1774 年发表的作者遗著)中,对人类制度问题提出了与孟德斯鸠相反的观点。爱尔维修开始主张,因为在学者认识到感觉论者心理学原理之前,这些人类制度已经建立起来了,所以大多数现存的人类制度都是基于对人性的错误理解并由此导致了数不清的苦难。包括渴

[41] 请参阅 Isaac Kramnick,《18 世纪的科学和激进社会理论:普里斯特利作为科学自由主义的案例》(Eighteenth-Century Science and Radical Social Theory: The Case of Joseph Priestley's Scientific Liberalism),《英国研究杂志》(*Journal of British Studies*),25(1986),第 15 页及以下各页。

望受人尊重并行使管理他人的权力在内的私利成为驱使所有人类行为的内驱力。但是,大多数人将自己的利益与他们所属同一地位与职责的团体的利益视为一体。通过这种方式,人们的行为开始受到阶级利益的影响。在已然出现巨大财富与权力差别的社会中,神职人员、富人和统治精英认识到,使多数人保持无知和贫困的状态符合他们自己的利益。巨大的财富和权利集中在少数人手里,与此同时,其他人却陷于穷困和痛苦中。关键在于将这个情形颠倒过来,创造出因对大众利益尽心服务的行为而获得奖赏的制度。实际上,坚持认为政府的目标应该是为最大多数人谋求最大福利的,正是爱尔维修。边沁采纳了这一看法,承认它是来自爱尔维修。

1758 年,爱尔维修希望由科学知识界带头的教育改革能够成功带来和平改革。但是神职人员和政府对《论精神》的反应充满敌意,这使得爱尔维修确信:如果没有暴力革命,或许无法实现进步的变革。因此,爱尔维修是第一批倡导通过推翻当前权力机构,创立平等主义的、无阶级的社会的理论家之一。

在爱尔维修去世后,他的妻子继续主持他们创办的沙龙。正是在这种环境下,孔多塞逐步阐明了他的教育思想,他提出将选举权扩展到全体公民的建议,不管他们是什么性别或种族;他提出将概率论应用到社会问题。同样也是在爱尔维修夫人的沙龙(以及孔多塞于 1794 年去世之后,在他的夫人的沙龙中)中,空想家们——皮埃尔-让-乔治·卡巴尼斯、安托万-路易-克洛德·戴斯蒂·德特拉西(1758~1836)和让-巴蒂斯·萨伊(1767~1832)——开始了他们作为社会改革家和社会理论家的职业生涯。

在法国以外的欧洲大陆,爱尔维修的思想对凯撒·贝加利亚功利主义的思想发展影响特别大。贝加利亚的著作《论犯罪与刑罚》(*Dei Delitti e della Pene*, 1764)在全欧洲发起了一段时期的刑事改革。

*461*由凯瑟琳·麦考利和玛丽·沃斯通克拉夫特发起的早期女权运动是 18 世纪最后的运动之一。这次运动的根基源自孔狄亚克的追随者们对心理学的理论化。就像爱尔维修一样,麦考利和沃斯通克拉夫特注意到了许多文化实践仅仅植根于风俗习惯,这与平等主义的联想论心理学指导原则正相反。因此,麦考利在她的《教育书简》(*Letters on Education*, 1790)中写道:

> 教育的第一要务应该是按照永恒的原则讲授美德,避免由于分不清社会法律和习俗与建立在以正确的公正原则为基础的职责而引发的混乱……[人类]是由同样的物质组成的,以同样的方式组织起来的,并且服从类似的自然法则,因此美德只有一个准则……[因而可断定]所有那些普遍认为与女性特征不可分的缺点与不足,在任何意义上都与性别无关,而完全是环境和教育的影响。[42]

许多观察家对女权运动和法国大革命中反映出来的激进的政治议程做出的反应,

---

[42] Catherine Macaulay,《教育文集》(*Letters on Education*, New York: Garland Publishing, 1974,根据 1790 年伦敦原版再版),第 201 页~第 204 页。

是转向强烈反对那种似乎为人们提供了基本原理,并重申了以历史为导向的理论的重要性的,基于心理学的理论。因此,在 18 世纪末和 19 世纪初,哲学史得到了复苏。像埃德蒙·伯克那样具有反革命情绪的作家为哲学史奠定了基调。伯克的作品《法国大革命之反思》(*Reflections on the Revolution in France*, 1790)标志着反动的历史主义趋势的开始。

关于 18 世纪人文科学的总体评价

在 19 世纪,大多数 18 世纪的思想家按照关于人的科学(原文如此)的一般分类——或我们称之为的人文科学的分类所讨论的大多数主题,都在孔德的实证主义和学科专业化的双重影响下,重新进行分类。当这一切发生时,几乎所有本文所讨论的学者所做的工作的科学意义都没有受到重视。出于我们在此不能探讨的缘由,孔德当时坚持认为,感觉论者和联想论者心理学中所采用的基本方法——内省法既是不科学的,也是令人误解的,以至于在实证主义的影响下,威廉·冯特以及其他学者完成了心理学在德国的专业化,将其作为一门生理学学科进行了彻底改动,在 18 世纪的讨论被划归为"形而上学的"学科史前史期。当社会学和人类学在 19 世纪后期专业化之后,维柯、孟德斯鸠和苏格兰哲学史学派的著作,还有赫尔德和德意志的法学史学家的著作,尽管由于提出了问题而受到了赞赏,但是这些著作的作者们却经常受到人们指责,因为他们是"不切实际的哲学家",他们把推论建立在旅行者和古代历史学家编写的既不受控制且时常令人轻信的故事基础上,不是像真正的科学家那样,把自己的发现建立在严格受控的大量实地调查的基础上。在政治经济学中,事实上所有 19 世纪的专业的政治经济学家仍然把亚当·斯密的《国富论》(*Wealth of Nations*)视作本学科的基础教科书,但是斯密把重农主义和重商主义描绘成是不科学的,在政治上具有破坏性的。这种强词夺理的辩论对于 19 世纪的专业人员来说,是他们研究早期政治经济学兴趣的一个障碍。

所有这些因素所造成的结果就是:实际上,19 世纪的人文与社会科学专业人员不再阅读他们 18 世纪前辈的著作,不再对此进行认真思考。他们按照字面的意思理解孔德的如下想法:关于人在社会中相互影响的认识仅仅在 19 世纪才获得实证主义知识的地位。按照这种理解,19 世纪的人文与社会科学专业人员正在切断他们自己的理论根基,而这种方式在某种程度上一直延伸到 20 世纪晚期。

(周广刚　崔家岭　程路明　译　方在庆　校)

20

医学科学

托马斯·H. 布罗曼

如果你对某人提到"医学科学"一词，他可能会在眼前浮现出一幅身着白色工作服的科学家们在实验台边工作的画面。在颇有历史见识的听者的脑海里，这个名词可能引发更加具体的情景（路易·巴斯德正凝视着试管，或者马里-弗朗索瓦-格扎维埃·毕夏[1771～1801]在主宫医院[Hôtel-Dieu]俯身研究尸体，或者甚至是威廉·哈维正在结扎一根血管），其普遍的意义基本上是一致的，因为对于我们而言，"医学科学"和"实验"的联系是很紧密的。但正是由于其普遍深入的含义，在考虑18世纪的医学科学时这种认识误导了我们。远比实验室恰当得多的一幅图像应该是简单的讲台或讲桌（lectern），因为医学科学被18世纪的医生更多地理解为是一种理论学说，这种学说组成了大学里医学课程的一部分。医学科学，特别是生理学和病理学，建构了医学专有知识和自然哲学领域的桥梁。而自然哲学也试图反过来提供一种广泛的关于世界的基本组成和物质运动的理论知识。[1] 因此，只要生理学和病理学解释生命体在健康或疾病状态下的结构和功能，并且提供符合自然哲学的明确解释，它们[就能够]使得医学作为一门科学知识的要求合法化了。

承认医学科学的教义（doctrinal）角色及教学上的作用，对于理解它是至关重要的，而且这带来了两个重要的结果。第一，它强调了大学在建立和验证科学知识中的作用，用，这一作用对于像以医学这样的专业为基础的大学来讲，意义尤其重要。当然，18世纪的大学在科学知识领域并不拥有唯一的垄断权；17世纪下半叶出现的众多科学院在有关科学知识的裁决中也起着重要作用，也有人提到沙龙、咖啡馆和其他机构所起的作用。但是因为医学是大学里的一个学科，医学教师又有权对医生和其他医治者进行考试，核发开业许可，这些教师所教授的东西实际上就将医学科学定义为教学内容的

---

[1] 关于18世纪自然哲学的学术概况，请参阅 L. W. B. Brockliss，《17世纪和18世纪法国的高等教育》(*French Higher Education in the Seventeenth and Eighteenth Centuries*, Oxford: Oxford University Press, 1987)，以及 William Clark，《歌德时代的德意志物理学教科书》(German Physics Textbooks in the *Goethezeit*)，《科学史》(*History of Science*)，35(1997)，第219页～第239页，第295页～第363页。Clark 的文章提出了从18世纪中期到19世纪20年代关于德意志自然哲学的学术发展的一个很全面的概述。

一个必修部分。[2]

将医学科学纳入教学体系中的第二个后果是,它使得一大批学术著作得以问世。今天在我们看来这些著作是太书卷气了,说句有成见的话,甚至是太学究气了。当一位 18 世纪的医学教授希望撰写一部学术著作时,他(那时的医学教授全是男性)很可能写一本病理学和普通治疗学方面的教科书,一本探讨从古代到近代的性病史的专著,或者是关于某些理论问题的文章,这些理论问题随后将在正规的论辩中被某个医学生所论证。不必说,这些著作通常是用拉丁文写的,拉丁文在 18 世纪中后期之后,特别是在欧洲中部和意大利,依然是写作学术著作所选择的语言。即使是有名的实验主义者阿尔布莱希特·冯·哈勒(1708～1777)也写下了大量的学术著作,而这些学术著作和实验没有多少直接的关系。总而言之,与以后的年代相比,在 18 世纪,包含在"医学科学"这个题目之下的学术范围要宽泛得多。

基于这种背景,这篇文章将介绍医学科学在 18 世纪发展的概况。我将以 1700 年关于医学教育结构的简短讨论为开始,特别强调"医学原理"(institutiones medicae)在向学生提供关于医学理论的介绍性综述方面的中心作用。接着我将更详尽地讨论医学理论的两个核心学科——生理学和病理学的发展。很快我们可以看出,18 世纪生理学和病理学的发展道路是很不一样的,并且两者之间几乎没有什么直接关联。结果读者可以发现在 18 世纪医学理论发生了分裂,而 18 世纪 90 年代就已有同时代的人注意到这种分裂。最后我将对 18 世纪末医学理论的情况作简要论述并以此作为结束。

但是,在处理这些问题之前,我要按照顺序谈一下这篇文章所涉及的国家。在欧洲的某些地方,如斯堪的纳维亚、法国、讲德语的中欧地区、瑞士、意大利和荷兰,医学科学就等于大学中的医学课程,这些国家的大学保持了它们培养医学精英的传统。但是在大不列颠则存在着很大的问题。牛津和剑桥这两所中世纪的英格兰大学那时确实还继续提供少数的医学学位,但是它们把持医学教育领域的状况首先受到了苏格兰的多所大学,尤其是爱丁堡大学的挑战,另外还受到一些在伦敦出现的非大学培训体系的挑战。虽然爱丁堡大学的课程设置与我们后来要讨论的欧洲大陆模式相对一致,而在伦敦的情况看起来则相当不同。那里的医学教育很有特色:有各种各样的私人讲座课程,也有大量的"查房"("walking the wards")机会,在这个大都市的医院中观看内外科医生如何进行他们那仁慈的工作。[3] 在伦敦,医学理论和别处所教授的理论并没

465

[2] 界定了广泛接受的医学学说的那些规定可以追溯到大学这种建制建立初期。早在 1309 年,克莱门特五世教皇(Pope Clement V)和其他人一道,对在蒙彼利埃大学学习,希望得到执照的医科学生们口授了盖伦、希波克拉底以及阿维森纳的专著中的知识。请参阅 Hastings Rashdall,载于 F. M. Powicke 和 Ab. B. Emden 编,《中世纪欧洲的大学》(*The Universities of Europe in the Middle Ages*, Oxford, Oxford University Press, 1936),第 2 卷,第 127 页;关于大学医学教育的起源和早期历史,见 Nancy G. Siraisi,《中世纪和文艺复兴早期的医学》(*Medieval and Early Renaissance Medicine*, Chicago: University of Chicago Press, 1990),第 55 页～第 77 页。

[3] 伦敦是一个重要的内科和外科培训中心。到 18 世纪中叶,每年有成百的学生登记注册并付费以取得陪同医院顾问团巡视查房的特权。Susan C. Lawrence,《仁爱的知识:18 世纪伦敦医院的学生和实习者》(*Charitable Knowledge: Hospital Pupils and Practitioners in Eighteenth-Century London*, Cambridge University Press, 1996),第 111 页。

有显著的不同,但是在伦敦学校中的临床取向说明在那里教授给学生的医学知识是为了适应临床实践的。由于不同的教育和制度环境,在医学应该怎样被理解为科学这个问题上,在英国出现了分歧。因为这个原因,接下来的描述主要是关于欧洲大陆的医学科学的。

医学教育形式

不管一个医学系宣称自己有多么进步,18 世纪大多数的医学教育(即使不是全部,也差不多)是以讲座和解释性评论的形式进行的。尽管教授们原先是围绕古代医学教科书的经典来构建他们讲授的课程,从 18 世纪初开始,标准化的实践要求他们应用一本教科书作为课程的中心。讲演包括从课本中选取段落大声朗读,这些段落被添加了例证性和解释性的说明。由于这个原因,教科书通常是用标有序号的段落,以格言警句风格进行写作的,这种格式有利于前后参照,并且使不专心的学生有机会能够在授课过程中找到所学内容的位置。我们以那时的两本著名的教科书为例看这种方法所起的作用:弗里德里希·霍夫曼(1660~1742)的《医学基础》(*Fundamenta medicinae*, 1695)和赫尔曼·布尔哈夫(1668~1738)的《医学原理》(*Institutiones medicae*, 1708)。学生在布尔哈夫的课上可能听到的内容也可以从哈勒编的《关于医学原理的学术讲座》(*Praelectiones academicae in proprias institutiones rei medicae*, 1739~1744)中猜测到。《讲座》由《原理》中截取的短章节系列组成,每章节后都附有布尔哈夫的大量的解释性评论。[4]

在很多大学里,《医学原理》这门课程构成了医学理论入门教程,它一般覆盖五个主题:生理学、病理学、症候学(关于症状的解释)、治疗学和营养学(保持健康的规则)。用现代的眼光看来,对于一门医学理论课程来说,这是一种奇怪的组合,但是《医学原理》的构成方式有其历史和学术方面的理由。从历史的角度来说,正如南希·G.西赖希所指出的那样,《医学原理》是 16 世纪医学课程的延续,而这些课程是基于对 11 世纪穆斯林学者阿维森纳的著作《医典》(*Canon*)的翻译。[5] 从学术的角度来说,《医学原理》中涉及的具体主题比仅仅是历史上的罗列所能揭示的联系更紧密。在它们中联系的主线之一是它们都特别注重人与外部环境的相互作用。这些从古代开始就被认为是"非自然"的相互作用,被分为空气、食物和饮料、运动和休息、排泄和停滞、

---

[4] 由哈勒在《讲座》每页页底所加的脚注构成了这本书的特征。其中包含了大量的从古代到现代的书目(这些参考书目使《讲座》成为现代学术研究的重要工具),同时也有哈勒本人对布尔哈夫的学说的评价。

[5] Nancy G. Siraisi,《阿维森纳在文艺复兴时期的意大利》(*Avicenna in Renaissance Italy*, Princeton, NJ: Princeton University Press, 1987)。关于《医典》对于后代的医学理论教科书的影响的评价,请参阅第 101 页~第 102 页。

睡眠与清醒以及心理影响六大类。[6] 从病理学角度来看,这些非自然的事物构成了对于病因的认识。例如,突发寒战,或过食辛辣食物,或狂舞过度(在不止一位 18 世纪的医生的眼里,这些因素对年轻女性尤其危险)可以成为疾病发作的特定病因。在营养学中,保持健康的关键是合理控制这些非自然的因素,并且 18 世纪的一些最有名的关于健康生活的指导读物中,如乔治·切恩(1671~1743)《论健康与长寿》(*Essay of Health and Long Life*, 1724),萨穆埃尔·奥古斯特·蒂索(1728~1797)的《关于人类的健康》(*Avis au peuple sur sa santé*, 1761),以及克里斯托夫·威廉·胡费兰(1762~1836)的《人类长寿术》(*Die Kunst das menschliche Leben zu verlängern*, 1797)都是围绕着非自然事物所提供的一般概念模式来展开的。同样地在治疗学中,与常规治疗如放血和用药一样,对非自然事物的控制在疾病处理过程中起着主要作用。

通常《原理》被作为三或四年制课程的第一年的主课。第一年的其他课程可能包括植物学、解剖学和化学——三门专业学科,它们在医学教育中的作用在 17 世纪扩大了,而且很有可能在整个 18 世纪继续扩大。在这个学制的第二个阶段,学生要学习普通病理学和病理学各论、药材学(学习各种各样的药物以及它们对人体的作用),可能还有治疗学。最后,在这个学制的第三个也就是最后一个阶段,学生一般要专门学习普通治疗学和治疗学各论、写处方的方法、手术,最后是临床实践,他们在这个过程中将有机会参与护理病人。不用说,这个基本模式存在很多变化,甚至给它贴上"结构"的标签在某种程度上是种误解,因为在很多大学里虽然学生也可能被这样建议,但他们不必一定要按这个特定的顺序学习。[7]

相对课程设置而言,教育方法更是变化多端。化学专业的学生不一定有机会亲手做化学实验。植物学专业的学生可能会有更多的机会直接研究标本,虽然不一定是在植物园内。同时,学习解剖的学生的情况最为困难,因为用来解剖的尸体供给有限,而且这种情况持续了整个 18 世纪。虽然教授们经常呼吁给学生们更多的解剖机会,政府也在不停地努力提供尽可能多的尸体,但是在大学中接受教育的医学生通过亲手解剖尸体来学习解剖学的情况从来就没有普遍过。[8]

所以在 18 世纪的初期(事实上一直延续到很晚)医学教育依然以口头和书面教学

[6] L. J. Rather,《非自然的六件事》(The "Six Things Non-Natural"),《医学史》(*Clio Medica*),3(1968),第 333 页~第 347 页。在盖伦学派的术语中,"自然"指的是那些属于生命的基本构成和功能的事物:元素、温度、体液、灵魂和自然热度、器官、才能和功能以及繁殖。因此非自然的事可以被视作那些能够中断机体"自然"向健康发展的力量。见 Siraisi,《中世纪和文艺复兴早期的医学》,第 101 页。

[7] 关于 18 世纪医学课程的描述,请参阅 Brockliss,《17 世纪和 18 世纪法国的高等教育》,第 391 页~第 400 页;Thomas H. Broman,《德意志学院医学的转型(1750~1820)》(*The Transformation of German Academic Medicine, 1750—1820*, Cambridge University Press, 1996),第 28 页~第 29 页;和 Lisa Rosner,《改良时期的医学教育:爱丁堡的学生和学徒(1760~1826)》(*Medical Education in the Age of Improvement: Edinburgh Students and Apprentices, 1760—1826*, Edinburgh: Edinburgh University Press, 1991),第 44 页~第 61 页。

[8] Broman,《德意志学院医学的转型》,第 29 页注释。Brockliss 和 Jones 描述了在蒙彼利埃和里昂关于将贫穷住院者的尸体提供给学生解剖的规定引发的"解剖暴动"是怎样爆发的。请参阅 Laurence Brockliss 和 Colin Jones,《近代早期法国的医学界》(*The Medical World of Early Modern France*, Oxford: Oxford University Press, 1997),第 713 页~第 714 页。类似的问题也困扰着伦敦的解剖学教师。请参阅 Lawrence,《仁爱的知识》,第 194 页~第 200 页。

467

为主。正如我们在解剖学教学中所看到的,这种现象部分反映了当时教授们自己也察觉到的缺陷——但只是部分:它还反映了一种文化,这种文化非常重视对古代和现代医学著作的整理和评价并将它作为学术的基础。医学理论和临床实践同等重要,它们共同构成了内科医生社会身份的基础。事实上,内科医生只是提供健康服务的群体——如外科医生、药师、助产士、理发师、洗浴师、江湖医师、巡回贩药者等等——中的一小部分,他们作为博学绅士的资质对于将他们自己和较低的社会阶层区分开至关重要。但是如果说医学理论作为专业身份的标志的作用相对比较稳定,这个理论的内容却不是这样的。在 18 世纪中,《医学原理》的教学渐渐消失了,取而代之的是独立的生理学和病理学的课程。而且正如我们在后面看到的,这种在教科书上所表现出来的分裂反映了在生理学和病理学这两门核心学科之间正在不断增大的理论上的分离。[9]

生理学

如果医学科学被恰当地认为是自然哲学的一个分支,那么生理学的独特作用就是将这一分支和自然哲学的主干相联系。“生理学”这个名词本身是一个 16 世纪新创造的词语;如果盖伦听到这个词的话,他可能会把它理解为关于自然的更加广泛的研究。当然,盖伦确实对于我们今天称为“生理学”的内容有着广泛的论述,但是他从来没有关于生物体功能的系统论述。另一方面,综合(synthesis)日益成为 16 世纪学院文化中的正常工作状态,那时被译成拉丁文的盖伦的著述第一次广泛传播,与此同时,其他综合地对待盖伦的生理学的书,如阿维森纳的《医典》(Canon),也得以广泛流传。因此,盖伦关于生理学的作品成为了盖伦主义(一种关于生物体的自然哲学)的基础。

对于生命体的系统理解的推动力,继续塑造出整个 17 世纪关于学院医学的论述。1695 年,霍夫曼宣布“只要医学应用了物理学原理,它就完全可以被称为一门科学”。这个宣言只不过是很多前辈相似声明的重复,甚至是盖伦本人在《论自然本能》(On the Natural Faculties)中的话的重复,在这本书中,盖伦将哲学与医学的结合归功于希波克拉底。[10]但霍夫曼关于生理学的概念和前人的理论迥异。虽然 17 世纪早期的维滕贝格(Wittenberg)大学教授丹尼尔·森纳特(1572～1637)应用标准模式定义了三个最主要的本能——营养、增进和生殖与四种次级重要的本能——吸引、保持、混合和排斥,[11]但到 17 世

---

〔9〕 这个变化既可以在各个大学已出版的讲座目录中发现,也可以通过检查医学教科书的标题发现。在布尔哈夫和霍夫曼之后的年代中,将医学理论以《医学原理》那样的形式书写变得日益罕见,而且越来越多的教科书是以将生理学和病理学分开的形式独立撰写的。

〔10〕 Friedrich Hoffmann,《医学基础》(Fundamenta medicinae, New York: American Elsevier, 1971),Lester S. King 翻译成英文加以介绍,第 6 页;Galen,《论自然本能》(On the Natural Faculties, Loeb Classical Library vol. 71, Cambridge, MA: Harvard University Press, 1991),A. J. Brock 译,第 9 页。

〔11〕 Daniel Sennert,《医学原理摘要》(Epitome institutionum medicinae, Amsterdam, 1644),第 26 页～第 27 页。关于支持盖伦主义医学理论的原理的详细调查,请参阅 Lester S. King,《医学哲学:18 世纪早期》(The Philosophy of Medicine: The Early Eighteenth Century, Cambridge, MA: Harvard University Press, 1978),第 41 页～第 63 页。

纪晚期盖伦主义的生理学开始出现分裂。关于它的第一个批评来自威廉·哈维（1578～1657）关于心跳和血液循环的实验工作，它摧毁了盖伦对诸如心脏和肝脏这样的特定器官的功能的主张。关于盖伦主义的第二个严峻挑战是勒内·笛卡儿、皮埃尔·伽桑狄和罗伯特·波义耳的微粒论自然哲学工作的传播。对于这些学者，自然哲学的适宜主题是物质运动，而不是赋予物质形态的第二性质（secondary qualities）。在某种程度上他们考虑物质的形态；波义耳等自然哲学家曾经试图用微粒的运动解释物质形态的产生。[12]

使内科医生将他们自己的观点和新的机械论自然哲学相吻合需要一到两代人的时间，但是到1700年，生理学彻底地变得"机械化"了。霍夫曼直截了当地在他的《医学基础》中宣布了新教条："医学就是一门恰当地运用物理机械原理来保持或恢复人体健康的艺术。"而且为了不让人误解他的立场，他详细说明了机械解释所应该包括的内容："大小、形状、运动和静止是简单的生命体所应具备的完整的基本状态。因此，所有的自然现象和作用的原因都可由此而解释。"[13]布尔哈夫的教学使莱顿大学一跃成为欧洲顶尖的医学院，他也认为人体是一个巨大的机械发明物。在他的《医学原理》中有一著名的段落，他用下面的话语描述了人体的特点：

> 固体的部分不是膜状的管道，就是内含液体的血管，或是由这些管道组成的器械，或是更加坚固的纤维。它们以这种结构组合和联结，因此它们中的每一个从结构上都可以承担某种特殊的功能。只要它们处于运动之中，我们就可以看出它们中有的像柱子、支持物、交叉的横梁、栅栏、遮盖物；有的像斧子、楔子、杠杆和滑轮；其他的像绳索、压具或风箱；还有的像筛子、滤网、导管、沟渠和接收器。它们用这些器械完成各种各样运动的能力，被称为它们的功能；这是由机械规律所完成的，而且只有这样才是可以理解的。[14]

在18世纪，很多医学教授提倡按照机械哲学的思维来重新构建生理学理论，布尔哈夫和霍夫曼只是其中的两位。[15] 如果仅仅从表面上熟读他们的著作，读者可能会轻易得出结论，认为他们赞同机械原理解释生命现象的充分性。但事实上情况远比这复杂得多。在写下物质仅仅通过形状和尺寸加以区分，以及物体的运动是"事物的最普遍准则及形成各种形态的直接原因"后不久，霍夫曼引入化学家们常用的词汇丰富的

---

〔12〕 Norma Emerton，《17世纪关于形态的科学重释》（*The Scientific Reinterpretation of Form in the Seventeenth Century*, Ithaca, NY: Cornell University Press, 1984）。关于亚里士多德学派和盖伦自然哲学学派的形态和物质的一个非常好的讨论，请参阅 C. H. Lüthy and W. R. Newman 编，《形质论的命运：近代早期科学中的"物质"和"形态"》（The Fate of Hylomorphism: "Matter" and "Form" in Early Modern Science）中所收集的文章，《早期科学和医学》（*Early Science and Medicine*），3，1（1997）。

〔13〕 Hoffmann，《医学基础》，第5页，第7页。

〔14〕 Herman Boerhaave，《医学原理》（*Institutiones medicae*, Leiden, 1730），§40，第12页～第13页。这段译文在6卷本《布尔哈夫医生关于物理理论的学术讲演集》（*Dr. Boerhaave's Academical Lectures on the Theory of Physick*, London, 1742—6），第1卷，第81页。

〔15〕 请参阅 François Duchesneau，《启蒙时期的生理学》（*La physiologie des lumières*），《国际思想史档案》（Archives internationales d'histoire des idées, The Hague: M. Nijhoff, 1982），第95卷，第32页～第64页；King，《医学哲学》，第95页～第124页；以及 Brockliss，《17世纪和18世纪法国的高等教育》，第405页～第408页。

词典来描述身体的不同气质。例如,血液含有微粒,这些微粒被霍夫曼描述为以"简陋的、分权的、潮湿的、含盐的、不稳定的、固定的、含碱的或含硫的"为特征。[16] 他在其他地方写道,胆汁的消化作用是它"中和酸性,使食物中的油性物质分解以便与水紧密结合形成乳糜,除去粗糙的粘性物质,并通过含有盐 - 硫磺的针状体刺激肠道完成排泄功能"。[17] 在这样的段落里,我们可以看到一个关于机械过程的折中主义的混杂叙述(例如,那些"小针状体"到达肠道后使肠道形成小孔)。由于一系列不能被很快地归结为物质的机械运动的化学特性,布尔哈夫也将消化描述为主要是化学过程。[18]

在承认消化作为一种化学现象在动物机体内的地位的同时,霍夫曼和布尔哈夫并没有默认机械哲学带给生理学的矛盾。虽然他们确信机械原理是自然界所能观察到的所有变化的基础,他们也认识到某些生命现象并不能直接地用机械术语来解释。所以出现这种情况也不足为奇:毕竟,生理学的任务是解释生命现象,而不是将它与物理学严丝合缝地黏结起来。在生理学的解释范围内,比如,比较有意义的工作是,试图寻求胃或腺体机能的最佳解释,而不过分关注它们具有这种功能的最基本原因。霍夫曼和布尔哈夫竭力避免的是像他们的前辈所热衷的那样将诸如消化等生命过程归因于他们所认为的人体器官的玄妙"功能"。对他们而言,关于体内变化的合理解释包括这些过程是如何从人体的组成粒子的运动中发展而来的。

同样,将机械哲学引入到生理学也给医学理论家带来了困难,因为很快人们就意识到,物质运动的学说并不能很好地解释生物体展现的**功能**。不仅伴随消化和其他生命过程的化学变化不能用机械哲学的术语明晰地加以解释,并且在另一个层次上,这些活动有其目标指向性和调节性,这是机械论模式完全不能面对的。这些功能如果用盖伦主义的生理学来解释就容易得多了,因为在盖伦主义哲学看来,一个器官的形式决定了它的特性和功能。仅举一例,盖伦曾经说过肾必定具有吸引尿的功能或能力(一项由肾的形式决定的功能),因为如果不是这样的话,我们无法解释尿液是怎样从血液中被滤过出来而没有损失血液中的血清和其他液体成分。在我们看来,一点是值得注意的,那就是盖伦在做这个解释的时候,他重点驳斥了伊壁鸠鲁的学说,伊壁鸠鲁认为这种吸引是由于"原子的反弹和缠结"。因此,能够被理解的就剩下特殊的相互吸引的功能了。[19]

正是基于此(机械哲学在理解生物体上的不足),霍夫曼在普鲁士的哈雷大学(Prussian University of Halle)的同事格奥尔格・恩斯特・施塔尔(1659～1734),形成了他的看法。在关于这个论题的多个论辩性文章中,施塔尔和将生命现象同化于物理

---

[16] Hoffmann,《医学基础》,第 11 页。

[17] 同上书,第 22 页。

[18] Boerhaave,《医学原理》,§76 ～ §89。

[19] Galen,《论自然本能》,第 91 页～第 93 页。为了避免任何可能的误解,我们先明确这里"形式"指的是一个实体外形上的原因(使它成为本身而不是别的事物的原因)而不是它的空间构造,从这个意义上,我们就可以理解这个术语。

现象的观点进行了辩论。他声称,生命体的行为目的主要是防止腐化,并且正是这个带有显著目的性的活动使生命体和非生命体区别开来。[20] 施塔尔认为,使生物体免于腐败的原因是气(灵魂),这个名词自古以来就被用来指明生命过程的所在或源头。施塔尔坚持认为灵魂是非物质的,但同时也是真实的,而且运动是灵魂与身体交流并指导身体功能的方式。[21]

　　施塔尔的学说一方面保持了生命过程的特殊性,防止将其简化为纯粹的机械模式;另一方面他坚持认为灵魂是非物质的,从而避免了将生命能力归因于物质本身的可能性——这是施塔尔和很多与他同时代的人因为宗教原因所不能接受的。不幸的是,正如哲学家戈特弗里德·威廉·莱布尼茨(1646～1716)和很多其他人所指出的那样,施塔尔自己的解释从字面上说是不可理解的,因为它根据的是不知何故直接负责移动物体的非物质的灵魂。评论家拒绝接受的不是将灵魂和肉体连结起来的可能性,毕竟,自主的肌肉运动只是证明这二者之间存在某种关系的诸多现象之一。他的对手无法接受的是,施塔尔认为非物质的灵魂形成了关于机体生命运动的解释。[22]

　　关于生理学中机械论解释是否充分的争论,从某种意义上说是围绕着什么是生理科学的目的这个问题展开的,而这个争论在 18 世纪从未停息过。一种思维方式是遵循布尔哈夫和霍夫曼的观点,含蓄地反对传统的关于生理学理论的因果框架(如将生命过程归之于某个器官的功能)并利用基于物质运动原理的解释取而代之。在这里尤为重要的是将"力"这个概念引入到因果关系的解释中。这种转变的灵感来源于牛顿成功地用引力方式解释行星的运动,除了引力对物质的作用之外,牛顿拒绝其他方式描述行星运动的特征。几乎和牛顿在同一时间,医生约翰·洛克(1632～1704)在他的著作《人类理解论》(1690)中也独立地发表了同样的"力学"观点。洛克认为,能力(power)本身不像实在物体那样易于理解;相反,能力是我们通过观察一个物体看来像是导致另一个物体发生变化而获得的物体之间的相互关系。[23]

　　到目前为止,这个思想在医学理论中最有影响力的应用是,瑞士医生、哥廷根大学教授哈勒的工作。遵循牛顿所建立的模式,哈勒试图将生命现象解释为生命物质中的

[20]　Georg Ernst Stahl,《从医学学科上升到其他事物的劝告》(*Paraenesis ad aliena a medica doctrina arcendum*, Halle, 1706)。

[21]　关于施塔尔对机械哲学的批评,请参阅 Duchesneau,《启蒙时期的生理学》(*La physiologie des lumières*),第 6 页～第 23 页,和 King,《医学哲学》,第 143 页～第 151 页。关于施塔尔的更多的评价,见 Johanna Geyer-Kordesch,《〈医学理论〉及施塔尔与启蒙的关系》(Die "Theoria Medica Vera" und Georg Ernst Stahls Verhältnis zur Aufklärung),载于 Wolfram Kaiser 和 Arina Völker 编,《格奥尔格·恩斯特·施塔尔(1659～1734):哈雷大学科学文集》[*Georg Ernst Stahl (1659—1734): Wissenschaftliche Beiträge der Martin-Luther-Universität Halle-Wittenberg*, 66 (E73), Halle, 1985],第 89 页～第 98 页。关于施塔尔的化学理论和布尔哈夫的理论的比较(在这个领域中机械哲学方面的差异也起了作用),请参阅 Hélène Metzger,《牛顿、施塔尔、布尔哈夫和化学学说》(*Newton, Stahl, Boerhaave et la Doctrine Chimique*, Paris: F. Alcan, 1930)。

[22]　关于莱布尼茨对施塔尔的批评,请参阅 Karl E. Rothschuh,《生理学:概念、问题和方法从 16 世纪到 19 世纪的变化》(*Physiologie: Der Wandel ihrer Konzepte, Probleme und Methoden vom 16. bis 19. Jahrhundert*, Freiburg 1968),第 155 页～第 156 页;以及 Duchesneau,《启蒙时期的生理学》,第 87 页～第 102 页,特别是第 96 页。

[23]　John Locke,《人类理解论》(*An Essay Concerning Human Understanding*, Bk. II, chap. xxi, Repr. ed. New York: Dover Publications, 1959)。

力量或力的作用,而且将这些力和解剖学的结构联系起来。[24] 他在这方面最著名的文章于 1752 年在哥廷根王家科学学会上宣读,并于次年在学会杂志上发表,题为《关于人体的敏感性和应激性》(De partibus corporis humani sensibilibus et irritabilibus)。在这篇论文中,他确定了两种基本的生命力:位于肌肉的反应能力(irritability)以及位于神经的敏感能力(sensibility)。他的主张和他的洛克式的认识论一致的是,哈勒是通过若干实验操作所得到的有规律的结果来确定这些力的存在的。哈勒认为反应能力存在于身体的任何部位,例如用针刺或涂抹酒精或腐蚀性的化学物质刺激肌肉,"肌肉一旦被刺激即会收缩"。与之相对比,敏感能力表现得更复杂。"我把它称为人体的敏感部位,"哈勒写道,"当被接触时,它将这个意念传递到灵魂;对于畜生,灵魂是否存在还不明确,我把动物受到刺激可以引发疼痛和焦虑的明显信号的部位,看成是敏感的。"[25]

　　哈勒坚持认为反应能力是肌肉的独特特性,敏感能力专属神经,他试图和施塔尔的理论相抗争,施塔尔认为肌肉的收缩直接依赖于一些非物质的原因,比如说灵魂。哈勒也竭力避免陷入思考这些现象的终极原因之中,但是在这方面,他被自己的实验方法欺骗了。与反应能力相反,敏感能力只能通过被诸如"明显的疼痛和忧虑"标记的反应能力来显示。因此,敏感能力从严格意义上说并不是一个生命现象,因为关于它的说明需要假设实验的研究对象有知觉,能够敏感地记录疼痛。这个事实可以使哈勒陷入与其同时代的人的许多争论中。哈勒与爱丁堡大学教授罗伯特·惠特(1714~1764)之间的争论就是其中之一。惠特教授关于肌肉运动的理论认为,神经内存在"感觉本能"(sentient principle)并可散布至全身。在惠特看来,是感觉本能觉察到外界的刺激(即使这些感觉可能根本都没有被大脑发觉),然后促使肌肉做出反应。因此,对于惠特而言,所有肌肉的运动,无论主动与否,都依靠灵魂。哈勒关于敏感能力的实验和惠特的理论也完全吻合。[26]

　　对哈勒来说,他拒绝接受灵魂和肉体共存的理论。他反对惠特的批评,捍卫自己的理论,坚持认为反应能力是肌肉先天的功能,一种固有的力(vis insita),而且完全独立于敏感能力,并不像惠特所认为的附属于敏感能力。他关于反应能力的实验演示证明了物质可以自我运动,由此揭开了哈勒工作的唯物主义的解释。和哈勒一样,也是布尔哈夫从前学生的朱利安·奥弗雷·德·拉美特利(1709~1751),把这种可能性不

[24]　关于哈勒的思想特别是他的认识论方面的思想,请参阅 Shirley A. Roe,《解剖学的功能:阿尔布莱希特·冯·哈勒的牛顿主义生理学》(Anatomia animata: The Newtonian Physiology of Albrecht von Haller),载于 Everett Mendelsohn 编,《科学的转变和传统:祝贺 I. 伯纳德·科恩的文集》(Transformation and Tradition in the Sciences: Essays in Honor of I. Bernard Cohen, Cambridge University Press, 1984),第 273 页～第 300 页;以及 Richard Toellner,《阿尔布莱希特·冯·哈勒:论最后一位世界学者的思想统一》(Albrecht von Haller: Über die Einheit im Denken des letzten Universalgelehrten: Sudhoffs Archiv, Beihefte, Heft 10, Wiesbaden, 1971)。

[25]　Albrecht von Haller,《关于动物的敏感和应激部位的论文》(A Dissertation on the Sensible and Irritable Parts of Animals),再版于 Shirley A. Roe 编,《阿尔布莱希特·冯·哈勒的自然哲学》(The Natural Philosophy of Albrecht von Haller, New York: Arno Press, 1981),第 658 页～第 659 页。现在还不明确为什么原先拉丁文标题中的" corpori humani(人类)"在英文版中变成了"动物"。

[26]　关于惠特和哈勒之间的争辩,请参阅 R. K. French,《惠特、灵魂和医学》(Robert Whytt, the Soul, and Medicine, London: Wellcome Institute of the History of Medicine, 1969),第 63 页～第 76 页。

愉快地带给哈勒。在他的《人是机器》(L'Homme machine,1747)中,拉美特利说自己从哈勒关于反应能力的早期评论那里获得了灵感,哈勒认为人类的思想和灵魂并不是其他的东西,而是有组织的物质的产物。这个理由好像不足以使非常虔诚的哈勒愤怒,拉美特利将自己的令人反感的著作题献给他,虽然是向他鞠躬致意,但无意掩藏其中得意的假笑。[27]

　　哈勒将实验的方法挪用到生理学,部分原因是他试图避免形而上学的论点侵入他认为是自然哲学的问题中来。对于他而言,关于诸如敏感能力等力的来源和本体论地位的争论是无意义的,在拉美特利看来,甚或是亵渎神明的。哈勒试图避免这个因果关系的纠缠,但他的做法遇到其他学者的反对,这些学者即使没有接受施塔尔的理论,起码也是采纳了他的思维方式。对于这些医生来说,因果论点,尤其是在生命功能中特别明显的终极原因,不能被轻易地忽略。研究活力论生理学的最有影响力的中心是位于法国东南部的蒙彼利埃大学。它的前锋人物是弗朗索瓦·布瓦西耶·德·索瓦热(1706~1767)。他在18世纪30年代后期发表的讲座和学术著作中开始援引身体中的灵魂概念解释为何生命体确实可以运动,而新近死亡的生物体不能运动。人们声称,索瓦热致力于证明灵魂的真实存在,不如施塔尔做的彻底,而且那可能只不过提出了不同现象之间的相同的联系功能,正如牛顿和哈勒提出的"力"(force)或洛克提出的"能力"(power)将经验主义的现象联系起来一样。[28]但是即使索瓦热比施塔尔对于灵魂在生理学中的地位、贡献要小,在18世纪30年代他对这个术语的选择也绝不是中立的。需要指出的是,实际上无论索瓦热认为灵魂是什么,他企图用这个概念来补偿机械论哲学在解释生命现象中已被察觉的缺陷。

　　索瓦热将活力论生理学引入蒙彼利埃大学的课程中,并被泰奥菲勒·德·博尔德(1722~1776)在他的《关于腺体位置和功能的解剖学研究》(Recherches anatomiques sur la position des glandes et leur action,1752)中采用。博尔德对腺体功能的选择用来发展自己的生理学理论是很明智的,因为腺体在整个动物机体承担特殊的功能这个观点已被广泛接受。博尔德的解剖学研究没有重视机械论者的观点,即认为腺体因肌肉挤压而导致体液分泌。相反,他认为每个腺体都被赋予了特定的刺激感受性,当接受刺激后,这种刺激感受性促使腺体排出特定的体液。正如布罗克利斯和琼斯最近所指出的那样,这是一个关于器官功能的观点,和盖伦认为器官被赋予特定功能的学说近似。

[27]　关于拉美特利的著作的医学背景,请参阅 Kathleen Wellman,《拉美特利:医学、哲学与启蒙运动》(La Mettrie: Medicine, Philosophy, and Enlightenment, Durham, NC: Duke University Press, 1992)。

[28]　这个见解是来源于 Julian Martin,《索瓦热的疾病分类学:蒙彼利埃的医学启蒙》(Sauvages's Nosology: Medical Enlightenment in Montpellier),载于 Andrew Cunningham 和 Roger French 编,《18世纪的医学启蒙》(The Medical Enlightenment of the Eighteenth Century, Cambridge University Press, 1990),第111页~第138页;又见 Elizabeth Haigh,《毕夏和18世纪的医学理论、医学史》(Xavier Bichat and the Medical Theory of the Eighteenth Century, Medical History, suppl. 4, London, 1984),第31页。关于索瓦热的对比性的观点,请参阅 Roger French,《疾病和灵魂:施塔尔、霍夫曼和索瓦热关于病理学》(Sickness and the Soul: Stahl, Hoffmann and Sauvages on Pathology),载于 Cunningham 和 French 编,《18世纪的医学启蒙》,第88页~第110页。

博尔德关于特定的生命功能的学说受到保罗 - 约瑟夫·巴尔泰(1734～1806)的批评,虽然巴尔泰与博尔德一样对生命机能的机械解释持蔑视态度。巴尔泰是 18 世纪一大群自认为是各自学科中"牛顿"式学者中的一员,他将生命活动及活动调节归因于他所定义的生命原理,该原理适用于整个身体但与物质本身不完全等同。[29]

　　当然,从某种意义上说,哈勒和对手之间的争论等同于经常被引用的,长久以来被认为是 18 世纪医学科学标准故事的"机械论"和"活力论"的争论。同时,我们应该注意的是,这个争论包含了一个更加基础的关于生理学作为医学科学的自然特性的争论。这个问题的一边是医生,他们的想法趋向于将生理学包含到自然哲学之中。我们已经看到霍夫曼和布尔哈夫是怎样竭尽全力将生命现象解释为粒子力学(corpuscular mechanics)的实例,而哈勒的生理学引入了基于牛顿关于引力模式的机械力。虽然哈勒关于生命现象的解释和前辈不同,但是他采取的实验方法的确在使生理学成为自然哲学分支的过程中发挥了相同的作用。18 世纪末,用实验方法研究生命现象的学者与日俱增,其中包括了相当数量的医生,如路易吉·伽瓦尼(1737～1798)和约瑟夫·布莱克(1728～1799),以及一些不是医生的人,如化学家安托万·洛朗·拉瓦锡(1743～1794)和博物学者亚历山大·冯·洪堡(1769～1859)。

　　但是,伴随对生命现象的实验研究计划仍有不明之处,那就是生理学如何才能为统一的**医学**科学继续提供理论基础。1700 年以后占统治地位的自然哲学的解释模式看起来并没有给作为生物特性的多种目标取向的行动留下多少余地。最终,这成为施塔尔在机械哲学中所要反对的目标,也成为惠特和蒙彼利埃的医生们反对哈勒工作的动机。需要提醒的是,我们这里的论题是医学科学而不是"生物学"这个词出现之前的(avant la lettre)生物学。当然,18 世纪存在生命科学的领域,这是在本书的第 17 章由雪莉·A.罗来讨论的。但是在医学背景下,医生最关注的不是**生命**,而是**健康**和与之相关的**疾病**。甚至在布尔哈夫等机械论者的眼里,健康也是被以诸如"身体中的每个部分都被适时激活并完美地行使各自的功能"等功能协调的角度来理解的。[30] 由健康和疾病定义的轴线的确使生命活动的目标取向成为许多医生考虑的中心问题,而且也成为哈勒和其他医生进行的生命现象的实验研究更加使生理学和其他医学科学处于一种暧昧关系的缘由之一。

病理学

　　因为我们刚刚将医学理论关注的中心限定在健康和疾病这条轴线上,因此很可能会认为生理学和病理学,即关于疾病的理论,类似于在这条轴线相对两端的一对。虽

[29]　Brockliss 和 Jones,《近代早期法国的医学界》,第 425 页,第 427 页～第 430 页;以及 Haigh,《毕夏和 18 世纪的医学理论、医学史》,第 31 页～第 42 页。
[30]　Boerhaave,《医学原理》,§695。

然这种认识在某种程度上是正确的,但它们的关系绝不是这么简单的。原因之一,正如刚才引用的布尔哈夫的话,在 18 世纪的医生看来,健康的身体是一种自然状态,不需要特别的解释。与之对照的是,疾病代表了远离理想健康状态的道路,所以疾病理论需要关于疾病情况的因果关系的说明。尽管在生理学中可以或多或少地成功回避因果关系的认识论观点,但是在病理学中却无法如此轻易地将其忽略。第二,我们不能忽略医生工作的社会环境。医生并非像面临抽象的理论难题那样面对疾病的,相反,他们面对的是身旁病人的疾苦。尽管生理学的理论,如肌肉收缩和血液及其他体液的循环可以或多或少地与自然哲学的机械论模式相吻合,病理学关心的中心现象,如天花、胸膜炎、中风等疾病,都来自人体的具体紊乱并可通过症状被认知。因此,病理学既不得不解释如胸膜炎这种情况发生的原因,又不得不告诉医生怎样才能识别这种疾病并解释症状的潜在意义。对于后者而言,病理学与作为传统医学体系另一个分支的症候学,面临的是同一个问题。

因此,作为一门科学的病理学必须面对的问题,在某种程度上和生理学所解答的问题是不同的。正如我们所看到的那样,机械哲学的引入给生理学带来了很多重要结果,不仅有特定的学说,还有目的和方法。这种新的自然哲学对于病理学的影响并不很直接。尽管关于疾病起因的特定解释经常反映了机械模式的直接影响,特别是在 18 世纪早期,病理学的任务总体上(将疾病解释为一种与健康状态根本不同的现象)并未发生实质性变化。

致使病理学的理论易受机械哲学影响的一个细节在于它长久以来致力于将疾病用体液病理学和固体病理学分别开来的做法。两者都适合于进行机械的解释。例如,布尔哈夫描述了身体固态部分的三种主要痛苦。第一,组成身体的固态部分的最基本的纤维有可能特别僵化或松弛。第二,器官或其他固态物质本身有可能出现一系列疾病,包括器官移位和器官通道的阻塞以及形状或运动发生异常。第三,结构的变化可以导致固态物质功能的改变,形成布尔哈夫所说的器官的疾病。[31] 身体的液态物质也容易出现一系列疾病,既可能是由于数量的变化也可能是由于化学性质的改变。一种特定液体的数量太多或太少都可能带来严重的后果,正如像血液停滞这一液体循环减少的现象出现后就可能导致非健康的发酵一样。在布尔哈夫的病理学中液体是如此重要,以至于他公开宣称"在每一种疾病中血液和液态部分的运动不是减少就是增加"。[32] 正像在其生理学中那样,在病理学中,布尔哈夫和霍夫曼也显示出折中主义倾向,将发酵和体液中的其他变化称为化学现象。[33]

虽然对于布尔哈夫和霍夫曼来说,一系列人体内的病理学的变化是证实机械哲学

[31] 同上书,§ 699 ～ § 712。
[32] Hoffmann,《医学基础》,第 41 页。
[33] 例如,霍夫曼将麻风病的特点描述为由"酸性的气态浆液阻塞和深度破坏了肌肉小管"导致的"疥疮"。同上书,第 63 页～第 64 页。

对于病理学的重要性的最确定的手段,但是这种方法并没有说明疾病在特定情况下是如何出现的。而且针对将病状的症状学解释(semiotic interpretation)作为确定疾病的方法,它也没有给予太多的指导。在霍夫曼关于坏血病的讨论中,这两方面都表现得很明显。他在《医学基础》中写到,坏血病"不是别的,而是淋巴和血液最大程度的不洁和紊乱"。但是他接下来对这个疾病特点的描述略有不同,他认为坏血病的症状"大部分来源于神经的痉挛性收缩"。[34] 那么,读者可以提问霍夫曼的显而易见的问题是,到底什么是"坏血病"呢? 它是第一种情况所说的淋巴和血液的不洁,还是神经的痉挛性收缩,或实际上就是看得见的症状本身呢? 对于后一种可能性,读者似乎可以合理地争辩坏血病不是什么别的疾病,而仅仅是症状学的断言;即,只是一系列特定的可见病征的汇集,就允许把任何一种特定疾病叫做"坏血病"。[35]

　　这个例子说明的问题被 18 世纪的医生充分意识到了,因为它触及了那个恼人的问题:到底什么是疾病的确切原因。关于因果关系的评估涉及了一系列的问题组合:身体的生理特性,综合的环境因素,以及一个疾病产生的特定的触发环境。耶罗尼穆斯·大卫·高布(1705～1780)在其《医学病理学原理》(*Institutiones pathologiae medicinalis*, 1758)中充分论述了这种解释性的结构。这本书可能是 18 世纪下半叶出现的最卓越的病理学教科书。高布关于病因的讨论特别强调"非自然"的因素在疾病发生中的作用。他依次讨论了空气、食物和饮料、身体的运动或静止,以及其他非自然的因素的影响。但是这些非自然的因素并不能单独地导致疾病发生,因为(疾病的产生)还有一个必要条件,那就是人体本身在某些方面对外界致病因素的易感性。因此,高布继续讨论了内在的易患病的体质,它和外在的触发环境相结合,可以导致疾病。[36] 但是,即使是将易患病的体质和外在的触发环境相结合也还不能更真实地解释发病原因,因为高布和很多同时代的人一样,相信还有一些因素在发病中是必要的:一种特定的身体痛苦,可能是早先描述过的诱因的产物,它本身可以提供病人病症出现的必要的和充分的原因。如果说有什么可以被称作疾病的话,那就是被医生命名为"最接近真实的原因"。[37]

　　高布通过这样定义的最接近真实的原因,回顾了布尔哈夫和霍夫曼在列举机体的固态物质和体液可能经历的病理学变化时所提到的相同的基础。在很多情况下,他显然没有找到充足的理由而冒险远离前辈提出的机械模式和化学模式。但是高布也提出了一个重要的新特性,它是存在于机体的固态成分中的疾病与在充满活力的固态物

[34]　同上书,第 57 页。
[35]　在 18 世纪,症状学非常复杂,而且几乎是未研究的领域,关于这点福柯的《临床医学的诞生》(*Birth of the Clinic*)是个并不可靠的指南。关于一些其他相关的论题的讨论,请参阅 Volker Hess,《解释疾病:18 世纪的医学症状学被记录的系统》(Spelling Sickness: The *Aufschreibesystem* of Medical Semiotics in the Eighteenth Century),载于 Cay-Rüdiger Prüll 编,《西欧的病理学传统》(*Traditions of Pathology in Western Europe*),即将出版。
[36]　Hieronymus David Gaub,《医学病理学原理》(*Institutiones pathologiae medicinalis*, Edinburgh, 1762),第 2 版,§419～§605。
[37]　同上书,§60。

质中产生的疾病之间的差别。对于后者,他认为,由于拥有被高布称为生命力的东西而与其他的固态部分有所区别。与惠特的观点相似,高布将生命力量描述为两个部分:感受刺激的能力和对刺激做出反应的能力。他写到,这是和其他任何一种已发现的力不同的力量。[38]

　　高布关于生命力在病理学中地位的含混不清的描述在爱丁堡医学教授威廉·卡伦(1710~1790)那里得到了更详尽的解释。卡伦关于病理学的理论特别强调神经系统在疾病起源中的作用,而且他解释说:大部分疾病都在某种程度上包括哈勒和惠特激烈争论过的刺激-反应机理的中断。事实上,卡伦因为坚持惠特的观点,认为肌肉反应能力从属于神经敏感能力,所以他反对肌肉和神经系统的解剖学特殊性。卡伦说,将神经和肌肉描述为孤立的器官系统是无意义的,因为它们的功能整合是如此彻底以至于成为一个体系。[39] *479*

　　尽管他有一些解剖学的声明,并且坚持认为疾病首先是神经系统功能的中断,但卡伦并不是一个拙劣的分类者。正像高布一样,卡伦认为造成疾病的过程是远的和近的原因的复杂的联合体,而且他同意高布的观点,认为建立关于特定疾病的紧密的因果关系的研究非常困难,需要努力收集个案病历的准确观察,并对其加以比较。[40] 一个被广泛接受的办法是将一个疾病的症状同在尸检中发现的机体内在的病理学变化相联系——如果是疾病导致患者的死亡。这个方法在 18 世纪最著名的病理解剖学著作帕多瓦(Padua)医学教授乔万尼·巴蒂斯塔·莫尔加尼(1682~1771)《论疾病的位置与原因》(De sedibus et causis morborum, 1761)中得到采纳。正如莫尔加尼在著作前言和五封公开信中明确指出的,他的工作目的是扩充并更正以前的病理解剖学的观察资料集——泰奥菲勒·博内(1620~1689)的《尸体解剖》(Sepulchretum anatomicum, 1679)。首先,莫尔加尼试图加上他自己的解剖学观察结果,以及他在博洛尼亚(Bologna)的老师安东尼奥·马里亚·瓦尔萨尔瓦(1666~1723)未公开的尸检结果。[41] 更重要的是,莫尔加尼认为最重要的是使这个结果易于被行医者理解。在他看来,《尸体解剖》的主要缺点之一是它将一个病例分裂成不同的部分的方法,这样读者可能重复遇见相同的病史。更糟糕的是,《尸体解剖》中运用的交叉引用的方法既含糊 *480* 不清又充满错误,所以寻找类似病例信息的读者必须面临一种沉闷的前景,他们必须

[38] 同上书,§169 ~ §172, §186。
[39] 关于卡伦,请参阅 A. Doig 等编,《卡伦和 18 世纪的医学界》(William Cullen and the Eighteenth-Century Medical World, Edinburgh: Edinburgh University Press, 1993);和 W. F. Bynum《卡伦和英国的发热的研究(1760~1820)》(Cullen and the Study of Fevers in Britain, 1760—1820),载于 W. F. Bynum 和 V. Nutton 编,《从古代到启蒙运动时期的关于发热的理论,医学史》(Theories of Fever from Antiquity to the Enlightenment, Medical History, suppl. 1, London, 1981),第 135 页~第 147 页。关于在爱丁堡的医学环境,请参阅 Christopher Lawrence,《华丽的医生和博学的工匠:爱丁堡医学人(1726~1776)》(Ornate Physicians and Learned Artisans: Edinburgh Medical Men, 1726—1776),载于 W. F. Bynum 和 Roy Porter 编,《威廉·亨特和 18 世纪的医学界》(William Hunter and the Eighteenth-Century Medical World, Cambridge University Press, 1985),第 153 页~第 176 页。
[40] 请参阅 Gaub 在《医学病理学原理》中关于这个问题的看法。§44 ~ §49。
[41] Morgagni,《从解剖学研究疾病的位置与原因》(The Seats and Causes of Disease Investigated by Anatomy, New York: Hafner, 1960),第 1 卷,Benjamin Alexander 译,再版时加入了前言和 Paul Klemperer 翻译的 5 封信,第 xxiii 页。

通过钻研许多无关的材料去发现想要的参考资料。针对这些缺点,莫尔加尼试图通过自己的工作中不少于四项索引加以更正。在这些索引里,读者可以发现包括某个特定症状描述的所有病例,或恰恰相反,是与解剖后获得的特定的病理解剖发现相关的所有病例。因此,他写道:

> 如果任何一个医生观察病人的一个单一的,或其他任何一个症状,试图搞清楚内在的损害是怎样对应为症状的;或任何一位解剖学家在尸检中发现了特殊的病理表现,而希望了解在其他人体内这种伤害发生之前会出现什么症状;医生通过检查前者[症状],解剖学家通过检查后者[尸解],很快就能发现包含两者的观察资料(如果我们两者都进行了观察)。[42]

这不仅仅是序言中的大话,因为《论疾病的位置和原因》是一本卓越的和非常好的综合著作,这也许可以解释为什么莫尔加尼花费了这么长的时间去出版这本书(此书在莫尔加尼 79 岁高龄时终于面世)。莫尔加尼首先将论述区分为人体的主要部分。正如惯例一样,从头开始("头部的疾病"、"胸部的疾病"等)。然后在每一个大的分类里,根据单一的症状或症状群分类。所以在胸部的疾病中,读者可以读到单独的章节标题如"胸腔内部心脏或大动脉瘤损伤[原文如此]的呼吸功能",或"胸部、肋部及背部的疼痛"。[43] 正如这些章节标题所表示的那样,莫尔加尼试图尽最大努力避免将他的验尸结果和特定的疾病联系起来。相反,他设法表示病理表现与特定的症状存在相互关系。在这些章节中被描述的单独的病历也在很大程度上遵循了这个方法,他在描述症状的发展过程时没有命名疾病。

但是,疾病的位置(或疾病的最接近真实的原因)和疾病的一系列特殊的症状之间的联系并不像上述所说那样容易下断言。首先,正像莫尔加尼自己承认的那样,任何一种特定的疾病都可能是有分歧的,甚至是相反的原因造成的。[44] 第二,莫尔加尼的方法需要挑选出某种症状,作为一个特定病例的最重要的特征,同时其他症状归入一个次要的地位。例如,他谈到:在很多疾病中呼吸困难经常和其他症状并存,虽然并不是所有的这些疾病都属于"呼吸困难"这个标题下,即使尸检解剖发现了严重的肺部损害。[45] 读者可以从这些思考中得到的结论是,当面对从体内的大量病理变化中引发的一系列症状时,莫尔加尼被迫决定(但愿是暗中进行的)这个或那个病人实际患什么病,作为将这个病例写进他的解剖学/症状学分类之一的先决条件。

481

[42] 同上书,第 xxx 页。
[43] 《论疾病的位置与原因》的单个章节采用书信体书写本身没有什么价值。莫尔加尼在他的前言中写到,他这样做是遵循"古代和现代的医生"以及更现代的"最伟大的解剖学家"的模式。有人猜想这个模式之所以合适是因为它适于叙述单个病历。莫尔加尼首先希望这些病历能够构建他的汇编的核心。同上书,第 xxvi 页~第 xxvii 页。到目前为止,在现代早期的医学知识的创造中,历史学家很少提及病历的核心地位。一个例外是 Johanna Geyer-Kordesch,《17 世纪和 18 世纪知识改革中的病历描述及其意义》(Medizinische Fallbeschreibungen und ihre Bedeutung in der Wissensreform des 17. und 18. Jahrhunderts),《医学、历史与社会》(Medizin, Geschichte und Gesellschaft),9(1990),第 7 页~第 19 页。
[44] 同上书,给 Johann Friedrich Schreiber 的公开信。
[45] 参阅莫尔加尼关于这点的评论,同上书,第 15 封信,第 3 项,第 359 页。

这里重要的不是责备莫尔加尼自相矛盾,而需要指出的是莫尔加尼的病理解剖学的"现代性"(长期以来被用于和18世纪病理学理论的模糊的思辨进行对比)不如想象中那样引人注目。正像莫尔加尼自己证明的那样,他只不过是在很多前人准备好的土壤里开垦。更重要的是,莫尔加尼关于病理学的概念与高布和卡伦的理论没有什么真正的区别。莫尔加尼关于如何对疾病进行临床解释的理解本质上依赖于高布和卡伦在他们的教科书里描述过的相同的判断和分类方式。但是尽管高布和卡伦教授了正式的范畴使得人们能够理解疾病,莫尔加尼的论述则提供了这种理解的内容。但是,在18世纪医学科学的背景下,为了寻求一种完美的病理学理论,这两者都明确需要。只有在明显改变的19世纪病理解剖学的理论环境下,莫尔加尼才成为超越其时代的人物。

结论:18世纪90年代的医学科学

正如我希望前面的讨论可以显示的那样,生理学和病理学这两门医学科学的核心学科在18世纪都经历了显著的发展,虽然我们不能说这两者的发展互相之间有什么一致之处。这两个学说之所以能够经历这样独立的道路,可以通过其各自特殊的学科定位加以理解。生理学调和自然哲学和医学科学的关系。一旦医生们发现,为他们自己的学科极力主张一种自然科学的地位(这是他们已经做了几个世纪的事情)是有利的,那么用占支配地位的自然哲学的观点解释医学现象对他们而言就成为义不容辞的职责所在了。相比而言,病理学的学术地位要复杂得多。首先,病理学理论承担着解释健康和疾病的关系的任务,这是界定医学理论范围的基础现象。在这方面,病理学可以而且确实已经在生理学中找到了锚定点。但是,18世纪的病理学不仅仅是"关于疾病的生理学",因为病理学同时也占据了医学理论和医生临床经验之间的重要学术地位。值得重复指出的是,对于18世纪的大多数医生而言,疾病不是一种抽象的理论分类。相反,一旦某人超越了关于疾病的最基本正式的定义(如前述的布尔哈夫),医生将病理学问题看做需要首先确定的问题,然后才是针对单个病人发病的解释。

随着生理学和病理学之间关系的发展,也必须提到的是与医学科学有关的文化环境也在发生变化,它对理论医学具有重大影响。虽然对于这种背景的彻底评价远远超过了这篇文章的限制,这里只简要说明这样一个发展。首先,18世纪见证了许多新的社交(sociability)机构的产生,如共济会、沙龙、咖啡屋和读书协会,以及诸如报纸和期刊杂志等印刷媒介的爆炸性增长。这些机构共同组成了被普遍称为"公众领域"的地方,在这里民间社团的会员认为自己是公众的一分子。这些公共领域的最有特色的产物是最具有现代机构特色的"批评"(criticism),这是一种话语模式,个人通过界定动机和喜好的客观标准,寻求一种既是为了公众,又是面向公众的演讲。批评有各种各样的形式,从与政府的政治冲突到文学和视觉艺术中的审美标准的定义。更重要的是,18世纪的批评话语提倡各种知识都在社会实践中展示它们的效用。对于医学而言,这

182

些发展的结果可能引起一些号召的出现,他们要求在医学理论和临床实践之间建立比过去认为是必要或值得要的更为紧密的联系。[46]

在 18 世纪末,生理学和病理学的关系,或更概括地说医学科学的地位,从各个方面受到了批判性的详细审查。简要地描述在这个讨论中的两个突出的主题可以很有效地作为这篇文章的结论。第一个主题是对某些假设的侵蚀,而这些假设曾经加强了医学教育中理论的教义地位(doctrinal role)。当人们考察布尔哈夫和霍夫曼的关于医学理论的教科书时,很少考虑他们获得知识的环境和方法。器官易受某些疾病的影响——这些论点的基础并没有得到明确的裁定。并不是布尔哈夫和霍夫曼忽略了这些因素,而是这些讨论对医学理论的阐述没有太密切的关系。但是在接下来的数十年里,这些问题确实变得关系密切。在某种程度上,哈勒的实验工作和他所遭受到的来自于惠特和蒙彼利埃医生们的反对都集中于如何界定与生理学相关的现象。生理学中有关力的属性的全部争论(这个争论在自然哲学中也同样存在)关注的是尚未被实验揭示的力的实在。对于大多数学者来说,这些力如重力、电力,以及哈勒的反应能力可以人为产生和通过实验演示这一点是毋庸置疑的。但是这些力究竟**是**什么呢? 在 18 世纪的批判的环境中,这些看上去像形而上学的问题变成了一个认识论问题:无论这些力的本体论的地位怎样,我们怎样知道它们的作用呢? 同样道理,与布尔哈夫、霍夫曼和施塔尔在 18 世纪初提出的自然哲学相比较而言,高布和莫尔加尼提出的该怎样确定在特定疾病中起作用的病因这个问题得到关注。

18 世纪末,这些认识论的论题渐渐占据了中心地位。像写出了《医学的确定性程度》(*Du degré de la certitude de la médecine*, 1788) 的皮埃尔 – 让 – 乔治·卡巴尼斯(1757～1808),以及著有《论生命力》(*Von der Lebenskraft*, 1795) 的约翰·克里斯蒂安·莱尔(1759～1813)这样的作者,发表了有影响的宣言,将医学理论重新定义为首先是认识论的问题。对于卡巴尼斯和莱尔而言,如果没有适当的方法获取医学知识,医学理论就不会发展。卡巴尼斯和莱尔区别于他人的特点在于:二人都将分析方法作为更可靠的医学理论的关键。这种分析方法是在艾蒂安·博内·德·孔狄亚克(1714～1780)的哲学中提到的,而由拉瓦锡带领法国化学家们将其付诸科学实践。莱

[46] 最近出现的很多关于公共领域的研究的来源是 Jürgen Habermas,《公共领域的结构转变》(*The Structural Transformation of the Public Sphere*, Cambridge, MA: MIT Press, 1989),Thomas Burger 和 Frederick Lawrence 译。关于最近的公共领域的概括评论,请参阅 Margaret Jacob,《公共领域的智力风景:一个欧洲的视角》(The Mental Landscape of the Public Sphere: A European Perspective),《18 世纪研究》(*Eighteenth-Century Studies*),28(1994),第 95 页～第 113 页;Anthony J. La Vopa,《孕育公众:18 世纪欧洲的思想和社会》(Conceiving a Public: Ideas and Society in Eighteenth-Century Europe),《现代史杂志》(*The Journal of Modern History*),44(1992),第 79 页～第 116 页;和 Dena Goodman,《公众领域和私人生活:关于旧体制的现代编史方法之综合》(Public Sphere and Private Life: Toward a Synthesis of Current Historiographical Approaches to the Old Regime),《历史和理论》(*History and Theory*),31(1992),第 1 页～第 20 页。在科学历史学家的有关公众领域研究论述中,请参阅 Paul Wood,《18 世纪苏格兰的科学、大学和公共领域》(Science, the Universities, and the Public Sphere in Eighteenth-Century Scotland),《大学史》(*History of Universities*),14 (1994),第 99 页～第 135 页;以及 Thomas Broman,《哈贝马斯式公共领域和"启蒙时期的科学"》(The Habermasian Public Sphere and "Science *in* the Enlightenment"),《科学史》,36(1998),第 123 页～第 149 页。

尔特别期望化学分析带来的希望能够成为统一的医学科学的基础。[47]

第二种反应是试图从生理学和病理学的新发展中整合出统一的医学理论。这方面最突出的工作是爱丁堡大学培养的医生约翰·布朗(1735?～1788)。他在其《基础医学》(*Elementa medicinae*, 1780)一书中将所有的疾病定义为要么是源于一个全面的、系统的过度刺激,要么就是系统的刺激不足。布朗采纳了生命是外界刺激作用于反应能力的物质的产物的观点,并且坚持认为疾病是因为刺激和应激之间的不平衡而造成的,恰当的治疗包括采取措施重建平衡,更为常用的是改变作用于病人的刺激。布朗的理论在爱丁堡、维也纳和帕维亚(Pavia)都有追随者,并且在德意志也引发了巨大的骚动。甚至派生出另一种形式植根于新世界,在一位非常优秀的美国医生本杰明·拉什(1745～1813)的教学中付诸实现。[48]

尽管布朗的医学理论将疾病描述为力的动态失衡并在事实上忽视了病理解剖学,但是法国解剖学家毕夏却试图将生理学和病理学用一种不同的但可能是更加传统的方法结合起来:关注身体各部分的功能整合。在他短暂生涯的一系列著作中,毕夏考察了死亡发生的过程,并定义了两种生命力量:机体的(organic)力量(主要位于心脏);灵魂的(animal)力量(位于脑)。但是使毕夏的伟大工作与众不同之处在于他对生命过程的定位,通常不是在那些完整的器官,而是在 21 个构成机体的不同的组织中。正如他在《普通解剖学》(*Anatomie générale*, 1801)所说:这些组织在体内承担如下独特的功能:分泌、排泄、吸收、收缩等。而疾病则很容易被理解为这些功能的中断。[49]

虽然这些医学改革者各不相同,他们中的每一个都试图定义一种新的医学理论,而不是仅仅希望对现存的学说做出修改。于此关键时刻,期待这些改革将在 19 世纪带来怎样的发展是一个巨大的诱惑。这些改革见证了以实验室为基础的实验生理学的建立,生理化学的发展,以及生理学和病理学综合成为基于细胞理论的生理病理学。但是我认为,以这种方式看待这些变化对他们的思想赋予了太多的含义。相反,将卡巴尼斯及其他人的革新做如下解读似乎更为恰当:他们承认医学理论不能再继续行使作为医学和自然哲学的中介的传统的学说和教育学的功能。因此(这在我们刚才考察过的作者中已经是显而易见的)医学理论的适当性可以通过其作为医学实践的基础的能力加以判定。

(甄 橙 陈雪洁 程路明 李 昂 译 方在庆 校)

[47] 关于 Cabanis, 请参阅 John E. Lesch,《法国的科学和医学:实验生理学的出现(1790～1855)》(*Science and Medicine in France: The Emergence of Experimental Physiology, 1790—1855*, Cambridge, MA: Harvard University Press, 1984)。关于 Reil 的讨论, 请参阅 Broman,《德意志学院医学的转型》, 第 86 页~第 88 页。

[48] 关于布朗的医学理论的进一步探讨, 请参阅 W. F. Bynum 和 Roy Porter 编,《英国和欧洲的布鲁诺主义:医学历史》(*Brunonianism in Britain and Europe: Medical History*, suppl. number 8, London, 1988);Guenter B. Risse,《1790～1806 年间约翰·布朗的医学体系在德意志的历史》(*The History of John Brown's Medical System in Germany During the Years 1790—1806*, Ph. D. Diss., University of Chicago, 1971);以及 Thomas Henkelmann,《病理生理学思想的历史:约翰·布朗和他的医学体系》(*Zur Geschichte der pathophysiologischen Denkens: John Brown und sein System der Medizin*, Berlin: Springer-Verlag, 1981)。

[49] Haigh,《毕夏和 18 世纪的医学理论、医学史》, 和 Lesch,《法国的科学和医学》。

21

边缘化的活动

帕特丽夏·法拉

 1783 年 8 月，三位杰出的科学家走了 30 英里的路程，从伦敦到吉尔福德（Guildford）去看望他们的同事詹姆斯·普赖斯，他实现了炼金术士从水银中提炼黄金的古老梦想。这位著名化学家是一个富有的牛津大学毕业生，年仅 29 岁时就入选王家学会，他已经公开地演示了他的炼金术，并且出版了一部著作，大肆宣称他成功地把贱金属变成黄金。为了维护王家学会的声誉，王家学会主席约瑟夫·班克斯要求普赖斯当着专家的面重复他的实验。但是，班克斯所指派的代表并没有能够亲眼看到普赖斯所承诺的这个有利可图的创造过程，反而只是目击了一次自杀行动，普赖斯喝下一杯月桂水，死在他们的眼皮底下。

 为了启蒙运动的唯理性（Enlightenment rationality），普赖斯被迫做出了这一最终牺牲。与他同辈的一些批评家最感兴趣的并不在于他的声明的有效性，而在于他的行为对既定制度的地位造成了威胁。班克斯的一位心腹朋友查尔斯·布莱格登明确表示这一重要性在于保护科学行为的规矩而不是在于监督其结果：

> 有哪个国家会比我们因这所大学的行为而蒙受更加彻底的羞辱呢？因为就算承认普赖斯做出了他书中所提到的发现，难道不应该告诉他，偶尔在科学上有所改进的人应当将它秘而不宣，宁可不被学术界所承认，也不能饰以超常的学术荣誉？[1]

 虽然普赖斯为了他自己被合法科学界拒绝在外而制造了一个异乎寻常的戏剧性
情节，但是，这个事件确实凸现出像炼金术、占星术以及动物磁性说那样虽不同程度地被接受但最终还是被边缘化的活动所具有的几个特征。启蒙运动的修辞学家（rhetoricians）常常宣称，理性改革的力量已经根除了旧的传统或迷信，但是，它们通过各种伪装仍然存在于这个世纪，甚至存在于受过良好教育的阶层中。百科全书的编纂者重绘知识图谱的工程需要文化的以及认识论的转型，实践者的精英们需要控制重新

---

[1] 1782 年 8 月 6 日布莱格登给班克斯的信。引自 H. Charles Cameron，《最后的炼金术士》(The Last of the Alchemists)，《伦敦王家学会的记录及档案》(Notes and Records of the Royal Society of London)，9(1951)，第 109 页～第 114 页。

划定的科学领地,以便确定它们应当包括怎样的知识类型,以及允许怎样的人进入其中。后来的历史学家们认可了这些有争议的关于科学进步的观点,并且将大量性质各不相同的实践一并收入其中,这些实践有一个共同点,即它们全都被排除在现已公认的科学领域之外。

本书的另外两章(由罗杰·库特与玛丽·菲塞尔所写的第 6 章以及理查德·约所写的第 10 章)更加广泛地思考了在一些活动被排除在知识图谱之外时,另一些活动是怎样成为合法科学的。本章所要探讨的是这些被排除在外的活动所具有的某些特征。我将简要地考察人们对于不足信的信仰体系所持的修辞学态度(rhetorical attitudes),然后,讨论 5 个历史轨迹完全不同的案例(动物磁性说[animal magnetism]、相面术[physiognomy]、占星术、炼金术和哈钦森主义[Hutchinsonianism]),阐明它们共有的特征以及它们之间的差异。

启蒙时期的修辞学

"时机将要到来",孔多塞侯爵写道,"到那时,太阳将只会照耀在除了理性不受任何摆布的自由人身上。"[2]为此,一位重要的法国启蒙思想家明确地提出了启蒙时期修辞学(rhetoric)的两个主要特色:理性思维的首位性原则和启发的力量。在整个 18 世纪,哲学作家们时常用光的形象来加强他们的主张:用理性的方法研究自然界(包括人类文明)将会导致政治解放以及智力解放。作为寻求社会改良的一部分,他们设法区分理性研究的合法领域,消除基于信仰的传统习惯。《百科全书》作为这个时期最雄心勃勃的理性化工程,它的编纂者们重新绘制知识树,以详细记述新的学科,并且在已知与不可知之间划定界限,从而排除了宗教知识以及巫术、迷信和神秘学。[3]

尽管具体的目的不尽相同,但是许多著作家运用了类似的策略,通过打压他们的对手来提升自己的看法、成就和地位。像皮埃尔·培尔和弗朗索瓦-马里·伏尔泰这样有影响力的著作家建构了具有进步意义的历史叙事,声称近代开明的哲学家们已经根除了使前人备受折磨的错误信仰。他们对旧时代以及当时的作品进行了系统的讽刺,对作品宣扬巫术或迷信予以嘲笑,并且时常邀请其读者去体味那些特别可笑的引文中所包含的荒唐。尽管英国人在批判宗教方面很谨慎,但是很多欧洲大陆的作者谴责教会支持精神信仰并进而鼓励人们相信魔鬼和巫术。

直到最近 20 年,有关 18 世纪的大多数记述依然强烈地受到启蒙时期修辞学家的这些主张的影响,声称理性之光正在驱散因迷信而产生的错误与无知的乌云。学者们把目光大都投向法国,分析 18 世纪的文本,揭示启蒙时期的哲学家如何成功地分辨巫

487

[2]　引自 Dorinda Outram,《启蒙运动》(*The Enlightenment*, Cambridge University Press, 1995),第 1 页。
[3]　Robert Darnton,《屠猫记——法国文化史钩沉》(*The Great Cat Massacre and Other Episodes in French Cultural History*, Harmondsworth: Penguin, 1985),第 185 页～第 207 页。

术和科学,清除利用民众无知谋取利益的骗子行当,并且冷静地思考那些奇迹。历史学家们沉湎于他们自己重视唯理性的文化价值观中,认同现代对于科学成就的赞美,屈尊俯就地对那些尽管现在不可信但在过去曾经吸引了许多忠实追随者的、诸如占星术和相面术之类的伪科学信仰体系加以分类。

现在,学者们察觉到的已经不再是完整统一的启蒙运动,而是在考察那些由于社会和地理的原因而被分隔开的群体之间的信仰与活动之间的差异。尽管科学史家曾经把18世纪曲解为一个不活跃的间歇,这个间歇把牛顿的革新与维多利亚时代的巨大科学进步隔开,但是,最近的研究却把它描绘成为认识论与文化冲突的一个至关重要的时期,在这个时期,辩论家们(polemicists)淘汰了那些与日益变得无可争议的牛顿正统观念相抗衡的敌手,并且把科学家确立为生产有关自然界的知识的精英。与早期对泛欧大陆唯理性爆发的解释大不相同,单个民族群体的特点以及那些支持改变知识态度的活动、制度和地方利益集团日益受到重视。作为这种重新评价的一部分,人们把许多兴趣都集中于发掘那些常常被称作"启蒙时期隐秘的薄弱部位"的资料,以便更为公正地解释诸如共济会纲领、催眠术和巫术之类的活动,尽管这些活动遭到了压制,但它们提供了与辩论家们所刻画的这一时期的特征正好相反的必不可少的"他者"("Other")。[4]

在对启蒙运动唯理性做出重新评价的同时,科学社会学家打破了科学与所谓伪科学、正统的与冒牌的医学实践之间的哲学壁垒。他们谨小慎微地重建拒斥催眠术或颅相学之类活动的环境,论证在提高合法科学与医学的威信而建立界限的过程中文化标准的首位性(primacy)。这样的研究拒绝接受辉格主义的(Whiggish)、赞歌式的解释,没有把科学描述为成功地向着真知识的不断进步,而是将其视为一种社会活动,这种社会活动与其他活动和信仰体系有着许多共同特征。用更为愤世嫉俗的观点解释修辞学的主张,表明了启蒙哲学家是如何通过宣扬理性的力量来提升他们作为社会监护人的角色的。他们把自己定位为"无知大众"(一个公用短语)的保护者,以确保他们永远是有教养的精英。把某些活动合法化,同时将另一些活动边缘化,就需要划定社会的以及认识论的边界。[5]

188

〔4〕 Outram,《启蒙运动》,第1页~第13页;Roy Porter 和 Mikuláš Teich 编,《国家背景下的启蒙运动》(*The Enlightenment in National Context*, Cambridge University Press, 1981);Jan Golinski,《作为公众文化的科学:英国的化学与启蒙运动(1760～1820)》(*Science as Public Culture: Chemistry and Enlightenment in Britain, 1760—1820*, Cambridge University Press, 1992);Larry Stewart,《公众科学的兴起:牛顿时代英国的修辞学、技术和自然哲学(1660～1750)》(*The Rise of Public Science: Rhetoric, Technology, and Natural Philosophy in Newtonian Britain, 1660—1750*, Cambridge University Press, 1992);Patricia Fara,《感应吸引力:18世纪英格兰磁学的实践、信念与象征意义》(*Sympathetic Attractions: Magnetic Practices, Beliefs, and Symbolism in Eighteenth-Century England*, Princeton, NJ: Princeton University Press, 1996),第11页~第30页,第208页~第214页。
〔5〕 Roger Cooter,《"伪科学"的使用:过去和现在》(Deploying "Pseudoscience": Then and Now),载于 Marsha Hanen、Margaret Osler 和 Robert Weyant 编,《科学、伪科学和社会》(*Science, Pseudo-Science and Society*, Ontario: Wilfred Laurier University Press, 1980),第237页~第272页;Roy Porter,《面对边缘:"庸医"和18世纪的医疗市场》(Before the Fringe: "Quackery" and the Eighteenth-Century Medical Market),载于 Roger Cooter 编,《替代医学史研究》(*Studies in the History of Alternative Medicine*, London: Macmillan, 1988),第1页~第27页。

编史学的这些倾向导致了对今天称之为 18 世纪的边缘科学、另类科学或非正规科学的那些特定活动的某些细致分析。然而，即便这种带有更多同情色彩的归类，也需要对价值判断进行检讨，因为这意味着在当时这样的科学不仅被看做是边缘的，而且它们共同所具有的某些基本特性也不同于它们那些更值得尊敬的竞争者们。把一系列形形色色的活动聚拢在一个庇护伞之下，即便这个术语貌似宽容，也很有可能招来误解，因为它隐藏着几个基本的差别。其中重要的差别有：不同的活动之间缺少共同的认识论基础，它们被边缘化的历史过程不尽相同，与单一活动有关的信仰和态度在不同的时空存在悬殊差别——换句话说，这类活动的文化境遇存在着一定程度的差异。尽管人们对促成它们最终被排斥在外的社会历程进行思考，但是把这些活动集中在一起的做法很容易掩盖这种思考的意思。

虽然我所选择的这个题目（"边缘化的活动"）依然需要后知之明才能确定这个通过回顾而建构的范畴所包括的内容，但它的确强调了导致这类活动地位降低的那些变化所具有的社会特征，同时也指出，这种地位的改变是随着时间而变化的。在过去的各个时期里，占星术、相面术和炼金术一直都保有很高的崇敬度，被看做是关于这个世界的知识的重要来源，所以不必与我们现在理解的为现代科学奠定基础的信仰体系分隔开来。与此相反，我们现在看做是意义重大的创新却时常遭到批评。比如，法国大革命之后，许多英国托利党人严厉批评像约瑟夫·普里斯特利和汉弗里·戴维这些具有激进倾向的人所做的化学实验，而今天这些科学家却被尊为创始英雄。在佚名的《奇迹的诞生！》（The Birth of Wonders!）中，怀疑论者先后虚构出两个小孩，一个是 Mesmeria,[*]他一下子就变成了一只青蛙，被路易吉·伽瓦尼吃了，另一个是 Antiphlogiston,[**]他不分青红皂白地讽刺拉瓦锡的化学、流电（galvanic electricity）、气动化学，这些与后来被边缘化的催眠术相比，被我们视为历史上很重要的科学。[6] 牛顿学派的修辞学家们（rhetoricians）如此成功地压制同时代的某些反对者团体——尤其是约翰·哈钦森（1674～1737）的高教会派（High Church）追随者们——以至于他们甚至被排斥在边缘化活动的范畴之外，因为这个假定的历史性范畴是由现代对另类科学的定义加以确定的。我坚决主张：辉格主义就其内在本质而言，在于通过回顾的方式将多种多样的活动归并在一起。而这种主张对我正在写作的这个主题的合理性提出了质疑；另一方面，重视这类活动被边缘化的社会历程又会极大增进我们对合法科学的理解。

尽管自然界逐渐取代了《圣经》而成为知识的来源，但是，确立理性的无上权威需要在态度（对于获得、判断和表述自然事实以及给予它们支持的证据的态度）方面做出重大改变。与现代某些历史学家还在宣扬的受启蒙时期启发的修辞学（the

189

---

* 　由 Mesmer（梅斯梅尔）或 Mesmeric（催眠术的）演变而来。——校者
** 　由 Antiphlogistic（反燃素说的）演变而来。——校者
〔6〕 　佚名，《怀疑论者》（*The Sceptic*, Retford: for West & Hughes, 1800），第 1 页～第 11 页。

Enlightenment-inspired rhetorics)相反,从巫术世界到理性力量统治的世界,并不存在简单的或突然的转变。在今天看来,这种普遍的改变要比先前所说的慢得多并且更不统一,由于 18 世纪各团体之间极大的宗教和政治差异,因而存在显著的区域性差异。新的机械论科学没有简单地驱逐巫术,也没有简单地消除超自然力,而是将其重新定义,把它们归于精神世界;通过把许多异常的现象重新归类于自然事件,削弱了超自然现象这一角色。新的科学团体们宣称它们致力抵制保密,而代之以尽人皆知的知识,但是,这种开放的思想意识与其所宣扬的专业的真理探索者身份是相互抵触的。[7]

自然哲学家为了证明自己已经掌握了自然界,通过展示他们在实验操作方面的经验赢得并左右着有教养的观众。明显是由于这种活动而活跃起来的大众哲学讲演者,抑制了对神秘主义的迷恋,而伦敦一流的仪器制造者在贩卖精密复杂的魔术戏法时,也要以理性娱乐为幌子。自然哲学家们声称用智力控制了自然界,与他们企图成为社会中的权威是分不开的。例如,企业的从业者设法通过谴责竞争者是骗子,宣布其为不合法,但他们和那些讲演者一样,从事的是类似的商业化活动。[8] 对于为建立认识论边界所必需的边缘化过程来说,社会协商(social negotiations)是最为重要的。

18 世纪的教育家们喜欢用地图作隐喻,用相邻国家的领土之间的清晰轮廓这一容易使人误解的意象来比喻黑暗的过去与光明的启蒙时期理性之间所谓的明显分界。但是,过去与现在之间、传统与现代之间、大众与精英之间的分界是模糊不清的。正如启蒙时期的辩论家们一样,许多历史学家过于简单化地区分科学与巫术,不仅忽视了炼金术、神秘主义和巫术之间错综复杂的关系,而且也看不到各种巫术的差异及其与科学基础的相关性。丹尼尔·笛福在他于 1727 年撰写的小册子《巫术系统》(*A System of Magick*)中,不仅只有嘲讽,而且也重申了更为古老的分类,把天文学和哲学看做是自然巫术,而不同于人造巫术(比如使用驱邪符与咒语)和恶魔的巫术(召唤邪恶的幽灵)。[9]

〔7〕 主要文献包括:Simon Schaffer,《宗教徒与机械论哲学家:王政复辟时期哲学中的灵魂与精神》(Godly Men and Mechanical Philosophers:Souls and Spirits in Restoration Philosophy),《背景中的科学》(*Science in Context*),1(1987),第 55 页~第 85 页;Lorraine Daston,《近代早期欧洲的奇事异迹》(Marvelous Facts and Miraculous Evidence in Early Modern Europe),载于 James Chandler、Arnold I. Davidson 和 Harry Harootunian 编,《证据问题:超越学科的证明、实践和信仰》(*Questions of Evidence: Proof, Practice, and Persuasion across the Disciplines*, Chicago: University of Chicago Press, 1994),第 243 页~第 274 页;William Eamon,《科学与自然的秘密:中世纪与近代早期文化中的神秘著作》(*Science and the Secrets of Nature: Books of Secrets in Medieval and Early Modern Culture*, Princeton, NJ: Princeton University Press, 1994)。

〔8〕 Simon Schaffer,《18 世纪的自然哲学与公开展示》(Natural Philosophy and Public Spectacle in the Eighteenth Century),《科学史》(*History of Science*),21(1983),第 1 页~第 43 页;Patricia Fara,《"神秘的宝藏":磁石买卖的吸引力》("A treasure of hidden vertues": The Attraction of Magnetic Marketing),《英国科学史杂志》(*British Journal for the History of Science*),28(1995),第 5 页~第 35 页;Roy Porter,《英格兰庸医的语言(1660～1800)》(The Language of Quackery in England, 1660—1800),载于 Peter Burke 和 Roy Porter 编,《语言社会史》(*The Social History of Language*, Cambridge University Press, 1987),第 73 页~第 103 页;Barbara M. Stafford,《巧妙的科学:启蒙时期的娱乐与视觉教育的衰落》(*Artful Science: Enlightenment Entertainment and the Eclipse of Visual Education*, Cambridge: MIT Press, 1994)。

〔9〕 Daniel Defoe,《巫术系统:妖术的历史》(*A System of Magick: or, a History of the Black Art*, London, 1727),第 49 页;Brian P. Copenhaver,《早期近代科学中的自然巫术、炼金术和神秘主义》(Natural Magic, Hermetism, and Occultism in Early Modern Science),载于 David C. Lindberg 和 Robert S. Westman 编,《重估科学革命》(*Reappraisals of the Scientific Revolution*, Cambridge University Press, 1990),第 261 页~第 301 页。

尽管理性主义哲学家反复宣称已经根除了迷信的习俗,但是,传统的习惯并没有完全被清除,而只是隐蔽起来。正如赫斯特·施拉尔1790年所说:"据说迷信已经被驱逐出这个世界——没那回事,但它只是被驱逐出书本和言谈中而已。"[10]法国著作家的精英们为自己坚持相信魔鬼和魔法而感到后悔,而英国的词典和百科全书的编纂者却对超自然现象进行持续而详细的讨论。不能在教会和政治的辩论中公开宣扬的宗教疗法、占星术和魔法,仍然可以从私人的日记和书信中看出人们对它们的信任。王家学会在正式场合拒绝加入与"任何可疑事物"有关的公开讨论,但是几个会员仍然可以"以私人的和单独的身份"秘密地应邀编撰诸如"具有超人视力的绅士"之类主题的资料。[11]

491

在经历了两个多世纪的抑制之后,已经很难找回那些边缘化活动的证据了,除了探讨英格兰和法国这样的国家外,在英语文献中,探讨其他国家的寥寥无几。[12]不完整的二手文献既反映出现代对怪异事物的强烈爱好,也说明这个时期所存在的偏见。对热衷于磁性药物催眠术的人加以连篇累牍地描写,其数量远远超过描写那些热心推动电疗广泛应用的杰出人物,[13]而事实上,用英语进行的研究并没有棍卜(占卜)或手相术(chiromancy)(相手术[palmistry])方面的研究。[14] 与此相似,历史学家最近开始关注继承了古代炼金术知识、帕拉塞尔苏斯式的(Paracelsian)医药学和巫术信仰的共济会网络;而具有讽刺意味的是,一些研究者在资料不足的情况下对共济会仪式

〔10〕 Hester Lynch Thrale, 2 卷本《施拉尔夫人日记(1776～1809)》(*Thraliana: The Diary of Mrs Hester Lynch Thrale, 1776—1809*, Oxford: Oxford University Press, 1942),Katherine C. Balderston 编,第 2 卷,第 786 页。

〔11〕 Kay S. Wilkins,《对 18 世纪法国的魔法和魔鬼附身的看法》(Attitudes to Witchcraft and Demonic Possession in France during the Eighteenth Century),《欧洲研究杂志》(*Journal of European Studies*),3(1973),第 348 页～第 362 页;Arthur Hughes,《英语大百科全书中的科学(1704～1875)——I》(Sciences in English Encyclopaedias, 1704—1875—I),《科学年鉴》(*Annals of Science*),7(1951),第 340 页～第 370 页;Michael MacDonald,《英格兰的宗教、社会变迁和心理康复(1600～1800)》(Religion, Social Change, and Psychological Healing in England, 1600—1800),《教会史研究》(*Studies in Church History*),19(1982),第 101 页～第 125 页。1749 年 2 月 10 日,Henry Baker 给 Archibald Blair 的信,8 卷本 Henry Baker 书信(John Rylands Library, Manchester University, MS/9),4;67;该信是一系列信件的组成部分。

〔12〕 有关国外的参考文献,参看 Gloria Flaherty,《非规范的科学:18 世纪的文艺复兴思潮的残存》(The Non-Normal Sciences: Survivals of Renaissance Thought in the Eighteenth Century),载于 Christopher Fox、Roy Porter 和 Robert Wokler 编,《创造人文科学:18 世纪的学术领域》(*Inventing Human Science: Eighteenth-Century Domains*, Berkeley: University of California Press, 1995),第 271 页～第 291 页。关于美国,有一项很有影响的研究,参看 Herbert Leventhal,《在启蒙运动的阴影下:18 世纪美国的神秘主义和文艺复兴式的科学》(*In the Shadow of the Enlightenment: Occultism and Renaissance Science in Eighteenth-Century America*, New York: New York University Press, 1976)。

〔13〕 尽管它能流行,并且对于理解后来有关生命的争论比较重要(比如在《弗兰肯斯坦》[*Frankenstein*]中),但是,有关电医学的文献还是比较少:Margaret Rowbottom 和 Charles Susskind,《电学与医学:它们相互作用的历史》(*Electricity and Medicine: History of their Interaction*, San Francisco: San Francisco Press, 1984),第 1 页～第 54 页;Geoffrey Sutton,《电医学和催眠术》(Electric Medicine and Mesmerism),《爱西斯》(*Isis*),72(1981),第 375 页～第 392 页;Simon Schaffer,《不证自明》(Self Evidence),第 68 页～第 78 页,载于 James Chandler、Arnold I. Davidson 和 Harry Harootunian 编,《证据问题:超越学科的证明、实践和信仰》(*Questions of Evidence: Proof, Practice, and Persuasion across the Disciplines*, Chicago: University of Chicago Press, 1994),第 56 页～第 91 页。

〔14〕 有关法国的占卜,参看 Luca Ciancio,《反占卜的兴起:图弗内尔与"十年战争"》(La Resistibile Ascesa della Rabdomanzia: Pierre Thouvenel e la "Guerra di Dieci Anni"),《交叉领域》(*Intersezione*),12(1992),第 267 页～第 290 页;有关手势学,参看 James R. Knowlson,《17 世纪和 18 世纪作为一种共同语言的手势学》(The Idea of Gesture as a Universal Language in the XVIIth and XVIIIth Centuries),《思想史杂志》(*Journal of the History of Ideas*),26(1965),第 495 页～第 508 页。

做出了引申过甚的解释,致使他们的结论居然反映出启蒙运动妄想成立秘密的国际组织。[15]

已经完成的有关边缘化活动特征以及事件的独立研究揭示出这种活动显著的多样性,从而证明了从历史背景角度对它们进行研究的重要性。诸如动物磁性说和占星术这样的活动在法国、英格兰和德意志是非常不同的,因为它们是否被接受,取决于当地人对诸如宗教、政治和妇女角色的态度。本章将集中论述 5 个边缘化活动的事例,以说明在它们被排斥的过程中社会历程所起的重要作用。我将对具体情况进行讨论,因为只有考虑到所在地的事件,才有可能证明边缘化的过程是如何在文化方面形成的;不管用何种方法,我选择的这 5 个例子都能够广泛地呈现分析的方法与历史的变迁。

动物磁性说

动物磁性说是一种治疗技术,在它的创始人弗朗茨·梅斯梅尔(1734～1815)之后,常常被称为催眠术,它是一种主要的不可信的学说,最近获得了历史学家们的同情。信奉动物磁性说的医师(Animal magnetizers)总是说他们能够对循环于病人体内磁性流(magnetic fluid)或神经流(nervous fluid)进行重新分布,从而达到治疗慢性疾病的效果,并常常诱发类似昏睡的状态;除此之外,他们还推销各种各样的技术手段。在赢得了数年的好名声之后,梅斯梅尔本人遭到官方的调查,并被宣布为不合法,但是,他的追随者们发展并传播了他的思想,使之在欧洲和美国各地再次出现,并一次又一次地受到欢迎。

作为大量研究的主题,动物磁性说的例子证明了政治利益与决定何种知识为有效知识之间存在着密切的关联。[16] 罗伯特·达恩顿在其开创性的阐释中,把法国的催眠术描述成一种类似于热气球运动那样的科学时尚,认为它为那些支持迷信超越启蒙运动唯理性的民主改革者们提供了一种新的世俗信仰。通过对巴黎以及其他各省的活动和宣传进行详细分析,他指出:催眠术是一种医学时髦,是激进分子用来传达他们的思想、鼓动公众不满情绪的一种手段。历史学家已经开始对动物磁性说传入其他国家

[15]　Clarke Garrett,《可敬的荒唐事:法国和英格兰的千禧年信奉者与法国大革命》(Respectable Folly: Millenarians and the French Revolution in France and England, Baltimore, MD: Johns Hopkins University Press, 1975); John M. Roberts,《秘密社团的神话》(The Mythology of the Secret Societies, London: Secker & Warburg, 1972); M. Keith Schuchard,《共济会、秘密社团和英语文献中神秘主义传统的连贯性》(Freemasons, Secret Societies, and the Continuity of the Occult Traditions in English Literature, Ph. D. thesis, University of Texas at Austin, 1975); Margaret C. Jacob,《激进的启蒙运动:泛神论者、共济会会员和共和党人》(The Radical Enlightenment: Pantheists, Freemasons and Republicans, London: Allen & Unwin, 1981)。这些著作包含了有关的第一手材料,是很好的资源,尽管其中的解释有争议。

[16]　最重要的研究有:Robert Darnton,《催眠术与法国启蒙运动的终结》(Mesmerism and the End of the Enlightenment in France, Cambridge, MA: Harvard University Press, 1968); Alan Gauld,《催眠术史》(A History of Hypnotism, Cambridge University Press, 1992),第 1 页～第 123 页。有关文献的讨论,参见 Patricia Fara,《一种具有吸引力的疗法:18 世纪英格兰的动物磁性说》(An Attractive Therapy: Animal Magnetism in Eighteenth-Century England),第 127 页～第 131 页,《科学史》,33(1995),第 127 页～第 177 页,这是研究的基础。

进行了探讨；他们通过比较不同文化背景下催眠术被边缘化的过程，证实了催眠术的政治化性质。[17] 这里，我将比较启蒙运动后期法国和英格兰的信奉动物磁性说的医师的命运，以说明从历史角度研究边缘化活动的重要性。

在法国，政府通过对研究项目的资助和对医疗市场的控制，在科学和医学革新中起着相当大的作用。18 世纪 80 年代初，受负责监管的王家医学学会委托的两位调查人，报告了他们对磁性说医师的主张进行的调查，其中也包括梅斯梅尔，他已于 1778 年将他的医疗活动从维也纳转移到了巴黎。他们高度评价了把磨成各种不同形状的磁铁绑在身体的疼痛部位所具有的治疗和镇静作用，并建议做进一步的研究。

梅斯梅尔本人从这种把磁铁当做治疗装置的平淡无奇的用法转向一种更具隐喻性的普遍磁性流的意象。[18] 他那种充斥着音乐的时髦沙龙之所以能吸引富有的顾客，其主要的特殊之处在于那个"浴盆"（baquet），一个橡木大桶，装满着磁性材料、磁化水和草本香料植物。顾客中以女性居多；她们为了吸收具有治疗功能的磁力，握住凸出的铁棍，并痛苦地让绳索缠绕着肢体。梅斯梅尔也单个地治疗病人，他的双手在她们全身移动，同时专心地注视着病人的双眼，用以治疗类似于痉挛或精神恍惚这样的危象。尽管梅斯梅尔的理论解释说他是在改变人体内的普遍磁性流的方向，但是这些梦游症患者的经历常常引发出对性侵犯的指控。梅斯梅尔与从前的追随者——特别是夏尔·德隆——发生过争吵，并成为对手，但他享受过几年的好名声。1784 年，一个名义上由本杰明·富兰克林领导的官方调查公开奚落梅斯梅尔的疗效言论，对他表示了不信任，虽然那些未公开的文件还显露出更多关于不正当性行为的忧虑。

梅斯梅尔逃到了伦敦，但由于科学家倒向他们那些闻名遐迩的巴黎同僚的裁决，梅斯梅尔未能获得他们的支持，不久便返回欧洲大陆。达恩顿率先展示了催眠术随后如何传遍了大革命时期的法国，并且往往是通过那些迷恋神秘主义的人的共济会网络加以传播。在那些区域性中心，激进的倡导者发展了他们自己的动物磁性说版本，因为他们追求一种不但民主而且科学的药物，吸引着忠实的狂热者，他们完全不同于那些在梅斯梅尔强大的注视之下神魂颠倒的富有的大都市主顾们。

虽然动物磁性说在整个法国兴盛起来，并顺利地进入了 19 世纪，但在英格兰，它却只在大都市中流行了一小段时间。与法国的情况形成对照的是，由于自然哲学与私

---

[17] 比如，Heinrich Feldt，《催眠术中的"力"的概念：从文艺复兴时期起物理学上力的概念的发展及其对 18 世纪医学的影响》（Der Begriff der Kraft im Mesmerismus: Die Entwicklung des physikalischen Kraftbegriffes seit der Renaissance und sein Einfluβ auf die Medizin des 18. Jahrhunderts, Ph. D. dissertation, University of Bonn, 1990）；Joost Vijselaar，《动物磁性说在荷兰的接受史》（The Reception of Animal Magnetism in the Netherlands），载于 Leonie de Goei 和 Joost Vijselaar 编，《第一届欧洲精神病学史与心理健康保健大会论文集》（Proceedings of the 1st European Congress on the History of Psychiatry and Mental Health Care, Rotterdam: Erasmus Publishing, 1993），第 32 页～第 38 页；James E. McClellan，《殖民主义与科学：旧体制中的圣多明哥》（Colonialism and Science: Saint Domingue in the Old Régime, Baltimore, MD: John Hopkins University Press, 1992），第 163 页～第 200 页；Fara，《一种具有吸引力的疗法》和 Fara，《感应吸引力》，第 193 页～第 207 页。

[18] Robert G. Weyant，《原科学、伪科学、隐喻和动物磁性说》（Protoscience, Pseudoscience, Metaphors and Animal Magnetism），载于 Marsha Hanen、Margaret Osler 和 Robert Weyant 编，《科学、伪科学和社会》（Science, Pseudo-science and Society, Ontario: Wilfrid Laurier University Press, 1980），第 77 页～第 114 页。

人商业冒险之间的紧密联系,英国贤明的(philosophical)创业者更关注的是磁体对于航海的实用价值,而不是抽象地研究它的性质;同样地,从业的医生可以在不受政府控制的多元市场中为争取病人而展开公开竞争。只有到了1784年,英国的信奉动物磁性说的医师才把他们的新疗法介绍到一个有利的消费环境中,然而所面对的与其说是对原有的磁疗颇有印象的消费者,还不如说是由于官方调查谴责梅斯梅尔是一个骗子而受到阻力的怀疑者——这与在巴黎的早期境遇是不同的。

在伦敦,竞争的信奉动物磁性说的医师们调整了在法国使用的方法,为新奇的疗法争取各种不同的市场。比如,在考文特花园(Covent Garden),约翰·贝尔试图再造梅斯梅尔沙龙用橡木"浴盆"营造的装满钱的磁性气氛(the magnetic money-laden ambiance),然而,一位训练有素的外科医生兼助产士约翰·德梅因奥迪克使得贝尔黯然失色,德梅因奥迪克精明地选择住在时髦的布卢姆斯伯里(Bloomsbury)。他把巴黎人的指责转变为他的优势,通过断绝与梅斯梅尔以及天然磁铁的所有关系而得以兴旺发达。他的演讲和治疗反映了当时复归自然循环和平衡的医学主张,吸引了有闲的贵族和刚刚富裕起来的贵格会实业家(Quaker industrialist)以及一些热衷于神秘活动的风雅之士。

德梅因奥迪克以及他那些名气稍逊的竞争者受到众多批评家的诋毁,但与法国不同的是,激进的狂热者对于采取行动并没有多大兴趣。相反,因为"动物磁性说"(一出成功而夸张的闹剧的标题)最终成为象征公众受骗的符号,形形色色的辩论家把它当做一种在各类辩论中用以攻击对手的工具。启蒙理性主义者宣称精英们有责任保护容易上当的妇女和没有受过教育的群众,不同的宗教教派相互指责对方窝藏信奉动物磁性说的医师,针对磁性,辉格党(Whig)和托利党(Tory)以同样的方式发表政治立场相左的讽刺文章。由于动物磁性说是从法国进口的,所以在大革命之后,在意识形态论战中对它进行的谴责(condemnatory import in ideological controversy)就变得强烈起来了。当时突然冒出的一些匆忙出版的小册子把它说成是一种颠覆性的活动,说它会造成社会动荡,导致了唯物主义哲学以及外来的轻浮举动——一种源自**反基督教的无神论帝国——法国**的"魔鬼的实践"。[19] 从表面上看,英国的信奉动物磁性说的医师被驱逐了,然而,他们清楚地表达了当时人们对于身心关系的关注,而浪漫主义的作家们则在磁铁的意象中注入了对个人具有吸引力的新内涵。

通过以上对法国和英格兰的比较研究,可以看出从直接的历史背景中对边缘化活动进行彻底分析的价值。通过重现当时人们是如何理解它们的,历史学家不仅可以更加深刻地理解那些曾经一度被认为是确信无疑的科学,而且对同一时代人的各种各样的态度也有了新的了解。

[19] 《超自然杂志》(*Supernatural Magazine*, 1809),第8页。

相面术

在其自我推销的文献中,一些信奉动物磁性说的医师通过声称自己的医术是先前治病术士的延续,以此确定他们的治疗的权威性;而且,他们还得益于传统上对磁铁与性吸引以及治病药物的联想。然而,从本质上看,梅斯梅尔的治疗方法是新的:他的"浴盆"以及其他有磁性的设备依赖于最新的永久磁铁技术,他的理论来自牛顿的万有引力模型。与此形成对照的是,相面术(根据人的外表判断其性格的学说)是一种古老的系统,它是瑞士的牧师约翰·卡斯帕·拉维特(1741~1801)在本世纪的最后30年里使之凸现出来的。[20] 早在拉维特发表自己的思想之前,他的同僚们就已经把他看做是一个天才的相面术士了;基于前人的工作,他的思想清楚地表达了当时人们对于如何洞悉一个个体的真实性格的关注。与梅斯梅尔不同,拉维特的影响主要是通过他的出版物而非他的活动加以传播的。尽管对于他的相面术的态度在不同国家各不相同,并且随时间而改变,但是他的著作广为人知,并普遍赢得很高敬意。虽然我们今天可能会把相面术与催眠术一起归结为一种不可信的甚至是可笑的信仰,但是,许多18世纪的著作家都非常严肃地将其当做一门有着悠久历史的有用科学,一门拉维特为之做出了重要贡献的科学。例如,历史学家常常引用罗伯特·骚塞针对动物磁性说所做的长篇谴责,但是,当这个启蒙时期的理性主义者访问里斯本时,他对那些做苦工的人进行了考察,"用一种相面术的眼光察看他们是否不同于其他人"。[21]

对于人的外观的了解是人与人相互作用的基础:我们都是根据人的面孔推断其心情和性格,我们甚至授予动物或云朵拟人的特性。亚里士多德关于人的相貌特征与道德倾向相关联的论述,虽然不是最早提出,但是影响了此后许多试图解释直觉的人,为其提供了系统的依据。从11世纪开始,欧洲的相面术与医学、占星术紧密地联系在一起,但著作家们则日益强调其与艺术的相关性。18世纪的人们对此兴趣日益增长,并且发生了变化:基于新的人体解剖学方法和实验方法,几位医生发表了针对相面术所做的详细研究;同时,美学理论家比较了理性与想象的方法对于艺术作品所起的作用,

---

[20] 最为全面的叙述有 Graeme Tytler,《欧洲小说中的相面术:面相与运气》(*Physiognomy in the European Novel: Faces and Fortunes*, Princeton, NJ: Princeton University Press, 1982),第3页~第165页。也可参看 John Graham,《拉维特的相面术文集:思想史的一种研究》(*Lavater's Essays on Physiognomy: A Study in the History of Ideas*, Berne: Peter Lang, 1979); Roy Porter,《相面:18世纪英格兰的相面术及时尚》(Making Faces: Physiognomy and Fashion in Eighteenth-Century England),《英国研究》(*Etudes Anglaises*),38(1985),第385页~第396页;Michael Shortland,《被讨论的身体:与性格有关的身体的感知、问题和看法(约1750~1850)》(The Body in Question: Some Perceptions, Problems and Perspectives of the Body in Relation to Character c. 1750—1850, 2 vols. Ph. D. thesis, University of Leeds, 1984); E. H. Gombrich,《论人相感知》(On Physiognomic Perception),载于《木马上的冥想录与关于艺术的其他论文》(*Meditations on a Hobby Horse and other Essays on the Theory of Art*, London: Phaidon, 1963),第45页~第55页。

[21] Robert Southey,《英格兰来鸿》(*Letters from England*, London: Cresset Press, 1951),J. Simmons 编,第304页~第319页,以及1800年5月23日给他弟弟的信,载于 Charles Southey 编,6卷本《罗伯特·骚塞的生平与书信往来》(*The Life and Correspondence of Robert Southey*, London: Longman, Brown, Green, and Longmans),第2卷,第68页~第74页(引文在第73页)。

并且探讨了身体特点与精神特点之间的相互关系。尤其是在法国,小说家根据相面术原理描述了两类虚构的人物:理想化的女主人公与丑陋的恶棍和怪人。

拉维特把相面术视为一种事先设计好的神学研究——正如他的多卷本《相面术文集》(*Essays on Physiognomy*, 1775~1778)的完整标题详细说明的——帮助人们相互理解、彼此相爱。[22] 通过系统阐述研究身体和面孔的精确规则,他试图帮助那些实践相面术的人直觉地感知到道德上和智力上的特征。他的著作包括了对名人肖像以及人物、动物剪影和画像的分析,还包括对用以说明特殊类型的个体容貌的分析。比如,他推断德尼·狄德罗的前额不仅显示了他的智慧,而且还有他的温文尔雅与缺乏进取心,而威廉·冯·洪堡的前额则暴露出他的倔强。大象鼻子的柔韧性显示出这种动物的谨慎,撒旦(Satan)的鼻梁表明暴力,软弱下垂的眼睑往往会破坏表现自豪和勇气的眼睛。拉维特关注睡眠者的面孔,寻找人相的本质特性,并且宣扬,脸色(更确切地说是病症学的问题)流露的只是暂时的情感。通过针对内心实在所做的相面术研究,拉维特声称,上帝所创造的每个人都是独一无二的,个体的每一部分,一直到神经和血液,都包含着整体的特征。

拉维特的相面术立刻在整个欧洲获得了巨大的成功,尽管后来它在法国和英格兰要比在德语国家更为流行。1775 年至 1810 年间,拉维特的《相面术文集》出版了 55 个不同版本和译本;他的密友富泽利还与威廉·布莱克合作,为富有的消费者或新书俱乐部成员出版了一种带有插图的英文版。它印制得非常漂亮,还包括精美的雕版图;还有数不清的删节本和书评,这意味着每一个有文化的人肯定都熟悉拉维特的思想。一家杂志报道说:"若不先将一个年轻的男雇员或女雇员的面部线条和特征与拉维特的描述及其雕版图加以**仔细**对照,他或她……几乎很难被雇用。"[23]

尽管拉维特的支持者写了对其有利的书评,但是,批评者则指责他的著作不够系统,并嘲笑他所谓已经把相面术变为一门科学的说法。最严厉的讽刺者是自然哲学家格奥尔格·克里斯托夫·里希登伯格,他更多地是信任病症学,而不是相面术,他还认为,行为要比外表更能显示出性格。杰出的托利党女学者汉娜·莫尔长期关注未受教育者的精神健康,她向她的朋友霍勒斯·沃波尔诉说道:"我们空自夸了一场……以为哲学已经摧毁了所有偏见、无知和迷信的堡垒;然而就是在这个时候……拉维特的相面术著作居然卖到了 15 个畿尼一套。"[24]

对于拉维特的著作,尽管反应不一,但是,小说家们针对他们虚构的人物,发展出更加微妙的相面术描写,反映了带有自知之明以及真实性的浪漫主义偏见。19 世纪上

---

[22] Johann Caspar Lavater, 4 卷本《促进鉴别人的能力和人类之爱的相面术》(*Physiognomische Fragmente zur Beförderung der Menschenkenntniss und Menschenliebe*, Leipzig, 1775—8)。

[23] 参见《绅士杂志》(*Gentleman's Magazine*),引文见 Graham,《拉维特的相面术文集》,第 61 页,带有错误的参考资料。

[24] 1788 年 9 月给 Horace Walpole 的信,载于 W. S. Lewis, 48 卷本《霍勒斯·沃波尔书信集(耶鲁版)》(*The Yale Edition of Horace Walpole's Correspondence*, London: Oxford University Press, 1937—83),第 31 卷,第 279 页~第 281 页(引文在第 280 页)。

半叶,出现了越来越多有关相面术和病症学的文本,其中有许多与正在兴起的颅相学联系在一起,后者是根据头盖骨形状判断人的性格。虽然许多现代历史学家把相面术贬为伪科学,但在 18 世纪末,它不仅仅只是一种流行的时尚,而且还是就其未来发展前途展开过激烈学术争论的主题。

占星术

拉维特声称完善一套古老体系的方法在于更加精确地表述其基本原理,但他想把相面术与同样根深蒂固的占星术活动彼此分离开来。与相面术的命运相反,占星术早在 18 世纪初就被辩论家们边缘化了,尽管时至今日,在精英们合法的话语之外,各种不同版本的占星术仍然残存。今天,哲学家和科学家在提到占星术时,通常将之看成一门典型的伪科学,因为它无法提出富有意义的预言而必然声誉扫地,同时历史学家则热衷于证明影响占星术活动发生变化的文化压力。

正如其他被边缘化的活动一样,占星术没有固定的定义,但是,一般而言,这个术语指的是专门解释天上的星星对于人或地球的意义的知识体系。为了从文化意义上说明对这种信仰的坚持是如何被定位的,我将以英格兰为例进行讨论,这是表现这门古老知识如何在政治和社会变迁中发生变化的最好的研究课题。[25]

英国的占星术在 17 世纪中期的动乱中达到顶峰。天上出现的罕见事件被看做是神秘力量显灵,而对政治感兴趣的占星家则通过历书以及其他廉价书籍提供有关未来的知识。但在王朝复辟时期之后,占星活动转而面临着一个双重的压制:政治家设法控制这个激进的有威胁的东西,而研究星学的哲学家们则试图取代占星家的权威,并担当起强有力的公众角色。在经过了一个短暂的危机和不成功的改革尝试之后,占星术在整个 18 世纪一直保持着稳定不变。占星术有三种基本类型,它们在方法、吸引受众及其历史模式方面各不相同。

首先在受欢迎的程度上,占星家通过表达农村劳动者和城市工匠所坚信不移的星界信仰(astral beliefs)而得以发迹。由于这些人的生活受到季节的严密制约,他们试图从令人惊奇的异样星光中寻找信心,寻找有关气候和他们身体健康的更为常规的信息。基于对月亮和太阳所做的相对简单的分析,受欢迎的占星家们做出他们的预言,并且常常对把迷信看成是无知的说法进行抨击。在这个世纪中期,可能有 1/3 左右的人口读过他们的历书;迄今为止,最为成功的(顺利进入下一世纪的)要数《摩尔的恒星之声》(*Moore's Vox Stellarum*),以及连续印刷了 10 次以上的《绅士杂志》(*Gentleman's*

498

[25] 最全面的论述是 Patrick Curry,《预言与力量:近代早期英格兰的占星术》(*Prophecy and Power: Astrology in Early Modern England*, Cambridge: Polity Press, 1989)。也可参看 Simon Schaffer,《牛顿的彗星和占星术的改变》(*Newton's Comets and the Transformation of Astrology*),载于 Patrick Curry 编,《占星术、科学与社会:历史论文集》(*Astrology, Science, and Society: Historical Essays*, Woodbridge: Boydell Press, 1987),第 219 页～第 243 页。

Magazine）。

神断占星术（judicial astrology）*需要有更为复杂的解释能力和天文学能力，并且要为特定的场合提供所画的星象（行星位置图）。除了需要用复杂的数学计算标出星体的位置，神断占星家（judicial astrologer）还必须掌握一大堆有关行星影响的复杂理论。占星术从业者包括像威廉·斯图克莱这样有绅士风度的古文物研究者，但更具代表性的是自学成才的观测家或数学家，他们大都生活在英国中部地区。比如，约翰·坎农是一个收税官，从事一项雄心勃勃的学术阅读计划，但也迷恋于占星术著作，抄录文本和复杂的图表。正如同时代的许多人，他觉得自然的世界与人的世界是密切联系在一起的，具有哲学头脑的天文学家无法解释上帝作为信息发送的激动人心的天象。因此，宗教预言家把壮观的北极光看做是"一面由于神的怨恨而被悬挂在有罪世界之上的**血腥旗帜**"。[26] 像坎农这样有教养的外地人是从更高的社会阶层中相对独立出来的，但随着大都市的价值观蔓延到全国各地，传统合法的占星术也衰落下去。取而代之的是像弗朗西斯·巴雷特和埃比尼泽·西布利这样的人出版的一类新的出版物，使得维多利亚女王时代的中产阶级开始领略一种混合了科学和巫术的占星术。[27]

第三种类型是哲学的或宇宙论的占星术，它依赖于当时的天文学测量和理论，但其根源在于神学化的自然哲学。自然知识的制造者用牛顿哲学的语汇重新表述了早先占星术所讨论的宇宙的结构、功能和统治方式。通过创立描述彗星轨迹以及其他异样现象的定律，他们声称可以预知那些在过去被预言为灾难的事件。不过，他们也讨论行星和彗星对人的生命和健康的影响，推测它们是否有人居住。正如自然哲学一样被看做是合法的，这些占星术的思想通过日益增多的图书和演讲在广大的受众中流传。例如，理查德·米德根据牛顿的学说认为，太阳和月亮影响地球的大气，因而可以解释像癫痫和月经这样有周期性的现象；这些观点经常被重新发表，并为梅斯梅尔的磁理论提供依据。[28]

这项分析通过揭示占星术活动的变化与当地社会变迁以及中产阶级（他们起初接

＊　按照研究对象不同，占星术（Astrology）主要分为两大类：natural astrology 和 judicial astrology，前者根据星象预言潮汐、日食、月食等自然现象，而后者则将天象诠释为上天的旨意与神的暗示，这里 judicial 取其在神学中的含义。故译为"神断占星术"（judicial astrology）。——校者

〔26〕 John Money，《集市中的教义：18 世纪英格兰地方的知识传播》（Teaching in the Market-Place, or "Caesar Adsum Jam Forte: Pompey Aderat": The Retailing of Knowledge in Provincial England during the Eighteenth Century），载于 John Brewer 和 Roy Porter 编，《消费和商品世界》（*Consumption and the World of Goods*, London: Routledge, 1993），第 335 页～第 377 页；James Hervey，2 卷本《沉思和凝视》（*Meditations and Contemplations*, Paisley，1774），第 2 卷，第 54 页。

〔27〕 Francis Barrett，《占星家或天上的智者：一种完整的神秘主义哲学体系》（*The Magus, or the Celestial Intelligencer; Being a Complete System of Occult Philosophy*, London: Lackington, Allen & Co, 1801），第 3 页～第 11 页，第 142 页～第 176 页；Allen G. Debus，《科学真理和神秘主义传统：埃比尼泽·西布利（1751～1799）的医学世界》〔Scientific Truth and Occult Tradition: The Medical World of Ebenezer Sibly (1751—1799)〕，《医学史》（*Medical History*），26（1982），第 259 页～第 278 页，尤其是第 265 页～第 268 页。

〔28〕 Michael J. Crowe，《地球外生命的争论（1750～1900）》（*The Extraterrestrial Life Debate 1750—1900*, Cambridge University Press, 1986）；Frank A. Pattie，《梅斯梅尔的医学论述及其对米德的罪过》（Mesmer's Medical Dissertation and Its Debt to Mead's De Imperio Sollis ac Lunae），《医学史杂志》（*Journal of the History of Medicine*），11（1956），第 275 页～第 287 页。

受贵族意识形态观念）的出现之间关系是如何密切，为英国的占星术提供了一个连贯的历史。有关从历史的角度研究被边缘化活动的必要性，还可以通过与法国的比较，包括与其强大的中央集权的宗教和政治控制相比较，得到进一步的显示。在那里，占星术同样对于自然哲学来说，也是适当的，但是到了 17 世纪末，它在较为广泛的大众层面上迅速地减弱下去；在启蒙运动时期的启蒙思想家盛行时期，一般占星术再次成为历史研究的主题，而不是后来复兴的某种不错的（a middling）神断占星术。[29]

炼金术

18 世纪最重要的炼金术士是牛顿。这个在 50 年前看起来几乎还是亵渎神明的简单陈述句，不仅清楚表明历史学家是如何果断地重新评价他们对于牛顿的看法，而且也说明了对边缘化活动的敏感研究这一方式何以能够增强我们对于科学史的理解。启蒙时期的修辞学家把炼金术贬低为神秘主义的迷信，是生活在过去时代的神秘怪人的保护区，而且还嘲笑那些试图通过中止凭纸币进行现金支付、把纸转化为黄金的"政治炼金术士"。然而，现在的学者则把炼金术看做是某个科学大英雄（指牛顿——校者）的思想基础。

尽管 18 世纪英格兰的一流自然哲学家没有认识到这一点，但是他们发展了在炼金术范围内加以阐明的理论。这个被放逐到合法科学外围的自相矛盾的传统中心，凸现出采用刻板的认识论界线对科学活动进行划界的错误。与占星术和动物磁性说一样，由于与更正统的实验方法之间有着模糊的联系，炼金术激起了批评家之间的激烈对抗。英国中部地区画家约瑟夫·赖特在他 1771 年的绘画中概括了启蒙时期科学这种使人困惑的情形：《研究哲人石的炼金术士发现磷，祈求他的工作能够获得成功的结论，一如古老的化学占星家的习惯一样》（The Alchymist, in search of the Philosopher's Stone, discovers Phosphorus and prays for the Successful Conclusion of his Operation, as was the Custom of the Ancient Chymical Astrologers）。满怀希望的炼金术士跪在一瓶发光的磷前，磷光照亮了他那拥挤的实验室，他仰望着苍穹祈求指引。正如赖特其他那些描绘实验演示和铁匠铺的图片，人造光线的中央使人回想起圣像雕塑，然而，这种化学冷光又弥散于世俗的光亮和神的稍纵即逝之间。这个只顾自己的哲学家躲在他的柏拉图洞穴里，忽视了透过哥特式门窗的上帝的自然月光，而宁可沿着虚构的道路朝着一个难以实现的目标前进。[30]

无论是炼金术的倡导者，还是它的诋毁者，或是炼金术史的学者，他们都用不同的

[29] Jacques E. Halbronn，《占星术史上的转化与批评的启迪过程》（The Revealing Process of Translation and Criticism in the History of Astrology），载于 Patrick Curry 编，《占星术、科学与社会：历史论文集》，第 197 页～第 217 页。
[30] Ronald Paulson，《象征与表现：18 世纪英国艺术的意义》（Emblem and Expression: Meaning in English Art of the Eighteenth Century, London: Thames and Hudson, 1975），第 184 页～第 203 页。

方式解释这个术语。它有各种不同的重要目的,包括把贱金属转变为银和金,生产出珍珠以及其他贵重物品,并且调制出治病的药物,尤其是宣称可以延长寿命的仙丹妙药;此外,一些学者认为,炼金术是把不完善的人的灵魂转换成一种精神实体的努力。炼金术士有着共同的信仰,认为所有可见的物质都是以一种基本物质为基础的;因此就有可能将铅变成黄金,或者用一种矿物或植物的衍生物治愈人体。有一种生长力(vegetative force)支配着生长——种子和胚胎的生命成长以及矿物与金属的形成;同样,人体及其灵魂与这些金属有关,而且,炼金的过程还会受到星象的影响。炼金术士认为自己继承了神所启示的一种天机不可泄露的技术。

501

　　牛顿在他的大部分职业生涯中,四处搜寻炼金术的文献,搜集了大量的记录,并且亲手抄录整篇文章。他埋头于紧张密集的实验周期中,并就他的发现撰写了大量的报告。他试图找到炼金术士有关普遍生命灵魂(universal animating spirit)的证据,通过这些证据,他相信上帝不断地在影响世界:对他来说,通过他对以太的思索,万有引力、炼金术和上帝是紧密联系在一起的。牛顿对于炼金术的追求并不从属于他的自然哲学,而是构成了他的宗教努力的一个基本组成部分,他致力于从尽可能多的方面研究上帝的活动。[31]

　　牛顿的炼金术著作从未发表过,而且任何有关他在这类问题上有所爱好的意见统统遭到了有组织的压制。之所以隐瞒牛顿的炼金术活动,原因在于牛顿科学日益成为神圣不可侵犯的大厦,它与边缘化活动之间的分界线不断扩大。启蒙时期的这一回避,意味着今天很难在英格兰找到大量残存的有关炼金术士的证据。正如这个世纪中期的一位翻译家所叙述的:“通过那种途径,炼金术士的数量近年来急剧增加,……尽管他们努力隐瞒自己……以避免受到那种嘲笑,这种情况通常出现在神秘科学的教授身上。”把炼金术文本的新译本吹捧为具有历史意义的编辑们,可能一直会设法满足这类隐蔽的狂热者的需求。[32]

　　然而,历史学家设法找回更加接近这个世纪末的、与某些个体有关的大量信息,能够间接地表明通过对外联系来加强局部的连续性。在日耳曼语国家中,游历四方的炼金术士在传统上已经被归并到宫廷文化之中,他们答应用经济获益来换取君主对他们炼金术活动的庇护。炼金术士的活动越来越隐蔽,但是,哈雷(Halle)的一位神学教授约翰·塞姆勒因出版有关魔鬼附身、炼金术药物以及把贱金属变成黄金的畅销书而获得成功。欧洲最著名的启蒙时期炼金术士是圣热尔曼伯爵,这是一位有神授超凡能

[31]　Betty Jo Teeter Dobbs,《天才的两面:炼金术在牛顿思想中的作用》(*The Janus Faces of Genius: The Role of Alchemy in Newton's Thought*, Cambridge University Press, 1991);要查找此文献的参考资料,见第1页~第4页。

[32]　引自 Joannes Henricus Cohausen 的《隐士的再现:战胜老年和死亡的高人》(*Hermippus Redivivus: or, the Sage's Triumph over Old Age and the Grave*, London: for J. Nourse, 1744)未标出页码的前言;Camillus Leonardus,《石镜:映照出200多种不同宝石、珍石、奇石的本性、形成、特性、优点和品种》(*The Mirror of Stones: in which the Nature, Generation, Properties, Virtues and Various Species of more than 200 Different Jewels, Precious and Rare Stones, are distinctly Described*, London: for J. Freeman, 1750),第 vii 页~第 xiv 页。

力、有见识的博学者,他广泛游历,受到包括路易十五宫廷在内的最上层社会的赞许。也许因为是西班牙籍犹太人的后裔,他隐瞒自己的出身,并谎称他已经发现了长生不老药,而且自己已经活了好几百岁。除了他具有炼金术的专门技艺之外,他还是个有经验的化学家和音乐家,并且受雇于几个从事外交间谍活动的使团。哈伊姆·施穆尔·福尔克是伦敦最著名的开业炼金术士。作为犹太移民,他具有治疗疾病的才能,能够表演貌似奇迹的技艺,这些都令德意志贵族感到震惊。这个被称为法尔孔(Falkon)医生的富有隐士过着朴素的生活,并且因为他的炼金术以及玄妙的专长而蜚声国际。[33]

502

　　普赖斯——被班克斯讽刺为倒霉的"吉尔福德的帕拉塞尔苏斯"——并不是王家学会中唯一的炼金术实验者:著名化学家彼得·沃尔夫把自己坚持不懈寻找长生不老药的失败归咎于精神准备的不充分。这两个人看来属于这个世纪末活跃于伦敦的某个神秘主义狂热者的小圈子,这个小圈子的成员还包括威廉·布莱克、理查德·考思威和菲利普·雅克·德·鲁斯伯格。有关他们的活动,残存下来的证据常常是模糊不清的,尽管怀疑者谣传鲁斯伯格的妻子因嫉妒而砸碎了他的坩埚,但是要了解他们之中有多少人真正从事炼金术活动却是很困难的。正如他们在犹太教神秘主义、炼金术和催眠术方面的兴趣一样,这些人也特别迷恋于瑞典神秘主义神学家埃马努埃尔·斯韦登博格(1688~1772)的教义。作为一位传统的,并且受人尊敬的自然哲学家,斯韦登博格在瑞典生活了30年之后,经历了一场思想上的转变,并献身于对其形而上学的宗教信仰的阐述。他那些具有影响力的著作生动地描述了他对天国的幻想,并且详细论述了一种新柏拉图主义的宇宙论,这种宇宙论依据对《圣经》的解释,把物质世界设想为一个永恒的、神性的发散物。在伦敦的斯韦登博格信徒的活动集中于新耶路撒冷教堂(the New Jerusalem Church),这是在他去世5年之后,由卫斯理公会派的布道者组织起来的。他的一些英国追随者也参与了国际的共济会网络,比如阿维尼翁学会(Avignon Society),这是一个神秘主义狂热者的团体,吸引了来自全欧洲的富有的绅士们。享有声望的成员包括当时身处犹太人神秘主义中心的波兰的撒迪厄斯·格拉比安卡伯爵和直布罗陀地方长官、王家学会会员、班克斯的表兄查尔斯·雷恩斯福德将军,他的笔记本中充斥着用三种语言书写的炼金术知识,并且详细抄录了图表和实验细节。[34]

---

[33]　Pamela H. Smith,《炼金术的营生:神圣罗马帝国的科学与文化》(*The Business of Alchemy: Science and Culture in the Holy Roman Empire*, Princeton, NJ: Princeton University Press, 1994);Raphael Patai,《犹太炼金术士:历史与原始资料》(*The Jewish Alchemists: A History and Source Book*, Princeton, NJ: Princeton University Press, 1994),第455页~第479页。

[34]　Garrett,《可敬的荒唐事》,第97页~第120页;Schuchard,《共济会、秘密社团和英语文献中神秘主义传统的连贯性》,第230页~第475页;N. L. Danilewicz,《"新以色列国王":撒迪厄斯·格拉比安卡(1740~1807)》("The King of the New Israel": Thaddeus Grabianka (1740~1807)),《牛津斯拉夫语文献》(*Oxford Slavonic Papers*),1(1968),第49页~第73页;Clarke Garrett,《斯韦登博格与18世纪末英格兰的神秘主义启蒙》(Swedenborg and the Mystical Enlightenment in Late Eighteenth-Century England),《思想史杂志》,45(1984),第67页~第81页。Wellcome Institute, London, MSS 4032—9。

一些有进取心的著作家想让炼金术思想影响更多的读者。巴雷特的《占星家》（*The Magus*）一直是 17 世纪末以来最著名的神秘主义著作。作为一本包装式样奇特的古代知识提要，它煞费苦心地吸引那些偏好神秘事物的读者。在对炼金术的古老传统进行了历史回顾之后，巴雷特规定了成功的炼金术士必需的合适行为，并且还在这些道德劝诫中插入了如何生长出黄金的说明。与此相反，西布利是一位称职的医生，他所撰写的一些著作把最新的科学和医学理论与一种更为古老的秘术观点结合在一起，这是一种和谐的活力论宇宙的观点，其中包括了炼金术的概念。西布利的著作虽然被他同时代的权威人士所忽略，但进入 19 世纪后却被一再出版。在大众层面上，他以这种方式保持了更多新柏拉图主义的精英作家对炼金术的兴趣，如对浪漫主义诗人颇有影响的托马斯·泰勒。[35]

哈钦森主义

18 世纪，牛顿的支持者非常成功地巩固了他的标准传统地位，以至于直到最近，历史学家们仍旧忽略他的炼金术活动以及对他的批评。占据了不同理论位置的自然哲学家认为把自己标榜为"牛顿学说的信奉者"是有益处的，而著作家们则运用宗教和军事战争的语汇描述了自封的牛顿"弟子"与笛卡儿信徒之类的哲学对立派之间的冲突。在英格兰，这些对立派有许多是属于高教会派的托利党人（High Church Tory），与一般的但决不是排外的带有辉格派自由主义（Whig Latitudinarianism）色彩的牛顿学说的信奉者联盟形成对照。例如，贝克莱主教以作为一位唯心主义哲学家而著名，但是在他的一生中，他的声望来自于他对牛顿微积分的攻击和他对唯物主义的宗教上的诅咒。在英格兰，最具攻击性的反牛顿学说者是哈钦森主义者，这是一个人数很少但却有影响力的团体，辩论家们在建构牢固的牛顿意识形态过程中，有效地将其边缘化。[36] 正统的牛顿学说掩盖了深植其中的差异，而这一学说的巩固是以社会协商为基础的，找

〔35〕　Barrett，《占星家或天上的智者：一种完整的神秘主义哲学体系》，尤其是第 51 页～第 70 页；Ron Heisler，《"占星家"的后面：弗朗西斯·巴雷特，不可思议的热气球驾驶者》（Behind "The Magus": Francis Barrett, Magical Balloonist），《五角星形》（*The Pentacle*），1（4）（1985），第 53 页～第 57 页；Debus，《科学真理和神秘主义传统：埃比尼泽·西布利（1751～1799）的医学世界》，第 263 页～第 265 页。

〔36〕　重要的文献有 Geoffrey Cantor，《启示与哈钦森的循环宇宙》（Revelation and the Cyclical Cosmos of John Hutchinson），载于 Ludmilla Jordanova 和 Roy Porter 编，《地球的形象：环境科学史文集》（*Images of the Earth: Essays in the History of the Environmental Sciences*, St Giles: British Society for the History of Science, 1978），第 3 页～第 22 页；《光与启蒙：18 世纪中期话语模式的探讨》（Light and Enlightenment: An Exploration of Mid-Eighteenth-Century Modes of Discourse），载于 David Lindberg 和 Geoffrey Cantor 编，《从中世纪到启蒙时期有关光的演讲》（*The Discourse of Light From the Middle Ages to the Enlightenment*, Los Angeles: University of California Press, 1985），第 67 页～第 106 页；Michael Neve 和 Roy Porter，《亚历山大·卡特科特：荣耀和地质学》（Alexander Catcott: Glory and Geology），《英国科学史杂志》，10（1977），第 37 页～第 60 页；Christopher B. Wilde，《18 世纪英国的哈钦森主义、自然哲学和宗教论战》（Hutchinsonianism, Natural Philosophy and Religious Controversy in Eighteenth-century Britain），《科学史》，18（1980），第 1 页～第 24 页；《18 世纪英国自然哲学中作为自然符号的物质与精神》（Matter and Spirit as Natural Symbols in Eighteenth-century British Natural Philosophy），《英国科学史杂志》，15（1982），第 99 页～第 131 页。有关进一步的参考书，参看 Fara，《感应吸引力》，第 24 页～第 30 页，第 210 页～第 212 页。

寻这些持不同意见者的资料,我们可以对这一社会协商过程有一个更为全面的了解。既然哈钦森主义在英格兰和苏格兰非常重要,那么,研究促成哈钦森主义者边缘化的过程就意味着有可能同时分析研究其他反牛顿学说的团体在英国及海外受压制的情形。[37]

尽管哈钦森的观点较为极端,但他提供了一个颇有价值的矫正方法,来消除那些对牛顿主义的唯理性做出的不经思索的即兴解释,而这些解释能在一个开明国家盛行无阻。他于 1724 年出版了《摩西原理》(*Moses's Principia*),这个具有对抗性的标题表明,哈钦森确信在牛顿的数学著作中无法找到自然真理——牛顿的数学著作只是"用来捕捉飞虫的圆周和直线的蜘蛛网(Cobweb of Circles and Lines to catch Flies in)"而已——自然真理存在于上帝口授的神圣经文中。[38] 哈钦森花了大量的功夫恢复纯正的希伯来版《圣经》,因为他相信,破解上帝传授的原文是通向了解自然界的根本道路。正像一群以威廉·劳和约翰·拜罗姆为中心的虔诚的贝赫蒙主义者(Behmenist)一样,哈钦森主义者相信,圣经的字句与相互缠结不清的物质意义和精神意义相互共鸣,所以比如说,《圣经》中的"地心引力(gravity)"这个词,也意味着上帝的荣耀(the glory of God)。对他们来说,圣经的语言把物质世界、人的世界和精神世界联结成一个复杂的隐喻性的网,以至于自然哲学的研究与神学的研究之间的联系是不可避免的。

哈钦森所设想的宇宙是一台受太阳驱动开始运转的巨大机器,由一种微妙流体的三种形式(火、光和精神)——类似神的三位一体,永续循环进行驱动。宇宙神圣流体的这三种表现形式,最初由上帝启动,通过直接的机械接触对普通物质产生影响。哈钦森反对牛顿的宇宙论,是基于神学上的原因。最重要的一点在于,哈钦森感到,通过真空起作用的万有引力定律假定存在着一种惰性物质的作用,因而减小了上帝的精神性与其创造的被动物之间的区别。他谴责牛顿与《圣经》的权威相抵触,并且认为牛顿把上帝与空间同等看待,要求上帝为了维持宇宙的均衡要始终发挥作用,从而进一步限制了上帝的能力。相反地,哈钦森的宇宙是一个自我维持的充满物质的空间,由推动力实现运动。牛顿的世界是一个动量不断减少的定向世界,而哈钦森所设想的是一个保存了全部物质和运动的封闭系统。与贝克莱和其他批评家一样,哈钦森否认抽象的数学推理能够产生出关于这个神创世界的有用知识,而且他认为,牛顿的方法论程序是倒置的:哲学家不是从观察物质世界来推断上帝的本性,而是应该通过研究上帝

[37] 关于法国的耶稣会士以及笛卡儿信徒的反抗,参见 François de Dainville,《耶稣会士学院中的科学教育》(L'Enseignement Scientifique dans les Collèges Jésuites),载于 René Taton 编,《18 世纪法国科学的教育与传播》(*Enseignement et Diffusion des Sciences en France au XVIIIe Siècle*, Paris: Hermann, 1964),第 27 页~第 65 页;James Evans,《反牛顿的维持现状者们的欺诈与幻想》(Fraud and Illusion in the Anti-Newtonian Rear Guard),《爱西斯》,87(1996),第 74 页~第 107 页。关于英国的贝赫蒙主义(Behmenism),参见 Simon Schaffer,《消费热情:商品世界的电学展示主持人和保守党的神秘主义者》(The Consuming Flame: Electrical Showmen and Tory Mystics in the World of Goods),载于 John Brewer 和 Roy Porter 编,《18 世纪的消费与商品世界》(*Consumption and the World of Goods in the Eighteenth Century*, London: Routledge, 1992),第 489 页~第 526 页。

[38] John Hutchinson, 12 卷本《新近亡故的真正博学之士哈钦森的哲学与神学新作》(*The Philosophical and Theological Works of the Late Truly Learned John Hutchinson*, London: for J. Hodges, 1748—9),第 5 卷,第 222 页。

神圣的经文来了解自然。

一个哈钦森支持者的小圈子出版了他的著作,通过通信的人际网络秘密传播他的思想。在他去世之后,这场运动在托利党把持的牛津大学聚集起了力量。著名的成员包括,后来成为牛津大学副校长兼诺维奇主教(Bishop of Norwich)的乔治·霍恩以及后来成为有影响的神学著作家的内兰德(Nayland)的威廉·琼斯,他与埃德蒙·伯克合写了一部小册子,还是两部自然哲学著作的作者。就他们的大部分生活经历而言,这些人否认忠于哈钦森,当时还将他贬为莫名其妙的宗教怪人。琼斯对于哈钦森与牛顿宇宙论的对抗进行了最系统的阐述,并且试图通过强调"自然的实验,就像《圣经》的文本,有可能按照解释者的先入之见作不同的解释",[39] 从而逐渐削弱牛顿学说的霸权。围绕着通过真空的引力所提出的神学问题,他坚持认为(正像与他同时代的许多非哈钦森主义者所认为的)使物质具有活力,会为唯物主义和无神论打开大门。在伦敦,琼斯的教义一直在托利党高教会派中具有影响,并延续至 19 世纪,而苏格兰主教派牧师的哈钦森主义倾向却影响了《不列颠百科全书》(Encyclopaedia Britannica)的早期版本中有关自然哲学的词条。

无论是哈钦森的,还是牛顿的自然哲学,都不是单一的或不变的。比如,琼斯通过将牛顿学说的追随者们有关引力是因还是果的完全相互矛盾的主张并列在一起加以比较,突显了其内部分歧。18 世纪下半叶,(《圣经》等宗教经典的)注释学者们越来越关注牛顿关于以太的思考,具有哈钦森主义倾向的著作家们在牛顿的光以太、热以太和电以太中灌注了神学的意义。牛顿的信徒们愈发不可能公开着手处理他的著作,而像亚当·沃克和乔治·亚当斯这样好为人师的著作家,虽然在名义上顺从于流行的牛顿正统学说,但却把哈钦森主义的某些方面折中地调和在他们的教义中。因此,正是在正统天文学吸收具有哲学意味的占星术的同时,尽管与牛顿学说的修辞学家们同时代的人正在把改造过的哈钦森宇宙哲学的版本纳入牛顿思想的主体之中,他们却把哈钦森主义的实践者边缘化了。

结 论

这五个被边缘化的活动(动物磁性说、相面术、占星术、炼金术和哈钦森主义)彼此在很多方面都没有多少相似之处。我在本文把它们牵扯在一起,旨在说明 18 世纪末所绘制的新学科知识图谱的某些文化过程。正如我所说的,对这些活动的评判受到它们所蕴涵的政治的或宗教的含义以及它们的认识论价值的影响:对我们来说,梅斯梅尔的普遍磁性流在本质上似乎并不比同时代被广泛接受的可解释的机械论,如燃素或

[39] William Jones,《生理学专题论文:论元素的自然哲学》(Physiological Disquisitions: or, Discourses on the Natural Philosophy of the Elements, London: J. Rivington, 1781),第 148 页。

电空气（electrical atmospheres）更荒唐。

这些可疑的信仰体系所共有的主要特征在于它们被排除在现代科学之外。那时的研究者看待科学完全不同于我们今天的看法。比如，著作家们把相面术看做是在启蒙时期系统整理过的、并在未来将逐渐成为科学的一门古老的活动。没有人会预见到一直活跃于欧洲大陆的催眠术在 19 世纪会再次进入英格兰，而占星术的信仰会幸存于大众层面。相反，某些似乎已经被有效边缘化的实验活动却反过来具有了重要的结果。在布里斯托尔（Bristol）的灵魂学院（Pneumatic Institute），托马斯·贝多斯带着类似于法国催眠术士所拥有的激进改革的希望，潜心研究笑气的作用，但他却被讽刺为愚蠢的革命狂热者。尽管现在被称为一氧化二氮的笑气为公众娱乐提供了材料，但是它的麻醉价值直到 19 世纪 40 年代才得到肯定。[40] 与贝多斯同时代的一些英国人在得知他的历史命运完全不同于德梅因奥迪克时，肯定会感到惊讶。

这些不同的被边缘化活动所共同具有的一个重要特征是它们对科学和文学产生了重要的影响：尽管从业者可能遭到排斥，但这些活动在社会中产生了反响。辩论家们成功地压制了对牛顿学说大厦的批评，但是，正如任何占统治地位的体系，新的科学是在其倡导者对所意识到的威胁做出反应的过程中形成的。尽管哈钦森的学说可以被看做是宗教的奇想而轻易地抛弃掉，但是它们所提出的有关引力概念的问题，对被牛顿追随者们当做一项保护性策略而不断予以修正的牛顿哲学的核心产生了威胁。像哈钦森主义者克里斯托弗·斯马特和贝赫蒙主义者亨利·布鲁克这样的诗人煞费苦心地使他们的诗句充满反牛顿的情绪。他们的本质主义语言观对于科学作家（scientific writers）试图剥去他们散文中的隐喻暗示是不利的，但是这些观点使得像威廉·布莱克和珀西·比希·雪莱这样的浪漫主义作家的诗意更加丰富。梅斯梅尔和德梅因奥迪克被嘲笑为庸医，但是，他们有关磁性的想象一直影响着英国的语言；正像这个时期的作家，我们仍然会说到把情人们吸引到一起的"磁力"。

从历史的观点看，论战的所在地是最值得研究的，从业者被边缘化的激烈暗示着他们处理的正是问题的中心。比如，动物磁性说的医师危险地横跨在天才与疯子之间、经验哲学家与戏剧表演者之间、临床医生的敏锐注视与庸医的催眠瞪视之间的界限上。拉维特的论文之所以存在争议，正是因为他认为：在解释隐藏在社会习俗面具后的个体的真实本性方面，相面术的方法是有价值的。化学家约瑟夫·布莱克显然觉得其学科在历史上的先行者们不可靠，以至于他向他的学生说起普赖斯的可悲的死亡，以此作为一个警诫性的故事，警告他们要抵御炼金术的诱惑。作为神秘的、深奥知识的追求者，浮士德总是在改变以适应新的观众，但仍然是一个重要的神话人物；玛丽·雪莱的《弗兰肯斯坦》（Frankenstein）具有持久的吸引力，这为炼金术士所具有的持续不断的象征意义提供了最明显的证据。正如启蒙理性主义者，现代科学家仍然担心

507

---

[40] Golinski，《作为公众文化的科学》，第 166 页～第 187 页。

那些被他们轻蔑地排斥在外的从业者的力量:1975 年,200 多位著名专家觉得有必要公开谴责一项探索性研究,这项研究的结论支持对占星术的特征做出的评价。

在牛顿诞辰 300 年之后,经济学家约翰·梅纳德·凯恩斯提醒一位被震惊的听众,既然历史是连续的,启蒙时期的前辈应该受到尊重:

> 牛顿并不是理性时代的第一人。他是最后一个巫师,最后一个巴比伦人和苏美尔人,是最后一个用不到一万年以前那些开始构建我们的知识遗产的人们的眼光面对这个有形世界和知识世界的伟大头脑。[41]

继承了 18 世纪理性主义者的进步论观点,我们就很容易把古老的传统以及短暂的时髦归为轶事趣闻。考察被边缘化的活动是有价值的,因为它们揭示了过去的信仰是怎样影响合法的科学以及其他文化活动的。虽然我们回溯以往时,往往把这些不同的信仰体系归结于不同于现代正统的东西,不可信的另类,但是在 18 世纪,它们对于新的科学学科的界定和巩固曾有过重要的贡献。

（乐爱国　陈　巍　程路明　译　方在庆　校）

[41]　Richard Yeo,《天才、方法和道德:牛顿在英国的形象(1760 ～ 1860)》(Genius, Method, and Morality: Images of Newton in Britain, 1760—1860),《背景中的科学》,2(1988),第 257 页～第 284 页,引文在第 258 页。

第三部分

专题研究

22

18 世纪的科学仪器及其制造者

杰勒德·L'E. 特纳

"在所有欧洲或起源于欧洲的国家的各个阶层中,一种常识和一种科学体验的传播,似乎成为了当今时代的显著特征。"工业化学家的先驱詹姆斯·基尔(1735~1820)在1789年所著《化学词典首篇》[1]的序言中如是写道。毫无疑问,在18世纪的进程中,物质世界的研究(当时被说成是实验的自然哲学)第一次真正地冲击了公众的意识。这是通过一种非同寻常的社会和教育现象,即"示范讲演"(the lecture demonstration)得以实现的。

当今,科学已被理解为"科学家"的活动领域,而"科学家"这个词是由《归纳科学的历史》(*The History of the Inductive Sciences*)一书的作者威廉·惠威尔(1794~1866)于19世纪30年代首创出来的。这个新创造的词语标志着主要是作为业余爱好的自然哲学家向职业科学家的过渡。当然,这并不是说欧洲在此前的几个世纪里没有职业化的科学研究与应用。古希腊研究自然界的方法中,所缺少的是实验的运用。根据在整个中世纪被广泛接受的亚里士多德的权威,观念只是通过推理来检验。例如,亚里士多德否认真空的可能性,理由是,他推断物体会以无限的速度运动,而这一理论在当时是不可能被实验所验证的。

15世纪意大利的文艺复兴推动了对传统观念的怀疑以及对于公认思想的检验。与此同时,大航海的发现以及世界性的贸易扩张,要求天文学家处理远洋航行的实际问题。他们以及那些航行于未知世界并为之绘制地图的航海家和勘测人员,就是最早的职业科学家。正是他们对仪器的需求,大大地促进了科学仪器制造者的工艺水平的提高。反过来,这些技艺又被17世纪和18世纪继续探询自然界如何运行的实验哲学家们所采用。

实验科学背后的知识力量来自弗兰西斯·培根(1561~1626)。他在所著的《新工具》(*Novum Organum*, 1620)中指出,科学真理肯定在真实的世界里有它的基础,因为"赤手做工,不能产生多大效果;理解力如听其自理,也是一样。事功是要靠工具和助

---

[1] J. K. [James Keir],《化学词典首篇》(*The First Part of a Dictionary of Chemistry &c*, Birmingham, 1789),第 iii 页。

力来做出的"。* 培根宣称:永不停止探索自然现象的哲学,不断为实验所验证,同时也给社会带来了实际的好处。这就是 1660 年 11 月 28 日建立的伦敦王家学会开展活动的基础,而他们奉行的正是培根的座右铭:"拒绝空谈"(Nullius in Verba)。

　　早在伦敦王家学会建立之前 3 年,意大利佛罗伦萨的美第奇宫廷(Medici court)以其推崇学问,尤其是新自然哲学而著称。1657 年,托斯卡纳的利奥波德公爵(1617～1675)建立了西芒托学院(the Accademia del Cimento),开展有组织的科学实验,对此,一个标题为《西芒托学院自然实验文集》(*Saggi di Naturali Experienze fatte nell'Accademia del Cimento*)[2]的记述流传下来而为我们所知。然而,这个学院只存在了短短的十年,便于 1667 年被解散。但它的许多仪器都得以保存,最初是在一座建于 1775 年的博物馆中,后来又由佛罗伦萨的科学史博物馆收藏。[3] 与英格兰一样,在法国,王家科学院产生于 1666 年一群具有官方身份的科学家的非正式聚会,当时路易十四国王向成员们发放津贴,并提供一笔用于购买仪器和做实验的基金。[4]

　　这就是当时 17 世纪实验科学兴起的背景。在那个世纪的最后十年,英格兰和荷兰的大学里开始讲授这种新科学。在牛津大学和剑桥大学,设立了科学教授的职位,并且都受到了王家学会最早的一批成员的影响——这些成员包括:在剑桥大学任卢卡斯(Lucasian)数学教席的艾萨克·牛顿;在牛津大学任萨维尔(Savilian)几何学教席的约翰·沃利斯;在牛津大学任塞德利(Sedleian)自然哲学教席的托马斯·米林顿。[5] 在牛津大学,罗伯特·波义耳(1627～1691)的真空研究得到了王家学会实验主任罗伯特·胡克(1636～1703)的协助,他的研究引起了国际反响。正是莱顿大学的物理学教授布尔夏都斯·德·福尔德(1643～1709),在他于 1674 年对英格兰进行了一次访问之后,建立了"演示物理学"(Theatrum Physicum),并用一台抽气机做了课堂演示。[6]

　　让·西奥菲勒斯·德萨居利耶(1683～1744)于 1713 年定居伦敦之前在牛津教了两年书,他告诉我们,在英国的大学里,"第一位采用数学的方式,以实验的方式公开讲授自然哲学的"是 1694 年从爱丁堡到牛津大学的约翰·凯尔(1671～1721)。[7] 1700 年至 1709 年期间,他在牛津讲课,然后去了新英格兰,但又于 1712 年回来担任萨维尔天文学教授。在他离位期间,实验哲学的课程由德萨居利耶讲授。在剑桥大学,类似

* 译文引自培根著,许宝骙译:《新工具》,商务印书馆 1984 年版,第 7 页～第 8 页。——译者

〔2〕 W. E. Knowles Middleton,《实验者:西芒托学院研究》(*The Experimenters: A Study of the Accademia del Cimento*, Baltimore, MD: Johns Hopkins University Press, 1971)。

〔3〕 Mara Miniati,《科学史博物馆:目录》(*Museo di Storia della Scienza: Catalogo*, Florence: Instituto e Museo di Storia della Scienza, 1991),第 132 页～第 147 页。

〔4〕 Roger Hahn,《对一所科学机构的剖析:巴黎科学院(1666～1803)》(*The Anatomy of a Scientific Institution: The Paris Academy of Sciences, 1666—1803*, Berkeley: University of California Press, 1971)。

〔5〕 G. L'E. Turner,《物理科学》(The Physical Sciences),载于 L. S. Sutherland 和 L. G. Mitchell 编,《牛津大学史》(*The History of the University of Oxford*, Oxford: Clarendon Press, 1986)之第 5 卷《18 世纪》(*The Eighteenth Century*),第 659 页～第681 页。

〔6〕 E. G. Ruestow,《17 世纪和 18 世纪莱顿的物理学》(*Physics at the 17th- and 18th- Century Leiden*, The Hague: M. Nijhoff, 1973),第 96 页～第 98 页。

〔7〕 Turner,《物理科学》,第 671 页～第 672 页。

的课程自 1707 年由威廉·韦斯顿(1667～1752)开设,他是继牛顿之后的卢卡斯数学教授。事实上,韦斯顿是通俗讲演示范之父;在 1710 年因离经叛道而被剑桥大学开除后,韦斯顿去了伦敦继续他的讲演生涯。通过与一位仪器制造者的合作,他和他的后继者们就能够把重点放在科学仪器的使用上。韦斯顿与老弗朗西斯·霍克斯比(约1666～1713)的合作关系是非常有意义的,因为霍克斯比是一位英国王家学会会员,一直独自进行讲演,而且还出版了讲演稿《物理机械实验》(*Physico-Mechanical Experiments*, 1709),该书后来被译成意大利语、荷兰语和法语。然而,当他们作为一个小组进行工作时,霍克斯比进行实验而韦斯顿做讲演,而且韦斯顿还于 1714 年将他的系列讲演稿汇编成册,配上插图出版。同一时期,伦敦还有另一位著名的示范讲演者,叫做让·西奥菲勒斯·德萨居利耶,他的事业起始于牛津大学的哈特会堂(Hart Hall),不过之后他也搬去了首都,并在那里以他的演讲、教材以及翻译法语和荷兰语的科学教科书而著名。

斯蒂芬·德迈布雷(1710～1782)是示范讲演中年轻一代的代表人物,他为英格兰与荷兰在实验哲学领域的密切联系提供了一个很好的实例。他先是在莱顿大学威廉·雅各·格雷弗桑德(1688～1742)的指导下学习实验哲学,1754 年,他被指定为威尔士亲王(也就是后来的乔治三世国王)的家庭教师,随后又担任了国王的孩子们的家庭教师。他所收藏的演示仪器现在是乔治三世国王收藏品中的一部分,并于 1993 年在伦敦科学博物馆重新展出过。德迈布雷还曾在都柏林讲学,在他周游法国时,于图卢兹、蒙彼利埃、里昂和巴黎讲授过他的课程。[8]

1715 年,格雷弗桑德作为一个国家代表团的成员访问英格兰,并在那里会见了牛顿,两年后,在牛顿的帮助下,他被任命为莱顿大学的教授。在伦敦逗留期间,格雷弗桑德被选为王家学会会员,并且有机会出席霍克斯比-韦斯顿的示范讲演。他是莱顿大学诸多著名的科学教授之一,包括布尔哈夫和戈比厄斯在内,这些人帮助该大学成为全欧洲著名的大学。和威廉·韦斯顿的事例一样,作为一位示范讲演者,格雷弗桑德的成功在很大程度上要归功于他与仪器制造者扬·范·米森布鲁克(1687～1748)的合作,后者的父亲萨穆埃尔·范·米森布鲁克曾经制造了德·福尔德所使用的抽气机。格雷弗桑德按照今天常见的样式出版了他的讲演集,结果招来了大量订单,使得扬·范·米森布鲁克的仪器大受欢迎。扬的弟弟彼得·范·米森布鲁克(1692～1761)曾在莱顿大学格雷弗桑德名下学习,于 1719 年获得博士头衔,并最终于 1723 年至 1740 年期间,在乌得勒支大学,位居自然哲学和数学教授职位,稍后又到莱顿大学担任教授,直至去世。他是格雷弗桑德的继承者,他的讲演笔记被收集整理成大部头

514

〔8〕 A. Q. Morton 和 J. A. Wess,《公众科学与私人科学:国王乔治三世的收藏品》(*Public & Private Science: The King George III Collection*, Oxford: Oxford University Press and the Science Museum, 1993)。关于 Demainbray 的经历,可参见第 4 章。

的著作,被广泛使用,并从拉丁语翻译成所有主要的欧洲语言。[9]

在让·安托万·诺莱(1700～1770)的《物理学课程》(*cours de physique*)一书中,示范讲演要操作大约350种不同的仪器,其技艺达到了顶峰。[10]诺莱是一个农民的孩子,他的乡村牧师赏识其才智,因此推荐他去教堂。他原本是去巴黎学习神学的,但却献身于科学,于1728年加入了由克莱蒙(Clermont)伯爵赞助的艺术学会。通过这个只延续了很短一段时间的学会,诺莱遇见了对他的事业非常有帮助的法国科学院院士。而且,也许更有意义的是,他还见到了数学家皮埃尔·波利尼埃(1671～1734),一位在自然哲学方面成功的公众演说家;诺莱从他那里学会了如何做公众演讲,以及如何赢得听众。有两位一流的院士——夏尔-弗朗索瓦·迪费(1698～1739)和勒内-安托万·费尔绍·德·莱奥姆尔(1683～1757)——请诺莱协助他们进行科学研究,这使他能够有机会访问英格兰和荷兰,并在那里见到了德萨居利耶和格雷弗桑德。[11] 1735年,诺莱从荷兰返国后,决定从事科学讲演事业;他自己制造并培训工人制造他所需要的仪器(图22.1)。在其职业生涯的大多数时间中,他都一直代表个体收藏者以及收藏机构监督制造演示仪器。作为一位讲演者,他获得的成功是巨大的,同时,根据他的讲演提纲扩充而成的6卷本《物理实验教程》(*Leçons de Physique Experimentale*)于1743年至1748年间面世,同样也获得了成功,而且经常被重印和翻译。1743年,诺莱在凡尔赛的王室面前发表讲演,不久,被聘任为纳瓦拉学院新设立的物理学教授。诺莱远不只是一位科学普及者,他在电学研究方面也做出了重要的贡献,不过,他最为人们所铭记的还是作为示范讲演中最富技巧的演讲者。

诺莱的讲演在受过教育的,主要是贵族身份的听众中享有声誉。有大量的迹象表明,示范讲演以及国内对其的效法,已经成为上流社会的时尚。一位德意志的贵族兼小说家索菲·冯·拉罗赫(1731～1791)于1786年访问伦敦时,在一本日记中记录了她的旅行见闻。有一条很具代表性的记录如是结尾:"我们的夜晚在物理实验中度过,毫无疑问,这些实验构成了礼拜的一部分,向我们揭示出存在的内在本质,并且使一个敏感的灵魂越来越理性地对其造物主报以敬畏。"[12]这是把实验哲学作为更深刻地理解上帝权威的一种手段,这种看法在18世纪是很典型的。

[9] Peter de Clercq,《在"东方之灯"的招牌下:莱顿的米森布鲁克的实验工场(1660～1750)》(*At the Sign of the Oriental Lamp: The Musschenbroek Workshop in Leiden 1660—1750*)(Rotterdam: Erasmus, 1997);de Clercq,《莱顿的物理实验室:一份清单》(*The Leiden Cabinet of Physics: A Descriptive Catalogue*, Leiden: Museum Boerhaave, 1997)。

[10] René Taton,《18世纪法国科学的教育与传播》(*Enseignement et diffusion des sciences en France au XVIIIe siècle*. Histoire de la pensée XI. Paris: Hermann, 1964),第619页～第645页。

[11] John L. Heilbron,《让·安托万·诺莱》(Nollet, Jean-Antoine),《科学传记词典》(*Dictionary of Scientific Biography*, X),第145页～第148页。

[12]《索菲·冯·拉罗赫日记中的索菲(1786年于伦敦)》(*Sophie in London 1786 being the Diary of Sophie v. La Roche*, London, 1933)。Clare Williams译自德文本,并写有导言,第136页。

515

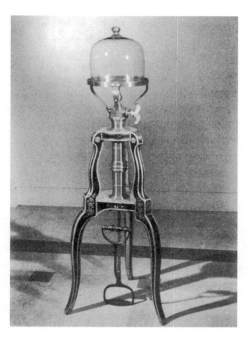

图 22.1　为让·安托万·诺莱所制造的抽气机。诺莱是法国成功的科学演说家和演示仪器的设计者。这台仪器用华丽的、黑色与金色相间的风格进行装饰,这是诺莱的典型风格。

从这个世纪中叶开始,示范讲演开始面向更加广泛的民众,当然,这是在不列颠群 *516*
岛和荷兰的情况。在英格兰,最初的讲演者们通过公路运送仪器,以便使讲演能够在
一个接着一个的城镇中进行,本杰明·马丁(1704～1782)就是这样的一位讲演者,他
自 1740 年开始,以雷丁(Reading)和巴斯(Bath)为中心,到过西部,北面远至切斯特
(Chester)。[13]　亚当·沃克(1731～1821)以曼彻斯特为基地,到过英格兰北部,并且有
了"哲学的仪器"(philosophic apparatus),那些仪器的种类登载在 1772 年《约克报》
(*York Courant*)的一则广告上。除了有天文学仪器和光学仪器之外,还包括"所有各种
机械动力,以及各种起重机、抽水机、水力压榨机、打桩机、发动机、离心分离机的工作
模型和一辆最新结构,可以用于矿井排水火的消防车"。示范讲演的听众从王室成员、
贵族到社会最底层的平民。蒸汽动力的先驱詹姆斯·瓦特(1736～1819),虽然是工匠
出身,但在他 15 岁之前就已经读过格雷弗桑德的讲演教程,后来研究过德萨居利耶关
于萨弗里(Savery)与纽康门(Newcomen)发动机模型的著作。事实上,许多为工业革命

[13]　John R. Millburn,《本杰明·马丁:作家、仪器制造者与"乡村展示主持人"》(*Benjamin Martin: Author, Instrument-maker, and "Country Showman"*, Leiden: Noordhoff, 1976)。

奠定基础的工程师和企业家们,情况也同他一样。[14]

　　随着 18 世纪的进程,不仅是在人们所料想的大学中,而且还在那些为了平民的利益而提供成人科学教育的学术团体中,以这种方法所进行的科学教育被广泛地制度化。荷兰的哈勒姆(Haarlem)是此类活动的一个很好范例。在 1776 年,马丁努斯·范马伦(1750～1837)受哈勒姆市镇议会的委托,作哲学和数学方面的讲演。他利用逐渐收集到泰勒(Teyler)博物馆的各种仪器收藏品,不断地为公众讲演,直至 19 世纪。[15]

　　出席示范讲演也会激发个人去获取科学仪器为己所用。当然,他们当中的许多人是贵族,其中一些人的大量收藏品已进了科学博物馆。还有一些收藏品我们只能从幸存的拍卖品清单上得知了,比如约翰·斯图亚特(彪特伯爵三世,是乔治三世的好朋友)[16]和法国贵族博尼耶·德拉莫松(1702～1744)的收藏品。像诺莱一样,博尼耶也是艺术学会的会员,他在巴黎的住宅中建起了路德馆(the Hotel du Lude),这是一间非同寻常的陈列室(cabinet),拥有物理学、力学、化学、药剂学以及木质的、象牙的和金属的工作设备,还有更加普通的博物学标本。后来,他的住宅被毁坏,收藏品散失了,但幸免于难的有一套年代为 1739 年和 1740 年的建筑图样,一份当时情况的描述和一份出售清单,以及一幅关于那间陈列室的画,这些资料是当时收藏品所包括的种类以及如何摆放的唯一记录。[17]我们还知道,为家里购买仪器的现象一直扩展到社会的各个等级。亨利·贝克(1698～1774)是畅销书《易做的显微镜》(*The Microscope Made Easy*, 1742)一书的作者,他住在伦敦的舰队街(Fleet Street),曾为许多住在外地的朋友就如何搞到光学仪器提供过建议。显微镜、望远镜、电动机器以及抽气机已逐步成为许多家庭改进娱乐方式的来源。[18]

　　我们之所以能够知道 18 世纪实验哲学的仪器有哪些,如何摆放,不只是因为有这些图片和文字资料,而且还取决于更准确、更详细的证据。18 世纪的许多仪器陈列室基本上还完好地保存至今。正如人们所期望的,这些陈列室包含了以传授科学知识为宗旨的各种机构的仪器,但其所处的位置和风格各不相同。也许最能够说明问题的例子是哈勒姆的泰勒博物馆,因为在那个用来摆放仪器的金碧辉煌的椭圆大厅里,大多数仪器都依然摆在它们原来所在的柜子里(图 22.2)。如上所述,其中的仪器是由马丁努斯·范马伦从拍卖活动中广泛购进的,可见当时收藏仪器的私人收藏家之多。他还向伦敦以及其他欧洲中心城市中一流的制造者定购仪器,多年后他建立起了自己的

〔14〕　A. E. Musson 和 E. Robinson,《工业革命时期的科学与技术》(*Science and Technology in the Industrial Revolution*, Manchester: Manchester University Press, 1969)。

〔15〕　G. L' E. Turner 和 T. H. Levere,《马丁努斯·范马伦的生来与著作》(*Martinus van Marum Life and Work*, Leiden: Noordhoff, 1973)之第 IV 卷:《收藏于泰勒博物馆中范马伦的科学仪器》(*Van Marum's Scientific Instruments in Teyler's Museum*)。

〔16〕　G. L'E. Turner,《彪特伯爵的仪器拍卖(1793)》(The Auction Sales of the Earl of Bute's Instruments, 1793),《科学年鉴》(*Annals of Science*),23(1967),第 213 页～第 242 页。

〔17〕　C. R. Hill,《博尼耶·德拉莫松的陈列室(1702～1744)》[The Cabinet of Bonnier de la Mosson (1702—1744)],《科学年鉴》,43(1986),第 147 页～第 174 页。

〔18〕　G. L'E. Turner,《英国王家学会会员亨利·贝克:贝克式讲演的创始人》(Henry Baker, F. R. S., Founder of the Bakerian Lecture),《伦敦王家学会的记录与档案》(*Notes and Records of the Royal Society of London*),29(1974),第 53 页～第 79 页。

图 22.2　荷兰哈勒姆的泰勒博物馆的椭圆大厅。这座博物馆是根据哈勒姆的丝绸商彼得・泰勒・凡・德・许尔斯特（1702～1778）的遗嘱建造的。椭圆的博物馆大厅位于泰勒的住宅之后，由伦德特・菲尔万特建造，于 1782 年竣工；它的第一部分是一个综合性建筑，设立了一个科学陈列室，还有矿物学的和古生物学的收藏品以及艺术品。荷兰哈勒姆泰勒博物馆拥有版权。

收藏室。关于他的陈列室，非同寻常的一点在于：涉及他购买仪器的文件大多都得以保存。

　　另一个文献保留完好的收藏属于美国的哈佛大学。1727 年，哈佛学院收到美洲第一位科学教授的捐赠，礼物是 5 箱的自然哲学［物理］仪器，它们被收藏在老哈佛纪念馆（the Old Harvard Hall）的哲学室中。1764 年，一场灾难性的大火将所有仪器化为灰烬。当时的自然哲学教授约翰・温思罗普（1714～1779）受命重建科学仪器的收藏。他花了 15 年时间，大量地从伦敦购买，特别是向本杰明・马丁（一位早先以示范讲演为职业的、成功的仪器零售商）购买。[19] 18 世纪，大卫・惠特兰列出了哈佛陈列室的目

[19]　Millburn,《本杰明・马丁》。

录,[20]他也曾有过 23 件 18 世纪的哲学仪器,后来出售给加拿大蒙特利尔达维德·斯图尔特(Davide M. Stewart)博物馆,这些仪器最初来自第戎学院(Académie de Dijon),并且是根据诺莱的设计而制造的。

另外一些仍然按照原样摆设的仪器陈列室,可以在设于奥地利华丽的巴洛克风格的克雷姆斯修道院(Kremsmunster)的本笃会神学院以及葡萄牙的科英布拉大学找到。后者的收藏要归功于庞巴尔侯爵(1699~1782),他于 1739 年至 1745 年间出任驻英国圣詹姆斯王朝(Court of St. James)的大使时,有许多机会出席伦敦的示范讲演。1772年,庞巴尔把属于位于里斯本的诺布雷斯学院的"天文学和实验物理学的教授、机器与仪器"迁移到了科英布拉大学,由诺布雷斯学院的一位来自帕多瓦的意大利教授乔万尼·安东尼奥·德拉·贝拉掌管。正是他主要负责收集仪器,按照惯例在当地制造一些,并从伦敦同行那里购买一些,办起了陈列室。[21]

然而,这些只是一些事实上保存完好的陈列室。它们的特征是,在一个用于讲演的大房间里,仪器摆放在沿墙的柜子里,每一个柜子上往往还贴着所装仪器种类的名称。房间以及仪器的风格很合乎那个时代以及当时流行的建筑风格。诺莱风格的仪器特别容易辨认:用红色和黑色的**马丁漆**精细描画表面并饰以镀金。克雷姆斯修道院的仪器陈列室具有巴洛克风格。事实上,在哈勒姆的泰勒博物馆,典雅的椭圆大厅没有什么变化,完全是初建时的样子,沿着四周的墙壁是摆放仪器的拱形玻璃面柜子,其上是储放藏书的书柜,靠近走廊;房子的中央还平伸摆放着矿物学标本的陈列橱。

但无论如何,整个欧洲到处都有已经保存在博物馆里,或是现今刚刚被发现的 18 世纪的哲学仪器的实例,它们源自那个被恰如其分地称为启蒙运动时期的大学、学院、学会或个人收藏。前面已经说到过伦敦科学博物馆中乔治三世的收藏品。慕尼黑的德意志博物馆保存有巴伐利亚科学院的收藏品,大多数是由著名的奥格斯堡仪器制造者格奥尔格·弗里德里希·布兰德(1713~1783)所造(图 22.3)。[22] 在佛罗伦萨的科学史博物馆有一些 18 世纪的演示仪器。如今,在意大利各处的大学和中学里都发现了教学用的科学仪器。在丹麦有一个仪器陈列室,关于它曾经历了一个有趣的变化。那里的仪器是由一位军人、管理者兼业余科学家亚当·威廉·豪赫(1755~1838)在 18 世纪的最后几十年里收集的,为他个人所使用,最终这些仪器出现在一座多年前建立起来的索洛学院中,在这所学校里,这些仪器被用作科学教育。[23] 近年来,该校的一位科学教师一直从事着该陈列室历史的研究和仪器的修复工作。

[20] D. P. Wheatland,《哈佛的科学仪器(1765~1800):哈佛大学收藏的历史上的科学仪器》(*The Apparatus of Science at Harvard 1765—1800: Collection of Historical Scientific Instruments, Harvard University*, Cambridge, MA: Harvard University Press, 1968)。

[21] G. L' E. Turner,《18 世纪的科学仪器》(Apparatus of Science in Eighteenth Century),《科英布拉大学期刊》(*Separata da Revista da Universidade de Coimbra*), 45(1977)。

[22] Alto Brachner 编,《G. F. 布兰德(1713~1783):来自他的作坊里的科学仪器》(*G. F. Brander 1713—1783: Wissenschaftliche Instrumente aus seiner Werkstatt*, Munich: Deutsches Museum, 1983)。

[23] A. W. Hauch, 2 卷本《物理实验室,或对实验物理学中最重要的仪器及其使用的描述》(*Det Physiske Cabinet eller Beskrivelse over de til Experimental-Physiken henhörende vigtigste instrumenter tilligmed brugen deraf*, Copenhagen, 1836, 1838)。

图 22.3 奥格斯堡的德意志仪器制造者格奥尔格·弗里德里希·布兰德(1713～1783)在他的大工场里生产的一系列仪器。尽管他不是一个革新家,但他是一个精良的工匠,他的许多仪器被保存在博物馆里,特别是保存在慕尼黑的德意志博物馆,其中的一部分如图所示。蒙德意志博物馆惠允刊载。

521

仪器在讲演中的作用

示范讲演为受教育者提供了新的研究领域,也为好奇者提供了一种兴奋和惊奇的来源——类似于放焰火带给人们的感受。但是,示范讲演有一个实际的好处。正如大卫·布鲁斯特在另一位非常成功的讲演者詹姆斯·弗格森(1710～1776)所著《讲演录》(*Lectures*)的第 2 版序言中所指出的:"我们必须将科学知识在这个国家的实用技艺中得到广泛传播归因于[巡回讲演者],这在很大程度上消除了那些长期误导目不识丁的工匠们的陈旧偏见和错误建构准则(maxims of construction)。"[24]示范讲演无可争辩地证明,向那些没有或几乎没有科学基础知识的人讲授科学,最好的途径是向他们**展示**科学是如何起作用的。

那么,在这些示范讲演的课程中,所涉及的主题是什么呢?它们在整个 18 世纪始终都是非常一致的,包括力学、磁学、天文学、流体静力学、气体力学、热学、光学、电学和化学。力学包括经典机械(杠杆、滑轮、天平)以及一些大件成套仪器,以演示力的平行四边形、球的回弹和轨迹、摆线运动和离心力。一些讲演者为了便于演示,还制作了用于演示物体平衡的复合仪器,格雷弗桑德的平衡力实验桌(table of forces)就是一个很好的例子。力学往往还要包括在力学定律下运行的实用装置模型——例如绞盘、起重机、打桩机以及各种磨碎机。磁学是一个颇受欢迎的奇妙主题,拥有了天然磁石,就拥有了不可思议的特性;所以示范演示要包括各种不同的磁铁,还要讲解磁引力在罗盘中的实际运用。如果课程中包括天文学,就要使用地球仪,同样也要使用天文望远镜,在 18 世纪末,肯定还要用到演示天体运动的机械装置,如天象仪。

18 世纪,因为人们嗜好人造喷泉和使用水的精致花园设计,所以流体静力学和水力学在实际中受到极大的关注。这里的演示器件包括经典的希罗喷泉(Hero's fountain)实验、比重实验、抽水机和压力泵以及毛细管吸引。抽气机是整个 18 世纪最著名的演示仪器之一,在讲演气体力学时就要用到,还要配上许多附件以显示它所产生的作用。热效应的演示要通过像温度计和湿度计之类的测量装置,以及显示蒸汽动力的仪器,尤其是纽康门设计的发动机。

522

光学仪器是这个世纪最流行的家用仪器,很少有家庭没有一台显微镜或望远镜,用于揭示微小的以及遥远的世界。而且在光学讲演中,为了演示,还要有变形镜面、棱镜和透镜。18 世纪是静电学的时代,电动机器就如同抽气机和显微镜一样流行。马丁努斯·范马伦在泰勒博物馆制造了一台庞大的静电发电机,有直径 5 英尺 6 英寸的玻璃圆盘,但主要市场上需要的却是小巧轻便的机器。化学实验主要涉及的是油、磷和

[24]　John R. Millburn,《天堂的车匠:英国王家学会会员詹姆斯·弗格森的生活与工作》(*Wheelwright of the Heavens: The Life & Work of James Ferguson，F. R. S.*, London: Vade-Mecum Press, 1988)。至于《讲演录选集》(*Lectures on Select Subjects*)的出版过程,参见第 285 页～第 287 页。

碳的燃烧以及汞的氧化。

18 世纪的讲演者制定了值得非常连贯一致的演示仪器设计方案,它沿用了两个半世纪。这一点在其历史可追溯至古典时代的力学研究之中体现得最为明显,但是在流体静力学、水力学和气体力学中也明显可见,并且还出现在光学中,即使其范围不是那么地广泛。事实上,韦斯顿于 1714 年在弗朗西斯·霍克斯比的家里进行的全部力学演示——这在他的《教程》(*Course*)中用 6 个雕版插图作了描述——统统能够在 J. J. 格里芬父子公司(J. J. Griffin and Sons Ltd.)于 1912 年出版发行的《科学仪器目录》(*Catalogue of Scientific Apparatus*)的书页中找到。同样的设计方案也出现在 20 世纪 60 年代的中学教科书和如今的科教类玩具目录中,尽管这些方案后来都被现代化和塑料化了。从 18 世纪以中年听众作为主体,经过 19 世纪的大学生和 20 世纪的中学生,以至于到了今天,通过演示讲授科学基本原理的方法依然在小学和游戏室中继续着。

正如通过实验仪器这种手段所揭示的,18 世纪欧洲发生的完全就是一种对自然界运作方式的兴趣的喷发。在诺莱神父成功出版的著作中,有一部 3 卷本的著作,名为《实验的艺术,给业余物理学家选择、制造和使用仪器的建议》(*L'Art des Experiences, ou Avis aux Amateurs de la physique, sur le Choix, la Construction, et L'Usage des Instruments*)。这是一本为缺乏经验的人选择、制造和获取仪器提供的实用指南。从 18 世纪保留下来的实验哲学仪器的收藏品,只是大量该类仪器中很小的一部分而已;这些仪器中的大部分被出售给了私人所有者和机构,并经常在个体间彼此交换以及在拍卖市场进行交易。这就是广泛流行的示范讲演所产生的直接后果。它传递下来的长期传统则为19 世纪的工业革命以及我们今天的科学至上的时代打下了基础。

科学研究中的仪器

然而,这并不意味着 18 世纪缺乏严肃的科学研究。亨利·贝克不仅写出了通俗的显微镜著作,而且向王家学会宣读了有关显微镜方法的论文,并且由于他在晶体形态学方面的工作而获得科普利奖章(Copley Medal)。[25] 一位任英国王家家庭教师的瑞士人让-安德烈·德鲁克(1727~1817)为气象学做出了贡献;本杰明·威尔逊(1721~1788)研究静电学,曾在伦敦的威斯敏斯特大教堂当着乔治三世国王的面进行演示,并与本杰明·富兰克林就避雷装置的问题进行公开辩论。这基本上是经验性的研究,但不应该低估其重要性。威尔逊以及其他许多人对静电学的研究,引出了流电、伏打电堆以及 1800 年以后人们急切开始的电流实验。经验主义具有深远意义的另一个事例是,约翰·多隆德(1706~1761)开发出望远镜的消色差透镜系统。虽然技术上的困难以及光学图像形成方面的理论缺乏使得他的儿子彼得·多隆德无法将望远镜

[25] Turner,《英国王家学会会员亨利·贝克》,第 63 页。

的突破推广到显微镜上,但是,多隆德的成就,加上大众对显微术的兴趣,毫无疑问地促进了物镜性能的改善。

1758 年,多隆德开发的望远镜消色差透镜组合获得专利,这是特别重要的,因为在 18 世纪,经济的发展迫切需要改进远洋航行技术,使方位天文学受到强烈刺激,从而得到国家的支持。在不能看见陆地的时候,能够在船上解决确定经度问题的人,就可以获得资助;这项技术最终由约翰·哈里森运用他的便携式航海计时器(marine chronometer)于 1761 年得以实现。英格兰和法国在 17 世纪已经建立了国家天文台(图 22.4),在接下来的一个世纪里,整个欧洲以及北美洲的天文学活动由于 1761 年和 1769 年的金星凌日而得到激发。仪器精确性的提高,使得有可能从这次现象中计算出太阳系的大小。在哈佛学院,约翰·温思罗普组织了一支探险队,于 1761 年在纽芬兰观测这次金星凌日过程;1769 年,库克(Cook)船长带领一支探险队到达南半球。俄罗斯皇家科学院于 1768 年从伦敦的仪器制造者那里订购了一套仪器。

许多观测站的仪器配备任务,主要落在伦敦的精密仪器行业身上。在 18 世纪对金星凌日的研究中,哈里·伍尔夫教授把观测站编列成表,并且只要有可能,就将所使用的望远镜包括进来。[26] 在 1761 年的金星凌日时,他对 37 个反射镜、3 个消色差透镜和 67 个未加详细说明的望远镜进行了记录;而在 1769 年的金星凌日时,有 49 个反射镜、22 个消色差透镜和 57 个未加详细说明的望远镜。从所给出的焦距来判断,那些未加详细说明的望远镜,大多数是折射望远镜,或许是非消色差透镜。彼得·多隆德继承了他父亲的专利,成为消色差折射望远镜的主要供应商。反射镜用的是磨光的金属镜,而不是透镜。詹姆斯·肖特(1710~1768)在当时的同业名录中把自己描述为"专营反射望远镜的光学仪器制造商",从他在 18 世纪 60 年代所制造的 24 英寸和 18 英寸望远镜的数量来判断,许多天文学家都选择了他作为供应商。肖特给自己所制造的每一件仪器一个序列号,这就有可能估计出他 35 年间生产的数量为:1370 件。[27]

与望远镜不同,在整个 18 世纪,由于色差影响到影像,显微镜主要被应用于消遣的目的。能够获得的镜片质量、所需透镜的小尺寸以及对所见事物进行识别与交流的困难,都限制了仪器的科学性能。直到 19 世纪,由于有了约瑟夫·杰克逊·利斯特在透镜系统方面进行的工作,显微镜才实现了其全部的潜力。尽管如此,显微镜还是非常流行的。博物学家野外使用的简易显微镜,以及用黄铜改良其台架、做室内观察之用的复合显微镜,都被大量制造出来并加以出售。使用显微镜所进行的严肃工作,主要是在矿物学、植物与昆虫分类以及动物学领域。

[26] Harry Woolf,《金星凌日:18 世纪科学之研究》(The Transits of Venus: A Study of Eighteenth-Century Science, Princeton, NJ: Princeton University Press, 1959)。

[27] G. L' E. Turner,《英国王家学会会员詹姆斯·肖特及其对建造反射式望远镜的贡献》(James Short, F. R. S., and his Contribution to the Construction of Reflecting Telescopes),《伦敦王家学会的记录及档案》,24(1969),第 91 页~第 108 页。

图 22.4　牛津大学拉德克利夫（Radcliffe）天文台的观测室,见阿克曼的《牛津史》（*History of Oxford*）。1763 年,继伟大的天文学家詹姆斯·布雷德利之后,托马斯·霍恩斯比（1733～1810）担任萨维尔天文学教授,对该大学没有天文台一事极为关心。他请求拉德克利夫理事会成员资助建立并装备一座天文台,他的建议被采纳,天文台于 1773 年开始建造。这座非同寻常的建筑,由詹姆斯·怀亚特模仿雅典的风塔（the Tower of the Winds）进行设计,但施工是由亨利·基恩执行的。1774 年,由约翰·伯德提供天文仪器。现在这里所展示的器械,除了 10 英尺的赫舍尔反射镜之外,都存于牛津大学的科学史博物馆。牛津大学图书馆。

　　正如自然哲学研究一样,化学研究发展的一个重要推动力来自莱顿大学,在那里,赫尔曼·布尔哈夫（1668～1738）为医科学生讲授一门包括实验室药物制备在内的课程。在整个 18 世纪,对气体、"空气"的本质以及燃烧与氧化的过程存在许多偏见。这个世纪产生出伟大的化学家,只提两位:约瑟夫·布莱克（1728～1799）和安托万·拉瓦锡(1743～1794)。但是比起物理学家所使用的仪器,化学家在其研究中所使用的仪器,不管从哪个角度来说,都更为简单,而且一般是用玻璃制成,因而也更不耐用。一些教学用的化学仪器被保存下来,比如,泰勒博物馆以及苏格兰国家博物馆的普莱费尔(Playfair)收藏品中还保存着这样的仪器,[28]但是19世纪之前的仪器很罕见了,并且一般不是由仪器制造者所制造的,而是出自玻璃制造公司或附属于实验室的技工之手。化学天平除外,它是18世纪盛行起来的。布莱克先后在格拉斯哥和爱丁堡首先做了详尽论述的一系列化学试验,其中每一阶段都使用了天平。[29]拉瓦锡在巴黎也强调定量研究的重要性,并强调需要在实验室里使用灵敏天平。关于这些天平的仪器制造者,我们随之将要谈及。

方法、材料与制造者

科学仪器的制造是从用于印刷的金属雕版工艺发展而来的。这种手工艺通过大量的数学知识而得到补充,并且这二者于16世纪在佛兰德斯(Flanders)*融合在了一起,在那里,伟大的制图家赫拉德·墨卡托对此进行了著名的实践。与墨卡托同时代的一个人离开鲁汶到伦敦定居,在那里他自称托马斯·杰米尼。他用金属雕版把维萨留斯于1543年在巴塞尔出版的经典著作《论人体构造》(De humani corporis fabrica)制成一个精装版,并因此而成名。由于这项工作,杰米尼从亨利八世那里获得了一笔养老金,同时他还雕刻地图,制造数学仪器。杰米尼是第一个活跃在伊丽莎白一世女王统治时期的仪器制造者。[30]这些仪器制造者中的许多人从事着一种新的行业,他们游离于12个伦敦同业公会之一的杂货业公会之外,在伦敦行会中找到自己的位置。[31]通过这种方式,一些师傅协会/徒弟协会建立起来,从17世纪、18世纪一直延续到19世纪。[32]稍后要提到的许多仪器制造者,包括托马斯·希思、亚当斯家族的三代人以及特劳顿家族,都脱离了杂货业公会。

[28] R. G. W. Anderson,《普莱费尔收藏品与爱丁堡大学的化学教育(1713～1858)》(*The Playfair Collection and the Teaching of Chemistry at the University of Edinburgh 1713—1858*, Edinburgh: National Museums of Scotland, 1978)。

[29] 关于约瑟夫·布莱克,参见 Anderson,《普莱费尔收藏品与爱丁堡大学的化学教育(1713～1858)》,第2章,该书有大量记录。关于天平的介绍,参见 John T. Stock,《化学天平的发展》(*Development of the Chemical Balance*, London: HMSO for the Science Museum, 1969)。

* 中世纪欧洲一伯爵领地,包括现比利时的东佛兰德省和西佛兰德省以及法国北部部分地区。——校者

[30] G. L'E. Turner,《伊丽莎白女王时代的仪器制造者:伦敦精密仪器制造贸易的起源》(*Elizabethan Instrument Makers: The Origins of the London Trade in Precision Instrument Making*, Oxford: Oxford University Press, 2000)。

[31] J. Brown,《杂货业公会中的数学仪器制造者(1688～1800)》(*Mathematical Instrument-Makers in the Grocers' Company 1688—1800*, London: Science Museum, 1979)。

[32] Gloria Clifton,《英国科学仪器制造者名录(1550～1851)》(*Directory of British Scientific Instrument Makers 1550—1851*, London: Philip Wilson, 1995)。也可参见 D. J. Bryden,《苏格兰仪器制造者(1600～1900)》(*Scottish Instrument Makers 1600—1900*, Edinburgh: National Museums of Scotland, 1973)。

　　17 世纪末 18 世纪初,伦敦有一位主要的仪器制造者——爱德蒙·卡尔佩珀(1660～1738)。[33] 卡尔佩珀曾拜师于瓦尔特·海斯,并且在 1700 年之前就接管了其师傅在穆菲尔德斯(Moorfields)的全部房产。有一套同类物品上依然可以看到他的签名——爱德蒙·卡尔佩珀制作,一个盛甜点的木盘的雕刻设计和一个黄铜纪念物,尤为与众不同。他的传统产品仍现存于博物馆中,有尺子、尺规、日晷、反向高度仪以及测量仪器。根据一件有日期的标本来判断,卡尔佩珀大约于 1700 年开始制造小的袖珍显微镜,而且,这些所谓威尔逊螺旋筒形显微镜,有许多上面都刻着卡尔佩珀的名字。还有一类显微镜,一种大三脚架形状,通常被称为卡尔佩珀型显微镜,被认为首次生产于 1725 年。根据交易卡(trade card)确定这些显微镜的归属,卡上标有卡尔佩珀的十字短剑记号,还有作为印刷版雕刻者的他的名字。有可能因为卡尔佩珀决定要扩大其产品销售的范围,所以最初制造出来的威尔逊型显微镜是用弯曲的象牙或黄铜制成的,其支架包括扁平的、可折叠的脚,做成尺子或尺规的样子。但更有可能的是,卡尔佩珀从其他专业零售商那里买来那种无需任何精巧工艺的大三脚架显微镜,除了透镜之外。

　　另一个选择产品多样化的手艺人是伦敦斯特兰德大道(the Strand)的乔治·林赛 527(活跃期 1728～1776),他是乔治三世国王的钟表匠。林赛于 1728 年提出了便携式显微镜的提议,并于 1743 年获得专利。据他说,他运用了钟表制造行业的所有技术,去生产一种能收藏进鼻烟盒大小空间的显微镜。

　　大约在 1738 年卡尔佩珀去世时,木制品和皮革制品变得过时,黄铜逐渐被用于制造显微镜与望远镜的主体和支架以及八分仪的框架。在亨利·贝克的指导下,约翰·卡夫(1708～1772)大约在 1743 年对显微镜的设计做出了一项根本性的改变,除了木制的盒底外,全部结构均采用黄铜制成。[34] 据卡夫说,他是伦敦这个行业最好的工匠之一,能够在两个星期内制造出一台显微镜。然而,他却于 1750 年破产了。有人说,这是由于他太诚实,也有人说,那是由于他生产定购货物的速度太慢。

　　伦敦的仪器制造业,到 1700 年时,形成了专业制造者与零售商人之间复杂的相互关系。店主卖他自己的产品,也向客户提供来自伦敦其他地方的各种存货。有些人只是为了同行而进行制造,比如为望远镜和显微镜制造仿羊皮纸管筒的杰克·邓内尔(活跃期 1680 年)和黄铜工匠约翰·摩根(活跃期 1740 年)。还有些人只是零售商,18 世纪一个典型实例是本杰明·马丁,前面已经谈过他早年从事讲演活动,此人后来在伦敦成功经营各种科学仪器的销售贸易。1768 年,他在舰队街的商店迎来了一位出生于瑞士的柏林王家天文台的天文学家让·伯努利。后者在 1771 年出版的《天文学书

[33]　G. L' E. Turner,《显微制图史:显微镜史研究》(Micrographia Historica:The Study of the History of the Microscope),《王家显微镜学会学报》(Proceedings of the Royal Microscopical Society),7(1972),第 120 页～第 149 页。重印于 G. L'E. Turner,《显微镜史论文集》(Essays on the History of the Microscope,Oxford: Senecio Publishing, 1980)。

[34]　Turner,《英国王家学会会员亨利·贝克》,第 63 页～第 64 页。

笺》(*Lettres astronomiques*)中描述了他到德意志、法国和英格兰的旅行,并且他认为,马丁的商店是设备最好的商店之一,且那里因马丁常做示范讲座而声名远扬。[35] 在 1782 年马丁去世后,根据其财物拍卖的目录可以看出,他所销售仪器的范围非常广泛:眼镜、观剧用的小望远镜、光学玩具、望远镜、显微镜、测量和航海仪器、日晷、制图仪器、抽气机、电动机、行星仪、时钟、气压计、温度计、射击用的标尺,等等。他的商品存货和有效宣传所涉及的范围如此之广,这就难怪哈佛学院在 1764 年火灾后会选择他作为教学仪器更换的供应商了。

　　本杰明·马丁在他晚年时破产了,也许是由于品种过多所致。詹姆斯·肖特是一位技艺超凡、专门制造反射望远镜的苏格兰人,他去世时有一笔财产。他专心将望远镜的反射镜金属镜片进行精细磨光和装配,而且,由于所制仪器非常精良,他 26 岁时就当选为王家学会的会员,并在 1764 年成为王家天文学家办公室的候选人。肖特去世后几个月,伯努利才来到伦敦,不过他出席了肖特的存货拍卖,并对拍卖作了完整的文字记录。值得指出的一个有趣现象就是:肖特对他的望远镜索价超出通常价位 2 倍以上,而且毫不费力就可以达到他索要的价格。一台带对光旋钮的 24 英寸反射镜,马丁要 14 个畿尼,亨利·派伊芬奇要 16 个畿尼,乔治·亚当斯要 20 个畿尼,而肖特要 35 个畿尼。[36] 拥有这么一批高水平的仪器供应商,伦敦成为世界精密仪器的市场实在毋需大惊小怪。

　　天文学家伯努利对仪器制造专家乔治·格雷厄姆和约翰·伯德制造的测墙壁象限仪和尺规特别感兴趣。自 1713 年到他 1751 年去世期间,格雷厄姆在舰队街有一家工场,他最初是一个时钟制造者,并曾接受过伟大的托马斯·汤皮恩的培训。格雷厄姆将其手艺用于制造天文学和天文台仪器,并尽力改善它们的精确性。[37] 他以销售经纬仪、天顶仪以及天文钟而闻名。1720 年,他成为王家学会的会员。伯德是一个与格雷厄姆和乔纳森·西森一起工作的年轻人,他制造了第一台刻度机,应用于由于温度改变而引起的刻度变化。伯德为王家格林尼治天文台以及欧洲的其他天文台提供仪器,[38] 并且为经度委员会工作。西森也是伯努利所特别提到的,此外还有杰西·拉姆斯登。拉姆斯登生于 1735 年,是整个 18 世纪下半叶伦敦一流的仪器制造者和零售商,在皮卡迪利(Piccadilly)有房产。他于 1786 年成为王家学会的会员,他既是一位商人,也是一位作家和发明家。他与其他仪器制造者有密切的联系,与彼得·多隆德的妹妹莎拉结了婚。

[35] Jean Bernouilli,《有关欧洲几个城市实用天文学目前状况的天文学书信》(*Lettres Astronomiques où l'on donne une idée de l'état actuel de l'astronomie practique dans plusieurs villes de l'Europe,* Berlin, 1771),第 72 页~第 74 页。

[36] Turner,《英国王家学会会员詹姆斯·肖特及其对建造反射式望远镜的贡献》,第 101 页。

[37] J. A. Bennett,《刻度盘:天文、航海、测量仪器的历史》(*The Divided Circle: A History of Instruments for Astronomy, Navigation, and Surveying,* Oxford: Phaidon-Christie's, 1987)。关于天文台,参见第 7 章。

[38] V. L. Chenakal,《苏联博物馆中 17 世纪和 18 世纪的天文仪器》(The Astronomical Instruments of the Seventeenth and Eighteenth Centuries in the Museums of the U. S. S. R.),《天文学回顾》(*Vistas in Astronomy*),9(1968),第 53 页~第 77 页。

在另一些欧洲学者的旅行日记中,也记述了对于伦敦仪器制造者的访问。[39] 日内瓦的实验哲学教授马克·奥古斯特·皮克泰于 1801 年访问伦敦,并热情洋溢地描述了由王家学会会员爱德华·特劳顿(1753～1835)所制造的刻度机以及其他仪器之精良特性。[40] 在此我们又见到了一个仪器制造家族,因为爱德华和他的哥哥约翰都接受过其叔叔——也叫约翰·特劳顿(1716～1788)——的培训,并且一起做生意,直到1804 年。[41] 爱德华在他哥哥退休之后继续公司的经营,而且在整个 19 世纪,特劳顿与西姆斯(Troughton & Simms)公司一直经营着,并以库克、特劳顿与西姆斯(Cooke, Troughton & Simms)公司的名义顺利地进入 20 世纪。丹麦天文学家托马斯·巴格于1777 年访问伦敦,并且记日记,配上他自己所画的插图。[42] 他至少从奈恩与布伦特(Nairne & Blunt)公司购买了价值为 88 英镑的仪器。爱德华·奈恩(1726～1806)自1749 年起就在康希尔(Cornhill)有房产,这是他从马修·洛夫特那里接收来的,他还把杰西·拉姆斯登算在他的工人之内。奈恩于 1776 年荣获王家学会会员的称号,并于1785 年获得了乔治三世国王的王家任命;1774 年至 1793 年期间,他与托马斯·布伦特合伙经营公司。奈恩与布伦特公司在广告中声称经营所有各种科学仪器,并自称是"光学、制图和哲学仪器的制造者"。

另一个必须提到的伦敦的仪器制造家族:亚当斯家族,他们的确像旅行日记作家所记录的那样。[43] 老乔治·亚当斯出生于 1709 年,曾拜师于托马斯·希思学习手艺,后来在舰队街开了一家很有名的商店,名叫第谷·布拉赫之首(Tycho Brahe's Head)。亚当斯懂得文字和讲演所具有的各种广告优势,尽管他销售各种仪器,但尤以地球仪而闻名。他的长子继承了他,也叫乔治,只活到了 45 岁;小儿子达德利接手过来,继续着这桩非常成功的生意,直到 1817 年(图 22.5)。小乔治·亚当斯继承其父亲所接受的王家任命,为荷兰人马丁努斯·范马伦提供许多仪器;后者在 18 世纪最后的几十年中,在哈勒姆的泰勒基金会致力于建立一个广泛的教学与研究仪器的收藏。

[39] G. L' E. Turner,《18 世纪伦敦的科学仪器制造贸易》(The London Trade in Scientific Instrument-Making in the Eighteenth Century),《天文学回顾》,20(1976),第 173 页～第 182 页。

[40] Marc Auguste Pictet,《夏季三月游历英格兰、苏格兰和爱尔兰日记》(*Voyage de trois mois en Angleterre, en Ecosse, et en Irlande pendant l'Eté de l'an IX (1801 v. st.*),Geneva,1802)。

[41] A. W. Skempton 和 J. Brown,《约翰·特劳顿和爱德华·特劳顿:制图仪器制造者》(John and Edward Troughton, Mathematical Instrument Makers),《伦敦王家学会的记录及档案》,27(1973),第 233 页～第 262 页。

[42] Thomas Bugge,1777 年 8 月至 12 月的旅行日记(travel diary August-December 1777, Copenhagen, Kongelige Bibliotek, MS Ny kgl. Saml. 377e)。

[43] John R. Millburn,《舰队街上的亚当斯:乔治三世国王的仪器制造者》(*Adams of Fleet Street, Instrument Makers to King George III*, Aldershot: Ashgate, 2000)。

图 22.5　达德利·亚当斯(1762～1830)的一个交易卡。达德利·亚当斯是老乔治·亚当斯的小儿子。1795 年,他的哥哥乔治过早去世,于是,他接手了在伦敦舰队街的"第谷·布拉赫之首"(Tycho Brahe's Head)家族生意。科学博物馆/科学与社会图片馆。

仅仅通过对 18 世纪的部分一流仪器制造者所作的简要叙述,就可以清楚地看到:这些人天资聪明、受过教育、能够记录自己的工作,愿意并有能力进行突破创新。他们通常被公认是科学共同体以及社会中的佼佼者。那些前往伦敦访问的欧洲人在对销售仪器的商店、仪器的种类和质量以及其所有者的知识和才能进行描述时所带有的热情,就可以确认这个看法。不过,有一个很好的例子:在这个世纪下半叶,伦敦有相当充足的精密仪器制造者,以至于学徒期满的年轻人只能到国外寻找生意上的机会。约翰·卡思伯森(1743~1821)就是一位在伦敦接受培训但还是决定移民阿姆斯特丹的年轻人。[44] 这一迁居带来了成功,因为他被认为是欧洲最好的电动机和抽气机制造者。他制造了最大的金属板电动机:摆放在哈勒姆的泰勒博物馆中。他的许多业务都依赖于泰勒基金会的赞助,由于后来在电动机摩擦垫的设计方面与他的资助者范马伦意见不一,卡思伯森于 1793 年回到伦敦,并在那里开了一家商店。他的弟弟乔纳森在荷兰的鹿特丹也做起了仪器制造的生意,并且再也没有回到英格兰。

531

欧洲和北美洲的仪器贸易

如果是一个外国人,又没有本地人的支持,要进入伦敦仪器市场并不容易。雅各布·伯恩哈德·哈斯(1753~1828)出生于德意志南部的比贝拉赫(Biberach),是一个熟练的仪器制造者,定居于伦敦。他找到所需的资金,并且有位在英国宫廷获得成功、名叫约翰·海因里希·胡尔特的瑞士画家愿意帮助他,于是两个人开了一家“哲学仪器制造厂”。哈斯为范马伦制造了好几样东西,包括一种精巧的化学天平;在 1793 年至 1795 年的三年中,哈斯与胡尔特之间是一种正式的合作关系,因为所有仪器上签署的是两个人的名字。1791 年,哈斯曾经试图到泰勒基金会谋一个技工的职位,但没有成功;他在信中,对在伦敦要取得成功是多么的困难作了说明。最后,他到里斯本工作,管理葡萄牙海军部的仪器制造厂。

荷兰是仅次于伦敦的仪器制造中心,[45] 这在相当大的程度上要归功于莱顿大学,在那里,自 1675 年起就设立了实验哲学讲座。为这些讲座提供大量仪器的仪器制造者是扬·范·米森布鲁克;关于米森布鲁克的工场,彼得·德·克莱尔对其进行了详细的研究。[46] 扬的伯父萨穆埃尔于 17 世纪 60 年代在莱顿著名的大学街拉彭堡(the Rapenburg)经营一家名为“东方之灯”(the Oriental Lamp)的工场。萨穆埃尔的弟弟约翰·范·米森布鲁克把它继承了下来,然后又把它给了约翰的同名儿子,通常称作扬。尽管米森布鲁克家族因其优质仪器而享有盛名,但没有证据表明他们的工场是大型的。的确,除了家庭成员外,他们的工场似乎只雇用一个人。这个名叫安东尼·林森的人,在他自己开业做生意时,声称自己为扬当了 20 年的助手。这种由一个熟练技工

[44]　W. D. Hackmann,《约翰·卡思伯森和乔纳森·卡思伯森:18 世纪金属板电动机的发明与发展》(*John and Jonathan Cuthbertson: The Invention and Development of the Eighteenth-Century Plate Electrical Machine*, Leiden: Museum Boerhaave, 1973)。

[45]　初步的清单,可参见 Maria Rooseboom,《1840 年之前荷兰北部对仪器制造技术的历史贡献》(*Bijdrage tot de Geschiedenis der Instrumentmakerskunst in de noordelijke Nederlanded tot omstreeks 1840*, Leiden: Rijksmuseum voor de Geschiedenis der Natuurwetenschappen, 1950)。

[46]　de Clercq,《在“东方之灯”的招牌下》。

配上一两个助手专门承接定货加工业务的生意,在 18 世纪上半叶是很典型的,但在 1750 年之后,这种情况发生了变化,当时,伦敦著名的仪器公司,还有德意志的、法国的公司,都雇用了许多熟练的工匠,有时多达 50 人。也是莱顿人的扬·鲍夫(约 1723～1803),是托马斯·巴格于 1777 年访问荷兰以及英格兰时遇见的一位仪器制造者。鲍夫是莱顿大学的毕业生,并在法兰克尔大学(University of Franeker)获得哲学博士学位。18 世纪下半叶,荷兰的科学仪器收藏,无论是公共的还是私人的,几乎没有不包含他的工场所生产的仪器的。在阿姆斯特丹,巴格见到了仪器制造者亚当·施泰茨和扬·范·德尔,后者绝对是一个很有名望的光学仪器制造者。扬和他的儿子哈马努斯·范·德尔(1738～1809)一起做生意,而且根据 1807 年的记录,哈马努斯被认为是第一个从事消色差显微镜商业生产的人。[47] 这种仪器采用当时的传统式样,有两种尺寸不同的物镜,焦距为 20 毫米和 30 毫米。其组成包括一个平凸型燧石玻璃透镜,和一个双凸型冕玻璃透镜;前一个透镜的平面对着需要观察的物体。哈马努斯的成就在于能够制造出所需的、尺寸小至可以安装在显微镜中的透镜。另一个延续三代的著名荷兰仪器制造家族是法兰克尔的扬·范德·比尔特(1709～1791)家族。范德·比尔特一辈子都生活和工作在那里,以制造望远镜而享有名望。

德国直到 19 世纪末才成为一个统一的民族国家。18 世纪,众多分散的公国并没有创造为许多精密仪器工场的繁荣所需的政治、经济和社会条件。在已有的那些工场中,最为著名的是奥格斯堡的格奥尔格·弗里德里希·布兰德的工场。[48] 布兰德出生于雷根斯堡,曾在阿尔特多夫大学(University of Altdorf)学习数学,1737 年办起了自己的工场,生产各种类型的哲学、制图和光学仪器。他的发明才智体现在他所制造的、用于显微学和天文学方面的玻璃测微计,为此,他设计了他自己的刻线机,并于 1761 年开始投入生产。不过,他的显微镜设计受到伦敦制造者的很大影响,而且,激发他对显微镜感兴趣的是 1753 年在德意志出版的亨利·贝克的《显微镜的使用》(*Employment for the Microscope*)一书。布兰德为巴伐利亚科学院提供了许多仪器,现在都藏于慕尼黑的德意志博物馆。18 世纪德意志另一位著名的仪器制造者是卡塞尔的约翰·克里斯蒂安·布赖特豪普特(1736～1799)。[49] 在维也纳,约翰·克里斯托夫·福格特兰德(1732～1797)创立了一个成功的商行。德意志仪器制造的天才是一个名叫约瑟夫·冯·夫琅霍夫(1787～1826)的人,他在玻璃生产方面的创新,使得德意志光学仪器在整个 19 世纪的大获全胜成为可能。[50]

[47] Turner 和 Levere,《收藏于泰勒博物馆中范马伦的科学仪器》,第 301 页～第 302 页。
[48] Brachner,《G. F. 布兰德》。
[49] L. von Mackensen,《来自卡塞尔的精密仪器:F. W. 布赖特豪普特父子公司 225 周年纪念文集与展品简介》(*Feinmechanik aus Kassel: 225 Jahre F. W. Breithaupt & Sohn, Festschrift und Ausstellungsbegleiter*, Kassel: Georg Wenderoth Verlag, 1987)。
[50] Alto Brachner,《光波:德国南部光学的起源与发展》(*Mit den Wellen des Lichts: Ursprünge und Entwicklung der Optik im süddeutschen Raum*, Munich: Olzog Verlag, 1987)。

在法国,经济和社会环境对于精密仪器制造的创新而言,同样也远不如英格兰有利,直到 18 世纪的最后几十年,这种情形才有所改观。[51] 然而,依然出现了一些著名的仪器制造者。雅克·勒迈尔和皮埃尔·勒迈尔父子俩活跃于 1720 年至 1770 年间,制造出各种制图仪器和航海仪器。这个时期最重要的工场是克洛德·朗克卢瓦的工场,他从 1730 年就开始营业。他是科学院的工程师,拥有罗浮宫的房产。他为巴黎天文台制造仪器,包括两台 6 英尺的测墙壁象限仪,并且为秘鲁和拉普兰探险队制造了四分仪和尺规。朗克卢瓦去世后,他的侄子卡尼韦·朗克卢瓦继承了他的事业,继续制造高质量的天文仪器。这个世纪中叶,法国制造的光学仪器以其细致精美的工艺而闻名,但是并没有什么创新;它们一直被称为"沙龙作品"(salon pieces)。最著名的制造者是克洛德·帕里斯和克洛德·西梅翁·帕塞蒙(1702~1769)。帕里斯所生产的反射式望远镜与伦敦制造者斯卡利特所生产的没什么两样;帕塞蒙是一个精明的自我宣传家和精良的工匠,他采纳了约翰·卡夫的复合显微镜的设计,不过又生产了许多不同的品种。

在 18 世纪最后的 25 年中,法国下定了要努力促进科学发展的决心,并且出现了两家重要的工场:勒努瓦的工场和福廷的工场。艾蒂安·勒努瓦(1744~1832)赢得了最好的航海和天文台仪器的制造者的声望。[52] 他造出了博尔达反射圈(Borda reflecting circle)的原型,而且他的仪器被用于测量子午线。经过了大革命进入帝国时代,"勒努瓦公民"(Citizen Lenoir)掌管了巴黎最重要的精密仪器工场,并在新的世纪将它传给了他的儿子。尼古拉斯·福廷(1750~1831)以他为拉瓦锡制造仪器而获得声望,他为拉瓦锡制造了天平、温度计以及油燃烧所用的设备。他还为盖-吕萨克工作过。1819 年巴黎展览会的评委会评论说:"福廷把自己的精力主要投入到了物理仪器的制造上,以其才能,他使得法国物理学家彻底变革物理科学以及创立现代化学的工作成为可能。"今天,福廷的名字总是与他发明的一种气压计联系在一起。

尽管 18 世纪美洲殖民地用于实验和教学的科学仪器大多数是从欧洲进口的(如前所述,哈佛学院是通过本杰明·马丁重新装备起来的),但是,用于实际测量和航海目的的制图仪器一直是由美国制造者生产的。由于是就地取材,因此,许多测量仪器都是用木材制造的,而不像当时的欧洲采用黄铜制造。出现了一些移民制造者,如从伦敦到波士顿定居的约翰·达布尼,以及在伦敦当过学徒、后来定居于纽约的安东

534

[51] Maurice Daumas,《17 世纪和 18 世纪的科学仪器》(*Les instruments scientifiques aux XVIIe et XVIIIe siècles*, Paris: Presses universitaires de France, 1953)。由 Mary Holbrook 译为英文(London: Batsford, 1972)。

[52] A. J. Turner,《从乐事和利益到科学和安全防卫:艾蒂安·勒努瓦与法国精密仪器制造的转变(1760~1830)》(*From Pleasure and Profit to Science and Security: Etienne Lenoir and the Transformation of Precision Instrument-Making in France 1760—1830*, Cambridge, MA: Whipple Museum of the History of Science, 1989)。

尼・兰姆。[53] 不过,直到19世纪,才出现到美国寻找生意机会的欧洲移民潮。[54]

　　在北美洲最重要的制图仪器制造者中,有两个是费城的里腾豪斯兄弟:大卫(1732～1796)和本杰明(1740～约1820)。大卫・里腾豪斯用他自己设计和制造的仪器于1763年对宾夕法尼亚和特拉华之间的边界进行了测量;1770年,他在费城建立并装备了美国第一个天文台。本杰明是官方枪机(gunlock)制造厂的主管,并且制造了时钟和测量仪器。另一位著名的测量家和测量仪器制造者是安德鲁・埃利科特(1754～1820),他于1801年被杰弗逊总统任命为美国测绘局长。在测量工作中,埃利科特雇用本杰明・班内克(1734～1806)作为他的助手。班内克是一位自由的黑人,他自学成才,是有名的天文历的制作者。还有一些著名的美国仪器制造者,他们是:第一个美国本土的地球仪制造者——佛蒙特的詹姆斯・威尔逊,以及为哈佛大学制造了一个一流的太阳系仪的来自波士顿的约瑟夫・波普。

一种科学的合作

　　由于科学在18世纪第一次得到普及,又由于对某些人来说,科学是一种娱乐的来源,所以,人们常常会假定科学在18世纪没有完成过什么严肃认真的工作。事实并非如此。科学普及是普通教育过程的组成部分。人们之所以追求教育,是有各种理由的,这其中包括好奇心和娱乐,还有严肃的求知渴望。还要牢记的一点是:和今天不同,当时在业余和专业之间并不存在什么差距。在那些对自然哲学(一个比"科学"更流行的术语)感兴趣的人中,有许多并不是要通过学习来谋生的,所以可以假定的是:他们未必想给知识添加一层严肃的含义。在这个世纪,科学知识得到增长,为工业革命的巨大技术进步奠定了基础。新的科学拥有大众的兴趣作为广泛的基础,这一事实达到了两个结果:第一,仪器制造业得到大力支持,以至于能够生产出新的科研仪器;第二,大众兴趣带来的压力激发政府、学术团体以及富有的个人资助科学,在这个真正的科学世纪里,为驱动科学研究的火车头提供动力。

(乐爱国　阎　夏　程路明　译　方在庆　校)

[53] Silvio A. Bedini,《罗盘与四分仪的产生:安东尼・兰姆的生活与时间》(*At the Sign of the Compass and Quadrant: The Life and Times of Anthony Lamb*),《美国哲学学会学报》(Transactions of the American Philosophical Society), 74, pt. 1 (1984)。

[54] Silvio A. Bedini,《美国早期的科学仪器及其制造者》(*Early American Scientific Instruments and Their Makers*),《美国国家博物馆公告231号》(United States National Museum Bulletin 231, Washington, DC, 1964. Reprinted, with addenda to Bibliography, Rancho Cordova, CA: Landmark Enterprises, 1986)。

23

印刷与大众科学

阿德里安·约翰斯

启蒙运动初期的印刷文化

18世纪,自然知识成为公众启蒙的焦点、载体和原型。本章所要叙述的是支撑这些发展的几个最重要的条件。中心主题是独特的印刷领域,这是一个成熟于17世纪末并一直延续到19世纪前25年的领域———一个在许多重要方面都不同于以往的领域。本章要对其主要的特征做出解释,说明这些特征如何形成以及最后为什么会被证明为不稳定;要概述印刷品如何制作、流通以及投入使用;并且进一步解释这一领域的特征是如何影响了知识的创造和传播的。这些由印刷商和书商们所创造出来的材料(不仅有书籍本身,而且还有诸如期刊这样的新事物)极大地改变了知识的建构和表达。本章在这一方面的主要观点是寻找其一般性特征。它们当然适用于我们今天仍称为科学的内容,但又远远超出那个范围,涵盖了许多其他类型的知识。

18世纪,图书领域既是统一的,又是多种多样的。一方面,在大多数国家,规范印刷出版行为的惯例和规章的体制,或多或少地依赖相类似的各种机制,包括同业公会、许可证发放、委任权和特权等。比如在法国,路易十四统治时期在这些基础上建立了一套完备的印刷出版法规体系,而这些基础一直延续到一个世纪后的大革命时期;类似的体系在西班牙、奥地利、瑞典以及丹麦也同样发展起来了;荷兰与德意志也热切地加以采纳。所有这些国家都存在着大致相类似的制度形式。但另一方面,所有这些相类似的机制,在法律上和政治上却是截然不同的。任何一个特定政权所做出的具体规定,在其管辖范围之外是没有效力的。熟悉一个地区惯例的印刷商,或许懂得另一个地区通行的做法,但是,以往图书贸易所依据的决议累积而成的档案,他或她可能完全不知道。其结果之一便是,在某领地的邻近地区进行未经许可的印刷(完全合法的行为）一直受到欧洲许多地方的指责。这种指责在很大程度上影响了印刷业的声誉。[1]

英语国家的情况有着重要的不同。18 世纪初,当时的英格兰人察觉到一场深刻的变革正在进行。由于约翰·洛克等激进的辉格党人的不断批评,王政复辟时期的出版法因被证明是过时的而于 1695 年被准予终止。这导致了三个主要的后果:结束了政府或国教会派员对出版的事前监督;取消了对未经许可但已受他人委托的印刷工作的法律制裁;允许印刷贸易向外省的扩张不受管制。在所有这三个方面的影响下,英格兰减少了许多像大多数欧洲大陆国家那样建立一个基于同业公会(例如伦敦书籍印刷出版经销同业公会)、许可证颁发和王家特权的综合制度的机会。在同一时期,美洲的印刷业迅速扩张,从很小的起点变成一个遍布各殖民地的、有影响的大型贸易——对政府来说它过于多样化,难以有效管理。这样的变化迫使对印刷文化本身做出重新定义,欧洲其他国家不可能长期远离这样的印刷文化。随之而来的便是读者身份和作者身份的修正。19 世纪初,由于蒸汽动力的工业印刷机的发明以及最终应用,印刷品流通的特点将发生又一次根本性的变化。

按照某些最普遍持有的假设,这些陈述似乎没有什么意义。我们以为,我们深知"印刷文化"是什么意思,并且能够根据我们确信自己对于印刷本身所知的东西把它鉴别出来。印刷创造出大量完全相同的文本:那就是它的确切定义。印刷文化的特征在于它基本上是由技术原因引起的。这些特征包括图书成本的降低以及图书可获得性的提高。最为重要的是,机械性复制作为印刷业的核心,意味着印刷文本始终如一地忠实于原文,这是手抄复制所难以想象的。就所有这些方面而言,印刷文化似乎归根结底就是机器的问题。因此,印刷文化就只能有一种,只不过在不同的时间地点其表现程度不同而已。[2]

假如那是真的,那么谈论新的多样化的印刷文化实在是自相矛盾。然而,那种以为印刷文化是印刷业直接派生出来的假定并非无可争议。印刷就像其他技术手段一样,能够适应不同的实际需要,因而能够产生出各种文化后果,这似乎是再清楚不过的。现代欧洲的初期就是这种情形。由于政治上、地理上以及宗教信仰上的根本不同

[1] M. Treadwell,《18 世纪英格兰、爱尔兰及美洲图书的历史》(The History of the Book in Eighteenth-Century England, Ireland, and America),《18 世纪的生活》(Eighteenth-Century Life),16(1992),第 110 页～第 135 页;J. Popkin,《大革命前夕荷兰的印刷文化》(Print Culture in the Netherlands on the Eve of the Revolution),载于 M. C. Jacob 和 W. W. Mijnhardt 编,《18 世纪荷兰共和国:衰落、启蒙与革命》(The Dutch Republic in the Eighteenth Century: Decline, Enlightenment, and Revolution, Ithaca, NY: Cornell University Press, 1992),第 273 页～第 291 页;J. -P. Lavandier,《玛利亚·特蕾莎时代的图书》(Le Livre au Temps de Marie-Thérèse, Berne: P. Lang, 1993);S. G. Lindberg,《18 世纪斯堪的纳维亚的图书贸易》(The Scandinavian Book Trade in the Eighteenth Century),载于 G. Barber 和 B. Fabian 编,《18 世纪欧洲的图书与图书贸易》(Buch und Buchhandel in Europa im Achtzehnten Jahrhundert, Hamburg: Hauswedell, 1981),第 225 页～第 248 页;D. M. Thomas,《西班牙王家印刷商与书商(1763 ～1794)》(The Royal Company of Printers and Booksellers of Spain, 1763—1794, Troy, NY: Whitston, 1984);L. Domergue,《新思想传播的障碍》(Les Freins à la Diffusion des Idées Nouvelles),载于 B. Bennassar 编,《西班牙:从保守到飞跃》(L'Espagne: de L'Immobilisme à L'Essor, Paris: CNRS, 1989),第 145 页～第 155 页。
[2] 按照这些思路所得出的权威性观点,可参见 E. L. Eisenstein, 2 卷本《作为变革手段的印刷出版:近代早期欧洲的通信与文化转型》(The Printing Press as an Agent of Change: Communications and Cultural Transformations in Early Modern Europe, Cambridge University Press, 1979)。

而造成分裂的地区,会相应地产生出各式各样的印刷体制,从伦敦的相对宽松的体制到马德里和那不勒斯的严格管理。在不同的体制下,印刷品的生产、流通、消费以及阅读都有所不同。其结果是,产生了许多截然不同的地区性印刷文化,当然这是到 17 世纪末所出现的现象。我们甚至可以认为,启蒙运动的某些最典型概念也是依赖于这样的印刷文化而清晰起来的。在 18 世纪,加强不同文化的民间合作的努力与其中愈演愈烈的反对呼声既共存又强烈冲突。正是这个过程产生出与其说是一个和谐的"公众领域",还不如说是同时代人对于这样一个领域**必须**存在的强烈要求。也就是说,这个过程使他们坚持认为,肯定有一种真正的印刷文化,而且那是一种唯一能支持真正的启蒙运动的文化。[3]

从英格兰的例子中可以很清楚地看到这个过程最初的主要线索,在那里,以往制定的欧洲大陆标准受到了拒绝,其主要的优点和缺点被暴露出来。在查理二世复辟后不久,《出版法》首次于 1662 年通过。查理二世与詹姆斯二世政府都把它尊为镇压叛乱的重要手段。由于这个法案的最终废止,一个断断续续维持了一个多世纪的对印刷出版的监管体制也随之瓦解了。这个法案还为伦敦出版业公会的核心协议提供了法律保护。这个同业公会于 16 世纪中期被特许成立,它在许多方面都可以被看做是绝大多数欧洲中心城市的行业团体和同业公会的典型。它声称要接纳所有参与了图书贸易的人,而且经过很长的一段时间,它的确成功地创建了一套保持印刷领域有序状态的复杂行规。它有自己的法庭、自己的仲裁准则;有自己的调查人员,能够获准进入任何一处确信有图书交易的房产;甚至还曾有过自己的监狱牢房,拘押触犯出版业公会协定的人。出版业公会规定印刷厂房的规模、数量和构成——这就影响了印刷产品的规模、数量和构成。简而言之,它开创了一种印刷文化,为其作了详细说明并且提供了范例。随着 1695 年政府对印刷出版监管的终止,当时人们所感觉到的不仅是政府许可制度的终止,而且也是这种文化的完全终止。但只有英国实现了这样的终止,而欧洲的其他国家,包括荷兰在内,依然延续着社团间与政府间相互配合的做法。

英国的经历所导致的结果是,突显了"propriety"的概念在英格兰乃至欧洲大陆同业公会的行业文化中的重要位置。这个词现在的意思是正当行为,这实际上并非是不恰当的引喻。而在 18 世纪的英语中,它更多地被当做"财产所有权"(property)的同义词使用。这就是它在图书印刷与销售中的意义。由于可以理解的时代错误,人们长期以来以为,在图书贸易中,"登记注册"就是对所谓著作所有权的记录。但事实上,这根本不是现代标准的所有权。的确,照本意它可以无限期持续,可以被抵押、转让或继承。但是,对转移的控制权一直保留在行业共同体(craft community)的内部,而且一直

〔3〕 一项对国际贸易网的比较研究显示了相隔如里斯本与华沙那样遥远(在西班牙有显著断裂)的书商之间的互动,可参看 G. Barber,《谁是启蒙运动时期的书商?》(Who Were the Booksellers of the Enlightenment?),载于 Barber 和 Fabian 编,《18 世纪欧洲的图书与图书贸易》,第 211 页～第 224 页。

缺乏明确的法律认可。它基本上是一种由企业与政府联盟所支持的人为的行业规矩。[4] 这与《出版法》的废止结束于何处有着莫大的关系。为了给每一本要出版的书籍确定一个能对其内容负责的个人，议会于 1662 年颁布法令，规定所有的书不仅必须获得许可，而且需要登记在册。这样做，虽然只是默认，但也为行业的财产所有权提供了法律上的认可。然而，到 1695 年，由于许可制的终止，这种对行业正当行为的法律认可也不复存在。未授权翻印已注册的图书不再受到惩罚，似乎将要出现一种无政府状态。当然，并不是所有人都这样看：洛克就对现有财产所有权协定的垄断性和对思想传播的阻碍表示愤恨。但是，人们需要建立新的行规来保证印刷业的诚信。最主要的结果（经历了几乎整个 18 世纪的持续斗争才获得的）却是一种截然不同的监管理念，它不是根据惯例，而是以著作家的劳动及其法律认可为基础。这种新观念首先在英国通过"版权"（copyright）这一新词表现出来。在其他国家，以同业公会和王家特权为基础的正当行为观念则持续了更长的时间，但是到了那个世纪末，欧洲大多数地区也开始讨论类似的制度。自然哲学著作与这场争论有着密切而有趣的联系。这种联系是那个时期科学史中比较重要的组成部分之一。

因此，本章描述的是一个被称为印刷史上的"旧制度"（ancien régime）时期。[5] 在法国历史上，这段时期可以被看做是从 17 世纪 60 年代科尔贝建立全面的印刷体制，经过雅各宾党人于 18 世纪 90 年代大规模的（对于印刷图书而言是灾难性的）破坏，直到 19 世纪初印刷工业的重建。[6] 在德意志和哈布斯堡帝国，19 世纪初同样也建立了精心打造的著作所有权体制。荷兰的反盗版法律也于这个世纪末开始生效。在英格兰，这个时期则更多地表现出与众不同的特点。这个时期始于 1695 年废止《出版法》，到印刷工业的巩固为止。前者有效地阻止了欧洲大陆模式的印刷体制的发展，后者从 1810 年左右开始，至 19 世纪 30 年代已经非常成熟。在这段时期里，印刷出版机械基本停留在 150 年前的水平；然而，当时的人却经历了十分显著的文化变迁。制作什么样的图书，怎么来表现，怎么才能成为一个作者——1800 年的所有这一切与 1660 年是完全不同的。

---

〔4〕 对荷兰类似协定的表述进行比较：P. G. Hoftijzer，《"一把割取邻居谷物的镰刀"：荷兰共和国的图书盗版》（"A Sickle unto thy Neighbour's Corn": Book Piracy in the Dutch Republic），《中世纪手稿杂志》（*Quaerendo*），27（1997），第 3 页～第 18 页，尤其是第 6 页～第 9 页。

〔5〕 R. Chartier，《旧制度时的印刷：对近期一些书籍的看法》（l'Ancien Régime Typographique：Réflexions sur Quelques Travaux Récents），《年鉴》（*Annales E. S. C.*），36（1981），第 191 页～第 209 页。

〔6〕 Roger Chartier 和 Henri-Jean Martin，4 卷本《法国编辑史》（*Histoire de L'Édition Française*, 2nd ed.；Paris: Fayard, 1989—91），第 2 卷对 1660 年至 1830 年这段时期作了一个恰当的概括。关于这个体制的起源，参看 H. -J. Martin，《法国的书籍：宗教、专制主义和读者（1585 ～ 1715）》（*The French Book: Religion, Absolutism, and Readership, 1585—1715*, Baltimore, MD: Johns Hopkins University Press, 1996），P. Saenger 和 N. Saenger 译，第 31 页～第 53 页。

启蒙运动时期作品的版权与盗版

在 16 世纪和 17 世纪,印刷主要是大城市中的行业。受当地同业公会监督的(比如,荷兰的圣路加[St. Luke]公会、巴黎的圣雅克[St. Jacques]公会或马德里的圣约翰[St. John]公会)有为数不等的小型的、通常是家庭的印刷社;而数量未知的"私人的"出版社则通过盗版或出版激进的小册子挣扎着。事实上,它的经济收入甚至只能供持证的主要的印刷商糊口。大多数印刷社的日常生计仅靠印刷票证、账单和小册子得以保证,甚至那些承接印刷地图集或《圣经》之类大宗业务的印刷商,也会为了马上能够获得现金而毫不犹豫地中断工作去印刷那些短期的东西。低地国家的情况有所例外,那里的印刷厂往往大得多。这些国家长期以来一直是欧洲贸易的中心。这里的房产能够支撑印刷业致力于长期运营,而它们能相对容易地进入巨大的欧洲市场使它们能够开展规模经营。像威特斯坦斯(Wetsteins)这样的荷兰批发书商,总是向伦敦的同行抱怨英格兰的图书之昂贵,无法进口,于是,他们不顾伦敦同业公会徒劳的反对,乐此不疲地翻印他们的图书。阿姆斯特丹就是这样一直维持着它在欧洲学术印刷方面的中心地位,不过同时,也被其他国家说成是"盗版"中心。正是在这里,最早形成了跨国学术团体所依靠的新的社会身份——包括编辑、国际出版商以及某种非常类似于著作权代理商的人。[7]

大多数欧洲国家都认为,政府有法律上的义务去管理这样一个有影响的行业。它们通过制定各种许可证制度来达到这个目的。所有将要出版的书都必须首先通过国家或教会的代表审查。直到 1700 年,还只有英国废止了这样的制度,而且那里的出版商和书商还不惜花费数年的时间试图重新实行这一制度,因为它对于限制贸易的规模、保障贸易的政治安全具有作用。但是,许可证制度正如行业正当行为一样,不能超越任何法律的管辖边界。像纳沙泰尔印刷协会(Société Typographique de Neuchâtel)这样的组织,可以在瑞士印刷法国所禁止的图书而不受惩罚,并且还可以把它们输到境外以及法国各地大获其利。这种组织的行为有助于说明启蒙运动的某些主要特征。即使在特定的权限范围内执行情况也是迥异的:在法国,发放许可证的最高长官马勒泽布,实际上默许发行名义上违禁的《百科全书》(Encyclopédie)。

不同国家的另一个主要的相似之处就在于人所共知的"盗版"盛行。当时人们所说的这个词,其含义大大超越了一字不差的翻印。它包括许多不同的做法,全都直接损害印刷作为可靠的信息交流媒体的作用。例如,如果一个印刷商承接印刷一件作品的 1000 个副本的定单,那么,只需多印 200 本,他就有望获得大量额外利润。像约

[7]　A. Goldgar,《粗鲁的学问:文学界中的操行和共同体(1680～1750)》(*Impolite Learning: Conduct and Community in the Republic of Letters, 1680—1750*, New Haven, CT: Yale University Press, 1995)。

翰·弗拉姆斯蒂德这样的人物肯定会把这种行为说成是真正的危害,他曾指控牛顿与
书商奥恩沙姆·丘吉尔勾结,超过规定数量印刷弗拉姆斯蒂德的《不列颠天文志》
(Historia Coelestis)。伦敦王家学会明令禁止其所属的"印刷商"(实际上就是书商)进
行超量印刷。另外一些关于盗版的问题集中于模仿、翻译和缩写。伦敦王家学会规定
其所属的印刷商不得翻印任何著作的"缩写本"。翻译更是难于制止,因为它往往发生
在国外,涉及不同的法律制度。王家学会发现,一些重要的出版物,包括《哲学汇刊》
(Philosophical Transactions),在日内瓦和荷兰未经授权翻译出版而受到侵害(《学者杂
志》[Journal des Sçavans]也遭受到类似的命运)。最后,被雇用的文人中有懂得变通的
作者,包括来自活跃的竞争对手那边的。像"涂乌社俱乐部成员"(Scriblerians)* 和威
廉·金一样,亨利·菲尔丁出版发行了《哲学汇刊》的仿制品,在那个未经授权翻译的
年代,他完全能够说服某些读者相信他们是正宗的。当时,几乎没有任何学术团体能
够制止此类事件的发生。1731 年,伦敦王家学会甚至设立了一项奖金,任何人只要能
够指认出自称泄露学会会议记录(实际上根本没有发生)的印刷报告的作者,就可以得
奖。然而,尽管同业公会的要人们亲自努力去追捕冒犯者,在年鉴中,王家学会却不断
地受到攻击。面对这种种危害,整个世纪,专家们被迫不断重新审议他们的协议。[8]

　　从偷偷摸摸的抢夺剽窃到复杂的国际交易,盗版可能以任何一种形式出现。对
此,一个作家单枪匹马是难以应付的。[9] 然而,需要印刷的学术团体可能会做得好一
些,像伦敦的王家学会和巴黎的王家科学院这样的机构是抵制盗版的先锋。它们的倡
议(委任一些经营范围受到严格限制的授权印刷商,定期发行刊物,制定编辑协议和文
明阅读公约)为遍布欧洲各国的其他学术团体树立了榜样。通过把印刷商拉进同盟
(甚至在重新规定正当行为的时候也做到了这一点),它们取得了成功:例如,在瑞典,
王家科学院授权的印刷商成为该国图书贸易中最为强大的个体。[10] 值得注意的是,这
些行动是学术团体**不得不**采取的,而且也给参与图书贸易的人带来了真正的好运。

　　因此 18 世纪早期出现的印刷界,仅仅是潜在地作为学术交流的可靠媒体。在实

---

*　　Scriblerians 是指 18 世纪早期英国文学界的第一个有组织的、成员全是男性的文学俱乐部成员。最初只有 6 个人,
　　分属于由斯威夫特(Jonathan Swift)和蒲柏(Alexander Pope)领导的两个小组。核心成员有哈利(Harley)、阿巴斯诺
　　特(Arbuthnot)和帕内尔(Parnell)等。最初他们称自己为"星期六俱乐部"成员。后来,他们改为"涂乌社俱乐部"
　　(Scribbling club)成员,Scriblerians 由此得名。他们通力协作,每月出版一本杂志,旨在宣扬自己的理想,并对时事和
　　文学界的丑事进行无情讽刺。他们尤其对科学家的一些想法极尽讽刺之能事。在他们看来,科学家并没有做到他
　　们所主张的那样。据原作者 2008 年 5 月 12 日给校者的电子邮件。——校者
[8]　Richard Savage,引自 R. Straus,《无法形容的柯尔》(The Unspeakable Curll, London: Chapman and Hall, 1927),第 43
　　页;British Library, ms. Add. 4441, fols. 2ʳ-5ᵛ, 20ʳ, 120ʳ-121ᵛ; Royal Society, Ms. Dom. 5, No. 23; N. B. Eales,《1753 年因菲
　　尔丁引起的对王家学会的讽刺》(A Satire on the Royal Society, dated 1753, attributed to Henry Fielding),《王家学会记
　　录及档案》(Notes and Records of the Royal Society),23(1968),第 65 页～第 67 页;伦敦书籍印刷出版经销同业公会
　　档案(Archive of the Stationers' Company, London):补充文件,Box D, Envelope 15(列举了 1776 年托马斯·卡南
　　[Thomas Carnan]的年鉴中的过错,包括"对王家学会的反思",反对王家学会的"各种恶言谩骂",对王家学会的"长
　　期与狭隘的看法"以及反映王家学会和王家天文台"低俗可笑"的有关某颗彗星的解释)。
[9]　尤其可参见 Hoftijzer,《"一把割取邻居谷物的镰刀"》;F. Moureau 编,《黑暗的印刷商:16 世纪至 19 世纪的书籍做
　　假》(Les Presses Grises: La Contrefaçon du Livre, XVIᵉ-XIXᵉ siècles, Paris: Aux Amateurs de Livres, 1988)。
[10]　Lindberg,《18 世纪斯堪的纳维亚的图书贸易》,第 230 页～第 231 页。

际中,印刷材料的可靠性是极其脆弱的。大印刷商和书商们自己也看到有必要加强其可靠性。在整个欧洲,同业公会的协定正在失效——有时,比如在法国大革命期间,甚至其合法性也不被承认。版权所有者完全有理由担心自己的有价值的投资会变得一文不值。他们从两个主要方面做出了反应。一是反复重申法定标准,努力建立一个可接受的图书贸易的法律环境。关于他们在这一方面的努力,将在后面部分进行叙述。他们的另一个策略是,将主动权掌握在自己手上,用新型的集体行为取代公共的正当行为。他们通过完善社会与经济机制来实现这个目标,这从 17 世纪 70 年代起就已见雏形:印刷商与书商之间结成半永久的联盟,并制定规则约束他们抵制对其"财产所有权"的侵犯。

这样的联盟通常由 15 个左右的书商组成,他们共同行动,买断某个版本,并将其成批地发行。他们有时称为"康格"(conger)的这种联盟,虽说是一种紧密的结合,但更是出于利益的考虑,其中有两个主要的目的。第一,是保证出版人的基本利润,这些人就不必冒险将大笔资金投入前景不明的盗版零售业中。这种联盟在很大程度上消除了印刷商仅追逐短期项目的必然性。它鼓励商家承印大部头甚至多卷本的著作,当时除此以外唯一合理的选择是预付定金的出版方式,由于连连失败、声誉很差而开始停止。与预付定金的方式一样,这种康格式的联盟最早出现在英格兰,他们聚集在王家学会的印刷商塞缪尔·史密斯的周围,以保护他的昂贵药典。但从那以后,这种策略演变成一种集体解决办法,用于对付因盗版而产生的挥之不去的忧虑。它不仅通过出版物署名的方式来反对盗版,而且还暗示要将有嫌疑的印刷商和书商列入黑名单。这样的排斥会造成很大的损害,因为那些人被列入局外人[黑名单上的人],其信誉也许永远有一个污点。这种最初的特设联盟,后来发展成为图书贸易中的重要力量。他们还有自己的拍卖方式,通过拍卖向应邀加入者分配印数,这种方式为新的贸易文明树立了样板。事实上,联盟和他们的惯例有效地成长起来,形成接替曾统治着前辈的同业公会协议的非正式的、自选的继承物。当然,联盟也并不总是成功的——荷兰人的尝试就半路夭折——但是,有成功总比没成功好。[11]

反盗版联盟的数量在 18 世纪的头 25 年里成倍增加。不久以后,他们不但从事销售,而且开始从事出版。这样一来,他们所提供的集体解决办法不仅仅可以用于在实际上保护具体的版本,而且也可以用于在法理上保护印刷品。因此,他们很快就开始在其成员中拍卖书籍实物、版权,还拍卖一些印刷品的分印权。这种拍卖在小酒店或咖啡屋里举行,并被称为"同行拍卖"。随着这种拍卖的激增,一种私下的份额市场发展起来。例如,书商们能够买卖托马斯·伯内特所著的英式笛卡儿主义(Anglo-

---

[11] N. Hodgson 和 C. Blagden,《托马斯·伯内特与亨利·克莱门茨的笔记本(1686～1719),附:贸易惯例实践》(*The Notebook of Thomas Bennet and Henry Clements, 1686—1719, with Some Aspects of Book Trade Practice*, Oxford: Bibliographical Society, 1956),第 67 页～第 100 页;J. Feather,《英国出版史》(*A History of British Publishing*, London: Routledge, 1988),第 66 页～第 67 页;Hoftijzer,《"一把割取邻居谷物的镰刀"》,第 17 页。

Cartesian)的《神的地球理论》中 48％ 的份额。这些份额可以进一步交易,但只能在以后非公开的拍卖中进行。结果出现了一种体制,它通过转手出版物版权,维持版权的受保护的地位。它所依赖的是社会的排他性,而不是团体的惯例。同行拍卖网在整个 18 世纪都很好地延续着,直到 19 世纪。[12] 但是,盗版业也十分顽强。在歌德时代的德意志以及 19 世纪 20 年代至 40 年代的伦敦,激进的科学家们吃亏之后发现,盗版仍是一种司空见惯的危害。在所有权的维护和侵权的威胁之间总是存在着一种微妙的平衡。[13]

这些集体的方法是在许多印刷文化中的尝试的典型例子,它试图在失去了传统的团体监督的情况下,提供一种可靠的知识贸易形式。采用这种限制性的方法有助于实现道德上的和认知上的目的,也许在书商们的心目中最为重要的是有助于实现经济上的目的。然而,18 世纪出现了一个更为严峻的挑战。这个挑战是无法轻易地用社会的排他性来战胜的,理由很简单,因为它的来源已经被排除在外。这个挑战就是在原版生产者所处的司法体系之外进行未授权的翻印。由于约定的行业正当行为和国家特权不能超出领土的政治界限,在那些界限之外的翻印也就绝不是违法的行为。但是,未授权翻印受到图书贸易人员和图书作者的怨恨,并且也都具有认知上的和经济上的结果。

印刷业的主要威胁最初来自当地的印刷商和书商。比如,安妮女王时期的英格兰"盗版之王"都是伦敦的名人,诸如小亨利·希尔和埃德蒙·柯尔。但是,18 世纪 30 年代,爱丁堡、格拉斯哥和都柏林的印刷商,得益于苏格兰与爱尔兰两地政治上的重新稳定,开始把目光投向他们所在地区的市场之外,发现了开发英格兰读者的机会。他们紧盯伦敦市场的畅销书,把它们进行翻印,然后将其输回英格兰的首都。像伯内特的《神的地球理论》这样的图书,就在十大最受欢迎的盗版书排行榜上保留了几十年之久。爱尔兰与苏格兰的律师们会认为,保护像伯内特的书那样的英国版权的先例和法规,在不同的法律体系中毕竟是没有法律效力的。[14] 他们完全有可能是对的;仅仅是翻印英格兰图书的确是合法的。但是,把图书输回英格兰则是不合法的,像托马斯·伯奇的书商安德鲁·米勒这样的人也认为,这预示着印刷文化和贸易的灾难。当爱丁堡的经销商亚历山大·唐纳森在伦敦开了一家商店,公然打算出售他的翻印书籍时,这种极度的无礼使人们意识到危险达到了何种程度。

[12] T. Belanger,《书商们的同行拍卖(1718～1768)》(Booksellers' Trade Sales 1718—1768),《图书馆》(The Library),5th s.,30(1975),第 281 页～第 302 页。
[13] M. Woodmansee,《作者、艺术与市场:重读美学史》(The Author, Art, and the Market: Rereading the History of Aesthetics, New York: Columbia University Press, 1994); A. Desmond,《进化政治:激进伦敦的形态学、医学和改革》(The Politics of Evolution: Morphology, Medicine and Reform in Radical London, Chicago: University of Chicago Press, 1990),第 15 页,第 44 页,第 74 页,第 120 页～第 121 页,第 163 页,第 204 页,第 230 页～第 233 页,第 237 页～第 239 页,第 246 页～第 248 页,第 338 页～第 339 页,第 412 页～第 414 页。
[14] R. C. Cole,《爱尔兰的书商与英格兰的作家(1740～1800)》(Irish Booksellers and English Writers, 1740—1800, London: Mansell, 1986),第 1 页～第 21 页。

此时,伦敦书商所要面对的问题也是欧洲贸易作为一个整体所要面对的。地理(表现为领土分界和海洋、山脉之类的天然屏障)对于决定不同印刷文化的界限起着主要的作用。例如,荷兰人精通于复制英国的著作,他们这样做可以不受惩罚;牛顿既是这种行当的受害者,同时也是偷偷摸摸的参与者。罗伯特·达恩顿曾指出过,如果是在法国南部一个群山环抱,又没人监管的镇子里翻印狄德罗和达朗贝尔的《百科全书》,那将会带来多么巨额的利润。有时,这样的"盗版"成了很有声望的民族工程,尤其是在意大利各国。这也适用于德意志 300 多个公国。各个德意志政府向来基于重商主义的立场鼓励未授权翻印邻国的出版物。在神圣罗马帝国统治的地区,帝国企图通过授予特权在所有地方制止图书盗版,但是,他们往往将特权给了未授权翻印的版本而不是原版。无论何种情况,都只有零零碎碎的遵守。因此,都柏林和爱丁堡的印刷商所做的事是在所有欧洲国家都能看到的。这就是开明的著作国际主义呈现的状况。这种现象之所以形成,一定程度上是对被国家和法律界限割裂的图书领域所做出的回应,因为超越这种界限的往往不是被称为世界大同主义,而是非法盗版。[15]

有教养的闲暇(polite leisure)促进了这种跨越国界的渗透。由于娱乐成为获取高额商业利润的机会,图书贸易迅速扩张。[16] 印刷商和书商们很快就在大多数较大的省城里定居下来,首先是集中于报纸和广告——这一行当并不完全是他们发明的,但至少是他们最先彻底开发的。到这个世纪中期,他们的销售网已发展得非常复杂、快捷,并且几乎覆盖了全世界。虽然各省尚不可能对大都市在印刷所有权上的垄断构成严重的挑战,但是,这些网络已经成为印刷商们建立国内甚至国际著作文化的基础。由于现在可以找到各种各样的读者,有魄力的印刷商能够创造和开发出新市场。为此,他们用非凡的精力去鉴定各种读者,从钻研阿尔加洛蒂的《写给女士的牛顿学说》(*Newtonianism for the Ladies*)的意大利妇女,到通过汤姆·泰勒斯科普了解自己国家的牛顿主义的英国儿童。[17] 由于有不断增多的读者的鼓励,同时也是由于有非正式同行拍卖和康格式的(conger)组织的保护,出版的规模也得到扩大。企业的合并很快就开始使 17 世纪小规模的家庭印刷厂被大型企业所取代。到 18 世纪 20 年代,约翰·沃茨的企业已经雇用 50 多个工人,这对于伦敦的上一辈人来说已经是不可思议的。比起

546

[15] R. Darnton,《启蒙运动时期的商业:〈百科全书〉的印刷史(1775～1800)》(*The Business of Enlightenment: A Publishing History of the Encyclopédie, 1775—1800*, Cambridge, MA: Harvard University Press, 1979),第 19 页～第 20 页,第 34 页～第 35 页;Woodmansee,《作者、艺术与市场》,第 46 页。

[16] P. Langford,《一个文明的、喜商的民族:英格兰(1727～1783)》(*A Polite and Commercial People: England 1727—1783*, Oxford: Oxford University Press, 1989),第 90 页～第 99 页;J. Brewer,《想象的乐趣:18 世纪的英格兰文化》(*The Pleasures of the Imagination: English Culture in the Eighteenth Century*, London: Harper Collins, 1997),第 125 页～第 197 页。

[17] J. Secord,《幼儿园里的牛顿:汤姆·泰勒斯科普与陀螺和球的哲学(1761～1838)》(*Newton in the Nursery: Tom Telescope and the Philosophy of Tops and Balls, 1761—1838*),《科学史》(*History of Science*),23(1985),第 127 页～第 151 页;C. Welsh,《上个世纪的书商》(*A Bookseller of the Last Century*, London: Griffith et al., 1885),第 89 页～第 117 页;K. Shevelow,《妇女与印刷文化:早期杂志中的女性化结构》(*Women and Print Culture: The Construction of Femininity in the Early Periodical*, London: Routledge, 1989);P. Findlen,《新科学的转化:启蒙时期意大利的女性与知识传播》(*Translating the New Science: Women and the Circulation of Knowledge in Enlightenment Italy*),《构造》(*Configurations*),2(1995),第 167 页～第 206 页。

它自己的前身,它更类似于荷兰的印刷公司。[18]

这种扩张并不是必然的。即使它已经发生,也并非不可逆转。正如任何一个经历"南海泡沫"(the South Sea Bubble)时期的人都明白的那样,商业上的成就会在顷刻之间化为灰烬。在盗版与版权之间维持着不稳定平衡的印刷业中,它的前景始终是不可靠的。要使前景可靠,也需要持续的努力,重点在于建立诚信。结果,自然哲学家与绅士们在跨国交流中所需要的东西,与印刷商和出版商因商业礼节而产生的需要达到了一致。当时的人们知道,书商拥有的"所有权",只不过是"狡猾盗版者的鳏夫产业(the Curtesy)"。盗版必须制止,否则,"我们将永远别想再看到精美版本的书"。[19]

作家与出版商把最早在实验哲学中发展起来的惯用语风格(idiomatic style)尝试运用于这一领域。谨慎报道的"事实",原本是作为名家们文明举止(virtuoso civility)的核心,如今成为获利的手段和娱乐的来源。18 世纪的印刷业是由各种各样得到官方认可的"事实"建立起来的。"事实"总是有利可图的东西,无论是在伦敦还是巴黎、纳沙泰尔还是爱丁堡工作。印刷业把自称真实的报道分发给不同的读者,并根据读者的接受情况把知识与谬误区分开来。关于此事背后的动机的一个明显标志,可以从那些印刷商那里得到。他们的诚实建立在他们以前的销售基础上。例如,受人尊敬的约翰·纽伯里和英王詹姆斯二世的拥护者(Jacobite)盗印了威廉·雷纳已投入了市场的两种药方;纽伯里的药方主要成分好像就是熟狗肉。[20] 在法国,这样的企业家所发布的药物广告同样也与最高层和最低层的文化相关联。人们甚至可以通过购买"理性药丸"来帮助促进启蒙运动。地方报纸可能更多地是依靠读者对广告而非相关新闻报导的评价。无论是医界能人还是"江湖郎中",医药界都必须奉行他们所倡导的构建诚信的战略。除了投资医药,城市和欧洲大陆的出版商还巨额投资当时的大项目,比如狄德罗与达朗贝尔的《百科全书》,这些项目比过去更依赖有信心的投资。[21] 书商们让他们的商店充满旅行者的传闻,每一件都自称可信(带着完全谨慎的态度),用的是传达可靠

[18]　B. Franklin,《自传》(*Autobiography*, New York: W. W. Norton, 1986),J. A. L. Lemay 和 P. M. Zall 编,第 36 页～第 37 页。

[19]　R. Campbell,《伦敦商人》(*The London Tradesmen*, London: T. Gardner, 1747),第 133 页～第 134 页。

[20]　J. Secord,《非凡的实验:维多利亚时代英格兰的电与生活创造》(Extraordinary Experiment: Electricity and the Creation of Life in Victorian England),载于 D. Gooding、T. Pinch 和 S. Schaffer 编,《实验的用处:自然科学研究》(*The Uses of Experiment: Studies in the Natural Sciences*, Cambridge University Press, 1989),第 337 页～第 383 页(西科德事实上提到了蒸汽印刷带来的可能性);Welsh,《上个世纪的书商》,第 21 页～第 29 页、第 36 页;M. Harris,《沃波尔时代的伦敦报纸:英国现代印刷起源研究》(*London Newspapers in the Age of Walpole: A Study of the Origins of the Modern English Press*, London: Associated University Presses, 1987),第 91 页～第 98 页。

[21]　Campbell,《伦敦商人》,第 133 页～第 134 页;C. Jones,《购买的巨大链条:医疗广告、中产阶级的公共领域与法国革命的根源》(The Great Chain of Buying: Medical Advertisement, the Bourgeois Public Sphere, and the Origins of the French Revolution),《美国历史评论》(*American Historical Review*),101(1996),第 13 页～第 40 页;G. Feyel,《18 世纪末外省印刷业的医生、庸医和骗子》(Médecins, Empiriques, et Charlatans dans la Presse Provinciale à la Fin du XVIIIe Siècle),载于《身体与健康:第 110 届全法学术团体大会纪要》(*Le Corps et la Santé: Actes du 110e Congrès Nationale des Sociétés Savantes*, Paris: CTHS, 1985),第 79 页～第 100 页;S. Schaffer,《笛福的自然哲学与信用的世界》(Defoe's Natural Philosophy and the Worlds of Credit),载于 J. Christie 和 S. Shuttleworth 编,《美化的自然:科学与文学(1700～1900)》(*Nature Transfigured: Science and Literature, 1700—1900*, Manchester: Manchester University Press, 1989),第 1 页～第 44 页。

的目击事实材料。对历史记录也有很大的需求量,他们借用类似惯用的夸张手法,为他们对历史的自相矛盾的描述作辩护。如果你被判了死刑,那么你的自传和遗言几乎就在你被送上断头台之前面世,配上目击者的陈述以证明文本的真实性。最后,小说(对事实浮夸矫饰与离奇内容的混合产物)随着这股风潮繁荣起来。其到达顶点的标志是,自然神教牧师、印刷工人罗伯特·尼克松通过把实验示范的功效与印刷的力量结合在一起,试图证明自己的确既是化学家又是小册子作家。尼克松走进威斯敏斯特的圣殿,用一枚土制炸弹炸掉了一捆自编的辩论小册子。在 17 世纪,关注事实在很大程度上一直是绅士、律师和哲学家的领地。而在尼克松的印刷商、书商、编辑和雇佣文人集团手中,它们被扩张到重塑印刷的本性。[22]

也许可以轻松地说,这种对事实的占用构成了走向公众知识,远离迷信的进步。的确有许多人那样说,而且声音很大,不断重复。但事实并非完全如此。诚信极易被塑造成轻信;在许多案例中,虚构的叙述被误认为是与实际事件有关。英国的读者认为,笛福的《瘟疫年纪事》(Journal of the Plague Year)是可信的记录;法国人则相对应地认为,亨内平杜撰的探险故事说的是一次真实的远征。不久,人们就可以付费到伦敦的咖啡屋参观鲁滨孙·克鲁索(Robinson Crusoe)的衬衫。结果,对确信的事实加以矫饰并没有欺骗所有人。在这个世纪末,埃德蒙·伯克尖锐地指出,文学界虽然极力嘲笑早期的巨人和仙女,但事实上是在助长危险的轻信。它的从业者沉迷于"奇迹般的生活、风俗和人物"。或许有人会补充说,像幽灵、巫师和占星家这些似乎已被废弃的奇人异事事实上并没有消失,他们穿上文雅修辞的新装再次登场。可信性并不比以往有更多的问题。"即使他们有怀疑",伯克说,公众理性的专家们也会"从中发现隐含的信心"。[23]

能够创造多如泉涌的事件的人在过去并不曾真正出现过。虽然早在 17 世纪中叶就有个别人被斥责为"庸人",但从未大量出现,更不用说可作为一种明显可辨认的类型。他们在整个 18 世纪一直受到指责与嘲笑。这些人是蒲柏的《愚人记》(Dunciad)中的雇佣文人,他们住在伦敦北部名副其实的格拉布街上,为书商写诗、写散文,书商按行付钱。他们通常被指控的罪名是使写作沦为一种"机械"的生意。由于灵感枯竭,

548

---

[22]　Harris,《沃尔波时代的伦敦报纸》,第 96 页～第 97 页。

[23]　E. Burke,《关于法国革命的思考》(Reflections on the Revolution in France, Indianapolis: Hackett, 1987),J. G. A. Pocock 编,第 150 页;M. McKeon,《英国小说的起源》(The Origins of the English Novel, Baltimore, MD: Johns Hopkins University Press, 1987),第 45 页～第 128 页;P. G. Adams,《旅行者与旅行说谎者(1660～1800)》(Travelers and Travel Liars 1660—1800, Berkeley: University of California Press, 1962),第 48 页～第 49 页;J. A. Champion,《神圣支柱的动摇:英格兰教会及其敌人(1660～1730)》(The Pillars of Priestcraft Shaken: The Church of England and Its Enemies, 1600—1730, Cambridge University Press, 1992),第 25 页～第 52 页;J. M. Levine,《书本的竞争:安妮女王时代的历史与文学》(The Battle of the Books: History and Literature in the Augustan Age, Ithaca, NY: Cornell University Press, 1991),第 267 页～第 413 页;M. Harris,《审判与罪犯传记:财产分配的案例研究》(Trials and Criminal Biographies: A Case Study in Distribution),载于 R. Myers 和 M. Harris 编,《1700 年以来的图书销售与发行》(Sale and Distribution of Books from 1700, Oxford: Oxford Polytechnic Press, 1982),第 1 页～第 36 页。公众领域中的魔法与占星术的命运值得深究,为了获得更进一步的了解,参看 P. Curry,《预言与力量:近代早期英格兰的占星术》(Prophecy and Power: Astrology in Early Modern England, Cambridge: Polity, 1989),第 95 页～第 117 页,第 153 页～第 168 页;I. Bostridge,《魔法及其改造》(Witchcraft and its Transformations, c. 1650—c. 1750, Oxford: Clarendon Press, 1997),尤其是第 233 页～第 243 页。

他们所能表现出的那点理性肯定是评论性的,而非创造性的。但是,这些人并非总是像所强调的那样只有模仿而没有创造,也没那么穷困潦倒。毕竟,《愚人记》把伦敦王家学会会员也包括在雇佣文人之列,而且即使是蒲柏与埃德蒙·柯尔之流的声望的差别也必须努力奋斗取得,而不只是随便说说(蒲柏本人就为之奋斗过,但以失败告终)。到了18世纪50年代,这些笨人中最成功的一位,声名狼藉的约翰·希尔"爵士"以他的植物学著作获得了一年大约1500英镑的收入。[24] 汉斯·斯隆关于博物学的大量收藏中多余的藏品,最终在咖啡屋展出。这或许证明,牛顿主义的建立就像启蒙运动本身一样,既与霍克斯比、德萨居利耶有关,同样也和庸人与笨人(dunce)有关。[25]

笨人的理性——如果在它能被承认为是理性的情况下,大都被看做是派生性的和评论性的。但是,它也可以采取正面的形式。它可以被证明是激进的,就像林恩·亨特和罗伯特·达恩顿在对色情文学(另一种特别需要对明摆的事实作浮夸矫饰的新类型)的研究中所展示的那样。在充斥启蒙运动时期法国图书市场的哲学书(livres philosophiques)中,伏尔泰与卢梭的著作销量大大不如《在其修道院里的维纳斯》(Venus in her Cloister)和矛头直指王室的粗俗的性诽谤。达恩顿已经揭示出这些图书的流通范围,它们往往发源于法国的国界之外,来自瑞士或低地国家。他突出了雇佣文人对于"旧制度"的大众文化,特别是对于他们的色情图书中直白的唯物主义哲学所具有的中心地位。达恩顿认为,由于在"旧制度"的社会中无法拥有更重要的地位,生气的作者们用日益尖酸刻薄的散文为弑君者搭建了舞台。[26]

18世纪发展起来的印刷文化就是如此富有竞争性,且自觉地分裂。就其本身而论,它们引发了那些直接撞击学术交流的问题,同时又从这样的交流中提取出解决问题的办法。贸易催生出书面委托协议,一个重要原因是印刷材料的信誉总是受到威胁。[27] 在这个意义上,雇佣文人们开创了大众对书面协议这门新科学的意识。然而,同样是这些雇佣文人又成为一种似乎著作家与上流社会只能对立的文化的始作俑者。从这一充满冲突的领域中,形成了某种东西,在当时人看来类似于一种宽容、和谐、合乎

[24] P. Rogers,《格拉布街:一种亚文化研究》(Grub Street: Studies in a Subculture, London: Methuen, 1972),第175页~第217页,并且多处可见;Harris,《沃尔波时代的伦敦报纸》,第142页;A. S. Collins,《约翰逊的写作生涯》(Authorship in the Days of Johnson, London: Robert Holden, 1927),第26页~第27页。

[25] Rogers,《格拉布街》,第271页(因为当时有人把牛顿描写成一个雇佣文人);P. Wallis 和 R. Wallis,《牛顿及其信奉者(1672~1975)》(Newton and Newtoniana, 1672—1975, Folkstone: Dawson, 1977)。L. Stewart,《公众科学的兴起:牛顿时代英国的修辞学、技术和自然哲学(1660~1790)》(The Rise of Public Science: Rhetoric, Technology, and Natural Philosophy in Newtonian Britain, 1660—1790, Cambridge University Press, 1992),第143页~第146页,为这项研究提供了背景知识。

[26] R. Darnton,《旧制度的地下文学》(The Literary Underground of the Old Regime, Cambridge, MA: Harvard University Press, 1982),第199页~第201页;R. Darnton,《法国革命前被禁的畅销书》(The Forbidden Best-Sellers of Pre-Revolutionary France, New York: W. W. Norton, 1995),第169页~第246页;L. Hunt 编,《色情文学的出现:淫秽与现代性的起源(1500~1800)》(The Invention of Pornography: Obscenity and the Origins of Modernity, 1500—1800, New York: Zone, 1993)。关于1790年之后激进的色情文学作家的后续历史,也可参见 I. McCalman,《激进的黑社会:伦敦的预言家、革命者和色情文学作家(1795~1840)》(Radical Underworld: Prophets, Revolutionaries, and Pornographers in London, 1795—1840, Cambridge University Press, 1988),第31页,第204页~第231页。

[27] 脚注就是一个例子,正如 Anthony Grafton 在《脚注:一部奇特的历史》(The Footnote: A Curious History, Cambridge, MA: Harvard University Press, 1997)中所做的精彩论述。

理性的文化。很显然,那些确实流传开来的文本,总是被认为是已确定的知识。仅从出版本身不足以解释这是为什么。因此,问题应该是:如此大规模的授权是如何实现的?

集体行动是最好的选择。伦敦王家学会(牛顿任期内一个受人尊重的社会元素)能够希望用它的规模、地位和法律权利限制其所属的出版商,以维护其图书与《哲学汇刊》的名声。至少在伦敦,它获得了一些成功。虽然到 18 世纪 20 年代,许多名家的讽刺文章不断涌现,但都没有真正威胁到王家学会的继续,就像复辟时期的才子们可能做到的那样。然而,单独的绅士在面对一种竞争激烈且无信用可言的印刷文化时仍然束手无策,即便这个人碰巧是伦敦王家学会会员。在文学界,没有一个人能够保证自己具有免疫力,任何真理都不能超然于外,确保自己出污泥而不染。荷兰医生赫尔曼·布尔哈夫就是一个著名的受害者。[28] 德萨居利耶同样也发现他的《实验哲学讲演录》(*Lectures of Experimental Philosophy*)被盗版,有一个版本还声称是得到了德萨居利耶本人的"同意"。德萨居利耶从未真的想办法消除这种盗版行为,他这样做也是为了自己的名声,他担心有关剽窃的言论会危及自己的名望。与此相应,他通过在每一本正版书上签名的方法来杜绝盗版。在美国,本杰明·富兰克林采用"自然印刷"(nature printing)技术以达到几乎一样的结果。自然印刷是一种无需画家或工匠帮忙、直接用植物或其他自然物在纸上划痕的技术。由于不需要雕刻工(或宁可像富兰克林的朋友所说的,由于有"世界最伟大、最优秀的雕刻家"的代替),就可以制造出原汁原味具有精确性的图像,富兰克林自己有效地运用那样的精确性。用树叶制造的印刷品,任何一件都是独一无二的,他发现这样能够保证自己的印刷痕迹不受盗版侵害,因为任何盗版者都不可能复制他的模板。这种技术可以防止一种特殊的纸质印刷品——钞票的盗版。它清除了假钞的威胁,对于纸币在美国的崛起起到了重要的作用。它是如此地成功,以至于今天的历史学家仍然无法得知富兰克林的技术究竟是如何运作的。[29]

阅读与重新界定理性

历史学家们经常谈到 17 世纪末或 18 世纪初出现的一种新的社会实践,它改变了知识表述的创造、裁定与结果。这种实践与"公众领域(public sphere)"的发展有关。这种"领域"宣告形成,标志着人类与以往的政治形式及认知形式的决定性的决裂。简而言之,在 17 世纪的欧洲国家,王室被认为是权力和知识的中心。在这里,"公众"的

〔28〕《绅士杂志》(*Gentleman's Magazine*),2(1732),第 1099 页～第 1100 页;K. Maslen 和 J. Lancaster 编,《制弓匠的账本》(*The Bowyer Ledgers*, London: Bibliographical Society, 1991),iv,第 227 页(no. 2968)。

〔29〕 J. T. Desaguliers, 2 卷本《实验哲学教程》(*A course of Experimental Philosophy*, London: J. Senex etc., 1734—44), I, sigs. c4ᵛ, C2ᵛ; Desaguliers,《实验哲学讲演录》(*Lectures of Experimental Philosophy*, London: W. Mears etc., 1719), sig. A3ʳ; Desaguliers,《由力学证明的实验哲学体系》(*A System of Experimental Philosophy, Prov'd by Mechanicks*, London: B. Creake etc., 1719); R. Cave 和 G. Wakeman,《自然印刷:自然印刷的历史》(*Typographia Naturalis: A History of Nature Printing*, Wymondham: Brewhouse Press, 1967),第 12 页～第 13 页。

概念是局部化的,它只是用来炫耀权威,并被打上王室荣誉"烙印"的臣民。社会中的各个团体,在特定的场合,都可在王室面前表现自己,但只是能按其所属的社会"秩序"来实现。就这样,王室成为法律、政治、哲学以及艺术进步与评价的唯一源头。到 17 世纪末,在都市的阅读大众逐渐形成的过程中,印刷使得一种具有竞争性的权威来源成为可能。[30]

关于那种新的权威创始者的本质与影响,在孔多塞的《人类心灵发展的历史图景概略》(*Sketch for a Historical Picture of the Progress of the Human Mind*, 1793)中得到了最生动的描述。孔多塞的辩词(它已成为一份雅各宾派宣言的内容的一部分,虽然其作者被雅各宾派逼死)揭示了印刷在推动欧洲进入启蒙时期以及不久后的革命时期中所起的关键作用。孔多塞最早全面地论述了印刷作为文化转型的唯一动力。他明确指出:"印刷的发现必然导致革命。"那种革命首先在自然科学领域中爆发,不久就会蔓延到人们生活的各个方面。印刷使读者能够获得他们所需要的任何图书。随着"知识成为一种活跃而普遍的贸易的主体",它也得到了一种新的肯定。这就为持续发展打下了基础。阅读大众成为"一种新的法庭"———一种没有等级或国家界限的虚拟组织。大众舆论法庭独立于凡尔赛的奢华摆设,"不再允许相同的专制君权凌驾于人们的喜好之上,而是要保证在他们的思想之上,有一种更可靠、更持久的力量"。它甚至将政治列入自己的范围。其结果(按照它自己所宣传的,是一种不可避免的结果)就是 1789 年的政治革命。[31]

孔多塞的论述确立了"大众阶层"的大多数重要特征:它独立于王室;它认同一个阅读大众;它假定在人类知识和道德所有方面之上有一个审判者,不仅包括科学,也包括艺术、宗教和政治。按照这种说法,印刷业有能力创建一个运用无私的理性的分布式法庭。印刷出来的东西跨越城市乃至国家的界限(在这一过程中常常被非法盗印,值得注意),并且能保持其原貌。它们采用了易于理解的报告的文体,结果,所有具有理解力的读者都有可能赞同其中的意思。不同于巴洛克式宫廷(现在看成是天主教和独裁统治)的繁复形象,这种特殊法庭没有任何东西不让旁观者知道。那些读者组成

[30] 编纂"公众领域"的历史,主要源自 J. Habermas 的《公众领域的结构转型》(*The Structural Transformation of the Public Sphere*, Cambridge: Polity, 1989; originally published in 1962),T. Burger 译。目前,哈贝马斯的著作大都被最近的解读所取代;参见 R. Chartier,《法国革命的文化根源》(*The Cultural Origins of the French Revolution*, Durham, NC: Duck University Press, 1991),第 20 页~第 37 页所做的一次批判性的考察。关于美国的发展,参见 M. Warner,《共和国的文学:18 世纪美国的出版与公众领域》(*The Letters of the Republic: Publication and the Public Sphere in Eighteenth-Century America*, Cambridge, MA: Harvard University Press, 1990),及 C. Armbruster 编,《革命时期的法国与美国的出版与读者》(*Publishing and Readership in Revolutionary France and America*, Westport: Greenwood, 1993)。

[31] J. A. Nicolas de Caritat 和 Marquis de Condorcet,《人类心灵发展的历史图卷概略》(*Sketch for a Historical Picture of the Progress of the Human Mind*, New York: Noonday Press, 1955),J. Barraclough 译,S. Hampshire 编,第 98 页,第 99 页~第 123 页,第 167 页~第 169 页,第 175 页~第 176 页;Chartier,《法国革命的文化根源》,第 32 页~第 33 页,第 65 页~第 66 页;R. Chartier,《形式与意义:从规则到计算机的文本、作品与读者》(*Forms and Meanings: Texts, Performances, and Audiences from Codex to Computer*, Philadelphia: University of Pennsylvania Press, 1995),第 8 页~第 13 页。

一个新的共同体。彼此互不可见，但所有人在原则上都是平等的。[32] 当然，并非只有印刷业支持孔多塞的大众法庭。把分布四处的读者联合起来，不仅有赖于印刷的内在力量，还有赖于这种力量的巧妙施展。在这一过程中，特别值得一提的是两个要素：期刊的出版与阅读。

　　一种新的出版形式可以为读者相信印刷所带来的知识提供根本的基础。[33] 在欧洲，期刊把被地理位置、意识形态和宗教信仰分开的不同城市的读者联系在一起。它们的定期性增强了读者之间的明显联系，并且能够迅速地对错误或侵害事件实施报复。期刊而非对开本论文集的读者，构成了孔多塞所想象的阅读大众。这个大众并不是世间景观的被动接受者，而是积极的参与者：要成为成熟的市民，除了阅读期刊，还必须向期刊投稿。在最早的期刊中，培尔的《新文坛》（Nouvelles de la République des Lettres）可能是最有影响力的；从这类有名的范本开始，期刊就明确致力于联合这个"文坛"。为此，它们的开创者努力培育新人和新做法。编辑、校对、同行评议，都是他们的想法。同时，他们使得大多数平庸之作在社会上消失，从而保护了高雅的小说免遭商业利益的玷污。实验哲学的文雅修辞再一次服务于这一目的。编辑、印刷商、出版商和书商（colporteurs）*，本来应当作为无形的"药剂师"（laborants），虽然不引人注目，但属于实验主义者背后的坚定支持者。相比之下，由于其所依赖的基础被戳穿为是骗局，一些讨好王室的作品频频受到指责。这种不对称从根本上保证了阅读大众作为理性的法庭。[34]

　　但是，期刊的命运并非总是一帆风顺，承认这一点十分重要。它们都会遇到涉及其主要目的的经济和文化问题，其中一个重要的是在本国政府辖区之外的"盗版"。在这个意义上，自称没有边界的文坛总是立足于强烈依靠传统政治界限的业务，或通过法律寻求保护，或避免受法律的制裁。期刊由于所需的资本相对较少而且回报快，因此肯定有助于摧毁竞争者的信心。但这往往还不够，生产商有时会被迫使用一些无法被解释为公众理性要素的方法，包括暴力。而且，大众阶层的分析事实上取决于"协商"，这肯定也是扯不清的。当伦敦王家学会于 1752 年接手《哲学汇刊》时，它所面对

〔32〕　F. Waquet，《文坛的空间》（L'Espace de la République des Lettres），载于 Waquet 和 H. Bots 编，《"文学商业"：学界通信（1600～1750）》（Commercium Litterarum: La Communication dans la République des Lettres, 1600—1750, Amsterdam: APA-Holland University Press, 1994），第 175 页～第 189 页；Chartier，《法国革命的文化根源》，第 20 页～第 27 页；B. Stafford，《巧妙的科学：启蒙时期的娱乐与视觉教育的衰落》（Artful Science: Enlightenment Entertainment and the Eclipse of Visual Education, Cambridge, MA: MIT Press, 1994），第 8 页～第 23 页。

〔33〕　对科学期刊的考察，参见 A. A. Manten，《1850 年前欧洲科学杂志出版的发展》（Development of European Scientific Journal Publishing Before 1850），载于 A. J. Meadows 编，《欧洲科学出版业的发展》（Development of Scientific Publishing in Europe, Amsterdam: Elsevier, 1980），第 1 页～第 41 页，及 D. Kronick，《科技期刊的历史：科技出版业的起源与发展（1665～1790）》（A History of Scientific and Technical Periodicals: The Origins and Development of the Scientific and Technical Press, 1665—1790, Metuchen, NJ: Scarecrow Press, 1976）；关于医药期刊，也可以参见 W. R. Lefanu，《英国医药期刊（1640～1899）》（British Periodicals of Medicine, 1640—1899, Oxford: Wellcome Unit, 1984）。

＊　尤指那些贩卖《圣经》的小书贩。——校者

〔34〕　Goldgar，《粗鲁的学问》，第 70 页～第 74 页，并且多处可见；S. Shapin，《真理的社会史：17 世纪英格兰的文明与科学》（A Social History of Truth: Civility and Science in Seventeenth-Century England, Chicago: University of Chicago Press, 1994），第 361 页～第 369 页，第 378 页～第 407 页；Stafford，《巧妙的科学》，第 76 页～第 88 页。

的真正的困难是说清与这份期刊的关系——从学术上讲是疏远的关系,而从商业和编辑上讲是管理的关系。这些问题最好是继续含糊下去。[35]

在文坛的舞台上,即使是主要演员——比如皮埃尔·培尔或丰特内勒——也不可能左右期刊的阅读并对此产生影响。阅读是一种实际技能,与其他技能一样,它的变化取决于它的环境。伴随着期刊的出版和新的发行网络的产生,出现了新的阅读场所,因而产生出新的阅读方法。咖啡屋就是一个重要的例子。在欧洲的所有首都和大多数省会城市里可以找到这样的咖啡屋。它们的顾客被广泛地看做是国家政治乃至整个社会的一个代表性的缩影。这里有"各式各样"的男人,也会有妇女和小孩。他们所遇到的不仅仅是空前的社会混合状态,还有一种知识传播所带来的真实效果。据说,甚至继牛顿之后的卢卡斯教席教授威廉·韦斯顿也会在咖啡屋作演讲。[36] 但同时,人们可以与另一些咖啡友就咖啡屋各个角落摆放的报纸畅谈一番——这是另一种文明与印刷事实相互依赖的活动。人们还可以谈论自己的诗集第 3 次重版以及自己的作品被盗版。[37] 咖啡屋创造的就是这样一个地方,那个时代人所公认的一种新的阅读方式。咖啡屋的读者兴致盎然,对霍布斯式的(Hobbesian)无神论观点表示怀疑,他们善于评论并且富于机智,最重要的是求知若渴。他们的阅读特征是决定印刷品特征的重要因素,因为整版讨论宿命论的拉丁语论文肯定不宜搭配咖啡屋的食物。咖啡屋与印刷业之间的相互依靠可能长达两代之久,特别是在经济上。[38]

咖啡屋只是众多新兴阅读场所之一。在那些地方,新颖的消费方式甚至连传统图书的内容都改变了。它的真正创新之处不仅仅在于印刷品本身,同样也在于这些不同的拥有方式。比如,《百科全书》的购买者主要是并不富有革命热情的精英。但阅览室使得那些较不富裕者也能读到这种昂贵的图书。在巴黎,人们并非一定要去阅览室(cabinet de lecture);甚至也可以按照钟点租借图书(和系列图书的一部分)。如果没有这种新的消费方式,那么仅仅《百科全书》的存在就难以解释。

简而言之,随着新的阅读场所(咖啡屋、沙龙、家庭、私人图书馆和阅览室)与新的阅读材料(与日俱增的发行量、新的类型以及较小的、较便宜的版式)成倍增长,新的阅读方式产生了。这些方式被看做主要是属于评论性的和富于机智的,适合于雇佣文人的世界。读者们运用这种方式"广泛地"阅读大量的短篇,而不是"精深地"钻研少量的长篇。但同时,他们很可能是非常秘密的,创造一个与世隔绝的隐秘场所,充当不带任何偏见的公众理性的代表。伊曼纽尔·康德在他的短文《什么是启蒙?》中最精辟地

---

〔35〕 BL ms. Add. 4441,fols. 21ʳ-24ʳ。

〔36〕 Stewart,《公众科学的兴起》,第 101 页～第 182 页;S. Schafter,《自然哲学与公开展示》(Natural Philosophy and Public Spectacle),《科学史》,21(1983),第 1 页～第 43 页,尤其是第 3 页～第 15 页。

〔37〕 关于蒲柏与书商之间错综复杂的谈判,参见 D. Foxon,《蒲柏与 18 世纪早期的图书贸易》(Pope and the Early Eighteenth-Century Book Trade, Oxford: Clarendon Press, 1991),J. Mclaverty 编,第 23 页～第 46 页。

〔38〕 Harris,《沃波尔时代的伦敦报纸》,第 30 页～第 31 页;A. Ellis,《廉价的大学:咖啡屋的历史》(The Penny Universities: A History of the Coffee-Houses, London: Secker and Warburg, 1956),第 223 页～第 225 页。

描述了这种行为,现今有人宣称,正是沿此路线,在 18 世纪中叶的德意志发生了阅读"革命",并且激起了康德的思考。为了与大众的情感相一致,人们无需明确地认可如下观点:在很多方面,朗读仍是与默念同等重要的。[39]

实际上,情感是 18 世纪许多人所要表达的核心。阅读不仅是一部历史,也是一种哲学——一种自然哲学。如果要让阅读成为新的大众理性的基石,那么就必须理解这种自然哲学。最普通的例子就是,那些让女性读者反感的表现法,使她们在读小说时产生歇斯底里的状态,而这似乎是出于女性特有的生理考虑。在某种意义上说,这种形象古已有之;17 世纪的男人们就一直是用身体对情感的敏感性来解读女性写作,而他们的观点是根据古老的体液理论得出来的。[40] 但是,17 世纪末至 18 世纪的神经学和解剖学研究为这种陈述提供了新的证据。约翰·洛克的教育理念就是根据这样的研究,他的理念对于这个世纪的男孩女孩的成长产生了极大的影响。洛克的教育理念提出在儿童的身体内建立某种"习惯",能够抵制冲动阅读所带来的不良后果。在这个世纪中期,大卫·哈特莱的联想心理学提供了更多的支持,他把阅读体验解释为理性物化的过程——同时还将阅读解释为不合时机的激情。哈特莱的理论,最早在他的《对人的观察》(*Observations on Man*, 1749)中得到了简要概述,直至 19 世纪仍被很好地用于这个目的。[41] 关于阅读的这些生理学和心理学观点,有一部复杂且富有重要意义的历史,它只是刚刚开始得到恢复。

总之,18 世纪的欧洲人认为,大众理性的形成在很大程度上是围绕印刷业的一些因素综合作用的产物。自然哲学是其基础之一:生理学的解释,支持了读者认为在阅读期刊时会发生在他们身上的事情。实验哲学家的辞藻华丽的比喻为他们的报告提供可靠的支撑。但是,自然知识不仅仅是这种新法庭的基础,也是其直接的主题。在

[39] I. Kant,《什么是启蒙?》(*What is Enlightenment?*),载于 Kant,《政治著作》(*Political Writings*, Cambridge University Press, 1970),H. B. Nisbet 译,H. Reiss 编,第 54 页~第 60 页;Chartier,《法国革命的文化根源》,第 67 页~第 91 页;R. Chartier,《闲暇与社交:近代早期欧洲的朗读》(*Leisure and Sociability:Reading Aloud in Early Modern Europe*),载于 S. Zimmerman 和 R. F. E. Weissman 编,《文艺复兴时期的城市生活》(*Urban Life in the Renaissance*, Newark: University of Delaware Press, 1989),第 103 页~第 120 页。

[40] 关于这种描述的历史之长以及这种描述与女性阅读的实际体验之间很成问题的关联,参见 N. Tadmor,《"傍晚妻子为我阅读":18 世纪的女性、阅读与家庭生活》("In the even my wife read to me": Women, Reading and Household Life in the Eighteenth Century),载于 J. Raven、H. Small 和 N. Tadmor 编,《英格兰的阅读方式与表现》(*The Practice and Representation of Reading in England*, Cambridge University Press, 1996),第 162 页~第 174 页,及 P. H. Pawlowicz,《读书的妇女:18 世纪英格兰的文本与图像》(*Reading Women:Text and Image in Eighteenth-Century England*),载于 A. Bermingham 和 J. Brewer 编,《文化消费(1600～1800):图像、实物与文本》(*The Consumption of Culture 1600—1800:Image , Object , Text*, London: Routledge, 1995),第 42 页~第 53 页。

[41] J. Locke,《关于教育的一些思考》(*Some Thoughts Concerning Education*, London: A. and J. Churchill, 1693),第 32 页~第 37 页,第 46 页,第 63 页~第 65 页,第 175 页~第 190 页;G. S. Rousseau,《神经、精神与神经纤维:探讨情感的由来》(Nerves, Spirits and Fibres: Towards Defining the Origins of Sensibility),《18 世纪研究》(*Studies in the Eighteenth Century*),3(1976),第 137 页~第 157 页;A. Manguel,《阅读的历史》(*A History of Reading*, London: Harper Collins, 1996),第 28 页~第 39 页;G. J. Barker-Benfield,《情感的文化:18 世纪英国的性别与社会》(*The Culture of Sensibility: Sex and Society in Eighteenth-Century Britain*, Chicago: University of Chicago Press, 1992),第 1 页~第 36 页;R. W. F. Kroll,《物质世界:复辟时期和 18 世纪早期的学者文化》(*The Material Word: Literate Culture in the Restoration and Early Eighteenth Century*, Baltimore, MD: Johns Hopkins University Press, 1991),第 183 页~第 238 页;R. Darnton,《读者对卢梭的反应:浪漫情感的构成》(Readers Respond to Rousseau:The Fabrication of Romantic Sensitivity),载于 Darnton,《屠猫记——法国文化史钩沉》(*The Great Cat Massacre and Other Episodes in French Cultural History*, New York: Basic Books, 1984),第 215 页~第 256 页。

一个开明的社会里,像约瑟夫·普里斯特利这样的人会认为,对于这种知识的要求,在很大程度上应该由分散的、无偏见的外行人来决定。这就是为什么普里斯特利要反对拉瓦锡新术语中限制性的晦涩(restrictive obscurity)的一个重要原因。在这一点上,普里斯特利的大众认识论代表了启蒙运动的最高点。[42]

作者、天才与启蒙运动的结束

18 世纪是以科学史上最伟大的作者即将成为伦敦王家学会主席作为起点的。牛顿十分重视保护自己作为与众不同的著作家的地位。他密切监视了《原理》(Principia)第 2 版的编辑、印刷与出版过程,并熟练地操纵着国际图书贸易的后台工作,这些后台工作支撑着知识界台面上的文明行为。同时,他迂回地通过王家学会的注册协议取消了他的对手如莱布尼茨的要求,并且还与埃德蒙·哈雷和书商奥恩沙姆·丘吉尔联手战胜了国内反对派、王家天文学家约翰·弗拉姆斯蒂德。[43] 通过所有这些方式,牛顿无论是从策略上讲,还是从作为科学著作家的代表来讲,都是先驱式的人物。正是在 18 世纪至 19 世纪早期,作为职业的科学著作家的身份得以确立。

18 世纪可能是一般写作史上,即便不是科学写作史上,最有意义并得到充分研究的时期。大约 1700 年开始,传统同业公会与特权制度展开竞争,一个世纪后,建立了蒸汽印刷业,其间形成了现代的著作家。这种变化开始于有关印刷的实际位置的争论的转变。至那时止,这种争论仍然受到同业公会的支持,因而依据的是比普遍大众所关注的更具自主性的行会惯例与规矩。18 世纪,随着同业公会的权力被消减,这些争论转移到了政治机构和法庭。在较高原则的层面上展开争论第一次得到了允许。所讨论的特殊原则就是所有权的原则。起初,拥有版权的书商们大都捍卫一个较强的永久所有权的概念,反对盗版者。法庭接受他们对创新作品的基本所有权的要求,同意用法律制裁侵权。但是,反对者不断努力提出强有力的反驳观点。双方都抓住各自周围的文化资源。其中有三项作用特别突出。它们是源自对哲学和自然科学的优先考虑。[44]

首先,自然哲学和技术为所有各方都输送了优秀的写作者。亚里士多德、伽桑狄、笛卡儿以及牛顿,远不只是学术斗士,更是重要的著作家的典范。[45] 问题是,这能证明

[42]　J. Golinski,《作为公众文化的科学:英国的化学与启蒙运动(1760～1820)》(Science as Public Culture: Chemistry and Enlightenment in Britain, 1760—1820, Cambridge University Press, 1992),第 50 页～第 90 页。

[43]　R. C. Iliffe,《"他与其他人一样吗?"〈自然哲学的数学原理〉的含义以及作为偶像的作者》("Is He Like Other Men?" The Meaning of the Principia Mathematica, and the Author as Idol),载于 G. MacLean 编,《斯图亚特复辟时期的文化与社会:文学、戏剧、历史》(Culture and Society in the Stuart Restoration: Literature, Drama, History, Cambridge University Press, 1995),第 159 页～第 176 页;Johns,《书的本质》(Nature of the Book),第 543 页～第 621 页。也可参见 L. Strewart,《看透评注:18 世纪的宗教与对牛顿的解读》(Seeing through the Scholium: Religion and Reading Newton in the Eighteenth Century),《科学史》,24(1996),第 123 页～第 165 页。

[44]　有关著作家编史学的深度讨论,参见 R. Chartier,《作者的形象》(Figures of the Author),载于 Chartier,《书本的序列:14 世纪至 18 世纪欧洲的读者、作者和图书馆》(The Order of Books: Readers, Authors, and Libraries in Europe between the Fourteenth and Eighteenth Centuries, Cambridge: Polity, 1994),L. G. Cochrane 译,第 25 页～第 59 页。

[45]　《给书商界的一封信》(A letter to the Society of Booksellers, London: J. Millan, 1738),第 27 页。

什么呢？许多人肯定会认为牛顿不是为了金钱而写作。所有权制度下的著作家与真正的创造性是那样地格格不入。正如卡姆登爵士在 18 世纪 70 年代所做出的著名论断：“荣誉是科学的回报，获得荣誉的人应当不屑于所有庸人的看法。”根据这样的表述，牛顿在背后真正要弄的花招被系统地删去。那些早期的著作家，罗伯特·波义耳就是其中之一，他们所享有的著作家的身份是经过诸如彼得·肖和托马斯·伯奇这样的 18 世纪编辑精心打造的，正如他们用这一身份来支持允许他们再版的同一印刷文化一样。[46]

557

第二项重要资源是洛克的财产所有权理论，经过 18 世纪各类编辑、简写者、翻译者和解释者的努力而被改变。版权所有者随意运用洛克的观点，并且像洛克将其与体力劳动相联系那样，将其与脑力劳动联系起来。在土地上留下的劳动“痕迹”，同样也可以在文字作品中找到，企图成为它们的所有者的人如此宣称。[47] 这意味着图书作者通过所花费的劳动可以获得图书的法定所有权。这种财产所有权是永久的，并且可以转让。换句话说，大城市知名书商“拥有的”版权应当被看做是真正的财产所有权，而地方上的对手则应被斥为盗版者。正如一本小册子所说：“作者永远都拥有其作品的财产所有权，其根本原理与版权最先存在的道理相同。印刷术的发明并不能终结作者的此种财产所有权，也不会在任何方面改变它，但会使它更加容易受到侵犯。”新的“版权”概念规定了所有权的有限的保护期，因而不能令人满意，至多是在基本的习惯法权利上的法律附件。据说，为了提出这一观点，书商们最早阐述了一种创造型与所有权型著作家的强概念。[48]

另一方面，所谓的盗版者则构造与工艺发明的类比来论证版权的暂时性。通过工艺发明所产生的所有权并不是永久性的，即使“往往有大量的**精神劳动**投入到**机械**发明之中，**文字**印刷产品也是如此”。这些所有权通常通过王家专利而受到保护。在图书贸易中也有相当于专利的东西：人们可以获得君主颁布的在特定的时间内出版一部专著的专有“特权”。在法国和德意志，这些“特权”成为这个世纪大部分时间里著作所有权的主要基础。但是，专利提供的只是短暂性的保护，而且它们没有严格的规则可循。它们不承认著作家或生产者一方的**权利**，而是认为这种权利是国王赠与这些人的。因此，富有的书商更喜欢源自洛克的原则的观点，因为它保证了一种可靠的所有权，独立于王家的心血来潮之举。他们的反对者则要建立精致的类比，认为印刷出来

[46] J. Golinski，《彼得·肖：安妮女王时代英格兰的化学与交流》(Peter Shaw: Chemistry and Communication in Augustan England)，《炼金术和化学史学会期刊》(Ambix)，30(1983)，第 19 页～第 29 页；可对照 M. de Grazia，《原本的莎士比亚：真实性的再现与 1790 年的注解》(Shakespeare Verbatim: The Reproduction of Authenticity and the 1790 Apparatus, Oxford: Oxford University Press, 1991)。

[47] 《英国高等法院分院法官的陈述或论点》(Speeches or Arguments of the Judges of the Court of King's Bench, Leith: W. Coke,1771)，第 49 页；W. Blackstone，《英国法律评论》(Commentaries on the Laws of England, 15th ed., London: A. Strahan,1809)，第 2 卷，第 405 页～第 407 页。

[48] M. Rose，《作者与所有者：版权的发明》(Authors and Owners: The Invention of Copyright, Cambridge, MA: Harvard University Press, 1993)；《图书作者与所有者》(The Case of Authors and Proprietors of Books, n. p.,n. d.)，第 1 页。

的文本应被视做发明。一个有占有欲的书商,如果坚持自己的"版权",会被说成跟"小机械工具发明者"的行为一样。到 18 世纪 60 年代,通过对洛克哲学与哈里森记时计的比较,法官们才有了定论。其中一位总结到,"无论是**机械**的还是**文字**的,无论它是**史诗**还是**太阳系仪**",都应该一视同仁。[49]

这种辩论(argument)具有相当深刻的哲学意义。当然,真正的知识植根于创造。如果是那样的话,它不可能局限于某个编纂者。有个法官评论说:"发明与劳动不会改变物的本性,也不会建立一种权利,在那里不可能存在任何个人的权利。"真理不可能合法地被分割。这个法官还高调地声称:"空气泵的发明者当然拥有他所制造的这台**机器**的所有权,但是,他因而获得了**空气**的所有权吗?"[50]本着同样的精神,启蒙运动的法则可以使人们提出这样的问题:知识所有权从根本上是否可能。毕竟,波义耳的理论在某种意义上是他的知识创造,如果宣称对波义耳定理拥有所有权是荒谬的,那么,对任何其他思想提出所有权要求就同样可笑。在法国,又是孔多塞提出了这种辩论的最终目标。孔多塞劝告说,启蒙时期的著作要摆脱盗版的侵犯,就要消除它们的侵犯对象。孔多塞的印刷的理想王国是要简单地通过消灭文本的所有权本身来清除盗版。这种做法可能蕴涵鲜明的现实意义。读者选择书籍时只需根据书的主题内容而无需考虑著作家的名字。印刷的图书就会完全被编辑成专题性(topical)期刊。所有作者在有机会出生之前可能就已死亡。

1789 年后,革命政权曾一度尝试将孔多塞的理论付诸实践,结果十分不幸。伴随着"出版自由",出版印刷业摆脱了印刷出版同业公会的保护性结构,摆脱了旧制度时期文字作品(尤其是当时有利可图的法律、宗教以及王室政治类作品)的累积资本,也摆脱了后来的著作所有权的保护。由于那些蜂拥而出的著作几乎绝大多数都受到未授权翻版的影响,巴黎的图书贸易先是转向了一种印刷小册子的行业,之后彻底崩溃。它的主要参与者受到了破产的袭击,图书生产几乎缩减至零。不久之后,甚至孔多塞也认识到撤销管制、无拘无束会造成灾难性的后果。他极力主张重建有限的著作权制度。到 1793 年,他的建议已见成效,因而成为法国现代著作权制度的起源。但是,法国的图书仍然花费了多年的时间才从绝对的启蒙运动的尝试中恢复过来。[51]

[49] 《英国高等法院分院法官的陈述或论点》,第 30 页;J. Burrow,《图书所有权的问题》(*The Question Concerning Literary Property*, London: W. Strahan and M. Woodfall, 1773),第 3 页,第 42 页～第 44 页,第 70 页,第 101 页;C. MacLeod,《发明工业革命:英国的专利体系(1660 ～1800)》(*Inventing the Industrial Revolution: The English Patent System, 1660—1800*, Cambridge University Press, 1988),第 196 页～第 200 页。

[50] 《英国高等法院分院法官的陈述或论点》,第 50 页;也可参看 Rose,《作者与所有者》,第 87 页,有一种针对牛顿的类似看法。

[51] C. Hesse,《革命时期巴黎的印刷与文化政治(1789 ～1810)》(*Publishing and Cultural Politics in Revolutionary Paris, 1789—1810*, Berkeley: University of California Press, 1991),第 102 页～第 114 页;Hesse,《印刷的经济聚变》(Economic Upheavals in Publishing),载于 R. Darnton 和 D. Roche 编,《印刷革命:法国印刷业(1775 ～1800)》(*Revolution in Print: The Press in France 1775—1800*, Berkeley: University of California Press, 1989),第 69 页～第 97 页;J. D. Popkin,《革命的新闻:法国印刷业(1789 ～ 1799)》(*Revolutionary News: The Press in France 1789—1799*, Durham, NC: Duke University Press, 1990),第 183 页。关于不同背景中的科学的印刷,参见 J. Dhombres,《图书:重塑科学》(Books: Reshaping Science),载于 Darnton 和 Roche 编,《印刷革命》,第 177 页～第 202 页。

　　反对撤销管制的人遍及西欧,他们曾预见到这样的结局,并且提出论证来抵制它。559他们首先在德意志取得了成果。主要的策略就是宣称著作的"形式"、它所包含的真理不同于其特定的物质体现。因此,所有权应该被认定于著作的"形式"中,只有这些方面才被认为是某个作家或艺术家个人创造的产物。支持这种观点的人建立了一种近乎自相矛盾的概念体系。一方面,他们坚决维护作者个性的不可还原——并在不久后开始将这种个性称为"天才"。另一方面,他们在并非圣地的印刷世界里,坚持把崇高的理想变成商业的和金钱的东西。这种观点在康德、赫尔德、费希特和歌德那里发展到了顶点,他们将其发展成为对创造性本身的一种激进的重新界定。曾经有人试图在启蒙运动的基础上建立一个由不受书商控制的著作家组成的"德意志知识界",但是没有成功,康德等人的观点便形成于对此做出回应的时期。在回应中,他们逐渐形成了一个浪漫主义的著作家的概念,认为著作家能够改变科学发现的形象以及天才人物。那种概念把著作家奉为独特的灵魂,他们的作品关注的不再是陈腐推理的兜售规则,而更多的是具有根本创造性的过程。实际上,这些创造过程反复地再现了自然界本身的丰富性。因而阅读所遇到的并不是原则上普遍成立的推理,而更多的是一种不可还原的外来的精神。

　　在这里,启蒙运动中的残酷冲突让位于一种被称为著作家的"自然哲学"的东西。这样的描述若是运用于对牛顿的回忆,就会导致忘掉他曾致力于印刷的实际工作,导致回顾性地创造出一个典型的科学天才。牛顿变成了一个民族英雄,并且持续下去。浪漫主义作家时常对培根、洛克和卢梭抱有的敌意,甚至也有效地确认了他们的偶像地位,尽管是作为他们坚定反对的枯燥理性的象征。可以说,当威廉·布莱克为反对牛顿而吹响最后的号声时,他自己也不知不觉地成了牛顿的同党。[52] 我们倾向于把以牛顿为范式的著作家看做是启蒙运动时期建立起来的并且源于启蒙运动法则的一个类别。这个想法恰当地把现代著作家的种种公约的起源与大众理性或许还有科学本560身的起源联系起来。但是,法国的经历却意味着绝对启蒙运动式的图书贸易事实上可能是对著作家的一种灾难,他们在经济上被扼杀,身体上遭受摧残。现代的科学著作家,就像科学家一样,是比我们所设想的更晚出现的、更加妥协的产物。

（乐爱国　方　轻　阎　夏　程路明　译　方在庆　校）

---

[52] Woodmansee,《作者、艺术与市场》,第 33 页～第 55 页。关于科学中浪漫的创造性与有机体论,参见 N. Jardine,《"自然哲学"与自然王国》(*Naturphilosophie* and the Kingdoms of Nature),载于 N. Jardine、J. Secord 和 E. Spary 编,《博物学文化》(*Cultures of Natural History*, Cambridge University Press, 1996),第 230 页～第 245 页,尤其是第 231 页～第 234 页。关于这一时期德意志化学图书阅读的考察,参见 K. Hufbauer,《德意志化学共同体的形成(1720～1795)》(*The Formation of the German Chemical Community, 1720—1795*, Berkeley: University of California Press, 1982)。关于牛顿的重建,参见 R. Yeo,《天才、方法和道德:牛顿在英国的形象(1760～1860)》(Genius, Method, and Morality: Images of Newton in Britain, 1760—1860),《背景中的科学》(*Science in Context*), 2(1988),第 257 页～第 284 页。关于布莱克的牛顿,参见《欧洲:一种预言》(*Europe: A Prophecy*, 1794), Plate 13, lines 4—5(还有其他多处)。

24

18 世纪的科学插图

布赖恩·J. 福特

　　插图产生的动机复杂多样。这些动机的核心看似是对客观现实的描画,但可能还有其他隐蔽的因素在起作用。比如说成见,它影响着许多插图画家。试图把已知的现实之物以新生的观念体现,这种意愿会扭曲实在的本来面目;将自然界精妙的现实转化为雕刻家手中的线条,这个过程把约束(constraints)和约定(conventions)加之于自然本身。

　　艺术品中蕴涵着一条普遍规律,即:每个时代的文化象征着该时代特有的现实,但这一规律常常被忽略。对此,我们的经验大体上是直觉的,但是,这解释了为什么我们能够很容易地把一个具体的形象(如 13 世纪赞美诗集中的圣徒或自由女神像的面容)与其产生的年代联系起来,而要确定其作者的身份或作品的名称则要难得多。正是在这个意义上说,一幅科学插图既是反映同时代主流思想的镜子,又是了解当时社会舆论的线索。它不单纯是一个教诲于人的符号。一些插图册中创造出的许多超越了现实的图像,作为惯例,成为几代图书中必定包含的内容,它们深入人心,传世不朽。这些图解为教科书而创作,把它们安插在书中,主要起装饰作用,而非揭示实在本身。[1]

　　在 18 世纪初,弗朗索瓦·勒戈的《航行与探险》(*Voyages et Aventures*, 1708)中画了一只犀牛,它有另一只角从前额上向前伸出。这种构造在世界上是根本找不到的。为什么它会出现在 18 世纪的插图版教科书中呢?首次公开发表的有关犀牛的研究是由阿尔布莱希特·丢勒于 1515 年进行的,尽管颇具说服力而且从另一方面讲还算符合事实,但它却夸耀犀牛肩部有一个向前伸出的小角。这个形象被反复抄袭,并且(随着一代代的复制)这个假想出来的朝前的小角变得越来越大。到了编进勒戈的书里时,这个假想出来的小角已经与真实的那个角大小相等了。

　　对于热衷于捕捉科学图像的插图画家来说,他们提出的目标是"现实性的",然而,对于这个词的文化上的阐释却大相径庭。比如,欧洲人一贯是要弄清楚恰当的比例,

---

[1]　关于实在与解释之间相互关系的讨论,可参见 Brian J. Ford,《科学的形象:科学插图史》(*Images of Science: A History of Scientific Illustration*, New York: Oxford University Press, 1992);也可参看 Brian J. Ford 的《残缺的形象,科学插图的遗产》(Images Imperfect, the Legacy of Scientific Illustration),《科学年鉴与未来》(*Yearbook of Science and the Future*, Chicago: Encyclopedia Britannica, 1996),第 134 页~第 157 页。

正确的尺寸,按精确次序排列的花瓣。而东方的插图画家在描绘自然时,并不要求那么绝对的精确,而在意更多的是风格和韵味。一位日本插图画家看了西方鱼类学百科全书中的一幅精确的图画说:"不错,但我并没有发现它的美味可口。"

用彩色的粗细线条在平面上表现三维的、细致而难以把握的现实图景,这种艺术是经历了一段时间才逐渐成熟起来的。每一代插图画家都会接受新的范式,并对它们进行丰富、改进、加工和优化,以适应该时代受众的需求。写实性的插图是 18 世纪参考书中的特色,而且我们可以在之前几个世纪中捕捉到这种传统所依据的基础——充满灵感的写实主义。

其中较早的例子是在 14 世纪 90 年代为帕多瓦的雅各布·菲利波所画的如同真实照片的肖像《芬香的紫罗兰》(*Viola odorata*),接着是贾科莫·利戈齐大约在 1480 年左右所创作的绚丽的复制图《秋天的曼德拉草》(*Mandragora autumnalis*),以及丢勒于1503 年所画的《大草地》(*Das Große Raßenstück*)。[2] 复制这些逼真图画的方法并没有保留下来,因此在大规模印刷品中也找不到科学插图类的出版物。大多数早期出版的科学插图质量很差,例如,1560 年,费拉里所制作的马骨架木版画非常粗糙,看上去就像一具一半已经腐朽、变形的尸体,表现不出它的真实性来。其他作品更是很少关注细节。早在 1598 年,卡洛·鲁伊尼就对马骨架进行了深入的观察研究,他的工作直到1683 年仍被斯内普用来参考。

18 世纪初,新哲学在知识更新的大潮中涌现出来。洛克、斯宾诺莎、列文虎克、莱布尼茨、笛卡儿和牛顿源源不断地发表新观点。人们对写实性绘画的技术理解得更加充分,许多传统的手法也开始运用在五彩缤纷的自然哲学中。在经历了几个世纪杂乱的版刻制作和粗糙的草绘之后,写实性科学插图的时代骤然降临。艺术家们开始懂得如何运用他们的技艺,自然哲学家们也在识别周围的真实事物,于是,明晰的插图突然变得随处可见。比如,科学史上第一次画出了开花的香蕉树,其清晰程度正如现在你在教科书和互联网植物学主页上希望看到的那样。马的骨架用前所未有的最优质的雕版画漂亮地展现出来,并超越了以往任何时代的插图,甚至比今天大多数插图画得还好。宏伟的天堂画面,加上对池塘和灌木篱墙的复杂整体的细微描绘,这样的图景突然呈现在热情的观众面前。随着科学开始走向成熟,描绘科学发现的插图也日臻完美,有些甚至超过现代参考插图的水准。

18 世纪前的插图：蒙昧文体的传统

将现实以写实的方式处理,这在之前的几个世纪就已经成为约定俗成的手法,虽

〔2〕 参考《匆忙的时光》原稿〔Hastings Hours (<1480), London: British Library, Additional 4787 f49〕,和 Filipo Jacopo,《芬香的紫罗兰》(*Viola odorata*, 1390, London: British Library, Egerton 2020〔94〕)。丢勒的原样: Albrecht Dürer,《大草地》(*Das Große Raßenstück*, 1503, Vienna: Albertina collection)一直保存,和 Giacomo Ligozzi,《秋天的曼德拉草》(*Mandragora autumnalis*, c.1480, Uffizi Gallery, Gabinetto Disegnis)保存于佛罗伦萨。

然在学术文本中此手段并不常见。例如，许多草药书时常将药用植物的图示做了可怕的曲解与夸张。对于新手来说，把它们作为辨认草药的指南，其可靠性微乎其微；当然，草药师们完全知道书上画的是什么。为了能找到早期对自然的最好描绘，我们求助于宗教画家。最容易得到的原始资料便是 15 世纪和 16 世纪佛兰德插图画家所完成的手抄的《祈祷书》(*Books of Hours*)。有一个例子，即 1480 年之前画的《匆忙的时光》(*Hasting Hours*)，它描绘了一只趴在报春花上的完整的、龟甲状小蝴蝶。为了有助于礼拜神灵，宗教画家很乐于记下自然的景象，因而他们没有必要扭曲或伪造事实。

那么，为什么我们还会在医生的草药书中看到那些不能被认可的植物图像呢？原因就在于，有人希望通过蒙昧文体使本来无足轻重的东西变得高贵。草药医生们并不希望公众能够了解他们的技艺，而这些图像的目的就是不要让外行了解得太多。在现代科学中，我们也可以看到同样的事情，用假彩传输电子显微照片（false-color transmission electron micrographs）点缀公众阅读的文章，用复杂的术语指称最简单的概念。比如有一种征候，病人在睡觉时紧咬白齿并且磨动它们。医生知道这就是磨牙——但只是在他们内部这么说。一旦这个问题拥有了广泛的受众，它就被变成了"颚缝调节综合征"。同样，在血液实验室里，白细胞就是科学家之间所说的白细胞。如果有一个外人进来，这些白细胞就变成了"分叶核粒性白细胞"，而且他们会一直说成是分叶核粒性白细胞，直至这个来宾离开。

科学进步中的权威们期望术业有专攻——而且把非学者们排斥在他们所涉足的领域之外。在科学插图领域里，我们也能找到这一思想的共鸣。现代世界充满了核酸双螺旋结构，以及诱人的宇宙外部空间幽深处的黑洞，还有电视广告中按照设计好的顺序由集成电路激活的无意义的远景，这些图像并不是为了阐明一种简单而且可理解的事实，而是要把一种难以获得的复杂感叠加给公众。原子仍然可以用图解的方式描绘成仿佛由台球组成的物质，即使这一概念自 20 世纪 30 年代的后量子时代起就已经不适用了。

写实主义的趋缓

18 世纪，观者从写实主义的这种实践中感受到了某种疏缓。最初小心翼翼却又不甚灵巧的插图画家们变得成熟起来，他们对奇妙的自然界有了更全面的评价，然而时下曲解自然和强加概念于公众的趋势却依然高涨。在这个不同寻常的世纪里，我们看到了科学上一股务实的新趋势涌动而出。它给我们留下了生动而鲜明的图画，这些图画第一次捕捉了人类发现的领域。科学开始作为一种公认学科出现了，科学插图画家则给予了很好的配合。伟大的探险航行带回了采集的有关博物学的材料、植物标本以及地质样品。探险家就让画家记录下他们的发现，并在返航后提供给收藏家。科学探险的时代已经来临。

在本世纪初,伟大的插图工作只是刚刚起步。玛丽亚·西比勒·梅里安(1647~1717)刚从苏里南回到阿姆斯特丹,行李里满载着从南美洲殖民地采集的植物、昆虫以及所绘制的插图。她的出身与插图有着不解之缘。她的父亲老马特豪斯·梅里安得到其岳父约翰·特奥多尔·德布里所写的《新的花草收集》(*Florilegium Novum*),并于1641 年重新出版了这本著作。父亲去世后没过几年,玛丽亚的母亲与插花画家雅各布·马雷尔结婚,而玛丽亚则嫁给了继父的学生,来自纽伦堡的约翰·格拉夫。若干年后,玛丽亚因宗教信仰方面的原因离开了丈夫,并于 1698 年到苏里南进行研究、采集和绘画。那本优美的插图著作《苏里南昆虫变形记》(*Metamorphosibus Insectorum Surinamensium*, 1705)体现了她这段工作的成果;这本书于 1714 年经扩充再版,并附有她的女儿乔安娜所制的彩色插图。这些版本中皆插有精美的雕版画,每一幅都是她不辞劳苦地亲手绘制出来的,它们为从早期僵硬呆板且部分捏造的风格到具像主义(representationalism)风格的转变,提供了有趣的范本。这些插图看上去很夸张,凸现出来,与雕版工人的视角很不相配。插画中物体的许多方面(甚至许多物种)都是想象出来的,还有一些解剖的细节顺序也弄错了。比如,她画的腰果,其与茎干的关系被画得乱七八糟。[3]

巴黎王家植物园植物学教授约瑟夫·皮顿·德·图内福尔(1656~1708),是这个 *565* 世纪早期另一位重要人物,他于 1694 年在巴黎最早出版了《植物学基础》(*Élémens de Botanique*)。此书经大幅修订并编成英文版本,以 2 卷本的《草本精华》(*The Compleat Herbal*)出版(1719 年和 1730 年)而闻名于世。在此书中,图内福尔对 8846 种维管植物进行了分类,并插有 500 幅左右的铜版图加以说明。当玛丽亚·梅里安探险新大陆时,图内福尔脱离了他在巴黎的工作,动身去中东探险。与他同行的是他的好友、医生兼博物学家安德烈亚斯·贡德尔沙伊默尔和另一位著名的药剂师兼插图画家克洛德·奥布列。1700 年,他们从马赛启航,驶向克里特岛,在那里,他们对当地的植物进行了 3 个月的考察。在到爱琴海各岛屿探险后,他们又前往土耳其;在去格鲁吉亚的途中,他们在亚美尼亚人和库尔德人生活的地区逗留了一段时间,发现了许多西方植物学家所没有见过的新物种。1718 年,图内福尔出版《黎凡特旅行记》(*Voyage au Levant*),记述了他们的旅行以及见闻,奥布列为该书作了插图。这些雕版画虽然可以被认可,但是不精确,也不美观。正如同一时期玛丽亚·梅里安所出版的著作,也发现有与早期植物标本集和插图图书相类似的地方。但无论如何,在《植物学基础》中,图内福尔第一次对植物学进行了全面论述,后来的分类学家(如林奈)的著作应该被看做

---

[3] 参见 Johann Theodor de Bry,《新的花草收集》(*Florilegium Novum*, Frankfurt, 1611); Maria Sibylle Merian,《苏里南昆虫变形记》(*Metamorphosibus Insectorum Surinamensium*, Amsterdam, 1705),其第 2 版于 1714 年出版,并有附加的插图;Rudolph Ackerman 出版的《研究自然 30 年》(*Thirty Studies from Nature*, Munich, 1812),该书是出版中的一个范例,用了许多着色专家对雕版进行修饰。

与这本著作有关联。[4] 奥布列自己也为几部植物学著作作了插图。他的研究虽然是程式化的,但是,他所用的俗名生动活泼,并未损害反而增强了他在制作插图时所带有的鲜明的写实主义特征。

约翰·雷(1627～1705)在英国出版了杰出的著作,他是艾塞克斯的铁匠兼草药医生的儿子。在弗朗西斯·维勒比(1635～1672)的支持下,约翰·雷在 1663 年至 1665年期间游历了欧洲。约翰·雷的其他许多作品虽然都是在 17 世纪发表的,但是,最重要的作品则是面世于 18 世纪,这就是 1704 年出版的名著《植物的一般史》(*Historia generalis plantarum*)。虽然这本书比图内福尔的《植物学基础》的内容更多(约翰·雷用一本将近 3000 页的著作描述了 18.6 万种植物),但是里面并没有插图。当时的人们越来越相信,学习尖端科学的学生不需要用图片来启发心智。这一观念一直延续到20 世纪。比如,今天英国资深的植物学家都知道克拉彭(Clapham)、蒂坦(Tutin)和沃伯格(Warburg)的《不列颠群岛的植物游览》(*Excursion Flora of the British Isles*)并没有给所描述的任何物种制作插图。

约翰·雷的密友,一位自学成才的画家马克·凯茨比(1683～1749)受到约翰·雷启发而去探访美洲,并且详细描述了新近在那里发现了不为自然哲学家所见过的事物。凯茨比游历了卡罗莱纳、弗吉尼亚及巴哈马,并于 1731 年至 1743 年出版了《卡罗莱纳、佛罗里达和巴哈马群岛的博物志》(*Natural history of Carolina, Florida and the Bahama islands*)。凯茨比迫切希望描绘他所能见到的一切,因此他的书中附有许多精美的插图。这些插图与早期的有相类似的地方——缺乏某种写实性。许多插图夸张、富有漫画感,虽未反映现实,但却反映出他的自学出身。凯茨比的作品的卡通化特点,同样能够在后来的爱德华·利尔的某些绘画中看到,在利尔的绘画中,鸟类是用近乎拟人的手法来表现的。尽管凯茨比的风格奇异,但他仍被公认为是在美洲工作的早期伟大的博物学者。

乔治·爱德华兹(1694～1773)曾以学徒的身份在欧洲到处旅游,从事出版凯茨比的大量作品,而且他写了许多现已出版的博物学图书。他的《鸟类博物志》(*Nature history of birds*)以 3 卷本出版(1743～1750),随后被译成法文出版。爱德华兹最重要的作品是以 4 卷本出版的《珍稀鸟类及其他更稀有动物博物志》(*The Natural history of uncommon Birds, and some other rarer undescribed Animals*),该书面世于 1743 年至 1751 年间。紧随其后的便是 3 卷本《博物志拾遗》(*Gleanings of Natural History*, 1758～1764)。

当时能够与凯茨比的插图相媲美的是格里菲思·休斯的作品,他的《巴巴多斯博物志》(*Natural History of Barbados*, 1750)与其说是满足了博物学家的需要,还不如说更满足了图书收藏家的需要。休斯书中的海洋无脊椎动物图形,得到忠实的描绘,并代

[4] Joseph Pitton de Tournefort 出版了《黎凡特旅行记》(*Voyage au Levant*, Paris, 1718)和《草本精华》(*The Compleat Herbal*, London, 1719, 1730),虽然其雕版图的质量不高,但书中描述了大量的物种,为后来像林奈这样的分类学家的工作做了准备。

图 24.1　布吕弥耶对美洲蕨类植物的研究（1705）。植物学插图以及美洲的植物在 18 世纪受到重视。此幅牙买加冬青蕨类植物铜版雕刻画，具有清晰的线条，此图载于夏尔·布吕弥耶于 1705 年出版的《论美洲的蕨类植物》（*Traité des Fougères de l'Amérique*）中。美术品版权为布赖恩·J. 福特所有。

表了该领域的研究水平，不过每幅插图为了要表现忠心地献给其特别的赞助人，都被极其精确地安排在一块图版上。结果此书变得沉闷乏味，虽然迎合了有钱的赞助人，但却无法用对新大陆的丰富发现去吸引读者。

　　凯茨比是名副其实的富有创新精神的美洲的博物学家，但他并不是第一位为新大陆的物种作插图的自然哲学家。夏尔·布吕弥耶（1666～1706）曾于 1689 年至 1695 年到过美洲。他出版了多本有插图的著作，包括出版于 1703 年的《美国植物的新类》（*Nova Plantarum Americanarum Genera*）以及出版于 1705 年的《论美洲的蕨类植物》

（*Traité des Fougères de l'Amerique*），这两本书中都特别载有布吕弥耶所研究物种的详细插图。这170幅美洲蕨类植物彩图（由布吕弥耶根据他自己所作的标本画在铜版上雕刻而成）已经成为标准之作（图24.1）。这些图像虽然略为程式化，但它们已经十分接近现代线条绘画的理想之作了。布吕弥耶在他40岁去秘鲁的途中不幸去世。他的最后一部作品在其死后出版，这便是由约翰尼斯·布尔曼编辑的《美洲植物》（*Plantum Americanum*）。除此之外，布吕弥耶还留下了能够启发后人思考的东西，正是他在17世纪末期到新大陆的旅行启发玛丽亚·梅里安开始了自己的探索。

　　威廉·巴特拉姆（1739～1823）是继凯茨比之后第一位出生于美国的著名博物学家，也是一位杰出的画家。他被誉为"美国第一位生态学家"，也许这个称号更应该授予亨利·钱德勒·考尔斯（1869～1939），他于1899年出版了《密歇根湖畔的沙丘植物》（*Vegetation of the Sand Dunes of Lake Michigan*）。巴特拉姆是乔治三世的美洲植物学家的儿子，他当然懂得植物与动物群落之间的微妙关系。他的重要著作《南北卡罗莱纳、佐治亚、佛罗里达东部等地旅行记》（*Travels through North and South Carolina, Georgia, East Florida, etc.*）于1791年出版。

　　瑞典的拉斯胡尔特（Råshult）的卡尔·林奈（1707～1778）是一位伟大的动植物分类学家，他的分类赋予自然界恒久的秩序。他最具开创性的著作《植物界的自然系统》（*Systema nature regnum vegetabile*）于1735年首次出版，不久又有《植物种类》（*Genera Plantarum*, 1737），接着是1751年出版的《植物哲学》（*Philosophia Botanica*）和1753年出版的《植物分类》（*Species Plantarum*），在这些书中，首次出现了双名制命名法。如今我们依然以继承林奈所普及的这种命名体系来纪念他。有趣的是，驱使科学朝简单性发展的动力并不是科学的清晰化诉求，而是节约纸张的需要。林奈感觉到当时所通用的记述植物的拉丁文过长，占用了太多的空间。于是他通过减少各类物种的记述（每个物种用一个词），减少了印刷费用。他的工作极大地推动了插图植物学书籍的发展。在林奈位于哈马比（Hammarby）乡下的家中，他自己书中所使用的许多彩图都被用作墙纸，而且一直保持着它们最初的样子。

　　受到林奈作品的启发，卡尔·彼得·通贝里（1743～1828）于1775[*]年从瑞典出发，游历了日本、爪哇、好望角和锡兰。他详细描述了约2000种新的植物物种，这些物种出现在他的293种有关博物学和医药的印刷品中。他的许多书影响了后来的几代植物学家。[5] 法国艾克斯省的米歇尔·阿当松（1727～1806）就是其中的一个。阿当松于1749年到塞内加尔探险，采集标本。他的《塞内加尔博物志》（*Histoire naturelle du Sénégal*, 1757）在巴黎发表，收入到J.平克顿的英文版《航海……采集大全》（*General*

567

568

＊　　原文误为1700年。——校者
〔5〕Carl Peter Thunberg 的主要植物学著作有：《日本的植物》（*Flora Japonica*, Leipzig, 1784）；《欧洲、非洲和亚洲的植物（1770～1779）》（*Sera uti Europa, Africa, Asia förätad ären 1770—79*, Uppsala, 1788～93）；《开普角的植物群》（*Flora Capensis*, Uppsala, 1807）；《开普角的植物起源》（*Prodromus plantarum Capensium*［*etc*］, Uppsala, 1794—1800）。

图 24.2　木刻版的终结:伦德贝克(*Rundbeck*,1701)。木刻版有幸进入 18 世纪,标志着历史上的科学插图的黎明。这个晚期的样本——文珠兰,出版于 1701 年乌普萨拉的奥洛夫·伦德贝克的《植物天堂》(Campi Elysii)中。原计划出版 12 卷,但只有第 2 卷出版;另外 11 卷的木印版被 1702 年的一把火毁了。美术品版权为布赖恩·*J.* 福特所有。

collection of …voyages,1814,伦敦)第 16 卷。阿当松还在巴黎出版了大部头 2 卷本《植物家族》(*Familles des Plants*,1763,1764)。他根据在途中所采集的标本而制作的雕版画生动且真实。有趣的是,他的贝类学彩图所展示的标本贝壳是顶部朝下,这种方法不同于其他欧洲插图的传统,但却被法国的出版商所仿效。

在 18 世纪,东南亚地区的动植物一直不为西方世界所知,直到格奥尔格·埃伯哈特·伦普夫(1627～1702)把这些动植物记录下来。他的著作在他死后出版的《安博因的稀有动植物收藏室》(*D'Amboinsche Rariteitkamer*, 1705)包含了 60 多个描绘软体动物和甲壳类动物的彩图,他的 7 卷本《安博因的草本植物》(*Herbarium Amboinense*, 1741～1755)也有许多科学新发现的插图。

从木刻图版到金属雕版

插图中使用木刻图版的传统在 18 世纪(图 24.2)还依然存在,然而它衰落的标志是 H. L. 迪阿梅尔·德·蒙索出版他的《论树和矮树丛》(*Traité des arbres et des arbustes*, 1755)。这本书中所有的插图都以木刻图版制作。可是,当这本书出版时,年轻的格奥尔格·狄奥尼修斯·埃雷特(1708～1770)已经证明可以使用精美而细腻的铜刻雕版。虽然当时流行的探险和发现是 18 世纪生物学家身份铭牌上的显著标志,但埃雷特并没有去全球环游。他的一生都在欧洲度过,然而,他却制作了那些植物学史上最值得纪念的完美插图。埃雷特生于德国的海德堡,是一个园丁的儿子。他的父亲还没来得及下工夫教年轻的埃雷特写生,就英年早逝了。埃雷特早年并不得志。他在卡尔斯鲁厄给巴登的卡尔三世当园丁,卡尔三世对他的画技印象颇为深刻,并请他画一些植物学图样。埃雷特的受宠导致了他与其他园丁的矛盾,到 1726 年,矛盾越来越激化,以致他只好去了维也纳。一位名叫 J. W. 外因曼的药剂师委托埃雷特制作 1000 幅植物学图样,但是,在他作了一半后,外因曼感到不满意,便付给他半年的酬劳,解除了合约。埃雷特的许多版画都出现在外因曼的《珊瑚类植物插图》(*Phytanthozoa Iconographia*)中。不过,这本书也包含了许多虚构的有机体,因此,就该书的内容背景而非版画的技术含量而言,它更类似于上个世纪的作品。

埃雷特在为雷根斯堡的一位银行家工作时,与约翰·安布罗修斯·博伊尔成为好朋友。博伊尔是位实习药剂师,同时也是位热心的业余植物学家,他把埃雷特介绍给他的叔叔。这对于年轻的埃雷特来说是具有决定意义的事情。这位叔叔就是纽伦堡的克里斯托夫·雅各布·特雷夫,后来成为埃雷特最成功的资助人和永久的朋友。特雷夫鼓励埃雷特进行创作。1732 年,埃雷特将一组 600 幅植物学水彩画卖得 200 塔勒(特雷夫只拿了 20 塔勒作为与外因曼的签约费)。这组画被称为《活的草本形象》(*Herbarium Vivum Pictum*),也许就是现在英格兰诺斯利大厅(Knowsley Hall)的德贝伯爵图书馆中另外收藏的未经确认的水彩画集。[6] 这是埃雷特第一次商业上的成功。

[6] 参见 Christophe Jacob Trew,《最漂亮的植物园》(*Hortus Nitidissimus*, Nuremberg, 1750—92),《选择的植物界》(*Plantae Selectae*, Nuremberg, 1750—73)。

在接下来的几年里,埃雷特在欧洲旅行,参观植物园并尽可能广泛地进行研究。他把许多花卉的绘画寄给特雷夫,而特雷夫则把它们加进藏品中并细心保存。埃雷特的图片总是以物种的名称来命名,并包含有植物在哪里生长以及怎样生长等细节。埃雷特在游览英格兰时,与荷兰银行家乔治·克利夫德结交,克利夫德的园艺助手兼医生就是年轻的林奈。林奈出版了描述克利夫德花园极为稀有的植物图册,其中有埃雷特所作的 20 幅插图。这些图由扬·万德拉尔来雕版,完成后的作品命名为《克利夫德花园植物标本集》(*Hortus Cliffordianus*, 1737)出版。漂亮的插图通过细节的描绘已开始接近科学的精确性。由于林奈考虑到被子植物的性特征对于分类至关紧要,埃雷特便非常辛苦地把它们剖开,并在插图中对这些细节进行特写。在切尔西医学植物园(the Chelsea Physic Garden),埃雷特与园长兼园艺家菲利普·米勒结交为朋友,并与其妻妹结婚。米勒记录了园林里许多不同寻常的植物,并于 1755 年至 1760 年间出版了《最漂亮、最有用和最稀有的植物》(*Figures of the most Beautiful, Useful and Uncommon Plants*),其中的插图全由埃雷特所作。

这时,埃雷特正开始雕刻自己的铜版。他给自己制订了一个计划,那就是出版《最稀有的植物和蝴蝶》(*Plantae et Papiliones Rariores*, 1748～1759)。尽管他雕刻的植物十分逼真,但是,他所雕刻的蝴蝶却并没有被艺术家们认可,仅被作为他的植物插画里的装饰来看待。在这之中有些彩图描绘出了植物结构的剖面细节,而且每部书均是辛苦地手工着色。与此同时,特雷夫也编辑出版了自己的书,用埃雷特的精美水彩画的雕版作为插图。1750 年至 1773 年间,特雷夫出版了 10 部的《选择的植物》(*Plantae Selectae*);1750 年至 1792 年间,出了一本有关园林植物的书《最漂亮的植物园》(*Hortus Nitidissimus*)。埃雷特的插图还出现在其他书里,比如艾尔默·伯克·兰伯特写的《南欧海松描述》(*Description of the genus Pinus*, 1803～1824)里所插的一幅名为“南欧海松”(Pinus pinaster)的精美雕版画。埃雷特在牛津植物园当园长的一年并不算成功,他与植物学教授汉弗莱·西布索普有过争执。当时,赞助他的是波特兰公爵夫人(Duchess of Portland),一位热心的园艺家兼收藏家,她请埃雷特教她女儿制作植物插图。虽然埃雷特没有在他的著作中绘制出任何一流的插图,但他却是一位伟大的老师,启发了许多后来的植物插图画家。在接下去的几年里,植物插图达到了观察所要求的精确程度。

1785 年,汉弗莱·西布索普亲自去维也纳研究记录着古代迪奥斯科里季斯教义的手稿。在那里,他与年轻、颇具发展前途的植物学画家费迪南德·鲍尔结为好友,而且两人合作出版了当时最大的植物画册。1786 年至 1794 年,他们一起在希腊旅行,他们在那里发现的成果被西布索普和詹姆斯·爱德华·史密斯所写的《希腊植物》(*Flora Graeca*)收入而成为不朽之作。插图的质量非常好,均是手工水彩着色的铜版雕版画,待这本书完成出版时(1806～1840),它代表了 18 世纪植物学插图的最高水平。不过,直到弗朗茨·鲍尔(1758～1840)应约瑟夫·班克斯爵士邀请到克佑花园(Kew

Garden）时，埃雷特仍然是欧洲最好的植物插图画家。弗朗茨·鲍尔和费迪南德·鲍尔两兄弟是一对不可思议的天才，他们把插图推至一个无法超越的完美境界。

　　这个时期最著名的植物学画家是比利时人皮埃尔-约瑟夫·勒杜泰（1759～1840），他出生于阿登（Ardennes）的圣休伯特（St. Hubert）。在他年轻时，对他影响最大的是夏尔·路易·莱里捷·德·布吕泰勒（1746～1800）。莱里捷曾委托勒杜泰为他的《新的或不太被人所知的物种》（*Stirpes Novae aut Minus Cognitae*，1764～1785）作插图。书中的一些彩图是用全色主轴（à la poupée）印刷出来的。这种技术通过在雕版的不同部位使用彩色油墨来制造全色印刷图。1786年，当雕版画家开始雕刻从西班牙殖民地采集来的植物时，他们却被告知要将这些植物归还给巴黎的西班牙大使。勒杜泰和莱里捷意识到他们拥有一笔有价值的财产，于是就急忙用船把这些采集来的植物运往伦敦，在那里，他们得到了约翰·班克斯爵士的关照。勒杜泰也因此认识了许多英国科学学会的成员。（莱里捷则回到巴黎，1800年在街上被谋杀。）勒杜泰由于受到约瑟芬·波拿巴*的保护而获得了额外的声誉，他还为奥古斯丁·德·康多勒与菲利普·拉彼鲁兹合著的书作了插图。在这个世纪结束之际，他写作了《百合花》（*Liliacées*），该书于1802年至1816年间在巴黎出版，一些观察家称之为植物学历史上最伟大的插图著作。

早期的技术问题

　　制作植物插图是件劳动量相当大的工作。绘图本身不仅耗费时间，而且要精心地在铜片上把每一个解剖复本制作成精美的刻痕，更是一项艰苦的工作。正如雕塑一样，对原材料的割除或刻画都必须小心翼翼。雕刻过程中的任何失误都是难以弥补的。

　　罗伯特·桑顿（1768～1837）曾计划出版《林奈的性系统新图解》（*A New illustration of the sexual system of Carolus Linnaeus*）。当此书第一部分于1799年面世时，桑顿发现他再也无法承担制作费用。他求助于在国会任职的朋友，这位朋友准备并提出一个议案，准许桑顿用国家发行彩票的方式来支付出版费用。尽管这部大作的其他部分到1807年已完成，但发行彩票所得收入还不足以支付整个项目，而作为科学插图的出版商，桑顿只得终止他的事业并宣告破产。

　　还有一些项目也根本没有完成。班克斯爵士曾着手出版一部对开本的鸿篇巨作《植物集锦》（*Florilegium*），试图把澳大拉西亚（Australasia）的新植物品种雕刻在大块的铜片上，然后用全色主轴印刷出来。然而，由于费用太过高昂，虽然有些部分用黑色油墨印出，但大部分刻好的图版还是只能用纸包好，束之高阁。这些铜版在伦敦的储藏室里被发现时，几乎还完好无损，1990年，阿勒克图出版社（Editions Alecto）将其出版。编辑们小心谨

---

*　　拿破仑的第一任妻子。——校者

慎地把图版擦亮并且镀上金,然后,用当时的颜料和 19 世纪的印刷机进行生产。这部作品最初的雕刻在 1770 年完成,所以,它的最终问世居然花了 200 多年。在科学插图领域,延期出版并非罕见。巴尔托洛梅奥·欧斯塔基奥的《男性解剖台》(*Tabulae Anatomicae Viri*),从雕版完成到整部作品出版也花了 164 年(1552～1716)*。

承认的与不被承认的重复使用

人类对作为自身存在的有机界的对手——动物界——的变迁过程充满了好奇,这引发了几个世纪以来无数关于妖魔、恶龙以及深水怪物的离奇描述。对于那些不了解陌生动物生活方式的插图画家来说,把旅行者从遥远的国度带回来的故事描绘成图像是很困难的。因此,神秘的独角犀牛被描绘成独角兽,大象最初的模样就像挂着长嘴的猪。剽窃之作四处泛滥。

绘制三维动物比绘制植物的过程更加复杂:不同于干燥的植物标本,动物不可能被压扁了之后收集起来。因此,许多动物的图像常常是根据已出版的插图重新刻画成的。18 世纪的有些插图画家承认了自己所画图像的来源(比如,亨利·贝克就自己的书中复制了列文虎克的图片,并向他致谢),但大多数人则声明他们的作品完全为自己所有,并继续抄袭早期插图画家的作品,因为这要比原创容易得多。可以看到,在附有插图的书籍中,凡序言言过其实地声称该书具有前所未有的新颖和原创的,往往可以肯定,这些图片是抄袭的而并非原创。从解构的意义上讲,那些认为需要让读者相信自己并没有借助别人灵感的出版者,一定已经感到,放弃一些责任是必要的。有时这种结果会变得非常有趣,比如大海雀的例子,丹麦博物学家、收藏家奥勒·沃尔姆于 1655 年出版的《虫博物馆》(*Museum Wormianum*)对这种鸟有生动的描绘。沃尔姆自己的大海雀是一只家养的宠物,他时常带它去散步。它扎着丝绸领结,因此,那本书的雕刻家就很自然地把围在鸟脖子上的丝带画了出来。然而过了几个世纪,大海雀还是被描绘成脖子上扎着淡色的领结,仿佛这是该物种的羽毛所固有的一种特征。插图的抄袭很少能正好追溯到原画的出处。即使在现代,科学插图画家也经常参照已出版的图片来创作新作。把照片或已出版的插图当做参考资料来使用,得到了当前商业性的科学出版界的认可。引用一张图片所需要的费用和花费在一张标准复制品的费用差不多。

18 世纪早期的动物学插图因大量的书中含有二三个世纪以前虚构的动物而破坏了它的完美。弗朗索瓦·瓦伦丁于 1724 年至 1726 年间出版的《新旧东印度》(*Oud en Nieuw Oost-Indien*)就充斥着奇异的海洋动物插图,据说那些动物插图都是写生而来的。这些插图并不是在赞美自然界的奇妙之处,因为它们只不过是路易·勒纳尔在《鱼、贝壳和螃蟹》(*Poissons, Écrevisses et Crabes*, 1719)一书中已经出版的被曲解和虚构的动物的怪诞版本。勒纳尔的书在阿姆斯特丹出版,并献给英格兰国王,书中充满了那些手工着色插图,描绘了一个恐怖且虚构的自然界。这些插图总是被看做是凭空的想象而遭人否定。然而,西奥多·W.皮奇在1995年发表的学术调查却表明,该书中的大部分插图可以与现存的物种联系起来。在这个分析中,勒纳尔所出版的那些滑稽可笑的图片完全是基于真实的研究。画家将那些来自远方的图画强行加入人为的东西,以至于造成这些画像严重变形,而且起初无法得到人们的认可。皮奇为这位过去被看做是夸大事实的插图画家恢复名誉,也许花了不少心血。[7]

动物学:一种新写实主义

　　鱼类学除了在经济领域举足轻重之外,也是纯科学研究中的新兴学科,其表现手法的精确性风格,使得18世纪成为重要的精雕细刻时期。当时,一些最具吸引力的鱼类插图出现在日本,在那里,博物学插图的地位正在逐步上升。东方的插图画家与西方恪守写实性的同行们相比,其作品更能体现文化内涵。比如,在中国和日本,鳗鱼所具有的精神指征崇高,这样就使得这些鱼成为人们所追求的目标之象征;而在西方,它们通常都是遭受斥责的;各个国家的插图学(iconography)反映了以上差别。荒俣宏(Aramata,1989)对众多事例的考察清楚地证明了这种差异。[8]

　　1785年至1794年间,欧洲的卡尔·冯·迈丁格尔出版了《鱼类彩色图谱》(*Icones Piscium*),其中有生动的手工着色的雕版画。其描绘鱼类的技巧已炉火纯青,可能是已出版的最具吸引力的鱼类插图。由马库斯·埃利泽·布洛赫(1723~1799)编辑出版的名为《鱼类学家——一般博物学和特殊博物学》(*Icthyologie, ou Histoire Naturelle Générale et Particulière*, 1785~1797),是一部漂亮得足以令人惊讶的佳作,其尺寸也给人以深刻的印象。在大幅对开版面上,画着来自世界各地的鱼类品种,它们栩栩如生、惹人注目。手工着色的图像,通常加上银粉漆,显得画中的鱼类富有十足的真实性。

　　在动物学的其他领域,插图的精确性被用来记录科学中的新写实主义。蝴蝶,这一很流行的题材(常见于宗教绘画作品和手抄的《祈祷书》中),通过雕刻家的技艺,被十分真实地描绘出来。埃利埃泽·阿尔宾(1713~1759)做过许多精彩的研究,并出版了手工着色的雕版画。那时,作为惯例,每一块图版赞助人的名字都会被作为献辞而醒目地雕刻在图的下方。《英国昆虫博物志》(*Natural History of English Insects*, 1720)这

〔7〕 Theodore W. Pietsch,《鱼、螯虾和螃蟹》(*Fishes, Crayfishes and Crabs*, Baltimore, MD: Johns Hopkins University Press, 1995)。

〔8〕 荒俣宏(Hiroshi Aramata),《世界上的鱼》(*Fish of the World*, Tokyo: Heribonsha, 1989),收录了一些源于东方的艺术作品。这本涉及面很广的书有助于纠正通常历史学家所依据的欧洲中心论的传统。

本著作以一系列细致的观察研究为特征。接着，又出现了许多其他著作，包括袖珍版《英国鸣禽博物志》（*Natural History of English Song Birds*, 1737），此书包含不加色彩的雕刻图版，以便让书的作者可以根据自己的意愿进行着色修饰。阿尔宾也未免抄袭之俗。他的《蜘蛛以及其他奇异昆虫博物学》（*Natural History of Spiders, and other Curious Insects*, 1736）的卷首插画，是一幅精美的作者自画像，作者骑在马背上，被各种形状和大小不同的节肢动物环绕着。最显著的特征是一只螨虫的"原创"作品，而事实上，这是从 1665 年最初出现的罗伯特·胡克的著名作品《显微图》（*Micrographia*）中一笔一画地抄袭过来的。摩西·哈里斯在《英国昆虫博物志》（*The Aurelian*, 1766）中对蝴蝶和飞蛾作了细致入微的刻画，他似乎为雅各布·拉德米拉尔的《对多种昆虫变形的新观察》（*Nauwkeurige Waarnemingen omtrent de Veranderingen van Veele Insekten*, 1774）提供了灵感，而这本书中的插图多少有点不可靠。J. C. 泽普在《赞美上帝之惊奇》（*Beschouwing der Wonderen Gods*, 1762～1860）中所发表的插图，采用的是手工着色、清晰生动的彩色图版，极富魅力。本杰明·威尔克斯于 1742 年出版的《英国蝴蝶 12 种新图案》（*Twelve New Designs of English Butterflies*）一书中，出现了对称图案的蝴蝶和飞蛾。在幸存下来的仿制品中，大都是用黑色油墨在图版上印刷的，尽管在图书馆里也收藏有一些仿制品，它们采用的是罕见的手工着色版本。

在世纪交替之时，一些最为美丽的鳞翅目昆虫书面世了。詹姆斯·爱德华·史密斯于 1797 年出版了《稀有鳞翅目昆虫博物志》（*Natural History of the Rarer Lepidopterous Insects of Georgia, from the Observations of John Abbott*）；德鲁·德鲁里的《异国昆虫图解博物志》（*Illustrations of Natural History, wherein are Exhibited Figures of Exotic Insects*, 1770～1782）不仅描绘了昆虫世界的多姿多彩，而且显示了手工着色铜版雕刻画的迷人之处。昆虫插图中最完美的作品当属爱德华·多诺万的《简明印度昆虫博物志》（*Epitome of the Natural History of the Insects of India*）。该书于 18 世纪末雕刻制作并佐以浓墨重彩，1800 年向对它仰慕已久的公众发行。

勒泽尔·冯·罗森霍夫，原先是一位微型图画家（同时是一位优秀显微镜专家），于 1759 年出版了《青蛙博物志》（*Historia Naturalis Ranarum*），该书中有丰富细致的手工着色插图，描绘了自然状态下的两栖动物和少量的爬行动物。这些插图尽管在风格上颇为大胆，但却是不折不扣的写实作品。卷首插画展现了在一幅雕刻图版四周围绕着成群的蝾螈和青蛙的景象，这是科学插图史上最生动、最令人难忘的作品之一。软体动物的外壳成为当时收藏家的钟爱之物，同时也有不少关于贝壳、珊瑚之类的书籍出版。1742 年有两部著作面世，它们都附有令人惊叹的对开的彩图：一部是安托万-约瑟夫·德扎利埃·达尔让维尔的《石头学和贝壳学》（*Le Lithologie et la Conchyliologie*, 1742）；另一部则是尼科洛·瓜尔蒂耶里的《各类贝壳之介壳引得》（*Index Testarum Conchyliorum*）。约翰·埃利斯出版了《论珊瑚博物志》（*Essay towards a Natural History of the Corallines*, 1755），后来又接着出版《海生植形动物史》（*History of* the Zoophytes, 1786），两本书都配有雕版插图。贝壳学图书中最精美的要数那些配有手工着色彩图的图书。托马斯·马丁于 1743 年至 1778 年间分 4 卷出版了《世界贝壳学家》(*The Universal Conchologist*)，书中配有大量引人注目的图片，但在全部 160 幅图中，几乎没有几册完好无损地保存下来。[9]《海贝壳和甲壳的选择》(*Choix de Coquillages et des Crustaces*, 1758）中的贝壳彩色插图是所有图书中最大的，该书的贝壳图像相当精确，远远超过 F. H. W. 马丁尼和 J. H. 开姆尼茨的《新的系统的海贝壳收藏》(*Neues Systematisches Conchylien-Cabinet*, 1769～1795）。这些给人深刻印象而且富丽堂皇的大册图书必定刺激着自然哲学家们孜孜不倦地努力思考。这是有史以来第一次大规模出版的彩色图书。虽然当时的图像效果与如今的一样传神，但在那个时代，公众在此之前从未见过任何如此精美、令人着迷的插图。在这一代人中，写实主义与鲜明色彩已经广泛流行。

　　并不是所有的生物学插图都需要鲜明的色彩来传达信息。在 18 世纪，动物解剖学的发展与科学插图画家的雕刻技艺的成熟是同步的。最典型的是乔治·斯塔布斯（1724～1806），他通过艰苦的分析和不懈的研究把马的解剖研究推到了完美的顶峰，使之既有抒人情怀之美感又有予人深刻印象之震撼。斯塔布斯生于利物浦，他的父亲是一个皮衣商，曾鼓励年轻的乔治研究动物体的解剖学。乔治·斯塔布斯在诺斯利大厅当学徒时，为德贝伯爵的收藏品雕刻作画，但他发现这份工作与他的志趣不相投，就决心通过自己而不是正规的途径进行研究。因此，他开始"向自然本身学习、请教，并加以研究"，在这样的心境中，他成为了利兹的一位画家，大多绘制肖像。他还在约克的一位外科医生指导下研究解剖学，并开始给医学生讲授这门课。1754 年，他在短暂访问意大利之后回到林肯郡，组建了自己的家庭。在那里，他决意要完成一项大事业，这就是后来于 1776 年出版的《马的解剖》(*The Anatomy of the Horse*)（图 24.3）。

　　乔治·斯塔布斯与他的伴侣玛丽·斯宾塞住在林肯郡的一间废弃的农舍里，同时又在那里工作，玛丽在不同的时候被委婉地描述为他的"婶婶"或他的"侄女"。他不停地工作，小心翼翼地去皮，然后除去肌肉层，最后是肌腱，并留下骨头。浓重的腐肉气味，令人难以忍受，并且顺风而下几英里，使邻居都对此抱怨不已。身体健壮的斯塔布斯总是扛着死马登上几节台阶，来到他的阁楼解剖室。斯塔布斯用铁丝和绳子把马雕版画是按顺序排列的，因此，在阅读的过程中，读者以间歇拍摄发现过程的方式一步步地从表层到内部解剖结构来了解。此书的出版，十分有力地将斯塔布斯推荐给更多的读者。约书亚·雷诺兹在当时是他的赞助人之一。斯塔布斯把他的余生都倾注于绘画之中，他的作品大多以画马著称。

---

[9]　Thomas Martyn, 4 卷本《世界贝壳学家》(*The Universal Conchologist*, London, 1743—78)。

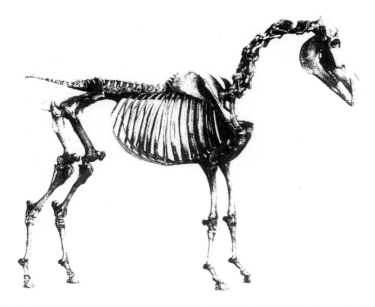

图 24.3　斯塔布斯绘制的马的骨架（1776）。当乔治・斯塔布斯于 1776 年完成他的
《马的解剖》（*The Anatomy of the Horse*）时,这是对马的骨架和肌肉组织的最早的描述。斯
塔布斯在解剖马的尸体时,把它们悬挂在他居住的林肯郡偏僻农舍的屋椽上,坚持不懈地
记录下观察结果。美术品版权为布赖恩・J. 福特所有。

人类解剖学的新发现

18 世纪初,令人敬畏的解剖学家所使用的古老教学资料和方法依然徘徊不前。安
德烈亚斯・维萨留斯（1514～1564）对此已经做了很大的修改,他 28 岁时出版的《人
体构造》（*De Humani Corporis Fabrica*, 1543）中有 600 张木版插图,这在 18 世纪初仍然
是广为流传的资料。令人惊奇的是,18 世纪重要的人类解剖学插图著作之一,居然出
自维萨留斯的同代人之手。这就是巴尔托洛梅奥・欧斯塔基奥（1524～1574）的《男
性解剖台》（*Tabulae Anatomicae Viri*）。书中有大量引人注目的铜版雕刻画。该书于
1552 年完成,但是直到 1714 年在罗马储藏室里发现图版后才得以出版,算来足足耽搁
了 150 多年,历史上只有《植物集锦》的出版耽搁了 200 年,超过了这个时间。《男性解
剖台》几乎是与威廉・切泽尔登的《人体解剖学》（*Anatomy of the Humane Body*, 1712）
同时出版的。这股突如其来的新书出版风潮极大地推动了研究,在后来的几十年里,
解剖学插图的水平有了显著提高。切泽尔登的第一本书拓宽了研究范围,他的《骨学》
（*Osteographia*, 1733）又有了改进,成为标准的参考书。该书插图精美,虽然在细节上有

所欠缺。有些插图表现活动中的人体状态,偶尔也有两个人格斗的画面。那时,这样的图像是很有启发的,而且还被一个世纪之后的查尔斯·贝尔爵士在编辑出版自己的骨骼解剖学著作时所仿制。

　　在人体解剖学中,伯纳德·阿尔比努斯的《人体骨骼和肌肉图表》(*Tabulae Sceleti*,1747)是一部具有旷世影响意义的插图著作,书中有大量引人入胜、风格独特的雕版画,他在古典绚丽的背景中,展示出三维的人体解剖部分。有些肌肉的画面被置于华丽的花园背景中,或被置于雕塑作品的背景中;有些则与吃草的犀牛相毗邻,而且,当骨骼被调转过来展示反面时,犀牛也转过它的背部。威廉·斯梅利追随这种风格进行细致的研究。他的《解剖图集》(*Sett of Anatomical Tables*,1754)更进一步接近于照片式的写实主义。书中的图由扬·范雷姆斯迪克根据斯梅利的解剖而制作,铜版雕刻由格里尼翁完成。范雷姆斯迪克把他与斯梅利相处的这几年,当做一个插图画家为迎接最具创造力的时期而接受训练的酝酿阶段,因为他后来转而为著名的解剖学家威廉·亨特(1718～1783)工作。威廉与他弟弟约翰·亨特(1728～1793)促使医学在很多方面都发生了革命性的变化,威廉·亨特曾在格拉斯哥大学学习医学,1750年毕业后搬到伦敦,与他弟弟携手研究。约翰没有上过医学院,1748年去伦敦继续自己的研究,并在他哥哥的解剖室里担任助手。他在切泽尔登(上面提到过)的指导下学习外科知识,而且作为一个外科医生,他灵敏娴熟,小有名气,后来被推选为外科医生室(Surgeon's Hall)*的解剖学主持人。

　　与此同时,威廉·亨特从1756年后专攻妇产科,并逐步使之成为正规医学的一个分支,而不只是与接生有关。在扬·范雷姆斯迪克的协助下,亨特对妇女妊娠期和分娩期子宫的变化做了详细的研究。他出版了三部著作,其中的《妇女妊娠期子宫解剖学》(*The Anatomy of the Human Gravid Uterus*,1774)反映了他在产科解剖方面的研究成果。这是一部了不起的著作,书中有大量精确的插图,反映了明快、生动的写实主义特质。随之而来的是世纪之交爱德华·桑迪福特(1793～1835)的《解剖学博物馆》(*Museum Anatomicum*)。这部精美的图书里,其中的人体解剖雕版画可能有点格式化,但特别大胆,直到亨利·格雷于1858年出版著名的《解剖学》(*Anatomy*),一直无人能够取而代之。直到今天,格雷的《解剖学》仍然是标准的教科书,部分原始图版的复制品,甚至在20世纪末进入21世纪的各种版本的出版物中,还一直出现。

579

一种新视野:显微镜学

　　那些被放大的图片给18世纪的科学插图烙上了难以磨灭的印记,尽管我们还无法想象这种影响到达何种程度。17世纪末,安东·凡·列文虎克(1632～1723)已经

＊　指爱丁堡王家外科医学院。现为外科博物馆。——校者

在自然哲学领域提出了微生物界的概念,他写给伦敦王家学会的不少书信在 18 世纪初期也被成卷出版。那些出版的插图印证了当时的技术局限性,因为它们反映出人们只能粗略地感觉到列文虎克定期送到伦敦的红色蜡笔画中的重要性。有趣的是,列文虎克自己从不作画,他雇用画家来捕捉他的观察意象,然后指导画家完成作品。据列文虎克所说,他时常会告诉指定的画家赶紧完成作品,因为他们得花时间看列文虎克自制显微镜里最新发现的新奇事物。[10]

他的年轻伙伴扬·施旺麦丹(1637~1680)过着历经磨难的动荡生活,由于接受了狂热的宗教苦行主义生活信条,43 岁的他便英年早逝。施旺麦丹对昆虫的研究细致入微,他用水银注射的方法,突出被解剖的昆虫体中的脉管,并把他的观察丝毫不差地表现在插图中。他去世后,文稿后来落在赫尔曼·布尔哈夫的手中。他为这位已逝的天才、节肢动物解剖插图的真正创始人撰写了传记,并把这些插图自费出版在一本大幅对开本的书中。这本《大自然的圣经》(*Bybel der Natuure*, 1737~1738)分两卷出版,并成为该领域里的标准参考书。尽管此书花了 60 多年时间才得以出版面世,但在当时仍被认为是高水平之作。书中的雕版画展示了一位天才观察家用最简单的光学仪器所能看到的细节。

列文虎克时代之后,众多使显微镜流行起来的图书之一便是亨利·贝克的《易做的显微镜》(*The Microscope Made Easy*, 1743)。贝克在书中提到过列文虎克,并用重新雕刻的、质量稍差一点的图版重新制作了他的一些图像。贝克对列文虎克在《翠绿的水螅》(*Hydra viridis*)中所做的观察尤其感兴趣,并就这个有趣的生物体专门写了一本书,于 1743 年出版。但是,贝克对于增进我们在淡水水螅方面的认识并没有做多少工作,而且水螅的科学研究本身也没有多少进展,直到它引起了亚伯拉罕·特朗布莱(1710~1784)的注意。特朗布莱是一位瑞士籍教师,在荷兰做家庭教师时,他经常把水螅当做给孩子讲课的主题。他尝试用点刻方式雕版,印制插图,尽管线条有些不自然,但是所表现的这种生物体的鲜活状态却给人以深刻的印象(图 24.4)。相比之下,贝克所描绘的水螅显得毫无生气,而且扭曲变形。

对于研究科学插图史的学者来说,特朗布莱的作品最引人入胜之处就在于其雕版作品中所运用的线条无比精细。水螅有着纤细的触须,呈现出精巧的波浪形,深入周

[10] 列文虎克的大部分著作在 16 世纪末出版,而 1700 年后出版的著作如下:Antony van Leeuwenhoek,《七封长信》(*Sevende Vervolg der Brieven*, Delft, 1702);《大自然被发现的秘密》(*Arcana Naturae Detecta*, Lugduni Batavorum, 1708),第 3 版;《大自然被发现的秘密》(*Arcana Naturae* …, Lugduni Batavorum, 1722),1679 年版再次印刷;《学问的延续》(*Continuato Epistolarum*, Lugduni Batavorum, 1715),第 3 版;《致伦敦王家学会尊贵先生们的信》(*Send-Brieven, zoo aan de Hoog-edele Heeren van de Koninklyke Societet te Londen*, Delft, 1718);《著作 19》(*Brieven seu Werken No. 19*, Delft, 1718);《给英国王家学会的信》(*Epistolae ad Societatem Regiam Anglicam*, Lugduni Batavorum, 1719);《关于大自然秘密的生理学论文》(*Epistolae Physiologicae Super compluribus Naturae Arcanis*, Lugduni Batavorum, 1719),1718 年版重新发行;《解剖学或事物的内部》(*Anatomia Seu Interiora Rerum*, Lugduni Batavorum, 1722),1687 年版重新翻译;《大自然秘密大全》(*Omnia Opera, seu Arcana Naturae*, Lugduni Batavorum, 1722);《学问的延续》(*Continuato Epistolarum*, Lugduni Batavorum, 1730),第 4 版。

也可以参考 Brian J. Ford 的《单镜头:简易显微镜的故事》(*Single Lens: The Story of the Simple Microscope*, London, Heinemann, 1981),和《列文虎克的遗产》(*The Leeuwenhoek Legacy*, London: Farrand and Bristol, 1991)。

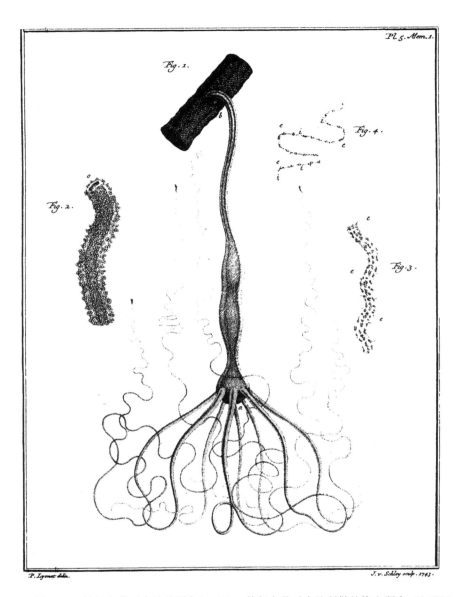

图 24.4　特朗布莱对水螅的研究（1744）。特朗布莱对水螅所做的惊人研究，于 1774 年发表在他的《记新鲜水螅》（*Mémoires . . . de Polypes d'eau Douce*）中。这本书描述了他所做的再生和移植实验，每一个实验都用生动的雕版画来表现。美术品版权为布赖恩·J. 福特所有。

围的水中。而所有这一切都在图版中得到很好的表现。值得一提的是 S. 伦霍夫和 H. 伦霍夫的研究（1986），他们完全摹仿特朗布莱的原作，并在适当的地方附上可折叠的

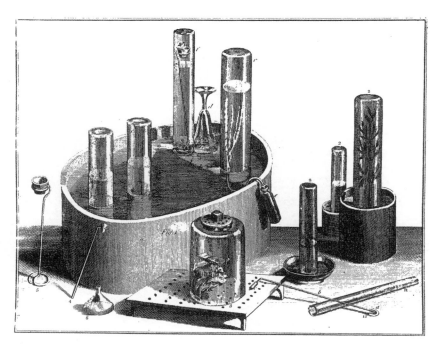

图 24.5　普里斯特利和氧气（1774）。氧气引起了拉瓦锡和普里斯特利的关注。这幅插图出自普里斯特利于 1774 年至 1777 年在伦敦出版的《不同种类空气的实验与观察》（*Experiments and Observations on Different Kinds of Air*）。普里斯特利还在氨、二氧化硫和酸的生成等方面有所研究。美术品版权为布赖恩·J. 福特所有。

图版。[11] 在图版中，玻璃容器的透明状态（1986 年的著作图版 3）是用最纤细的雕刻线条细致地表现出来。在特朗布莱的图版中，还应该注意到雕刻家明智地运用了点刻技术。这种技术能够表现不同层次的阴影中最细微的差别，但这种效果也只能出自大师之手。图版 5 是用点刻手法表现活的水螅；很少有人能够运用点刻技术达到比它更好的效果。《世界贝壳学家》（*The Universal Conchologist*）的插图也是用点刻图版印刷的。这种精妙的技术使文本中最为微细的部分也能够跃然纸面。

随着化学实验的兴起，玻璃器皿愈来愈频繁地出现在雕版画中。导致约瑟夫·普里斯特利发现安托万·拉瓦锡称为"氧气"的研究，在他的《不同种类空气的实验与观察》（*Experiments and Observations on Different Kinds of Air*, 1744～1777）中，清楚地用插图得到了说明。玻璃器皿整洁地出现在铜雕版画上，尽管相比较而言当时人们并没有注

[11]　参见 Abraham Trembley，《论淡水水螅的类型》（*Mémoires d'un genre des polypes d'eau douce*, Geneva, 1744）。由 S. Lenhoff 和 H. Lenhoff 复制的加了注释的摹本是《水螅与实验生物学的诞生》（*Hydra and the Birth of Experimental Biology*, Pacific Grove, CA: Boxwood, 1986）。

意到需要表现玻璃的反光透明（如图 24.5）。在法国，当拉瓦锡确认了氧的本质时，他所发表的论文插图由他妻子一手准备。他妻子名叫玛丽－安妮·波尔兹，是一位勤奋的工艺美术家，她十分注重仪器的正确摆放，并在她的科学插图中忠实地反映出来。雕刻家 D. 利扎斯用图版表现实验的每一个细节，尽管有时因为透明而导致变形，却使实验的本质变得简单明了。

新世纪的新技术

从木刻图版到金属雕版的变化，使得插图技术在可能表现的细枝末节上有了明显的提高。正如在天文学和数学中，在化学和物理学中，单线图是科学插画家的最常用的技法，而铜刻雕版是表现图表、地图、表格和电路的理想媒质。地质科学也许是最活跃的新兴地球科学，它充分驾驭了这项新技术并将其作用发挥到极致。让－艾蒂安·盖塔尔（1715～1786）认为，法国地况的许多重要特点在本质上都具有火山特性。这个观点得到了尼古拉·德马雷（1725～1815）的发扬光大，他的推动引起了人们对地质学这门新兴学科的极大兴趣。与此同时，英国的一位运河设计师威廉·史密斯根据其在英国各地访问时所做的大量笔记，集编了那个时代最为详尽的地质图。他的著作采用彩色雕版，于 19 世纪初出版，该书为今天的地质制图奠定了坚实的基础。[12]

19 世纪末，科学插图达到了今天的图书插图也难超越的水平。早期的木刻图版已完全被高质量的铜刻雕版所取代，有些还使用不同颜料的全色主轴，因而出版商第一次能够大量地复制雕版彩色插图。配有丰富手工着色插图的图书变得触手可及，而且在这个世纪末，平版印刷术也欣然问世。

平版印刷术是阿洛伊斯·塞内费尔德（1771～1834）在 26 岁时一次偶然的机会发明的。1796 年，塞内费尔德还只是个不太成功的铜版雕刻师，他用蜡笔在一块平滑的巴伐利亚石灰石上草草记下一张购物单。他突然发现蜡能够抵抗一种蚀刻剂，这种蚀刻剂能够把周围的石头侵蚀掉。随着实验的进展，他又发现蜡本身会吸收墨水，而墨水在潮湿的石头上是留不下痕迹的。最后，塞内费尔德设计出在石头表面上复制蜡象的过程。首先用水将画有蜡象的石头表面弄湿，然后薄薄地刷一层油溶性墨水，这时，墨水就会粘附在油溶性的蜡上而被着水的部分排斥，然后，用一张纸铺在带墨的蜡象表面，拿起来后，便可以得到一幅原蜡象的墨水复制品。这一方法很快被运用于科学插图，第一幅平版制作的植物学插图在 1812 年面世；第一部关于鸟类的动物学图书于 1818 年面世。

---

[12] 参见 Jean Étienne Guettard，《法国矿物学地图集和描述》（*Atlas et Description Minéralogiques de la France*, Paris, 1780）；也可参见 Nicholas Desmarest，《王家科学院史》（*Histoire de l'Académie Royale des Sciences*, Paris, 1774）；William Smith，《英格兰、威尔士以及苏格兰部分地区的地层》（*A Delineation of the Strata of England and Wales with part of Scotland*, London, 1815）。

塞内费尔德的权威著作《通用平版印刷术综合教程》(*Comprehensive Course in Lithography*)也于 1818 年出版。他在 18 世纪末的工作产生了今天的平版印刷技术,如今,聚合版已代替了石灰石版。由于塞内费尔德的贡献,巴伐利亚王室奖给他一笔终身养老金,他的灵感至今依然闪耀在几乎每一本带有插图的科学图书中。因此,就科学插图家的绘图方法而言,18 世纪在最早的木刻图版与今天的印刷技术的差距之间架起了桥梁。[13]

（乐爱国　阎　夏　崔家岭　译　方在庆　校）

---

〔13〕 论述平版印刷术原理的著作是 Alois Senefelder,《石版印刷教科书大全》(*Vollständiges Lehrbuch der Steindruckerey*, Munich, 1818);第一本用平版印刷制作的插画动物学著作是适度大小的图书:Karl Schmidt,《鸟的描述》(*Beschreibung der Vögel*, Munich, 1818)。

25

科学、艺术及自然界的表征

夏洛特·克隆克

最近,有一位从事通俗科学工作的生物学教授极力主张艺术和科学是两门完全分离的不同学科,[1]这若是在 18 世纪,恐怕没有哪位相关人士会接受他的这一主张。以促进科学发明、推动国家经济发展为宗旨而成立的艺术、制造业和商业促进会于 1760 年在大不列颠举行了首次公众艺术展览会,这在当时没有人会感到惊讶。在这样一个时代里,当政治家、科学家和艺术家聚集到咖啡馆和俱乐部里,讨论着从博物学到政治丑闻的各种话题时,艺术和科学并没有清晰的界线。在 18 世纪的欧洲,植物学不仅是一门领先的学科,同时也是贵妇人所钟爱的绘图主题;同样,那些收集贝壳并对其进行分类的人也是洛可可风格的鉴赏权威,而且当时一些最重要的解剖学家也被邀请到艺术院校为学生授课。[2] 这些领域里的每一个都可以成为本章 18 世纪科学与艺术的合适主题。同样,一些艺术家描绘实验科学家和技术专家的活动的方式也可以拿来作为本章的主题。然而,生活在那个狂热崇拜自然的时代里的中心人物,与其说是这种实

验研究者,不如说是"博物学家"——探索和描述自然界工作的人,而且,他们所关注的问题与 18 世纪艺术家们关注的问题有十分明显的交集。本章将集中叙述的是艺术家和博物学家对景观感知的变化。

Roy Porter、Rhoda Rappaport 和 Michael Rosen 仔细阅读了本章,并给予了有见地的评论,我对此深表谢意。

[1] Lewis Wolpert, 1996 年 12 月 15 日《独立报周日版》(*Independent on Sunday*),第 46 页;1997 年 2 月 23 日,第 41 页;1997 年 3 月 9 日,第 41 页。

[2] 关于植物学专题论文的研究,参见 Wilfrid Blunt,《植物学的插图艺术》(*The Art of Botanical Illustration*, London: Collins, 1950);Gill Saunders,《植物图示:对植物学插图史的分析》(*Picturing Plant: An Analytical History of Botanical Illustrations*, Berkeley: University of California Press, 1995)。关于洛可可风格与贝壳,参见 Andrew McClellan,《华铎的经纪商:杰尔桑与 18 世纪巴黎的艺术买卖》(*Watteau's Dealer: Gersaint and the Marketing of Art in Eighteenth-Century Paris*),《艺术简报》(*Art Bulletin*),78(1996),第 432 页~第 453 页。关于解剖学与艺术,参见 Martin Kemp,《英国王家美术院的威廉·亨特博士》(*Dr. William Hunter at the Royal Academy of Arts*, Glasgow: University of Glasgow Press, 1975);Barbara Maria Stafford,《身体批判》(*Body Criticism*, Cambridge, MA, MIT Press, 1991);Michel Lemire,《解剖学的幸与不幸,以及解剖学的、自然的和人工的标本》(*Fortunes et infortunes de l'anatomie et des préparations anatomiques, naturelles et artificielles*),载于 Jean Clair 编,《尸体的灵魂:艺术与科学(1793~1993)》(*L'âme au corps: arts et sciences 1793—1993*, Paris: Gallimard/Electra, 1993),第 70 页~第 101 页;Jean-François Debord,《从艺术解剖学到形态学》(*De l'anatomie artistique à la morphologie*),同上书,第 102 页~第 117 页。

自然界的档案

1777 年 12 月 10 日,约翰·沃尔夫冈·冯·歌德(1749～1832)登上了哈茨山脉的布劳甘山(Brocken mountain)。当他登上山顶时,太阳闪烁着耀眼的光芒。他被眼前的一切征服了,这时的他只能借助于《圣经·旧约》中的《约伯记》来表达自己的情感。他在日记中写道:"什么人才能得到你的眷顾呢?"[3]七年后,歌德在一篇小短文《论花岗岩》(On Granite)中再次提到这次攀登的时候,他写道:"坐在寸草不生的高山顶上,俯瞰无垠的大地,我对自己说:就是在你驻足的这个地方,直接延伸到地球最深处;在你与原初世界的坚固地面之间,没有更新的地层,没有堆积物,也没有冲刷过的遗迹⋯⋯这些山峰出现于生命诞生之前,但当生命消亡之后它们依然存在。"[4]

如果不结合当时的地理研究,尤其是歌德的同胞约翰·戈特洛布·莱曼(1719～1769)的工作,就无法理解歌德的这些说法。莱曼是一位矿业行政官员,同时又是一位医生,他于 1765 年发表了一篇有关山脉形成历史的论文,在论文中,他对一级山脉与二级山脉作了区分——他声称一级山脉起源于造物主,并且相信二级山脉是摩西大洪水所造成的结果。根据莱曼的看法,一级山脉通常是花岗岩,海拔最高,山坡陡峭;而二级山脉通常主要由石灰岩构成,与险峻的一级山脉相比,海拔要低得多,并且坡度缓和。[5] 莱曼在布劳甘山极为清楚地看到了这种构造,山脉的中心为花岗岩,四周逐渐过渡为石灰岩和杂砂岩,然后是次生成层岩。[6]毫无疑问,正是对这种地质构造的兴趣促使歌德在哈茨山脉进行他的冬季考察。[7]

在 17 世纪末之前,没有人会怀有这种狂热去探险。当时人们总是认为山脉是地球的瑕疵,是上帝因人类的堕落而震怒的表现。然而到了 18 世纪中叶,山脉不仅被当

586

〔3〕 Johann Wolfgang von Goethe, 22 卷本《全集》(*Gesamtausgabe der Werke und Schriften*, Stuttgart: J. G. Cotta, 1949—63),第 20 卷,1960 年,Helmut Hölder 和 Eugen Wolf 编,《地质学与矿物学著述》(Schriften zur Geologie und Mineralogie),《日记选》(Aus dem Tagebuch),第 107 页。
〔4〕 同上书,《论花岗岩》(über den Granit),第 323 页。
〔5〕 Johann Gottlob Lehmann,《成层岩山传说的推断》(*Versuch einer Geschichte von Flötz-Gebürgen*, Berlin: Gottlieb August Lange, 1756)。我使用的是由霍尔巴赫男爵翻译的法文本,《地层博物学的假说》(Essai d'une histoire naturelle de couches de la terre),作为 3 卷本《论博物学、矿物学与冶金学中的物理学》(*Traités de physique d'histoire naturelle, de mineralogie et de métallurgie*, Paris: J. -T. Hérissant, 1759—69)的第 3 卷,1759 年出版,Paul Henri Tiry d'Holbach 译。
〔6〕 同上书,第 3 卷,第 222 页。
〔7〕 并非只有莱曼一人将山脉划分为一级山脉和二级山脉。许多与他同时代的学者,从意大利的乔瓦尼·阿尔杜伊诺到瑞典的托尔贝恩·贝里曼,穿越欧洲考察了所经山脉后也得出类似结论。参见 Gabriel Gohau,《地质学史》(*A History of Geology*, New Brunswick, NJ: Rutgers University Press, 1990),由 Albert V. Carozzi 和 Marguerite Carozzi 修订并翻译。还有 Martin Guntau 的《地球的博物学》(The Natural History of the Earth),载于 N. Jardine、J. A. Secord 和 E. C. Spary 编,《博物学的文化》(*Cultures of Natural History*, Cambridge University Press, 1996),第 211 页~第 229 页。有关 18 世纪欧洲这些学者和地质学史的更详细的新资料有:Rachel Laudan,《从矿物学到地质学:一门学科的基础(1650～1830)》(*Mineralogy to Geology: The Foundations of a Science, 1650—1830*, Chicago: University of Chicago Press, 1987)。

做上帝创世的光辉例证而被颂扬,而且还被认为是地球渐变发展史的最重要的证据。[8] 就像 18 世纪的德意志博物学家、俄罗斯山脉的探险家彼得·西蒙·帕拉斯所说的:"山脉……提供给这个星球最古老的编年史……它们是自然界的档案。"[9]地理学家们认为山脉对于我们理解地球具有亘古的历史提供了直接而明显的证据,这种看法很快就得到了广大欧洲公众的认同;一位学者写道:地质学成了当时最受欢迎的学科。[10]

　　大多数受过教育的公众对地质学研究的兴趣之浓,从当时地质学家们所出版的大量华丽的出版物中可见一斑。这些出版物用读者熟悉的传统风景画来做插图。地质学家为了描述自然不仅借用艺术手段,而且还把他们自己的兴趣转向艺术风景画本身。[11] 问题是,如何来描述歌德在他的小短文《论花岗岩》中论及的精彩内容,找到一种能够唤起人们认知自然界漫长历史的表征形式。虽然当时许多地质学家都尝试着描绘地质学截面图和示意性图表,但是在理论以及其他更抽象的方面,还没有形成一套普遍可以接受的形式化规则,也没有后来发展起来的理论荷载的表征模式。[12] 地质学家所运用的图像表征绝大多数——当然是在 18 世纪下半叶——仅仅是一些风景画而已。

〔8〕 地质学史有很多分支,比如,各国进行地质学研究的社会和政治条件,关于化石作用的争论,以及对国家矿业机构、培训学校、土地私有者的兴趣,这些都为矿物研究提供了功利性的动机。Gohau 的《地质学史》提供了一个很好的概论,Laudan 的《从矿物学到地质学》中有广泛深入的参考书目。在英国,尤其可参见 Roy Porter,《地质学的形成:一门学科的基础(1650～1830)》(*The Making of Geology: The Foundations of a Science, 1650—1830*, Cambridge University Press, 1977)。关于化石作用的争论,可参见 Martin J. S. Rudwick,《化石的意义:古生物学史上的趣事》(*The Meaning of Fossils: Episodes in the History of Palaeontology*, New York: Science History Publications, 1972)。Rudwick 在《来自远古的景象:史前世界的早期图示表征》(*Scenes From Deep Time: Early Pictorial Representations of the Prehistoric World*, Chicago: University of Chicago Press, 1992)中特别强调可视表征。

〔9〕 Peter Simon Pallas,《关于山脉本质的观察》(*Betrachtungen über die Beschaffenheit der Gebürge*, Frankfurt: n. p. , 1778),第 48 页。

〔10〕 A. C. von Ferber 为 Giovanni Arduino 的《矿物学、化学、冶金学以及古地质图像学论文集》(*Sammlung einiger mineralogisch-chymisch-metallurgisch- und oryktographischer Abhandlungen*, Dresden: Waltherische Hofbuchhandlung, 1778)所作的序言,第 ii 页。需要指出的是,我所使用的"地质学"和"地质学家"这两个词,虽然与 20 世纪后期这个学科的大多数学者保持了一致,但实际上是与早期不相符的。对地球的研究,也就是我们现在所理解的"地质学",在 18 世纪被归入各种学科类别,比如宇宙学、矿物学、博物学以及岩石学等。只是到了 18 世纪末,"地质学"这个词才得到越来越普遍的使用,才与诸如矿物学、生物学等学科明显区别开来(Gohau,《地质学史》,第 2 页～第 5 页)。

〔11〕 Barbara Maria Stafford 是一个艺术史家,她特别关注博物学旅行家著作中的插图,载于她的《航行于物质领域:艺术、科学、自然以及带有插图的游记(1760～1840)》(*Voyage into Substance: Art, Science, Nature and the Illustrated Travel Account, 1760—1840*, Cambridge, MA: MIT press, 1984)。然而,Stafford 在她的讨论中明确地排除了风景画中高比例的艺术化,因为它与博物学家的经验主义不相符,而 Timothy F. Mitchell 的《德意志风景画中的艺术和科学(1770～1840)》(*Art and Science in German Landscape Painting, 1770—1840*, New York: Oxford University Press, 1993)则几乎不讨论后者的画像。具有奠基性的一篇文章是 Martin J. S. Rudwick 的《针对地质学的一种可视语言的出现(1760～1840)》(The Emergence of a Visual Language for Geological Science, 1760—1840),《科学史》(*History of Science*), 14(1976),第 149 页～第 195 页,该文特别关注 18 世纪地质学家为向广大读者传递研究成果所运用的可视图像。这篇文章激发了近年来艺术史家对科学出版物中使用风景画作图示的深入研究。参见 Susanne B. Keller,《截面和场景:18 世纪地震研究的可视表征》(Sections and Views: Visual Representation in Eighteenth-Century Earthquake Studies),《英国科学史杂志》(*British Journal for the History of Science*), 31(1998),第 129 页～第 159 页;以及 Charlotte Klonk,《科学和对自然的感知:18 世纪晚期和 19 世纪早期英国的风景画艺术》(*Science and the Perception of Nature: British Landscape Art in the Late Eighteenth and Early Nineteenth Centuries*, New Haven, CT: Yale University Press, 1996)。

〔12〕 Rudwick,《针对地质学的一种可视语言的出现(1760～1840)》,第 152 页。

历史绘画和宇宙进化论

从表面上看来,已然形成的风景画艺术传统对于表达博物学家的意图似乎没有什么特别的帮助。在约书亚·雷诺兹爵士(1723～1792)的《论艺术》(*Discourses on Art*)中,可以找到最有影响的传统论述。1769 年至 1790 年之间,发表于王家艺术学院的《论艺术》实质上提出了亚里士多德式的观点。根据雷诺兹的观点,即使是最美的自然形式也是先天不足的,因此,把它们直接作为严肃艺术的素材是不合适的。艺术之美来自对自然界特殊的经验形式的理念升华。自文艺复兴以来,风景画艺术一直被认为是低级的艺术门类,但雷诺兹则认为,在风景画艺术中,同样存在着高级形式与低级形式的区分。作品被分为高级或低级,取决于艺术家背离他所观察到的自然的程度,以及激发他们创作作品的想象力。在各种各样的流派之中,人们认为历史绘画包含了最高层次的想象以及最高的智慧。在雷诺兹看来,当风景绘画接近"历史绘画"(这个名称是指人物形象在其中扮演着主要角色的神话或宗教这类绘画)时,它就处于最高层次。根据雷诺兹的说法,这些都被浓缩在 17 世纪的大师——萨尔瓦托·罗萨、彼得·保罗·鲁本斯、克洛德·洛兰和尼古拉·普桑的作品中。[13] 洛兰、普桑和罗萨的理想化的罗马风景画以及鲁本斯赋予自然的动感视像,都充满着神话和历史的色彩,只是在绘画里,人物形象被缩小了。这些风景画中美的标准具体表现了亚里士多德关于自然界永恒不变的观点。然而,就科学而言,这一观点到 18 世纪初就已经消失了。

近代早期的各种宇宙进化论接受了地球自诞生后逐渐变化的观点。这些宇宙进化论完全建立在假设性的推测以及某种权威的历史知识的基础之上:证据来自《创世记》(*Genesis*)最初的五章——尤其是"上帝造物和大洪水"部分。17 世纪末出现的这些理论的典型代表是托马斯·伯内特(1635～1715)的《神的地球理论》(*Telluris Theoria Sacra*)(参见罗达·拉帕波特,本卷第 18 章)。[14] 伯内特对《圣经》的论断给出了一种自然法则(物理学)的诠释,并试图用这种方法使《圣经》中的事件为人类理性所理解。他把山脉和平原的形成解释为灾变的结果,并与诺亚洪水的泛滥联系在一起。伯内特根据他的基督教观点,为他的书第 2 卷的卷首构思了一幅当时表征地球历史的插图(图 25.1)。该图展示了基督——(在他的光环上写着《启示录》中的著名箴言:"我是阿拉法,我是俄梅戛。")*跨越了地球发展的开始和最后阶段,每一个阶段都用看上去各不相同的球来表示,开始是黑暗的原始地球,然后是处于祥和的天堂状态的地球,没有山脉和海洋。在天堂般的地球之后,是一个被汹涌的诺亚洪水覆盖着的

588

---

[13] Joshua Reynolds 爵士,《论艺术》(*Discourses on Art*, New Haven, CT: Yale University Press, 1975),Robert R. Wark 编,第 2 版,第 237 页～第 238 页。

[14] Thomas Burnet, 2 卷本《神的地球理论》(*Telluris Theoria Sacra*, London: G. Kettilby, 1681, 1689)。

* （阿拉法、俄梅戛乃希腊字母首末二字)。《启示录 I:8》接着又说:"是昔在今在以后永在的全能者。"——校者

589

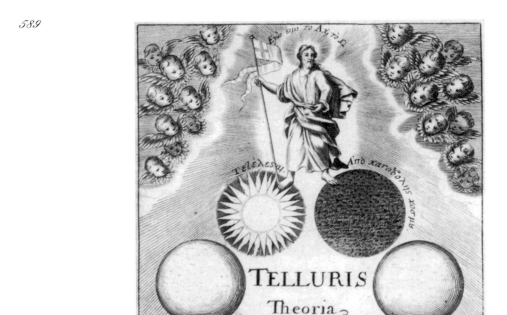

图 25.1　卷首插图,雕版画,摘自伯内特的《神的地球理论》(*Telluris Theoria Sacra*,
London: G. Kettilby, 1689),第 2 卷,牛津大学图书馆,4°C. 49 Th。

地球。第四个球表示的是现在的地球状态,多山的大陆被海洋包围着;第五个球是对
未来大火的预测,那时地球将被大火吞噬,然后出现了各方面都类似于天堂状态的新
地球,最后是新天堂。[15]

　　在这样的历史中,《圣经》被看做是历史经验的向导,在高级艺术与科学表征之间
不存在常规的和传统的冲突。即使没有出现人类,这个图像就是历史的图像,因为它

[15]　关于这幅插图以及 Burnet 的其他出版物的讨论,参见 Stephen Jay Gould,《时间之矢,时间之环》(*Time's Arrow, Time's Cycle*, London: Penguin, 1988),第 2 版,第 21 页~第 59 页。

建立在关于地球史的证据之上。

更令人惊奇的是,那些对像伯内特这类人的基督教思想进行猛烈攻击的著作家,也求助于相同的图示传统,选择用插图来阐明他们自己的观点。1749 年,乔治 - 路易·德·克莱尔,即布丰伯爵(1707 ~ 1788),由于他的《博物学》(Histoire naturelle)第 1 卷出版而声名鹊起。到他去世的几年后,即 1804 年,该书的最后一卷出版,已达到 44 卷。在第一卷中,布丰提出了地球具有历史的理论,并用一系列他称为"证据"的经验事实来支持他的观点(参见罗达·拉帕波特,本卷第 18 章)。[16] 布丰的解释仅限于能被观察到的因果推理过程。在这一假说的基础上,他根据所获得的自然现象中观察到的大量结果得出,地球有一个比基督教所说的 6000 年至 8000 年长得多的时间跨度。[17] 虽然布丰(与 18 世纪其他大多数著作家一样)在他从事研究的这一时期确信山脉本质上是曾经覆盖全球的海洋消退之后的结果,但是,他并不相信早期著作家所主张的,形成山脉的悬浮物质的固化可能是在《圣经》给出的时间跨度里完成。因为在《圣经》允许的时间段中,除非有奇迹发生,或是当时有未知的自然规律发生作用,否则那些山脉是不会出现的。

虽然布丰努力使同时代人的精力重新投向实地观察,但是,他自己并没有能够阻止他的地球成因假说成为《创世记》的祭品,尽管这一观点并没有服从《创世记》的历史。在《博物学》第 1 卷的第三部分"地球理论的证据"(Proofs of the Theory of the Earth)中,布丰对行星和地球的形成进行了说明。他认为,一颗彗星掠过太阳,分离出一股熔流,此后这些熔化物质分裂成 6 颗行星。可以用一幅华丽壮观的插图来表示这颗彗星从太阳中分离出物质(图 25.2)。[18] 令人惊讶的是,我们所看到的并不是布丰的彗星引起一些物质的简单运动,而是由天使簇拥着的上帝在画的正上方盘旋,场面激动人心。从上帝的动作和手势来看,这幅画的灵感显然是来自最著名的米开朗琪罗在罗马西斯廷教堂所画的表现上帝创世的最初三个场景。当然,这也可能是布丰所雇用的艺术家根据他们已熟悉的《圣经》插图传统而进行设计的。为了绘制行星诞生的场景,布丰雇用了一位在巴黎工作、并没有多少名气的爱尔兰艺术家尼古拉斯·布雷基。而且,在这幅画里所描绘的图像与布丰所描述的彗星引起物质分离图像实在太接近了,这正是在他的监督下而最终完成的。在布丰的插图中,这 6 颗行星刚刚形成,但仍然是被云烟包裹着的火球。上帝的手指指向表明,是他直接导致行星从太阳中分离出来的,而不是布丰不遗余力计算出来的冲击力导致的。

[16] Georges-Louis Leclerc, comte de Buffon,《博物学:通论与特论》(Histoire naturelle, générale et particulière, Paris: Imprimerie Royale, 1749),第 1 卷。
[17] 同上书,第 79 页。布丰并不是第一个从《圣经》的解释中脱离出来的人。他的同乡笛卡儿在 1644 年对地球的形成作了机械论的解释,就是要尽量不与《创世记》一致;还有,18 世纪早期的德梅耶特(Benoît de Maillet)得出结论说,山脉并不是像上帝造物或大洪水这样的事件造成的,而是地球历史持续发展的结果。
[18] 安排这幅插图,是为了与更早的《地球的历史和理论》(History and Theory of the Earth)的总导言相对应(同上书,第 65 页反面)。

图 25.2　尼古拉斯·布雷基为《行星的形成》(De la formation des Planètes)所作的插图,雕版画(圣热萨尔),摘自布丰的《博物学:通论与特论》(Histoire naturelle, générale et particulière, Paris: Imprimerie Royale, 1749),第 1 卷,第 65 页反面,牛津大学图书馆,RSL. 1996 d. 433/1。

　　《博物学》每一章的开始也有一些小插图,这与《神的地球理论》中的插图一样,是按照传统观念构思的。做这项工作的首席艺术家是雅克·德塞夫,他是一位主要为古典作家绘制插图的画家。这些小插图大都采用比喻的描述方式,当然,这是一种在书籍插图和绘画方面都有着悠久传统的绘画方式。《博物学》第 2 卷"人类的博物学"(Natural History of Man)第一章的开头就是一幅小插图(图 25.3):在一个天堂般祥和的场景中,一个牧羊人骄傲地指挥着一头牛、一匹马、一只鹿、一头狮子、一些山羊、

5.92

图25.3　雅克·德塞夫为《人类的博物学》（Histoire naturelle de l'homme）所作的小插图，雕版画（F. A. 阿夫林），摘自布丰的《博物学：通论与特论》，第2卷，第429页，牛津大学图书馆，RSL. 1996 d. 433/2。

一头野猪和一只狗，所有这一切构成一幅整体的巨幅风景画。[19] 在牧羊人（可能是在数动物的亚当）的身后，坐着一个古典的半裸女性正在对天使说着什么。这个女性形象是一个象征，她的乳房之多暗示着她是 Natura（大地母亲，Mother Earth）。这种传统的比喻手法能够引出一种自然界是永恒不变的观念。然而，它正是《博物学》所挑战的自然界经久不变、没有历史的观点，就像布丰为说明《神的地球理论》而选择的宗教插图与其内部出现的世俗解释相互矛盾一样。

在整个18世纪，比喻表征在博物学出版物的卷首插画中非常流行，就像是在艺术展览的墙上的壁画一样。例如，布丰的主要竞争对手卡尔·林奈（1707～1778）于1746出版的《瑞典动物志》（Fauna Suecica）就有卷首插画：在一幅风景画当中，半身的多乳房的 Natura，或多乳房黛安娜（Diana），出现在用植物和动物构成的基座上，四周是驼鹿和山羊。在这个阶段，这只是对一般自然观的另一种表征。[20] 然而10年后，在他的《自然系统》（Systema naturae）第10版中，这幅插画对于林奈的工作有了意义：在他对那些有毛发、三耳骨、四心房，被称为"哺乳类"（虽然乳房事实上对种群的普通特征来说没有多大意义）的动物（包括人类）的分类中，具有象征性的多乳房自然之母（Mother Nature）的形象就具有了意义。[21]

〔19〕　Buffon,《博物学》（Histoire naturelle），第2卷，第429页。
〔20〕　Carolus Linnaeus,《瑞典动物志》（Fauna Suecica, Stockholm: L. Salvius, 1746）。
〔21〕　Londa Schiebinger,《自然之体：性别政治学和现代科学的产生》（Nature's Body: Sexual Politics and the Making of Modern Science, London: Pandora, 1993），第2章。

自然界的漫长历史及其壮美的开端

到现在为止,我们在书籍插图以及其他绘画中所讨论的图像都具有重要的传统。因为它们的内容是以宗教或寓意为主题,所以,它们也许应当归于雷诺兹所看重的历史绘画之列。然而,18世纪早期的一位博物学家在把地质学发现与既有的风景画艺术传统相结合方面,比任何人都走得更远,而且通过这种结合,也显著地改变了这种传统。苏黎世的医学博士、数学教授约翰·雅各布·朔伊希策(1672~1733)之所以在当今有名气,主要是由于他在化石问题讨论方面的贡献,特别是他发现了大洪水的见证人(Homo diluvii testis)。[22] 与同时代的大多数人一样,朔伊希策并不认为他的科学工作是与神学教义相对立的,而且,他还对《圣经》中用从"创世记"到"启示录"的场景绘制的重要插图作了集注。[23] 在导言中,他说道:作为一个数学和物理学教师,他一直努力根据最新的哲学和科学法则解释《圣经》。但是,在看《圣经》插图时,他发现,所有的插图"要么只是涉及历史事件(在这些场景中人物形象扮演着主要角色),要么几乎完全出于艺术家或雕刻家的个人虚构,并不是正确的编排,而是错误的想象。"[24] 朔伊希策起用了王家宫廷雕刻家、奥格斯堡的约翰·安德烈亚斯·普费弗(1674~1748),在普费弗的指导下,有18位雕刻家在从事出版工作。朔伊希策还雇用了(几乎是监管)两位艺术家:一位是当地画家梅尔希奥·菲斯利(1677~1736),负责场景;另一位是纽伦堡的约翰·丹尼尔·普莱斯勒(1666~1737),负责场景周围华丽的巴洛克式的画面。这些画面特别地不同寻常。在许多场合,朔伊希策是用它们来传达科学知识,希望以此证实《圣经》中的解释,尽管在某些场合,这并不能直接切合于插图中主要叙述的内容。[25]

朔伊希策的《神圣的物理学》(Physica sacra),也就是他称为他的《圣经》注释,以创世过程的最初两天为开篇,在初始的黑暗和混沌之后,创造了光,并且天地分开。[26] 这些插图依然遵循从外部空间描绘地球的传统。然而,在第三天创造山脉、河流和海洋时,朔伊希策引入了他的第一幅风景画(图25.4)。我们看到,在一片裸露的丛山

---

[22] Melvin E. Jahn,《朔伊希策:大洪水的见证人》(Scheuchzer: Homo Diluvii Testis),载于 Cecil J. Schneer 编,《论地质学史》(Toward a History of Geology, Cambridge, MA: MIT Press, 1969),第 193 页~第 213 页。

[23] Johann Jakob Scheuchzer, 4 卷本《铜版圣经》(Kupfer-Bibel, in welcher die Physica Sacra, oder geheiligte Natur-Wissenschafft derer in Heiliger Schrift vorkommenden natürlichen Sachen deutlich erklärt und bewährt von Johann Jakob Scheuchzer, Augsburg: C. U. Wagner, 1731—5)。该著作最初用德语和拉丁语出版,一年后也用法语出版。

[24] Scheuchzer,《铜版圣经》,第 1 卷,序言(第 2 页)。

[25] 同上书,插图 XXIII,第 29 页反面。该图主要部分描述的是亚当刚被造出来之后坐在天堂中的景象。环绕其四周的是一个与实物大小非常一致的景象,描述的是人类胎儿从一个"谷粒大小"的人卵(no. I)到 4 个月大的胚胎(no. XI)的发育过程。这些图所表现的不仅仅是人类胎儿的发育过程,而且还包括它的循环性(胚胎里有卵),并传达着一种巴洛克式的骷髅(memento mori)的信息(胚胎是一些骨架,其中一个在擦眼泪)。然而,在朔伊希策的《图解圣经》——《神圣的物理学》(Physica sacra)里,创世阶段的插图中并没有夏娃,而没有她,这个循环根本不可能开始。

[26] 朔伊希策所出版的书的第一部分,在 Martin J. Rudwick 的《来自远古的景象》(Scenes from Deep Time)第 4 页~第 17 页中有绝好的论述和详细的图解。

图 25.4 梅尔希奥·菲斯利和约翰·丹尼尔·普莱斯勒,《创世记》(*Genesis Cap. I. v. 9. 10. Opus Tertiae Diei*),雕版画(J. A. 科菲努斯),摘自约翰·雅各布·朔伊希策,《铜版圣经》(*Kupfer-Bibel, in welcher die Physica Sacre, oder geheiligte Natur-Wissenschafft derer in Heiliger Schrift vorkommenden natürlichen Sachen deutlich erklärt und bewährt von Johann Jakob Scheuchzer*, Augsburg und Ulm: Christian Ulrich Wagner, 1731),第 1 卷,图版 VI,蒙大英图书馆惠允,伦敦,9. g. 1。

中,一条河流蜿蜒地流入背景中的大海;从左边的前景到岩石,不断地涌出一些水流,流入河中。这是用图说明上帝的控制力:让曾经覆盖地球的水汇入大海,露出陆地。岩石显得凹凸不平、轮廓奇异,很像16世纪德意志艺术家阿尔布雷希特·阿尔特多夫虚构的山脉中的那些岩石。而后者明显是想象的,既不存在于现实的风景中,也不存在于人类认知以及时间的流逝之中。[27] 朔伊希策的风景画,虽然只是一幅无法辨认的地形图,但它完全是一幅承载历史并将继续承载历史的风景画。因此,它所表现的是:那精心雕刻的巴洛克式的画面使得画像似乎在寻找一个与历史绘画相称的地位。但无论如何,这至今仍是一个没有人类、没有植物存在的自然,甚至完全不适于人居住,图中以硬朗的笔法让这种景致直射观者眼底。与《神圣的物理学》中后面的风景画不同,这幅图画的观者并不可能在场景中找到一个想象的立足点。

　　在用插图表现了创世之后,朔伊希策抓住机会讨论了植物和动物,探讨在伊甸园中以及堕落(the Fall)之后的生命。然后,他转向了大洪水,当时大多数博物学家都认为,是大洪水导致山脉出现。对于这个话题,朔伊希策给了一个当时流行的物理解释。他同意山脉形成于大洪水退却后显露在地面上的理论。但朔伊希策同时也观察到,并非所有阿尔卑斯山脉的地层都处于同一个水平面上。这种不规则的现象使他推测,上帝在大洪水之后,把原先处于同一水平面的某些地层换掉,并把它们抬高。[28] 朔伊希策用一幅插图解释这种现象,也就是在一个图版中同时用三个视角表现位于菲尔瓦尔德斯泰特尔湖(Lake Vierwaldstätter)东部乌尔恩湖(Lake Urn)周围的阿尔卑斯山脉(图25.5)。在这幅插图中,艺术家菲斯利采纳现有的地形学传统来描述自然现象。地形学艺术与雷诺兹认为具有更高价值的更加程式化的风景画表现模式是并列的。地形学艺术着重于对具体地域特征的描绘或描述,常常覆盖广阔地域,就像在朔伊希策的插图里那样。地形学描述的核心对象是人类的居住和活动。然而,在朔伊希策的插图中,唯一可辨认的图像特征是山脉戏剧化的形成。

596　　　　17世纪的荷兰艺术家扬·哈克特,已出版过描述阿尔卑斯山脉特征的地形学图集,这也许是由于接受想发展通往意大利的商贸活动的阿姆斯特丹商人的委托。但朔伊希策在引领艺术家将注意力集中到山脉上起到了主要的影响。通常被看做瑞士风景画奠基人的费利克斯·迈尔,是为朔伊希策书中的阿尔卑斯山脉绘制插图的艺术家之一。[29] 朔伊希策于1706年开始出版《瑞士的博物学》(Description of the Natural Histories of Switzerland)。在该书1708年版的第三部分中,描述了他翻越阿尔卑斯山脉

---

[27]　Christopher S. Wood,《阿尔布雷希特·阿尔特多夫与最初的景象》(Albrecht Altdorfer and the Origins of Landscape, London: Reaktion, 1993)。

[28]　Scheuchzer,《铜版圣经》,第1卷,第64页。

[29]　关于介绍性地论述瑞士风景画艺术的发展以及自然科学家的作用,参见 Peter Wegmann,《费利克斯·迈尔和卡斯珀·沃尔夫:阿尔卑斯山风景发现的开端》(Felix Meyer und Caspar Wolf: Anfänge der malerischen Entdeckung der Alpen),《瑞士医学史和科学史期刊》(Gesnerus),49(1992),第323页～第339页。

图 25.5　梅尔希奥·菲斯利,《创世记》(*Genesis Cap. VII. v. 21. 22. 23. Cataclysmi Reliquia*),雕版画(J. A. 科菲努斯),摘自朔伊希策,《铜版圣经》,图版 XLVI,蒙大英图书馆惠允,伦敦,9. g. I. 1。

的一次旅行——1705 年他就已经翻越了阿尔卑斯山脉。[30] 朔伊希策不仅提供了许多地质学和矿物学的观察资料,而且还把阿尔卑斯山脉说成是上帝实现创世目的的结果,而不是像伯内特所一直坚持的,是被大洪水毁灭的世界的遗骸。大约到了 18 世

[30]　Johann Jakob Scheuchzer, 共三部分的《瑞士自然史描述》(*Beschreibung der Natur-Geschichten des Schweizerlands*, Zürich: author, 1706—8)。

纪,为了重建有关上帝目的、智慧和仁慈的观念,越来越多的著作家把注意力放到了山脉的物理功能上,将山脉看做是自然界水循环的组成部分,并指出多数泉水和河流源自山脉。《瑞士的博物学》中的插图进一步增加了要素,反映了对伟大的造物主创世的一种敬畏。[31] 不仅上帝的智慧和仁慈、神的启示,而且上帝的创世,都是超人的,因而是令人敬畏、令人可怕的。

　　绘制插图《计划的桥梁》(Planten Bruck)(图 25.6)的艺术家菲斯利,似乎陪伴朔伊希策一起翻越阿尔卑斯山脉。在这幅画最显著的位置,幽深的峡谷前,两个穿着当时服装的男人正站在一个小高地上。在格勒纳的阿尔卑斯山脉的边缘,林斯河的主要源头桑德巴奇溪在峡谷中穿行。由于两边暗色的陡峭悬崖非常高,这两个男人显得矮小,以至于我们无法看到山顶也不知道山的高度,从而造成了夸张的效果。在远处的山上,有一座桥横跨峡谷两边,该画便是以此桥命名。桥上有一辆牛拉的大车,在通往桥的右侧的小路上有两个更小的人影。这座桥与两边坚如磐石的大山相比显得非常渺小。这幅描写巍巍高山的图画是最早表现壮美(sublime)感的插图,在这里,敬畏(一种被认为只有面对上帝才具有的、融恐惧与狂喜为一体的感情)转向了自然领域。当朔伊希策写到山脉展现了超越我们感知能力的无限性,但我们的心灵仍"有能力理解",其实这时他正在预言类似于后来康德在其《判断力批判》中所提炼并系统化的壮美概念。[32]

598　　从现在开始,在对山脉的感受中,壮美将成为标准的审美模式。[33] 旅行者们在翻越阿尔卑斯山并前往意大利旅行的途中,不是拉下马车的窗帘,而是在这种遍游欧洲大陆的壮游(Grand Tour)中积极寻找我们所说的这种景观。[34] 山脉巍峨雄伟,加之令人震撼的悬崖和不规则的特征,是其壮美特征的关键所在,但是,也存在着一个时代的尺度:山脉被认为是历史最初阶段的残留物。

[31] 同上书,第 176 页。
[32] Immanuel Kant,《判断力批判》(Die Kritik der Urteilskraft, 1790, Wiesbaden: Suhrkamp, 1957),Wilhelm Weischedel 编,第 164 页～第 191 页。
[33] 关于壮美的出现,有经典著作 Marjorie Hope Nicolson,《山脉的忧郁和山脉的荣光:无限美学的发展》(Mountain Gloom and Mountain Glory: The Development of the Aesthetics of the Infinite, Ithaca, NY: Cornell University Press, 1959)。然而,她并没有涉及作为一种绘画种类的壮美。
[34] 关于阿尔卑斯山脉的早期旅游与审美欣赏的论述,参见 Monika Wagner,《冰川体验——早期旅游业中的可见的自然吞并》(Das Gletschererlebnis - Visuelle Naturaneignung im frühen Tourismus),载于 Götz Groáklaus 和 Ernst Oldemeyer 编,《作为对照世界的自然:论自然的文化史》(Natur als Gegenwelt: Beiträge zur Kulturgeschichte der Natur, Karlsruhe: von Loeper Verlag, 1983),第 235 页～第 263 页。

图25.6　梅尔希奥·菲斯利,《计划的桥梁》,雕版画,摘自朔伊希策,《瑞士博物学描述》(*Beschreibung der Natur-Geschichten des Schweizerlands*, Zurich: author, 1708),第三部分,第27页反面,蒙大英图书馆惠允,伦敦,444. b. 19。

继朔伊希策之后,许多博物学家到阿尔卑斯山脉探险,并在自己的书中描述这些山脉的年代和壮美,通常还配有插图。整个欧洲的艺术家们很快就采用了这种审美模式表现山脉,也保证了作品有市场销路。在描述自然尺度的宏大性方面,壮美同样暗示着现代观察者与地球史上形成的事件之间存在着巨大的时代鸿沟。朔伊希策确信所有的山脉本质上属于同一时期,它们全都形成于大洪水退却之后。另一方面,莱曼却认为,山脉有更加多样化的历史,包括三个不同的阶段。第一和第二阶段源于上帝创世和大洪水,第三阶段包含了稍后的地壳变化。然而,到布丰时,一种将地球历史看做是一个经历了漫长发展过程的观点开始在 18 世纪传播。矿物学家亚伯拉罕·戈特洛布·维尔纳(1749～1817)认为,自上帝创世之后的数百万年间,地球经历了数次的改变。尽管在岩石结构何时以何种方式形成的问题上存在着重大差异(参见罗达·拉帕波特,本卷第 18 章),但持有这种观点的作家们都赞同两件事:其一,岩石最初是由水形成的;其二,促使岩石形成的巨大力量现在已经耗尽并且再也不起作用。因此,研究阿尔卑斯山脉最著名的先驱奥拉斯–贝内迪克特·德·索绪尔(1740～1799)采用与其前辈相同的描述风格,并没有什么奇怪的。索绪尔对于地球历史的解释,尽管比朔伊希策的解释涉及更复杂、更广泛的变化,但仍然谈到久远以前所发生的事件。

　　1787 年,索绪尔登上了欧洲的最高峰——充满危险的勃朗峰,并由此抓住了欧洲公众的想象力。[35] 随同索绪尔旅行的通常是艺术家马克·泰奥多尔·布里(1735～1815)。在一次攀登勃朗峰时,布里与大家一起出发,但由于身体虚弱而无法继续攀登,所以不得不又转回查莫尼克斯(Chamonix),因此,索绪尔的这次著名行动没通过插图表现出来。一年后,索绪尔又一次到勃朗峰旅行,这次是去巨人针(Giant's Needle),他和他的儿子在向导的陪同下,在那里逗留了 17 天。索绪尔还对勃朗峰进行广泛的科学实验,但由于时间短暂而未能完成。这一次,布里又未能随行,但索绪尔的儿子泰奥多尔为那次行动的文字描述配了插图。其中的一幅画(图 25.7)展现了穿越大片白色的恩特韦斯冰川的巨人针的西边景色。画面的前景是一大片暗色的岩石,在那里,索绪尔和他的随从搭建了营地。营地包括两个帐篷和一个小石屋,它们不仅是晚上睡觉、白天遮蔽强烈日光的地方,而且还是实验空地(索绪尔随身携带着湿度计、温度计、气压计、测距器、静电计及磁力计)。在图的左侧,可以看到一根支杆,索绪尔用它来悬挂实验用的湿度计和温度计;在两个帐篷之间,有一个人正在收集融化的雪水,即营地唯一的水源。虽然该画精确地描绘了营地的位置及其周围岩层的垂直结构(索绪尔特别提到),但是,它却强调了这一奇观的壮美——尽管索绪尔一直忙于自己的科学观察,然而他并没有忽略这种壮美。[36] 这幅画是用手写字体作标记的,给予观者另一种压倒性的广袤感。冰川上两个极小的人影突出了这个场景的空寂。索绪尔的描述不只是传达了该地区的地形学,还包含着对阿尔卑斯山脉的美学鉴赏,无论是在可感的空间上还是在假想的时间上,巍峨的山脉可以用空灵表现出它所具有的壮美来。

[35] 该说法出现在索绪尔的《阿尔卑斯山游记》(Voyages dans les Alpes)第 4 卷,该著作的出版从 1779 年开始一直到 1796 年。Horace-Bénédict de Saussure,4 卷本《阿尔卑斯山游记》(Neuchâtel: S. Fauche et al,1779—96)。
[36] 同上书,第 4 卷,第 220 页。

图 25.7　泰奥多尔·德·索绪尔，《巨人针的风景，从西边看》(*Vue de l'aiguille du Géant, prise du côté de l'Ouest*)，雕版画，摘自奥拉斯 - 贝内迪克特·德·索绪尔，《阿尔卑斯山游记》(*Voyage dans les Alpes*, Neuchâtel: Louis Fauche-Borel, 1796)，第 4 卷，图版 III，牛津大学图书馆，4°BS. 391。

然而，壮美绝不是索绪尔所使用的唯一的审美模式。优美的风格和地形学的风格同样也得到了表现。在书的前言，索绪尔称赞瑞士乡村景色包含了所有的风景类型，从险峻的高山到风光明媚的平原，一派"气候宜人、春意盎然的景象"。[37] 处于丘岭和山谷环绕之中的"风光明媚的平原"，是雷诺兹等人在洛兰的绘画中找到的理想中的风景画作。[38] 然而，是索绪尔开创了一种全新的并在 19 世纪早期得以繁荣的绘画传统。他的《阿尔卑斯山游记》(*Tour in the Alps*) 的第 1 卷收录了《圆形景色》(*Vue Circulaire*) 一图（图 25.8），该图是布里在布宜特冰川顶部画的。该图通过在方格纸（坐标纸）上画同心圆的方法给出一个 360 度的图景，这是索绪尔的主意，但布里的画在靠近前景处有明显的透视失真。这一特征是索绪尔的超广角表现手法所造成的。[39] 1793 年，为建造特定的圆形大厅，即罗伯特·巴克的第一个目标，他在伦敦莱斯特广场开放了全

[37]　同上书，第 1 卷，第 viii 页～第 ix 页。
[38]　一种较少想象而较多描述的风格被运用于插图，以解释像 S 形构造这样的重要的地质学观察事实。这种构造可见于福齐格尼 (Faucigny) 附近的阿佩纳茨 (Arpenaz) 小瀑布（同上书，第 1 卷，图版 IV），索绪尔在排除了地下火的解释之后，认为这种构造是由"侧推"(*refoulement*, sideways push) 造成的（同上书，第 4 卷，第 183 页）。然而，索绪尔的论述却突然在此停止。正如戈奥所提出的，他明显违背了维尔纳的岩石水成说的传统，"但似乎无力再进一步"(Gohau，《地质学史》，第 117 页)。
[39]　然而，布里的画的确包含一个冰川底部的侧面视角。至少，这幅画有阴影，似乎是在冰川前画的。索绪尔明确指出，他想不起曾经看到过这个情景，同上书，第 1 卷，第 512 页。

602

图 25.8　马克·泰奥多尔·布里,《山的圆形景,正式从这里发现了布宜特冰川顶部》(*Vue Circulaire des Montagnes qu'on découvre du sommet du Glacier de Buet*),雕版画摘自奥拉斯-贝内迪克特·德·索绪尔的《阿尔卑斯山游记》第 1 卷,图版 8,牛津大学图书馆,4° BS. 388。

景画展览,之后,全方位地形图在众多的全景画中变得非常普遍。在这个圆形大厅里,游客们可以在四处走动,观看一系列透视图,图片陈列于远处,以避免索绪尔表现手法所造成的前景失真。与此同时,超广角印刷品也开始广泛流行起来。

　　索绪尔的对开本图书令人印象深刻,明显是为了吸引广大的读者。这些读者早就理解他采用不同的审美模式所要表达的含义:地形学的模式给予山脉更好的描述性的说明,壮美的模式体现了古老山脉悠久的历史,而优美的模式则是为了体现地球生命永恒循环的本质。这些不同的审美模式,并不是因为受到视觉的限制,这一点再次在歌德的论文《论花岗岩》得到验证。在他体验了布劳甘山的壮美之后,歌德对花岗岩在古代的用途以及花岗岩的特性作了描述性的说明。但接着,歌德的观点发生了变化。他描述了自己感觉到又饿又渴,同时把目光转向下面的肥沃的平原,并嫉妒"这片碧绿青翠、资源丰富的土地上的居民……他们把祖先留下的尘土耙到一堆,然后,在一个小圈子里恬淡地过着平静满足的日子"。[40] 这种受到普桑和洛兰推崇的美的理想,人类生活与自然永恒循环的景象,并没有随壮美的兴起而失去其吸引力。

18世纪后半期,壮美的审美体验从对巍峨高山扩展到另一些并不那么古老但同样令人不可抗拒的现象,比如猛烈的海啸、地震以及火山。这主要是由于1757年面世的伯克的《关于壮美与优美理念起源的哲学思考》(A Philosophical Enquiry into the Origins of our Ideas of the Sublime and Beautiful)。[41] 伯克最早系统地研究了难以被驯服的自然对于人类精神所产生的影响。对伯克来说,产生壮美效果的并非只有山脉,也包括震撼视觉的任何可怕的事件。当大规模的地震撼动着卡拉布里亚和西西里岛的商业城市墨西拿时,那不勒斯的王家科学院立刻派出了一支科学探险队,对被破坏的地形进行研究。一年后,一本华丽的对开本出版物面世,该书的雕版画详细记录了地震造成的破坏。它的主要绘画方式就是壮美的方式。[42] 维苏威火山,另一种极端的自然地貌,在1631年大喷发后,变得更加引人注目。17世纪的大多数艺术家都通过一种将某一事件与神的干预结合起来的方式对火山进行描述。[43] 耶稣会士阿塔纳修斯·基歇尔,在他于1655年出版的《地下的世界》(Mundus subterraneus)中插入了一幅维苏威火山喷发的图片。基歇尔确信,火山是上帝所设计的地球固有的一部分,使地球具有动力机制,并能像动物身体一样保持"活力",也是地球中心能量的排出口。[44] 大约在1750年至19世纪早期,维苏威火山几乎一直在喷发。在这段时期,像法国画家克洛德-约瑟夫·韦尔内和皮埃尔-雅克·沃拉尔这样的艺术家把它看做是一种壮美的自然奇观。1774年,德比的约瑟夫·赖特(1734~1797)访问那不勒斯,并目睹了维苏威火山的一次喷发,到这时,他在后来的20多年中继续创作的这类绘画已经有了相当大的市场:在这些图画中,清冷的月光与火山喷出的嘶嘶作响的炽热红色岩浆之间形成强烈的对比,对人的眼睛造成无法抵抗的冲击,用伯克的话来说,这就是壮美。

赖特对于维苏威火山的兴趣很可能是由英国派驻那不勒斯特使威廉·汉密尔顿爵士(1730~1803)发给伦敦王家学会的书信所激发的。汉密尔顿在信中所报告的材料自1768年起陆续在《哲学汇刊》(Philosophical Transactions)上发表。[45] 他的报告是为了使人们了解和认同火山在地球形成过程中所起的重要作用。汉密尔顿希望改变对火山的态度,从把火山看做壮美的奇观而改变为火山也是证明地球具有长久年代的

---

[40] Goethe,《论花岗岩》(Über den Granit),第324页。

[41] Edmund Burke,《关于壮美与优美理念起源的哲学思考》(A Philosophical Enquiry into the Origin of our Ideas into the Sublime and Beautiful, London: Routledge, 1958),J. T. Boulton编。

[42] Keller,《截面和场景》(Sections and Views),第150页~第159页。

[43] Alexandra R. Murphy,《维苏威火山的景象》(Visions of Vesuvius, Boston: Museum of Fine Arts, 1978)。

[44] Athanasius Kircher,《地下的世界》(Mundus subterraneus, Amsterdam: J. Janssony & E. Wyerstraet, 1665),第1卷,第14页~第15页。

[45] 汉密尔顿的前两封信受到了王家学会的热情欢迎,并分别于1768年和1769年发表。《维苏威火山最后一次喷发的报告》(An Account of the Last Eruption of Vesuvius),《王家学会哲学汇刊》(Philosophical Transactions of the Royal Society),57(1768),第192页~第200页,58(1769),第1页~第12页。此后,汉密尔顿继续将他的观察报告写信给王家学会,直到1795年。

证据。对于汉密尔顿来说，尽管火山不是早期地球的遗迹，但它们对于解读地球过去的变化，恰好是重要的。他认为，地球的原始外壳的遗迹已不复存在，它现在的表面完全是雨水、海洋、地震和火山作用的结果。[46] 赖特的两个好朋友——约翰·怀特赫斯特和伊拉斯谟·达尔文，二人都对地质学非常感兴趣——而且他们都是王家学会的成员，很可能是这二人将赖特的注意力引向汉密尔顿。当赖特在那不勒斯看到火山爆发时，他对怀特赫斯特未能和他一起观看而感到遗憾。[47]

　　1776 年，汉密尔顿发表了他研究西里岛的火山的成果，它的确可称得上是"一本18 世纪最豪华的图书"。[48] 这本《菲拉格累营：关于两西西里火山的观察》（*Campi Phlegraei: Observations on the Volcanos of the Two Sicilies*）是汉密尔顿给王家学会的 6 封书信的一个重印本。该书附有 54 幅华丽的手工着色雕版画，1779 年，又有 5 幅插图作为附录出版。[49] 受雇作插图的画家是那不勒斯人彼得罗·法布里斯（活跃于 1756～1784）。法布里斯是在汉密尔顿的严密监管下进行工作。《菲拉格累营》中的插图既有地形学的景观，又有形态各异的火山物质标本的特写；既有壮美的维苏威火山喷发的夜景，又有西西里海岸美丽的远景。有时，焦点又聚集于更具说明性的景观上，例如，其中有一幅表现维苏威火山于 1769 年喷发时火山口发生变化的插图。汉密尔顿几乎是痴迷地努力记录下火山喷发的每一个瞬间以及其后所留下的每一处遗迹。即使法布里斯的插图明显是遵奉了当时绘画的优美和壮美的规则，但这并没有损害观察数据的精确性。汉密尔顿亲自负责指导几个风景画家（特别是德意志人雅各布·菲利普·哈克特），让他们对画中的自然现象进行更深入的研究，而不是停留于现有的情形。[50] 1767 年维苏威火山大爆发的图景（图 25.9）展示了光亮与色彩的壮美奇观，但同时也关注熔岩流动的独特方式。然而，就像在阿尔卑斯山脉的绘画中那样，壮美和优美的范畴远不只是起着一种狭隘的审美作用。[51] 对熔岩流动那种壮美的描绘，表明汉密尔顿确信，在地球漫长的历史发展过程中连续出现的难以预料的事件有可能对地球的外观进行彻底的改变。

[46]　John Thackray，《"现代的普林尼"：汉密尔顿和维苏威火山》（"The Modern Pliny": Hamilton and Vesuvius），载于 Ian Jenkins 和 Kim Sloan 编，《花瓶与火山：汉密尔顿爵士及其收藏品》（*Vases & Volcanoes: Sir William Hamilton and his Collection*, London: British Museum, 1996），第 69 页。

[47]　David Fraser，《德比的赖特和月光社》（Joseph Wright of Derby and the Lunar Society），载于 Judy Egerton 编，《德比的赖特》（*Wright of Derby*, London: Tate Gallery, 1990），第 15 页。

[48]　John Thackray，《"现代的普林尼"：汉密尔顿和维苏威火山》，第 70 页。

[49]　Sir William Hamilton，《菲拉格累营：关于两西西里火山的观察》（*Campi Phlegraei: Observations on the Volcanos of the Two Sicilies*, Naples: n. p., 1776）；《对菲拉格累营的补充》（*Supplement to the Campi Phlegraei*, Naples: n. p., 1779）。

[50]　Mark A. Cheetham，《体验现象：维苏威火山和 18 世纪晚期欧洲风景画风格的转变》（The Taste for Phenomena：Mount Vesuvius and Transformations in Late 18th-Century European Landscape Depiction），《瓦尔拉夫－里夏茨年鉴》（*Wallraf-Richartz Jahrbuch*），45（1984），第 137 页。

[51]　《菲拉格累营》中的图版 XVII，是一个追忆洛兰的世外桃源的绘图实例。在图中，汉密尔顿运用了经典美的理想，提出了一个与他所提及的古典作家斯特雷波、普林尼、贾斯廷以及其他确认火山活动是古代遗迹的所有人相同的观点。

图 25.9　彼得罗·法布里斯，《1767 年 10 月 20 日夜晚从那不勒斯港所看到的维苏威火山剧烈喷发的景象》（*View of the great eruption of Vesuvius from the mole of Naples in the night of the 20th Oct. 1767*），手工着色雕版画（彼得罗·法布里斯，摘自威廉·汉密尔顿爵士，《菲拉格累营：关于两西西里火山的观察》（*Campi Phlegraei: Observations on the Volcanos of the Two Sicilies*, Naples: n. p., 1776），图版 VI，蒙大英图书馆惠允，伦敦，33. h. 6。

606

　　18 世纪 50 年代,当维苏威火山开始其持久的活跃期时,另一些地质学家在没有活火山的地区找到了火山曾经活跃过的证据(参见罗达·拉帕波特,本卷第 18 章)。让－艾蒂安·盖塔是第一个把奥弗涅山脉看做是死火山的人。但正是尼古拉·德马雷(1725～1815)在深入细致地考察了同一地区后,于 1765 年第一次提出玄武岩是由早期的火山活动形成的。[52] 德马雷的主张触及到两个方面:一方面,汉密尔顿并没有在他所研究的任一活火山中找到棱柱形玄武岩;而另一方面,玄武岩存在于未发现火山地区的沉积地层中。如果德马雷的论题是真实的,那么就意味着火山的活动要比先前所假设的普遍得多。两个博物学家——鲁道夫·埃里希·拉斯珀(1737～1794)和巴泰勒米·福雅·德圣丰(1741～1819)——在德意志和法国做了进一步的研究以证实德马雷的主张。这两人都认为,火山活动应当被看做是一种古老的地质现象,因而他们都用具有壮美特征的插图来阐释他们的著作,这并不奇怪。[53]

　　人们很早就注意到多边形玄武岩石柱的异常形状,后来又把它们与死火山联系起来,因而认为它们是地球远古历史的一个组成部分,理所当然就成为表现壮美的主题。最有名的玄武岩石柱的产地是爱尔兰北海岸安特里姆郡的巨人堤道(Giant's Causeway,贾恩茨考斯韦角)。1693 年,王家学会的《哲学汇刊》登载了最早对这种直立石柱的有趣分布做出研究的文章。[54] 这篇由理查德·巴尔克利爵士撰写的论文,本质上是描述性的,旨在让人们去关注自然界的反常现象。无论如何,它确实激发了更多人的兴趣,并一直持续到 18 世纪。[55] 塞缪尔·福利很快就对巴尔克利的报告作出了反应,并于一年后在《哲学汇刊》上发表了他的报告以及托马斯·莫利纽克斯(1661～1733)的注释。[56] 该报告还收录了由克里斯托弗·科尔所作的最早的巨人堤道的多幅插图,这是一种带有些许地形风景画特点的地图。[57] 正如该文所阐明的,这

[52] 然而,这一观点直到 1774 年和 1777 年才分别发表:Nicolas Desmarest,《关于玄武岩起源与性质的记忆到大型多角形圆柱》(Mémoire sur l'origine et la nature du basalte à grandes colonnes polygons),《王家科学院的历史(1771)》(Histoire de l'Académie Royale des Sciences, Année 1771, Paris [1774]),第 705 页～第 775 页;《关于玄武岩的记忆,第三方》(Mémoire sur le basalte, troisième partie),《王家科学院的历史(1773)》(Histoire de l'Académie Royale des Sciences, Année 1773, Paris [1777]),第 599 页～第 670 页。

[53] Rudolf Erich Raspe,《一封……包含着对哈西亚一些玄武岩小山的简短描述的信》(A Letter... containing a short Account of some Basalt Hills in Hassia),《王家学会哲学汇刊》,61(1771),第 580 页～第 583 页。有关拉斯珀的理论,参见 Albert V. Carozzi,《拉斯珀与玄武岩论战》(Rudolf Erich Raspe and The Basalt Controversy),《浪漫主义研究》(Studies in Romanticism),8(1969),第 235 页～第 250 页。Bartélemi Faujas de Saint-Fond,《维瓦雷尔和韦莱关于死火山的研究》(Recherches sur les Volcans Éteints du Vivarais et du Velay, Grenoble: J. Cuchet et al., 1778)(例如,参见图版 II,第 271 页反面)。

[54] Richard Bulkeley,《一封有关巨人堤道的信的一部分》(Part of a Letter Concerning the Giants Causeway),《王家学会哲学汇刊》,17(1693),第 708 页～第 710 页。

[55] Sergei Ivanovich Tomkeieff,《爱尔兰北部巨人堤道区的玄武火山岩》(The Basalt Lavas of the Giant's Causeway District of Northern Ireland),《火山学研究报告》(Bulletin Volcanologique),6(1940),第 89 页～第 95 页。

[56] Sam Foley,《一份爱尔兰北部巨人堤道的报告……;以及莫利纳为进一步阐明该文所作的注释》(An Account of the Giants Causway [sic] in the North of Ireland ...; and Notes thereupon, serving for farther Illustration thereof by T. Molyneux),《王家学会哲学汇刊》,18(1694),第 169 页～第 182 页。

[57] 有关早期对巨人堤道进行形象描述的讨论,可参见 Martyn Anglesea 和 John Preston,《一幅哲学的风景画:德鲁里和巨人堤道》(A Philosophical Landscape:Susanna Drury and the Giant's Causeway),《艺术史》(Art History),3(1980),第 253 页～第 273 页。

位艺术家自己也认识到这幅画是一个地图和风景画的混合物。[58] 莫利纽克斯出于对玄武岩的迭生段及其交接点的关注,继续对该地区进行研究。他最早将这些石柱确定为"玄武岩"(Lapis Basaltes)。由于不满科尔的插图设计中的地形学和地质学信息的局限性,莫利纽克斯建议都柏林学会会员们委托另一位艺术家重新绘制插图。于是就有了埃德温·桑兹所画的更具有地形学典型特征的插图。桑兹的画于 1697 年在《王家学会哲学汇刊》上发表,比莫利纽克斯自己发表的后来的研究成果还早一年。[59] 尽管这幅图(图 25.10)在描绘乡村的地形地貌以及玄武岩的交接点更加精确,但它在描述崎岖海岸以及岩石构造时,依然包含着绘画上的夸张。一个特别令人震惊的失误是左边小山中的石柱居然有树梢。[60]

这个事实告诫我们,在描述一位博物学家特别关注的现象时,是有可能发生错误的。虽然 18 世纪大多数受过教育的人都学过绘画,但是,地形图的复杂往往超出了他们自己的能力,因而博物学家不得不委托专业的画家替他们作画。画好的图被送到雕刻家那里之后,他们可能对最初的设计做出重大的改变,尤其是图的结构。桑兹的画是在伦敦雕刻的,将这些石柱误解为树木,很可能是雕刻家所为。[61] 几乎所有将书中配上插图的博物学家,都会在他们的导言中强调他们是多么认真地监管雕版。[62]

至于德马雷,他把经验性的结论仅仅建立在这种视觉表征的基础上,那是非常不可靠的。德马雷并未亲自到过爱尔兰,他只是看了弗朗索瓦·维瓦雷斯的巨人堤道雕版画。德马雷断言,雕版画所描绘的艾尔德·斯瑙特(Aird Snout)山坡,是由火山锥组成的,就像奥弗涅山脉(Auvergne)的那些死火山一样。[63] 由此,他得出结论,巨人堤道的玄武岩,就像奥弗涅山脉的玄武岩一样,是由早期的火山活动形成的。这个结论直到 18 世纪末依然备受争议。到德马雷去世,维尔纳仍支持玄武岩是沉积岩的观点。1745 年,理查德·波科克提供了一份关于巨人堤道是由水或泥中的悬浮颗粒不断沉积而形成的报告。尽管德马雷被证明是对的,但他所依据的观察资料却是错的。在巨人堤道后边的小山上并没有火山锥。德马雷所看到的版画,是维瓦雷斯根据都柏林的苏珊娜·德鲁里所作并于 1743～1744 年发表的两幅画而雕刻成的。这两幅画分别是从西(图 25.11)和东两个视角对巨人堤道进行描绘,并用文字描述了它的结构特征。这些图画尽管给德马雷错误的印象,但仍因它们对细节的描述及其精确性而令人瞩目。插图清楚地表明苏珊娜·德鲁里很清楚关于这些岩石的本性以及岩隙重要性的争论。[64]

[58] Foley,《一份爱尔兰北部巨人堤道的报告……;以及莫利纳为进一步阐明该文所作的注释》,第 175 页。

[59] Thomas Molyneux,《一封……包括一些有关爱尔兰巨人堤道的补充观察资料的信》(A Letter…Containing some additional Observations on the Giants Causway[sic]in Ireland),《王家学会哲学汇刊》,20(1698),第 209 页～第 223 页。这幅地图见于《王家学会哲学汇刊》,19(1697),第 777 页反面。

[60] Anglesea 和 John,《一幅哲学的风景画:德鲁里和巨人堤道》,第 255 页～第 256 页。

[61] 关于这一点,见 Anglesea 和 John,《一幅哲学的风景画:德鲁里和巨人堤道》,第 257 页。

[62] 例如可以参见 Faujas de Saint-Fond,《维瓦雷尔和韦莱关于死火山的研究》,第 xviii 页;Hamilton,《菲拉格累营》,第 5 页;Saussure,《阿尔卑斯山游记》,第 1 卷,第 xviii 页。

[63] Anglesea 和 John,《一幅哲学的风景画:德鲁里和巨人堤道》,第 261 页。

[64] 同上书,第 261 页。

607

609

608

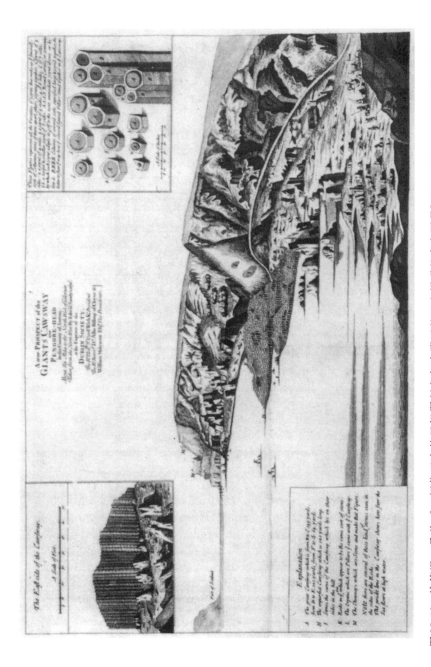

图 25.10　埃德温·桑兹,《一幅位于安特里姆郡彭戈尔头附近的巨人堤道的真实图景》(*A true Prospect of the Giants Cawsway near Pengore-Head in the County of Antrim*),雕版画,摘自《王家学会哲学汇刊》(*Philosophical Transactions of the Royal Society*),19(1697),第 777 页反面,牛津大学图书馆,AA 75 Med。

图 25.11 苏珊娜·德鲁里，《爱尔兰王国安特里姆郡巨人提道西景》(*The West Prospect of the Giant's Causway in the County of Antrim in the Kingdom of Ireland*)，1743/4，雕版画（弗朗索瓦·维瓦雷斯），纸张尺寸大约 69cm×44cm，大英博物馆版权所有。

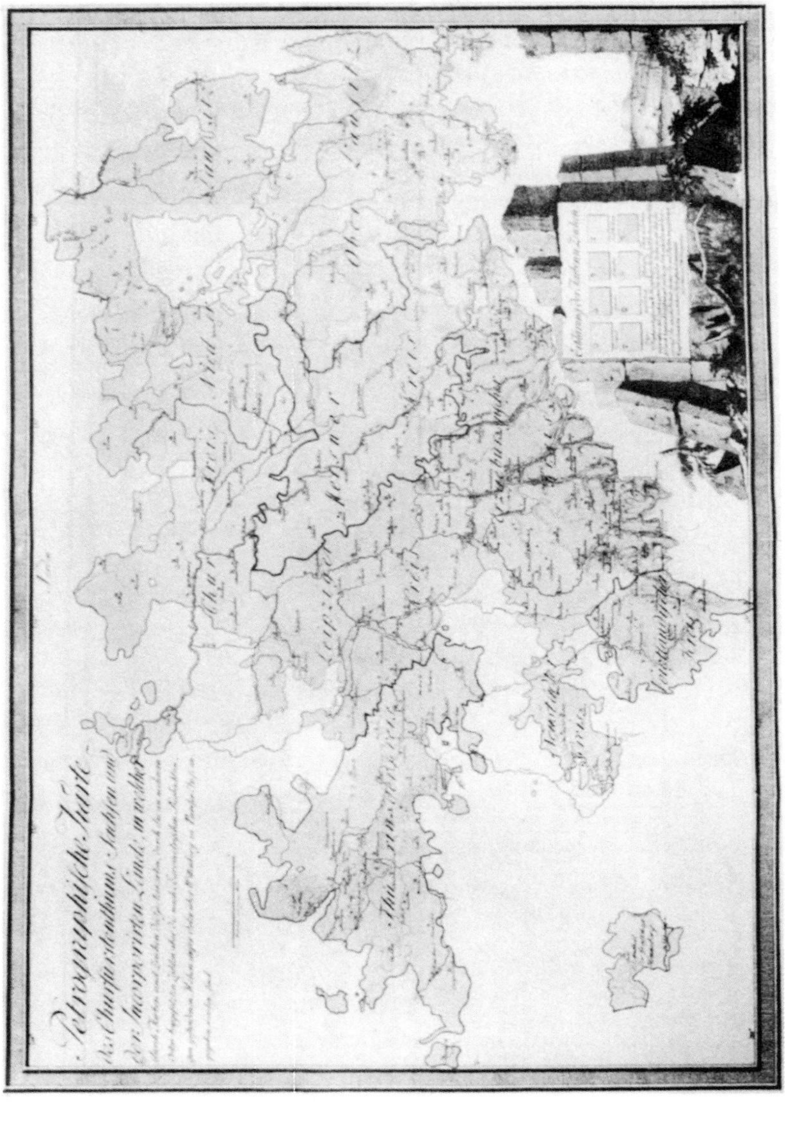

图 25.12　约翰·弗里德里希·威廉·夏庞蒂埃，《萨克森选帝侯及附属国的岩类图》（*Petrographische Karte des Churfürstentums Sachsen und der Incorporierten Lande*），手工着色雕版画，摘自约翰·弗里德里希·威廉·夏庞蒂埃，《萨克森选帝侯的矿物地理学》（*Mineralogische Geographie der Chursächsischen Lande*, Leipzig: S. L. Crusius, 1778），图版 I，牛津大学图书馆，4° I. 407。

这些图画在早期地形学艺术方面也具有令人瞩目的成就。德鲁里可能受教于荷兰的艺术家，[65]明显受到了荷兰地形学传统的影响。稍后，这种传统由于不断满足在军事测量方面的需要，而在英格兰真正达到了繁荣。[66] 但是，地形学的描述，无论多么精确地给出有关一个特定地区的地质信息，都不可能传达对于 18 世纪博物学家们来说特别重要的东西：关于地球具有古老历史的观念。

超越直接观察：地质截面图与图示

德马雷曾受两位王家工程师的委托，亲自制作一幅地图来描述他对奥弗涅山脉的火山活动持续周期的理解。[67] 他用 5 种不同的半自然符号，分别表示古代火山流、古代熔岩山脉、现代火山流、单独的古老棱柱形玄武岩流以及球形玄武岩流。也有一些著作家们已经尝试性地在地质学地图中标出他们的发现，但是，他们往往将自己局限于用"点符"（spot-symbols）来标示露出地面的岩层分布。[68] 他们既没能表现到地下地层的尺度也没能考虑到时间的连续性。只有一个例外，那就是 1778 年约翰·弗里德里希·威廉·夏庞蒂埃（1738～1805）在他关于萨克森行政区的矿物地理学的著作中所附加的《岩石学地图》（*Petrographical Map*）（图 25.12）。[69] 夏庞蒂埃用水彩色来标示 8 种不同类型的岩石，并用较为传统的点符标示其他露出地面的岩层。当然，仅仅这样做并不能完全说明岩层的时间连续性。但是，夏庞蒂埃对于山脉的描述，所采取的并不是以往在地图中普遍运用的简化手法——从侧面观察而且几乎所有的山大小相同，而是基本上都自高处向下，并且层次分明。这是他通过增加山坡的阴影而获得的效果。山坡越高，阴影越暗。[70] 通过这种方法，夏庞蒂埃使那些了解情况的读者有可能，至少是尝试性地，对岩石形成的假想年代做出结论。比如，分别表示花岗岩和片麻岩的粉红色和紫罗兰色，一般可以在夏庞蒂埃的地图上有最高山脉的地区中找到。

[65] 同上书，第 262 页～第 263 页。

[66] Michael Charlesworth，《托马斯·桑比登上胡伯台：18 世纪英国全景画的政治性》（Thomas Sandby Climbs the Hoober Stand：The Politics of Panoramic Drawing in Eighteenth-Century Britain），《艺术史》，19（1996），第 247 页～第 266 页。

[67] Desmarest，《关于玄武岩起源与性质的记忆到大型多角形圆柱》，1774，第 774 页反面。有关地质学地图的发展，参见 V. A. Eyles，《作为现代地质学地图先驱的矿物学地图》（Mineralogical Maps as Forerunners of Modern Geological Maps），《绘图杂志》（The Cartographic Journal），9（1972），第 133 页～第 135 页；Rudwick，《针对地质学的一种可视语言的出现（1760～1840）》，第 159 页～第 164 页；Endre Dudich 编，《对地质学绘图历史的贡献：第 10 届国际地质学史讨论会文集》（Contributions to the History of Geological Mapping: Proceedings of the Xth INHIGEO Symposium, Budapest: Akad'emiai Kiad'o, 1984）。

[68] Rudwick，《针对地质学的一种可视语言的出现（1760～1840）》，第 160 页。

[69] Johann Friedrich Wilhelm Charpentier，《萨克森选帝侯的矿物地理学》（Mineralogische Geographie der Chursächsischen Lande, Leipzig: S. L. Crusius, 1778）。

[70] 可以肯定，水彩画艺术家保罗·桑比在苏格兰为军需处工作时，将这项革新引入地图制作。参见 Jessica Christian，《保罗·桑比和苏格兰的军事测量》（Paul Sandby and the Military Survey of Scotland），载于 Nicholas Alfrey 和 Stephen Daniels 编，《绘制风景地图：艺术和绘图法评论》（Mapping the Landscape: Essays on Art and Cartography, Nottingham: University Art Gallery, 1990），第 18 页～第 22 页。如何塑造山脉以表现其高度的问题，在整个 19 世纪一直争论不休；参见 Ulla Ehrenvärd，《绘图中的色彩：历史评论》（Color in Cartography: A Historical Survey），载于 David Woodward 编，《艺术与绘图法：6 篇历史论文》（Art and Cartography: Six Historical Essays, Chicago: University of Chicago Press, 1987），第 123 页～第 146 页。

正如我们所知道的,花岗岩被普遍认为是最古老的岩石,构成陡峭山坡的最高山脉。夏庞蒂埃认同这个观点,并且还把片麻岩也看做是古老山脉的组成部分。与此相对照,在地图上较低和较平坦地区的颜色,表明这部分地区几乎全都覆盖着更近的、次级的成层岩。[71] 像这样的一幅地图,不仅超出了对露出地面的岩层作标记,而且超出了直接可观察到的证据,已经与理论假设合为一体。正如马丁·J. S. 鲁德韦克所指出的,夏庞蒂埃的地图对于颜色的运用,是"在两种实际分散裸露的岩石之间对地表岩层所做出的推断",是地质学家把日益抽象的可视表征运用于表达他们的研究成果的早期范例。[72] 18 世纪过后,地质学地图中同样也包含对连续的地下岩层所做的三维推断,以及夏庞蒂埃对地表岩层的推断。

18 世纪的博物学家虽然曾尝试对连续的岩层作三维表征,但并没有试图将这个理论假设融入地图。拉瓦锡用垂直截面图表示地图上特定区域的地层排列,这种图示印在他与盖塔、安托万·莫内一起编制的《法国矿物地图集和描述》(*Atlas et Description minéralogiques de la France*, 1780) 的页边空白处。[73] 地层截面图在 17 世纪已有描绘并出版,但这些图只是普通的图示,用以说明宇宙学或天体演化学理论。到了 18 世纪,截面图被用于表征某些特定地区的观察资料。约翰·斯特雷奇的萨默塞特煤田截面图就是一个早期的例子,但它并不具有任何时间内涵。[74] 最早一幅是表现不同类型岩石时间顺序的水平截面图,是莱曼的关于哈茨山脉南端地层形成的插图,该图于 1756 年首次发表(图 25.13)。[75] 岩层的时间顺序是根据该地区所发现的露出地面岩层的向下伸展来确定的。莱曼早就提出,岩石结构的海拔越低则它们越是年轻。在该图版中编号为 31,几乎是最陡峭的岩石结构被认为属于一级山脉。根据莱曼所描绘的,倾斜度较小的次级岩石结构始于 19 号,终止于接近水平地层的 1 号。当然,这种描述太过理论化。这种对地表以下情况的截面表征,相当大程度上是一种超越直观(或准确地说,可完全直接观察到的)现象之上的扩展和重构。莱曼还尽量用山脉和程式化的树木简要地表现他所画截面上方的乡村,来调和他所描述的无法观察的部分。到了 19 世纪初,这种对博物学表征的认同受到了或多或少的削弱,因为地质学家已经把截面图当成一种基本的工具,用以表达更为复杂的、具有地球史因果与时间内涵的结构形态。[76] 尽管地质学截面图暗示着地层的历史,但观者有必要对潜在的地质学理论有一个独立的把握,并使之得以显现。

[71] Charpentier,《萨克森选帝侯的矿物地理学》,第 386 页~第 388 页。
[72] Rudwick,《针对地质学的一种可视语言的出现(1760~1840)》,第 162 页。
[73] Rhoda Rappaport,《盖塔、拉瓦锡和莫内的地质学地图集:有关地质学本质的各家观点》(The Geological Atlas of Guettard, Lavoisier, and Monnet: Conflicting Views of the Nature of Geology),载于 Cecil J. Schneer 编,《走近地质学史》,第 272 页~第 287 页。
[74] John Strachey,《详述萨默塞特郡煤田已观察到的煤层》(A Curious Description of the Strata Observ'd in the Coal-Mines of Mendip in Somersetshire),《王家学会哲学汇刊》,30(1719),插图 II,第 947 页反面。
[75] Lehmann,《地层博物学的假说》,第 324 页。
[76] Rudwick,《针对地质学的一种可视语言的出现(1760~1840)》,第 164 页~第 172 页。

图 25.13 哈茨山脉南端地层形成截面图，雕版画，摘自约翰·戈特洛布·莱曼，《论博物学、矿物学与冶金学中的物理学》(*Traités de physique, d'histoire naturelle, de mineralogie et de métallurgie*) 之第 3 卷：《关于底层的自然史论文集》(Essai d'une historie naturelle de couches de la terre, Paris: J. -T. Hérissant, 1759)，图版 IV，图 2，牛津大学图书馆，Vet. E5 f. 59。

图 25.14 《第一世的火山、第二世和第三世的火山》(*Volcan de la Première Époque*, *Volcan de la Seconde & Troisième Époque*),雕版画,摘自让－路易·吉罗·苏拉维,《法国南部博物志》(*Histoire Naturelle de la France méridionale*, Nîmes: C. Belle, 1718),第 4 卷,图版 1,蒙大英图书馆惠允,955. h. 11。

　　一种与众不同且具独创性的描绘地质学历史的方法,是由让－路易·吉罗·苏拉维(1752～1813)发现的。苏拉维是用化石来确定岩石时期的先驱,他于 1780 年至 1784 年出版的《法国南部博物志》(*Natural History of Southern France*)对奥弗涅和蒙彼利埃之间的地区进行了综合性的区域研究。[77] 该书每卷均附有多达 5 个版面的插图，有单独列出的标本图，有截面图，还有按照当时惯例描绘的玄武岩构成图。但在第 4 卷，苏拉维关注到火山活动的年代，他引入了一幅插图（图 25.14），分为两半：一半所表现的是原始火山留下的遗迹；另一半所表现的是第二、第三阶段留下的遗迹。尽管这并不能直接看出来（因为该图缺少能给观众一个立足点的前景），但是，这幅图反映了苏拉维在法国南部所观察到的两个特殊地方的岩石。第一个图表现的是维瓦赖斯的两座被一个陡峭山谷劈开的花岗岩山峰。在该书中，苏拉维要我们想象这些山峰原本连成一体。他说，这就是"远古时代"真实的图景，当时花岗岩在全球的海洋底部沉积，水流还没有起到产生山谷的作用。[78] 在右边的山中可以看到一条火山裂缝，按苏拉维所说，它完全是第一阶段火山喷发所留下的。苏拉维的地球史其实就是一部以火山为特征的地球在时光流逝中被侵蚀破坏的历史。这个过程留下的遗迹越少，火山活动的年代越久远。第二个图表现的是阿尔代什地区多内河沿岸的 4 座火山。它描绘的是第二、三阶段留下的遗迹，其特征是，全球性的海洋退却，淡水起着侵蚀作用。每座山的山顶部分是一层聚结物，有石灰岩、花岗岩和一种水中沉积而成的玄武岩。火山活动的下一个遗迹是在这一层之上的玄武岩冠。正如这幅插图中的线条所表示的，这些玄武岩构成物在被水流分开成山谷之前曾经是一个整体。[79]

就这样，地球的火山历史（苏拉维总共区分出 6 个时期）伴随着每一次火山活动，继续留下越来越多的遗迹，直到最近这个阶段几乎没有什么可毁坏的为止。苏拉维关于前 3 个时期的插图是值得注意的，因为它们在描述今天可看见的东西时，清晰地标明了其构成物的年表。在此讨论的所有各类插图中，这些最能够形象地反映 18 世纪博物学家想要表达的愿望，那就是：能够像历史学家阅读古代编年史那样阅读山脉，并据此写出世界的历史。比如，与索绪尔对阿尔卑斯山脉的描绘相比，苏拉维找到了一种表现地球历史的连续过程的方法，而无需激发指向过去的壮美感，也无需为了赞同地质学地图与地层描述的抽象性而放弃直观的现象。无论如何，地球的历史，正如苏拉维及其大多数同时代的人所写的那样，是一颗行星过去的历史，而不是未来的历史。[80] 就像 18 世纪大多数博物学家一样，他认为，远古时期诸如全球性海洋发挥的力量，要比现今存在的一切力量都更加强大，因而地球的主要构造已经完成。苏拉维关于法国南部博物志，发表在法国大革命前不久。尽管他像布丰一样，由于不赞同基督教关于地球历史的绘画而与教堂发生冲突，但是他认为，地质的戏剧性变化只限于地球的过去。

然而，到了 19 世纪早期，博物学家们开始挑战这种观点。就像法国大革命打破了

[77] J. L. Giraud Soulavie, 7 卷本《法国南部博物志》(*Histoire naturelle de la France méridionale*, Nîmes: C. Belle, 1780—4)。
[78] 同上书，第 4 卷，第 33 页。
[79] 同上书，第 4 卷，第 104 页～第 106 页，第 122 页～第 126 页。
[80] Gohau，《地质学史》，第 107 页。

对整个欧洲稳定的传统社会秩序的信仰一样,地质学家抛弃了戏剧性的剧变仅发生在遥远过去的观点,并开始将眼前理解为地球不断发展的一个阶段。此外,与其说有一个普遍的整体世界的历史,还不如相信每一个地区都有它自己独特的历史。蕴涵着巨大的时间跨度或永恒的和谐循环的壮丽与优美,不再适合视觉表征方式。地质学家、艺术家,或是采用了含有更多理论荷载的表征,或是对长期不为人知的世界进行假想的重建。[81]

　　艺术与科学之间关系的二元论观点,这个当今争议颇多的主题,只是在 19 世纪受到广泛的支持。在 18 世纪,艺术和科学通常被理解为具有共享程序的知识形式:它们都运用从反复观察中直接得出的一般性概念。在这个阶段,它们之间的分界是可改变的。它们相互补充、相互影响,通常还支持对方的目标。19 世纪上半叶,虽然德意志唯心主义传统中的一些著作家声称艺术是获取世界知识的根本手段而对此进行反抗,但科学始终是作为最可靠的、关于现实终极本质的知识的来源,其声望得到了极大的提高。19 世纪中期以后,科学的发展开始强调科学想象的创造性、建设性,因而为许多今天关于科学与艺术的讨论打开了通途。[82]

　　曾经有些人(现在还有人)认为唯有科学能够建构一种发展的、客观的世界观,就像本章开始时所提到的那位生物学教授。以他们的观点看来,“科学讲发展,艺术讲变化”。[83] 而在另一个阵营里,由于科学受到经验事实的限制,有些人试图超越科学,赞成把宗教、形而上学和艺术看成是更为基本的人类理解问题的方式。现今,我们更为经常遇到的观点是,科学创造与艺术创造是同一的。正如一位作者所提出的,无论在何种情况下,它们每一个的“符号都意味着揭示了隐藏于表象之后的一种物理实在”。[84] 与此形成对比的是,在 18 世纪,将艺术和科学连在一起,并不是为了努力“表达自然界直接感觉之外的内在的本质之美”,[85] 而是出于在感觉范围内对于自然知识的共同探索。当这一共同的基础消失的时候,就再也不可能存在一种单一的审美形式了,在其中所有的三方支持者(科学家、艺术家和广大的公众)都能表征地球漫长的发展的历史。

(乐爱国　王　跃　阎　夏　译　方在庆　校)

---

[81]　有些事例在 Rudwick 的《来自远古的景象》中有讨论。

[82]　Maurice Mandelbaum,《历史、人类和理智》(*History, Man, & Reason*, Baltimore: John Hopkins University Press, 1971),第 19 页~第 20 页。

[83]　Lewis Wolpert,载于《独立报周日版》,1997 年 2 月 23 日,第 41 页。

[84]　Arthur I. Miller,载于《独立报周日版》,1997 年 2 月 23 日,第 41 页(答复 Wolpert)。

[85]　同上书,第 40 页,并参见 Arthur I. Miller,《天才的洞察力:科学和艺术中的想象力与创造力》(*Insights of Genius: Imagery and Creativity in Science and Art*, New York: Springer Verlag, 1996)。

26

科学与探险航行

罗布·艾利夫

18 世纪,借助人们对地球上近乎所有能够到达的区域进行的系统分析,博物学和地理知识发生了变革。自 18 世纪 60 年代以降,带着广泛科学目的的航海,在本质上经历着一场迅速的嬗变。尽管达成这样的变化需要某种程度的国际合作,但是,欧洲主要力量之间在太平洋地区的激烈竞争,主导了持续增长的对这一区域的控制。最近,许多学者,尤其是环太平洋地区的学者,对这一事态的兴趣大增,并且还把 18 世纪后期的大航海(the great voyages)与许多政治的、帝国的和商业的背景紧密地联系在一起。从表面上看,科学使命通常伴随着一系列与发现有关的指令,要么寻找所谓的提供进入太平洋的北面入口的"西北通道",要么寻找自古典时代以来就被定为"平衡"北半球大陆所必需的"未知的南大陆"(terra australis incognita)。在这一章,我对 18 世纪主要的探险活动做了考察,并分析这些探险活动在民族志(ethnography)、植物学、制图学和动物学等各个不同科学领域中所取得的广泛成就。我认为,这些冒险活动背后的科学动机,通常与英国、法国、俄罗斯以及西班牙等国政府的战略考虑相联系,而且往往就是其不可分割的组成部分。[1]

这个世纪探险航行规模的变化可以概括为两种类型。在这个时期的最初阶段,英

感谢 Elsbeth Heaman、Roy Porter、Roger Cooter、Chris Lawrence、David Edgerton、Pascal Brioist、Simon Schaffer、Janet Browne 和 Larry Stewart 为本章先前的版本所做的评论。

[1] 关于这一时期绘制地图的重要意义,可参见 J. Brotton,《贸易版图:现代世界早期的地图绘制》(*Trading Territories: Mapping in the Early Modern World*, London: Reaktion, 1997)。通常,可参见 V. T. Harlow,2 卷本《创建第二个不列颠帝国(1763~1793)》(*The Founding of the Second British Empire, 1763—93*, London: Longmans, 1952—64);M. Steven,《贸易、谋略和版图:太平洋上的英国(1783~1823)》(*Trade, Tactics and Territory: Britain in the Pacific, 1783—1823*, Melbourne: Melbourne University Press, 1983);A. Frost,《为了政治目的的科学:欧洲的太平洋探险(1764~1806)》(Science for Political Purposes: European Exploration of the Pacific Ocean, 1764—1806),载于 R. MacLeod 和 P. F. Rehbock 编,《自然的最大领域:西方科学在太平洋》(*Nature in Its Greatest Extent: Western Science in the Pacific*, Honolulu: University of Hawaii Press, 1988),第 27 页~第 44 页;D. Baugh,《海上强国与科学:太平洋探险的动机》(Seapower and Science:The Motives for Pacific Exploration),载 D. Howse 编,《发现的背景:从丹皮尔到库克的太平洋探险》(*Background to Discovery: Pacific Exploration from Dampier to Cook*, Berkeley: University of California Press, 1990),第 1 页~第 55 页;G. Williams,《英国航海的成就(1650~1800)》(The Achievement of the English Voyages, 1650—1800),载于 Howse 编,《发现的背景》,第 56 页~第 80 页;P. Petitjean、C. Jami 和 A. Moulin 编,《科学与帝国:科学发展与欧洲扩张的历史研究》(*Science and Empires: Historical Studies about Scientific Development and European Expansion*, Dordrecht: Reidel, 1992);D. Turnbull,《在心中描绘世界:对密克罗尼西亚航海家口头知识的研究》(*Mapping the World in the Mind: An Investigation of the Unwritten Knowledge of the Micronesian Navigators*, Geelong: Deakin University Press, 1991)。

国海军部于 1698 年至 1700 年间把埃德蒙·哈雷派到"帕拉莫尔"（Paramore）号船上，让他记录罗盘的变化，并确定非洲和南美洲的不同港口的经度。但是，他没能抵达太平洋，而这一壮举早在 10 年前就已经由海盗威廉·丹皮尔实现了。丹皮尔于 1697 年出版了《新的环球航行》（*A New Voyage Round the World*），其中包含了在南太平洋，尤其是在新荷兰（澳大利亚）所做的民族志和博物学方面的重要观察；该书使他获得了王家学会的支持和王家海军的信任；1699 年，他以平民的身份被任命为船长，进行一次以发现"南大陆"（terra australis）为目标的探险。这艘"雄獐"（Roebuck）号船于 1701 年 2 月沉没于阿森松岛（Ascension Island），虽然丹皮尔的探险队的确对新荷兰的部分海岸线作了描绘，并且丹皮尔还在新几内亚海域之外发现了他称为新不列颠的岛，但是航行期间他与船员们的关系非常糟糕，其程度甚至要超过不幸的哈雷。而在那期间，水手们在海上根本没有能力测定哪怕是最低精确度的经度，所有的冒险精神与进取心都成了坏血病肆虐之下的牺牲品。[2]

　　"雄獐"号沉没一个世纪后，出现了一种新的探险方式，船的名字揭示了其新的内容。1801 年，英国派出了"调查者"（Investigator）号，由马修·弗林德斯指挥，要赶在一支法国探险队之前抵达澳大利亚的西部和南部。那支法国探险队由尼古拉·博丹指挥，乘坐"地理"（Le Géographe）号和"自然者"（Le Naturaliste）号考察船，早已上路。这两个行动尽管对于各自的帝国具有战略意义，但却都打着"科学"的旗号。博丹拥有一支"哲学旅行者"的队伍，长期以来，他们分别得到乔治·居维叶在体质人类学、颅骨测量学和约瑟夫–马里·德热兰多在民族志、人类学方面的指导。这两个人与博丹一样，都是新成立的"人类观察者协会"（Société des Observateurs de l'Homme）的会员，探险队的随行人员囊括了这个学会所有的 7 名成员。这个真正的旅行学会，根本不能与"调查者"号相提并论。"调查者"号的计划和装备是由 1778 年至 1820 年期间的王家学会主席约瑟夫·班克斯安排的。船上有最好的科学仪器设备和时钟，除了有最新的海图之外，班克斯还带上了他自己的护身符（pièce de résistance）：一个保护植物免遭昆虫、老鼠和海水之害的温室。肩负着诸多的科学使命，这些探险队带着有效的抗坏血病药，能够用两种不同方法准确地确定他们的经度。双方都考虑了探险的**细节**，可以

〔2〕　N. Thrower 编，《埃德蒙·哈雷乘坐"帕拉莫尔"号船的三次航海（1698～1701）》（*The Three Voyages of Edmond Halley in the "Paramore," 1698—1701*, London: Hakluyt Society, 1981）；Commander D. W. Waters，《王家学会会员埃德蒙·哈雷船长、王家海军和航海活动》（*Captain Edmond Halley, F. R. S., the Royal Navy and the Practice of Navigation*），载于 N. J. Thrower 编，《站在巨人肩上：牛顿和哈雷的深邃视野》（*Standing on the Shoulders of Giants: A Longer View of Newton and Halley*, Berkeley: University of California Press, 1990），第 171 页～第 202 页；J. C. Shipman，《威廉·丹皮尔：海员科学家》（*William Dampier: Seaman-Scientist*, Lawrence: University of Kansas Libraries, 1962）；G. Williams，《大南海：英国的航海与遭遇（1570～1750）》（*The Great South Sea: English Voyages and Encounters 1570—1750*, New Haven, CT: Yale University Press, 1997），第 106 页～第 130 页。

证明,正是这"更细微的检查",使探险转变成对商业和帝国有利的活动。[3]

　　发现之旅为新的财富来源和帝国扩张打开了大门,同时在欧洲吸引了一批关注者,这些人用哲学的、文学的和民族学的对人的"本质"的解释来重新评价自身的价值。自然神论者对传统宗教的挑战,促使了对天启宗教的真理尤其是基督教真理的重新思考。这个世纪的下半叶,由卢梭等人发动的对文明的批判强力凸现了关于现代世界的堕落问题。自17世纪末以来,印刷术的应用(print culture)产生出大量有关旅行和航海的作品,这很大程度上要归功于英国大学生毕业前的壮游。这类故事塑造了乔治·安森、詹姆斯·库克和路易·安托万·德·布干维尔等英雄,而泛滥的**航海旅行记**也为白日梦和文化的自我欣赏提供了大量的素材。反过来,这一时代的文学作品使得对那些前往南太平洋的旅行者的期待同时成为对描绘自身**航海经历**的艺术家的期待。18世纪的小说写完了所有可能的异国情调,从早期对航海遇难者的描述,到1719年克鲁索(Crusoe)的自我发现和拯救,然后是一大堆的"鲁滨孙的翻版",与《鲁滨孙漂流记》(Robinson Crusoe)本身一起,成为法国最为流行的小说。然而,在18世纪六七十年代,对高贵的野蛮人作伊甸园式的描写,转变成对非欧洲人加重的偏见,从而加速了传教士于18世纪90年代末在南太平洋的出现。[4]

科学航行的背景

621

　　有很多理由可以把"探险航行"与所谓的"科学探险"联系在一起。最早的科学探险是17世纪由法国王家科学院资助的,旨在获取有用的航行资料。在科尔贝*和路易十四的支持下,科学院于1668年至1670年间积极地促成了三次航海活动,其直接的

[3] J. Dunmore,2卷本《太平洋的法国探险家》(French Explorers in the Pacific, Oxford: Clarendon Press, 1965—9),第2卷,第9页～第40页;M. Hughes,《夸张的传说还是真实的故事? 博丹、培隆和塔斯马尼亚人(1802)》(Tall Tales or Ture Stories? Baudin, Péron and the Tasmanians, 1802),载于R. MacLeod和P. F. Rehbock编,《自然的最大领域:西方科学在太平洋》(Nature in its Greatest Extent: Western Science in the Pacific, Honolulu: University of Hawaii Press, 1988),第65页～第86页,第67页～第71页;R. Jones,《自然人的肖像》(Images of natural man),载于J. Bonnemains、E. Forsyth和B. Smith编,《博丹在澳大利亚水域……》(Baudin in Australian Waters . . . , Oxford: Oxford University Press, 1988),第35页～第64页;J. -M. Dégerando,《对野蛮人进行观察所遵循的各种方法的思考》(Considérations sur les diverses méthodes à suivre dans l'observation des peuples sauvages, 1800),F. C. T. Moore译作《野蛮民族的调查报告》(The Observation of Savage Peoples, Berkeley: University of California Press, 1969);D. MacKay,《追随库克:探险、科学与帝国(1780～1801)》(In the Wake of Cook: Exploration, Science and Empire, 1780—1801, London: Croom Helm, 1981),第3页～第6页。

[4] M. N. Bourguet,《探险家》(L'explorateur),载于M. Vovelle编,《启蒙者》(L'Homme des Lumières, Paris: Seuil, 1996);G. R. Crone和R. A. Skelton,《英国的航海和旅行收藏(1625～1846)》(English Collections of Voyages and Travels, 1625—1846),载于E. Lynam编,《理查德·哈克路特及其后继者》(Richard Hakluyt and His Successors, London: Hakluyt Society, 1946),第63页～第140页;P. J. Marshall和G. Williams,《人类的伟大地图:启蒙运动时期英国人对世界的感觉》(The Great Map of Mankind: British Perceptions of the World in the Age of Enlightenment, London: Dent, 1982);N. Rennie,《牵强的事实:探险文学以及南海的理想》(Far-fetched Facts: The Literature of Travel and the Idea of the South Seas, Oxford: Oxford University Press, 1995);B. M. Stafford,《进入实质的航行:艺术、科学、自然以及有插图的旅行记录(1760～1840)》(Voyage into Substance: Art, Science, Nature, and the Illustrated Travel Account, 1760—1840, Cambridge, MA: MIT Press, 1984);B. Smith,《欧洲人的梦想和南太平洋:艺术和思想史研究》(European Vision and the South Pacific: A Study in the History of Art and Ideas, New Haven, CT: Yale University Press, 1985),第2版。

* 此处指Jean Baptiste Colbert(1619～1683),法国政治家。路易十四的财政大臣。——校者

目的在于检验使用中的时钟或木星的卫星确定经度的可行性,这是长期困扰水手的问题。正当制图学由于乔瓦尼·多梅尼科·卡西尼和让·皮卡尔的工作而在巴黎蓬勃发展的时候,让·里歇尔于 1672 年到达法属圭亚那首府卡宴(Cayenne),对牛顿在 1687 年所著的《数学原理》(*Principia Mathematica*)中用来证明地球为两极扁平所使用的钟摆进行了测量。[5] 伦敦王家学会在早期的《哲学汇刊》上载文,建议水手和绅士旅行者进行民族志和博物学方面的观察,并汇报给王家学会和海军部。这对于 1669 年至 1671 年纳伯勒(Narborough)的探险具有影响,那次探险被期望能够详细报告南太平洋的海岸线、矿物,以及动植物群,但从战略上讲,那次行动令人失望。《哲学汇刊》还定期发表来自已知世界(the known world)的新闻,1694 年,王家学会秘书坦克雷德·罗宾逊在他所撰《关于最近几次的航海和发现》(*Account of Several Late Voyages and Discoveries*)的序言中,不加署名地评论说,海上的日志应当更加详细,"可惜的是,英国并没有派出一些有水平的画家、博物学家和机械技师与航海家们一同前往"。[6]

　　任何航海都必须尊重当时的政治气候,这种政治气候可能阻止航海者继续前进,甚至当船被迫进入一个不友好的港口时使他们得不到淡水。荷兰人在印度尼西亚有强大的势力,他们使经过好望角抵达太平洋成了一件难事;西班牙将美洲西部水域视为自己的领海,控制着经麦哲伦海峡到达合恩角(Cape Horn)附近的入口。为了尝试从北面进入太平洋,18 世纪初期人们付出很大的努力,去寻找想象中存在于大西洋和太平洋之间的重要的通道。当时所关注的是哈得逊湾(Hudson Bay),以及地图上标注得很简陋的位于丘吉尔堡(Fort Churchill)的哈得逊湾公司所在地与哈得逊湾北面南安普敦岛(Southampton Island)之间的沿海地区。根据罗斯韦尔科姆海峡(Ross Welcome Sound)潮汐的高度,卢克·福克斯早在 17 世纪 30 年代就认为,可能有一条通道到达南安普敦岛西岸。尽管 1719 年詹姆斯·奈特所领导的探险以失败告终,但是,寻找通道的努力依然得到阿瑟·多布斯的支持,他为海峡中的鲸鱼所激励,并怀疑公司没有为探测通道付出足够的努力。但是,进一步的探险,包括 1741 年至 1742 年克里斯托弗·米德尔顿的探险,均未能找到人们所设想的神秘路线,它们都以生命的大量牺牲而告终。不过,1745 年,由国会通过法案提供了一笔奖金,对私人寻找航行通道的探险给予更多的奖励,使得对这条可能路线的兴趣在 18 世纪 50 年代得以继续,甚至一直

[5] S. Chapin,《横跨拉芒什海峡的人:法国航海(1660～1790)》(The Men from across La Manche: French Voyages, 1660—1790),载于 D. Howse 编,《发现的背景》,第 81 页～第 127 页;J. W. Olmstead,《1670 年让·里歇尔的阿卡迪亚之旅:科尔贝时期科学与航海关系的研究》(The Voyage of Jean Richer to Acadia in 1670: A Study in the Relations of Science and Navigation under Colbert),《美国哲学学会会刊》(*Proceedings of the American Philosophical Society*),104(1960),第 612 页～第 634 页;Williams,《大南海:英国的航海与遭遇(1570～1750)》,第 115 页～第 116 页。

[6] Williams,《大南海:英国的航海与遭遇(1570～1750)》,第 115 页～第 116 页;M. Deacon,《科学家与海洋(1650～1900):海洋科学研究》(*Scientists and the Sea, 1650—1900: A Study of Marine Science*, Aldershot: Ashgate, 1997),第 2 版。

延续到 19 世纪。[7]

金星的重要性

18 世纪三四十年代,国际间的合作考察已显得相当重要,那时法国人与西班牙和瑞士的工作人员一起在赤道附近和拉普兰(Lapland)地区合作测定地球形状的类型。通过这些努力,18 世纪 30 年代末,人们已经接受牛顿和克里斯蒂安·惠更斯所主张的地球在两极较为扁平的看法(也就是说,地球是一个扁球体)。随着这些考察产生的科学合作模式的进一步发展,"七年战争"(1756～1763)期间,世界各地的天文学家都在为一项更雄心勃勃的事业做准备。这使得他们能够在金星两次凌日横穿太阳中齐心协力地对第一次凌日进行观测,以求出从地球到太阳的平均距离。由于使用的是 18 世纪三四十年代绘图学和测地学的测量法,必须在地球的各个不同地区进行观测才能得出更精确的数值。在组织这些考察的过程中,最为突出的是约瑟夫－尼古拉·德利勒,他在 1725 年至 1747 年期间一直驻扎在俄国。1753 年,他帮助协调水星凌日的国际观测者,这为 1761 年金星凌日的观测提供了有益的经验。他出版了一份世界地图(mappemonde),画出了 1761 年金星凌日时能够看到不同瞬间的各个精确位置,而且,他还将该书发送给欧洲许多科学团体。[8]

由于国王的慷慨支持,法国的天文学家们被派遣到世界各地。1761 年初,亚历山大·居伊·潘格雷在助手的陪同下离开法国,这位名叫德尼·蒂利耶的助手,曾在布丰伯爵的指导下做过一些博物学方面的收集工作。在解决了最初的问题后,天文学家们到达了马斯克林群岛(Mascarenes)的罗德里格岛(Isle Rodrigue);虽然 6 月 6 日他们对凌日本身的观测受到了云量的影响,但他们成功地对该岛的精确位置以及岛上的植物和动物作了精确的评估。经过了从圣彼得堡出发的艰苦跋涉后,让－巴蒂斯·沙普·德奥特罗什在西伯利亚托博尔斯克(Tobolsk)清楚地观测到了凌日。但是,他根据孟德斯鸠关于气候对人体和道德影响的分析,对专制政府以及北欧人的粗糙身体和笨头笨脑做出某些欠思考的评论,惹恼了叶卡捷琳娜二世。纪尧姆－亚森特－让－巴蒂斯·勒让蒂·德拉加莱西埃的这次航行注定是要失败的,因为就在他从法国动身时,英国人封锁了他的印度洋目的地(本地治里[Pondichery]),而当凌日出现时,他实际上

628

---

[7] O. H. K. Spate,《麦哲伦之后的太平洋》(*The Pacific since Magellan*, Canberra: Australian National University Press, 1979, 1983),第 1 卷:《西班牙的湖泊》(*The Spanish Lake*),第 2 卷:《垄断者与海盗》(*Monopolists and Freebooters*); P. Brioist,《18 世纪的海上空间》(*Espaces Maritimes au XVIIIᵉ Siècle*, Paris: Atlande, 1997); G. Williams,《18 世纪英国对西北通道的探索》(*The British Search for the Northwest Passage in the Eighteenth Century*, London: Longmans, 1962),第 17 页～第 25 页、第 46 页～第 72 页。米德尔顿曾在《哲学汇刊》(*Philosophical Transactions*)发表大量这方面的论文,因而成为王家学会会员,并由于在磁引力方面的研究而获得科普利勋章。

[8] R. Iliffe,《"扁平世界与卡西尼":莫佩尔蒂、精密仪器与 18 世纪 30 年代的地球形状》("Aplatisseur du monde et de Cassini": Maupertuis, Precision Instruments and the Shape of the Earth in the 1730s),《科学史》(*History of Science*),31 (1993),第 335 页～第 375 页;H. Woolf,《金星凌日:18 世纪科学之研究》(*The Transits of Venus: A Study of Eighteenth Century Science*, Princeton, NJ: Princeton University Press, 1959),第 31 页～第 34 页,第 48 页～第 49 页。

是在海上。但他利用法兰西岛(the Isle de France)作为基地,在这个地方待了 10 年,并在菲律宾群岛、马达加斯加岛,特别是在印度,在天文和文化方面进行了重要的观察。[9]

　　1761 年,王家学会组织凌日观测远征队,前往苏门答腊岛的本库林(Bencoolen),和南大西洋的圣海伦娜(St. Helena)岛,内维尔·马斯基林负责仪器的组织工作。他被选为圣海伦娜远征队的首席观察者,而查尔斯·梅森是本库林远征队的首席观察者,杰里迈亚·狄克逊担任查理的助手。为了响应王家学会对民族主义的公开呼吁,国王史无前例地为每一远征队慷慨提供了 800 英镑的经费。马斯基林对纬度和经度进行了一系列重要的测量,而梅森和狄克逊却在前往本库林的途中先是经历了悲剧,而后又经历了闹剧。他们的"海马"(Seahorse)号在海峡中受到"雄伟"(le Grand)号的攻击,丢了 11 条性命,当王家学会以法律诉讼作威胁,警告他们如果不能完成使命就可能令他们"彻底破产"并"在品行上留下不可磨灭的污点"时,(这些人)特别是梅森,被说服继续前往本库林。当他们到达好望角时,传来了法国已占领本库林的消息。尽管如此,观测者们已经在开普敦清楚地观测了凌日,并准确确定了它的经度。总的来说,1761 年的远征结果是没得到什么重要结论,最主要的原因是在金星通过太阳边缘的初凌和出凌(最先和最后看到的行星末端接触到太阳边缘的位置)的准确时刻上意见不一。[10]

　　尽管在对"奋进"(Endeavour)号航行的成果进行评估时,班克斯在植物学方面的收获具有一定的分量,但是,这次航行的公开的科学目的是为了在塔希提岛(Tahiti)观测 1769 年的金星凌日。其他观测这次凌日的远征队也都对坏血病的治疗和确定经度的两个基本方法(即月亮距离法和记时器法)进行了试验。尽管瑞士人和俄国人也赞助了大量观测,但最重要的远征是由英国人和法国人进行的。勒让蒂到了本地治里,在那里,他得到了来自英国政府的全力合作,但天公不作美,由于云量的原因,他错过了观测时机。奥特罗什带着两架多隆德消色差折射望远镜,到了下加利福尼亚(Baja California)南端的圣何塞-德卡博(San José del Cabo),在 6 月 3 日成功观测到凌日,此后不久,他与城镇中 3/4 的人一样因疾病肆虐而悲惨地死去。潘格雷去了圣多明戈(Saint-Domingue)的弗兰索瓦角(Cap-François),在那里,他经过努力成功地观测到初凌的内切和外切的瞬间。王家学会组织了 4 支远征队,派威廉·威尔士去丘吉尔堡,梅森去多尼戈尔(Donegal),狄克逊去哈默弗斯特(Hammerfest)(远离挪威海岸的一座岛屿),还有马斯基林的助手威廉·贝利沿同一航线去诺斯角(North Cape,在哈默弗斯特

[9]　Woolf,《金星凌日》,第 57 页～第 61 页、第 66 页～第 68 页、第 97 页～第 130 页;F. Marguet,《18 世纪法国海的经度史》(*Historie de la Longitude à la Mer au XVIIIe siècle, en France*, Paris: A. Challamet, 1917)。

[10]　Woolf,《金星凌日》,第 73 页～第 96 页、第 130 页～第 134 页;Howse,《马斯基林:海员天文学家》(*Maskelyne: The Seaman's Astronomer*, Cambridge University Press, 1989),第 18 页～第 38 页;T. D. Cope 和 H. W. Robinson,《查尔斯·梅森、杰里迈亚·狄克逊和王家学会》(Charles Mason, Jeremiah Dixon and the Royal Society),《王家学会记录及档案》(*Notes and Records of the Royal Society*),9(1951),第 55 页～第 78 页。

东北 8 英里)。第四支则派遣查尔斯·格林搭乘库克上尉领导的"奋进"号到塔希提岛。尽管仍然难以对观测地点做出精确的描述,而且在初凌和出凌的准确时间上意见不一,但是,与 1761 年远征获得的数值相比,这次得到的数值范围要小得多,并且给出的地球到太阳平均距离的数,也更接近现代值。[11]

帝国航海

由于"七年战争"以有利的方式结束,海军部开始注意海军大臣乔治·安森的建议,即把福克兰群岛(the Falkland)当做通往太平洋的一个小站,并于 1764 年发起由约翰·拜伦司令官领导的一次探险。拜伦先要视察福克兰群岛,然后考察新不列颠(New Albion)(弗朗西斯·德雷克这样称呼它,实际指的是旧金山以北的美洲海岸线),因为有人相信胡安·德富卡(Juan de Fuca)海峡就是西北通道的太平洋入口。然而,拜伦在完成了大西洋的部分任务并绕行合恩角时,却西转驶向所罗门群岛,但由于船开得太靠北而未能找到传说中的岛屿。1766 年,他回到英格兰后不久,他的"海豚"(Dolphin)号船经过整修准备再次前往合恩角;新船长塞缪尔·沃利斯接受秘密指令,在比拜伦已到过的地方更靠南的纬度上,寻找位于新西兰和合恩角之间的陆地。1766年 8 月,沃利斯在"燕子"(Swallow)号的伴随下,离开了普利茅斯。"燕子"号的指挥菲利普·卡特里特原是拜伦船上的海军中尉。"海豚"号备有最新的抗坏血病药;船上有一个事务长,能根据马斯基林制定的方法计算经度。这两艘船在合恩角附近经历了一段令人不安的旅程后分道扬镳;1769 年 5 月,正好沃利斯返回英格兰一年后,装备较差的"燕子"号也缓慢费力地开了回来。沃利斯的航行由于 1767 年 6 月发现塔希提岛而著名,虽然它留下了后来被归咎于法国人的性病。与库克的第一次探险相比,这次探险最重要的影响是全体船员确信他们已经望见了"南大陆"的北端。[12]

1764 年,在福克兰群岛(马洛因[Les Malouines])建立了殖民地后,布干维尔乘坐"赌气者"(Boudeuse)号于 1766 年底返回,并正式将该地移交给西班牙人,由此它变成了玛尔维娜斯(Las Malvinas)。由于拜伦航行和夏尔·德·布罗斯的书使得"南大陆"的存在更像是真的,这个使命就是受此激发;它的进一步的目标是要在南太平洋寻找一个可以作为帝国扩张基础的立足点。到 1768 年初,因为确信自己由于航行太靠北而未能找到"南大陆",布干维尔有系统地排除以往航海者所假想的许多陆地,还自豪地称自己是"一个航海者和一个水手,也就是说,是懒惰汉和傲慢作家眼中的一个说谎者和低能儿,而那些人整日玄想……待在他们研究的阴影里,因而不恰当地让自然服

[11] Woolf,《金星凌日》,第 154 页～第 170 页,第 190 页～第 195 页。

[12] Williams,《大南海:英国的航海与遭遇(1570 ～1750)》,第 214 页～第 258 页;Frost,《为了政治目的的科学》,第 27 页～第 31 页;J. C. Beaglehole,《太平洋探险》(The Exploration of the Pacific, Stanford, CA: Stanford University Press, 1966),第 3 版,第 196 页～第 213 页;W. Eisler 编,《最遥远的海岸:从中世纪到库克船长对"南大陆"的想象》(The Furthest Shore: Images of Terra Australis from the Middle Ages to Captain Cook, Cambridge University Press, 1995)。

从于他们的想象"。4月初,他们到达了塔希提岛,布干维尔和他的博物学家菲利贝尔·科梅松对当地人的天真无知甚感兴趣,这些塔希提人甚至因科梅松的旅行伴侣让·巴尔特竟然是一位妇女(让娜·巴尔特)而大惊小怪。布干维尔按照阿芙罗狄蒂(Aphrodite)的家的名字将该地命名为新塞瑟岛(Nouvelle Cythère),他盛赞当地气候具有疗养的作用,并且还带了一个塔希提人阿胡托鲁回到法国。这一行为在库克第二次航海时被"冒险"(Adventure)号上的托比亚斯·弗诺所仿效,他返回英格兰时,带回了另一个塔希提人俄迈。6月,布干维尔到达了大堡礁(the Great Barrier Reef),他由此向北穿过所罗门群岛,历尽艰辛到达巴达维亚(Batavia)。1769年2月,经过卡特里特(Carteret),同年3月,他回到了法国。[13]

626
　　科梅松在回程中在毛里求斯长眠。尽管他对当地的植物和动物进行了重要的调查研究,但他还未来得及将航行中所收集的材料进行整理,就去世了。在毛里求斯,他曾继续许多植物学家的工作,他们中的许多人是外科医生兼博物学家(surgeon-naturalists),自18世纪早期,就开始搜寻可能成为法国王家植物园(the Jardin du Roi)的收藏品的材料。18世纪四五十年代,人们的注意力开始转向气候的作用以及砍伐森林对大气中水汽的影响。当1768年11月科梅松在毛里求斯注意到这一点时,一项强力森林砍伐政策所导致的灾难性后果已被皮埃尔·普瓦夫尔记录,他当时是这个岛的总筹建者兼专员(commissaire-général-ordonnateur of the island),是早期尝试对自然栖息地作生态学理解的关键人物。1769年2月,科梅松关于该岛的自然状态以及南太平洋环境概要的报告在《法国信使报》(Mercure de France)上发表。该文与卢梭的《新爱洛伊丝》(Julie, ou La Nouvelle Héloïse)以及布干维尔的《航行》(Voyage)一起,成为法国公众形成对海岛之美或天堂花园的看法的最有影响的作品。[14]

[13] Beaglehole,《太平洋探险》,第213页~第228页;Stafford,《航行于物质领域》,第48页~第49页;L-A. de Bougainville,《环球航行》(A Voyage around the World, London, 1772),J. R. Forster译;J. E. Martin-Allanic, 2卷本《布干维尔》(Bougainville, Paris: Presses Universitaires de France, 1964);E. Taillemite, 2卷本《布干维尔及其环游世界的同伴们》(Bougainville et ses Compagnons autour du Monde, 1766—1769, Paris: Impr. Nationale, 1977);M. Mollat和E. Taillemite编,《海上探险对启蒙运动的重要性:关于布干维尔之旅》[L'Importance de l'exploration maritime aux siècle des Lumières (à propos du voyage de Bougainville), Paris: CNRS, 1982];C. de Brosses,《寻找"南大陆"的航海史》(Histoire des Navigations aux Terres Australes, Paris, 1756);E. H. McCormik,《太平洋特使俄迈》(Omai, Pacific Envoy, Auckland: Oxford University Press, 1977)。

[14] R. Grove,《绿色帝国主义:殖民扩张、热带岛屿乐园和环境保护主义的起源(1600~1860)》(Green Imperialism: Colonial Expansion, Tropical Island Edens and the Origins of Environmentalism, 1600—1860, Cambridge University Press, 1996),第158页~第165页,第179页~第190页,第216页~第241页;J. Roger,《布丰:法国王家植物园的哲学家》(Buffon: un Philosophe au Jardin du Roi, Paris: Fayard, 1989);Poivre,《哲人之旅;或对亚非各民族风俗习惯的观察报告》(Travels of a Philosopher; or, Observations on the Manners of Various Nations in Africa and Asia, Glasgow, 1770);W. Stearn,《林奈时代的植物学探险》(Botanical Exploration to the Time of Linnaeus),《伦敦林奈学会学报》(Proceedings of the Linnean Society of London), 169(1958),第173页~第196页;Y. Laissus,《王家植物园与自然史博物馆的博物学旅行者:拼图识人的试验》(Les voyageurs naturalistes du Jardin du roi et du Muséum d'Histoire naturelle: essai de portrait-robot),《科学史评论》(Revue d'histoire des sciences), 34(1981),第259页~第317页。也可参见J. -J. Rousseau,《关于植物学基础致一位女士的信》(Letters on the Elements of Botany addressed to a Lady, London, 1782), T. Martyn译。

"南大陆"：库克最初的两次航海

1768 年库克第一次航海之前,博物学是远距离旅行的主要理由,同时法国王家植物园和切尔西医学植物园(the Chelsea Physic Garden)作为接受外来物的重要中心也起了作用。从 18 世纪 30 年代起,林奈的双名分类法体系日益为植物学家所接受,同时,他还为他的学生组织大量的探险。这些门徒当中的许多人,像丹尼尔·索兰德、赫尔曼·施珀林还有安德斯·斯帕尔曼,也参加了库克的航海,但是这种大范围的游历并没有像林奈所希望的那样找到进口原料的替代品,以使他的祖国瑞典受益。在英国,由于有像汉斯·斯隆爵士这样的人的保护,博物学尤其是植物学,到这个世纪中期已变得大受欢迎。这种兴趣很大程度上是与当时流行给花园收集外来花草有关,而且还创建了一系列的网络,以便于从帝国的各个角落往伦敦运回矿物学和有机物的商品。这些网络有像彼得·柯林森、约翰·福瑟吉尔和约翰·埃利斯这样的伦敦收藏家,还有东印度和西印度公司的各种雇员。他们也集中在像切尔西医学植物园(18 世纪中期园长是菲利普·米勒)和克佑区王家花园(Kew Gardens),1772 年以后非正式地由约瑟夫·班克斯管理。[15]

尽管航行还有许多其他的任务,但博物学一直是"奋进"号航行的主要科学目的之一。王家学会最初希望亚历山大·达尔林普尔当领队,他是研究当时所谓南海的专家,但是,因身为平民的达尔林普尔拒绝作为乘客或"得不到掌管这艘船的全权的任何其他身份"登船,只好将其排除在外。临出发前,他们还不得不考虑塔希提岛和沃利斯曾经提到的假定的"南大陆"存在的消息。国王慷慨地批准了 4000 英镑作为 1768 年 3 月 24 日的行动经费,同时任命库克上尉为船长。6 月 9 日做出了前往塔希提岛(乔治王岛[King George's Island])的决定,并由库克和查尔斯·格林担任官方观测员。王家学会委员会告诉它的秘书"提出请求,允许 B 先生及其同伴(Mr B &c)参加航行,因此,他们被同意带着行李一起搭乘该船"。至于我们正在议论的这个人——班克斯,他为了研究博物学,在"奋进"号上大量地装备了"用于捕捉和保存昆虫的各种机械"和"许多箱带有毛玻璃塞的瓶子,它们大小不一,用来保存活的动物"。他和他的同事们

---

[15] L. Koerner,《林奈式的旅行的目的:一份初步的研究报告》(Purposes of Linnaean Travel: A Preliminary Research Report),载于 D. D. Miller 和 H. D. Reill 编,《帝国的梦想:航海、植物学与自然的描绘》(Visions of Empire: Voyages, Botany and Representations of Nature, Cambridge University Press, 1996),第 117 页~第 137 页;H. J. Braunholtz,《汉斯·斯隆爵士和民族学》(Sir Hans Sloane and Ethnology, London: British Museum, 1970);H. B. Carter,《约瑟夫·班克斯爵士(1743～1820)》(Sir Joseph Banks 1743—1820, London: British Museum, 1988);J. Gascoigne,《约瑟夫·班克斯与英国启蒙运动:实用知识与高雅文化》(Joseph Banks and the English Enlightenment: Useful Knowledge and Polite Culture, Cambridge University Press, 1994),第 76 页~第 94 页,第 109 页~第 110 页;D. E. Allen,《英国的博物学家:一种社会史》(The Naturalist in Britain: A Social History, Harmondsworth: Penguin, 1978)。

对于这次探险的成功起了关键的作用。[16]

　　"七年战争"期间，为了给袭击魁北克做准备，库克考察过圣劳伦斯河，18 世纪 60 年代上半期，他绘制过新斯科舍和纽芬兰岛海岸图；凭借着自己的天文学才能，对各种不同位置进行重要的测量。虽然在一些像如何对待当地人的问题上，他得到了王家学会主席莫顿伯爵（the Earl of Morton）的"提示"，但是，有关"奋进"号使命的主要指令是来自海军部。在一个随身携带的小包裹里，库克还有一系列"秘密的"指令，要求他在"海豚"号所经过的路线以南寻找可能存在的大块陆地。他应当从塔希提岛驶向南纬40°，寻找位于该位置和南纬 35°之间的"南大陆"，一直到抵达范迪门地（Van Dieman's Land）（塔斯马尼亚岛［Tasmania］）或新西兰。如果发现了假想的"巨大陆地"，他就应对当地的人以及植物、动物和当地的矿物进行各种考察，把这些矿物连同种子以及谷物一起带回伦敦。如果失败，他就绘制出新西兰海岸线图，并要求全体船员对他们所看到的一切守口如瓶。[17]

　　班克斯与伦敦的收藏家以及数量不断增加的博物家有联系，他的朋友康斯坦丁·菲普斯曾带领一支富有经验的测量探险队于 1766 年开往纽芬兰。班克斯不相信闭门造车的思辨和建构论，却对收集人造的或天然的物品怀着浓厚的兴趣。不过，虽然他相信艺术品收藏家与严肃的博物学家之间存在着很大的差别，但是，他还是把航海看做是一次程度空前的"伟大旅行"。他精心挑选的同事包括丹尼尔·索兰德，一个他在大英博物馆认识的人，还有赫尔曼·施珀林；他们将成为博物学家和博物学家的助手。虽然库克已经带了一些熟练的制图员上船，但班克斯还是自己多带两个非常精通于制图绘画的人，他们是西德尼·帕金森和亚历山大·巴肯；前者曾为班克斯和博物学家托马斯·彭南特工作过，而后者在到达塔希提岛后不久就去世了。1773 年，他们的绘图作品，由雕刻师复制到约翰·霍克斯沃斯版的库克的《航行》（Voyage）中，对于欧洲人形成南海的视觉印象产生了深刻的影响，但是，就这个主题的许多著作而言，已出版的有关非欧洲人及其生活环境的雕版画趋向于依照新古典主义的传统描绘他们。[18]

[16] J. C. Beaglehole 编，《"奋进"号的航行（1768～1771）》（The Voyage of the Endeavour 1768—1771, Cambridge University Press, 1968），第 512 页～第 514 页；H. T. Fry，《亚历山大·达尔林普尔和库克船长：两种事业的相互影响》（Alexander Dalrymple and Captain Cook: The Creative Interplay of Two Careers），载于 R. Fisher 和 H. Johnston 编，《詹姆斯·库克船长及其时代》（Captain James Cook and his Times, Seattle: University of Washington Press, 1979），第 41 页～第 58 页。

[17] Beaglehole，《"奋进"号航海日记》（Endeavour Journal），第 514 页～第 519 页，第 cclxxix 页～第 cclxxxi 页，第 cclxxxii 页～第 cclxxxiv 页。

[18] Gascoigne，《约瑟夫·班克斯与英国启蒙运动》，第 76 页～第 78 页，第 112 页～第 115 页；Smith，《欧洲人的太平洋梦想》（European Visions of the Pacific），第 11 页～第 12 页，第 16 页～第 18 页；M. Bowen，《经验主义和地理学思想：从弗兰西斯·培根到亚历山大·冯·洪堡》（Empiricism and Geographical Thought: From Francis Bacon to Alexander von Humboldt, Cambridge University Press, 1981）；A. M. Lysaght，《班克斯的艺术家们和他的"奋进"号的藏品》（Banks's Artists and His Endeavour Collection），载于 T. C. Mitchell 编，《库克船长和南太平洋》（Captain Cook and the South Pacific, Canberra: National Library of Australia, 1979），第 9 页～第 80 页；R. A. Rauschenberg，《丹尼尔·卡尔·索兰德："奋进"号上的博物学家》（Daniel Carl Solander: Naturalist on the Endeavour），《美国哲学学会学报》（Transactions of the American Philosophical Society），58（1968），第 1 页～第 66 页；D. J. Carr 编，《西德尼·帕金森，库克的"奋进"号航行中的艺术家》（Sydney Parkinson, Artist of Cook's Endeavour Voyage, London: Croom Helm, 1983）。

628

库克于 1768 年 8 月底出发,1769 年 4 月 13 日到达了塔希提岛。这使得格林有时间督造一座天文台(在维纳斯角[Point Venus]),而班克斯和其他人则可以利用时间收集植物和动物,同时还可以领略当地人慷慨大方的盛情款待。与布干维尔一样,班克斯用一种古典的方式来描述塔希提人和他们的文化,而库克只是写了一则较为平实的报道。具有开创性影响是,他们决定带上塔希提人图帕伊亚一起进行剩下的航行,正是此人将证明塔希提人同许多民族分享了一种在地球上广泛分布的共同语言,其广泛性超出先前的想象。完成了观测而并没有找到"南大陆",库克转而朝西驶向新西兰,在那里,他发现毛利人和图帕伊亚可以相互交流。一种分布广泛的语族的存在,意味着一种同根文化,这是库克最伟大的发现之一。后来,他汇编了塔希提语和毛利语词汇对照表,而且,毛利人的雕刻品也给他留下深刻的印象,他认为它们"毫不亚于普通的英国船雕工的同类作品"。库克在 6 个月内制作了一幅极其精确的北岛和南岛海图,然后于 1770 年 3 月底,向西重返新荷兰,在那里,他遇到了土著人,并且允许班克斯和索兰德采集植物。然而,在经过大堡礁(the Barrier Reef)的里面时,他差一点儿遭遇不幸。在完成了新荷兰海岸的制图并宣布大部分版图属于国王之后,库克开始检验特雷斯所谓已经航行了新几内亚南海岸所有路线的说法。利用达尔林普尔给班克斯的一张特雷斯的路线图,库克成功地通过了海峡,然后驶向巴达维亚进行整修。这次探险大大增加了有关所到达地区的科学知识,林奈称其带回欧洲的东西是"一批无可匹敌的、真正令人惊异的搜集品,这是空前绝后的"。[19]

这次航行导致了法国和西班牙的一系列战略行动,以阻止英国进入太平洋。而英国又接连组织了两次新的航行。其中一次的决定是由于相信盐水不可能结成冰,因此北极附近可能有无冰的海洋可以作为"西北通道"(Northwest Passage)。第二次航行是为了检验所谓"南大陆"潜藏的位置比以往的航行探索的地方更南面的假说。向北的探险队由康斯坦丁·菲普斯带领,于 1773 年夏天到达北纬 80°,后来几乎被冰所困,被迫返回了英格兰。至于向南的远征,新提拔的库克自然被选为领导者,并由班克斯随行。这次库克要求并获准使用两艘船——"决心"(Resolution)号和"冒险"号(由托比亚斯·弗诺率领),在前一艘船上,班克斯组织了甚至比"奋进"号更大的工作组。他的随从包括 4 名肖像画家和制图员以及索兰德和约瑟夫·普里斯特利,但由于后者的宗教信仰被某些人证明太不正统而选择了詹姆斯·林德取而代之。但是,这一切都由于

629

[19] Beaglehole,《太平洋探险》,第 231 页~第 260 页;B. Finney,《詹姆斯·库克和欧洲人对波利尼西亚的发现》(James Cook and the European Discovery of Polynesia),载于 R. Fisher 和 H. Johnston 编,《从地图到隐喻:乔治·温哥华的太平洋世界》(From Maps to Metaphors: The Pacific World of George Vancouver, Vancouver, BC: UBC Press, 1993),第 19 页~第 30 页;W. Shawcross,《剑桥大学毛利人人工制品收藏,库克船长的第一次航海收集》(The Cambridge University Collection of Maori Artefacts, Made on Captain Cook's First Voyage),《波利尼西亚社会杂志》(J. Polynesian Society),17 (1970),第 305 页~第 348 页。索兰德后来与约翰·埃利斯一起开创了动物学研究的先河,J. Ellis 和 D. Solander,《大量古怪罕见的海生植形动物博物学……》(Natural History of Many Curious and uncommon Zoophytes. . . , London, 1786),还有 P. Cornelius,《1786 年埃利斯和索兰德的〈海生植形动物〉:6 幅未出版的插图及其他》(Ellis and Solander's zoophytes 1786: Six Unpublished Plates and Other Aspects),《英国博物馆公告:博物学》[Bulletin of the British Museum (Natural History)],《历史系列》(Historical Series),16(1988),第 17 页~第 87 页。

库克担心班克斯所提出的对"决心"号的结构改变而化为泡影。班克斯因而退出,改去冰岛作一次安慰性的短途游行。于是,海军部任命安德斯·斯帕尔曼、约翰·莱因霍尔德·福斯特和福斯特的儿子格奥尔格作为博物学家,威廉·霍奇斯为画家,还挑选威廉·威尔士和威廉·贝利作为天文学家。[20]

库克的非凡的南大洋(the Southern Ocean)航行始于 1772 年 7 月。1773 年 1 月,探险队向东绕过好望角,他们是最早进入南极圈以南的探险队;在勇敢地战胜了冰山和罕见的气象条件后,"决心"号于 3 月底到达新西兰。从那里,库克一直向正东方向航行直到 7 月份,再向北驶向塔希提岛。10 月,他重新回到新西兰,一路上确定了许多岛屿的位置。在那里,他储备抗坏血病药,并像博物学家们那样,对毛利文化做了进一步的考察。从新西兰出发,他航行于新西兰和合恩角之间危险的高纬度海面上;由于在附近没有发现陆地,他决定向北去复活节岛(Easter Island),那是 1774 年 3 月发现的。库克发现岛上居民说的语言类似于塔希提人和毛利人;后来又经马克萨斯群岛(Marquesas)返回塔希提岛。5 月,库克离开了塔希提岛,并在回到新西兰之前,抽时间制作了新赫布里底(New Hebrides)和新喀里多尼亚(New Caledonia)的海图;从新西兰,他大约在南纬 55°向东长途航行,到了合恩角,然后一路驶向好望角。[21]

1775 年 7 月底,库克像一个大英雄一样回到了英格兰,这就决定了太平洋或大西洋南边的一定纬度内不存在大陆。第二次航行的科学重要性,在许多方面来说都要超过第一次:确定经度的两种方法都是成功的,库克再一次没有因坏血病而失去水手,而且福斯特父子额外地做了重要的非欧洲人的民族学考察。老福斯特曾于 18 世纪 60 年代末在沃灵顿学院(Warrington Academy)教书,后来他把像布干维尔的《航行》(*Voyages*)这样的书译成英文以谋生。他的阅读广泛,这在很大程度上决定了他更思辨地评估气候对道德的影响,这占了他的《观测》(*Observations*)一书的很大篇幅。虽然福斯特父子在向海军部索要插图以便在他们的书中出版时遇上了困难,但其文本产生了重要的影响,特别是在欧洲大陆。约翰·福斯特明确地着手描述"最大范围的自然";约翰·戈特弗里德·赫尔德在《人类历史的哲学思考》(*Ideas for a Philosophy of the History of Man*, 1784~1791)中,把他描述为太平洋上的"尤利西斯"(Ulysses),将他的工作称颂为"哲学 - 物理地理学"(philosophico-physical geography)。格奥尔格·福斯特最早认识到并且明确指出欧洲人对其他民族施加(如果这是不可避免的)有害影响,他曾在亚历山大·冯·洪堡 1779 年到西班牙美洲旅行之前,与他有过重要的讨论。画家霍奇斯与威尔士及库克在工作上联系紧密,为船长制作了各种各样精确的海岸线图;同时,为呼吁以王家科学院为基础建立周边艺术机构,他做出了惊人的努力,描绘

[20] Williams,《18 世纪英国对西北通道的探索》,第 159 页~第 166 页;Smith,《欧洲人的太平洋梦想》,第 53 页~第 54 页。
[21] Beaglehole,《太平洋探险》,第 261 页~第 284 页;也可参见 A. Gurney,《会聚之后:驶向南极洲(1699~1839)》(*Below the Convergence: Voyages towards Antarctica, 1699—1839*, London: Pimlico, 1998),第 86 页~第 185 页。

了在南极遇见的不同寻常的光效应。威尔士和贝利回来后出版了他们的成果,威尔士 631
虽然不喜欢福斯特父子,但与他们一样都对气象学的现象感兴趣。[22]

西北通道:库克最后的航行

像戴恩斯·巴林顿这样的说客们依然积极鼓动寻找"西北通道"的航行;1775 年,一项新的国会法案获得通过,即为任何找到它的人提供 2 万英镑的奖金。海军部相应地制定了前往美洲西北海岸的航行计划,并选择"发现"号与在伍尔威奇(Woolwich)整修过的"决心"号结成伙伴。1776 年初,库克退休,并接受了格林尼治医院(Greenwich Hospital)院长的职位,同时有一个附带条件,即一旦有了需要他特殊才能的工作,他可以解除退休,重新工作。然而,无疑是受到了法案的激励,他很快就确信了他应该去指挥太平洋航行,同时查尔斯·克拉克被任命为随行的"发现"号的船长。在航行经过好望角时,库克想在南太平洋寻找先前的航行者所清楚发现的一些岛屿;在把俄迈送回塔希提岛后,他要沿着美洲西北海岸从北纬45°到65°迅速行驶,然后在那里对海岸线进行一次周密仔细的观测。选择这个纬度是因为,自 18 世纪 70 年代初塞缪尔·赫恩不经海峡便从丘吉尔堡进入北冰洋后,人们现在已经知道在哈得逊湾和太平洋之间没有通道。在那种情况下,最好的通道似乎就是选择从太平洋进入北冰洋。刚刚出版的一幅由圣彼得堡科学院 J. 冯·施泰林绘制的俄国地图,把阿拉斯加描绘成一个大岛屿。[23]

就其所处的位置,俄国人可能是进入北太平洋执行探险任务的最佳人选,但主要由于大片无路可通的地形以及遥远的距离,堪察加半岛(位于西伯利亚远东)的殖民化直到 18 世纪早期才开始。16 世纪末期,在伊凡三世的领导下,俄国人从莫斯科向东迁移,发现西伯利亚有可以通航的河流以及大量的貂皮,或称"软黄金"。1689 年,根据 632 《尼布楚条约》(the Treaty of Nerchinsk),他们将所征服的黑龙江流域移交给满人,此

[22] Smith,《欧洲人的太平洋梦想》,第 55 页～第 85 页;M. Hoare 编,《约翰·莱因霍尔德·福斯特的"决心"号航海日记(1772～1775)》(The Resolution Journal of Johann Reinhold Forster, 1772—1775, London: Hakluyt Society, 1982);M. Hoare,《不圆通的哲学家:约翰·莱因霍尔德·福斯特(1729～1798)》(The Tactless Philosopher: Johann Reinhold Forster, 1729—1798, Melbourne: Hawthorn Press, 1976);G. Forster, 2 卷本《1772 年、1773 年、1774 年和 1775 年间的环球航行……》(A Voyage Round the World ... during the Years 1772, 1773, 1774 and 1775, London, 1777);J. R. Forster,《一次环球航行的观测》(Observations made during a Voyage around the World, London, 1778);J. G. Herder,《人类历史哲学概要》(Outlines of a Philosophy of the History of Man, London, 1800), T. Churchill 译;H. West,《启蒙运动人类学的局限性:格奥尔格·福斯特和塔希提人》(The Limits of Enlightenment Anthropology: Georg Forster and the Tahitians),《欧洲思想史》(History of European Ideas),10(1989),第 147 页～第 160 页;W. Wales 和 W. Bayly,《驶向南极航行中所作的天文学观测原始资料》(Original Astronomical Observations made in the course of a Voyage towards the South Pole, London, 1777)。
[23] Williams,《18 世纪英国对西北通道的探索》,第 173 页～第 174 页,第 184 页～第 192 页;Williams,《神话与事实:库克和西北美洲理论地理学》(Myth and Reality: James Cook and the Theoretical Geography of North-West America),载于 Fisher 和 Johnston 编,《詹姆斯·库克船长及其时代》,第 59 页～第 76 页,尤其是第 66 页~第 71 页;H. R. Wagner,《1800 年前的西北海岸制图》(The Cartography of the Northwest Coast to the Year 1800, Berkeley: University of California Press, 1937)。

后,许多俄国人——包括毛皮商(promyshlenniki)——立刻向东北迁移到达了艰苦但有利可图的堪察加半岛。由于他们到那里以后不断地恣意捕杀有商业价值的动物,所以,明显有向远东开拓土地和开采任何可能在美洲大陆西北海岸存在的资源的经济需要。[24]

　　早在1648年,西蒙·杰日涅夫就已经证明亚洲和美洲是相互分离的,因此,1725年到1730年以及1733年到1743年著名的堪察加探险主要是为了商业目的(第一次由丹麦人维图斯·白令带领,第二次由白令和阿历克塞·伊里奇·奇里科夫带领)。尽管第一次探险并不被认为是成功的,但由地理学家伊万·基里洛夫所提议的第二次探险(他把第二次探险看成是向中国和日本开放贸易的途径),却是一次历时十年、涉及2000人之多的大事件。虽然第二次探险有助于长期的贸易,但是,随行的博物学家格奥尔格·施特勒获得的观测时间仅以小时计。探险队对阿拉斯加海岸线的各个部位作了观测并制作了图,还带回了海獭皮,这促使毛皮商们越过阿留申群岛开始在美洲大陆捕猎。与第二次白令的探险同时,另一支探险队向美洲西海岸远征。1732年,米哈伊尔·格沃斯杰夫描绘了现在称作威尔士亲王角(Cape Prince of Wales)的地方,尽管这张地图没有公开,并且格沃斯杰夫与白令的海岸线之间的关系也直到库克第三次航行时才搞清楚。[25]

　　从18世纪早期彼得大帝开始,俄国许多帝王都渴望在大帝国的制图学或博物学方面得到有才能的外国人的帮助。例如,约瑟夫－尼古拉·德利勒曾协助培养了许多天文学家,这些人带着各种各样的科学目的继续了以后几十年中所组织的大量陆路探险。科学旅行经常得到君王的慷慨支持,1767年,叶卡捷琳娜大帝分别授予1769年观测金星凌日的6支探险队21架望远镜,并向外国的许多科学院发信,邀请天文学家们到俄国的土地上进行观测。关于其他学科领域,彼得·西蒙·帕拉斯曾就俄国博物学做过许多重要的观察,并与其他许多博物学家,如托马斯·彭南特,一直保持着通信联系。[26]

[24]　J. R. Gibson,《值得注意的缺席:俄国在北太平洋既迟又慢的发现和探险(1639～1803)》(A Notable Absence: the Lateness and Lameness of Russian Discovery and Exploration in the North Pacific, 1639—1803),载于Fisher和Johnston编,《从地图到隐喻》,第85页～第103页,第88页～第90页;G. V. Lantzeff和R. A. Pierce,《向东方的帝国:1750年前俄国开放边境后的探险和征服》(Eastward to Empire: Exploration and Conquest on the Russian Open Frontier, to 1750, Montreal: McGill-Queen's University Press, 1973)。

[25]　Gibson,《值得注意的缺席》,第95页～第96页、第102页;Williams,《神话与事实》,第60页～第65页;G. W. Steller,《与白令相伴的航海日记(1741～1742)》(Journal of a Voyage with Bering, 1741—1742, Stanford, CA: Stanford University Press, 1988),M. A. Engel和D. W. Frost译,第75页;R. H. Fisher,《白令的航行:目的地与原因》(Bering's Voyages: Whither and Why, London: C. Hurst, 1977);E. G. Kushnarev,《白令对海峡的搜寻:第一次堪察加探险(1725～1730)》(Bering's Search for the Strait: The First Kamchatka Expedition, 1725—1730, Portland: Oregon Historical Society, 1990),E. A. P. Crownhart-Vaughan编译;S. Krasheninnikov,《堪察加探险(1733～1741)》(Explorations of Kamchatka, 1733—1741, Portland: Oregon Historical Society, 1972),E. A. P. Crownhart-Vaughan译;C. L. Urness,《白令的第一次探险:基于18世纪书籍、地图和手稿上的一次重审》(Bering's First Expedition: A Re-examination Based on Eighteenth Century Books, Maps and Manuscripts, New York: Garland, 1987)。

[26]　Woolf,《金星凌日》,第23页～第49页、第179页～第180页;J. R. Masterton和H. Brower,《白令的后继者(1745～1780):彼得·西蒙·帕拉斯对俄国人的阿拉斯加探险史的贡献》(Bering's Successors, 1745—1780: Contributions of Peter Simon Pallas to the History of Russian Exploration toward Alaska, Seattle: University of Washington Press, 1948);C. L. Urness编,《一个在俄国的博物学家:彼得·西蒙·帕拉斯致托马斯·彭南特的信》(A Naturalist in Russia: Letters from Peter Simon Pallas to Thomas Pennant, Minneapolis: University of Minnesota Press, 1967)。

考虑到陆路的艰难，一些考察人员认为，通过环球航行的途径去堪察加半岛会有许多便利条件。但是，下一个去这个地方的主要探险队依然沿着相同的陆地路线到达东海岸。这次努力于两年后的 1766 年开始，是被派遣去阿留申群岛制作海图；虽然这次探险考察了阿拉斯加半岛的末端和舒马金群岛（the Shumagin Islands），但是，彼得·克列尼岑和米哈伊尔·列瓦绍夫所带领的所有 4 艘船都在堪察加海岸边失事。直到18 世纪 80 年代毛皮商们事实上一直垄断着毛皮贸易，他们对阿拉斯加海岸线的某些部分相当了解，但是，库克第三次航行以及拉彼鲁兹探险队即将到来的消息，仍然促使帕拉斯建议成立一支考察俄国北部海岸的地理天文探险队。这次探险从 1785 年持续到 1794 年，虽然这艘船由库克的一个工作人员约瑟夫·比林斯指挥，但其结果仍被认为是较不成功的。俄国人对堪察加、阿留申和阿拉斯加所制海图的真实成果大部分都一直没有出版，直到 1780 年威廉·考克斯出版了有关这个方面的书。之所以保守这个秘密是希望保持毛皮贸易垄断，掩盖俄国在东方的势力的真实状况，虽然俄国人对该地区海岸线的了解并不完整。[27]

库克启航于 1776 年 7 月，正好是美国《独立宣言》发表一周之后。不祥的是，无论法国还是西班牙认为这次探险的主要作用完全只是战略方面的。与海军少尉詹姆斯·金、医生兼博物学家威廉·安德森以及制图员约翰·韦伯一起，库克完成了他的航行的第一部分；1778 年 1 月，在到美洲的途中，遇到了一群小岛，他称之为桑维奇群岛（Sandwich Islands，即夏威夷）。他做了充分的停留以使自己和其他人进行一些观测，然而，再一次令他大为惊异的是，当地人所用的语言和塔希提语非常接近。3 月 7 日，在 44°33′，他们看到了美洲的西北海岸。沿海岸向北，他们无意中沿着最近西班牙航行的路线行驶，库克相信他已经排除了假想的通向大西洋的海峡。但是，详细的考察要到高纬度才能进行，而事实上，库克还把许多岛屿错认为大陆。他在努特卡湾（Nootka Sound）上岸，修理"决心"号，直到 4 月份完工。库克继续向北，然后沿阿拉斯加南海岸向西行，把旧地图上该地区仅用虚线标示的地方一一填满。随着航行的继续，由于通向北冰洋的海峡存在的可能性变得日益靠不住，他与带着疑问的地理学家们共同感受着布干维尔的挫败感。对他来说，这不是第一次由于证明了他被派出寻找的地理目标不存在而完成了使命。[28]

634

库克继续沿海岸上行，直到北纬 70°44′遇到难以穿越的冰墙。那里不仅没有从南边阿拉斯加到达北极的海峡，而且通过白令海峡然后横跨北冰洋的航行也显得不可能。"决心"号通过白令海峡到达亚洲的海岸，然后转而南行；在乌纳拉斯卡（Unalaska）遇到俄国商船后，库克驶向桑维奇群岛。1779 年 1 月，库克在基拉凯夸湾

〔27〕 Gibson，《值得注意的缺席》，第 91 页～第 94 页，第 102 页；W. Coxe，《俄国在亚洲和美洲之间的发现》（*Account of the Russian Discoveries between Asia and America*, London, 1780）。

〔28〕 Beaglehole，《太平洋探险》，第 290 页～第 300 页；Williams，《18 世纪英国对西北通道的探索》，第 179 页～第 183 页。

(Kealakekua Bay)的一次小冲突中被杀死。3 月份,船离开夏威夷,再次向北驶向堪察加。沿着亚洲的海岸往回行驶,1780 年 10 月,两艘船到达英格兰。在植物学和动物学领域,库克的航行所取得的成就是惊人的,许多人,包括库克本人,在最后的两次航行中一直为班克斯做着采集工作。运用最先进的设备,库克的考察的确使得地图上涂改更少了,因而也更无需去尝试寻找"西北通道"和"南大陆"了。[29]

库克航海的启示: 经度和坏血病

虽然纬度能够被相当精确地测量出来,但是,无法确定所在的经度(向东或向西到给定的或"本初"子午线的距离)却是导致航海出错的主要根源。一种习惯的方法是,尽可能地驶向目标的一侧,在到达所期望的纬度时,向目的地的假定方向行驶。考虑到航海者的常规设备,通过木星的卫星来测定经度的天文学方法不仅复杂,而且总是被证明在海上是难以操作的,而更精确的测定方法则需要制造出更合适的仪器或时钟。有了后者,如果一个人知道了本初子午线的时间,他就大致可以确定自己所在的位置。因为经度也可以由当地时间(这个比较容易知道)与本初子午线时间的同步差来确定。[30] 为此,作为发展新仪器的一种激励,1714 年,一项《经度法案》为发明能在海上精确测定经度的仪器提供了一大笔奖金,同时委派经度委员会监督此事。一项附加条件(这项技术必须方便在海上使用)被引入使得测量更易于实现,这得益于约翰·哈德利和美国人托马斯·戈弗雷于 1731 年发明的双反射四分仪及其 25 年后改造成的六分仪。与四分仪相比,六分仪使得每个月有可能进行相关观测的天数增加了一倍。此外,如果一个人通过测量月亮与太阳或恒星之间的角距离(月球距离法)预先知道月亮的运动,那么他就有可能大致算出任何时刻的格林尼治时间。或人们可以通过一台具有相应精确度的时钟这一更简单的方法知道格林尼治时间。[31]

1757 年,托比亚斯·迈尔通过运用莱昂哈德·欧拉提供的方程式,向经度委员会提交了一组可用于月球距离法的图表。王家天文学家詹姆斯·布雷德利将它们与自己在格林尼治的观测资料进行对比,发现它们所测定的月球位置精确到 75 弧秒,原则

[29] Beaglehole,《太平洋探险》,第 301 页～第 315 页;Williams,《18 世纪英国对西北通道的探索》,第 203 页～第 211 页;W. Stearn,《库克船长三次航行的植物学成果》(The Botanical Results of Captain Cook's Three Voyages),《太平洋研究》(Pacific Studies),1(1978),第 147 页～第 162 页;P. J. P. Whitehead,《库克船长航行中收集的动物学标本》(Zoological Specimens from Captain Cook's Voyages),《博物学文献目录学会杂志》(Journal of the Society for the Bibliography of Natural History),5(1969),第 161 页～第 201 页;S. P. Dance,《库克航行与贝类学》(The Cook Voyages and Conchology)《贝类学杂志》(Journal of Conchology),26(1971),第 354 页～第 379 页;A. Kaeppler,《"人造珍品":詹姆斯·库克船长第三次航海所收集的当地人制品展示》("Artificial Curiosities": Being an Exposition of Native Manufactures Collected on the Three Voyages of Captain James Cook, Honolulu: Bishop Museum, 1978);H. Friis,《太平洋盆地:太平洋地理学探险史》(The Pacific Basin: A History of Its Geographical Exploration, New York: American Geographical Society, 1967)。
[30] D. Howse,《航海中的航行与天文》(Navigation and Astronomy in the Voyages),载于 Howse 编,《发现的背景》,第 160 页～第 183 页。
[31] Howse,《航海中的航行与天文》,第 168 页～第 169 页。

上达到了获得奖金所要求的精确度范围。"七年战争"使得在海上检验这组图表变得困难，直到马斯基林去圣海伦娜(St. Helena)观测金星凌日，这组图表才首次得到完全的检验。当他从圣海伦娜回来后，他在出版的著作《英国水手指南》(*British Mariner's Guide*)中对月球距离法作了描述。迈尔的图表，由于比《关于时间和天体运动的知识》(*Connaissance des Temps*)(一个较早且野心较小的《天文年历》[*Almanac*]版本)中所使用的尼古拉-路易·德·拉卡耶的图表更加精确，因而成为马斯基林在 1767 年初出版的《1767 年的航海天文年历及天文学星历表》(*Nautical Almanac and Astronomical Ephemeris for the Year 1767*)以及相关的**图表**的根据。经度委员会决定《天文年历》应该提前三年出版，这项任务需要两名全职"计算者"的工作。尽管这种方法只是短期的成功，但库克的三次航海都是根据《天文年历》而进行的，而未来对经度的测定则有赖于航海记时器。[32]

在英国，记时器成为一种相对便宜、精确、好用的装置，要归功于许多人的工作，特别是约翰·哈里森。从 18 世纪 30 年代开始，哈里森做了许多设计，开创各种技术，以解决润滑问题，以及补偿温度和大气压力带来的变化。直到 1757 年，以"H"为前缀的第三个记时装置才最终完成，此时距他被王家学会授予科普利勋章(Copley Medal)已过 8 年。1760 年，哈里森向经度委员会展示了下一个并最终获得奖金的 H. 4 记时装置；在解决了某些问题后，1764 年，这台机械装置在巴巴多斯岛(Barbados)的试验大获成功。但在哈里森得到奖金之前，马斯基林和经度委员会又提出了进一步的问题，其中最重要的是必须向少数精选的钟表匠和学者完全解密该机械的原理。虽然 1765 年 8 月做了这件事，但是，哈里森家族一直与经度委员会的各类成员尤其是马斯基林争吵不休，直到 1773 年，2 万英镑奖金的另一半被准予颁发。[33]

参与验证的一位钟表专家拉尔库姆·肯德尔，花了两年半的时间完成了哈氏四号(H. 4)的复制，库克进行第二次航海所携带的正是这台装置(肯德尔 1 号，K. 1)。自 1773 年 4 月后，这台时钟就一直保持恒定"速率"(即时钟每天多走或少走的秒数)在 9 秒与 13 秒之间，当把这些因素考虑进去后，它是非常精确的；库克称它为"忠诚的朋友"和"永不出错的指南"。尽管库克的"决心"号使用的是三台约翰·阿诺德记时器以及肯德尔 1 号，但在接下来的 150 年里，航海记时器的结构所采用的是托马斯·厄恩肖的标准设计。他的两台时钟后来与肯德尔 3 号(K. 3)以及两台阿诺德记时器一

636

[32]　D. Howse，《马斯基林：海员天文学家》(*Maskelyne: The Seaman's Astronomer*, Cambridge University Press, 1989)，第 14 页~第15 页、第 85 页~第 96 页。

[33]　D. Howse，《马斯基林：海员天文学家》，第 40 页~第 41 页，第 46 页~第 47 页，第 50 页~第 52 页；H. Quill，《约翰·哈里森：发现经线的人》(*John Harrison: The Man Who Found Longitude*, London: John Baker, 1966)；R. T. Gould，《航海记时器：它的历史与发展》(*The Mariner's Chronometer: Its History and Development*, London: J. D. Potter, 1923)；W. J. H. Andrewes 编，《寻求经度》(*The Quest for Longitude*, Cambridge, MA: Collection of Historical Scientific Instruments, 1996)；W. J. H. Andrewes，《即使牛顿也可能出错：哈里森最早的 3 个海洋钟》(*Even Newton Could Be Wrong: The Story of Harrison's First Three Sea Clocks*)，载于 Andrewes 编，《寻求经度》，第 189 页~第 234 页，尤其是第 195 页~第 196 页，第 206 页~第 207 页，第 211 页。

起,陪伴着"发现"号上的乔治·温哥华。[34] 法国长期以来一直在发展自己版本的航海记时器,1768 年至 1773 年间,皮埃尔·勒罗伊的"A"和"S"以及费迪南·贝尔图的 6 号和 8 号时钟在许多船上得到了检验,贝尔图还获得了大部分奖金。虽然像厄恩肖这样的一些制造商已率先将记时器的制造标准化,并进行了批量生产,但是,勒罗伊的复杂且标新立异的时钟从未大量生产。另外,1792 年贝尔图谈到,他的 50 多台时钟已被用于 80 次航海。[35]

在 16 世纪末期,人们普遍认识到橘子和柠檬可以保持长途航行的水手们的健康,特别是同时保证水手们的衣服干燥和船只干净时,尽管水手们同时也喝苹果酒,但人们还是能分辨出来起抗病作用的是柑橘。18 世纪,在英国王家海军中,坏血病所造成的损失要多于敌人的行动,而且直到 1750 年,几乎没有人把疾病发作同缺乏特定的食品联系起来加以考虑。1739 年,林德作为一个外科医生的助理加入了王家海军,1746 年,他在一艘爆发坏血病的船上做了一个试验,将患者每两人一组分为六组,给他们不同的药物,包括橘子和柠檬。那些给了橘子和柠檬的效果最好,尽管这条消息并未被王家海军视为结论。[36]

林德在 1753 年的论文中认为,坏血病是由于湿气阻塞了皮肤毛孔并且使空气变得不适宜呼吸而引起的,在干燥地区并未见发生。锻炼和吃一些生洋葱、大蒜比船只通风更能使水手强壮以抵御反复无常的气候,但是最好的治疗还是移地疗养。但是,林德在 1772 年版的著作中,更倾向于推荐经常性的运动和"易于消化"的食品。对库克的航行具有重要意义的是,王家学会主席约翰·普林格尔爵士提出,士兵和囚犯中的热病是由于污物和汗水污染了空气而引起的,因此,他推荐使用"防腐"物质,比如醋、柠檬汁、烟草的烟和"固定空气"(二氧化碳)。据此,大卫·麦克布赖德极力主张使用麦芽汁——一种麦芽制品,因为它含有大量二氧化碳。这在 18 世纪 60 年代早期的试用中失败了,但普林格尔仍主张在长途航行中试验。1773 年,普里斯特利被王家学会授予科普利勋章,正是由于他尝试向水中注入二氧化碳,而库克在他的第二次航

[34] Quill,《约翰·哈里森:发现经线的人》;Gould,《航海记时器:它的历史与发展》,第 258 页;J. Betts,《阿诺德和厄恩肖:具有实用性的解决办法》(Arnold and Earnshaw: The Practical Solution),载于 Andrewes 编,《寻求经度》,第 312 页～第328 页,尤其是第 320 页,第 326 页～第 328 页;D. Howse,《库克船长探险航行所携带的主要科学仪器(1768 ～1780)》(The Principal Scientific Instruments Taken on Captain Cook's Voyages of Exploration, 1768—1780),《水手之镜》(Mariner's Mirror),65 (1979),第 119 页～第 135 页;A. C. Davies,《温哥华的记时器》(Vancouver's Chronometers),载于 Fisher 和 Johnston 编,《从地图到隐喻》,第 70 页～第 84 页。

[35] Gould,《航海记时器:它的历史与发展》,第 83 页;C. Cardinal,《费迪南·贝尔图和皮埃尔·勒罗伊:论 18 世纪至 20 世纪的一场争论》(Ferdinand Berthoud and Pierre Le Roy: Judgement in the Twentieth Century of a Quarrel Dating from the Eighteenth Century),载于 Andrewes 编,《寻求经度》,第 281 页～第 292 页,尤其是第 287 页～第 288 页,第 292 页;J. Le Boy,《皮埃尔·勒罗伊和航海钟》(Pierre le Roy et les horloges marines),载于 C. Cardinal 和 J-C Sabrier 编,《国王的造钟人勒罗伊的王朝》(La Dynastie des Le Roy, Horlogers du Roi, Tours: Musée de Beaux-Arts, 1987),第 43 页～第 50 页;C. Cardinal,《费迪南·贝尔图(1727 ～ 1807):国王与海军的造钟技工》(Ferdinand Berthoud, 1727—1807: Horloger Mécanicien du Roi et de la Marine, La Chaux-de-Fonds, Switzerland: Musée International d'Horlogeire, 1984)。

[36] K. J. Carpenter,《坏血病史与维生素 C》(The History of Scurvy and Vitamin C, Cambridge University Press, 1986),第 15 页～第21 页。

行中也带了一些这种特别准备的饮料。[37]

当库克在 1768 年指挥"奋进"号时,他决定在航行中对新的和已熟悉的治疗方法都要进行严格的试验。尽管这次航行中没有人死于坏血病,但他还是亲自挑选船员,并且船远离陆地的时间决不超过 17 周。船上有各种各样预防坏血病的食物,包括德国泡菜,水手们最初看不上它,但后来还是吃了,因为他们看到库克和他的官员们都这样做。此外还有麦芽汁和罗布汁(煮过的橘子和柠檬),也成了"奋进"号船上受欢迎的食品,尽管班克斯仍在继续称赞二氧化碳和新鲜蔬菜的抗坏血病功效(而当他认为自己得病时,还是"奔"向了柠檬汁)。在班克斯的第二次航行中,他特别注意防备由脏被褥和衣服造成的空气污染;他因一篇有关坏血病的论文而获得 1776 年科普利勋章,在论文中,他称赞麦芽汁和德国泡菜,也肯定适当锻炼的重要性。正是由于一直找不到实际导致坏血病的原因,18 世纪 90 年代末,英国海军部大规模地采用的只有柠檬汁,而其他国家的海军,直到下个世纪还一直遭受着坏血病之苦。[38]

638

库克之后

库克的探险为 1800 年之前所有国家组织类似的探险工作提供了一个模板。在这些探险工作中,最雄心勃勃的或许要算法国人所组织的、由让 – 弗朗索瓦·加鲁普·德·拉彼鲁兹领导的、1785 年 8 月初从法国出发的那次探险。这次探险是要调查美洲和亚洲的海岸线,探究毛皮贸易和捕鲸业的潜力——并估算俄国人、美国人和英国人参与这些活动的程度。无论如何,它可能还是那个时代所组织的最广泛的科学探险。拉彼鲁兹的"指南针"(Boussole)号拥有一大批天文学工作者、熟练的制图员和博物学家,并且还有"星盘"(Astrolabe)号伴随。拉彼鲁兹在如何制作"自然奇珍"(natural curiosities)的"描述性目录"(descriptive catalogue)、如何收集民族志信息方面得到了详细的指导,"他将收集整理所访问的不同民族所使用的服装、武器、装饰品、器物、工具、乐器以及一切物品,并予以分类;每一件物品都要贴上标签,并根据目录的规定标上相应的数字"。在经过了太平洋边缘的大部分地区后,1788 年初,探险队不幸地沉没在瓦尼科罗(Vanikoro)(在圣克鲁斯[Santa Cruz]群岛远处)的暗礁旁。然而,拉彼鲁兹设法在死前传回了信息,他的航行是有影响的,改变了当时标准的对非欧洲人的绝对看法,而这种看法无疑受到"星盘"号船长以及其他 11 人在萨摩亚群岛被残杀一事的

[37] Carpenter,《坏血病史与维生素 C》,第 51 页~第 60 页,第 64 页~第 66 页,第 70 页~第 71 页;C. Lawrence,《控制疾病:坏血病、海军和帝国扩张(1750 ~ 1825)》(Disciplining Disease: Scurvy, the Navy, and Imperial Expansion, 1750—1825),载于 Miller 和 Reill,《帝国的梦想》,第 80 页~第 106 页,尤其是第 86 页~第 87 页;James Lind,《论坏血病》(A Treatise of the Scurvy, Edinburgh, 1753; 3rd ed. , London, 1772)。

[38] Carpenter,《坏血病史与维生素 C》,第 77 页~第 83 页;Lawrence,《控制疾病》,第 87 页~第 88 页;J. Watt,《库克航行的医学方面和结果》(Medical Aspects and Consequences of Cook's Voyage),载于 Fisher 和 Johnston 编,《詹姆斯·库克船长及其时代》,第 129 页~第 158 页,尤其是第 130 页~第 135 页。"奋进"号的全体船员,最初是 98 人,其中 41 人在库克返回前死去,大部分死于 1771 年初在巴达维亚和从巴达维亚到好望角的途中所患的疟疾和痢疾。

影响。[39]

639

　　1789 年大革命后，法国又组织了一次声势浩大的太平洋航行，这次由布鲁尼·德·昂德勒卡斯托指挥。"探究"（Recherche）号和"希望"（Espérance）号（由于翁·德·凯尔马德克指挥）这两艘船去寻找拉彼鲁兹，虽然他们没有达到这个目的，但是他们有很多重大发现，并修正了澳大利亚地区的制图错误，特别是绘制了所罗门群岛（Solomons）的准确地理图。他们对塔斯马尼亚东南角和澳大利亚西南角的勘察，为后来博丹更广泛地绘制澳大利亚海岸线图铺平了道路，尽管在那时（1797 年）之前巴斯已经证明塔斯马尼亚和澳大利亚事实上是分开的。这次探险结束于 1793 年，因当时两位船长在几个月内相继去世，而其他队员在爪哇被抓进监狱——预示了 10 年后马修·弗林德斯在毛里求斯被法国人拘禁了 7 年的命运。然而，"研究"号的博物学家雅克·朱利安·德·拉比亚迪埃对这次探险的报告，却提出了对非欧洲人的另一种看法，这次把他们描述为坚忍的、理性的且具有文明性的。[40]

　　在这一世纪最后的几十年里，西班牙在植物学探险方面的投资要多于其他国家，但是，英国才是最能整理和利用从外界流进欧洲的大量信息（西班牙的内容大都除外）的国家。班克斯在组织继库克之后的英国探险中起着关键作用，他建立了一系列巨大的网络，使得对当地的分析以及矿物质和有机材料本身都能被送回到伦敦。作为王家学会的主席，班克斯与诸如海军部、贸易委员会等权力机构有着非常密切的联系，就像他们能够满足他对博物学的真正兴趣那样，他为他们提供可能具有战略作用的信息。班克斯视继承始于库克的探险风格为己任，1780 年，詹姆斯·金（他曾在克拉克去世后接管"发现"号）对班克斯说，他把班克斯看做"是我们探险者的共同核心"。[41]

　　班克斯是诸如非洲协会（African Association）等组织的会员，在这种身份的帮助下，班克斯能够促进像芒戈·帕克那样到非洲内地的旅行；而且，他热衷于从 18 世纪 90 年代早期马嘎尔尼到中国的探险所可能得到的信息中获取有用信息。他还与从中国到南美洲和非洲的 100 多名收藏家保持着联系，同时，在像波特兰公爵夫人这样有力的赞助人的帮助下，他资助了 20 多人从事特殊采集任务。这些人送回了各种观察报告和分析，所涉及的不只是与博物学有关的植物与动物，而且还包括可作为外来植物

640

[39] Dunmore，《太平洋的法国探险家》，第 1 卷，第 250 页～第 282 页；Beaglehole，《太平洋探险》，第 318 页～第 319 页；Smith，《欧洲人的太平洋梦想》，第 137 页～第 154 页，尤其是第 139 页；M. L. A. Milet-Mureau，4 卷本《拉彼鲁兹的环球航行》（A Voyage around the World ... by J. F. G. de La Pérouse, London, 1798），J. Johnston 编；C. Gaziello，《拉彼鲁兹的探险（1785～1788）：法国对库克航行的反击》（L'Expédition de La Pérouse, 1785—88: Réplique Française aux Voyages de Cook, Paris: CTHS, 1984）；J. Dunmore 和 M. de Brossard，《拉彼鲁兹的旅行（1785～1788）：叙述与原始文献》（La Voyage de La Pérouse, 1785—88: Récit et Documents originaux, Paris: Imprimerie Nationale, 1985）。

[40] Dunmore，《太平洋的法国探险家》，第 1 卷，第 283 页～第 314 页；J. J. H. de Labillardière，《寻找拉彼鲁兹的航行，1791 年，1792 年，1793 年和 1794 年间对国民代表大会命令的履行》（Voyage in Search of La Pérouse, Performed by Order of the Constituent Assembly during the Years 1791, 1792, 1793 and 1794, London, 1800）。

[41] D. P. Miller，《约瑟夫·班克斯、帝国与汉诺威王朝后期伦敦的"计算中心"》（Joseph Banks, Empire, and "Centres of Calculation" in Late Hanoverian London），载于 Miller 和 Reill 编，《帝国的梦想》，第 21 页～第 37 页，尤其是第 29 页；D. MacKay，《探险指挥天才：班克斯、库克和帝国，1767～1805 年》（A Presiding Genius of Exploration: Banks, Cook and Empire, 1767—1805），载于 Fisher 和 Johnston 编，《詹姆斯·库克船长及其时代》，第 21 页～第 40 页。

在英国种植的各色花卉和可移植到殖民地边远村落的农作物。植物标本在克佑区王家花园进行分析,而其他反映班克斯一直以来对古玩以及后来对人类学持有的"绅士派头"的兴趣的"奇珍",则被保存在他新伯灵顿街(New Burlington St.)和(后来的)梭霍广场的家中。[42]

班克斯在很多冒险中扮演了关键性的角色,比如新南威尔士的殖民化,以及尝试在那里种植原料;努力将塔希提的面包树移植到西印度群岛让奴隶食用;由乔治·温哥华指挥航行考察美洲西北海岸并巩固英国现有的势力等。所有这些努力都明显地将科学知识和帝国的权力以及商业利益纠合在了一起。许多原因,比如它的战略利益,担心拉彼鲁兹将在新西兰开拓殖民地等等,促使英国对新南威尔士的帝国潜力保持极大的关注。殖民地长官阿瑟·菲利浦急于发展棉花、胭脂虫和咖啡的生产,向班克斯征求建议;作为报答,菲利浦把新奇的动植物运回伦敦。向西印度种植园移植面包树的计划,由于美国的独立战争而停止,而当1783年战争结束后,支持种植园的需求比以往更加迫切。班克斯对任命威廉·布莱为"恩惠"(Bounty)号的指挥负有责任,在那次航行声名狼藉的事件后,班克斯又做了复杂的植物学方面的安排以确保布莱后来的"天意"(Providence)号航行。在"恩惠"号虽拥有园艺家戴维·纳尔逊的专业技术但仍遭惨败的地方,"天意"号获得了成功。班克斯的专家意见在保证面包树移植成功中是至关重要的,虽然这并不意味该食品已经迅速本土化。[43]

由乔治·温哥华领导的1791年到1795年的航行,是18世纪英国发动的最后一次重要探险。这次探险既有帝国方面的原因也有商业方面的原因,温哥华的使命有一个复杂的历史背景,与捕鲸船和毛皮商船急剧向太平洋发展有关。起初,航行朝南大西洋行进,由于发生了努特卡湾事件,同时又担心美国在今天的温哥华岛附近有行动,"发现"号要走的路线突然改变了。作为参加过库克第二次和第三次探险的老兵,温哥华被任命为指挥官,并按班克斯的意愿选阿希巴尔德·孟席斯为博物学家,尽管船上从事科学工作的人很少。温哥华精确地考察了北纬30°到北纬60°之间的海岸线(即在库克作过详细考察的地方以南),并证明那里不存在暗藏于大面积岛屿中的"西北通道"。孟席斯从班克斯那里收到一份详细的指示,要求他对旅途中可能遇到的各种标本进行观察、收集并保存,同时还告诉他特别关注适合移民的地方。尽管温哥华甚至

[42] D. Mackay,《帝国的代理:班克斯式的收藏家和对新大陆的估价》(Agents of Empire: the Banksian Collectors and Evaluation of New Lands),载于 Miller 和 Reill 编,《帝国的梦想》,第 38 页～第 54 页,尤其是第 39 页,第 45 页～第 46 页,第 49 页～第 50 页;Gascoigne,《约瑟夫·班克斯与英国启蒙运动》,第 80 页～第 82 页,第 149 页～第 157 页;S. Schaffer,《帝国的梦想:编后记》(Visions of Empire: Afterword),载于 Miller 和 Reill 编,《帝国的梦想》,第 335 页～第 352 页,尤其是第 345 页。

[43] D. Mackay,《追随库克》,第 123 页～第 140 页;C. A. Bayly,《帝国的全盛期:大英帝国和世界(1730～1830)》(Imperial Meridian: The British Empire and the World, 1730—1830, London: Longman, 1982);A. Frost,《罪犯与帝国:海军的问题(1776～1811)》(Convicts and Empire: A Naval Question, 1776—1811, Oxford: Oxford University Press, 1980)。纳尔逊的植物在兵变中被全部扔到海里,他死于"恩惠"号返回英国之前;也可参看 J. Browne,《帝国的科学:达尔文之前的英国生物地理学》(A Science of Empire: British Biogeography before Darwin),《科学史评论》,45(1992),第 453 页～第 475 页,尤其是第 465 页。

在出发前就已经和孟席斯吵得不可开交,而且他关于这次航行所出的书相当枯燥乏味,并正值这类出版物的风潮衰落之时,但是,他小心谨慎的工作起了多方面的作用,这些一直成为所有此类航行的模范,同时也为弗林德斯及其后来者的航行铺平了道路。[44]

西班牙人的航海

像俄国人一样,西班牙人也有一套对其探险结果保密的政策,而且,有关西班牙人在美洲西北海岸的发现的真真假假传言,在 18 世纪激发了一大批航行。在这个世纪初,这些航行已经汇集了大量有关南太平洋、南美洲西海岸以及新西班牙的信息。例如,1606 年路易斯·瓦伊兹·德特雷斯通过了位于巴布亚新几内亚和澳大利亚之间以他的名字命名的海峡,虽然这一事实长期保密,使得许多地理学家在长达一个半世纪的时间里以为巴布亚新几内亚实际上就是"南大陆"的最北端。在 18 世纪,西班牙对太平洋及其海岸线的主权声明随着法国人、俄国人和英国人在南海和北美洲海岸谋求建立殖民地和贸易区而越来越脆弱。[45]

18 世纪上半叶,西班牙人参加了许多法国人到南美洲的探险,其中最有意义的要数安东尼奥·德·乌略亚和豪尔赫·胡安参加的 1735 年到 1744 年间到秘鲁的航行。胡安和乌略亚出版了有关他们在那次倒霉的航行中离奇经历的畅销公众版图书,还写了专门给国王看的《美洲探秘备忘录》(Noticias secretas de América)。然而,对西班牙植物学考察的真正支持,开始于卡洛斯三世统治时期(1759～1788)。这位君主试图通过强调自然知识及其实用价值掀起一场西班牙的启蒙运动,同时,他还发起建造了一座王家植物园、一个自然科学博物馆、一家王家医学院和一座天文台。在他的支持下,两位海军军官陪同沙普·德奥特罗什观测了 1769 年的金星凌日;1777 年,国王又资助植物学家伊波利托·鲁伊斯和何塞·安东尼奥·帕冯以及法国博物学家约瑟夫·东贝穿越智利和秘鲁的探险,这次探险一直持续到 1788 年。[46]

1774 年,当西班牙人听说俄国人可能要从堪察加半岛扩张到美洲大陆时,新西班牙总督安东尼奥·马里亚·布卡雷利－乌苏亚受命派遣一个沿太平洋海岸航行的探险队,以确定俄国人涉及的范围,并正式掌握对海岸的拥有权。西班牙人比早期法国

〔44〕 Mackay,《追随库克》,第 57 页～第 116 页;J. C. H. King,《温哥华民族志:1791 ～ 1795 年航行的 5 本详细目录》(Vancouver's Ethnography: A Preliminary Description of Five Inventories from the Voyage of 1791—95),《历史收藏杂志》(J. Hist. Collections),6(1994),第 35 页～第 58 页。

〔45〕 Beaglehole,《太平洋探险》,第 98 页～第 103 页;W. L. Cook,《帝国的大潮:西班牙和西北太平洋(1543 ～1819)》(Flood Tide of Empire: Spain and the Pacific Northwest, 1543—1819, New Haven, CT: Yale University Press, 1973)。

〔46〕 I. H. W. Engstrand,《新大陆的西班牙科学家:18 世纪探险》(Spanish Scientists in the New World: The Eighteenth Century Expeditions, Seattle: University of Washington Press, 1981),第 6 页～第 8 页;V. von Hagen,《南美洲的召唤》(South America Called Them, New York: Knopf, 1945),第 300 页;A. R. Steele,《献给国王的花:鲁伊斯和帕冯探险及秘鲁的植物》(Flowers for the King: The Expedition of Ruiz and Pavón and the Flora of Peru, Durham, NC: Duke University Press, 1964)。

和英国的探险队更热衷于把当地人变为基督教徒,并且对这些民族的现实主义描述是有着战略利益的,他们可能成为反对欧洲其他强国的重要同盟者。布卡雷利选择经验丰富的水手胡安·佩雷斯指挥第一次探险。佩雷斯乘"圣地亚哥"(Santiago)号航行无法登陆,于是,与他的二副埃斯特万·何塞·马丁内斯一起,对美洲西北海岸的生物群落做了重要的观察。由于还没有宣布占领的声明,第二年,布卡雷利又派遣了一支由布鲁诺·德·赫济塔领导的航行探险队。胡安·弗朗西斯科·德拉·博德加-夸德拉乘着随行的"索诺拉"(Sonora)号纵帆船,在57°2′登陆,并把所有埃奇康贝山(Mount Edgecombe)所俯瞰的土地占为西班牙所有。当听说库克打算在1776年进行航行时,西印度群岛公使下令进行一次新的探险;这次由伊格拉西奥·阿特亚加率领"公主"(Princesa)号,并由博德加指挥的"中意"(Favorita)号随行,于1779年2月离开了圣布拉斯(San Blas)。这次航行对威尔士亲王岛西海岸布卡雷利湾(Bucareli Bay)附近地区作了制图学和民族学的详细记述。[47]

　　18世纪80年代中期,当西班牙人得知实力强大的俄国人已向南扩展到努特卡湾时,他们再一次做出了回应。这次马丁内斯被任命为探险队的指挥,于1788年3月出发;同时,由于受到美国卷入该地区的威胁,1789年,又组织了另一次由马丁内斯领导的探险,以巩固西班牙声称的海岸主权。1789年7月,正是马丁内斯将詹姆斯·科内特戴上手铐,把他和他的"亚尔古"(Argonaut)号船一起送到圣布拉斯,发动了所谓的"努特卡湾事件",这为西班牙与英国讨论美洲西北海岸主权的谈判铺平了道路。尽管(或者说由于)他们有争夺领土的目标,18世纪70年代、80年代和90年代的所有西班牙探险队都把获取矿物学、气象学和民族志的精确信息放在一个相当重要的位置上,而由亚历山德罗·马拉斯皮纳率领的那次意义重大的航行则明确是为了要与拉彼鲁兹及库克探险队的科学成就相抗衡。[48] 在完成了1786年到1788年的环球航行后,马拉斯皮纳和何塞·布斯塔曼特-格拉向西班牙海军部长安东尼奥·巴尔德斯递交了一份计划,旨在进行"一次科学和政治的环球航行"。马拉斯皮纳要求带两名植物学家或博物学家以及两名画家,他被授权指挥"发觉"(Descubierta)号,由布斯塔曼特负责"勇士"(Atrevida)号。马拉斯皮纳挑选了西班牙王家陆军部的安东尼奥·皮内达-拉米雷斯陆军中尉作为主要的博物学家,由曾为王家植物园工作过的经验丰富的路易斯·内厄作助手。与此同时,新登基的卡洛斯四世向探险队推荐起用植物学家与博物

643

[47] C. I. Archer,《西班牙人对库克第三次航海的反应》(The Spanish Reaction to Cook's Third Voyage),载于Fisher和Johnston编,《詹姆斯·库克船长及其时代》,第99页~第119页,尤其是第100页~第109页。赫济塔发现了哥伦比亚河(the Columbia River)并将其命名为"赫济塔的入口"(the Entrada de Hezeta),尽管美国人罗伯特·格雷(Robert Gray)在1792年对它进行了重新命名。

[48] Archer,《西班牙人对库克第三次航海的反应》,第109页~第112页、第114页;Cook,《帝国的大潮》,第146页~第199页。

学家塔德奥·亨克(他后来成为第一个在欧洲出版物中描述红木树的人)。[49]

1790 年,船队沿南美洲西海岸缓慢行进,直到他们在巴拿马海岸分道扬镳。阿尔卡迪奥·皮内达、内厄、画家何塞·吉奥和医生兼博物学家佩德罗·马里亚·冈萨雷斯乘"勇士"号,到阿卡普而科(Acapulco),然后驶向圣布拉斯。1791 年 4 月,在阿卡普而科与"发觉"号会合后,马拉斯皮纳宣布他有一个来自卡洛斯四世的新指令,要求寻找"西北通道"。据此,船队 5 月开始出发,留下安东尼奥·皮内达和其他人考察当地的植物和动物;海上的工作人员由于有画家何塞·卡德罗和托马斯·德·苏里亚的加入而增多了。[50] 当马拉斯皮纳离开后,从前往新西班牙的王家科学探险队(1785~1803)里来的两位植物学家和一位画家在马丁·德·塞瑟的带领下,来跟随博德加 - 夸德拉,他的最终目标是与温哥华找出领土问题的解决办法。船上最重要的博物学家是何塞·莫齐诺,他对努卡特的印第安人作了当时最为详细的语言学、民族志和历史学的研究。与此同时,刚刚返回的"发觉"号和"勇士"号于 1791 年 12 月离开了阿卡普而科去考察太平洋诸岛。探险队于 1792 年初离开菲律宾群岛,航行于太平洋边缘的不同位置,最终于 1794 年 2 月到达了加的斯(Cadiz)。一些成员获得成功:内厄在旅途中采集了 1 万多种的植物,并在马德里用大量时间整理他的观测资料。马拉斯皮纳则较为不幸,先是在庭内和解,后被判 10 年的监禁。[51]

结　语

由于与帝国和商业的利益联系在一起,科学探险扩展了欧洲帝国的范围,并且带来了欧洲扩展对于自然界以及人类的影响。随着读者大众对于异域的描写开始感到腻味,根据稀奇程度来确定收藏项目的价值的这种收藏文化也越来越受到蔑视。从 18 世纪 90 年代起,航海的指挥官都有特殊的指令,要对海岸线做出详细的估计,而博物学家采集植物学和动物学标本也必须为了**分析**。同样的"分析"方法也运用于研究非

[49] Engstrand,《新大陆的西班牙科学家》,第 44 页~第 49 页;D. C. Cutter,《马拉斯皮纳的归来:西班牙著名的太平洋科学探险(1789~1794)》(The Return of Malaspina: Spain's Great Scientific Expedition to the Pacific, 1789—1794),《美洲西部》(America West),15(1978),第 4 页~第 19 页;M. D. H. Rodriguez,《马拉斯皮纳的探险(1789~1794)》(La Expedición Malaspina 1789—1794, Madrid: Ministerio de Cultura, 1984);V. G. Claverán,《新西班牙的马拉斯皮纳探险队(1789~1794)》(La Expedición Malaspina en Nueva España, 1789—1794, Mexico: El Colegio de Mexico, 1988)。

[50] Engstrand,《新大陆的西班牙科学家》,第 50 页~第 76 页;T. Vaughan、E. A. P. Crownhart-Vaughan 和 M. P. de Iglesias,《启蒙运动的航海:1791/1792 马拉斯皮纳在西北海岸》(Voyages of Enlightenment: Malaspina on the Northwest Coast 1791/1792, Portland: Oregon Historical Society, 1976)。

[51] Engstrand,《新大陆的西班牙科学家》,第 104 页~第 109 页、第 111 页~第 118 页、第 123 页;H. W. Rickett,《到新西班牙的王家植物学探险队》(The Royal Botanical Expedition to New Spain),《慢性植物药材》(Chronica Botanica),11(1947),第 1 页~第 81 页;I. H. Wilson 编译,《关注努卡特:1792 年何塞·马里亚诺·莫齐诺对努卡特湾的解释》(Noticias de Nutka: An Account of Nootka Sound in 1792 by José Mariano Moziño, Seattle: University of Washington Press, 1970);R. McVaugh,《塞瑟和莫齐诺探险的生物学成果(1787~1803)》(Botanical Results of the Sessé and Moziño Expedition, 1787—1803, Ann Arbor: University Herbarium, University of Michigan, 1977),第 97 页~第 195 页;X. Lozoya,《墨西哥的植物与家畜:新西班牙的实际科学探险(1787~1803)》(Plantas y Luces en Mexico: La Real Expedición Científica a Nueva España, 1787—1803, Barcelona: Serbal, 1984)。

欧洲人。种种民族志的采集揭示出新颖的模式和差异,并且促进了价值负载的民族学和人类学的出现。当本土民族缓慢地从欧洲疾病的蹂躏中恢复过来的时候,他们又受到一种打着科学旗号、与颅骨测量学同属一类的种族歧视的困扰。但是,同样越来越清楚的是,地球不是一个有着无穷资源的星球,它需要小心地管理,否则它很快就会被毁坏。

到18世纪末期,航海家和博物学家已经拥有了可供他们支配的仪器,这在100年前连做梦也想不到,他们能够对各种现象进行测量,这同样是他们的先辈所不可想象的。由于抓住了细节,现在已经有可能在一颗"缩小了许多的行星"上进行地域性相似与差别的系统考察,而且,各方力量能够联合起来,形成一门关于地球现象的综合科学。亚历山大·洪堡努力揭示"自然力的联合",展示自然的内在统一,正是这样雄心勃勃的努力使得有可能用"全球物理学"把地球的各个角落联系起来。洪堡对他到南美洲冒险旅行5年的叙述,描绘了玛丽·路易丝·普拉特所谓的"一个戏剧性的、非同寻常的自然,一种能够超越人类知识和理解力的奇观",通过他流行的《自然观》(*Ansichten der Natur*)一书,他的体验被人们广泛地感受到。要想抓住这种现象的壮美宏大,需要有一种新的科学,洪堡对于"植被"的研究,把先前不相干的研究领域,比如植物学和地理学等联系起来,形成他所谓的"地球史"。绘制地图是这项事业的核心,而对地史学和动物地域分布的认知,为下一个世纪转向分析地球及其居住者的历史作好了铺垫。[52]

645

（乐爱国　楼彩云　程路明　译　方在庆　校）

---

[52] 也可参见 M. Nicolson,《亚历山大·冯·洪堡、洪堡式的科学和植物研究的起源》(Alexander von Humboldt, Humboldtian Science and the Origins of the Study of Vegetation),《科学史》,25 (1987),第 167 页～第 192 页;M. Dettelbach,《全球的物理学与美学帝国:洪堡对热带的自然描绘》(Global Physics and Aesthetic Empire:Humboldt's Physical Portrait of the Tropics),载于 Miller 和 Reill 编,《帝国的梦想》,第 258 页～第 292 页;M. Louise Pratt,《帝国的眼睛:旅行手记与跨文化》(*Imperial Eyes: Travel Writing and Transculturation*, London: Routledge, 1992),第 111 页～第 143 页,尤其是第 120 页。

第四部分

非西方传统

伊斯兰国家

埃米莉·萨维奇 - 史密斯

18 世纪是欧洲与伊斯兰国家之间相互敌对、相互交流和相互误解的一个时期。始于 16 世纪和 17 世纪的欧洲商业和军事扩张,一直持续到 18 世纪;在此影响下,近代欧洲早期的一些技术和科学思想被引入中东。这些思想和技术与中古时期伊斯兰活动相互共存,但有时并不稳定。在这个时期,伊斯兰国家统治者之间以及学者之间对西方科学和技术的关注和认同,存在着截然相反的看法。

拿破仑的 1798 年远征标志着欧洲科学、医学和技术有系统地进入近东;因为随远征而来到埃及的工程师和科学家们,系统地介绍了最新的欧洲思想,与此同时,也记录了他们所看到的当地的技术。[1]在那之前,对于欧洲科学思想的介绍,只是零星的,而且在这些思想被介绍到奥斯曼人、萨法维人和莫卧儿人的世界之前,大都是在时间上滞后的。从那以后,经历了相当长时间的社会的、有时是意识形态上的磨合,新的技术才(完全)融入到当地文化之中。

历史学家并没有对 18 世纪伊斯兰世界的科学、医学和技术活动予以重视。这一时期的资料只是一些片断,且难于解释。相对而言,学者们较少研究这段时间中用阿拉伯语、波斯语或土耳其语写成的文献,历史学家主要是依赖于欧洲旅行者、外交官和传教士的记录,而这些时常是一些肤浅的或是有偏见的叙述。[2]

18 世纪的伊斯兰世界可以看做由四部分组成:(1)印度,在那里,自 17 世纪起,欧洲人已经被允许进入莫卧儿朝廷;(2)波斯,由萨法维人统治,直到 18 世纪初期政权更替。它通过各国朝廷的外交使节和传教士与欧洲有许多接触;(3)安那托利亚半岛,这是奥斯曼帝国的政府管理中心;(4)叙利亚、埃及、伊拉克和北非,其中有许多地区归奥斯曼人统治。17 世纪,出现了较大的贸易公司——特别是东印度公司,(荷兰)东印度公司和法国印度公司(the Compagnie Française des Indes)——而且,他们在印度、

〔1〕 Charles C. Gillispie 和 Michel Dewachter 编,2 卷本《拿破仑时期的埃及遗迹:〈埃及纪事〉中考古学遗址大全》(*Monuments of Egypt, the Napoleonic Editions: The Complete Archaeological Plates from "La description de l' Égypte"*, Princeton, NJ: Princeton Architectural Press, 1987; reprint of 1809 edition)。
〔2〕 Ahmad Gunny,《18 世纪作品中的伊斯兰教形象》(*Images of Islam in Eighteenth-Century Writings*, London: Grey Seal, 1996),第 9 页~第 36 页。

波斯和土耳其的主要港口和宫廷附近,在奥斯曼各省以及像阿勒颇(Aleppo)这样的地方,建立贸易基地或"工厂"。这些商业贸易公司在中东和欧洲之间的信息与技术交流中起了重要的作用。1710 年前,波斯或印度是欧洲旅行者、商人和传教士首选之地,但是在那之后,波斯的来访者越来越少,大多数欧洲旅行者被吸引到叙利亚和埃及。尽管 1760 年卡斯滕·尼布尔率领一支丹麦探险队前往沙特阿拉伯,并在《阿拉伯游记》(*Description de l'Arabie*)中作了描述,但是,相对而言,阿拉伯半岛几乎无人问津。[3] 本文着重关注的是奥斯曼帝国以及萨法维帝国(还有稍后的纳迪尔沙阿[统治期为1736～1747]政权及其在波斯的继承者),而不是印度的莫卧儿帝国,因为印度将在本卷另一章(第 28 章)加以论述。

18 世纪,法国的商人和外交使团对中东具有特殊的影响。他们为波斯提供了枪炮制造专家,还有许多工匠,如宝石匠和钟表匠。[4] 同时对于奥斯曼人来说,法国人是技术和工匠的主要提供者,而且奥斯曼朝廷曾经为了抵抗俄国人和奥地利人而与法国结成联盟,以求得军事上的援助。正是由于法国对于近东的巨大影响,以至于所有欧洲人都被称为"法兰克人"(farangī 或 al-ifranj)。

在 1703 年至 1730 年奥斯曼苏丹艾哈迈德三世的统治时期,与欧洲的接触受到了公开的鼓励,新的思想和技术得以输入。1718 年至 1730 年期间,为苏丹艾哈迈德三世效力的大维齐耶(the Grand Vizier)*是伊卜拉欣帕夏(İbrahim Paşa)**,他尤其以赞助学术而著名。在这 12 年里,伊卜拉欣帕夏委任 25 位学者将阿拉伯和波斯的历史文献翻译成土耳其语,建立了 5 座公共图书馆(其中收藏的图书也包括科学著作),鼓励建立了第一个土耳其出版社,并且允许开展由帕拉塞尔苏斯(卒于 1541 年)的追随者已在欧洲发展起来的化学药品的研制活动。这个有目的地同欧洲接触的时期,因在 1730 年的一场革命中艾哈迈德三世及其维齐耶的去世而中断。

1720 年至 1721 年间,苏丹艾哈迈德三世委派伊尔米舍基斯·苏拉比·穆罕默德艾凡迪(Yirmisekiz Çelebi Mehmed Efendi)***出使法国,表面上是要告知法国人,奥斯曼政府允许他们修缮耶路撒冷的圣墓教堂,而档案文件表明,其真实的目的在于考察法国的军事和技术革新,并且报告适合于引入奥斯曼帝国的那些技术。到了巴黎,他记录了在乡下看到的水闸、运河、桥梁、隧道以及其他技术。在城里,他参观了天文台,对那里的许多仪器作了记载;在一家镜面厂,他看到了"与大马士革制造的金属大碗盘一样大"的凹面镜;在博物学博物馆,他对蜡制的解剖模型特别感兴趣;他还去了巨大的

[3] 《阿拉伯之旅:一千多年来丹麦与伊斯兰世界的联系》(*The Arabian Journey: Danish Connections with the Islamic World over a Thousand Years*, exhibition catalogue, Århus: Prehistoric Museum Moesgård, 1996),第 57 页～第 65 页。
[4] H. J. J. Winter,《萨法维时期的波斯科学》(*Persian Science in Safavid Times*),载于 Peter Jackson 和 Laurence Lockhart 编,《剑桥伊朗史(第 6 卷):帖木儿和萨法维时期》(*The Cambridge History of Iran, vol. 6: The Timurid and Safavid Periods*, Cambridge University Press, 1986),第 581 页～第 609 页。
* 大维齐耶即宰相之意。——校者
** 帕夏是奥斯曼土耳其人对文武官员的尊称。——校者
*** 艾凡迪是突厥语对人的尊称。——校者

玻璃温室（对他来说，显然是新概念）；并且还去了王家图书馆，在那里，他为所收集的大量土耳其语和阿拉伯语手稿而感到惊讶（按照法国人的说法）。在天文台，他看到了由乔瓦尼·多梅尼科·卡西尼制作、其儿子雅克手工复制的天文表校正仪，雅克是当时巴黎天文台的台长。在博物学博物馆，他得到了两个蜡制的解剖模型：一个是动物的，一个是男人的。穆罕默德艾凡迪对科学的和军事的问题极其感兴趣，而且在他的出使报告中，大部分是涉及天文学的内容。[5] 1748 年，被派往维也纳的大使穆斯塔法·哈提艾凡迪则显得没那么有经验：

> 应皇帝的命令，我们被邀请前往天文台，去看摆在那里的一些稀奇古怪的装置和令人惊奇的东西。我们接受了邀请，几天之后，去了一座七八层高的大楼。在天花板被打开的顶楼，我们看到了天文学仪器以及用于观测太阳、月亮和星星的大小望远镜。

> 我们看到了这样一件发明物：有两个相连的房间，其中一个房间里有一个轮子，在那个轮子上有两个大水晶球，一根比芦苇还要细的圆筒连接着这两个球，而从圆筒上有一根链条一直延伸进另一个房间；当轮子转动时，一股热风沿着圆筒进入另一个房间，在那里，热风从地面向上冲出，如果有人用手碰它，那股风就会吸住他的手指，并且使他全身发颤；更令人惊奇的是，如果碰它的人与另一个人手牵着手，并且又牵着另一个人，如此下去，二三十个人连成一串，那么，他们每一个人都会像第一个人那样，感到手指和身体发麻。我们亲自尝试了一下。由于他们并没有明白地回答我们提出的问题，也由于这整个装置仅仅是一件玩具，所以我们觉得不值得进一步寻求有关它的信息。

> 他们给我们看的另一件发明物是两个铜杯，分别放置在两张椅子上，大约相距 3 埃尔（ell）*。当在其中的一个铜杯中烧火的时候，另一个与之有一定距离的铜杯也会产生出爆炸的效果，好像七八支步枪在开火。

> 第三个发明物是一些小玻璃瓶，在我们看来，这些瓶子就是用石头和木头砸也不会破。他们在瓶子中放入了一些打碎的燧石，于是，这些手指大小的瓶子，虽然经得起石头砸，但却碎成了粉末。当我们问起其中的原因时，他们说，当玻璃直接从火中放到冷水中冷却时，它就会变成这个样子。我们把这个前后颠倒的回答归于他们法兰克人的欺骗。

> 另一个发明是一个盒子，里面有一面镜子，盒子外面有两个木柄。当转动木柄时，可以看到盒子里的纸卷在变化，印在上面的有各种各样的花园、宫殿以及幻景。

---

[5] Fatma Müge Göçek，《东方与西方相遇：18 世纪法国与奥斯曼帝国》（*East Encounters West: France and the Ottoman Empire in the Eighteenth Century*, Oxford: Oxford University Press, 1987），第 4 页，第 57 页～第 61 页，第 142 页～第 144 页。

* 埃尔：英国长度单位，等于 45 英寸（114 厘米）。——校者观览了这些玩意后,我送给了天文学家一件主教穿的法衣以表敬意,并给了天文台工作人员一些钱。[6]

这样的反应可以映射出这样的事实:维也纳的天文学家和天文台的职员把自己的许多发明看做是娱乐,是展示奥妙和奇迹的表演,可能尤其针对外国人而言是如此。在欧洲,电的示范和实验当然曾在大庭广众面前进行,常常具有教育的目的。[7] 然而,这则报告所说的在来自近东的观众面前做这样的示范,却并不表明这些场合也是为了教育或传播信息。

欧洲人所做的通过技术给观众带来快乐的事,在这个世纪的下半叶仍然能够看得到,弗朗索瓦·托特男爵对此做过叙述,他是一名法国军官,曾于 1773 年建议奥斯曼朝廷在伊斯坦布尔建立一所海军工程学校。作为在伊斯坦布尔为庆祝苏丹穆斯塔法三世(统治期 1757~1774)生日所举行的娱乐活动的一部分,弗朗索瓦·托特男爵做了一套装置给每个人以电击之感。他做了以下的叙述:

653

我做了一些电学实验,我希望能让他看到一种室内的焰火,在那个晚上剩余的时间里为我们带来快乐。电所产生的这种效果一开始就很强大,以至于要消除他们认为我具有魔法的怀疑是相当困难了,这个念头已经在他们心中扎了根,而且每一次新的实验都更加强化了这一点……第二天,这个城市到处传说着我所表演的奇迹。[8]

如果这是欧洲人向近东观众演示最新技术的惯常方式,那么,根本用不着奇怪,观看这种演示的人会把技术看做是类似于焰火表演这样的娱乐。当然,欧洲人做这些电的示范,也可能部分地反映出他们对于观众(如阿拉伯人和土耳其人)的轻视态度,认为他们只会像小孩一样感到惊奇和愉悦,但不会对技术的有用性做出严肃认真的解释或讨论。无论如何,这种表演对于真正传播新的技术思想并没有起到多少作用。

军事技术与制图学

在不断变化的军事设备中,可以看到最早的和最认真的采纳西方技术的努力。16世纪和 17 世纪,萨法维人、奥斯曼人和莫卧儿人在经历了多次耻辱的失败,痛苦地证

---

[6] Bernard Lewis,《穆斯林对欧洲的发现》(*The Muslim Discovery of Europe,* New York: W. W. Norton, 1982),第 221 页~第 238 页,引用语见第 231 页~第 232 页。

[7] 参见 Simon Schaffer,《消费热情:商品世界的电学展示主持人和保守党的神秘主义者》(The Consuming Flame: Electrical Showmen and Tory Mystics in the World of Goods),载于 John Brewer 和 Roy Porter 编,《消费与商品世界》(*Consumption and the World of Goods,* London: Routledge, 1993),第 489 页~第 526 页;John L. Heilbron,《17 世纪和 18 世纪的电学:近代早期物理学研究》(*Electricity in the Seventeenth and Eighteenth Centuries: A Study of Early Modern Physics,* Berkeley: University of California Press, 1979),第 134 页~第 166 页。

[8] François Baron de Tott, 2 卷本(共四部分)《弗朗索瓦·托特男爵论文集,包括在与俄国新近发生交战期间的土耳其帝国以及克里米亚的情形。有关于土耳其人与鞑靼人风俗习惯的大量趣闻轶事、事实与观察资料》(*Memoirs of Baron de Tott. Containing the State of the Turkish Empire and the Crimea, during the late War with Russia. With numerous Anecdotes, Facts and Observations, on the Manners and Customs of the Turks and Tartars* , London: Printed for G. G. J. and J. Robinson, Pater-Noster Row, 1785),根据法语版翻译,第 1 卷,第二部分,第 86 页。

明了传统军事武器已经过时之后,急切地采用欧洲人的枪和野战炮。然而,把欧洲人的枪和加农炮整合到军队之中,各地的情况并不是一致的,也不是没有阻挠的。有一种固执的偏见,反对像骑兵这样的部队使用枪,因为枪很笨重,并且会发出难听的噪音。的确,直到发明了燧发枪,枪才有可能在马背上使用,即使那样,还是牺牲掉了速度和灵活性——传统战争的两个特点。[9]

　　萨法维人并没有像奥斯曼人和莫卧儿人那么多地使用野战炮和攻城炮(加农炮),也许是因为地形不适合部署,也没有主要的航路能够运送如此沉重的设备。在1721年抵抗阿富汗军队的古尔纳巴德(Gulnabad)的战斗中,以及第二年在伊斯法罕(Isfahan)受到包围时,萨法维的炮虽然有法国老练的炮长进行指挥,但仍然处于劣势。然而,在这个事件中,促使萨法维统治结束的并不是更加有效地使用枪和炮,而是历史悠久的饥饿战略。加农炮在18世纪奥斯曼的军事策略中要比在伊朗或印度更能发挥出显著的作用。

　　除了军事技术之外,地图制作和航海方面的发明同样也引起了伊斯兰世界的兴趣。无论是在哪个方面,欧洲技术的采用都是一个缓慢而曲折的过程,而且,传统方法在整个世纪都仍然与早期欧洲的方法相互并存。比如,尽管在制订1711年普鲁特(Prut)战争的计划时用的是当时欧洲的地图制作方法,而且在后来的几十年中类似的军事地图在数量上不断增加,但16世纪和17世纪奥斯曼帝国的军事地图中明显还留有的中世纪后期的地图制作习惯,它们一直被运用于各种地图直到19世纪末。虽然奥斯曼帝国制作过军事地图以及水路和国家建筑工程的分布图,但是,其他陆路地图的制作,似乎是由私人来完成的,并表现出更多的守旧性。比如,埃尔祖鲁姆卢·伊卜拉欣·哈克于1756～1757年撰写的一本特别流行的土耳其百科全书《知识之书》(Ma'rifetname)中所插的地图,就是来源于荷兰地图制作者霍安·布劳(卒于1673年)的平面球形世界地图。他的百科全书主要涉及宇宙论问题,但是,它包括了一些早期现代欧洲人的思想,如磁性指南针和日心说,后者被附加于古代几何中心理论之上。为了插入世界地图,他从1675年和1685年间被译为土耳其语的布劳的《大地图集》(Atlas Maior)中找到了平面球形地图。结果,哈克的新大陆地图重复了布劳把加利福尼亚说成是岛屿的错误,尽管到哈克的时代,新的欧洲地图已经对此作了纠正。他使用过时的地图,这说明或者是他没能看到同时代的平面球形地图,或者是他认为基本

654

---

〔9〕　Rudi Matthee,《没有围墙的城市和好动的游牧民:伊朗萨法维人的枪与炮》(Unwalled Cities and Restless Nomads: Firearms and Artillery in Safavid Iran),载于Charles Melville 编,《波斯萨法维王朝:伊斯兰社会的历史和政治》(Safavid Persia: The History and Politics of an Islamic Society, London: I. B. Tauris in association with the Centre of Middle Eastern Studies, University of Cambridge, 1996),第389页～第416页。

的文献工作也并非必须使用最新的知识。[10]

1734年,于伊斯坦布尔市郊的斯屈达尔(Üsküdar)建立了一所突出军事科学的工程学校,出版了一些土耳其语版本的有关军事和工程方面的欧洲教科书,供学校使用。这些书包括意大利军人蒙特古哥利伯爵有关军事科学的论文。[11]尽管奥斯曼帝国对最新的欧洲军事、航海、地图制作以及工程方面的发明都抱有相当大的兴趣,但有证据表明,波斯对于欧洲军事技术的发展的兴趣,远胜于其他方面。

机械时钟和手表

对于西方技术的不同反应,明显表现在对机械时钟的传入上。有文献记载,奥斯曼帝国对机械时钟(相对于水钟)的兴趣,最早产生于1531年,当时苏丹苏莱曼一世戴了一个上面配有手表的金手镯。其后,欧洲人经常把时钟和手表当做礼物送给伊斯兰国王以及地方统治者和官员。在1547年奥地利与奥斯曼帝国之间签署的一项协议中规定,奥地利每年要向奥斯曼帝国进贡银饰、时钟以及大量的钱财,以阻止其入侵。这项协议的结果是,欧洲有了专门针对奥斯曼市场的时钟和手表的生产,这个市场甚至到了停止进贡之后仍然延续着。在18世纪,法国、瑞士以及英国的钟表制造者相互竞争这个市场,欧洲的钟表制造者们在这段时间的通信内容中有打算船运到奥斯曼帝国的时钟和手表清单。钟表的装饰往往与那个市场相适应,钟表的表面带有伊斯兰风格,或者是博斯普鲁斯海峡或麦加的风景,有时欧洲的钟表制造者用阿拉伯语手写体刻上他们的签名。在18世纪,托普卡匹宫(Topkapi Palace)有了许多这样的时钟和手表,而且一些小型绘画上也描绘了赠送包括时钟在内的礼物给君主苏丹国王时的情形。[12]

然而,有关这些时钟和手表的使用,几乎看不到什么资料。有证据表明,它们的功能更多的在于装饰而不在于实用方面,因为它们似乎都摆放在需要装饰的物品上,有一个重要的例子是,它们被用于装饰一个金色鸟笼的底座。在奥斯曼人的心目中,时钟具有的精确计量时间流逝的功能以及手表具有的便携和记时功能(在欧洲,这两者都很被看重),似乎都不是其主要的价值。

这里的原因在于奥斯曼人是用不均等时间进行伊斯兰民间的和宗教的记时。其时间单位是通过把日落到日出之间、日出到日落之间各划分为12个时段计算出来的。

[10] Ahmet T. Karamustafa,《军事地图、行政地图与学术地图及示意图》(Military, Administrative, and Scholarly Maps and Plans),载于 J. B. Harley 和 David Woodward 编,《地图制作史(第 2 卷第一部分):传统伊斯兰和南亚社会的地图制作》(The History of Cartography: Volume Two, Book One: Cartography in the Traditional Islamic and South Asian Societies, Chicago: University of Chicago Press, 1992),第 209 页~第 227 页;J. M. Rogers,《苏丹的帝权:纳塞尔·哈利利收藏品中的奥斯曼艺术品》(Empire of the Sultans: Ottoman Art from the Collection of Nasser D. Khalili, Geneva: Musée d'art et d'histoire, 1995),第 121 页~第 123 页。

[11] Lewis,《穆斯林对欧洲的发现》,第 235 页;Abdülhak Adnan-Adıvar,《土耳其奥斯曼人的科学》(La science chez les Turcs ottomans, Paris: G. -P. Maisonneuve, 1939),第 142 页~第 144 页。

[12] Göçek,《东方与西方相遇》,第 105 页;Otto Kurz,《近东的欧洲时钟和手表》[European Clocks and Watches in the Near East, (Studies of the Warburg Institute, 34), London: The Warburg Institute, 1975],第 70 页~第 88 页。

对于赤道附近以外的地区来说,每年只有两天(春分和秋分),白天 12 小时与夜晚 12 小时的长度相等。不仅夜晚和白天的长短随季节的变化而不同,而且季节的长短也随纬度的不同而变化,所以,不均等时间在各地是有变化的。对于这样一种记时系统,以相同长度的 24 小时为基础的欧洲钟表当然是不适合的(除非是用于天文学计算)。

在伊斯坦布尔,似乎并没有本土的钟表制造者或修理者。皇宫记录表明,所有进口钟表都由居住在君士坦丁堡的外国工匠修理。从 16 世纪末到 18 世纪,欧洲尤其是日内瓦的钟表匠以及金匠在出师之后,总要在君士坦丁堡工作数年,有了经验,赚了钱,然后返回家乡。这种技术上对于欧洲的依赖促使伏尔泰于 1771 年写信给腓特烈大帝(当时讨论的是要为大约 50 个日内瓦的宗教流亡者同时又都是钟表匠的产品建立新的市场):"他们[奥斯曼人]从日内瓦进口手表至今已有 60 年,而他们仍然没有能力进行制造,甚至进行校准。"[13]

关于伊拉克、埃及和叙利亚的奥斯曼各省对欧洲钟表的接纳和使用,所获得的资料要比伊斯坦布尔宫廷里的更少,而事实上,有关这一时期机械时钟在波斯所产生的影响,则根本没有记载。

印刷出版

近东对于新技术的不同反应,还明显地表现在接受印刷技术方面。由于那里很迟才采用这种技术,这使得一些历史学家推测它的缺乏是致使近东消化欧洲技术、科学和"现代主义"的过程如此缓慢的一个主导性因素。[14]虽然活字印刷术最终在中东各地被采用,但是,从手写文化到印刷文化的转变,经历了相当长的时期才得以实现,并且伴随着明显的社会调适和反应。在奥斯曼帝国,最早采用印刷技术的是少数人的团体。15 世纪,来自西班牙和葡萄牙的犹太人流放者得到允许,在伊斯坦布尔建立了一家印刷厂,但只是印刷拉丁语或希伯来语文字。苏丹巴亚吉德二世于 1485 年和苏丹色里姆一世于 1515 年先后颁布法令,明文禁止穆斯林印刷阿拉伯语手稿,而 1588 年由苏丹穆拉德三世(统治期 1574～1595)批准的一份许可证(授权证书)则允许从欧洲进口阿拉伯语印刷品;在欧洲,罗马的梅迪奇出版社(Medici Press)自 1586 年起就已经开始印刷阿拉伯语图书,而在意大利的其他地方,要更早一些。1567 年,曾在威尼斯学习印刷并在那里获得铅字的牧师——托卡特(Tokat)的阿布加·梯比尔,在伊斯坦布尔建立了一家亚美尼亚语出版社。第一家希腊语出版社于 1627 年由尼科迪默斯·梅塔克萨斯建立,他 1622 年毕业于牛津贝列尔学院(Balliol College),并在伦敦就已经开始

[13] 引自 Lewis,《穆斯林对欧洲的发现》,第 234 页;Kurz,《近东的欧洲时钟和手表》,第 71 页。
[14] 有关事例,可参见 George Atiyeh,《现代阿拉伯世界的图书》(The Book in the Modern Arab World),载于 Atiyeh 编,《伊斯兰世界的图书:中东的书面文字与交流》(The Book in the Islamic World: The Written Word and Communication in the Middle East, Albany: State University of New York Press, 1995),第 235 页。

印刷宗教图书。大主教西里尔·卢卡里斯邀请他（带着希腊语印刷铅字）到伊斯坦布尔，并希望他通过出版社反对耶稣会士的宣传，但是 1628 年耶稣会士提出控告，迫使苏丹的禁卫军关闭了出版社。在奥斯曼帝国的疆域里，最早印刷阿拉伯语手稿的图书是阿拉伯语译本《圣经》，1716 年在阿勒颇印刷。1720 年和 1721 年，奥斯曼帝国的法令反映出由于使用经某些亚美尼亚牧师革新的印刷材料而引起了一些社会动乱。

伊卜拉欣·穆特费里卡（卒于 1745 年）建立了最早的穆斯林土耳其语出版社，他原是一位匈牙利一神教派信徒，后皈依伊斯兰教。他曾为苏丹艾哈迈德三世写了一篇有关印刷出版的好处的文章，随后便获得许可建立第一家能够印刷土耳其语文献（包括阿拉伯语手稿）的出版社。艾哈迈德三世于 1727 年批准颁发给他的许可证说道：

> 由于你就上述各种活动写过有学问的文章，并具有专业水准，所以你要不失时机地注意其必要性和开支，这样，有朝一日，西方技术会像新娘那样被揭开面纱，而大白于天下。穆斯林完全有理由为你祈祷，并永远赞颂你。除了有关宗教法律、《古兰经》注释、先知传说和神学方面的图书之外，你曾在上述的文章请求国王允许印刷字典、历史书、医学书、天文和地理书、游记和逻辑书……可以印刷字典以及有关逻辑、天文和类似主题的副本，但为了避免印刷出来的书有印刷错误，对伊斯兰法律有专长的、博学的、受人尊敬的和有功绩的宗教学者：伊斯坦布尔优秀的 Kazī（伊斯兰教法官）伊斯哈克毛拉（Mevlana İshak）*、舍朗尼基（Selaniki）的 Kazī 沙希比毛拉（Mevlana Sahib）和戈拉塔（Ghalata）的 Kazī 阿萨德毛拉（Mevlana Asad），保佑他们的功绩不断增长，以及根据著名的宗教法则所确认的正教学者的栋梁卡西姆帕夏毛拉维教团（Kasim Paşa Mevlevikhane）**的 Sheykh（长老）穆萨毛拉（Mevlana Musa），保佑他的智慧和知识不断增长，将监督校对。由于出版社已经建立，上述有关历史、天文、地理、逻辑等方面的各种图书在经过有学问的学者的反复检查之后，可以多印。无论如何，你要特别注意，始终避免副本的错误，并且在这个方面要依靠高尚的有学问的人。1139 年 11 月中旬（公元 1727 年 6 月底）颁发给伊斯坦布尔的受保护者。[15]

这样，虽然穆特费里卡被批准允许建立印刷出版社，但他只限于出版世俗书，甚至这些还必须经由三位法定权威人士和一位宗教学者组成的小组的校对和批准。在那里似乎已经担心越来越多的社会不安定是由这种方便的交流方式而引起的，而这种担心可能来自于更早时候由亚美尼亚人、希腊人和耶稣会士制造的麻烦。[16]

---

* Mevlana，是"我们的大师"之意，也译为"麦夫拉那"。参考：http://www.mekder.org/english/index.php? option = com_content&task = view&id = 76。——校者
** Mevlevikhane，苏非派的一个教团，由加拉勒丁·鲁米（Jalal-Al-Din Rumi）创建，也译为"麦夫列维教团"。——校者
[15] 由 Christopher M. Murphy 翻译，载于 Atiyeh 编，《伊斯兰世界的图书》，第 284 页～第 285 页。
[16] Göçek，《东方与西方相遇》，第 108 页～第 115 页；H. A. R. Gibb 和 Harold Bowen，《伊斯兰社会和西方（第 1 卷）：18 世纪的伊斯兰社会》（Islamic Society and the West: Volume One: Islamic Society in the Eighteenth Century, Oxford: Oxford University Press, 1950—7），共两部，第二部，第 153 页。

穆特费里卡特别热衷于印刷地图和地理资料,其中有些资料就包含了早期的现代欧洲思想,尽管在当时是一些过时的思想。这种出版运营只是从 1729 年持续到穆特费里卡患病的 1743 年,其间只印刷了 17 种图书。穆特费里卡的继承人获得了额外的许可,被允许继续印刷,但到 1797 年出版社关闭,仅多印了 7 种书。

在奥斯曼帝国中心地区之外,对印刷术的尝试甚至更加缓慢。在埃及,印刷出版技术直到 1798 年拿破仑远征才得以传入,当时的印刷铅字是法国和罗马提供的。在波斯,伊斯法罕(Isfahan)的卡梅尔派托钵僧修道士(Carmelite friars)想方设法用 1629 年由罗马所送的阿拉伯语铅字建立一家出版社,但他们似乎根本没有成功地发行过一本书。1648 年后,印刷机一直储藏在东印度公司的仓库里,然后,1669 年又送还给卡梅尔派托钵僧,一直就没有用。17 世纪初,伊斯法罕建立了一家亚美尼亚语出版社;尽管它确实发行了一些图书,但到这个世纪末,也停止了运作,并且直到 1771 年才建立了另一家亚美尼亚语出版社。至于波斯语图书(用阿拉伯语字体),有些是从欧洲进口的(自 1639 年起,它们已经开始在莱顿印刷),而且到 18 世纪末,它们还从印度得到进口,在那里,东印度公司于 18 世纪 80 年代在加尔各答开始印刷波斯语(以及阿拉伯语)图书。但波斯本身,直到 1817 年才开始发行用活字印刷的波斯语图书。

虽然有这些断断续续的印刷尝试,但图书的生产一直主要是交托给抄写员来进行的,直到完全进入 19 世纪下半叶。以阿拉伯语字体印刷(用来书写土耳其语和波斯语),要比印刷希腊语、拉丁语、希伯来语或亚美尼亚语更困难,后者都是相互独立的字体;而只有阿拉伯语字体是连写的,字母之间连在一起,大小不同,因此给排字工带来了相当多的问题。此外,阿拉伯语字体印刷出来的样子,缺少了许多手抄本的书法美,而且印刷设备的费用与当时在劳动力十分低廉的情况下使用手工抄写所需的费用相比是非常高的。另外,大规模地引进印刷技术,还会取代大量容易找到的和令人尊敬的熟练抄写工。当波伦亚的学者路易吉·费尔迪南多·马西里(卒于 1730 年)访问伊斯坦布尔时,他说,这个城市有 8 万个抄写员。而且,《古兰经》(Qur'ān)被看做是真主永恒的语言,而阿拉伯语由于是传达真主语言的媒介而受到推崇,正是这些原因,宗教学者(the "ulamā")最初反对使用从基督教世界引进的金属设备印刷阿拉伯语文本,尤其是宗教和《古兰经》文本。此外,"ulamā"还非常担心大量印刷的宗教和法律文本,有可能削弱他们对于教育和法律制度的控制。[17] 由于这些与活字印刷相关联的缺陷与困难,这种技术在近东的广泛运用被认为并不像在欧洲那样必要,这用不着惊讶。另一方面,平版印刷术于 1796 年由慕尼黑的阿洛伊斯·塞内费尔德发明之后,便几乎马上被所有使用阿拉伯语字体的国家(印度、波斯、奥斯曼帝国以及北非)所采纳,因为它可以廉价地印刷出多个副本,并且仍然能够保持手抄本的所有书法和审美特征,而不受

659

---

[17] G. Oman、Günay Alpay Kut、W. Floor 和 G. W. Shaw,"印刷"(Motba'a, printing),载于 C. Bosworth、E. van Donzel 等编,《伊斯兰百科全书》(*The Encyclopaedia of Islam*, Leiden: Brill, 1991),第 2 版,第 6 卷,第 794 页～第 807 页;Atiyeh 编,《伊斯兰世界的图书》,第 209 页～第 253 页,第 283 页～第 292 页。

铅字的限制。采用或不采用印刷术对于近东消化和传播早期现代欧洲的思想和技术所起的作用，仍然需要认真的考察。

天文学

在这个时代，天文学仪器甚至表现出更大的保守性。16 世纪和 17 世纪与欧洲天文图制作的早期联系，并没有产生很大的持续的影响。比如，根据梅尔基奥尔·塔韦尼耶于 1650 年左右印刷的、亚兹德（Yazd）的仪器制造者穆罕默德·马赫迪于 1654 年雕刻在星盘上的早期欧洲星图所制作的平面天球星座图，似乎并没有对伊斯兰的天文图制作或仪器设计产生更多的影响。同样，1579 年赫拉德·墨卡托工场制作并赠送给奥斯曼苏丹穆拉德三世的华丽的镀金天球仪和地球仪，似乎也没有对奥斯曼帝国或伊斯兰世界其他地方的地球仪设计产生影响。[18] 像望远镜和显微镜这样的欧洲仪器，作为赠送给大使的礼物，也没有对波斯或奥斯曼帝国本地制造的仪器产生影响。在这整个世纪中，天文图的制作以及天文学仪器的设计都一直原原本本地保持着托勒玫的和传统的风格。

尽管 17 世纪之后欧洲不再制作星盘，但是在波斯，还是制作了许多星盘。这种星盘的大量制作，也许较多地是反映朝廷对于占星术的兴趣，而不是对于天文学研究的热心——这些星盘上一直刻画着占星表就可以作为证明。另一方面，相比较而言，这一时期的奥斯曼帝国几乎没有制作星盘，但有许多 18 世纪的奥斯曼四分仪，它们被用于观测，用于测量恒星或行星的角高，以及用于其他三角计算。18 世纪奥斯曼仪器制造者所生产的另一种仪器是被称做 dā'irat al-mu'addil 的轻便仪器，它把一个日晷与一个方向罗盘组合在一起，成为祈祷时确定所面对方向的一个装置。所有这些仪器都是根据中世纪使用的仪器变化而来，并没有反映出欧洲流行使用的天文学仪器。[19]

至于早期欧洲的天文学论述，18 世纪有许多星表（比如，1740 年雅克·卡西尼在法国发表的以及 1759 年约瑟夫·德·拉朗德在巴黎印制的）被翻译成土耳其文。然而，这些东西总体来说是缺乏理论的，并不能说明最新的欧洲天文学发现产生了任何影响。在一些奥斯曼的作品中，在论述传统的托勒玫理论的同时，也一并提及了太阳中心说，但它似乎只是被看做次要的技术性的假说，并没有给予多大关注，而且在某些场合，还引起了批评。伊卜拉欣·穆特费里卡在他于 1732 年印刷的 17 世纪地理学著作的附录中，较为详细地描述了新的天文学，并且根据埃德蒙·普尔绍（卒于 1734 年）的著述介绍了太阳中心说的历史。在这样做的时候，穆特费里卡把这种理论只是看做

[18]　F. Maddison 和 E. Savage-Smith，《科学、工具和魔术》（*Science, Tools, and Magic*, London/Oxford: Azimuth Editions and Oxford University Press, 1997），共两部，第一部，第 173 页～第 175 页；Christie's London，《穆拉德三世的天球仪和地球仪》（*The Murad III Globes*）（出售目录），1991 年 10 月 30 日。

[19]　Maddison 和 Savage-Smith，《科学、工具和魔术》，第一部，第 248 页～第 259 页，第 266 页，第 277 页～第 279 页。

不成功的,没有根据的,并且要求学者们通过对这种理论加以批判,大力支持地球中心说,以发展天文学。[20]

至于波斯,备受 18 世纪初战争和政治动乱的影响,许多学者,纷纷从那里移居到德里的莫卧儿宫廷。这个时期波斯的天文学著述表现为对占星术的极大兴趣,并对中世纪末期的天文学文献非常关注。

医 学

16 世纪和 17 世纪,早期欧洲的医学思想开始慢慢传入中东,并延续至 18 世纪,但是,欧洲医学的发展与其传播到中东之间总是存在着时间上相当程度的滞后。这个时间上的滞后明显地表现在,比如 1543 年在巴塞尔就出版了维萨留斯的拉丁文著作《人体的结构》(De humani corporis fabrica)。但有证据表明,直到 17 世纪,奥斯曼帝国才有人知道这部著作,而从 17 世纪末至 19 世纪中期波斯的佚名手稿中,才可以看到根据维萨留斯的《人体的结构》中的图所描绘的骨骼和肌肉草图,以及一些人体器官图。1548 年皮埃特罗 - 安德烈·马蒂奥利在意大利出版的植物学和药物学的著作,1770 年才被翻译成土耳其文。死于 1657 年的威廉·哈维有关血液循环的理论,直到 18 世纪末才被土耳其著作家提及,尽管 1664 年奥斯曼宫廷的一位希腊翻译者亚历山大·马夫罗科扎托已经在博洛尼亚大学以这个发现为题完成了学位论文。[21]

在苏丹艾哈迈德三世统治时期,根据帕拉塞尔苏斯理论而发展的欧洲化学药物受到伊斯坦布尔一些穆斯林医生的推崇。"化学药物"的概念最初是通过一位名叫沙利赫·伊本·纳舍尔·伊本·塞卢姆的宫廷医生的著作传到 17 世纪的奥斯曼朝廷的,这位叙利亚人于 1655 年把马尔堡大学医学教授奥斯瓦德·克罗尔(卒于 1609 年)和维滕贝格(Wittenberg)大学医学教授丹尼尔·森纳特(卒于 1637 年)的拉丁文论文编译成阿拉伯文著作。这两位教授是帕拉塞尔苏斯(卒于 1541 年)的追随者,他们在生产药物时运用了无机酸、无机盐以及炼金术工艺。许多药剂都需要蒸馏过程和新大陆本地产的植物,比如愈疮木和菝葜。伊本·塞卢姆的著作不仅反映了新的化学药物,

[20] Ekmeleddin İhsanoğlu,《西方科学传入奥斯曼世界:现代天文学案例研究(1660 ~ 1860)》(Introduction of Western Science to the Ottoman World: A Case Study of Modern Astronomy, 1660—1860),载于 Ekmeleddin Ekmeleddin İhsanoğlu 编,《现代科学技术向穆斯林世界的传播:"现代科学和穆斯林世界"国际研讨会论文集》(Transfer of Modern Science & Technology to the Muslim World: Proceedings of the International Symposium on "Modern Sciences and the Muslim World", Istanbul: Research Centre for Islamic History, Art and Culture, 1992),第 67 页~第 120 页。

[21] Gül Russell,《"猫头鹰和猫咪":解剖学插图中的文化传播过程》("The Owl and the Pussy Cat": The Process of Cultural Transmission in Anatomical Illustration),和 Ramazan Şeşen,《贝尔格莱德政务会的翻译者阿卜杜尔曼南及其在翻译活动中的地位》(The Translator of the Belgrad Council Osman b. Abdülmennan & His Place in the Translation Activities),载于 İhsanoğlu 编,《现代科学技术向穆斯林世界的传播》,第 180 页~第 212 页,第 371 页~第 384 页;Maddison 和 Savage-Smith,《科学、工具和魔术》,第一部,第 14 页~第 24 页;Adnan-Adıvar,《土耳其奥斯曼人的科学》,第 99 页~第 100 页;Albert Hourani,《欧洲人心目中的伊斯兰》(Islam in European Thought, Cambridge University Press, 1991),第 140 页。

而且还第一次用阿拉伯语描述了许多"新"的疾病,比如坏血病、贫血、萎黄病、英国汗(一种流行性感冒)和纠发病(一种因虮子侵害而引起毛发枯落的东欧流行病)。然而,伊本·塞卢姆从理论上思考疾病原因和症状,主要不是根据帕拉塞尔苏斯学派,而是根据 13 世纪到 16 世纪中世纪末期伊斯兰的著作家,尤其是古特布·丁·设拉兹于 1283 年对伊本·西那(卒于 1037 年,即被欧洲人称为阿维森纳的人)所著《医典》(*Qānūn fi al-tibb, Canon of Medicine*)而作的阿拉伯语注释,以及叙利亚医生达伍德·安塔基(卒于 1599 年)所撰写的医学纲要。结果,他的著作成了中世纪末期伊斯兰医学思想与 17 世纪欧洲医学化学的混合品。帕拉塞尔苏斯学派的各种版本的著作,在 18 世纪才逐渐被欧默尔·辛安·伊兹尼克和欧默尔·西法伊这样的土耳其医学和化学的著作家所使用。[22]

　　然而,对帕拉塞尔苏斯医学的研究兴趣,遭到了某些反对,如 1704 年所颁布的法令要求禁止"新医学"的实施。它提到了"某些法兰西团体的假冒医生,放弃老医生的方法,使用某些所谓的新药(tibb-ijedid)",并且还指出,皈依伊斯兰教的穆罕默德(Mehmed)及其伙伴(一位在埃迪尔内[Edirne]开了间诊所的欧洲医生)都从此被驱逐出该城市。[23]无论这条法令出于什么动机,它的影响显然既不广泛,也不持久,因为 18 世纪所著写的(或复制的)大多数的土耳其语著作都涉及、至少部分涉及新的化学药物。

　　当 18 世纪中期瘟疫降临伊斯坦布尔的时候,奥斯曼帝国穆斯塔法三世下令将荷兰医学改革家赫尔曼·布尔哈夫(卒于 1738 年)分别于 1708 年和 1709 年出版的两本书《医学原理》(*Institutiones medicinae*)和《疾病认识和治疗格言》(*Aphorismi de cognoscendis et curandis morbis*)翻译成土耳其语。土耳其语的译本由宫廷医生速卜黑-扎德·阿卜杜勒-阿齐兹会同奥地利的翻译家托马斯·冯·赫伯特于 1768 年完成,试图通过讲解和注释,把欧洲的医学与中世纪的医学协调起来。[24]

　　在波斯,17 世纪末、18 世纪初动荡的政治环境使得许多医生移居莫卧儿宫廷,即德里。移居印度的最著名的难民之一是米尔扎·阿拉维汗,他于 1699 年离开设拉子(Shiraz),最后成为德里的宫廷医生,后来,他又返回波斯一段时间,担任纳迪尔沙阿的医生。在波斯的商业公司有时把医生派往各个工厂,照看欧洲商人和传教士的健康,

[22]　E. Savage-Smith,《17 世纪伊斯兰国家对眼睛疾病的药物治疗:帕拉塞尔苏斯学派"新化学"的影响》(Drug Therapy of Eye Diseases in Seventeenth-Century Islamic Medicine: The Influence of the "New Chemistry" of the Paracelsians),《历史上的药剂学》(*Pharmacy in History*),29(1987),第 3 页～第 28 页;Nil Sari 和 M. Bedizel Zülfikar,《17 世纪和 18 世纪帕拉塞尔苏斯学派对奥斯曼医药学的影响》(The Paracelsian Influence on Ottoman Medicine in the Seventeenth and Eighteenth Centuries),载于 İhsanoğlu 编,《现代科学技术向穆斯林世界的传播》,第 157 页～第 179 页;Adnan-Adıvar,《土耳其奥斯曼人的科学》,第 96 页～第 98 页、第 128 页。

[23]　引自 Lewis,《穆斯林对欧洲的发现》,第 231 页。也可参见 Sari 和 Zülfikar,《17 世纪和 18 世纪帕拉塞尔苏斯学派对奥斯曼医药学的影响》,第 168 页～第 169 页;G. A. Russell,《奥斯曼宫廷的医生》(Physicians at the Ottoman Court),《医学史》(*Medical History*),34(1990),第 243 页～第 267 页,尤其是第 265 页～第 266 页。

[24]　C. E. Daniëls,《布尔哈夫两部书的东方、阿拉伯与土耳其式的译本》(La Version orientale, arabe et turque, des deux premiers livres de Herman Boerhaave: Étude bibliographique),《两面神》(*Janus*),17(1912),第 295 页～第 312 页。

偶尔也为当权者看病,因为萨法维(以及后来的)统治者有时也请教欧洲的医生。比如,纳迪尔沙阿在他私人医生阿拉维汗到麦加朝圣的时候,就会去找一个欧洲的医学顾问。纳迪尔沙阿曾经短暂接受过里昂嘉布遣会修士达米安(Fr. Damian)的服务,后来又要求在伊斯法罕的英国代理商给予医疗帮助,并且在得不到满意的服务时,又找了荷兰的代理商。[25] 在北非,也出现过类似的情况,突尼斯的土耳其统治者在雇用当地宫廷医生的同时,也向欧洲的医生请教。[26]然而,普通人也许并没有受到欧洲医学的影响。

18 世纪,尽管对欧洲的医学思想有了一些了解,并偶尔同欧洲医生接触,但大多数阿拉伯、土耳其和波斯的医学论著更加关注中世纪的伊斯兰医学。在这期间,阿维森纳的《医典》被完整翻译成土耳其语和波斯语。饮食疗法、药物治疗以及自助手册是医学作品关心的主要焦点,而在阿拉伯语地区,似乎在复兴一种对医学诗的兴趣,其内容主要涉及饮食和药物知识。

18 世纪的欧洲旅行者时常注意到,中东的医生无法赶上欧洲医学的发展,也无法同丰富的阿拉伯中世纪医学典籍相媲美。[27] 当时在阿勒颇英国工厂当医生的亚历山大·罗素(卒于 1768 年),对 1742 年和 1753 年间叙利亚(当时在奥斯曼帝国统治之下)的医疗保健作了特别有趣的说明。在他的《阿勒颇的博物学》(*The Natural History of Aleppo*)中,他评论说阿勒颇的街道虽然狭窄但铺设得很好并且"保持得非常干净",同时也观察到"这里的人们并没有想到锻炼身体对于保持健康和治愈疾病的好处"。1742 年,他在对天花的流行进行描述的同时,写到"这里的接种只是在基督教徒中进行,即使在他们中也不普遍"。[28] 对于常见病的治疗,他接着说:

> 尽管土耳其人认为自己的命运是注定的,然而他们相信,上帝虽然用疾病折磨人类,但还是会为他们送来治病药方的,因此,他们可以使用适当的方法使自己恢复健康。正因为如此,这里的执业医生很受人尊重,而且人数很多。主要是当地的基督教徒,还有一些犹太人。土耳其人很少从事这个职业。然而,当地的每一个人,任何教会的人,如果没有 Hakeem Bashee(首席医生)颁发的执照,都不允许开业;但即使是一窍不通的人,只要花一些金币就能够取得执照;他们这些人大都胆大妄为,因为这里没有任何教授医学知识的学校;而且,由于他们当时的政府

[25] Cyril Elgood,《波斯医学史》(*A Medical History of Persia*, Cambridge University Press, 1951),第 348 页～第 436 页;Elgood,《萨法维的医学活动》(*Safavid Medical Practice*, London: Luzac, 1970),第 97 页～第 105 页,第 285 页～第 288 页。

[26] N. E. Gallagher,《突尼斯的医学和能力(1780～1900)》(*Medicine and Power in Tunisia, 1780—1900*, Cambridge University Press, 1983),尤其是第 17 页～第 18 页。

[27] 参见 Gunny,《18 世纪作品中的伊斯兰教形象》。有关 19 世纪类似的反应,参见 Rhoads Murphey,《16 世纪至 18 世纪的奥斯曼医药学和跨文化主义》(Ottoman Medicine and Transculturalism from the Sixteenth through the Eighteenth Century),载于《医学史简报》(*Bulletin of the History of Medicine*),66(1992),第 376 页～第 403 页。

[28] Alexander Russell,《阿勒颇及其邻近地区的博物学》〔*The Natural History of Aleppo, and Parts Adjacent*, London: A. Millar, 1756(mispr. 1856)〕第 5 页和第 194 页。也可参见 Abraham Marcus,《现代性前夕的中东:18 世纪的阿勒颇》(*The Middle East on the Eve of Modernity: Aleppo in the Eighteenth Century*, New York: Columbia University Press, 1989),第 252 页～第 268 页。

机构不允许实行人体解剖,他们从来也没有想过那种残忍的事情,所以,他们对人体的各个部位及其功能的看法是相当成问题的。

在使用化学药物方面,他们完全是无知的,他们中间偶尔有人略知一些仅够养家糊口的炼金术知识。他们中间所使用的书是一些阿拉伯作家尤其是伊本·西那(阿维森纳)所写的,对他们来说,这些书的权威性是无可争辩的。他们同样也有希波克拉底、盖伦、迪奥斯科里季斯以及其他一些古希腊医学家的译本,但这些复本基本上都是错误百出的。因此不难看出,这个国家当地的医学状况以及其他所有科学是非常落后的,远远落后于前进的步伐。

虽然他们在医术方面是无知的,但是,他们是见风使舵的大师,知道该如何使似是而非的理论适合于患者的思考方式,他们会毫不犹豫地引述希波克拉底、盖伦和阿维森纳的经典,来支持最荒谬可笑的看法。正是单凭这样一种方式,他们大胆声称着,并且被期待着去发现各种疾病,甚至觉得颇有意义。

……以上所说的执业医生,只是针对当地医生;至于那里的一些欧洲医生,他们以自己的方式进行治病,很受居民的尊重,尽管居民们可能为了省钱,也可能是担心所开的药过于厉害,而很少求助于欧洲医生,除非他们尝试了他们自己的医生并发觉根本没有用。[29]

按照罗素的说法,土耳其的许多著作所讨论的帕拉塞尔苏斯学派的化学药物,在当时属于奥斯曼的阿勒颇的执业医生中似乎并不流行。一位跟随拿破仑远征军到埃及的法国随军药剂师皮埃尔-夏尔·鲁耶说道,在这个世纪末,"淡漠而懒惰的埃及人已经大量地停止使用他们自己的药物"。从他的报告中可以看出,欧洲的药物已经为埃及人所使用,但是,汞系药物几乎还没人知晓。尽管鲁耶似乎并不知道欧洲药理学受惠于埃及以及中东其他地区,但在鲁耶开列的在开罗的商店(除了由欧洲人为自己开办的那些商店之外)可以买到的81种植物药品中,有90%是同时代欧洲药典中的药物,有23%定期地输出到法国。[30] 正如那个时候大多数到中东旅行的欧洲人一样,他热情地记录了一种前所未知的异国文化的习惯,并且得出结论认为它们与欧洲文化的比较,只能证明欧洲的优秀和外国文化的不足。

欧洲人对中东的兴趣

像卡斯滕·尼布尔率领的前往沙特阿拉伯的探险队,拥有地图制作家、自然科学家和医生,其目的在于改进地图,寻找支持卡尔·冯·林奈(卒于1778年)的著作的植

[29] Russell,《阿勒颇及其邻近地区的博物学》,第97页~第100页。
[30] J. Worth Estes 和 Laverne Kuhnke,《18世纪末法国人在开罗对疾病的观察和药物使用》(French Observations of Disease and Drug Use in Late Eighteenth-Century Cairo),《医学史杂志》(Journal of the History of Medicine),39(1984),第121页~第152页,引文见第131页。

物学依据,记录有关地区人群中的医疗状况,并且为欧洲图书馆收集中世纪阿拉伯和波斯的手稿。中世纪伊斯兰的医药文献引起了18世纪欧洲的一些医生的极大兴趣。1725年至1726年,医生约翰·弗赖恩德(卒于1728年)出版了他的两卷本《医学史》(*History of Physick*)。第二卷主要论述中世纪阿拉伯的医学,并较多地关注10世纪西班牙医生阿布·卡希姆·扎拉维(拉丁语称阿尔布卡西斯)以及在欧洲被称为累塞斯的东方医生穆罕默德·伊本·扎卡利亚·拉齐(卒于925年),而且注意到后者有关天花和麻疹的论文(尽管当时还没有拉丁语版本)。弗赖恩德自己并不懂阿拉伯语,而是使用了居住于伦敦的翻译家、大马士革人萨洛蒙·纳格利,以及牛津的阿拉伯学者约翰·加尼尔所制作的拉丁语材料和版本。1747年,理查德·米德在他的《论牛痘和麻疹》(*De variolis et morbillis liber*)的附录中发表了累塞斯有关天花和麻疹的论文的拉丁语译文,它由萨洛蒙·纳格利与约翰·加尼尔翻译,牛津劳德(Laudian)阿拉伯语教授[*]德托马斯·亨特校订。根据阿拉伯文本翻译的另一个拉丁语版本,于1766年由伦敦药剂师和阿拉伯学者约翰·钱宁出版,而由他翻译成拉丁语并编辑的阿尔布卡西斯的外科论著于1778年出版。格奥尔格·富克斯也转向了中世纪阿拉伯的原始资料,为的是研究 Dracunculus medinensis(寄生的麦地那龙线虫,也称为麦地那蠕虫或龙线蠕虫)的发生和治疗,其著作于1781年出版。[31]

传统的相互混合

尽管在18世纪的伊斯兰世界里可以看到一些欧洲发生的革新,但几乎都是技术方面的,甚至在当时对它们的采纳还是有选择的。在欧洲发展起来的新的科学和医学哲学并没有被吸收,也许经常被有意地回避。比如,当帕拉塞尔苏斯学派的药物经过伊本·塞卢姆的版本得到介绍的时候,理论的和哲学的思想被省略了,只翻译了化学制作程序和合成药物,并且先是翻译成阿拉伯语,然后翻译成土耳其语。同样,当奥斯曼朝廷面对布尔哈夫的著作时,他的论著是被有选择地翻译和介绍的,其中所包含的在当时莱顿发展起来的许多新科学哲学被剥去,以使有关资料与传统的中世纪医学相和谐。

在欧洲,到18世纪初,许多学术言论都受到一种机械的自然哲学的支配,在研究自然中,实验和数学方法得到广泛的接受,但是,这些思想并没有在17世纪和18世纪

---

[*] 牛津大学劳德阿拉伯语教授是坎特伯雷大主教劳德(Laud)为支持牛津大学而设的席位。亨特于1739年任第三位劳德教授。——译者

[31] D. M. Dunlop,《英格兰的阿拉伯医药》(Arabic Medicine in England),载于《医学史杂志》,11(1956),第166页~第182页;E. Savage-Smith,《约翰·钱宁:18世纪的药剂师和阿拉伯学者》(John Channing:Eighteenth-Century Apothecary and Arabist),载于《历史上的药剂学》,30(1988),第63页~第80页;Georg F. C. Fuchs,《"波斯小龙,即阿拉伯麦地那龙线虫"历史 – 医学注释》(*Commentaria historico-medica de dracunculo Persarum sive vena medinensi Arabum*, Jena: widow of J. R. Croecker, 1781)。

伊斯兰世界的科学思想中起到任何重要的作用。17 世纪欧洲主要的科学和哲学发展也不为伊斯兰世界所知晓，直到 18 世纪完全结束。哥白尼革命被许多人看做是人类的宇宙观念以及人类在宇宙中的地位的一次大转变。然而，这种哲学上的变化以及后来伽利略·伽利莱、约翰·开普勒和艾萨克·牛顿的研究成果，并没有引起 18 世纪伊斯兰世界的兴趣，尽管日心说偶尔与托勒玫的理论一起被提到。罗伯特·波义耳的思想以及勒内·笛卡儿的哲学也没有得到讨论。17 世纪大量的解剖学发现，比如托马斯·威利斯、弗朗西斯·格里森、马尔切洛·马尔皮吉、罗伯特·胡克、乔瓦尼·阿方索·博雷利和威廉·哈维的发现，似乎其中只有哈维的发现才在 18 世纪土耳其的文献中被提到，而当时已是 18 世纪末。

至于 18 世纪欧洲的思想家，乔瓦尼·巴蒂斯塔·莫尔加尼的病理解剖学、朱利安·奥弗雷·德·拉美特利在 1747 年出版的《人是机器》（*L'Homme Machine*）中所提出的机械模型、斯蒂芬·黑尔斯的定量止血剂实验以及亨利·卡文迪许、安托万·洛朗·拉瓦锡和路易吉·伽瓦尼在化学和物理学方面的发展（只是举一些例子），所有这一切都是 18 世纪的伊斯兰学者所未闻的。甚至采用天花接种也是非常缓慢的，至少在奥斯曼的叙利亚是这样（如果罗素所给予的证据是可靠的），尽管出使奥斯曼朝廷的特使的妻子玛丽·沃特利·蒙塔古夫人于 18 世纪 20 年代在土耳其描述了天花接种的作用，并对其程序作了广泛的公布。此外，像雅克·达维耶尔首创的眼睛白内障切除这样的外科手术，似乎还没有进入中东的医学界。

针对这种对 18 世纪同时代的欧洲思想认同感的缺乏，有各种各样的解释。[32] 这个问题的背后包含着这样的假定：西方实验科学一定是人人向往的，并且一定是获得真理的手段。对于 18 世纪伊斯兰世界来说，这样的假定是不能接受的，因为他们明确地不把科学和医学中所包含的主要的哲学观念看做是达到真理的必要或必需的手段。"科学"界定真理这个观念，在穆斯林看来是无法接受的，因为真理只有真主才能知道，并且只能由真主决定。与欧洲完全不同的、专注于《古兰经》并且强调记忆和背诵课文的教育体制，对真主全能并随时都可能给予任何程度干预的绝对信仰，被给予早期伊斯兰团体所表达的观念和实践活动的优先性——所有这些作为基本因素，决定了这些国外科学思想所传入地区的知识气候。由此所导致的对传统和权威的崇拜，无益于产生新的观念，当然也不可能产生出通过实验方法或自然的数学模型所界定的、被看做"真理"的观念。

迄今为止所考察的 18 世纪的资料表明，伊斯兰国家对待欧洲的技术明显存在着一种矛盾的心理，并且可以清楚地看出对于哲学问题的不感兴趣——并且往往经过有选择的过滤。这显然是为了维护伊斯兰的社会和宗教规范。从该社会的知识阶层的

---

[32] 有关事例，参见 Toby E. Huff，《近代早期科学的兴起：伊斯兰、中国与西方》（*The Rise of Early Modern Science: Islam, China, and the West*, Cambridge University Press, 1993），第 202 页～第 236 页，第 322 页～第 359 页。

论著中可以看出,这些经过选择的欧洲技术和科学思想与传统惯例和概念混在一起。至于这些新思想和技术在多大程度上影响社会的其他方面,仍不得而知。

到 18 世纪末,18 世纪欧洲的一些思想(机械的人体观或通行的解剖学图集)已经可以在伊斯兰世界里找到一些受众。比如,由德尼·狄德罗和让·达朗贝尔编撰并于1762 年和 1772 年期间在巴黎出版的《百科全书》(*Encyclopédie*),成为奥斯曼医生和宫廷历史学家阿塔乌拉·萨尼扎德(卒于 1826 年)于 1820 年发表的某篇论文的(未公开承认的)资料来源。在他的论文中,萨尼扎德把人体说成机器,并小心地复制了解剖图,其中表现出比以往更加通用的知识,当然,他省略了欧洲原作中解剖体周围的寓言式的背景,并且将图片孤立地展示出来。[33] 19 世纪,整个中东的科学、技术和医学的教义发生了根本的变化,西方欧洲的思想被大量地引进,伊斯兰世界越来越被拉入欧洲的轨道。然而直到今天,一条传统的发展线索仍然明显地与现代的、基本上是欧洲的科学相互共存。

668

(乐爱国　杨　燕　译　方在庆　宋　岘　校)

---

[33]　Russell,《"猫头鹰和猫咪"》,第 200 页～第 212 页。

28

印　度

迪帕克·库马尔

在南亚的历史上,18 世纪见证了前殖民地制度的衰落,同时也见证了系统殖民地化的开始,从这个意义上来说,18 世纪是非常独特的。只有在这一个世纪同时包含了前殖民地时期和殖民地时期。尽管每一个历史时期都是一个转变的时期,但是,跟印度历史上的其他任何时期相比,转变这一主题更适合于 18 世纪。在这个世纪,强大的莫卧儿王朝衰颓了,曾有人用宗教分歧、经济危机和文化失败来解释这一颓败。近来人们更强调最后这个因素的重要性:"正是这个失败,导致经济平衡朝有利于欧洲的方向倾斜";也正是这个失败,削弱了"应对耕地危机的能力";"甚至军事上的软弱也是来自于似乎已经困扰东方世界的智力停滞"。[1] 所谓"停滞"的说法对吗? 它确实是一个"衰落的时代"吗? 在这个政治混乱的时代,技术 – 科学的知识的状态是怎样的呢? 东方的知识**主体**及其运用的确不能与当时西方相匹敌,但为什么呢? 是由于印度 – 伊斯兰社会的某些"结构性缺陷",还是意识形态结构中某些内在的不足? 知识阶层的力量和组成如何? 他们的经济利益和文化偏好如何?[2] 出现了许许多多的问题,但我们只能尝试着做部分解释。

就哲学上和物质上讲,18 世纪的印度继承了一种悠久的传统。几个世纪以前,赛义德·安达卢西(1029~1070)在他的《各民族分类》(*Tabaqat al Uman*)(也许是所有语言中最早的科学史著作)中把印度说成是最早培育出科学的国家。[3] 稍后,印度接受了后安萨里伊斯兰教(post-Ghazali Islam),而该教以从神学角度激烈地反对 falsafa

感谢阿里加尔(Aligarh)穆斯林大学教授 Shireen Moosvi、S. R. Sarma 和 I. G. Khan 给予的学术上的帮助。

〔1〕 Athar Ali,《18 世纪———一种解释》(The Eighteenth Centuty—An Interpretation),《印度史评论》(*Indian Historical Review*),5(1979),第 175 页~第 186 页。

〔2〕 Irfan Habib,《中世纪印度的理性和科学》(Reason and Science in Medieval India),载于 D. N. Jha 编,《印度的社会与意识形态:纪念 R. S. 沙尔马教授》(*Society and Ideology in India: Essays in Honour of Professor R. S. Sharma*, New Delhi: Munshiram Manoharlal Publishers, 1996),第 163 页~第 174 页。

〔3〕 Andalusi 写道:"在所有国家中,印度被称为智慧的宝库和正义的源泉。尽管他们的皮肤是地道的黑色,但是,崇高的上帝使他们免去了邪恶的品质、卑鄙的品行和低劣的本性。他(上帝)使他们(印度人)变得崇高,超过许多棕色皮肤和白色皮肤的民族……他们还获得了深刻而丰富的有关星辰运动、天球奥秘和数学的所有其他分支的知识。而且在医药学方面,他们在所有民族中最有学问,最懂得药物的特性和药中各成份的性质。"M. S. Khan,《卡迪·赛义德·安达卢西论古印度的科学和文化》(Qadi Saiid al-Andalusi's Account of Ancient Indian Sciences and Culture),《巴基斯坦历史学会杂志》(*Journal of the Pakistan Historical Society*),45(1997),第 1 页~第 31 页。

（哲学理性主义）为标志。伊斯兰宗教框架中的知识被分为宗教的知识（ilm-al-Adyan）和事物的知识（ilm-al Dunya），[4]与此相应，穆斯林学者被分为两派。其中一派依赖传统知识（manqul），另一派偏爱理性（maqul）标准。前者数量更多而且更为强大，并曾在苏丹穆罕默德·图格鲁克（1325～1351）试图资助理性学说（ilm-i-maqulat）时予以反对。然而，莫卧儿印度则比较折衷，并且由于没有统一的、系统的和详细的课程，所以，学习的途径根本就没有接近于理性（maqul）观念。[5]伴随着伊斯兰内部的争论，出现过几次跨文化交流的尝试。14世纪末，马汉德拉·苏里（菲罗兹·图格鲁克宫廷天文学家、《机械装置全书》［*Yantraraja*］的作者）已经尝试着把阿拉伯和波斯天文学引入了梵语的悉昙多（Siddhanta）传统。天文学思想和仪器的这一传入，一直延续到17世纪，为那些在托勒玫体系方面进行训练的人提供了基本的材料。[6]同样，1337年，在苏丹穆罕默德·图格鲁克的命令之下，编纂了一部以大量的阿拉伯、拜火教、波斯、佛教和印度著作为基础的普通医药学概要（*Majma'ah-i-Diya'i*）。[7]后来，1512年，米安·布瓦整理出了一本以"寿命吠陀"（Ayurvedic）和"古希腊"（Yunani）传统为基础的医药学手册（*Ma'din al-shifa-i-Sikandar-Shahi*）。[8]然而，真正的综合并没有形成。梵语学校（tols）和伊斯兰教高级学校（madrassas）继续坚持他们各自不同的天文学和医学体系。这些学校确实彼此影响，有时还汇聚在开明的统治者之下，不过还是瓦解了。

　　似乎到了中世纪后期，还没有任何全面的尝试探究印度科学遗产，更谈不上使它与当时西半球的发展并驾齐驱。与比鲁尼的《印度之书》（*Kitbu-l-Hind*）不同，阿布勒·法兹勒的《阿克巴则例》（*A'in-i-Akbari*，一部莫卧儿时代的经典）几乎没有触及到科学。比鲁尼引用大量的希腊原文；而阿布勒·法兹勒只是提及了亚里士多德和托勒玫。他从比鲁尼那里引用了特殊引力表，但并不试图去检验比鲁尼大约在550年前（公元1030年）所做的计算。[9]对科学的好奇心似乎正在衰落，而且阿布勒·法兹勒本人也承认这一点。但他对技术，尤其是对熔炼过程和蒸馏表现出极大的兴趣。阿布勒·法兹勒看到了技术进步对国家经济的重要性；对于社会，他宣扬强调宽容和共存的"普遍一致"（Sulh-i-Kul）；而在学术上，他一点也不教条。[10]然而，他还是不能超越经典理论

671

---

〔4〕　苏非派的术语是 ilm Batin（自我的知识）和 ilm Zahir（自我之外的知识）。

〔5〕　然而，在阿瓦迪和比哈尔的东部地区，有关理论知识（maqulat）的学科是必修的。印度西北部更为保守，在这里，这些学科是选修的。Muhammad Umar，《18世纪印度北部的伊斯兰教》（*Islam in Northern India during the Eighteenth Century*，New Delhi: Munshiram Manoharlal Publishers，1989），第272页。

〔6〕　G. G. Joseph，《孔雀的冠：数学的非欧洲根源》（*The Crest of the Peacock: Non European Roots of Mathematics*，Harmondsworth: Penguin，1990），第347页～第348页。

〔7〕　A. Rahman 编，《中世纪印度的科学技术：梵语、阿拉伯语和波斯语的原始资料书目》（*Science and Technology in Medieval India: A Bibliography of Source Materials in Sanskrit, Arabic and Persian*，New Delhi: Indian National Science Academy，1982）（以下引为《书目》），第55页。

〔8〕　C. A. Storey，《波斯文献：著者及书目概览》（*Persian Literature: A Bio-Bibliographical Survey*，London: Royal Asiatic Society，1971），第2卷，第二部分，第231页。

〔9〕　Irfan Habib，《中世纪印度的理性和科学》。

〔10〕　据说，阿布勒·法兹勒曾由于谢赫·艾哈迈德·希尔信德（Shaikh Ahmed Sirhindi）的提醒而想起安萨里（Ghazzali）的格言："经文上没有的科学，全都是没有价值的"，于是他回答说："安萨里胡说八道。"Habib，《中世纪印度的理性和科学》。

家。唯一一位对近现代天文学、地理学和解剖学有较多兴趣的莫卧儿贵族是达尼什曼德·汗。他雇用了法国医生弗朗索瓦·贝尔尼埃(1659～1666),为他翻译伽桑狄和笛卡儿的著作。贝尔尼埃甚至通过解剖绵羊来解释哈维发现的血液循环。但是,盖伦在印度(Yunani Tibb)的信徒却未受其影响。[11] 同样,时钟和手表也没有给莫卧儿人留下印象,不像奥斯曼人和清朝统治者,莫卧儿人拒绝多看一眼这些稀奇古怪的东西。但是,像火炮和造船这种有关军事的项目,则受到重视。其他项目,如镜子、窗户玻璃、抽水机以及手枪,也引起了兴趣,但没有人试图学习这些东西背后的技术。[12] 所以,情况仍然很复杂,还存在一些灰色区。由于对用古典语言所写的文本缺乏更深刻的理解,有时也由于缺乏可信的资料,要想准确地说出某些新的科学思想为什么没有引起共鸣或受人喜爱,或者新的技术为什么会被忽视,是很困难的。衰落理论并不能解释一切。但有一点似乎可以肯定:印度人是不排外的。

三种看法

根据零散的证据(如果足够的话),我们可以确定出三种主要的看法。大多数同时代的欧洲旅行者以及后来的一些英国官员和学者都持第一种看法,他们认为印度的一切都是"黑色的、暗淡的"。与此形成鲜明对照的另一种看法是对印度前殖民地时期的科学状况和潜力满怀热情。第三种看法则是持慎重的态度,给出了谨慎评说。在欧洲旅行者的描述中,有所谓"东方心理"以及印度抵制革新和变动的说法,而这些说法迷惑了后面好几代欧洲学者。这些陈述确实有助于理解印度前殖民地时期的科学技术水平。[13] 天文学、医药学以及印度的纺织和炼钢方法给旅行者留下了最深刻的印象。他们的描述通常起于惊讶和赞美而止于怀疑甚至傲慢的评论。例如,印度的天文学被称赞为"他们的科学取得巨大进步的最明显的证据",其精确性与现代欧洲的相当。[14] 印度的天文台被看做是"可以证明先前狂热追求科学的巨大遗迹"。然后,出现了批评意见:"它依循机械[力学]规则操作,它们没有依据任何思想和原理……所使用的工具极其粗陋。"[15]对印度天文学所做的标准的批评是:

[11] François Bernier,《莫卧儿帝国游记(1656～1668)》(Travels in the Mughal Empire, A. D. 1656—68, New Delhi: S. Chand, 1968),A. Constable 译,修订本,第 339 页;也可参看 M. Athar Ali,《奥朗则布统治下的莫卧儿贵族》(The Mughal Nobility under Aurangzeb, Delhi: Asia Pub. House, 1966),第 179 页。

[12] A. J. Qaisar,《印度对欧洲技术与文化的回应(1498～1707)》(The Indian Response to European Technology and Culture, 1498—1707, Delhi: Oxford University Press, 1982),第 128 页～第 139 页。

[13] 萨特帕尔·桑格万(Satpal Sangwan)曾提到主要在 18 世纪和 19 世纪期间出版的许多小册子、游记和图书,载于《科学、技术和殖民地化:印度的经验(1757～1857)》(Science, Technology, and Colonization: An Indian Experience 1757—1857, Delhi: Sage, 1991),第 167 页～第 187 页。Michael Adas 用一些游记证明"第一次相遇",载于《人体测量器械》(Machines as the Measure of Men, Ithaca, NY: Cornell University Press, 1989)。

[14] W. Robertson,《对古人拥有的印度知识之史学专论》(An Historical Disquisition Concerning the Knowledge Which the Ancients Had of India, London, 1791),第 302 页,第 308 页,引文见 Sangwan,《科学、技术和殖民地化》,第 2 页～第 3 页。

[15] Hugh Murray,《古今亚洲发现和游历的历史论述》(Historical Account of Discoveries and Travels in Asia from the Earliest Ages to the Present Time, Edinburgh, 1820),第 310 页～第 311 页,引文见 Sangwan,《科学、技术和殖民地化》。

（1）"它没有给出理论，甚至也没有对天体现象做出任何描述，而只是自我满足于对天空中某些变化的计算，尤其是日食和月食。"[16]

（2）印度的天文学家们满足于他们的传统体系；他们没有想方设法改进《往世书》体系和悉昙多（Siddhantic）体系，也不欢迎对它们的任何批评。

大多数旅行者都这样记录：古代印度人在数学和天文学方面取得了显著的进步——这种进步逐渐从高峰跌落下来，尤其是在建立了穆斯林统治之后。后来，这种说法被英国和印度的一些历史学家不加分析地接受下来。这就产生了一种看法，即科学的繁荣只在古代印度，而不在中世纪印度。[17] 但是，像 A. 拉曼、达拉姆帕尔和 S. M. R. 安萨利这样的学者坚决反对这样的看法。拉曼在其《梵语、阿拉伯语和波斯语的原始资料目录》（*A Bibliography of Source Materials in Sanskrit, Arabic and Persian*）中提出，在整个中世纪，科学技术活动都是持续蓬勃地发展着。其次，虽然主要的贡献在天文学、数学和医药学领域，但是，它们广泛地覆盖了科学技术的各个学科。第三，与对自然科学总体研究的贡献相比较而言，有大量专门的论文。拉曼的书目中原稿的数量相当大。仅就天文学领域而言，据说所汇集的 10 世纪到 19 世纪的 411 部波斯语手稿中，有32 部属于 18 世纪；346 部阿拉伯语手稿中，有 22 部写于 18 世纪。梵语手稿最多（2136 部），其中有 190 部属于 17 世纪，37 部属于 18 世纪。至于这些手稿的性质，32部写于 18 世纪的波斯语手稿中，有 21 部是总论，2 部是注释，1 部是专门性的，2 部是翻译，还有 6 部是历书；22 部阿拉伯语手稿中，有 8 部是专门性的，6 部是注释，8 部是历书；37 部梵语手稿中，3 部是总论，15 部是专门性的，8 部是注释，2 部是翻译，4 部是文选，5 部是历书。[18] 虽然这个清单给人印象深刻，但是，要确定它们是否包含现代科学的种子，是否至少能够反映当时科学所取得的成就，尚需作进一步的研究。

第三种看法对前殖民地时期的科学和技术既不给予不当的贬低，也不给予轻易的（或许是复兴主义的）赞美。20 世纪 30 年代，正当印度民族运动达到高潮时，B. K. 萨尔卡尔比较了印度和西方，写出了以下的公式：[19]

印度的精确科学（公元前 600 年～公元 1300 年）

= 欧洲的精确科学（公元前 600 年～公元 1300 年）

[16] John Playfair，《论婆罗门的天文学》（Remarks on the Astronomy of the Brahmins），《爱丁堡王家学会学报》（*Transactions of the Royal Society of Edinburgh*），II（1790），第 135 页～第 192 页，再版于 Dharampal，《18 世纪印度的科学技术》（*Indian Science and Technology in the Eighteenth Century*, Delhi: Impex India, 1971），第 12 页～第 13 页。

[17] 比如，George Sarton 写道："在许多地方，印度文化受到了穆斯林征服者的压制，如果不是被其毁灭的话。" George Sarton，《科学史导论》（*Introduction to History of Science*, London, 1947），第 2 卷，第 107 页。稍后，一本在印度科学史上享有盛名的著作记录："印度在古典时代有其辉煌时期，取得了显著的进步……甚至一直持续到 12 世纪。其后，出现了创造力衰退的迹象，主要是由于传统的阻力和政治的变迁。" D. M. Bose 等编，《简明印度科学史》（*Concise History of Science in India*, New Delhi: Indian National Science Academy, 1971），第 484 页～第 486 页。

[18] Rahman 编，《书目》，第 11 页～第 16 页。

[19] B. K. Sarkar，《印度的精确科学：过去与现在》（*India in Exact Science: Old and New*, Calcutta, 1937），第 7 页。

$$印度的文艺复兴（1300 年～1600 年）$$
$$=欧洲的文艺复兴（1300 年～1600 年）$$

$$印度的精确科学（1600 年～1750 年）$$
$$=欧洲的精确科学（1300 年～1600 年）$$

可见，正是在 17 世纪和 18 世纪期间的后文艺复兴时期（笛卡儿和牛顿时代），欧洲开始在自然科学方面把印度抛在了后面。达拉姆帕尔也承认："印度的各种科学技术有可能大约在 1750 年左右衰落，也许此前几个世纪就已经开始衰落了。"[20] 伊尔凡·哈比卜不同意把前殖民地时期的技术说成是原始的，而是提倡"对当时的社会制约进行更广泛的研究，这种社会制约或者是阻碍了当时完全能与现代欧洲相比的工业技术的内在发展，或者至少是阻碍了对欧洲技术的迅速吸收"。[21] 他认为，现代机械中经常用到的许多机械学原理，在莫卧儿印度就已经得到运用了，但他补充说，它们的运用范围是相当有限的。前殖民地时期的科学和技术肯定不是原始的。也许比较好的说法应该是"早期科学技术"，它明显地有别于 17 世纪后以实验方法为基础的现代科学传统。[22]

天文学

在天文学领域中，尤其是在星盘和天球仪的制造与使用中，或许可以看到莫卧儿印度早期科学的最好范例。[23] 星盘可能是由比鲁尼引入印度的，1567 年至 1683 年间，拉合尔（Lahore）的阿拉赫达德（Allahdad）家族制造了大量的这类仪器。在这个家族中，迪亚·丁·穆罕默德是最多产的，且最多才多艺；他创新设计并制造了大约 23 个星盘和 16 个天球仪。个别莫卧儿细密画中描绘了这些仪器，且可证明它曾得到皇家

[20]　Dharampal，《18 世纪印度的科学技术》，第 32 页。
[21]　Irfan Habib，《技术变革与社会：13 世纪与 14 世纪》（Technological Changes and Society：13th and 14th Centuries），主席致辞，中世纪印度部分，《印度史大会会议录》（Proceedings of the Indian History Congress, Delhi, 1969），第 139 页；Habib，《莫卧儿印度的技术与社会变革的障碍》（Technology and Barriers to Social Change in Mughal India），《印度史评论》，1—2（1979），第 152 页。
[22]　R. A. L. H. Gunawardana，《南亚前殖民地时期的早期科学技术》（Proto-Science and Technology in Pre-colonial South Asia），载于 S. A. I. Tirmizi 编，《历史视野中的南亚文化互动》（Cultural Interaction in South Asia in Historical Perspective, New Delhi: South Asia Books, 1993），第 178 页～第 208 页。
[23]　天球仪（al-Kura）是一个通常由黄铜制造的圆球，上面布有天球赤道、黄道、回归线等环绕圈。在球面上，按照托勒玫的《天文学大成》（Almagest）或兀鲁伯的星表所给定的坐标，标有大约 1020 颗恒星的位置。星盘（asturlab）是用于观察和计算的一种用途广泛的仪器。用所谓球面投影的方法，在一个二维的平面上画出大圆以及其他圆，还有恒星的位置等等。它可以使人不必通过很长而乏味的计算就能读懂构造。S. R. Sarma，《拉合尔的天球仪家族及其著作》（The Lahore Family of Astrolabists and Their Ouvrage），《医学与科学史研究》（Studies in History of Medicine and Science），13，2（1994），第 205 页～第 224 页。

赞助。[24] 然而,这个赞助更多的是受到占星术的促发,而不是出于别的什么考虑。不幸的是,印度天文学家没怎么使用这些仪器,虽然他们中的许多人已经注意到了它们的价值。帕德摩那巴(约 1400 年)和罗姆钱德拉·瓦杰佩因(1428 年)曾广泛地讨论过星盘。稍后,耆那教修士美伽拉特那使用过一些阿拉伯语和波斯语的技术术语。1621 年,来自贝拿勒斯(Benaras)的纳辛姆哈把天球仪称为"巴戈拉"(bhagola),但是又补充说:"穆斯林所知道的恒星无益于我们的目的,对不熟悉的恒星进行观察会导致灾祸。"印度天文学家所感兴趣的只是数量非常有限的一些恒星的坐标,而不是伊斯兰天球仪上标有的所有 1018 颗恒星的坐标。[25] 在阿克巴时代,人们曾努力做出尝试,意欲使两者更为接近。一些梵文著作被翻译为波斯文,而兀鲁伯的天文学星表被翻译为梵文。然而,仍然存在着一个文化的缺口。直到 18 世纪初,出现了一位试图吸收和综合当时所能获得的天文学知识的王子学者,他就是安贝尔(Amber)的萨瓦伊·贾伊·辛格(1688~1743)。[26]

一位杰出人物

贾伊·辛格于 1699 年登上安贝尔的王位,稍后,又成为莫卧儿国王穆罕默德·沙信任的辅臣,后者正为大量的谋反和侵袭而烦扰。莫卧儿帝国正在走向崩溃,此时正是一个动荡不安的时期。在这一时期,印度的欧洲人有所增加,而且有些印度贵族已经对欧洲思想和器物的某些方面表现出某种兴趣。在这样的政治－文化混乱中,贾伊·辛格试图做一些特别的事情。他想知道,在悉昙多天文学和希腊－阿拉伯天文学中,各种天文现象尤其是日、月食所发生的时间,为什么是不同的,而且为什么往往与实际发生的时间不吻合。他查阅了大量的历书,请教了许多传统的学者和欧洲的旅行者。他并不满足于通过星盘(铜制仪器)所做的计算;他认为,在某地用石头建造更大的固定天文台,会给出更精确的结果。于是,他在德里(Delhi)、斋浦尔(Jaipur)、马图拉(Mathura)和贝拿勒斯(Varanasi)等地都用石头建了庞大的天文台,还接受了一个法国耶稣会士所赠的望远镜。

贾伊·辛格还在发展系统的科学方法方面有过贡献。他派遣他的学者到中亚和西亚,并邀请欧洲的学者到他的宫廷;他的努力所获得的成就被编入《穆罕默德·沙历

[24] 在为 Shah Jahan(1628~1658)所画的一幅细密画中,他的祖父胡马雍(Humayun)身边有两个天使,一个握住天球仪,另一个握住圆规。这两个仪器也许象征着宇宙的空间和时间。S. R. Sarma,《莫卧儿细密画中的天文仪器》(Astronomical Instruments in Mughal Miniatures),《印度学和伊朗学研究》(Studien zur Indologie und Iranistik, Reinbek, 1992),第 235 页~第 275 页。

[25] S. R. Sarma,《从库拉到巴戈拉:关于天球仪在印度的传播》(From al-Kura to Bhagola: On the Dissemination of the Celestial Globe in India),《医学与科学史研究》(Studies in History of Medicine and Science),13,1(1994),第 69 页~第 85 页。

[26] 迄今有关贾伊·辛格的最好著作是 V. N. Sharma,《萨瓦伊·贾伊·辛格和他的天文学》(Sawai Jai Singh and His Astronomy, Delhi: Motilal Banarsidass Publishers, 1995)。

表》(*Zij-i-Muhammad Shahi*, 1728)，该书被认为是中世纪印度最重要的天文学著作。后来人们还就这一著作写了一些注释书。就在那一年，他派了一个代表团到里斯本，由耶稣会牧师埃曼努埃尔·德·菲格拉多带队，1730 年他带回了菲利普·德拉·伊尔的《天文表》(*Tabulae Astronomicae*)。尽管贾伊·辛格相信他自己的数据是可靠的，但他还是借用了德拉·伊尔的星表中的一些折射校正和地理坐标。稍后，1734 年，贾伊·辛格邀请了两位法国耶稣会士克洛德·布迪耶(1686～1757)和弗朗西斯·庞斯(1698～1752)，他们证实了伊尔的星表中存在的缺陷。贾伊·辛格还曾计划派另一个科学代表团到欧洲，但 1743 年他就去世了。

676

　　批评者们认为，他选择里斯本是不恰当的；他应该联络巴黎和伦敦的天文学家。除此之外，他执迷于石制仪器(这不是欧洲的传统)、准确性、历法等等，这通常意味着贾伊·辛格的见解是中世纪的并且受到托勒玫宇宙观念的限制。他完全有可能直到临死之前才知道《天体运行》(*Revolutionibus*)和《原理》(*Principia*)的内容。然而，一些学者相信，虽然贾伊·辛格没有明确地认可哥白尼和开普勒，但是，他可能已经知道他们的理论。G. 索比罗夫在把《历表》从波斯语翻译为俄语时，引用了贾伊·辛格的如下论述：

　　　　天文学的前辈喜帕恰斯、托勒玫及其他人，提出了行星的运动规律，并且描述了它们的运行轨道，但是，他们的描述远远不是真理。事实上，世界体系与以上科学家所描述的行星运动正好相反。行星的运动轨道有着与之完全不同的形式。首先需要提到的是，这些轨道的形状是以太阳为其焦点之一的椭圆。[27]

　　这可以看做是他接受了哥白尼的模式，也表明了他的开放态度和真正的科学精神。索比罗夫还相信贾伊·辛格充分使用过望远镜。《历表》说道：

　　　　因为我们的工匠已经制造出了非常好的望远镜，以至于我们能够借助它看到哪怕是中午天空中明亮发光的星星，所以，用这样的望远镜，就能够在天文学家所计算出的新月开始发光的时间之前看到它。同时，在它进入所计算出的看不见的期限之后，仍然可以看到它(通过望远镜)。[28]

　　贾伊·辛格与传统希腊－阿拉伯天文学的另一个重要分歧与所谓的"固定的星星"有关。托勒玫天文学把星星分为两类(漫游的星星和固定的星星)，后者被认为是不动的。贾伊·辛格在他的《历表》第 7 部分，反驳了这种理论："在天文学家的术语中，那些被称为固定不动的星星在事实上并非固定不动。而且它们也不是以同一种速度，而是以不同的速度移动。"[29]

677

　　拉曼认为，贾伊·辛格的目标是要通过运用科学使印度得到复兴。另一位学者声

[27] G. Sobirov，《撒马尔罕的兀鲁伯科学学派》(Samarkand Scientific School of Ulugh Begh)，《杜尚别》(*Dushanbe*)，1975，引自 A. Rahman，《摩诃罗阇萨瓦伊·贾伊·辛格：志向与贡献》(Maharaja Sawai Jai Singh: Purposes and Contributions, New Delhi, Oct. 1989)。关于萨瓦伊·贾伊·辛格的研讨会所提交的论文。

[28] S. A. K. Gori，《近现代欧洲天文学对罗阇·贾伊·辛格的影响》(The Impact of Modern European Astronomy on Raja Jai Singh)，《印度科学史杂志》(*Indian Journal of History of Science*)，15，1(1980)，第 55 页。

[29] 同上书，第 56 页。

称,最终实现"再度觉醒"(科学革命)的道路,由于殖民地化的开始而受到阻碍。[30] 但是,这些热情的评价并不为另外一些学者所认同。有人认为,贾伊·辛格并不精通于理论,而且他坚持陈旧的托勒玫的观念。毫无疑问,他至少认为铜制星盘是不精确的,并且他出色地设计出了新的测量方法。但是,他固执于发现准确的时机(exact moment)和强调精确性却是让人费解。这是由于关注占星术而导致的吗?执迷于时间(例如,祭祀[yagna]或结婚时间)的准确性是印度社会生活的一个重要特征,贾伊·辛格自然也不例外。而且,他是一个具有强烈宗教意识和重视宗教仪式的人,举行过像力饮祭(Vajpeya)和马祭(Asvamedha)这样难度很大的吠陀祭祀(Vedic yagnas)。难道他的《历表》只用作一种推算准确时间的手段,而不是用于显示其敏锐或记录其新发现的论著? 甚至在贾伊·辛格出生之前望远镜就已经进入了印度。他肯定知道它,但值得怀疑的是,他是否知道充分使用它。在缺乏记时计的情况下,就算人们能够用望远镜看到遥远的物体,也无法对它们进行测量。所以,尽管贾伊·辛格充满热情且努力工作,他仍然可能是不合时宜的历史人物,即生活于近现代天文学时代,但知识上却仍然属于《历表》天文学所体现的中世纪传统。[31]

　　然而,这并不是要将贾伊·辛格的成就最小化。他只要再多一点远见和勇气,就能超越他的文化局限。在印度,托勒玫的体系似乎并不总是受到盲目追随。更早一些,在沙·贾汉时期,毛拉·马哈茂德·江普利已经在他的《明亮的太阳》(Shams-e-Bazegha)中对托勒玫体系提出了大胆的怀疑。稍后,米尔扎·海鲁拉汗在注释贾伊·辛格的《历表》时,提出了以下的看法:

　　　　每当我们按照圆的方程式计算太阳和其他行星的不同位置时,它们总是不符合实际观测到的位置。相反,当导出的方程式以椭圆轨道来计算位置,它们一般与观测事实相符合。因此,轨道一定是椭圆的。[32]

　　重要的是,这则论述完全以实际观测为基础。没有证据表明,海鲁拉汗知道开普勒。只是到了 18 世纪下半叶,才出现了一些小册子,它们要么是欧洲人新出版的著作的翻译本,要么就是在欧洲人指导下写成的。例如,阿布勒－海尔·吉亚斯乌德丁用波斯语翻译了威廉·亨特关于哥白尼体系的书,而且就是在亨特亲自指导下完成的。贾伊·辛格和他的同道们也许不知道新天文学,但他们也并不是盲目地采用旧的。他们的参数、日食与月食表以及许多补充的行星表都与兀鲁伯的不同。他们为行星、黄道倾斜度以及印度一些区域的地理坐标制定了新参数和新表。但是,尽管与欧洲人有

678

[30]　S. M. R. Ansari,《穆罕默德·沙历表:贾伊·辛格的天文表》(Zij-i-Muhammadshah: The Astronomical Tables of Jai Singh, New Delhi, Oct. 1989),关于萨瓦伊·贾伊·辛格的研讨会所提交的论文。

[31]　R. K. Kochar,《印度近现代天文学的发展》(The Growth of Modern Astronomy in India),《天文学展望》(Vistas in Astronomy),34(1991),第 72 页。

[32]　W. H. Abdi,《毛拉·马茂德·江普利的月亮定点理论》(Mulla Mahmud Jaunpuri's Theory of Moon-Spots),《印度科学史杂志》,22,1(1987),第 47 页～第 50 页。

接触,他们并没有试图改变兀鲁伯的(即托勒玫的)基本行星模型。[33]

　　贾伊·辛格统治时期的重要工作是把全国各地的一些天文学家和抄写者集中起来,建立起了一个实实在在的天文学家居住区。[34] 他们中的著名人士有贾甘纳特·萨姆拉特、凯瓦尔沃尔马、纳衍苏卡和哈里拉。贾甘纳特学过阿拉伯语和波斯语。1727年,他翻译了欧几里得的《几何原本》(Elements)的图西的阿拉伯文译本,并称之为《莱伽算术》(Rekhaganita)。1732 年,他根据托勒玫的《至大论》(Almagest)的阿拉伯文校订本撰写了《萨姆拉特悉昙多》(Samratsiddhanta)。同样,纳衍苏卡也不只是在字面上把阿拉伯文本变成梵文,而且将他觉得特别困难的那些章节加以扩充。凯瓦尔沃尔马则严格遵循《苏利耶悉昙多》(Surya Siddhanta),甚至忽略了贾甘纳特和贾伊·辛格计算出来的新参数。[35] 贾甘纳特本人虽然把观察看做证据(pramana),但最后他还是屈从于被奉为"神圣的"权威的经典《悉昙多》(Siddhantas)。贾伊·辛格和他的学者们就是无法超越这些障碍。

教育中的理性知识

　　印度的伊斯兰教高级学校和初级学校已经采用了与整个伊斯兰世界的教育相一致的正统穆斯林教育大纲(Silsilai Nizamiya)。按照这个体系,所教的主要科目有:语法、修辞、哲学、数学、神学和法律。哲学包括了物理学和形而上学(基于亚里士多德的原理),而数学则包括托勒玫天文学、代数学、几何学和算术。这一内容广泛的课程表的主要特征是科学研究与人文研究之间的平衡,而且在实际中,理性知识看起来比传统知识受到了更多的关注。[36] 阿克巴希望课程大纲包括数学、医药学、农学、地理学,甚至像《波颠阇利》(Patanjali)这样的梵语课本,以平衡正统派对于伊斯兰宗教研习的强调。即使像奥朗则布这样虔诚于宗教的帝王,据说也责备他的老师不教地理学以及有益于管理的课程,而把他的青春浪费"在枯燥无用、没完没了的咬文嚼字的学习中"![37]

　　18 世纪,印度北部有两位伟大的教育家:在德里(Delhi)的马德拉萨拉希米亚(Madrasa Rahimiyya)学院教书直到 1762 年去世的沙·瓦利乌拉,和在勒克瑙

[33]　David Pingree,《贾亚辛哈宫廷的印度和伊斯兰天文学》(Indian and Islamic Astronomy at Jayasimha's Court),载于 David King 和 G. Saliba 编,《从均轮到偏心匀速点:古代和中世纪近东科学史研究,纪念 E. S. 肯尼迪文集》(From Deferent to Equant: A Volume of Studies in the History of Science in the Ancient and Medieval Near East in Honour of E. S. Kennedy, New York: New York Academy of Sciences, 1987),第 313 页～第 327 页。

[34]　不幸的是,科学学会或学刊的概念,直到几十年后的 1784 年才出现,那一年威廉·琼斯在加尔各答成立了亚洲学会。

[35]　V. N. Sharma,《萨瓦伊·贾伊·辛格的印度天文学家》(Sawai Jai Singh's Hindu Astronomers),《印度科学史杂志》,28,2(1993),第 131 页～第 155 页。

[36]　S. M. Jafar,《穆斯林印度的教育》(Education in Muslim India, Peshawar City, India: S. Muhammad Sadiq Khan, 1936),第 23 页。

[37]　I. G. Khan,《18 世纪教育中的纯理论的与技术的内容》(Rationalistic and Technical Content in the Eighteenth Century Education, Bangalore, 1997),向印度史研讨会提交的论文。这篇论文成为这一部分的基础。

（Lucknow）的佛郎机马哈尔（Firangi Mahal）学院教书直到 1748 年去世的毛拉·尼查姆乌德丁·萨哈勒维。前者是正统的学院派学者。其作品的主题从《古兰经》中字词的细微差别，到太阳实际上如何围绕地球运转！大为不同的是，毛拉·尼查姆乌德丁新开了一门名为 Dars-i Nizami 的课程，该课程当然包括圣训（hadis）和注经（tafsir，即传统学习），但更强调逻辑学（mantiq）和形而上学（hikmat）。这两所有代表性的学校，对各学科指定阅读书籍的数量使两者之间的差异十分明显。[38]

学科	所指定书的数量	
	德里的马德拉萨拉希米亚学院	勒克瑙的佛郎机马哈尔学院
语法	2	12
修辞	2	2
哲学	1	3
逻辑学	2	11
神学	3	3
法学	4	5
天文学和数学	2	2
医药学	1	0
神秘主义	5	1

除了书的数量更多之外，Dars-i Nizami 课程倾向于选择不同的，有时是新的课本。[39] 但还有待于加进"新的"知识。最重要的是，它试图在希腊 - 阿拉伯传统中把世俗的和神学的教育融合在一起。这符合萨法维人和莫卧儿人的做法，而与更为支持传统知识的奥斯曼人形成对比。随着越来越多的伊朗人到莫卧儿人统治的印度定居，伊朗人在理性科学方面的能力传到了印度富饶的土地上。[40] 在这里，"讲求文辞者"并没有认真地抨击他们，只是在后来，当面对欧洲扩张的"新威胁"时才出现这种情况。

680

　　除了高级学校之外，私人讲学在上层社会也很流行并受到欢迎。一个数学（riyazi）学者可以通过制作天宫图、历法或税收估算而收入丰厚。同样，医生也总是受到贵族的尊重。天文学家和医生一直是属于传统的范围。事实上，他们，总是援引亚里士多德、阇罗伽、伊本·西那或巴斯卡拉的权威，到最后还是回到了起点。他们写了大量的评注；虽然不只是重复，但没有人能够开出新路。在英国人到来之前的印度，没有科学团体及专家之间的交流网络。个人才华的发挥严重地受到社会文化的限制。寄生的贵族阶级鼓励寄生的才智。它拿走了土地的剩余产品，但却没有采取任何措施以引进

〔38〕　G. M. D. Sufi，《明哈杰：印度伊斯兰教育制度中课程的演变》（*Al-Minhaj: Being the Evolution of Curriculum in the Muslim Educational Institutions of India*, Delhi: Idarah-i Adabiyat-i Delli, 1977），第 68 页～第 75 页。

〔39〕　有关详细资料，参见 Muhammad Umar，《18 世纪印度北部的伊斯兰教》，第 274 页～第 277 页。

〔40〕　Francis Robinson，《奥斯曼人 - 萨法维人 - 莫卧儿人：共有的知识和互通的体制》（Ottomans-Safavids-Mughals: Shared Knowledge and Connective Systems），《伊斯兰研究杂志》（*Journal of Islamic Studies*），8，2（1997），第 151 页～第 184 页。我要感谢我的朋友 S. 伊尔凡·哈比卜（S. Irfan Habib）提供这篇参考文章。

工艺或农业生产上的新工具或新方法。当然,一些有关果树和经济作物的新书也曾问世,但影响力一直相当有限。[41] 由于缺乏地方语散文文学作为知识表达的载体,工匠们难以传播他们的经验和问题。[42] 他们无法获得任何在专业上对他们有所帮助的理论知识。然而,有用的知识和工艺至少在名义上是受尊敬的。18 世纪,有一位班加什(Bangash)的王子卡伊姆·汗,以擅长制作皮鞋和铸造大炮而闻名。另一位帕坦人穆罕默德·海亚·汗,成了算术、代数学和天文学以及《悉昙多》的权威。在这个世纪还出现了职业的灵活性。贵族的儿子可以到国家税收部门工作,而宗教学者的儿子可以去从军。后莫卧儿的贵族似乎确实已经有了性质上的改变。当时的一篇文章(Kitab Amoz-al Munshi, 1782)说:

> 每个绅士都应该接受教育,学习和了解数字、计时、各种历法、收割、行星的名字、每年的吉日、数学、听脉搏的方法、一些药物、将人和动物分类、帝国的职权、向下级军官讲话的方式、讨女人喜欢,等等。[43]

当欧洲商人炫耀其政治力量时,这些宝贵的智慧可能一点也没有!

医药学：文本与实践

医药学一直是印度遗产的一个重要组成部分。它主要涉及如何尽可能地延长生命、保持健康和活力。仅仅治疗疾病是不够的。寿命吠陀(Ayurveda)这个词的意思是"长寿(活到高龄)的科学"。[44] 虽然古代印度的行医者知道身体受自然规律的支配,但是,他们的人体生理学知识是相当不精确的。尽管如此,他们非常擅长治疗学,这一点已得到那些引进盖伦传统的伊斯兰医生的认可。后来逐渐出现了一个混合的穆斯林－印度体系,称为 Tibb。他们在理论上不一致,但在实践中,这两种传统似乎互相影响,并且互相借用。

这种互相影响的一个很好的例子是由米安·布瓦撰写的《锡坎达尔医药大典》

681

---

[41] 比如, Ahmad Ali, *Nakhlbandiya*, 1790;佚名, *Risala-i-Zara't*, 1785。

[42] Surendra Gopal,《印度的社会结构和科学技术》(Social Set-up and Science and Technology in India),《印度科学史杂志》,4(1969),第 52 页～第 57 页。

[43] 引自 I. G. Khan,《18 世纪教育中的纯理论的与技术的内容》。

[44] 根据阇罗伽(Charaka,公元 100 年)所说,《寿命吠陀》涉及:
　① 医药学一般原理(sustra-sthana)
　② 病理学(nidana-sthana)
　③ 诊断学(vimana-sthana)
　④ 生理学和解剖学(sarira-sthana)
　⑤ 预后(indriya-sthana)
　⑥ 治疗学(chikitsa-sthana)
　⑦ 配药学(kalpa-sthana)
　⑧ 保证治疗成功的手段(siddhi-sthana)
　A. L. Basham,《古代和中世纪印度的医学活动》(The Practice of Medicine in Ancient and Medieval India),载于 C. Leslie 编,《亚洲医学体系》(*Asian Medical Systems*, Berkeley: University of California Press, 1976),第 18 页～第 43 页。

（*Ma'din al-shifa-i-Sikandarshahi*, 1512）。[45]　他大量研究梵文的原始资料,甚至认为,希腊体系并不适合于印度人的体质和印度的气候。魔法（Arka）这一概念从伊斯兰一方进入了《寿命吠陀》。一些梵文医学著作被翻译成阿拉伯文和波斯文,但是,伊斯兰著作被翻译成梵语的情况却很少见。18 世纪之所以重要,是因为在这个世纪里出现了两部梵语著作——*Hikmatprakasa* 和 *Hikmatpradipa*,它们提到了伊斯兰体系,并使用了许多阿拉伯语和波斯语的医学术语。[46]　病例研究和医院（bimaristans）的概念也来自古希腊传统（unani）的行医者。[47]　1595 年,顾利·沙在海得拉巴（Hyderabad）建造了一所大型的康复医院（Dar-us-Shifa）。[48]穆罕默德·沙掌政时期（1719～1748）,在德里建造了一所大医院,其年度开支超过了 30 万卢比。在这个世纪,出现了许多医药学著作,大部分是评注——例如,阿克巴·阿尔扎尼的 *Tibb-i-Akbari*（1700 年）、贾法尔·雅尔·汗的 *Talim-i-Ilaj*（1719～1725）、摩陀婆的 *Ayurveda Prakasha*（1734 年）和戈文德·达斯的《医药论》（*Bhaisajya Ratnavali*）。一位莫卧儿基督教徒多米尼克·格雷戈里撰写的 *Tuhafatul-Masiha*（1749 年）,除了关于疾病、解剖学和外科学的论述之外,还包括用波斯语和葡萄牙语所做的有关炼金术和各种植物的特性的重要记录,以及各种仪器的插图,有趣的是,还有算命的天宫图。[49]　这个世纪的一位杰出医生米尔扎·阿拉维·汗写了 7 部著作,其中的 *Jami-ul-Jawami* 是一本涵盖了当时印度医药学所有分支的杰作。[50]　沙·阿拉姆二世时期（1759～1806）的另一位著名医生是哈基姆·沙里夫·汗,他写了 10 部重要的著作,用本土的寿命吠陀药草丰富了古希腊传统医药学。[51]　有些著作是独一无二的,走在他们那个时代的前列。比如,努尔乌勒·哈克的 *Ainul-Hayat*（1691 年）,是一本罕见的关于瘟疫的波斯文著作;潘迪特·摩诃提婆的 *Rajsimhasudhasindhu*（1787 年）,则涉及牛痘和接种。[52]

　　许多欧洲医生都到过莫卧儿印度。弗朗索瓦·贝尔尼埃、尼奥科劳·曼努奇、加西亚·达奥尔塔和约翰·奥文顿就印度的医疗实践进行过广泛的写作。西方的医学知识与印度医生的知识并没有根本的差别;二者都关注体液（humoral）,但他们的实践差别很大。他们都不能形成全面的病因理论,但似乎普遍同意的是,印度的疾病是受

[45]　该手稿 1877 年首次印刷（Nawal Kishore Press,Lucknow）。

[46]　G. J. Meulenbeld,《〈寿命吠陀〉的各个方面》（The Many Faces of Ayurveda）,《欧洲寿命吠陀学会会刊》（*Journal of the European Ayurvedic Society*）,4（1995）,第 1 页～第 9 页。

[47]　S. H. Askari,《穆斯林印度的医药学和医院》（Medicines and Hospitals in Muslim India）,《比哈尔研究会杂志》（*Journal of Bihar Research Society*）,43（1957）,第 7 页～第 21 页。

[48]　D. V. Subba Reddy,《穆罕默德·顾利苏丹建造的康复医院:德干的第一家古希腊传统教学医院》（Dar-us-Shifa Built by Sultan Muhammad Quli:The First Unani Teaching Hospital in Deccan）,《印度医药学史杂志》（*Indian Journal of History of Medicine*）,2（1957）,第 102 页～第 105 页。

[49]　Rahman 编,《书目》,第 57 页。

[50]　R. L. Verma 和 N. H. Keswani,《中世纪印度的古希腊传统医药学:教师与课本》（Unani Medicine in Medieval India: Its Teachers and Texts）,载于 N. H. Keswani 编,《古代和中世纪印度的医药科学》（*The Science of Medicine in Ancient and Medieval India*, New Delhi,1974）,第 127 页～第 142 页。

[51]　Hakim Abdul Hameed,《医药学领域印度和中亚之间交流》（*Exchanges between India and Central Asia in the Field of Medicine*, New Delhi: Institute of History of Medicine and Medical Research, 1986）,第 41 页。

[52]　Rahman 编,《书目》,第 127 页,第 165 页。

环境因素影响的,应该用印度的方法来治疗。然而,欧洲人一直以好奇和轻蔑的眼光看待印度的医疗实践。[53] 他们倾向于采用放血治疗,而寿命吠陀传统的医生(the vaidyas)采取的是尿分析和尿疗法。而在使用药物方面,欧洲人和印度人则相互学习,正如冯·里德、沙塞提和达奥尔塔的著作所证实的。[54] 欧洲人把新植物介绍到印度,并逐渐被吸收进印度的药典。他们也带来了性病,比如梅毒,这早在 16 世纪就被巴瓦·米斯拉注意到,他是贝拿勒斯(Benaras)的一位著名的寿命吠陀医生,他称这种病为欧洲人的疾病(Firangi roga)。奥文顿在他旅行见闻录中,用图画对印度的疾病进行了描述。[55] J. Z. 豪威尔于 1767 年对天花作了最好的解释,并给出了印度的“种痘”方法。对他来说,这种方法虽然类似宗教,但仍然显示出“充分的理性和充足的根据”。[56] 旅行者把印度的医疗实践更多地描述成一种技艺———一种受种姓规则支配并以迷信为外表的技艺。然而,他们禁不住赞赏被称为鼻造形术的奇迹(现代整形外科就是建立在这个基础上),并且也无法否认印度药物的效能。至于印度人,他们并不会把自己与“其他”实践完全隔离开来。随着 18 世纪相互影响的加大,寿命吠陀医生甚至在大量的病例中采用放血治疗。然而,当欧洲医生由于维萨留斯和哈维的著作,而从身体的体液观转向化学或机械观时,印度人仍然忠实于他们的文本。[57]

工具与技术

正像在天文学和医药学领域一样,印度技术的状况也引起了外国观察者的多种反应。他们中的一些人因印度钢(称为伍兹钢[wootz])以及印度纺织品的品质而肃然起敬。他们为终端成果所打动,但是他们觉得这些工具、方法和程序是笨拙的、粗糙的和有缺陷的。如果某篇论文或某种装置只有从现存的社会经济背景中才看上去像是“恰当的”话,那么很可能他们不能欣赏它。要不然,这种反应(部分赞赏,部分谴责)是走向称霸过程的一部分? 无论是哪种情况,有必要把某种技术发展放到广泛的历史背景下来考察,这会导致一些有趣的推论。例如,达拉姆帕尔提出以下看法:

钢铁炉或条播犁的结构这样小巧而简单,事实上是归因于社会和政治的成

[53] 欧洲旅行者 Edward Ives(1755～1757)曾撰文说印度人相信“人由 20 万或 30 万个部分组成;其中的 1 万是血管,1 万是神经,1.7 万是血,还有一些是骨头、胆汁、淋巴,等等。所有这些都没有历史的、疾病的或治疗的形式或次序”。引自 H. K. Kaul,《旅行者的印度:文选》(Travellers' India: An Anthology, Delhi: Oxford University Press, 1979),第 299 页。

[54] 有关详细资料,参见 John M. de Figueiredo,《从 16 世纪和 17 世纪的欧洲资料看果阿的〈寿命吠陀〉医药学》(Ayurvedic Medicine in Goa According to European Sources in the Sixteenth and Seventeenth Centuries),《医学史报告》(Bulletin of History of Medicine),58,2(1984),第 225 页～第 235 页。

[55] A. Neelmeghan,《约翰·奥文顿游记中的医学纪录》(Medical Notes in John Ovington's Travelogue),《印度医药学史杂志》,7(1962),第 12 页～第 21 页。

[56] J. Z. Holwell,《东亚预防天花的疫苗接种方式》(An account of the manner of inoculating for the small pox in the East Indies, London,1767),第 24 页。

[57] M. N. Pearson,《以小见大:作为近现代印度—欧洲早期联系一种范式的医学相关性》(The Thin End of the Wedge: Medical Relativities as a Paradigm of Early Modern Indian-European Relations),《现代亚洲研究》(Modern Asian Studies),29,1(1995),第 141 页～第 170 页。

熟,和对有关原理和技术方法的掌握。18 世纪印度的工艺和工具似乎已经因相当成熟的理论和敏锐的审美意识而得到发展,完全不能说是粗糙原始的……在印度文化和社会规范(以及相关政治结构和制度)所体现的价值与才智的大背景中,印度的科学技术并不是处于萎缩状态,事实上正有效地发挥着印度社会所需要的作用。[58]

毫无疑问,农业的生产工具、灌溉方法和某些技艺是"合适的",是与现存的能力和需求合拍的,但达拉姆帕尔所指的理论的"成熟"却显然没有出现。农业工具的多样性、条播犁、水稻移栽方法、农作物轮作以及果实作物实验,说明印度农民富有经验。[59] 同样,当地的情况决定了灌溉方法,它牵涉到水资源的公共管理。这些系统来自"实践中的"农民的经验和集体智慧。然而,他们远经不起与 18 世纪日本的做法相比较。当时日本引进了行式耕作技术,通过采取有计划的选种增加了农作物品种,使用水车和荷兰泵的灌溉方法得到了改进和推广。

除了农业之外,最重要的部门是纺织业和钢铁制造业。纺织品制造牵涉到浆洗、漂白、染色、络纱、整经和织布等高强度的劳动过程。欧洲人试图模仿印度人的染色技术,结果并不很成功。但是,他们对印度纺织品的商业兴趣的增长,导致缫丝机及其纺车技术、鼓形整经和飞梭技术的引进。欧洲的公司把这些工具用于重商主义的"渗透"或"干涉",而印度的织布工则逐渐地濒于贫穷和事实上的被排斥。[60] 稍后,相似的命运等待着印度的钢铁生产者,但在 18 世纪,这种工业被看做是成功的事迹。冶金史家相信,印度的熔铁工已经掌握了一种先进而精确的钢铁生产技术——包括他们的热机械操作、热处理等等。[61] 其结果是有了一种在国际市场中赢得敬意的高碳钢锭(伍兹钢)。荷兰人从马苏利帕特纳姆(Masulipatnam)携带大量的伍兹钢到巴达维亚(Batavia)和波斯。所以,伍兹钢既不是"手工艺品"也不是"原始传统"产品,然而,在欧洲向大规模生产迅速转变的时候,它还继续是地方性的。印度的铁匠无法获得高温,选择大铁炉,是因为他们除了使用牲畜或木炭之外,不知道如何产生出动力。[62] 除了一两个地方之外,水力仍然未被想到,也未被利用。这导致产品的成本很高,所以,印度农民自然会把铁的使用保持在最低的程度。

同样,采矿本身也处于一个很小的规模。它仅限于用橇棍和铲子在地表作业。水平面以下的采矿和拖运简直是不可能的。奇怪的是,虽然火药被当做武器,但它从不

[58]　Dharampal,《18 世纪印度的科学技术》,第 63 页,第 65 页。

[59]　S. Sangwan,《1757 ～1857 年印度的农业技术水平》(Level of Agricultural Technology in India 1757—1857),《印度科学史杂志》,26,1(1991),第 79 页～第 101 页。

[60]　V. Ramaswamy,《南印度纺织品:最初的工业化的根据?》(South Indian Textiles: A Case for Proto-Industrialization?),载于 Deepak Kumar 编,《科学与帝国》(Science and Empire, Delhi: Anamika Prakashan, 1991),第 41 页～第 56 页。

[61]　B. Prakash,《古代印度的钢铁冶炼和铁匠》(Metallurgy of Iron and Steel Making and Blacksmith in Ancient India),《印度科学史杂志》,26,4(1991),第 351 页～第 371 页。

[62]　H. C. Bhardwaj,《18 世纪和 19 世纪印度钢铁技术的发展》(Development of Iron and Steel Technology in India during the Eighteenth and Nineteenth Centuries),《印度科学史杂志》,17,2(1982),第 223 页～第 233 页。

被用于采矿目的。[63] 但是，确实存在着繁荣的冶金工业，而且几乎都像是一种村舍作坊。拉贾斯坦邦（Rajasthan）、比哈尔（Bihar）和德干（Deccan）的部分地区发现的钢铁、铜、锌、铅这样的金属以及较少的银和钴等金属的熔渣，可以证明这一点。[64] 在锌的生产上印度领先于欧洲。

　　在军事武器方面，印度所具有的独创性的最好例子是海达尔·阿里和提普苏丹使用了"Bana"火箭，他们在 18 世纪最后 25 年里统治迈索尔，并几次与英国人作战。这些火箭要比英国人所见到的或知道的任何火箭都先进得多。火箭的推进器包在坚硬的铁管中，这可以使它在燃烧室中爆发出更大的力量，因而产生更强的推进力和更远的弹头射程。[65] 火箭是一根管子（直径大约 60 毫米，长度大约 200 毫米），紧紧地拴在一根 3 米长的竹竿上，射程 1 公里至 2 公里。在佩里路尔（Pellilur）的战斗中（1780年），英军由于他们的弹药车被迈索尔的火箭摧毁而败北。在最后一次英国与迈索尔的战争中，阿瑟·韦尔斯利（后来的滑铁卢英雄）自己也为"火箭炮火"所震惊。有几支火箭被作为样本送到英国进行分析，并在欧洲引起了对火箭技术的巨大兴趣。在威廉姆·康格里夫的指导下，通过运用科学原理，进行适当的设计、测试和评价。这是 18世纪印度人所不可能做到的。

反　思

　　18 世纪初，科尔哈普尔（Kolhapur）的一位大臣（amatya）罗摩旃陀罗潘特描写了有关欧洲商人及"代理商"的活动。他称他们是戴帽者（topikars），并且承认他们的力量在于"海军、枪枝和军火"。他及时地提出要提防戴帽者："既不要打扰他们，也不要被他们所打扰。"[66] 这是一种不愿冒险而退却的早期信号。但是，这种态度促使戴帽者企图在经商的同时进行征服，而且他们最终获得了成功。而在同一个时期，人们发现萨瓦伊·贾伊·辛格邀请耶稣会士到印度，并与他们共享天文学知识。甚至在更早的时期，印度人也并不惧怕外国人。在有些地方，东西方的相互影响导致了接受和进步：造船、军备、冶金、布匹印花和建筑。"可是，只要有可替代的或合适的本地技术能在合理程度上满足印度人的需要，他们就可以被理解地忽略欧洲的相应技术。"[67]

　　然而，一些重要的新东西，如机械钟、印刷术、望远镜、煤等，仍然只是稀罕物。由于这些东西在文化上不相容，因此也没有引起印度贵族的注意。除此之外，贵族和商

---

[63]　A. K. Ghose，《印度的采矿史（1400 ～ 1800）及技术状态》（History of Mining in India, 1400—1800, and Technology Status），《印度科学史杂志》，15, 1（1980），第 25 页～第 29 页。

[64]　R. D. Singh，《19 世纪印度采矿技术的发展》（Development of Mining Technology during Nineteenth Century India），《印度科学史杂志》，17, 2（1982），第 206 页。

[65]　R. Narasimha，《迈索尔和英国的火箭（1750 ～ 1850）》（Rockets in Mysore and Britain, 1750—1850, Bangalore, 1985）（油印）。

[66]　Sarkar，《印度的精确科学》，第 8 页～第 9 页。

[67]　Qaisar，《印度对欧洲技术与文化的回应（1498 ～ 1707）》，第 139 页。

人都不会投资改进技术。工具仍然是贫穷工匠唯一关心的东西,他们为了弥补工具的不足而诉诸个人的技能——这些技能可以从达卡(Dacca)的薄纱织物、漂亮的染料和伍兹钢中看出。这些手工生产,尽管进行得非常好,但也不能完全依靠它本身。正是因为严重地依赖于农耕系统,它一旦出现紧张(如在 18 世纪),便会引发一连串不利的反应,从而导致了莫卧儿统治的垮台。

另一个需要考虑的重要方面是种姓制度,这一直是印度社会独有的特征。P. C. 雷易是第一位在种姓结构中看到了"某种使科学发展缓慢甚至停滞的东西"[68]的科学史家。种姓导致理论与实践——脑力劳动与体力劳动的毁灭性分离。雷易写道:

> 社会中的知识分子因而不参与实际的技术活动(这种现象是怎样发生的以及为什么发生,即其过程和原因,已经不得而知了),探询的精神消逝了。这使得她的[印度]土壤在精神上不适合产生波义耳、笛卡儿或牛顿。[69]

在 18 世纪的印度,这种停滞由于统治阶级在知识上(文化上)遭受了巨大的失败而加剧。贾伊·辛格吸引了一些学者到他的宫廷,但他从未想到建立一个延续和改进其工作的机构。这是一种奇特的情形。一方面,穆西布拉·比哈里撰写了 *Risalah Juz 'la Yatajazza*,一篇关于原子不可分割的阿拉伯语论文,以及另外两篇有关运动和时间的文章(1700 年);另一方面,瓦利·穆萨维(1700～1770)撰写了《论斗鸡》(*Murgh-namah*)和《论鸽子》(*Kabutar-namah*)。[70] 当 18 世纪末英国人加强他们的控制时,印度人没有继续这种后退。随着与西方的相互影响增加,印度人确实试图朝外看,同时也朝内看。例如,1790 年,米尔·胡塞因·伊斯法罕撰写了 *Risalah-i-Hai'at-i-Angrezi*,一本关于欧洲天文学的波斯语著作。[71] 这一时期还出现了许多评注文本;尽管他们没有改变例证,但他们也不无创造性。事实上,编写评注被认为是一种文明的进步方式。[72] 在一些情况下(尤其是在医药学中),这些注释以它自己的合理性和逻辑阐释科学知识,但在最后的分析中,当某些知识的有效性受到检验时,神圣的经文总是标准的尺度。早在 P. C. 雷易之前 300 多年,阿布勒·法兹勒就已经哀叹道:"传统(taqlid)的狂风劲吹,智慧的灯光变暗……'怎么样'和'为什么'的大门已经关闭;发问和探询已被认为是徒劳无益的,而且等同于异教。"[73]

假如这个杰出的历史学家生活在 18 世纪中期,他或许会说得更加尖刻。

(乐爱国　王　跃　郑京华　译　陶笑虹　校)

[68]　Debiprasad Chattopadhyay,《古代印度科学技术史开端》(*History of Science and Technology in Ancient India: The Beginnings*, Calcutta: South Asia Books, 1986),第 10 页。
[69]　P. C. Ray,《印度化学史》(*History of Hindu Chemistry*, London: Williams and Norgate, 1909),第 2 卷,第 195 页。
[70]　Rahman 编,《书目》,第 494 页;Storey 编,《波斯文献》,第 410 页。
[71]　Rahman 编,《书目》,第 333 页。
[72]　Frits Staal,《欧洲和亚洲的科学概念》(*Concepts of Science in Europe and Asia*, Leiden: IIAS, 1993),第 26 页。
[73]　引自 Irfan Habib,《莫卧儿印度技术变革的能力》(*Capacity of Technological Change in Mughal India*),载于 A. Roy 和 S. K. Bagchi 编,《古代和中世纪印度的技术》(*Technology in Ancient and Medieval India*, Delhi: Sundeep Prakashan, 1986),第 12 页～第 13 页。

29

中　国

冯　客

迄今为止科学史和技术史家还没有将 18 世纪确定为中国历史上最有意义的时期之一。李约瑟关于中国科学与文明领域的雄心勃勃的考察很明显只限于 16 世纪终了,对耶稣会士的贡献进行考察的其他著作则强调了 17 世纪的重要性。以清朝统治者所鼓励的正统新儒学为标志,清朝中叶(约 1720~1820)的保守主义氛围更为浓厚,这与明末(约 1550~1644)和清初(约 1644~1720)更为开放的学术氛围形成鲜明对比。到 18 世纪早期,由于耶稣会士们的知识本身相对陈腐,再加上他们过于密切地参与宫廷事务,他们不可能有太大作为。学术兴趣从耶稣会士的科学向重新发现古代知识的转换,是 18 世纪帝国首都北京之外的地方最重要的学术潮流。在长江三角洲,考证学或朴学"求证"的追随者们关心的是精确的学术和实际问题,但他们通常只是将耶稣会士的科学用来"重新发现"他们自己假定的科学传统上,而对在数学和天文学上贡献新的知识兴趣不大。

耶稣会士的科学

如果 17 世纪是耶稣会士与儒家学者之间文化交流的一个重要时期的话,那么在 18 世纪就没有传播什么新的科学知识了。耶稣会士的主要兴趣在于将科学作为达到宗教目的的一种手段,再加上 1616 年教廷禁止传授太阳中心说以及其他的科学知识,这两者极大地限制了耶稣会士们自己的知识状况。结果是,他们直到 18 世纪还在传授托勒玫和第谷·布拉赫的陈腐宇宙论。直到 1761 年耶稣会士蒋友仁才向乾隆皇帝解释了哥白尼学说;直到 18 世纪结束,他的工作才被翻译并在中国的许多思想家中传播开来。[1] 耶稣会士的影响也受到皇帝对科学的兴趣这件事本身的限制。尽管清朝统治者扮演着欧洲科学的资助者的角色,但通常耶稣会士的科学家和技师只局限于宫廷范围之内。结果是,耶稣会士的工作(不管是在绘图、数学、天文学、武器、医学领域

[1] Nathan Sivin(席文),《古代中国的科学》(*Science in Ancient China*, Aldershot: Variorum, 1995),第 1 页~第 53 页。

还是与朝廷有关的项目的出版物）都不能在紫禁城之外的学者间广泛传播。耶稣会士完成的工作往往没能给人留下什么印象，而且也很不深入，远远落在同时代欧洲的发现之后，但他们被迫为宫内逗乐解闷而制造的繁琐的机械或许更胜一筹。正如史景迁所强调的：18 世纪的清宫中充斥着所有种类的欧洲小古董，朝廷只是热衷于收藏数百个时钟和手表，却没有兴趣传播这些收藏品所代表的新技术。[2] 甚至大量的建筑项目，比如 18 世纪中叶按照耶稣会士设计建造的富丽堂皇的圆明园，依然仅限皇家使用。耶稣会士与其他教派的传教士在宫中的政治较量，以及 1708 年罗马教皇使节的要求同样强化了把基督仪式当做"不正常"和"邪"的这样一种观念。这种潮流在 1773 年耶稣会被解散后还存在，基督教和新教传教士都被视为与外国势力勾结的嫌犯。皇帝的支持者对都城实施了严格的控制，皇室家庭被限制在紫禁城中。随之而来，贵族没有了可提供给学者用于学术追求的不动产，这些构成了力学和实验科学发展的不利因素。

不仅欧洲传教士和中国学者之间的联系受到限制，康熙皇帝（1662～1722 年在位）也认为耶稣会士的科学只是政府的工具。科学直接通过皇帝而传播，而皇帝扮演着资助少数支持他的权威和正统性的特定项目的角色。[3] 在首都，皇家天文局（钦天监）是由皇帝掌控的一个机构，它主要关注历法，确保天与地之间的宇宙对应，而皇帝被认为是连接天与地之间的纽带。钦天监所进行的研究有着明确的政治含义，耶稣会士的科学在这个由对政治合法性的关心所支配机构背景中被认为是恰当的。在皇帝的资助下，为促进天文学知识研究而建立了许多项目和机构。钦天监自身有着古老和值得尊敬的血统，在耶稣会士的监督下负责编纂参考书和教育年轻的天文 – 数学家。[4] 由于康熙的资助，1723 年钦天监汇编了两部主要的读本，作为多卷本的百科全书（《律历渊源》）出版。此外，康熙还在 1713 年建立了蒙养斋和算学馆。

耶稣会士还发起和监督了很多绘图工程。他们经常依赖包括地方志在内的中国绘图传统，这些传统提供了详细的有关统计的、自然的、经济的和地理的信息。当巴黎变成了欧洲绘图中心的时候，1687 年法国耶稣会士来到中国，到中国后他们巩固了自己在宫廷的地位，绘制地图服务于皇帝。在 18 世纪的头十年，由于帝国版图的迅速扩张，康熙皇帝强烈地意识到需要可信的中国地图。在皇帝的资助下，1708 年耶稣会士被赋予全面勘察帝国版图的责任。1717 年当时最精确的清帝国地图《皇舆全览图》第

〔2〕 Jonathan D. Spence（史景迁），《中国科学对话》（The Dialogue of Chinese Science），载于 Spence 编，《中国纵横：历史与文化论文集》（Chinese Roundabout: Essays in History and Culture, New York: W. W. Norton, 1992），第 151 页。（此书有中译本：《中国纵横：一个汉学家的学术探索之旅》，夏俊霞等译，上海远东出版社，2005 年版——译者）

〔3〕 Catherine Jami（詹嘉玲），《康熙皇帝（1662～1722）与西方科学向中国的传播》〔L'empereur Kangxi（1662—1722）et la diffusion des sciences occidentals en Chine〕，载于 Isabelle Ang 和 Pierre-Etienne Will 编，《乐谱、行星、植物和内脏：七篇关于东亚科技史的论文》（Nombres, astres, plantes et visceres: Sept essais sur l'histoire des sciences et des techniques en Asie orientale, Paris: Institut des Hautes Études Chinoises, 1994），第 193 页～第 210 页。

〔4〕 Jonathan Porter，《近代中国早期的官僚与科学：清代的钦天监》（Bureaucracy and Science in Early Modern China: The Imperial Astronomical Bureau in the Ch'ing Period），《东方研究期刊》（Journal of Oriental Studies），13（1980），第 61 页～第 76 页。

一次印刷。到 19 世纪末,这一地图被再版多次。耶稣会士的第二次勘察得到乾隆皇帝(1736～1799 年在位)的批准,是在 1756 年到 1759 年之间进行的。这次勘察于 1769 年由蒋友仁完成,并附有特别的编订,首次包括了在帝国领土之外的敏感的战略数据。[5]

　　清朝皇帝对制炮技术,特别是火炮也有着特殊兴趣,尽管在这个领域里耶稣会士所做的最重要的贡献是在 17 世纪。例如,南怀仁在 1688 年去世前,一直在他的铸造厂里研制火炮,而且这些火炮直到 1840 年鸦片战争 * 中中国军队还在使用。尽管 18 世纪耶稣会士在北京的影响急剧衰退,但乾隆朝中的欧洲传教士在技术上还很活跃,比如监督玻璃制造、修建熔炉、建造复杂的水利机械,甚至发展了治疗神经性疾病的电击法。[6]

6:91　　　　北京除了有耶稣会士以外,还有为数不多的荷兰、俄罗斯和英国商人或外交使节,这些人也为维系欧洲和中国的联系做出了贡献。为得以在中国立足所进行的最有意义的一次尝试是 1793 年 ** 的马嘎尔尼赴华远征。后来英国使节将之描述为"一个单调而痛苦的使命",马嘎尔尼使团让欧洲与中国之间交流受到局限的一个世纪终结了。作为 18 世纪末新一轮探险浪潮的一部分,那些随着马嘎尔尼使团来到中国的专家被期望进行测量、记录、制表和收集基于当时"科学的"精确理念的"事实"。本着科学交流的精神,英国使团也向清廷赠送了技术仪器和科学知识,以取悦皇帝、推动外交关系和商业往来。英国使团提供了 20 件物品,包括由威廉·赫舍尔建造的行星仪(planetarium)和反射望远镜。虽然这些礼物给中国学者以深刻印象并得到了比先前更广泛的认可,但是却无助于改变那种氛围:在首都皇帝控制着外国科学。乾隆皇帝对帝王普遍权威的热望决定了他对外国技术缺乏兴趣,同时严格地控制了科学信息的传播途径。后来在欧洲,这被误传为中国人"傲慢自大和让人不能忍受的自负"的象征,对于一些史学家来说,英国的礼物遭到清廷的忽视有着重大的象征意义。按照"文明冲突"说法,虽然有一些表面证据显示皇帝公开拒绝对先进技术产生兴趣的首要原因是他认为国内政治比"智力态度"(mental attitude)更重要,但是更为深层次的原因是"稳定"和"停滞"的中国在面对更有活力的欧洲的时候,两者之间出现了深刻的文化差异。[7] 与日本的领导人完全不同(详见本卷第 30 章的讨论),皇帝不鼓励学者研究欧洲人的著作,主要是为了政治上的合法性的原因。

〔5〕 Theodore N. Foss,《对中国的一种西式诠释:耶稣会士的绘图法》(A Western Interpretation of China: Jesuit Cartography),载于 C. E. Ronan 和 Bonnie B. C. Oh 编,《当东方遇到西方:耶稣会士在中国(1582 ～1773)》(East Meets West: The Jesuits in China, 1582—1773, Chicago: Loyola University Press, 1988),第 209 页~第 251 页。
*　此处原文有误(the Opium War in 1839)。——译者
〔6〕 Joanna Waley-Cohen,《18 世纪晚期中国和西方的技术》(China and Western Technology in the Late Eighteenth Century),《美国历史评论》(American Historical Review),98,1(1993),第 1533 页。
**　此处原文误为 1797 年,与史实不符。——译者
〔7〕 同上书,第 1525 页~第 1544 页。

考证学

18 世纪,北京和长江三角洲是以财富的集中和对科学知识的兴趣为特征的两个首要的地理区域。尽管两地学者治学的动机不同,并属于不同的思想流派,但是都源于同样的儒家知识体系。[8] 在长江三角洲的学术圈子中,耶稣会士的科学贡献基本上是鼓励了一种向古代典籍的回归,而不是介绍源于欧洲的新知识。

自从 1644 年清朝建立后,长江三角洲就成了反清学者的避风港。很多在明朝供职的学者拒绝为新王朝服务,其中包括对早期耶稣会士科学一直保持着兴趣的一些很有影响力的思想家,比如方以智(1611～1671)、王夫之(1619～1692)、顾炎武(1613～1682)。新统治者强制推行几个世纪前朱熹提出的新儒学的严格解释,并强制实行一种正统方案来限定公务员考试(科举考试)所用教材的范围和性质。[9] 作为对新儒学的反动,考证学或朴学的"求证"在清初非常兴旺。考证学在长江三角洲得到支持,因为这里可以找到最有势力的官员和私人资助者,考证学的学者谴责明朝的衰落是因为儒学的发展受到了玷污,他们认为自宋以来,佛教和道教的影响腐蚀了儒学。很多学者通过从朴学上考察古代文献,寻求重新建立可信的儒学社会秩序观,公开拒绝朱熹对典籍的解释方法。考证学的学者依赖一些大官的资助,很少进入官场,因为要想当官,必须先接受朱熹的解释,并且熟知它。

受到耶稣会士传入的精确科学的鼓励,证据学研究运动也以对精确学术和经世致用的关注为特征。尽管对自然现象的探究相对于哲学关注而言还处于辅助地位,但是重要的研究已经开始,一些精确学术所要求的机构也逐渐建立起来。在从八卦(根据出生日期等数字来解释人的性格或占卜祸福的)解释转向经验归纳,儒学话语中的数学和天文学发展逐渐改变了 18 世纪的智力生活。

耶稣会士的科学对考证学发展的影响已经得到了很好地证明,人们声称发生了"一场学术话语上的革命"。[10] 对于文献学研究的兴趣,也可用一种不怎么肯定的方式来描述,因为,为了更加集中于朴学的研究,人们放弃了 17 世纪对自然哲学所萌发的兴趣,导致了那些所谓对科学"漠不关心"的特征。[11] 无论如何,人们还是能将由当地资助者和政府两者共同发起的考证学和编纂计划的兴起,看成是 18 世纪最主要的特

[8] Catherine Jami(詹嘉玲),《明末清初的数学学习》(Learning Mathematical Sciences in the Late Ming and Early Qing),载于 Benjamin A. Elman 和 Alexander Woodside 编,《中华帝国晚期的教育与社会(1600～1900)》(Education and Society in Late Imperial China, 1600—1900, Berkeley: University of California Press, 1994),第 223 页～第 256 页。

[9] Susan Naquin(韩书瑞)和 Evelyn S. Rawski,《18 世纪的中国社会》(Chinese Society in the Eighteenth Century, New Haven, CT: Yale University Press, 1987)。

[10] B. A. Elman,《从理学到朴学:中华帝国晚期思想与社会变化面面观》(From Philosophy to Philology: Intellectual and Social Aspects of Change in Late Imperial China, Cambridge, MA: Harvard University Press, 1984),第 84 页。(有中译本,赵刚译,江苏人民出版社,1995 年版。——译者)

[11] Willard Peterson(毕德胜),《从感兴趣到不关心:方以智与西学》(From Interest to Indifference: Fang I-chih and Western Learning),《清史问题》(Ch'ing-shih wen-t'i),3,5(Nov. 1976),第 72 页～第 85 页。

征。政府资助的《四库全书》(1772～1782)是 18 世纪最重要的工程,收集并重印了最好版本的图书和被认为是中国最重要的手稿。[12] 在戴震(1724～1777)这样一位精通新的知识潮流的最著名的学者的指导下,考证研究的新方法被应用到了《四库全书》的编纂工作中。此外,《四库全书》工程给很多学者以收集和考察古代数学和科学文献的机会,使他们能够把这些文献和当代的问题联系起来。比如说阮元(1764～1849)在1795 年到 1799 年间编纂的《畴人传》(天文学家 – 数学家传记),就试图把从欧洲得到的天文学和数学知识中的技术性内容移植到本土文本中。

在为重新发现第一批儒学学者对知识之贡献的复杂性所做出的努力中,第一流的儒学学者,阮元、钱大昕(1728～1804)、王鸣盛(1722～1798)和其他考证学学者尝试恢复古代数学和天文学知识的光荣:研究"西方方法"变成重新光大本土遗产的一个手段。他们宣称"西方方法"在被西方采用以前最初是在古代中国被发明的,因此用这样的方法计算时间与本土方式并不存在本质的对立。这一途径严重影响了数学和天文学知识。比如,本身对天文学和数学感兴趣的康熙皇帝就公开对梅文鼎(1633～1721)提出的欧洲天文学起源于本土的著作表示欣赏。梅文鼎关于历法起源的著作被收入天文观测和计算的《历象考成》中,1722 年开始构思框架,两年后出版。这部书被认为超越了《西洋新法历书》,该书是 1646 年在耶稣会士的监督下第一次印刷的。此外,梅文鼎的贡献依然是宇宙论探究方法的一部分,在这里,把时间测量方面的异常看成是宇宙秩序的组成部分。[13] 同样地,贯穿 18 世纪前半叶的其他经验性的天文学论文,继续公开地与过去本土天文学成就相联系。一个例子是陈厚耀*在他的著作中试图复兴杜预(公元前 284～前 222)的天文学观点。

在 18 世纪后半叶,耶稣会士科学中的缺点也被当做证明古代儒学方法优越的证据。[14] 在乾隆皇帝的统治下,人们公开指责耶稣会士科学著作中的大多数矛盾之处。在对 1730 年的一次日食预测失败后,一本名为《历象考成后编》的修订的天文学著作于 1738 年问世,它是由戴进贤、徐懋德和蒙古的明安图主持编纂的。这部书虽然没有依附太阳中心理论,但做了许多改进,引入了例如开普勒椭圆(ellipse)**系统以及乔瓦尼·多梅尼科·卡西尼和约翰·弗拉姆斯蒂德的新观测资料。许多中国学者把第谷·布拉赫和约翰尼斯·开普勒的一些思想与他们自己的天文学概念融合起来。天文学和三角学的专家盛百二(活跃期约为 1756 年),在他的《尚书释天》(用史学经典

〔12〕 Kent Guy(盖博坚),《皇帝的四宝:学者与晚清时代的政府》(*The Emperor's Four Treasuries: Scholars and the State in the Late Ch'ien-lung Era*, Cambridge, MA: Harvard University Press, 1987)。

〔13〕 Jean-Claude Martzloff(马若安),《梅文鼎(1633～1721)的数学著作研究》[*Recherches sur l'oeuvre mathématique de Mei Wending (1633—1721)*, Paris: Collège de France, Institut des Hautes Études Chinoises, 1981];Martzloff(马若安),《中国数学史》(*Histoire des mathématiques chinoises*, Paris: Masson, 1988)。

＊ 原文此处做 Chen Yuanyao,疑误。——译者

〔14〕 Harriet T. Zurndorfer(朱汉理),《科学和技术在 18 世纪的中国是如何被接受的》(Comment la science et la technologie se vendaient à la Chine au XVIIIe siècle: Essai d'analyse interne),《中国研究》(*Études Chinoises*),7,2(1988),第 59 页～第 90 页。

＊＊ 原文此处误用 eclipse(日食)。——译者

解释天文学的著作,成书于1749～1753)中,批评地比较了第谷与托勒玫。

阮元和钱大昕继续了他们17世纪前辈工作,批评了对天文常数和历法周期的数术来源解说(numerological derivations of astronomical constants and calendrical periods)。虽然他们的工作可以被理解为当时在数理构造和宇宙论类推(correlative constructions and cosmological analogies)方面开始式微的证据,但同时也应指出,个别著名学者仍依据乾坤命理学(cosmological numerologies)进行思考。江永(1681～1762),18世纪的一位重要的研究古典的学者和数学知识的重要贡献者,在他的和声学研究中就应用了相关的数术知识(numerologies)。然而,总的来说,18世纪中国的一个重要学术主题是反对新儒学的宇宙论者邵雍(1011～1077)提出的更为夸张的数术时空体系。

学者也继续批评地考察几何化的宇宙模型(geometrical cosmographies),喜欢使用绘图法和天文学中的齿状线(irregular lines of demarcation)。尽管阳历不需要置闰,阮元还是反对使用阳历,其理由是太阳历是不切实际和不自然的,也与典籍(the Classics)的意义不一致。他们偏爱自然形成的分界线,反对清晰界定的分界线,一些学者甚至怀疑在一个宇宙尺度上确定年代(fixed temporal divisions on a cosmic scale)的可能性。前面提到的江永甚至否认宇宙起源点是能被计算的。对存在空间的、时间的和宇宙的界限的批评意见,强调了天文学上的反常性,坚持认为在预测和现象之间缺乏一致。在他们对天文学的反常性的思索上,总体来说,清朝中叶的学者远没有他们的前辈那样具有想象力。

对很多考证学的学者而言,"科学"研究不是为了发现自然律而是为政治秩序制造道德陈述的手段。对天文学中的异常现象感兴趣的18世纪重要的学者之一章学诚(1738～1801)写过一篇题为《天喻》的文章,比较了天文学体系退化过程和人类社会革新的过程。与同时代的欧洲学者相反,18世纪的中国学者并没有将一个统一的和可预测的秩序的存在放置到物质宇宙中。正如约翰·亨德森所注意到的那样,"对传统宇宙论的拒绝抑制了现代科学在中国的发展"。[15] 与此相似,作为基于证明和论证的演绎体系,几何学和三角法事实上在18世纪的中国并不存在。同样,为欧洲的望远镜和显微镜的发展做出巨大贡献的光学,也没有得到任何实质的发展。

在人口统计学上倒是出现了一些非正统的观念。洪亮吉(1746～1809),一个精通考证学研究的学者,在1793年出版的一篇短文中提出了人口过剩的观点,这比托马斯·马尔萨斯的《人口论》(Essay on the principle of poplulation)早5年。洪亮吉将人口的无限增长与生存手段的有限增长相比较,发现了人口增长与经济衰退之间的相关性。虽然他提出了许多减轻人口压力的办法,比如全面耕作可耕地、开垦荒地、减少税收、禁止奢侈、平均财富和开放更多粮仓,但是与马尔萨斯相比,他没有发展出任何人

---

[15] John B. Henderson,《中国宇宙学的发展与衰退》(*The Development and Decline of Chinese Cosmology*, New York: Columbia University Press, 1984),第256页。

口统计学的理论体系。他的这篇文章只是一系列在政治上有争议的文章之一,这些文章导致他被流放到清帝国边疆。正如托比·赫夫所强调的,科学大多只在欧洲繁荣,那里个人享有各种各样的"中立区",公众空间没有受到政治和宗教的控制。[16] 而在清朝中叶的中国,不存在像欧洲那样的学术自主和科学兴趣。

医　学

尽管有来自罗马教廷和清朝皇帝对医学研究的限制,很多耶稣会士还是担当了医师和药师的角色,虽然他们的医学著作在 18 世纪留下的痕迹很少。最值得注意的例外是巴多明(1665~1741)的著作,在皇帝的命令下,他用满文编辑了 8 卷本的解剖学著作,其中包括 90 张手绘的人体器官图。[17] 他增加了关于化学、毒物学和药理学的第 9 卷,但是他的著作始终没有出版,很可能是因为宫廷的阴谋。人们对来自非欧洲国家医学知识的影响了解得很少,虽然人们可以指出刘智(1660~1730)的例子。他主要是受阿拉伯医学科学的启发,在一本汇编的著作中将一些心智功能定位在大脑。[18] 尽管在当时的中国,大脑通常不被认为是一个器官,但金希正也写到"人之记忆皆在于脑中"。[19]

除了解剖学知识外,大量的专门的医学知识,比如女性健康、分娩、天花和伤寒症等得到了急速扩张。在 17 世纪和 18 世纪,一些贸易公司,比如徽州新安刻书在出版医学书籍上非常兴旺,这个趋势暗示着清朝时期医学活动的影响和重要性。由于在读者大众、医学专家、地方精英和出版书局中间引起了共同的兴趣,这些世俗化书籍的印刷得到了地方精英,经常包括了富商们的资助。虽然仅从这些书的印数上就显示出医学知识在晚清帝国得到显著地广泛传播,但是很多这些出版物仅在当地发生过重要作用,不再能轻易找到。另一方面,一些通俗的论文常常被重印。1715 年出版的《达生篇》(关于顺利分娩的书籍),是在生殖健康方面最广泛流行的小册子之一,在 18 世纪被重印超过 12 次。作为对政府干涉医学事务逐渐衰落的回应,由扮演着慈善家角色的地方乡绅私下资助的减轻疾病痛苦的努力在清朝也得到发展。长江三角洲的地方精英乐于进行医学援助和组织慈善事业。在他们的指导下,像诊疗所和医务室这样的

[16] 参见 Toby E. Huff,《近代早期科学的兴起:伊斯兰、中国与西方》(*The Rise of Early Modern Science: Islam, China, and the West*, Cambridge University Press, 1993)。

[17] 参见 F. R. Lee 和 J. B. Saunders,《满族解剖学及其历史起源》(*The Manchu Anatomy and Its Historical Origin*, 台北黎明文化事业,1981 年版)。

[18] Zhu Yongxin(朱永新),《中国学者对人脑研究的历史贡献》(Historical Contributions of Chinese Scholars to the Study of the Human Brain),《大脑与认知》(*Brain and Cognition*),11,3(Sept. 1989),第 133 页~第 138 页。

[19] 引自张秉伦,《人体解剖生理学的发展》,载于苟萃华、汪子春、许维枢等编,《中国古代生物学史》,北京,科学出版社,1989 年版,第 177 页。〔原书此处为"药学家赵学敏(约 1719～1805)曾经也写道'人之记忆皆在于脑中'",所引页码为"第 181 页"。经仔细查找引文,发现原作者所引有误。——译者〕

地方机构在 18 世纪继续得到发展。[20]

经济和社会环境的改变,加上识字率的提高,使印刷文化繁荣并分布广泛[21],医学出版物满足了沿海地区城镇中心广泛的读者的需要。清政府发起的编辑百科全书计划,得到学者的支持,也扩展了医学著作的流通。一个例子是非常有影响力的《医宗金鉴》,主编吴谦是 18 世纪后半期清朝太医院的成员。此外,医学知识并不只停留在有教养的阶层:家庭百科全书和廉价的手册使医学知识可以被识字阶层中的绝大部分人——包括女性——所利用。由经济繁荣导致的社会等级差别的模糊化,明显的消费文化的增长、社会流动性的增大,以及为身份地位而进行的越来越激烈的竞争,都对医学专门知识在整个晚清时期的传播产生了影响。

6:97

很多学者对放弃医学经典中所含的古代处方的做法持批评态度,并且反对在清代流传的替代处方。18 世纪的医书作者黄元御,曾经因为错误的治疗失去了一只眼睛,他恶意地谴责医学中的新趋势。对那些在开处方时用经典著作中没提到的药方的作家,他严加批评。与对考证学感兴趣的其他 18 世纪学者一样,徐大椿(1693～1771)也主张回到对经典的严格解释。他禁止使用滋补品,推荐患者在生病后只吃五种谷物。[22] 作为永久粉碎正统新儒学,特别是考证学和复古运动基础的文化重新定位的一部分,出现了很多对古代医学文本的注释,这些注释经常是来自长江三角洲的医书作者,他们对自宋朝以来繁盛起来的医学理论持批评态度。这些注释家中的许多人倾向于为了重建古典传统而回到最古老的医学文献。

总而言之,人们对古代医学文献的文献学考察的兴趣胜于提出新的假说和发现新的知识。从数学和医学这两个方面来看,代表了 18 世纪中国学术特征的长江三角洲一带的考证学,更倾向于回归经典,而不是发展科学。

(方在庆　陈昕晔　译　刘　钝　校)

[20] 梁其姿(Angela Ki Che Leung),《明清中国的组织化医学:长江下游地区的政府和私营医疗机构》(Organized Medicine in Ming-Qing China:State and Private Medical Institutions in the Lower Yangzi Region),《中华帝国晚期》(Late Imperial China),8,1(June 1987),第 134 页～第 166 页。

[21] Evelyn S. Rawski,《清朝的教育与大众文学》(Education and Popular Literacy in Ch'ing China, Ann Arbor: University of Michigan Press, 1979)。

[22] Paul U. Unschuld(文树德),《中国医学:观念史》(Medicine in China: A History of Ideas, Berkeley: University of California Press, 1985)。

30

日　本

中山茂

18 世纪是日本在其中国背景下获得西方认可的一个世纪。在这一时期,日本思想家开始用批判的眼光看待他们上一个世纪还在努力追赶的中国学术;来自亚洲最东端的日本知识分子第一次开始将中国学术与不断渗透进来的西方科学相比较。发现这样一种变化是一件极有趣的事情,即当来自一种文化的范式(以及围绕该模式发展起来的学术传统)被引入另一种文化所发生的变化。下文我们将考察这种移植的影响,这主要集中于三个学科:数学、天文学和医学。[1]

从 16 世纪中期开始,耶稣会士就开始在日本宣讲福音。最终日本政府认为基督教威胁到了日本文化的凝聚性和完整性,于是成功禁止了除荷兰新教商人之外的所有西方人的登陆,而就是这些荷兰新教商人[2]也只限于在长崎港活动。随着 17 世纪 30 年代对中文版耶稣会士著作的禁令的颁布,以及 17 世纪 80 年代禁令的进一步增强,一直到 19 世纪中期,这条禁令仍然有效。

因此,18 世纪初期是通向有关一切西方事物信息的低谷时期。贯穿整个 18 世纪,对禁令的逐步放宽带来了一种对东西方进行比较的意识,该意识是建立在可供利用的有限资料来源基础之上的。[3]

作为一种职业的科学

日本在整个 18 世纪都以和平为主。经济和人口统计数量保持稳定,等级制度依然森严。武士(占总人口约 2500 万~2700 万中的 6% 左右)位于阶级结构的顶层,其子弟在宗族学校学习正统的儒家经典。而直到 18 世纪末,随着乡村经济的发展,乡村

---

[1] 中山茂(Shigeru Nakayama),《日本科学发展的特征》(*Characteristics of Scientific Development in Japan*, New Delhi: The Center for the Study of Science, Technology, and Development, 1977)。

[2] C. R. Boxer,《荷兰东印度公司在日本(1600 ～ 1817)》(*Jan Compagnie in Japan, 1600—1817*, The Hague: M. Nijhoff, 1936)。

[3] Masayoshi Sugimoto and David L. Swain,《传统日本的科学与文化》(*Science and Culture in Traditional Japan*, Rutland, VT: C. E. Tuttle, 1989)。

学校逐渐形成,才使平民得以学习文化。

武士阶层享受仅有长子能够继承的世袭薪俸。没有儿子的家庭若想传承下去就必须收养继承人。另一方面,那些并非长子者不得不自己谋生。他们大多数被其他家庭所收养,而另一些人则在医学或儒学的陈旧僵化体系之外找到职业。

当时没有清晰明确的科学职业。天文学和医学受人尊重,但仅仅为少数有天赋者提供了机会。这些领域提供了一些传统体系之外的机会,允许一些人利用在另外的情况下不可能得到的社会流动性。但社会还是不断尝试使这些领域的人们服从那种支配日本人生活其余方面的世袭传统。例如,一个医生的儿子,不论其天资或者动机如何低下,人们总是期望他最终成为一名医生。幕府和藩政府需要有才能的专业人员,然而政府当局解决这一矛盾的方式往往是:建议一个专业家族收养一个有天赋的年轻人。

在华夏文化圈内的其他地方,包括朝鲜和越南,科学人员通过文职人员考试被牢牢地束缚在中央政府机构中。然而,在 10 世纪之后的日本,随着中国式朝廷官僚机构的废弃,军事力量占据了主导地位,这些考试就不复存在了。

甚至在和平的德川幕府时期(1603~1869),幕府政府已经没有权力向各藩政府强制推行征募政策。在 18 世纪,幕府讨论恢复考试,但仅仅在 18 世纪的最后十年中进行了试验性实施,对来自较低阶层武士中的候选人进行儒学教义方面的测试。

然而,在一个世袭的体系中,平等的考试制度是不可能的。实际上,那些以最高成绩通过的考生只是收到一份随其家族地位不同而有所不同的奖励,却并没有使其社会地位得以永久提升。

儒学教义考试开始的若干年之前,医学考试就开始了。因为需要几百名医生,幕府举行了笔试以及口试。他们也不是想改变中榜者的社会地位,而是想鼓励医学世家的子弟勤勉钻研,而非只是简单地挂个虚职。

要找到专家担任诸如天文学等技术领域的职位(仅有 10 到 20 个这样的职位),仅凭私人推荐就足够了。

对西方科学知识的禁令

18 世纪期间,木版印刷盛行。一套印刷木版能印出约 200 份清晰的副本,因此,出版一本有相应潜在读者群的书在商业上是可行的。到 18 世纪末,读物的通俗文化发展到这样一种程度:畅销书可能发行上万本。在 18 世纪,出版业中心从近畿地方(京都和大阪)转移到江户(东京)。大多数学术著作是用古汉语写成的,而通俗作品则使用一种糅合了汉字和假名的本土风格。

虽然书籍贸易在增长,但官方的禁令仍然严格限制西方的知识。在 17 世纪 30 年代,政府禁止进口中国耶稣会士的著作,从而剥夺了阅读大众获取西方科学信息的可能。1685 年,审查者涂损并销毁了以前曾是欧洲天文学的两个重要来源:葡萄牙耶稣会士傅汎际所写《寰宇诠》(今存巴黎国家图书馆);《天经或问》的续篇,这是一部受耶稣会士影响的汉语著作,本章稍后将对其加以讨论。

利玛窦的文集《天学初函》*以前可以在日本找到。它由两部分组成:理,问答和神学;器,科学。后者似乎并没有被严格审查。利玛窦编制的世界地图,以及反映了一些西方影响的通俗天文著作,例如《天经或问》,逃脱了长崎港检查者的注意。这些文献,当它们在日本知识分子之间传播时,影响了他们的世界观和宇宙论。

傅汎际的《寰宇诠》是一本关于西方宇宙哲学和宇宙结构学的通俗论述。它的前半部分涵盖基督教神学,后半部分致力于科学问题,这一点有如利玛窦的文集以及其他同时代的通俗著作。这种布局暗示了两部分出于同一作者之手,彼此有别但又密不可分。一旦当局逐渐意识到这一点,公众接触有关科学和公开宗教著作的渠道就被禁止了,在 18 世纪初,中国耶稣会士的著作仍然受到严查。

17 世纪抵华的耶稣会士,用他们先进的参数和计算方法来挑战传统天文学,在预报日食的竞争上,这一点尤为明显。显然,在作为传统精密科学之首的天文学中,定量精确的标准超越了东西方的界限,人类无法操纵篡改对天界现象的观测。因此,耶稣会天文学家在 1644 年接管了钦天监,赢得了一个决定性的预测竞争,并很快完成了一种历法改革——时宪历,它建立了一个在很大程度上西方化的体系。耶稣会士控制了钦天监,尽管遭遇了几次挑战,但是这种状况一直持续到这个帝国的结束为止。

日本人从进口的年历中知道了这次中国的改革,由于 17 世纪 30 年代开始实行的对耶稣会士著作的禁令,使得他们不能获取足够的信息以改革日本的体系。涩川春海(1639～1715)是第一个真正的改革者,他从通俗著作《天经或问》中所给出的西方参数的原值判定,时宪历并没有改进原有的历法。涩川春海遵循着 1279 年伟大的授时历计算体系,该体系在耶稣会士到达前并没有重大改良。

《天经或问》为日本知识界提供了一个哥白尼以前的标准的宇宙学图景,但该书下篇在长崎被查禁,官方理由是认为它内容玄秘,因而不健康。这本书在中国一向不知名,我曾经有机会在东京静嘉堂文库看到了一册,它是现代从一位中国私人收藏者手中获得的。它不包含任何奇异内容。它的中国历法天文学史部分明确表明西方耶稣会士推行了最近的时宪历改革。如果同时代的日本人读了这本书,这个消息可以引起很大的关注,并危及涩川春海闭门造车的贞享历(Jokyo system)改革,该历法是基于一个纯粹的中国模型之上的。

我们至今不知道下篇何以被查禁,我猜想,在锁国政策之下,政府及其"儒家"审查者担心它将使知识分子确信西方天文学比中国传统天文学更先进,也许将最终导致相

---

*　此处作者所述不确。《天学初函》为明末李之藻所辑的一套丛书,收书 20 种,分理篇、器篇各 10 种,大多为明末入华耶稣会士编著,不只是利玛窦。刊于崇祯元年(1628 年)。利玛窦的《天主实义》和《浑盖通宪图说》、《圜容较义》、《测量法义》及《勾股义》,利玛窦、徐光启的《几何原本》,利玛窦、李之藻《同文算指》都收入其中。——校者

信基督教更为先进——毕竟,那是耶稣会士在华进行天文活动的最终目标。

在 18 世纪初期,幕府顾问团体的科学精英成员开始怀疑,编制历法的中国方法已经开始被西方方法所取代。由于这种怀疑,1720 年,第八代幕府将军德川吉宗(1684~1751),他本人开始热衷于收集西方知识,命令天文历学家和数学家仔细检查储存在幕府图书馆的禁书。中根元圭(1661~1723),一个先前无权看涩川春海的贞享历的私人学者,在德川吉宗的要求下,阅读中国耶稣会士的天文学著作,并断定它们将有助于下一步的历法改革。

幕府接纳了他的建议并鼓励精英学者们学习外语,特别是荷兰语,它是日本锁国时代与西方进行贸易时所用的唯一语言。

702

这次事件是对西方科学的官方认可上的一个分水岭,震撼了那些看重中国模型的人。因为中央政府需要对西方信息的垄断,所以它从未公开宣布取消禁令。人们对于任何涉及西方学问的事情仍然保持谨慎。然而,在 18 世纪以后的岁月中,大量知识分子察觉到,这一政策不再被严格执行,他们复制和传播中国耶稣会士的著作。为了避开检查者的注意,他们经常在扉页上设置假标题,并避免直接提及。

1726 年,伟大的数学家梅文鼎的一套不完整的《历算全书》(1723 年)传入日本。这部著作受到了耶稣会士的影响。但是由于梅文鼎的著作是纯科学和技术的,因此它在日本的传播更为安全。梅文鼎的论述使日本人相信西方天文学更为先进,并导致了禁令进一步的放宽。

对西方著作的翻译

日本知识分子能够毫无困难地阅读古汉语著作,因而,只要他们能得到中国耶稣会士的出版物,这些著作就很可能被广泛阅读。这类著作因此被禁止了。然而,由于几乎没有天文学家掌握欧洲语言,所以似乎没有必要禁止这些出版物。

另一方面,在长崎港有大约 50 个荷兰语的官方翻译员,其中 23 个是世袭的。他们有足够的语言知识与荷兰商人和随船医生进行口头交流。在 18 世纪中期,随着锁国政策的放宽,这些翻译开始研究荷兰书籍并从事翻译,他们通常在藩主的重金礼聘下工作。他们翻译了那些通过外事联系而获得的为数不多的几本书。这些材料(最初通常是地图、海员年历和其他航海者的必备品)刺激了他们对西方国家的好奇心。最终,他们要求荷兰商人经由雅加达(印度尼西亚)进口各种图书,可是这些书费用不菲,并且在主题方面有所限制。

官方翻译员受关税的制约,因而他们的译作从未打算出版。另一方面,医生作为知识分子和文化人,思想更为开明,独立于政府机构,渴望出版提高医疗实践的书籍。他们的荷兰语知识明显不如长崎的翻译员,然而,他们中的一些人得到了西方医学书籍并开始翻译。第一本出版物是 1773 年的《解体新书》,这项工程的一位先驱者,杉田

703

玄白(1733~1817)设法预先为第一次出版西方书籍译本获取了官方认可,并且正如他的文集题目*所陈述的,此事被视为兰学在日本的发端。这次突破鼓舞了其他医生和知识分子学习荷兰语并研究西方科学。到世纪之交,一群医生和知识分子形成了一个旨于交流西方科学信息的学会。[4]

独立的数学传统

借助于1914年尤金·史密斯和三上义夫的《日本数学史》(*A History of Japanese Mathematics*)一书的出版,西方世界开始首次认识到日本数学(和算)的独立传统。日本数学在17世纪中国数学的基础上建立了这一传统,并在18世纪使之得到独立发展。尽管西方文化对日本生活的其他方面产生了影响,但是日本算法和撰写等式的日本风格是相当独特的,它的许多特有的问题当时并不存在,或者以后才出现在西方数学史中。

计算表使用算盘或者栅格上的算筹。当符号代数在关孝和(卒于1708年)之后出现时,(相对于只是数字的)符号(在理论上)书写计算成为可能。日本的和算被比喻成西方牛顿和莱布尼茨的微积分计算。但是关孝和及其随后的继任者建部贤弘(1664~1739),他们作为这一传统的主要代表人物,对于解决力学问题没有什么兴趣,却把计算圆面积作为更具典型的当务之急。换句话说,纯数学被作为一种业余爱好来追求,并不与物理学相关。

17世纪的数学家们通过"遗题"的形式建立了和算传统。任何首次解决了一个难题的人都将写一篇论述,然后给出下一个新的问题,无论是谁解决了这个新问题都将再给出下一个新问题,依此类推。这种持续进行的竞赛赋予这一传统以动力。其重点在于通过不寻常的方法解决问题,以及提出其解未知或根本就无解的问题。数学家们越来越重视复杂性并强调联立方程到高次方程的体系变换。

这种为难而难的卖弄,促使关孝和提出了一个重要的革新:点窜术。这是一个用符号表达未知的体系,而以前仅仅经过数字方程来解决。他也发展了一个承认虚根和负根的方程理论,但是却把它们作为"病态解"而拒绝——因此他排除了一个虚数理论。和算和中国算术一样,问题以提问和回答的形式提出,但往往忽视推导方法。因此,他们并不鼓励对方程基本性质的研究。

关孝和在研究方程的一般性质时是杰出的。他构造和解决问题的传统标准符合库恩的"范式"定义。一旦这种范式建立起来,"常规科学"也可以遵循它了。

在关孝和与建部贤弘之前,数学家们关注于历法天文学的实践问题:如测量等。

---

* 1815年,杉田玄白作《兰学事始》一书。——译者

[4] Donald Keene,《日本对欧洲的发现(1720~1830)》(*The Japanese Discovery of Europe, 1720—1830*, revised edition, Stanford, CA: Stanford University Press, 1969)。

范式方法排除了应用。在发展的过程中出现了子范式——例如建部贤弘的 π 计算（圆理公式）。安岛直圆将这一方法不仅应用于圆，而且应用于曲线和一般曲面。和田宁通过编制定积分表，以及把它们应用到数学上的无限大和无限小，促进了数学分析发展等内容。然而，所有这些发现都位于和算传统之内。它们很少讨论基本理论，实践者们继续通过代数方法解决日益复杂的几何图形。

对于业余数学家的刺激来自于另一个稍微有些不同的源头。艺术家和诗人已经确立了一种展示他们杰作的传统，在木质饰板上绘画，然后把该饰板展示在神社的公共走廊上。数学家们随后沿用了这套方法，展出一个带着问题和答案的字板，字板上通常还带有一个优美的几何图表以取悦公众。希望赢得称赞的业余爱好者们经常在这种追求上花费大量的金钱。因此，数学重视有趣的竞赛而非基本的研究或应用，对于精心设计的问题的直觉突破被看得比逻辑上的一致或严密更胜一筹。事实上，当欧几里得的《几何原理》第一次来到日本时，和算专家（仅仅注意它的计算）断定它尚未成熟并且毫无挑战性。

中国耶稣会士的论述介绍了三角学，到世纪之末它被天文学家和测量人员所使用。尽管和算数学家能够掌握它，但他们继续使用他们的传统方法，重视那些来自于他们自身传统的问题，而不是那些从技术实践中所产生的问题。数学怪才久留岛义太（？～1758）写道："在数学中，提出问题比解决问题更难。只有不能提出问题的数学家才会从诸如历法科学中借用问题。"*[5]

因为缺乏对实践应用的兴趣，所以直到 19 世纪中期，一些最重要的日本数学家才与西方数学家在解决实践问题上一争高低。与其他日本知识分子不同，和算实践者从范式创造发展到支持团体的建立，不需要请教外国权威，就进展到了新的技术前沿。在隔绝状态下，他们经历了常规科学中的迅猛发展，根本没注意到中国或者西方的数学。尽管这些将其数学技巧应用于土地测量和历法计算的实践者非常精通传统和算数学的算法、公式和符号，但是和算并不对其他领域的学术或文化内容有实质影响。

705

数学成为一种职业

关孝和发放了一种教学许可证，它被其继任者发展成为一个五级程度的体系，这个体系并不保证一定能成为老师，但它最初被视为一种荣誉，证明对数学的掌握已达一定的水平。由于没有一个坚实的职业基础，因而很难估算出多少人从事和算，也很难将业余人员与专业人员区别开。

有证据表明，甚至农夫在农闲季节都投入到和算难题中。数学家最初是业余爱好

＊　原文为：凡数学以设问为难，施术次于是。今以历术为问之事，起自得算题之难。——校者
〔5〕　Naonobu Ajima，《精要算法》（*Seiyo Sanpo*, 1779, preface）。

者,传统仅仅存在于私人部门。尽管幕府试图维持职业的传承体制,但并不认为数学值得通过这种体制永得传续。

只有少数主流数学家能养活自己,从 18 世纪末开始,大量这样的数学家开始走乡串镇地进行旅行,拜访爱好者团体和热心者,指导解题竞赛,从而紧随着诸如俳句(haiku peotry)等其他艺术实践。

数学出版物

尽管更有名气的数学家们出版了他们对问题的解决方法,然而和算数学家仍通过手抄本来传播他们的解法。为一般读者准备的通俗数学著作甚至更广泛地出版,印刷木版经常被雕成行草的书法风格,它使得有文化的公众更易阅读。以日本标准而言,它们都是畅销书,有一些卖到了几千册之多。

文化界并不把数学看做是真正的学问,并且从 17 世纪末开始,数学在书目中被作为一种业余爱好与插花和茶道归为一类。和算作者,为了试着提高其著作的声望,就邀请儒家学者作序,可这序却通常与技术内容无关。[6]

传统框架中的天文学

传统的中国方法("历法天文学"),通过研究日月的外在运动,最终构建出一种生成阴阳历的方法。对其最终的测试是,利用该历法预测日食的准确度。后续的改良通过检测以前的日食记录而精确了日月运动的参数。行星现象相对来说则很少有人注意。[7]

整个日本的历史记载中,中国阴阳历已经被普遍承认。17 世纪晚期以后幕府采用了自己的贞享历,它仅仅是由中国 13 世纪的授时历结合中日的不同纬度修正而来的。

1720 年,德川吉宗指派西川正休负责新的历法改革。西川正休是日本最早的西方专家、著名的长崎学者西川如见之子。西川正休不是一个专业天文学家,但有专业学者的辅助,他承担起一个基于中国耶稣会士著作的改革。德川吉宗死后,京都一个宫廷天文世家试图去恢复帝赐的刊行历法的特权。保守的顽固势力无视德川吉宗的改革目的,且他们于 1754 年刊行的宝历历(Horyaku system)使事情变得更加糟糕。西川正休随后被解职,而其同事只能编辑他们的记录以供后人参考。

真正改革的时代是在宽政历修订(Kansei calendar revision, 1797)以后开始的。这

[6] 城地茂(Shigeru Jochi),《中国数学技巧对关孝和的影响》(The Influence of Chinese Mathematical Arts on Seki Kowa, University of London, 1993),未发表的博士论文。
[7] 中山茂,《日本天文学史:中国背景和西方影响》(A History of Japanese Astronomy: Chinese Background and Western Influence, Cambridge, MA: Harvard University Press, 1969)。

是由一位物理学家兼业余天文学家麻田刚立(1734～1799)，以及其许多熟悉中国耶稣会士论述的追随者们所承担。

在天文学领域，新的西方天文学范式并没有取代传统的中国范式。更准确地说，新的数据和数学技巧只是简单地融进了原有结构之中。中国的情形也是如此，17世纪以后，中国历法天文学的结构、类型和目的没什么变化。正如在几项工程中与耶稣会士利玛窦合作过的高官徐光启所评论的："我们融合了他们的材料，并将之注入到这个旧的'大统'模具之中。"(原文为"镕西方之材质，入大统之型模。"——校者)[8]直到19世纪中期，日本官方天文学家才接受了这一说法，甚至在论述中重复了徐光启的话。

整个18世纪，日本历法天文学接受了天文参数随时间而变化的观点。1684年，政府采纳了贞享历，其发明者涩川春海(1639～1715)恢复了中国授时历回归年的可变长度。他认为这样一个细微的变化反映了高度的精确。然而，事实上它对精确没什么作用。

荻生徂徕(1666～1728)是他那个时代最有影响的儒家学者，他支持涩川春海关于意识基础的观点，并在其《学则付录》中评论道："天地日月为活动的物体，按照中国天文历法，回归年的长度在过去更大，在未来将减少。至于我，不能理解一百万年以前的事情。"*[9]按照荻生徂徕的自然动态观，万事万物都在改变，因此古代的历法不可能适用于现在。因为天界充斥着活力，所以年的长度能自由改变，因此在天界不可能期望万古不变。事实上，只有一个死的宇宙能被律令和规则所统治。因为使荻生徂徕感兴趣的正好是自然的活力，所以他对于物理的宇宙坚持着不可知论。

对于自然规则的知识缺乏兴趣，这在古学派中司空见惯，而荻生徂徕正是该学派的领袖。对自然的观察是按照社会和伦理的关注来进行的。有关自然的道学、人类学以及常常是人神同形的观点在日本儒学知识分子之间颇为常见。他们很少有人能想象，数学天文学除了提供一个精确的历法以外，还有什么值得关注的地方。因此官方天文学家对西方先进性的承认并未直接影响到传统的知识分子。

随后的历法改革，宝历历(1755年)取代了西川如见可变参数的观念。年改变值太大，观察和计算之间的矛盾随着累积最终变得十分明显。然而，这种长期变化被接下来的历法不加考虑地再次采纳，因此它在错误上还是会有所增长。

用作天文参数基准的传统日食记录，在耶稣会士有关西方观察记录的著作中并不予以收录。麻田刚立收录了包括传统记录和西方记录在内的所有可用记录，他试图用一个自己的单一公式来描写全部。他在一个周期为两万六千年的岁差中不仅变化了回归年长度，而且变化了其他天文学参数。他的方法是纯数字的，并融入到了随后的

707
708

---

〔8〕　中山茂，《近世(18世纪和19世纪)日本科学思想》(Kinsei Nihon no Kagaku Shiso, *Japanese Scientific Ideas in the Eighteenth and Nineteenth Centuries*)〔《講談社学術文庫》(Kodansha Gakujutsu Bunko, 1993)〕，第70页。

＊　　原文为:何则天地日月皆活物也。又授时法。已往。岁增一。将来。岁减一。吾不知数千万年之后算尽时何如也。——校者

〔9〕　《学则付录》(*Gakusoku Furoku*, Apendix to the Principles of Learning, 1727)。

1798 年的宽政历改革中。

在麻田刚立时代,西方天文学知识仍然仅限于中文的中国耶稣会士著作,它们并未提及哥白尼学说。18 世纪和 19 世纪之交,麻田刚立的学生高桥至时(1764～1804)开始学习后牛顿时代拉朗德的《天文学》(Astronomie)的荷兰译本。尽管他不懂天体力学,但他对于行星运动学有着纯学术的兴趣。

因为历法天文学是一个官方领域,所以顾问们力劝幕府认识到西方的先进性。然而,天文学上所雇用的这些官僚,在纯技术问题之外毫无权威。他们既未打算也没有权公开宣讲西方科学的优点(或缺点)。他们在非天文学领域的影响可以忽略不计。

采用中国耶稣会士的 360 度坐标,而放弃传统中国计算所用的约 365.25 度坐标(旧的度数单位,度,其定义为平均一天太阳运动的度数),这可以看成是西方影响的一个标志。工作于宽政历改革(1798 年)的官方天文学家首先使用前者,在此之后它逐步扩展到日常使用中。

天文学成为一种职业

历法天文学是一项国家垄断。发行年历、改革计算方法都是一件关乎统治政府威望的事情。18 世纪,尽管正统的王朝还是京都的天皇宫廷,但是真正的政权已经全部落在了位于江户的军事独裁者幕府的手中。某些天文学特权是皇廷占星家京都土御门(Tsuchimikado)家族的世袭特权,但是只有幕府的天文学家有改革历法和应用科学的实际权力。有 8 个幕府的天文学家族,他们像皇家的前任一样已经成为世袭的了。他们和他们的同事,总数在 50 到 100 位官员之间。在京都的土御门家族、其他低等家族以及临时的同事,加起来其总数不足 50。他们在当时成功地干预了宝历历改革,希望能借此恢复其古代的权威,但是这场京都复辟只是昙花一现。

计算年历,并不需要世袭天文学家具有很高的才能或者很多的技巧。他们通过默许对有资格人员的委任(甚至是采纳),满足了 18 世纪两次改革的巨大需求。一些藩府偶尔也雇用天文学家,这通常是因为占统治地位的大名家族对于预测自然灾难的占星术感兴趣。一些诸如萨摩藩(强藩之一)这样的遥远地区,则任命常设的天文学家,发行自己的历法,但是并不与幕府的天文实践有明显分歧。

天文学出版物

作为幕府的一项活动,天文学并不容易被一般公众所接受。那些关于新历法体系的最重要的官方论述,也就是历法改革的成果,从未出版。三份手稿分别在幕府图书馆、帝国图书馆、伊势神宫图书馆保存,每一份都只有高级官员才能参阅。政府担心来自私人部分的批评会败坏公众对这项特别的政府职能的尊敬。

　　结果,想学习计算天文学的人们只能学习过去的历法,特别是 13 世纪末授时历的论述,它是中国数学天文学的最高成就,且直到 18 世纪中期,都是日本历法的模型。许多带有插图和注解的授时历手册在日本结集出版。宇宙学的主要来源《天经或问》,是一本带有些耶稣会士原理的 17 世纪著作。此外,其他很多带有插图的日语版的书以及课本满足了那时知识分子的需求,一般公众的需求则通过年历来得到满足,这些年历是由世袭宫廷占星家所控制的关系网得以印刷和传播的。

哥白尼学说和牛顿学说的传入

　　因为世袭天文学家的兴趣仍然限于历法科学的传统模型,所以对现代西方天文学核心内容的介绍皆出自官方翻译员之手。最先涉足的,也许是本木良永(1735~1794),他借用汉字,发明了一套属于他自己的从荷兰语到日语语音的音译体系。而我们知道当时中国尚无类似之举。

　　本木良永感兴趣的是翻译那些添加在巨幅航海图边缘的西方天文学史,然而,他注意到,伽利略因其著作涉及哥白尼的宇宙论而惨遭迫害。于是他也意识到这在日本将是一个敏感学科,因为它关系到被严格禁止的基督教,于是他在 1771 年草拟的翻译中,省略了对伽利略审判的讨论。然而他发现哥白尼学说重要而有趣,于是他以后的翻译逐步展现了哥白尼学说的细节,全部翻译于 1793 年完成。参考本木良永的译作,插图画家兼大众作家司马江汉(1738~1818),在日本出版了许多传播日心说理论的书。

　　志筑忠雄(1760~1806)也出生于一个官方译员家族。他放弃了世袭职业而致力于翻译西方书籍,并成为东亚第一个介绍牛顿学说中的分子和力等观念的人。因为传统的儒家学问并不关心自然哲学,也不知道关于这一学科的最新的中文著作,在翻译牛顿概念的术语时,他不得不借鉴《易经》十翼、佛经思想和新儒学著作。志筑忠雄在翻译牛顿学说的推广者约翰·凯尔的著作时,增补了大量他自己的评论,其中有些见解相当新颖并远远超过了凯尔。志筑忠雄对牛顿定律并不十分满意,于是他尝试着把它们建立在传统的阴阳玄学的基础之上。他还试着引入立方反比离心力或者四倍距离来解释化学亲和力和植物生理学等现象。虽然志筑忠雄本来是把新儒家宇宙进化论应用到了太阳系,但是他的太阳系旋转星云观(一种与后来归诸康德和拉普拉斯的思想有些类似的观点)也非常有名。[10]

710

---

〔10〕　吉田忠(Tadashi Yoshida),《志筑忠雄的兰学:日本的德川幕府时代西方科学的引入》(The Rangaku of Shizuki Tadao: The Introduction of Western Science in Tokugawa Japan, Princeton University, 1974),未发表的博士论文。

医生成为知识行家

在 17 世纪,除了外科学以外,主流的中国医学统治着日本医学界。外科学是耶稣会士在 16 世纪为了满足日本国内战争(所带来的)需要而引进的。

18 世纪,一个新的团体开始挑剔自金元时代以来盛行于中国的生理学和病理学知识。他们宣称将回到一个简单的推理:更直接地反映古代《伤寒论》(成书于 196～220 年之间)的临床实践,却对理论性和思辨性的《黄帝内经》不感兴趣。这一集团自称为 Koiho(古方派)。[11]

该学派更喜欢简单而性烈的药方,这与富于变化的汉方截然相反,汉方是有的简单而有的复杂,有的强烈而有的柔和,有的由理论形成而有的则来自于药物反应的直接实践,所有这些都会使药效抵消。古方派以效用定义其目标,所以汉方的复杂性似乎更多地成为了一个阻碍。因为他们希望尽可能直接地治疗疾病,所以他们拒绝将疾病视为一个微观世界。正如该学派的首要人物吉益东洞(1701～1773)所宣称的:"阴阳为宇宙之气,故医学无可作为。"[12]

就拒绝抽象,只相信可触摸的实物这一点而言,古方派是唯物主义者,因此他们发展了腹部触诊,这在中国是没有过的。[13]

有关人体的从无形能量到有形实体的观点

在中日医学中,疾病是由于"气"的失衡导致的,"气"彻达天地,也贯穿人体。这是至今都无法估量的无形能量,可是清代的中国人认为它是生命的物质基础。这种观点接近于西方体液主义者的观点,他们认为人体疾病是由于循环在人体内的体液的失衡造成的,而非特定器官的病理异常。[14]

古方派的先驱后藤艮山(1659～1733)将传统生理学和病理学简化为一个简单的方案,在这种方案中,每一种疾病都起源于"气"的停滞,这里的"气"是一种比日本人公认的抽象无形更为物质化的观念。后藤艮山的继任者采取了一种比先前的一切都更为接近实体论的立场。可是缺乏抽象的概念,功能分析也丧失了它的重要性,最终

[11] 富士川游(Yu Fujikawa),《日本医学简史》(*Kurze Geschichte der Medizin in Japan*, Tokyo: Kaiserliches Unterrichtsministerium, 1911)。

[12] 《异端》(Idan, 1795),载于《近世科学思想》(*Kinsei Kagaku Shiso, Ideas of Early-Modern Science*)〔《岩波日本思想大系》(Iwanami, Nihon Shiso Taikei),1971〕,第 2 卷,第 540 页。

[13] 富士川游,《日本医学》(*Japanese Medicine*, translated from the German by John Ruhrah, P. B. Hoeber, 1934)。

[14] C. Leslie 编,《亚洲医学体系:比较研究》(*Asian Medical Systems: A Comparative Study*, Berkeley: University of California Press, 1976)。

古方派医生只为了自身利益而研究身体器官。[15]

传统的"气"生理学认为,解剖不会带来有价值的信息,因为死尸没有"气"。而另一方面,古方派医学家却又对解剖表现得很有兴趣,并且他们以器官为中心的方法带来这样一种认识,即传统解剖图是粗糙且不准确的。1754 年,古方派的一位领袖山胁东洋(1705～1762),出于解剖目的最先检查了一名罪犯的尸体,他对中国解剖图提出了质疑,并以自己的发现为基础写下了《脏志》(1759 年)。然而,山胁东洋的成就仅限于挑战优先于九的六阴五阳器官(五脏六腑)的古老方案。他没有表现出对髓质组织总库——大脑的研究兴趣。

在东亚传统中,询问思想产生于哪个器官是没有意义的,因为医生们并不用实体术语思考。他们把每种行为、精神和身体都归结于基本的中介"气",认为"气"充盈于微观世界和宏观世界并在其中和谐地流贯。因此没有理由将思想只归结为大脑的功能。思想、想象和情感不是身体某一个器官的功能,而是遍布全身的一个能量循环系统。

虽然杉田玄白及其门徒在罪犯斩首之后仍没有兴趣检查大脑的内容,但是,1771年,他们放弃了中国生理学传统,转而信任荷兰的解剖图。[16] 也正是因此,杉田玄白发现翻译荷兰的关于大脑的著作很困难,经常要诉诸臆测和借助于佛经术语,以便为感觉认知杜撰新词。由于他的杜撰而引起的混乱,为后来那些将其著作当成理解脑功能基础的医学生带来了重重困难。

因此,对西方解剖学书籍的翻译意义重大,因为它不仅是日本西学的开端,而且将思想实体学派介绍到东亚文化之中。然而,对于 18 世纪的一般医生来说,要他们理解大脑的功能是不可能的。[17]

中医从整体的角度看待疾病,一个既定的疾病通常并不只和某个特定的身体部位相联,因为病理的"气",也是生命得以持续的"气",它通常会影响到整个微观世界。例如,当中医谈到心脏或肝功能紊乱时,他们并不就单指某个身体器官,而是指整个身体的功能系统,器官只不过是受到这一功能系统的调节,疾病侵袭了这一功能系统。他们会从整体的角度对待身体。例如,治疗头疼,却针灸于脚。这种方法并不需要门诊部里有精确的解剖图。与接受了中国训练方法的医生不同,那些与杉田玄白合作的外科医生在西方起源中发现了遥远的祖先。这将解释为什么他们会对思想实体采取开放的态度。[18]

[15]　Norman Takeshi Ozaki,《德川幕府时期日本医学的观念变革》(Conceptual Changes in Japanese Medicine during the Tokugawa Period, University of California, San Francisco, 1979),未发表的博士论文。
[16]　杉田玄白,《西方科学在日本的破晓》(《蘭学事始》)(Dawn of Western Science in Japan, Rangaku Kotohajime, 1815), Rytz Matsumoto 译(Tokyo: The Hokuseido Press, 1969)。
[17]　John Z. Bowers,《日本封建时代的西方医学先驱》(Western Medical Pioneers in Feudal Japan, Baltimore, MD: Johns Hopkins University Press, 1970)。
[18]　Harm Beukers 等编,《红发医学:荷兰－日本医学关系》(Red-Hair Medicine: Dutch-Japanese Medical Relations, Amsterdam: Rodopi, 1991)。

　　当日本人开始认识到西方解剖学知识的力量时,自然就假定相关的治疗也是更为有效的,尽管对这一信念尚无证据支持。事实上,19 世纪末以前,尽管欧洲医学比其他大多数医学更为猛烈,也更可能伤害患者,但是就治疗而言,人们在不同医学体系之间的选择性很少,这些体系都是在各种先进文明之内发展而成的不同体系。[19]

　　传统主义者自然反对解剖学,一个常见的反应就是认为:解剖无助于治疗的改善。其他反对者则基于传统的生理学。佐野安提在其《驳解剖图》(1760 年)中说:"'脏'(功能范围及其相关区域)所真正意味的并不是一种物质形态。它们是储存带有不同功能生命能量的永恒容器,没有了这些能量,'脏'也只不过是空空如也的容器。"[20]换句话说,内部器官的特点不在于其形态,而在于其被特有的"气"所定义的不同功能,因此既然"气"并不存在,解剖尸体将一无所获。因为解剖图只是基于山胁东洋的想象而非解剖,所以它们将不能为身体的动态功能提供任何解释。

　　在佐野安提的另一篇评论中也出现了同样的观点:山胁东洋的解剖图并没有区分大肠和小肠。佐野安提本人并不相信大小肠在形态上以及生理上的不同。他认为二者的不同在于,大肠负责吸收和排泄固体废物,小肠完成处理流体废物的功能,而这种至关重要的区别在尸体中无法察觉。外形和面貌,只有在涉及到它们的功能关系方面,才变得非常重要。不同于古方派的激进分子,佐野安提并不宣称自己是一位纯粹的经验主义者。但是他却说:"对两个明显事实的观察比思维探索更缺乏价值……因为即使是一个孩子,也可以是一个像成人一样优秀的观察者。"[21]这句话的意思也就是说,如果一个学者不研究形态和功能之间联系,那他就只是个孩子。

　　尽管有传统医生对于激进的古方派的这些反应,但是已经萌发的实物传统却为西方解剖学铺平了道路。杉田玄白从事解剖学研究,因为它似乎是荷兰医学中最切实的,因而也是最易理解的。这种观点造成了实体主义的突破,而且在世纪之交,杉田玄白的继承者们研究了物理和化学。解剖学的影响挑战了能量学及其对医学还有自然哲学的信仰,最终导致了对西方现代科学的全盘引入。[22]

[19]　神谷美惠子(Mieko Mace),《16 世纪到 18 世纪日本医学的西方解剖学和临床经验》(*L'anatomie occidentale et l'experience clinique dans la mecine japonaise du XVIe au XVIIIe siècle*),载于 Isabelle Ang and Pierre-Étienne Will 编,《数字、星辰、植物和内脏:关于东亚科学与技术史的七篇论文》(*Nombres, astres, plantes et viscères: sept essais sur l'histoire des sciences et des techniques en Asie orientale*, Paris: Collége de France, Institut des Hautes études Chinoises, 1994)。

[20]　"Hi Soshi", 载于 Koichi Uchiyama,《日本生理学史》(*Nihon Seiri Gakushi*, History of Japanese Physiology),载于《明治前的日本医学史》(*Meijizen Nihon Igakushi*, History of Japanese Medicine before Meiji Era),第 2 卷(1955),第 122 页～第 123 页。

[21]　同上书。

[22]　Wolfgang Michel,《赫尔曼·布硕夫:足痛风的详细研究及有效治疗法》(*Hermann Buschof —Das genau untersuchte und auserfundene Podagra, Vermittelst selbst sicher-eigenen Genaesung und erloesenden Huelff-Mittels*, Heidelberg: Haug Verlag, 1993)。

医生成为一种职业

在德川时代,从事挑战西方科学的行医者们,成了人数最多的科学职业。与天文学不同,医学是一种对人的关注,并且在反应新思想方面它不受任何限制形式的影响。因为那时没有公众健康计划,所以行医行为实际上只是医患之间的关系。每一个社区通常有一个私人医生或治疗者。武士阶层有政府医生和藩医,市民和农民有当地的行医者。医学不是一个专业,且行医者们并不形成组织乃至共同联系。他们不受中央政府控制,并且不像传统期望的那样医生应该是子承父业。[23]

江户作为幕府的所在地,也是职业活动的中心。医学的重要学派分布很广,远到长崎,在那里西方外科的传统,通过懂荷兰语的译员而得以存续。再如大阪,因其医生数量而闻名,其患者主要来自商人阶层。这种分散使得医学成为日本少有的几种在不同地域流动的职业之一。

同时代的欧洲建立了良好的医学专业并通过大学使其得到发展,与之不同的是,日本的医生始终处于边缘化。对于医生来说,政府任命不是收入的唯一可能来源,被藩政府雇用的医生并不比其他下级知识分子官员(儒家学者、天文学家或者译员)更具有地位,但是私人行医能带来更丰厚的收入。

医生(不同于官方天文学家)独立于政府阶层,且就在日本现代化以前的时代中,他们属于那些最善于接受自由思想的人。

行医者不需要认证。所以甚至那些只能读医学典籍的人,也宣称自己是医生。常见的倒是,那些希望成为合格的儒家学者的人,通过实际行医来养活自身。幕藩政府通常只付很少的薪金来任命医生照顾领主和武士家族。政府经常鼓励医生收养有天赋的年轻人,而不是传给长子,以确保能不断提供可信赖的行医者。将近 18 世纪末时,随着公众生活标准的提高,城镇甚至小乡村都可以拥有其自己的医生,尽管大多数农民发现传统的巫师足以满足他们的医疗要求。

医生通常以学徒身份接受训练。希望从事医学职业的年轻人将成为一个行医者的学生,长年住在师父家中以获得"亲传"经验。然后学徒将走街串巷以获取临床经验,最终回到家中开业行医。更有雄心者将远至江户、近畿或长崎(为学习荷兰医学)这些地方寻求医学训练。估计受训的行医者数量是很难的,但是我认为有几万人。

18 世纪末出现了临床医学家——甚至行医于乡村。例如村长的次子,渴望成为一名乡村医生,他将向邻近的行医者学徒多年,并最终返回故乡。人们将不仅期望他提供医疗服务,而且期望他承担教育和文化职责。

那些显露学术抱负但没有前途可选的年轻人往往被建议学习医学,以便实现一种

[23] Erhard Rosner,《日本医学史》(*Medizingeschichte Japans*, Leiden: E. J. Brill, 1989)。

安定的生活。那些将研究荷兰医学作为一种获取医学职业手段的人,往往成为西方学问的专家,这种人在 19 世纪中期以后有很多,他们将在政治事务中发挥革命性的影响。

在德川时代的知识分子职业之中,只有能够获得独立地位的医生,才能够从新的视角看待世界,并由此将现代的(各门)科学引入日本。然而,他们的独立是以疏远日本政权的真正持有者——武士政府为代价的。因此,他们的角色也只限于文化创新的行家。[24]

从 18 世纪末开始,兰学学者主要是自由职业的医生。[25] 更为成功的医生往往随着政府的任命而居住于城市之中。特别是在江户,医生们相聚并交流兰学信息。1794年,他们开始庆祝西式新年并喝起了欧式酒。一些行家愉快地写到西方文化的有趣方面,他们的书成为畅销书。大槻玄泽(1757～1827)出版了经过严密编辑和修订的《解体新书》,并于 1789 年建立了荷兰语学校。虽然他的大多数学生都是供职于公共部门的医生,但是任何社会地位的人都能参加。在这所学校建立以后,很多兰学机构随之建立。出于对异国情调(新奇)的尝试,在面对西方科学时,这些学者并没有感到自卑。[26] 在 19 世纪初有少数人承认,兰学提供了东方传统中缺乏的东西,即孕育了现代科学的自然哲学。[27]

药物学

药物学,是医学的一个附属学科,包括源自植物、动物和矿物的物质研究,且对于行医者来说,有关这些内容的著作是不可或缺的。政府经常赞助这个形成了一大部药物百科全书的长篇著作,这部书遵循着中国药物的分类模式(主要依照症候)并提供了一个依照病源的粗略分类。中国著作《本草纲目》(1596 年成书,1607 年引进)的分类模式为中国也为日本提供了一个标准模式。日本人一个重要的关注点是比较、辨认日本本土和中国典籍中所提到的动植物。这不仅进一步走向了形态学研究,也按照产地和环境提出了一个新的分类标准,例如区别靠水生活和生活在水里的昆虫,区别生活在淡水和海水中的鱼类,这正如在贝原益轩(1630～1714)的《大倭本草》中所提到的一样。

大多数药物学学者是医生,可是在 18 世纪的后半叶,他们的兴趣从传统的药物学

[24]　吉田忠,《江户时期日本医学史的社会和文化背景》(History of Japanese Medicine in the Edo Era: Its Social and Cultural Backgrounds, Nagoya: University of Nagoya Press, 1991)。

[25]　G. K. Goodman,《日本:荷兰的经验》(Japan: The Dutch Experience, London: Althlone Press, 1986)。

[26]　Yoshio Kanamaru,《在前近代日本一个科学共同体的发展》(The Development of a Scientific Community in Pre-Modern Japan, Columbia University, 1981),未发表的博士论文。

[27]　塚原東吾(Togo Tsukahara),《亲和力与 Shinwa Ryoku:日本 19 世纪初期西方化学观念的传入》(Affiniti and Shinwa Ryoku: Introduction of Western Chemical Concepts in Early Nineteenth-Century Japan, Amsterdam: Gieben, 1993)。〔Shinwa Ryoku(しんわ りょく),日语"亲和力"的意思。——译者〕

著作拓展到百科全书式的博物学,博物学增加了未经验证医学属性的新物种,包括从西方进口的物质。

总　结

从 17 世纪开始,当西方知识开始产生有别于汉学的主张时,日本思想家对此予以批判地关注。认为西方技术知识更为先进的想法,导致了向新模式的转换。德川吉宗及其天文数学家清楚地认识到西方天文学比中国天文学更为先进。作为官僚和技师,他们对西方科学的兴趣仅限于精确的天文学数据和计算方法,引入早期现代西方科学的机械论哲学还不能危及他们的世袭职位。

长崎的专业翻译员,精通荷兰语,熟悉西方科学的观念。作为世袭的官员,他们也始终在其职责之内进行忠诚的翻译。既没有官方天文学家也没有翻译员为普通读者写作。

从 18 世纪晚期开始,很多关于自然研究的荷兰著作传到了日本。这些著作引起了独立学者的兴趣。他们开始着手翻译这些著作,尽管其语言技巧比之长崎的专业翻译员要逊色得多。大多数"兰学学者"是行医者,但他们没有非此职业不可的动机,因此能够广泛涉猎其他方面。[28] 到 18 世纪末,他们的兴趣拓展到了一切西方事物。

天文学是导致人们确信西学更先进的最早学科。这种观念,也存在于科学研究的其他领域,最初是在独立医生间传播的。尽管只有少数人意识到西方科学中机械论的力量,并且几乎没人了解启蒙运动,很多人的专业兴趣在于西方医学。日本知识分子通常不进行令人不悦的比较,他们的看法是,东方是东方,西方是西方,并且西方的新奇事物和东方的传统之间存在着有趣的比较。我们认为,日本知识分子能够同时吸取东西方的优点。

在 18 世纪稍后的时候,面向东亚的西方侵略(特别是俄国侵略)成为主导。但在一定范围内,它尚未促成对改变政治和技术制度的根本重估。[29] 这种评估发生在 19 世纪 40 年代以后,当时西方侵略日益严重,使得幕府不得不直面西方先进的军事技术。

(徐国强　张　丹　程路明　译　方在庆　黄荣光　校)

[28]　Herman Heinrich Vianden,《日本明治时期德国医学之导入》(*Die Einführung der deutschen Medizin im Japan der Meiji-Zeit,* Dusseldorf: Triltsch Verlag, 1985)。

[29]　中山茂,《日本科学思想》(Japanese Scientific Thought),《科学传记词典(第 15 卷)》(*Dictionary of Scientific Biography,* XV),第 728 页～第 758 页。

31

西属美洲：
从巴洛克式科学到近代殖民地科学

豪尔赫·卡尼萨雷斯·埃斯格拉

　　随着西班牙人的征服浪潮，由阿斯特克人、玛雅人和印加人创立的"非西方科学"的系统形式看起来已经灰飞烟灭了。[1]庞大的本地政治制度的崩溃，以及能够存续精英知识的宫廷的消失，好像是其根由所在。南希·法里斯认为尤卡坦半岛的玛雅人丧失了那些曾经激发他们偏好庞大宇宙之谜的习俗。虽然玛雅人的精英阶层没有消失（事实上，他们成为了殖民地劳动制度运转的重要中间人），他们丧失了对于那些神学和宇宙学问题的兴趣，而正是这些兴趣曾经推动了古典和后古典时代的玛雅文明的天文及历法研究。由于玛雅精英们陷于管理越来越简单化的政治之中，他们的兴趣也变得狭隘。在西班牙的殖民统治下，印加人、玛雅人和阿斯特克人以前那些复杂的社会结构被缺乏中间社会等级的单一化社团所代替：过去本土的泛地域性的（pan-regional）国家消失了，而正是这些国家的宫廷曾经供养了大批的祭司、书吏和学者，这些人正是前殖民时代非西方知识的主要缔造者。新的单一化的本地精英阶层接受了天主教的偶像、神殿、教堂和仪式。尚存的几个仍保持着本地信仰（并因此保持着非西方科学传统）的宗教领袖们转入地下，丧失了其威信的重要源泉——依靠**公众性的**奢华崇拜仪式来维系公众凝聚力。到 18 世纪，本土的知识系统已经变成民间天主教的混血儿，

　　作者在此对马尔科·奎托（Marcos Cueto）、费莉佩·费尔南德斯－阿梅斯托（Felipe Fernández-Armesto）、托马斯·格利克（Thomas Glick）、安东尼奥·拉富恩特（Antonio Lafuente）与罗伊·波特（Roy Porter）对本章此前的草稿提出意见表示感谢。
〔1〕　我将讨论范围限定于征服浪潮中消失的自然哲学精英体系。本土的科学知识在日常传统中仍得到保留。

并且沦落到了拉丁美洲的社会边缘。[2]

　　本章内容不涉及在殖民地拉丁美洲社会边缘发展起来的大众化知识的混合形式，　　*719*
比方说那些由到达西属或葡属美洲的数百万计的非洲奴隶在 400 年中创造的知识。
总的来说，殖民地拉丁美洲的科学史不属于"非西方世界"。占据统治地位的科学实践
和想法是那些欧洲人在努力创造稳定可行的殖民地社会时带来的。但是直到 19 世纪
早期，葡萄牙才将学术性机构引入巴西。当时随着拿破仑的入侵，国王离开里斯本逃
往里约热内卢。这一章主要聚焦在新西班牙[*]总督管辖的地区。在 18 世纪，西班牙从
它的殖民地得到的财富绝大多数是墨西哥创造的。墨西哥的精英阶层富有且兴趣广
泛；举例来说，墨西哥城的主教堂修道院（cathedral cloister）于 1734 年成立了"西方世
界"最早的常设管弦乐队之一。[3] 对于研究科学与巴洛克文化（一种以对自然的符号
性解读为特点的文化）、殖民主义以及民族主义的联系来说，18 世纪的墨西哥是非常理
想的。

早期的机构

　　在 18 世纪早期，西班牙王室似乎为高度自治的殖民地社会所拖累。虽然在大约两个
世纪的时间里，新大陆向欧洲供应了白银、糖和染料，但西属美洲绝不只是一个满足最高
核心需要的殖民地前哨。西班牙帝国松散的政治结构和大城市市场的缩减，共同使殖民
地变成了由总督和遵从当地精英需要的检审法庭（audiencias）掌管的半独立实体。

　　正如所有其他的近代早期欧洲社会一样，西属美洲建立在社团特权和等级的基础
上。然而与其他欧洲社会不同，西属美洲的等级与另外的种族和文化等级相一致：非　　*720*
洲黑人是奴隶；"印第安人"被当做乡土平民，并且出于法律目的被当做一个隔绝"团
体"的稚气成员；西班牙人及其子孙享有特权并且自视为贵族。混血人（Castas）生活于

---

〔2〕　Nancy Farriss，《殖民统治下的玛雅社会》（*Maya Society under Colonial Rule*, Princeton, NJ: Princeton University Press,
　　　1984），各处。比较 Inga Clendinnen，《矛盾的征服：尤卡坦半岛的玛雅人和西班牙人（1517～1570）》（*Ambivalent
　　　Conquests: Maya and Spaniard in Yucatan, 1517—1570*, Cambridge University Press, 1987），以及 James Lockhart，《征服
　　　后的那瓦人：一部 16 世纪至 18 世纪中墨西哥印第安人的社会史和文化史》（*The Nahuas After the Conquest: A Social
　　　and Cultural History of the Indians of Central Mexico, Sixteenth through Eighteenth Centuries*, Stanford, CA: Stanford University
　　　Press, 1992）。Serge Gruzinski 描述了 16 世纪中叶印第安—基督教的混合文化在墨西哥中部谷地的兴衰。严守教规
　　　的圣方济各会的修道士们运用从文艺复兴时期的人文主义衍生出来的技巧，训练了一批古典主义的本地骨干，他们
　　　充当文化的翻译者。当地以及修道士中的人文主义者写了多种语言的文本（拉丁文、西班牙文和那瓦语），包括那
　　　瓦知识的不朽的百科全书——《佛罗伦萨药典》（*Florentine Codex*），以及包括那瓦草药知识的《药用草本鉴定手册》
　　　（*Libellus de medicinalibus Indorum herbis*）（或《巴贝多药典》[*Codex Badianus*]）。这本《手册》将那瓦符号和审美习俗
　　　引入了欧洲草药派。参见 Serge Gruzinski，《虚构的殖民，16 至 18 世纪西属墨西哥的本土社会与西方化》（*La
　　　colonisation de l'imaginaire. Sociétés indigènes et occidentalisation dans le Mexique espagnol xvie-xviiie siècle*, Paris: Gallimard,
　　　1988），第 1 章，特别是第 76 页～第 100 页，还有 Barbara E. Mundy，《新西班牙的测绘：本土绘图与"地理关系"收藏
　　　室收藏的地图》（*The Mapping of New Spain: Indigenous Cartography and the Maps of the Relaciones Geográficas*, Chicago:
　　　University of Chicago Press, 1996）。
＊　　新西班牙：西班牙在北美洲的前殖民总督辖区（1521～1821），包括现在的美国西南部、墨西哥、巴拿马以北的中美
　　　洲和一些西印度群岛的岛屿。它也包括菲律宾群岛并属墨西哥城管理。——校者
〔3〕　Craig A. Russell，私人通讯。

原有三级体系的夹缝之中,并且因为他们模糊了谨慎控制的殖民地种族界限,他们也屈服于复杂的社会分层(social taxonomies)和平民的中间群体。

到 18 世纪早期,西属美洲已经发展出了一系列促进科学活动的公共机构:大学和学院、修道院、私人图书馆、制药业、总督和宗教法庭。西属美洲以二十几所大学和许多宗教学院为荣。在中世纪萨拉曼卡(Salamanca)大学模式的特许下,殖民地大学是宗教秩序(主要是多明我会修士和耶稣会士)控制下的机构,这些机构雇用严格的新经院课程训练神学家、律师和少数医师。[4] 耶稣会发展了自己强有力的教育机构,这种机构迎合当地精英的需要。他们对于哲学折中主义的支持使其允许圣伊格内修斯·罗耀拉的追随者介绍包括实验哲学在内的一些创新的欧洲思想。耶稣会士将科学列入传教使命,并且创造了纵向联合和技术上高效的经济体系(例如,大庄园和种植园)来维持他们的学院和教区。制药业的运作就是一个恰当的例子。路易斯·马丁认为在 17 世纪和 18 世纪,来自位于利马的圣保罗(San Pablo)学院的耶稣会士在许多殖民地城市运营着一个制药业网络。起初是意大利人,后来是德意志教友负责使制药业盈利,他们建立实验室、收集和交换植物,希望鉴别出可供交易的新药物。根据马丁的观点,在整个 17 世纪和 18 世纪早期,耶稣会士在利马的制药业垄断了欧洲市场的奎宁和牛黄石,获得的利润有助于维持他们的教区和学院。[5] 耶稣会士也将制图学和博物学置于修道会的战略需要下,该会设法将后特伦托宗教会议的天主教扩张到西班牙殖民帝国的边疆。从 1628 年到 1767 年——这一年他们被从所有的西班牙领地驱逐出去,耶稣会士被正式指定为东西印度群岛的宇宙学家。[6] 基督教会推动了广泛协作的天文观测和博物学写作。[7]

总督的法庭和宗教的修道院给大学提供了另一类的赞助体系,这使一些创新的哲学家的出现成为可能。巴洛克式的博学们拥有奇珍收藏室和炼金术实验室。他们被赞助人召来进行天文观测和制图、以占星术算命、为宫廷和公众娱乐设计机械装置、照料病患,并帮助设计宗教和世俗的公众建筑。卡洛斯·西根萨－贡戈拉最能代表西属美洲的巴洛克式的博学者。作为墨西哥大学的数学教授,西根萨教授医学占星术,同时也担任宗教法庭的审查员和当地医院的牧师。他画图,帮助协调排干湖泊(墨西哥城就修建在此基础上),并且带领边境地区(在佛罗里达的彭萨科拉[Pensacola]湾)

721

[4] John Tate Lanning,《西班牙殖民地的学术文化》(*Academic Culture in the Spanish Colonies*, London: Oxford University Press, 1940)。

[5] Luis Martín,《对秘鲁的思想征服:圣巴布罗的耶稣会士学院(1568～1767)》(*The Intellectual Conquest of Peru: The Jesuit College of San Pablo, 1568—1767*, New York: Fordham University Press, 1968),第 97 页～第 118 页。

[6] 菲利普三世在 1628 年任命耶稣会士为唯一的官方宇宙学家,强化了耶稣会士在马德里王家学院的天文教学,见《马德里王家学院宇宙学家的任命报告》(Expediente sobre la asignación de la cátedra de cosmógrafo en el Colegio Imperial de Madrid),1760 年 8 月到 10 月。西印度档案馆(Archivo General de Indias, Seville, Indiferente General 1520)(以下称 AGI)。

[7] 关于耶稣会士制图师的天文坐标观测,见 Christian Reiger,《印度群岛参议会首席宇宙学家关于宇宙学家在履行其职责中的限制规定的备忘录》(Memorial del cosmógrafo mayor al Consejo de Indias sobre limitaciones que tiene el cosmógrafo para ejercer las expectativas puestas sobre él deacuerdo al título, AGI, Indiferente General 1520),1761 年 6 月 30 日。

的测量考察。西根萨是一个有成就的学者,他拥有一个奇珍收藏室、一架望远镜和一架显微镜,并且毫不畏惧地卷入与欧洲天文学家的激烈争论。在 1690 年,为了支持过时的彗星起源理论,西根萨出版了他的《自由天文学》(*Libra Astronómica*)来对抗德意志耶稣会士欧塞维奥·弗朗西斯科·基诺——他曾任英戈尔施塔特(Ingolstadt)大学教授,是加利福尼亚的传教士领袖。当西根萨试图证明彗星不是像那位德意志人和其他占星家长期以来认为的那样是地球发散物、疾病的预兆、邪恶的预兆时,可以看出,他对开普勒、伽利略和笛卡儿著作是非常熟悉的。最后西根萨花费了学术生涯的一大部分时间通过详细研究中美洲历法和法律来澄清阐明圣经年表。[8]

通常,巴洛克博学者们被召来参与推动社会架构顺利重建的权力仪式。[9] 市议会(Cabildos)、修道院、总督和高级教士支持学者为凯旋拱门和火葬柴堆设计标志,建造机械设备使宗教游行中的公众产生深刻印象、写作和宣讲纪念性布道、揭示自然和宗教形象中隐藏的"信息"。因此毫无疑问,新柏拉图主义和秘术的思潮在学者中广泛流行。17 世纪作家胡安·卡拉穆尔、阿塔纳修斯·基歇尔和加斯帕·史考特的新柏拉图主义著作和理论,对绝大多数巴洛克式的西属美洲学者的思想有着尤其强烈和持久的影响。[10] 事实上,基歇尔自己与许多墨西哥学者互通书信,给他们提供学术建议、书籍、宗教画像和机械玩具,以交换珍品古玩、得到赞助和大量的墨西哥极品巧克力(那位德意志耶稣会士似乎非常喜欢它)。[11] 基歇尔感激之至,以至于他将自己关于磁学的论文献给他的一位墨西哥通信者亚历山德罗·法维安。一些西属美洲巴洛克学者协助权力得以戏剧化的展示,西根萨正是这类学者的典型代表。[12] 他就市民和宗教事件撰写了纪念性小册子,并且设计了凯旋门的标志。在打比喻描绘宇宙时,他欣然将长期的和宗教的权威描绘成"太阳"和"行星"组成的具有等级结构的政治与社会秩序。西根萨与卡拉穆尔保持通信,他的遗嘱显示他最珍爱的财产包括一个"巨人"的牙齿,收藏中美洲抄本和基歇尔的著作。西根萨捐献了他的遗体做解剖之用。[13]

722

〔8〕 Irving A. Leonard,《西根萨先生》(*Don Carlos de Sigüenza y Góngora*, Berkeley: University of California Press, 1929),和 Eliás Trabulse,《西根萨的科学著作(1667～1700)》(*La obra científica de Don Carlos de Sigüenza y Góngora 1667—1700*),载于 Antonio Lafuente 和 José Sala Catalá 编,《美洲殖民地科学》(*Ciencia colonial en America*, Madrid: Alianza Universidad, 1992),第 221 页～第 252 页。西根萨与其他欧洲巴洛克学者没有什么不同;见 Gunnar Eriksson,《大西洋的想象:奥劳斯·鲁德贝克和巴洛克式的科学》(*The Atlantic Vision: Olaus Rudbeck and Baroque Science*, Canton, MA: Science History Publications, 1994)。

〔9〕 José Antonio Maravall,《巴洛克文化》(*La cultura del barroco*, sixth edition, Madrid: Ariel, 1996),和 Irving A. Leonard,《旧墨西哥的巴洛克时代》(*Baroque Times in Old Mexico*, Ann Arbor: University of Michigan Press, 1959)。

〔10〕 Octavio Paz,《胡安娜修女或信念的陷阱》(*Sor Juana or the Traps of Faith*, Cambridge, MA: Harvard University Press, 1988)。

〔11〕 这份通信已经被 Ignacio Osorio Romero 收集并编辑,载于《想象之光:阿塔纳修斯·基歇尔与来自新西班牙的人们的通信》(*La luz imaginaria: Epistolario de Atanasio Kircher con los novohispanos*, México: Universidad Autónoma de México, 1993)。Universidad Autónoma de México, 以下称 UNAM。

〔12〕 Athanasius Kircher,《大自然的磁性领域》(*Magneticum naturae regnum*, Rome: Ignacio de Lazaris, 1667)。Osorio 也重新阐述了基歇尔的拉丁文献辞,也引用了基歇尔的《磁学》,并参考法维安的磁学研究著作和贡献。见《想象之光》,第 111 页～第 128 页。

〔13〕 《西根萨先生遗嘱》(*Testamento de Don Carlos de Sigüenza y Góngora*),载于 Francisco Pérez de Salazar,《西根萨先生传》(*Biografia de D. Carlos de Sigüenza y Góngora*, México: Antigua Imprenta de Murguía, 1928),第 170 页～第 172 页。

爱国主义的、新柏拉图主义的和象征性的维度

殖民地的巴洛克学术传统具有强烈的爱国主义色彩。正如大卫·布拉丁指出的一样,到了 17 世纪,"克里奥尔式的爱国精神"已经渗透到殖民地的绝大多数学术圈。克里奥尔人,这些出生在西属美洲的西班牙人后裔,认为自己受到第一代西班牙移民的歧视。克里奥尔人将新来的移民视为地位卑贱的平民,后者在商业和采矿领域的活动使其获得土地财富,并且谎称其具有贵族血统。而克里奥尔人被半岛上的西班牙人看做游手好闲的艺术爱好者,他们不是受到超世思想的影响,就是受到对土著人的文化的亲近影响,已经变成了堕落的印第安人。虽然国王试图使半岛居民在殖民地的职位任命中享有特权,但克里奥尔人利用西班牙长期的财政危机来购买公职,因此他们只是被排除在殖民地最高职位之外。克里奥尔人在教会保有职位,并且通过当地的教会机构和宗教体制获得权力。克里奥尔人也把自己视为当地拥有土地的贵族。但是因为殖民地那些拥有土地的精英阶层一直被禁止成为封建领主或大公(这使土地变成一个不赚钱的和不安全的投资),克里奥尔人的情况每况愈下,并且开始对西班牙新移民取得的成功产生反感,那些人(新到的移民)荒谬地渴求通过与克里奥尔人的家族联姻进入上流社会。和有学问的牧师一样,克里奥尔人撰写了充满爱国热情的文章赞扬这片土地的荣耀,赞扬他们自己的荣耀,以及他们的教会设施(修道院、寺庙、大学)的荣耀。[14] 在殖民地的自然哲学也是爱国主义的。

沉浸在新柏拉图主义和秘术的教义中,克里奥尔牧师不断地在自然中寻找潜在的隐含爱国主义意义的标记。对他们来说,身体、地球和宇宙构成了与微观世界和宏观世界的模拟类推紧密连结的巴洛克式的"剧院"(在其中,对象被简化为一种形象语言)。[15] 所有对象都含有多重含义,而牧师的诠释技巧有助于揭示它们隐含的意思,揭示出了一个充满着对殖民地偏爱的、天意设计的宇宙。例如克里奥尔学者断定,那些

[14] David Brading,《第一美洲:西班牙君主政体、克里奥尔爱国者和自由国家(1492 ~ 1867)》(*The First America: The Spanish Monarchy, Creole Patriots, and the Liberal State, 1492—1867*, Cambridge University Press, 1991)。

[15] 微观世界和宏观世界类比的例子,见 Didaco Osorio y Peralta,《医学原理、概要,以及整个人体的机构,即来自和谐微观世界的神圣种子》(*Principia medicine epitome, et totius humanis corporis fabrica seu ex microcosmi armonia divinium, germen*, Mexico: Heredes viduae Bernardo Calderon, 1685)。关于对自然物体的象征性—宗教解读,见 Antonio de la Calancha,《秘鲁圣奥古斯丁修士的教化编年史》(*Coronica moralizada del orden de San Agustín en el Perú*, Barcelona, 1638),第 57 页~第 59 页("西番莲"的植株和花朵类似激情的象征——钉子、海绵和标枪、伤口、捆绑物、带荆棘的王冠——因此引起痛苦和全身不适);以及 Agustín de Vetancurt, 2 卷本《墨西哥的剧院》(*Teatro mexicano*, México, 1698),第 1 卷:第 22 页~第 23 页(关于通过宝石颜色的象征意义揭示其医学价值:白的治疗与牛奶相关的疾病;那些红的治疗血液疾病;那些有黑色斑点的绿色宝石阻止肝胆疾病发作["hijadas"];那些有红色斑点的绿色宝石治疗肠内出血;最后,那些有白色斑点的绿色宝石帮助消散肾结石),第 38 页(关于泉水,因能产出十字架形状石头而变成具有药物性能),第 42 页(关于香蕉,其核像钉死在十字架的基督),第 51 页(关于"tlahulitucan"树,具有能驱逐恶魔的十字架形状叶子)。关于爱国的占星术,见 Jorge Cañizares Esguerra,《新大陆、新星:西属美洲殖民地自然天文学和印第安人以及克里奥尔人的发明(1600 ~ 1650)》(*New World, New Stars: Patriotic Astrology and the Invention of Indian and Creole Bodies in Colonial Spanish America, 1600—1650*),《美洲历史评论》(*American Historical Review*),104(1999 年 2 月),第 33 页~第 68 页。

会在欧洲引起自然灾难的星际现象,在西印度群岛却是有益的。在 1638 年,圣奥古斯丁修会的修道士安东尼奥·德拉·卡兰查认为在亚洲、非洲和欧洲发生的那些蚀是不祥的信号;如果它们发生在白羊座、狮子座和人马座,它们将导致可怕的空中幻影、有害的彗星,以及毁灭性的火灾;如果发生在双子座、天秤座和水瓶座,将引发饥荒和瘟疫。然而,依照卡兰查的说法,秘鲁的新星如此之多,以至于这个大陆处于一个完全不同的、而且幸运的“黄道十二宫”标记的范围之中。例如,南十字座(Cruzero)的五星星宿位于南极一端,它的十字形状使激起大水的魔鬼无法靠近。正是因为这个理由,他认为,南太平洋平静无风,并且得到了“太平洋”的名称。实际上,卡兰查认为秘鲁是受上帝恩宠的:上帝选择保护它,不仅给它十字形的星座,同时还给了它十字形的化石、石头和植物。[16] 在墨西哥,情况更加略微复杂一些,魔鬼看起来地位十分牢固,它们甚至已经塑造了地形地貌。在 17 世纪 90 年代,来自普埃布拉(Puebla)的数学家和地图制作者克里斯托瓦尔·德·瓜达拉哈拉,在绘制了一幅墨西哥中央谷地的河流和湖泊的地图之后,意识到谷地的水文轮廓线勾勒出一个恶兽的头、身体、尾巴、犄角、翅膀和腿(图 31.1)。

为了抵制阿斯特克黑暗王国,幸而上帝派出西班牙征服者和圣母玛利亚来解放印第安人。1531 年在特佩亚克(Tepeyac),圣母玛利亚出现在一个那瓦族*的平民胡安·迭戈面前,将她的画像印在他的披风上,而这就是理解墨西哥命运的关键。这幅画像是一个很常见的欧式圣灵感孕的变本:站在月亮上的圣母玛利亚,被日食出现时的那种太阳光所环绕,身着一件蓝色的、点缀着星星的迷人披肩,并且被一个天使托举着。在 1648 年,米格尔·桑切斯认为关于天启之女的描述(《启示录》12:1—9)(怀着未来的弥赛亚;身披繁星;被一只多头龙(魔鬼)所迫害,它想使她流产;而她受到上帝的保护,上帝派出了大天使迈克尔[Michael]率领的一大队天使来消灭恶龙)是瓜达卢佩圣母的预示,瓜达卢佩圣母曾经击溃过阿斯特克的黑暗王国。桑切斯提供了对这幅画像每一细节的解释:圣母脚下的月亮代表着她在水上的力量;圣母蚀日象征着一个新世界,那里的热带气候温和并且适宜居住;12 束环绕在她头部的太阳光象征着西班牙国会和那些战胜了恶龙的西班牙征服者;而且在圣母披肩上的星星是 46 个曾经击退撒旦大军的好天使(桑切斯使用秘法来计算好天使的数量)。[17] 桑切斯认为这幅画像是基督教世界最重要的圣像,而且他的阐释开创了一种诠释性的文献,在这种文献中,当时的墨西哥人作为上帝的新选民出现。[18] 整个 17 世纪和 18 世纪,巴洛克克里奥尔学

---

〔16〕 《秘鲁圣奥古斯丁修士的教化编年史》,第 48 页～第 50 页,第 58 页～第 59 页。
* 那瓦族:墨西哥中部的一支印第安民族的成员,包括阿斯特克人。——译者
〔17〕 Miguel Sánchez,《瓜达卢佩圣母的形象》(Imagen de la Virgen María Madre de Dios dc Guadalupe, [1648]),载于《来自瓜达卢佩的历史证据》(Testimonios históricos guadalupanos, México: Fondo de Cultura Económica, 1982),第 168 页(关于有 12 颗星星的王冠),Fondo de Cultura Económica,以下简称为 FCE;第 219 页(关于日食);第 223 页～第 224 页(关于月亮);第 226 页～第 227 页(关于 46 颗星星)。
〔18〕 Brading,《第一美洲》,第 16 章,和 Jacques Lafaye,《羽蛇神和瓜达卢佩》(Quetzalcóatl et Guadalupe, Paris: Editions Gallimard, 1974)。

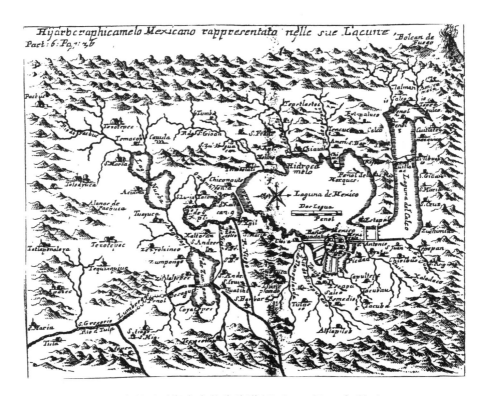

图 31.1　显现在墨西哥湖水中的骆驼形（Hydrographicamelo Mexicano reppresentato nelle sue Lacuna）。摘自赫梅利·卡雷里，《环球旅行》（Giro del Mundo, Napoles, 1700）。这幅地图最初由阿德里安·布特绘制于 1618 年，他是一位佛兰芒工程师，受雇监督了墨西哥中央谷地的排水工程。然而，对于这幅地图的象征性解读似乎是瓜达拉哈拉人的。连同这幅地图，赫梅利出版了对 10 位阿斯特克君主名字的玄妙解读，证明他们名字的总和是 666——邪恶怪兽的数字。

725　　者都在争论这幅画像的含义，最终得到这样的结论：月亮统治了水界，因为圣母站在月亮上，反过来，月亮与潮汐、洪水和干旱相关。[19] 每一次墨西哥城被水淹没（这种情况经常发生），数以千计痛苦的市民们举着她的这幅画像上街游行，而且让他们欣慰的是

[19]　17 世纪和 18 世纪出现的许多论文都试图揭示画像的隐含意义。例如，一些学者认为圣母玛利亚的长袍上的"8"字形状的图意味着世界第八大奇迹的形象。其他一些人认为标志事实上是一个叙利亚 - 迦勒底的人物，和图画中的其他"东方"一起，表明圣托马斯曾经在东方传播福音以后，于公元一世纪带着画像来到墨西哥。参见 Mariano Fernández de Echeverría y Veytia，《墨西哥的堡垒》（Baluartes de México, written ca. 1778; Méjico: Alejandro Valdés, 1820），第 12 页；Miguel Cabrera，《美洲的奇迹》（Maravilla Americana, 1756），载于《来自瓜达卢佩的历史证据》，第 519 页；Ignacio Borunda，《美洲象形文字的通用解答》（Clave general de geroglíficos Americanos, c. 1792），载于 Nicolás León 编，《18 世纪的墨西哥图书馆》（Biblioteca mexicana del siglo XVIII, Boletín del Instituto Bibliográfico Mexicano, 7, Mexico, 1906），第 3 章的第一部分，第 276 页～第 277 页；Servando Teresa de Mier，《1794 年 12 月 12 日在学院举行的布道》（Sermón predicado en la Colegiata el 12 de diciembre de 1794），载于 4 卷本《全集：异端》（Obras completas: El heterodoxo, México: UNAM），第 1 卷：第 249 页～第 250 页。

水总是会减退。[20] 如果理解正确的话，宗教画像可能被放置在城镇的方位基点*处，作为象
征性的"防御工事"（baluartes）避开能引起自然灾难的邪恶的地上"天使"（图31.2）。[21]

图31.2 卡夫雷拉 – 金特罗的《墨西哥之盾》（*Escudo de Armas de México*, México, 1746）扉页插图。我们的瓜达卢佩圣母画像被小天使们（putti）举在空中，作为一面保护墨西哥免受天界不利影响的盾牌，据称在1736年和1738年期间袭击墨西哥的地方性斑疹伤寒（matlazahuatl）的根本原因就是这种天界的消极作用。而圣母的画像就作为一个"防御工事"使邪恶的天使无法靠近。

[20] Francisco de la Maza,《墨西哥的瓜达卢佩圣母说》（*El guadalupanismo mexicano*, reprint 1953 edition; México: FCE y Secretaría de Educación Pública, 1984），第43页～第45页，第177页。

* 方位基点：罗盘上的4个基本方位之一，北、南、东或西。——校者

[21] Francisco Florencia,《墨西哥北部的星星》（*Estrella del norte de México*, 1688），载于《来自瓜达卢佩的历史证据》，第394页～第395页。也参见 Juan José de Eguiara y Eguren,《瓜达卢佩圣母的颂歌》（*Panegírico de la Virgen de Guadalupe*, 1756），同上书，第487页；Cayetano de Cabrera y Quintero,《墨西哥之盾：新西班牙以及几乎整个新大陆的天神护佑》（*Escudo de armas de México: Celestial protección de la Nueva España y de casi todo el Nuevo Mundo*, México: Joseph Bernardo de Hogal, 1746）；以及 Echeverría y Veytia,《墨西哥的堡垒》。

対于殖民地科学作为象征的、新柏拉图主义的层面,拉丁美洲的科学史学家们一直未能给予真正的重视,并且一直误读了重要的殖民地的巴洛克经文。埃利亚斯·特拉布尔塞,一位多产的墨西哥科学史学家,曾经把慈善修士会会士迭戈·罗德里格斯看成是一个具有开创性的克里奥尔自然哲学家。罗德里格斯是墨西哥大学的第一位数学教授,写有高度复杂的数学论文。特拉布尔塞关于罗德里格斯的著作,其价值在于终结了那个非常流行的观念——天主教统治的西属美洲殖民地是一片知识荒芜、被宗教裁判所窒息了的土地。特拉布尔塞将罗德里格斯描述成一个"现代人",1652 年,他关于彗星的论文试图废除"迷信的"看法——彗星是邪恶的预兆。[22] 特拉布尔塞恰如其分地强调了罗德里格斯对开普勒、伽利略和笛卡儿著作表现出的熟悉程度。但是,罗德里格斯是一个有爱国热情的克里奥尔人,对大自然进行新柏拉图主义的和象征性的解读。实际上,罗德里格斯的文章表明,他对于彗星是恶兆的反对源自他对于欧洲人持有的一种常见观点的批判,这种观点认为新大陆的星座与旧大陆的不同,因而引起了生物学上的退化;他的爱国信念认定墨西哥的天空受到圣灵怀胎的保护;而且他确信"虽然对于愚昧者来说是非常令人震惊的,但是[在新西班牙的天空上]没有哪个迹象是不为圣母效劳的,也没有哪个迹象是[无益于]诠释她的荣耀的"。[23] 使罗德里格斯否认 1652 年的彗星是疾病和死亡的预兆的基本假定是彗星穿过黄道带的路径揭示了它与圣灵受孕有着象征性的联系。彗星穿过了诺亚的天鸽座和美杜莎星座(Medusa),天鸽座象征纯洁,正像玛利亚一样,她的圣灵感孕使其免于一个后堕落论(post-lapsarian)的人性;另一方面,美杜莎代表着试图杀害怀孕的圣母的恶龙。因此罗德里格斯认为彗星和圣母玛利亚在象征意义上是相互联系的。罗德里格斯也假定既然圣灵感孕的形象是一个蚀日的圣母玛利亚,那么在墨西哥这样一块在瓜达卢佩圣母保护下的土地上发生的日蚀以及其他的天文现象,也许只是好消息的预示。根据罗德里格斯的说法,1652 年的彗星会使墨西哥领导人更加英明,因为它横穿过金星,一颗象征智慧的行星。固然,他支持彗星吉祥的根据并非仅仅依靠自然的学术解释和宗教画像。基于将古典神话象征性地诠释为自然事件,同时也基于同时代有限的天文学知识,罗德里格斯试图证明:彗星是在天上的现象,因此对于地上世界没有负面的物理效应。根据罗德里格斯的理论,天上的世界和地上的世界存在着质的差异。

对自然的象征性解读一直持续到 18 世纪。例如在 1742 年,当圣奥古斯丁修会的曼努埃尔·伊格拉西奥·法里亚斯教士试图解释引起一场夺取数以千计本土米却肯人(Michoacán)生命的地方性斑疹伤寒(瘟疫)的原因时,与罗德里格斯一样,法里亚斯

[22] Elías Trabulse,《遗失的科学:迭戈·罗德里格斯教士,一位 17 世纪的学者》(*La ciencia perdida: Fray Diego Rodríguez, un sabio del siglo XVII*, México: FCE, 1985)。

[23] Diego Rodríguez,《论新彗星的气象学》(*Discurso etheorológico del nuevo cometa*, México: Viuda de Bernardo Calderón, 1652), fol. 4V。Trabulse 已经再版了《论新彗星的气象学》中更"现代的"部分,载于 Trabulse 编,《墨西哥科学史》(*Historia de la ciencia en México, edicion abreviada*, México: FCE y Consejo Nacional de Ciencia y Tecnología, 1994),第 324 页~第 337 页。

认为圣灵感孕的画像和在美洲的天象是象征性交织在一起的,并且认为墨西哥的天国是受到玛丽亚圣母专门庇护的。可是,经验证明:瘟疫尾随日蚀而来。如果瓜达卢佩圣母的画像保护墨西哥是真的话,那么最近发生在米却肯的日蚀不应当引起这样的自然灾难,因为画像上展现了蚀日的圣母。卡兰查和罗德里格斯已经证明在新大陆的日蚀只能是好消息的预示。因此,法里亚斯认为最近的事件是一个已经在圣经中预示的异常现象。将大卫王的话解释为一种预言:那些站在神殿右边的人将不受保护,法里亚斯主张,米却肯当地的北方人生活在巴利阿多利德(Valladolid,米却肯州首府)瓜达卢佩神殿的"右边",因为神殿中的瓜达卢佩圣母画像面朝西方,在更大尺度上重复了绘画的信息(那幅画像应当在日出时分"蚀"日,充当这个城市的保护盾)。按照法里亚斯的宇宙哲学逻辑,那些朝向这幅画像"右边""站立"的是北方的印第安人。[24]

　　这些对于自然现象象征性的、与神有关的和爱国的解读经常被用在医学论文中。例如,18 世纪的克里奥尔医生们断定,龙舌兰酒,一种取材于龙舌兰植物的酒精饮料,是一种万能药,不仅因为临床证据表明如此,也因为瓜达卢佩圣母那奇迹般的画像就印在来自龙舌兰这种植物的纤维之上;玛丽亚圣母巧妙地使医生们知道了龙舌兰神奇的效力。[25] 这些医师中的很多人认为龙舌兰的优点也可以通过研究那瓦词源加以确定。1746 年,卡耶塔诺·弗朗西斯科·德托雷斯指出龙舌兰是一种万能药(polychresto),因为它与瓜达卢佩圣母画像有着象征性－实质性的联系,也因为这种植物的阿斯特克语的名称("teometl")讲得十分清楚——"神的植物"。[26]

　　认为那瓦语和盖丘亚语(也就是阿斯特克人和印加人的语言)是"亚当的"语言的想法,在整个殖民时期给西属美洲的克里奥尔学者的想象添加了重要的吸引力。在克里奥尔人主张他们的祖国拥有独立王国地位的努力中,赋予其崇高声望的血统,以及与整个西班牙君主政治的松散联系,一些克里奥尔人将本土的过去转变为他们自己的传统历史。因此许多克里奥尔学者乐于把阿斯特克人和印加人的语言与希腊语和拉丁语加以比较。甚至一些博物学者声称那瓦族和盖丘亚族的分类系统(正是)针对了植物的本质。

[24]　Manuel Ignacio Farías,《皎洁的月亮干预导致的壮丽日蚀》(*Eclypse del divino sol causado por la interposición de la immaculada luna*, México: Maria de Rivera, 1742)。

[25]　Francisco Fuentes y Carrión,《关于龙舌兰酒功效的论文》(Discurso sobre las virtudes del pulque, 1733, Biblioteca Nacional de México, Ms. 1540)。Biblioteca Nacional de México,以下简称为 BNM。

[26]　Cayetano Francisco de Torres,《龙舌兰酒神奇的功效,一种通用的药物或者"万能药"》(Virtudes maravillosas del pulque, medicamento universal o polychresto, 1748, BNM, Ms. 23, fol. 1—16)。殖民地医师依靠词源来鉴别(药物的)医学功效。在 1782 年墨西哥城发生的一次热烈的、关于活蜥蜴治疗肿瘤的药效的争论,首席医师(Protomédico,国王指定的一名有学问的医师,负责一个城市医学实践的规章制度)约瑟夫·希拉尔·马蒂恩索(Joseph Giral Matienzo)支持何塞·维森特·加西亚·德拉·维加(José Vicente García de la Vega)。加西亚·德拉·维加曾经声称蜥蜴不仅能治疗癌症,还能治疗其他许多疾病,包括神秘的感应手段拔刺。希拉尔·马蒂恩索认为,加西亚·德拉·维加已经知道蜥蜴是一种"管用的"药物,而它已经确定它的"神秘符号"的意义,即蜥蜴(lizard)隐藏的拉丁词源("lacertus",是"robur"的同义字,解释为"有力的")。参见 Joseph Giral Matienzo,《品种鉴定》(Aprovación),载于 José Vicente García de la Vega,《关于蜥蜴用作治疗多种疾病的特效药的评论》(*Discurso crítico sobre el uso de las lagartijas, como específico contra muchas enfermedades*, México: Felipe dc Zuñiga y Ontiveros, 1782), n. p.。

博物学家弗朗西斯科·埃尔南德斯,被菲利普二世任命来鉴定新大陆植物的性质,大约在 1574 年,也许是他第一个提出:那瓦语(阿斯特克人所讲的语言)是亚当的语言。他坚持认为,像古希伯来书一样,中美洲人是根据事物的本质对事物进行命名的。他表达了自己的惊讶之情:那些他认为是野蛮的国家竟然已经发展出如此复杂的语言。[27] 1637 年,在盖丘亚语(印加语)教授的建议下,利马大学的阿隆索·韦尔塔修士,拒绝了新设一个专门从事植物学研究的医学教授职位的提议,因为医师们更应当研究盖丘亚语。这位修士认为:秘鲁的印第安人已经发现了植物的特性,并且已经以它们的功效加以命名。[28] 在 18 世纪,一些秘鲁的克里奥尔博物学家坚决要求:新的专门致力于殖民地生物界研究的教育机构,应当采用盖丘亚语教育学生,[29] 而且我们知道利马那些重要的 18 世纪末的博物学家,像胡安·塔法利亚和弗朗西斯科·冈萨雷斯·拉古纳——他们深入参与了王家在秘鲁(1777～1808)的植物考察队——也试图推进盖丘亚语语法书的出版。[30] 在哥伦比亚和墨西哥,享有声望的克里奥尔博物学家,如弗朗西斯科·何塞·德·卡尔达斯和何塞·安东尼奥·德·阿尔萨特公开赞扬盖丘亚语和那瓦语的分类学价值。[31] 最终,西班牙人马丁·德·塞瑟——前往墨西哥的植物考察队(1787～1803)的领导者,在阿斯特克语是"一门优雅的语言,[采用这种语言命名的]植物的名称表明了它们的功效"的假定下,使学习那瓦语成为他优先考虑的问题。[32]

服务于王权和商业

到 18 世纪中期,这些巴洛克的、等级分明的并且具有强烈爱国主义色彩的社会被超出其控制范围的力量所改变。当西班牙开始一项经济和文化复兴的工程时,王室开始复兴西班牙商业,改革落伍的殖民地政策。这套新的重商主义政策是为了重新夺回西班牙欧洲强国的地位,并向其他欧洲国家证明西班牙并不像他们长久以来讥讽的那

[27] Francisco Hernández,《新西班牙的古董》(Antiguedades de Nueva España, Madrid: Historia 16, 1986),第 128 页,第 147 页。

[28] Libro de Claustros, 圣马科斯(San Marcos)大学,1637 年,引自 Hipólito Unanue,《秘鲁植物科学描述之导言》(Introducción a la descripción científica de las plantas del Perú),《秘鲁的水星》(Mercurio Peruano),2(1791),第 71 页。

[29] José Eusebio de Llano Zapata 致 Villa Orellana 侯爵的信,大约 1761 年,载于 Llano Zapata,《南美洲历史记录 – 事实 – 辩护》(Memorias histórico-fisicas-apologéticas de la América Meridional, Lima: Imprenta y Librería de San Pedro, 1904),第 595 页。利亚诺·萨帕塔(Llano Zapata)提议创建一所"冶金学院"以训练学生学习实验哲学、数学、几何、水力学、力学和博物学,同时教授意大利语、法语、德语、希腊语、拉丁语和盖丘亚语。

[30] Joseph Manuel Bermúdez,《关于秘鲁通用语言效用及重要性的演讲》(Discurso sobre la utilidad e importancia de la lengua general del Perú),《秘鲁的水星》,9(1793),第 178 页～第 179 页。

[31] Francisco José de Caldas,《洪堡植物地理导言》(Prefación a la geografía de las plantas de Humboldt),载于《全集》(Obras completas, Bogotá: Universidad Nacional de Colombia, 1966),以及 José Antonio de Alzate,《墨西哥的林奈》(Linneo en México, México: UNAM, 1989),Roberto Moreno 编,第 25 页。

[32] 1785 年 1 月 15 日 Sessé 给 Casimiro Gómez Ortega 的信,重印于 Xavier Lozoya,《墨西哥的植物与光明:对新西班牙的王家科学考察(1787～1803)》(Plantas y luces en México: La real expedición científica a Nueva España, 1787—1803, Barcelona: Ediciones del Serbal, 1984),第 30 页。

样是知识的不毛之地。为了达到这样的目标，这套改革计划需要将海外领地转变成殖民附属地，在政治和经济上屈从于宗主国的需要。它也要求科学服务于国家和新经济的需要。[33]科学应为王权提供新的政治合法性的世俗论述，来削弱教会的力量。[34]博物学、实证哲学、天文学和制图学将帮助王权开发植物和矿物资源，重新控制松散的边疆。[35]在卡洛斯三世的支持下，凭借一支革新过的海军，王室派出了数量众多的考察队，以欧洲人充当雇员，前往美洲去绘制那些渐渐不再为英格兰、葡萄牙、法国和俄国所有的领土的准确地图。[36]王室也派出了植物考察队去帮助鉴定植物资源以建立新的商业垄断。[37]众多官僚和博物学家浪费了许多精力，一心想在热带美洲发现丁香、肉桂和茶，以挑战荷兰和英国商人的垄断。[38]在美洲的西班牙植物考察队也试图利用新大陆大量的未知药物资源寻找"治愈世纪疾病的万能药"。[39]1777年，西班牙新大陆科学考察队的策划者卡西米罗·戈麦斯·奥尔特加，向西印度群岛的长官何塞·德·加尔韦斯许诺"遍布在我们领土上的12位博物学家……通过他们远征考察活动带来的益处将远远超出一支10万人的军队浴血奋战为西班牙帝国增添的几个省份"。[40]最终，（除探险队之外）国王还派出多队西班牙和德意志化学家、地质学家以

731

---

〔33〕　Richard Herr,《18世纪西班牙的革命》（*The Eighteenth-Century Revolution in Spain*, Princeton, NJ: Princeton University Press, 1958）。

〔34〕　关于与寻求政治合法性新形式有关的新科学文化权威的兴起，参见 Dorinda Outram,《启蒙运动》（*The Enlightenment*, Cambridge University Press, 1995），第47页～第62页，第96页～第113页。

〔35〕　这种殖民地科学从属于重商主义政策的模式已经在18世纪的海地被确认，参见 James E. McClellan III,《殖民主义和科学：旧体制时期的圣多明各》（*Colonialism and Science: Saint Domingue in the Old Regime*, Baltimore, MD: John Hopkins University Press, 1992）。

〔36〕　Horacio Capel,《18世纪西班牙的地理学和数学》（*Geografía y matemáticas en la España del siglo XVIII*, Barcelona: Oikus-Tau, 1982）。这些绘图考察队中最大和最重要的一支是亚历山德罗·马拉斯皮纳（Alexandro Malaspina）带领的；这支探险队也包括了众多博物学家和画家。参见 Iris H. W. Engstrand,《新大陆的西班牙科学家：18世纪的考察探险队》（*Spanish Scientists in the New World: The Eighteenth-Century Expeditions*, Seattle: University of Washington Press, 1981）；Virginia González Ciaverán,《马拉斯皮纳对新西班牙的科学考察（1789年—1794年）》（*La expedición científica de Malaspina en Nueva España, 1789—1794*, México: El Colegio de México, 1988）；以及 Juan Pimentel,《君主制的物理学：亚历山德罗·马拉斯皮纳殖民思想中的科学与政治》（*La física de la monarquía: Ciencia y política en el pensamiento colonial de Alejandro Malaspina*, Madrid: Ediciones Doce Calles, 1998）。

〔37〕　关于18世纪植物考察队的文献证实了一次蓬勃发展（的历史）。一些具有代表性的标题，如 Arthur Steele,《献给国王的鲜花》（*Flowers to the King*, Durham, NC: Duke University Press, 1964）；Lozoya,《墨西哥的植物与光明》；以及 Marcelo Frías Nuñez,《寻找最好的植物：何塞·塞莱斯蒂诺·穆蒂斯与新格拉纳达王家植物考察队》（*Tras El Dorado vegetal: José Celestino Mutis y la Real Expedición Botánica del Nuevo Reino de Granada*, Sevilla: Diputación de Sevilla, 1994）。关于对新近编史情况的检视，参见 Miguel Angel Puig Samper 和 Francisco Pelayo,《18世纪的新大陆植物考察：相关历史书目提要》（*Las expediciones botánicas al nuevo mundo durante el siglo XVIII: Una aproximación histórico-bibliográfica*），载于《美洲殖民地的启蒙运动》（*La Ilustración en América colonial*），第55页～第65页。

〔38〕　Francisco Javier Puerto Sarmiento,《宫闱科学：卡西米罗·戈麦斯·奥尔特加（1741—1818），宫廷科学家》（*Ciencia de cámara: Casimiro Gómez Ortega (1741—1818) el científico cortesano*, Madrid: C. S. I. C., 1992），第148页～第209页；以及 Frías Nuñez,《寻找最好的植物》（*Tras El Dorado vegetal*），第159页～第250页。

〔39〕　Puerto Sarmiento,《宫闱科学》，第174页。当我们将其与其他欧洲列强的殖民地植物学记录相比，西班牙对于热带药物研究的强调似乎是言过其实了。关于18世纪英国和瑞典殖民地的植物学记录，参见 David Miller 和 Peter Hanns Reill《帝国的梦想：航海、植物学和对自然的描述》（*Visions of Empire: Voyages, Botany, and Representations of Nature*, Cambridge University Press, 1996）。关于法国，参见 McClellan,《殖民主义和科学》，第111页～第115页，第147页～第162页。

〔40〕　引自 Puerto Sarmiento,《宫闱科学》，第155页～第156页。

及开矿专家承担提高银矿和水银矿产量的任务。[41]

通过向国外派遣学生、雇用外国技师和学者、在国内以及在殖民地创建新的学习机构,西班牙接触到了新的欧洲科学。[42] 国王尝试改革大学,以此作为控制教会的手段。当教会拒绝接受新的王权至上主义和国家－教会关系的詹森主义(Jansenist)原则,并且在1767年被迫离开西班牙的所有领土时,许多耶稣会教育机构被解散了。国王趁着驱逐耶稣会士的势头,削弱了所有大学的自主权,并引入改革。然而大学没有成为新科学生根发芽的地方,因为修士们正确地认识到新科学*是与削弱他们共同的特权、取消牧师对学术机构垄断的企图联系在一起的。[43] 18世纪现代西班牙科学,正如安东尼奥·拉富恩特和何塞·路易斯·佩塞特认为的那样,在军事的庇护下成长。[44] 陆军和海军在大学中创造了一系列传统体制系统以外的机构,在那里传授最新科学(包括机械论哲学、牛顿物理学和微积分以及实证哲学)。军队在西班牙和殖民地为有学识的医师建立了医院,在西班牙为炮手和工程师建立了数学研究院,并且在加

〔41〕 A. P. Whitaker,《埃卢亚尔矿业代表团和启蒙运动》(The Elhuyar Mining Missions and the Enlightenment),《西属美洲历史评论》(Hispanic American Historical Review),31(1951),第557页～第585页,以及Modesto Bargalló,《西属美洲殖民地时代的矿业和冶金术》(La minería y la metalurgia en la América española durante la época colonial, México: FCE, 1955)。

〔42〕 作为波旁王朝随从的意大利和法国的宫廷医师在西班牙科学复兴运动中也起了重要的作用,见J. Riera,《18世纪西班牙宫廷外国医师》(Médicos y cirujanos extranjeros de cámara en España del siglo XVIII),载于《西班牙医学史期刊》(Cuadernos de historia de la medicina española),14(1975),第87页～第104页。作为总督和高级教士的宫廷医师,意大利和法国的医生们到达殖民地,在18世纪早期介绍牛顿主义和物理医学思想,例如,参见Federico Bottoni,《血液循环的证据》(La evidencia de la circulación de la sangre, Lima, 1723),再版于Alvar Martínez Vidal编,《国王之城医学的新曙光》(El nuevo sol de la medicina en la ciudad de los reyes, Zaragoza: Comisión Aragonesa Quinto Centenario, 1990),以及Juan Blas Beaumont,《关于圣巴托洛梅的温矿泉的论文》(Tratado de la agua mineral caliente de San Bartholomé, México: Joseph Antonio de Hogal, 1772)。在菲利普五世的第二任妻子伊莎贝尔·德·法尔内西奥(Isabel de Farnecio)的鼓励下,博托尼(Bottoni)到达了西班牙。他在利马作为宫廷医师为两位总督和一位圣方济各会的高级教士工作了两年,并且将哈维的血液循环理论介绍给秘鲁的医生。拉丁裔外科医师胡安·布拉斯·博蒙(Juan Blas Beaumont),墨西哥大学的解剖学教授,弗朗西斯科·安东尼奥·德·洛伦萨纳(Francisco Antonio de Lorenzana)大主教的随从,很可能是布拉斯·博蒙的儿子;布拉斯·博蒙是菲利普五世宫廷的法籍外科医师,对18世纪早期的西班牙医学革新做出了贡献。

* 新学问,新科学:指16世纪时对《圣经》原文及希腊古典作品的研究,也指16世纪在英国传播的宗教改革学说及宗教改革派的教义。——校者

〔43〕 约翰·泰特·兰宁(John Tate Lanning)曾经试图通过声称它们在18世纪文化复兴中起了关键作用,赋予西属美洲殖民地大学它们应得到的(地位);见Lanning,《危地马拉圣卡洛斯大学的18世纪启蒙运动》(The Eighteenth-Century Enlightenment in the University of San Carlos de Guatemala, Ithaca, NY: Cornell University Press, 1956)。但是目前看与兰宁论点相左的证据极多,例如,参见Enrique González,插图本《墨西哥大学拒绝变革(1763～1777)》(El rechazo de la Universidad de México a las reformas ilustradas, 1763—1777),载于《美洲社会与经济历史研究》(Estudios de historia social y económica de América, Alcalá),7(1991),第94页～第124页;Marc Baldó,《科尔多瓦大学和布宜诺斯艾利斯的圣卡洛斯学院的启蒙运动(1767～1810)》(La Ilustración en la Universidad de Córdoba y el Colegio de San Carlos de Buenos Aires, 1767—1810),同上书,第31页～第54页;Antonio E. Ten,《西属美洲的科学与大学:利马大学》(Ciencia y universidad en la América hispana: La Universidad de Lima),载于《美洲的殖民地科学》,第162页～第191页;Diana Soto Arango,《美洲殖民地大学的启蒙教学:历史编史学研究》(La enseñanza ilustrada en las universidades de América colonial: Estudio historiográfico),载于D. Soto Arango、Miguel Angel Puig Samper与Luis Carlos Arboleda编,《美洲殖民地的启蒙运动》(La Ilustración en América colonial, Madrid: Doce Calles, CSIC, and Colciencias, 1995),第91页～第119页。关于西班牙大学拒绝变革的简要概述,参见Mariano和José Luis Peset,《大学的复兴》(La renovación universitaria),载于Manuel Sellés、José Luis Peset和Antonio Lafuente编,《卡洛斯三世和启蒙运动的科学》(Carlos III y la ciencia de la Ilustración, Madrid: Alianza Universidad, 1992),第143页～第155页。

〔44〕 Antonio Lafuente和José Luis Peset,《启蒙时期西班牙的军事学院和科学的转变(1750～1760)》(Las academias militares y la inversión en ciencia en la España ilustrada, 1750—1760),Dynamis, 2(1982),第193页～第209页。也可参见Horacio Capel、Joan-Eugeni Sánchez和Omar Moncada,《从铁锹到智慧:18世纪军事工程师的科学训练和体制结构》(De Palas a Minerva: La formación científica y la estructura institucional de los ingenieros militares en el siglo XVIII, Barcelona: CSIC y Ediciones Serbal, 1988)。

的斯（Cadiz）为制图师建立了一个天文台。军队也帮助支持了一个植物园网络，以培养那些可能被证明对于商业冒险有用的热带植物。但是国王也赞助独立于军队之外的新机构。在西班牙和墨西哥创建艺术学院来培训泥瓦匠、建筑师、纺织品设计师和新古典主义品味的植物学插图画家。[45] 在马德里建立王家历史研究所（1738），在塞维利亚（Seville）建立西印度档案馆（1784），以此引入批判方法，不仅在历史文献研究方面，也在地理和博物学方面施加影响（历史研究所最重要的责任之一就是撰写"批判性的"博物学著作）。在西班牙和殖民地运行的医学专科院校、王家植物园（活跃期1774～1788），以及重新恢复的医师资格鉴定团（protomedicato）使医师培训标准化、削弱药剂师和医师协会、遏制庸医和助产婆（以及在殖民地的"萨满巫师"），并且改善医生的低下地位。和其他欧洲君主国一样，西班牙王室希望能增加人口，所以将重商主义和医学改革联系起来，并且热心支持在国内和殖民地大规模使用天花免疫。国王也支持在整个帝国范围内逐渐形成一种"公众参与的"氛围，促进推动沙龙和爱国社团，来帮助传播一种新的功利主义的学问。[46]

　　但是，从最终结果来看，重商主义的方案被证明是失败的。法国大革命使西班牙君主政治感到恐惧，从而丧失了勇气，正在西班牙积极营造的公众参与的氛围突然受到遏制，极大地冷却了文化复兴的积极性。对英格兰的持续作战破坏了王室整顿殖民地贸易的成果。经济和文化复兴政策的落空也挫伤了殖民地科学。弗朗西斯科·普埃尔托·萨米恩托描述了王室创立的探寻植物资源的机构缓慢衰退的过程，在向博物学家提供了大约 30 年无与伦比的官方赞助之后，几乎没留给西班牙什么值得炫耀的东西。那些培养热带植物的植物园被关闭，或者从来就不曾使用过；利用西班牙对退热药的长期垄断使奎宁生产标准化的努力失败了；肉桂和丁香的生产从来就没有成功过；而且最具有讽刺意味的是，那些最终可以向其他欧洲国家证明西班牙是真正"现代的"的爱国主义证物（分类学论文、游记、地图以及由许多科学考察积累起来的、数以千计的植物和人类学插图的图解说明）基本上没有出版。[47] 那些为了提高墨西哥和秘鲁的银矿和水银矿生产力而建立的机构和考察队，并没有引进重要的技术变革；虽然白银产量增加了，但这主要是由于对体力劳动的广泛使用和过度剥削。[48] 此外，正如胡安·何塞·萨尔达尼亚（Juan José Saldaña）所证实的一样，为了大量培养官僚和矿工，教导他们诸如几何学、地理和化学等知识，王室于 1792 年在墨西哥建立的矿业学院

〔45〕 1783 年建立于墨西哥的圣卡洛斯艺术学院，在进行光学和数学训练的同时，也用来培训工匠和泥瓦匠；参见 Thomas Brown，《新西班牙的圣卡洛斯学术院》（La Academia de San Carlos en Nueva España, México: Septentas, 1976）。
〔46〕 有关目前学术界对本段落中描述的新西班牙科学制度的情形，参见《卡洛斯三世和启蒙运动的科学》中的文章。
〔47〕 F. J. Puerto Sarmiento，《破碎的幻想：启蒙时期西班牙的植物学、健康和科学政策》（La ilusión quebrada: Botánica, sanidad y política científica en la España ilustrada, Barcelona: Serbal, 1988）。
〔48〕 Kendall Brown，《18 世纪万卡维利卡矿业对西班牙采矿技术的接纳》（La recepción de la tecnología minera española en las minas de Huancavelica, siglo XVIII）、《安第斯山知识》（Saberes andinos, Lima: Instituto de Estudios Peruanos, 1995），Marcos Cueto 编，第 59 页～第 90 页；Carlos Contreras 和 Guillermo Mira，《开矿技术从欧洲到安第斯山脉的传播》（Transferencia de tecnología minera de Europa a los Andes），载于《科学的全球化》（Mundialización de la ciencia），第 235 页～第 249 页。

（Colegio de Minería），经常得不到资金赞助；它之所以还能够保持活力，仅仅是因为当地的精英阶层选择使它继续存在。[49] 在殖民地的医学改革既没有显著改善公众健康，也没有提升医生的社会地位。[50]

然而，纵然存在着这些失败，紧随着波旁皇族复兴皇权的努力，殖民地的文化环境却发生了永久性的改变。举例来说，公众参与的氛围建立起来了。报纸、期刊、沙龙、咖啡馆以及爱国社团如雨后春笋般到处出现，宣布着欧洲的新思想和功利主义知识的福音。最后，这种生机勃勃的公众参与氛围向王权要求新形式的民主政治。[51] "牛顿主义"和机械论哲学渗入到绝大多数公众讲演中。甚至新科学的反对者们（他们正确意识到这种新知识正在神职机构的边缘逐渐形成，为社会的世俗化和经院哲学的终结出力）也研究它。[52] 实验方法的语言风格和实验仪器收藏柜的风行一时压倒了学术。[53] 在18世纪80年代，德西德里奥·德·奥萨苏纳斯科提出了一个最精细的实验计划，以揭示他自己对巧克力过敏的原因，他承受了系统的、痛苦的自我实验。[54] 胡安·曼努埃尔·贝内加斯医生看不起土著人，认为那些人是无知的野蛮人，但是他写了一篇有关当地草药学的医学论文，假设野蛮人是通过试错法——即通过来之不易的实验——了解事物的。[55] 医学上的学术争论是由作者提升自己的实验权威、削弱可靠性以及缺乏作者对手的实验工作导致的。巴洛克式的象征和符号的语言失去了它的

〔49〕 Juan José Saldaña，《美洲的启蒙运动、科学与技术》（Ilustración, ciencia y técnica en América），载于《美洲殖民地的启蒙运动》（La Ilustración en América colonial），第19页～第49页，尤其是第43页～第46页。

〔50〕 J. T. Lanning，载于 John Jay TePaske 编，《王家医师资格鉴定团：西班牙帝国的医学专业规则》（The Royal Protomedicato: The Regulation of the Medical Professions in the Spanish Empire, Durham, NC: Duke University Press, 1985）。

〔51〕 关于殖民地的公众参与氛围，见 Jaime E. Rodríguez O，《西属美洲的独立》（La independencia de la América española, México: FCE and Colegio de México, 1996），第58页～第63页，以及各处；Renán Silva，《18世纪末的印刷业和革命》（Prensa y revolución a finales del siglo XVIII, Bogotá: Banco de la República, 1988）；以及 Jean-Pierre Clément，《西属美洲的期刊出版业起源："秘鲁的水星"的个案》（L'apparation de la presse periodique en Amérique espagnole: Le cas du "Mercurio Peruano"），载于《启蒙运动时期的西属美洲：传统、创新与表现》（L'Amérique espagnole à l'epoque des lumières: Tradition, innovation, reprèsentation. Colloque francoespagnol du CNRS, 1820 Septembre, 1986, Paris: Editions du CNRS, 1987），第273页～第286页。

〔52〕 Francisco Ignacio Cígala，《致最杰出及最可尊敬的贝尼托·杰罗尼莫·费霍·蒙特内格罗神父的信，第二封信》（Cartas al Ilmo, y Rmo P. Mro. F. Benito Gerónymo Feyjoó Montenegro. Carta Segunda, México: Imprenta de la Biblioteca Mexicana, 1760）。在墨西哥大学院长胡安·何塞·埃吉亚拉—埃古伦（Juan José Eguiara y Eguren）和一名重要的墨西哥耶稣会士弗朗西斯科·拉斯卡诺（Francisco X. Lazcano）的批准下，希加拉（Cígala）为本笃会修士费霍——主要负责18世纪早期西班牙普及牛顿主义和笛卡儿哲学——挑战亚里士多德和经院神学而责备后者。但是希加拉、埃吉亚拉—埃古伦和拉斯卡诺，并不是盲目坚持过去。他们严厉批评声称创立了新哲学的现代人，因为哲学已经被古人发展完善了。希加拉批评费霍论点的有效性，揭示费霍缺乏对空气动力学和波义耳及莱布尼茨著作的理解。关于将希加拉无情地解读为反动的倒退者的文章，参见 Pablo González Casanova，《18世纪基督教的近代化与守旧主义》（Misoneísmo y modernidad cristiana en el siglo XVIII, México: Colegio de México, 1958），第114页～第129页。关于牛顿（哲学）在西属美洲殖民地的情况，见 Luis Carlos Arboleda《关于周边地区的科学传播问题：新格林纳达牛顿物理学个案》（Acerca del problema de la difusión científica en la periferia: el caso de la física newtoniana en la Nueva Granada），载于《结绳纪事》（Quipu），即《拉丁美洲科学技术史杂志》（Revista Latinoamericana de la Historia de la Ciencia y la Tecnología），4（1987），第7页～第32页；以及 Celina A. Lértora Mendoza，《牛顿理论在拉普拉塔河的引介》（Introducción de las teorías newtonianas en el Río de la Plata），载于《科学的全球化》，第307页～第323页。

〔53〕 到1790年为止，《墨西哥公报》（Gazetas de México）的记录中包含关于墨西哥城至少10个奇珍柜的描述。参见《墨西哥公报》，1790年8月，vol.4,16，第152页～第154页。

〔54〕 Desiderio de Osasunasco，《关于巧克力制作及使用的观察资料》（Observaciones sobre la preparación y usos del chocolate, México: Felipe de Zúñiga y Ontiveros, 1789）。

〔55〕 Juan Manuel Venegas，《医学概要：或实用医学》（Compendio de la medicina: o medicina práctica, México: Felipe Zúñiga y Ontiveros, 1788）。

吸引力。弗朗西斯科·哈维尔·德·奥里奥(18 世纪中期在萨卡特卡斯教学的一位西班牙耶稣会士)和安德烈斯·伊瓦拉·萨拉赞(19 世纪初在墨西哥矿业学院的一位学生)的地质学著作代表了这种文化变革。然而,对于奥里奥来说,地球是一个新近被创造出来的有机的宏观世界,在那里水银变成黄金,隐藏的共鸣(hidden sympathies)使石头类似于植物和动物,对于伊瓦拉·萨拉赞来说,地球有一个漫长的历史,揭示这个历史的岩石层和化石是记录这种缓慢的地质变化的证据。[56]

785

旅行者和文化的变迁

两支外国科学考察队在西属美洲截然不同的命运充分证明了 18 世纪下半叶,西属美洲精英阶层在文化态度方面经历的深刻变化。为了解决牛顿主义 - 笛卡儿哲学关于地球形状的争论,从 1735 年到 1745 年,由三名法兰西学院院士皮埃尔·布盖、路易·戈丁和夏尔 - 马里·德·拉康达明带领的一支考察队留在安第斯山脉,在赤道上对子午线拱形线的三个经纬度进行测量。这次考察被证明是这些法国人一次十足的灾难。8 年之后,这支备受瞩目的探险队返回巴黎,但由于太迟而不能对这场争论的最终解决产生任何影响。拉康达明试图摆脱学术上无所作为的指责,因此撰写了一份关于这次考察如何艰苦的报告:这次考察既痛苦又有趣;更重要的是,它表明法国人是在充满敌意的人群中工作的。考察队不仅被意外事故所困扰(诸如仪器丢失、奇怪的气象现象,以及学者们被使人虚弱无力的"热带"性发热击倒并丧失生命),而且是注定要遭到厄运,因为从一开始就遇到了当地居民公开的敌意,印第安人被拉康达明描绘成顺从的和愚蠢的人,他们或是破坏、偷窃,或是移动法国人在山顶设置的用以进行三角法计算的路标。印第安人也有组织地拒绝充当欧洲人的侦察兵,而且当他们同意担任向导时,却经常逃跑,把束手无策的学者们丢在最崎岖的地方(印第安人搬运工两次设法让拉康达明的行李丢失)。黑人和混血种人不再具有同情心。在法国人眼中,他们是不守规矩的"新生"(plebe),公然无视欧洲人的礼仪,拿剑刺伤考察队的一名仆役。法国人从白人精英阶层那里找不到能够躲避印第安人、黑奴、混血平民敌意的庇护。虽然受到"开明的"耶稣会士和经过挑选的少数克里奥尔人学者的热烈欢迎,学者们还是经常面对帝国和外省白人当权者的愤怒(图 31.3)。多年以来,面对指控他们从事非法贸易、修建未经授权的纪念碑,法国人不得不在法庭上为自己辩护。这些纪念碑

---

[56] F. Xavier Alexo de Orrio,《冶金术或者金属的物理学》(Metalogía o physica de los metales, BNM, Ms. 1546);以及 Andrés Ibarra Salazán(AYS),《关于山脉和漂石的论文》(Tratado de las montañas y rocas, written ca. 1810, BNM, Ms. 1510)。但是,伊瓦拉·萨拉赞(Ibarra Salazán)将地质层比喻为人体的各个组织层(见 fol. 15v—16r)。

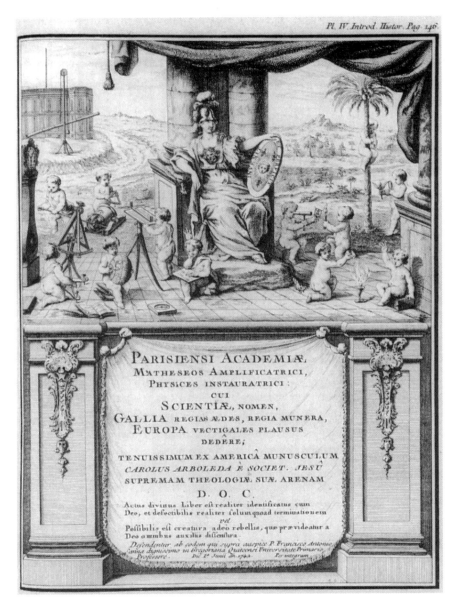

图 31.3　一份辩护论文的卷首插画,题献给厄瓜多尔首都基多一所耶稣会士学院的法国学者布盖、拉康达明和戈丁(1742 年 6 月)。摘自夏尔 - 马里·德·拉康达明,《遵循国王命令的赤道航海日记》(*Journal du voyage fait par ordre du roi à l' Équateur*, Paris: Imprimerie Royale, 1751)。小天使们借助于各种实验器材忙于测量并收集"事实",这也许很好地表明了克里奥尔人鉴赏力的转折点。在 18 世纪的下半叶,实证哲学和机械论哲学的演讲,连同新的世俗学术机构,来到了殖民地。蒙布朗大学约翰·卡特·布朗(John Carter Brown)图书馆惠允复制。

有自我庆祝的碑铭,并没有将西班牙人考虑在内。最终,在昆卡省克里奥尔人精英领 787
导的群众暴乱中,考察队的医生让·塞尼埃盖尔在被指控乱交和奸污一名当地美貌女
子之后,被投以乱石并被刺而死(在这场暴乱中,其他学者被迫逃命),法国人参加了对
克里奥尔帮派头目的审判,这场审判持续了三年。[57]

　　大约 60 年后(1799~1804),亚里山大·冯·洪堡和艾梅·邦普朗访问了几个西
属美洲殖民地。在他们的整个旅行过程中,这两位贤明达观的旅行者被当做英雄接
待。他们一回到巴黎,洪堡就出版了 30 卷考察资料和哲学思考,与拉康达明的著作不
同,洪堡对西属美洲殖民地进行了最为善意的描绘。帝国当局和当地知识界不仅热情
欢迎这些欧洲人,更重要的是,他们给予了这些外国人他们自己 40 年来极具价值的集
体调查研究的结果。洪堡的 30 卷著作不应只被视作一位天才孤身工作的产物,而且
也应当被看成是西属美洲启蒙运动的总结。[58]

一个统一的主题

　　克里奥尔人文化鉴赏力的变化也反映在他们选择用以表达其古老爱国热望的新
科学术语上。托马斯·F.格里克指出,虽然波旁王室在殖民地创立的新科学机构基本
上由西班牙人充当职员并担任领导,但是在培训爱国的克里奥尔人自然哲学家骨干方
面,他们还是做出了贡献。这些克里奥尔人科学家充当了反抗西班牙的独立战争
(1810~1824)的先锋,因为他们比其他人更早意识到他们作为殖民地的从属地位。根 788
据格里克的说法,克里奥尔自然哲学家成为了"牛顿主义"自由主义者,以捍卫安第斯
山人和那瓦人的分类法(受到新的林奈植物学分类法扩张的威胁,这种分类法是随着

---

〔57〕 Charles-Marie de La Condamine,《遵循国王命令的赤道航海日记》(*Journal du voyage fait par ordre du roi à l'Équateur*,
Paris: Imprimerie Royale, 1751),各处。La Condamine 在《给＊＊＊夫人的信件,关于 1739 年 8 月 29 日发生在秘鲁昆
卡省的群众暴动》(*Lettre a Madame＊＊＊ sur l'emeute populaire excitée en la ville de Cuenca au Pérou le 29 d'Aôut 1739*,
Paris, 1746)中,巧妙叙述了围绕着塞尼埃盖尔谋杀的所有事件。在拉康达明(La Condamine)之前,另外两支法国考
察队已经访问了秘鲁,这让人想到一种在波旁皇族控制下,持续了整个 18 世纪的西班牙—法国协作的早期模式。
参见 Louis Feuillée, 2 卷本《从 1707 年到 1712 年期间关于南美洲东海岸和西印度群岛的物理、数学和植物学观察报
告的日志》(*Journal des observations physiques mathematiques et botaniques sur les côtes orientales de l'Amérique Méridionale et
dans les Indes Occidentales, depuis l'année 1707 jusque en 1712*, Paris: Pierre Giffart, 1714);Louis Feuillée,《关于南美洲东
海岸和西印度群岛的物理、数学和植物学观察报告的日志,以及在相同命令下前往新西班牙和美洲岛屿的另一次航
行》(*Journal des observations physiques mathematiques et botaniques sur les côtes orientales de la Amerique Meridionale et aux
Indes Occidentales, et dans un autre voyage fait par le meme ordre à la Nouvelle Espagne et aux isles de l'Amérique*, Paris: Jean
Matiette, 1725);Amédée François Frézier,《关于 1712 年、1713 年和 1714 年期间沿着智利和秘鲁海岸进行南海航行的
报告》(*Relation du voyage de la Mer du Sud aux côtes du Chily et Pérou fait pendant les années 1712, 1713 et 1714*, Paris,
1732)。在《约瑟夫·东贝——秘鲁、智利和巴西的医师、博物学家、考古学家及探险家(1778～1785)》(*Joseph
Dombey, médicin, naturaliste, archéologue, explorateur du Pérou, du Chili et du Brésil, 1778—85*, Paris: E. Guilmoto, 1905)中,
E. T. Hamy 还详细叙述了在 18 世纪最后 25 年间前往安第斯山脉的另一支法国考察队。也可参见沙普·德奥特罗
什(Chappe d'Auteroche)前往墨西哥的考察,载于《前往加利福尼亚的航行,以观测日盘上的金星通过。在 1769 年 6
月 3 日。包括这次现象的观察资料和作者经由墨西哥的路径的历史描述》(*Voyage en Californie pour l'observation du
passage de Vénus sur le disque du soleil. le 3 juin 1769. Contenant les observations de ce phénomene et la description historique de
la route de l'auteur à travers le Mexiqu*, Paris: Charles-Antoine Jombert, 1772)。
〔58〕 Alexander von Humboldt, 30 卷本《洪堡和邦普朗的航海记:前往新大陆赤道地区的航程》(*Voyage de Humboldt et
Bonpland: Voyage aux régions équinoxiales du nouveau continent*, Amsterdam: Theatrum Orbis Terrarum, 1970—3)。

西班牙帝国不老练的科学家们一起来到殖民地的)为中心,他们试图创造民族主义的科学,鉴别与开发和欧洲那些医药学性质不同的当地医药学,并反对欧洲人对美洲气候的负面描述。[59]

克里奥尔人修改了科学术语,以此形成了他们的原初民族主义(proto-nationalism)。鉴于巴洛克爱国者曾经用天文学和占星术来赞美上帝的幸运标志,并且曾经颂扬了他们土地上矿物和药物奇迹,18 世纪晚期的学者们试图开发殖民地的农业潜力。他们认为每个殖民地都受到上帝眷顾,因此都会成为世界上主要的商业中心。博物学家将他们当地的领域视为地球的缩影,那里的大量生态小环境(microcosms)和无穷尽的赤道农业周期使地产能够满足世界市场的全部需求。这些博物学家还认为美洲的自然法则与欧洲不同,新大陆的现象只能由克里奥尔科学家来研究。何塞·安东尼奥·德·阿尔萨特,一位重要的墨西哥博物学家、若干份期刊的编辑,坚持认为墨西哥稀有的自然产品削弱并推翻了欧洲人做出的所有科学假定,并且试图创造一个只有墨西哥人可以发展和解释的科学。[60] 秘鲁的克里奥尔医师们利用体液理论创立了一种民族主义医学的形式,它主张秘鲁的气候、身体和疾病是奇特的,因此只有秘鲁医师能够鉴别并治愈当地疾病。[61]

毫无疑问,深刻的文化差异将巴洛克的世界与"牛顿主义"克里奥尔科学家的世界分离开来。但是爱国主义这个统一的主题却持续不断,贯穿了整个漫长的 18 世纪。

(王　跃　程路明　译　秦海波　校)

---

[59]　T. Glick,《拉丁美洲的科学与独立(新格拉纳达专刊)》(Science and Independence in Latin America〔with Special Reference to New Granada〕),载于《西属美洲历史评论》,71(1991),第 307 页~第 334 页。
[60]　Jorge Cañizares Esguerra,《国家和自然:西属美洲殖民地晚期的博物学和克里奥尔人国家认同感的成形》(Nation and Nature:Natural History and the Fashioning of Creole National Identity in Late Colonial Spanish America),《大西洋社会的文化碰撞(1500～1800)》(Cultural Encounters in Atlantic Societies, 1500—1800),关于大西洋世界(AtlanticWorld)历史的国际研讨会。《工作报告汇编》(Working Paper Series, The Charles Warren Center for Studies in American History, 1998)。
[61]　同上书,以及 Jorge Cañizares Esguerra,《伊波利托·乌纳努埃的乌托邦:商业、自然与宗教》(La utopía de Hipólito Unanue: Comercio, naturaleza y religión),载于《安第斯山脉的知识》,第 91 页~第 108 页。

第五部分

后果与影响

32

科学和宗教

约翰·赫德利·布鲁克

对启蒙运动的评注往往对科学与宗教关系的变化提出这样一个高度模式化的说明:虽然 17 世纪科学在概念上"摆脱"了宗教的控制,但是,18 世纪却出现了一种更具破坏性的世俗化的特征,自然哲学家们的研究方法和结论被用于反对已经确立的教会的权威。运用精心挑选的事例,可以把这个故事讲得引人入胜且合情合理。早在 17 世纪初,弗兰西斯·培根(1561～1626)就告诫过不要将圣经注释与自然哲学相混合;在法国,勒内·笛卡儿(1596～1650)以机械论的方式描述了一个不再以人为中心的宇宙。他们两人都设计了用于检验真理的严格标准,而且都拒绝在解释自然现象时使用终极因。17 世纪下半叶,在伦敦和巴黎出现了稳定的科学学会,在这些学会中,宗教的讨论受到禁止。到了 17 世纪末,艾萨克·牛顿(1643～1727)已明确提出他的运动定律和万有引力定律。对于后人来说,这些定律象征了一个以秩序和规律性而不是神意的反复无常为特征的宇宙。

牛顿是通过其他方式被带入这一模式的。如果说他的《原理》(*Principia*)是一座数学推理威力高耸的丰碑,那么他的《光学》(*Opticks*)则显示出严密实验方法所具有的巨大威力。[1] 表面上,更加令人鼓舞的科学取代曾是知识王后的神学的基础已经打好,科学许诺要改善世界,给人类带来更加光明的前途。牛顿对光本身做出的阐述,以及约翰·洛克(1632～1704)关于感官是获得知识的最终渠道的论述,有助于建立一种新的认识论,在这种认识论中,"视觉是感觉的王后"(vision was queen among the senses),[2] 通向可靠知识的路径是由观察来界定的,而不是天赋观念或启示。

这样一种模式能够容纳人们惯常赋予这个新的理性时代的许多特征:对人类改造世界的能力的信心,以及把科学方法推广到对于这些能力的研究。它可以容纳对天主教会的攻击,也可以容纳由伏尔泰(1694～1778)和其他被正统评论家贬为"自然神论

---

[1] Gerd Buchdahl,《理性时代牛顿与洛克的形象》(*The Image of Newton and Locke in the Age of Reason*, London: Sheed and Ward, 1961)。

[2] Peter Hulme 和 Ludmilla Jordanova,《导论》(Introduction),载于 Peter Hulme 和 Ludmilla Jordanova 编,《启蒙运动及其阴影》(*The Enlightenment and its Shadows*, London: Routledge, 1990),第 4 页。

信仰者"（deists）的人所提出的更大宗教容忍的主张。在新教文化中，也有一些反抗过去的教义教条的事例，这些杰出人物，如苏格兰的大卫·休谟（1711～1776）和英格兰的约瑟夫·普里斯特利（1733～1804），反抗加尔文教派（Calvinism）在初创时期施加的压迫。作为不信奉国教的牧师和实验哲学家，普里斯特利代表了一种乐观精神，一种可以在启蒙思想家（philosophes）当中看到的乐观精神，相信科学知识加上启蒙性的教育纲领，可以从一个过于关注来世的世界中消除迷信。在一些秘密流传的激进的文学作品中，比如异教徒的法国牧师让·梅利耶（1664～1729）所著的《遗书》（Testament）中，世俗对于宗教的批判被推向了极端：是人创造了神，而非神创造了人；来世纯粹是占统治地位的精英们强加给民众的一种虚构。在神学的辩护中，以神迹和实现的预言为基础的传统论证继续流行，但是，在护教学家当中流行的一种自然神学时尚（其中最突出的是支持上帝设计世界的论证），说明新的理性主义对神学本身的侵入，贬损了它所拒斥的非理性主义的主张。[3]

然而，这种概念模式在这里出现了裂隙。当反对天主教教义和新教教义的新"自然宗教"真正建立起来的时候，约翰·雷（1627～1705）、罗伯特·波义耳（1627～1691）以及后继者如理查德·本特利（1662～1742）、塞缪尔·克拉克（1675～1729）和威廉·德勒姆（1657～1735）等人的自然神学却清楚表明要捍卫基督教一神论，反对自由主义的和无神论的对手们。在他们的作品中，最新的科学成果被用于论证雷所谓的《上帝创造世界的智慧》（Wisdom of God Manifested in the Works of Creation，1691）。因此，雷歌颂哥白尼宇宙的雅致更胜托勒玫的宇宙一筹；理查德·本特利在牛顿的万有引力中看见了自然界中的非物质主体的证据；克拉克把牛顿定律解释为对上帝选定的规范世界的方式的一种概括；而德勒姆愉快地接受了宇宙扩张，把它看做是对一种过度强调以人为中心的神学的愉快回避。[4]

这种论证的一个结果是赋予了科学以更高的姿态。因此在某种情形下，推进科学与倡议一种体面可敬的宗教，二者之间可以是一种协作关系。这一点从瑞典分类学家卡尔·林奈（1707～1778）的颂词中可见一斑，他对科学家地位的提升一如他赞美他的造物主：

> 假如上帝已经布置好这个世界……这足以证明他的智慧和力量；假如没有一位观众，这座辉煌壮丽的剧场的装饰将是枉然与徒劳；假如只有人类……能够思

〔3〕 关于更完整的介绍和附带的限定条件，可参见 John Hedley Brooke，《科学与宗教：一些历史的观点》（Science and Religion: Some Historical Perspectives，Cambridge University Press，1991），第 152 页～第 225 页；Dorinda Outram，《启蒙运动》（The Enlightenment，Cambridge University Press，1995），第 31 页～第 62 页。

〔4〕 John Gascoige，《从本特利到维多利亚女王时代的著名人物：英国牛顿自然神学的兴衰》（From Bentley to the Victorians: The Rise and Fall of British Newtonian Natural Theology），《背景中的科学》（Science in Context），2（1988），第 219 页～第 256 页；Neal C. Gillespie，《博物学、自然神学和社会秩序：约翰·雷与"牛顿神学"》（Natural History, Natural Theology and Social Order: John Ray and the "Newtonian Ideology"），《生物学史杂志》（Journal of the History of Biology），20（1987），第 1 页～第 49 页。

考整个世界奇妙的体系；那么由此可见，人被创造出来，就是为了去研究上帝的杰作。[5]

自然宗教的多样性

这类论述盛行于 18 世纪的文本中，反映了这样一种事实：科学通过与自然宗教结合，既能够攻击基督教一神论，又能够维护基督教一神论。自然宗教本身具有多重内涵。对于伏尔泰来说，自然宗教代表与天主教相异的一种立场，具有它自身简单而又普适的教义：

> 当挣脱了锁链的理性教导人们：世界上只有一个上帝，这个上帝是全人类共同的父亲，而所有人都是兄弟，兄弟间必须互相友好、公正相处，必须积德行善，友好而公正的上帝肯定会奖赏美德、惩罚罪恶；到那时，毫无疑问，人类将会因此变得更加美好，而且更少迷信。[6]

但是，根据英国达累姆（Durham）圣公会主教约瑟夫·巴特勒（1692～1752）的《宗教的类推》（*Analogy of Religion*, 1736）中所说，诉诸自然宗教也可能会成为维护基督教正统性的一部分——甚至是主要部分。它也许能成为主要部分，但仅有此部分绝不充分，因为存在于上帝与他的臣民之间的契约，绝不可能仅仅依靠理性之光加以确立。在英国，自然宗教的倡导者们常常像威廉·沃拉斯顿（1660～1724）那样说道："（自然宗教）非但不会损害真正的天启教……它反而会为接受这种宗教铺平道路。"[7]尽管像博林布罗克子爵（即亨利·圣约翰，1678～1751）之类的自然神论者们会说"在自然宗教里，牧师是多余的"，[8]但牧师常常是自然宗教的倡导者。重要的是，更为深思熟虑的自然宗教的倡导者们认识到：自然神学与天启神学之间的关系要比它们二者之间暗示的简单对立关系更加复杂。例如，如果神性在表面看来能够从自然秩序加以推断，那么，人们又是怎么知道它们最初不是来自启示呢？对于普里斯特利来说，这是一个很重要的问题，因为他曾经把"自然宗教"定义为"能被自然理性解证或证明为真的一切"，即使"这种宗教在事实上根本不是通过自身而发现的；甚至存在这样的可能：没有上帝启示的帮助，人类将永远无从知晓这种宗教"。[9]对于其他民族的研究表明，那些缺乏神的启示的民族，在其宗教教义方面几乎无所建树，这足以给普里斯特利以教益。

〔5〕 C. Linnaeus,《自然研究的反思》（*Reflections on the Study of Nature*, 1754），J. E. Smith 译（1786），引自 David Goodman,《布丰的博物学》（*Buffon's Natural History*, Milton Keynes: Open University Press, 1980），第 18 页。

〔6〕 Voltaire,《五十诫》（Sermon of the Fifty），载于 Peter Gay 编,《自然神论文选》（*Deism: An Anthology*, Princeton. NJ: Van Nostrand, 1968），第 152 页～第 153 页。

〔7〕 David Pailin,《什么是自然宗教？》（What Is Natural Religion?），载于 Arvind Sharma 编,《我们的全部选择》（*The Sum of our Choices*, Atlanta: Scholars Press, 1996），第 85 页～第 119 页。

〔8〕 Pailin,《什么是自然宗教？》，第 92 页。

〔9〕 Pailin,《什么是自然宗教？》，第 95 页。

科学与宗教的关系

当人们把新的科学文化与 18 世纪的宗教情感联系在一起时,自然宗教在范围和目的方面的多样性就不是唯一的复杂问题了。一旦说到"科学和宗教的关系"时,我们就已经预先假定"科学"和"宗教"之间在认知主张和/或实践上具有某种区别。然而,在新世纪的最初 20 年中(就某种背景而言,在这之后很久的时间里),有神论论证以消泯这些区别的方式加入了科学争论之中。牛顿和他的同时代人所使用的"自然哲学"一词表示的学科领域,比起后来专业化意义上的"科学"一词来,要更加宽泛。牛顿本人在他的《原理》(1713 年)第 2 版中写道:"根据事物的现象谈论(上帝),当然是属于自然哲学。"尽管人们无需运用神学论点也能对《原理》的数学推理做出分析,但是,牛顿自己对炼金术和圣经注释的兴趣,说明他的各种理性研究计划统统都专心于自然界中神的活动方式。他的神学明显地鼓舞了他的绝对时空观,他对万有引力定律**普遍性**的自信反映出他假定了一位唯一的、无所不在的神,其意志左右着这个世界。[10]

18 世纪第二个 10 年间,牛顿的拥护者塞缪尔·克拉克与诋毁者莱布尼茨(1646～1716)之间所发生的争论,表明经验的因素与形而上学和神学的因素的不断融合。尽管牛顿要求对太阳系进行周期性的"矫正",以修正不稳定的趋势,但莱布尼茨却反对说,这是对上帝的贬低,上帝不可以被降为一个二流的钟匠。尽管牛顿的宇宙留出了真空,甚至在物质中也可以有真空,但莱布尼茨却不接受这个说法:

> 承认自然界有真空,就等于把一件很不完美的作品归咎于上帝。我的原则是:如果上帝能够把一种完满性赋予事物,而不致减损它们的其他的完满性,那么,上帝实际上已经将其赋予了它们。现在,让我们想象一个空无一物的空间。上帝原本能够把某种物质放进其中,因此,空无一物的空间是不存在的,一切都是充满的。[11]

在这场充满政治意味的辩论中,克拉克支持牛顿的观点:上帝在世界上做出的自由选择,应该通过查验这个世界,而不是通过为"他"立法而发现。作为反击,莱布尼茨强调:除非能够不受为经验方法所证实的东西的支配,独立建立起关于善的标准,否则,无法**表明**这个世界是所有可能世界中最好的一个。与 17 世纪"科学"和"神学"的

[10] Andrew Cunningham,《〈原理〉何以得名》(How the *Principia* Got Its Name),《科学史》(*History of Science*),29(1991),第 377 页～第 392 页;Betry Jo Dobbs,《天才的两面》(*The Janus Faces of Genius,* Cambridge University Press, 1991); J. E. McGuire,《牛顿论位置、空间、时间与上帝》(Newton on Place, Space, Time and God),《英国科学史杂志》(*British Journal for the History of Science*),11(1978),第 114 页～第 129 页;R. S. Westfall,《牛顿物理学中的力》(*Force in Newton's Physics,* London: Macdonald, 1978),第 340 页。
[11] G. W. Leibniz,《第四封信……》(Fourth Paper ...),载于 H. G. Alexander 编,《莱布尼茨与克拉克通信集》(*The Leibniz Clarke Correspondence,* Manchester: Manchester University Press, 1956),第 44 页。

分离完全不同,用一个历史学家的话说,这时已经产生出一种"空前的融合"。[12] 但是,有一个重要的结论。如果像牛顿的自然哲学那样,神的传统属性(统治权、无所不能、无所不在)通过科学的重新描述而获得新的特定意义,那么正是由于那种特性,神的那些属性会更易遭受攻击。在 18 世纪行将结束之时,那个被牛顿称为机智地利用彗星矫正太阳系的上帝,由于拉普拉斯(1749~1827)的计算结果而遇到了麻烦,因为按照该计算结果,太阳系是**自我**稳定的。[13]

在一封致托马斯·伯内特(约 1635~1715)的信中,牛顿坚持认为,如果自然原因就在手边,上帝会运用这些原因实现其目的——这种观点明显与伯内特相一致,因为在伯内特自己的《神的地球理论》(*Sacred Theory of the Earth*,1684)的叙述中,他解释了在地壳开裂时,诺亚大洪水是如何通过地下水的涌出而爆发的。对于保守的宗教批判家们来说,这是把圣迹放肆地归约为机械作用;然而,伯内特并不认为他贬损了神圣的上帝。在他看来,《创世记》(*Genesis*)中所描述的道德堕落和大洪水同时发生,有力地证明了神的预见。伯内特和牛顿二人描述的是神通过"第二位的"原因主宰和作用于世界的一种图景。这昭示了人们把"科学的"和"宗教的"信念联系起来时的另一个基本要点。同时用自然的(或者说"第二位的")原因和神意来描述事件,通常是有可能的。这不是一个如后来的善辩论者们所说的"非此即彼"的问题。这意味着科学知识的增长并不会自动导致将上帝驱逐出自然界的结果。[14] 正如在 17 世纪,基督教遭受的最大打击,是来自与其他文化而不是科学创新的冲突。前一种冲突导致了孟德斯鸠在其《波斯人信札》(*Letters Persanes*,1721)中研究的文化相对主义,并且激发了关于人类有多重起源的异端思索——正如早在 1655 年,法国的加尔文教徒伊萨克·拉佩雷尔(1596~1676)所提出的,甚至可能存在早于亚当的祖先。[15] 与之相比,只要按照神的法律仍然可以领会科学**定律**,科学领域的扩张就不会造成对神的亵渎。

如果莱布尼茨和克拉克的争论表明,对自然界的不同解释,可以由相互竞争的形而上学和神学观点造成,那么也可以肯定,同样一个科学创新可以同时做出宗教的和世俗的解读。正是由于这个原因,"科学与宗教的关系"不能被归纳为科学前进而宗教退却这样一种简单的模式。牛顿的科学容许多种解释就是一个鲜明的例子。继牛顿之后担任剑桥大学卢卡斯数学教授的威廉·韦斯顿(1667~1752)认为,万有引力就是上帝的"普遍的、非机械的、直接的力"的干预;而在他的对手安东尼·柯林斯(1676~

[12] Amos Funkenstein,《从中世纪到 17 世纪的神学与科学幻想》(*Theology and the Scientific Imagination from the Middle Ages to the Seventeenth Century*, Princeton, NJ: Princeton University Press, 1986)。

[13] Roger Hahn,《拉普拉斯与机械论宇宙》(*Laplace and the Mechanistic Universe*),载于 David C. Lindberg 和 Ronald L. Numbers 编,《上帝与自然》(*God and Nature*, Berkeley: University of California Press, 1986),第 256 页~第 276 页。

[14] John Hedley Brooke,《启蒙运动时期的科学与神学》(*Science and Theology in the Enlightenment*),载于 W. Mark Richardson 和 Wesley J. Wildman 编,《宗教与科学:历史、方法与对话》(*Religion and Science: History, Method, Dialogue*, New York: Routledge, 1996),第 7 页~第 27 页。

[15] Richard H. Popkin,《伊萨克·拉佩雷尔(1596~1676):他的生活、工作和影响》[*Isaac La Peyrère (1596—1676): His Life, Work and Influence*, Leiden: Brill, 1987]。

1729）看来,牛顿引力证明的是物质的内在活性。韦斯顿不是正统的牧师。如牛顿本人一样,韦斯顿有着强烈的阿里乌斯教的倾向,否认耶稣具有与圣父一样的实质。但是,令韦斯顿欢欣鼓舞的在于:牛顿的科学体系赞美上帝对于自然的永恒统治,反对冷漠的、精神孤僻的笛卡儿的机械论者的神。[16] 正是这种弹性的解释给现代读者留下深刻的印象。来自爱尔兰的移民约翰・托兰（1670～1722）试图涤净基督教中所有神秘的东西,他强调,并不一定要按照牛顿的规定解释牛顿的科学。为什么物质的重力和自发运动力就不是物质的基本属性呢?[17] 尽管理查德・本特利试图把牛顿的原子论与古代无神论的原子论分离开来,但是,总有可能强行对牛顿的科学进行卢克莱修式（Lucretian）的重新解释,18 世纪后期自认是无神论者的霍尔巴赫男爵（1723～1789）就推行过这样的解释。他会说:"物质的移动是由于其本身所特有的能量;物质的运动要归因于其内在的力。"[18]火药所具有的内在力量被他引为佐证,但他也援引了牛顿哲学来支持自己。按照人们不同的倾向,创新的科学可以适合传统的有神论立场,可以适合各种自然宗教体系,特殊情况下,也可以适合引起激烈争论的无神论。[19]

　　提及这种倾向性是非常重要的,因为建立所谓理性的高级宗教,可能发源于与科学并不直接相关的一些考虑。那些谴责教会教条主义的人,最担心的往往就是宗教冲突造成的有害影响。当罗伯特・波义耳反省 17 世纪中叶英格兰无王时期清教小派的迅速繁荣时,他一直担忧基督教会自我毁灭。自然神学支持具有吸引力的前景:重建共同基础,更加紧密地联合同盟者,不然那些人就会对教义的细微之处争吵不休。自然宗教有可能从基督教神学本身的内在思想中产生出来。如何审判那些从未聆听过耶稣基督福音的人呢? 根据《罗马书》（Romans）第 1 章第 20 节,[*]过去常说人人都拥有足够的自然灵光,能够辨别应答他们的神的力量。基督教的护教家们总是要说,对于人的审判,应当根据其所获得的天赋。马修・廷德尔（1657～1733）在他那本通常被描述成自然神论者圣经的《与创世同样古老的基督教》（Christianity as old as the Creation, 1730）中,提出了一个简化的准则:对于每个人的审判,都应当根据其对自身理智的运用而定。在另一个简化准则中,廷德尔宣称:一个基督徒与一个好市民的责任完全是一回事。在摆脱"教士权术"和"迷信"镣铐的过程中,以罗马天主教会为靶子的人总要抱怨那些令人迷惑不解的教条,诸如圣餐变体论和令人怀疑的忏悔习

---

[16] James E. Force,《威廉・韦斯顿:牛顿学说的忠实信徒》（William Whiston: Honest Newtonian, Cambridge University Press, 1985）;以及 Force,《圣经的诠释,牛顿,英国自然神论》（Biblical Interpretation, Newton, and English Deism）,载于 Arjo Vanderjagt 编,《17 世纪与 18 世纪的怀疑论和反宗教》（Scepticism and Irreligion in the Seventeenth and Eighteenth Centuries, Leiden: Brill, 1933）,第 282 页～第 305 页。

[17] Margaret C. Jacob,《约翰・托兰与牛顿的思想体系》（John Toland and the Newtonian Ideology）,《沃伯格与科特奥尔德学院学报》（Journal of the Warburg and Courtauld Institutes）,32（1969）,第 307 页～第 331 页。

[18] Michael J. Buckley,《现代无神论的起源》（At the Origins of Modern Atheism, New Haven, CT: Yale University Press, 1987）,第 280 页。

[19] Michael Hunter 和 David Wootton 编,《从宗教改革到启蒙运动时期的无神论》（Atheism from the Reformation to the Enlightenment, Oxford: Clarendon Press, 1992）。

[*]　《圣经・新约》中的一卷。——校者

惯——这些活动授予神职人员参与神秘知识的权力。另一种怀疑讥讽则可能会造成损失。回顾英格兰的近代宗教历史，不难发现有大量的修正，这是由于一些个人为了契合政治私利而改变信仰。在设法为宗教信仰寻求一个更加理性的基础时，应当像洛克那样，看到个人的宗教信念是不能用立法规定的，而且，如果不允许理性发挥决定作用，则所有人仍然会受控于其出生国的宗教风俗。而对于犹太教和基督教的批判，也会从道德层面开始着手，就像伏尔泰抗议《旧约》(Old Testament)中的上帝的表面上独断和报复的行为。把真正意义上的"自然"概念解放出来，也可能会被用来反对一种压抑的性道德，就像德尼·狄德罗(1713～1784)听到塔希提人(Tahitians)性自由的消息时大加赞赏。一种完全不同的道德思考也能够影响对于宗教主张的态度。自然灾难也有可能成为自然神学(natural theology)的灾难。1755年里斯本的地震夺去了上万条生命，对于伏尔泰来说，这是"所有可能世界中的最好世界"的毁灭，从这样的世界中如何推导出神的**仁慈**？

　　这些仅仅是在不同情况下挑战传统的宗教权威主张的部分论据。但是，这些论据足以表明：要将宗教信仰与科学变化联系起来，如果忽视了中介的环境，那么这种联系就可能是做作的和简化的。出于宗教与政治目的而鼓励科学创新，其方式也完全取决于国家的和当地的背景。[20] 莱布尼茨与克拉克的论战充斥着政治意味，这是因为这场论战具有地域的、民族的和国际的意义。1715年11月，当莱布尼茨坚持认为牛顿和洛克应该对英国的自然宗教衰落负责时，持续多年的微积分发明优先权的争论已经发展到了极度激烈的地步。莱布尼茨嫉妒心大发，因为随着汉诺威王室成员继任英国王位，他似乎觊觎英国宫廷的哲学家职位——而他未必就是牛顿的支持者们欣赏的一个可能成功的候选人。与莱布尼茨有书信往来的卡罗琳公主在克拉克监护之下下台这一事实，更激化了莱布尼茨与克拉克这两个敌手在声名狼藉的自然神论(deism)问题上指责对方。莱布尼茨所建构的自然哲学是具有国际性意义的，因为他寻求一个能被天主教徒和清教徒双方都接受的体系，这样就有助于达到重新统一。在英格兰，洛克和牛顿都是激烈的反天主教者，牛顿甚至把教皇权与假基督联系起来。由牛顿和克拉克发展起来的强调上帝意志自由的唯意志论神学，能够在英格兰被用于证明亲天主教的国王詹姆斯二世退位的合理性。但是，对君王如此着重强调，又令莱布尼茨感到不快，因为在另外一种情况下，这种理论也可以被用来证明世俗君主要求绝对权力的合法性——特别是路易十四，其扩张主义被莱布尼茨视为是对德国的威胁。广泛的对背景的阐述恰恰表明，莱布尼茨与克拉克的论战不只是一场如何更好地把科学和宗教联系起来的哲学争论。[21]

[20]　Roy Porter 和 Mikuláš Teich 编，《国家背景下的启蒙运动》(The Enlightenment in National Context, Cambridge University Press, 1981)。

[21]　Steven Shapin，《论神与君主：莱布尼茨—克拉克论战中的自然哲学与政治》(Of Gods and Kings: Natural Philosophy and Politics in the Leibniz-Clarke Disputes)，《爱西斯》(Isis)，72(1981)，第187页～第215页。

巴黎也许是唯一经历了18世纪50年代彻底无神论思潮的欧洲中心,该事实可以说明将此类争论放入其地域背景之中的重要性。[22] 诸如大卫·休谟、爱德华·吉本(1737~1794)和普里斯特利这样的英国造访者认为这种现象令人惊讶。吉本谴责"霍尔巴赫和爱尔维修的朋友们的偏执热情,他们带着教条主义者的固执鼓吹无神论者的信念,并草率地宣称:每一个人都要么是无神论者,要么就是一个傻瓜"。[23] 普里斯特利记录说,当他在一个法国人的宴会上表明自己是一个有宗教信仰的人时,竟然无人相信!在他看来,启蒙思想家们抛弃了一种腐化的基督教,但丢弃得过多。他的使命之一就是要用一种理性的基督教改造他们。[24] 当拉普拉斯的科学把上帝排除出太阳系及其起源,而与大革命时期的世俗风气相一致时,关于世纪末(fin de siècle)的诸种态度中,也可以发现类似的对立。与之相比,在英国,对大革命时期的恐怖的反感意味着拉普拉斯的科学常常会被视为另类,或者不得不被重新神圣化。后者并非不可能,因为人们总是会争辩说(就像莱布尼茨所做的一样):一个无需干涉的体系能为神的预见提供更好的证据。

科学和世俗化

如果科学与宗教之间建立的联系比通常设想的更加不明确、更加模棱两可、更加复杂,抬高科学在欧洲和美洲文化中的地位,仍然会对宗教情感带来微妙的间接影响,这些影响真的会被视为对宗教情感的损害。一个有说服力的事例就是,18世纪上半叶大城市巡回讲演者的出现,他们对自然界力量做出的壮观演示,为牛顿科学赢得了一批拥护者。随着诸如让·西奥菲勒斯·德萨居利耶(1683~1763)和弗朗西斯·霍克斯比(1688~1763)这样的创业者把实验研究变成大众娱乐,电火花就降落在了伦敦的酒馆和咖啡馆里。在这些公开表演中,作为言语修辞的一部分,讲演者们往往自称是在演示神的威力,或者至少是上帝加之于自然的威力。从神学上看,这样的炫耀就非常暧昧。他们可以虔诚地以一种自然神学的形式进行演示;但在两个方面,可以认为他们是放肆冒昧的。因为这些人们通过给人深刻印象的仪器拥有了曾经为神所特有的控制和操纵力;而且,在这样做的时候,他们在反映甚至是篡夺教士所特有的角色。[25] 1766年,一个叫威廉·约翰逊的人,在弗吉尼亚发出的讲演通告就带有这样的

[22] A. C. Kors,《霍尔巴赫的同伙:巴黎的启蒙运动》(*D'Holbach's Coterie: An Enlightenment in Paris*, Princeton, NJ: Princeton University Press, 1976)。

[23] Buckley,《现代无神论的起源》,第255页。

[24] John Hedley Brooke,《"出发的播种者":普里斯特利与改革部》("A Sower Went Forth": Joseph Priestley and the Ministry of Reform),载于 A. Truman Schwarz 和 John G. McEvoy 编,《完美运动:普里斯特利的成就》(*Motion Toward Perfection: The Achievement of Joseph Priestley*, Boston: Skinner House, 1990),第21页~第56页。

[25] Simon Schaffer,《18世纪的自然哲学与公开展示》(Natural Philosophy and Public Spectacle in the Eighteenth Century),《科学史》(*History of Science*),21(1983),第1页~第43页;Larry Stewart,《公众科学的兴起》(*The Rise of Public Science*, Cambridge University Press, 1992)。

歧义性。他打广告说要讲一堂"实验课,其中有教育性和娱乐性兼具的自然哲学分支,名为电学"。他的表演包括演示闪电是电火花,并仿效本杰明·富兰克林(1706~1790)演示避雷装置提供的保护作用。那则广告接着说:"我们做出如此重要的发现,归根到底要感谢上帝。"而且还参照了《箴言篇》(*Proverbs*)第 22 章第 3 节,在最后祈祷自然之神保佑这桩事业:"随着自然知识开阔人们的心智,使我们能够获得关于自然之神的更加崇高的理念,可以设想,这堂课将会是一次既令人愉快又富有理性的娱乐活动。"[26]

然而,自然之神并不等于就是上帝,上帝牵涉到更具情感色彩的宗教精神。在英国,牛顿的科学受到了来自上层教士的反对,部分原因在于牛顿、克拉克和韦斯顿被认为是阿里乌斯派的异教徒,还有部分原因正是由于那些在公开讲演中兜售新科学的人摆出一副世俗神职人员的样子。可以争辩的一点是,"自然哲学的追随者超出了宗教权威控制实验环境的能力"。[27] 牛津大学的教师、后来的诺里奇(Norwich)主教乔治·霍恩吐露了上层教会的失意情绪,他在 1753 年对那些进行实验演示而使"哲学家堕落为机械工"的人所表现出的"愚蠢的赞美"表示不满。霍恩的讽刺掩盖了一种真正的担忧。牛顿只是想要"一个玻璃泡和一块带有一个小孔的木板,来描述光的所有奇迹",这也许是意味着,"甚至妇女和儿童,只要用一根麦秆吹气或盯着涂有肥皂的东西看,从此以后就可以成为睿智的哲学家"。任何人都会受到这种实验的诱惑。

如果科学普及者玩弄这些令人瞩目的有形的现象,那么对无形事物的思考也可能会把注意力从宗教转移到世俗。人类心智无形的工作方式为这样的转移提供了至关重要的场所,因为在某些情况下,新的心智模式已经反映出与传统神学的灵魂、心灵和自由意志等词汇的分离。在权威刚刚定位于人类而不是诸神或半神的君主的地方,"作为权力之源的人自身就会变得超乎寻常的更加有趣"。[28] 通过机械论对头脑是如何通过观念联系进行工作做出的解释,智力的研究就能够为知识的世俗化提供更大的可能性。科学家有时会伤害到自己。[29] 大卫·哈特莱(1705~1757)医生就是一个事例。在他的《对人及其体格、责任和期望的观察》(*Observations on Man, his Frame, his Duty, and his Expectations*, 1749)中,哈特莱以神学家的身份写到:宣称上帝对大脑的设计使人们确信人类将走向善和幸福。之所以这样,是因为人类的行为总是尽可能地趋于与行动及其结果相联系的最大快乐与最小痛苦。但是,当他接着把精神联想与一旦神经和大脑的生理物质受到影响就可能再次激发的振动模式联系在一起时,就可能对

751

[26] I. Bernard Cohen,《本杰明·富兰克林的科学》(*Benjamin Franklin's Science*, Cambridge MA: Harvard University Press, 1990),第 144 页~第 145 页。

[27] Larry Stewart,《注解的背后:18 世纪的宗教与对牛顿的解读》(*Seeing Through the Scholium*:Religion and Reading Newton in the Eighteenth Century),《科学史》,34(1996),第 123 页~第 165 页。

[28] Jordanova,《启蒙运动及其影响》,第 206 页。

[29] Peter Burke,《宗教与世俗化》(Religion and Secularisation),载于《新剑桥近代史》(*The New Cambridge Modern History*, vol. 13, Cambridge University Press, 1979),第 293 页~第 317 页。

精神现象做出彻底的自然主义的解释,这在另一方面也可能会取代他的神学构架。那个过程始于普里斯特利利用哈特莱的观点支持他自己的决定论与理性的反国教者,在19世纪和20世纪达到极端,这时的心理学家们对哈特莱做出年代错误的说明,称他为科学的而非宗教的思想家。[30]

尽管自然主义解释的扩展往往会伴随着自然神学,但是,这很容易致使造物主与创世之间产生某种距离。在这一方面,可以对18世纪末的看法与此前100年的看法之间作一发人深思的比较。尽管波义耳明确表示了一种对于上帝的直接依赖,甚至在做化学实验时也获得"意味深长的暗示",而普里斯特利则把相信神对心智的影响斥为庸俗的迷信。普里斯特利采用一种更加宽泛的物质概念以包容从前归结于精神作用的力量,从而瓦解了笛卡儿用极端方式表达的物质/精神二元论。在宇宙论中,太阳系引起审美愉悦的特征(行星以同样的方向并几乎是在同一的平面上围绕太阳运转),曾被牛顿归因于上帝富有智慧的设计,100年后,拉普拉斯则把这些特征归入星云假说,这种假说认为行星及其轨道的形成只是由于太阳在旋转过程中外层逐渐冷却。

100年还使得詹姆斯·赫顿(1726～1797)的《地球理论》(*Theory of the Earth*, 1795)与伯内特提出的《神的地球理论》彼此分离。"神的"这个词不再被提起。赫顿的地质循环论并非就是真正的无神论,他经常讲起自然界,就好像它是一种事先设计好的系统一样。但是当他写出地质学提供不了一点关于起源的痕迹,也给不出对最后时刻的展望时,他的攻击者就会起来反对,认为神与创世之间很难再被分开。在生命科学中,100年也会出现显著的变化。当约翰·雷用创世的成果说起上帝的智慧,"创世"这个词则意味着有一个自开始起就没有发生根本变化的世界。到18世纪末,地球已经拥有了一份历史记载,充满了突发事件,包括生命的渐变。布丰伯爵(1707～1788)在他所著的《自然的重要时期》(*Epochs of Nature*, 1778)中不再把地球的历史与人类的历史看做是同样久远的事情。包括英国的伊拉斯谟·达尔文(1731～1802)和法国的让-巴蒂斯·拉马克(1744～1829)在内的思辨的欧洲哲学家们通过一套新词汇,拉开了造物主与创世之间的距离。在拉马克的进化论中,生物不再是创造出来的,而成为了"自然的产物"。[31] 在拉马克对贝壳化石的解释中,有机体的转化被看做是面对灭绝的一种选择;但是,一旦他的对手乔治·居维叶(1769～1832)把注意力集中于灭绝的四足动物时,自然界的**平衡**与秩序就会面对另一种威胁,这种威胁普遍贯彻在牧师所讲的博物学中,在吉尔伯特·怀特的《塞尔彭博物志》(*The Natural History of Selborne*, 1789)中也是非常明显的。

[30] Roger Smith,《丰塔纳人类科学史》(*The Fontana History of the Human Sciences*, London: Fontana, 1997),第252页～第255页。
[31] Ludmilla Jordanova,《自然的能力:解读拉马克关于创造与产生之间的区别》(Nature's Powers: A Reading of Lamarck's Distinction Between Creation and Production),载于James R. Moore 编,《历史、人类与进化》(*History, Humanity and Evolution*, Cambridge University Press, 1989),第71页～第98页;Roy Porter,《伊拉斯谟·达尔文:进化论大师?》(Erasmus Darwin: Doctor of Evolution?),同上书,第39页～第69页。

　　然而在另一方面,科学能够与世俗倾向联系在一起而不必作为世俗化的主要动因。当科学被并入自然神学体系之后,会招致一种自我反驳的护教理论。不能简单地说,设计论证强调了上帝作为创造者的形象,而牺牲了上帝作为救世主的形象,尽管这很难否认。更确切地说,是在从自然力推断出上帝的位格的过程中,编造出不恰当的夸张言论。当对于设计现象的不同的解释变得合情合理时,再试图巧辩设计论证是唯一值得认真思考的有神论的论证,就是于己不利的了。因此,自然神学通过积极地靠向狄德罗和霍尔巴赫的无神论而自掘坟墓。[32] 狄德罗在他的《哲学思想录》(*Pensées Philosophiques*, 1746)中似乎接受了一种流行一时的自然神学;但是,这位《百科全书》(*Encyclopédie*)的伟大设计者很快就从自然神论转向了一种无神论,这种无神论认为自然中的设计现象是虚幻的。1753 年,他所发表的看法认为,在几百万年中,有机物可能经历了几乎是无限的有机化状态,有缺陷的化合物就被淘汰下去。皮埃尔 - 路易·莫佩尔蒂(1698～1759)在他的《宇宙论文集》(*Essai de Cosmologie*, 1756)中记录了自然神学鼓吹的世界观与这种无神论看法之间的极端对立。他把当时所有的哲学家分成两派,其中一派是希望自然服从于一种纯粹的物质秩序,而另一派则洞察了造物主创世时的意图,从蝴蝶翅膀和每一个蜘蛛网中领会到神的力量和仁慈。[33]但是,如果像新英格兰牧师乔纳森·爱德华(1703～1758)那样,把上帝仁慈的证据悬挂在如蜘蛛网般脆弱的细丝上,如果虔诚不是牢固地建立在其他形式的宗教经验和教义上,那么,这种虔诚的解读就很容易崩塌。

　　对于 18 世纪中叶像狄德罗和朱利安·奥弗雷·德·拉美特利(1709～1751)这样的法国唯物主义者来说,之所以能轻松地转向唯物主义,是由于这一世纪 40 年代的三次经验发现。一是找到了微生物自然发生的证据,尽管微生物表面上看似是由英国天主教神父约翰·特伯维尔·尼达姆(1713～1781)从腐肉中变出来的。二是由瑞士的博物学家阿尔布莱希特·冯·哈勒(1708～1777)提出的证据,证明肌肉组织具有内在的运动能力,这种能力独立于生命力或灵魂。甚至离开身体后,受到刺痛的肌肉组织还会自动收缩。第三个证据很是耸人听闻。一只低级的淡水水螅,当被切碎时仍然有能力自己再生。亚伯拉罕·特朗布莱(1710～1784)的发现在欧洲各地反复得到证实,为物质能够自行有机化和再有机化的观点提供了新的可信的证据。

　　这些证据的披露不蕴涵一套唯物主义的哲学。无论是尼达姆还是冯·哈勒,都没有沿着这条路线继续走下去。的确,作为一个牧师,尼达姆受到伏尔泰的嘲笑,后者嘲笑他一直都在伪造一个奇迹。特朗布莱的水螅也许能够对所谓不可分割的动物的或植物的灵魂提出质疑,但对其做出一种保守的解释是可以接受的。对于相信上帝造物充分而丰富的人看来,在存在巨链中某一环节的缺失,反而能进一步巩固一种分类学

〔32〕 Buckley,《现代无神论的起源》,第 3 章～第 6 章。
〔33〕 Hahn,《拉普拉斯与机械论宇宙》,第 265 页。

的理想。然而,这类发现为**自然的**力量提供了强有力的标志,并且按照拉美特利的观点,这类发现是不会湮没无闻的,在拉美特利的《人是机器》(*L'Homme Machine*, 1747)中,他把一种唯物主义的生理学与一种世俗的哲学结合起来。在世俗的哲学中,宗教信仰在引导人的生活方面是可有可无的。[34]

神的旨意与科学的效用

如果说上帝与创世之间拉开的某种距离可能是科学创新导致的结果(即使是一种并非故意的结果),那么,这样一个过程也许会通过对科学效用的极力主张而对公众意识产生极大的冲击。随着"改良"文化在欧洲各城镇兴起,所谓科学能够带来经济繁荣、更为丰产的农业、更好的医疗、更具效率的工业发展的华丽文辞也四处流行。这些浮华的文辞反映了当地的情况。在爱丁堡,化学家威廉·卡伦(1710~1790)企图说服苏格兰的土地所有者;通过伯明翰的月光社,普里斯特利利用了像马修·博尔顿、詹姆斯·瓦特和约书亚·威治伍德之类工业企业家的财富。在这两个事例中,化学的效用通过独特的互惠关系而得以突出和强调。[35] 乌托邦的想象有时会超出科学所释放的能力。并非所有普里斯特利发现的气体都具有他梦寐以求的医疗特性。[36] 但是也有事例表明,对于自然力控制的改善是可以实现的。为保护教堂塔楼而使用避雷针,这成为了灵敏反映公众态度的指示器,因为这是由于科学而导致的进步,而以前躲避暴风雨的传统做法就是敲响教堂的大钟,这种令人痛心的做法与其是在抵抗,倒不如说是更可能吸引致命的闪电。

对于后来的理性主义者来说,牧师不愿安装新的装置,这是宗教蒙昧主义对抗科学的先见之明的一个范例。安德鲁·迪克森·怀特为了生动地说明科学与基督教神学之间的**冲突**,对那些原本不必丧命的撞钟人作了计算。最近的学者们对这些问题的复杂性越来越敏感。威尼斯的圣马克大教堂安装避雷针是在 1766 年——在怀特认为已为时太晚,但是,这距离富兰克林的发明还不过只有 14 年。无论在欧洲还是在美洲,的确存在对于新技术的抵抗,但原因是多方面的。其中之一就是源于普遍存在的混淆:将为实验目的使用未接地的金属杆子吸引来自云层的雷电,与金属杆子接地时

---

[34] Shirley A. Roe,《物质、生命和生殖:18 世纪的胚胎学与哈勒 – 沃尔夫之争》(*Matter, Life and Generation: Eighteenth-Century Embryology and the Haller-Wolff Debate*, Cambridge University Press, 1981) ; Aram Vartanian,《特朗布莱的水螅、拉美特利和 18 世纪的法国唯物主义》(Trembley's Polyp, la Mettrie and Eighteenth-Century French Materialism),载于 P. Wiener 和 A. Noland 编,《科学思想之根》(*Roots of Scientific Thought*, New York: Basic Books, 1957),第 497 页~第 516 页。

[35] Jan Golinski,《作为公众文化的科学:化学和英国的启蒙运动(1760 ~1820)》(*Science as Public Culture: Chemistry and Enlightenment in Britain, 1760—1820*, Cambridge University Press, 1992),第 11 页~第 90 页。在法国,对于《百科全书》(*Encyclopédie*),有明显不同的读者,可参看 Robert Darnton,《启蒙运动时期的商业》(*The Business of Enlightenments*, Cambridge, MA: Harvard University Press, 1979),第 526 页。

[36] Golinski,《作为公众文化的科学》,第 91 页~第 128 页;Roy Porter,《社会医生:托马斯·贝多斯与启蒙运动晚期英国的疾病生意》(*Doctor of Society: Thomas Beddoes and the Sick Trade in Late Enlightenment England*, London: Routledge, 1991)。

声称的保护作用,混为一谈。人们的恐惧在于接地的金属杆子可能会**吸引**原本可以避免的雷击。甚至有的抵抗是来自电学方面的行家,比如那位诺莱教士(1700~1770),巴黎科学院一位活跃的院士,他就视富兰克林为对手。诺莱曾经警告说,敲钟只会使问题更糟;但在 1764 年的一份报告中,他又不同意使用避雷针,认为它们"更适合于给我们招引来雷火,而不是保护我们免受它的袭击"。富兰克林本人对诺莱的立场感到愤怒,但对那些没有受过教育的人所表现出的犹豫不决却不感到惊讶,"比如我们教区的普通人"。[37]

　　启蒙思想家们在攻击天主教会时,常常把科学、理性与宗教、迷信对立起来。避雷针的例子表明,他们的这一套浮夸的表述未必总是恰当的。有许多教皇(尤其是来自博洛尼亚的本笃十四世)和牧师的事例,他们试图安装避雷装置,但受到一群极度疑心的平民的阻挠。富兰克林的朋友普里斯特利总是把科学和开明宗教放在一起,与民间迷信相对立。在说明富兰克林装置的进展方面,地域性的差异也很重要。据 1773 年来自伦敦的报告,富兰克林对"一些教堂、普尔弗利特的火药库、格林尼治女王宫"已受到保护而感到高兴。与此相比,在欧洲那些与世隔绝的天主教地区,100 多年后,暴风雨来临时仍然可以听到敲钟声。18 世纪 50 年代,波士顿出现的一场辩论表明了当地环境的重要性,这是一场地震的例子。在这次与哈佛的约翰·温思罗普的著名争论中,托马斯·普林斯牧师宣扬一种扰乱视听的思想,认为把电释放到地下可能会使这个地区的地震增多。波士顿有比新英格兰其他地方更多的"铁钉",似乎就会发生"更可怕的摇晃震动"。这并不像看上去那么的幼稚无知,因为闪电与地震的相关性符合当代的科学。[38]

　　对于安德鲁·迪克森·怀特来说,牧师反对避雷针的根源在于他们相信干涉神意是放肆之举。实际情况无疑更加复杂。但是,的确出现了放肆问题的争论,因为有人提出了关于神的控制与人的控制之间的关系的欺骗性问题。19 世纪的无神论者理查德·卡莱尔声称,相信上帝之意会使得任何改善世界的企图都该受天谴。然而,治疗措施,主要是医药,长期以来一直都是享受教会的支持。因此,1760 年,当放肆问题在费城(美国哲学学会在此成立)展开争论时,正是医药驱散了种种疑惑:"我们小心翼翼地尽力提防其他因素所产生的不良影响……预防和消除人类瘟疫与各种疾病所造成的紊乱,这并不会有任何放肆的罪名;那么,为什么还要在目前的情况下把它想象成更放肆的事情呢?"[39]对于这样的改良者来说,就像对于普里斯特利以及其他"理性地不信奉国教"的倡导者来说,作为实现而非干涉上帝之意的技术改良能够被归入上帝之

---

[37]　Cohen,《本杰明·富兰克林的科学》,第 118 页~第 158 页。关于诺莱,还可参看 Jean Torlais,《启蒙世纪的一位物理学家:诺莱教士(1700~1770)》(*Un Physicien au Siècle des Lumières: L'Abbé Nollet, 1700—1770*, Paris: Sipuco, 1954)、R. W. Home,《18 世纪欧洲的电学和实验物理学》(*Electricity and Experimental Physics in Eighteenth-Century Europe*, Aldershot: Variorum, 1992)。

[38]　Cohen,《本杰明·富兰克林的科学》,第 145 页~第 154 页。

[39]　转引自 Cohen,《本杰明·富兰克林的科学》,第 142 页~第 143 页。

意。

宗教与理性的局限性

就科学知识使人类的控制得到延伸而言,所谓的有用性就是实用性。但是,在欧洲新出现的科学学会中,还可以听到对于道德有用性的主张。对自然进行深入的研究,能够使年轻的心灵从肉体的诱惑中解脱出来;它会激发敬畏和好奇;它甚至可以提供证据,以证明上帝愉快地接受人类在世界进步方面的合作。[40] 然而,运用自然神学**证明**神的存在和属性,是神学自身范围内的一种理性主义,难免要受到批判。休谟和康德(1724~1804)用不同方式揭露了通常用来为基督教进行辩护的理性的局限性。休谟注意到,设计论证与基于奇迹的论证,二者不能互为补充,因为一方预设了自然界有一个确定的秩序,而另一方则要违反这种秩序。二者中的任何一个都不可能独立地成为信仰的基础。休谟认为,没有哪个证据足以证实一个奇迹,除非这个证据的谬误要比它声称要证实的事实更加不可思议。这是一个权衡可能性的问题。隐藏在自然法则之中的过去经验的统一性,能够创造出一个很高的先期可能性,以致一个违背自然法则的事件不太可能出现——按照休谟的观点,更有可能的是,那些报告奇迹的人受到了欺骗,而不是他们所报告的事件真的发生了。休谟用早先自然神论者和怀疑论者记录的观察资料支持他的批判——在比较野蛮的民族中,奇迹有如此之多,而人类的证据是如此不可靠,尤其是涉及到既得利益时。他承认,那些非同寻常的事件的叙述(比如,黑暗笼罩大地达 8 天),如果有充分一致的证据,也许可以相信;但是,哪里有赞成的声音,那里就有一种责任——不是去奢言奇迹,而是去探索使非同寻常的事成为可能的自然原因。[41]

这样的讨论使宗教信仰与概率论进入了同样的话题。关键的问题是,"多大的外在可能性能够抵消或超过违背自然定律的巨大的内在不可能性?"[42] 这个问题吸引了像孔多塞、拉普拉斯和泊松那样的法国数学家以及许多英国哲学家。像休谟一样,拉普拉斯坚持认为:"必须拥有非常有分量的证据,才能承认自然法则的中断;而且,对这样的事例采用常规的批判规则,这会是怎样一种恶习。"泊松甚至提出忠告,在自然定律似乎不起作用的事例中,人应该怀疑自己的感觉所提供的证据。这样一些说法,使

[40] Arnold Thackray,《文化背景中的自然知识:曼彻斯特模式》(Natural Knowledge in Cultural Context: The Manchester Model),《美国历史评论》(*American Historical Review*),79(1974),第 672 页~第 709 页;Derek Orange,《理性的不信国教者与地方的科学:威廉·特纳和纽卡斯尔的文学与哲学学会》(Rational Dissent and Provincial Science: William Turner and the Newcastle Literary and Philosophical Society),载 Ian Inkster 和 Jack Morrell 编,《首都与地方》(*Metropolis and Province*, London: Hutchinson, 1983),第 205 页~第 230 页。

[41] J. C. A. Gaskin,《休谟的宗教哲学》(*Hume's Philosophy of Religion*, London: Macmillan, 1988),第 2 版;J. Houston,《传闻中的奇迹:对休谟的批判》(*Reported Miracles: A Critique of Hume*, Cambridge University Press, 1994)。

[42] Lorraine Daston,《启蒙运动时期的经典概率论》(*Classical Probability in the Enlightenment*, Princeton, NJ: Princeton University Press, 1988),第 306 页~第 342 页。

得要证实宗教文本或更晚近的证据所报道的奇迹能够为宗教信仰提供理性的基础,变得愈发困难。休谟以其无与伦比的风格断定,只有一种奇迹能够经得起他的分析,那就是任何人竟然能继续相信奇迹,因为这样的信仰要求颠覆人的理智。 *757*

当然也有反驳。普里斯特利承认了那些证据不充分的事例,或者说可能没有证人的事例(比如童贞女生子)。但是,在《新约》中有奇迹的故事,许多人都声称自己亲眼目睹了那个事件。这样的例子是不能轻易拒绝的。普里斯特利的同伴、唯一神教派的设计师、经济学家与传教士理查德·普赖斯(1723～1791),也驳斥休谟的观点。普赖斯承认过去经验的统一性创造了一个渐增的可能性:奇迹不会在未来发生;但是,这远不能证明它们不可能在未来发生。在关于奇迹的讨论中,很大程度上要看一个人是否已经站在一个以上帝为中心的立场上。对于福音派新教会的改革者、写过一部通俗科学简编的作家约翰·韦斯利(1703～1791)来说,相信一个创造奇迹的上帝并不是轻信的态度。一个神从虚无中创造出一个世界,能够做出这样极其伟大的奇迹的神当然有能力完成较小的奇迹。在神学辩论中,这种预先假设所起到的重要作用,已被休谟和康德在他们各自对设计论证的批判中揭示出来。

正是由于设计论证,形成了科学与宗教之间某些最本质的联系。但是,就像我们所知道的韦斯利那样,这个论证不是已经假设了造物主的角色么? 休谟在他去世后才出版的《自然宗教对话录》(*Dialogues Concerning Natural Religion*, 1779)中揭露了这种循环性。即使能够把世界表现得像一台机器或其他人工制品,这也不能**证明**存在着一个唯一的超越宇宙的上帝,因为许多人的头脑也能设计和建造机器。在《对话录》中,休谟通过 Philo 这个人物,揭示了设计者上帝的存在所依据的类推观点的薄弱之处。自然神学家们运用他们的机械类推所记录的自然界表面的秩序与目的,同样可以用来恰当地断言为一个动物或植物的属性。如果世界如 Philo 所说,**更**类似于一个动物或植物,而非一只手表或一台针织机,那么,世界的起因就可能是一颗卵或特大的种子,而不是一个有智慧的造物主。休谟还坚持认为,原因必须总是与其结果成比例,因此,不能从一个有限世界的模式中正确地推断出一个超越宇宙的神的无限特性。而且,如果凭借世界看似神助的特征而赞同造物主拥有仁慈之心,那么与此相应,当然也必定能够从极度不幸中推断出一个恶毒的神。这个世界也许有一点点类似于人类智力的产物,但是,靠类推肯定推不出这就是人的行为。[43]

休谟反对说:通过假定造物主的精神秩序去解释自然世界存在的秩序,会导致一 *758*
种无限的倒退,因为这会无法解释精神秩序的来源。要避免倒退,只有使神的精神秩序能够不证自明。但是,这必定是一个先天的假设。因为类似的理由,康德也推断,设计论证不能成立。它不过是假设了一个自存的存在能够被确认为宇宙的第一原因。

[43] David Hume,《关于自然宗教的对话录,以及宗教的自然史》(*Dialogues Concerning Natural Religion, and The Natural History of Religion*, Oxford: World's Classics, 1993), J. C. A. Gaskin 编。

康德在他的《纯粹理性批判》(*Critique of Pure Reason*, 1781)中指出,这种存在的理性证明是无法得到的。的确,康德的批判文章所产生的结果之一是解开了把科学与宗教捆绑在一起的绳索。尽管他仍然会说,科学探索只有在自然界被想象成其规律似乎是设计的结果时才是可能的,但强调的是"似乎"。自然界的那些规律被看做似乎是由一个立法者规定的,这并不足以证实它们就是由一个立法者规定的。只有在无法找到对设计现象的其他解释时,才能可靠地推断出设计者的存在。但是,人们不可能知道所有其他的可能性是否已经用罄。康德并不否认自然科学具有形而上学的基础。但是,把他所谓的"有形自然界的形而上学"与关于上帝、自由和不朽的一般形而上学观点区别开来,还是可能的。自然神学的最大不足在于,无论物理世界表现出多么精巧的艺术性,它都无力证明肯定是上帝才具有的道德智慧。为了使世界具有道德上的一致性,有必要假设一个理性的和道德的存在者,他作为创造者和维持者,有足够的能力制造出与美德成比例的幸福。但是,这决非是主张这样一个神的客观存在是能够被合理加以证明的。在非客观化的宗教中,康德不仅允许科学讨论从宗教讨论中分离出去,而且通过详述个体假设而不是某种对神的确定认识,为不可知论提供了新的可能性。[44]

启蒙批判的遗产

由于长期的和短期的复杂因素,对启蒙运动宗教批判的重大意义进行的评价混淆不清。当今的"后现代"关注局部的合理性,关注科学共同体与宗教共同体局部的特殊性,而启蒙运动是要揭示普遍的"理性",以确定特殊信念的绝对合理性,这二者有着很大的不同。回到18世纪,休谟并不会为幸存的通俗宗教信仰和自然神学感到惊讶。他自己坚决主张,正义、道德、政治以及宗教的基础不在于理性,而在于风俗习惯。正是由于这一点,对人类的状态进行社会学研究就成为可能而且迫切了。但是,如果宗教信仰的基础在于风俗习惯,那么,它们就不太可能被理性的批判所动摇。苏格兰常识派哲学家们,尤其是托马斯·里德(1710~1796)声称,对智慧神的信念是一种直觉的、根深蒂固的信念。像杜格尔·斯图尔特(1753~1828)这样一些人,甚至用休谟式的经验论反对休谟本人的怀疑论。休谟并没有把自然界中的因果关系解释成隐藏着的某种力将因果束缚在一起的必然性,而是解释成一种存在于我们之中的某种期望的表达:由于在以往的经验中,特定的原因和结果总是联合在一起,所以我们期望它们将来也会继续如此。在斯图尔特的解读中,休谟拒绝自然界联系中存在一种无形的必然

[44] John L. Mackie,《有神论的奇迹:赞成与反对上帝存在的各种论证》(*The Miracle of Theism: Arguments For and Against the Existence of God*, Oxford: Oxford University Press, 1982); John P. Clayton,《上帝存在之证明》(*Gottesbeweise*),载于 Gerhard Krause 和 Gerhard Müller 编,《神学百科全书》(*Theologische Realenzyklopädie*, Berlin: De Gruyter, 1984),第724页~第784页。

性,是与唯意志论神学相一致的:"休谟先生的学说……使我们总是能够看到上帝,不仅是作为原动力,而且让他成为自然界中不断运行的有效因,成为所有(现象)中的重要联系法则。"[45]

对康德的因果关系理论的反应同样也是形形色色。在康德的《目的论判断力批判》(*Critique of Teleological Judgment*, 1790)中,他强调说,在生命有机体中发现的有目的性的因果关系,不可能通过比拟一件艺术品来进行解释。生命体的构成力是生命体本身所固有的:生命体既是自身的因,又是自身的果。把生理学家对目的论的不可避免地涉及从神学上层建筑中解放出来,还有另外一个原因。在康德最具影响力的德国,有一些明显欢迎那种解放的生理学家。[46] 歌德在康德的影响下,加上他自己对物质和精神领域中的美的探求,想象出可以派生出生命系统的理想的形态学类型模式。[47] 然而,康德留给我们的是非常矛盾的东西,其中在分析有神论证明时对理性的局限性的揭露,可以被解读为为信仰开路,而不是消灭信仰。在他的《纯粹理性批判》中,康德自己建议,那些本不足信的证明依然可以调整一种至高存在的理想,以确保它始终是一个完美的理想。传统的论证不能作为证明,但是,它们对于纯化上帝概念,确保其自相一致,仍然是有用的。

因此,自然神学只要使其主张不那么激烈严厉,就有可能幸存下来。的确,在说英语的世界里可以发现,当 18 世纪渐近终结时,设计论证并没有衰落,而是正在复兴。尽管 18 世纪初期,人们以为反对无神论的战争已经获胜,但是,到 18 世纪 90 年代,护教论者不得不起来对付狄德罗和霍尔巴赫的无神论、休谟的怀疑论、布丰提出的地球史的自然主义的图景、伊拉斯谟·达尔文提出的一种物种转换机制——所有的目光曾一度集中于巴黎。[48] 普里斯特利的实验室被伯明翰的一群暴徒焚毁,就是对于革命性的恐怖行动做出保守反应的一个有力象征——在这种反应中,科学作为自由思想的一种表达,很容易被谴责为煽动政治革命。[49] 在威廉·佩利的《自然神学》(*Natural Theology*, 1802)中,可以看到对这种连续增加的挑战的回应。他专心于解剖结构的技巧问题,这也被视为是对新的工业化的机械社会的反映。[50] 在 19 世纪的英国,可以读到佩利著作的许多版本,远远超出了休谟的著作。在法国,通过对精神价值的重新肯

760

[45] Dugald Stewart,《人类心灵哲学论要》(*Elements of Philosophy of Human Mind*),第 1 卷,载于 William Hamilton 爵士编,《杜格尔·斯图尔特文集》(*The Collected Works of Dugald Stewart*, Edinburgh: Constable, 1854),第 2 卷,第 479 页。

[46] Timothy Lenoir,《生命的策略》(*The Strategy of Life*, Dordrecht: Reidel, 1982),第 17 页～第 53 页。

[47] Nicholas Jardine,《探索的领域》(*The Scenes of Inquiry*, Oxford: Oxford University Press, 1991),第 37 页～第 43 页。

[48] Brooke,《科学与宗教》,第 209 页～第 225 页;David Burbridge,《威廉·佩利、伊拉斯谟·达尔文以及本能系统:18 世纪的自然神学和进化论》(William Paley, Erasmus Darwin, and the System of Appetencies: Natural Theology and Evolutionism in the Eighteenth Century),《科学与基督教信仰》(*Science and Christian Belief*),10(1998),第 49 页～第 71 页。

[49] Maurice Crosland,《科学作为一种威胁的形象:伯克对普里斯特利与"哲学革命"》(The Image of Science as a Threat: Burke versus Priestley and the "Philosophic Revolution"),《英国科学史杂志》(*British Journal for the History of Science*),20(1987),第 277 页～第 307 页。

[50] Neal C. Gillespie,《上帝的设计与工业革命》(Divine Design and the Industrial Revolution),《爱西斯》(*Isis*),81(1990),第 214 页～第 229 页。

定,也表达了一种对这种恐怖行动的专制主义反应。在迈内·德·比朗(1788～1824)的著作中,人类主体的内在生命和自由意志得到重新关注;在保王党人夏多布里昂子爵(1768～1848)的浪漫主义作品中,对神的崇拜因其审美价值而受到推崇;在天主教君主主义者约瑟夫·德·迈斯特(1754～1821)的作品中,大革命的放纵已是"残暴邪恶的",还有诸如原始质朴的"自然状态"或卢梭的"社会契约"这样的作品亵渎了人类社会只有通过神授的法律才能得到稳定的基本原理。[51] 在反对法国唯物主义的浪漫主义者的反应中,科学以及宗教各尽其职。在伦敦新建立的王家研究所中,汉弗里·戴维(1778～1829)演示了如何从同样的两种元素氮和氧中制造出性质根本不同的气体:一氧化二氮让人笑得喘不过气;而褐色的二氧化氮则会把人呛死。[52]

　　但是,用这些保守的图象来作为结尾,会歪曲一种遗产,它对于后来继续用自然主义术语重建自然界的那些人来说具有不可估量的价值。苏格兰启蒙运动的痕迹可以从查尔斯·赖尔所著《地质学原理》(*Principles of Geology*, 1830～1833)的导言中看出,在那本书中,服从《圣经》权威被视为对科学的障碍。[53] 19 世纪的宇宙演化模式基于布丰、康德和拉普拉斯的思想之上。查尔斯·达尔文的"牛头犬"托马斯·亨利·赫胥黎(1825～1895)重新发现了休谟;达尔文自己在巴西丛林的体验("缠绕植物彼此相互缠绕……漂亮的鳞翅类——寂静——和撒那" *)显示了身处科学之中的一个生命是如何触发起自己的宗教替代品。从这些方面和其他一些方面来看,科学的进一步表达会继续向已经确定的宗教真理提出挑战。宗教文本的神圣性,如果与经过黑格尔根据根本不同的过往时代的陈腐思想形态进行重新加工的对于《圣经》**历史**的批判结合在一起,就会处于甚至更大的危险之中。[54] 如果一种更加伟大的宗教宽容能在 19 世纪最终取得胜利,那么,这个胜利之所以可能,乃是由于这一困难问题在 18 世纪的论战文献中得到了创造性的磨合。[55] 它之所以是一个困难的问题,因为正如普里斯特利所看到的,要为英国天主教徒的解放进行说服工作,会招致持异议的同伴的责难,他们顾虑自身的安危。普里斯特利最后在托马斯·杰弗逊(1743～1826)的美国寻找到了安慰,杰弗逊力求使宗教认信私人化,并为公众建构一种理性的宗教,为后人留下了一份持久的宪政遗产。在如今的宗教学术研究中依然可以清晰地看到 18 世纪这项事业的

〔51〕　Jordanova,《启蒙运动及其影响》,第 209 页～第 216 页。

〔52〕　David Knight,《化学的先验部分》(*The Transcendental Part of Chemistry*, Folkestone: Dawson, 1978),第 61 页～第 84 页;Knight,《汉弗里·戴维:科学和力量》(*Humphry Davy: Science and Power*, Oxford: Blackwell, 1992),第 73 页～第 88 页。

〔53〕　Rachel Laudan,《从矿物学到地质学》(*From Mineralogy to Geology*, Chicago: University of Chicago Press, 1987),第 202 页～第 203 页。

＊　　hosannah, 和撒那(《圣经》中赞美上帝之语)。——校者

〔54〕　W. Neil,《〈圣经〉的考证与神学用途(1700～1950)》(The Criticism and Theological Uses of the Bible, 1700—1950),载于 S. L. Greenslade 编,《剑桥圣经史》(*The Cambridge History of the Bible*, Cambridge University Press, 1975),第 238 页～第 293 页;Marilyn Chapin Massey,《还原基督:德国政治中"耶稣活着"的意义》(*Christ Unmasked: The Meaning of the "Life of Jesus" in German Politics*, Chapel Hill: University of North Carolina Press, 1983)。

〔55〕　Outram,《启蒙运动》,第 36 页～第 46 页。

痕迹,尤其是当我们为了寻求一种共同的核心部分而进行比较宗教研究时,即使这是个时代错误。[56]

（乐爱国 吴玉辉 程路明 译 邢滔滔 校）

〔56〕 John P. Clayton,《托马斯·杰弗逊与宗教研究》(Thomas Jefferson and the Study of Religion, Lancaster: Lancaster University, 1992),一次就职演说。

科学、文化和想象：
启蒙的形成

乔治·S.鲁索

艺术和科学使欧洲的面容生辉，

学习不再有损于高贵的血统，

它只会使民族具有尊严，拥有真正的光荣。

　　——约翰·莫沃，《论语言的进步……》(*The progress of language, an essay . . .* , London, 1726)

从此，美术变得像机械制造；天才被惯例束缚；想象力的波形线变成了一再重复的仿效。

　　——威廉·卢瑟福，《论古代史：兼论文学与美术的进步》(*A View of Ancient History; including the progress of literature and fine arts*, London, 1788 ～ 1791)

变化的世纪

亚历山大·蒲柏(1688～1744)据说是他那个时代最伟大的英国诗人。他的讽刺抨击不会遗漏任何目标；而他只需用一两行诗句，就能对整个生命加以赞美，以这种方式，他在广为流传的《献给葬于威斯敏斯特教堂的牛顿爵士的墓志铭》(*Epitaph Intended for Sir Isaac Newton In Westminster Abbey*)中对牛顿给予了极高的赞美：

自然与自然法则深藏于黑夜之中。

上帝说：让牛顿出现吧！一切灿然光明。

这些诗句被广泛地引用、诠释，并在 1727 年牛顿去世后的短短几年中，被译成了欧洲的各种语言。与法国人和意大利人一样，莱布尼茨、伏尔泰以及大多数启蒙思想家(philosophes)，将这些诗句熟记于心。歌德这样一位无与伦比的启蒙者(在这个被用于 18 世纪的标签的几乎所有意义下进行启蒙活动)，把自己想象成牛顿；而拜伦则根据蒲柏的这两行诗为诗歌运动创作出各种变体。人们完全可以预期：蒲柏的两行诗已经将牛顿这一凡人转变成了一个不朽的人——真正的神。这种类比即：上帝—牛顿，

牛顿—光。万一有人没有察觉到他的深义，蒲柏还会用他的哲学诗《人论》（*An Essay* 　*763*
on Man）中的另一著名诗句予以重申，在诗中他对这种类比作了充分的发挥：

　　　超越一切的神人，当他们最近看到

　　　一个凡人揭示了所有自然法则，

　　　便会对人世间的如此智慧予以赞赏，

　　　像我们让猿人出场表演那样，让牛顿登场（2.31—34）。

　　一个世纪后，在画家罗伯特·海登为华兹华斯与济慈那个圈子所举行的宴会上，一位对于过去的事情并非最为著名的评论家、但肯定属于最有学问的人之列的查尔斯·兰姆（1775～1834）来了一个大转变，对牛顿进行了指责。在海登的摆着银餐具的餐桌旁，兰姆把牛顿贬损为无用之人，是“一个只相信像三角形有三条边那么明白事物的家伙”，一个“把彩虹简化为三棱镜折射出的各种颜色，从而摧毁了所有关于彩虹的诗篇”的拙劣骗子。[1]

　　这个态度的转变具有重大意义。它是怎样在不到一个世纪的时间里发生的呢？本文试图在不将质询或者全部回答归纳为一种勉强解释的简洁模式的情况下，对这一问题做出回答，并致力于解决由这一问题引发的种种难题。最为重要的是，本文的目的还想表明，在这个转变过程中，整体知识及其理性的和想象的部分（而不仅仅是诗歌或科学、艺术或真理的个人进步）都处于危险境地。兰姆的英雄们是从莎士比亚到弥尔顿和华兹华斯的这一伟大传统中的戏剧家和诗人。在兰姆虚构的这个社团中，他始终（向柯勒律治）抱怨自己是一个科学上的无知者：“一整部落后于其他领域的百科全书。”[2]他悲叹道：“科学已经跟在了诗歌的后面，就像小孩子用小碎步伐跟上成年人一样”，并且他想知道，“是否还有可能阻止这种令人痛心的不幸？”[3]

　　与柯勒律治不同，兰姆把“卢德式的科学（luddite science）”* 看做是未来的灾难。他声称，它将会使想象力失去光泽，使艺术尤其是诗歌受到损害。它是刻板的、愚钝的、直白的，并且是与想象力的方式相对立的，以洛克和牛顿作为其可怕的，或成功的代表。[4] 一个世纪之前，斯威夫特也像兰姆一样，是个孤立者：如果蒲柏和他同时代的

〔1〕 参见 Benjamin Robert Haydon，《本杰明·罗伯特·海登的自传与论文集》（*The Autobiography and Memoirs of Benjamin Robert Haydon*, London: Humphrey Milford, 1927），第 392 页。

〔2〕 Charles Lamb，《1821 年的老校长和新校长》（The Old and the New Schoolmaster 1821），载于 Roy Park 编，《作为评论家的兰姆》（*Lamb as Critic*, London: Routledge, 1980），第 160 页。

〔3〕 Charles Lamb，《1802 年的儿童图书》（Children's Books 1802），载于 Park 编，《作为评论家的兰姆》，第 165 页。

＊ luddite 指的是在 1811 年到 1816 年期间发动骚乱，并捣毁节省劳动力的纺织机器的那些英国工人。他们认为这些机器会减少就业。——校者

〔4〕 要以这些范畴来理解 18 世纪的科学，参见 Andrew Cunningham 和 Nicholas Jardine 编，《浪漫主义和科学》（*Romanticism and the Sciences,* Cambridge University Press, 1990）；G. S. Rousseau，《文学与科学：该领域的现状》（Literature and Science: The State of the Field），《爱西斯》（*Isis*），72（1981），第 406 页～第 424 页；John Christie 和 Sally Shuttleworth 编，《美化的自然：科学与文学（1700 ～ 1900）》（*Nature Transfigured: Science and Literature, 1700—1900,* Manchester: Manchester University Press, 1989）。

764

人赞美牛顿是圣人,[5]斯威夫特则早就抱有极大的怀疑,尽管他从来没有指出那些名字(牛顿)。在牛顿去世前一年出版的《格列佛游记》(*Gulliver's Travels*, 1726)中,斯威夫特在《驶向勒普泰岛》(*Voyage to Laputa*)中所使用的辛辣讽刺并没有指向牛顿及其信奉者,但可以清楚地看出,赞美、更别说像蒲柏那样盲目的神化,对斯威夫特来说是不可思议的。[6] 这是从一开始就必须加以考虑的另一个矛盾。那种认为欧洲"浪漫主义者"鄙视科学,或者说,他们在观点和性情上是反科学的看法,是一个更需要加以关注的关键概念。如果对此混淆不清,就会危害到我们的目的。[7] 尽管英吉利海峡两岸有许多人试图将他们呈现出这个样子,但他们其实不是。而且,浪漫主义者之间也有着很大的差别,以至于不可能将他们看成为同一整体。他们很难形成同一个意见或观点,并且这一标签本身(浪漫主义者或浪漫主义)就非常容易令人误解。[8] 例如,他们对天才的理解,就不同于蒲柏和伏尔泰那一代人。正如几位浪漫主义者曾赞美德国自然哲学家一样,这种理解上的差异本身并不妨碍他们赞美科学天才。

　　这种对天才的追求并没有导致进步。[9] 况且,这样的探索假定:文学和科学**两者**在当时都是稳定的、或多少比较稳定的范畴,不再是、或者已然不是自培根改革以来的那个范畴了;这些范畴并不比其他范围更广的启蒙运动标志更加稳定,这些标志由各类思想家以及他们的实际行为和意识形态强调所带来。对于我们同时代的某些人来说,后面的这一告诫是多余的:他们认为,所有范畴都是文化建构起来的,必须填充(重建)为历史上有根据的东西。而对于其他人来说,必须将这些不稳定的范畴置于一个令人绝望的怀疑论极端,远至我们根本无法针对性地援引这些标志。使它们达到平衡和统一的方法,肯定存在于中间的某个地方。否则,这一历史计划本身就会变得毫无实际价值。[10]

乐观主义的学说

　　在蒲柏的成年(1714～1744)时期, 各种反牛顿学说者的团体十分活跃(他们自己

[5] 参见 M. H. Nicolson,《牛顿需要缪斯女神》(*Newton Demands the Muse*, Princeton, NJ: Princeton University Press, 1946);Henry Guerlac 对牛顿形象的研究,《欧洲大陆的牛顿》(*Newton on the Continent*, Ithaca, NY: Cornell University Press, 1981);更加概括的有 Walter Schatzberg、Ronald A. Waite 和 Jonathan K. Johnson 编,《文学和科学的关系:一份附有评注的学术资料目录(1880～1980)》(*The Relations of Literature and Science: An Annotated Bibliography of Scholarship, 1880—1980*, New York: Modern Language Association of America, 1987)。

[6] 参见 Marjorie Hope Nicolson 对斯威夫特的开创性研究,再版于《科学与想象》(*Science and Imagination*, Ithaca, NY: Cornell University Press, 1956)。

[7] 与浪漫主义作家鄙视科学的观点有关的事例,可参见 Hans Eichner,《现代科学的兴起和浪漫主义的起源》(The Rise of Modern Science and the Genesis of Romanticism),《美国现代语言学协会会刊》(*PMLA*),97(1982),第 8 页～第 30 页。

[8] A. O. Lovejoy,《思想史文集》(*Essays in the History of Ideas*, Cambridge, MA: Harvard University Press, 1948)。

[9] 这已由 Simon Schaffer 反复地讨论过,载 Cunningham 和 Jardine 编,《浪漫主义和科学》,第 82 页～第 98 页。

[10] 关于这些范畴稳定性的进一步讨论,参见 G. S. Rousseau,《论神经》(Discourses of the Nerve),载于 Frederick Amrine 编,《作为表达方式的文学和科学》(*Literature and Science as Modes of Expression*, Dordrecht: Kluwer, 1989),第 29 页～第 60 页。

不仅反对牛顿的理论而且还反对他用符号表示的东西），他们若无其事地篡改历史，或者没有充分根据就对历史进行曲解；可以说，和信奉牛顿学说的人们一样，反牛顿学说的人分成不同的类别，打着不同的旗号。此外，牛顿理论渗透到低地国家和法国，几乎用了一代人的时间，从 17 世纪 80 年代到 90 年代，但是，也就是在那里，活跃着各种各样的反牛顿学说者。[11] 英格兰约克郡（Yorkshire）的"自然神学家"（physico-theologian）约翰·哈钦森（1674～1737）（不要与格拉斯哥的道德哲学家弗朗西斯·哈奇森相混淆）就是其中的一位。但是，也有其他一些人时常自称他们自己是"哈钦森主义者"，这已成为**反**牛顿的专门用语。[12] 哈钦森主义者的想法，就是要创造一种体系，把上帝和自然界的物质证据调和起来，而把牛顿的工作拒斥为"一个由圆和线组成的粘飞虫的蜘蛛网"。[13]哈钦森及其追随者根据新的科学理论重新解释《旧约全书》，为新思想视为创造宇宙的物质力量寻找可作类推和隐喻的参照，所有这一切都预示着这一世纪晚些时候布莱克一伙（the Blakean）与牛顿的对抗。

　　同样，在英格兰，形形色色的著作家像霍勒斯·沃波尔、约翰·韦斯利和柯勒律治都着迷于哈钦森的反牛顿主义哲学。但是他们的反对，无论多么的哈钦森主义，实际上都不过是沧海一粟。牛顿主义的传播广泛而迅速，甚至流传于学术界以外以及没有受过教育的人群之中。远在北部的苏格兰人很快就把古老的数学转变为牛顿主义数学，甚至还把他的改革并入他们的课程之中；在欧洲大陆，从阿姆斯特丹到日内瓦和维也纳，同样的事情也在发生。

　　反牛顿学说者（就他们而论，可以被归结在一起来看）不仅攻击科学探索的傲慢自大（相信自己能发现所有的宇宙规律），而且也反对其神学意图和道德基础。出于对科学家所提出的数学证据的敬畏，反牛顿学说者强调一个词——古代的逻各斯（logos）——以及神通过理性和想象启示人类的过程中逻各斯的作用。他们的思想方案在很大程度上展示出了蒲柏和伏尔泰意欲拥护的世界，尤其是一个象征迈向具有国家地位和世界风范的科学天才的世界。牛顿比英国历史上任何人都更加符合要求，正如先前荷兰的惠更斯和后来法国的拉瓦锡，都超过了培根、西德纳姆以及所有其他早期的王家学会会员。自 17 世纪 60 年代以来，德赖顿和佩皮斯就已经像蒲柏一样满腔热情，而且蒲柏的同一代人已经具有把现代社会转变成为这些著作家们所想象的半乌托邦国家的科学能力，把一个人作为杰出科学才能的象征而加以歌颂，这种需要已是

---

〔11〕　关于对立面的运动，参见 Margaret C. Jacob，《激进的启蒙运动：现代欧洲早期的泛神论者、共济会会员和共和党人》（*The Radical Enlightenment: Pantheists, Freemasons and Republicans in Early Modern Europe*, London: Allen & Unwin, 1981）；Margaret C. Jacob 编，《18 世纪的荷兰共和国》（*The Dutch Republic in the Eighteenth Century*, Ithaca, NY: Cornell University Press, 1992）。

〔12〕　参见 Albert Kuhn，《光荣或引力：哈钦森对牛顿》（*Glory or Gravity: Hutchinson vs Newton*），《思想史杂志》（*Journal of the History of Ideas*），22（1961），第 303 页～第 322 页；Brian Stock，《神与恶魔》（*The Holy and the Demonic*, Princeton, NJ: Princeton University Press, 1983）。

〔13〕　参见 Kuhn，《光荣或引力：哈钦森对牛顿》，第 307 页。

不言而喻。[14] 一个国家的力量,无论是英国、法国或者甚至是尚未开化的俄罗斯,似乎都取决于其进步的程度;其进步似乎可以根据其科学成就来预测,这种科学成就可以转变为实际的技术进步,并随后变为财富和繁荣。乌斯布里奇(Uxbridge)的一所学院的院长威廉·卢瑟福,此人受过当时最好的古典方法的教育,在 18 世纪末介绍他的《文学与美术的进步》(*Progress of Literature and Fine Arts*)专题论文时,雄辩地陈述了他的观点:"艺术与科学的品位常常与处理公共事务的才能相联系,这将有助于对古代民族的歌颂;处理公共事务之路与通往文学的道路是一致的;英雄和政治家把与缪斯女神的高雅交流和对国家的管理联系在一起。"[15] 早些时候,反牛顿学说者著书立说并且劝诱他人改换门庭,但都没有削弱科学乐观主义集团的力量。

然而,自牛顿于 1727 年去世后,作为文化偶像的他无论变得多么的符号化,依然遭受到了颇为强烈的反对,尤其是在富于想象力的和哲学类型的人当中。那些由于某种时代错误而使我们今天称之为"幻想文学"(戏剧、诗歌、小说、浪漫文学)在当时的确大都还是现实主义的,与神性相比,它们并没有与牛顿光学和数学理论的道德内涵相冲突,也就是说,它们是对一种很容易理解的外部世界的模仿,它可以被人的感官所感知并以文学形式记录下来;无论在何种意义上都尚未成为混淆婚姻与家庭、国家地位、战争与和平以及科学与知识进步真实性的符号。作为一种习俗,欧洲文学仍把自己的任务看做是向读者转达对于个人和公共领域**两方面**的关心,或是通过对自然、风景或人体的形象化描述,或是通过政府及其部长们的工作方式。读者渴望从文学中得到最新的信息,尽管从某些小说中能够产生共鸣,但还算不上我们现代程度上的"逃避现实的文学"。这个时期的诗歌在文学上的杰出成就大大超出了它的说教性,原因就在于它表达了人性自身的本质,并在这种努力中凸显了对于科学的关注。甚至戏剧也充斥着大量涉及天空或大海的最新发现的新观点。

诗歌无须豪言壮语或者辞藻华丽的滑稽夸张就能实现这个目标。蒲柏的《夺发记》(*Rape of the Lock*, 1712～1714),无论从何种语言来看都可能是最出色的模仿史诗,其中题为"愤怒的山洞"(The Cave of Spleen)的第 4 诗章表明作者完全熟悉(当时)关于癔病的最新医学理论。詹姆斯·汤姆逊的《季节》(*Seasons*, 1726～1728)肯定是 18 世纪最流行的英语诗(它被翻译成许多种语言,成为英国最畅销的书,但是从全球范围来看,还是无法与圣经、圣歌和赞美诗相比),这首诗具体表现了牛顿的光学和万有引力理论。塞缪尔·加思的《药房》(*Dispensary*, 1699)(像《夺发记》一样,是另外一首成功的史诗仿制品)以药物作为基本题材,并且通过"配药"的任务,把药剂师与外科医生的争斗以诗的形式诙谐地表现出来。马克·埃肯赛德的《想象的快乐》(*Pleasures of*

〔14〕　Marjorie Hope Nicolson,《佩皮斯的日记与新科学》(*Pepys' Diary and the New Science*, Charlottesville: University of Virginia Press, 1965)。

〔15〕　Willam Rutherford,《论古代史:兼论文学与美术的进步》(*A View of Ancient History; including the progress of literature and fine arts*, London, 1788—91),第 v 页。也可参见同时代的讨论,J. D. D. Anderson,《艺术和科学的进步》(*Progress of Arts and Sciences*, London, 1784)。

Imagination, 1744）以抒情诗歌风格处理有创意的行为及其带来的快乐。在同一年,约翰·阿姆斯特朗(一位训练有素的医生,像他那个时代的许多人一样,也出版了诗)在他广受欢迎的《保持健康的艺术》(*Art of Preserving Health*)中,以诗的形式把饮食、死亡和疾病表现出来。所有这些人都在他们的诗文中吸收了牛顿主义的某些观点。

尽管有罗马天主教的反对,在阿尔卑斯山的南部也出现了类似的情况。洛多维科·安东尼奥·穆拉托里(活跃期为18世纪40年代)是与那些英国作家同时代的一位博学多才的意大利诗人,他并不掩饰自己的牛顿主义倾向,并且还公开宣称要将牛顿理论运用于他的诗作幻景当中。[16] 在更远的北部,另一些诗人在他们的创作中甚至表现出更加明显的说教,就像英国的医生兼诗人马尔科姆·弗莱明所发表的扩展的六韵步史诗《神经病》(*Neuropathia*, 1740)在描写神经、情绪和纤维组织的精微复杂变化时所表现的那样;它在解剖学方面与伊拉斯谟·达尔文的《植物之爱》(*Loves of the Plants*, 1789)堪相媲美,这首诗所要完成的类似任务是描写微观植物世界的性生活,而此刻正值美洲殖民地宣告脱离祖国之时。这类诗人在范围和水平上很不相同,但都具有后牛顿时代的信念,相信搏动在内心流淌着血液的高速公路上的奇妙生理纤维(弗莱明)——启蒙运动时期的一种繁忙的、解剖学上的互联网——以及挑动情欲的植物性生活(达尔文)能够给长篇的史诗提供素材。名不见经传的弗莱明通过颠覆的方式建构起他的(弗莱明式的)关于人的状况的纤维型牛顿主义观点,从而为一个比他伟大得多的诗人布莱克铺平道路。布莱克则用一种神秘的纤维型泛灵论代替了弗莱明的神经型实证论;这种纤维在人出生之时被唤醒,然后同样通过爱情、婚姻、衰老和死亡的纤维循环发展下去——这种观点认为,不能被显微镜看到的解剖学上的纤维构成了人的生命的整个循环过程,但绝不可能以牛顿的方式加以分割或简单地还原。

在欧洲大陆的文学和艺术领域,也出现了类似的传播,尽管德意志的自然神学诗歌并不像弗莱明的诗那样有较多的说教性和广泛性。人们想知道的是,中欧是否虔诚地反对采用、并且在技术上"科学化"这些类推呢? 这是一个令人困惑的漏洞,就梦想和幻想的内在作用而言,在这里并不容易地找到完全与英国文学传统等价的东西。但是,神经的道德说教(比如)在新出现的德意志情感文学中是普遍现象。在这里,以流浪汉为题材的古老传统被嫁接到一种教育小说(Bildungsroman)上,其人物心理常常建立在一连串的神经觉醒之上,随后是以这种神经感受为基础的同情,最后在移情作用(Einfühlung)之中告终。移情作用成为受过教育者的真正标志。在更纯粹的德意志文学中(通常是诗意的、卓越的、富有美感的),对移情作用或敏感的、移情共鸣的崇拜,支配着文学和小说的人物。这是一条导致早期德意志浪漫主义同性恋诗体和温克尔曼、

768

---

[16] 参见穆拉托里的《关于想象和梦的书》(*Book on Imagination and Dreams*, 1741, trans. English 1747），和 A. Andreoli,《在穆拉托里的世界里》(*Nel mondo di Lodovico Antonio Muratori*, Bologna: Il Mulino, 1972）。关于弗莱明的生活只有极少记载:存于18世纪的各种论文和手稿已经不见,任何地方都找不到有关他的记载。

歌德和康德美学的路线。[17]

　　如果没有一种先前的神经解剖理论以及在此基础上敏感性对人的移情的塑造,这种德意志文学(还有奥地利和普鲁士文学)是不可能得到发展的。[18] 在不远的南部,约翰·格奥尔格·齐默尔曼(1728～1795),一位出版了多本有关精神紊乱的书和诗集,并被翻译成大多数欧洲语言的杰出瑞士医生兼作家,是启蒙时期多样性的代表,而不是特例。这种差异在于审美特性上:他写了比绝大多数作品还要完美的作品。他被指派为乔治三世和腓特烈大帝的私人医生,仅仅是使他的传记作为新"启蒙运动"的一个真正产物获得合法的地位。从哲学上讲,齐默尔曼最初信奉哈勒学说(他曾写过哈勒传),相信纤维(解剖学上的神经的基本物质)是生命的基本物质。他把这个理论扩展到其他医学的和非医学的领域,从历史观点上说,包括过去和现在,就这样,他为 19 世纪早期有关历史上文明社会的纤维基础的人类学争论奠定了基础。齐默尔曼也与许多人保持过通信:赫尔德、布鲁门巴赫、魏兰德、俄国女沙皇叶卡捷琳娜、法国的理论家和巴黎的文学家——总之,与每一个重要的人物通信,他的例子很好地说明了民族自尊心是如何可能在诸如瑞士人这样的多民族的种群(folk peoples)中培养出来的。他一直坚信,在将病态身体修复到常态的过程中,经验比理性更有价值。他从侏罗山脉(Jura mountains)的东边目睹了法国大革命的重大事件,在那里,他经常像华兹华斯笔下的采集水蛭的人一样独自徘徊。但是,就在此之前,齐默尔曼已经写好了他最著名的论文《孤独对脑和心的危害》(*Solitude considered with respect to its dangerous influence upon the mind and heart*, 1792)———一部于 1784 年用德文发表的浪漫主义的权威著作。它在英国引起一场轰动,并在 18 世纪结束之前被大量阐述。从这些形形色色的活动中产生出一种流行的看法,认为齐默尔曼是一个集感伤、忧郁和热情于一体而为人所知的怪人。这也许可以解释为什么他不像牛顿那样引起兰姆的注意。然而,关于齐默尔曼这个人或他的诗作,并没有任何文字上的或逻辑上的东西。

　　这些著作家的一个目的就是要解释新科学领域的审美内涵。与今天相比较而言,当时人们更相信科学的"客观性的边缘(edge of objectivity)",[19]或者是科学为进步提供支撑的独特能力,这是创造人类所向往的完美必需的条件。在东方,在地中海东部地区(Levant),最智慧的哲人专心致力于考虑这样的问题:怎样找到能够把人类带向其完美的进步。几乎没有哪个著作家会明确地援引"进步"这个词,但是,这样的观念隐藏在他们作品的每一页中:一切都在变得越来越美好,每一天都比过去更晴朗、更明

_76:9_

[17] 研究歌德的文学与科学,有两种不同的方法,参见 Frederick Amrine,《科学史上的歌德》(*Goethe in the History of Science*, New York: P. Lang, 1996);Alice A. Kuzniar 编,《出游的歌德及其时代》(*Outing Goethe and His Age*, Cambridge University Press, 1996)。

[18] 参见 C. Brunschwig,《18 世纪普鲁士的启蒙运动和浪漫主义》(*Enlightenment and Romanticism in Eighteenth-Century Prussia*, Chicago: University of Chicago Press, 1974);Hans-Peter Schramm 编,《约翰·格奥尔格·齐默尔曼》(*Johann Georg Zimmermann*, Weisbaden: Harrassowitz, 1998)。

[19] Charles Gillespie,《客观性的边缘:论科学思想史》(*The Edge of Objectivity: An Essay in the History of Scientific Ideas*, Princeton, NJ: Princeton University Press, 1960)。

媚。这不是盲目的乐观，而是美好的展望。著作家们并不争论科学的形而上学的意义；那是留给别人去做的事情。他们同意百科全书编纂者根据传统把**科学**（scientia）定义为精确的、易于传授的、可预言的并且通过理性能力可认识的知识。因此，这一时期的一开始，他们就同意约翰·哈里斯（第一部读者能够翻阅的、真正的综合性英文百科全书的作者）所说的，"科学是建立在清晰、确定、不证自明的原理之上或据此而获得的知识"；[20]后来，《不列颠百科全书》（1768）第1版主要的苏格兰作者们提出，"科学是从不证自明的原理推导出来的学说"；[21]在这一时期末的1819年，伦敦人亚伯拉罕·里斯重申了这一声明，但补充说，科学完全是与艺术相对立的；[22]一年以后，苏格兰编纂者、百科全书撰稿人罗伯特·瓦特，在他的"科学"条目下警句式地写道，其实"科学讲计划，艺术讲表演"。[23]　在所有这些和谐的辨析中，作为科学或确定性知识的代言人，约翰·洛克（1632～1704）的权威起了举足轻重的作用，尤其和"怀疑论者"（大卫·休谟及其苏格兰同行）形成对比，这些人对科学能够保证它所主张的**确定性**表示怀疑。

770

　　重要的是，这些结构所包含的思想倾向仍然是科学、宗教与道德组成知识的整体。它们还没有被分成我们想当然的科学、神学和哲学的各个门类或学科。也许是这个原因，发展中的小说将它们各自不同的功用归入各个专门的论述之中，给人们留下一种错觉：尽管它们貌似支离破碎的片段，但仍是一个有机整体。[24]　播种于"堂吉诃德式的"15世纪西班牙和伊丽莎白时期的英国，小说萌芽于17世纪的法国（就它起源基础的时期和地点而言），[25]其中有拉法叶夫人（1634～1693）的杰作《柯列弗公主》（*Princess of Clèves*, 1678）。她的小说预示着18世纪的情趣、鉴赏力和对现实主义的探索。从主题上讲，早期小说起源于传奇文学，以性爱为中心。古代中世纪的传奇文学一直都是小说的资源宝库，许多小说都来源于其中。但同样重要的是它所传达的信息，即真正的神性存在于**自我**之中，而不存在于它所处的外部物质世界当中。但是，在《柯列弗公主》问世之后，随着具有鉴赏力的法国小说的发展，其"神经质内容（nervous content）"得以增加。形式上逐渐把新生理学及其有关身体和个性的假说都吸收到它的审美之中，这一点是如此之明显，以至于在18世纪出现了一种"神经质的法国小说（nervous French novel）"，这在狄德罗的《达朗贝尔的梦》（*Rêve*）中可以找到例证，在法

[20] John Harris, 2卷本《技术词典：艺术与科学通用英语词典》（*Lexicon Technicum: An universal English dictionary of art and sciences*, London, 1736），"科学"条目。

[21] 苏格兰绅士会，3卷本《不列颠百科全书》（*Encyclopaedia Britannica*, Edinburgh, 1771），"科学"条目。

[22] Abraham Rees, 45卷本《百科辞典；或艺术、科学和文学的通用词典》（*The Cyclopaedia; or Universal Dictionary of Art, Sciences, and Literature*, 1819—20），"科学"条目。

[23] Robert Watt, 4卷本《不列颠书目》（*Bibliotheca Britannica*, Edinburgh, 1820），第4卷，"科学"条目。

[24] 这一观点已得到成熟的发展，参见M. McKeon,《英国小说的起源（1600～1740）》（*The Origins of the English Novel, 1600—1740*, Baltimore, MD: Johns Hopkins University Press, 1987）；以及他的《跨学科研究的起源》（The Origins of Interdisciplinary Studies）,《18世纪研究》（*Eighteenth Century Studies*）,28（1994），第17页～第28页。

[25] 我对小说起源于古希腊和土耳其的理论表示怀疑，关于这种理论的发展，参看Margaret A. Doody,《小说的真实故事》（*The True Story of the Novel*, New Brunswick, NJ: Rutgers University Press, 1996）。

国式的模仿作品《项狄传》(*Tristram Shandy*)中也是显而易见的,而在萨德侯爵的极度"神经质的"《贾斯汀》(*Justine*)和色情作品《卧室的哲学》(*Philosophy of Bedroom*)中达到顶峰。[26] 根据民族的陈规旧习对小说进行分类可能是荒唐而且愚笨的,似乎它们不是小说,而是疾病(即法国病、荷兰病、意大利病等)。但是,大多数差异只有基于民族文化才能得以存在。

法国小说特别培养了神经质的情感,这是因为它的哲学关注主要指向罗曼蒂克的风流艳事的根源和色情意念的痛苦折磨,而英国小说(它可以是浪漫和感伤的)却是突出婚姻、一种草根民众的道德以及家庭。在所有这种散文小说中,无论是以巧妙伪装的方式,还是以稀奇古怪的方式,作为小说的真实主题,**内在自我**(self within)终究是要表现出来的。我们可以宽泛地讲,散文小说作家是一个能够洞察灵魂内部的**内在自我的科学家**(a scientist of the interior self):可以说,心灵的牛顿能够像自然哲学家描绘物质世界那样精确地分析人性及其隐蔽的动机。

对于小说家来说,语言及其韵律节奏对他或她工作来说是至关重要的。诗人所面临的独创性问题和以往压力带来的负担等都不会让他或她感到紧张:只要形式新颖,就不用有太多需要避开影响的担心。无论是在偏远地方游历的奥罗努寇(Oronooko)、鲁滨孙·克鲁索(Robinson Crusoe)、莱缪尔·格列佛(Lemuel Gulliver),还是待在伦敦和埃塞克斯的莫尔·弗兰德斯(Moll Flanders),或是普通乡村房屋的帕梅拉·威尔逊(Pamela Wilson)或克拉丽莎·哈洛(Clarissa Harlowe),新小说家们,多少有些类似于18世纪早期新的反牛顿学说者,他们是擅长解释人性秘密和性格差异之谜的专家。小说的作者们在他们探索揭示人头脑中的心理复杂性过程之中,对其作品中的人物角色加以考察;而自然科学家们,则是要寻求物质世界的规律;他们两方都是探索者,目标在于为好奇的受众提供深入的解释。[27]

类似的精神世界

如果贝恩、笛福、理查森和菲尔丁的新英国小说引发了道德小说的出现,那么并不能说道德状态的对立物(超道德)就主要是由科学的东西组成的。也就是说,今天的科学明显存在于两个领域(道德和超道德),同样也存在于不道德的领域。但在笛福和狄德罗及其后继者的世界里,可以说,科学根据证据的情况有它自己的主要是好的或坏的方面,但没有道德上的职责。在宗教领域之外,科学还没有设定它的道德立场,政府也尚未通过任何类似于19世纪建立基层结构的方式将它合并。无论道德的科学

---

[26] 关于法国神经质小说,参见 G. S. Rousseau,《文化史的新答案:论神经的符号学》(Cultural History in a New Key: Towards a Semiotics of the Nerve),载于 Joan Pittock 和 Andrew Wear 编,《文化史》(*Cultural History*, London: Macmillan, 1991),第 25 页~第 81 页。

[27] 关于"内在自我",参见 Stephen Cox,《在内心里的陌生人》(*The Stranger Within*, Pittsburgh, PA: University of Pittsburgh Press, 1979)。

或是超道德的科学,它们所需要的是官僚政治与大政府建立的建制化和国家科学政策。

但是,道德是发展中的小说所专注的东西,这是毫无疑问的:与小说中人物有关的礼仪风俗和婚姻,其重要作用在于实际上规定了社会本身的规范。这个规则在塞缪尔·理查森(1689~1761)的《克拉丽莎》(*Clarissa*)中得到完善,他深入到他创作的人物的心理核心地带:他们最深处的情感本质和特性。菲尔丁也许是一个不成功的心理学家,但是通晓经验心理学,并且认为他的艺术成就在于通过揭示个人的矫揉造作和伪善,建构了一种"新的写作领域"。斯莫利特,尽管他爱好粗俗的讽刺和流浪汉体裁,但仍通过他的小说保留了一种深厚的、几乎是长老会式的道德张力。他在医学方面的训练和人体解剖方面的深厚知识,使他能够以正确的姿态、冷静的眼光剖析道德背景中的各种激情。[28]

772

但是,如果小说本质上就是道德的,那么科学也是如此。所谓超道德的科学的概念(经由职业腐败和体制腐败出现的超道德,并且由于真理是其自我重复的标准,不论其如何具有破坏性,以及不道德)在当时还没有产生。这个概念的出现是在19世纪初。然而,就像富有想象力的文学一样,科学仍处于新古典主义"规则"的最后压制之中,这些规则指定了古老的亚里士多德式的时空统一体,根据(大致的)好与坏的方向,人们已经察觉到科学的真伪。正像斯威夫特和曼德维尔所揭示的,它的腐败和政治立场是普遍存在的。在《蜜蜂的寓言》(*The Fable of the Bees*)和《格列佛游记》中,有判断力的读者能够发现两个领域的一种比较关系:文学与科学。[29]斯威夫特也认为,科学的内在道德必然存在于科学发现的真实性之中,而且也存在于发现科学秘密的真诚目的之中,主要是存在于它实际行为的效用之中。但是,这个复杂的定义并没有远离新小说家的定义,后者试图向好奇的读者证明小说情节的有效性。差别在于作家和画家使用证据的方法是形式主义的、讽刺的、带修辞色彩的和诙谐机智的。

泛泛而论,这个时代的文学和科学由此而以不同的方式结为联盟,尤其是作为新的形式(小说)而得以成熟,并提出了对真实性的要求。作为一个心理学家,菲尔丁把他小说中的嘲讽标榜成对人类道德价值的最有预见性的检验。但是,斯莫利特则把他的散文比作一幅宽大的油画,展示着人类生活不寻常的、形形色色的画面。理查森和斯特内转向于探讨人类真理的内在力量:私密的、异质的、不可预知的、非理性的、不能传达的、性欲的。但即便是他们之间也有不同:对理查森来说,"内在自我"归根结底是悲剧性的;而对斯特内来说,"内在自我"最终是荒唐可笑的,是对所有伟大真理的拙劣

[28]　Terry Castle 已经注意到用科学/医学解读情感的模棱两可,参见《女性温度计:18世纪的文化和离奇的发明》(*The Female Thermometer: Eighteenth-Century Culture and the Invention of the Uncanny*, Oxford: Oxford University Press, 1994)。

[29]　还有曼德维尔的另一篇作品,《论歇斯底里的和忧郁的激情》(*A Treatise of Hysterick and Hypochondriack Passions*, London, 1711),由于两种文化还没有分开,虽说不上是两种文化,但或许是两个领域交迭时期的最早的对话例子;参见 G. S. Rousseau,《曼德维尔和欧洲:医药和哲学》(Mandeville and Europe: Medicine and Philosophy),载于《曼德维尔研究》(*Mandeville Studies*, London: Oxford University Press, 1975),第139页~第147页。

模仿。

随着英国小说在 18 世纪中叶的发展,它的关注点从早期的这几个移向感伤性的情绪、哥特式的恐怖、政治寓言,并且(就劳伦斯·斯特内[1713～1768]而言,当然是其最有创意的代言人)进入一种内心的意识流,以刻画心灵的内部空间和私密联想。这些内心的精神地带不同于由田园诗与风景诗人培植和美化了的外部的牛顿空间。[30] 斯特内在《项狄传》中的荒诞叙述实际上表明了比这更多的东西:男主人公项狄是他的内在精神生命,他的外部环境仅仅是由他的精神联想编织起来的道具。[31] 在 18 世纪 50 年代的萨拉·菲尔丁、伊莱莎·海伍德、夏洛特·伦诺克斯和其他女性,一直到 18 世纪 90 年代的安妮·拉德克利夫、克拉拉·里夫、玛丽·黑斯、伊丽莎白·英奇巴尔德和玛丽·沃斯通克拉夫特所写的大量标准长度的小说中,小说家们大致勾画出人类头脑中的真理,所采用的策略基本上类似于科学家们提出的那些有关物理或地质学理论的方法。理论在这两个领域都是必要的(科学没有假说是不可能的)。无论是对于小说家虚构两性以及种族之间的纠缠,还是对于建构天空、大海和地球内部的理论来说,理论是被设计用于说明追求真理所遇到的危险。

王朝复辟时期阿芙拉·贝恩的种族小说,的确在一个世纪后让位于威廉·戈德温以阶级为基础的道德正义的幻想,以及对保守统治带来的危险进行哲学探讨为基础的故事。随着 18 世纪的缓缓消逝,日常生活中常见的风俗习惯,尤其是女性的秘密以及家庭,在英国小说中显得愈发突出。但是有一种东西保持着相对的永恒:在各种文学形式中,诗歌仍然被用于表达科学领域中最技术性的东西。经历了三代以后,小说家仍然保持着最接近于启蒙运动时期科学家的作家类型。正如我们所见,差异是存在的,但也必须注意到相似之处,而且随着时间的推移,相似之处越来越多。相同的情形无法用于支持莎士比亚和伽利略的世界,因为在那里,具有想象力的著作家更不及牛顿和普里斯特利世界中的新小说家那样自觉倾向于解释和澄清。

对于创世和生命起源的困惑,照例在诸如斯特内的《项狄传》和约翰·希尔昙花一现的《无性的分娩》(*Lucina sine concubitu*, 1750)这样“杂乱”的作品中(对单性生殖理论和圣灵怀胎说的一种讽刺)得到拙劣的模仿,这些困惑还与机械理论和实际应用协力发展。例如,林奈,一位政治上非常保守的瑞典人,根据类比和拟人化提出了两性植物分类法(整个植物界被比作像人类一样,有夫妻合法结婚生育孩子等),并且还把他的新“体系”看做是进步的科学,是人类的进一步发展。新植物学将会“使社会进步”,就像跨越了严格的艺术与科学之间界限的所有发明家和发现者曾做过的那样。在这些人中,有本杰明·富兰克林(1706～1790),一位才华横溢的殖民地“文艺复兴者”和

---

[30] 关于牛顿空间的美学的讨论,参见 G. S. Rousseau,《“对你来说,你的寺庙是所有的空间”:〈笨伯咏〉中空间的多样性》(“To Thee, whose Temple is all Space ”: Varieties of Space in *The Dunciad*),《现代语言研究》(*Modern Language Studies*),9(1979),第 37 页～第 47 页。

[31] Erich Kahler 是最早注意到这种对称的现代批评家之一,参见《叙事的内在转变》(*The Inward Turn of Narrative*, Princeton, NJ: Princeton University Press, 1973)。

电学的殷切研究者；[32] 在中欧有一位多产的新教徒、瑞士的博物学者兼医生萨穆埃尔·奥古斯特·蒂索(1728～1797)，他利用药品作为赢利性商品，并且还开创了一种新的医学人类学，它把人类的健康看做是工作场所和当地社区的组成部分。另一个例子是伊拉斯谟·达尔文(1731～1802；参看后面部分)，查尔斯的祖父，他从事艺术和科学(ars combinatoria)实践，给人看病、写诗、发明机械用品。甚至达尔文的诗作"**不正当的植物之爱**"(*illicit* loves of plants)(与达尔文的领路人林奈在他的分类学中的未婚夫妻之爱不同，倒是更像未婚情人的交配以及多配偶的浪子)也是"服务于"真(科学)和美(艺术)的产物。18 世纪的许多模仿文学也都是这样。

人们宣称美和真均等的参与既推进了文学又推进了科学，因为二者的相互融入，能够带来理论飞跃与实践应用的自然结合，这种结合浇铸了启蒙运动的科学基础。人们甚至可以进一步调查并证明，二者的统一是最大限度的科学进步的一项必要条件。令人惊讶的事物就蕴含在人们进行的大量应用之中。牛顿和洛克的说服力就在于他们的理论的全部意义来自所有日常的艺术和科学之中：牛顿的物理学被运用于绘画、作曲、人类道德以及政府工作，而洛克的心理学则被运用于社会行为和艺术创作。在精心地将科学与艺术解释为同属一系的艺术后，一种正在兴起的诗歌"科学"或绘画"科学"的想法不是不可能的。正如存在于我们时代的文学理论——后结构主义理论或解构主义中一样，直接的应用存在于所有时代之中。那么，差异就在于他们的文明的和乌托邦的优势。在今天，更多应用似乎是在借公平的真理之名而不是为了道德或社会进步。基于乌托邦的基础之上的进步在我们这个世纪已然是大大地衰退了，医学和技术方面除外，甚至有大量的证据表明，"将任何事情疾病化"(diseaseification of everything)所存在的弊病。

乐观主义和疑问

然而，我一直在此努力尝试的文学与科学的文化重建(即作为一个整体，而不是单独发展的分立学科或科目)假定，文化是完整的和系统的，打个比方说，它们的单个瓷砖是一个有组织的镶嵌图案的组成部分。就我们的后现代的意义而言，单个的论述或者学科(在当今大学中见到的艺术和科学)并没有瓦解。埃及被明确认为是历史上第一个伟大的文明国家，正是因为它没有如此武断地把知识分隔开。[33] 我在这里所描述

---

[32] 参见 J. A. Leo Lemay 和 G. S. Rousseau，《18 世纪的多才多艺之人》(*The Renaissance Man in the Eighteenth Century*, Los Angeles: Papers of the Williams Andrew Clark Memorial Library, 1978)；John L. Heilbron，《17 世纪和 18 世纪的电学：近代早期物理学研究》(*Electricity in the 17th and 18th Centuries: A Study of Early Modern Physics*, Berkeley: University of California Press, 1979)。

[33] "在埃及兴起的艺术和科学要归功于这个民族享有的声望。因为他们是世界上第一个文明的民族，没有可以模仿的范例，所以他们理应被赞美为天才和创造者。他们的特殊情况促使他们专注某些艺术，支持某些教养。农业，作为艺术之母，在埃及得以起源。"(Rutherford，《论古代史：兼论文学与美术的进步》，第 37 页)参见注释 15。

775

的乐观主义文化必然包括其个体的部分：艺术以及理论的和应用的科学。当工业革命在 18 世纪中叶发展的时候，许多文学作品专心致力于赞美它的技术成就；这不仅仅是对已实现的这种业绩的惊叹，而且也是对社会将会因此更加幸福与进步的庆贺。18 世纪 50 年代，当狄德罗注视着那个时代技术的未来时，他已经在《达朗贝尔的梦》中以对话的方式预言了这个发展。

十年之后，所有的艺术（绘画如同文学和音乐一样）起码在它们的领域中都论及了进步的奇迹：真正的牛顿学说的遗产。像哲学家休谟与画家兼美学理论家艾伦·拉姆齐这样不同风格的思想家，在他们的论述中——分别在《关于品味的标准》（ *Of the Standard of Taste* ）和《关于品味的对话》（ *A Dialogue on Taste* ）中——考察了与社会相关联的品味进步的命题。尤其是拉姆齐看到了二者之间的密切联系："对诗歌的良好品味出自优秀的诗篇，优秀的诗篇出自正当的哲学，正当的哲学出自健全的政府。"[34]科学宣称的确定性把进步与动力结合起来，国家的发展使进步与动力得以实现。这两方面使我们感到，他们的乐观主义文化被证明是正当的，并不是一种最终被政治变革或革命所中止或剥夺的幻想。

然而，人们的疑问仍然经久不消。如果保守的讽刺家们仍然活着，尤其是斯威夫特和蒲柏，他们会将这种自信谴责为天真的和虚伪的假话。他们对进步与国家力量的信心较为有限，甚至是悲观的；他们在诗歌方面的继承人（格雷、柯林斯以及所有 18 世纪中叶的抒情诗诗人）都对此持有同样的观点。华兹华斯在"决心和独立"中的欢乐与疯狂综合征（"我们年轻的诗人以欢乐开始；/但却以失望和疯狂结束"）也许是他们共同的碑文。这样的怀疑始于他们自己的生活，并由此推及到大多数。同样，蒲柏作为一个阐释古代田园诗的青年诗人乐观地开始他的生涯，却在文化的绝望中结束了他的生命，他相信文明之灯已经熄灭，"宇宙的黑暗把一切埋葬"。托马斯·格雷，一位受过博物学方面良好教育的人（ erudito ），避世隐居，后因一时迷恋于一位名叫维克托·冯·邦施腾的瑞士学生，就像阿森巴赫一样（ Aschenbach-like ）心碎而备受痛苦。柯林斯、科伯和斯马特都遭受到他们自己的苦恼：一个被慢性躁郁症所吞噬，另外两个死于断断续续的宗教抑郁症，这种病症侵害了他们全部的创造力，甚至控制着他们所听到的"内心的声音"。他们杂乱无序的生活遮蔽了他们对世界的观察，这无法令其精神振奋，也不可能使其沉浸于全球持续进步的任何观念之中。

776

那些早已立足于我们伟大文学家们所设立的规范中的作家们，没有一个是**反对**科学的；他们都分享着它的奇迹，并赞美它。他们所怀疑的科学乐观主义是：通常占据在人们头脑中的、以为科学能够解决社会的主要问题，或者能够将单个的自我从弥尔顿的地狱里改变过来。从体系的意义上说，他们没有一个是启蒙时期科学的哲学家。然而，像斯威夫特一样，就他们对科学的社会贡献做出的思考深度而言，他们甚至是在以

[34]　Allan Ramsay，《关于品味的对话》（ *A Dialogue on Taste,* London , 1762），第 2 版，第 74 页。

一种纯粹的、非政治的态度去质疑它改造人类命运的能力。改变仍然是个难题。从 17 世纪的霍布斯和马勒伯朗士以来的哲学家们已经证明，对真理知识的改进只是偶然的，而且在绝对意义上讲，真理是对揭示真理的人性的预测。后来，洛克扩展了牛顿的某些乐观主义以揭示所能了解的一切，他的权威得到持续。再后来，曼德维尔、休谟、福格森和亚当·斯密声称，人性与其他自然领域一样可以被当做一门"科学"来研究：人性的科学。这是论及人类的学科，就像蒲柏的"莱布尼茨"，以及无数关于人的状况的评论和寓言。如果当时能像现在回过头来看的话，我们知道，现代社会科学（人类学、心理学、社会学、政治学）起源于此。

　　更具开创性的是，这种发展中的人性的科学，对于像贝尔纳迪诺·拉玛齐尼（一个在我们称之为医学社会学方面的专家）和蒂索（他坚定地把性别和经济学带入医学领域）这样系统化的科学思想家以及富有想象力的诗人和散文家来说，是未开垦过的处女地。没有哪一个团体能够独自把**人性**称作自己的领地。然而，它构成了最真实的人类科学的基础：有些人（沃伯顿学派［the Warburtonians］及其反对者）声称，这是古代异教徒努力阐述的立场。也许归根结底还是宗教（基督教和异教徒、文明的和野蛮的）奠定了人性的基础；这是 18 世纪的许多作品无法被归入文学的或科学的，而只能分为说教的或解释性的或道德的诸多原因之一。

　　然而，如果"人的科学"一定要建立在一种**普遍**人性的基础之上，那么，它们并不完全相等，并且它们会隐匿"他者"的深邃意义。[35] 启蒙运动时期的思想家渴望证明人类，无论是"野蛮的"还是文明的，在全世界都是同样的，他们外在的差别起因于不同的宗教、气候和政体。除去这些因素，基本层面的人性显然是普遍一致的。这种强烈的欲望构成了启蒙运动的基础，以确认并界定他者，不是去要估量他者的缺陷，而是要研究他们的差异，以便对二者进行比较——一种原始的比较人类学。这种工作越是延伸开去，就越是清楚地表明，人类的精神本质（心智及其意向、感伤、还有情绪）仍埋藏于黑暗之中。

　　然而，与这种文化宽容倾向相一致来审视所有学科的发展，并通过主张一些关于这些学科的已确知的东西来将它们科学化，"心灵科学"的进步则被看做是大脑的一种**真实呈现的**历史。当时，托马斯·威利斯已经详细解释了大脑复杂的解剖学组织构造；现在剩下的问题就是把他的发现运用于一种新近正在发展的心理学，研究情感和敏感性及其由此而引起的精神状态。因此，洛克描绘了联想的诸多领域，包括哈勒学派的过敏性、博内式的（Bonnetian）注意力、培根式的经验主义以及笛卡儿式的理性主

［35］　Bernard McGrane，《超越人类学：社会及"他者"》（*Beyond Anthropology: Society and the Other*, New York: Columbia University Press, 1989）；A. Pagden，《自然人的堕落》（*The Fall of Natural Man*, Cambridge University Press, 1986），第 6 章和第 7 章。

义。但诗人们也未落伍,他们清晰地提出了自己的意识和良知理论。[36] 他们也参与到洛克的和(在中欧的)博内的事业之中,深入探求心灵和情绪,并体现在说教中。这种活动与他们对牛顿的非数学文本的解读和引伸一样,都充满了活力。他们进行的创造性"研究"包括解读和思考(如同他们沉溺于对牛顿主义含意的幻想一样),尽管就意义而言,他们进行的创造性研究也许与今天唐·德利略或平琼那样基于科学的作家所进行的研究不同,但是,他们几乎不可能依靠其祖辈的科学来研究他们所需要的知识。他们勤勉工作以力求最新。

表现的形式

艺术作品所表现的人体,与新科学在形成过程中经历的解放和约束是并存的。正如福柯在 20 世纪 60 年代开始证明的,身体一直是性别差异、性别对抗和权力基础的竞争场所;最敏锐的女权主义批判家为了证明自己是正确的,提供了大量的记录,尤其是论证了在新的性特征中,女性的"乳房"已成为解剖上和符号上备受攻击的位置。[37] 但是,随着在遥远地方的游历扩大了人的视野,并打开了想象的空间,对人体的理解范围也得到了拓展。艺术家的重要意义就像进入他们头脑中的思潮一样时常变化:经过了放荡不羁的王朝复辟时期之后,身体的放纵淫乱受到了新的抑制;一种相反的趋势把这些抑制升华为新的色情文学;又有一种陈旧的学院式解剖学传统将这些潮流加以束缚和限制。

艺术家的成果是不断变化的。大多数小说家和诗人在他们神话中对人体所持有的看法是:我们应当把人体看做是普通的——高与矮、胖与瘦、浅色与深色。画家所画的基督的身体变得世俗化,与中世纪和文艺复兴时期的前辈们相比,他们笔下的圣人和罪人不再显得那么苍白和虚弱。如果肖像画是运用对称和对比原则画人的脸部,那么,人体画作品表现的大多是来自城镇和城市的真实风景,而不是来自用作象征的地区。甚至漫画家也仅仅是通过怪诞的尺寸和刺激的颜色夸大这些形式。威廉·布莱克(1757~1827)所画的人体,背离了这些传统——并非彻底的,也不是史无先例的,但比起贺加斯及其从事写作的同辈们(菲尔丁、斯特内、斯莫利特)的作品,更类似于亨利·富泽利和卡斯珀·达维德所表现的那些具有浪漫主义特征的人体。

病态的人体是混乱的和"疯狂的"(图 33.1)。甚至以其最具解剖学意义的观点来看,疯狂据说存在于血液(就像在乔治三世的血液中一样)或组织(精神、纤维和神经的复合体)之中,而不是存在于一个非物质的灵魂、心灵甚至是大脑之中。但慢慢地大脑

[36] Jean Hagstrum,《简述 18 世纪文学中的"意识"一词》(Towards a Profile of the Word *Conscious* in Eighteenth-Century Literature),载于 C. Fox 编,《18 世纪的文学和心理学》(*Literature and Psychology in the Eighteenth Century*, New York: AMS, 1987),第 23 页~第 50 页。

[37] 参见 Ruth Perry,《对乳房殖民化:18 世纪英格兰的性别和母性》(Colonizing the Breast: Sexuality and Maternity in Eighteenth-Century England),《性史杂志》(*Journal of the History of Sexuality*),2(1991),第 204 页~第 234 页。

图 33.1　罗伯特·派因，一位精神错乱或鬼魂附身的妇女肖像，画于 18 世纪末期，由威廉·迪肯森雕刻。蒙伦敦维康博物馆和摄影收藏馆的惠许重印，原作未找到。

成为有争议的地方。当时的人们会到处寻找艺术家关于痴呆者大脑灰质的素描，或受损活体精神的图形和化学特性。解剖学家和生理学家以同样的方式谈论发疯动物的精神和不可思议的纤维（斯特内甚至想起以这种语调为《项狄传》开头——这的确是 18 世纪的小说中最显才华的开头）；但是无人对它们可见的形式抱有任何确定无疑的认识，显微镜的功能依然太差，无法看到灰质之类的东西。

　　即使是欧洲那些富有献身精神而且信仰牛顿学说的解剖学家们（尤其是在莱顿的荷兰学院：伯纳德·西格弗里德·阿尔比努斯、彼得·康贝尔和布尔哈夫的弟子们）也从不画这些**内部的**解剖学结构。[38] 他们在骨骼和颅骨、肌肉和肋骨等方面作品颇多，

[38]　Stephen J. Gould 提出的观点，《从阿那克西曼德到博内的类比推理传统》（The Analogistic Tradition from Anaximander and Bonnet），《个体发生学和系统发生论》（*Ontogeny and Phylogeny,*　Cambridge, MA: Harvard University Press, 1977），第 13 页～第 32 页，这一观点被 Barbara Stafford 加以发展，参见《巧妙的科学：启蒙时期的娱乐与视觉教育的衰落》（*Artful Science: Enlightenment Entertainment and the Eclipse of Visual Education,*　Cambridge, MA: MIT Press, 1994）。

但是,除了人体器官之外,他们几乎不画内部组织,更别说人体中看不见的生理机制了,无论是健康的或是病态的。用大量比喻性的语言描述这种生理学,其原因之一就是企图用明显可知的物理形式来表达不可见的东西。[39] 因此,疯狂被宽泛地说成是属于身体上的原因;但是疯狂具体是怎么发生和为什么发生,仍是未揭开的秘密。在情欲与宗教忧郁之外,很少有社会或境遇的痴呆存在。在随后而来的 18 世纪下半叶,大多数后巴蒂/后门罗理论用医学方法处理想象,并以为这样做就是跟上了潮流。大脑所有的神经传导和构象(灰质、遍及全身的神经和纤维,神经系统)均采用医学方法处理,但是,社会经济的决定因素被忽视了。有一种自古代发展而来的人道主义观念认为:贫穷使人失去人性,并使人精神错乱。但在极大程度上,疯狂存在于人体的纤维之中。没用几个世纪,就在解剖学人体上到达了这种程度。解剖学插图也发展起来了,但是,富于想象力的图示艺术还不可能像在沉迷于核磁共振成像的 20 世纪那样,将这些理论运用于他们的实际绘画中。

对于我们称作抑郁症的"情绪低落"和"慢性忧郁",尽管有大量的理论和疗法,但其原因甚至没有达成共识。威尔特郡(Wiltshire)丰西尔修道院(Fonthill Abbey)的百万富翁、牧主和乡绅威廉·贝克福特(1760～1844),当他年轻的葡萄牙情人格雷戈里奥·弗兰基在伦敦的寓所中死去的时候,年轻的罗伯特·休谟(不要与苏格兰哲学家大卫·休谟混淆)写信给他:"医生说,精神错乱时,药是没有用的。"[40] 那时是 1817 年。此前一个世纪,对这种观点持怀疑态度的人更少。焦虑、恐慌、情绪摇摆的附属症状还没有得到应有的重视。17 世纪把精神忧郁症分为性欲的、宗教的、坐出来的等几类,这种更为陈旧的分类被加以改进,并且完全医学化,但是持久的精神忧郁症(慢性抑郁)只是被从心理学角度进行了解释。几位早期的精神病学家怀疑疯狂与创造性之间存在联系;的确,诗人约翰·德赖顿在此前一个世纪就已经宣称:"疯狂与机智之间有密切的关联。"

可以这么说,这些是随意的赞美,但还没有整合成一个完整的体系。而且,在一个抑郁的艺术家大量出现的时期(尤其是在诗人和作曲家中间),艺术家们自己还是要比医生拥有更多的切身感受。这个名单很长,尽管每一个事例——(从诗人柯林斯和科伯到作曲家莫扎特和舒伯特,他们在 18 世纪也都有自己坚实的立足理由,莫扎特完全就是这样)——需要根据各自的情况加以详细研究。也许在西方文化史上,对于一个

[39] 参见 Martin Kemp,《"真理的标记":对一些来自文艺复兴时期和 18 世纪的解剖学插图的观察和学习》("The Mark of Truth": Looking and Learning in Some Anatomical Illustrations from the Renaissance and Eighteenth Century),载于 W. F. Bynum 和 Roy Porter 编,《医学与五官感觉》(Medicine and the Five Senses, Cambridge University Press, 1993),第 85 页～第 121 页。关于插图解剖学书籍的类型,诗人兼艺术家威廉·布莱克对此进行过查考,参见 Andrew Fyfe,《简明解剖学体系:分 6 部分。第 1 部分,骨学;第 2 部分,肌肉等;第 3 部分,腹部;第 4 部分,胸部;第 5 部分,大脑和神经;第 6 部分,感官》(A compendious system of anatomy. In six parts. Part I. Osteology. II. Of the muscles, etc. III. Of the abdomen. Part IV. Of the thorax. V. of the brain and nerves. VI. Of the senses, London, 1790)。

[40] Audrey Williamson,《威廉·贝克福特的一生》(William Beckford: A Life, London: Oliver Boyd, 1973),第 19 页～第 20 页。

普通人甚至内行来说,艺术第一次被认为是太过困难或者复杂的东西,故而将其说成是"疯狂的"。当18世纪刚过去不久(1806),贝多芬第一次把他的弦乐四重奏曲献给他的赞助人拉祖莫夫斯基时,它就被说成是一个精神错乱者的作品。然而,与创造性疾病有关的最好例子,也许是乔治·戈登·拜伦勋爵(1788～1824)。拜伦完全就是一个18世纪的人,出生时,欧洲正被卷入革命和大陆战争的狂飙之中;拜伦几乎自他出生起就缺乏对自己情绪的控制,他相信,他是在苏格兰北方的一种邪恶的心理诅咒的气氛中出生的,而且可以说,他是在这个假定下开始付诸行动的:他在个人和家庭关系上遭受失败(除了在校期间可能发生的少年同性恋之外),据说与他的同父异母姐姐乱伦,被指控企图兽奸以及谋杀他的妻子。他越是情绪不稳,似乎就越能从他的情感灰烬中站立起来,创作出伟大的诗歌,正像他的史诗《唐璜》(*Don Juan*)中的主人翁一样,来自于绝望的深渊之中。他可能是在愤怒语言运用方面最伟大的诗人;如果是这样的话,那么他的情绪水库通常是建在远离理性的那一边。

　　就医学与宗教的意义来说,健康的和病态的心灵并不是唯一产生超凡想象力的自然场所。在近乎所有的文学类型中,自然风景及其土壤并不仅仅是田园诗或民谣。在文学中,诗人对牛顿的光理论尤为敏感,对他们而言,这被转化为色彩和一种对明暗的新感觉。早先提到过写《季节》的朦胧诗人詹姆斯·汤姆逊和风景与墓地诗人理查德·杰戈,将来自牛顿的光线理论的这部分内容完善成为一种"学派",从而被束缚于该理论的成分(光、色彩和画面对比的结构)中。汤姆逊梦幻般地把光谱七色和彩虹编织成整个诗的意象,给人以特别深刻的印象。在这里,影响的方向性清晰可见:从牛顿的光理论到诗歌和绘画,然后再到形成彩虹的色彩。在欧洲,汤姆逊的解说者明显表现出他们对于科学理论与自然风景的诗意之间这些联系的感受。在其他例子中,影响的方向则较不明确,就像在地球科学(尤其是地质学)中形成一种关于"山的忧郁和山的光荣"的艺术(用马修·阿诺德的话说)。比起光学和物理学,地质学是一个后起的科学;这些秘密在大洋底部和沙漠之下,需要有新技术才能探索,它们被说成是探索者对诸如地理学上广袤的撒哈拉沙漠的这些地方征服的梦想。发现经度的追求更加迫切,这一情况被形形色色的作家用诗表达出来,似乎蕴含着可怕的战争意味。[41]

　　此外,早在乔治王朝末期的地质学家(赫顿、维尔纳及其同事)假定真理到底是什么之前,诗人和画家就已经以同样的方式描绘了他们对地球内部的看法。西方想象力的这一面是由《圣经》以及大量游历作品所塑造的。相反,探险者和发现者之所以去发现真理,是因为他们的心灵被海洋、森林和沙漠所唤醒。随着这个世纪的推进,自然界的每一领域都要求有它的艺术领地:文学史诗中的海洋(这个悠久的传统从冰岛传奇和贝奥武夫到《唐璜》的海洋,以及模仿英雄诗的版本,如蒲柏的《夺发记》中的泰晤士河);浪漫散文和哥特式小说中的森林(就像斯莫利特的《斐迪南费曾伯爵》[*Ferdinand*

_781_

[41]　关于对探索的渴望,参见例如 Francis Moore,《走进非洲》(*Travels into Africa*, London, 1738)。

Count Fathom]和安妮·拉德克利夫的《森林》[The Forest]中的大片森林);以及扎根于东方主义小说中的无垠沙漠,就像在贝克福特的故事里那样。悬崖峭壁(高耸的和秃兀的,瑞士的和苏格兰的)成为沉思漫步者和爱做梦者的领地:孤独的水蛭收集者沉思他们自己存在意义的领地。

　　这些发展(对自然风景以及心灵和身体的描绘)是对旅行,特别是对我们的学者一直没有很好提起的**科学**壮游(Grand Tour)的反应。绅士们大量的习惯性旅行,已流行了一个多世纪。不同的是,这时的旅游条件(道路、客栈、安全、健康和护照以及支撑所有这些的新财富)已得到足够的改善,以至于更年轻的绅士能够在他们父母的鼓励下参加旅游。他们的新财富也允许他们有时间去收集物品,并把它们搬回来。这样收集而来的人工物品自然而然地改变了每个人对未来的看法,尤其当物品是来自遥远的植物和动物、矿物、宝石、化石和埋在地下的其他东西。当收藏室摆满了所收集并加以分类的珍品和自然物时,作家,尤其是小说家,就会觉得有必要来通过虚构来描述这些搬回来的物品。

　　在当时的欧洲国家,大多数人正在为生存而斗争,对于这些奢侈品的公众想象各不相同。这些搬回来的物品在说教和道德层面上则是另一回事。对于好学的绅士和(偶然的)贵妇人来说,收集这种遥远的信息是推动知识进步所必须做的;对于以语言或画的形式进行创作的人来说,这是新插图作品的出发点,就像在乔瓦尼·保罗·帕尼尼的反省性作品《现代罗马》(Modern Rome, 1757)和威廉·丹尼尔的具有地质学灵感的作品《沙滩湾的岩石:圣赫勒拿岛》(Rocks at Sandy Bay, Saint Helena, 1794)。[42] 这种固定不变的因素,可能一直是阳光时期精神想象的燃料,阳光时期倾向于这一信念:将来会比现在好并且比过去改进很多。无论从哪个方面看,真正旅行者的报告依然是被艺术想象所支持的最深刻的灵感之一。

科学和幻想

　　并不是每个人都能够对琐事和遥远的细节予以持续的关注,欧洲的"心理医生"也不可能断定其原因。对意识和良心的科学分析还没有得到研究。对后者进行仔细研究的,并不是各种类型的科学家,而是早在詹姆斯·乔伊斯之前的就被称为意识流发明者的著作家——劳伦斯·斯特内。[43] 潜意识这个术语甚至还没有被提到,尽管已有

[42]　近来**进步**概念的编史工作已经触及到艺术,参见 F. Teggart,《进步的观念》(The Idea of Progress, Berkeley: University of California Press, 1929);David Spadafora,《18 世纪英国的进步观念》(The Idea of Progress in Eighteenth-Century Britain, New Haven, CT: Yale University Press, 1990);关于 18 世纪的艺术,参见 L. Lipking,《18 世纪艺术的分类》(The Ordering of the Arts in the Eighteenth Century, Princeton, NJ: Princeton University Press, 1970)。

[43]　参见 James E. Swearingen,《对〈项狄传〉的反思:论现象学的批判》(Reflexivity in Tristram Shandy: An Essay in Phenomenological Criticism, New Haven, CT: Yale University Press, 1977)。

确定的事例证实它的发现者是古希腊人和伊丽莎白女王时代的悲剧作家。[44] 简而言之，是想象的文学（和绘画）一次又一次地提供了科学知识（它可以被用于确证和预见）及其最初的样子。当幻想还没有以疯狂和忧郁的方式被医学化的时候（前面已作讨论），在这样的幻想领域中，最合适的**分析**是艺术的分析。甚至像詹姆斯·汤姆逊（已经提到过）这样的诗人和像亨利·富泽利这样的符号画家，也把他们的注意力转向想象和符号领域，尽管还关注着牛顿学派或哈特莱学派的影响。还有另一些人，特别是欧洲大陆的画家以及向南前进穿越阿尔卑斯山的旅行者，则更是梦幻一般，像是从时空中解放出来的自由精灵。像卢梭处于他著名的沉思和幻想，或者像萨德处于对《闺房》（*boudoir*）中性爱性别扭曲的色情幻想，这些艺术家们幻想并联想各种心理形象，他们几乎都像是服了毒品。

　　但是，这种放纵的精神狂乱并不意味着科学形象或具体理论没有在较深的水平上引导他们。克里斯托弗·斯马特（1722～1771）一直为之感到"欣喜"的"羔羊"，无论描写得多么生动，从来没有无忧无虑地踏在英国的任何牧场或草地上。贝克福特（已经提到过）可能会像一个**英国的**卢梭，用另一种调子去命名他的书信体欧洲游记《梦想，醒着的思想和事件》（*Dreams, Waking Thoughts and Incidents*, 1783）。他所漫步过的地中海台阶和石头都非常特别，还有特别的绘画和窗格玻璃。但主要的目的，无论多么具体和特殊，总归是在他的新奇事物中漫游。这部广泛的作品除几页之外，现在已被毁坏，它大量地揭示了贝克福特由于家庭所迫而压抑的个性。这些各种各样的做梦者，尽管有很大的不同，但都就座于正宗的伦敦人布莱克身边，而布莱克却用虚构的名字称呼他的密友，并斥责为"牛顿和洛克的走狗"。在阿尔卑斯山的北部或南部，科学（某种知识）和幻想（梦中的状态）并没有不一致；它们不过是存在于同一个心灵中的不同帝国。

　　这样一种哲学观点值得重申：现代科学史通常假定，科学赋予艺术家以思想，并被他们所复制、模仿、诗化或描画；但现实要复杂得多。马克·埃肯赛德（1721～1770）就是一个相关的例子。他是一位合格的医生——在莱顿，他在创纪录的时间内（6个星期）写了一篇学术论文——又是一位博学的专家。他在英国行医，后来广泛涉猎科学和哲学，并且还把他的说教知识运用于"想象的操作"，特别是长篇无韵诗《想象的快乐》（*Pleasures of Imagination*, 1744）。[45] 这种著名的理念诗预告了拉马克 - 达尔文意义上的进化，要比进化论的流行早很久。根据洛克的联想论和牛顿的神经传导物理学，埃肯赛德解释了图画怎样在心灵中形成，然后又怎样"升华"为既令人愉悦又美丽

---

〔44〕　Bruno Snell，《心灵的发现：欧洲思想的起源》（*The Discovery of the Mind: The Origins of European Thought*, Oxford: Basil Blackwell, 1953）；最近有 Ruth Padel，《心灵内外：希腊人的悲剧自我形象》（*In and Out of Mind: Greek Images of the Tragic Self*, Princeton, NJ: Princeton University Press, 1992）；这本书对古代世界中的"两种文化"有深刻的暗示。

〔45〕　John F. Norton 编辑并注释了埃肯赛德在他一篇从未发表的医学论文中所写的诗歌，能够拿到的版本只有 1744 年版和 1825 年版，没有现代的注释本；也可参见 George R. Potter，《马克·埃肯赛德：进化的预言者》（Mark Akenside: Prophet of Evolution），《现代文献学》（*Modern Philology*），24（1927），第 55 页～第 64 页。

的诗歌意象。他需要两种知识来展示这种技艺,只有其一是不够的。

　　但是,为什么要人为地称他或把他归为诗人**或**心理学家呢?埃肯赛德除了有这些令人讨厌的简短称号外,还明显被称为像荷兰出生的贝尔纳·曼德维尔(1670～1733)那样的医生 – 诗人,像托马斯·格雷那样的诗人 – 博物学家 – 历史学家。在埃肯赛德那一代人当中,只有大卫·哈特莱能够在医学和文学两个领域中获得心理学家的称号。此外,埃肯赛德与他同时代热情的诗人(特别是从柯林斯和科伯到柯勒律治和雪莱)还对能量的本质(还不是维多利亚时代所变成的熵)进行了高水平的分析——通常是在他们的诗中,而且也在通信中。到 18 世纪末,布莱克把能量概念作了较大的扩充,改造成为专门用语,后来并据此建立了巨大的精神美象征(Enitharmon)的神话学:Enitharmon 代表永久的女性能量,也是整个空间的创造者。[46] 除了布莱克对能量概念作了提升,能量还被赞美为艺术的,特别是诗的固有属性。因此,这些因素(能量、光、想象本身)存在于不同地区的思想背景和民族背景中。比如,北部文学象征着年轻、有想象力和活力,相当于民族文学发展中的青年时期;南部,特别是地中海,那里的文学古老、成熟和拘束。这些趋势深刻地暗示着文学中诸如心灵和能量这种概念的进一步发展。

　　这些发展和重合,必定会在对将来过于乐观的时代,就进步提出深刻的问题。的确如此。进步,通常有许多种类和形式,从明显的到不知不觉的,从小的到大的;从个人的进步到国家和全球的进步;对一个家庭或城镇来说是向前,而对于一个国家来说就可能并非如此。而且,新的区别首先是存在于两种主要类型之间:社会的方面(包括科学)和与人类环境本身(艺术、宗教、道德)的进步相联系的那些方面。后者较少依赖于科学,无论在牛顿的世界和三个达尔文之间作何种解释。

　　当时(以及现在),要找到经得起推敲的事例证明自从古希腊人或莎士比亚以来的诗歌,或自从文艺复兴或莱昂纳多·达芬奇以来的艺术,或自柏拉图和亚里士多德以来的哲学,或自从最初基督教时代以来对上帝以及天国的爱,已经得到了"改进",这是困难的。通过对进步可能性的焦虑,艺术家们对这些明显的紧张做出了部分的反应。沿着这些路线,受弗洛伊德很大影响的美国文学批评家哈罗德·布卢姆提出了一种理

论,认为艺术家,特别是"实力派诗人",要通过克服上帝形象进行创作。[47] 另一些艺术家(特别是与柯勒律治和华兹华斯同类的诗人,他们深信,诗如果要存在就必须与"平民"相联系)较多地从政治上做出反应:他们目睹了巴士底监狱事件,从而唤起了他们

---

[46] Stuart Peterfreund,《机体论和能量的产生》(Organcism and the Birth of Energy),载于 F. Burwick 编,《研究有机形式的方法:波士顿科学哲学研究》(Approaches to Organic Form: Boston Studies in the Philosophy of Science, Boston: Reidel, 1987),第 105 页,第 113 页～第 152 页;关于能量的后来传统,参见 Patrick Brantlinger 编,《能量和熵:英国维多利亚时期的科学和文化》(Energy and Entropy: Science and Culture in Victorian Britain, Bloomington: Indiana University Press, 1989)。

[47] Harold Bloom,《影响的焦虑:一种诗歌理论》(The Anxiety of Influence: A Theory of Poetry, New York: Oxford University Press, 1973)。

最强的灵感。然而，许多著作家和画家，他们感觉到实际存在的艺术进步，并据此进行创作和写作，并不怀疑他们正在用其作品证明着这种理论。

从发展到完美

下面，我们转向本章中的主题之一：确定性与创造性之间的复杂关系。前者是增强后者，还是减损后者？如果存在着艺术进步，为什么不完美呢？无论如何，当时完美把莫名其妙的精神包袱带给了更加世俗的进步。然而，从进步到完美（不是法国思想家所谓的社会完美，perfectibilité，而是艺术中形式的完美）并不是一项艰巨的任务，假如拥有正确的心灵结构的话。从历史上看，艺术完美从来就没有达到过，甚至在伟大的亚里士多德关于美学宣言的理论中也没有达到。对于其中的原因，贝洛里的英国文学批评家约翰·德赖顿在迪弗雷努瓦的《论画艺》（*De Arte Graphica*）的序言中作了解释："尘世的一切事物都是可以改变的，变得残缺，变得衰败。"[48]因此，完美艺术的想法虽然被普遍公认为完美无瑕，但是当其作为变化的必然结果之时，即使在认识论和历史论范畴内也难以立足。

理论与实际的不同，可以有各种理由。新古典主义的虔诚（不同于实际）就意味着有可能接近艺术完美，但如果遵循或只是偶尔打破古老的规则，那就不可能达到这种完美，正像蒲柏的著名格言所说："超越艺术，抓住优雅。"（《论批评主义》[*An Essay on Criticism*]，第 155 行）实际上，这意味着坚持一种现实主义和完全描述的理论，提出了有关文学发展史和类型的一种固定概念：悲剧、喜剧、悲喜剧、田园诗、抒情诗、颂歌等（当时在英国称"文学种类"，在法国称 la lois du genres）。

但是，当时欧洲的完美也引起了另一种（科学的和精神的）共鸣，回应着 18 世纪的大多数审美理论和实践。17 世纪的完美基本上保持在精神方面：安顿心灵的庙宇。从形而上学诗人（沃恩、多恩、特拉赫恩，甚至马韦尔）到剑桥的柏拉图主义者；从班扬和威廉·劳到内战后的神秘主义者和 17 世纪 90 年代的寂静主义者；诗人或艺术家的灵魂与它能够构思和完成的艺术直接地联系起来。在同一个十年中，莫里哀写了他最伟大的剧本，盲人吟游诗人约翰·弥尔顿出版了《失乐园》（*Paradise Lost*, 1667～1674）：这两部作品都不是有意识地要产生出"完美"的剧本或史诗，但都充满了精神完美的概念。同时，英国复辟时期的知识，由于对国内革命的追忆以及科学革命用解剖学的心理和大脑取代了灵魂（在医学和数学中还有另一些替代作用）所造成的影响，而被刺得千疮百孔。法国以及笛卡儿信徒致力于改变，但并没有发生英国那种持续的运动。这是牛津和伦敦生理学家的**另一场**令今天的科学史家和医学史家仍感到敬畏的革

786

---

[48]　John Dryden, 2 卷本《约翰·德赖顿论文集》（*Essays of John Dryden*, Oxford: Clarendon Press, 1900），W. P. Ker 编，第 2 卷：第 117 页。

命——例如被解剖医生托马斯·威利斯及其王家学会的同事们所改变的人体。但是，考察这个时代的另一端（大约 1800 年的完美），一切都在法国大革命之后得到了改变。如果说以往对完美灵魂（精神的、寂静主义的、锡利亚主义的，甚至素食的）的崇拜还没有被完全冲刷，相比起现在被如此多的唠叨和空谈所庸俗地模仿的精神领域来，新的崇拜更是建立在得到保证的个人权利和市民公正的基础上。[49]

由这些对于完美的崇拜所引发的艺术也各不相同：在文学和绘画中，它很少在正式场合得到认可，更不用说模仿老的流派了，而是被设想为新的混合形式，较多地面向下层人而不是上层人，可以说，实际上真正关心的是道德公正和审美自由。最后的线索能够描绘出大约 18 世纪 20 年代小说以及其他散文形式的发展，尽管它们各不相同。这一时期的小说家有着各式各样的机智和讽刺，肩负着道德公正和个人自由的担子，无论是"星期五"（Man Friday）还是汤姆·琼斯（Tom Jones），无论是帕梅拉·威尔逊还是克拉丽莎·哈洛，这些小说中的人物都带着宗教圣战的热情。此外，大约出现在 18 世纪 40 年代的这条时间线，由一种审美理论和实践引起，这一审美理论和实践承受着洛克的和牛顿的后果，并有所反应。艺术中的每一种势力，迟早都会要求将其自身建立在一种确定的完美之上。区别在于完美本身也发生了根本的变化，就像当时最全面的批评家塞缪尔·约翰逊（1709～1784）一再宣称的。他的《词典》（Dictionary）引证了英国神学家理查德·胡克（1554～1600）所提供的荒谬的多重定义："人追求三重完美：第一是感官上的，存在于生活本身所需的东西之中，或是作为必要的补充，或是作为它的装饰；其次是智力上的，存在于没有一个下层人能够做到的事情中；最后是精神上的和神圣的，存在于那些东西中：在尘世间，我们可以通过超自然的方式趋向于它们，但不能在尘世间到达。"[50]

787　　　怀疑主义者否定这一切。休谟和他的苏格兰追随者（包括像詹姆斯·彼蒂这样的诗人，他把这些原则运用于艺术），[51] 还有另一些"自我怀疑的哲学家"，声称人性的所有内容都是不变的，至少艺术并不会进步，或者说，科学进步并不会转化为审美的进步。有些评论者认为，社会进步本身就是一种幻觉，那只是老问题让位于新问题。即使在艺术家看来，这种市民启蒙，正像其审美活动一样，含义是模糊的：因此，从贺加斯或菲尔丁的讽刺看——他们的论证是这样进行的——你看到的是人性的永恒。政府有兴衰，画家的才能有多有少，但人类的本质并不随时间而变化。

[49] Nils Thune，《贝赫蒙主义者和费城人：论 17 世纪和 18 世纪的英国神秘主义研究》（*The Behmenists and the Philadelphians: A Contribution to the Study of English Mysticism in the 17th and 18th Centuries*, Uppsala: Almqvist & Wiksell, 1948）。
[50] 参见 S. Johnson, 2 卷本《英语语言词典》（*A Dictionary of the English Language*, London, 1755），"完美"条目。
[51] J. Beattie，《论与诡辩和怀疑主义相对立的真理本质与永恒性》（*Essays on the Nature and Immutability of Truth in Opposition to Sophistry and Scepticism*, Dublin, 1762）。

另一些人像英格兰的克拉拉·里夫(1729～1807)，则较为乐观，[52]当她在她的三个有代表性的哲学家——霍尔滕修斯(Hortensius)、索弗罗尼亚(Sophronia)和厄弗拉西(Euphrasia)进行对话时，做出如下断言：当社会进步时，他们的文学也在进步："**厄弗拉西**：随着一个国家变得文明，他们的叙述也会变得有条理，并有可能变得和缓——从散文朗诵中涌现出历史，从军歌中产生浪漫故事和史诗。"[53]这些挑战在科学上是很少正面遇到的。伟大的牛顿热衷于古代王国年表的计算；而洛克在他晚年——他于1689年发表革命性的《人类理解论》(*Essay concerning Humane Understanding*)之后活了15年——沉浸于对炼金术的追求之中。[54] 当时，年表和炼金术并不表示理性主义或经验主义的失败。炼金术衰落了，甚至是在中欧——具有献身精神的帕拉塞尔苏斯的故乡——炼金术也几乎没有死，没有被根除，仍然是激发诗人和画家灵感的源泉。[55] 系统研究启蒙时期科学家的传记，你会发现，他们要比哲学家和艺术－著作家更少直接面对重大事件。

甚至科学家对于市民进步的关注也更不直接。[56] 在法国和德意志，这事实上是不存在的，尽管法国人非常爱好(我们所谓的)科学幻想。[57] 18世纪末，一些在叶卡捷琳娜女沙皇俄国宫廷效力的知识分子正仔细考虑这个问题，但是，混合了讽刺与乌托邦小说的英国传统认真地予以应战。科幻小说和科学幻想，仍处于初期，然而当时正在成形。在爱尔兰，斯威夫特的《格列佛游记》中的讽刺面临着严峻的前景，处处都让人感到讨论科学事项正在受到政治堕落的压制，人的自尊从人类诞生以来丝毫没有得到改进。斯威夫特根本不是反科学的，他密切关注着科学与政治的关系，尤其是科学如何被腐败的政客篡改议程而遭受影响。

没有一本18世纪对未来的展望录比当时不出名的英国作家塞缪尔·马登(1686～

788

---

[52] Clara Reeve，《传奇文学的进步，在不同时代、国家和风俗习惯中；及其影响利弊的评论；在晚间对话过程中》(*The Progress of Romance, through times, countries, and manners; with remarks on the good and bad effects of it, on them respectively; in the course of evening conversations*, Colchester, 1785)，第 iv 页："在下面的书页中，我努力地追踪这类作品的进步性，通过它的各个发展阶段和所有变化，指出它对于风俗习惯的最显著的作用和影响，而且根据我的最佳判断，在它所提供的几乎无限的变化中，帮助读者做出选择，此外，还要在图书馆中选择一个最合适的地方，便于那些为了寻求信息或者娱乐的各阶层读者阅读。"关于里夫，参见 A. K. Mellor，《她们自己的批评：浪漫女性文学的批评》(A Criticism of Their Own: Romantic Women Literary Critics)，载于 John Beer 编，《质问浪漫主义》(*Questioning Romanticism*, Baltimore, MD: Johns Hopkins University Press, 1995)，第 29 页～第 48 页；Suzy Halimi，《克拉拉·里夫所见的家庭主妇》(La femme au foyer, vue par Clara Reeve)，《17 世纪和 18 世纪盎格鲁美国的研究学会公告》(*Bulletin de la societé d'Études Anglo Americaines de XVIIe et XVIIIe Siécles*)，20(1985)，第 153 页～第 166 页。

[53] Reeve，《传奇文学的进步》，第 14 页。

[54] 关于洛克的炼金术，参见 Michael Ayers，2 卷本《洛克传记》(*Locke: A Biography*, London: Routledge, 1991)。

[55] 参见 Robert Markley，《衰落的语言：牛顿时期英格兰的艺术表现危机(1660～1740)》(*Fallen Languages: Crises of Representation in Newtonian England, 1660—1740*, Ithaca, NY: Cornell University Press, 1994)；Ernest Lee Tuveson，《赫耳墨斯的三次下凡》(*Thrice Avatars of Hermes*, Lewisburg, PA: Bucknell University Press, 1986)。

[56] 关于这种传统，参见 Paul Alkon，《未来派小说的由来》(*Origins of Futuristic Fiction*, Athens: University of Georgia Press, 1987)；W. Hirsch，《科幻小说中的科学家形象》(The Image of the Scientist in Science Fiction)，《美国社会学杂志》(*American Journal of Sociology*)，63(1958)，第 507 页～第 512 页；Rosalyn D. Haynes，《从浮士德到核战争狂：西方文学中的科学家形象》(*From Faust to Strangelove: Representations of the Scientist in Western Literature*, Baltimore, MD: Johns Hopkins University Press, 1995)。

[57] 关于法国传统，参见 Arthur B. Evans，《重新发现儒勒·凡尔纳：启蒙主义和科学小说》(*Jules Verne Rediscovered: Didacticism and the Scientific Novel*, Westport, CT: Greenwood Press, 1988)。

1765）在其《20世纪论文集》(*Memoirs of the Twentieth Century*, London, 1733) 中所做的道德的预测更准确：科学将摧毁那些滥用它的人。这部作品要出版6卷，但只见到过1卷；它的副标题是："乔治六世统治下的国家原始书信：有关不列颠和欧洲以及世界的最重要的事件……从18世纪中期到20世纪末。1728年收到并公布，现在予以出版……共6卷。"马登很快停止出版这部作品的原因一直未能知晓。美国学者保罗·阿尔孔最早恢复了它的出版，并证明它并没有受到17世纪法国匿名的未来派讽刺作品《追随者》(*Epigone*) 的影响（法国人曾引领现代早期的科学幻想）。阿尔孔还认为它融合了反面乌托邦的、哥特式的和浪漫的因素。在当时，《20世纪研究报告》是《格列佛游记》与《弗兰肯斯坦》(*Frankenstein*, 1819) 之间一个重要的18世纪链接。

在书信体结构中，用过去式的叙述方式，对未来做出独特的评论，这种作品暗示着一种新的美学，并且直接通向在我们接近2000年时的"老大哥"（Big Brother）*的世界。而且，阿尔孔把它看做是"不成功的讽刺"：[58]或许是由于其模糊的宗教笑柄和其他语无伦次的地方，尽管阿尔孔也确证了马登关于未来的许多直觉。例如，马登的角色声称，20世纪将会讲英语。马登还用了德意志的博学之士阿塔纳修斯·基歇尔在《惊喜之旅》(*Itinerarium Extaticum*, 1656) 中的令人惊奇的太阳系之旅。一天夜里，一个守护天使来到马登的房间，在那里，他于1728年写了文件（他声称），并从20世纪开始将它们转交出去，直到1998年5月1日。马登的小说总是花大力气在2001年千禧年前夕对科学和艺术之间进行协商，并徘徊于几个国家（20世纪90年代的英国、法国、意大利、土耳其、俄国），以寻求"科学世界中无穷无尽的难以置信的事实"。[59]

以匿名的方式继承马登的是1763年法国记者路易-塞巴斯蒂安·梅西耶的《2440年》(*L'An 2440*)，这是一个五花八门的巴黎之游，其中有仁慈的政府与当时腐败的制度形成对照。[60] 梅西耶想象的国家与它的邻邦保持着幸福的和平状态，不再一心梦想着殖民地的财富或奴隶。如果马登和梅西耶读过《格列佛游记》，他们就会大量地吸收尤其是有关政治腐败以及未来政府中反腐败的内容。科学和技术，在牛顿去世后的那个时代获得了新的活力，也许已经危险地鼓动了泛欧洲的战争，同时诱发了他们终止战争的梦想，这在一个世纪之前的"三十年战争"（Thirty Years' War）时代时是完全不可能知道的。正如阿尔孔所写的，马登的想象是"对未来战争的侵略主义的幻想，这场战争由一个不可能真的有能力的20世纪的精神统治者所指挥。除了存在一位事事成功并最终战胜了法国的乔治国王，那就像在18世纪"。[61]

---

* 英国作家乔治·奥威尔的代表作《1984》中的人物。2000年时，英国电视台以此命名其颇负争议的"真人秀"节目。——译者
[58] Alkon,《未来派小说的由来》，第93页。
[59] 引自Alkon,《未来派小说的由来》，第111页。
[60] 迄今为止，用英语做的最充分的说明，参见Robert Darnton,《法国大革命前被禁的畅销书》(*Forbidden Bestsellers of Pre-Revolutionary France*, Cambridge, MA: Harvard University Press, 1996)，第118页～第136页，第226页～第232页；Alkon,《未来派小说的由来》，第4页，第111页～第113页。
[61] Alkon,《未来派小说的由来》，第112页。

　　然而,18 世纪有关"未来"的难题是一个承载着太多意义以至于不能忽视的话题:在梅西耶的小说主人公于 1771 年在巴黎获得新生后的一年里,梅西耶的作品被翻译成英文《2500 年论文集》(*Memoirs of the Year Two Thousand Five Hundred*, 1772),这为诸如《1984》(*Nineteen Eighty Four*)等巨著铺平了道路。这些作家把古老的伊拉斯谟乌托邦从虚无缥缈、没有效力的王国搬到了实实在在、具有影响的未来可能性的舞台上。18 世纪末的另一些法国作家——特别是勒蒂夫·德·拉布雷东,在《遗作》(*Les Posthumes*, 1802)——描绘了一个以行星演化和生物进化为标志的遥远未来。[62] 人们还没有设想出"老大哥"和 H. G. 韦尔斯(H. G. Wells),即使像弗兰肯斯坦这样一个危险的东西,也只是在 1791 年法国大都市的社会相残的后果中才有可能想象出来。[63] 这就是展现在法国市民眼前的未来,而不是科幻小说或科学幻想中的。无论是写月光照耀的莱芒湖(Lake Leman)畔,还是写鬼魂出没的意大利宫殿,比如遥远的塔兰托(Taranto)海峡上的奥特朗托(Otranto),哥特式小说可怕地描写鬼魂出没的住宅和荒凉景色,肢解杀害逃亡者和复仇者,捕捉着这些恐怖事件。全欧洲的诗人都在写极端的东西。留给社会批评家的是工厂和城市中更为世俗的未来,他们既不认为社会是进步的,也不认为科学将会拯救世界。

790

消费者的想象

　　对人类进步和社会完美的前景所抱有的轻松乐观的态度,由于这些反面的张力而受到遮蔽。因此,如果没有消费社会为这种乐观提供燃料(主要是经济的而不是医学意义上的消费)——也就是说,使它不断凝聚,而不是日渐衰弱,这种乐观就不可能发展。人们(包括出生高贵的、低下的以及整个中间社会阶层)购买、积聚和收集物品,而且最重要的是,以一种空前的方式享用新出现的奢侈品,尽管还有持久的贫穷。[64] 在欧洲新兴国家(法国、英国、瑞典、奥地利、俄国)中,奢侈品成了 18 世纪下半叶现代生活的基本要素,它遍布英格兰,进入富裕的摄政时期人们的客厅和逐渐增加的新城镇,而这些城镇的庞大是由于其中有物品。

　　然而,奢侈品不仅仅是强大经济发展的副产品,而且也是一种影响国家艺术生活的一种力量和习惯。如果说我们在一代伟大的历史学问中学到了什么东西(我尤其会想到约翰·布鲁尔及其同事们编写的有关消费模式的 3 卷本),那就是在这一限定的

[62]　Alkon,《未来派小说的由来》,第 4 页。

[63]　参见 Stephen Bann 编,《弗兰肯斯坦:创造和怪物》(*Frankenstein: Creation and Monstrosity*, London: Reaktion, 1994); Tim Marshall,《从谋杀到解剖:大肆掠夺、弗兰肯斯坦和解剖学文学》(*Murdering to Dissect: Grave-Robbing, Frankenstein, and the Anatomy Literature*, Manchester: Manchester University Press, 1995); Radu Florescu,《寻找弗兰肯斯坦:探索玛丽·雪莱的怪物背后的神话》(*In Search of Frankenstein: Exploring the Myths Behind Mary Shelley's Monster*, London: Robson, 1996)。

[64]　John Sekora,《奢侈:西方思想中的概念,从伊甸到斯莫利特》(*Luxury: The Concept in Western Thought, Eden to Smollett*, Baltimore, MD: Johns Hopkins University Press, 1977),仅存现代研究,而大量的工作仍在进行中。

范围内,这种人类的活动通过艺术家而变得理想化:绘画、诗歌,甚至许多新小说,现实地描写从衣橱到服装、从礼服到银饰的所有一切。[65] 科学知识常被描写为理论的或技术性的,即使是在现代社会的早期。然而,它们把触角伸到了熟悉的家庭生活,在那里,一切进步都归功于给人类带来好运的"科学":熟悉的辉格党的历史理论。由于这个原因,另一些人,甚至前面提到的学院院长威廉・卢瑟福宣称:艺术和科学在同一把伞下,视它们为基本相似的人的活动,尤其是它们采取了多变的形式,承受着新的消费热情的压力。[66]

791 　　积聚和收集与科学活动有什么相同之处呢? 当欧洲启蒙时期旅行者第一次到荷兰看到荷兰旅行者随身带回财宝从而积聚了他们的东印度群岛的财富,就知道了答案。[67] 遍布于生活之中的奢侈品,后来成为科学收藏品,进入收藏室和珍品博物馆,所有这一切都会激起小说家和艺术家之类的普通的想象。在今天,科学如果没有收集、整理和分类,就不可能像以前那样地发展,这是普通的道理。但是,"收集"也被美学化和理想化:这是它们进入文学 - 文化领域的转折点,也是本文的主要目的。而且,执著或过度的收集者最终会被固定为一个极端的人物——先是被讽刺(蒲柏),后来当收集整理被普遍看做是一种需要牺牲、寂寞和避世的孤独活动时又被浪漫化(霍勒斯・沃波尔和贝克福特)。这一时期的游牧诗天真无邪地开始,到浪漫主义达到全盛时结束,还伴有古老的柯勒律治水手被困在寂静的大海上,华兹华斯的追随者四处闲逛收集着水蛭。小说家范尼・伯尼把传统主题转向家庭生活,并在《闲逛者,或女性的困难》(*The Wanderer; Or, Female Difficulties*, 1814)中将它性别化和道德化,而且还从中硬是发掘出"科学"。

　　博物学让这些活动结合在一起。当时,没有哪种闲暇活动能够比得上植物学那么不可思议地引发出好奇心,特别是那个时期人们对性的潜在倾向的好奇心,它如此不可思议地构成了女性心理的一个本能部分,以至于将同时代女性带去乡村花园并使海滨胜地得以发展。这在北欧国家要比在南方更真实——主要是由于妇女的社会经济地位所致。[68] 18 世纪是乡村漫步发展甚至达到完美(与前面讨论过的许多"完美"相一致)的时代,也是城市步行道向四周延伸的时代,正如英国城市诗人约翰・盖伊的《琐事:或街上的步行艺术》(*Trivia: or the Art of Walking the Streets*, 1716)所描写的,是

[65] John Brewer 和 Roy Porter 编,《消费与商品世界》(*Consumption and the World of Goods*, London: Routledge, 1993);John Brewer 和 Susan Staves 编,《现代早期的财产概念》(*Early Modern Conceptions of Property*, London: Routledge, 1995);Ann Bermingham 和 John Brewer 编,《文化消费(1600 ~ 1800)》(*The Consumption of Culture, 1600—1800*, London: Routledge, 1996)。

[66] 参见 Rutherford,《论古代史:兼论文学与美术的进步》。

[67] 法国人的收集比荷兰人来得要晚,参见 Marc E. Blanchard 编,《书写博物馆:沙龙中的一群狄德罗》(*Writing the Museum: Diderot's Bodies in the Salons*, Lexington, KY: French Forum Pubs., 1984)。

[68] 参见 Olwen H. Hufton,《她面前的景色:西欧的女性历史,第 1 卷,1500 ~1800 年》(*The Prospect Before Her: A History of Women in Western Europe, Vol. 1, 1500—1800*, London: Harper Collins, 1995),第 59 页~第 98 页。

对他的早期作品《乡村运动》(*Rural Sports*, 1713)的矫正。[69] 新植物学在这两个地理位置上得到发展，尽管每一处环境并不相同，女人们漫步于乡村，在一个地方寻找花草树叶，又在另一个地方建立新的花草园。对女人们来说，植物学已提升为一种热情，而不只是用于消磨时间，因为女人开始理解它的科学成分(林奈)，[70] 这是她们通常在新天文学、数学或光理论(牛顿)中所不能理解的。她们还着迷于植物的繁殖，这是她们的天性之所在。通常这些差别不是由什么特别的深奥的原因决定，而是由受自然科学教育的水平以及妇女在怀孕期间普遍具有对死亡的恐惧所决定。男人当然也有天性，他们特别为自己后代的政治和经济地位忧虑。但由于他们的生殖器远没有女性的那么敏感，因此，他们对于植物和花的繁殖所具有的复杂性也较少好奇心。

792

在博物学中，植物学是以图画的形式随意地表现出来：理想化的绘画和漫画式勾描。后者根据主题而不是实际采取单色描绘(大部分漫画都有色彩)，并且让男人感到女人正成为植物学家而同他们抗衡。早期女性植物家的漫画表现出对属于欧洲男性特权的一种研究工作的渴望。新的差别明显是植物学的现实主义及其已被发现的性的基础——不仅有林奈的两性革命及其伴随的分类学的政治，而且还有女人自己设计和建立的看得见的艺术花园：在英国，有卢克斯伯勒女勋爵的异国情调的丛林，萨拉·阿博特的各种草本植物园，玛丽·杰克逊的花园，珍妮·劳伦斯的获奖的园艺展览园。[71] 如果从数量上看，瑞典、丹麦和低地国家较少有类似的花园。因此，到尼赫迈亚·格鲁和菲利普·杰勒德(1690～1720)时期为止，男性的植物学在差不多一代的时间中(大约 1740～1770)部分地变成了女性的植物学。

在林奈在全欧洲关于植物命名法(1760～1780)的争论中占了上风之后，女人们可以用自己的肉眼观看植物的性器官：外阴、子宫、腔。林奈之前植物命名法中所禁止的东西(对有关植物的性器官的言论或文章的限制)很快变成了盛行的诗歌解放，继富于想象的利奇菲尔德(Lichfield)医生(伊拉斯谟·达尔文，以进化论而闻名的查尔斯的祖父，一位履行自己权利的文化使者)出版《植物之爱》之后。因此，伊拉斯谟·达尔文在书中谈到了女性解剖学、妇女钟爱的植物和女性的爱：到 18 世纪末，这一组类比同时改变了职业的和业余的植物学实践活动。但从哲学的角度考虑，这种发展是**艺术**还是**科学**？或是总和的其他东西？关键的不是标签，而是实质内容。标签实际上并不能说

---

[69] 参见 Anne D. Wallace，《步行、文学和英国文化：19 世纪逍遥学派的起源和作用》(*Walking, Literature, and English Culture: The Origins and Uses of Peripatetic in the Nineteenth Century*, Oxford: Clarendon Press, 1993)，第 1 章，关于 18 世纪。

[70] 关于这一背景，参见 N. Jardine、J. A. Secord 和 E. C. Spary 编，《博物学的文化》(*Cultures of Natural History*, Cambridge University Press, 1996)；Ann B. Shteir，《培养女性、培养科学：英格兰花神的女儿及植物学(1760 ～ 1860)》(*Cultivating Women, Cultivating Science: Flora's Daughters and Botany in England, 1760 to 1860*, Baltimore, MD: Johns Hopkins University Press, 1996)；Londa Schiebinger，《自然的身体：性别政治和现代科学的形成》(*Nature's Body: Sexual Politics and the Making of Modern Science*, London: Pandora, 1994)；Schiebinger，《心智无性吗？现代科学起源中的女性》(*The Mind Has No Sex? Women in the Origins of Modern Science*, Cambridge, MA: Harvard University Press, 1989)。

[71] 参见 Miles Hadfield，《英国园艺的历史》(*A History of English Gardening*, London: Murray, 1979)，第 3 版，第 259 页；Shteir，《培养女性、培养科学》，第 55 页注释 69，第 120 页。

明什么,除非复杂关系的历史记录极其重要,就像在本文的核心中那样。

提这个问题可能是奇思怪想。原因在于其他领域从来没有如此显著的性别压力:过去一直是男性的领域,此时不仅受到女性的挑战,而且被她们所占领。理论植物学的这种转变与公众闲暇时对它的追求,不是一蹴而就的,尽管它出现在一个社会的社交敏感层之下,但又可以说是一个显而易见的过程,它既是理论的又是实践的,既是科学的又是艺术的。在这个时期,其他任何基于科学的事业都不会像它这样以性别差异为界来对大众科学产生如此大的影响。事实上,女性很少在这样的程度上收集化石、蝴蝶或埃尔金大理石雕刻,部分原因是她们没有按常规参与壮游。因此,她们很少被提及。即使在个别情况下她们被画家所描画,那也是以幽默的而不是真实的方式。性别和道德之间的联系的确扩展到了这些闲暇活动中,明显深深地切入了当时的社会结构之中。如果后牛顿时代(post-Newtonian)的科学对于那个时代的道德层面是至关重要的,比如惊人地预示着市民和人道社会的实现,那么,它对于有性别差异的闲暇活动这一公认观念的转变同样是极其重要的。

但是,乌普萨拉的林奈不是利奇菲尔德的达尔文。他们不仅不同,而且他们的研究方式也不一致。从历史上讲,没有人会比伊拉斯谟·达尔文更多地把性征(sex)和性别(gender)带入到植物学和诗歌中,他当时的人以及科学状况在我们这一代已经发生了改变,正如他的《植物之爱》中的植物学改变了公众的品味。今天有些学者认为,达尔文对于进化和自然选择理论的发展,与他的孙子查尔斯同样重要。人们不再怀疑他具有非凡的直觉,做出了各种尝试,如运河闸门、蒸汽式飞机和新的气象测量方法等。[72] 即便如此,只看到他的“性的科学”或它的知识基础,而撇开其根源,这可能是错误的。性别和性征的理论(大约1750～1790)在很大程度上是受到新生物学的刺激而发展起来,而新生物学是解剖学和生理学的进一步发展;接着,这些理论与广泛的基础性的艺术灵感相混和,带来了进一步的创造,推进了哥特式小说、艺术(尤其是科学插图)、说教文学(这种小说充满了来自科学著作的逐字逐句的长篇引用和段落)和古怪的早期人类学文学,这在英国社会哲学家马丁·马丹(1726～1790)的《女性的堕落》(Thelypthora)中可以看到,这是极力要求多配偶在英国合法化的一个预言。[73]

在当时,促进文学与科学(现代意义上)在博物学中相互交汇的是一种复活的性想象:好奇、勇敢,并不是有些人所说的那种淫乱或色情。[74] 文学和科学交汇之前的数十年间,从18世纪50年代英国的“有性的贺加斯”发展至顶峰,到18世纪中期亨特兄弟

[72] D. G. King-Hele,《伊拉斯谟·达尔文》(Erasmus Darwin, London: Macmillian, 1963); Eramus Darwin,《伊拉斯谟·达尔文书信集》(The Letters of Erasmus Darwin, Cambridge University Press, 1991), D. G. King-Hele 编。关于进化理论来源的讨论,一直持续到我们这一代,可以追溯到比达尔文和默佩图依(Maupertuis)更早的几个世纪,甚至古代。

[73] Martin Madan, 2 卷本《Thelypthora;或论女性的毁灭》(Thelypthora; or, A Treatise on Female Ruin, London, 1780)。

[74] Peter Wagner 曾为色情的倾向辩护,参见《色情书刊和启蒙运动》(Erotica and the Enlightenment, Frankfurt/Main: P. Lang, 1990);Wagner,《爱神的复活:英国和美国启蒙运动时期的色情作品》(Eros Revived: Erotica of the Enlightenment in England and America, London: Secker and Warburg, 1988)。

的实验解剖工作,这肯定也构成达尔文广阔心灵的内在部分。把他的想象局限于不恰当的类推(illicit analogy)*的小树林(一种后林奈的阿尔丁森林[post-Linnean Forest of Arden]**)是不够的。达尔文为了他那传统所不许的植物之爱和《动物生理学》(*Zoonomia*, 1794)中同样大胆的**反特创论**(creationism)的新进化论,利用了一个更广阔的性的背景——两种性别间的新压力,对于古老的男性特征的攻击、改革离婚法的新愿望所导致的婚姻制度的逐渐衰落、甚至可能出现的婚姻解放和多配偶乌托邦。这些就是法国大革命之后、在下一代人中达到顶点的背景,就像在 1818 年玛丽·雪莱异想天开的创造物"弗兰肯斯坦"中一样。通过对从所有桎梏中解脱出来的性欲的世外桃源式的自我想象,他们把一种布莱克式的、预言世界末日的那一面赋予了伊拉斯谟·达尔文。

但这仅仅是一方面,因为达尔文与布莱克之间的差别与他们的相似同样大。如果说在描述植物"未婚恋情"时,达尔文的多配偶制的想象已经疯狂,那么,他同时代的人(威廉·布莱克)则是幻想宇宙天堂中生命的更加永恒,即使当他在《约伯记》(*Job*)、《茜儿记》(*Thel*)和《美洲:预言》(*America*)的插图中描画身体的主要结构时。[75] 这两个人几乎是同时代人,出生只相差 25 年,布莱克与达尔文的关系要比想象的更加密切,肯定要比与瑞典的林奈的关系密切得多。而且,如果达尔文是自相矛盾不可预测的人物(他一方面自命为管理其位于利奇菲尔德中部乔治时代英国乡村庄园内的月光社的文化大使,另一方面非常详细地描写植物和花,他的比喻看上去就是一种前所未有的色情描写),而布莱克则是那个世纪最具艺术幻想的人,也是对牛顿科学开始最能吸收、后来又予以反对的人。[76]

然而,如果说布莱克是通过从心理上反对牛顿以使其艺术和诗歌获得活力,那么,达尔文则没有这种必要。他的维吉尔是瑞典的林奈,并不是任何本地的英国物理学家,这也是他们的精神宇宙观之所以不同的进一步原因。他们的神学,无论是瑞典的还是英国的,确实是不同的,正像这些解释体系所依据的物理科学。而且,布莱克并不像达尔文那样,对爱具有"浪漫的"敏感性:布莱克的中心主题是一种以个人体验以及对此做出妄想反应为基础的幻觉神秘主义。如果贵族化的拜伦(另一位同时代人)的主要心理反应是他在创造对象并用讽刺予以揭露时的激动情绪,那么,布莱克的心理

---

* 指经受不了时间检验的类推。据原作者 2008 年 5 月 12 日给校者的电子邮件。——校者
** 阿尔丁森林,位于英格兰。莎士比亚的喜剧《皆大欢喜》(*As you like it*)就以它作为背景地。莎翁用它来作为复杂性和分类(classification)的一种隐喻。据原作者 2008 年 5 月 12 日给校者的电子邮件。——校者

[75] Raymond Lister,《恶魔的方法:对威廉·布莱克的艺术技巧的研究》(*Infernal Methods: A Study of William Blake's Art Techniques*, London: Bell, 1975);David Bindman,《作为艺术家的布莱克》(*Blake as an Artist*, Oxford: Phaidon, 1977);Morris Eaves,《威廉·布莱克的艺术理论》(*William Blake's Theory of Art*, Princeton, NJ: Princeton University Press, 1982);Janet Warner,《布莱克与艺术语言》(*Blake and the Language of Art*, Kingston: McGill-Queen's University Press, 1984)。
[76] Donald Ault,《幻想的物理学:布莱克对牛顿的回应》(*Visionary Physics: Blake's Response to Newton*, Chicago: University of Chicago Press, 1975);Nelson Hilton,《文学想象:布莱克对词的想象》(*Literal Imagination: Blake's Vision of Words*, Berkeley: University of California Press, 1983)。

反应则是对权威的一种极度忧虑,这使得他怀疑一切:他对所有公共机构都能产生确定知识的想法提出挑衅,视自己为某种科学上的反救世主者。理性知识和科学体系是他所憎恨的双重幻影(Doppelgänger)。

无论在欧洲什么地方,都不可能有其他诗人像布莱克那样执著地进入确定性和创造性的迷宫,并依据个人的心理反应给出艺术性的解答。正是这个原因,他造成了这个领域的历史张力,值得广泛的讨论。他后来在《耶路撒冷》(*Jerusalem*)中的诗歌预示着世界末日,根本不同于此前实际上已接受的整个启蒙程序:喇叭总会响起,地球总会裂开,世界总会结束;温顺的人们将继承天堂的王国,正如内战以来许多激进的宗派那样。在海峡的那一头,另一场完全不同的"内战"正在进行,从而支持了布莱克所谓所有哲学"启蒙"都只是进一步束缚人性的荒唐可笑的失败看法:"锁住心灵的链条,/就像冰制作的桎梏/在永恒中分解,破裂"(《尤里真之书》[*The (First) Book of Urizen*],4.4.1,37~39)。这事实上是对这里所讨论的进步和完美的**所有**各种观点的沉重打击。

布莱克是一个特殊的人物,他的才能涉及诸多领域(诗歌、绘画、神话、神话艺术、绘图技术),无论在欧洲什么地方,都不可能有人与他相媲美。所有的对比都经不起检验:斯堪的纳维亚的神秘主义者斯韦登博格、瑞士幻想画家富泽利以及整个 18 世纪具有灵感的法国预言家。布莱克自己并不拥有始终一贯的关于法国革命起源的理论,但是,正如美国的布莱克学者戴维·厄尔德曼早就证明的,布莱克相信法国革命的政治基础取决于启蒙时期科学对繁荣旧制度(ancien régimes)的容许。一流的历史学家仍在讨论这些起源问题;几乎没有人会支持布莱克的观点。然而,在其中有某种东西支持一个虚妄的想象,这种想象忠于这样的观点:"我必须创造一个体系,要不就是被其他人的体系所奴役。"(《耶路撒冷》*,插图 10.1.20)除了世界末日的观点之外,布莱克也不拥有任何有关进步的重要观点,他把大多数自然科学说成是隐蔽的邪恶。

没有启蒙时期的科学,布莱克现象是不可想象的。把他与稍逊于他的法国人相比(鉴于没有可比性,这项工作肯定是假想的),甚至是为了进一步的对比,把他比照于法国的伊拉斯谟·达尔文信奉者(卢梭、居维叶和拉马克),差别是如此地明显,以至于无须说明。不仅有个人偏好的不同,而且还有国家和社会政治的不同。他们强调的是艺术性的结合。法国的科学和法国的文学从来没有共存过,就像在海峡另一边的科学和文学一样,这要归因于理性传统(法国)与经验传统(英国)的对抗。谁是法国的约翰·洛克或大卫·休谟? 如果像亚历山大·蒲柏及他那个时代的某些英国知识分子所做的一样,那种牛顿的"过分苛求的缪斯女神"(demanding the Muse)的想法,是绝不可能的。他们采纳的是理性的笛卡儿,而不是一种经验的、主张限制教皇权力的牛顿。

＊　布莱克的诗集《耶路撒冷》中有许多插图。这是其中之一。据原作者 2008 年 5 月 12 日给校者的电子邮件。——校者

这也就是为什么 18 世纪后期知识分为专业（学科）的做法会首先出现在苏格兰和英格兰而不是其他任何地方的原因（一种英国的而不是法国的现象），同时，这也解释了为什么在 18 世纪法国文学传统中没有任何东西能够与布莱克全面反抗"牛顿和洛克的叫声"相提并论。如果国家和民族的传统关系到艺术**和**科学的构成问题（本文已强调过），而且这种构成影响到每一个知识分支的发展，那么，在布莱克的真正自传的上下文中肯定能够看到他：首先是一个英国人，其次是一个伦敦人，只有第三和第四，才是一个有创造的艺术家和有幻想的思想家。

布莱克与经验和理性启蒙的主要传统所发生的根本决裂也建立在进步与完美的另一种版本之上，而不是我们一直在探讨的那些版本，这些版本具有以下特征：理性的、逻辑的、社会的、市民的，也许沉重缓慢但却为全人类谋福祉，而且最为重要的是，这些版本乐观地认为，人类最终可以获得进步，甚至可能达到完美。布莱克照例设想出对立者，正如他的天真而暗淡的《天真与经验之歌》（*Songs of Innocence and Experience*）。不同于他同时代的许多人，他尽管有健康的身体和 70 岁的高寿，但从来没有外出旅行过，从来没有离开过英国、参加过壮游、翻越阿尔卑斯山脉或到其他地方。他的旅行是心灵的：心灵的航行、心灵的旅者，对绝望结局那种预告世界末日般的想象通过新耶路撒冷（New Jerusalem）*的号角的预示和对邪恶的（unholy）救赎才能得到减缓。[77] 在他那里，看到了牛顿以及后牛顿时代科学的最为暗淡的评论者。他是最为激烈的反牛顿者；他憎恨牛顿，不仅因为他是文学家（像兰姆那样），而且还因为牛顿这个怪兽（Leviathan）狂乱地把人的全部工作科学化。布莱克谴责牛顿、洛克和伏尔泰给人类造成的危害，并没有对他们工作中任何好的方面予以赞赏。他认为他们代表了反人性的罪恶，尽管事实上，他出于自己的目的也不断地从他们那里抢劫东西。

在对于英国各种信奉牛顿学说者的看法上，布莱克并不孤独，他不过是最为激烈的反对者。某些与布莱克有着各种折中主义共鸣的同时代的浪漫诗人和画家，和他一起退缩了（这几乎是不可怀疑的）。对他们来说，进步只是一种幻觉。一切都不曾变化，尤其是经济贫穷和国际战争没有改变，这是人性永恒的最好证据，当然，有益的科学或应用技术也没有导致任何改变。[78] 运用于社会的科学，（对他们来说）败坏甚于纯净，而且永远是走向腐败的。科学职业的发展（在医学和技术方面，在海上，在大学里）就像不断增长的政府官僚机构，都是应当受谴责的。所谓科学在某种方式上促进艺术发展或人类精神解放的说法，他们认为完全是胡说八道。科学阻碍了它的发展，束缚着它，削弱了它的创造冲动，而不是加速它，并且通过体系化而使它变得僵化。对于布莱克来说，人类唯一可能的完美（如果确有其事的话）只能是心灵的完美，是科学无法

---

* 在神学上指极乐世界，由耶稣指定的灵魂的归宿。也被用于喻为"极乐世界"，即地球上的理想社会。——校者

[77] 关于这种传统，参见 Stock，《神与恶魔》。

[78] 尽管有新的批评与学识，但对于这些问题的最明智的评述仍然是 Wylie Sypher 的《文学与技术》（*Literature and Technology*, New York: Random House, 1968）。

达到的完美。对于心灵,科学无能为力,而且继续如此。

对科学与艺术之间以相互促进为主的再次怀疑,兴起于 1799 年进入 1800 年之际,这不只是因为 43 岁的布莱克,他预示世界末日的《耶路撒冷》再过 4 年(1804 年)才出版。在那个世纪更替的时候,拿破仑任执政官,英雄人物(比如秘鲁的征战者弗朗西斯科·皮扎洛和复兴"三十年战争"偶像瓦伦斯坦伯爵将军)吸引着英国的著作家(分别有谢里丹和柯勒律治)通过翻译把他们带到英国的读者面前。相似的决裂也发生在华兹华斯和柯勒律治身上,他们于 1800 年出版了具有革命性的"抒情叙事诗"第 2 卷,其序言以文学宣言形式写成,并非针对专业读者,而是面向大街上的普通人。这种怀疑一直延续到新 19 世纪的前景中。它还包含了科学与艺术之间存在的一系列新发现的问题,这些问题处在不断增长的专业化的压力之下:在大学里,在学术研究院里,在发展中的职业及其出版物中,在社会尤其是在不稳定的法国革命的政治后果中。

在历史上,这些负面作用很少有像布莱克那样表述得如此激烈(几乎像是咒骂),他盼望"培根、洛克和牛顿从英格兰消失/脱去他污秽的长衫,让他穿上想象的外套"(《弥尔顿》[Milton],2.5～2.6)。还有怎样的表述会比这更加明确?莱茵河流域的东面,德意志的浪漫主义者(尤其是席勒、诺瓦利斯和施莱格尔)和法国的斯达尔夫人正在编织他们自己的"艺术和科学"的神话,而且,像弗朗索瓦·布歇这样的画家在巴黎描绘他们对于二者统一的梦想(就像他的"艺术和科学"雕塑),但从来也没有理会过布莱克的指责。对于科学的艺术怀疑与想象,要比在布莱克那里更加平衡,并且在新的领域里变得淡化,尤其在宇宙和太空,科学已对诗人和画家开放。如果所有这些艺术家真的怀疑 18 世纪的进步(取决于对国家、帝国、奢侈品和消费的新感觉)为各种完美铺平了道路,那么,他们仍然会承认辉格党的观点:局面正在改善,而且普通人的生活要比 1700 年宽裕多了。甚至连华兹华斯和柯勒律治此时也会为他们作诗,这对阿狄森世界中的"涂鸦社成员"(the Scriberlians and Wits)*来说是不可思议的局面。因此,矛盾消失了。社会仍然分为阶级,巴黎的东面与西面没有两样。普通人几乎不知道科学,许多人从来没有听说过牛顿或他的消失。但即使如此,人们的想象已经发生了改变,这或许是由于科学的技术运用。

内在的心灵已经向普通人敞开,正如华兹华斯和贝多芬(**两者都**深深地扎根于 18 世纪,在世纪更替时都是 30 岁),他们虽然各自对人类和艺术进步的可能性抱有深刻的怀疑,但都以自己独特的方式得到了认可。只要考察一些这几个世纪极端的事件,就能看出其中的差异。正当从 1699 年进入 1700 年的时候,在那年去世的英国诗人剧作家约翰·德赖顿(1631～1700)写成了"世俗的假面舞会"(The Secular Masque),以庆祝新的世纪,充满着一种在其他几个世纪更替中难以见到的乐观主义:

> 时间,时间,加快了你的脚步;

---

* 参见本书第 23 章原 542 页校者注。

旋转了一百次的太阳

光芒四射

正是以它竞赛的速度。

看哪！看哪！目标就在眼前；

展开翅膀飞翔。(1～6)

　　整整100年以后，在1800年(正当英国诗人威廉·科伯去世、英国历史学家托马斯·巴宾顿·麦考利出生时)，在《绅士杂志》(*Gentleman's Magazine*)上一篇匿名的社论斥责了可鄙的18世纪："所有这些(18世纪的)恐怖都进入了这个世纪(19世纪)的开端。新的一代如果在其影响下而完全堕落，那么就不会有因高尚品德和伟大成就而著名的名字和人物！就不会有诚实、仁慈以及一条条合理的原则……"[79]

　　这就是海峡两岸经历过18世纪90年代可怕岁月的人们的世纪焦虑。在那个年代里，法国的政治剧变，美国的新总统产生，激进的宗教在全欧洲复兴，出现了世界末日和黑暗的预言。当时钟指向1800年的时候，法国威胁也没有被根除或使其归于平静。然而不知何故，经过所有这些混乱和谴责的起伏，有道德的科学，这一诗人的灵感和艺术的解放者获得了胜利。对一些观察者来说，似乎是如此。或许它就是解放者，它还将继续下去吗？在1800年或者大约那个时候，没人知道正确的答案，在重温这篇文章的历史过程中，人们开始得以窥见兰姆*思想的深处，我们正是与他一起开始了这种探索。当迷雾消散时，我们看到他把自己包括在怀疑论者中，而正是由于他们，牛顿、洛克及其同盟**陷入**而不是摆脱了这些同类相残的事件。正如我们在开始时所指出的，文学家的科学，尤其经验的牛顿科学，对于兰姆来说，根本不是自由、想象和创造性所依赖的基础。

　　19世纪早期要回答的问题是不同的。他们详细地说明科学是**某种知识**，并追问科学是哪一种知识(兰姆把它视为死知识)。他们问道，如何把它与其他知识相比较，它的哪些方面具有持久性？兰姆主义者(如果他们能够聚集在一起的话)继续苦心研究科学那正在失去活力的写实主义，他们声称：科学几乎不可能是富于想象的自由的解放者。他们指出：科学束缚了想象力，以想象力为代价，把理性和经验奉若神明(而不是其他许多形式：形而上学的、先验的、幻想的)。我们似乎已经进入了死胡同：有些人把科学吹捧为解放者，另一些人则谴责它是阻碍者；第三组人，没有像他的同事们那样直言，而是去研究它的道德方面。今天的历史学家们希望找回启蒙时期科学和文学的这些张力(无论如何解释启蒙运动)，他们把这些见解合成一个不可思议的整体，不可避免地会牺牲各个方面的关键因素。最后，做出决定的态度关系重大，它使我们以千禧年的心态重新考虑广岛、人造地球卫星以及人类登上月球的意义。假如蒲柏和兰姆

---

[79]　《绅士杂志》(*Gentleman's Magazine*)，70(1800)，第 iv 页。

*　指英国作家查尔斯·兰姆(Charles Lamb, 1775～1834)。——校者

还在的话,他们可能在各个方面都不会达成一致,这里所展现的猛烈的变化之风,吹过了思想动荡的时代。

(乐爱国 程路明 崔家岭 译 方在庆 校)

34

科学、哲学与心灵[*]

保罗·伍德

在 18 世纪,西方思想文化界的人们对于亲眼目睹的所有哲学领域中发生的革命不断地予以赞颂。通过吸取那些赞同 17 世纪"新科学"成就的人们的修辞学和历史学的看法,启蒙运动的卫士们认为,借助于弗兰西斯·培根(1561~1626)、勒内·笛卡儿(1596~1650)、约翰·洛克(1632~1704)和艾萨克·牛顿(1623~1727)精心制定的新的研究方法,人类终于取得了远远超出了古代和"黑暗时代"的狭隘知识视野的巨大进展。在这部关于近代文明起源的英雄史诗般的叙事中,培根被给予"实验方法之父"的角色;笛卡儿则扮演了有缺陷的天才的悲剧角色,他用理性将人类从经院哲学的桎梏中解放出来,却将另一种错误的哲学体系偷偷地塞进了学术界。洛克被分配的角色是谦逊的形而上学的改革者,他对心灵(mind)和语言的机制进行了耐心的经验研究,以取代无意义的文字之争,同时,他还仔细地勘定了人类知识的界限。然而,推动"启蒙运动时代"的人则是牛顿——引用亚历山大·蒲柏(1688~1744)的两行诗:"自然与自然法则深藏于黑夜之中。/上帝说:让牛顿出现吧! 一切灿然光明。"——他远高于其他启蒙运动的奠基人。牛顿不仅通过证明他的万有引力理论解释了天上和地上物体的运动,从而预言了自然的奥秘,而且颁布了有益的教训:哲学家们只有通过回避武断的假说,将其注意力转向运用几何与实验相结合的方法可以证明的东西上,才能发现真理。于是,方法的问题就成了启蒙哲学家们不断提出的诸近代哲学体系的中心问题;在他们对其自己时代知识增长的叙述中,将启蒙思想的普及与逐渐深化运用理性时代创始人所确立的方法论原则视为同一。[1]

---

[*]　原文为 mind。按不同的上下文,分别译成"心灵"、"思想"、"精神"、"心智"和"智力"等。——译者

[1]　关于启蒙运动历史的自我塑造,经典事例是 François Marie Arouet de Voltaire,《哲学通信》(*Philosophical Letters*, Indianapoils: Bobbs-Merrill, 1961), Ernest Dilworth 译; Anne-Robert-Jacques Turgot,《人类心智持续发展的哲学回顾》(*A Philosophical Review of the Successive Advances of the Human Mind*),载于《杜尔哥论发展、社会学与经济学》(*Turgot on Progress, Sociology, and Enconomics*, Cambridge University Press, 1973), Ronald L. Meek 译,第 41 页~第 59 页; Jean Le Rond d'Alembert,《狄德罗百科全书初论》(*Preliminary Discourse to the Encyclopedia of Diderot*, Chicago: University of Chicago Press, 1995), Richard N. Schwab 译; Marie Jean Antoinne Nicolas Caritat、Marquis de Condorcet,《人类心智发展的历史图卷概略》(*Sketch for a Historical Picture of the Progress of the Human Mind*, London: Weidenfeld and Nicolson, 1995), June Barraclough 译。蒲柏的两行诗来自他为牛顿准备的墓志铭;参见 Alexander Pope,《诗集》(*Poetical Works*, Oxford: Oxford University Press, 1966), Herbert Davis 编,第 651 页。

后人对启蒙运动中我们现在称为"科学"与"哲学"的那些理论之间关系的评述，迄今为止大多建基于启蒙哲学家们对近代早期欧洲思想史的解读之上，因而，主要注意方法论的议题。比如，1825～1850年间，法国自由主义哲学大师维克托·库辛（1792～1867），赞赏由弗朗西斯·哈奇森（1694～1746）创建的苏格兰哲学"学派"，通过在研究过程中运用经验程序（empirical procedures），从而发扬了真正的哲学思维方法。在大西洋彼岸，移居国外的苏格兰人、普林斯顿学院的院长詹姆斯·麦科什（1811～1894），赞扬了他的苏格兰先辈们运用培根和牛顿创建的归纳法研究人类的心智。[2] 我们这个世纪的学者们有时显示出更健全的学问，或者增加了更多的历史细节，但是，他们在经验的"人的科学"之建立方面，讲述了基本上是相同的故事。在关于Zeitalter der Aufklärung（启蒙时期）的最有影响的一次讨论中，恩斯特·卡西尔认为，启蒙运动时期哲学的明确特征就是采用了牛顿倡导的分析法；类似的评述可以在普里泽夫德·史密斯那里或者莱斯特·G. 克罗克、彼得·盖伊和诺曼·汉普森所写的更近期的综述中找到。[3] 从埃利·阿维莱关于杰里米·边沁的功利主义根源于"道德牛顿主义"的研究，到亨利·格拉克对牛顿在18世纪的法国受到不同的诠释所做的考察，牛顿对于启蒙运动时期哲学思想的影响是众多专家的研究主题。[4] 正如这些典型的例子所示，有关启蒙运动时期哲学与科学之间互动关系的论述明确表明，哲学从主要是思辨的活动改变成为主要是经验的活动，大体上是由于受到牛顿在物理学领域的成就之鼓舞。

下面我将重新评估这段时期的标准解释的合理性，以期对自然科学与人的科学之结合是如何孕育出启蒙运动时期的心灵科学（a science of the mind），有一个更为适当的理解。我首先考察17世纪的思想遗产，突出在培根、笛卡儿、洛克的著作中以及自然法传统中出现的主题，包括后来由有抱负的研究心灵的科学家（scientists of the mind）所发展和丰富的主题。接着，我将讨论牛顿对在启蒙运动时期中的人性研究的影响的问题。我认为，牛顿的影响已经被夸大了，他的著作被以如此完全不同的几种

〔2〕 Victor Cousin，《苏格兰哲学》（*Philosophie écossaise*, Paris: Librairie nouvelle, 1857），第3版，修订扩充版，第33页，第34页，第237页～第241页，第484页；James McCosh，《苏格兰哲学：从哈奇森到汉密尔顿的传记、解释与评注》（*The Scottish Philosophy, Biographical, Expository, Critical, from Hutcheson to Hamilton*, London: Macmillan, 1875），第2页～第4页。有关后来麦科什的观点的变体，参见 Gladys Bryson，《人与社会：苏格兰人对18世纪的研究》（*Man and Society: The Scottish Inquiry of the Eighteenth Century*, Princeton, NJ: Princeton University Press, 1945）。比较他们对苏格兰学派的解释和评价，参见 Henry Thomas Buckle，《论苏格兰和苏格兰的知识分子》（*On Scotland and the Scotch Intellect*, Chicago: University of Chicago Press, 1970），H. J. Hanham 编，第235页～第244页。

〔3〕 Ernst Cassirer，《启蒙运动的哲学》（*The Philosophy of the Enlightenment*, Princeton, NJ: Princeton University Press, 1951），Fritz C. A. Koelln 和 James P. Pettegrove 译，第1章；Preserved Smith，《现代文化史》（*A History of Modern Culture*, New York: Collier Books, 1962）之第2卷：《启蒙运动（1687～1776）》（*The Enlightenment, 1687—1776*），第117页～第121页；Lester G. Crocker，《自然和文化：法国启蒙运动的伦理思考》（*Nature and Culture: Ethical Thought in the French Enlightenment*, Baltimore, MD: Johns Hopkins Press, 1963）；Peter Gay，2卷本《启蒙运动：一种诠释》（*The Enlightenment: An Interpretation*, New York: Knopf, 1966—69）；Norman Hampson，《启蒙运动》（*The Enlightenment*, Harmondsworth: Penguin, 1968）。

〔4〕 Elie Halévy，《哲学激进主义的发展》（*The Growth of Philosophic Radicalism*, London: Faber and Faber, 1934），Mary Morris 译；Henry Guerlac，《现代科学史论文集》（*Essays and Papers in the History of Modern Science*, Baltimore, MD: Johns Hopkins University Press, 1977）。

方式解读,以至于在道德科学中很难确定出一个统一的牛顿学传统。我接下来考察启蒙思想家可用的其他一些方法论灵感(methodological inspiration)的来源,并且思考数学模型和定量分析在分析精神和道德现象中的使用。我还谈到那时对精神的仔细分析的想法(notion of anatomizing the mind)所具有的广泛的启蒙运动式的迷恋。最后,我要概述用以研究人性的自然 – 历史方法的出现,这种方法随着 18 世纪的发展获得了越来越多的青睐。[5]

17 世纪的范例

尽管在启蒙运动中,培根爵士被广泛誉为"实验方法之父",但是,他对心灵研究的发展所做的贡献大大超出了方法论领域,以至于他的渊博学识同样也定义了整个 18 世纪人文科学的目标和范围。在《学术的进展》(*Of the Proficience and Advancement of Learning Divine and Human*, 1605) 及 其 拉 丁 文 修 订 版 (*De Dignitate et Augmentis Scientiarum*, 1623)中,培根概要地提出,要为道德哲学建立一种新的、实用的附件,他给之以不同的名称,或称"关于心灵的系统或文化",或引喻罗马诗人维吉尔(公元前 70 年~ 公元前 19 年)的作品,称为"心智的田园诗"。培根把道德学家的任务与农夫的或医生的任务做类比,他指出,就像农民必须知道如何应对不同的土壤和气候,医生要处理各种脾气和体质的病人一样,道德学家也必须把他们的伦理的感知建立在对人类本性彻底了解的基础上。因此培根倡议开展新形式的探索,着重于对人的明显不同的性格类型进行分类和描述;分析这些性格是怎样被自然和社会环境、运气的反复无常以及身体状况所塑造的;研究我们在激情和友爱的感情中的行为的由来。他坚信,一旦掌握这些信息,我们就可以学会如何通过教育以及灌输有道德的风俗习惯塑造人的行为。在培根看来,人性的知识确实具有力量。他相信,关于心灵的知识文化的发现可以有益地运用于道德和政治领域,而且他关于我们有能力驾驭个体行为的远见,对启蒙运动时期的教育与社会的改革者产生了持续的影响。[6]

但是,如何去获得对人性的理解呢?培根并没有在《学术的进展》中谈到适合于"心灵的田园诗"的方法,而是仅指出道德学家必须发展出一种扎根于日常经验、诗歌和编年史的经验科学。在 1620 年出版的他的有关方法论的主要著作:《新工具》(*Novum Organum*) 和《政治和伦理论说文集》(*Parasceve ad historiam naturalem et*

---

[5] 尽管人性的概念在下面被认为是相对而言没有疑问的,但在 18 世纪,它的意义决不是单一的或明晰的;参见 Roger Smith,《人性的语言》(The Language of Human Nature),载于 Christopher Fox、Roy Porter 和 Robert Wokler 编,《创造人类的科学:18 世纪的领域》(*Inventing Human Science: Eighteenth-Century Domains*, Berkeley: University of California Press, 1995),第 88 页~第 111 页。

[6] 《培根哲学著作集》(*The Philosophical Works of Francis Bacon*, London: George Routledge and Sons, 1905),John M. Robertson 编,第 141 页~第 148 页,第 563 页,第 571 页~第 578 页;经典的引用是维吉尔在《田园诗》(*Georgics*) 中用诗歌赞美对田园的追求。培根用典于这首诗,突出了他自己的观点:就像土壤需要精心的呵护才能肥沃,心智也必须经过积极的培养和训练才能成就美德。

experimentalem)中,他最终给出了进一步的建议。就像许多文艺复兴的思想家一样,培根着迷地思考一种普遍方法,他想要将《新工具》中勾勒的归纳逻辑用于指导所有学科的研究。然而现代历史学家往往有所不察的是,培根的方法并不只限于对实验或归纳的运用。培根自己强调人的心智需要"帮助"才能获得真正的知识,而他所设计的方法能够克服我们的记忆、感觉和推理的缺陷。因此,他要求编撰综合收集全面的自然史(博物学)(natural histories)记录,以补充实验方法和归纳推理之不足,他还声称,自然史的这些记录构成了科学的真正基础。所以,自然史(博物学)的研究是培根所计划的学术改造的必要组成部分,而且,在《政治和伦理论说文集》里,他把范围扩展至包含人类研究在内的许多分支学科。在思考当时出现的关于远航探险的著述时,培根指出了在社会史和自然史之间出现的重叠。他写道,那些著作典型地将自然环境和气候的资料与关于"当地人的居住、管辖以及风俗习惯"的信息结合起来。自然史对于培根来说,其方法本质上就是自然史的,正如旅行文献中包含的"混合历史"所表明的,人种史与自然史融合在一起,产生了关于在大洋另一边"新世界"中所遇到的地域和族群的叙述。因此,自然史(就其作为知识体系和方法论而言)在人的科学方面,是培根遗产的核心,可以说,它比培根的归纳理论具有更大的实践价值(就他在《新工具》中对归纳方法的描述根本上不完全而论)。[7]

　　笛卡儿同样为普遍方法的梦想所左右,他在《方法谈》(*Discours de la méthode*, 1637)中第一次向学术界提供了自己的方法论的一个样本。倘若认为笛卡儿后来通过运用内省方法,引发了心灵科学的一场革命,那么更重要的是,与托马斯·霍布斯(1588~1679)不同,笛卡儿自己并没有在任何地方为反省的运用提供一种清晰的基本原理和任何指导。另外一定要说的是,他的著作所概述的研究的"真正方法",在启蒙运动中并没有获得偏爱。[8] 更重要和更长久的影响是,他对于心灵和物质的绝对区分,以及对于人体解剖学与生理学的机械论解释,为18世纪唯物主义的兴起提供了一个刺激因素。二元论之所以吸引笛卡儿,是因为它提供了捍卫正统基督教的武器,但是,它也造成了如何解释心灵与身体间的相互作用这个难以解决的问题。尽管包含着概念上的困惑,但是他坚持认为,"与肉体结合着的灵魂可以与肉体作用和被作用",这是一个简单的"事实",从而实际上是把搞清心–身(mind-body)关系的问题留给了后

〔7〕　Bacon,《培根哲学著作集》,第85页,第251页~第252页,第410页~第411页,第437页。

〔8〕　Condorcet,《人类心智发展的历史图卷概略》,第132页;Thomas Reid,《根据常识的原则探讨人类的心灵》(*An Inquiry into the Human Mind, On the Principles of Common Sense*, Edinburge: Edinburge University Press, 1997),Derek R. Brookes 编,第205页,第208页~第209页;Thomas Hobbes,《利维坦;或教会和公民国家的内容形式和权力》(*Leviathan; or, The Matter, Forme, & Power of a Common-wealth Ecclesiatical and Civill*, Oxford: Clarendon Press, 1909),第9页。有关笛卡儿以及研究他的学术文献,可参见 John Cottingham 编,《剑桥笛卡儿指南》(*The Cambridge Companion to Descartes*, Cambridge University Press, 1992)。

人。[9]

　　新近有关笛卡儿对心灵功能的解释的生理学基础的学术兴趣，更清楚地集中于他研究心灵科学的方法的一个最有影响的特征——即，把我们现在已经作为分立的哲学、心理学和生理学领域整合成一个没有缝隙的解析的整体。笛卡儿成功完成这种整合，主要是通过他对动物精气理论（theory of animal spirits）的重构，他运用该理论解释大量的生理和精神现象，包括自发和非自发的肌肉运动、感官知觉、想象、梦幻、记忆、个人性情和激情。在他的体系中，动物精气居于身体和精神之间，这可以从《人类》（*L'homme*）一书中他对视觉感知的讨论中看出来。该书写于约 1629～1633 年，出版于作者死后的 1664 年。在这里，他小心地区分了知觉过程中印在我们感官或大脑中的"图像"与被精气记在松果腺表层的那些"观念"，这个"观念"是在感知外部世界时灵魂"直接考虑"的。[10] 这段话还表明在笛卡儿的哲学词典中，"观念"这个词既可指动物精气的物理形态，也可指思想的纯粹精神的内容。就他被认为是"思维方法"（way of ideas）的奠基者而言，我们在考虑他的智力遗产时应该记住这个含义的二元性。[11] 笛卡儿的著作糅合了生理学和哲学的思考，他的分析方式成了心灵科学中的一种主要的分析传统，该传统在洛克、尼古拉·马勒伯朗士（1638～1715）、大卫·哈特莱（1705～1757）以及思想家皮埃尔-让-乔治·卡巴尼斯（1757～1808）的著作中均有迹可循。

　　洛克在他的《人类理解论》（*Essay concerning Humane Understanding*, 1690）中所描绘的人类知识的界限，是基于他闻名的非正统的基督教学说之上的。他的认识论的基本教条，即我们所有的观念都是来自感觉或反省，是建立在其如下观点上，即上帝已经"赋予了人类用以去发现、接受和保持真理的官能与手段，相应地它们被如此地使用"，因此希望我们通过自己的能动性去获得知识。洛克接着认为，我们对于创世者的基本道德义务之一就是批判性地考查我们的信仰，增加人类的知识储备。因此，《人类理解论》被设计用来帮助我们通过教会正确运用理性而达到这一目的。这是极为重要的教诲，因为洛克一直认为，"**理性**是自然的**启示**，凭借它，光的永恒之父和一切知识的源泉向人类传达着那一部分的真理，该真理已被他置于人类的自然能力所及的范围之内"。

[9] 笛卡儿 1643 年 5 月 21 日致信波西米亚的伊丽莎白公主，载于 3 卷本《笛卡儿哲学著作》（*The Philosophical Writings of Descartes*, Cambridge University Press, 1984—91），John Cottingham、Robert Stoothoff、Dugald Murdoch 和 Anthony Kenny 译，第 3 卷：第 217 页～第 218 页。对 18 世纪法国唯物主义的笛卡儿哲学起源的经典的说明是 Aram Vartanian，《狄德罗与笛卡儿：启蒙运动中的科学自然主义研究》（*Diderot and Descartes: A Study of Scientific Naturalism in the Enlightenment*, Princeton, NJ: Princeton University Press, 1953）。

[10] Descartes，《笛卡儿哲学著作》，第 1 卷：第 106 页。有关笛卡儿心智理论的生理学基础，参见 Cottingham，《剑桥笛卡儿指南》，第 11 章和第 12 章；Richard B. Carter，《笛卡儿的医学哲学：身心问题的系统解决》（*Descartes' Medical Philosophy: The Organic Solution to the Mind-Body Problem*, Baltimore, MD: Johns Hopkins University Press, 1983）；G. A. Lindeboom，《笛卡儿与医学》（*Descartes and Medicine*, Amsterdam: Rodopi, 1979）。

[11] Edward S. Reed，《笛卡儿的物质思想的假说和科学心理学的起源》（*Descartes' Corporeal Ideas Hypothesis and the Origin of Scientific Psychology*），《形而上学评论》（*Review of Metaphysics*），35（1982），第 731 页～第 752 页。追溯观念理论的演变，参见 John W. Yolton，《从笛卡儿到里德的知觉认识》（*Perceptual Acquaintance from Descartes to Reid*, Minneapolis: University of Minnesota Press, 1984）；Yolton，《感觉与现实：从笛卡儿到康德的历史》（*Perception and Reality: A History from Descartes to Kant*, Ithaca, NY: Cornell University Press, 1996）。

宗教的思考也出现在他对笛卡儿的观点的驳斥中。笛卡儿认为上帝已将先天观念的全体移植到我们每个人的心中。洛克曾辩解说,笛卡儿观点的主要缺陷是,它可能会被用来压制对宗教事物的自由探索。笛卡儿显然相信人类的心灵能够获得对自然之书的彻底理解,但是洛克却强调,人类的条件(human condition)使得我们只能获得关于非常有限的学科范围的某些知识,它们与我们作为上帝在地球上的创造物的实际利害直接相关。所以,要理解洛克认识论的起源以及人们对它的接受,我们必须看到他在对人性的刻画中如何包含其基本的宗教和道德的成见。[12]

然而,洛克的经验主义带来的却是一些令人不安的后果,可能会破坏其许多道德和宗教的假设。首先,虽然他肯定道德学能够转变为解证科学(demonstrative science),但是,他在《人类理解论》中对"混杂模式"(mixed modes)的讨论却表明,我们的道德观念最终受到语言的制约,因而在一定程度是与我们所生活在其中的社会有关系。这样,他所梦想建立的类似于欧几里得几何学的道德体系,被如下的认识所粉碎,即我们的社会生活塑造了我们的经验,而由此也塑造了我们的思想。尽管这会动摇他所设计的对道德科学的重建,但是,他承认知识和信仰至少部分地受到它们所产生于其中的社会的制约,这打开了融合心灵科学与历史学和民族志的可能性,这对于 18 世纪关于人性的研究有积极的影响。[13]

其次,洛克认为经验是我们所有思想的源泉,这个论点蕴涵了人性是可塑的,并且它可以通过教育、习惯和风俗来改善(或败坏)。他的著作能够被解读为持有人性可以完善的希望,后来的普里斯特利(1733~1804)和理查德·普赖斯(1723~1791)以及其他人也都对他的著作进行了这样的解读。但是,洛克自己是否会认可这样的解读,却并不清楚。他的著作中的许多段落表明,他把人性看成是堕落的,他关于人类知识局限性的观点排除了对人类进步的任何过度乐观的希望。[14] 最后,洛克式的经验主义是一把双刃剑。它可以用来支撑基督教的理性、和平的招牌,抨击天主教和新教中宗教宽容的反对者,他们企图限制自由研究宗教事务。但是,它也可以用作反基督教的武器,因为约翰·托兰(1670~1722)、安东尼·柯林斯(1676~1729)和马修·廷德尔(1657~1733)的争辩表明,"思维方法"使得基督教教义在基本层面上容易受到认识

[12] John Locke,《人类理解论》(*An Essay concerning Humane Understanding*, Oxford: Clarendon Press, 1975),Peter H. Nidditch 编,I. i. 4—7,I. iv. 22,I. iv. 24,IV. xvii. 24,IV. xix. 4。迄今为止,对洛克的思想发展作最详尽叙述的是 John Marshall,《约翰·洛克:反抗、宗教与责任》(*John Locke: Resistance, Religion, and Responsibility*, Cambridge University Press, 1994)。接受《人类理解论》是重建的过程,见 John W. Yolton,《约翰·洛克与观念方法》(*John Locke and the Way of Ideas*, Oxford: Clarendon Press, 1956)。洛克认识论的道德和宗教维度的讨论,见 Nicholas Wolterstorff,《约翰·洛克与信仰伦理学》(*John Locke and the Ethics of Belief*, Cambridge University Press, 1996)。

[13] Locke,《人类理解论》,II. xxii. 5—7、10,IV. iii. 18—20;G. A. J. Rogers,《洛克、人类学与心智模型》(Locke, Anthropology, and Models of the Mind),载于《人类科学史》(*History of the Human Sciences*),6(1993),第 73 页~第 87 页。

[14] David Spadafora,《18 世纪英国的进步思想》(*The Idea of Progress in Eighteenth-Century Britain*, New Haven, CT: Yale University Press, 1990),尤其是第 6 章。对洛克关于我们的道德堕落的观点的讨论,见 W. M. Spellman,《约翰·洛克与堕落问题》(*John Locke and the Problem of Depravity*, Oxford: Clarendon Press, 1988);还可参见 Marshall,《约翰·洛克:反抗、宗教与责任》,第 346 页~第 347 页。

论的侵蚀和批评。18 世纪见证了这些相互背离的使用,因为洛克的知识论既适用于基督教合理性的捍卫者,也适用于那些与基督教传统有着至多是模糊的关系的人,例如伏尔泰(1694～1778)、孔狄亚克(1714～1780)和克洛德·阿德里安·爱尔维修(1715～1771)。

洛克研究心智科学的方法同样模糊不清。追随培根,或许是受托马斯·西德纳姆(1624～1689)和罗伯特·波义耳(1627～1697)程序方法的影响,在《人类理解论》中,洛克把自己扮演成自然史学家的角色。在书的第一部分的开头宣称,他将运用一种"历史的、明确的方法"描绘出"人的辨别能力"。在书的第二部分断言,他已经"描述了一个简短的、我认为是真实的**人类知识起源的历史**"。因此,他专心致力于对我们心智的思想和力量进行描述和分类,以及对我们观念的起源,和后续的我们的精神思想官能的展开进行按时间顺序的重建。[15] 当他说他要"探讨人类知识的起源、确定性和范围,以及信仰、意见和同意的各种根据和程度"时,他也表达了他要重新界定心灵科学的范围的意图。洛克含蓄地拒绝了笛卡儿的分析风格,并保证要避免"从物理方面来研究心智",因而不"考察(心智的)本质存在于哪里,或者凭借我们精神的什么样的运动,还是我们身体的什么样变化,我们能够通过我们的器官获得任何感觉,或者从在我们的理解中获得任何**观念**;不研究那些**观念**在形成时是否部分地或全体地依靠于物质",他评论说:"这类猜测虽然奇异而有趣,但是我要拒绝它们,因为它们无关于我现在正在接近的上帝的设计。"[16]

然而,洛克也沉溺于他表白要规避的那种生理学的推理之中。例如,他断言大脑是感觉的所在,并且声称,我们的动物灵性的运动是我们感觉的成因。他进一步认为,观念的组合是可以用动物灵性的行为来解释的,而且他还把各种生理和心理状态联系在一起,特别是和记忆相关的(那些心理状态)。[17] 因此在《人类理解论》中,存在着笛卡儿著作所标榜的那种心理生理学分析与洛克努力阐明的自然史方法之间的一种潜在张力,这意味着他的文字在向 18 世纪的读者传达一种混合的方法论信息。因此,《人类理解论》启发了像托马斯·里德(1710～1796)这样的思想家和像朱利安·奥弗

808

---

[15] Locke,《人类理解论》,I. i. 2,II. i,II. xi. 15。将洛克看做一位心智的博物学家,参见 James G. Buickerood,《理解的博物学:洛克和 18 世纪任意逻辑的兴起》(The Natural History of the Understanding: Locke and the Rise of Facultative Logic in the Eighteenth Century),《逻辑的历史与哲学》(History and Philosophy of Logic),6(1985),第 157 页～第 190 页;Neal Wood,《洛克哲学的政治学:〈人类理解论〉的社会研究》(The Politics of Locke's Philosophy: A Social Study of An Essay concerning Human Understanding, Berkeley: University of California Press, 1983),第 4 章。有人认为,洛克研究心智的博物学方法应该与波义耳对"实验生活"的整理相比较,见 Steven Shapin 和 Simon Schaffer,《利维坦与空气泵:霍布斯、波义耳与实验生活》(Leviathan and the Air Pump: Hobbes, Boyle, and the Experimental Life, Princeton, NJ: Princeton University Press, 1985)。关于洛克作为一名医生的生涯以及他与西德纳姆的关系,参见 Kenneth Dewhurst,《约翰·洛克(1632～1704),医生和哲学家:一部医学传记》〔John Locke (1632—1704), Physician and Philosopher: A Medical Biography, London: Wellcome Historical Medical Library, 1963〕。

[16] Locke,《人类理解论》,I. i. 2。

[17] Locke,《人类理解论》,II. iii. 1,II. viii. 4,II. x. 5,II. xxiii. 6,II. xxix. 3,III. vi. 3。有关洛克采用牛津的医生托马斯·威利斯的生理学观点,参见 John Wright,《洛克、威利斯与 17 世纪的伊壁鸠鲁精神》(Locke, Willis, and the Seventeenth-Century Epicurean Soul),载于 Margaret J. Osler 编,《原子、元气与宁静》(Atoms, Pneuma, and Tranquillity, Cambridge University Press, 1991),第 239 页～第 258 页。

雷·德·拉美特利(1709～1751)和普里斯特利这样的唯物主义者,前者试图把心灵的研究与生理学和解剖学的考虑区分开来,后二者则追随着洛克有争议的所谓上帝把思想的力量赋予物质的观点,或者把观念方法运用于使唯物主义合法化。[18]

　　尽管培根、笛卡儿、洛克以及(在更小的范围里)霍布斯所做出的贡献很早就得到了认可,但是学者们常常忽略了自然法传统在启蒙运动时期是如何塑造了心智科学的。例如,那些对科学主义感兴趣的人们,并没有对现代自然法传统的奠基人——雨果·格劳秀斯(1583～1645)、萨穆埃尔·普芬多夫(1632～1694)和理查德·坎伯兰(1631～1718)——发展了相对精致的经验方法来勘定统治人类道德的法则的这样一个事实做出评论。格劳秀斯把他所谓的事前与事后的证明方法结合起来;前者包括从人性的基本公理中演绎出自然法,而后者包括通过人类史和民族志的经验和比较研究来发现道德的基本要素。[19]普芬多夫也采用了一种比较的方法,他是建议道德学家应该采用类似自然哲学家所使用方法的最早著作之一,尽管他也承认在人这样的"道德实体"与物体这样的"自然实体"之间存在着重大的差异。[20] 对于坎伯兰来说,方法论问题显得特别地迫切,因为他以反驳霍布斯为目标,并坚持道德哲学家必须从内省、观察和实验开始(没有指明实验如何能在道德科学中发挥作用),用类似于代数的"分析艺术"的方法和分析综合的几何学方法来获得可靠的道德认知。[21] 如果这三位自然法理论家及其追随者的著作成为 18 世纪学校道德哲学课程的主要内容,那么毋庸置疑,他们的方法论的规则和实践促进了人性研究向注重经验的转向。

　　来源于自然法传统的心灵科学的另一个重要特征是,最初由格劳秀斯所概括的,冰川涨落式的历史观。格劳秀斯对私有财产起源的兴趣,促使他在论述自然法准则的重要文本之一《战事与和平之正当》(De iure belli ac pacis, 1625)中,对人类社会的早期进化作了勾画。他运用基督教的历史叙述的元素,追溯从"原始国家"到更复杂的社会形式的变化过程,在"原始国家"中,财产共同所有,按需分配;而在更复杂的社会形式中,私有财产是在一致同意的基础上产生的。为了说明这种变化,他诉诸后来成为启蒙运动哲学史家的理论标签的一些因素:生存方式的改变、劳动的分工、人口的增长,以及习性的相应变化等。具有意义的是,格劳秀斯(为了附和基督教所谓的堕落)对比

〔18〕 John W. Yolton,《思考物质:18 世纪英国唯物主义》(Thinking Matter: Materialism in Eighteenth-Century Britain, Oxford: Blackwell, 1983);Yolton,《洛克与法国唯物主义》(Locke and French Materialism, Oxford: Clarendon Press, 1991); Kathleen Wellman,《拉美特利:医学、哲学与启蒙》(La Mettrie: Medicine, Philosophy, and Enlightenment, Durham, NC: Duke University Press, 1992)。

〔19〕 Hugo Grotius, 2 卷 4 本《战事与和平之正当》(De iure belli ac pacis libri tres, New York: Oceana Publications, 1964), Francis W. Kelsey 译,第 2 卷:第 42 页;Joan-Paul Rubiés,《雨果·格劳秀斯论美洲民族的起源和比较法的运用》(Hugo Grotius's Dissertation on the Origin of the American Peoples and the Use of Comparative Methods),《思想史杂志》(Journal of the History of Ideas), 53 (1992),第 221 页～第 244 页;Richard Tuck,《哲学与政府(1572 ～ 1651)》(Philosophy and Government, 1572—1651, Cambridge University Press, 1993),第 5 章。

〔20〕 Sameul Pufendorf,《论人的自然状态》(On the Natural State of Men, Lewiston: Edwin Mellen Press, 1990),Michael Seidler 译,第 109 页;Pufendorf,《自然与国家的法则》(Of the Law of Nature and Nations, London: R. Sare, 1717),Basil Kennet 译,第 3 版,第 22 页～第 23 页。

〔21〕 Richard Cumberland,《论自然法则》(A Treatise of the Law of Nature, London: J. Knapton et al. , 1727),John Maxwell 译,第 43 页,第 54 页,第 56 页,第 184 页～第 188 页,第 208 页,第 278 页～第 280 页,第 296 页。

了原始社会的质朴、无知与农业商业社会的精致、道德堕落、技术相对成熟,从而把私有财产的逐步产生与人性的深刻变化联系在一起。在这个世纪的下半叶,这个故事被普芬多夫重新讲述,并最终为启蒙运动提供了被许多观察者视为是同时解释了心智的进化和人类社会历史从粗蛮到精致转变的关键理论。[22]

牛顿的遗产

　　既然我们已经辨别了构成启蒙运动的心灵科学的 17 世纪的几个主要的学术趋向,那么,我们就能更好地分析 18 世纪初出现的人性研究中的各种方法论革命的要素。尽管哲学家的某些历史性断言也许被夸大了,但可以肯定的是,至少这个革命的部分灵感是来自牛顿爵士的著作,这一点在世界任何地方都没有比在苏格兰更显而易见。从 17 世纪 90 年代开始,苏格兰的大学就率先进行牛顿学说体系的制度化;特威德(Tweed)北部那些讲授道德哲学的人对课程所做的这一重大调整迅速做出响应。在 18 世纪 20 年代里,在阿伯丁(Aberdeen)马里斯切尔学院的课堂上(牛顿的门生科林·马克劳林[1698～1746]在移居爱丁堡前曾经在这里讲授过数学),道德学家乔治·特恩布尔(1698～1748)或许是苏格兰最早推荐了一种模仿培根和牛顿模式的道德研究方法的学者。特恩布尔在《道德哲学原理》(*The Principles of Moral Philosophy*, 1740)中更详尽地发展了他的讲演和公众演说,他宣称,“为了把道德哲学……提升到与自然哲学同样的地位上……我们必须运用类似于研究物理现象的方法研究道德现象”;他还说他“早已投身于用类似于研究人体或者**自然哲学**的任何其他部分的方法,研究人类的心灵”,而引导他的是牛顿在《光学》(*Opticks*)的“疑问 31”中所指出的,“如果通过对[分析与综合]方法的追求而使自然哲学的所有部分都得到大程度上的完善,那么道德哲学的界限也将得到扩大”。援引《光学》,特恩布尔及时地提出道德哲学家必须跟随牛顿的榜样采取“分析与综合的双重方法”,以揭示支配道德秩序的规律体系。在回顾牛顿的哲学研究规则以及罗杰·科茨(1682～1716)为《原理》(*Principia*)第 2 版所作的序言时,特恩布尔同样禁止在道德研究中运用假说。尽管这一时期其他一些著名的理论道德学家,像哈奇森,也类似地主张两个主要的哲学分支在方法论上的统一,但是,特恩布尔作为最早、最明确要求在心灵科学中采用牛顿方法的苏格兰的代言人而显得更为突出。他的道德牛顿主义品牌通过他最杰出的学生托马斯·里德(1710～1796)的著作,对启蒙运动的哲学思考产生了持久的影响;里德甚至走得更远,声称牛顿的“常规哲学

[22]　Grotius,《法则》(*Laws*),第 186 页～第 190 页;Istvan Hont,《社交的和商业的语言:普芬多夫与“四阶段理论”的理论基础》(The Language of Sociability and Commerce: Samuel Pufendorf and the Theoretical Foundations of the "Four-Stages Theory"),载于 Anthony Pagden 编,《现代欧洲早期的政治理论语言》(*The Languages of Political Theory in Early-Modern Europe*, Cambridge University Press, 1987),第 253 页～第 276 页。

（regulae philosophandi）是常识的普遍真理，并在日常生活中被天天实践着"。[23]

811　　　由于受到大卫·休谟（1711～1776）的《人性论》（1739～1740）的惊扰，里德试图通过攻击他所认为的休谟的学术核心——即"笛卡儿体系"，来反驳休谟的怀疑主义。根据里德的看法，笛卡儿以后的哲学家由于受到诱使而认为，我们直接感知的是观念而不是外部世界，因此，他们为休谟所提出的激进怀疑主义打开了概念之门。为了避免休谟的结论，里德在《根据常识的原则探讨人类的心灵》（*An Inquiry into the Human Mind, On the Principles of Common Sense*, 1764）中详细考察了这一理论及其推论，这部书是创造性地运用牛顿理论的一个杰出的样本。受牛顿方法论观点的启发，里德提出了一连串论据，包括一个巧妙地用公式表达的实验难题，以驳斥笛卡儿体系。而且，在年轻学生时就已吸收了特恩布尔的反假说主义的里德，瞄准了他认为主要是猜想性的观念理论的本质。他坚持认为"观念的存在没有任何可靠的证据"，并且主张，该理论是用来解答人类理智现象的"一个纯粹虚构和假说"。他还反复阐明这样的观点，即"有关在心智或感觉中枢中存在着事物的观念或图像的假说"是特别危险的，因为它是"许多与常识如此不符的矛盾，以及怀疑主义的来源，它玷污了我们的心灵的哲学，导致智者的嘲笑与蔑视"。[24] 1764 年，在迁居格拉斯哥大学后，里德在观念理论的讲稿中，完善了对假说方法的批判，并且转向牛顿的哲学思考第一定律以寻找更多的弹药。按照里德的解释，牛顿的"黄金定律"，即"我们不应该引入比在解释自然事物的表象上同时是正确且充分的更多的原因"，禁止在哲学中运用假说，因为它这样地要求任何因果律的解释：所假设的原因能够充分说明结果，**并且**该因果律的存在已经被证明。因此，对里德而言，必须把"观念体系"从心智科学中驱逐出去，因为观念的存在从未被证明过。他还类似地对标准的关于感知的生理学理论进行攻击，理由是它们的倡导者未能证明像动物灵性那样的实体的实际存在。[25]

　　　里德对牛顿的解读，在 18 世纪后半叶是极具影响力的，但是在英国还有牛顿主义的其他版本，它们与里德的严厉的反假说主义，以及他对"简单之爱"和要建立哲学体

812　　　系的被误导了的愿望的警告，背道而驰。例如里德在格拉斯哥的前任，亚当·斯密

[23] George Turnbull，《自然科学与道德哲学的结合》（*De Scientice Naturalis cum Philosophia Morali Conjunctione*, Aberdeen: James Nicol, 1723），第 3 页；Turnbull，2 卷本《道德哲学原理》（*The Principles of Moral Philosophy*, London: John Noon, 1740），第 1 卷：第 iii 页，第 5 页～第 6 页，第 9 页～第 10 页，第 12 页～第 13 页，第 19 页～第 20 页；Sir Isaac Newton，《光学，或论光的反射、折射、变化与色谱》（*Opiticks; or, A Treatise on the Reflections, Refractions, Inflections and Colours of Light*, London, 1730; New York: Dover, 1952），第 4 版，第 405 页；William Leechman，《序言，对作者的生平、著作与性格的说明》（The Preface, Giving some Account of the Life, Writings, and Character of the Author），载于 Francis Hutcheson，2 卷本《道德哲学体系》（*A System of Moral Philosophy*, Glasgow: R. and A. Foulis and A. Millar, 1755），第 1 卷：第 xxxvi 页；Reid，《根据常识的原则探讨人类的心灵》，第 12 页。
[24] Reid，《根据常识的原则探讨人类的心灵》，第 28 页。
[25] Thomas Reid，《论人的智力》（*Essays on the Intellectual Powers of Man*, Edinburgh: J. Bell, 1785），第 46 页～第 52 页；2 卷本《牛顿爵士的自然哲学数学原理和他的世界体系》（*Sir Isaac Newton's Mathematical Principles of Natural Philosophy and His System of the World*, Berkeley: University of California Press, 1934），Andrew Motte 译，Florian Cajori 编，第 2 卷：第 398 页；Paul Wood，《里德论假说和以太：重新评估》（Reid on Hypotheses and the Ether: A Reassessment），载于 M. Dalgarno 和 E. Matthews 编，《托马斯·里德的哲学》（*The Philosophy of Thomas Reid*, Dordrecht: Kluwer, 1989），第 433 页～第 446 页。

（1723～1790）把牛顿的方法与在自然哲学中建构简单的、演绎的体系相等同，并且把对简单性的追求视为心智要在经验上建立秩序与关联的一种体现。[26] 简单性问题也明显表现在里德与普里斯特利之间所爆发的，关于里德认识论的优点和普里斯特利版本的唯物主义的重大争论中。为里德、詹姆斯·彼蒂（1735～1803）和詹姆斯·奥斯瓦德（1703～1793）牧师的声望日渐高涨所忧虑，普里斯特利把目标对准18世纪70年代中期苏格兰的常识哲学，并且单独指出，里德习惯地发展心智的"独立、武断、本能的原则"尤为问题重重。援引自然是简单的这一观念，普里斯特利拒绝了反对者对心智能力的解释，因为它缺少"对适合的**简易性**的推荐，而该性质在自然构成的其他部分中是如此地显而易见"。里德在对普里斯特利的《有关物质与精神的专题论文》（*Disquisitions Relating to Matter and Spirit*, 1777）进行评价时以同样的方式做出回应。里德的遗稿表明，他被普里斯特利企图借助牛顿的哲学思考的第二条规则来证明唯物主义所激怒，他指责普里斯特利同时歪曲了牛顿文本的措辞和含义。[27] 斯密、普里斯特利和里德在简单性问题上的分歧令人关注：他们说明了一个事实，即牛顿的工作在整个18世纪中产生了多种解读。在那个时期，并非一种"牛顿的方法"始终如一地被运用于心灵科学。因此，当思考启蒙运动时期的"道德牛顿主义"时，我们必须承认，人文科学中所存在的不同种类的牛顿主义与自然科学中的一样多。[28]

当我们考虑这一时期德意志作者的世界观时，由"道德牛顿主义"的概念造成的编史学问题更加清晰地显现出来。启蒙思潮的教父克里斯蒂安·沃尔夫（1679～1754）的思想较多地来自经院哲学与莱布尼茨（1646～1716），而不是来自牛顿。沃尔夫对人类知识的无数分支的看法，构成了18世纪大部分时期德国哲学的学术追求的框架。特别是，沃尔夫对两个分立的却又相互联系的知识领域的区分，他称之为"理性的"心理学与"经验的"心理学。根据沃尔夫的理论，理性心理学包含对灵魂本质的纯粹抽象的和逻辑的思考，而与它相伴的科学则着重对心灵现象作内省研究。因此在心灵研究的范围问题上，沃尔夫的看法与其他启蒙学者的看法有着重要的差别，因为他把与"人

813

---

[26] Reid，《根据常识的原则探讨人类的心灵》，第210页～第212页，第218页；Adam Smith，《修辞与纯文学讲演录》（*Lectures on Rhetoric and Belles Lettres*, Oxford: Clarendon Press, 1983），J. C. Bryce编，ii. 132～134；Smith，《论哲学》（*Essays on Philosophical Subjects*, Oxford: Clarendon Press, 1980），W. P. D. Wightman、J. C. Bryce和I. S. Ross编，II. 12，IV. 19和IV. 67～76。里德攻击简单性和体系，是与批判伏尔泰、孔狄亚克和达朗贝尔著作中的"体系精神"相类似的。参见孔狄亚克于1749年所写的重要文章，《体系论》（*Traité des systêmes*），载于3卷本《孔狄亚克哲学全集》（*Oeuvres philosophiques de Condillac*, Paris: Presses universitaires de France, 1947—51），Georges Le Roy，第1卷：第324页～第367页；Voltaire，《哲学通信》，第53页、第64页；d'Alembert，《狄德罗百科全书初论》，第22页～第23页、第94页～第95页。

[27] Joseph Priestley，《考察里德博士的〈探讨……〉、贝蒂博士的〈论……〉和奥斯瓦德博士的〈诉诸……〉》（*An Examination of Dr. Reid's Inquiry ... Dr. Beattie's Essay ... and Dr. Oswald's Appeal ...*, London: J. Johnson, 1774; New York: Garland Publishing, 1978），第6页；Paul Wood编，《托马斯·里德论生命的创造：生命科学论文集》（*Thomas Reid on the Animate Creation: Papers Relating to the Life Sciences*, Edinburgh: Edinburgh University Press, 1995），第188页～第189页。

[28] 有关各种牛顿主义的问题，可参见Henry Guerlac，《雕像屹立何方：18世纪开始分歧的对牛顿的忠诚》（*Where the Statue Stood: Divergent Loyalties to Newton in the Eighteenth Century*），载于Guerlac，《现代科学史论文集》，第131页～第143页；Simon Schaffer，《牛顿主义》（*Newtonianism*），载于R. C. Olby、G. N. Cantor、J. R. R. Christie和M. J. S. Hodge编，《现代科学史指南》（*Companion to the History of Modern Science*, London: Routledge, 1990），第610页～第626页。

的灵魂使之可能的事物"相关的经验分析与演绎的先验推理融合在一起。此外,即使他把经验心理学比作实验物理学,牛顿主义的范例也没有提供他对实验方法的理解的信息。[29] 所以,沃尔夫著作的哲学穿透力,并不能在道德牛顿主义的解释范围里捕捉到;而与众不同的心灵科学的德国版本在哥尼斯堡的贤人康德(1724~1804)的著作里得到了进一步的阐释。

起初,康德在沃尔夫的理性心理学与经验心理学的框架里工作,但是他最终抛弃了沃尔夫的方法论理想和其他已建立的探索模式,形成了自己的独特体系。正如最终以《实用人类学》(Anthropologie in pragmatischer Hinsicht, 1798)为书名出版的康德的演讲集所说,自 18 世纪 60 年代以后,他掌握了覆盖面宽广的有关智力官能的工作原理与人类种族博物学真实的信息,但是像休谟一样,康德对内省方法的可靠性提出了重大的怀疑,并最终否认经验心理学可以成为像牛顿力学那样的真正科学。康德的演讲集还表明,他并没有时间理会那些追随笛卡儿寻求心理与生理状态间的关联的人们,因为正如他所说,"对这一主题进行理论推测纯粹是浪费时间"。在理性心理学的领域里,一旦康德从 18 世纪 70 年代初的"教条主义迷梦"中醒来后,他对描绘人类思想基本范畴的关注就引导他在《纯粹理性批判》(Kritik der reinen Vernunft, 1781)中否认了建构理性心理学框架的可能性。因此,即使康德在给牛顿科学成就的赞美上是空前绝后的,他的批判哲学所特有的风格也不能被硬塞进强求一致的牛顿式的模子中,而他的方法所具有的高度个性化的印记,强调了德国启蒙运动时期心灵科学的发展对"道德牛顿主义"的概念的有限的分析性的借用。[30]

定量化

此外,道德学家还不断地转向其他的引导方法论的资源。由于数学通过 17 世纪的物理科学的革命获得了相当高的学术声望,人们发现一些把数学模型适用于道德研

[29] Christian Wolff,《一般哲学初论》(Preliminary Discourse on Philosophy in General, Indianapolis: Bobbs-Merrill, 1963),Richard J. Blackwell 译,第 34 页~第 35 页,第 56 页~第 57 页;Robert J. Richards,《克里斯蒂安·沃尔夫的经验心理学与理性心理学前言:翻译与评论》(Christian Wolff's Prolegomena to Empirical and Rational Psychology: Translation and Commentary),《美国哲学学会会刊》(Proceedings of the American Philosophical Society),124(1980),第 227 页~第 239 页。

[30] Immanuel Kant,《实践人类学》(Anthropology from a Pragmatic Point of View, The Hague: M. Nijhoff, 1974),Mary J. Gregor 译,第 3 页,第 13 页~第 15 页;Kant,《纯粹理性批判》(Critique of Pure Reason, London: Macmillan, 1933),Norman Kemp Smith 译,A 381~382/B 421~432、A 848~849/B 867~877;Kant,《道德形而上学基础》(Metaphysical Foundations of Natural Science, Indianapolis: Bobbs-Merrill, 1970),James Ellington 译,第 8 页~第 9 页;Kant,《任何一种能够作为科学出现的未来形而上学导论》(Prolegomena to Any Future Metaphysics that will be able to Present Itself as a Science, Manchester: Manchester University Press, 1953),Peter G. Lucas 译,第 9 页;David Hume,《人性论》(A Treatise of Human Nature, Oxford: Clarendon Press, 1975),第 3 版,L. A. Selby-Bigge 编,P. H. Nidditch 修订,第 18 页~第 19 页;Lewis White Beck,《早期德国哲学:康德及其前辈》(Early German Philosophy: Kant and His Predecessors, Cambridge, MA: Belknap Press, 1969),第 17 章;Gary Hatfield,《经验的、理性的和先验的心理学:心理学作为科学与哲学》(Empirical, Rational, and Transcendental Psychology: Psychology as Science and as Philosophy),载于 Paul Guyer 编,《剑桥康德指南》(The Cambridge Companion to Kant, Cambridge University Press, 1992),第 200 页~第 227 页。

究和心灵研究的事例,这一点也不奇怪。最初为笛卡儿、霍布斯、贝内迪克图斯·斯宾诺莎(1632~1677)和莱布尼茨所持的模仿欧几里得的《几何原本》(*Elements*)建构知识的演绎体系的梦想,由沃尔夫在德国充满活力地继续着;大卫·哈特莱可作为那些用几何学风格写书,满纸都是命题、推论和附注的人的一个代表。[31] 古代几何学家传下来的分析与综合的方法,同样被看做为经验研究的相似物。牛顿在《光学》中所启用的这些程序肯定在方法论的讨论中会继续出现,分析在孔狄亚克、里德和其他人的著作中具有特别的意义。[32] 在 18 世纪初,也有用数学计算方法讨论像宗教和自然神学这样相关领域的问题的零星的尝试。[33] 最早试探性地在道德理论领域使用数学计算的,是 17 世纪 90 年代哈雷(Halle)的克里斯蒂安·托马修斯(1656~1728)。他提出,我们能够通过测算和比较四种控制人行为的基本情感的强度来对个人的性格做出评价,这四种情感即:色欲、贪欲、野心和理性的爱。后来,另一种道德计算法出现在哈奇森的《探讨美与善的观念的起源》(*An Inquiry into the Original of our Ideas of Beauty and Virtue*, 1725)中。哈奇森罗列了一套"**命题,或公理**",以便于计算我们行为的善或恶。他承认他的提议"最初也许显得**过分和疯狂**",但是,由于其中包含了一些简单的方程式,引起了他的某些读者的气愤,尽管我们并不清楚他们为什么不满。第 2 版的扉页就不再有该著作"尝试介绍一种**道德**学的**数学计算**方法"的字样,而到了第 4 版,数学

815

[31] Wolff,《一般哲学初论》,第 76 页~第 78 页;Tore Frängsmyr,《数学哲学》(The Mathematical Philosophy),载于 Tore Frängsmyr、J. L. Heilbron 和 Robin E. Rider 编,《18 世纪的量化精神》(*The Quantifying Spirit in the Eighteenth Century*, Berkeley: University of California Press, 1990),第 27 页~第 44 页;David Hartley, 2 卷本《对人的观察:其身体、责任和期望》(*Observations on Man, His Frame, His Duty, and His Expectations,* London: S. Richardson, 1749; New York: AMS Press, 1971);David Hartley,《关于观念的感知、运动和产生的各种推测》(*Various Conjectures on the Perception, Motion, and Generation of Ideas (1746)*, Los Angeles: William Andrews Clark Memorial Library, 1959),Robert E. A. Palmer 译。在哈特莱的书中,他会特别地仿效牛顿《原理》(*Principia*)的几何学风格。

[32] Newton,《光学》(*Opticks*),第 404 页~第 405 页;Condillac,《逻辑学》(*La Logique*),载于《孔狄亚克哲学全集》,第 2 卷:第 371 页~第 416 页;Reid,《根据常识的原则探讨人类的心灵》,第 15 页;也可参见 Henry Guerlac,《牛顿和分析方法》(Newton and the Method of Analysis),载于 Guerlac,《现代科学史论文集》,第 193 页~第 216 页。

[33] Richard Nash,《约翰·克雷格的基督教神学的数学原理》(*John Craige's Mathematical Principles of Christian Theology,* Carbondale: Southern Illinois University Press, 1991);John Arbuthnot,《从性别出生比的恒常性论上帝存在》(An Argument for Divine Providence, taken from the Constant Regularity Observ'd in the Births of both Sexes),《伦敦王家学会哲学汇刊》(*Philosophical Transactions of the Royal Society of London*),27(1710~1712),第 186 页~第 190 页;Abraham de Moivre,《可能性理论;或计算赌博中事件概率的方法》(*The Doctrine of Chances; or, A Method of Calculating the Probability of Events in Play,* London: For the Author, 1738),第 2 版,第 v 页;Richard Price,《试解可能性理论中的一个问题》(An Essay Towards Solving a Problem in the Doctrine of Chances. By the Late Mr. Bayes F. R. S. communicated by Mr. Price, in the a Letter to John Canton, A. M. F. R. S.),《伦敦王家学会哲学汇刊》,53(1763),第 370 页~第 418 页(第 373 页~第 374 页);Price,《四篇论文》(*Four Dissertations,* London: A. Millar and T. Cadell, 1768),第 2 版,第 397 页~第 398 页注释。阿巴斯诺特(Arbuthnot)的观点受到威廉·德勒姆、伯纳德·纽温提扬(Bernard Nieuwentijt)和威廉·雅各·范·格雷弗桑德的认可;参见 Eddie Shoesmith,《欧洲关于阿巴斯诺特论上帝存在的论战》(The Continental Controversy over Arbuthnot's Argument for Divine Providence),《数学史》(*Historia Mathematica*),14(1987),第 133 页~第 146 页。

表达式则统统都被删除了。[34]

　　哈奇森的匆匆撤退也许使得他的多数批评者偃旗息鼓,但是并没有打消托马斯·里德在哲学上的顾虑,他公开地否定这套做法,称之为"偷换概念","炫耀数学推理,没有对真知推进一步"。[35] 里德还声称,除了计算概率之外,"绝大多数的可能性""也许……是不能测定的";他惊人的负面的意见指向心灵科学的一个领域:以证据来校准(已形成的)信念,实际上心灵科学在启蒙运动中经历了很高程度的数学化。有着在法律实践、几率游戏的分析、政治算术中复杂根源的,并伴随着 17 世纪"建设性怀疑论"兴起的经典数学概率论,是由达朗贝尔(1717～1783)、布丰(1707～1788)、孔多塞和拉普拉斯(1749～1827)发展的,并用于描述和管理我们对于经验证据的评估、证人的证词以及我们归纳的推论。相关的对可能性的定性处理也明显地出现于约瑟夫·巴特勒(1692～1752)、休谟和孔狄亚克这类哲学家的著作中;大卫·哈特莱在他的《观察》(Observations)中把定量与定性结合起来讨论同意的根据。于是,尽管 18 世纪普遍的观点认为,道德的论题并不适于正式的数学分析,概率论还是成功地与联想心理学以及一系列用来反驳皮浪式怀疑论的认识论策略结合起来了。[36]

　　通过对心灵机制的研究运用定量分析,人们做了给各种经验以数学秩序的一些尝试。沃尔夫对于数学的偏好在他对"经验心理学"的修习中体现出来,因为他认为精神现象是可以定量理解的。因此,他努力建立简易的方法,以便构成可以适用于记忆功能的数学定律。他的追随者约翰·戈特洛布·克吕格尔(1715～1759)设计了一套公式,把我们感觉的活跃程度与神经的紧张度以及外部物体作用于我们感官的力联系在一起,而使沃尔夫的心智研究数学化的目标得以更加全面实现的是 19 世纪早期德国的约翰·弗里德里希·赫巴特(1776～1841),他努力把心理学变成完全定量的科学。[37] 此外,克吕格尔的著作表明,医学、科学和哲学的相互作用(按我们对这些术语

[34] Richards,《沃尔夫的前言》(Wollff's Prolegomena),第 229 页注释;Francis Hutcheson,《探讨美与善的观念的起源》(An Inquiry into the Original of our Ideas of Beauty and Virtue, London: J. Darby, 1725; Hildesheim: G. Olms, 1971),第 ix 页、第 168 页～第 178 页,第 265 页～第 270 页,第 292 页～第 293 页;G. P. Brooks 和 S. K. Aalto,《道德代数学的兴衰:哈钦森和心理学的数学化》(The Rise and Fall of Moral Algebra: Francis Hutcheson and the Mathematization of Psychology),《行为科学史杂志》(Journal of the History of the Behavioural Science),17(1981),第 343 页～第 356 页;布鲁克斯(Brooks)和阿尔托(Aalto)指出(第 351 页～第 353 页),哈钦森的道德计算法后来被苏格兰的道德学家坎贝尔(Archibald Campbell, 1691～1756)所继续,参见他的《探讨善的起源》(An Enquiry into the Original of Moral Virtue, Edinburgh: G. Hamilton, 1733),还有无名氏的《探讨人的自我表现欲的起源》(An Enquiry into the Origins of Human Appetites Shewing how each Arises from Association, Lincoln, UK: n. p., 1747)。

[35] Thomas Reid,《论数量;由读一篇论文引发的,在该论文中简比和复比被用于美德与优点》(An Essay on Quantity; occasioned by Reading a Treatise, in which Simple and Compound Ratio's are applied to Virtue and Merit),《伦敦王家学会哲学汇刊》(Philosophical Transactions of the Royal Society of London),45(1748),第 505 页～第 520 页(第 513 页)。

[36] Reid,《论数量》,第 512 页;Hartley,《对人的观察》,第 1 卷:第 324 页～第 367 页;Lorraine Daston,《启蒙运动时期的经典概率》(Classical Probability in the Enlightenment, Princeton, NJ: Princeton University Press, 1988),多处可见。

[37] Gary Hatfield,《改造心智学:作为自然科学的心理学》(Remaking the Science of Mind: Psychology as Natural Science),载于 Fox 等编,《创造人类的科学》,第 197 页～第 205 页,第 213～214 页,第 216 页;Geoffrey Cantor,《牛顿之后的光学:英国和爱尔兰的光学理论,1704～1840 年》(Optics after Newton: Theories of Light in Britain and Ireland, 1704—1840, Manchester: Manchester University Press, 1983),第 20 页～第 21 页;David E. Leary,《赫巴特的心理学数学化的历史基础》(The Historical Foundation of Herbart's Mathematization of Psychology),《行为科学史杂志》,16(1980),第 150 页～第 163 页。

的理解）在研究外部感觉过程中是最激烈的,而几何学的运用则是视觉研究的重要特征。在 17 世纪,光的主题与视觉联系在一起,启蒙运动时期的光学著作家富有特色地把对光的特性与行为的物理学和几何学思考,与对眼以及具有多种特征的视觉经验的处理结合起来,这在罗伯特·史密斯(1689～1768)的有影响的教科书《光学的完美体系》(*A Compleat System of Opticks*)中可以看到。在乔治·贝克莱(1685～1753)以及里德的著作中也可以看到类似的广泛的讨论。里德的《根据常识的原则探讨人类的心灵》考察了感觉与观念的关系、眼睛的平行运动、斜视、单视觉与复视觉以及对距离的感知等主题。同样地,在处理他所描述的现象的几何方面时,里德概括出著名的非欧"可视几何学"。因此,《根据常识的原则探讨人类的心灵》一书说明,在 18 世纪对感官知觉的分析中,几何学的思考与哲学的、心理学的、生理学的和解剖学的关注通常习惯性地混在一起。[38]

启蒙运动时期心灵科学的数学化问题,决不是一个简单的问题。尽管几何学成为视觉研究的固有部分,数学的概率论与认识论以及自然神学缠绕在一起,但是,定量化在实际解释我们大多数的心智能力方面只是起了有限的作用,而且数学在道德方面的零星运用大都受到了反对。此外,少数心智科学家仍坚守欧氏几何和笛卡儿以及 17 世纪其他人所倡导演绎的理想。另外,定量化并非牛顿方法论所特有的策略。更确切地说,趋向于计算与度量的起因是多方面的,分布在从光学领域里已建立起来的分析的惯例,到科学革命中主要领导者的数学梦想的范围内。尽管牛顿肯定起到了某种促进作用,但他绝不是唯一的,甚至不是人性科学数学化背后最重要的促动者。

解剖心灵

心灵与身体间的类比为心灵科学提供了另一种方法论模式——即解剖学。我们已经看到培根把道德学家比作内科医生,他边想象着解剖学家的操作,边鼓励道德哲学家完全投入到"对心灵和性格进行科学的和准确的解剖"中以揭示"具体人的神秘性情"。[39] 18 世纪上半叶,"心灵的解剖学"的主张,在英国的沙夫茨伯里伯爵三世(安东尼·阿什利·库珀,1671～1713)很有影响的《性格》(*Characteristicks*, 1711)中得以继续,亚历山大·蒲柏的《论人》(*An Essay on Man*, 1733)使它更加流行。在苏格兰学术圈,乔治·特恩布尔也开始关心这个主张,像他的英国前辈一样,他因在这个时期里结构解剖所连带的自然神学的和道德上的含意而很自然地发现它(心智的解剖的主

---

[38] Reid,《根据常识的原则探讨人类的心灵》,第 77 页～第 202 页;Norman Daniels,《托马斯·里德的探讨:可视几何学和现实主义的案例》(*Thomas Reid's Inquiry: The Geometry of Visibles and the Case for Realism*, Stanford, CA: Stanford University Press, 1989),第 2 版;G. N. Cantor,《贝克莱、里德和 18 世纪中期光学的数学化》(Berkeley, Reid, and the Mathematization of Mid-Eighteenth-Century Optics),《思想史杂志》,38(1997),第 429 页～第 448 页。

[39] Bacon,《培根哲学著作集》,第 573 页;也可参看第 574 页,在那里他写道,诗人和历史学家已经"解剖"了情感。

张)引人入胜。[40]

818　　　然而,这个概念在道德方面的言外之意被休谟剥去,他用他的心灵解剖学的版本,来反对弗朗西斯·哈奇森提倡的、具有很大影响的哲学的和教学的风格。哈奇森在读了《人性论》的部分手稿后,指责与他同时代的年轻人缺乏"对美德形成原因的某种热情"。这惹得休谟写了一封信给格拉斯哥的教授,在信中,他把解剖者渴望"发现(心灵的)最秘密的源泉与原则",与画家渴望"描述行为的优雅与美丽"作了区别。被哈奇森的指责所激起的怒气未泯,休谟特地在已出版的《人性论》的最后,重申他的如下观点:"解剖者永远不应当去追赶画家。"他指出,由于他们都非常熟悉人性的结构,心灵的解剖者"非常适宜于"向实践道德学家"提供忠告";他还强调,如果没有心灵科学的帮助,作为一个道德学家"甚至不可能出类拔萃"。含蓄地否定了哈奇森把道德说教与心灵的力量的研究混为一谈,休谟在结尾指出"对人性的最抽象的思考,无论多么冰冷,多么令人不快,对于**实践道德学**而言,是大有裨益的;并且可以使该科学有更加正确的理念,更加有说服力的劝导"。[41]　于是,当哈奇森给予道德教诲的需要以优先时,休谟却赋予人性科学以特殊的地位,称它是其他科学,包括道德科学,"唯一稳固的基础"。[42]　所以,解剖心灵是基础;尽管有反对的声音,但休谟的观点为 18 世纪后半叶苏格兰的道德哲学教育制定了程序。但是,即使苏格兰多数学者赞同他的人类知识的蓝图,他们在把解剖心灵置于神助论和目的论的框架中这一点上则与休谟不同。[43]

人性的自然史

819

　　　尽管《人性论》的导言通常被解读为道德牛顿主义的宣言,但重要的是,休谟并没有在他的导言中提到牛顿,也很少求助于牛顿方法论的表述方式以使自己的做法合法化。取而代之,他赞美了的这一事实,即"后来的一些**英格兰哲学家**",包括"**洛克先生**、

[40] Anthony Ashley Cooper, Lord Shaftesbury, 3 卷本《人的性格、习惯、意见、时代》(*Characteristicks of Men, Manners, Opinions, Times*, London: J. Darby, 1727),第 4 版,第 3 卷:第 189 页;Pope,《论人》,第 239 页;Turnbull,《道德哲学原理》,第 1 卷:第 v 页;这个时期自然神学的教科书中明显出现了解剖学插图;比如,参看 Bernard Nieuwentijt, 3 卷本《宗教哲学家;或者,正确思考造物主的杰作》(*The Religious Philosopher; or, The Right Use of Contemplating the Works of the Creator*, London: J. Senex, 1718—19),第 1 卷, J. Chamberlayne 译。关于在苏格兰从道德的角度看解剖,参见 Anita Guerrini,《门罗主教与解剖学的道德剧场》(Alexander Monro *primus* and the Moral Theatre of Anatomy),待发。

[41] 休谟致哈奇森的信,1739 年 9 月 17 日,载于 2 卷本《休谟书信集》(*The Letters of David Hume*, Oxford: Clarendon Press, 1969),J. Y. T. Greig 编,第 1 卷:第 32 页;Hume,《人性论》,第 620 页～第 621 页。比较休谟后来的表述,参见《人类理解与道德原理探究》(*Enquiries concerning Human Understanding and concerning the Principles of Morals*, Oxford: Clarendon Press, 1975), L. A. Selby-Bigge 编, P. H. Nidditch 修订,第 3 版,第 5 页～第 16 页。休谟的模仿者之一贝尔纳·曼德维尔暗示他一直在解剖人性,参见 2 卷本《蜜蜂的寓言,或个人的恶习,公众的利益》(*The Fable of the Bees; or, Private Vices, Publick Benefits*, Oxford: Clarendon Press, 1924), F. B. Kaye 编,前言,第 1 卷:第 3 页。

[42] Hume,《人性论》,第 xvi 页。休谟认为,所有科学都建立在人性研究的基础上,这一观点有些是属于霍布斯的;关于霍布斯与休谟的关系,参见 Paul Russell,《休谟的〈人性论〉与霍布斯的〈法的原理〉》(Hume's *Treatise* and Hobbes's *The Elements of Law*),《思想史杂志》,46(1985),第 51 页～第 63 页。

[43] 参见 Reid,《根据常识的原则探讨人类的心灵》,第 11 页～第 12 页。一个主要的休谟观点的批评家是贝蒂(James Beattie);参见 Paul Wood,《启蒙时期阿伯丁的科学和美德追求》(Science and the Pursuit of Virtue in the Aberdeen Enlightenment),载于 M. A. Stewart 编,《启蒙时期苏格兰哲学研究》(*Studies in the Philosophy of the Scottish Enlightenment*, Oxford: Clarendon Press, 1990),第 127 页～第 149 页。

沙夫茨伯里伯爵、**曼德维尔博士**、哈钦森先生、巴特勒博士等",通过运用"实验哲学"于"道德主体","使关于人的科学有了新的立足点"。因此,休谟对"实验哲学"是如何定义的理解看起来并不像是能够约化到牛顿主义的分类,而把他对方法论问题的理解看做主要是受他所引述的正统的章节的影响而形成的,更能令人相信。而且,如果我们更加细心地考察在他的名单上的那些以"经验和观察"为依据进行工作的道德学家,那么显然,被休谟当做方法论典范的并不是某个牛顿主义的一般形式,而是由培根和洛克最初明确表述的用于心灵科学的自然史方法。[44]

在 18 世纪,最早支持这种方法的(被看做与心灵解剖学有关的方法)是巴特勒和伏尔泰,前者把这种方法与探知人性的事实联系在一起,后者则推崇洛克兼为心灵的历史学家和解剖学家。[45] 归功于他们的努力与培根和洛克的著作的连续发行以及自然史本身的声望不断提高,自然史学家的研究模式很快更加明显地出现在心灵科学之中,它指引了一大批的著作家,包括乔治·特恩布尔、大卫·哈特莱、拉美特利和狄德罗(1713～1784)。[46] 当大多数的博物学研究者在方法论方面并不是特别地敏感自觉时,休谟却选择自然史方法作为他对内省的使用中固有的主要问题的解决方案的一部分。

在《人性论》中,休谟提醒他的读者:道德学家仍不得不面对一个实际问题,该问题可能会破坏的正好就是建构心灵的经验科学的这一工程本身——具体地说,当我们决定用内省的方法来观察我们的心灵的官能的运作时,"这种反省和预先的思考会搅扰我的自然原则的运行,导致不能从现象中得出正确的结论"。他提出了一个替代的策略,为此他以一种培根式风格论述道:我们应该"从对人生的审慎观察中……搜集我们的实验材料……,在日常生活中,在交往、事务和娱乐活动中,随时地收集它们"。当休谟在他的《人类理解研究》(1748 年)中重铸他的思想时,他重申到,历史以及"通过长

[44] Hume,《人性论》,第 xvi 页～第 xvii 页。关于这一段的观点,有更详细的讨论,参见 Paul Wood,《休谟、里德和心智科学》(Hume, Reid and the Science of the Mind),载于 M. A. Stewart、John P. Wright 编,《休谟与休谟的"关联"》(Hume and Hume's Connexions, Edinburgh: Edinburgh University Press, 1994),第 119 页～第 139 页。我也讨论过这个部分的问题,参见《启蒙时期苏格兰的人的博物学》(The Natural History of Man in the Scottish Enlightenment),《科学史》(History of Science),28(1990),第 89 页～第 123 页;比较 Paulette Carrive,《18 世纪苏格兰哲学中的"人性博物学"观念》(L'idée d' "histoire naturelle de l' humanité" chez les philosophes écossaise du XVIIIe siècle),载于 O. Bloch、B. Balan 和 P. Carrive 编,《在形式与历史之间:经典时代发展概念的形成》(Entre forme et histoire: La formation de la notion de développment à l' âge classique, Paris: Meridiens Klincksieck, 1988),第 215 页～第 227 页。

[45] Joseph Butler,《15 篇布道及其他》(Fifteen Sermons Preached at the Rolls Chapel and Dissertation upon the Nature of Virtue, London: Bell, 1964),W. R. Matthews 编,第 34 页～第 35 页注释;Voltaire,《哲学通信》,第 53 页～第 54 页。沙夫茨伯里伯爵也提到"人的博物学",但他没有详细阐述这个概念,参见《人的性格、习惯、意见、时代》,第 2 卷:第 186 页～第 187 页。达朗贝尔后来完全像伏尔泰那样赞赏洛克,他提出的"灵魂实验物理学"的概念与博物学方法有着紧密的联系,参见 d'Alembert,《狄德罗百科全书初论》,第 84 页。

[46] Turnbull,《道德哲学原理》,第 1 卷:第 ii 页;Martha Ellen Webb,《哈特利的〈对人的观察〉的新发展》(A New History of Hartley's Observations on Man),《行为科学史杂志》,24(1988),第 202 页～第 211 页;Ann Thomson,《从〈人的自然史〉到人的自然史》(From L'Histoire Naturelle de L'Homme to the Natural History of Mankind),《英国 18 世纪研究杂志》(British Journal for Eighteenth-Century Studies),9(1986),第 73 页～第 80 页;Jacques-André Naigeon,《狄德罗生平与著作:历史与哲学回忆》(Mémoires historiques et philosophiques sur la vie et les oeuvres de Denis Diderot, Paris, 1821),第 291 页,引自 Anthony Pagden,《欧洲人与新大陆的相遇:从文艺复兴到浪漫主义》(European Encounters with the New World: From Renaissance to Romanticism, New Haven, CT: Yale University Press, 1993),第 156 页。

期的生活和各种事务与交际而获得的"经验使我们能够"发现永恒的和普遍的人性原则,这是由于该历史和经验使我们能够看到所有各种环境和情形下的人,并为我们提供了能够从中形成我们的观察,并让我们熟悉人类活动和行为的固定来源的素材"。在《人类理解研究》中,他还进一步指出,我们应该采用自然史学家最适度的认识论目标,而绘制"一张心灵的地理学"地图,"或描出心灵的不同部件和功能",从而鉴别出"心灵的不同操作",并"根据其合适的名目"加以分类。[47] 因此,休谟设想他的"关于人的科学"是基于历史年鉴和我们日常生活的集体体验的经验材料的,又是把归纳研究与自然史学家的描述和分类方法结合在一起的。

然而,我们必须小心谨慎地定义在何种意义上休谟是一位心灵的自然史学家,因为他的自然史学风格不同于大多数他的苏格兰的同代人。休谟的《宗教的自然史》(*Natural History of Religion*, 1757)表明,他有时按照达朗贝尔和亚当·斯密的习惯,把"自然的"等同于某种理性的或逻辑的秩序,而这个词的这种标准用法在苏格兰人的著作中基本上是没有的。在阿伯丁,一群医生和教授受亚历山大·杰勒德(1728~1795)、约翰·格雷戈里(1724~1773)、托马斯·里德和大卫·斯基恩(1731~1770)的影响,他们在心灵史(研究)中使用了培根、洛克和巴特勒·特恩布尔的著作(的定义)。他们定义"自然史"就是按照这些哲学家以及像布丰和林奈(1707~1778)这样的博物学家所运用的经验步骤。[48] 尽管他们的风格不同,但是阿伯丁人同意休谟对在写自然史(natural histories)著作中涉及的方法论问题的精深领会,这可以从里德《根据常识的原则探讨人类的心智》关于自然史方法和解剖学方法的局限性的评论中,或从大卫·斯基恩在阿伯丁哲学学会前所发表的关于心灵自然史的演讲中看出。也许最为重要的是,阿伯丁人的研究记录了向描述人性在现世的发展的转变,该转变受到了几门科学的合并的积极影响,这几门科学是自然史与哲学史、民族志以及夏尔-路易·塞孔达·孟德斯鸠男爵(1689~1755),尤其是让-雅克·卢梭(1712~1778)的著作中的心灵科学。[49]

在对孟德斯鸠的《论法的精神》(*L'esprit des lois*)所提出的理论挑战做出的众多响应中,卢梭的《论人类不平等的起源和基础》(*Discours sur l'origine et les fondemen[t]s de l'inégalité*, 1755)作为概括了最广泛、最有争议的人类史的文章而脱颖而出。像孟德斯鸠一样,卢梭利用自然法传统的分析工具,并运用冰川史的框架对人类从野蛮到文明的"进步"作了他自己的叙述。这个叙述最值得注意的特征是,卢梭对心灵能力的逐渐发展和在人类发展不同阶段中新观念、新情感和新需要的出现的关注。根据卢梭的说法,在最早的"自然状态"时期,人类过着完全孤立的生活,他们的需要微乎其微,他们

---

[47] Hume,《人性论》,第 xix 页;《人类理解与道德原理探究》,第 13 页,第 83 页~第 84 页。

[48] 关于布丰和林奈,尤其要参见 Phillip Sloan,《关注自然史》(The Gaze of Natural History),载于 Fox 等编,《创造人类的科学》,第 112 页~第 151 页。

[49] Reid,《根据常识的原则探讨人类的心灵》,第 12 页~第 16 页;大卫·斯基恩的各种文件, Aberdeen University Library, MS 37, fols. 168—179。

心灵的活动受到很大的限制。他认为,在这种状态下,我们拥有自由意志、改进(他自相矛盾地称为"可完美性")的能力、对自我保护的基本欲望以及怜悯或同情的基本道德情感,但他否认格劳秀斯等人所谓人类"天生"喜欢群居的言论。他还认为,人类拥有强壮的、敏捷的和健康的身体,我们的视力、听力和嗅觉能力非常敏锐,因为生存依赖于它们。值得注意的是,他进一步认为,本能决不是固定不变的,人类通过模仿动物,形成了各种本能的行为。[50]

在这种田园诗般的质朴的状态下,人类天生是善的,然而,这种状态只是短暂的。卢梭不像早先的著作家,对自然状态的描述缺乏现世的维度,他使概念具有历史的真实性,并且强调,即使在这种状态下,人也并非处于静态。尽管在纯粹自然地解释人类早期历史中所涉及的困难上,卢梭应和了普芬多夫,但是,他更偏爱人口增长促使了工具的发明以满足我们对食物的需要的观点,并且相信,这个表面上微不足道的技术进步启动了使人类堕落的驯养动物的过程。当人类开始打猎和捕鱼时,出现了第一缕内省的思绪,通过比较周围的事物,我们开始形成联系的观念。而且,人不再是孤立的动物;他们结成群体,建立家庭。家庭生活改变了人性,产生了新的需要、新的激情和情绪,以及与先前心智的平静生活截然不同的情绪的一种激烈化。此外,私有财产的出现导致暴力,个人之间的争吵由于激情的反复无常而激化。但是,尽管我们的精神生活和社会生活出现了这些无序的因子,卢梭断言:"人的能力发展的这个时期,保持着在原始状态的野蛮与我们在社会虚荣的迫使下的紧张生活之间的黄金分割,肯定是最幸福和最持久的时期。"[51]

但是,由于人口增长的持续压力和劳动分工的开始,自然状态的这个最后阶段是短命的。随着农业、金属工具的出现和相应的工艺的进步,人类进入了一个新的时期,其间,在原始状态下就可以看出的倾向被带向进一步的极端。需要的不断增多,推动了我们的情感的强烈化和复杂化、心灵能力的开化(efflorescence)和知识的进步。人性实际上被私有财产、奢侈和文明社会生活的革命性的影响而重新塑造。我们曾是天生道德的和自由的,现在却是追逐虚名的,而且被财产和知识所腐蚀,所奴役;文明使我们的身体变得虚弱,使我们变得容易受到疾病的摧残。在他人看到进步的地方,卢梭却看到了人类的倒退。我们已经尝了知识的毒果,现在正在遭受着灾难性的后果。[52]

[50] Jean-Jacques Rousseau,《第一论与第二论》(The First and Second Discourses, New York: St. Martin's Press, 1964),Roger D. Masters 编,Roger D. Masters 和 Judith R. Masters 译,第 95 页,第 105 页～第 107 页,第 113 页～第 116 页,第 193 页。

[51] Rousseau,《第一论与第二论》,第 141 页～第 151 页(第 150 页～第 151 页),一定要指出,卢梭对于人类最初状态的特征的论述是不一致的,因为他在说它是非道德的和断言它是好的之间摇摆不定(参见第 128 页,第 150 页,第 193 页);他的不一致,反映了他对待霍布斯所描述的自然状态的矛盾态度。普芬多夫指出,我们不能孤立地用自然原因来解释人类历史;Pufendorf,《论人的自然状态》,第 112 页～第 116 页。

[52] Rousseau,《第一论与第二论》,第 108 页～第 111 页,第 151 页～第 160 页,第 193 页,第 199 页。卢梭对人性由于社会生活的影响而发生转变的解释,是附和曼德维尔和狄德罗的解释;参见 Mandeville,《蜜蜂的寓言》,第 1 卷:第 205 页～第 206 页;Denis Diderot,《布干维尔岛航行补遗》(Supplément au Voyage de Bougainville),载于《政治论文集》(Political Writings, Cambridge University Press, 1992),John Hope Mason 和 Robert Wokler 编译,第 71 页～第 73 页。

卢梭重建从粗蛮到精致的道路,光辉地实现了洛克要写一部心灵与人类知识起源史的目标,但是,他的叙述也不可逆转地改变了人性科学的面貌。卢梭把洛克对我们心灵能力在现世进化的研究与源于民族学和自然史的人类发展的冰川观融合在一起,从而引发了有关人类史的蕴意的道德和政治的深邃的问题,而这些问题正是心灵科学家所不可忽视的。而且,人类自然史的研究提出了令人困扰的有关人性的问题。18世纪大多数专家认为,人性是普遍统一的,但自然史研究表明,人有各种各样令人不解的身体的特征和心灵的能力,这使得像凯姆斯勋爵(亨利·霍姆,1724~1773)这样的思想家重提这样一种观点,即人类的每一种族或变种是被单独创造出来的。这个挑战对于所谓我们的共同本性源于人类共同祖先的观点来说,尤其令人不安,因为它威胁到了启蒙运动时期建立起来的对普遍的天赋或天启道德准则的信仰。[53] 对于这种准则的存在以及人性不变的焦虑,后来又有了进一步的恶化,原因是康德的前学生约翰·戈特弗里德·赫尔德(1744~1803)在他的《人类历史哲学的思考》(*Ideen zur Philosophie der Geschichte der Menschheit*, 1784~1791)中概略地描述了具有挑衅意味的哲学人类史。按照孟德斯鸠等人把文化与自然环境联系起来的提示,赫尔德把这种分析模式推向一个令人吃惊的新方向,他坚持认为全球气候、地形的差异培育出不同的文化,这都是上帝万能的设计的体现。赫尔德并不研究道德绝对(这至今一直促进着对人类社会的比较研究),而是赞美维系人类的各种文化的多重性、特异性和完整性。带着与卢梭类似的道德热情,他警告他的欧洲同事不要把他们的规范强加于其他民族,并且主张,"去想象世界上的所有居住者一定都是欧洲人时才能幸福生活,将是最愚蠢的自吹"。[54] 所以,写人类的自然史,实在是一桩具有破坏性的事业,因为它对启蒙运动的世界大同主义、乐观主义、进步和普遍主义的陈词滥调提出质疑,为其他各种不同的对人类本性的构想铺设了道路。

[53] Henry Home, Lord Kames, 4卷本《人的历史概略》(*Sketches of the History of Man*, Edinburgh: W. Strahan, T. Cadell, and W. Creech, 1788),第2版,第1卷:第72页~第77页;Samuel Stanhope Smith,《论人类不同肤色和体形的原因》(*An Essay on the Causes of the Variety of Complexion and Figure in the Human Species*, Edinburgh: C. Elliot, 1788),新版,第164页~第165页。关于人性的不变性,参见 Mandeville,《蜜蜂的寓言》,第1卷:第229页;Hume,《人类理解与道德原理探究》,第83页~第84页。介绍18世纪种族问题的讨论,可参见 Emmanuel Chukwudi Eze 编,《种族与启蒙运动:读本》(*Race and the Enlightenment: A Reader*, Cambridge, MA: Blackwell, 1997)。

[54] John Godfrey Herder, 2卷本《人类历史哲学概要》(*Outlines of a Philosophy of the History of Man*, London: T. Churchill, 1802),T. Churchill译,第2版,第1卷:第393页。赫尔德还采用四阶段理论解释一个文化的特征,但是他主张,环境因素是不同阶段的条件,而且还认为,各阶段并非一定截然不同(第1卷:第33页,第363页)。关于赫尔德环境主义的讨论,参见 Clarence J. Glacken,《罗得斯岛海岸的踪迹:从古代到18世纪末西方思想中的自然和文化》(*Traces on the Rhodian Shore: Nature and Culture in Western Thought from Ancient Times to the End of the Eighteenth Century*, Berkeley: University of California Press, 1967),第537页~第543页。

结　语

824

　　在狄德罗的《拉摩的侄儿》(*Le neveu de Rameau*)中,教育学原理的讨论促使那个人物"他"问道:"方法从哪里来?"[55] 我们已经看到,当要解释理性时代的起源时,受过启蒙的男男女女对这个问题有清楚的答案,他们的讲述仍然构成当今对于启蒙时期自然哲学与道德哲学之间关系的解释。但是,启蒙时期心智科学起源的问题,随着学者们越来越关注牛顿的知识遗产,已经变得非常简化了。如此专心地着迷于牛顿的影响以及在自然科学与人类科学中对一个单一明确的牛顿传统的徒劳的寻找,没能给 18 世纪人性分析的复杂性或启蒙哲学家对于哲学传统的理解的细微差别以公正待遇。正如伏尔泰在《英国通信》(*Letters concerning the English Nation*)中对洛克的称颂之词所说明的,开明的专家认可各种方法论模式,包括解剖学和自然史学,这些方法补充了甚至替代了由牛顿著作导出的方法。承认牛顿对于这个时期的重要性的同时,我们必须转向培根、笛卡儿、格劳秀斯、霍布斯和洛克所写的重要著述,以弄清楚对该科学的范围的各种相互竞争的定义和将被用于该科学中的各种不同的方法。正如启蒙哲学家们自己所认识到的,他们的"关于人的科学"的轮廓形成于 17 世纪的剧变之中,他们用于解剖人性的分析工具铸就于科学革命的熔炉之中。

(乐爱国　王秋涛　程路明　译　王　君　校)

---

[55] Denis Diderot,《拉摩的侄儿与达朗贝尔之梦》(*Rameau's Nephew and D'Alembert's Dream*, Harmondsworth: Penguin, 1966),Leonard Tancock 译,第 58 页。《拉摩的侄儿》(*Le neveu de Rameau*)是启蒙运动时期关于社会生活对人性的影响最具启发性的探索之一。

全球性的掠夺：
科学、商业和帝国

拉里·斯图尔特

　　地图是一种纸上的象征——一幅画——你知道画吗？——一幅画在纸上的图画——展示、代表国家——明白吗？——用缩微的方式展示你的国家——画在纸上的一幅比例图

　　——布赖恩·弗雷尔，《翻译》(*Translations*)

　　在 1763 年巴黎和平条约缔结时，英国的大洋政策(blue-water policy)在用高德罗珀产糖岛(the sugar island of Gaudeloupe)交换加拿大荒野的"几阿庞雪地"(quelques arpents de neige)*中，导致了一些奇怪的结果——在老皮特(the elder Pitt)与温顺的苏格兰人彪特爵士之间产生了巨大的恐怖与悲哀。正是在这个时候，一个扩张的英帝国正在形成，与此相应，法国出现了新的一波冒险浪潮。在这种情形下，我们看到不爱出风头的路易·德·布干维尔很快完成了著名的四年环球航行(1766～1769)，并很快发表了一篇出色的报道——尽管布干维尔悲叹道："人们既不是在加拿大的森林里，也不是在大海之中创造的。"(Ce n'est ni dans les forêts du Canada, ni sur le sein des mers, que l'on se forme á l'art d'écrire)虽然如此，还是有一段布干维尔的自述："船员与海风；一个说谎者和一个傻瓜"(voyageur & marin; c'est á dire, un menteur, & un imbécile)，这与欧洲博物学家和分类学家的通常经历不同，因为这些人"在他们小房间的阴影里……迫切地想象着大自然是怎么样的"(dans les ombres de leur cabinet ... soumettent impérieusement la nature á leurs imaginations)。布干维尔的光辉事迹几乎就是一部由岩石林立的浅滩、深海、落水的船员、无法避免的坏血病以及在太平洋上避风的小海湾、浅水湾中或珊瑚暗礁后的紧急停泊与塔希提人热情好客的臂膀所构成的传奇小说。[1]

---

*　　阿庞(arpent)：法国一种丈量土地的单位，尤指用于加拿大大部分地区和美国南部的测量单位，约等于 0.4 公顷(0.85 英亩，36 802 平方英尺)。——译者

[1]　Louis de Bougainville，《环球航行》(*Voyage autour du monde, Par la Frégate du Roi, la Boudeuse, et La Flûte l'Etoile; En 1700, 1767, 1768 & 1769*, Paris: Chez Saillant & Nyon, 1771)，第 16 页～第 17 页。

贸易和知识的进步

　　本文论述的主题是：科学家在欧洲列强贪婪的重商主义和帝国主义实际所为（agendas）中所处的地位。这条线索从 17 世纪的商业成功概念一直延伸到 18 世纪约瑟夫·班克斯之流的科学巨头的专横宣传。然而，它的起源不在于古老得多的培根哲学命题（尽管有影响），而在于让 - 巴蒂斯·科尔贝的重商主义，以及丹尼尔·笛福对英国商人的赞美。贸易给企业主和博物学家带来的权力和声望与自诩为君王的人一样多。即使在破坏性的 1720 年南海股票泡沫（South Sea Bubble）事件发生后，笛福仍然坚信英国对于法国、荷兰这样的商业和帝国对手具有显著优势。对笛福来说，英国贵族"在财富和数量上攀升到惊人的高度"，正是得益于"**贸易和知识**"的促进。[2] 在那个时代中，人们认为新的陆地对欧洲人的健康是极端危险的，更不用说航海探险本身所带来的危险，笛福列举了英国的优势——甚至是超过欧洲大陆对手们的优势，其中一项就是"拥有世界上最适宜居住的气候"。[3] 除去夸张的部分，笛福关于贸易和知识相联结的主张似乎已受到他在伦敦王家交易所附近所遇见的大多数人的高度重视，正如他所说："我们一定要明白，贸易包括航海、海外发现，因为，一般说来，航海跟海外发现都是通过贸易，甚至是贸易者和商人而促进和开展的。"[4]

　　贸易和科学发现之间的联系，是那个重商主义时代和全球帝国扩张的本质。但是，这不只是企业主涌入没有精确海图的水域这样简单的事。欧洲国家之间长期存在的冲突促使了海军的产生。就像约翰·布鲁尔所说，英国的军事扩张模式不可避免地与继承权战争以及帝国之间的争吵的进程相一致。对于像苏格兰的自由职业者、政治家和冒险者这样的人来说，这其中有很多获取财富和前途的机会。[5] 这种情形不只是局限于英国。在这个冲突的世纪，葡萄牙人、西班牙人、荷兰人以及法国人都同样急切地想要远远超越他们所在大陆的环境；结果发现在不同程度上，他们每个都存在各种各样的弱点。人们普遍相信，促进发展完善的自然哲学或数学团体是最为根本的。这样，法国人很快就提出了地磁变化对于航海的重要性，并于 1705 年由科学院发起了一

826

827

---

[2] Daniel Defoe，《家书中真正的英国商人》（*The Complete English Tradesman in Familiar Letters*, London, 1727, reprint, New York: Augustus M. Kelly Publishers, 1969），第 2 版，书信 XXII，《论在英格兰做贸易比在任何其他的国家都更有尊严》（Of the Dignity of Trade in England More than Any Other Countries），第 306 页。黑体字为我所加。另参见 Ilse Vickers，《笛福与新科学》（*Defoe and the New Sciences*, Cambridge University Press, 1996），第 96 页。

[3] 有关笛福强调科学与理性的重要性的观点，参见 Simon Schaffer，《笛福的自然哲学与信用世界》（Defoe's Natural Philosophy and the Worlds of Credit），载于 John Christie 和 Sally Shuttleworth 编，《美化的自然：科学与文学（1700 ～ 1900）》（*Nature Transfigured: Science and Literature, 1700—1900*, Manchester: Manchester University Press, 1989），第 13 页～第 44 页，尤其是第 26 页。

[4] Defoe，《家书中真正的英国商人》，第 307 页。

[5] John Brewer，《权力的原动力：战争、金钱与英国政府（1688 ～ 1783）》（*The Sinews of Power: War, Money and the English State, 1688—1783*, Cambridge, MA: Harvard University Press, 1988），第 40 页及其后；Linda Colley，《不列颠人：国家的形成（1707 ～ 1837）》（*Britons: Forging the Nation 1707—1837*, New Haven, CT: Yale University Press, 1992），第 126 页～第 132 页。

场确定海上地磁变化的方法的竞赛。但是,是一个英国人,埃德蒙·哈雷发现了芒什海峡(la Manche)的地磁变化图的不精确性;哈雷还说服王家海军让他指挥一艘船,从而绘制出两幅令人印象深刻的等偏角地图。[6]

帝国间的竞争增强了发展航海的紧迫性。1707 年,克劳德斯利·夏威尔爵士的地中海舰队大部分惨遭不幸沉没,迫使英国政府于 1714 年提供 2 万英镑奖赏,开展海上半度以内的经度测量工作。[7] 当然,无论是对于许多企盼获得奖金的项目承担者,还是对于英国政府,最后几乎都一无所得。数十年来,甚至是在记时计已起到显著作用之后,即使有了精确的航海图,帝国的每一次向南大西洋和太平洋的冒险航行都不可避免地充满了找不到目的地或补给锚地的担心;无论航海图是小心保护的秘密,或根本就是一套精心准备的错误或谣言,结果几乎都是一样的。这里仅举一个具有传奇色彩的例子,胡安·费尔南德斯群岛的鲁滨孙·克鲁索(Robinson Crusoe)岛(也就是1704~1709 年苏格兰人亚历山大·塞尔柯受困的岛屿)是一个著名的又难免存在争议的避难所。后来,1741 年,在与西班牙的战争中,舰队司令乔治·安森的舰队在海上被打散,他们绝望地寻找避难所,最终在船员们备受坏血病的折磨的情况下到达胡安·费尔南德斯群岛,从而英国得以获得此岛的主权。[8]

如果说航海是令人绝望的,那么战争则使事态变得更加紧迫。的确,就像帝国的冲突突显了精确海图的必要性一样,战争也暴露了殖民投资的弱点。在这个世纪的整个中叶,尤其是在"七年战争"期间以及其后的时间里,贸易推动着帝国的实际所为,科学研究也在为航海而进行着。到 1775 年 12 月,王国政府以及王家学会都认为寻找西北通道是恰当的,希望"为商业与科学争得许多优势"。[9] 在为期两年的时间中,"编史学家"、爱丁堡大学校长、神学博士威廉·罗伯逊(D. D.)已将商业作为科学愿景中的一部分,在这个愿景中,他仍把哥伦布和哥白尼以及伽利略联系在一起。这就是经

828

〔6〕 Deborah Warner,《地磁学:为了上帝的光辉与人类的福祉》(Terrestrial Magnetism: For the Glory of God and the Benefit of Mankind),载于 Albert Van Helden 和 Thomas L. Hankins 编,《仪器》(Instruments)专刊,《奥西里斯》(Osiris),9 (1993),第 67 页~第 84 页,尤其是第 74 页~第 75 页、第 78 页。

〔7〕 Larry Stewart,《公众科学的兴起:牛顿时代英国的修辞学、技术和自然哲学(1660 ~1750)》(The Rise of Public Science: Rhetoric, Technology, and Natural Philosophy in Newtonian Britain, 1660—1750, Cambridge University Press, 1992),第 183 页~第 211 页;A. J. Turner,《经度法的余波,但主要在此之前》(In the Wake of the Act, but Mainly Before),载于 William J. H. Andrewes 编,《寻求经度》(The Quest for Longitude, Cambridge, MA: Collection of Historical Scientific Instruments, 1996),第 115 页~第 132 页。

〔8〕 Daniel A. Baugh,《海上强国与科学》(Seapower and Science),载于 Derek Howse 编,《发现的背景:从丹皮尔到库克的太平洋探险》(Background to Discovery: Pacific Exploration from Dampier to Cook, Berkeley: University of California Press, 1990),第 15 页;Boyle Sommerville,《舰队司令乔治·安森的南海航行与环球航行》(Commodore George Anson's Voyage into the South Seas and Around the World, London: Heinemann, 1934),第 63 页及其后;以及 Glyndwr Williams,《太平洋:探险与开发》(The Pacific:Exploration and Exploitation),载于 P. J. Williams 编,《牛津英帝国史》(Oxford History of the British Empire, Oxford: Oxford University Press, 1998),第 2 卷《18 世纪》(The Eighteenth Century),第 554 页~第 575 页。

〔9〕 J. C. Beaglehole,《詹姆斯·库克船长的生平》(The Life of Captain James Cook, London: A. & C. Black, 1974),第 484 页;Baugh,《海上强国与科学》,第 39 页。

验的、而非理论的与世界对峙而获益的现代主义者的形象。[10]

商人和帝国的科学

　　科学的作用已被深深植入商业与政治优势的帝国主义教条中。尽管新的征服造就了市场,但是,最重要的还是财富在"积累周期"(cycle of accumulation)中从扩张的外围转移到欧洲中心。值得注意的是,对于像作为命名、搜集和展览中心的法国王家植物园或克佑花园(Kew Gardens)这样的地方来说,它们强化了自然知识与权力诉求之间的联系,这不仅仅是一个消费的问题,而且也是一个生存的问题。[11] 要正确理解18世纪的冒险,根本的一点是要消除贸易与期望之间人为造成的差别;从科尔贝到笛福和百科全书派(Encylopédistes),都改用效用(utilité)和劳动(travail)的外壳,来维护国家的利益。商人是文明的代言人。至少在英国和法国这样商业处于不断发展的帝国里,有更多的途径获取大量有关自然的材料,而这些材料使得像林奈、布丰这样的分类学家及其来自各国的门徒们可以愉快地探索自然的足迹。[12]

　　18世纪迅速资本化的食品市场具有深刻的涵义。对于每一种新食品和新药品都需要有更多的科学认识,扩大种植范围和拓展潜在市场。在巴黎和平条约之后,马拉奇·波斯尔思韦特看到了英国新占领殖民地的好处。虽然他赞赏法国对其特许公司的扶植,但是,英国人也许已有更多举措。1763年以后,这一领域尽可能地向那些寻找机会的侨民、公司、科学家开放。[13] 因此,在布干维尔所著《航行》(Voyage)一书的1772年英文版的序言中,德意志博物学家约翰·莱因霍尔德·福斯特希望:

　　　　我们的那个英国东印度公司,满怀着改进博物学,甚至其他实用知识的崇高

829

[10]　Anthony Pagden,《欧洲人与新大陆的相遇》(European Encounters with the New World, New Haven, CT: Yale University Press, 1993),第99页~第100页,第166页;John Gascoigne,《约瑟夫·班克斯与英国启蒙运动:有用的知识与高雅的文化》(Joseph Banks and the English Enlightenment: Useful Knowledge and Polite Culture, Cambridge University Press, 1994),第264页。

[11]　参见David Hume,《论艺术与科学的兴起与发展》(Of the Rise and Progress Of the Arts and Sciences),载于Thomas Hill Green和Thomas Hodge Grose编,《哲学著作》(The Philosophical Works, London, 1882; reprint, Darmstadt: Scientia Verlag Aalen, 1965),第3卷,第185页;David Philip Miller,《约瑟夫·班克斯、帝国与汉诺威王朝后期伦敦的"计算中心"》(Joseph Banks, Empire, and "Centres of Calculation" in Late Hanoverian London);Michael Dettelbach,《全球的物理学与美学帝国:洪堡对热带的自然描绘》(Global Physics and Aesthetic Empire: Humboldt's Physical Portrait of the Tropics);Simon Schaffer,《帝国的梦想》(Visions of Empire),载于David Philip Miller和Peter Hans Reill编,《帝国的梦想:航海、植物学与自然的描绘》(Visions of Empire: Voyages, Botany, and Representation of Nature, Cambridge University Press, 1996),第22页~第23页,第258页,第336页~第337页;Richard Drayton,《知识与帝国》(Knowledge and Empire),载P. J. Marshall编,《牛津英帝国史》,第2卷《18世纪》,第231页~第252页。

[12]　Michael Nerlich,《冒险的意识形态:现代意识研究(1100~1750)》(The Ideology of Adventure: Studies in Modern Consciousness, 1100—1750, Minneapolis: University of Minnesota Press, 1987),第2卷,Ruth Crowley译,第381页~第397页;Anthony Pagden,《欧洲人与新大陆的相遇》,第170页~第172页;Gascoigne,《约瑟夫·班克斯与英国启蒙运动》,第89页~第90页。

[13]　Malachy Postlethwayt,《贸易与商业通用字典》(Universal Dictionary of Trade and Commerce, London, 1774; reprint, New York: Augustus M. Kelley, 1971),第4版,第2卷,参看词条"英国"(殖民岛国评论);Bob Harris,《"美国的偶像":帝国、战争与18世纪中叶英国中产阶层》("American Idols": Empire, War and the Middling Ranks in Mid-Eighteenth-Century Britain),《过去与现在》(Past and Present),150(1996年2月),第111页~第141页,尤其是第127页,第135页,第138页。

热诚,可以派遣一批人,他们应完全熟悉数学、博物学、医学以及其他知识领域,到其在东印度群岛的广大领土以及其他东印度公司航线所能到达的地方,使得他们能够搜集到各式各样有用和奇特的资料;采集这些地区所特有的化石、植物、种子和动物;……考察不同国家的气候和构成;空气的热度和湿度,地区中有益健康和有害的东西,热带地区常用的药物,以及其他内容。这类计划,一旦以一种明智的方式开展起来,不仅会为东印度公司带来荣耀,而且肯定会成为发现大量新奇、有用的贸易品从而扩大贸易和商业范围的一种手段。[14]

在南海公司的船只离开停泊地的喧闹中,在东印度公司码头的鼠尾状起重机从带有神秘香味的货物堆中吊起货物的纷乱中,这里仿佛是世界的边缘,摆脱了伦敦码头上多疑税官这一唯一的卫士而自由自在。在勒阿弗尔(Le Havre)、马赛、里斯本或阿姆斯特丹这样的地方,世界在碰撞,未来被建构与消解,航程在那里开始,对于那些幸运和技术高超的人,航程又在那里结束。对于数以千计的人来说(他们中许多人还对违背自己意愿的战争留有深刻的印象,还有些人只希望给某位公司董事留下印象以谋一职位),这里是运气悄然开始的地方。所以,在英国,像"非洲公司"这样的股份公司,雇用博学的医生去致命的奴隶海岸的上游寻找新的农作物品种和黄金的线索;而在法国,却促成了无数个计划,试图发现"澳洲大陆"(Terres Australes)和根本不存在的"戈纳维尔大陆"(Gonneville's Land)。这两项计划的意图与其他无数的计划一样,都是为了促进贸易的发展。[15]

在欧洲人那些距离遥远的贸易站和工厂,如在澳门或韦拉克鲁斯(Vera Cruz)、卡塔赫纳(Cartagena)或广东,商业的确是一个复杂的问题,尤其是在战争威胁到贸易航线的时候。比如,到中国沿岸寻找所需物资的舰队司令安森捕获了一艘西班牙大型帆船,获得大量的战利品,就是这样的事例。有武力的支撑,安森把从乔治国王那儿得到的权力显示无遗,而东印度公司在各国的官员也把消除海上供应渠道的障碍看做是明智之举。不过,在这些公司中,欧洲科学家们经常可以找到有益的工作。例如,经由约瑟夫·班克斯介绍,英国东印度公司雇用石勒苏益格-荷尔斯泰因(Schleswig-Holstein)的植物学家约翰·柯尼希为自己效力,他的主要工作是找到"适合欧洲市场

〔14〕 Bougainville,《1766 年、1767 年、1768 年和 1769 年在"笃信王"命令下完成的环球航行》(A Voyage Round the World. Performed by Order of His Most Christian Majesty, in the Years 1766, 1767, 1768, and 1769, London, 1772; reprint Amsterdam: Israel, 1967),John Reinhold Forster, F. A. S. 译,第 viii 页~第 ix 页;另见 Simon Schaffer,《在近代早期英国作为一种社会事实的土地的肥力》(The Earth's Fertility as a Social Fact in Early Modern Britain),载于 Mikuláš Teich、Roy Porter 和 Bo Gustafson 编,《历史背景下的自然与社会》(Nature and Society in Historical Context, Cambridge University Press, 1997),第 124 页~第 147 页,尤其是第 125 页。

〔15〕 James Houstoun,《詹姆斯·胡斯顿医学博士(先是王家非洲公司驻非洲殖民地的内科医生与卫生主管,后来是王家合同公司美洲工厂的外科医生)的生活与旅行回忆录》(Memoirs of the Life and Travels of James Houstoun, M. D. [Formerly Physician and Surgeon-General to the Royal African Company's Settlements in Africa, and late Surgeon to the Royal Assiento Company's Factories in America], London, 1747),第 126 页~第 127 页;O. H. K. Spate,《德洛齐耶·布韦与 1740 年太平洋重商主义者的扩张》(De Lozier Bouvet and Mercantilist Expansion in the Pacific in 1740),载于 John Parker 编,《商人与学者:探险与贸易历史论文集》(Merchants & Scholars: Essays in the History of Exploration and Trade, Minneapolis: University of Minnesota Press, 1965),第 223 页~第 237 页,尤其是第 225 页~第 227 页。

的药品和正在消失的[原文如此]材料,但最重要的是要使公司拥有适合向中国投资的商品,就像现在那个国家从别的国家那里接受的那些商品"。[16] 当安森担任英国海军大臣时,英国的目标是要保住一个有可能挑战法国在太平洋地区的权益的立足点。[17] 这不仅决定了一个海军的政策,而且也决定了特许公司的船只和探险航行的重要地位。具有重要意义的是,当后来班克斯提倡商业帝国主义时,他利用政治和商业的关系做到了这一点。1784 年以后,班克斯的合作伙伴亨利·邓达斯成为东印度公司管理委员会的秘书,班克斯因而能够实际影响公司关于植物学问题的政策。在他不断要求改进的热情中,1801 年,他试图安排汉弗里·戴维进行有关制革的科学研究。[18]

将各种特许公司的植物学或动物学的研究计划仅仅看做是早期现代国家的战略的延伸,这其实是一种误解。由于欧洲进口和转口贸易的不断发展,如咖啡从英国输往欧洲大陆,生物学的发现与分类,以及咖啡种植从非洲转向巴西或烟草转向中国和日本的这类生物迁移,实际上远比国家间的双边或多边竞争复杂得多。早期现代商业帝国充斥着各国希望能在绝望的时刻抓住机会,或至少留下一点影响的破碎的梦想。结果,特许公司无论大小,都不是由一种语言说了算。甚至在葡萄牙帝国将它的兴趣的中心移到巴西后,直到 18 世纪末葡萄牙语依然是在亚洲占统治地位的欧洲语言。德意志人成功地接替了荷兰东印度公司的大部分活动,因此到 18 世纪 70 年代,大约1/3 的公司雇员仍然是荷兰人。奥斯坦德(Ostend)*、瑞典和普鲁士的公司和英国、荷兰的公司一样,都明显是跨国经营。这种多样性当然在博物学家那里同样明显。瑞典的东印度公司为林奈的学生提供免费的航行,这样的合作无疑是看到了其潜在利益,因此植物学家分散到各地,他的学生佩尔·卡尔姆于 1747 年去了北美洲,同样,著名的丹尼尔·索兰德于 1768 年借助库克的"奋勇号"(Endeavour)的航行,巩固了他与班克斯的联系。其结果是林奈的体系通过欧洲人的商业和帝国网络,由他的学生传播开来,其中有在南美的佩尔·洛弗林,在英国的乔纳斯·德吕安德尔,在中国的奥斯贝

881

[16]　Sommerville,《舰队司令乔治·安森的南海航行与环球航行》,第 249 页～第 250 页;Mackay,《帝国的代理人》(Agents of Empire),第 50 页;Richard Grove,《岛屿与环境保护主义的历史:圣文森特案件》(The Island and the History of Environmentalism: The Case of St. Vincent),载于 Teich、Porter 和 Gustafson 编,《历史背景下的自然与社会》,第 148 页～第 162 页,尤其是第 156 页。
[17]　Baugh,《海上强国与科学》,第 32 页～第 33 页;另见 Harris,《"美国的偶像"》,第 121 页。
[18]　Gascoigne,《约瑟夫·班克斯与英国启蒙运动》,第 220 页～第 221 页。
*　　奥斯坦德,比利时西北部港市。此处指比利时。——校者

克[*]，以及参与库克第二次航行的德意志人约翰·福斯特。[19]

亚里山大·蒲柏曾经提出，在貌似混乱的世界里，只存在未被理解的和谐。然而，这样一种纲领性的自然神学（physico-theology），在一个将要不断被帝国和商业的冲突加以考验的时代里，仅仅不过是个开始。当蒲柏向人们诠释上帝的方式时，丹尼尔·笛福在他的下列看法——"正是贫困充斥在陆军士兵、海军士兵以及殖民地的人们之中"——中并没有将至关紧要的商业联系放入其中。这一点同样适用于危急（necessity）和野心，而且处于这种境遇中的人们并不总是过于挑剔的。因此，许多医生出现在怀达赫（Wydah）的奴隶海岸、塞拉利昂，或在西印度群岛或卡塔赫纳（詹姆斯·胡斯顿在这里担任王家默许公司[Royal Asiento Company][**]的医生）寻找制取碳酸钾的方法。胡斯顿和其他许多人往往在绝望之中依靠这种关系，因为他们的财产不断遭受战争和毁约的冲击。胡斯顿声称，由于合同公司的撤消，他已经损失了9000英镑。[20]在西班牙继承权战争以后，西班牙努力保护其残余的贸易路线，以免这个奄奄一息的没落帝国遭受那些虎视眈眈的竞争对手们的吞噬，这种情形给植物采集者们带来了极大的困难。这也是爱丁堡医学学生罗伯特·米勒的憾事，他于1734年代表佐治亚殖民地托管人前往牙买加。米勒所受指令是找到最终有望可能在佐治亚繁衍的植物物种、种子以及作物，这就需要乘坐南海公司的轮船去波托贝洛（Porto Bello）和巴拿马。从那里出发，他去了牙买加和韦拉克鲁斯，但被拒绝进入墨西哥。他想方设法要求搭船去哈瓦那，并于1739年满怀悲痛与挫折返回英格兰。尽管竭尽全力，但是他没有得到重要的职位。米勒于1742年去世。他的植物标本集（herbarium）最终到了班克斯的

832

---

* 此处似指乾隆年间来华的传教士、瑞典博物学家佩尔·奥斯贝克（Pehr Osbeck, 1723～1805）。他曾在乌普萨拉随林奈学习。1750～1752年做为牧师随"卡尔亲王"号到亚洲考察，他在广州地区逗留了四个月。林奈的《植物种类》（*Species Plantarum*, 1753）一书中就收有他采集的600多种植物。1759年他出版了《中国与东印度群岛之行》（*Dagbok öfwer en ostindisk Resa åren*）一书，本书是作者随瑞典东印度公司航海时的日记。书中作者以博物学家的视野对所经各地的动植物作了详细的记录，作者对于原来所未见的动植物书中都附有插图。其中有关中国动植物的内容记录在1751年7月到1752年2月的日记中。该书还附有瑞典博物学者奥洛夫·托林（Olof Toreen）牧师的《苏拉特航行记》（A voyage to Surat）以及瑞典东印度公司船长查尔斯·埃克贝里（Charles Eckeberg）约100页的《中国农牧业简史》（An Account of the Chinese Husbandry）。——校者

〔19〕 Mary Louise Pratt，《帝国的眼睛：旅行手记与文化汇流》（*Imperial Eyes: Travel Writing and Transculturation*, London: Routledge, 1992），第25页～第28页；Gascoigne，《约瑟夫·班克斯与英国启蒙运动》，文中到处可见；Holden Furber，《在东方相互竞争的贸易帝国（1600～1800）》（*Rival Empires of Trade in the Orient, 1600—1800*, Minneapolis: University of Minnesota Press, 1976），第299页～第305页；Jan de Vries和Ad van der Woude，《最早的现代经济：荷兰经济的成功、失败与坚持（1500～1815）》（*The First Modern Economy: Success, Failure, and Perseverance of the Dutch Economy, 1500—1815*, Cambridge University Press, 1997），第486页～第487页；James Walvin，《帝国的果实：域外的农产品与英国的品味（1660～1800）》（*Fruits of Empire: Exotic Produce and British Taste, 1660—1800*, New York: New York University Press, 1997），第43页～第44页；A. J. R. Russell-Wood，《变化的世界：非洲、亚洲和美洲的葡萄牙人（1415～1808）》（*A World on the Move: The Portuguese in Africa, Asia, and America, 1415—1808*, New York: St. Martin's Press, 1993），第161页及其后。

** 在欧洲人贩卖黑人奴隶的历史中，asiento或assiento（在西班牙语中意味"赞同"、"同意"、"默许"）一词专指西班牙政府在1543～1834年间对其他政府向西属美洲殖民地贩卖奴隶的许可。一旦得到许可，就意味着某一航线的垄断。——校者

〔20〕 James Houstoun，《詹姆斯·胡斯顿医学博士著作集，包括他从1690年至今在亚洲、非洲、美洲和欧洲大部分地区的生活与旅行的回忆录……》（*The Works of James Houstoun, M. D. Containing Memoirs of his Life and Travels to Asia, Africa, America and most Parts of Europe. From the Year 1690, to the present time ...*, London, 1753），第182页，第216页，第438页～第439页，第449页；Defoe，《家书中真正的英国商人》，第317页。

手里。[21]

　　这样的事例不胜枚举,尤其是当科学家与水手一样身陷帝国冲突的激流中时。就像西班牙人热衷于保护他们有关美洲属地的知识一样,巴达维亚的荷兰代理人一直阻挠可能对已建立的澳大拉西亚(Austral-Asia)*贸易特权造成威胁的闯入者。当然,18世纪中期的战争严重阻碍了科学考察和移民,但是,殖民地确实导致了王家学会会员的出现。把许多这样的创业者简单地视为"候鸟"而不予考虑,那是错误的;他们确实是候鸟,但问题也恰在此。无论何时何地,无论什么国家或公司,只要愿意搭载他们,他们都会上船。正是欧洲列强之间的竞争使这一点成为可能。

　　当布干维尔于 1768 年 9 月停泊在博罗(Boero)时,他立刻就遇上了荷兰士兵,他们对他的意图感到不安;在允许得到供应补给后,他在荷兰属地的下一个港口是巴达维亚,那里的首席代管人是一个出生在那里并与克里奥尔人**结婚的荷兰人。虽然布干维尔受到了还算不错的对待,但他充分意识到,在从摩鹿加群岛到巴达维亚的太平洋航行中,法国水手们会有多么绝望,因为法国的航海图不幸有误,而荷兰人又死守他们的秘密。如果不是因为巴达维亚集中进行的香料贸易涉及巨额得失攸关的财富,这一切本不应该发生——据布干维尔所称,那里的有钱人只喝从荷兰高价进口的塞尔查水(seltzer water,一种矿泉水——校者)——尽管如此,对航海者来说,那里可能是世界上极不可靠的地区。

　　要成功地进行一笔收益丰厚的帝国贸易,需要有水手们能够依赖的航海图和仪器。因而用不着奇怪,布干维尔的天文学家 M. 维农记录了布干维尔对他在巴达维亚的一次遭遇做出的如下评论:

　　　　我不会忘记人们为缪斯女神竖立的纪念碑。莫尔先生,巴达维亚的第一任神父,一位腰缠万贯的富翁,以他渊博的学识和对科学的热爱备受人尊重,在他一所房子的花园里建了一座能使任何豪宅更加生辉的天文台。这座刚刚完工的建筑花去了他一大笔钱。他从欧洲买来了各式各样最好的仪器,可以用来进行最精密的观测,而且他也知道怎么使用它们。这位天文学家,毫无疑问是于拉尼的孩子中最富有的一个,很高兴认识了维农先生。维农先生想在他的天文台里过夜;不幸的是,被他拒绝了。莫尔先生观察到了最后一次金星凌日,他把观测报告送去了哈勒姆研究院;这些观测结果用来确定了巴达维亚的经度。[22] [Je ne dois pas

[21]　Pratt,《帝国的眼睛》,第 16 页;Anthony Pagden,《留心自称为大力神赫拉克勒斯后裔的人们:帝国及其不满(1619 ～ 1812)》(Heeding Heraclides: Empire and Its Discontents, 1619—1812),载于 Richard L. Kagan 和 Geoffrey Parker 编,《西班牙、欧洲与大西洋世界》(Spain, Europe and the Atlantic World, Cambridge University Press, 1995),第 316 页～第 333 页,尤其是第 326 页及其后;Raymond Phineas Stearns,《美洲英国殖民地的科学》(Science in the British Colonies of America, Urbana: University of Illinois Press, 1970),第 329 页～第 333 页。

*　　澳大拉西亚,一个不明确的地理名词,一般指澳大利亚、新西兰及附近南太平洋诸岛,有时也泛指大洋洲和太平洋岛屿。——校者

**　指黑白混血人。——校者

[22]　Bougainville,《环球航行》(Voyage autour du monde),第 354 页～第 355 页。

oublier un monument qu'un particulier y a élevé aux Muses. Le sieur Mohr, premier Curé de Batavia, homme riche à millions, mais plus estimable par ses connaissances & son goût pour les sciences, y a fait contruire sans un jardin d'une de ses maisons, un observatoire qui honoreroit toute maison royale. Cet édifice, qui est à peine fini, lui a coûté, des sommes immenses. Il a tiré d'Europe les meilleurs instruments en tout genre, nécessaires aux observations les plus delicates, & il est en état de s'en servir. Cet Astronome, le plus riche sans contre dit des enfans d'Uranie, a été enchanté de voir M. Verron. Il a voulu qu 'il passât les nuits dans son observatoire; malheureusement il n'y en a pas eu un seule qui ait été favorable a leurs desirs. M. Mohr a observé le dernier passage de Venus, & il a envoyé ses observations a l'Académie de Harlem; elles servoiront á déterminer avec la longitude de Batavia.]

几乎是与此同时,伦敦的王家学会能够击败那些在政治上趋炎附势之人,他们整天为葡萄牙和西班牙的反应而忧心忡忡,甚至在 1763 年事件大局已定之后,他们还诡称去观测金星凌日,请求去南海探险。科学和商业方面待办的事项日益交织在一起,布干维尔对东印度群岛的看法犹如一个霹雳,粉碎了许多自满情绪。他的看法是,荷兰对南海的统治使得荷兰东印度公司"不像一个商人协会,更像一个强大的共和国",从根本上说,公司的建立是由于"欧洲其他国家对这些岛屿的真实情况以及笼罩着赫斯佩里得斯果园(jardin des Hesperides)这一富饶地区的神秘云朵的愚昧无知"。发起致命一击的时机已经成熟;只需要终结这种专营独占权,荷兰东印度公司就会开始土崩瓦解。人们接受了这样的看法,即 18 世纪 60 年代以后,各类科学观测者不仅可以决定商品的价值,而且他们自己也成为有价值的商品。这变成了一种基本观点。[23]

植物学的帝国

博物学家们通过采用新出现的命名法,破解了自然界隐藏的植物学密码;动物学家和解剖学家们应用这一系统;运输植物和动物;了解混沌无序的意义的必要性——所有这一切都因人的移动而起。科学语言学家(他们自己通常都十分了解分类学家所面临的分类谜题)的学术抱负,以及四处游历的绘图者(像福斯特家族那样从事绘制、描述、命名并提出主张)的契约,都意味着欧洲人将对欧洲人最终能够进行交易的东西加以界定。[24]

在 18 世纪,一个不断扩张的植物学帝国促进了商业的巨额增长。彻底翻检自然界浩瀚宝库的策略并非仅限于英国人。葡萄牙人和荷兰人像其他国家的人一样迅速

[23]　Baugh,《海上强国与科学》,第 36 页～第 37 页;Grove,《岛屿与环境保护主义的历史》,第 156 页;Bougainville,《环球航行》,第 367 页～第 368 页。
[24]　Furber,《在东方相互竞争的贸易帝国(1600～1800)》,第 327 页～第 329 页。

地移植作物。事实确实是这样的:英国人利用了王家学会自 17 世纪晚期以来培育的科学联系。从 17 世纪 90 年代开始,伦敦的药剂师詹姆斯·佩第维以及稍后的为上流社会服务的医生汉斯·斯隆都能与形形色色的人通信联系,这些人能够描绘看似无穷的标本,并将其从有限的欧洲贸易航线发送出去。比如,巴巴多斯的托马斯·沃尔达克船长曾建议王家学会应该在西印度群岛发展通信联系者。佩第维听到沃尔达克的侄子的建议后,立即写信,对搜集并报告"你们所在岛屿的自然物产,包括动植物和矿物,以及已有良好开端的政治和贸易"予以鼓励。[25] 这是一个有趣的问题,表明当时的殖民者以及从事贸易的海员在多大程度上服务于科学和帝国利益。沃尔达克对此非常了解,他表明自己关于植物用途的大多数知识都是"来自我们的医生(如果我可以这样称呼他们)、护士、年老的妇女和黑人那里,并且从今以后,我要借助于某些实验,以免上当受骗"。[26] 如果欧洲的科学家依赖商人的知识,那么商人和医生就会有意地去弄其他一些不足道的知识。

王家学会敏感地意识到了与贸易有关的联系。在佐治亚州殖民地的托管人中,有许多人都与王家学会存在着某一方面的联系,他们建立了一个可提供各种栽培植物的植物园。1732 年,斯隆的朋友威廉·胡斯顿博士(不要与詹姆斯·胡斯顿医生相混淆)被任命为植物园的管理人。同样,斯隆与身处牙买加的海军医生亨利·巴勒姆有长期的联系。他们对矿物和植物的药用特性尤为感兴趣就不足为奇了。值得注意的是,1716 年巴勒姆退休后回到切尔西(Chelsea),此后不久被推举为王家学会会员;并且很显然,他在 1718 年完成了他的"美洲药用植物标本集"(Hortus Americanus Medicianalis),该集子描绘了"我从西班牙人、印第安人和黑人那里获得的已知的古董艺术品(vertues)和用过的好东西"。对于科学帝国而言,这种方法是必要的,因为它意味着科学知识的收集可以无须那些四处散居的受过高等教育的人或是无数的遥远航行,而遥远航行显然会受到经费和路途的限制。[27]

在那些不为人知的植物学家和居无定所的天文学家们的各种发现中,不断变化的科学的边缘地带在科学中心——伦敦和巴黎的博物馆、天文台、实验室、标本室和植物园——寻求慰藉,在那里可以饱览探索者们的报告和标本。对所见的标本(有些只是想象的)进行度量、描绘和比较,登记列表并细心照料,这就为布丰于 1749 年所提出的综合奠定了基础。在布丰的《博物学》(Histoire naturelle)中,通过与外国人、与动物以及与多种形式的"野蛮人"的比较,不只是欧洲人的特征得到揭示,而且最终展现出这样一个科学进程:它依赖于人类观察的客观性,而见证者们往往来自远方,遍及他们所抵帝国的偏远之地。此后,布干维尔在马尔维纳斯群岛(福克兰群岛)发现了有条纹的双壳类;他断言,迄今为止已知的只有它们的化石形式,这"能够用来证明,在大大高出

----

[25]　引自 Stearns,《美洲英国殖民地的科学》,第 353 页。
[26]　同上书,第 344 页～第 355 页,尤其是第 354 页。
[27]　同上书,第 385 页～第 388 页。

海平面的地方发现的贝类化石不是大自然开的玩笑,也不是一种偶然,而是被淤泥所覆盖的海洋生物的遗体"。三年多之后,布干维尔在好望角获得了一种新近发现的物种的图画,"像牛、马和鹿的东西",还有一头 17 英尺高的四足兽,布丰告诉他是长颈鹿,"只有把它带回到恺撒时代的罗马,在圆形剧场展出,人们才能再看到它们"。沿着贸易的航线,在法国人和荷兰人到达好望角的情况下,布干维尔遇到了当时一个"奇形怪状的动植物的发源地"(la mere des montres)——非洲的证据,事关新生物学却又极少被人记得。[28]

　　当 18 世纪的人们与自然界发生碰撞,置身于这些错综复杂的问题之中时,就强制推行系统规则。虽然林奈、布丰、博内和其他许多人建立了分类体系,但这里产生的不仅是一个分类结构,而且也是一个用于交易的结构。因而,克佑花园变成了"帝国的大型交易所",班克斯把栽培的植物从那里送往英国势力范围内的许多附属种植园。像克佑花园或 1793 年后的法国植物园(Jardin des Plantes)这样的中心是一种集散系统。而且,面对着大量的"似乎是偶然放在一起的毫无章法的混合物",像米歇尔·阿当松这样的植物学家早在 30 年前就指出:"这种混合确实很全面,而且千差万别,以至于看上去像是自然法则之一。"因此,这就需要有所谓的"基于欧洲的全球统一与秩序模式"。如果这些东西仅仅是奇特复杂,那就不会有这类需要;但是,当实用目的的压力与种类的无限多样性相遇时,对体系的强迫接受就成为一种当务之急。而且,大批采集者捕获的标本越多,复杂性就越发令人难以应付,林奈及其信徒们所倡导的、将了解生物多样性激增的价值这种功利主义浪漫化的做法就愈发明显。[29]

　　自然界的多样性意味着自然界的扩大。政府对于此类事件的重视程度的一个很好的例子发生在 1785 年,当时英国国会下院考虑非洲殖民的可能性。为了避免惊动法国人、西班牙人和葡萄牙人,英国人极为秘密地装备好探险的船只,去寻求在非洲西海岸开拓殖民地的可能性。班克斯最终推荐了一个叫奥(Au)的波兰人作为探险队的植物学家,这个人尽管由于外国血统而遭排斥,但最终被承认是一个有能力、有教养的年轻人,最后他自己改名为霍夫(Hove)。1786 年初,霍夫沿着非洲海岸航行,收集急需的广受欢迎的标本;在他回来时,这些标本在英国海关备受折磨。但是,在他 7 月份抵达斯彼特海德海峡(Spithead)的大概几周时间里,就很清楚,即使东印度公司提供罪犯劳工,非洲海岸也不适合[做殖民地]。一项帝国策略要依据博物学家的发现和建议。这种态度将会导致一类政策的出台,如将面包果树从塔希提岛移植到西印度群岛;布莱船长,一个海关事务员以及泰晤士河上承包监狱船的企业经理代理人的后裔,

[28] Pagden,《欧洲人与新大陆的相遇》,第 148 页;Bougainville,《环球航行》,第 64 页,第 383 页。
[29] Pratt,《帝国的眼睛》,第 30 页～第 31 页;Michel Foucault,《事物的秩序:人类科学考古学》(*The Order of Things: An Archaeology of the Human Sciences*, London: Tavistock, 1970),第 148 页,多处可见;Mackay,《帝国的代理人》,Alan Frost,《澳大利亚新西兰的交易:欧洲的园艺与帝国的设计》(The Antipodean Exchange: European Horticulture and Imperial Designs),Lisbet Koerner,《林奈旅行的目的:初期报告》(Purposes of Linnaean Travel: A Preliminary Report),分别载于 Miller 和 Reill 编,《帝国的梦想》,第 38 页～第 39 页,第 75 页,第 127 页。

他的成就被人们不断复述，可以算是这类政策最富戏剧性的展示了。即使有班克斯的支持，这些也并不是植物征用的顺利开端。[30]

　　18世纪分类学家的巨大努力意味着对自然界的殖民化和重新改造（colonization and commodification）。所以，在18世纪早期，塞拉利昂的代管人受命"建立、播种并培育可以在那里找到的、通过改良可以用于贸易的所有作物，比如，棉花、木蓝、生姜、甘蔗、胡椒、香料、橡胶树、各种药材等等……在托瑟斯（Torsus）岛上放养牲畜，清理树林并将其改做种植园……进行靛青和碳酸钾的制造"。[31] 但是，栽培只是主要的一部分。1722年，胡斯顿医生辞去了非洲公司的工作，他承认由于自己对药物学不够熟悉，故而对自然世界的知识受到限制。他知道公司已任命了一位植物学家"去专门搜集各种草本植物、芳香植物、蝴蝶、鸟蛤壳等等，这有助于学术界的利益，而在我看来，这同样有助于公司的利益"。[32] 在贝壳和棉花、染料和沿海地区的致命瘴气中经过了近乎半个世纪之后，黑暗的中心还没有被突破，布干维尔看待福克兰群岛（或马尔维纳斯群岛）的观点仍然与其英国前辈的看法几近相同。虽然1765年海军准将拜伦宣称占有了群岛，泊船上的布干维尔看到贫瘠的土地，"地平线消失在光秃秃的群山中，大海把陆地分开，好像要争夺统治权"，但是，他懂得，他的对手"对博物学的兴趣"可以更为恰当地评价在这种世界边远地区开拓殖民地的益处。尽管布干维尔初来乍到（他只是在很久以后才意识到塔希提岛的无限恩施），但他还是注意到了许多好处："大量不计其数的、最有益的两栖动物、鸟儿和最美味的鱼；用来补充燃料缺少的可燃物；被认为对治疗航海者疾病有特效的植物。"从遇到北美洲盛产的海狸和鲸开始，每次类似的邂逅都意味着生物学定义的确定。这就是皮埃尔·弗朗索－瓦格扎维埃·德·夏勒瓦于1744年细述的巴黎神学院考虑的问题：据海狸的尾巴可以判定，海狸与鲭鱼属于同一类，因而适合在斋戒日食用。神学家经常有生物学上的问题。他们的观点会被这个世界上商业方面的考虑所取代。[33]

　　帝国扩张的过程是危险和欣喜同在；就像里约、马达加斯加或澳门海岸的胶泥那样，危险和快乐交织在一起。每一个新环境带来的担忧和恐惧常常会变成实实在在的东西，逐渐使他们自己无视瘟疫、天花、雅司病或大量尚未命名的致命疾病滋生的瘴

[30] David Mackay，《循着库克的足迹：探险、科学与帝国（1780～1801）》（*In the Wake of Cook: Exploration, Science & Empire, 1780—1801*, New York: St. Martin's Press, 1985），第18页，第32页～第36页；Greg Dening，《布莱先生的粗话：热情、权力与剧场的施舍》（*Mr. Bligh's Bad Language: Passion, Power and Theatre on the Bounty*, Cambridge University Press, 1992），第12页；Gascoigne，《约瑟夫·班克斯与英国启蒙运动》，第203页～第204页。

[31] Walter Rodney，《几内亚上游海岸的历史（1545～1800）》（*A History of the Upper Guinea Coast, 1545—1800*, Oxford: Clarendon Press, 1970），第170页。

[32] James Houstoun, M. D.，《有关地理、自然和历史的某些新的精确观察资料，包括对几内亚海岸的位置、物产和博物学所作的真实公正的陈述，只要与改善贸易有关，有助于英国的总体利益，尤其是王家非洲公司的利益》（*Some New and Accurate Observations Geographical, Natural and Historical. Containing a true and impartial Account of the Situation, Product, and Natural History of the Coast of Guinea, So far As relates to the Improvement of that Trade, for the Advantage of Great Britain in general, and the Royal African Company in particular*, London, 1725），第4页～第5页。

[33] Bougainville，《环球航行》，第54页～第55页；Gordon M. Sayre，《美洲野蛮人：法国与英国殖民文学中描绘的美洲土著》（*Les Sauvages Americains: Representations of Native Americans in French and English Colonial Literature*, Chapel Hill: University of North Carolina Press, 1997），第221页～第223页。

气。任何漫长的海上航行,都需要警惕坏血病和地方性疾病,同样地,许多船长还要全神贯注地不停寻找新型抗坏血病药。说到问题的严重性,布干维尔在福克兰群岛和塔希提岛收集治疗坏血病的植物,并尽可能每天为他的每个水手订购一品脱由一种粉末配制的柠檬水,但是,他把问题的严重性归咎于水手们不得不面对的湿气。弄错了原因,寻找治疗方法就成为一件更加困难的事情,但是,更多的是管理和经营,而非治疗迫使帝国进行扩张。[34]

到了 18 世纪,新的殖民地意味着一种新的状况。从 1724 年的乔治·切恩到 18 世纪 90 年代的平民医生托马斯·贝多斯,他们推崇节制,尽力避免酗酒或纵欲,正如航海、殖民地以及遥远天堂已经多次证明的一样,这些就是疾病和死亡的温床。沿着欧洲贸易航线所到达的广大区域,运送的不仅有商品和标本、殖民者或犯人,而且还有疾病。汉斯·斯隆代表非洲公司付出努力,试图在"一个与他们自己的故国大相径庭的、被忧郁和不断出现的道德诉讼包围的国家",通过接种的方法确保身陷一种濒于崩溃的贸易中进行漫长旅行的奴隶们的健康——这足以看清欧洲人的思想。[35] 业已证实疾病经常伴随着非洲货物而来,但这样的贸易同样有很多迹象表明许多奴隶已经进行过接种,并且"因为他们有接种的**记号**,所以我们和他们都可以由此**获益**,由他们为我们的病人提供安全的服侍"。在还没有给他们接种的地方,疾病将灾难带给了西印度群岛的农场,那些对农场主具有潜在致病性的病菌肆虐起来,是不区分奴隶还是奴隶主、被投资者还是投资者的。有许多恶性热病侵犯农场主各阶层的人员,尤其是那些新近到达以及抵抗力可能最弱的人们。1776 年,J. -B. 达西尔在《黑人疾病报告》(*Observations sur les maladies des negres*)中写道:对黑人所患疾病的仔细观察,"就是专注于那些对殖民者尤为有用的、一般说来也是对国家商业以及对国家繁荣有用的东西"。在这个方面,奴隶就远不止是一项投资;事实上,对观察者而言,他们就是一种清

〔34〕 Bougainville,《1766 年、1767 年、1768 年和 1769 年在"笃信王"命令下完成的环球航行》,第 211 页;Christopher Lawrence,《建立疾病学:坏血病、海军与帝国扩张(1750～1825)》(Disciplining Disease: Scurvy, the Navy, and Imperial Expansion, 1750—1825),Gascoigne,《建立自然秩序与帝国秩序:一种解说》(The Ordering Of Nature and the Ordering of Empire: A Commentary),分别载于 Miller 和 Reill 编,《帝国的梦想》,第 80 页～第 106 页,第 112 页～第 113 页。

〔35〕 伦敦公共档案局,T70/53/105。非洲公司致信在海岸角城堡的 James Phipps,1721 年 9 月 12 日;L. Stewart,《效用的边界:18 世纪早期的奴隶与天花》(The Edge of Utility: Slaves and Smallpox in the Early Eighteenth Century),载于《医学史》(Medical History),29(1975 年 1 月),第 54 页～第 70 页,尤其是第 60 页～第 63 页。

楚地将个人健康与一种动物经济和商业力量联系起来的实验室。[36]

自然的迁移

这是一个可以用笛福于 1719 年发表的《鲁滨孙漂流记》(*Robinson Crusoe*)加以概括的世纪。克鲁索至少还是回来了，但以弗莱彻·克里斯蒂安*为首的反叛者们，有许多却没有回来——或者说，如果他们回来，就会被绞死。正如西蒙·谢弗所提醒我们的，在那个合理的天意中，包含着一种奇怪却又重要的信息，致使克鲁索在抖出一包鸡食的地方，"惊讶并困惑"地发现几个英国燕麦的绿色嫩芽，"在那荒凉贫困的地方，它们全然指引着我如何维持生活"。这条信息确实与圣经的精神相一致，因为它是克鲁索的孤独耕作给他带来的结果。在 18 世纪里，被放逐者与反叛者之间进行着一场有关改良的重要观点的战斗，这就为博物学家提供了施展的天地，并且也给启蒙者提供了推进的计划。布莱的面包树被抛入大海，成为克里斯蒂安反叛的首批牺牲品之一，这或许不是巧合。当狄德罗要挑战一个布干维尔主义者时，实际上与此同时，诗人约翰·朗索恩在《国家正义》(*The Country Justice*)中对那些受到君王怂惠的贪婪商人和有钱人发出控诉："他们的荒诞品味，/将使理性的和自然的王国荒芜一片。"这一点可能道出了更多的缘由，来解释为什么布莱的不幸船员的亲戚们身带镣铐，站立在法官和帆桁面前悲伤恸哭，当时许多人对这些情况了解得并不如现在清楚。[37]

在孤岛上开拓殖民地就像一场暴雨，将所有那些"由于他们自己的愚蠢并背信弃

---

[36] 王家学会有关接种的书信和论文，《波士顿的科顿·马瑟医生……给詹姆斯·朱林医生的一封信》(A Letter from Dr. Cotton Mather in Boston . . . to Dr. James Jurin)，1723 年 5 月 21 日，第 45 页；Robert Robertson 牧师，《目前糖料种植园主状况报告》(*A Detection of the State and Situation of the Present Sugar Planters*, London, 1732)，引自 Richard B. Sheridan，《大西洋奴隶贸易中的非洲与加勒比海》(*Africa and the Caribbean in the Atlantic Slave Trade*)，载于《美国历史评论》(*American Historical Review*)，77(1972 年 2 月)，第 15 页～第 35 页，尤其是第 21 页；Philip Rose, M. D.，《论天花》(*An Essay on the Small-Pox, Whether Natural, or Inoculated*, London, 1727)，第 2 版，第 85 页；Mons. de la Condamine，《一次南美洲内陆航行的简明摘要：从南海海岸沿亚马孙河下行至巴西和几内亚海岸》(*A Succinct Abridgment of a Voyage Made within the Inland Parts of South-America: from the Coasts of the South-Sea, to the Coasts of Brazil and Guiana, down the River of Amazons*, London, 1747)，第 93 页(班克斯的复制本，BL. 978. k. 31)。有关西印度群岛的医生，参见 Sheridan，《英国西印度群岛奴隶死亡率与医疗》(*Mortality and the Medical Treatment of Slaves in the British West Indies*)，载于 Stanley L. Engerman 和 Eugene D. Genovese 编，《西半球种族与奴隶制度：定量分析》(*Race and Slavery in the Western Hemisphere: Quantitative Studies*, Princeton, NJ: Princeton University Press, 1975)，第 285 页～第 310 页；Sean Quinlan，《殖民的遭遇：18 世纪法国的殖民机构、卫生与废奴主义者政治》(Colonial Encounters: Colonial Bodies, Hygiene and Abolitionist Politics in Eighteenth-Century France)，载于《历史专题讨论期刊》(*History Workshop Journal*)，42(1996 年秋)，第 107 页～第 125 页，尤其是第 108 页～第 111 页，第 116 页。

* 故事被改编成电影《叛舰喋血记》(*Mutiny on the Bounty*)。弗莱彻·克里斯蒂安是片中的主人公。故事主要围绕一艘名叫 Bounty 的船展开。Bounty 于 1789 年离开朴特茅斯港前往南美，此次的任务就是前往塔希提某岛屿，从那里得到一种像面包一样的水果品种，并把它运回英国。弗莱彻·克里斯蒂安是船上的大副。他性格刚烈，很不满极度刚愎自用的布莱(William Bligh)船长的作风。船长听不进下属们的建议和意见，反倒是百般折磨他们，就连喝水都被当做是一种惩罚：如果不服从他，就不给水喝。刚开始大家总是默默忍耐，敢怒不敢言。但是船长不仅没有收敛，反而变本加厉地加重处罚措施，最后甚至用鞭子抽打那些犯了错的船员。整艘船上的人都再也无法忍受了。于是在弗莱彻·克里斯蒂安的带领和组织下，他们进行叛变，把船长流放，随后自己在塔希提的一个岛屿上住了一段时间，过着天堂一般的生活。——校者

[37] Daniel Defoe，《鲁滨孙漂流记》(*Robinson Crusoe*, New York: W. W. Norton, 1975)，Michael Shinagel 编，第 62 页～第 63 页，第 83 页，第 91 页～第 92 页；Schaffer，《在近代早期英国作为一种社会事实的土地的肥力》，第 136 页～第 137 页；Raymond Williams，《农村与城市》(*The Country and the City*, London: Hogarth, 1993)，第 62 页，第 79 页～第 80 页。

义,引发了反抗我们的战争,而被摧毁和隔离"的人一扫而完,正如笛福在《鲁滨孙漂流记》之后没几年所说的那样。这就是那些地区的反叛者的命运,而他们的命运通过贸易变成了"满是资产和财富的奇事",农场主因而能够赚得"巨额财产,乘坐他们的六匹马拉的大马车,尤其在牙买加,无论何时,只要他们想在公开场合露面,他们前面都会走着二三十个黑人"。科学采集者扩充着他们自己的标本室和自然体系,例如林奈学派的安德斯·斯帕尔曼,为了"医学和经济之目的"进行科学发现,并以此为荣,殖民者和种植园主则紧随其后。[38]

植物的移植当然不只是为了殖民地的繁荣。到 18 世纪末,已有著名的成功移植的事例,比如欧洲的水果和蔬菜在悉尼周围的土地上生长繁茂,蔚为壮观。另一方面,欧洲人在种植外来作物方面付出了相当大的精力,他们甚至是在温室里进行种植,获得了巨大的、不可企及的好处,它甚至使林奈的分类法成为笑柄。鼓励在欧洲种植作物是一项进口代替计划,对于茶、咖啡或者橄榄油的大宗进口贸易,会有人去努力寻找替代品,甚至是采用欺诈手段。替代品的清单没有穷尽,最基本的标准是实用。根据这个标准,欧洲和殖民地的种植园建立了重要的基地,从事评估、驯化和传播的研究,这些都是移植和栽培所必需的。1777 年,J. -N. 蒂埃里·德·梅诺恩维尔(他曾经是裕苏的学生),在墨西哥从事生物学的间谍活动,以求获得当时在法国、荷兰、英国的印染厂里价格不菲的胭脂虫的样本。梅诺恩维尔没有成功,但是,他的确成了圣多米尼克(Saint Dominique)的法国王家植物学家(Botaniste du Roi)。在这个奇怪的科学殖民地,植物学风靡一时。在由法国政府建立的世界种植园网络中,它的主要功能是鼓励人们栽种香料作物,当然还有面包树。[39]

对自然的崇拜可能会阻碍我们对于 18 世纪贸易冲击力的理解,这种冲击力完全盖过了新世界的孪生灾难——宗教和征服。如果生存和贸易成为争议点,那么,殖民者很可能需要求助于博物学家,而不管(哪怕是暂时的和表面的也好)曾驱使欧洲军人和传教士进入危险的美洲内陆的历史使命。殖民地的需要与对货物的需求交织在一起,例如木材或麻绳都是海上帝国不可缺少的。殖民地本身扩大了制造业的市场,这就使欧洲的进口与转口贸易依赖于殖民地的货物周转。因而难怪在 18 世纪后半叶,会有许多像狄德罗这样的人把商人看成是文明的代理人了。[40]

至少可以说,这是一个相当乐观的观点。虽然几乎没有商人善于表达这一点,但事实上,到了 18 世纪中叶,许多欧洲商店堆放了各种各样只有帝国(empires)才能够提

[38] Defoe,《家书中真正的英国商人》,第 316 页;Pratt,《帝国的眼睛》,第 34 页,第 55 页。

[39] Frost,《澳大利亚新西兰的交易》,Koerner,《林奈旅行的目的》(Purposes of Linnaean Travel),载于 Miller 和 Reill 编,《帝国的梦想》,第 59 页～第 63 页,第 132 页～第 137 页;James E. McClellan III,《海地旧政权下的科学、医学与法国殖民主义》(Science, Medicine and French Colonialism in Old-Regime Haiti),载于 Teresa Meade 和 Mark Walker 编,《科学、医学与文化帝国主义》(Science, Medicine and Cultural Imperialism, New York: St. Martin's Press, 1991),第 36 页～第 59 页,尤其是第 43 页～第 44 页。

[40] Postlethwayt,《贸易与商业通用字典》,参看词条"殖民地";Pagden,《欧洲人与新大陆的相遇》,第 169 页～第 171 页。

供的货物。然而,不仅是这些欧洲商店,甚至是在贸易边缘的地方,比如塞拉利昂河上游 15 英里的班斯岛(Bance Island),在 1773 年,商人和植物学家也能享受到来自世界各地的产品。正如戴维·汉考克所指出的,伦敦商人可以在世界各处进行投资,尤其是 1763 年后,在印度、西印度群岛和南美洲投资工厂和种植园。在牙买加,可以租借土地以扩大朗姆酒和蔗糖的贸易,但这一切取决于充分利用"地点、土壤和气候"的知识和技能。海地(圣多米尼克)以同样的方法,尽管更多的是在法国国王的密切指导下,也能成为 18 世纪 80 年代生产糖和咖啡的世界领头羊,并且大量出口棉花和靛青。帝国的扩张是一个科学管理的问题。这种观点解释了狄德罗与班克斯在反教权主义方面的一致性,尽管都拥护启蒙运动,他们在其他许多方面存在分歧。狄德罗把更多的希望寄托于商人,并得出了更激进的结论。林肯郡的绅士班克斯则利用自己的商业和政治关系,将科学家和学者提高到统治支配的地位,从而巩固了社会秩序和寡头政治的主张。[41] 植物学和贸易成就了他的帝国。

帝国的仪器

841

　　贸易把外来的奇异事物转变成平常的普通东西。但是,凭借其他手段,比如轮船、经纬仪和指南针、航海图,还有望远镜,欧洲帝国和公司也能够控制全世界。在整个漫长的 18 世纪,仪器成了欧洲权力的象征,如同它们在企业扩张中起到的关键作用一样。在 17 世纪末期,作为押运员,博物学家和天文学家们搭乘快速帆船,定期地来往于广东、澳门与本国之间。詹姆斯·庞德牧师就是这样一位搭乘者。1699 年,他以圣乔治堡(Fort St. George)*随从牧师的身份去了马德拉斯,但很快又离开了,为的是按照王家天文学家弗拉姆斯蒂德的指示,核对港口的纬度和经度,并进行天文现象的观测。1700 年,他带着四分仪、直角器以及一台 16 英尺的望远镜在舟山(也许是杭州湾的入口)观测木星的卫星,直至中国人和不予合作的耶稣会士将其强行驱逐。到了 1702 年,庞德一边焦急地等待弗拉姆斯蒂德的仪器,一边报告自己在前往巴达维亚的航行中看到了一颗彗星。他努力进行精确的航海观测,尤其是观测南部星空的恒星,最终却遭致了灾祸。1705 年的一个夜深人静时分,他在昆仑岛(Condore,很可能位于帝汶岛海域,现戈公岛)的驻地遭到招募自西里伯斯岛的士兵的袭击;只有庞德和其他 10

[41]　David Hancock,《世界公民:伦敦商人与英国的大西洋共同体的一体化(1735～1785)》(*Citizens of the World: London Merchants and the Integration of the British Atlantic Community, 1735—1785*, Cambridge University Press, 1995),第 1 页～第 2 页,第 121 页,第 144 页,第 148 页;McClellan,《海地旧政权下的科学、医学与法国殖民主义》,第 36 页～第 37 页;Gascoigne,《约瑟夫·班克斯与英国启蒙运动》,第 43 页;Gascoigne,《建立自然秩序与帝国秩序:一种解说》,第 110 页;Gascoigne,《服务于帝国的科学:约瑟夫·班克斯、英国政府与科学在革命时期的运用》(*Science in the Service of Empire: Joseph Banks, the British State and the Uses of Science in the Age of Revolution*, Cambridge University Press, 1998)。
＊　　英属东印度公司在印度马德拉斯附近建造的城堡。——校者

个人设法逃生到巴达维亚,他们所有的衣服、书籍和仪器都没能带出来。[42] 庞德后来重又获得英格兰的支持,但是他的事例表明,即使天文学家要绘制新帝国的海图,也要冒不小的风险。

克鲁索在首次求生的努力过程中,他发现了有关航海的书籍和仪器,比如各种刻度盘、透视图和航海图,还有笔和纸,这是颇有启发性的一点。由此,笛福的传说强化了即便是船只失事的情形下,确定一个人被放逐的地点所具有的价值。对于航海和贸易的确定性来说,征募具备数学计算能力的人员是十分重要的。1714 年,在一封来自英国政府的信中,波斯商人塞缪尔·帕尔默听到了对于不幸的抱怨:"你的这些航行者没有很好的数学知识。"[43] 当然,只有那些能使用观测仪器并懂得如何进行正确航海计算的人,才能进行天文观测。我们忘了这在欧洲是相当困难的,但是,这样的知识对于绘制未知世界的地图的人来说,是至关重要的。18 世纪 30 年代,海事局的约翰·格雷在卡塔赫纳进行观测,他曾经从著名的仪器制造师乔治·格雷厄姆那里得到一个等时钟。18 世纪 40 年代,拉康达明探险队努力发现北极和赤道之间一度子午线中的各种变化,战争的危险中断了这些努力。1745 年,在奥地利继承权战争中,英国人抓住了西班牙人安东尼奥·德·乌略亚,他拥有拉康达明探险队的研究论文,这些论文当时移交给了王家学会,而安东尼奥也最终被选为王家学会会员。对于科学来说,这些信息无比重要;英国人的精密仪器,尤其是格雷厄姆的新地平纬仪,引导着拉普兰(Lapland)的法国-瑞典探险队,也终结了关于地球形状的争论。到了 18 世纪 40 年代,对于科学问题的确定而言,精密仪器及其使用者的必要性变得日益明显,同时,它们对于海上交通的进步也是至关重要的。正是这个原因,1751 年,以发明人工磁铁而闻名的王家学会会员高英·奈特,能够说服舰队司令安森以及王家海军购买由他改进的指南针。[44]

每一次探险,每一次殖民活动,每一次停靠口岸,都需要精确的航海测定。严格说来,缺少了这些,对帝国的测量是不可能的。因此,应王家学会的要求,未来的王家天

[42] 剑桥大学图书馆,RGO MSS. 1/37/91,1700 年 12 月 18 日;1/37/93,1701 年 11 月 19 日;1/37/100,1702 年 6 月 9 日;1/37/102,1705 年 7 月 7 日。Pound 致信 Flamsteed。感谢 Dr. Ron Love 在确认这些资料的出处方面所给予的热情协助。

[43] S. P. C. K.,社会书信,CS2/4/21。给 Samuel Palmer 的书信,1713 年或 1714 年 3 月 16 日。

[44] Vickers,《笛福与新科学》,第 99 页~第 100 页;Stearns,《美洲英国殖民地的科学》,第 389 页~第 392 页;Mary Terrall,《描绘地球的形状:围绕莫佩尔蒂远征拉普兰的争论》(Representing the Earth's Shape: The Polemics Surrounding Maupertuis's Expedition to Lapland),载于《爱西斯》(Isis),83(1992 年 6 月),第 218 页~第 237 页;Rob Iliffe,《"卡西尼世界的轧钢工人":莫佩尔蒂、精确仪器与 18 世纪 30 年代的地球形状》("Aplatisseur du monde et de Cassini": Maupertuis, Precision Instrument, and the Shape of the Earth in the 1730s),《科学史》(History of Science),31(1993 年 9 月),第 335 页~第 375 页;Richard Sorrenson,《18 世纪英国政府对精确的天文与航海仪器的需求》(The State's Demand for Accurate Astronomical and Navigational Instruments in Eighteenth-Century Britain),载于 Ann Bermingham 和 John Brewer 编,《文化消费(1600~1800):图象、物体、文本》(The Consumption of Culture, 1600—1800: Image, Object, Text, London: Routledge, 1995),第 263 页~第 271 页;Deborah Warner,《地磁学:为了上帝的光辉与人类的福祉》(Terrestrial Magnetism: For the Glory of God and the Benefit of Mankind),载于 Albert Van Helden 和 Thomas L. Hankins 编,《仪器》专刊,《奥西里斯》,9(1993),第 67 页~第 84 页,尤其是第 79 页~第 80 页;Patricia Fara,《感应吸引力:18 世纪英格兰磁学的实践、信念与象征意义》(Sympathetic Attractions: Magnetic Practices, Beliefs, and Symbolism in Eighteenth-Century England, Princeton, NJ: Princeton University Press, 1996),第 79 页及其后。

文学家、王家学会会员内维尔·马斯基林,在巴巴多斯对木星的卫星进行了观测,并于1761 年在圣海伦娜(St. Helena)观测金星凌日。1768 年,布干维尔在探险中运用最新式的多隆德消色差望远镜观测日蚀,其后不久,数学家查尔斯·梅森和杰里迈亚·狄克逊受雇对宾夕法尼亚与马里兰之间极具争议的分界线做出测定。由于使用了最好的英国科学仪器,才划出了梅森－狄克逊分界线,同时这些仪器也为 1769 年观测金星和水星凌日提供了机会。在帝国所及的整个范围内使用这样的仪器,其惊人之处在于实际需要与哲学启蒙的象征之间相遇的方式。实际上,仪器不仅是获得科学知识的手段,也是验证科学知识的方法。因此,托马斯·杰弗逊把他自己对共和国的构想反映在购买进步的仪器上。[45]

结　语

海军、特许公司、博物学家以及仪器制造者的冲突就是各种自我界定的启蒙科学文化的冲突,它超越了帝国大肆掠夺战利品的冲突。但是,也存在着与来自各种外国文化的成员之间的冲突,因为外国文化背景下的人们很难将那些经常铤而走险的欧洲水手视为具有什么特别教育意义的先驱者。布干维尔发现塔希提岛是小偷的天堂,如果丢了手枪,情形可能会让人担忧,实际上也的确如此;一篇载有 4 天精确经度测量报告的文件被人偷去,可能就是灾难性的。但是,如果可以辩解说是由于误解或相互之间的疏忽最终导致了一个塔希提人的死亡,那么,18 世纪 90 年代的中国人的反应可就不是这样的,他们觉得他们的文化是从英国糟粕中学不来什么东西的。[46]

1794 年,马嘎尔尼外使团出使中国,就像是一次探险,浓缩了整个世纪所不断显现的许多主题。由于彪特爵士与班克斯之间存在的长期联系,彪特的女婿乔治·马嘎尔尼子爵控制了外使团。他们打算用极为复杂精密的产品给中国皇帝留下深刻印象,并由此促成中华帝国对英国商品的巨大需求。如果中国开放门户,将贸易范围扩大至广东以外的地区,东印度公司代理商将从中获取最大的利益;按照他们的建议,一些最好的英国科学仪器被装船带往中国,包括行星仪、达德利·亚当斯的天球仪和地球仪、多隆德家族和拉姆斯登的望远镜,最重要的是一台准确航海所必需的精确记时计。这些都是值得展出的精品,其设计令人印象深刻,是最好的航海仪器,并且由那些企图统治世界的人向世界展示。中国人有意漠不关心。许多仪器甚至没有展出就被送回了东

[45] Stearns,《美洲英国殖民地的科学》,第 362 页;Silvio A. Bedini,《塔上的经纬仪:美洲殖民地的英国天文仪器》(The Transit in the Tower: English Astronomical Instruments in Colonial America),《科学年鉴》(Annals of Science),54(1997 年 3 月),第 161 页～第 196 页;Bedini,《托马斯·杰弗逊:科学政治家》(Thomas Jefferson: Statesman of Science, New York: Macmillan, 1990),第 162 页及其后,第 419 页;还可参见 Richard Sorrenson,《18 世纪作为一种科学工具的轮船》(The Ship as a Scientific Instrument in the Eighteenth Century),载于 Henrika Kuklick 和 Robert E. Kohler 编,《野外科学》(Science in the Field),《奥西里斯》,11(1996),第 221 页～第 236 页。
[46] Bougainville,《环球航行》,第 193 页～第 194 页,第 197 页,第 209 页;Pagden,《欧洲人与新大陆的相遇》,第 156 页。

印度公司。对于那些假装对此毫无兴趣的人来说,对地球进行详细的考察并没有什么意义。值得注意的是,包括被运回英格兰的记时计在内的那些仪器,本来也许是对中国制图最有帮助的。在中国皇帝的高傲之下,欧洲野蛮人寻求市场的想法暂时受到了限制。[47]

如果欧洲帝国那些仪器和标志性的精巧小机械还是让塔希提人觉得有趣的话,清朝官吏们却没有对其留下任何印象。对帝国冒险而言必不可少的航海仪器,也对他们没有任何影响。但在另一个层面上,对于没有经验的人来说,不管他是广东人还是卡塔赫纳人,这些仪器至多只算是新奇的事物而已。在帝国所及的有限范围里,自然价值或者制造品的价值是由市场决定的。可以说,欧洲人寻求商品,寻求控制和开拓新市场、鉴别新药物和有用的作物、国家扩张、促进公众利益和炫目的私人财富,都只是启蒙时代帝国运用科学手段进行掠夺的一部分而已。

(乐爱国　仲　霞　陈珂珂　程路明　译　方在庆　校)

[47]　Gascoigne,《约瑟夫·班克斯与英国启蒙运动》,第 82 页;Mackay,《帝国的代理人》,第 42 页;J. L. Cranmer-Byng 和 Trevor H. Levere,《文化碰撞的案例分析:马戛尔尼出使中国所带的科学仪器(1793)》(A Case Study in Cultural Collison: Scientific Apparatus in the Macartney Embassy to China, 1793),《科学年鉴》,38(1981),第 503 页~第 525 页。

36

技术变革与工业变革：
一项比较研究

伊恩·英克斯特

今天的人们似乎都赞成，18世纪的工业化是与当时在某些方面发生的根本性变革密不可分的；这些方面包括，在新的地方进行经营的新机构把诸如固定资本或熟练工人这样正式的生产投入合并起来，并加以组织和开发利用。尽管对任一国家进行分析的细节都会引发激烈的争论，而且不同的单一民族国家和地区的历史各不相同，即使在欧洲自身内部也不例外，但是，工业现代化的过程本质上就是制度和技术的历史，这一点在今天日益得到承认。如果没有广泛地涉及制度和技术的特征，而只是认为18世纪新兴工业的兴起纯粹是新的投资基金或需求水平提高的作用，那是行不通的；即使这样的传统"要素"可能显示出自身的发展、变化或增长，那也是事先所必要的制度与技术变革所导致的结果。这并不是说一切都大体如此。本章将对如何解释技术变革的根源，科学技术变化与制度创新之间的联系，以及国家体制之间甚至各大陆系统之间的互动关系，进行一番思考。比如，无论国家体制之间的技术互动是多么地偶然，事实上它是在不知不觉、无法控制、混沌无序的状态下发生的，这意味着某一地方的创新过程在本质上无法等同于，比方说，整个欧洲的工业与技术的变革历程。新颖的机器或解决方案是怎样并且因何缘由从一个地方传播到另一个地方？我们是满足于仅仅根据自然地理学对"特定区域"进行界定呢，还是需要理解新兴技术的社会甚至文化定位？

其次，我们也可以假定人们普遍认同这样一个观点，即西欧和发展中的"大西洋经济"，并不是处于最高的技术水平而与全球其他地区相互隔绝。我们的时代目睹了除最为蓬勃发展的西欧之外，世界许多地区发生的技术变革、挑战与响应。因此，本篇利用了诸如俄罗斯、中国、印度和日本等国家的技术变革的特征。由于我们不知如何估量技术变革（并且常常是不知如何对它加以辨认），因而很难确定不同国家的创造力水平的高低，也很难根据它们所取得的发明或创造进行世界范围的排序。假定有关机器的知识以及机器本身，还有工匠、机械师和商业代理人的技能，是在国家和地区之间不断转移的，那么，20世纪末研究18世纪的历史学家就有可能在一个仅对其一知半解的复杂过程中得出有问题的结果，而不是从一个简单的过程中找到清晰明了的证据。此外,哪怕对那些迫切需要、资源要求以及涉及技术的采纳、适应、改进和标准化的概念性难点有一个初步了解,就足以鼓励放弃"创造性"这个词,或许更为合理地说,承认这个词适用于许多社会与自然领域中的许多过程与机制。

由此说来,幸亏我们在广义或相对两个层面上的意见相符,给出了一个多少还算一致的出发点。我们将不会像百科全书似的逐条列举 18 世纪的技术突破,依据权威去断定它们"对科学的相对依赖"关系,在相互竞争的两方之间分配"创造性",或快速扫视英国对法国或欧洲对亚洲的文化主张。虽然这些类似于指南的话题可能自有其用处,但在这里,针对我们简要概述的理由,我们要将注意力集中于技术变革的社会与制度背景,集中于不同类型的机构(尤其是国家机构与相互竞争的利益集团的代理或市场机构)的作用,集中于使改良之后的技术从其发源地远播到他乡的途径。

欧洲:松散联系的力量

对先进机器出口的合法征税(比如,英国于 1774 年规定的)并不能阻止国家或地区间的技术转移。法律决不可能禁止采购图书和手册、参观设备、检查使用中的全套装备和机器,也不可能中止关键机械装置与制造商的双向运动。虽然理查德·阿克赖特与斯特拉特(Strutt)的雇员塞缪尔·斯莱特,不能够从英国带走纺织技术的模型,但是,他与比他级别更低的同事,贝尔珀(Belper)的机修工西尔韦纳斯·布朗,却使得新大陆的纺织品投机商们确信,他们的联合经验能够保证财政援助的安全性。1790 年,一座现代化的水力纺织厂(有 3 台 18 英寸的梳棉机、双滚筒拉拔机机头、流动的梳棉机和络纱机、72 锭的精纺机)已经成功地转到了大西洋彼岸。在罗得(Rhode)岛波塔基特(Pawtucket)的一个地方,通过机器的精巧与工艺经验,而不是设计图和形式知识,已经建立了一连串的 18 世纪英国技术的突破的成功化身,包括约翰·凯的飞梭(1733年)、哈格里夫斯的珍妮纺纱机(1764 年)、阿克赖特的水力纺纱机(1769 年)以及后来的克朗普顿和卡特赖特所做的改进在内。与此形成巨大反差的是,法国统治者在 18 世纪早期对西班牙的经济行使一种有名无实的霸权,并积极地阻止法国的企业家与技术专家把新工业介绍到西班牙。然而,尽管有复杂的控制体系,还是没有中止法国企业涌入西班牙的毛纺、钢铁、玻璃、火药、造纸及丝绸等产业。[1]

〔1〕 B. Fay,《18 世纪欧洲和美洲的学术团体》(Learned Societies in Europe and America in the Eighteenth Century),《美国历史评论》(American Historical Review),37(1932),第 255 页~第 266 页;F. B. Tolles,《礼拜堂与会计室:殖民地时期费城的贵格会商人(1682～1763)》(Meeting House and Counting House: The Quaker Merchants of Colonial Philadelphia, 1682—1763, New York: W. W. Norton, 1963);J. W. Oliver,《美国技术史》(History of American Technology, New York: Norton, 1956);Nathan Rosenberg,《技术》(Technology),载于 G. A. Porter 编,《美国经济史百科全书:对重大运动及思想的研究》(Encyclopaedia of American Economic History: Studies of the Principal Movements and Ideas, New York: Scribner's, 1980),第 1 卷,第 294 页~第 308 页;H. Kamen,《西班牙王位继承战争(1700～1715)》(The War of Succession in Spain, 1700—15, London: Macmillan, 1969),第 6 章;J. V. Vivies,《西班牙经济史》(An Economic History of Spain, Princeton, NJ: Princeton University Press, 1969)。

　　虽然大多数国与国之间的技术转移以失败告终，但是，也有许多成功和发展的方面，有助于巩固 18 世纪整个欧洲的技术进步。[2] 也许比起亚洲或其他地区来，欧洲更是一个巨大的"机会汇合点"（chance meetings）之地，是国际移民以及各个变革中心之间松散的纽带，很少受公开的斗争的负面影响。英国公民把铸铁厂、鼓风炉和纺织机器带入法国和瑞典。波希米亚、摩拉维亚和下奥地利的纺织中心，从英国获得它们所要的机器，开发了拿破仑统治时期开放的市场并从中获益，意大利的新技术是来自法国，爱沙尼亚的技术来自德意志商业集团，西班牙的毛纺技术革新则是来自英国、爱尔兰、法国和荷兰工匠的集体智慧。

　　国家之间，尤其是在欧洲西北部和大西洋沿岸兴起并成长的那些城市的紧密关系，对于个人间与地区间松散却重要的联系是一种补足。到 1800 年，人口总数超过 1 万的城市已达到 363 个，反映了自 17 世纪初以来在北部和西部开拓中城市与总人口成比例的增长。公共部门（那些庞大的欧洲兵工厂与港口的军用技术，以及那些在周边地区的小作坊里雇用外包工冶炼青铜、铜和铁的场所）随着 17 世纪和 18 世纪初较大的行政首府城市的稳步发展而尤为受益。另一方面，18 世纪后期城市增长的特点在于，较小城市的规模不成比例地增大，在 18 世纪的下半叶，人口超过 5000 人的欧洲城市数量以大约 50% 的速度增加。现代化的冶炼和水力纺织的早期舞台逐渐建立于这些小城市和附近的郊区。在 18 世纪，为改善荷兰共和国、英国以及法国与德意志的大西洋口岸的基础设施所进行的相当传统性的投资（如公路、运河和沿岸交通），依据旅客周转量的速度与频率出现了实际增长，同时货运马车的费用则大幅减少，这一切都发生在运输方面甚至还没有出现任何惊人革新的情况下。[3]

　　正是在这样新兴的中心，商业和工匠技术更加紧密地结合在一起，新的文化职业与社团得到发展，文化学会、书商、报纸、印刷公司以及各种新颖的知识与技术的演讲（比如咖啡馆和公共场所的讲座）无处不在。当如此密集的资源与受众支持知识分子的社团和知识辩论时，它们也为技术提供了一个信息系统，为日益增长的技术竞争提供了一个竞争场所，而且也为个人地位和公民身份的建构与重建提供了一个社会空间。同时，这样的特征也为技术的转移与传播界定了一个公共的、制度化的环境。技术突破的报道频见于科学期刊，如同以贸易为主的批发商店一样熙熙攘攘、络绎不绝。第一份国际性公开发表的论文是 R. J. 埃利奥特关于他在康涅狄格州的基林沃斯（Killingworth）论证的从黑磁沙中提炼铁的发明，此文于 1762 年刊发在伦敦王家学会

〔2〕　Ian Inkster，《智力资本：18 世纪欧洲知识与技术的转移》（Mental Capital：Transfers of Knowledge and Technique in Eighteenth Century Europe），《欧洲经济史杂志》（*Journal of European Economic History*），19（1990），第 403 页～第 441 页；Inkster，《历史上的科学与技术：工业发展研究》（*Science and Technology in History: An Approach to Industrial Development*，London: Macmillan, 1991），第 32 页～第 59 页。

〔3〕　H. Schmal 编，《自 1500 年以来欧洲工业化的模式》（*Patterns of European Industrialisation since 1500*，London: Croom Helm, 1981）；Jan de Vries，《危机时代的欧洲经济》（*Economy of Europe in an Age of Crisis*，Cambridge University Press, 1976）。

的《哲学汇刊》上。化学工程师约翰·罗巴克是在爱丁堡和莱顿的讲座中获得了重要的科学信息。詹姆斯·基尔在翻译皮埃尔·约瑟夫·马凯的《化学词典》(*Dictionary of Chemistry*)时所获得的知识,启发他在达德利设立制碱厂。[4] 这种新场所之间的零星联系,加上混沌的思想、信息和投资,构成了这种地方特有的人工制品和技能的偶然交汇,它们扰乱了人们迄今为止所固有的知识,同时,不仅在政治争论、文化发展方面,而且在物质生产的技术与机构方面防止了收益递减的出现。因此我们认为,一个地区内部扩散、模仿和竞争的力量与技术转让的国际机制并存,共同造就了很大程度上是偶然发生的欧洲技术进步。缺乏稳定性,不仅源于无所寄托与无止境的渴望,也源于与外国的交流以及外国的干涉,还有那些以新产品、新方法或新观念形式出现的新事物。[5] 比起那些强调"与有利的经济环境相结合的技术和政治事件"的观点,[6]这样的一种方法也许能够更好地研究技术进步在制造业、运输业以及一般土木工程中所发生的由南(在这里,17 世纪的航海和贸易创新已集中在仿效威尼斯银行业的阿姆斯特丹银行业领域)向北的变换。对于费尔南·布罗代尔太随意的表述,我们还可以补充一种通过社会差距和城市联盟的概念而得知的场所(site)和代理机构(agency)的逻辑。

如果说欧洲是一个坚决主张利益与新的生活模式的不寻常之地,那么,它也是相互竞争的国家聚集之地。任何一个研究 18 世纪欧洲的技术变化的方法,都肯定要从有关个体和团体动机与资源的讨论出发,并在某种程度上承认所有这些因素在主张重商主义、政府干预的国家内部的定位。无论政府的真正用意何在(其用意大都令人困惑),政府都会通过影响信息和人造物品流通渠道,通过诱导或限制技术、工匠与企业家的转移,通过对军事和战略设备、产品与帝国扩张的工具的需求,以及通过影响技术移民、国内殖民化(internal colonization),以及外来民族的定居,影响技术的变革。

欧洲的国家进行了很多无效的尝试,试图保守其工艺和工业生产技术的秘密(俄国和奥地利对移民的禁止,撒丁岛对泄密的严厉惩罚,对机器出口的全面限制,以及对间谍的关押),这表明了那种原意旨在鼓励发展战略性工业的干预政策千方百计进行压制的一面。尽管欧洲国家时常关心信息的流动,但更可能涉及那些对企业家和技术工人的鼓励,比如,重商主义的法国政府把奖金和资源提供给约翰·米尔恩(阿克赖特

〔4〕 A. E. Musson 和 E. Robinson,《工业革命中的科学与技术》(*Science and Technology in the Industrial Revolution*, Manchester: Manchester University Press, 1969)。

〔5〕 S. Pollard,《和平征服:欧洲的工业化(1760～1970)》(*Peaceful Conquest: The Industrialisation of Europe, 1760—1970*, Oxford: Oxford University Press, 1981);D. Gregory,《工业革命以来英国的地区性生产》(The Production of Regions in England since the Industrial Revolution),《历史地理学杂志》(*Journal of Historical Geography*),14(1988),第 14 页~第 32 页;B. Hoselitz,《生产型城市与寄生型城市》(Generative and Parasitic Cities),《经济发展与文化变迁》(*Economic Development and Cultural Change*),3(1954—5),第 278 页～第 294 页;T. Hagerstrand,《分析信息与技术传播的定量技术》(Quantitative Techniques for Analysis of the Spread of Information and Technology),载于 C. A. Anderson 和 M. J. Bowman 编,《教育与经济的发展》(*Education and Economic Development*, Chicago: Aldine, 1963),第 244 页～第 280 页;D. S. Kaufer 和 K. M. Carley 编,《远程交流:印刷业对社会文化组织及变革的影响》(*Communication at a Distance: The Influence of Print on Sociocultural Organisation and Change*, Hillsdale, NJ: Lawrence Erlbaum, 1993);M. Mulkay,《创新的社会过程》(*The Social Process of Innovation*, London: Macmillan, 1973)。

〔6〕 Fernand Braudel,《文明与资本主义:15 世纪～18 世纪》(*Civilization and Capitalism: 15—18th Century*),第 2 卷,《商业的车轮》(*The Wheels of Commerce*, London: Fontana, 1985),引文见第 570 页。

水力纺纱机）、威廉·威尔金森（炼铁厂）、约翰·霍尔克（珍妮纺纱机）以及迈克尔·阿尔科克（金属制造）。约翰·霍尔克还获得官方各种形式的补助，如费用报销、薪水、津贴，而且当他在鲁昂（Rouen）建厂时还获准拥有了王家"特权"（专利垄断权）。这个地方的毛纺与棉纺业使用的是英国的机器和英国公民。通过后来的英国工人运动，鲁昂的企业成为在法国国内进一步传播之地：鲁昂的前英国雇员们培训的法国人在其他地方成为工头，他们建造机器、开设工厂，比如在桑斯（Sens）的丹尼尔·霍尔或者鲁昂的詹姆斯·莫里斯。而且，鲁昂的法国雇员还照搬最初的模式：贝尔内（Bernay）的皮埃尔·富吉埃、布尔日（Bourges）的托马斯·勒克莱尔。此外，霍尔克还就如何回避机器出口的限制为法国当局出谋划策，并从苏格兰以及从滞留法国的大批爱尔兰人中组织招募技术工人（参看后面的讨论）。[7] 一般说来，王家特权似乎一直是进军法国的尚方宝剑，尤其是五金器具、镀金器皿和铜器制造等诸如此类的行业，这些行业的产品可以直接与英国竞争。杜尔哥（Turgot）、内克尔（Necker）和卡洛纳（Calonne）的政府部门把奖金、补贴以及特权分发给像霍尔克和米尔恩那样采纳英国人技术建议的各类法国企业家。[8]

在更加落后的经济体中，战争和侵略可能会对技术的转移造成持久的影响。1786年之前，普鲁士在西里西亚的成功，促进了一项在腓特烈大帝家长制统治下的技术转移计划。这项计划的开始是制定鼓励国内发展的政策：建立国家造船厂；设立西里西亚铁矿石的销售代理处；实施关税保护并准许盐业和木材业的选择性垄断；准予刀具业与军需品的制造厂、食糖精炼厂和冶金厂以特权。接着，西里西亚的普鲁士官员们有组织地从法国、比利时、瑞士和英国引进技术。政府代理人 G. 冯·雷登访问英国的结果是引进了蒸汽机、炼焦炉和搅炼炼铁技术。正是冯·雷登率先雇用威廉·威尔金森为企业的经理，与苏格兰人约翰·贝尔登一起经营新引进的炼焦炉。

在所有这些费用浩大而鲜有商业利润的努力中，技术创新的定位和技术转移的成功能够实现，政府对个体和大集团的运作所产生的影响可能才是最为重要的。对企业家和重要代理人的特殊鼓励，也许可以建成先进的兵工厂以及首府城市的手工业与金属制品厂，但是，在私人企业繁荣兴旺的大多数领域，政府几乎肯定要通过人力资本的流动才能发挥其持久影响。

战争与侵略通过各种方式使许多欧洲人离乡背井。在 1691 年至 1745 年期间，大约有 4 万名爱尔兰人在法国军队服役。而法国为了扩大对西班牙的控制，又造成大约

---

〔7〕　W. O. Henderson，《英国与工业化的欧洲（1750 ～ 1870）》（*Britain and Industrial Europe, 1750—1870*, Leicester: Leicester University Press, 1972）。

〔8〕　John Harris，《点燃工业革命之火的间谍》（Spies Who Sparked the Industrial Revolution），《新科学家》（*New Scientist*），1986 年 5 月 22 日，第 42 页～第 47 页；Harris，《迈克尔·阿尔科克与工业革命前从伯明翰向法国的技术转移》（Michael Alcock and the Transfer of Birmingham Technology to France before the Revolution），《欧洲经济史杂志》（*Journal of European Economic History*），15（1986），第 7 页～第 59 页；E. A. Allen，《18 世纪法国的商业思想与技术转移：尼姆的英国轧光机（1752 ～ 1792）》（Business Mentality and Technology Transfer in Eighteenth Century France: The *Calandre Anglaise* at Nimes, 1752—92），《历史与技术》（*History and Technology*），8（1990），第 9 页～第 23 页。

6.5 万名法国公民和商人到西班牙定居,这是一条把先进技术转移到纺织业和冶金业的主要渠道。1762 年之后,俄国政府所采取的政策包括建立德意志人、摩尔达维亚人、比利时人和亚美尼亚人的"边疆"定居点。1764 年,伏尔加河地区定居点的管理政策集中在不断增多的来自德意志和其他地方的外来移民,以便改进农业技术。在 18 世纪末的拿破仑战争时期,由于"大陆封锁"(Continental system)政策的作用,许多产品被封锁,但也促进了瑞士的手工纺纱工和机械织布工进入阿尔萨斯,以满足牟罗兹(Mulhouse)对技术工人的需求。18 世纪 90 年代,法国战争导致了对德意志一些地区的接管,所产生的最初效果之一就是解除对工业的行会控制,减少国内关税,扩大当地产品的市场规模,所有这一切都促进了创新。在 19 世纪最初几年中,像亚琛这样地区的工厂主们还能引进英国的机器。同样,战争也似乎没有阻碍卡斯珀·福格(德意志人)或 J. C. 菲舍尔(瑞士人)对英国的农业和冶金技术进行考察。[9]

在由国家所鼓动的移民对国际技术产生的影响中,最著名且也许是最为人知的例子是法国的胡格诺教徒的大迁移。《南特敕令》(1685 年)的废除造成大量胡格诺教徒移居国外,其中有大约 8 万名在英国,7.5 万名在荷兰联合共和国,3 万名在德意志,2.5 万在日内瓦和瑞士,可能有 1 万名在爱尔兰。[10]

胡格诺教徒的技术迁移,同样是由那些欧洲接纳国的政策决定的,例如瑞士或普鲁士,就像在法国是由路易十四决定的一样。这完全可以在选帝侯腓特烈·威廉的政策中看出。他通过波茨坦法令(颁布后不到一个月被废除)命令阿姆斯特丹和汉堡的代理人,帮助胡格诺教徒到柏林或其他的勃兰登堡(普鲁士)的城市旅行。除了通过自愿捐献提供支持之外,还让他们得到金钱、交通、护照方面的便利,而且还为他们提供职业,开放行会,免费提供原材料,为开办新工厂提供资金。普鲁士的胡格诺教徒绝大多数是手艺人和实业家,通过这样的人力资本,腓特烈·威廉鼓励成立漂洗厂、印染作坊、丝绸厂,建立了缎带制作、棉布印花、肥皂与油类制造以及亚麻加工等商业机构,还有皮革生产、挂毯织造和平板玻璃生产等行业。近来当局已经确认,对针织机的引进以及普鲁士的毛纺与棉纺机械化更为广泛的基础而言,胡格诺教徒具有重大意义。

即使在英国与荷兰这些拥有先进技术的国家中,胡格诺教徒的影响也是重要的。在英国,受此影响的有伦敦的各种奢侈品手工业,有丝绸织造、亚麻精制和白纸制造;同样在荷兰,法国的技术,加上改进了的资本配置,使丝绸、天鹅绒和亚麻制品得以提

852

[9]　O. Crisp,《1914 年前的俄国经济研究》(*Studies in the Russian Economy before 1914*, London: Macmillan, 1976);W. L. Blackwell,《俄国工业化的开始(1800～1860)》(*The Beginnings of Russian Industrialisation, 1800—60*, Princeton, NJ: Princeton University Press, 1968);C. Trebilcock,《欧洲大陆列强的工业化进程》(*The Industrialisation of the Continental Powers*, London: Longman, 1981);D. J. Jeremy,《阻止外流:英国政府对技师与机器外流的控制(1780～1830)》(*Damming the Flood: British Government Efforts to Check the Outflow of Technicians and Machinery, 1780—1830*);《商业史评论》(*Business History Review*),5(1977),第 64 页～第 91 页。

[10]　J. G. Lorimer,《法国新教教派的历史概况》(*An Historical Sketch of the Protestant Churches of France*, Edinburgh: J. Johnstone, 1841);C. Weiss,《法国新教徒流亡史》(*History of the French Protestant Refugees*, London: Hall, 1854);W. C. Scoville,《对胡格诺教徒的迫害与法国经济的发展(1680～1720)》(*The Persecution of Huguenots and French Economic Development, 1680—1720*, Berkeley: University of California Press, 1960)。

高。仅就伦敦而言，它云集了横跨各种利益集团和团体的科技交流，也许在这个方面是唯一最大的城市中心，胡格诺教徒通过一种政府与自愿支持的有效合作，产生了越来越大的影响。政府最初发放的救助资金为 6.4 万英镑（在 18 世纪末期，这些资金足够建造大约 20 家阿克赖特水力纺纱厂），后来又有大城市的私人捐款总共约 20 万英镑。在伦敦人口密集的市区，胡格诺教徒通过入会的渠道以及被认同的途径而获益。前者涉及查理二世于 1681 年发布的公告，称英国是一个避难所，各家各户都要自愿收容帮助难民，要动用王室专款和国会救助金，设立施粥所等等。被认同的途径则是朝着被同化的方向发展，这一道路上点缀着创新，包括获得保证财产和资产的权利、取得专利、获准进入伦敦同业公会并在其中取得成功，参与刚开始起步发展的慈善业（从工厂学校到穷人救济）活动，参加大学入学考试，进入著名的都市知识分子协会并成为领导者，如彩虹咖啡屋、学习促进会（Society for the Encouragement of Learning）和艺术促进会（Society for the Promotion of Arts）。胡格诺教徒获得成功与认同的标志非常明显：异族通婚，从手工业和工匠领域大量涌入经纪行业、银行业、仓储业、广告推销业和丝绸制造业。[11] 这样，在 18 世纪比较长的时间里，尽管胡格诺教徒的纺织业和手工业技术与伦敦及其他地方的好方法小有差距，但是，英国工业的确从胡格诺教徒以及其他人力资本的流动中获益匪浅，在这方面，要远远超过那些技术更落后的地区。在前一种情形之下，新近获得的密集的城市人口、公共协会，还有社会基础设施这些优势，意味着最初传入的技术和手艺有可能被广泛传播和吸收。而对于后一种情形而言，开明政府所进行的漫长而昂贵的努力虽然也有可能传播改良的技术的欧洲文化，但无法创造出一个遍布欧洲的工业化过程。

英国的情形

　　因为前述理由，创造性的活动似乎已在欧洲大部分地区普遍存在。任何国家政府都不可能垄断这样一些领域的重大突破：比如，培训方法（如，第一所技术学院是 1733 年建立于匈牙利的申姆尼茨［Schemnitz］*矿业学院）、医疗手术（如，1736 年克洛迪于斯·艾曼成功完成的阑尾手术）、工业组织（如，18 世纪 40 年代早期由于尝试执行雅克·沃康松的著作中所建议的新劳动规则，而导致的法国里昂的社会动荡）、技术出版物（如，1761 年至 1789 年期间，法国科学院出版的 76 卷本《艺术与职业的种类》

[11]　W. C. Scoville，《少数民族的迁移与技术扩散》（Minority Migrations and the Diffusion of Technology），《经济史杂志》（Journal of Economic History），11（1951），第 63 页～第 84 页；S. B. Hamilton，《1800 年前欧洲大陆对英国土木工程的影响》（Continental Influence on British Civil Engineering to 1800），《国际科学史档案》（Archives internationales d'histoire des sciences），11（1958），第 347 页～第 355 页；A. F. W. Papillon，《伦敦的帕皮永家族，商人之家（1623～1702）》（The Papillons of London, Merchants 1623—1702, London: Arnold, 1887）；Tessa Murdoch 编，《无声的征服：胡格诺教徒（1688～1988）》（The Quiet Conquest: The Huguenots, 1688 to 1988, Catalogue, London: Museum of London, 1985），伦敦博物馆与伦敦胡格诺学会联合展览，1985 年 5 月至 10 月。

＊　　现称班斯卡－比斯特里察（Banská Štiavnica），属斯洛伐克共和国。——校者

［*Descriptions des arts et metiers*］）、仪器使用（如,瑞典人萨穆埃尔·克林根谢纳所提出的无色差干扰光学仪器的制造方法,该仪器于1762年在俄国科学院展出）、食品加工（如,1765年意大利人拉扎罗·斯帕兰让尼提出的气密密封保存）,以及一般的农业（如,1793年美国人伊莱·惠特尼发明的轧棉机）。但是,从大约18世纪30年代起,英国的确成了诸如机床与设备的制造、新材料及能量产出等领域技术创新的一个中心。整个欧洲社会与制度的特色本来就有可能掀起一股欧洲人努力发明的狂潮,但是,由于英国社会与制度的独特结合,致使在英国而非其他地方激发出一条制造业发明创造的必然之路。

18世纪的英国似乎不乏重要的技术创新。对历史学家以及认真老师教出的记忆力好的学生们而言,这个名单耳熟能详:亚伯拉罕·达比的焦炭熔炼(1709年)、纽康门的泵用发动机(1712年)、凯的"飞梭"(1733年)、沃德(Ward)的硫酸制备(1736年)、罗巴克的铅室法(1746年)、刘易斯·保罗的梳棉机(1748年)、本杰明·亨茨曼的炼钢法(1749年)、贝克韦尔的家畜育种(1760年)、哈格里夫斯的"珍妮纺织机"(1764年)、瓦特的蒸汽机(带有单独冷凝器,1769年)、阿克赖特的水力纺纱机(1769年)、拉姆斯登的车床(1770年)、威尔金森的钻孔机(1774年)、瓦特改良后的蒸汽机(1776年)、克朗普顿的"骡机"(1779年)、乔纳森·霍恩布洛尔的复式发动机(1780年)、瓦特的平行运动(1782年)、杰思罗·塔尔的齿轮条播机(1782年)、科特(Cort)的搅炼法(1779年)、瓦特的旋转运动(1781年)、卡特赖特的动力织布机(1785年)、威廉·默多克的蒸汽车(1786年)、威尔金森的铁船(1787年)、约翰·麦克亚当和托马斯·泰尔福德改进的筑路技术(1788～1795)、卡特赖特的羊毛精梳机(1790年)、约瑟夫·布喇马的液压机(1795年)、亨利·莫兹利的车床(1797年)、坦南特(Tennant)的漂白法(1799年)、理查德·特里维西克的高压蒸汽机(1800年)、莫兹利的螺纹车床(1800年)。

这里有一两点应先予以指出。首先,一些重大的"突破"似乎早在相关工业的发展之前就已出现。其次,刚才逐条列记的日期只是大家知道的(或者只是冒昧地说)、最先得到承认的发明的日期,而未包括发明人或仿效者后来所做的革新。例如,纽康门的泵用发动机最早是在1712年就已经启动,却一直到18世纪20年代才投入使用;拉姆斯登在1770年发明的车床,直到18世纪90年代经过莫兹利的改进后才产生真正的影响;科特的搅炼法最早大约在1779年就已经发明,然而一直到19世纪10年代才投入商业使用。"滞后"的说法很多。比如,我们注意到,克朗普顿的动力织布机早在1786～1788年间就已获得专利,但似乎要等到1823～1825年与1832～1834年间投资明显繁荣才得以采纳,因此,到1833年,才有约10万台动力织布机投入运转。

按照一种技术挑战与回应的逻辑,可以在某种程度上探讨这种令人困惑的前进过程,与其他领域相比较而言,这种逻辑也许更适用于制造技术与建筑技术领域。因此,凯的织机被应用于棉纺而不用于毛纺,这是因为棉纺业工人没有那么多需要固守的技能和传统。后来,棉纺的速度加快,导致使用詹姆斯·哈格里夫斯的珍妮机,而这又推动了阿克赖特的水力纺纱机的使用，这种机器能够纺出一种可作补充的棉纱。同时，这种水力纺纱机的体型庞大、价格昂贵，又激发了动力的集中使用和工厂组织的建立。在新地点的工厂的生产引出了大量的能量需求，而满足这种需求，又需要纽康门和萨弗里(Savery)的发动机与 1781 年之后做出改进的瓦特蒸汽机相互结合，这些发展创造出第一台为其他机械提供直接旋转动力的蒸汽机。这样，1785 年，第一家蒸汽动力棉纺厂在诺丁汉郡开业，这就是工业革命开始的日子。[12]

　　请注意这里的"导致"、"推动"与"激励"这类模糊字眼所扮演的重要角色。对技术改良的需求可以在不同时期因完全不同的缘由而产生，但是很少会因为需求方面突然出现的巨大变化、国民收入的显著增长或消费者收入分配的根本改变而导致对技术改良的需求。18 世纪，对改进某种特殊机器的需求的增长，可能是由于政府机构政策的改变(如，不那么想对瑞典表示感谢的彼得大帝的决定)，或者也可能是由于生产商希望加快生产、降低成本或完善生产过程而造成需求在部门间的转移。然而，仅在这个层面上进行分析，以为任何这种增大的需求都将由生产体系中的技术变革来满足，这样的断言在理论上并不能令人信服。需求的满足可以通过其他的措施(从其他地方引进廉价的、不同质量的劳动力和原材料)，通过从其他地方引进优良技术，通过需求增大的领域之外的其他领域的技术改革(改进运输可以降低企业成本)，通过从其他地区进口成品。或者，需求可能根本无法得到满足，从而导致通货膨胀和工业进程减缓。对于在需求方面无法给出清楚解释的 18 世纪的英国，真正令人感兴趣的是，它在 18 世纪末关键突破性的科学技术的进步及其在精密机器与冶金技术革新方面达到顶峰的时机掌握，跨行业跨部门(机械制造与民用事业)的发明活动与传播活动的广度，以及在发明和改良过程的社会参与的深度。无论出于何种原因(包括需求的特点)，当生产方面利用了这些特征之后，它们致使生产费用降低，生产速度增加，从而就作为英国工业在 18 世纪末发展的决定性因素发挥作用。

　　18 世纪的英国也见证了一系列的非技术类的创新，这些创新不可能轻易地附上"发明者"的名字。这些项目可以包括：国会圈地势头的不断增大(1730 年)；收税道路的里程增长 5 倍(1750～1770)；布里奇沃特(Bridgewater)运河于 1761 年完工，约计成本 25 万英镑，是 18 世纪末一座阿克赖特工厂成本的至少 100 倍；公共马车在 18 世纪 80 年代的盛行；1801 年的《圈地法案》(General Enclosure Act)。这样的"制度创新"可能有助于确定供求情况，影响技术发明的产生与方向、应用与传播，以及从其他国家向英国的技术转移的条件。实际上，有正当理由认为，影响技术变革并且确保英国成为混乱不湛的技术转移的最大受益者的主要因素，并不是相对充裕的资本，而是制度上

[12]　C. Singer 等编，《技术史》(*A History of Technology*, Oxford：Oxford University Press, 1988)；A. P. Usher，《机器发明史》(*A History of Mechanical Inventions*, Cambridge, MA: Harvard University Press, 1954)；F. Klemm，《西方技术史》(*A History of Western Technology*, London: Allen & Unwin, 1959)，D. Singer 译。

856 的创新。在 19 世纪 30 年代之前,制造业几乎不需要大量的固定资本;新技术可以在生产中部分代替并转换成投资,而大多数的固定资本投资出现在新兴制造业之外——运河、采矿以及道路,到 1790 年止,仅在运河体系方面就至少花了 150 万英镑。在 18 世纪的英国,资本也许不是技术革新及其实施的一个限制因素,因而也不是决定技术进步特点与途径的主要决定因素。当代研究还指出了 18 世纪英国在制度方面的其他特点,比如,手艺文化与城市文化的活力,相对的开放,不受压迫,财产与收入能得到有关保障。这些政治学与社会学方面的特征正日益受到当今现代经济史家的认可。[13]

正如休谟在其最简洁、最有才气的一篇随笔中所评述的,英国的商业开放带来了比重商主义者简单的税收或黄金回报更多的东西,因为它把一种挑战引进英国,并激起了反应。商业城市已成为一个社会实验和竞争性的个人主义的场所。当威廉·赫顿在 1741 年踏进伯明翰这座城市,他就宣称:这里的民众具有"我从未见过的活力;此前我一直身处空想家当中,而今我看见的是清醒之人"。[14] 大范围内的制度创新、商业开放和形形色色的都市生活应该处于英国技术优势的核心,但是,不能忽视较小的有系统的力量。随机出现的震动或刺激,对于引发 18 世纪英国的任何一种或所有表面上的"核心"特征,都可能极具重要性。因此,就作为社会改革与实验的商业中心的伦敦而言,我们能够注意到各种长期影响力的促进效果,例如法国战争对作为权力中心的伦敦所产生的影响、把以往的宗教财产归于民众或用于商业这一转换的扩展效应,以及随之出现的新贵族与伦敦同业公会,在这一点上,我们还可以添加 1666 年那场大火及其后来的城市恢复重建所带来的更为人们所知的直接影响。我们可以假定,这些当地发生的各种重大历史事件和过程,造成了英国城市从本质上"同质的"(orthogenetic)的领导角色(即对业已存在事物的守成)转变为"异质的"(heterogenetic)的领导角色(包括非正统的新颖思想模式的产生、新的制度形式或新的空间安排)。[15]

857 有一些评论家承认英国的有利条件,但也主张国家的某些干预性计划对工农业技术加速革新具有促进作用。因此,1757 年,一位农业改良的著名倡导者,新一代的重商主义者马拉奇·波斯尔思韦特就提高效率为官方政策提出了 6 点计划。英国政府应该建立海外生产基地,这将最终增加贸易;促进现有的较好耕地技术的推广,以减少工业劳动力的成本;通过规定学徒的年限、削弱行会的权力来管理工业技术或培训;如果"工人的自由、财产及宗教信仰受到干扰",那就吸收这些有技术的外来移民;提高对所有"有利于减少或减轻人们劳动的发明"的奖励;广泛地促进国内的"竞争",同时控制

〔13〕 Joel Mokyr 编,《英国工业革命:一个经济学观点》(*The British Industrial Revolution: An Economic Perspective*, Boulder, CO: Westview Press, 1993)。

〔14〕 William Hutton,《1780 年之前的伯明翰史》(*A History of Birmingham to the Year 1780*, Birmingham: White, 1781),引文见第 44 页;David Hume,《论商业的妒忌》(On the Jealousy of Trade),《道德、政治与文学论集》(*Essays Moral, Political and Literary*, Edinburgh, 1741—2),载于《休谟著作集》(*Works of David Hume*, London: Grant Richards, 1903),第 33 卷。

〔15〕 B. F. Hoselitz,《生产型城市与寄生型城市》(Generative and Parasitic Cities),《经济发展与文化变迁》(*Economic Development and Cultural Change*),3(1954～1955),第 78 页～第 94 页。

技术与机器流向它国。所以,任何一个被允许在英国注册专利的外国人都"应该有义务从国外带来并安排一定数量的外国工人,同样也要接收一定数量的国内学徒"。值得注意的是,波斯尔思韦特完全把注意力集中于改进那些在整个 18 世纪经历了重大变革的制度上。[16] 技术向英国国内的转移意味着到 18 世纪末已经形成了一种活跃的混合的技术文化,这就是与第一次工业革命相联系的技术应用的直接背景。

　　18 世纪初,欧洲与英国之间特定技术的流通表现为开放性和双向性的特点,而且,英国从法国胡格诺教徒、荷兰与德意志移民的永久性居住中获得了较大的利益。尽管技师们带来了技术,那些定居于英国的外国专家学者,如让·西奥菲勒斯·德萨居利耶(1683～1744),依然与欧洲学术界保持着经常的联系,并翻译了欧洲大陆工程师们的最新著作。这些联系不仅带来了专门的知识,而且在传播外语资源以及建立机构方面发挥了重要的作用(如,自 1741 年起,德意志数学家约翰·米勒就一直在伍尔维奇[Woolwich]学院)。虽然这些技术及相关传播无疑是受到 18 世纪英国有较多自由和机会的推动,但是,英国政府蓄意的行动也起了推动作用。英国政府花费大量的时间制订有关法规,涉及农业改良、海上交通以及港口、航运、收税公路与运河的发展;在 18 世纪 40 年代至 60 年代,颁布的 3000 多项有关于个人和公众的法案中,仅收税公路的方案就占了 20%。英国政府也涉足激励殖民地技术的转移。比如 1749 年,国会通过一项法案,所有具有佐治亚或卡罗莱纳产品证明的生丝都能免税。绢丝生产能获得奖励,意大利人 G. 奥尔托伦吉应聘到佐治亚,把意大利人的养蚕和缫丝方法教给了殖民地居民。1761 年,伦敦艺术学会为优质的美洲蚕茧生产增加额外的奖赏。在这种激励之下,意大利方法导致了包括抽丝、并丝、清洗和捻丝在内的缫丝联合企业的产生。[17]

　　最后,英国的社会制度促进了技术进步的长期发展,鼓励了与关键性发明之间不断的协调。在 18 世纪的欧洲,在技术研究与实验对如此广大社会各阶层的才能与需求的开放方面,没有哪个国家能与英国相比。这也许能在 18 世纪最后十年的专利数据中得到最简要的说明。有 600 多项专利权所有人能够被确认属于 18 世纪 90 年代,即便是不能代表早期工业革命技术逐渐增加的绝大多数进步,也能代表其中许多内容。这些专利的 50% 以上直接与新的机器制造的改进有关,从通过原材料的工业处理产生并转换动力,到新的机器工具的发明以及新的化工制造方法的开发。大多数专利权所有人都是有技术的工匠或是新兴的制造业者与工程师,其中许多人很可能具有各行业学徒的背景。[18]

[16]　M. Postlethwayt,《英国商业利润的解释与改善》(*Britain's Commercial Interest Explained and Improved*, London: D. Browne and J. Whiston, 1757),引文见第 2 卷,第 414 页。

[17]　L. P. Brockett,《美洲的丝绸业》(*The Silk Industry in America*, New York: Harper, 1876)。

[18]　Inkster,《科学与技术》(*Science and Technology*),第 80 页～第 86 页;Patrick O'Brien、Trevor Griffiths 和 Philip Hunt,《第一次工业革命中的技术变革:纺织业的范例(1688 ～ 1851)》(*Technological Change during the First Industrial Revolution: The Paradigm Case of Textiles, 1688—1851*),载于 Robert Fox 编,《技术的变革》(*Technological Change*, Amsterdam: Harwood, 1996),第 155 页～第 176 页;W. H. G. Armytage,《工程的社会史》(*A Social History of Engineering*, London: Faber and Faber, 1961)。

因此,日渐增多的技术进步来自于英国社会相对卑微的阶层,D. 麦克洛斯基所说的"普通的发明遍布于英国的经济之中"可以很好地说明这一现象。[19] 在 18 世纪所有的欧洲国家中,英国是一个在技术变革的持续与积累方面阻碍最少的国家。战争并没有阻碍经济的发展,反而引进了大量的机械;社会差距肯定要小于任何一个欧洲竞争者,而且,这些新技术仍然相对简单,并不需要大量的固定资本、深奥的抽象科学或数学知识,或者广泛的交通和通信基础设施来支持技术的传播与应用。

欧洲的界限:俄国与技术进步

859

把彼得大帝(1672～1725)执政前俄国的工业和社会与叶卡捷琳娜二世统治期间(1762～1796)及以后帝国的状况进行对照,其巨大的反差,也许在欧洲其他任何一个地方都可以感到。18 世纪伊始,俄国在某种意义上代表着欧洲的局限,远不只是在区域、地理和气候方面。前彼得时期,包括彼得的父亲阿列克斯(Alexis)在内的许多人在工业和技术现代化方面做出的许多努力,并没有能打乱传统的社会制度或者影响经济发展的总体进程。他们给予英国人、荷兰人与德意志人在阿尔汉格尔(Archangel)以及其他地方的定居点的特殊关照,所耗费用远远超出了他们所获回报,外国官员和技术人员也零星输入一些产品到俄国的军队(这与在荷兰专家指导下在图拉[Tula]建立生产大规模武器生产建筑有关)或在莫斯科建立的德意志人专门定居点,其结局亦然。实际上,到 17 世纪后期,居住于较晚的定居点(斯洛博达[Sloboda])的外国人,尽管拥有工场、面粉厂和铁厂,但却越来越疏远于俄国工业,被划分为陌路人。在莫斯科的社会中,自由与权利遭受严重削弱,甚至对于 17 世纪后期的欧洲来说,都到了极端的地步,同时,由于缺乏欧洲的有组织的外交势力,更增加了距离和地区方面的问题,抑制了重要的技术现代化。[20]

然而,需要明确指出的是,早期外国企业家在国家的引导与支持下所做的努力确实具有某些长期的影响,这对于分析 18 世纪更大的成就来说是很重要的。那些拥有俄国金属制造企业,特别是谢尔普霍夫－图拉(Serpukhovo-Tula)产区的熔炉和船舶的英国人、荷兰人与丹麦人,受俄国政府因顾虑其波罗的海的对手——波兰和瑞典而产生的军事需要的鼓励,监督安装了动力制铁设备。外国企业家的主要工作是把外国技术专家作为核心,与大量技术上相对较差的俄国工人组合在一起并加以管理。虽然 18 世纪初期图拉企业失败的原因,完全可以用木材燃料的不足来解释,但似乎也可以做

[19] D. McCloskey,《工业革命(1780～1860):概述》(The Industrial Revolution, 1780—1860: A Survey),载于《1700 年以来的英国经济史》(The Economic History of Britain since 1700, Cambridge University Press, 1981),第 1 卷,《1700～1860 年》,R. Floud 和 D. McCloskey 编,第 103 页～第 127 页,引文见第 117 页。
[20] J. T. Fuhrmann,《俄国资本主义的起源:16 世纪和 17 世纪的工业与进步》(The Origins of Capitalism in Russia: Industry and Progress in the Sixteenth and Seventeenth Centuries, Chicago: Quadrangle Books, 1972);P. T. Lyashchenko, 3 卷本《苏联经济史》(History of Economy of the USSR, Moscow: GIPL, 1956),第 1 卷。

出这样的判断，早期对于外国人拥有和管理先进技术的鼓励，为未来的俄国工业家树立了一个"欧洲化"的标准，也为俄国统治者提供了某种具体实例。

在这个现代化但却孤立的（enclavist）工业化的舞台上，18 世纪的俄国成为外国企业家、俄国政府和个人进取心之间竞相角力、此消彼长的场所，关于这一点，几乎给不出什么可靠的概括总结；所有权以及生产的明确特征取决于整个地区的历史、自然环境和生产部门，同时也取决于国家政策的矛盾。比如，彼得突然决定不依赖外国制造商来装备俄国军队和海军，这项合理的决定意味着这个世纪主要的冶金项目、乌拉尔地区的发展，拒绝接纳**直接的**外国人物主身份并且不让外国人参与，以利于俄国私人垄断企业（杰米多夫家族）与国家参与的共谋联合。18 世纪后期更高的效率，既不是来自于国家工业，也不是出自于外国企业，而是来自俄国的私人资本与借用的外国技术的联合。这是一种更加精明的合伙，其力量主要依赖于政府在军火生产、运输改善以及动用农奴、边境和自由劳动力等方面的初期干预。[21]

叶卡捷琳娜王朝及以后的统治能够在某些层面上，与西欧大部分地区的历史作一个清晰的比较。在 18 世纪初，市民的行动已经自由起来，18 世纪 50 年代，内部关税被免除。与欧洲大部分国家相比，俄国并非一个严格的"重商主义"国家；对主要产品而言，俄国有一个国家市场，行会并不比其他地方的更强大，并且叶卡捷琳娜的自由主义堪与古代欧洲王国的统治相媲美。俄国的出口呈上升趋势，生产的铁、纺织品、木材及其他海军军需品主要输往法国和英国。帝国基本上是自给自足，并有大量迹象表明，俄国新兴的"资产阶级"是农奴流动、财富与改革的代表，而且大多数的工业**逐渐减少**了对直接资助的依赖。此外，这个世纪末，普遍的欧洲启蒙运动传入俄国。帝国在 18 世纪下半叶出版了大约 8500 种书籍，并以拥有一个能通过各种形式与西欧及美洲的知识界相连接的专家阶层而自豪。[22] 有可能从这个似乎成功的传奇故事（这个故事肯定要承认巨大的人口增长、领土扩张以及国内殖民化过程加速所带来的进步效果）得出一个有关技术进步的观点吗？欧洲的技术进步是否曾有效地转移到新俄国？这是更普遍的社会和文化进步的一种补充，还是这种进步的部分原因呢？

遵循着伏尔泰和法国重农主义者建立的传统，俄国技术的分水岭，习惯上将其分

[21] W. L. Blackwell，《俄国工业化的开端》（*The Beginnings of Russian Industrialisation*, Princeton, NJ: Princeton University Press, 1968）；J. P. McKay，《俄国与苏联工业中的外国企业：从长期观点看》（Foreign Enterprise in Russian and Soviet Industry: A Long Term Perspective），《商业史评论》，48（1974），第 336 页～第 356 页；Roger Bartlett，《人力资本：外国人在俄国的定居（1762 ～ 1804）》（*Human Capital: The Settlement of Foreigners in Russia, 1762—1804*, Cambridge University Press, 1979）；Alexander Gerschenkron，《苏联的马克思主义与专制主义》（Soviet Marxism and Absolutism），《斯拉夫语评论》（*Slavic Review*），30（1971），第 853 页～第 869 页。

[22] A. Lentin，《18 世纪的俄国》（*Russia in the Eighteenth Century*, London: Heinemann, 1973）；Jerome Blum，《俄国的地主与农民》（*Lord and Peasant in Russia*, Princeton, NJ: Princeton University Press, 1961），尤见第 277 页～第 441 页；R. Portal，《18 世纪俄国的工厂与社会阶层》（Manufactures et classes socials en Russie au XVIIIe Siècle），《历史评论》（*Revue historique*），201（1949），第 79 页～第 97 页；A. A. Zvorikine，《俄国的发明与科学观念：18 世纪和 19 世纪》（Inventions and Scientific Ideas in Russia: Eighteenth and Nineteenth Centuries），载于 G. S. Métraux 和 F. Crouzet 编，《19 世纪的世界》（*The Nineteenth Century World*, New York: Mentor, 1963），第 254 页～第 279 页；P. Dukes，《俄国与 18 世纪的革命》（Russia and the Eighteenth Century Revolution），《历史》（*History*），56（1971），第 371 页～第 386 页。

861 界线标定为年轻沙皇彼得于 1697 年的荷兰之行与欧洲考察,当时他"明智地担忧"在前些年与土耳其发生的冲突中,他的船只"完全是依靠外国人建造的"。[23] 其结果就是大刀阔斧地改革,鼓励外国专家进入俄国,帮助建立一支独立的现代化的陆军和海军,建成一座具有象征意义的、有效率的首都圣彼得堡,同时,运用大西洋沿岸国家的技术阻止波罗的海诸国(1700~1721 年的北方战争)和奥斯曼帝国(1711~1713)的冲击。1702 年俄国政府发表声明,邀请外国人到俄国,并提供无息贷款、津贴和专利权(如在丝绸工业中)、免税,以及为外国商贸公司与工匠行会的建立提供法律保障;还有其后1724 年的关税保护。对于由此建立起来的 200 来家工厂而言,更为重要的是,国家对强迫劳动实行干预,包括分配农民到工厂做工和购买农奴甚至整个村庄。到 1725 年为止,仅金属冶炼厂就分配了大约 5.4 万个农民。尽管对俄国企业家自身也一起实施了类似的鼓励措施(廉价劳工,引入政府贸易垄断,限制对外贸易,提高政府的铁、铜以及其他重要商品的价格,并且把一些国有矿山和企业转让到私人手中),但是,几乎没有证据表明,彼得所做的努力产生出实质性的技术或商贸的整体效果。

正如伏尔泰最初所强调的,彼得的成功完全在于协调"他的人民与他所游历访问国家的礼仪和风俗之间的关系",在于为长期发展而建立的培训与组织机构(从数学学院到制造学院[Manufaktur-kollegiya]以及 1719 年的矿业学院[Berg-kollegiya],这些学校的建立,旨在资助新企业并调控生产水平与标准),在于加强国家的军事力量。此外,公共事业对于私营部门的最终影响往往是不确定的。建设圣彼得堡的重大工程本身(与在奥洛涅茨[Olonets]和图拉地区所遭受的失败相一致),意味着新乌拉尔地区的冶金需要通过水路与新首都相联系。1709~1729 年间,在运河与水系的沿岸涌现出许多使用移民劳工的金属制品厂,而这里的现代化生产意味着 18 世纪初俄国在欧洲成为铁的主要生产国,占总量约 60% 的铁产自于乌拉尔地区的国有和私人企业。[24] 而且毫无疑问,彼得创建了技术现代性的节点。彼得罗夫斯基(Petrovsky)厂(1703 年起归

862 国有)成为奥洛涅茨产铁区最大的工厂,拥有 4 个鼓风炉、一台水力钻机、一个制锚车间、拉丝机械和一个武器工厂,到 1725 年,共雇用工人 1000 多名,生产的生铁占该地区总量的 60%。从 1710 年开始,莫斯科和圣彼得堡是非金属工业改革的中心。在政府的鼓励下,用于出口的帆布、制服、绳子及亚麻制品的生产十分繁荣。私人资本用于创立新企业的速度之所以缓慢,可能并不是因为技术原因,甚至也不是制度的原因,而仅仅是由于与瑞典及其同盟国的战争所致。战争为个人财富创造了许多可供选择的投资渠道,这一因素由于某些重要行业缺乏保护合同和财产权的法规而趋于恶化。例如,在铁器制造业中,每个企业家必须单独与政府签订一项合同,而且,铁器制造商的

[23] M. de Voltaite, 2 卷本《彼得大帝统治下的俄帝国历史》(*The History of the Russian Empire Under Peter the Great*, Aberdeen: J. Boyle, 1777),第 1 卷,引文第 111 页~第 112 页。
[24] B. H. Sumner,《彼得大帝与俄国的崛起》(*Peter the Great and the Emergence of Russia*, New York: Collier Books, 1962); I. M. Matley,《圣彼得堡的防卫设备制造(1703~1730)》(Defence Manufactures of St. Petersburg, 1703—1730),《地理学评论》(*Geographical Review*),71(1981),第 411 页~第 426 页。

所有权在 1719 年 12 月 10 日矿业学院特权法公布之前并没有得到保障。从 1722 年开始，铁工厂的所有者获准购买农奴。立法的这种转变预示着在后彼得时期，俄国将出现大部分与鼓风炉和金属轧制相联系、或与破碎和研磨装置相联系的水力驱动的机械和工厂。1725 年彼得逝世之后，尤其是在叶卡捷琳娜二世统治时期，贵族在各种各样的工业活动中，越来越多地加入到俄国商人以及已摆脱农奴身份的企业家的行列。一些证据表明，国有与私人企业都尝试过那些由外国技术专家在早年引进的先进工业模式。[25]

叶卡捷琳娜于 1763 年 7 月 22 日发表的声明传遍整个欧洲，导致了一个密集的技术移民时代——例如 1763 年至 1769 年间，仅德意志移民就大约有 3 万人，他们建立了 100 多个侨居地（kolonii）。推动欧洲移民的是一系列重新规定的特权，如宗教信仰自由，还有土地免税使用 10 年至 30 年、无息贷款、免服兵役、拥有行会成员资格及公民资格、奖励土地等等更多实质性的诱惑。叶卡捷琳娜还特别允诺那些"承建工厂车间"的外国人，只要建造的是"俄国从未建过的工厂"，就能获得贷款，就获准购买农奴与农民，并且还能免税出口商品。[26]

要评价叶卡捷琳娜的体制对俄国技术进步的影响，是困难的。国外的专业知识是以各种形式涌现出来的。外国企业家把先进的技术引入棉布印花（克里斯蒂安·列曼）与机器制造领域（查尔斯·贝尔德）。外国和俄国资本家组成的各种协会并非名不见经传，像本亚明·米勒的丝绸制造方面的情况。和那些工匠不同，外国企业家受到守护大臣的保护，守护大臣的官方记录显示，外国所建的工厂涉及缎带、丝绸、花边和棉纺织、化工染色、制蜡、天鹅绒布等等，大部分是以制造业积极协助培训俄国学徒和工人为条件。然而，这种企业似乎很少有详密的计划，而且从长远观点来看，也没有一家企业能够独立获得成功。只是到了世纪之交，像查尔斯·贝尔德（圣彼得堡铁厂）这样的个人才开始成功，并更加有效地转移现代化了的技术。[27] 但一般说来，通过利用熟练技工来转移技术，也许要比欧洲商业企业家的短期机会主义的冒险更为重要。例如，在圣彼得堡周围，德意志工匠在奢侈品手工艺方面占据优势，并且在那时，转移隐含的知识（tacit knowledge）和看法是通过当地的社区、行会和协会，而不是通过建立典型的企业才实现的。外国工匠的财富最好地证明了伴随着先进的方法和组织而来的

[25] A. Kahan，《俄国铁器制造业发展初期的企业家》（Entrepreneurship in the Early Development of Iron Manufacturing in Russia），《经济发展与文化变迁》（Economic Development and Cultural Change），10（1961 ～ 1962），第 395 页～第 422 页；Kahan，《俄国后圣彼得时期的经济活动与政策的连续性》（Continuing in Economic Activity and Policy during the Post-Petrine Period in Russia），《经济史杂志》，25（1965），第 54 页～第 73 页；B. D. Wolfe，《在俄国历史与思想中的落后性及工业化》（Backwardness and Indusrtrialisation in Russian History and Thought），《斯拉夫语评论》，26（1967），第 177 页～第 203 页。

[26] Karl Stump，《1763 年至 1862 年间从德意志到俄国的移民》（The Emigration from Germany to Russia in the Years 1763—1862, Nebraska City, NE: American Historical Society of Germans from Russia, 1978）。

[27] Battlett，《人力资本》，第 164 页～第 179 页；S. J. Tomkireff，《女皇叶卡捷琳娜与马修·博尔顿》（The Empress Catherine and Matthew Boulton），《泰晤士报文学副刊》（The Times Literary Supplement），1950 年 12 月 22 日。

繁荣。[28]

简单地关注一下那个受惠最多、但却是真正位于欧洲最边缘的地区，也许能够对俄国这个个案中固有的局限性有一些了解。在乌拉尔地区的冶金规划区内，有着丰富的铁矿石、木炭以及水力资源，而且还有廉价的、往往是逃亡犯的农民，因此，到 1800 年止，俄国大约有 80% 的铁来自该地区。关于该地区的开发利用，据悉始于欧洲科学家对矿石的分析，继而是欧洲的专家移民到乌拉尔地区的工厂和矿山，然后是由于俄国政府和私人企业的接管得以维持下来。早在 18 世纪 40 年代之前，丹尼尔·G. 梅塞施密特（1685～1736）、维图斯·白令（1681～1741）和格奥尔格·施特勒（1709～1746）等人就对这里的自然资源进行了考察，这些考查有助于对乌拉尔地区的冶金潜力做出详细说明。在 18 世纪初，北方战争（1700～1721）中被流放的瑞典人以及撒克逊的炼铜及分析试验专家到这个地区定居；18 世纪二三十年代，由政府委派的撒克逊与荷兰专家组成的团队加入了他们的行列。在卡缅斯基（Kamensky）和涅维昂斯基（Neviansky）这样的国有工厂中，合同规定的义务包括向俄国工人传授技术，以作为对高薪、免费燃料以及住房的一种交换。彼尔姆（Perm）矿业管理委员会自 1731 年开始的试验，似乎已经可以看出一个相当成功的技术转移过程：把外国人从特殊地点的采矿活动中调离，所有运作完全由俄国的管理部门来检查。欧洲专家同样也在私人矿井里发挥作用，就像 18 世纪 50 年代德意志冶金专家、科学家 G. E. 格尔赫特在杰米多夫的工厂里那样；格尔赫特担任招聘外国专家的代理人。18 世纪 30 年代，荷兰人威廉·德·亨宁（1676～1750）和匈牙利人西蒙·卡奇卡都曾做过类似的事情。在西方人的这种帮助下，18 世纪的上半叶，乌拉尔地区建成了 70 多家企业，几乎清一色生产铜和铁；在接下来的半个世纪里，又增加了 100 多家工厂。在这里，政府至少在一个方面发挥了重要作用：仅在彼得统治时期，就有 3 万名农民被归入乌拉尔地区的冶炼厂。像 R. F. 纳巴托夫的伊尔金斯基（Irginsky）工厂这样的私人企业，也能够使用农民或从国有工厂划归的农民，还经常买进失去土地的农民，并雇用新来的移民和逃亡者，包括下诺夫戈罗德（Nizhny Novgorod）和其他地方的"老教徒"。移民由叶卡捷琳堡（Ekaterinburg）附近更多已经成立的工厂迁来的技术工人传授冶炼技术。所以，叶卡捷琳堡与亚戈石欣斯基（Yagoshikhinsky）的炼铜工人被安排去伊金斯基培训各种被组织起来的劳工团体。[29]

[28] Battlett，《人力资本》，第 143 页～第 179 页；Olga Crisp，《1914 年前的俄国经济研究》（*Studies in the Russian Economy before 1914*, London: Macmillan, 1976）；R. Bartlett，《狄德罗与叶卡捷琳娜二世时期的外国殖民地》（Diderot and the Foreign Colonies of Catherine II），《俄国与苏联世界备忘录》（*Cahiers du monde russe et soviétique*），23（1982），第 221 页～第 232 页。

[29] R. Portal，《18 世纪的乌拉尔》（*L'Oural au XVIIIe siècle*, Paris: Institut d'études slaves, 1950）；J. M. Crawford 编，《俄国的工业》（*The Industries of Russia*, St. Petersburg: Published for the World's Columbian Exhibition, Chicago, 1893）；W. L. Blackwell 编，《从彼得大帝到斯大林的俄国经济发展》（*Russian Economic Development from Peter the Great to Stalin*, New York: Scribner's, 1974）；M. C. Kaser，《俄国企业家》（Russian Entrepreneurship），载于 P. Mathias 与 M. M. Postan 编，《剑桥欧洲经济史》第七卷：《工业经济》第二部分（*The Cambridge Economic History of Europe: VII, The Industrial Economies, Part 2*, Cambridge University Press, 1978），第 416 页～第 493 页。

该地区技术发展的历史很复杂。许多早期企业,例如在叶卡捷琳堡(Ekaterinburgsky)工厂(1723~1730)的皮斯科尔斯基(Pyskorsky)炼铜厂,曾拥有几家独立的生产单位(车间、仓库、水坝、水车等等),其核心随着特定矿点的枯竭而转移。1725年,下塔吉尔斯基(Nizhne Tagilsky)厂生产出它的第一批铸铁,到这个世纪下半叶,这个地方又出现了大约30种不同的生产体系。

在如此多样的生产中,似乎包含着该地区一些普遍的技术特色。自给自足是共同特点;每个企业提供并拥有自己的矿石、木材、工场、燃料供应、工人的配给、运输和船运。许多企业把铸铁炉和炼铜炉放置在同一个车间,有些炉子还被用于金矿和次等宝石矿的各种加工。值得注意的是,18世纪乌拉尔地区的企业呈现出一种相当封闭的技术循环。矿石的提炼和金属成品的制作都在同一个地区,在专业企业之间还划分出简单的鼓风炉厂和精炼厂。精炼厂被安置在鼓风炉厂的下游,尽管生铁的河运并不是这个体系中的一个主要限制因素,因为劳动力以及指派农民和农奴运货都是很廉价的。乌拉尔地区的技术组织状态有力地表明,有效水力资源的优化始终比有效使用劳动力更有意义。这样,在乌拉尔地区,一种典型的现代化的冶金工厂就像是从主要大坝工程开始的一条线:鼓风炉厂、炼铜车间、锻造车间,接下来是马口铁、滚轧、铁锚、锻造及铁皮车间,后面或许还有一家金属丝厂。以德意志、法国以及瑞典技师的低位或下射式水轮作为发端,这样一条线上的基本节点,都是欧洲专家们的成果。大多数水坝和水库建筑是由俄国人管理的,一般位于很高的岸边,这样有利于建短、宽、高的堤坝以及一个能够保留位于高地的工厂系统来调节主水位。自18世纪30年代开始,水轮大都由瑞典人设计,由当地俄国木匠在受训于瑞典的工匠的指导下或瑞典人的监管下进行制作。早期的鼓风炉都是英国式的或瑞典式的,其建造或者是按照欧洲人的"比例",或是在欧洲人的监管之下;因而,卡缅斯基的鼓风炉就是由英国工程师亚尔顿与帕克赫斯特建造的。大多数鼓风炉车间都配备了一两个鼓风炉,而且几乎所有炼铁装置都放在一个车间运行,各部分之间连接着木桥,用于运送矿石、木头和助熔物。一般说来,这个世纪鼓风炉的尺寸是越来越大,到18世纪末,一个鼓风炉的平均日产量达到约400普特(大约7吨)。起初,铸铁过程以所谓的德意志铸造法占优势,使用一种水力驱动锤,因此这种方法的成功与否要取决于精炼炉工人的力气和技巧,精炼炉工人必须判断鼓风的气流,添加木炭,分离出海绵状的粗铁(zhuki),还要检验半成品铁块,这些主要靠眼力,而且完全凭经验。似乎有证据表明,到这个世纪末,这种简单的德意志铸造和锻造法已得到了重大改进,而且各家工厂对于欧洲的基本技术都有了自己的见解,各家工厂的区别主要在于操作方式上,而不在于构架样式的改变。1782年,英国技工约瑟夫·吉尔在切默茨基(Chermozsky)厂建立一间铁皮轧制车间,随后

（1798 年）在古默谢夫斯基（Gumeshevsky）铜矿造了一台蒸汽吊矿机。[30]

　　显然，欧洲的金属制造技术是通过像亨宁或卡奇卡（前面已提及）这样的关键代理人定期地介绍进来的，而私营部门的某些技术转移也似乎是通过杰米多夫家族的成员访问欧洲带回来的，尤其是 18 世纪 50 年代期间，杰米多夫三兄弟在弗莱堡（Freiberg）学习冶金术，考察矿产开采、盐厂、铁器制造，并对风箱技术与熔炼炉作了报道。在英国，除了其他活动之外，三兄弟还聆听了在牛津大学由詹姆斯·布雷德利讲授的为期 3 周的实验哲学课程，接着，还试图刺探保守严密的伯明翰与谢菲尔德的钢铁生产，但无功而返。这条技术转移路线业已明朗；普通的钢、剃刀、锯及锻工车间都已经被展示，而铸钢生产依然是高深莫测的事物。[31]

　　18 世纪后期，乌拉尔地区的冶金技术反映了整个欧洲体系实际存在的地理边界，但它在一定程度上又是成功的，它是俄国的生产中更为重要的部分，有助于把金属制品出口到西方更为成熟的经济体中，其中间产品则可用于建设圣彼得堡以及其他宏伟的帝国工程。这一成功的主要因素似乎在于丰富的原材料和劳动力与一系列技术转移机制的结合，范围从俄国企业的创新到来自整个欧洲以及俄帝国内部其他冶金地区的熟练工匠移民。因此，来自于早期图拉的西化技术的技能的传播，可能是 18 世纪初的一个关键因素。

欧洲之外（一）：日本

　　18 世纪的日本，在长年的内战之后，继承并加强了 1603 年以来早期德川统治者所制定的稳定国家的政策。早期的德川强权和平（Pax Tokugawa），形成于战争年代，并经过了和平时期的锻炼。内战期间曾被授予天皇的权力，移交给了新的世俗政府手中。威尔·亚当斯，一位曾搁浅在日本的荷兰船上的英国导航员，在 1611 年描述这个国家时写道："世界上没有哪个国家能够靠民事警察（civil police）治理得比它更好。"然而，这是在 1634～1643 年间的改革之前，那场改革镇压了基督教，把天皇驱逐到京都，强迫藩主定期住在江户（sankin kotai［参觐交代］）或大名在首都江户（东京）作为周期性的人质，并通过一系列法令强制执行国内的通行证制度，监督大名之间的联姻，限制城堡的建造，强迫封建领主个人大幅削减建造项目，最后在 1643 年，还禁止土地的转让，以控制藩的权力（han power），肯定小农经营者对道德经济（moral economy）的信心。亨

[30] Russian Academy of Science，《乌拉尔的工业遗产》（*Industrial Heritage of the Ural*, Ekaterinburg: Ural Branch Institute of History and Archaeology, 1993），第 1 页～第 37 页；Russian Academy of Science，《工业遗产的保存：世界经验与俄国问题，1993 年 9 月国际媒介会议的最终会议纪要》（*Conservation of the Industrial Heritage: World Experience and Russian Problems, Final Proceedings of International Intermediate Conference, September 1993*, Ekaterinburg: Institute of History and Archaeology, Ural Branch, 1994）。

[31] A. S. Cherkasova，《18 世纪的乌拉尔地区与欧洲》（*The Urals and Europe in the Eighteenth Century*），载于 S. V. Ustiantsev 等编，《俄国与西欧：工业文化的互动（1700～1950）》（*Russia and West Europe: Interaction of Industrial Cultures, 1700—1950*, Ekaterinburg: Institute of History of Material Culture, 1996），第 22 页～第 27 页。

保（Kyoho）时代（1716～1736）的改革，通过压制言论与出版自由，进一步限制不同的意见。所以，1722 年颁布的法令第一款规定："所有的书籍，无论是儒家学说、佛教、神道教、医药还是诗歌，凡是含有过于虚假或非正统的言论，都将被严厉禁止。"[32]   *867*

18 世纪的日本，尽管几乎没有按照欧洲路子在技术变革上形成一种开放的和创新的国家体制，但拥有在政治上和数量上稳定的巨大人口（大约 3 千万）的优势。这些人密集居住在冲积形成的岛平原上，很少成为劫掠的边境入侵者的牺牲品，无论是外国的还是日本的。这对于政府建立稳定的土地税基础是很重要的。同时，相对的稳定意味着参觐交代制度能够在自身的领地上创建一个复杂的大城市群落，在这些城市中，有下等贵族、中等武士、商人与寺庙的教徒，城外建有护城河，护城河的那一边有日益商业化的农业，有众多的下层商人、工匠与下等武士。在这个有些复杂的城市群落中，先进地区的商人阶层是随政府的发展而发展，而不是与之相反：早期的官方需求，使商人在城市中开业得到保证，从而能为人质和家臣提供金融服务，并且能够进口大米、丝绸、油以及其他必需品。在许多情况下，商人与武士的利益是融合在一起的。大多数居住在市中心的商人们，即御用商人（goyo shonin），能够获得免税的待遇，拥有某些自治权，并且能够从城市内部上层出现的消费中获得某种社会利益（在法律上他们依然是社会的底层）。在城市中，不再参与战争的武士面临着经济压力，也对社会产生了重要影响。在那些不能从政的人中，有许多人从商、务农，或将其欠町人平民的债务转变为联姻联盟或过继契约（adoption contract）。受过教育的中级武士也会选择做管理层的教师这个职业，由此促进了人才（jinzai）的出现和人才主义（jinzaishugi）这一概念的形成。尽管中央集权国家拥有统治手段，在某种程度上，也是由于这个原因，到了 18 世纪，德川社会中许多人的确开始接纳迁移流动、雄心抱负、知识传播和创新立异的行为，虽然这些人绝大多数都还过着传统的、孤陋寡闻的生活。[33]

德川时期主要的技术改进并不是出现于著名的城下町（jokamachi），而是出现于乡   *868*
村地区，出现在那些日益使用的商业肥料、灌溉、新式脱粒具（semba-koki，千齿脱粒具）、联合收割机以及农作物的多样化之中。木制框架的脱粒机最早出现于 1700 年以前的大阪，取代了打稻谷所用的大筷子（koki-hashi，权箸）。收割季节时借此节约的劳动力似乎都要立即用于收割结束后的冬季农作物种植方面。18 世纪最大的技术进步

〔32〕 B. Hanley 和 Kozo Yamamura，《前工业化时期日本的经济与人口统计变化（1600～1868）》（*Economic and Demographic Change in Preindustrial Japan, 1600—1868*, Princeton, NJ: Princeton University Press, 1977）；C. R. Boxer，《日本的基督教世纪（1549～1650）》（*The Christian Century in Japan, 1549—1650*, Berkeley: University of California Press, 1951）；中野三敏（Mitsutoshi Nakano）：《江户文化评判记：雅俗融合的世界》（*Edo bunka hyobanki: Gazoku yuwa no sekai*, Directory of Edo Culture: A World of Harmony between the Refined and the Popular, Tokyo: Chuo Koronsha, 1992）；Bito Masahide，《德川时期的社会与社会思潮》（Society and Social Thought in the Tokugawa Period），《日本基金会简讯》（*Japan Foundation Newsletter*），1981 年 6 月 11 日，第 1 页～第 9 页。

〔33〕 David Kornhauser，《都市化的日本》（*Urban Japan*, London: Longman, 1976）；E. H. Norman，《近代日本国家的起源》（*Origins of the Modern Japanese State*, Washington, DC: Institute of Pacific Relations, 1940）；T. G. Tsukahira，《日本德川时期的封建统治：参觐交代制度》（*Feudal Control in Tokugawa Japan: The Sankin Kotai System*, Cambridge, MA: Harvard University Press, 1970）；C. P. Sheldon，《日本德川时期商人阶层的兴起（1600～1868）》（*The Rise of the Merchant Class in Tokugawa Japan, 1600—1868*, New York: Russell, 1958）。

是对已有最佳方法的传播,几乎很少涉及固定资本方面;这种技术进步以小生产单位为基础,并且节省土地,并不是节省劳动力,这似乎已成为一个通例。还没有令人信服的证据来说明日本的劳动力在总体上有任何缺乏。

虽然灌溉、排水及防洪技术大都为了整个农村或是在地主命令之下的劳动,但是,复种、选种、肥料的使用、改良锄头的使用、水泵、犁以及耕畜的引进,则是属于农民家庭的事。起初,土地在一公顷以下的农家也能够提供熟练劳动力作为替补雇工,从事生产纺织品、制茶、榨油、磨谷、制陶以及酿造米酒、造纸与生产墨水。从粪便和下水道淤泥到所购买的油渣饼与沙丁鱼干,无一不是肥料;购买这些肥料的花销差不多是18世纪一个农民家庭一年现金总支出的一半。肥料无疑减少了人们的劳动时间,以前人们要花这些时间把树叶、草或草木灰埋到田里。但是,自从与更好的灌溉技术相结合,肥料的使用对劳动者提出了新的要求:种子的处理与挑选、条播、彻底除草、杀虫剂(油)的使用、霜冻保护等等。就这些技术而论,加上旱地变水田、采用高产稻种、复种,即使在缺乏机械技术突破的情况下,也会导致农田面积、产量与劳动强度的显著增长,这似乎是显而易见的。[34]

水稻田种植效率的提高,是对农村地区的商品作物种植(丝绸和棉花、油菜籽儿、蓼蓝、烟草、茶叶与糖)以及手工业制造的补充。在许多地区,商人通过家庭劳动和支付工资两种方式把手艺人组织起来。商人为农民提供纺纱车、卷线车及织布机,并发放计件工资。这样一种外包工(ptting-out)的生产方式在手工艺品生产的专门地区占有主要地位,如畿内(Kinai)的产棉区、福岛(Fukushima)的丝绸产区和萨摩(Satsuma)的产糖区。工厂的需要得不到满足,而非常稀少的水力又主要用于稻谷、小麦以及某些矿石的加工。[35] 正如在农业中一样,许多乡村工业中的技术改进主要来自现有技术在国内的传播。

虽然学徒与城市行会具有一定的重要性,然而,18世纪农村生产的自由化也许是最有意义的,在那里,外包的生产方式把缫丝、棉纺织与造纸技术从一个地区传播到另一个地区。这种相对简单的互动与引导,足以推动捻丝用的水力多轴纺车的相当程度的传播,而大约在同时,它又促进了晒盐场制盐过程中所需的挖渠筑堤技术(以替代人力与潮汐)的传播。在各个封地中,这种波及效果(spread effect)非常具有戏剧性,例如在长州(Choshu),就出现了一种变动,农民家庭生产的棉花制品原本只是家用(采用其

[34] T. C. Smith,《现代日本土地制度的起源》(*The Agrarian Origins of Modern Japan*, New York: Athenaeum, 1966);T. Furushima,《近世日本农业的展开》(*Kinsei Nihon nogyo no tenkai*, Tokyo: University of Tokyo Press, 1963);Francesca Bray,《稻谷经济》(*The Rice Economies*, Oxford: Blackwell, 1986)。

[35] Ryoshin Minami,《日本前工业经济中的水车》(Water Wheels in the Pre-industrial Economy of Japan),《一桥大学经济学期刊》(*Hitotsubashi Journal of Economics*),22(1982),第1页~第5页;Minami,《日本工业化进程中的动力革命》(*Power Revolution in the Industrialisation of Japan*, Tokyo: Kunokuniya, 1987);H. K. Takahashi,《有关日本在16世纪财政所有权的社会分配的一些历史思考》(Quelques Remarques Historique Sur la Repartition Sociale de la Propriete Foncier Au Japan Depuis Le XVI Siece),《经济史国际会议》(*International Conference of Economic History*),第三部分,Munich,1965,第421页~第434页;安良城盛昭(M. Araki),《幕藩体制社会的成立与构造》(*Bakuhan taisei shakai no seiritu to kozo*, Tokyo: University of Tokyo Press, 1959)。

他地区进口的原棉),后来变成向敖德萨(Odessa)以及其他地区出口——这一切大约发生在50年内。这一供应在数量与质量的提高是由于整个封地的棉花种植、商业轧棉、纺纱以及编织技术的传播。[36] 封地的财政需要更是周期性地加速了这种技术体制普遍深入的发展。藩的行政部门通常要求各村庄上报每个农民家庭的工业生产,以作为财政政策的一个常规方面,同时如果需要的话,也作为生产潜力的一个量度标准。例如,在日本北部的米泽(Yonezawa),财政的压力迫使政府向江户的商人借钱,以便能够从邻近地区聘请丝绸生产者就最佳做法给出建议,同时为农民提供贷款,用于种植桑树,以及建立养蚕园与蓼蓝种植园。[37] 然而,在促进学习和知识传播方面,要整体上确定藩的工程建设、市区居住族群、农产品以及商人与工匠联合等国内成就的相对价值,还是困难的。几乎可以肯定的一点是,在知识与技术从其他地区转移到日本的过程中,日本的王室、政府与城市群落所发挥的作用最为突出。

闭关锁国的时代,或者说锁国时代(Sakoku, 1639～1720),几乎不允许连贯一致地学习来自其他文化的技术知识,与西方的形式上的互动也局限于一小群最高级官员(roju)或政府内部的顾问。没有证据表明农业、乡村工业与西方知识的传播之间有任何联系;的确,有关农业技术的新的论述,尤其是1697年以后的《农业全著》(Nogyo Zencho)和《农具便利论》(Nogu Benri Ron),还把所有一切都归功于中国农业的发展。[38] 在兰学(Rangaku)时期或学习荷兰时期(1720～1830),出现了一种更为有效的互动。为了解决行政管理的问题,统治者放松了排外制度,允许西方医药、科学(包括牛顿力学)以及技术在一定程度上进入日本。随着对实学(Jitsugaku,研究实在事物)的日益强调,一些不连续的知识通过荷兰定居点以及直接来自中国的欧洲出版物流入日本。1796年,第一本日荷字典出版,此后创立了一系列学会与学校,那里也讲授西方知识。从那个时代发展起来的兰学,其一项重要内容就是地方生产知识(Bussangaku)(物产学),或"生产知识",它强调实践,而不是西方文化中抽象的主题。兰学所要创造的绝不只是形式上的文本。从18世纪20年代开始,荷兰船队带入日本的有:年历、字典、词典、外国的植物与动物、地球仪、地图、油画、望远镜、磁铁、显微镜、六分仪、科学仪表、放大镜、电气设备、温度计与气压计、时钟,还有消防车、车床、气泵和大炮。同时还有介绍牛顿或林耐以及西方铜矿开采和矿山排水技术的书籍;荷兰人带来所有这些象征西方的东西,不仅是应幕府王室的正式请求,也是应长崎的翻译学院、当地官

870

[36] Thomas C. Smith,《日本前工业社会中农民家庭的雇佣状况》(Farm Family By-Employments in Preindustrial Japan),《经济史杂志》,29(1969),第687页～第715页。

[37] Tessa Morris-Suzuki,《日本的技术转移》(The Technological Transformation of Japan, Cambridge University Press, 1994),第28页～第29页。

[38] C. R. Boxer,《日本封建社会中的葡萄牙商人与传教士》(Portuguese Merchants and Missionaries in Feudal Japan, London: Macmillan, 1986);Bray,《稻谷经济》,第210页～第217页;George Sansom,《日本史》,第3卷,《1615～1867年》(A History of Japan, vol. 3: 1615—1867, London: Cresset Press, 1963)。

员、行政主管以及地方长官的请求。[39]

　　知识传播的途径在 18 世纪早期之后的确被拓宽了。出岛（Deshima）的外科医生与官员们的藏书有时会被转让或拍卖给翻译学院或江户王室的内科医生。J. A. 库尔默斯的解剖学著作，于 1773 年分 5 卷翻译成日文，名为《解体新书》（Kaito Shinsko），也许其最初的原因在于这种文献的实用性。到 18 世纪 70 年代卡尔·彼得·通贝里（1743～1822）到日本定居，大约 50 名翻译人员与出岛的警戒部队有联系，其中一些人还成为日本天文学及医学学者的中间人。毫无疑问，兰学的这条脆弱的线索伸展到江户，并且更加广泛地贯穿了城市文化系统。1788 年，大槻玄泽（1759～1827）出版了他的《兰学阶梯》（Rangaku Kaitei），并且还在江户创建了一所学院。18 世纪后期，兰学学院以及藩的学校的教学内容涉及科学和艺术、医药与军事技术，还涉及 18 世纪中期的兰癖（Ranpeki），或称"荷兰狂热"（Dutch mania），吸引了大批学者，他们的教育机构为后来明治时期的工业化（1868～1912）培育了众多的知识分子。因此，对他们来说，城市中那些"贪婪汲取文化的人"至少有若干吸收西方知识与技术的途径。[40]

　　然而，直到 19 世纪初期，西方知识的传播无论对于生产技术还是对于所有学术与道德的影响，都是微乎其微的。西方的化学与数学几乎都没有在 18 世纪粉墨登场，科学文献的翻译略去了西方数学的有关章节，那些追求西方思潮的知识分子、医生及官员的小圈子得不到知识传播或社会认可体系的支持。Kyuri（穷理，事物的目的）这个概念是否能有效地使一些日本学者认识到，在新的西方实践与结果的背后有一个更为广泛而复杂的实验研究与知识变革的精神，这依然是一个值得探讨的问题。因此，志筑忠雄为介绍牛顿学说的基本概念而撰写的《历象新书》（Rekisho Shinsho），会因为无法清楚地表达"粒子"或"力学"之类术语的意思而费尽心思。[41]

欧洲之外（二）：印度与中国

　　从技术知识的角度看，印度与中国的伟大文明丝毫不逊色于日本岛国。与日本所实施的孤立主义相比，这两个国家都曾就技术与欧洲进行周期性的相互交流，并且近来的研究强调了他们的农业与工业部门的复杂性。在印度莫卧儿王朝后期，农民阶级的分化是具有重要意义的，它是从一个在春秋两季都有一系列农作物收成的农业中演

[39] M. Muruyama，《日本德川时期的思想史研究》（Studies in the Intellectual History of Tokugawa Japan, Tokyo: University of Tokyo Press, 1974）；J. Maclean，《日本引进书籍与科学仪器的历史（1712～1854）》（The Introduction of Books and Scientific Instruments into Japan, 1712—1854），《日本科学史的研究》（Japanese Studies in the History of Science），13（1974），第 9 页～第 68 页；G. K. Goodman，《日本：荷兰的经历》（Japan: The Dutch Experience, London: Macmillan, 1986）。

[40] Jeane-Pierre Lehmann，《现代日本之根》（The Roots of Modern Japan, London: Macmillan, 1982），引文见第 110 页。

[41] S. Nakayama，《中国、日本和西方的学术与科学传统》（Academic and Scientific Traditions in China, Japan and the West, Tokyo: University of Tokyo Press, 1984）；S. Nakayams、D. Swain 和 N. Yagi 编，《近代日本的科学与社会》（Science and Society in Modern Japan, Tokyo: University of Tokyo Press, 1974）。

变而来。在广大的地区，大约生产出 40 多种农作物。像烟草、玉米这样新的农作物广为传播，而在养蚕业方面，传统上禁止杀生的印度，却未防止桑蚕的必然死亡。优良技术的传播（从竹制条播机到针轮啮合装置，从轧棉机的平行蜗杆到制糖厂的滚榨机）实际上似乎都没有受到传统价值观的阻碍。17 世纪印度的手艺人已经建立了合金制造、焊接、漆器制作、油蒸馏、用硝石冷却水、铆接，而且高超的运输技术可以与欧洲多数地区的先进技术并驾齐驱。有时也会用水车来碾磨玉米甚至作为碾米厂杵锤的动力，但是，这里缺乏铸铁冶炼（以及金属传动装置），从而限制了动力传送的潜力，反过来限制了水平轧机的正常发展。然而，纺织部门的技术却是非常先进的。从 16 世纪起，南印度的编织村里就建立了欧洲商业公司最早的贸易站（"工厂"），并有大量证据显示，在各个港口城市、内地中心与寺庙城镇（temple town）都有熟练的纺织工人。也许是穆斯林对上层消费水平的影响以及国家鼓励发展国内外贸易的政策的刺激，乡村的集市（sandai）非常兴旺：早在 1630 年，就有约 400 万码的布匹出口到葡萄牙。[42] 技能的家传与廉价的劳动力造成了技术的简单化。已经有了很好的手摇曲柄纺车与印度踏板织机，但组织生产的依然是印度的世袭阶级、商人以及行会，商人的资本与土地所有制密不可分。

更大规模的技术可以在印度的造船业中得以说明。又是由于缺乏强大的炼铁传统，印度的船只没有什么装备，使用的都是笨重而又昂贵的青铜炮和落后于欧洲的航海技术。航海主要靠星盘和水手的罗经刻度盘（绘制航程），而不是望远镜。但在造船技术的许多方面，印度可以与欧洲相媲美。这个世纪的确有证据表明，欧洲采用了印度的船板铆接技术、木制水箱的制造技术、用石灰混合物保护船体的技术以及拖运技术。[43] 对该地区进行一番调查后，哈比卜得出结论，即"在经济体系中，不存在任何阻碍技术变革的内在阻力"。[44]

同样，如果以为 18 世纪的中国是一个竹子经济（bamboo economy）*而不予考虑，那

[42] Surajit Sinha 编，《科学、技术与文化》（Science, Technology and Culture, New Delhi: Research Council of Cultural Studies, 1970）；Shri Dharampal，《18 世纪印度的科学与技术：当代欧洲的解释》（Indian Science and Technology in the Eighteenth Century: Some Contemporary European Accounts, New Delhi: Impex India, 1971）；Stephen Hay 编，《印度传统之源》，第 2 卷，《现代印度与巴基斯坦》（Sources of Indian Tradition, vol. 2: Modern India and Pakistan, New York: Columbia University Press, 1988）；A. K. Bag，《18 世纪及 19 世纪印度的技术》（Technology in India in the Eighteenth and Nineteenth Centuries），载于 G. Kuppuram 和 A. Kunnadamani 编，《印度科学技术史》（History of Science and Technology in India, New Delhi: Sundeep Prakashan, 1990），第 223 页～第 256 页。

[43] W. R. Moreland，《公元 1500 年阿拉伯海的船队》（The Ships of the Arabian Sea about A. D. 1500），《王家亚洲社会杂志》（Journal of the Royal Asiatic Society），172（1939），第 63 页～第 74 页和第 173 页～第 192 页；Frank Broeze，《落后与附庸：英国统治时期的海上印度》（Underdevelopment and Dependency: Maritime India during the Raj），《现代亚洲研究》（Modern Asian Studies），18（1984），第 432 页～第 467 页；Satpal Sangwan，《科学、技术与殖民化：印度的经历（1757～1857）》（Science, Technology and Colonisation: An Indian Experience, 1757—1857, New Delhi: Sage, 1991）。

[44] Irfan Habib，《印度的技术与经济》（The Technology and Economy of India），《印度经济社会史评论》（Indian Economic and Social History Review），17（1980），第 1 页～第 34 页，引文见第 32 页，也可参见 Habib，《印度莫卧儿王朝经济中资本主义发展的可能性》（Potentialities of Capitalistic Development in the Economy of Mughal India），《探索》（Inquiry），3（1971），第 1 页～第 56 页；Habib，《印度莫卧儿王朝经济变革的可能性》（Potentialities of Change in the Economy of Mughal India），《社会主义文摘》（Socialist Digest），6（1972 年 9 月），第 123 页～第 136 页。

* 据作者 2008 年 8 月 25 日给校者的电子邮件，"竹子经济"是指较弱的农业经济，除了个别情况外，很少使用金属。在建筑、灌溉和传动装置方面都使用与竹子有关的技术。——校者

是不可能的。在农业中,中国每公顷土地的产量是很高的,大多数的手工业与制造业也都能自给自足,并且还拥有一个覆盖广大区域的廉价水运系统。经济已经高度货币化,商人阶级的繁荣来自于一个真正巨大的区间贸易,人均收入与一些欧洲国家大致相同,而绝对收入却远远超过欧洲。通过引进新的谷类作物以及如甘薯之类的淀粉类块根作物,提高了每公顷的热能产量,满足了人口增长的需要。[45]

　　在中国广袤的大地上,存在着千差万别。因此在诸如福建与广东*这样的沿海地带,商业生活繁华而活跃;在北京和山东周围以及不断扩张的城市中,如汉口(商业)和景德镇(瓷器),一直到东南部的大片区域,纺织、玻璃制造、酿造以及金属加工都得以发展。与此形成对照的是,广大的内陆地区常常因为饥荒与洪水而遭受贫穷,被迫处于仅能维持生计的技术状态。如此巨大的差别虽已引起关注,但政府的税收政策却无能为力。要简要地概括这样一个复杂的系统是件困难的事。人口数量的增长十分巨大,在 50 多年的时间里,就从 1.8 亿左右激增到大约 3 亿,尤其是在 18 世纪下半叶合并新疆(或者新的疆域)之后;人口的增长与个人拥有土地数量的减少一起(遗产的分配又加剧了这种状况)使得无地产的家庭数量大幅增加。从新大陆引进农作物,如甘薯、玉米和花生,极大地提高了热量的摄取,但也减少了对大型灌溉工程的投资与政府要求。在 18 世纪,这些工程确实没有很好地维护。中国的劳动力几乎占全世界劳动力的 1/3,他们能够拉犁,送水,人工脱谷壳,提、运以及输送很重的负载(包括肩抬官宦旅游者),推动造纸用的磨石,用简单的绞盘把船提到不同高度的水面。从这样一些清晰明了的静态平衡(a static equilibrium)的证据中,大多数研究者都会得出这样的结论:中国早期技术上的领先[46]在很长一段时间被侵蚀削弱了,此外,到 18 世纪,不仅是相对于欧洲技术的崛起,而且也相对于它自己辉煌的过去而言,中国技术发生了衰退:如果根据技术进步来自西欧的生产经验这样一种历史观点,那么,18 世纪对中国而言,是技术衰退的世纪,对印度而言,最好也只是一个技术停滞不前的世纪。

　　由此,对中国与印度历史的解释往往就变得片面和单一(这样做是危险的),并且往往会使下面的三个主题失去支撑,即技术变革的特征、技术变革与工业化之间的关系、亚洲的体制在引进欧洲最好技术过程中回应欧洲挑战的貌似无能。如果本国没有新技术的创新,为什么不可以采用他国的呢?最近,大多数有关历史的文章都详细阐述了休谟和亚当·斯密的经典而大胆的分析,他们自己的定论十分恰当地包含了上述两个个案。

[45] Jonathon D. Spence,《探究现代中国》(*The Search for Modern China*, New York: W. W. Norton, 1990),尤其是第 5 章和第 6 章;D. H. Perkins,《中国的农业发展(1368～1968)》(*Agricultural Development in China, 1368—1968*, Chicago: Aldine, 1969);Colin A. Ronan 和 Joseph Needham,《简明中国科学与文明》(*The Shorter Science and Civilisation in China*, Cambridge University Press, 1986)。

＊　原书此处为"湖南",与事实不符。经校者向作者求证,作者表示是排版错误。——校者

[46] Joseph Needham,《大滴定》(*The Grand Titration*, Toronto: University of Toronto Press, 1969);Needham,《传统中国的科学》(*Science in Traditional China*, Cambridge, MA: Harvard University Press, 1981)。

休谟在他 18 世纪 40 年代的著述中就看到，在中国几乎不存在知识贮存的问题。中国的问题是制度上的问题：

> 中国是这样一个大一统的帝国，使用同样的法律，具有相同的风俗礼仪。任何一位老师，如孔子，其著作权威都会轻易地传遍整个帝国的各个角落。无人敢于反抗社会舆论的洪流；后世也缺乏足够的胆量对其祖先已被普遍接受的观点提出质疑。这似乎很自然地解释了为什么在那样一个强大的帝国，科学的发展却如此地缓慢。[47]

与中国的权威、科举制度及清朝官吏阶层相比，欧洲民族主义的冲突以及共和主义制造的紧张局势和干扰会"通过破坏权威的升级，以及废黜践踏人类理性的残暴篡权者，而有利于艺术与科学的发展"。与他的好友一样，亚当·斯密也承认两大亚洲文明体系中古代农业与工业的进步所发挥的重要作用，但是他认为，内陆运输业大规模的改进贬低了对外贸易的作用，从而减少了通过学习技术进一步促使劳动专业化或分工并获得优势的可能性。由于自然的恩赐，中国人处于一种高层次的平衡中；但是，由于这个国家"法律和制度"的特点，这也具有"长期的稳定性"。伴随着必然发生的技术停滞或衰退，后者在五个主要方面起作用。首先，把忽略对外贸易看做是国家控制的必要条件的一个职能，而获得这一点的代价就是无法学习到与竞争贸易相关的方法："通过更广泛的航海，中国人自己将会自然学到使用与制造其他各国所使用的各种不同机器的技艺，同时也学会世界各国对技艺与工业进行的改良。"其次，技术改进上的投资受到极大的阻碍，这是因为小额的商业资本缺乏安全性，这些资金随时都有可能"被下级官吏侵吞"；因此在这个意义上说，由此产生的高利息是低效率制度的典型产物。此外，与欧洲的谷类相反，水稻种植是经济的基础，且每年收割三次，这促进了庞大人口的出现。但由于这样的权力结构，产生了一种不平等的收入分配，"王公大臣"成了奇珍异石惹人注目的消费者，并且还雇有大批随从；再加上资源被过多地分配给食品与航海，这一切对工业投资造成了损害。第四，这种纯粹的国内市场的规模"不亚于欧洲各国所有市场的总和"，但由于缺乏对外贸易的交流，会导致一种土地使用上的恶性循环。最后，在亚洲这两大主要水力经济体中，当地精英与整个统治者头等重要的工作是维护灌溉系统以确保土地的税收，这直接关系到"土地每年的产量"。所以，与欧洲相比较，"君主的主要兴趣"只有土地。这种兴趣产生了对极端的集权制、强迫劳动等等的需要，造成了腐败与弊端。所有这些也因而深得"高级官吏以及其他收税人"的喜爱。[48]

[47] 休谟的基本观点主要来源于《道德、政治与文学论集》（*Essays, Moral, Political and Literary*, Edinburgh, 1741—2）的各个部分，引文见《艺术与科学的兴起与发展》（On the Rise and Progress of the Arts and Sciences），载于《大卫·休谟著作集》（*Works of David Hume*, London: Grant Richards, 1903），第 33 卷，第 123 页。

[48] Adam Smith，《国富论》（*The Wealth of Nations*, 1776），引文出自于"人人书库"（Everyman's Library），由 Edwin R. A. Seligman 主编并作序（London: J. M. Dent and Sons, 1937），第 1 卷，第 63 页～第 64 页，第 85 页；第 2 卷，第 173 页～第 174 页，第 217 页～第 218 页，第 319 页。

　　按照自由主义者的最初看法,亚洲的失败既不是由于认知问题也不是由于文化差异,而是归结于政治与制度。这也是后来的学者所持的观点。人们喜居富庶的冲积地上,因为在这样的地方,"物产丰富,只要运河与堤坝得以维护,就鲜有发明创造动力"。地理学家对此给出了精妙的阐释,他们试图确认如下理论:距离与隔绝确保中国"用完全不同于外国人的思想来制定自己的理想",以及居住地的气候与河流限制了印度神学的演化。[49] 诸如布罗代尔在内的所有历史学家得出结论认为,中央集权制(与日本在德川之前就已下放权力相反)以及清朝官吏的精英对技术变革树立了一道无法打破的系统的文化障碍而起的抑制作用,充分表现出一种制度上的理由。中国的活字印刷术与用煤铸铁的技术远在欧洲之前,然而,这种"社会惯性"与廉价劳动的结合却使中国的技术突破成为欧洲发展的推动力,而没有成为中国自身工业发展的原因。[50]

　　专家学者力图证明这个具有广泛影响的大胆的观点。因此,对伊尔凡·哈比卜来说,印度莫卧儿王朝的技术发展是由于得到莫卧儿王室与统治阶级(大炮,园艺学)或者是商人群体(船舶制造)或手艺人(纺织与机器,如皮带传动)的支持,但是,整体上的"技术惯性"以没有采用冶铁术与冶铁工具为中心。对于这类情况的尝试性解释包含了人口统计学上的因素与制度上的因素的共同作用:技术工人的剩余"将妨碍节省劳力的技术的发展",人数少但拥有巨额财富的统治阶级的奢侈需求"也可能会阻碍旨在引导产品统一性的发明",而且,商人资本确实会从贸易与土地获得极为丰厚的回报,从而导致更有风险或者更为苛求的工业投机缺乏资源。[51] 同样地,李约瑟进行的大量综合研究似乎得出如下结论:(与欧洲贵族政治的军国主义相反的)中国官僚政治的封建主义本来或许可以在更早的时间激发科学与其他方面的进步,但是却抑制了向那种通常与欧洲科学革命以及工业资本主义兴起相联系的传统的重要突变。最后,"中国社会在历经了所有的动荡之后,无论这些动荡是由内战、外国入侵造成的,还是由发明与发现引起的,仍然有一种力量执著地回复其最初的品格"。此外,"官僚制度"意味着税收标准与禁止挥霍浪费的法规对独立的商业文化的成长具有阻碍作用,而这种商业资本主义制度的失败使得中国不会采用18世纪的欧洲技术。[52]

　　要解释印度与中国没有追随18世纪欧洲技术进步的原因,必须明确承认三个因素:可选的、非冶铁为中心的生产技术的长期合理性,地理条件的强大限制,以及这两

〔49〕 Ray H. Whitbeck 和 Olive J. Thomas,《地理因素》(The Geographic Factor, New York: Kennikat Press, 1932),第 234 页～第 242 页,第 287 页～第 289 页,第 368 页～第 369 页;Karl Wittfogel《东方专制主义:集权政府比较研究》(Oriental Depotism: A Comparative Study of Total Power, New Haven, CT: Yale University Press, 1957);Eric Jones,《增长的复苏:世界史中的经济变化》(Growth Recurring: Economic Change in World History, Oxford: Clarendon Press, 1988)。

〔50〕 Fernand Braudel,《文明与资本主义:15 世纪～18 世纪》(Civilisation and Capitalism: 15—18th Century),第 1 卷,《日常生活的结构》(The Structure of Everyday Life, London: Collins, 1981),第 338 页～第 377 页;第 2 卷,《商业的车轮》(The Wheels of Commerce, London: Fontana, 1985),第 117 页～第 120 页,第 585 页～第 595 页;Norman Jacobs,《现代资本主义起源与东亚》(The Origin of Modern Capitalism and Eastern Asia, Hong Kong: University of Hong Kong, 1958)。

〔51〕 Habib,《印度的技术与经济》,第 32 页～第 34 页。

〔52〕 Joseph Needham,《科学、技术、发展与突破:中国作为人类史研究的案例》(Science, Technology, Progress and the Break-through: China as a Case Study in Human History),载于 Tord Ganelius 编,《科学进步与社会条件》(Progress in Science and its Social Conditions, Oxford: Pergamon Press and Nobel Foundation, 1986),第 5 页～第 22 页,引文见第 14 页。

大复杂体系与扩张的、侵略性的大西洋商业与道德经济之间互动的特点。尽管这里没有包括通常所强调的原材料缺乏的限制，但是，大多数其至激进大胆的研究都似乎是依据这三种因素中的第二种因素。除此之外，作为有关问题的出发点，还要强调国家的大小、地理位置、气候对制度与权力结构以及相应的收入分配的某些决定作用。当然，南印度如同18世纪的中国一样，也提供了一个利用水力的社会的好范例，在那里，首领、地方长官、村里组织的土地所有者团体以及寺庙鼓动大量的资源投向灌溉水坝（anicut）、堤坝与水池。此外，值得强调的是，在印度和中国，这类基本的水力基础设施在这个世纪大都处于衰败状态。

877

　　资源丰富的特性，加之这两大亚洲经济体处于大陆而非海洋的地理位置，无疑决定了他们在商业上和技术上与欧洲互动的特点。18世纪恰好是越来越多的欧洲资源被用于帝国扩张和侵略性的商业扩张的时期，在这个时期，统治亚洲前哨的公司被国家的直接干预所代替，海上列强开始从全球的范围来考察国家的地位。[53]

　　除了要有严格的军事的或技术的结果外，自18世纪中期开始，欧洲的胜利在全球范围内要求更为明确的结果：武器的绝对产量大幅度增加，海运费用下降，在亚洲建立先进的积聚人力与财力的新战略基地。帝国的工具既是运输、通信与组织的工具，同时也是战争本身所需的工具。[54] 这样，东印度公司在印度的管辖就会损失大量的经济自主权，造成商人投资的减少，并且要改变管理规则——所有这些都有可能给印度手艺人的技术与制造活动造成更大的风险。在1700年至1825年间，从印度进口丝绸到英国受到法律的禁止，18世纪90年代还规定了对建立的棉纺企业课以重税，正是在这个时候，塞缪尔·克朗普顿于1779年发明出一种纺纱机，所纺出的精细纱线可织出平纹细布，而在此之前，这种细纱一直都是从次大陆的手工纺纱工那里进口来的。印度国内工业（就是那种通过雇用、以农村为基础的工业，这种工业是1868年之后日本明治政府进行技术转移与学习的核心）面临着洪水般的殖民进口产品，并由此背上沉重的消费税与其他税款，而其中的收入都用于与本土工业部门的需要毫无关联的行政设

[53]　Vincent Harlow,《铸造第二个不列颠帝国（1763～1793）》（*The Founding of the Second British Empire, 1763—1793*），第1卷，《发现与革命》（*Discovery and Revolution*, London: Macmillan, 1952）；D. C. Mackay,《英帝国政策的方向及目的（1783～1801）》（Direction and Purpose in British Imperial Policy 1783—1801），《历史杂志》（*Historical Journal*），17（1974），第481页～第496页；T. Hopkins 和 I. Wallerstein,《世界体系的发展过程》（*Processes of the World System*, Beverly Hills, CA: Sage, 1979）；G. Modelski 和 W. R. Thompson,《全球政治中的海上强国（1493～1933）》（*Sea Power in Global Politics, 1493—1933*, Seattle: University of Washington Press, 1988）；Ursula Lamb 编,《环绕的地球与展现的世界》（*The Globe Encircled and the World Revealed*, Aldershot: Variorum, 1996）；Michael Mann,《社会力量之源》（*The Sources of Social Power*），第2卷,《阶级与民族国家的兴起（1760～1914）》（*The Rise of Classes and Nation States, 1760—1914*, Cambridge University Press, 1993）；Paul Kennedy,《大国的兴衰》（*The Rise and Fall of the Great Powers*, New York: Vintage Books, 1989）；Ian Inkster,《全球野心：从国际历史的角度看科学与技术（1450～1800）》（Global Ambitions: Science and Technology in International Historical Perspective 1450—1800），《科学年鉴》（*Annals of Science*），54（1997），第498页～第509页。

[54]　G. Parker,《军事革命：军事改革与西方的兴起（1500～1800）》（*The Military Revolution: Military Innovation and the Rise of West, 1500—1800*, Cambridge University Press, 1988）；Daniel Headrick,《帝国的工具：19世纪的技术与欧洲帝国主义》（*The Tools of Empire: Technology and European Imperialism in the Nineteenth Century*, New York: Oxford University Press, 1981）。

施上。[55] 无论是在 18 世纪还是在后来,这些都不利于欧洲技术的成功转移。

878

结　语

　　历史学家在尝试比较研究时,所面临的一个最普通的问题是要避免无意识的后知之明与现代主义的缺陷。把英国的生机盎然与俄国的落后迟缓加以对比,把日本的创新与中国或印度的守旧加以对比,可能都是很吸引人的。我们知道,从 18 世纪后期开始,英国的工业化改变了世界,而从 19 世纪后期开始,日本成为唯一一个重要的经历过持续工业化过程的非欧国家,这种认识影响了我们对 18 世纪的理解。我们已试图说明技术发展的历史并不像我们事后所推想的那样清晰。

　　当然,无论西方科学理性主义的唯一性作回溯研究时会不时提出怎样的主张,18 世纪的经历并没有为科学与技术这两个方面之间具有明显区别或是具有线性关系的概念提供太多的支持。[56] 从现代的长远观点来看,严格的范畴可能会承认如此明确的判断,但是 18 世纪则不然。有时,似是而非地通过直觉或灵感去寻找新科学与新技术之间的联系,会把分析的领域搞乱。显然,蒸汽机的重大改进或燃料革命并未与结晶学的发展或电流的发现以及行星不规则问题的解决紧密联系在一起。但是,所有这一切又可能对这一错误的怀疑提供一个潜在的回答。[57] 例如,不断产生或变化的需求对于刺激一项创新工业肯定具有重要的作用,而创新工业会吸收现有的科学知识,将之作为整体融入周围的环境。换言之,需求或其他的刺激可以决定事件的时间选择,而事件的延续和维持又在于基础科学(如有关于原料特性的知识)或理性的探究与实验的不费力的供给。科学与技术的关系可能已经变得重要而明确,但是对于全面解释欧洲或其他地方的技术变革而言,可能还是不够清楚或充分。在这篇论文里,我们已经讨论到相互交往、相互联系的系统中社会互动的重要性,它会在一定的场合抓住理论与实践,开辟一个广阔的讨论范围。最近有关瓦特蒸汽机的研究强调微观社会网络系统不寻常的复杂性,把技术进步与知识、信息、设备以及默认的技巧联系在一起。[58]

879

　　现在,我们不可能比这走得更远,当我们进行更广的比较时,这一点会变得显而易见。在 18 世纪许多地区,工业化中的突破出自从更先进地区转移来的技术与组织,或

[55]　Deepak Kumar 编,《科学与帝国:关于印度社会的论文》(*Science and Empire: Essays in Indian Context*, New Delhi: Anamika Prakashan, 1991);Roy Macleod 和 Deepak Kumar 编,《技术与英国在印度的统治:西方技术及对印度的技术转移(1750 ~ 1947)》(*Technology and the Raj: Western Technology and Technical Transfers to India, 1750—1947*, New Delhi: Sage, 1995)。

[56]　Kurt Mendelssohn,《科学与西方的统治》(*Science and Western Domination*, London: Thames and Hudson, 1976)。

[57]　关于最近的争论,参见 Margaret C. Jacob,《科学文化与工业化西方国家的形成》(*Scientific Culture and the Making of the Industrial West*, Oxford: Oxford University Press, 1997),Robert McC. Adams,《火之路:一个人类学家对西方技术的探究》(*Paths of Fire: An Anthropologist's Inquiry into Western Technology*, Princeton, NJ: Princeton University Press, 1996)。

[58]　尤其可以参见 Richard L. Hills 最近和将要出版的著作,也可参见他的《詹姆斯·瓦特,机械工程师》(James Watt, Mechanical Engineer),《技术史》,18(1997),第 59 页~第 79 页。还可在同一卷中,参见 Ian Inkster,《发现与工业革命:从国际历史的角度看技术与制度的各种贡献》(*Discoveries and Industrial Revolutions: On the Varying Contribution of Technologies and Institutions from an International Historical Perspective*),第 39 页~第 58 页。

者说，它是生产的许多方面向着最优技术实践发展的结果。随着现有的最优技术传播到越来越多的技术使用者那里，又可能产生更高的期待，达到更高的生产率。反过来，在有些地方，技术的传播得益于这种现状，或审慎创建的社会制度，或那种鼓励社会各阶层进行各种不同讨论的结交形式。在其他各方面都相同的条件下，有社会变动和地理迁移的地方，或有竞争、仿效与可预测风险的地方，比起有传统和等级的地方，只会更可能接受和开拓新观念或新产品。

我们对日本、中国和印度的研究，揭示了手工技术在各种商人与工匠的共同努力下从一个地区或多或少有效地传播到另一个地区的共同历程。大多数农业上的改进与其说是机械的，不如说是生物学的。一般而言，形成于大西洋的新技术或新思想对于经济的产量甚至特殊工业的产量几乎没有产生明显的效果。在这三个特大而又相当重要的经济体系中，更多的是技术去适应日益艰难的环境，而不是对新技术的创新、传播和充分运用，以使人均产量或产量幅度得到大大提高。各不相同的隔绝程度促使商人们进行联合，形成他们自己团体的主要道德观念和风格。传统的高利贷一直是当时财政与社会利益的源泉之一，同时也是来源于生产的利润的去处。在日本，参觐交代的花费占藩的现金支出的70%甚至更多，是高利贷日渐填平了这种强制性的但已成为习惯的惊人消费与农民的纳税能力之间的鸿沟。在18世纪，这三大文化都具有巨大的水力资源、定期的徭役工程、土地税收以及强调传统与经典文本的教育体制。而且，林子平训导武士的警句也是中国风格的，"不要丧失你的尊严……不要沉溺于新奇事物"，这种严厉也应用于平民学校及封地学校。日本的贵族相对较多，约占总人口的6%，但在比较中，日本并没有表现出与中国甚至与印度的明显不同。

与其叫嚷着指出所有层面上的性质差异，倒不如只需强调人口统计学和地理学方面这些普通层面上的性质不同以及各地程度上的差别。在18世纪，大部分的日本民众都相对与世隔绝，而且不在多数列强的野心之内；他们密集地居住于沿海，到1720年左右，和缓的人口增长业已停止。这意味着比起中国或印度，交通更便利、危险更低、信息更易获取、城市化进程更快、税收更易，甚至连季风都更为柔和。

也许这些性质上的明显差异容许程度上的差别。日本虽然也采用中央集权政体，然而却比印度更有效率，也比中国更不令人紧张，而且比两国的成本更低。天皇、将军和藩的多重权力，出自实用主义而非意识形态，而这种多重权力又导致了某种程度的矛盾和持续不断的社会混乱。因此一般认为，在德川幕府统治下众多武士和平相处，这的确与其好战的精神不相符合。尽管在中国，学习经典不仅表明身份，而且也代表信仰，而在日本，教育体制设法减少或改善传统观念与德川现实之间的矛盾。因而可以证明，1868年的明治维新释放了被压抑的活力，并且"为解决德川幕府统治时期长

880

期存在的国内矛盾提供了契机"。[59]

　　历史难得会如此地明晰,对技术史家而言,比较炼铁工业的发展,会呈现出具有决定性的重要作用。尽管在 18 世纪的中国与印度几乎看不到新的发展,而在日本的部分地区,钢铁工业在这个世纪最后十年里得到了飞速发展,在一些藩中,带头产业由稻谷种植或金矿开采转变为铁矿开采及铁器制造。各种不同的技术被用于生产铸铁、生铁以及钢,并且有证据表明,出现了传统方法与伊比利亚冶炼技术的相互结合。打谷耙、剪刀以及木匠工具如此丰富的产品,对于吸收 19 世纪欧洲的炼铁法,具有独特的重要作用。

　　从普通的而又具有重大性质差异的层面来看,日本肯定具有比中国或印度更多的拥有先进技术的地区。日本与欧洲的大部分人口都稠密地居住在贸易城市及周边地区,炼铁技术能够有效快速地传播,而且地区市场与拥有先进技术的地区相隔不远;同时在日本与欧洲这两大体系中,传统价值观与新的实践方法之间都明显存在着多重的紧张关系。此外,日本与先进的欧洲为维护其统治的政府费用也绝对少于中国和印度,采取的手段也更温和,并且允许进行更多可靠的市场交易。这样的比较也许可以使我们更加接近诸如大卫·休谟与亚当·斯密这些 18 世纪的激进的自由主义的解释,即对不同的技术史进行对照比较,而不是新近所强调的对不同的文化进行比较。

(乐爱国　周志娟　程路明　译　方在庆　校)

[59]　Reinhard Bendix,《有关文化与教育灵活性的案例研究:日本与新教伦理》(A Case Study in Cultural and Educational Mobility:Japan and the Protestant Ethic),载于 Neil J. Smelser 和 Seymour Martin Lipset 编,《经济发展中的社会结构与灵活性》(Social Structure and Mobility in Economic Development, Chicago: Aldine, 1996),第 262 页～第 279 页,引文见第 273 页。

专 名 索 引 *

人 名 索 引*

A

*　人名后的页码为原书页码，即本书旁码。

译　后　记

终于将这本《剑桥科学史》第四卷校改完毕。屈指一算，时光已飞逝七年。想起来都有点后怕。人生能有多少个七年？按理说，一件事情完成之后，当事者应有某种解脱感才对。可我却没有。非但没有，反倒陷入持续的不安之中。

主持翻译这本综合性很强的科学史著作，远超出了我的能力。这本书涉及面非常之广，除了专门的学科史外，更多的是包罗万象的社会文化史。既有欧洲主流的科学发展史，也有非西方文化传统下的知识史。尽管正文是英语，但注释中涉及拉丁语、希腊语、法语、德语、俄语、西班牙语、意大利语、荷兰语、瑞典语、阿拉伯语、乌尔都语、日语等现代、古代语言十多种。这就对译者提出了很高的要求。细心的读者可能会发现，本书每一章的译者至少有两位，有的甚至达五位之多。这是译稿经过反复修改的见证。老实说，在决定是否承担这个项目时，我是非常犹豫的。好心的同事特别反对我做这件事。他们认为把时间花在翻译上非常不值，况且也不能保证就没有错误。为何尽做些吃力不讨好的事呢？

如果没有厦门大学的乐爱国教授、中国科学院研究生院的李志红教授、首都师范大学的刘树勇教授、北京大学医学部的甄橙教授、中山大学已故的关洪教授及时伸出援助之手，我的研究生崔家岭、程路明、徐国强、王跃、吴玉辉、阎夏的热情参与，我是不会答应的。乐爱国教授一人就包揽了近三分之一的篇幅，刘树勇教授承担了前五章的翻译。由他们介绍，又有许多人参与进来。再加上自然科学史所的同事陈朝勇、郭金海和徐凤先的鼎力相助，郑京华的广泛联络，翻译队伍迅速壮大起来，成员除了上面提到的各位外，还有陈珂珂、陈昕晔、陈雪洁、池琴、方轻、黎那、李昂、李石、刘芳、刘燕、刘建军、楼彩云、孟彦文、谯伟、曲蓉、任密林、王秋涛、阎晓星、张丹、仲霞、周广刚和周志娟。

这让我非常感动。尽管初译稿交上来后，水平参差不齐，后来经过了反复的、痛苦的修改，但不可否认的是，如果没有这些初译稿，我是没有勇气走下一步的。

接下来的"翻译之路"，我走得异常艰难。有时候真想甩手不干了。在最困难的时候，得到了大象出版社王卫副总编辑，尤其是刘东蓬编辑的大力支持。我已记不清与刘东蓬之间有多少封电邮往来了,少说也有二百封吧。一遍又一遍,光是体例就变过两次。人名是否全译也反复讨论过几次。每次变动都带来不小的工作量。多数情况下,刘东蓬先找出他觉得不妥的译文,我来解答。我实在解答不了的,就直接联系原作者。感谢互联网,我们成功地联系到了本书的大部分作者。对于我们提出的疑问,他(她)们大多给予了热心的解答。为了帮助读者理解上下文,我们还加了不少译者注和校者注。这些注释的来源,除了取自权威的专业书刊外,大都来自"维基百科"(英文、德文或中文版)中的相应词条。我们在最终采用相应的内容时,还核对了其他出处。

感谢德国柏林马普科学史研究所(MPIWG)的阿莉雅安娜·波蕾莉(Arianna Bor-relli)女士,她帮我解决了脚注中出现的几乎所有拉丁语、法语、意大利语、西班牙语、荷兰语的书名翻译问题。别以为这是一件简单的工作。由于涉及语种太多,她也颇费周章。她以意大利人特有的热情和德国人标志性的严谨帮我完成了这个我自己无论如何都不可能完成的任务。法国远东学院北京中心的吕敏(Marianne Bujard)女士热心解答了书中一些现已很少使用的18世纪的法语的含义。自然科学史所竺可桢讲席教授、纽约州立大学道本周(Joseph Dauben)教授在每年一两次的北京之旅中热情地解答了我提出的有关问题。

除此之外,我要特别感谢上海科技教育出版社的卞毓麟教授,上海交通大学科学史系的纪志刚教授,北京大学物理系的秦克诚教授、哲学系的邢滔滔教授,中国社会科学院世界历史研究所的宋岘研究员、秦海波研究员,华中师范大学历史文化学院的陶笑虹教授,本所刘钝研究员、张藜研究员、黄荣光博士,好友王君及赵振江博士的大力支持,他们在百忙中分别校对了本书的第 14、13、15、32、27、31、28、29、16、30、34 和 11章。他们的学养保证了这些章节的译文向更准确迈进了一步。另外,同事韩琦研究员审读过有关日本和中国的两章,提出了很好的修改意见;孙小淳研究员也校对过第14章的部分内容;乌云其其格博士、韩健平博士核对和查找了相关的日文出处;陈巍同学也提出了自己的看法;还有许多人在这场翻译持久战中贡献了自己的力量。在此一并感谢! 我还要衷心感谢家人这些年中对我坚定的、默默的支持。没有他们做后盾,我很难想象自己会完成这一任务。

Royal Society 通译为"皇家学会"。尽管约定俗成,这种译法其实并不准确。有学者提出异议,认为硬把"王家"(royal)说成是"皇家",有"拔高外国君主身份之嫌"。英文中另有一个与"皇家"对应的词 imperial。将 royal 改译为本来意义上的"王家的",绝不是民族主义思想作祟。正本清源、实事求是本来就是做科学史必须要有的态度。将 royal society 译为"王家学会",没有也不可能贬低它的历史地位。这样一来,著名的"英国皇家学会"在本书中就变成了"英国王家学会"。这一译法同样适用于法国、荷兰、瑞典、丹麦、西班牙和葡萄牙等国的王家研究机构,但对于沙皇俄国、奥匈帝国的一些研究机构,还保留"皇家的"或"皇帝的"译法。希望这样做没给读者带来困惑。

本译稿由于许多名家的加盟而增色不少。但由于所有稿件都必须由我最后统校,我必须对出现的错误负全责。欢迎读者不吝指正。

方在庆

2009 年 8 月 20 日于北京